Wladimir Köppen • Alfred Wegener

The Climates of the Geological Past

Reproduction of the original German edition
and complete English translation

Die Klimate der geologischen Vorzeit

Faksimile-Nachdruck der deutschen Originalausgabe
und komplette englische Neuübersetzung

edited by
herausgegeben von

Jörn Thiede • Karin Lochte • Angelika Dummermuth

translated by
übersetzt von

Bernard Oelkers

Borntraeger • Stuttgart 2015

The Climates of the Geological Past
Die Klimate der geologischen Vorzeit

Addresses of editors:

Prof. Dr. Dres. h. c. Jörn Thiede
Mainz Academy of Sciences, Humanities and Literature, c/o GEOMAR Helmholtz Center for Ocean Research, Wischhofstrasse 1-3, 24148 Kiel, Germany
and
Kathedra for Geomorphology, Institute of Earth Sciences/ KÖPPEN-Laboratory, SPbGU, V. O., Sredniy prospect 41, St. Petersburg 199 178 RF

Prof. Dr. Dr. h.c. Karin Lochte
Alfred Wegener Institute, Helmholtz Centre for Polar and Marine Research, Am Handelshafen 12, 27570 Bremerhaven, Germany

Dr. Angelika Dummermuth
Alfred Wegener Institute, Helmholtz Centre for Polar and Marine Research, Am Handelshafen 12, 27570 Bremerhaven, Germany

We would be pleased to receive your comments on the content of this book:
editors@schweizerbart.de

Photo on the front cover, left side: Wladimir Köppen (1846–1940). Source: Archive for German Polar Research (AGPR), Bremerhaven.

Photo on the front cover, right side: Alfred Wegener, ca. 1912. Photographer: N. P. Sørensen, Originator: Arktisk Institut Kopenhagen. Source: Archive for German Polar Research (AGPR), Bremerhaven.

Photo on the back cover, left side: Alfred Wegener on board of the FS Danmark, 1906, Photographer: C. B. Thorstrup. Originator: Arktisk Institut Kopenhagen. Source: Archive for German Polar Research (AGPR), Bremerhaven.

Graphik on the back cover, right side: Melting margin of ground ice on Great Lyakhovsky Island east of Wanjkin Stan. (Fig. 17 of Köppen & Wegener: Die Klimate der geologischen Vorzeit).

Map on the cover: Ice, bogs and deserts in the Pliocene and Early Quaternary (Fig. 19 of Köppen & Wegener: Die Klimate der geologischen Vorzeit).

Original title: Köppen & Wegener: Die Klimate der geologischen Vorzeit (1924) (Gebrüder Borntraeger, Berlin)
Köppen: Die Klimate der geologischen Vorzeit. Ergänzungen und Berichtigungen (1940) (Gebrüder Borntraeger, Berlin)

ISBN 978-3-443-01088-1

Information on this title: **www.borntraeger-cramer.com/9783443010881**

© 2015 Gebr. Borntraeger Verlagsbuchhandlung, Stuttgart, Germany

All rights reserved. No part of this publication may be reproduced, stored in a retrieval system, or transmitted, in any form or by any means, electronic, mechanical photocopying, recording, or otherwise, without the prior written permission of Gebr. Borntraeger Verlagsbuchhandlung.

Publisher: Gebr. Borntraeger Verlagsbuchhandlung, Johannesstr. 3A, 70176 Stuttgart, Germany
mail@borntraeger-cramer.de
www.borntraeger-cramer.de

∞ Printed on permanent paper conforming to ISO 9706-1994

Typesetting and production: Gebr. Borntraeger Verlagsbuchhandlung, Stuttgart

Printed in Germany by Gulde Druck GmbH, Tübingen

Preface 2015

Alfred Wegener achieved world renown with the publication of his book "The Origin of Continents and Oceans" in 1915. With four editions printed between 1915 and 1929 (see Wegener 2005), Wegener's 'continental drift' hypothesis was highly controversial at that time. However, it is less well known that Wegener published, together with his father-in-law and at the same time very close scientific collaborator Wladimir Köppen, an important monographic interpretation on the causal relationships of climate change in the geological past (Köppen and Wegener 1924). Before his death in 1940 at age 93, Köppen made additions to their work under the title "Supplements and Corrections", notifying the printing office that he "urgently needed the proofs because he was dying" (Wegener-Köppen 1955).

Only one edition of Köppen and Wegener's book was printed and, unfortunately, most copies of the edition were lost, including all originals, during World War II. Today, it is nearly impossible to purchase a copy of this book from an antiquarian bookstore. However, because of its importance in the light of modern climate and paleoclimate research, the Alfred-Wegener-Institute, Helmholtz Center for Polar and Marine Sciences in Bremerhaven/ Germany together with the original publisher (Gebr. Borntraeger in Berlin) and with the support of a number of learned societies and research institutions in Germany (see below) decided to reprint this book (in its original form), and to furnish it with an English translation, in order to make it available to the wide modern international community of climate researchers.

This volume commences with a reprint of the original (1924) text and incorporates the 'Supplements and Corrections' authored by Wladimir Köppen and published in 1940. Thereafter is introduced the first English-language translation of this seminal work. This translation affords non-German-speaking scientists and laypersons alike with access to the full and compelling arguments so carefully laid out in this important contribution to science.

Scientific Importance and Impact of the "Climates of the Geological Past"

Köppen & Wegener's book is of principal scientific interest for several reasons:
1. It contains a systematic inventory and description of the sedimentological and paleontological arguments which Wegener used to establish his historic (in a geological sense) climate zones for most of the Paleozoic, Mesozoic and Cenozoic paleogeographic reconstructions. During the first two decades of the last century Köppen had developed important concepts of the modern global distributions of climate zones. The close cooperation between Wegner and Köppen led to their mutual conviction that these zones could in principle also be deduced from the stratigraphic records of fossil climate indicators.
2. The book critically describes and discusses paleogeographic reconstructions for most of the Phanerozoic periods. Because Köppen was fluent in Russian he was able to draw on information from many less known regions, for example, northern Eurasia.
3. The book then ventures into hypothesizing about climate changes in Earth history. The most important element of this discussion stems from a close collaboration they had established with Milankovitch. He claimed and precisely calculated that the Late Cenozoic climate changes were controlled by systematic variations of some of the parameters controlling the geometry of the earth's orbit around the sun (eccentricity, obliquity, precession) generating differences in the insolation. Milankovitch actually allowed them to use his text, calculations and figures.
4. Acceptance of the principles of the Milankovitch frequencies made it possible for the first time early in the last century to establish a precisely defined time scale of Late Cenozoic glacial-interglacial history.

The latter aspect is probably the most important scientific contribution of this book. André Berger (1988, 2012) has revisited this entire complex in modern times. The Milankovitch frequencies of the orbital parameters control insolation; they can be calculated precisely for the past and for the future.

Köppen and Wegener encouraged Milankovitch, a Serbian engineer, to pursue this idea – which he did as prisoner of war during World War I. He had studied in Vienna, had won many good friends in Austria who finally succeeded to get him out of the POW camp, but he was confined to the building of the Hungarian Academy of Sciences in Budapest, where he could work scientifically. He published his calculations extensively many years later (Milankovitch 1941).

Nowadays the orbital parameters originally calculated by Milankovitch can be substantiated by means of time series obtained from deep-sea sediments (Hays et al. 1976) and ice cores (Augustin et al. 2004) for the past. Milankovitch's frequencies can also be quantitatively predicted for the future and are hence a powerful argument when debating future climatic scenarios (Thiede & Tiedemann 1998). Consequently, this reflects an important piece of tradition in the development of our understanding of how climate evolved in the course of time, reaching from Köppen, Wegener and Milankovitch to modern days.

Biographical notes on the collaboration of Wladimir Köppen and Alfred Wegener

Wladimir Peter Köppen was born in St. Petersburg on September 22, 1846, and died on June 22, 1940 in Graz / Austria (at that time belonging to Germany). The Köppen family is of German origin, but had emigrated to Russia to provide medical services to the imperial Russian government, first in Charkow and later in St. Petersburg. The family was living in a flat provided by the Academy of Sciences. It became the place where the Russian Geographical Society was founded. In his youth Wladimir Köppen spent a lot of time in the Crimea where he became vividly aware of the impact of the climate on the vegetation. This motivated him to take up studies in meteorology and related subjects at various German universities. He got his first position at the Central Observatory in St. Petersburg and deepened his knowledge of meteorological processes, in particular the global distribution of climatic zones. He soon became quite famous in Russia and abroad. He participated in international conferences and it soon became clear that weather services required international collaboration. He was "discovered" by Georg Neumayer, founder and director of the "Norddeutsche/ Deutsche Seewarte" in Hamburg (later the DHI = Deutsches Hydrographisches Institut, nowadays the BSH = Bundesamt für Seeschiffahrt und Hydrographie), who on March 15, 1875 offered him a position as department head in his new institution. This department was commissioned to gather daily weather observations needed for sailing instructions and Wladimir Köppen may be considered the founder of what later developed into the German Weather Service ("Deutscher Wetterdienst"). Köppen published articles on the global climate zones and became a famous and well established leading meteorologist (cf. Wegener-Köppen 1955 for a complete listing of his publications).

During the early years of the last century the young Alfred Wegener contacted Wladimir Köppen because he had the idea that the geography of planet Earth had gone through major changes. He wanted to prove it by means of reconstructions ("historic" – in a geological sense) of former climate zonations. During this time Alfred Wegener fell in love with Else, one of Wladimir Köppen's daughters and the scientific liaison soon developed into close family bonds which remained throughout Köppen's life until he died in Graz in 1940. The peak of their scientific relationship was reached when Wladimir Köppen and Alfred Wegener jointly published their monograph on "Die Klimate der geologischen Vorzeit" (Climates of the Geological Past) in 1924.

The Modern Legacy of Wladimir Köppen and Alfred Wegener

The foundations of paleoclimate research laid by Wladimir Köppen and Alfred Wegener are expanded today in many laboratories worldwide. The Alfred Wegener Institute Helmholtz Center for Polar and Marine Research in Bremerhaven, Germany, researches past, present and future climate changes from a polar perspective. Based on traces enshrined in ice cores and sediment cores, reconstruction of past climates is now possible in much greater detail due to the development of new proxies. It enables not only analysis of paleotemperatures, but also of ice coverage, carbon dioxide and methane in the atmosphere, wind speed and many other variables of past climates. The understanding of paleoclimate processes and global linkages are fundamental to assess potential future developments. In contrast to Köppen's and Wegener's times, however, nowadays not only the natural dynamics are shaping the climate, but also anthropogenic impacts have to be considered complicating the already complex matter of climate processes.

The scientific legacies of Wladimir Köppen and Alfred Wegener are also pursued at the Wegener Center for Climate and Global Change, an interdisciplinary and internationally oriented institute of the Karl Franzens University Graz (Austria) and the recently founded Köppen Laboratory of Geochronology at the State University of Saint Petersburg (Russian Federation).

We are grateful for the help of many who contributed to the production of this book. Bernard Oelkers undertook the task of translation of the scientific text and he managed to convey the style of the scientific language of the last century in an authentic fashion. Paul Waite compiled the index in English and German. Gebrüder Borntraeger, the publisher of the original book printed the book in the same layout as the original and included the translation in a congenial way. Finally, the book was supported financially or otherwise by the Alfred-Wegener-Institut Helmholz-Zentrum für Polar- und Meeresforschung, Bundesamt für Seeschifffahrt und Hydrographie, Akademie der Wissenschaften und Literatur Mainz, Deutsche Meteorologische Gesellschaft, Deutsche Gesellschaft für Polarforschung e.V., Geologische Vereinigung e. V. and Senckenbergische Naturforschende Gesellschaft.

Jörn Thiede
Karin Lochte
Angelika Dummermuth

Bibliography

Agustin, L., C. Barbante, P. R. Barnes et al. 2004. Eight glacial cycles from an Antarctic ice core. Nature 429: 623–628.

Berger, A. 1988. Milankovitch Theory and Climate. Rev. Geophys. 26 (4): 624–657.

Berger, A. 2012. A Brief History of the Astronomical Theories of Paleoclimates; p. 107–129. In: Berger et al. (eds.): Climate Change. Inferences from Paleoclimate and Regional Aspects. (Springer Verlag) Wien, pp. 1–239.

Hays, J. D., J. Imbrie & N. Shackleton 1976. Variations in the Earth's Orbit: Pacemaker of the Ice Ages. Science 194 (4270): 1121–1132.

Köppen, W. 1940. W. Köppen und A. Wegener: Die Klimate der geologischen Vorzeit – Ergänzungen und Berichtigungen von W. Köppen. (Gebr. Borntraeger) Berlin, pp. 1–38, 6 figs.

Köppen, W. & A. Wegener 1924. Die Klimate der geologischen Vorzeit. (Gebr. Borntraeger) Berlin, pp. 1–255, 41 figs., 1 plate.

Milankovitch, M. 1941. Kanon der Erdbestrahlung und seine Anwendung auf das Eiszeitenproblem. Belgrade, Royal Serbian Sciences, Spec. Publ. 132, Sect. Math. Nat. Sci., vol. 33: pp. 1–633.

Thiede, J. & R. Tiedemann 1998. Die Alternative: Natürliche Klimaveränderungen – Umkippen zu einer neuen Kaltzeit. pp. 190–196. In: Lozán, J. L., H. Graßl & P. Hupfer (eds): Warnsignal Klima – Das Klima des 21. Jahrhunderts. (Wissenschaftliche Auswertungen/ GEO), Hamburg, pp. 1–464.

Wegener, A. 1912. Neue Ideen über die Herausbildung der Grossformen der Erdoberfläche (Kontinent und Ozeane) auf geophysikalischer Grundlage. Announcement of an oral presentation at the main Annual Meeting of the Geologische Vereinigung, Jan. 6, Frankfurt/ Main.

Wegener, A. 2005. Die Entstehung der Kontinente und Ozeane. – Nachdruck der ersten (1915) und vierten Auflage (1929) mit handschriftlichen Anmerkungen von Alfred Wegener. (Gebr. Borntraeger) Stuttgart (Krause, R., G. Schönharting & J. Thiede, eds.), pp. 1–481.

Wegener-Köppen, E. 1955. Wladimir Köppen – ein Gelehrtenleben. (Wissenschaftliche Verlagsgesellschaft m.b.H.) Stuttgart, pp. 1–195, 13 figs. (based on Wladimir Köppen's personal notes, also containing a complete listing of Köppen's publications 1868–1940).

Note of the Translator

First of all I would like to thank the Alfred Wegener Institute, Helmholtz Center for Polar and Marine Research (Bremerhaven), for asking me to translate this milestone of science literature into the English language and thus bringing an almost 'forgotten book' back to the reading public. Despite the honor bestowed upon me, the translator, it also meant a challenge for several obvious reasons:

Written in 1923, hence almost 100 years ago, we sadly are no longer able to confer with the authors of this book. Even most of the references they have given us are irretrievably lost to time. The latter makes it difficult, for example, to avoid improper back translations of English quotations. (Fortunately I do own a copy of the textbook published by Chamberlin and Salisbury in 1909 and most of the references are in German). Anachronisms present another challenging issue. The stratigraphic nomenclature which has changed since the days of A. Wegener and W. Köppen has been updated according to suggestions made by Prof. Thiede, whereas the most essential, rather untranslatable key term in this book ("Klimazeuge") has not been translated as "paleoclimate proxy", as would be best understood by the modern-day reader, but as "climate indicator", following the example of geologist Roger M. McCoy who in 2006 published a biographical account of Alfred Wegener's "Revolutionary Idea and Tragic Expedition" (Ending in Ice, Oxford University Press).

We must also bear in mind that the authors of this book were men well versed in the professional terminologies of virtually every single branch of the life sciences (paleontology, geology, hydrology, glaciology, geophysics, botany, mathematics, just to mention a few) — surely exceeding the capacity of any one single science translator. Their style and personal writing preferences, characterized by saying as much as possible with the fewest possible words, which accounts for the very high information density of the text, in conjunction with an obvious preference for German Expressionism (Wegener), might result in a language appearing somewhat old-fashioned. As such, it was at least for me a novel and demanding experience. Although the book contains so many different subjects that it could be read as a textbook, it has been translated as a historical document, as true to the word as possible with the exceptions mentioned above, reflecting the state of knowledge of the time when it was first published (1924) and supplemented (1940).

Dr. rer. nat. Bernard Oelkers
Biologist, Translator of Science & Medicine
Bremen, 2014

Inhaltsverzeichnis / Contents

                                                                                                          original S./p.   2015–S./p.

		original S./p.	2015–S./p.
Preface 2015		III	*III*
Note of the Translator		VIII	*VIII*

Die Klimate der geologischen Vorzeit

Einleitung		1	*7*
Kapitel I.	Die fossilen Klimazeugen	6	*12*
Kapitel II.	Die Klimagürtel im Karbon und Perm	21	*27*
Kapitel III.	Die Klimagürtel im Mesozoikum	55	*61*
Kapitel IV.	Die Klimagürtel in der Tertiärzeit	94	*100*
Kapitel V.	Die Klimate in den vorkarbonischen Zeiten	141	*147*
Kapitel VI.	Polwege und Breitenänderungen in der Erdgeschichte	154	*160*
Kapitel VII.	Die Klimate des Quartärs	158	*164*
Index		261	*267*

Die Klimate der geologischen Vorzeit –
Ergänzungen und Berichtigungen 1   *301*

The Climates of the Geological Past

Contents		III	*345*
Table of Figures		V	*347*
Introduction		1	*349*
Chapter I.	Fossil Climate Indicators	5	*353*
Chapter II.	The Climate Belts of the Carboniferous and Permian	19	*367*
Chapter III.	The Climate Belts of the Mesozoic	52	*400*
Chapter IV.	The Climate Belts of the Tertiary	88	*436*
Chapter V.	The Climates of the Pre-Carboniferous Periods	131	*479*
Chapter VI.	Pole Migrations and Latitude Changes in Earth's History	143	*491*
Chapter VII.	Climates of the Quaternary	147	*495*
Index		243	*591*

The Climates of the Geological Past –
Supplements and Corrections 1   *625*

Köppen - Wegener

Die Klimate
der geologischen Vorzeit

Die Klimate
der geologischen Vorzeit

von

W. Köppen und **A. Wegener**

Meteorologe der Seewarte a. D.   o. Prof. a. d. Universität Graz

Mit 1 Tafel und 41 Abbildungen im Text

Berlin

Verlag von Gebrüder Borntraeger

W 35 Schöneberger Ufer 12a

1924

Alle Rechte,
insbesondere das Recht der Übertragung in fremde Sprachen, vorbehalten
Copyright 1924, by Gebrüder Borntraeger in Berlin

Druck von der Buchdruckerei des Waisenhauses in Halle (Saale)

Inhalt

Einleitung. Methoden des Buches S. 1. — Schichtenfolge S. 4

Kapitel I. Die fossilen Klimazeugen

Fossiles Eis 6; Spuren von Inlandeis und Gletschern 7; Kohlen als Zeugen für Regenklimate 8; Heutige Trockengebiete 10; Gips und Steinsalz 10; Wüstensandstein 12; Löß 14; Bodenfarben 15; Pflanzenreste 16; Reste von Landtieren 18; Kalkproduktion der Meeresfauna 19.

Kapitel II. Die Klimagürtel im Karbon und Perm

A. Eisspuren 21

In Südafrika 24; mehrfache Vereisung 26; spezielle Schichtenfolge in Neusüdwales 26; zeitliche Verlagerung der Eiskappe 27; Schichtenfolge in Brasilien 28; desgl. in Südafrika 30; desgl. in Vorderindien 31; desgl. in Australien 32; Pseudoglaziale Erscheinungen 33.

B. Kohle 34

Tropische Torfmoore 34; der äquatoriale Kohlengürtel des Karbon und Perm 36 Kohlen der südlichen Regenzone auf Moränen 38.

C. Salz, Gips, Wüstensandstein 39

In Nordamerika 39; in Europa 40; Entstehung des Staßfurter Salzlagers 41; Salzlager in Afrika 42.

D. Die Pflanzenwelt 43

Tropennatur der europäischen Karbonflora 43; Pecopterisflora, Lepidodendronflora und Glossopterisflora 46.

E. Die Tierwelt 53

Kalkriffbildner 53; Reptilien 54.

Kapitel III. Die Klimagürtel im Mesozoikum

A. Trias

Eisspuren 55; Kohle 56; Salz, Gips, Wüstensandstein 58; die Pflanzenwelt 61; die Tierwelt 63.

B. Jura

Eis 65; Kohlen 65; Salz, Gips, Wüstensandstein 69; die Pflanzenwelt 71; die Tierwelt 72; Gliederung der Meeresfauna nach Neumayr-Uhlig 75; Kriterien aus der heutigen Fauna Australiens 77.

C. Kreide

Eis 78; Kohle 80; Salz, Gips, Wüstensandstein 82; die Pflanzenwelt 85; die Tierwelt 88; Rudistenverteilung nach Dacqué 89; Saurier 91; Kriterien aus der heutigen Fauna Australiens 92.

Kapitel IV. Die Klimagürtel in der Tertiärzeit

A. Das Frühtertiär (Paleozän, Eozän, Oligozän)

Eis 95; Kohle 96; Salz, Gips, Wüstensandstein 101; die Pflanzenwelt 103; Bernsteinwälder 105; frühtertiäre Waldflora des Nordpolargebietes 105; Südamerikanische Floren 108; äquatoriale Regenflora in Ägypten 109; die Tierwelt 110.

B. Das Spättertiär (Miozän, Pliozän) 113

Eis 113; miozäne Tillite in Alaska 113; das fossile Steineis in Alaska und Nordostsibirien 115; miozänes Alter desselben 121; pliozäne Vereisung Nordamerikas 122; Kohle 124; Salz, Gips, Wüstensandstein 125; galizisch-rumänisch-kleinasiatisch-persische Salzformation 126; spätpliozänes Trockenklima auf Sumatra 129; Schichtenfolge in Argentinien 130; die Pflanzenwelt 132; Floren von Südamerika und der Seymour-Insel 133; die Tierwelt 137; Meeresfauna Alaskas 137; Landfauna Südamerikas 139.

Kapitel V. Die Klimate in den vorkarbonischen Zeiten
A. Devon 141; Old Red 142.
B. Silur 144; Salzformation Nordamerikas 145; Silurkorallen 146.
C. Kambrium 148; Eisspuren 148; kambrische Salzlager in Vorderindien 149.
D. Algonkium 151; Eisspuren in Nordamerika 151; Algonkischer Wüstensandstein 152.

Kapitel VI. Polwege und Breitenänderungen in der Erdgeschichte
Polwege 153; Breitenänderungen 154; Tabelle derselben von 27 Orten seit dem Karbon S. 157.

Kapitel VII. Die Klimate des Quartärs
A. Übersicht der Tatsachen
1. Europa: Vereisung der Alpen 159; das Inlandeis Nordeuropas 166; Klimazeugen außerhalb des Vereisungsgebietes: Blockfelder, Lösse 167; Antizyklone, Orientierung der Dünen und Gletscher 170; Pflanzenwelt 174; Tierwelt 176; der Mensch 179; 2. Außereuropäische Länder: Das Inlandeis Nordamerikas 179, Eiszeiten 181, Seen 183; Alaska und Neusibirische Inseln 189, Mammutleichen 190; Asien 191; Südamerika 193; Südafrika 196; Australien und Neuseeland 196.

B. Die Gliederung des Eiszeitalters, ihre Ursachen und Zeitrechnung. Temperatur des Sommers entscheidend 197; Schwankungen der Sonnenstrahlung 202; Milankovitch über das Verhältnis der Strahlung zu ε und $e \sin \Pi$ und deren säkulare Schwankungen 207; Strahlungsmengen in den kalorischen Jahreszeiten, ausgedrückt in Breitenäquivalenten 208; Tabelle der Sonnenstrahlung im Sommerhalbjahr in 55°, 60° und 65° Breite in den letzten 650000 Jahren 214. Angenäherte graphische Ableitung der Strahlungsmenge als Funktion von ε und $e \sin \Pi$ für beide Halbkugeln 215; Vergleich mit den Eiszeiten Alpengebiet 217; Dauer einer Eiszeit, Verschmelzung zweier Strahlungsminima zu einer Eiszeit 218; Eiszeiten beider Halbkugeln 222; Begleitende Umstände 223.

C. Die Breitenänderungen im Quartär und die Klimawechsel bestimmter Gegenden
Tiefe Temperatur des ganzen Zeitraums in Europa und Nordamerika 224; Polwanderung nach den Beobachtungen in Europa, Nordamerika und Antarktika 226; Verlagerung des Äquatorialstroms 229; Gang der Sonnenstrahlung seit 120000 Jahren an fünf Orten 231.

D. Das Ende der Eiszeit und die Postglazialzeit
De Geers Messungen in Schweden und Nordamerika 233; das Klimaoptimum vor 8000—5000 Jahren 234; eine Zeit der heißen Sommer wahrscheinlicher als zwei 238; Klimaänderung in Grönland und Spitzbergen 240; Vegetationswechsel in Dänemark und NW-Deutschland 242; zwei Tabellen für NW-Europa 244; Anschluß an das Alpenvorland 247; Temperaturwechsel am Rande des Inlandeises bei dessen Rückzug 247; Nordamerika 250. Geschichtliche Zeit 251; Änderung in der Feuchtigkeit 252; „Austrocknung" unbewiesen 253.

E. Tabelle der ε und $e \sin \Pi$ seit 800000 Jahren 254

Erklärung der Tafel 256

Die Erforschung der Erdrinde hat zweifellos festgestellt, daß in den meisten Teilen der Erde, namentlich auch in den bestbekannten Erdteilen Europa und Nordamerika, wiederholt große Änderungen des Klimas stattgefunden haben. Norddeutschland war zeitweise von einer mächtigen Eisdecke bedeckt, wie jetzt Grönland, und zu anderer Zeit haben in Grönland Laubwälder gerauscht, die artenreicher waren als die jetzigen Wälder Deutschlands und Südeuropas.

In diesem Buche werden die vorzeitlichen Klimawechsel unter den Voraussetzungen der Theorie der Kontinentenverschiebung[1]) behandelt, die hier als richtig angenommen wird. Die einfache Klarheit, die damit in das bisher so verworrene Gebiet der Paläoklimatologie einzieht, beweist ihrerseits die Richtigkeit jener Voraussetzungen.

Im heutigen System der Klimate erkennen wir als Hauptgesetz eine zonale Anordnung, sowie Störungen derselben, welche letzten Endes auf die Verteilung von Wasser und Land zurückgehen. Das zonale Gesetz überwiegt aber stark, wie unter anderem aus der folgenden Tabelle der höchsten und niedrigsten Jahrestemperaturen in den verschiedenen Breiten hervorgeht:

Breite	80°	60°	40°	20°	0°	—20°	—40°	—60°	—80°
Höchstes } Jahresmittel	—10	7	17	29	28	25	14	1	—12
Niedrigstes } d. Temperatur	—19	—8	10	23	25	18	9	—6	—20
Differenz	9	15	7	6	3	7	5	7	8

Das zonale Gesetz kommt in der Tabelle zum Ausdruck in dem Unterschied zwischen dem Äquator und 80° Breite, welcher auf der Nordhalbkugel 38 bzw. 44° C, auf der Südhalbkugel 40 bzw. 45° C beträgt. Für die Störungen durch die Verteilung von Wasser und Land

---

[1]) A. Wegener, Die Entstehung der Kontinente und Ozeane. „Die Wissenschaft" Bd. 66. 3. gänzlich umgearbeitete Auflage. Braunschweig 1922.

erhalten wir dagegen ein Maß durch die Differenzen zwischen den höchsten und den niedrigsten Werten. Wie man sieht, werden hier nur in einem Fall 15° erreicht, zwei Drittel aller Differenzen sind kleiner als die Hälfte davon. Das zonale Gesetz überwiegt also bei weitem. Würde man statt der Jahresmitteltemperatur die Mitteltemperatur des wärmsten Monats oder andere Elemente zugrunde legen, so würde man doch stets wie hier finden, daß die Unterschiede in meridionaler Richtung viel größer sind als in Richtung der Breitenkreise.

Auf Grund dieser Erwägungen wurde für die älteren Zeiten bis einschließlich Tertiär folgendes Verfahren benutzt: In die von A. Wegener rekonstruierten Erdkarten wurden die Zeugnisse für Polarklima (glaziale Blocklehme), für feuchtes Klima (Kohle) und für trockenes Klima (Salz, Gips, Wüstensandstein) eingetragen und mit den Anzeichen für Wärme und Kälte aus der Pflanzen- und Tierwelt verglichen, wie sie sich beispielsweise in den großen Kalkriffen der Korallen und Kalkalgen, den Jahresringen in Hölzern usw. kund tun.

Dabei ergaben sich, zumal wenn man die benachbarten Formationen mit berücksichtigt, stets zwei Trockenstreifen, zwischen denen ein feuchter Streifen längs einem Großkreise die Erde umzieht, und welche mit letzterem zusammen alle Zeugnisse für tropische Wärme enthalten; nach außen schließen sich an die beiden trockenen Streifen wiederum feuchte. Und wo sich ein Gebiet mit Polarklima erkennen läßt, liegt seine Mitte 90° vom mittelsten feuchten und etwa 60° vom nächsten trockenen Streifen entfernt.

Aus diesem empirischen Befund schließen wir, daß zu allen Zeiten in der Erdgeschichte die gleichen Klimagürtel wie heute bestanden haben, nämlich eine äquatoriale Regenzone, zwei Trockenzonen, zwei Regenzonen der gemäßigten Breiten und zwei mehr oder weniger vereiste Polkappen.

Auch in unseren Vorzeitkarten zeigen sich ähnliche Störungen dieses zonalen Systems, wie in der heutigen Klimakarte; so sind z. B. die trockenen Streifen regelmäßig am Ostrande der Kontinente unterbrochen, ebenso wie im heutigen Klimasystem, wo diese Unterbrechung durch die Monsunregen bewirkt wird. Die Strenge des Polarklimas hat offensichtlich im Laufe der Erdgeschichte merkliche Änderungen erfahren, wie aus dem wechselnden Grad der Eisbedeckung und dem wechselnden Vordringen der Organismen gegen die Pole hervorzugehen scheint. Auch hier kommt vor allem der Wechsel der Land- und Wasserverteilung und der davon abhängigen Luft- und Meeresströmungen als Ursache in Frage, insbesondere ist die Ausbildung einer Inlandeiskappe naturgemäß an die Existenz einer genügenden Landmasse im Polargebiet gebunden.

Aber wie im heutigen Klimasystem, so sind auch in unseren Vorzeitkarten diese Störungen nicht imstande, das zonale Gesetz zu verdecken.

Betrachten wir nun die Lage dieser empirisch ermittelten Klimazonen im Laufe der Zeiten, so sehen wir, daß sich diese Lage von Formation zu Formation geändert hat. Die Pole sind also gewandert[1]), wenn auch nur innerhalb gewisser Grenzen. **Die Klimageschichte eines Ortes ist daher in erster Näherung die Geschichte seiner Lage zu Pol und Äquator.**

Bei der Behandlung des Quartärs konnten wir noch einen Schritt weiter gehen. Gab die Berücksichtigung der Polwanderungen hier die Erklärung des Eiszeitalters, so fand die Gliederung in Eis- und Interglazialzeiten ihre wahrscheinliche Erklärung durch die Bedingungen des Strahlungsempfanges unter dem Einfluß der langsamen Änderungen von Exzentrizität, Perihel und Schiefe der Erdbahn. Glücklicherweise ist der mathematische Teil dieser Aufgabe vor kurzem in umfassender Weise von Prof. Milankovitch in Belgrad bearbeitet worden[2]), und insbesondere ist es diesem gelungen, die Hauptschwierigkeit einer paläoklimatischen Deutung der Rechnungsergebnisse, nämlich die Verwandlung der Strahlungsmengen in Temperaturen, durch Einführung fingierter Breitenänderungen vollständig zu umgehen. Für das vorliegende Buch hat er die Grundlagen der Berechnung und ihre Ergebnisse selber in einem Aufsatz kurz und übersichtlich dargestellt, der mit bestem Dank im Original aufgenommen wurde.

Bei der Verwendung seiner Rechnungsergebnisse für die Klimafrage sind wir davon ausgegangen, daß stärkerer Sonnenstrahlung auch höhere Temperatur entspricht, und daß kalte Sommer, nicht kalte Winter, die Entwicklung des Inlandeises fördern — zwei fast selbstverständliche und dennoch von einigen Autoren angefochtene Annahmen! Nähere Ausführungen hierüber wird man im Abschnitt Quartär finden.

Unter diesen Voraussetzungen gewinnt die Kurve der sommerlichen Strahlungsmengen für die letzten 650 000 Jahre den Charakter einer absoluten Chronologie des Eiszeitalters. Ihre Einzelheiten stimmen, wie gezeigt werden wird, in weitgehendem Maße mit den Annahmen der hervorragendsten Eiszeitforscher überein, so daß es un-

---

1) Änderungen der geographischen Breite bezeichnen wir wie in A. Wegeners oben genanntem Buch als Polwanderungen, wenn sie auch den Ausgangskontinent Afrika, und damit den Hauptteil des festen Landes, betroffen haben, dagegen als Kontinentenverschiebungen, wenn sie nur einen der übrigen Kontinente betrafen.

2) Milankovitch, Théorie mathématique des phénomènes thermiques, produits par la radiation solaire. 339 Seiten. Paris, Gauthier-Villars, 1920.

nötig erscheint, nach weiteren Ursachen für Klimaänderungen in dieser Zeit zu suchen.

Von den zahlreichen sonstigen Hypothesen, die zur Erklärung von Klimaänderungen aufgestellt worden sind, wird daher in diesem Buche nicht die Rede sein. Insbesondere erblicken wir in dem System der fossilen Klimazeugen keinen empirischen Anhalt für die Annahme, daß die von der Sonne ausgegebene Strahlung sich im Laufe der Erdgeschichte geändert habe. Desgleichen fehlt es an Tatsachen, welche durch Änderungen in der Durchstrahlbarkeit der Atmosphäre (Arrhenius) oder des Weltalls (Nölke) zu erklären wären; denn diejenigen Tatsachen, zu deren Erklärung diese Theorien gewöhnlich herangezogen werden, finden bereits durch das heutige Klimasystem ihre Erklärung, wenn man seine in der Vorzeit geänderte Orientierung berücksichtigt, und können meist auch schon deshalb nicht als Beweise für sie in Frage kommen, weil sie nicht für die ganze Erde, sondern nur für bestimmte Teile gelten. Auf die Kritik der sehr schwachen Grundlagen dieser Hypothesen brauchen wir daher nicht einzugehen. Auch die zahlreichen Arbeiten von F. v. Kerner, welche auf eine zahlenmäßige Erfassung des Einflusses von Land und Wasser hinausgehen, erwiesen sich für unsere Zwecke nicht als brauchbar.

Die Polwanderung ist nach den hier folgenden Belegen keine Hypothese mehr, sondern ein empirischer Befund. Denn die zonenförmige Verteilung von trockenen und feuchten Gebieten schließt eine andere Erklärung aus.

Im Folgenden sind das Quartär von W. Köppen, die übrigen Formationen von A. Wegener bearbeitet, jedoch unter ständigem Gedankenaustausch.

Zur Erleichterung der Benutzung des Buches sei eine Übersicht über die geologische Schichtenfolge gegeben:

Geologische Schichtenfolge

A. Känozoikum 1. Alluvium } Quartär
                   2. Diluvium (Eiszeitalter, Pleistozän) }
                   3. Tertiär a) Pliozän
                             b) Miozän
                             c) Oligozän
                             d) Eozän
                             e) Paleozän
B. Mesozoikum 4. Kreide a) Senon
                             b) Turon
                             c) Cenoman
                             d) Gault
                             e) Neokom und Hils, Wealden

                    Jura   a) Weißer Jura (Malm)
                                b) Brauner Jura (Dogger)
                                c) Schwarzer Jura (Lias)
              6. Trias   a) Keuper [oberste Stufe desselben = Rhät]
                                 b) Muschelkalk
                                 c) Buntsandstein
C. Paläozoikum 7. Dyas oder Perm a) Zechstein
                                 b) Rotliegendes
              8. Karbon   a) Produktives Karbon
                                 b) Kulm
              9. Devon
             10. Silur
             11. Kambrium
             12. Präkambrium (Algonkium usw.)
D. Archaikum (Gneis, kristallinische Schiefer, ohne organ. Reste).

Kapitel I
Die fossilen Klimazeugen

Die Zahl der Zeugnisse für das vorzeitliche Klima ist Legion. Im Grunde genommen trägt jedes Gestein, jede fossile Flora und Fauna den Stempel des Klimas zur Entstehungszeit. Aber in der Auffindung und Deutung dieses Stempels stehen wir noch in den ersten Anfängen. Sind wir doch noch ganz im unklaren über die klimatische Bedeutung nicht nur mancher Lebensformen, die uns bei unseren Analogieschlüssen durch ihre überraschenden Eigenschaften leicht in die Irre führen, sondern auch solcher Gebilde, bei deren Entstehung es sich nur um physikalische und chemische Vorgänge handeln kann, wie z. B. des Petroleums, des Asphalts, des Graphits, des Dolomits und anderer Gesteine.

Obwohl in diesem Buche die ausführliche Besprechung der Klimazeugnisse der größeren Anschaulichkeit halber grundsätzlich dort erfolgen soll, wo sie in der Erdgeschichte auftreten, wird es doch nützlich sein, eine kurze Übersicht zur Orientierung vorauszuschicken.

Die Spuren, welche frühere Inlandeisdecken zurückgelassen haben, bilden wichtige Klimazeugnisse. Wie später gezeigt werden wird, hängt die Entwicklung von Inlandeis weniger von der Niederschlagsmenge, als von der Temperatur ab, und insbesondere sind niedrige Sommertemperaturen dazu nötig. Im Innern großer Kontinente, wo die Jahresschwankung der Temperatur groß ist, sind daher die Bedingungen ungünstig, weil die Sommerwärme den Schnee beseitigt, während eine maritime Gegend selbst bei höherer Jahresmitteltemperatur Inlandeis tragen kann. Nicht überall im Polarklima braucht sich also dies durch Inlandeisspuren zu erkennen zu geben. Aber andererseits haben wir es da, wo wir solche Spuren finden, zweifellos mit Produkten des Polarklimas zu tun. Heute finden wir Inlandeis höchstens bis 60° Breite herab.

Das deutlichste Merkmal einer ehemaligen Inlandeisbedeckung sind Reste des Eises selbst, wie sie auf Alaska, in Nordostsibirien und auf den Neusibirischen Inseln in Gestalt des später eingehend zu besprechenden fossilen Steineises seit dem Tertiär erhalten sind als Reste einer gewaltigen, diese Gegenden einst ganz bedeckenden Inlandeiskappe. Auch in Finnland scheinen sich letzte Reste des dortigen quartären Inlandeises erhalten zu haben. Zur unbegrenzten Erhaltung dieses Steineises bedarf es nur zweier Bedingungen: erstens eines Schutzes von oben gegen die Sommerwärme durch eine etwa meterdicke Schicht von Moränenschutt oder Torf, und zweitens einer so tiefen Jahresmitteltemperatur, daß die Isothermenfläche von 0° C, das ist die untere Grenze des gefrorenen Bodens, unterhalb des Eises verläuft. Man kann daher aus der Erhaltung dieser Eisreste schließen, daß die Jahresmitteltemperatur seit der Entstehungszeit ständig oder bis vor kurzem unter —2° C gelegen hat.

Aber auch wo das Eis nicht selbst erhalten ist, hinterläßt es Spuren seiner Tätigkeit. „Wo wir den felsigen Untergrund geglättet und geschrammt und darüber eine ungeschichtete sandiglehmige Ablagerung finden, in welcher fremde Gesteinsstücke, ebenfalls geglättet und gekritzt, eingestreut sind, da muß f l i e ß e n d e s E i s einmal vorhanden gewesen sein. Die Richtung der Schrammen ist ebenso wie das Heimatland der erratischen Blöcke ein unzweideutiger Hinweis auf die Herkunft der Eisströme" (J. W a l t h e r). Am häufigsten findet man die Blocklehme, mit deren Namen treffend das unsortierte Durcheinander von feinstem und gröbstem Material gekennzeichnet wird. Eis saigert eben nicht das Material so, wie es Wind und Wasser tun. In der Regel sind die Blocklehme ungeschichtet. Wo Schichtung zu beobachten ist, in welche kleinere und größere erratische Blöcke eingestreut sind, haben wir es meist mit Ablagerungen unter schwimmendem Inlandeis zu tun, dessen unterste, mit Moräne durchsetzten Schichten im Wasser abschmelzen und ihren Inhalt herabsinken lassen. In vielen solchen Fällen kann diese Entstehung durch die Reste der Meeresfauna unmittelbar nachgewiesen werden. Die Blocklehme der älteren Zeiten sind meist zu festen Gesteinen, Tilliten, verhärtet. Man kennt solche Blocklehme bzw. Tillite aus dem Algonkium, Kambrium, Devon, Karbon, Perm, Miozän, Pliozän und Quartär. Leider sind gerade diesen häufigsten Spuren ehemaliger Inlandeisdecken andere „pseudoglaziale" Konglomerate bisweilen zum Verwechseln ähnlich, die auf gewöhnlicher Schuttbildung beruhen. In letzteren kommen gelegentlich auch Gesteinsglättungen und Schrammen vor, welche gekritztes Geschiebe vortäuschen, in Wirklichkeit aber auf Gleitharnische zurückzuführen sind. Eine ganze Reihe derartiger Erscheinungen z. B. aus dem europäischen Karbon ist anfangs für glazial angesprochen worden, während man sie heute als pseudoglazial betrachtet. Über verschiedene andere Fälle sind die Meinungen geteilt. Im allgemeinen pflegt man erst dann die glaziale Natur als ganz einwandfrei erwiesen zu betrachten, wenn es, wie z. B. bei der permokarbonischen Vereisung in Südafrika, gelungen ist, unter dem Blocklehm der Grundmoräne noch die polierte Oberfläche des anstehenden Gesteins nachzuweisen.

Auf ein wichtiges Hilfsmittel zur Erkennung der vorherrschenden Windrichtung zur Zeit größerer Ausdehnung der Gletscher hat neuerdings Fr. Enquist[1]) aufmerksam gemacht. Die ungleiche Entwicklung der Gletscher auf verschiedenen Seiten eines Berges ist bisher sehr verschieden gedeutet worden. Enquist glaubt sie „ausschließlich" der Wirkung des Windes zuschreiben zu müssen, der den Schnee vor und nach seinem Niederfallen der Leeseite des Berges zutreibt, im Gegensatz zum Regen, der überwiegend an der Luvseite ausfällt. Wir werden uns noch weiter unten im Abschnitt Quartär mit der Frage beschäftigen.

Auf dem nicht vom Eise bedeckten Raume des Polarklimas treten gewisse Erscheinungen auf, welche mit dem gefrorenen Boden bzw. mit dem Fließen seiner obersten, im Sommer aufgetauten Schicht zusammenhängen. Hierher gehören namentlich die Blockströme, die als „Steinmeere" in den deutschen Mittelgebirgen bekannt sind und nach Harrassowitz im Quartär unter dem Einfluß kalten und dabei schneearmen Klimas entstanden sind. Beim europäischen Quartär wird neuerdings auch die Bedeutung der Verwitterungsrinden für die Klimafrage betont. Wenn wir z. B. unter dem oberen, wenig verwitterten Löß einen älteren Löß mit viel tiefer reichender und dunklerer Verwitterungsrinde finden, so ist dies ein Zeichen dafür, daß zwischen der Ablagerung beider eine viel längere Zeit mit zum Teil wärmeren Sommern vergangen ist, als seit der Ablagerung des oberen, viel jüngeren Lösses.

Eine andere wichtige Gruppe von Klimazeugnissen bilden die Kohlen. Aber merkwürdigerweise herrscht noch heute eine große Verwirrung über die Frage, wie das Klima beschaffen war, von dem sie zeugen. Die Unkenntnis der Tropenmoore, welche bisher wegen ihrer Unzugänglichkeit von den Reisenden nicht beschrieben wurden, hat zu dem lähmenden Vorurteil geführt, daß Torf- und damit Kohlenbildung in den Tropen nicht vorkomme, und man war schnell bei der Hand, in der hohen Temperatur, welche die Verwesung fördere, den Grund zu sehen. Noch heute kranken die meisten klimatischen Erörterungen über Kohlenbildung in den Lehrbüchern an dieser unheilvollen Irrlehre, die nicht einmal durch Potoniés Protest ausgerottet worden ist, obwohl doch heute tropische Moore von Sumatra, Ceylon, Zentralafrika und British-Guyana bekannt sind! Wir begnügen uns hier mit diesem kurzen Hinweis und verweisen für das Nähere auf die Ausführungen im Kapitel Karbon und Perm. Über die Temperatur zur Entstehungszeit können uns Kohlenflöze und Torfschichten nur durch ihre Mächtig-

---

[1] Fredrik Enquist, Der Einfluß des Windes auf die Verteilung der Gletscher. Bull. of the Geol. Inst. of Upsala, Vol. 14, 1916.

keit einigen Anhalt geben, denn selbst von den Anhängern der genannten Irrlehre wird zugegeben, daß die Torfbildung innerhalb ihrer angeblichen Grenzen um so intensiver vor sich geht, je höher die Temperatur ist. Der eigentliche Beitrag dieser Bildung zur Klimafrage liegt aber nicht auf dem Gebiet der Temperatur, sondern der Feuchtigkeit. Denn damit ein Wasserbecken vermooren kann, muß es jedenfalls mit Süßwasser gefüllt sein, was nur in den Regengürteln der Erde, nicht in den Trockengebieten geschehen kann. Kohlen können also nicht in den Trockengürteln der Roßbreiten, sondern nur in der äquatorialen Regenzone und den beiden Regenzonen der gemäßigten Breiten entstehen, oder sonst an Stellen, wo die Trockengürtel durchbrochen sind, wie heute auf Florida oder am ostasiatischen Kontinentalrand. Freilich genügt feuchtes Klima noch nicht zur Moorbildung, es müssen noch die topographischen Vorbedingungen für die Bildung von Süßwasserseen gegeben sein. In alten, gut drainierten Landschaften ist dies nicht der Fall, und hier kann sich deshalb auch kein Torf bilden, trotz des Niederschlags. Wo aber das Inlandeis nach seinem Abschmelzen zahlreiche unregelmäßige Bodenvertiefungen hinterlassen hat, füllen sich diese unter dem Einfluß des subpolaren Regenklimas mit Wasser und vermooren. Zahllose Torfmoore bzw. Kohlenflöze folgen daher der Überschwemmung mit Inlandeis regelmäßig nach. Und ebenso schaffen Faltungen und ähnliche Bodenbewegungen neue Becken, die vermooren können. **Alle großen Kohlenformationen der Erdgeschichte sind auf solche Art entstanden: entweder auf Moränen oder auf frischen Faltungen.**

Die Kohlen der ältesten Zeiten werden von manchen Autoren als „Algenkohlen", entstanden aus zusammengehäuftem Seetang oder anderen Meeresgewächsen, betrachtet. Nach unserer Ansicht muß diese Deutung unwahrscheinlich bleiben, bis es gelingt, gegenwärtig die Entstehung von Torf auf diesem Wege nachzuweisen. Die sogenannten „paralischen" Kohlenflöze, welche durch marine Zwischenlagen zeigen, daß sie in Meeresnähe in Lagunen entstanden, können nicht als Übergang gedeutet werden. Es handelt sich auch bei ihnen um Vermoorung von Süßwasser, das sich in Lagunen hinter dem Dünengürtel sammelte, nur daß zeitweise das Meer über diese Moore hinwegschritt. Wir glauben deshalb, daß man die Kohlen auch für die ältesten Zeiten als Klimazeugen nicht zu verwerfen braucht, was nötig wäre, wenn sie wirklich als Algenkohlen entstanden wären, und daß sich vielleicht sogar die Graphitlager, soweit sie als umgewandelte Kohlenflöze betrachtet werden dürfen, als Zeugen für Regenklimate verwenden lassen. Natürlich kann hier nicht die Rede sein von den gangförmigen Vorkommen des Graphits, die nach Rinne als Fumarolenbildungen zu betrachten sind, sondern nur von den flözförmigen, die, wie „vornehmlich die österreichischen (Böhmen, Mähren, Niederösterreich, Steiermark), durch Kontaktmetamorphose aus Steinkohlen entstanden sind."[1])

Die wichtigste Gruppe von Klimazeugnissen sind die Produkte der Trockengebiete, insbesondere Salz, Gips und Wüstensandsteine, denn sie sind es hauptsächlich, welche eine richtige Orientierung der Klimazonen und des Gradnetzes in unseren Erdkarten der Vorzeit ermöglichen. Ihre heutige Lage zeigt Fig. 1, welche auch alle diejenigen Isothermen enthält, von denen in diesem Kapitel die Rede ist. Als Grenze der Trockengebiete ist, da die Temperatur hierbei wegen der Verdunstung eine wichtige Rolle spielt, nicht eine bestimmte Regenmenge, sondern, wenn t die Jahrestemperatur ist, der Ausdruck genommen (cm) $33 + t$, wenn der Niederschlag gleichförmig über das Jahr verteilt ist; wo er überwiegend im Sommer fällt, ist die Konstante erhöht, bis zu 44 hinauf; wo er überwiegend im Winter fällt, ist sie erniedrigt, bis zu 22 hinab. Die auf diese Weise umgrenzten Trockengebiete ordnen sich, wie die Karte zeigt, in zwei Gürteln, die den Hochdruckgürteln der Roßbreiten entsprechen, mit den Kernen etwa zwischen 20 und 30° Breite. Im Innern der großen Kontinente, namentlich Asien, stoßen sie polwärts vor, und bei den meridionalen Gebirgen Amerikas liegen sie zum großen Teil in Lee des Gebirges, also im Passatgebiet westlich, im Westwindgebiet östlich der Bergketten. Am Ostrande der Kontinente sind die Trockenzonen unterbrochen, während sie am Westrande weit aufs Meer hinausreichen.

Die so definierten Trockengebiete umfassen sowohl das Wüsten- wie das Steppenklima. Das unzweideutigste Produkt derselben ist das Steinsalz, welches durch Verdunsten von Seewasser entsteht. In den meisten Fällen handelt es sich um größere Überschwemmungen (Transgressionen) des Festlandes, die durch Bodenbewegungen vom offenen Meere abgesperrt werden. Im Trockenklima, wo die Verdunstung gegenüber dem Niederschlag überwiegt, wird zunächst das Areal der Überschwemmung durch Austrocknung immer kleiner und dabei die Salzlösung immer konzentrierter, bis schließlich auf immer kleiner werdendem Raume die Ausscheidung des Salzes vor sich geht. Zuerst scheidet sich Gips aus, dann das Kochsalz (Steinsalz), und erst bei sehr scharfer Austrocknung auch die leichtzerfließenden Kalisalze. Diese Entstehungsweise, die später bei Besprechung der permischen Salzbildungen in Deutschland noch eingehender geschildert werden wird, macht es erklärlich, daß Salzbildungen oft in Form von „Salzformationen" gleichzeitig über weiten Gebieten entstanden. Solche Salzformationen sind namentlich bekannt aus dem Kambrium (Indien), dem Silur (Nordamerika, Sibirien), dem Perm (Mitteleuropa, Nordamerika), dem Miozän

---

[1] F. Rinne, Gesteinskunde. 6./7. Aufl., S. 325, Leipzig 1921.

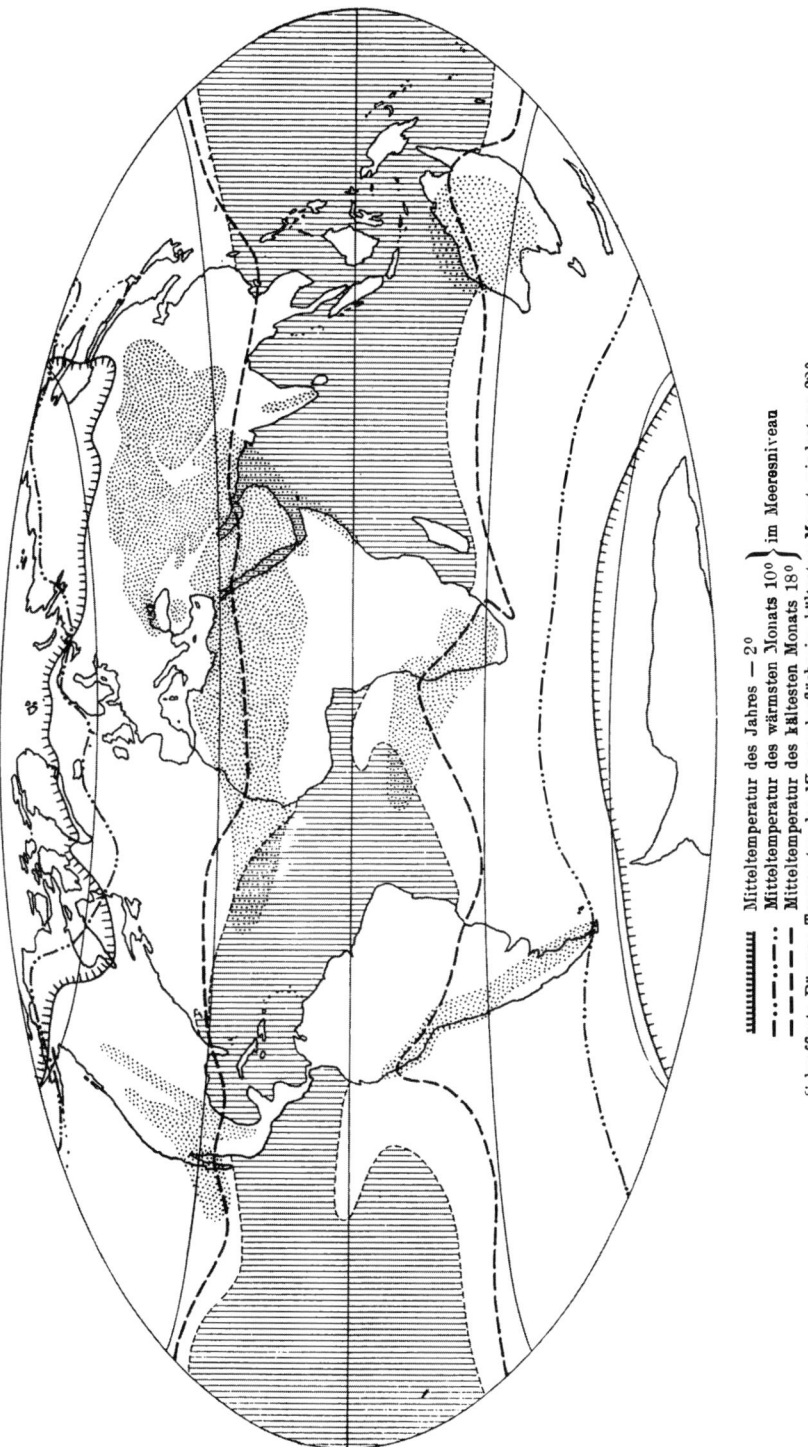

Fig. 1. Trockengebiete und Isothermen heute

(Südeuropa, Kleinasien). Aber dies sind nur die ausgedehntesten Vorkommen. In jeder geologischen Formation finden sich Salzablagerungen kleinerer oder größerer Ausdehnung. Noch verbreiteter sind aber Gipsablagerungen, die meist gleichförmig große Gebiete bedecken, während die Salzstöcke örtlich beschränkt in sie eingestreut sind. Die Gipsausscheidung fand eben schon in einem früheren Stadium statt, als das Wasser noch größere Gebiete bedeckte.

Auch bei der Bildung von Salzlagern spielt das Klima — ebenso wie bei der Kohlenbildung — nur die Rolle einer notwendigen, aber nicht zugleich hinreichenden Bedingung. Es muß vielmehr außerdem auch Seewasser in abgeschlossenen Becken für die Verdunstung zur Verfügung stehen. In größerem Maßstabe ist dies nur in Regressionsgebieten der Fall, wo durch Hebung des Bodens die früheren Schelfmeere vom Weltmeere abgesperrt werden und nun, wenn das Klima trocken genug ist, der Austrocknung verfallen. Die Bildung großer Salzformationen geschieht daher stets nur in ausgedehnten Regressionsgebieten, soweit diese in Trockengebiete fallen. Wir können dies allgemeine Gesetz auch noch anders fassen, wenn wir berücksichtigen, daß solche ausgedehnten Regressionsgebiete sich in dem Quadranten vor dem wandernden Pol bilden, infolge des Nachhinkens des Erdkörpers bei der Neuanpassung an das Rotationsellipsoid, während das Meer die neue Form sogleich einnimmt.[1]) Die Gegenden, welche im Trockengebiet vor dem wandernden Pol liegen, müssen bei der vorangehenden Achsenlage in der äquatorialen Regenzone gelegen haben. Es sind daher gerade solche Gegenden, welche aus der äquatorialen Regenzone in das Trockengebiet versetzt werden, vorzugsweise befähigt, große Salzformationen zu bilden, viel weniger solche, welche aus den gemäßigten Regenzonen in das Trockengebiet geraten. Die Beobachtungen bestätigen diese Regel in auffallender Weise: Im Karbon hatte so die Sahara günstige Bedingungen für Salzbildungen, im Perm dagegen Nordamerika und Europa; und auch die große miozäne Salzformation in Osteuropa und Kleinasien betraf Gebiete, die noch im Frühtertiär in der äquatorialen Regenzone lagen und massenhaft Kohle bildeten.

Als Wüstenbildungen sind ferner die mächtigen fossilleeren Sandsteine mit Rippelmarken, Trockenrissen, Netzleisten, Tierfährten und Regentropfeneindrücken anzusehen. Alle diese Erscheinungen zeigen, daß der Erdboden jeder schützenden Vegetationsdecke bar war. Kreuzschichtungen deuten auf die steilen Böschungswinkel von Wanderdünen hin. Freilich ist bei dem Schluß auf Trockenklima hier Vorsicht ge-

---

[1]) Vgl. A. Wegener, Die Entstehung der Kontinente und Ozeane. 3. Aufl., S. 85. Braunschweig 1922.

boten, denn Dünen kommen z. B. als Strandbildungen auch in dem regenreichen Klima Norddeutschlands vor, und gewaltige Sandmassen entstehen auch als „Sandr" durch die saigernde Wirkung der Schmelzflüsse am Rande des Vatna-Jökul auf Island. Die im Quartär auf solche Weise in Deutschland entstandenen Sandmassen sind vielfach gleichfalls durch den Wind zu Wanderdünen umgeformt, die später bewachsen, doch an ihrer Form als Inlanddünen erkennbar sind.[1]) Solche meist weißen Sande können also auch unter ganz anderen Klimaten als in der Wüste entstehen. Aber die Räume, wo dies geschieht, sind doch nur klein im Vergleich zu der großen Ausdehnung der Wüsten auf der Erde.

Vor allem zeugt aber die große Mächtigkeit dieser Sandsteine von ihrer Entstehung in der Wüste. Denn „unter dem Einfluß der überaus starken Verwitterung in Trockengebieten zerfällt das Gestein in Schutt, der Schutt geht zu Tale, und so bleibt die Höhe ständig dem Einfluß intensivster Verwitterung ausgesetzt, so daß auf diese Weise schließlich eine Einebnung des hügeligen Geländes erfolgen kann".[2]) Die letzten Reste der Höhen sind die „Zeugenberge". Auf diese Weise sind auch die Konglomerate zu deuten, die vielfach an der Basis solcher Wüstensandsteine liegen und gelegentlich Anlaß zu Verwechselungen mit glazialen Blocklehmen gegeben haben. J. Walther schildert diese Vorgänge in anschaulichen Worten, die hier wiedergegeben seien:[3])

„Glatt wie ein Tisch schneidet die steinige Hamada den Horizont, in sanften Wellenlinien verliert sich die Kieswüste in der Ferne. Rings geschlossene Wannen und Oasendepressionen hat der Wind ausgehoben; phantastische Felsen steigen aus dem ebenen Schuttlande; regellose Talsysteme mit wechselndem Gefälle verbinden locker die Niederungen. — Äolische Verwitterung hat weithin alle Felsen gelockert, zerbröckelt, gespalten, unterminiert. Jahrelange Trockenheit hat zahllose große und kleine Gesteinsbrocken erzeugt, heftige Stürme haben sie allseitig freigeblasen, aufsteigende Salzlösungen haben ihren Kern erweicht und ihren Zusammenhang vermindert, Bergstürze sind herabgebrochen und haben breite Schuttkegel gebildet. Der Sandschliff hat die Kanten und

---

[1]) Die nähere Erforschung dieser U-förmigen Dünen, die sich zahlreich, meist unter Wald, im Innern Skandinaviens, Norddeutschlands, Polens, Ungarns usw. finden, wird namentlich über die Windrichtung zu ihrer Entstehungszeit Aufschluß geben können. Vorläufig ist allerdings noch strittig, ob sie mit Ostwinden von der geschlossenen Seite des U abgelagert sind, wie es Solger behauptet, oder mit Westwinden von seiner offenen Seite her, wie es die meisten andern lehren. (Solger, Dünenbuch, Stuttgart 1910; — Keilhack, Die großen Dünengebiete Norddeutschlands, Zeitschr. D. Geol. Ges. Bd. **69**, 1917; — J. Högbom, Ancient Inland Dunes of N. and Middle Europe, Geografiska Annaler 1923.)

[2]) W. Volz, Nordsumatra, Bd. II. Berlin 1912.

[3]) J. Walther, Das Gesetz der Wüstenbildung. 2. Aufl., S. 161. Leipzig 1912.

Ecken der Steine rund geschliffen, und selbst große Felsenblöcke liegen, von wenigen Stützpunkten gehalten, labil auf ihrem Fundament. Lockerer Flugsand hat weite Flächen überschritten, feinster Lößstaub ist durch Steppenpflanzen gesammelt worden, leichtlösliche Salze sind aus dem Boden ausgeblüht und überziehen Felsen und Erdboden mit einer weißen Kruste — da stürzen mit einem Male in den zerrissenen Felsengebirgen riesige Wassermassen hernieder, wälzen sich brausend durch die Uadischluchten, drängen sich durch enge Pforten, und ein Meer ergießt sich über die Wüstenebene. Das scheinbar Unmögliche wird Wirklichkeit: riesengroße Felsenquadern beginnen sich zu bewegen, kiesüberdeckte Flächen geraten in Fluß, ein Sandbrei fließt vom Rande des Dünengebiets herab und breitet sich in langen Zungen wie ein weicher Kuchenteig über die Ebene. Alle Tonflächen und Lößlager werden erweicht und fließen nach den Niederungen, und im Nu sind die Salzmassen gelöst und abgeleckt, die durch jahrelange Trockenheit geschützt überall den Boden überzogen."

Sobald das Material zu Sand zerkleinert ist, beginnt die Herrschaft des Windes. Die Dünen wandern. Bei konstanter Windrichtung entstehen „Windkanter" dann, „wenn der über den Boden schleifende Sand durch herumliegende Hindernisse in jene kleinen Sandgerinne zerlegt wird, die man während eines Sandsturmes wie Schlangen über den Boden gleiten sieht. Sie teilen sich vor jedem Hindernis, fließen dann wieder zusammen, können so an demselben Geröll von verschiedenen Seiten Flächen anschleifen, die sich in scharfen Kanten schneiden."[1])

„Die Panzerung des Geländes durch gleichmäßig verteilte härtere, dem Winde gegenüber unangreifbare Massen, wie manche Steinpackungen und Windkanterzonen, gehört ebenso wie Amphitheater, Zeugen und Inselberge, Zungenberge und steilwandige Blindenden (von Schluchten) zu den Denudationsformen, bei deren Ausbildung mehr der Wind als das Wasser tätig war." Wie die dunklen Schutzrinden oder Wüstenlacke entstehen, ist wohl noch nicht ganz aufgeklärt.

Die Staubstürme transportieren den feineren Staub auch über die Grenze der eigentlichen Wüste hinaus, um sie dann im Gebiet der grasbewachsenen Steppe wieder als Löß abzusetzen. Auf diese Weise bildet sich noch heute der Löß in China weiter. Sein poröser Aufbau und besonders seine eigenartige Röhrchenstruktur werden auf Pflanzenwurzeln zurückgeführt und setzen also eine Grasbewachsung des Bodens voraus. Löß ist daher ein Zeugnis für Steppenklima, setzt aber in der

---

1) Ein Maß für die Wirkung dieses Sandgebläses liefern die ägyptischen Bauten, die im Laufe von 2000 bis 4000 Jahren in ihren unteren Teilen, je nach dem Material, zerfressen sind, während die späteren wenig beschädigt sind.

Nachbarschaft eine Wüste ohne Pflanzenwuchs voraus, aus welcher der Wind das Material entführen konnte, um es dann zwischen den Halmen der Steppe abzulagern. Die chemische Zusammensetzung des unverwitterten Löß zeigt einen starken Kalkgehalt und bezeugt hierdurch die Herkunft aus einem Trockenklima, wo der Regen nicht ausreicht, um dem Boden die Salze zu entziehen. Für die Hauptlößgebiete der Erde, China und Argentinien, ist diese Entstehung sicher. Die weit unbedeutenderen Lößvorkommen in Europa und Nordamerika zeigen allerdings, daß Löß auch noch unter anderen Klimabedingungen entstehen kann. Denn hier, wo der quartäre Löß sich kranzartig um den breiten Streifen von Sand herumlegt, der sich außen an die Grundmoräne des Inlandeises anschließt, kann das Material des Löß nicht aus der Wüste, sondern nur aus der abtrocknenden Grundmoräne stammen, in der diese feinzerriebenen Gesteinspartikel — im Schmelzwasser als Gletschertrübe bekannt — das Material der Blocklehme bilden. Auch dies Material ist zunächst kalkhaltig und wird erst, wie der chinesische Löß, durch Verwitterung in feuchtem Klima, d. h. namentlich durch Auslaugen des Kalkes, zu Lehm. In Europa und Nordamerika zeugt also der Löß von der Nachbarschaft des Inlandeises, nicht der Wüste, und entstand im Tundrenklima, nicht im Steppenklima.

Auch über die Windrichtung gibt uns der glaziale Löß einige Fingerzeige: er ist auswärts, nie einwärts von den Moränen abgelagert worden, denen er entstammte.

Eine große Erleichterung für die Erkennung des Klimacharakters von Sandsteinschichten bietet ihre Färbung, da die rote Farbe auf hohe Temperatur zur Entstehungszeit hindeutet und damit die Entstehung am Rande des Inlandeises und auch als Stranddünen in gemäßigten Breiten ausschließt. Nach Ramann[1]) schließen sich die Böden, wenigstens in den regenreichen Gebieten, den Temperaturzonen an: in den Tropen Laterit, im Mittelmeergebiet Roterden, in den gemäßigten Zonen Braun- und Gelberden und in kühlen und kalten Gebieten die ausgelaugten Podsolböden (Bleicherden).

Sehr bestimmt spricht sich Lang aus:[2])

„Während unter unseren kühleren Klimaten die kieselsäurereiche Gelberde als letztes Restprodukt der Verwitterung zurückbleibt, wobei der Anteil der Kieselsäure durchschnittlich 60 % der Substanz ausmacht, finden wir in den Mediterrangebieten als entsprechendes Verwitterungsprodukt die Roterden oder die Terra rossa, die mit durchschnittlich nur 20 bis 40 % Kieselsäuregehalt an Tonerde und Eisen-

---

1) Ramann, Bodenkunde. 3. Aufl. Berlin 1911.
2) R. Lang, Verwitterung und Bodenbildung als Einführung in die Bodenkunde. 188 Seiten. Stuttgart 1920. Dieselbe Erklärung der Bodenfarben gibt auch H. Stremme, Profile tropischer Böden, Geol. Rundsch. **8**, 1917, S. 80—88.

oxyd relativ reicher ist. In dem entsprechenden Verwitterungsprodukt der Tropen endlich, im Laterit, kann der Kieselsäuregehalt bis auf Null zurückgehen, während Aluminiumoxyd und Eisenoxyd an Menge entsprechend weiter zugenommen haben."

„Der Eisenanteil, der unter niederen Temperaturen, in kühlem Klima, ein stark wasserhaltiges Oxyd in Form von Brauneisen bildet, verliert mit zunehmenden Temperaturen, d. h. in wärmeren Gebieten, immer mehr seinen Wassergehalt und geht daher in wasserärmeres Eisenoxydkolloid über. Während das Brauneisen je nach der physikalischen Beschaffenheit der Einzelteilchen gelbe bis braune, ja selbst schwärzliche Färbung aufweist, verändert sich die Farbe des Eisenoxydkolloids mit abnehmendem Wassergehalt allmählich in ein leuchtendes Orange und schließlich in Hochrot und Karmin bis Violett

„In den humiden Gebieten, in denen eine nennenswerte Humusanreicherung nicht existiert, sind die genannten Restprodukte Gelberde, Roterde und Laterit die hauptsächlich auftretenden Böden. Sie bilden eine einheitliche Bodenreihe, die durch die Temperatur bestimmt ist."

Lang glaubt auch die Temperaturgrenzen angeben zu können: Gelberde bis 12° Jahresmitteltemperatur, Roterden, „die jedoch trotz ihres Namens keine so leuchtenden Farben zeigen wie der Laterit," zwischen 12 und 20°, und Laterit über 20°. Die Zunahme der Rotfärbung bei abnehmendem Wassergehalt des Rostes geht übrigens auch aus den beiden natürlichen Eisenerzen Brauneisenstein und Eisenglanz (bzw. dessen Varietät Roteisenstein) hervor, von denen das erstere Eisenhydroxyd ist und braunen bis ockergelben Strich zeigt, während das zweite Eisenoxyd ist und kirschroten Strich aufweist. — Das devonische Old Red und der Buntsandstein der Trias sind die Schulbeispiele solcher roten Wüstensandsteine.

Bisher haben wir nur Klimazeugnisse aus der anorganischen Welt besprochen. Sie sind die sichersten, weil sie streng an physikalische Werte gebunden sind und sich nicht wie die Organismen anpassen können. Dennoch bildet die Pflanzen- und Tierwelt, zumal wenn man ihre jedesmalige geographische Verbreitung berücksichtigt, ein Klimazeugnis von größter Bedeutung. Beim Vergleich zweier Floren aus gleicher geologischer Zeit läßt sich meist mit völliger Sicherheit sagen, welches die wärmere und welches die kühlere war, und wenn man die Anzahl der tropischen, subtropischen und gemäßigt temperierten Formen prozentisch für die fossile Flora angibt, so erhält man eine Zahl, welche in den meisten Fällen trotz mancher im einzelnen begangener Irrtümer doch von großem Wert ist und den Klimacharakter genügend genau charakterisiert. Für die Zeiten seit dem Tertiär, wo die Pflanzenarten sich den heutigen nähern, hat namentlich Heer sogar versucht, die Jahrestemperatur schätzungsweise zu ermitteln. Es wird gezeigt werden, daß diese Zahlen offenbar größtenteils recht gut stimmen; Irmscher hat vor kurzem auf ein allgemeines Gesetz der Pflanzenausbreitung aufmerksam gemacht, dessen Kenntnis für die Abschätzung des Klimacharakters unerläßlich ist.[1]) Er zeigte nämlich, daß auch die heute an der arktischen Baumgrenze wachsenden Bäume von tropischen Vorfahren abstammen. Die meisten neuen Formen sind aus den Tropen gekommen, wobei sie sich oft bipolar ausbreiteten — ein Gesetz, was übrigens wohl auch für den Menschen gilt. Wenn daher eine fossile Flora (wie die jüngeren Kreidefloren) Verwandtschaft mit heute in gemäßigten Breiten lebenden Pflanzen zeigt, so darf man noch nicht schließen, daß auch damals das Klima gemäßigt war, es kann vielmehr erheblich wärmer gewesen sein. Der umgekehrte Schluß ist sehr viel sicherer: wenn eine fossile Flora Verwandtschaft mit heutigen nur tropischen Pflanzen zeigt, so ist sie mit großer Wahrscheinlichkeit auch tropisch gewesen.

Mit Recht werden die Jahresringe in Holzgewächsen als ein Anzeichen für winterliche Wachstumsunterbrechung betrachtet, wie sie namentlich in dem kontinentalen „Schnee-Wald-Klima" der gemäßigten Breiten zu Hause ist. Man hat gegen dies Klimazeugnis geltend gemacht, daß viele Bäume auch durch periodische Trockenzeiten trotz hoher Temperatur veranlaßt werden, das Laub abzuwerfen und also das Wachstum zu unterbrechen, und daß man bei genauerer Untersuchung sowohl in der tropischen Regenzone einige Bäume mit Jahresringen als in den Schnee-Wald-Klimaten einige ohne Jahresringe findet. Aber es kann doch kein Zweifel sein, daß dies die Ausnahmen sind, während die Regel die ist, daß wir in den wechselwarmen Klimaten Jahresringe und in den Tropen keine Jahresringe haben. Und mit mehr als einer Regel können wir bei dem launenhaften Verhalten der Organismenwelt ohnehin nicht rechnen. Das Kriterium der Jahresringe kann also durch diese Einwände nicht aufgehoben werden, und wir können auch hinzufügen, daß es in keiner geologischen Formation zur Gesamtheit der übrigen Klimazeugnisse in Widerspruch tritt, woraus hervorgeht, daß wir es überall mit der Regel, nirgends mit der Ausnahme zu tun haben.

Bäume sind an sich bereits ein Klimazeugnis insofern, als sie außerhalb des baumlosen Tundrenklimas gewachsen sein müssen. Heute fällt die Baumgrenze fast völlig mit der 10°-Isotherme des wärmsten Monats zusammen (vgl. Fig. 1). Jenseits dieser Grenze legen sich auch Holzgewächse wie die Polarweide flach auf den Boden. Der Grund liegt auf der Hand, wenn man berücksichtigt, daß der Boden selbst und die

---

1) E. Irmscher, Pflanzenverbreitung und Entwicklung der Kontinente. Mitt. us dem Institut für allg. Botanik, S. 209. Hamburg 1922.

ihm unmittelbar aufliegende Luftschicht sich im Polarsommer sehr stark über die meteorologische „Lufttemperatur" erwärmt, die in 2 m Höhe gemessen wird. Die Pflanzen finden auf diese Weise am Boden noch die für sie nötigen Wärmebedingungen, während diese in freier Luft, d. h. für hochstämmige Bäume, an der genannten Isotherme zu Ende sind. Die letzten Vertreter der Bäume an der heutigen Baumgrenze gehören zu sehr verschiedenen Familien; der Schluß liegt deshalb nahe, daß dieser Grenzisotherme eine allgemeine Bedeutung für die Pflanzenwelt zukommt, und sie deshalb auch in der Vorzeit die Baumgrenze dargestellt hat. Dies würde besagen, daß stets und überall, wo hochstämmige Bäume wuchsen, der wärmste Monat des Jahres mindestens eine Mitteltemperatur von 10° C hatte. Da, wo wir Baumreste in zeitlicher oder räumlicher Nähe von Inlandeisspuren finden, ist dies Klimazeugnis von Wert.

Von Wasserpflanzen sind namentlich die Kalkalgen des Ozeans wichtige Klimazeugen, denn die mächtigen Kalkriffe, die sie aufgebaut haben, zeugen von subtropischer oder tropischer Wärme des Meerwassers. Wir werden auf diese Erscheinung bei Besprechung der Korallen zurückkommen.

Das Zeugnis der Tierwelt für das Klima ist von gleicher Wichtigkeit wie das der Pflanzenwelt. Von Landtieren ist besonders die Ordnung der Reptilien von Interesse, weil ihr Körper keine nennenswerte Eigenwärme erzeugt und daher im wesentlichen allen Änderungen der Lufttemperatur folgt. In winterkalten Klimaten verfallen sie daher der Winterstarre, die sie zu wehrlosen Opfern ihrer besser angepaßten Feinde macht. Sie können daher in unseren Klimaten nur dann leben, wenn sie, wie Eidechsen und Ringelnattern, klein genug sind, um sich leicht verbergen zu können. Ein Atlantosaurus würde in einem deutschen Winter, auch wenn die Kälte ihn nicht töten würde, von Ratten und Mäusen gefressen werden. Und auch ein Krokodil wäre nicht imstande, etwa die Wärme des Wassers auszunutzen, da es nicht auf Wasseratmung eingerichtet ist wie die Fische, und der Zugang zur Luft durch die Eisdecke versperrt wird. Im Polargebiet finden die Reptilien überhaupt keine erträglichen Lebensbedingungen. Wo wir also diesen Stamm in besonders großen Vertretern reich entwickelt sehen, können wir unbedenklich auf winterloses, also tropisches Klima schließen.

Unter den warmblütigen Tieren, die sich vom Einfluß der Temperatur freigemacht haben, geben die Pflanzenfresser ein Kriterium über die Vegetation und damit die Regenmenge. Schnelläufer, wie Pferd, Antilope, Laufvögel, zeugen von Steppenklima, da ihr Körperbau auf Beherrschung großer Räume eingerichtet ist. Kletterer, wie Affe oder Faultier, sind im Wald zu Hause.

Interessante Schlüsse lassen sich auch aus der Verbreitung der heutigen Regenwürmer — fossile sind nicht erhalten — ziehen. Bei der ungeheuren Langsamkeit ihrer Fortentwicklung sowohl als auch ihrer Wanderungen gibt es viele Stellen auf der Erde, wo ihre heutige räumliche Anordnung nach allem, was wir schließen müssen, noch ganz derjenigen ihrer uralten Vorfahren aus der Kreide- oder Jurazeit entspricht. In solchem Falle können wir schließen, daß dort in der Zwischenzeit niemals Eisboden geherrscht hat, also niemals die Jahresmitteltemperatur unter — 2° gesunken ist. Denn diese Jahresisotherme stellt bis auf gewisse, durch die winterliche Schneedecke bewirkte Abweichungen lokalen Charakters auch heute die Grenze des ständig ge-

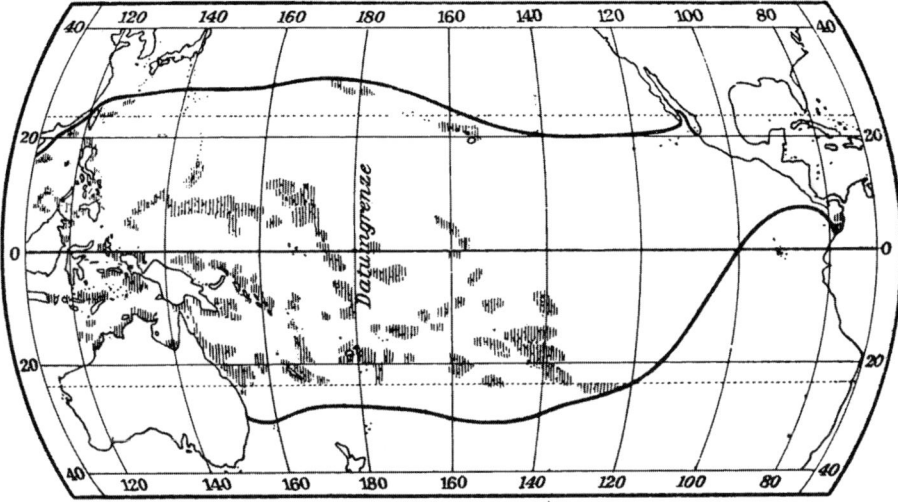

Fig. 2. Grenzen der Korallenriffbauten im Stillen Ozean
(nach dem Segelhandbuch der Deutschen Seewarte)

frorenen Bodens dar. Wäre nur ein einzigesmal die Temperatur unter diese Grenze gesunken, so wäre die alte Regenwurmfauna vernichtet worden und die Kontinuität der Entwicklung unterbrochen. Wir werden später sehen, daß dies Kriterium z. B. für das quartäre Klima Patagoniens eine Rolle spielt.

In der Meeresfauna sind es vor allem die Kalkriffbildner, die als Klimazeugen verwendbar sind, allen voran die Riffkorallen. Fig. 2 veranschaulicht die Verbreitung der Korallen im Stillen Ozean.[1]) Die Grenzen fallen, wie bekanntlich auch im Atlantik, ungefähr mit der Wasserisotherme des kältesten Monats von 22 bis 25° zusammen; sie bleiben meistens innerhalb der Luftisotherme des kältesten Monats von 18°, der klimatischen Grenze der Tropen (vgl. Fig. 1). Wenn man ab-

---

[1]) Segelhandbuch für den Stillen Ozean, herausgeg. von der Deutschen Seewarte, S. 5. Hamburg 1897.

sieht von den östlichen Teilen des Ozeans, wo am Rande der Kontinentalschollen durch den Passat kaltes Wasser aus höheren Breiten herangetrieben und teilweise aus der Tiefe heraufgesogen wird, liegt diese Grenze bei etwa 28° Breite. Zu betonen ist aber, daß sie als solche nur für echte Riffbildungen gilt. Einzelkorallen kommen auch in kühlem Wasser, z. B. in den norwegischen Fjorden, häufig vor. Die schon erwähnten Kalkalgenriffe scheinen etwas über die Korallenriffgrenze hinauszugreifen; sie finden sich heute z. B. im Mittelmeer, während Korallenriffe erst im Roten Meer beginnen, und ganz entsprechend bildeten sich auch in der Trias am Nordrande der Alpen hauptsächlich nur Algenriffe (Wettersteinkalk), am Südrande aber echte Korallenriffe (Schlerndolomit). In älterer Zeit werden die Korallen durch andere Riffbildner ersetzt, deren Wärmebedürfnis möglicherweise wieder etwas abweichend war, aber stets sind doch die großen Riffbildungen auf die tropische Zone beschränkt gewesen, und auch alle anderen Kalkschaler haben wohl stets wie heute in den tropischen Meeren besonders große Formen erzeugt. „Murray hat darauf aufmerksam gemacht und durch eingehende Vergleiche auch nachgewiesen, daß die Kalkausscheidung der Marinorganismen in den Tropen sehr viel bedeutender ist als in kälteren Gegenden. Nicht nur die einzelnen Individuen — man vergleiche Molluskengehäuse der Nordsee und des Indischen Ozeans —, sondern auch die absolute Menge des produzierten Kalkes ist in den Tropen unvergleichlich viel größer. Dabei ist abzusehen von großen Tiefen, wo sich bekanntlich eine Kalkabnahme bemerkbar macht."[1]

Die Ursache dieser größeren Kalkausscheidung in den warmen Meeren ist noch nicht mit Sicherheit erkannt. Die einfachste Erklärung wäre die, daß Kalk und Gips in warmem Wasser leichter zur Ausscheidung gelangen, weil sie bekanntlich hierin weniger löslich sind als in kaltem. Zur kalten Tiefsee absinkende Kalkschalen lösen sich auf, aber in den warmen Oberflächenschichten der tropischen Meere wird Kalk ausgeschieden. Zu einem sicheren Urteil fehlt es indessen noch an Beobachtungen. Dacqué zieht eine kompliziertere Erklärung vor; nach seiner Ansicht „wird durch tierisches Ammoniak aus anderen, im Meerwasser häufigen Kalksalzen der kohlensaure Kalk erst im Organismus selbst gefällt. Das Ammoniak resultiert aus zerfallenden Eiweißverbindungen, und dieser Prozeß geht in warmem Wasser intensiver und rascher vor sich als in kaltem. Murray beruft sich auf Experimente, aus denen erhellt, daß aus Wasser mit verschiedenartigen Kalkverbindungen die Tiere kohlensauren Kalk abspalten können; bemerkenswert ist auch, daß sich in der unmittelbaren Nachbarschaft von Korallenriffen das Meerwasser mit Ammoniak anreichert."

---

[1] Dacqué, Grundlagen und Methoden der Paläogeographie, S. 380. Jena 1915.

Kapitel II

Die Klimagürtel im Karbon und Perm

Wir beginnen die Besprechung der einzelnen geologischen Formationen mit Karbon und Perm, weil das Spätkarbon die älteste Zeit ist, für welche bisher eine einigermaßen ausreichende Kartengrundlage nach den Annahmen der Verschiebungstheorie vorhanden ist. Dieser Anfang erscheint aber auch deswegen günstig, weil im Karbon und Perm verschiedene Umstände dazu beitragen, die Orientierung des Äquators innerhalb der erreichbaren Genauigkeitsgrenze besonders genau und überzeugend zu gestalten, so daß wir einen guten Ausgangspunkt für das Folgende gewinnen. Denn einerseits gab die spätkarbone Faltenbewegung längs dem damaligen Äquator Anlaß zur Bildung besonders zahlreicher Süßwasserseen, die von der Pflanzenwelt mit mächtigen Torfschichten gefüllt wurden und uns die großen Steinkohlenlager lieferten. Und andererseits trat der Südpol von dem fast unbekannten Antarktika nach Südafrika hinüber, um dann in einem Bogen über Australien wieder nach Antarktika zurückzukehren, und bei dieser Exkursion entwickelte er zeitweise große Inlandeismassen, deren Spuren eingehend studiert worden sind. Das scharfe Hervortreten dieser beiden Erscheinungen, die in anderen Zeiten nicht in gleichem Grade ausgebildet waren, macht die Äquatorlage gerade im Karbon und Perm besonders evident. Die Besprechung dieser beiden Zeiten soll im Gegensatz zu den folgenden gemeinsam erfolgen, damit die großartige Erscheinung der permokarbonischen Vereisung der Südkontinente nicht zerrissen zu werden braucht.

A. Eisspuren. Eisspuren aus permokarbonischer Zeit sind gefunden worden auf den Falklandsinseln, in Südamerika (Argentinien und östliches Brasilien), in Mittelafrika (Kongo) und Südafrika, in Vorderindien, in West-, Mittel- und Ostaustralien[1]) (vgl. Fig. 3 u. 4). Heute sind diese Spuren über eine ganze Halbkugel verteilt, z. B. sind die Spuren in Nordostaustralien von denen in Nordostbrasilien

---

1) Nach Koert auch in Togo. Diese Spuren bedürfen aber wohl noch der Bestätigung, zumal sie auffallend weit aus dem Gebiet der übrigen herausfallen und auf unserer Karte nur auf etwa 42° Breite zu liegen kommen.

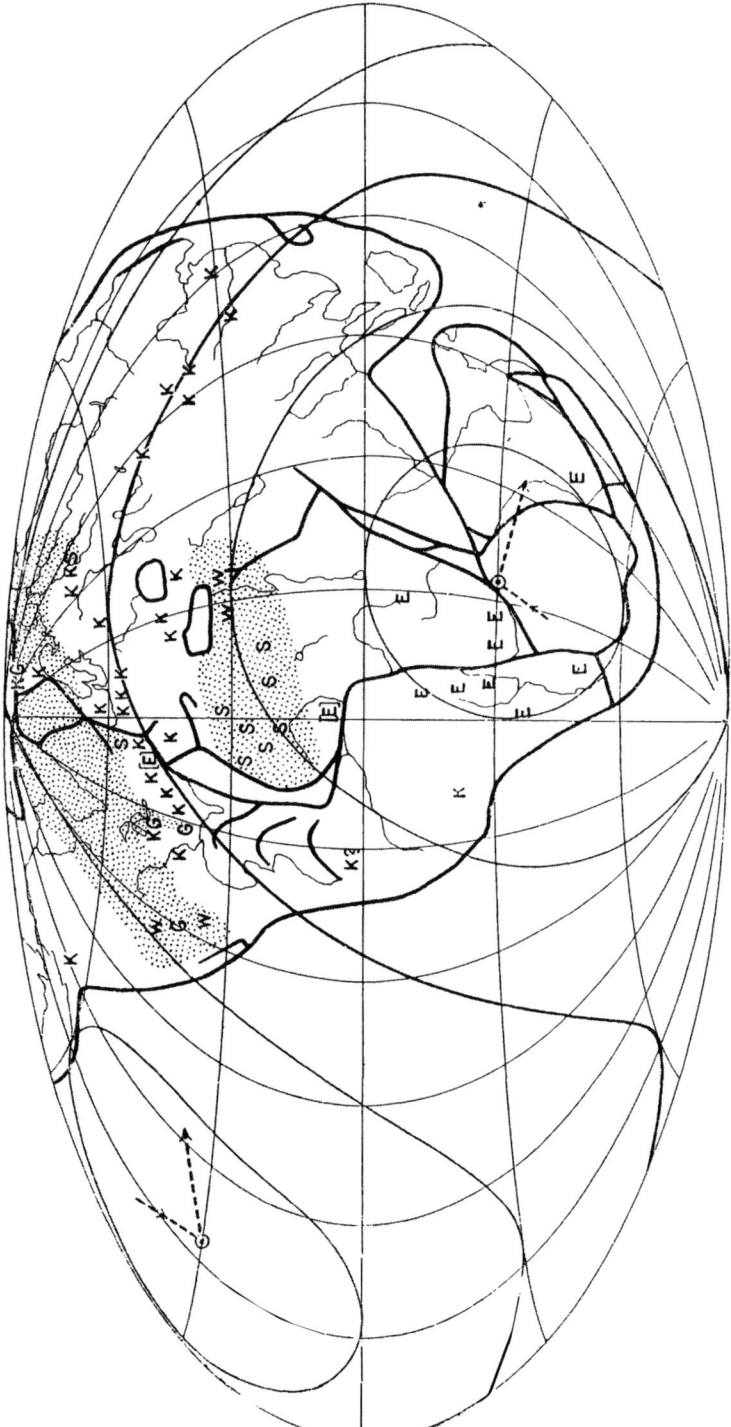

Fig. 3. Eis, Moore und Wüsten in der Karbonzeit
(E Eisspuren, K Kohle, S Salz, (Gips, W Wüstensandstein, punktierte Räume: Trockengebiete)

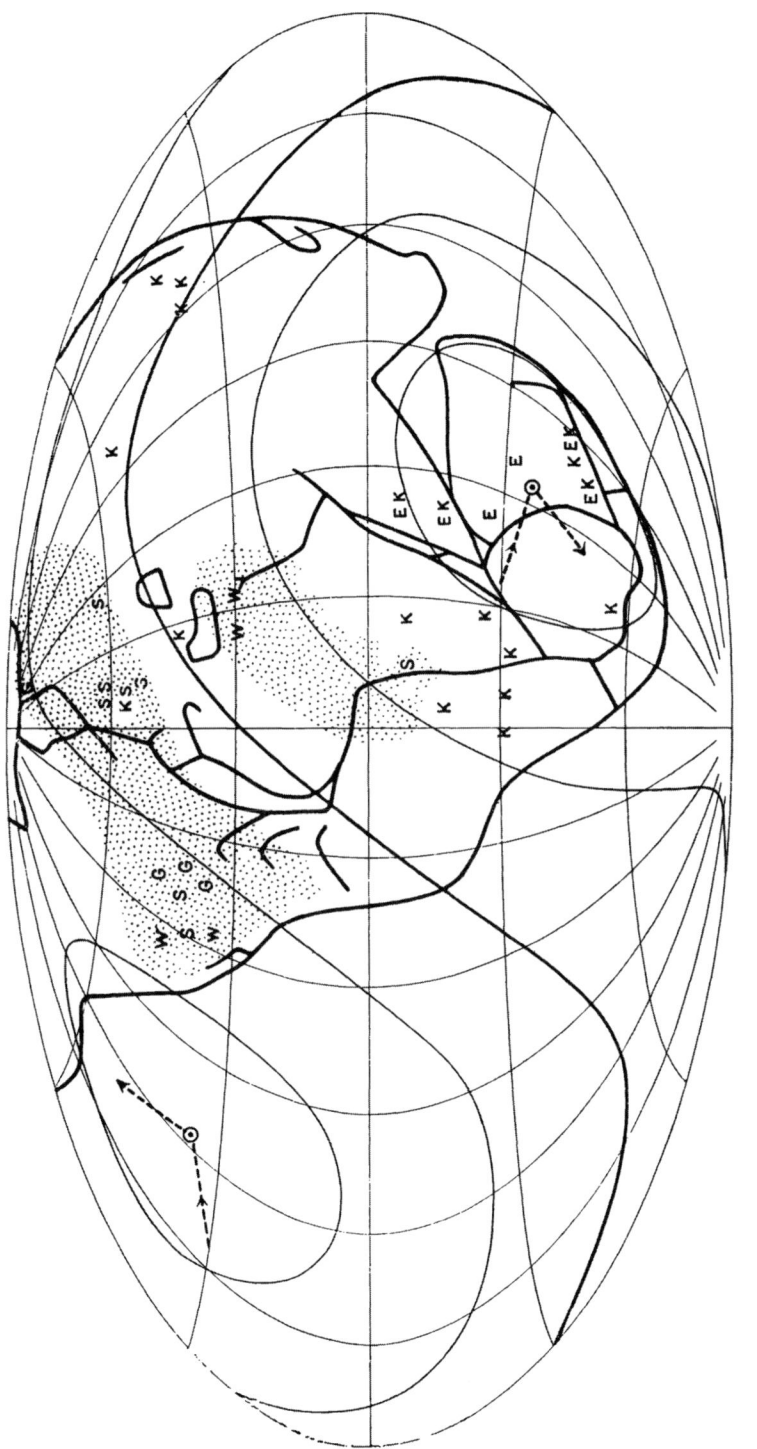

Fig. 4. Eis, Moore und Wüsten der Permzeit

150 Großkreisgrade entfernt, und wenn man den Südpol auch auf den günstigsten Punkt, auf 45° Süd, 45° Ost, legt, so bekämen doch die entferntesten Eisspuren nur eine geographische Breite von noch nicht 10°. Die Sammlung dieser Bruchstücke des einstigen Gondwanalandes zu einer Eiskappe, welche die quartäre Eiskappe von Nordamerika und Europa nicht übertrifft, ist als einer der wichtigsten Erfolge der Verschiebungstheorie zu betrachten.

Die Eisspuren bestehen meist aus einer zusammenhängenden Schicht von verhärtetem Blocklehm (Tillit) mit gekritztem Geschiebe. An manchen Stellen aber kann man noch den geglätteten Felsboden sehen, der vom Eise abgeschliffen wurde, und aus den darauf erkennbaren Schrammen die Bewegungsrichtung des Eises ablesen. Am schönsten sind alle diese Erscheinungen in Südafrika zu studieren, wo sie namentlich durch die sorgfältige Beschreibung von G. A. F. Molengraaff zuerst näher bekannt wurden.[1]) Die große Ausdehnung dieser Eisspuren beweist, daß es sich nicht um lokale Gebirgsgletscher, sondern um echtes Inlandeis handelt, zu dessen Entstehung Polarklima notwendig ist. Schon die Eisbedeckung Südafrikas war an Größe der heutigen von Grönland zu vergleichen, und dabei muß das Eis noch über die heutigen Grenzen des Kontinents hinausgegangen sein. Ebenso wie bei der diluvialen Vereisung Nordamerikas und Europas lassen sich auch in Südafrika mehrere Ausstrahlungszentren des Eises angeben, welche offenbar alte Bodenerhebungen darstellen, nämlich von Westen nach Osten: Nama-Land, Griqua-Land, Transvaal und Natal. Das eigentliche Zentrum des letzteren Teilgebietes wird noch etwas östlich von Afrika angenommen. Das Eis von Nama-Land aber scheint nach Nordwesten über die Grenzen von Afrika hinaus in das damals unmittelbar daranstoßende Südbrasilien hinübergetreten zu sein, denn einerseits schließt Coleman, daß der südamerikanische Tillit aus Südosten von einer Eiskappe gekommen sei, die jenseits der heutigen Küste von Südamerika lag, und andererseits weist du Toit darauf hin, daß die Beschreibung der charakteristischen Kiesel aus gebändertem Jaspis, die im südbrasilianischen Tillit vorkommen, ganz auf ein afrikanisches Gestein paßt, welches das Transvaaleis von den Bergketten der Matsap beds in West-Griqualand aufgenommen und mindestens bis nach Deutsch-Südwestafrika nordwestwärts transportiert hat. Es würde wahrscheinlich für einen Kenner des Dwyka-Konglomerates ein leichtes sein, im südbrasilianischen Tillit noch weitere afrikanische Gesteine nachzuweisen.

1) G. A. F. Molengraaff, The Glacial Origin of the Dwyka Conglomerate, Trans. of the Geol. Soc. of South Africa **4**, 103—115, 1898. Von neueren Arbeiten sei besonders erwähnt: Alex. du Toit, The Carboniferous Glaciation of South Africa. Ebendort **24**, 188—227, 1921.

Die Moränen liegen in Südafrika nördlich des 33. Breitengrades diskordant auf der oft geschrammten Unterlage, das Eis lag und endete also hier auf trockenem Lande. Südlich davon liegt der Blocklehm konkordant auf Meeresablagerungen, als deren unmittelbare Fortsetzung er erscheint. Das Eis scheint hier als schwimmende „Barriere" geendet zu haben, wobei die am Unterrand ausschmelzende Grundmoräne als natürliche Fortsetzung der früheren Sedimentation sich auf diese legte. Aus dem Fossilinhalt geht hervor, daß das Wasser süß oder doch nur brackisch war, woraus du Toit schließt, daß das Land früher südlich vom Kaplande eine Fortsetzung hatte. Dies ist eine Bestätigung der Annahme der Verschiebungstheorie, nach welcher sich früher hier die antarktische Scholle unmittelbar anschloß.

Entsprechend der Gliederung der diluvialen Eiszeit in Eis- und Zwischeneiszeiten scheinen auch die permokarbonen Glazialschichten bisweilen mehrfache Moränenablagerungen übereinander zu führen, die durch andere Ablagerungen voneinander getrennt sind. Freilich sind die Beobachtungen hierüber bisher recht spärlich. So beschreibt Keidel aus der argentinischen Vorkordillere zwei glaziale oder fluvioglaziale Horizonte, die durch kohlige Schiefer und Sandsteine getrennt sind. Woodworth berichtet (nach du Toit) von zwei- oder dreifachem Tillit in Südwestbrasilien. Derartige Angaben müssen freilich dann mit großer Vorsicht benutzt werden, wenn die verschiedenen Eishorizonte nicht im gleichen Profil übereinander gesehen werden, sondern an weit verschiedenen Stellen und vielleicht von verschiedenen Beobachtern, und auf die Mehrzahl der Eiszeiten nur wegen der Verschiedenheit der Zeitbestimmung geschlossen wird. Letzteres gilt z. B. wohl für die Angaben von Hennig, der für das äquatoriale Afrika wenigstens zwei, vielleicht drei Vereisungen annimmt, deren eine älter als die südafrikanische sein soll, während eine andere erst in der Triaszeit erfolgt sein soll. In Südafrika, wo ja die Spuren am besten untersucht sind, läßt sich nach du Toit eine staffelförmige Anordnung der von den verschiedenen Eiszentren herrührenden Blocklehme erkennen, und zwar in dem Sinne, daß immer die östlichere Eiskappe später tätig war als die westliche, ähnlich wie im Quartär in Nordamerika. Von Interglazialschichten, die auf Fehlen des Eises in den Zwischenzeiten hindeuteten, ist freilich nicht die Rede, so daß doch wohl eine gleichzeitige Vereisung aller südafrikanischen Zentren anzunehmen ist und nur das Maximum der Eisdicke allmählich von einem zum anderen Zentrum überging. In Indien folgen auf die glazialen Konglomerate zunächst die Damuda-Schichten mit Kohlen- und Pflanzenversteinerungen, und darüber die Panchet-Schichten, in denen man aus der Desintegration der Gesteine auf Kälte ohne Eis geschlossen hat. Der Zeitunterschied ist hier allerdings recht beträchtlich (Grenze zwischen

Karbon und Perm und andererseits oberstes Perm). Am deutlichsten ist aber eine solche Gliederung in zwei Glazialzeiten in einem Teil Australiens, nämlich in Neusüdwales. Hier zeigt sich folgendes Profil:¹)

Perm
- Obere marine Schichten
  - Marine Schichten 3500 Fuß
  - Branxton-Glazial-Horizont
  - Marine Schichten 1500 Fuß.
- Greta-Kohlenschichten mit Pflanzenversteinerungen 130 Fuß
- Untere marine Schichten
  1. Marinsandsteine der Ravensfield-Serie 1000
  2. Schiefer mit gelegentlichen Foraminiferen 800
  3. Hapurs Hügel-Konglomerate u. Tuffsandsteine 270
  4. Marine Schiefer 1000
  5. Marine (?) Schiefer mit Erraticum und dünnen (andesitischen und basischen) Lavaergüssen 900
  6. Schiefer mit gelegentlich eingestreutem Erraticum, wahrscheinlich gekritzt 440
  7. Sandsteine mit Konglomeratbändern, nach unten in marine schiefrige Lagen mit Rippelmarken übergehend 60
  8. Lochinvar-Glazialschichten

Karbon Smith's Creek-Schichten mit Pflanzenversteinerungen.

Wie dies Profil zeigt, folgte nach der Lochinvar-Vereisung zunächst eine Zeit, in welcher die dort sich bildenden Marinschichten noch mit Erraticum durchsetzt sind, d. h. das Meer Eisberge trug, von deren Unterseite sich Grundmoränenmaterial loslöste. Dann aber kommen die Greta-Kohlenschichten mit Landpflanzen, welche aus Süßwassermooren auf dem Lande hervorgegangen sind. Und darüber findet sich wiederum eine Grundmoräne in dem Branxton-Horizont. Die Greta-Kohlen bezeichnen also eine typische Interglazialzeit mit Moorbildung.

Es ist übrigens sehr interessant, daß diese Zweiteilung der Vereisung nur im mittleren Teil Ostaustraliens (Neusüdwales) zu beobachten ist. Südlich davon, in Victoria, gibt es nur einen Glazialhorizont, und nördlich davon, in Queensland, gar keinen. Dies ist vielleicht so zu verstehen, daß der südlichste Teil in diesem Zeitraum ständig unter Eis begraben war, während im mittleren Teil das Eis nur zweimal vorstieß, und der nördlichste Teil ganz freiblieb.

Es dürfte nicht angängig sein, für diese internen Schwankungen der permokarbonischen Vereisung jedesmal eine Änderung des Pol-

---

1) Nach Dacqué, Grundlagen und Methoden der Paläogeographie, S. 362. Jena 1915, und C. D. White, Carboniferous Glaciation in the southern and eastern Hemispheres, — with some notes on the Glossopterisflora. The Amer. Geologist, Mai 1889.

abstandes anzunehmen. Aus den Klimazeugnissen anderer Breiten lassen sich jedenfalls kaum Stützen für eine solche Annahme ableiten. Viel wahrscheinlicher ist es, daß wir es hier mit Klimaschwankungen gleicher Art zu tun haben, wie wir sie später im Quartär in dem Wechsel zwischen Eis- und Interglazialzeiten wiederfinden, der offenbar durch astronomisch bedingte Wechsel im Strahlungsempfang der Erde verursacht wird. Wie weit daneben noch die Transgressionswechsel als Ursache in Frage kommen, läßt sich wegen unserer Unkenntnis der Ablagerungen auf Antarktika einstweilen nur schwer beurteilen.

Für die kontinuierliche Verfolgung des Südpols ist die Frage von Interesse, ob die Vereisung überall gleichzeitig erfolgte, oder man Zeitunterschiede feststellen kann. Letzteres ist nun in der Tat der Fall, und zwar sind die brasilianischen Eisspuren die ältesten, und ein Teil der australischen und die indischen die jüngsten. Schon in Südafrika allein für sich kann man nach du Toit[1]) aus der staffelförmigen Übereinanderlagerung der Moränen schließen, daß die Eisbildung sich von Westen nach Osten verlagerte. Derselbe Autor[2]) setzt bei der Vergleichung der Schichtenfolge auf den verschiedenen Südkontinenten die Vereisung Brasiliens etwas älter als diejenige Südafrikas. Von den verschiedenen Glazialfunden im Kongogebiet ist nach Hennig[3]) (du Toit schließt sich ihm an) der eine sicher älter als das südafrikanische Dwyka-Konglomerat. L. Waagen[4]) hebt hervor, daß die Vereisung in Brasilien und Südafrika vor, in Australien nach dem Auftreten von Glossopteris stattfand. Auch C. D. White[5]) gibt an, daß sich in Neusüdwales in den Smith's Creek-Schichten unter dem Glazial neben anderen Pflanzenresten auch Glossopteris findet. Gothan[6]) bezeichnet dagegen die Angabe „einer älteren etwa unterkarbonischen Glossopteris aus Australien" als unsicher, womit übereinzustimmen scheint, daß weder Basedow[7]) noch W. Waagen[8]) Glossopteris unter den Pflanzen der Smith's Creek-Schichten aufzählen. Aber selbst wenn diese Angabe über Glossopteris unter dem australischen Glazial ein Irrtum

---

1) a. a. O.
2) A. W. Rogers and A. L. du Toit, An Introduction to the Geology of Cape colony. 2. Ed. London, New York, Bombay and Calcutta 1909.
3) E. Hennig, Die Glazialerscheinungen in Äquatorial- und Südafrika. Geol. Rundschau 1915, S. 154.
4) L. Waagen, Unsere Erde, S. 437. München o. J.
5) C. D. White, Carboniferous Glaciation in the southern and eastern Hemisphere, — with some nothes on the Glossopterisflora. The Americ. Geologist, Mai 1889.
6) Potonie-Gothan, Lehrb. d. Paläobotanik. 2. Aufl. Berlin 1921.
7) H. Basedow, Beiträge zur Kenntnis der Geologie Australiens. Zeitschrift der Deutsch. Geol. Ges. 1909, S. 306 ff.
8) W. Waagen Die Carbone Eiszeit. Jahrb. K. K. Geol. Reichsanst. 37, 1888, S. 143 ff.

wäre — was wir Fachleuten überlassen müssen —, so bleibt doch vieles, was für das jüngere Alter der australischen Eisablagerungen spricht. In Brasilien wie in Südafrika wuchsen noch auf den permokarbonen Moränen Lepidodendron- und Sigillarienbäume, wenngleich bereits gemischt mit der neuen Glossopterisflora. Aber weder in Vorderindien noch in Australien sind diese älteren karbonischen Formen noch oberhalb des Glazials bekannt; nur für Victoria gibt Basedow (a. a. O.) an, daß sich auch noch dicht über dem Glazialkonglomerat Lepidodendron findet, doch scheint hier ein Irrtum nicht ausgeschlossen. Die besser bekannte Schichtenfolge von Neusüdwales zeigt in den Greta-Kohlen zwischen den beiden Eishorizonten bereits eine Flora, die nur noch aus den neuen Elementen besteht.

Aus alledem geht jedenfalls das eine hervor, daß sich die Eiskappe von Brasilien über Afrika und Vorderindien nach Australien verschoben hat. Die genaue Bestimmung der Zeiten ist freilich noch kaum mit Sicherheit durchführbar. Für die am besten bekannten Spuren in Südafrika geben Rogers und du Toit als Zeit „entweder Oberkarbon oder unteres Perm". Da im Frühdevon bereits Inlandeis in Südafrika lag, müßte man annehmen, daß der Südpol schon zu dieser Zeit nahe bei der Südspitze von Afrika lag und im Karbon seine nördlichste Lage in Afrika erreichte, daß er im Spätkarbon an der Ostküste von Südafrika lag, im frühen Perm Vorderindien streifte und schließlich nach Australien hineinwanderte. Wir kommen dabei schwer um die Annahme herum, daß z. B. im späten Devon und noch im Frühkarbon eine größere Vereisung überhaupt nicht stattfand. Es ist zwar nicht ganz ausgeschlossen, daß noch Eisspuren aus dieser Zeit gefunden werden, und es ist auch denkbar, daß die Eisspuren zwar seinerzeit erzeugt wurden, aber durch Erosion wieder beseitigt sind. Aber wahrscheinlicher ist doch wohl gegenwärtig die Annahme, daß es größere Eismassen in jener Zeit am Südpol nicht gegeben hat. Jedenfalls ist es in diesen Zeiten wie auch später nicht möglich, die Verlagerung des südpolaren Inlandeises kontinuierlich zu verfolgen. Die Verlegung der Eismassen von Brasilien nach Australien entspricht nur einem besonders deutlichen Bruchstück dieser Polwanderung.

Es ist — auch für die folgenden Abschnitte dieses Kapitels — sehr nützlich, sich einen Überblick über die Schichtenfolge mit ihrem Inhalt an Klimazeugnissen für die einzelnen Teile des alten Gondwanalandes zu verschaffen.

In Brasilien gliedert sich das hier in Betracht kommende „Santa Catharina-System" nach Rogers und du Toit (a. a. O) sowie Branner[1]) folgendermaßen:

---

1) John C. Branner, Geologia elementar preparada com referencia especial aos Estudiantes Brasileiros e á Gologia do Brazil. 2. Ed. Paris 1915.

Zeit (n. Rogers u. du Toit)	Gliederung des Santa Catharina-Systems	
Frühjura Trias	São Bento-Serie	Vulkanische Gesteine São Bento-Sandsteine Rio do Rasto-Schichten (Red Beds mit dem Reptil Scaphionyx)
Perm	Passa Dois-Serie	Estrada Nova-Schichten Iraty-Schiefertone mit den Reptilien Mesosaurus und Stereosternum
	Rio Tuberão-Serie	Palermo-Schiefertone Rio Bonito-Schichten (Kohle, Lepidodendron, Sigillaria, Glossopteris, Gangamopteris, Phyllotheca, Noeggerathiopsis u. a.)
Spätkarbon		Orleans-Konglomerat Sandsteine und Schiefertone

Die Rio Bonito-Schichten oberhalb des glazialen Konglomerates enthalten außer produktiver Kohle auch eine reiche Flora, die aus Elementen der Lepidodendronflora und der Glossopterisflora gemischt ist. Branner führt folgende Pflanzen an:[1])

Lepidodendron, Lepidophloios, Sigillaria (3 Arten), **Sphenopteris**, Cardiocarpon (4 Arten), Lycopodiopsis, Equisetites, Hysterites, Rosellinites, die problematische Alge Reinschia, ferner *Schizoneura?, Phyllotheca* (2 Arten), *Glossopteris* (3 Arten), *Gangamopteris, Ottokaria, Arberia, Noeggerathiopsis*, Derbyella, Voltzia?, Dadoxylon (3 Arten), Carpolithus?, Hatimima.

Da Glossopteris allgemein erst im Spätkarbon auftritt, Lepidodendron aber an der Grenze des Perm ausstirbt, so hat man jedenfalls für die Zeit der Rio Bonito-Schichten nur die Wahl zwischen Spätkarbon und Frühperm. Die erstere dieser beiden Annahmen scheint uns sogar noch vorteilhafter als die letztere, von Rogers und du Toit gewählte. Bei der Reichhaltigkeit dieser auch Bäume enthaltenden Flora darf man ferner annehmen, daß zwischen ihrer Existenz und der Eisbedeckung immerhin einige Zeit verstrichen ist. Hierdurch würde das Orleans-Konglomerat möglicherweise ins Mittelkarbon zurückdatiert werden müssen. Doch muß die Entscheidung hierüber durch die weitere geologische Forschung erbracht werden.[2]) Durch eine solche geringfügige Umdatierung würden die Iraty-Schiefertone mit dem

---

[1]) Die Hauptvertreter der Lepidodendronflora sind durch gesperrten Druck, die der Glossopterisflora durch Kursivdruck hervorgehoben.

[2]) Die Arbeit von David White, Fossil Flora of the Coal Measures of Brazil, in Commissão de Estudios das Minas de Carvão do Brazil, Final Report of Dr. J. C. White, war uns bisher nicht zugänglich.

18 Zoll langen, frei schwimmenden Reptil Mesosaurus, das auch in Südafrika das Auftreten der dortigen Reptilienfauna einleitet, und dem sehr ähnlichen Stereosternum in der Permfolge etwas tiefer rücken, was wohl nur vorteilhaft erscheint.

In Südafrika gliedert sich das ganz entsprechende Karroo-System nach Rogers und du Toit (a. a. O.) folgendermaßen:

Zeit (n. Rogers u. du Toit)	Gliederung des Karroo-Systems	
Frühjura (Rhät) Trias	Stormberg-Serie	Drakenberg-Schichten, vulkanisch Cave-Sandstein (1 Dinosaurier, 1 Krokodil) Red beds (5 Reptilien, darunter fleischfressende Dinosaurier. Verkieseltes Holz) Molteno-Schichten (3 Kohlenschichten, verkieseltes Holz, Schizoneura, Stenopteris, Thinnfeldia, Baiera u. a. Pflanzen, einige Reptilien)
Perm	Beaufort-Serie	Burghersdorp-Schichten (29 Reptilien, 1 Säugetier, Schizoneura, Thinnfeldia, Taenopteris, Stigmatodendron, Glossopteris) Mittlere Beaufort-Schichten (Kohle, 10 Reptilien) Untere Beaufort-Schichten (Kohle, 64 Reptilien!, Glossopteris in 8 Arten, Schizoneura, Phyllotheca)
	Ecca-Serie (Verkieseltes Holz, Glossopteris, Gangamopteris, Sigillaria, Lepidodendron, 2 Reptilien: Archaeosuchus und Eccasaurus)	
Spätkarbon	Dwyka-Serie (mit Kohle)	Obere Schiefertone (Lepidodendron, Mesosaurus) Blocklehme (Gangamopteris) Untere Schiefertone (Phyllotheca)

In den Zeitangaben sind wir Rogers und du Toit gefolgt mit der einzigen, aber von ihnen selbst an einer anderen Stelle ihres Buches freigestellten Annahme, daß wir die Blocklehme der Dwyka-Serie zum Spätkarbon zählen statt wie sie zum frühesten Perm. Wir betrachten dies also nicht als Widerspruch mit ihrer Darstellung. Dagegen sei die Frage angeregt, ob nicht die ganze Dwyka-Serie noch in das Karbon gehört, und die Ecca-Serie in die unterste Stufe des Perm zu verweisen ist. Denn in der Ecca-Serie tritt hier zuerst Glossopteris auf, die doch sonst schon im Spätkarbon zu finden ist, während die Dwyka-Serie nur die älteren Formen dieser Flora, nämlich Gangamopteris und Phyllotheca, enthält. Auch daß Lepidodendron noch in der Ecca-Serie vorkommt, welches doch sonst mit Beginn des Perms ausstirbt, spricht dafür, daß diese Serie in den Anfang des Perms zu setzen ist. Das gleiche gilt für Gangamopteris, welche sonst auch schon in dem älteren

Perm ausstirbt. Für unsere Fragen ist aber diese Umdatierung nur insofern von Belang, als damit die gleichzeitige Lage des Äquators in Europa und Nordamerika berührt wird.

Zur Ergänzung sei noch das unter dem südafrikanischen Karroo-System liegende Kap-System angeführt:

Zeit	Gliederung des Kap-Systems
Mittelkarbon	Witteberg-Serie (Lepidodendron, Sigillaria, Stigmaria)
Devon	Bokkeveld-Serie (Einzelkoralle Zaphrenta, mitteldevonische Marinfossilien)
	Tafelberg-Serie (Glazial)

Die Stellung der Witteberg-Serie in das Mittelkarbon scheint deshalb nötig zu sein, weil die hierin auftretende Sigillaria nach europäischen Erfahrungen im Kulm noch nicht vorkam.

Für Vorderindien geben Rogers und du Toit (a. a. O.) zum Vergleich die folgende Zusammenstellung, die wir noch bezüglich des Fossilinhalts der Schichten nach Wadia[1]) ergänzen:

Zeit (n. Rogers u. du Toit)	Gliederung der Gondwana-Schichten	
Frühjura Trias	Obere Gondwana-Schichten	Rajmahal
		Kota-Maleri (rote Sandsteine, arides Klima)
Perm	Untere Gondwana-Schichten	Panchet (ohne Kohle; Desintegration der Gesteine durch Kälte ohne Eis)
		Damuda[2]) (produktive Kohlen; Glossopteris [2 Arten] Gangamopteris [8 Arten], Sagenopteris, Schizoneura, Voltzia, Albertia)
		Talchir (zu unterst glazial, darüber Gangamopteris und Glossopteris)

Die Zeitbestimmung der Schichten ist hier besonders unsicher, wozu wohl der Umstand beiträgt, daß hier gar nicht die Vertreter der Lepidodendronflora vorkommen. Das Glazial bildet überall den untersten Horizont, unter ihm sind keine Schichten mit Pflanzenfossilien mehr vorhanden. Es ist hiernach also keineswegs ausgeschlossen, daß Dekan auch schon im Karbon vereist war. Ganz außerordentlich weit weicht von den obigen Angaben die Zeitbestimmung von Frech ab,

---

1) D. N. Wadia, Geology of India for Students. London 1919.
2) Gliedert sich weiter in: a) Raniganj = obere Kohlen, b) Eisenerzstufe ohne Kohlen, c) Barakar = untere Kohlen.

der nur für das Talchir noch permisches Alter annimmt, für Damuda aber bereits triassisches und für Panchet gar jurassisches! Wir möchten lieber Rogers und du Toit folgen, ja in bezug auf das Talchir-Konglomerat scheint uns die Auffassung der Indian Survey, nach der es spätkarbonisch sein soll, beachtenswert.[1])

Für Australien endlich ergibt sich folgende Gliederung der Schichten:[2])

Zeit (n. Rogers u. du Toit)	Schichtenfolge in Neusüdwales		
[Rhät] Trias	Wianamatta-Schichten		
	Hawkesbury-Serie	Hawkesbury-Sandstein 1000 Fuß	
		Narrabeen-Schichten 1900 Fuß	
Perm	Obere Kohlenschichten	Newcastle (Kohlen, einzelne Flöze bis 27 Fuß mächtig. Glossopteris) 500—1200 Fuß	
		Dempsey 2000 Fuß	
		Tomago (Kohlen) 700 Fuß	
	Obere Marin-Schichten (mit Glazialhorizont[3]) 5000 Fuß		
	Greta- oder untere Kohlenschichten (Glossopteris 4 Arten, Phyllotheca, Gangamopteris, Noeggerathiopsis, Annularia) 130 Fuß		
Karbon	Untere Marin-Schichten (mit Glazialhorizont[3]) 4500 Fuß		
	Smith's Creek-Schiefertone (Archaeopteris, Lepidodendron 3 Arten, Rhacopteris 4 Arten, Calamites, Cyclostigma, Sphenophyllum, Glossopteris?) 10000 Fuß		

Rogers und du Toit setzen also den unteren der beiden Glazialhorizonte noch in das Spätkarbon. Die darüberliegenden Greta-Kohlen enthalten keine Vertreter der Lepidodendronflora mehr; die in Brasilien und Südafrika über dem Glazial liegende Mischflora fehlt hier (wie in Vorderindien). Die Smith's Creek-Schiefertone scheinen frühkarbonisch zu sein, wie unter anderem aus dem Fehlen von Sigillaria hervorzugehen scheint. Allerdings müßte dann die Angabe von Glossopteris bei C. D. White (a. a. O.) unrichtig sein, denn diese Pflanze tritt überall

---

1) In der Salt Range liegen die Moränen zu unterst diskordant auf älteren Schichten, dann folgen Schichten mit Marinfossilien, die von der Indian Survey für spätkarbonisch, von anderen aber für permisch gehalten werden. Darüber folgen fossilleere Gesteine und endlich Productus-Kalk.

2) Nach Rogers und du Toit a. a. O., ferner C. D. White, Carboniferous Glaciation in the southern and eastern Hemisphere, — with some notes on the Glossopterisflora. The American Geologist, Mai 1889. — H. Basedow, Beiträge zur Kenntnis der Geologie Australiens. Zeitschr. der Deutsch. Geol. Ges. 1909, S. 306 ff. — W. Waagen, Die Carbone Eiszeit. Jahrb. K. K. Geol. Reichsanst. 38, Wien 1888, S. 143 ff.

3) Vgl. das Spezialprofil auf S. 26.

erst im Spätkarbon auf. Aber auch sonst finden sich in den Angaben über die australische Vereisung noch manche Widersprüche oder Unklarheiten. In Victoria, wo nach Basedow (a. a. O.) nur eine Vereisung nachweisbar ist, liegen unter dem Glazial wie in unserem Profil Schichten mit Rhacopteris und Lepidodendron; dicht über den Moränen, im gleichen Schichtverband mit ihnen wird Gangamopteris (in 3 Arten) gefunden, und darüber Schiefertone und rote Sandsteine angeblich mit Lepidodendron! Man muß wohl abwarten, bis diese Verhältnisse näher geklärt sind, ehe man zu sicheren Vorstellungen über das genaue Alter der Vereisung in den verschiedenen Kontinenten gelangen kann. Mit Sicherheit sagen kann man bisher nur, daß die Vereisung zuerst in Brasilien und Südafrika und zuletzt in Vorderindien und Australien aufhörte und für Südafrika ins Spätkarbon, nahe der Grenze des Perm, fällt. Jedenfalls stimmen diese Tatsachen am besten mit der Annahme, daß der Südpol zwischen Frühdevon und Karbon von Antarktika nach Kapland hinübertrat, dann seine Bewegungsrichtung fast umkehrte und im Spätkarbon und Perm von Südafrika über Vorderindien nach Australien hineinwanderte. Wir werden später sehen, daß eine solche Wanderung des Südpols auch mit der Verlegung der äquatorialen Regenzone und der Trockengebiete gut übereinstimmt.

Es muß in diesem Zusammenhange noch erwähnt werden, daß auch an gewissen Stellen der Nordhalbkugel vereinzelte Funde gemacht sind, die von manchen als glazial gedeutet werden, während andere diese Deutung bezweifeln oder bekämpfen. So glaubt Udden in Westtexas permische Spuren von Eis zu sehen, Hobson desgleichen im Karbon des Ruhrbeckens, Tschernischew im Oberkarbon des Ural. Alle diese Fälle beruhen nach Ansicht der meisten heutigen Geologen auf irrtümlicher Auslegung pseudoglazialer Konglomerate. Wie steht es aber nun mit dem jüngsten, aufsehenerregenden Fall dieser Art, dem sogenannten Squantum-Tillit im Roxburgh-Konglomerat im Permokarbon von Boston, der von Sayles als Moräne beschrieben wird?[1]) Die Beschreibung, welche Sayles gibt, wirkt an sich sehr überzeugend; er bildet gekritzte Geschiebe ab und gibt die Fundstellen an, die sich über ein immerhin beträchtliches Areal erstrecken. Geglätteter Felsen unter der Moräne ist allerdings bisher nicht festgestellt, so daß wir es nur mit Erscheinungen zu tun haben, die in täuschender Ähnlichkeit auch auf nicht glazialem Wege entstehen können. Vielleicht könnten für die Entstehung dieses Squantum-Tillites ehemals große Seehöhen in Frage kommen, zumal ja durch dieses Gebiet die spätkarbonische Faltung der Appalachen hindurchgeht. Aber die Erhaltung solcher

---

1) Robert W. Sayles, The Squantum Tillite. Bull. of the Museum of Comparative Zoölogy at Harvard College **56**, No. 2 (Geol. Series Vol. **10**). Cambridge 1914.

hochgelegenen Moränen ist wenig wahrscheinlich, denn was sich in
großer Seehöhe bildet, wird in der Regel durch Erosion zerstört. Da
alle übrigen Klimazeugnisse, wie noch zu zeigen ist, einwandfrei erweisen, daß Boston im Karbon in der äquatorialen Regenzone, im Perm
in der Region der heißen Wüste lag, so steht die glaziale Natur dieses
Tillites in unversöhnlichem Widerspruch mit den zahlreichen ihn zeitlich und räumlich umgebenden Klimazeugen anderer Art. Wir legen
Wert auf die Feststellung, daß dieser Widerspruch nicht etwa unseren
Annahmen zur Last gelegt werden kann. Er liegt vielmehr bereits bei
den Beobachtungen und erfordert eine Lösung, unabhängig von allen
Annahmen über das System der Klimate; denn ein Klima, welches
gleichzeitig Korallenriffe, Salzlager und Eis erzeugte, d. h. gleichzeitig
heiß und kalt war, kann es logischerweise nicht gegeben haben. Die
Aufklärung dieses Rätsels des Squantum-Tillits ist wohl erst durch weitere Untersuchungen über seine Natur zu erwarten. Für uns kann es
nicht zweifelhaft sein, daß wir der großen Zahl der übrigen, untereinander in Einklang stehenden Klimazeugnisse zu folgen haben und
nicht dem einen abweichenden.

B. Kohle.[1]) Gerade die ergiebigsten Steinkohlenlager in Nordamerika, Europa und China liegen in unserer Rekonstruktion auf einem
Großkreis, dessen Pol mitten in das permokarbonische Vereisungsgebiet
fällt, und charakterisieren sich hierdurch als ehemalige Moore der
äquatorialen Regenzone. Diese Deutung wird schon durch die große
Mächtigkeit der Kohlenschichten nahegelegt, die doch nur durch eine
besonders üppige Produktion von Pflanzenstoffen zu erklären ist. Sind
doch z. B. im Saarbecken 233 Flöze mit insgesamt mehr als 82 m Steinkohle, im Ruhrbecken 176 Flöze mit insgesamt mehr als 81 m Steinkohle vorhanden. In Oberschlesien enthalten die zahlreichen Flöze
sogar mehr als 155 m Steinkohle, und das Hauptflöz ist 16 m dick. Wie
später gezeigt werden wird, führt auch eine Untersuchung der Pflanzenreste zu dem Ergebnis tropischer Herkunft. Die Einwände, welche von
Ramann, Frech, Gothan und anderen gegen die tropische Herkunft der Steinkohlen erhoben wurden, gingen meist davon aus, daß
Torfbildung an tiefe Temperatur gebunden sei und in den Tropen die
Verwesungsprozesse so intensiv seien, daß sich Torf nicht bilden könne.
Die neuere Forschung hat jedoch klar gezeigt, daß dies ein Vorurteil
war, das sich nur so lange halten konnte, wie die zahlreichen Sümpfe
der äquatorialen Regenzone noch nicht auf Torfbildung untersucht
waren. Seitdem Dr. Koorders 1891 zum ersten Male ein Torfmoor
auf Sumatra untersuchte, haben sich die Ansichten schnell geändert.

---

1) Die meisten der folgenden Angaben sind entnommen aus F. Frech, Die
Kohlenvorräte der Welt. Stuttgart 1917 (Finanz- und Volkswirtschaftl. Zeitfragen,
43. Heft), 182 Seiten.

Nach Potoniés Beschreibung [1]) liegt dies Moor auf dem flachen östlichen Teil der Insel nördlich des Kamparflusses, 90 km von der Küste entfernt. Sein Durchmesser beträgt 12 km, und seine Gesamtfläche wurde auf 80 000 ha geschätzt. Es ist mit einem 30 m hohen Wald aus gemischtem, immergrünem Bestand bedeckt, dessen Wurzeln ein dichtes horizontales Netz bilden und das Betreten überhaupt erst ermöglichen. Die Expedition biwakierte zweimal im Moor und war stark behindert durch die $1/3$ bis $1/2$ m über das Wasserniveau emporragenden Atemwurzeln (Pneumatophoren). Unter den Bäumen fanden sich, wenn auch selten, Baumfarne. Das Wasser zeigte die für Moorwasser charakteristische teeartige Färbung. Daß der Untergrund wirklich Torf ist, wurde später von Larive festgestellt, welcher Torf von einer Mächtigkeit bis zu 9 m fand. Es war typischer, gut brennender Flachmoortorf, der fast ganz aus dem abgefallenen Blattwerk des Waldes gebildet war.

Es ist wohl nur der Unzugänglichkeit dieser tropischen Moore zuzuschreiben, daß man bisher fast nichts von ihrer Existenz wußte, und z. B. die Moorkarte von Früh [2]) eine Beschränkung der Moore auf die Regengebiete der gemäßigten und allenfalls subtropischen Regionen zu beweisen schien. Leider ist das hieraus entstandene Vorurteil, Moorbildung sei in den Tropen wegen der hohen Temperatur unmöglich, auch in der heutigen Literatur noch immer nicht überwunden, obwohl andererseits zugegeben wird, daß „innerhalb der Vermoorungsklimate" die Intensität der Torfbildung ihr Maximum „in relativ warmen Klimaten" erreicht. Es ist aber höchste Zeit, mit diesem Vorurteil vollständig aufzuräumen, denn es liegen schon heute Nachrichten über Moorbildungen fast aus allen Ländern der tropischen Regenzone vor. Keilhack beschreibt Torfmoore auf der Insel Ceylon [3]), Krenkel solche im tropischen Afrika.[4]) Besonders eingehend bespricht er das Kibirizi-Moor am Ufer des Tanganjika-Sees, gibt aber auch noch weitere, wenn auch weniger ausführliche Nachricht von zahlreichen ausgedehnten Mooren an den Nebenflüssen des Kongo, deren „Schwarzwässer schon durch die oben erwähnte Teefarbe ihre Herkunft aus einem Moor verraten." Ferner beschreibt Harrison Moore aus British-Guyana [5]); sie liegen

---

1) H. Potonié, Die Entstehung der Steinkohle. Aufl. 1910.

2) Früh und Schröter, Die Moore der Schweiz mit Berücksichtigung der gesamten Moorfrage. Beiträge zur Geologie der Schweiz. Geotechn. Serie, III. Lief. Bern 1904 (zitiert nach Solger, Die Moore in ihrem geographischen Zusammenhange. Zeitschr. der Ges. für Erdk., S. 702—717. Berlin 1905).

3) K. Keilhack, Über tropische und subtropische Torfmoore auf der Insel Ceylon. Jahrb. d. Preuß. Geol. Landesanst. 1915, Heft 1; — Über tropische und subtropische Flach- u. Hochmoore auf Ceylon. Mitt. Oberrhein. Geol. Ver. N. F. 4, S. 76.

4) E. Krenkel, Moorbildungen im tropischen Afrika. Centralbl. f. Min. usw. 1920, S. 371—380 u. 429—438.

5) J. B. Harrison, Pegass of British Guiana. Quart. Journ. Geol. Soc. Vol. LXIII, S. 292 (nach Stutzer, Nichterze, Bd. II. 2. Aufl. 1923.)

hier an der flachen Küste und sind bis 3 m mächtig. Als sicher darf angenommen werden, daß auch das Stromgebiet des Amazonas wie das des Kongo zahlreiche Tropenmoore birgt, worauf auch hier die häufigen Schwarzwässer (Rio Negro) hinweisen. In Wirklichkeit dürfte die Moorbildung in der tropischen Regenzone mindestens ebenso häufig sein wie in den Regengebieten der gemäßigten Zone und dabei im Mittel eine größere Mächtigkeit der Torfschichten geben, entsprechend dem üppigeren und unterbrechungslosen Pflanzenwuchs in den Tropen.

Die Hauptmasse der produktiven Steinkohlen ist spätkarbonisch, ein Teil aber auch frühkarbonisch und auch permisch, so daß die Möglichkeit besteht, die Verlagerung der äquatorialen Regenzone zu verfolgen. Nach der aus den Eisspuren erschlossenen Bewegung des Südpols ist zu erwarten, daß sich der Äquator um zwei Punkte drehte, deren einer in Zentralasien etwa am Balkasch-See lag. In Ostasien müßte er sich nach Norden, in Europa nach Süden bewegt haben. In der Tat scheint dies durch die Anordnung der frühkarbonischen, spätkarbonischen und permischen Kohlenlager bestätigt zu werden. In China liegen die frühkarbonischen Kohlen hauptsächlich in Schantung und Süd-Szetschuan, also in Mittelchina; die permischen aber haben die nordöstlichste Lage in Schansi, Tschili und der Mandschurei. Die noch jüngeren triassischen Kohlen, die wieder südlicher liegen (in Hunan), werden im folgenden Kapitel besprochen werden. In Zentralasien liegen frühkarbonische Kohlen im dsungarischen Alatau (südöstlich des Balkasch-Sees), spätkarbonische etwas südlicher (und östlicher) im Peschan, am Nordabhang des Nanschan und im mittleren Kwenlun.[1]) In Europa sehen wir die umgekehrte Anordnung der Kohlen: Die frühkarbonischen haben hier die nördlichste Lage. Die frühkarbonischen Kohlen von Spitzbergen, die nach Andersson[2]) mehr als zwei Drittel der dortigen Kohlenschätze ausmachen, möchten wir freilich nicht mehr zu der eigentlichen äquatorialen Regenzone zählen, da die Flora doch schon auf ein etwas kühleres Klima hinzudeuten scheint. Das gleiche gilt auch wohl von den frühkarbonischen Kohlen der Bären-Insel.[3]) Aber vielleicht gehören schon die frühkarbonischen Kohlen des Ost- und Westurals zur äquatorialen Zone, und sicherlich die von Schottland, Chemnitz, Moskau und wohl auch die von Bulgarien. Auf Spitzbergen und der Bären-Insel handelte es sich vielleicht um Sümpfe ähnlich den heutigen auf Florida in 27° Breite. Jedenfalls wird man gut tun, für die Äquatorlage im Frühkarbon hauptsächlich die englischen, deut-

---

1) K. Leuchs, Zentralasien. Handb. d. Reg. Geol. V, 7. Heidelberg 1916.

2) Andersson, Spetsbergens Koltillgangar och Sveriges Kolbehof. Ymer 37, 201—248, 1917.

3) O. Nordenskjöld, Die Nordatlantischen Polarinseln. Handb. der Reg. Geol. IV. 2 b. Heidelberg 1921.

schen und russischen Vorkommen zugrunde zu legen. In unserer Rekonstruktion ist nun noch keine Rücksicht genommen auf die spätkarbone Faltung, die für das Frühkarbon noch auszuglätten wäre. Nordeuropa käme dann noch etwa 10° nördlicher zu liegen, als unsere Karte angibt. Die englischen und mitteleuropäischen Kohlen lägen dann gerade auf dem zur frühkarbonen Lage des Südpols passenden Äquator, Bulgarien auf 10° Süd, Spitzbergen auf 26° Nord.

Die Kohlen von Bosnien und Kroatien und von Spanien (in Asturien und Leon) werden als karbonisch schlechthin bezeichnet, die vom Südufer des Schwarzen Meeres ebenso wie die Hauptkohlen von England, Frankreich, Deutschland als spätkarbonisch.

Der spätkarbone Äquator darf also in Europa ein wenig südlicher gesetzt werden, zumal wenn man den um diese Zeit stattfindenden Zusammenschub der Landmassen berücksichtigt.

Aus dem frühesten Perm endlich sind noch Kohlen bekannt in Frankreich, Thüringen, dem Schwarzwald, Sachsen, Böhmen. Weiter finden sich aber noch permische Kohlen in Bosnien und in Zentralasien (im Altai und am oberen Jenissei). Diese Gegenden fallen sehr gut in die äquatoriale Regenzone, wenn der Südpol in Australien liegt.

In Nordamerika, wo die karbonischen Kohlen hauptsächlich im Osten der Vereinigten Staaten und Canadas vorkommen, liegen die Verhältnisse insofern anders, als permische Kohlen gar nicht mehr vorkommen — sehr verständlich nach der von uns angenommenen Äquatorlage. Frühkarbonische Kohlen[1]) finden wir hier hauptsächlich in Neubraunschweig bis Virginien, spätkarbonische hauptsächlich von Ohio bis Alabama. Es ist also hier nur eine Verschiebung der Kohlenbildung längs des Äquators festzustellen. Indessen, wenn wir auch hier den spätkarbonischen Zusammenschub in den Appalachen wieder ausglätten, so rücken die frühkarbonischen Kohlen beträchtlich weiter nach Nordwesten und kommen unserem frühkarbonischen Äquator sehr nahe.

Damit sind wohl diejenigen Kohlenvorkommen erschöpft, die der äquatorialen Regenzone des Karbon und Perm entstammen. Wir kämen nun zu den Kohlen der beiden subpolaren Niederschlagsgürtel. Aus der nördlichen Zone, die ja teils in den Pazifik, teils auf die heutigen Nordpolarländer fiel und noch weniger erforscht ist, kennt man bisher karbonische Kohlen nur auf Alaska.[2])

Aus der südlichen subpolaren Niederschlagszone dagegen sind überall in Südamerika, Afrika, Vorderindien, Australien, Antarktika Kohlen

---

1) Nach Frech. Nach Eliot Blackwelder (U. S. of North America. Handb. d. Reg. Geol. VIII, 2. Heidelberg 1912) sind wenig oder gar keine dieser Kohlen älter als spätkarbonisch.

2) The Geography and Geology of Alaska, Washington 1906. Department of the interior U. S. Geological Survey.

bekannt, die sich von den äquatorialen durch geringere Mächtigkeit und daher auch durch geringeren wirtschaftlichen Wert unterscheiden. Bei dem unbedeutenden Kohlevorkommen von Bogota (Columbien) kann man wohl noch im Zweifel sein, ob es zur südlichen subpolaren Regenzone des Frühkarbon oder zur äquatorialen Regenzone des Perm gehört. Die genauere Altersbestimmung wird einmal diese Frage lösen. Auch am Titicaca-See kommen karbonische Kohlen geringer Mächtigkeit vor; hier spricht die größere Wahrscheinlichkeit wohl für die frühkarbonische subpolare Regenzone, doch erscheint auch hier die permische Äquatorialzone noch nicht ausgeschlossen. Ganz klar aber sehen wir bei den stets unbedeutenden Kohlenschichten, die sich nach Stappenbeck[1]) in den permischen (und triassischen) Schichten oberhalb des permokarbonen Glazials in Argentinien, Paraguay, Uruguay und Brasilien finden. Wie schon früher erwähnt, finden wir im Santa Catharina-System in den unmittelbar über dem glazialen Orleans-Konglomerat lagernden Rio Bonito-Schichten produktive Kohle. Rogers und du Toit setzen diese Schichten in das früheste Perm, nach unseren Annahmen darf man sie vielleicht noch ins Spätkarbon setzen.

Ganz ähnlich liegen die Verhältnisse in Südafrika. Hier finden wir Kohle oberhalb der Blocklehme zuerst in den permischen unteren und mittleren Beaufort-Schichten (dann auch in den triassischen Molteno-Schichten). Nach Frech soll die Mächtigkeit dieser Kohlenschichten von Südafrika nach Norden abnehmen: in Rhodesia sei sie schon geringer und in Deutsch-Ostafrika seien nur noch Spuren zu finden. Nach anderen Autoren sollen aber nördlich des Njassa-Sees abbauwürdige Flöze liegen, und auch im Kongogebiet sollen Kohlen in den entsprechenden Schichten zu finden sein.

Auch in Vorderindien liegen produktive Kohlen über dem Glazialhorizont, nämlich in den permischen Damuda-Schichten. Auch in Australien sind die Kohlen permisch; sie liegen teils zwischen den beiden dortigen Glazialhorizonten (Greta-Kohlen), teils über ihnen (Newcastle- und Tomago-Schichten). Auf Antarktika endlich hat Shackleton in 74 bis 85° Breite mehrere, zusammen 12 m mächtige Kohlenflöze im „Beacon-Sandstein" gefunden, der für ein Äquivalent der Gondwanaformation gehalten wird, so daß die Kohlen wahrscheinlich permischen Alters sind.[2])

Es sind also allenthalben im Bereich der damaligen Vereisung Kohlen gebildet worden, und zwar stets nach dem Rückgang des Eises

---

1) Stappenbeck, Südamerikanische Minerallagerstätten. Die Naturwiss. 10, 231, 1922.

2) O. Nordenskjöld, Antarktis. Handb. d. Reg. Geol. VIII, 6, S. 19. Heidelberg 1913.

auf den zurückgelassenen Moränen. Die Erscheinung ist die gleiche, wie wir sie bei den quartären und postquartären Torfmooren Nordeuropas sehen. Die Unregelmäßigkeit der Moränenbildung war offenbar die Ursache für die zahlreichen Staubecken, in denen sich dann bei hinreichendem Niederschlag die Moore ansiedeln konnten.

C. Salz, Gips, Wüstensandstein.[1]) Für die Lage der karbonischen Trockenzonen ist es besonders wichtig, gleich das Devon mitzuberücksichtigen. Denn sowohl in Europa wie in Nordamerika lassen sich die Verhältnisse kurz so beschreiben, daß die hier noch im Devon lagernde nördliche Trockenzone im Karbon durch die vorrückende äquatoriale Regenzone nordwärts zurückgedrängt wird, im Perm aber das Feld zurückerobert. Günstige Bedingungen für die Bildung großer Salzablagerungen bieten daher einerseits die Karbonzeit für die südliche Trockenzone (Sahara), und andererseits die Permzeit für die nördliche (Nordamerika und Europa).

Der devonische Wüstensandstein des Old Red, welcher der nördlichen Trockenzone entspricht, findet sich in Nordamerika von New York bis Neufundland, ferner in Grönland, Spitzbergen und Nordeuropa, und enthält in Nordamerika und Europa auch Salz. Eine nähere Beschreibung wird in Kapitel V im Zusammenhang mit den übrigen devonischen Klimazeugnissen gegeben werden.

Im Karbon wird nun diese durch das Old Red erwiesene Trockenzone durch die kohlenbildende äquatoriale Regenzone zurückgedrängt. In Nordamerika haben wir zwar im Frühkarbon (Mississippian) noch Gipsablagerungen nicht nur in Michigan, sondern auch in Virginia. Aber im Spätkarbon (Pennsylvanian) haben wir im Osten der Vereinigten Staaten und Canadas eine intensive Kohlenbildung, und sogar durch das Zentralgebiet der Vereinigten Staaten ziehen sich in südsüdwestlicher Richtung noch Kohlenfelder, die freilich nicht mehr so ergiebig sind wie die östlicheren. Weiter westlich aber treffen wir auch jetzt das Trockengebiet, denn in den Rocky Mountains bildeten sich Sandsteine mit Gipseinschaltungen, und die mächtigen permokarbonischen Red Beds des Westens zeugen allenthalben von Wüstenklima. Schon im spätesten Karbon beginnt die äquatoriale Regenzone wieder zurückzuweichen, und im Perm ist fast ganz Nordamerika wüstenhaft: Im obersten Karbon von Neufundland tritt über den letzten Kohlenschichten bereits Salz auf, im Perm bilden sich große Gipslager in Jowa, Texas, Kansas, und in letzterem Staate auch Salzlager. Als Vertretung

---

[1]) Die meisten der folgenden Angaben über Salz sind entnommen aus: J. Ottokar Freiherr von Buschman, Das Salz, dessen Vorkommen und Verwertung in sämtlichen Staaten der Erde, insbesondere aus Bd. II: Asien, Afrika, Amerika und Australien mit Ozeanien. Leipzig 1906.

des Spätperms findet sich nach E. Kayser[1]) in den West- und Südstaaten der Union „eine überwiegend rot gefärbte, aus Sandsteinen, Mergeln und Schiefertonen zusammengesetzte gips- und salzhaltige versteinerungsarme Gesteinszone". Und ähnlich sagt Eliot Blackwelder[2]): „In der Gegend der Rocky Mountains und der Great Plains wird ein trockenes Klima bezeugt durch das Vorwiegen von Red Beds mit ihren Salzseeablagerungen."

In Europa sehen wir etwas sehr Ähnliches. Die devonische Trockenzone des Old Red, begrenzt durch Kohlenbildung im Süden in der Eifel, im Norden auf der Bären-Insel, wird im Karbon nach Norden zurückgedrängt. Auf Spitzbergen, das im frühesten Karbon (Kulm) jenseits der Trockenzone lag und Kohlen bildete, kommen bereits in den darüberliegenden frühkarbonischen Schichten und noch mehr in den spätkarbonischen gewaltige Gipsschichten (z. B. an den Ufern des Eisfjordes) zur Ablagerung[3]), und auch im östlichen Ural kam es im Spätkarbon zu Salz- und Gipsablagerungen. Schottland blieb auch im Karbon in der Trockenzone, denn hier dauerte nach J. Walther[4]) die Bildung von Wüstensandstein ununterbrochen vom Silur bis zum Perm, und nach Neumayr-Uhlig bildete sich sogar in England im Karbon Salz. In ganz Mitteleuropa jedoch sind alle Anzeichen von Trockenheit verschwunden, hier bilden sich im Früh- und Spätkarbon gewaltige Kohlenlager. Aber im Perm kehrt die Trockenzone nicht nur zurück, sondern sie ergreift nunmehr von ganz Europa Besitz bis viel weiter südlich als im Devon. Freilich im frühesten Perm hält die Kohlenbildung zunächst noch an. Dann aber bilden sich die permischen Salzlager von Südrußland (Gouv. Jekaterinoslaw) und Ostrußland (Gouv. Perm), Deutschland und den Südalpen. Nach Arldt[5]) findet sich insbesondere in Deutschland permisches Salz bei Gera, Artern, Staßfurt, Egeln, Vienenburg, Halle, Sperenberg, Segeberg, Hohensalza. Von der Entstehung der norddeutschen Salzlager, die besonders durch die neben dem Steinsalz auftretenden „Edelsalze" große Bedeutung gewonnen haben und vor allem mit dem Namen Staßfurt verknüpft sind, entwirft Kubierschky folgendes Bild[6]):

Am Schluß des mittleren Zechsteins erstreckte sich vom Ural über

---

1) E. Kayser, Lehrbuch der Geologie, II. Teil, S. 302. Stuttgart 1908.
2) Eliot Blackwelder United States of North America. Handb. d. Reg. Geol. VIII, 2. Heidelberg 1912.
3) O. Nordenskjöld, Die Nordatlantischen Polarinseln. Handb. d. Reg. Geol. IV, 2 b. Heidelberg 1921.
4) J. Walther, Geschichte der Erde und des Lebens. Leipzig 1908.
5) Arldt, Handb. d. Paläogeographie, S. 495. Leipzig 1917—1921.
6) K. Kubierschky, Artikel Kaliindustrie in der Enzyklopädie der techn. Chemie, Bd. 6, S. 564—627.

den größten Teil Deutschlands bis in die Mitte von England ein großes Meer. Anfangs in Verbindung mit dem offenen nordischen Meer, wurde es mit Eintritt in die spätere Zechsteinzeit allmählich abgeschnürt. Es entstand ein salziges Binnenmeer, das in einem heißen Wüstenklima allmählich eintrocknete. Beim Verdunsten von Meerwasser scheidet sich zuerst Gips aus. Heute findet man meist Anhydrit, was sich aber durch spätere Umwandlungen erklärt. An die Ausscheidung von Gips schloß sich die eines Gemenges von Gips und Steinsalz, darauf Anhydrit und Steinsalz und ehe die eigentlichen Kalisalze hinzutraten, Polyhalit und Steinsalz. In der Natur findet man diese Salzgemenge meist in ziemlich regelmäßiger wechselweiser Ausscheidung als sogenannte „Jahresringe". Die Erklärung dafür dürfte einfach im jährlichen Temperaturwechsel liegen. Im Zechsteinsommer fiel Calciumsulfat als Gips, Anhydrit oder Polyhalit aus, weil es im wärmeren Wasser schwerer löslich ist als in kaltem, im Zechsteinwinter dagegen fiel das alsdann schwerer lösliche Natriumchlorid als Steinsalz aus. Die Ausscheidung der am leichtesten löslichen Mutterlaugensalze, die sich zuletzt daranschloß, ist ebenfalls vermutlich unter dem Einfluß der Temperaturschwankungen schichtweise geschehen. Auf diese Weise kann man die Zeitdauer der Eindampfung des Staßfurter Salzlagers abschätzen. Es ergibt sich die überraschend kurze Zeit von 10 000 Jahren, wovon nur 1000 Jahre auf die Kalisalze kommen. Während dieses Eintrocknens blieb Norddeutschland die tiefste Depression des weiten Beckens, und es soll noch während des Zechsteins um etwa 600 m gesunken sein. Schließlich wurden die Salzpfannen durch den Wind mit wasserundurchlässigem Tonstaub zugedeckt und so vor späterer Auflösung geschützt. Der Ausscheidung der ersten Salzfolge folgte an einzelnen Stellen eine zweite und noch eine dritte, indem die Salzfluten anderer Teilstücke des weiten Beckens von neuem die eben eingetrockneten Pfannen überfluteten. Dann gingen die Dünen der Buntsandsteinwüste darüber hinweg und die Zechsteinsalze versanken immer tiefer.

Für die Temperatur der verdunstenden Lösungen nimmt Kubierschky — den heutigen Verhältnissen in der Sahara entsprechend — eine Schwankung zwischen $+15°$ und $+35°$ C an; das Fehlen bestimmter Schichten in der Folge erklärt er durch zeitweise Trockenlegung während der Kristallisation, auch nimmt er an, daß an einzelnen Stellen die „Endlauge" durch darübergewehten Wüstensand aufgesaugt und so aus den Salzlagern entfernt worden ist. Die nachträgliche Umwandlung einiger Mineralien — z. B. Gips in Anhydrit — im Innern der Erde haben wir schon erwähnt.

Das isolierte Vorkommen einzelner Salze wird von Walther teils durch anderen Ursprung als aus Meereswasser, teils durch Trennung der Salze während der Eintrocknung durch den Wind erklärt, wobei ein

Teil, vom Sturm davongetragen, schließlich in weiter Entfernung von dem liegengebliebenen Rest abgelagert wird.

Unter allen Umständen aber gehört zur Bildung aller Salzlager ein trockenes Wüstenklima, in welchem die Verdunstung über die Niederschläge mindestens während eines großen Teils des Jahres überwiegt.

Weit weniger als von der nördlichen Trockenzone haben wir sichere Spuren von der südlichen. In Ägypten bildete sich im Laufe langer Zeiten die Wüstenformation des Nubischen Sandsteins. Nach Blanckenhorn[1]) läßt sich in seinen unteren Schichten ein karbonischer Horizont feststellen, der auf Sinai Lepidodendron und Sigillaria führt. Darüber liegen mächtige fossilleere Schichten unbestimmbaren Alters, während der oberste Teil wieder bestimmbar ist und sich als Oberkreide erweist. Es scheint ferner, als ob das sogenannte „Salz der Sahara" karbonischen Alters ist. Buschman freilich beschreibt es als wahrscheinlich triassischen Alters. Doch bei Lemoine[2]) lesen wir nichts davon, sondern nur „A Taoudeni, ce sont les dépôts de remplissage d'un synclinal carboniférien" unter Berufung auf Flammand (1907), Nieger, Cauvin. Folgt man der Beschreibung Buschmans, so würden hierher gehören die angeblich triassischen Steinsalz- und Gipslager in Algerien, ferner im Bereich der Sahara die Fundstellen bei Sebcha Idjil, Taudeni, Bilma und an der Südostabdachung des Tibesti-Gebirges. Auch nördlich von Timbuktu soll eine Steinsalzgrube liegen, und Lenz gibt noch Wadan (südöstlich von Sebcha Idjil) und Tischit (noch weiter südöstlich, halbwegs von Sebcha Idjil nach Timbuktu) an. Am bekanntesten sind hiervon die an der Karawanenstraße halbwegs zwischen Marokko und Timbuktu gelegenen Salzlager von Taudeni, wo sogar Häuser aus Steinsalz gebaut sind. Vielleicht ist es nicht ausgeschlossen, daß diese doch sehr weit zerstreuten Funde nicht alle gleichaltrig sind. Für die westlichsten Fundorte, besonders Sebcha Idjil und Taudeni, scheint nach den übrigen Klimazeugnissen in der Tat die Karbonzeit die einzige zu sein, die für Salzbildung in Betracht kommt, da sonst stets der Äquator hier zu nahe lag.

Auch noch in einem anderen Teile Afrikas soll es nach Buschman zu Salzbildungen gekommen sein, nämlich in der portugiesischen Kolonie Angola am Kuanzafluß und anderen Stellen. Indessen soll dies Salz permotriassischen Alters sein. In der Tat kommt die Permzeit viel eher in Frage als die Karbonzeit, weil in letzterer der Polabstand zu klein für Salzbildung war. Die Zeitangabe steht auch damit in Übereinstimmung, daß auch in dem benachbarten Brasilien in der Trias Trockenklima einsetzte.

---

1) M. Blanckenhorn, Geologie Ägyptens, S. 25. Berlin 1901.
2) Lemoine, Afrique occidentale. Handb. d. Reg. Geol. VII, 6 A. Heidelberg 1913.

Aus Südamerika wissen wir nur wenig über Trockenklima anzugeben. In Colombia (Dep. Antioquia) gibt es Solquellen, die den kohleführenden Karbonschichten entspringen und ihren Salzgehalt wahrscheinlich den unmittelbar darunterliegenden Schichten verdanken. Aber da, wie schon früher erwähnt, das Alter dieser Kohle noch unsicher zu sein scheint, haben Vermutungen über das Alter der darunter anzunehmenden Salzschichten wohl keinen Wert. Dagegen führt Harrassowitz[1]) unter den Gegenden, die im Karbon „Gips, Salz oder rote Schichten, die auf Trockenheit hindeuten", gebildet haben, auch Peru und Java an, welche vorzüglich in die Anordnung hineinpassen, die in Fig. 3 dargestellt ist. Daneben werden freilich auch andere Gebiete genannt, wie Donetz, Tienschan, Westaustralien, die weniger gut mit dem übrigen stimmen.

D. **Die Pflanzenwelt.** Der beste Kenner der europäischen Karbonflora, H. Potonié, hat in seinen bekannten Untersuchungen die Gründe zusammengestellt, welche zu der Annahme nötigen, daß diese Pflanzen der äquatorialen Regenzone entstammen, und zwar in Waldmooren wuchsen, deren Torf uns in den großen Steinkohlenlagern erhalten ist.[2]) Er hebt insbesondere folgende Züge hervor:

1. Soweit die Fruchtorgane der fossilen Farne ein Urteil zuließen, ergab sich ihre Verwandtschaft mit Familien, die heute in den Tropen zu Hause sind. Unter anderem ist die Verwandtschaft vieler karbonischer Farne mit den heutigen Marattiaceen erwähnenswert.

2. In der Karbonflora treten stark in den Vordergrund Baumfarne und kletternde bzw. windende Farne. Überhaupt überwiegen baumförmige Gewächse auch in Gruppen, die heute meist krautig sind. Schlingfarne sind z. B. Sphenopteris und Mariopteris (s. Fig. 5).

3. Manche karbonischen Farne, z. B. das Baumfarn Pecopteris, haben Aphlebien, d. h. unregelmäßig zerschlitzte Fiedern, an den Ansatzstellen der Nebenspindeln, die sich von der übrigen regelmäßigen Fiederung der Wedel auffallend unterscheiden. Sie sind schon ausgewachsen, wenn die jungen Normalfiedern noch eingerollt sind (s. Fig. 6). Solche Aphlebien werden heute nur an tropischen Farnen beobachtet.

4. Eine bedeutende Zahl von Karbonfarnen hat so große Wedel, wie sie nur in den Tropen vorkommen. Es gibt Wedel, die mehrere Quadratmeter groß sind.

---

1) H. Harrassowitz, Klima und Verwitterungsfragen. N. Jahrb. f. Min. usw., Beil.-Bd. XLVII, S. 497. — Diese Angaben sind in unserer Karbon-Karte noch nicht berücksichtigt.

2) H. Potonié, Die Tropensumpfflachmoornatur der Moore des produktiven Karbons. Jahrb. der Kgl. Preuß. Geol. Landesanst. **30**, Teil I, Heft 3. Berlin 1909. — Derselbe, Die Entstehung der Steinkohle. 5. Aufl., S. 164. Berlin 1910.

5. Zuwachszonen (Jahresringe) fehlen vollständig in den Stämmen der europäischen Karbonbäume. Das Wachstum ist also wohl weder durch periodische Trockenzeiten noch durch periodische Kälte unterbrochen worden.

6. Man hat Stammbürtigkeit der Blüten (Cauliflorie) festgestellt „bei Calamariaceen und Lepidophyten, und zwar bei diesen letzteren bei gewissen Lepidodendraceen (der »Gattung« Ulodendron, die sich

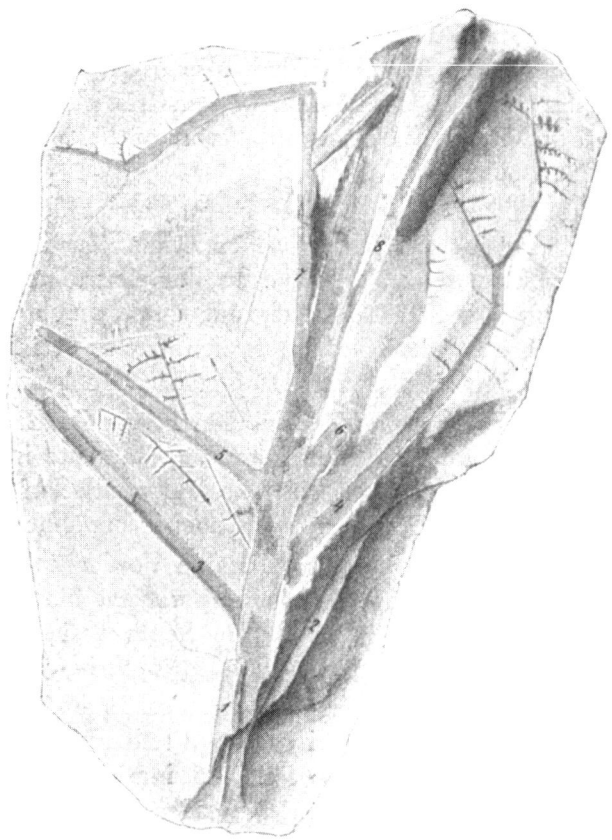

Fig. 5. Das Schlingfarn Sphenopteris (nach H. Potonié)

sogar ausschließlich auf jene großen Male an den Stammresten gründet, welche stammbürtigen Blüten entsprechen) und Sigillariaceen Heutzutage sind Gehölze, deren Blüten aus altem Holz (aus Stämmen und Zweigen) seitlich hervorbrechen, fast ganz auf den tropischen Regenwald beschränkt Es ist vielleicht der durch die dichte, tropische Vegetationsdecke bedingte mächtige Kampf ums Licht, der sich darin ausspricht, daß die lichtbedürftigen Laubblätter oft ganz ausschließlich den Gipfel einnehmen, während die Fortpflanzungsorgane an den Teilen der Pflanzen auftreten, die dem Licht weniger zugänglich sind, wo sie jedenfalls die ausgiebige Lebensverrichtung der Laubblätter in keiner Weise behindern."

Es ist vielfach gesagt worden, daß heute Baumfarne weniger in den Tropen als in den Subtropen, und zwar hier an feuchten Berghängen,

Fig. 6. Junger Wedel mit Aphlebien von Pecopteris plumosa (nach H. Potonié)

vorkommen. Allein man muß berücksichtigen, daß es sich hier um eine Moorflora handelt. Wir können die großen Kohlenlager nur entweder mit den heutigen Mooren der äquatorialen Regenzone oder denen der beiden subpolaren Regenzonen vergleichen. Zwischen ihnen kommt

Moorbildung viel zu selten vor, als daß wir damit den großen Kohlengürtel erklären könnten, der sich von Nordamerika über Europa bis China verfolgen läßt. Baumfarne stehen aber heute (wenn auch selten) nur in den Mooren der äquatorialen Regenzone, sind aber in den subpolaren Torfmooren völlig ausgeschlossen. Daher darf auch das häufige Vorkommen von Baumfarnen durchaus als Beweis für die Herkunft aus der äquatorialen Regenzone gelten.

Ferner hat man gegenüber dem Fehlen von Jahresringen eingewandt, daß dies vielleicht eine allgemeine Eigentümlichkeit der damaligen Flora war und nichts über das Klima aussagt. Allein auch dieser Einwand muß zurückgewiesen werden, da in größerer Polnähe (auf den Falklandsinseln und in Australien) tatsächlich Hölzer mit Jahresringen aus der damaligen Zeit gefunden worden sind.

Daß sich die tropische Flora gerade an den Hauptkohlenlagern findet, die schon durch ihre Mächtigkeit auf rasches und ununterbrochenes Wachstum hinweisen, aber nicht bei den dünneren Kohlenflözen, die oberhalb der permokarbonen Moränen auf den Südkontinenten auftreten, ist eine weitere Bestätigung von Potoniés Ansicht.

Aber besonders eindrucksvoll dürfte der Umstand sein, daß der große Kohlengürtel bei Anwendung der Verschiebungstheorie einen Großkreis bildet, und daß der eine Pol dieses Großkreises mitten in das damalige Vereisungsgebiet fällt. Die gewaltigen ehemaligen Torfmassen mit den nach Potonié tropischen Pflanzenresten lagen überall 90° von der Mitte der großen Inlandeiskappe entfernt. Ein Zweifel an ihrer Herkunft aus dem damaligen äquatorialen Regengürtel erscheint danach nicht mehr möglich.

Wenn wir die Florenfunde der Permokarbonzeit in ihrer Gesamtheit klimatisch verwerten wollen, so müssen wir sie etwas schärfer ins Auge fassen. Es tritt uns dabei in der Literatur immer wieder der Gegensatz zwischen der „europäischen Karbonflora" und der kühleren, auf den Südkontinenten oberhalb der Moränen auftretenden „Glossopterisflora" entgegen, die etwas so Abgerundetes darstellt, daß Arber ihr eine Monographie widmen konnte (Catal. Brit. Mus. 1905). Aber diese Gegenüberstellung trifft nach unserer Ansicht nicht den Kern der Sache, denn es werden hierbei klimatisch bedingte Unterschiede mit zeitlichem Wechsel zusammengeworfen. Richtiger ist es, zunächst zeitlich zwischen einer Karbon- und einer Permflora zu unterscheiden, und in jedem dieser Abschnitte noch weiter zu unterscheiden zwischen tropischer und kühler Flora. Die Karbonflora gliedert sich so in einen tropischen Teil, mit dem sich hauptsächlich Potoniés Beweisführung für die Tropennatur beschäftigt, und den wir vielleicht, um einen Namen zu haben, nach dem mit Aphlebien versehenen Baumfarn Pecopteris nennen können. Dieser tropischen Pecopterisflora steht eine kühle

Karbonflora gegenüber, die nur aus den härteren Elementen des europäischen Karbons, wie Lepidodendron, Sigillaria und anderen besteht, und die wir deshalb Lepidodendronflora nennen wollen. Während die Pecopterisflora streng auf die damaligen Tropen beschränkt ist, kommt die Lepidodendronflora mindestens von Spitzbergen bis Südafrika, d. h. in einem Breitenintervall von 120° vor.

Diese Karbonflora wurde nun von einer Permflora abgelöst, die sich ihrerseits wiederum in eine tropische und eine diesmal nicht ubiquitäre, sondern ausgesprochen kühle Flora gliedert. Was zunächst die letztere betrifft, die sogenannte Glossopterisflora, so fand der Übergang von der Lepidodendronflora zu ihr etwa an der Wende von Karbon zu Perm statt. Wie aus den oben mitgeteilten Schichtenfolgen für Brasilien und Afrika hervorgeht, geben in Brasilien die frühpermischen Rio Bonito-Schichten noch Vertreter beider Floren, und ebenso in Südafrika die gleichfalls frühpermischen obersten Dwyka-Schichten und die Ecca-Serie. Hier kann man also den Florenwechsel schrittweise verfolgen. In dem damals tropischen Europa fand erst etwas später, nämlich um die Mitte der Permzeit, ein allerdings viel tiefer greifender Wechsel der Flora statt, den Gothan mit folgenden Worten beschreibt[1]: „Die Flora trägt hier (im Zechstein, also oberen Perm) einen ganz anderen Charakter als die rotliegend-karbonische. Von den eigentlich karbonischen und permokarbonischen Formen ist fast nichts mehr wahrzunehmen. Eine dürftige Callipteris und einige Sphenopteris-Stücke, offenbar auch Pteridospermen, erinnern noch bis zu gewissem Grade an die frühere Flora; es mögen auch noch einige weitere permokarbonische Formen Residuen hinterlassen haben, indes sind die zahllosen sonstigen Pteridospermen des Karbons, die Lepidophyten, die Sphenophyllen, fast ganz die Calamiten, die Farnformen des Karbons, die Cordaiten verschwunden. Dagegen geben die zahlreichen Individuen der Koniferengattung Ullmannia, die häufigere Baiera digitata aus der Ginkgophytengruppe, die ersten Voltzien der Flora ein eindeutig mesozoisches Gesicht. Denn die Vorherrschaft der Koniferen in dieser Flora, neben Ginkgophyten und anderen, spricht so deutlich in diesem Sinne wie nur möglich. So ergibt sich zugleich, daß der Hauptschnitt in der jüngeren paläozoischen Flora zwischen Rotliegendem und Zechstein zu setzen ist; eine neue große Entwicklungsperiode der Pflanzenwelt ist mitten in der permischen Formation angebrochen, durch die Vorherrschaft der Gymnospermen charakterisiert." Zu beachten ist dabei, daß Europa gerade mit dem Zechstein aus dem bisherigen äquatorialen Regengebiet in das Trockengebiet rückte, wie aus den gleichzeitigen Salzablagerungen hervorgeht. Diese Trockenheit mußte natürlich für die Flora

---

1) Potonié-Gothan, Lehrb. d. Paläobotanik. 2. Aufl., S. 433. Berlin 1921.

der tropischen Moore tödlich sein. Die Koniferen dagegen waren ihr wohl weit besser angepaßt.

Was nun die Zusammensetzung dieser Floren betrifft, so besteht die karbonisch-äquatoriale Pecopterisflora insbesondere aus folgenden Elementen:

Pecopteris (Baumfarn mit Aphlebien), den Schlingfarnen Sphenopteris und Mariopteris, ferner Lonchopteris, Neuropteris, Alloiopteris, Palmatopteris, Alethopteris, Odontopteris u. a.

Die Lepidodendronflora besteht dagegen hauptsächlich aus den Elementen:

Lepidodendron, Sigillaria, Calamites, Cordaites (alles Bäume), ferner dem Farn Rhacopteris, Callipteris und dem krautartig kleinen, vielleicht als Wasserpflanze wachsenden Sphenophyllum, Cyclostigma (Archaeopteris, Calymmatotheca, Asterocalamites) u. a.

In der Glossopterisflora endlich sind folgende Hauptvertreter zu nennen:

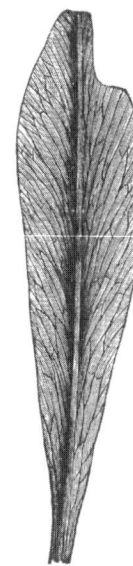

Fig. 7.
Glossopteris-Wedel

Das Farn Glossopteris mit ungeteilten, meist bis 10 cm, in seltenen Fällen etwa fußlangen Wedeln und von krautigem Wuchs (Fig. 7), das ähnliche, etwas ältere Farn Gangamopteris, die Wurzeln beider (Vertebraria), die oft in die Moränen der permokarbonischen Eiszeit hineingesenkt sind; ferner Neuropteridium mit ziemlich großen, einmal fiederigen Wedeln, Schizoneura und Phyllotheca, beides Equisetalen, von denen die letztere zu den ältesten Vertretern dieser Flora gehört, Noeggerathiopsis, Ottokaria, Arberia, Rhipidopsis, Belemnopteris, Annularia, Reinschia (eine Alge?).

Was zeigen nun die Beobachtungen? Im europäischen Karbon kommt die tropisch-sumpfige Pecopterisflora gemischt mit der Lepidodendronflora vor (vgl. Fig. 8). Auch im nordamerikanischen Kohlengebiet herrscht diese Mischflora. Gewisse Unterschiede sind freilich vorhanden, aber sie sind nicht größer als die zwischen den verschiedenen europäischen Kohlenbecken. „Die größte Übereinstimmung zwischen der europäischen und nordamerikanischen Karbonflora bietet sich im oberen Teil des mittleren Oberkarbons (Pennsylvanian), wo in Amerika eine Flora auftritt, die der entsprechenden europäischen (Transition der Engländer, Piesbergflora des Ruhrbeckens, Flammkohlenflora von Saarbrücken, entsprechende Schichten im Donetzbecken usw.) sozusagen vollständig gleicht."[1] Das Pennsylvanian ist aber die Hauptkohlenzeit Nordamerikas.

---

[1] Potonié-Gothan, Lehrb. d. Paläobotanik. 2. Aufl., S. 455—456. Berlin 1921.

Auch die Flora der Steinkohlenlager am Südufer des Schwarzen Meeres bei Eregli hat denselben Charakter der tropischen Sümpfe, was sich in dem Vorkommen von Mariopteris, Sphenopteris, Neuropteris u. a. zeigt.[1])

Auch in China scheinen die Verhältnisse nicht wesentlich anders zu liegen, soweit man sie bisher beurteilen kann. Nach Gothan haben wir dort „außer den mit dem europäisch-nordamerikanischen Vorkommen gemeinsamen Arten in Lepidodendron oculus felis und Gigantopterisarten ganz bestimmte Lokalpflanzen". Gigantopteris ist jedoch auch schon in den südlichen Vereinigten Staaten von Nordamerika gefunden worden und scheint zur Pecopterisflora gezählt werden zu müssen.

Weiter sei erinnert an A. Toblers Fund einer Pecopteris im Oberkarbon von Sumatra und die Zweifel, welche die holländischen Geologen hinsichtlich des Vorkommens der Glossopterisflora im Sunda-Archipel hegen. Es scheint hieraus hervorzugehen, daß die Sundainseln im Karbon eher tropisches als kühles Klima hatten.

Aus Zentralasien ist nach Leuchs) eine Flora bekannt, die aus Lepidodendron, Lepidophloios, Bothrodendron, Sphenophyllum (diese frühkarbonisch) und Lycopodites, Asterophyllites (diese spätkarbonisch) besteht und eher auf kühles als auf warmes Klima schließen läßt. Jedenfalls fehlen die Vertreter der tropischen Waldmoore, und freilich auch Kohlen. Der Äquator läßt sich kaum anders als in beträchtlicher Nähe an diesen Gebieten vorbeiführen, wenn auch die genaue Lage derselben in unserer Rekonstruktion wegen der riesenhaften Zusammenschübe gerade in Zentralasien ganz besonders unsicher ist. Die Frage nach der Deutung dieser Flora bleibt wohl am besten noch offen.

Die frühkarbonische Flora Spitzbergens und Nordostgrönlands ist, jedenfalls in der Hauptsache, nur noch die Lepidodendronflora. Sie bestand aus: Sphenopteris, Adiantites, Lepidodendron, Bothrodendron, Calymmatotheca, Sphenophyllum, Asterocalamites. Hier wird es sich um Sümpfe handeln, die dicht nördlich der nördlichen Trockenzone unter einem ähnlich warmen Klima gebildet wurden wie heute die Sümpfe auf Florida. Ähnlich waren wohl auch die Verhältnisse auf der Melville-Insel.

In Nordrußland und an zahlreichen Stellen von Innerasien kommt die Lepidodendronflora auch gemischt mit Vertretern der Glossopterisflora vor.

Aber auch auf der damaligen südlichen Halbkugel besaß die Lepidodendronflora eine außerordentliche Verbreitung. Sie findet sich

---

1) Philippson, Kleinasien. Handb. d. Reg. Geol. V, 2. Heidelberg 1918.
2) Leuchs, Zentralasien. Handb. d. Reg. Geol. V, 7. Heidelberg 1916.

zunächst in Afrika im südlichen Oran, ferner am Sinai, wo Lepidodendron und Sigillaria im unteren Nubischen Sandstein gefunden wird, ferner in ganz ähnlicher Weise auch in Peru und Argentinien. In Brasilien kommen in den Rio Bonito-Schichten die Elemente dieser Flora mit denen der Glossopterisflora gemischt vor. In Südafrika kommt die Lepidodendronflora zunächst allein vor (in der Witteberg-Serie), sodann mit der Glossopterisflora gemischt (Dwyka-Serie und Ecca-Serie).[1]) Aus Vorderindien sind bisher keine Vertreter der Lepidodendronflora bekannt geworden, dagegen tritt sie in Australien in den Smith's Creek-Schiefertonen auf, wobei noch unentschieden ist, ob auch Vertreter der Glossopterisflora dabei vorkommen.

Die kühle Lepidodendronflora hatte also eine so gut wie weltweite Verbreitung und fehlte auch in den damaligen Tropen nicht, wenngleich sie dort wohl mit anderen Arten auftrat als in höheren Breiten.

Ihr jüngeres Gegenstück, die Glossopterisflora, ist bisher in den damaligen Tropen noch nicht mit Sicherheit nachgewiesen, obwohl sie, dem allgemeinen Gesetz der Pflanzenausbreitung gemäß[2]), wohl auch vom Äquator nach den kühleren Klimaten ausgestrahlt ist, wie ja schon ihre bipolare Anordnung zeigt, die sie mit vielen heutigen, nachweislich aus den Tropen stammenden Pflanzen gemein hat. Man wird also auch von diesen Pflanzen annehmen müssen, daß sie selbst oder ihre Vorfahren anfangs in den Tropen lebten. Aber bisher kennt man sie von dort noch nicht mit Sicherheit, so daß sich ihr Auftreten hauptsächlich auf die zwei außertropischen Polkappen beschränkt — im Gegensatz zur Lepidodendronflora.

Diese Glossopterisflora ist in Südamerika in Argentinien (San Juan) und Südbrasilien bekannt, wo sie durch D. White näher untersucht wurde, auch in Uruguay sind Anzeichen dieser Flora vorhanden, und sehr schön ist sie nach Halle auf den Falklandsinseln vertreten. In Afrika kennt man sie in dem ganzen Gebiet von Südafrika bis Katanga, Portugiesisch- und Deutsch-Ostafrika. Auch auf Madagaskar ist sie gefunden worden. Ferner in Afghanistan, in Kaschmir[3]) und Vorderindien, dessen Flora Feistmantel bearbeitet hat. In Australien und Tasmanien ist diese Glossopterisflora gleichfalls bekannt, auf dem antarktischen Kontinent wurde sie auf Scotts Expedition in

---

1) Die in den Lehrbüchern viel referierte Nachricht, daß auch am Sambesi eine „rein europäische Karbonflora" gefunden sei, beruht nach Gothan (Branca-Festschrift 1914) auf einer Verwechselung der Fundstellen.

2) E. Irmscher, Pflanzenverbreitung und Entwicklung der Kontinente, Studien zur genetischen Pflanzengeographie. Mitt. a. d. Inst. f. allg. Botanik. Hamburg 1923.

3) D. N. Wadia, Geology of India for Students, S. 147. London 1919. (Gangamopteris und Glossopteris.)

85° südl. Breite gefunden. Von neuseeländischer Glossopteris besitzt das Geologische Institut von Utrecht eine schöne Steinplatte, nach Potonié-Gothan sollen die neuseeländischen Funde freilich einer späteren Zeit entsprechen. Die Angabe von G. B. Scrivenor, daß Glossopteris auch in Singapore zu finden ist, wird von holländischen Geologen bezweifelt[1]), und ebenso halten diese die auf Sueß[2]) zurückgehende Angabe, daß Phyllotheca in Westborneo gefunden sei, für unrichtig. Diese Zweifel werden unterstützt durch A. Toblers schon erwähnten Fund von Pecopteris im Oberkarbon Sumatras, aus welchem hervorzugehen scheint, daß auf den Sundainseln im Spätkarbon die tropische Pecopterisflora vorhanden war.

Wie schon erwähnt, wuchs diese Glossopterisflora teilweise gemischt mit der Lepidodendronflora. So namentlich in Südbrasilien (Rio Bonito-Schichten oberhalb des Orléans-Konglomerates) und in Südafrika (Dwyka-Serie und Ecca-Serie). Das Aussterben der letzten Sigillarien und Lepidodendren erfolgte also erst lange nach Beendigung der Vereisung zu einer Zeit, in der die Wärme schnell zunahm. Wir können ihr Verschwinden also nicht der Eiszeit zur Last legen, es muß vielmehr, ebenso wie der gleichzeitige auffallende Florenwechsel in den damaligen Tropen, auf allgemeinere Ursachen zurückgeführt werden, die damals störend in das Gleichgewicht der Pflanzen- und Tierwelt eingriffen. Die schnelle Zunahme großer pflanzenfressender Reptilien könnte wohl eine solche Ursache sein.

In den nördlichen gemäßigten und kalten Gebieten ist die Verbreitung der Glossopterisflora weniger gut bekannt, da sie teils ins Meer, teils in Polargebiete fallen. Großes Aufsehen erweckte Amalitzkys Fund (1901) von Glossopteris, Gangamopteris, Noeggerathiopsis zusammen mit Lepidodendron und Callipteris an der Dwina. Es ist bis heute der einzige Fund von Glossopteris innerhalb der nördlichen gemäßigten und kalten Gebiete geblieben. Aber die anderen, älteren Vertreter der Glossopterisflora sind noch an zahlreichen anderen Stellen, meist zusammen mit Elementen der Lepidodendronflora gefunden worden. Tschichatscheff fand in Sibirien Phyllotheca und Noeggerathiopsis neben Vertretern der Lepidodendronflora. Zalessky fand bei Tomsk Phyllotheca und Noeggerathiopsis, vielleicht auch Gangamopteris. Krasser gibt Phyllotheca und zum Teil Noeggerathiopsis auch für Transbaikalien, die Ostmongolei und sogar die Mandschurei an. Es ist auffallend, daß diese asiatischen Funde immer die älteren Vertreter der Glossopterisflora, aber nicht Glossopteris selbst enthalten. Sie werden dadurch als karbonisch charakteri-

---

1) Nach mündlichen Äußerungen.
2) Antlitz der Erde, Bd. II, S. 210. Wien 1888.

siert, während z. B. der Fund von Glossopteris an der Dwina permisch sein dürfte. Dies entspricht den von uns angenommenen Äquatorlagen insofern, als Nordeuropa im Perm, Sibirien aber im Karbon am weitesten vom Äquator entfernt war.

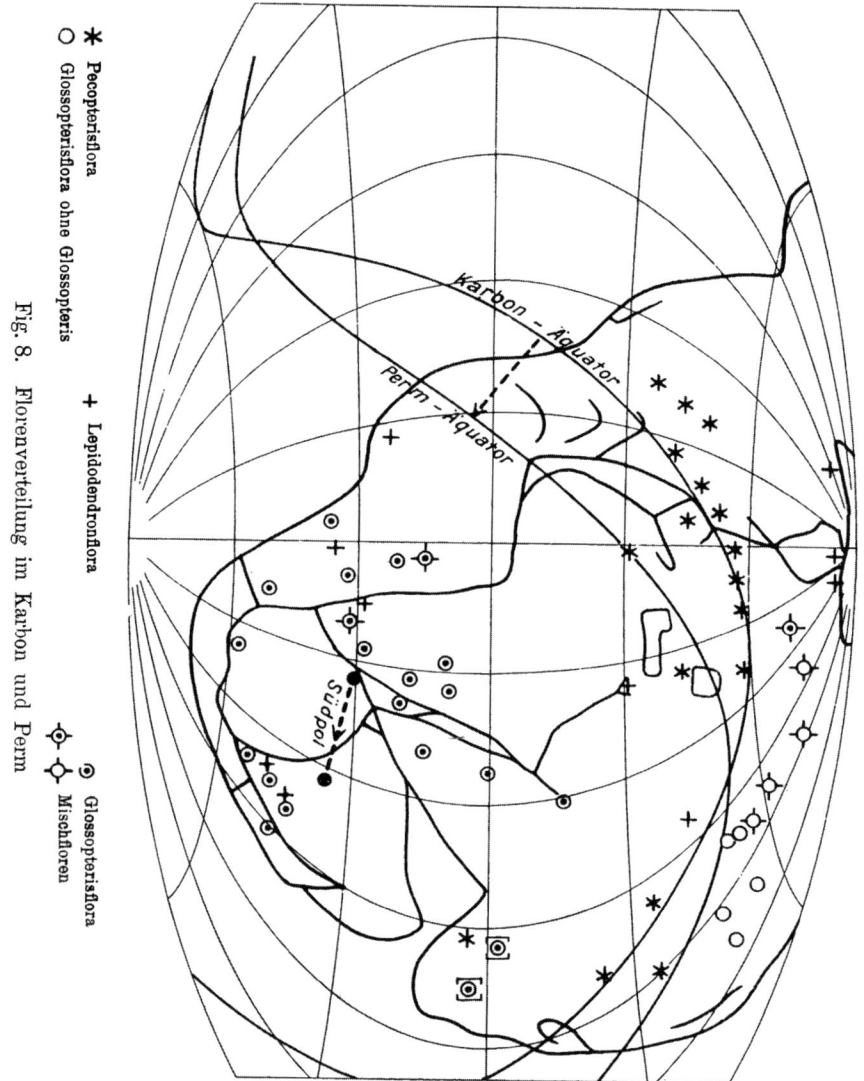

Fig. 8. Florenverteilung im Karbon und Perm.
✱ Pecopterisflora
○ Glossopterisflora ohne Glossopteris
+ Lepidodendronflora
⊙ Glossopterisflora
◈ Mischfloren

Wenn man sich diese Florenverteilung auf der nach der Verschiebungstheorie rekonstruierten Erdkarte einträgt (Fig. 8)[1]), so erhält man ein Bild, welches trotz verschiedener kleiner Schönheitsfehler

---

[1]) Hauptsächlich nach der Karte der Permokarbonfloren in Potonié-Gothan, Lehrb. d. Paläobotanik, S. 454. Berlin 1921, mit Ergänzungen.

doch zweifellos sehr befriedigt. Die Florenverteilung bestätigt also in hohem Maße die von uns abgeleitete Orientierung der Klimazonen.

E. Die Tierwelt. Die Tierwelt liefert im Permokarbon am wenigsten Beiträge zur Klimafrage, was allerdings zum Teil daran liegt, daß sie noch wenig nach klimatischen Gesichtspunkten untersucht ist. Das wenige aber, was wir anzugeben vermögen, stimmt völlig mit der von uns angenommenen Lage der Klimagürtel überein.

Aus dem Karbon sind Korallenriffe in Europa von Irland bis Spanien bekannt, und in Nordamerika vom Michigansee bis zum Nordufer des mexikanischen Golfs. Dies paßt völlig zu unserer karbonischen Äquatorlage.

Aus dem Perm scheint bisher wenig über Riffkorallen bekannt zu sein. Die kalkriffbildenden Richthofeniden in den Alpen und auf Sizilien, sowie in Ostasien sind vielleicht als Äquivalent zu betrachten. Im Perm von Timor sind nach Wanner[1]) vorwiegend nur Einzelkorallen gefunden worden. Die dort an der Basis des Perm liegenden Fusulinenkalke, die für höhere Temperaturen sprechen, scheinen nach Wanner noch zum Spätkarbon zu gehören, d. h. zu einer Zeit, in welcher der Äquator dieser Insel noch wesentlich näher lag als im Perm; Timor lag nach unseren Karten im Karbon noch auf 20°, im Perm rückte es vorübergehend auf fast 45° Breite.

In Europa deutet im Karbon auch die enorme Größe der Insekten auf tropisches Klima, sind doch auch unsere heutigen tropischen Insekten durch ihre Größe ausgezeichnet. Besonders interessant ist Handlirschs Feststellung, daß die Größe der Insekten in der Folgezeit in Europa stetig abnahm. Als mittlere Flügelgröße gibt er für Früh- und Mittelkarbon 51 mm an, für Spätkarbon und Perm nur noch 20 mm. (Die heutigen Zahlen sind: für die Tropen 16 mm, für Mitteleuropa 7 mm.)

Das Perm von Uruguay und Brasilien weist nach Gerth Zeichen rascher Erwärmung auf. Es treten dort schließlich bereits Kalk- und Dolomiteinlagerungen in den Schiefertonen auf. Nach unseren Karten lag Buenos Aires im Karbon auf 66°, im Perm auf 45° Breite. Das Auftreten der ersten Reptilien Mesosaurus und Stereosternum, die Wassertiere waren, in den Iraty-Schiefertonen ist bereits in der Schichtenfolge S. 29 erwähnt. Es ist wohl anzunehmen, daß man in den darüber liegenden Schichten auch hier Reste der permotriassischen Reptilienfauna entdecken wird, die man aus Südafrika kennt. Das Klima, in welchem Mesosaurus gelebt hat, ist wahrscheinlich noch recht kühl gewesen, da diese Form in Afrika dicht über den permokarbonen Moränen auftritt, nämlich im oberen Schieferton der Dwyka-Serie (vgl.

---

1) J. Wanner, Geologie von Westtimor. Geol. Rdsch. 1913, S. 141.

die Schichtenfolge S. 30). Durch das Leben im Wasser war Mesosaurus befähigt, sich der kalten winterlichen Lufttemperatur zu entziehen. In Afrika treten in der darüber liegenden Ecca-Serie bereits zwei neue Reptilien, Eccasaurus und Archaeosuchus, auf, und in der darauf folgenden, vom Spätperm bis zur frühen Trias reichenden Beaufort-Serie finden wir eine erstaunlich reiche Reptilienfauna. Die unteren Beaufort-Schichten haben nach Rogers und du Toit bisher 64 Reptilien geliefert, darunter den 2 m langen Pareiasaurus, welcher (wie auch Dicynodon) auch im russischen Perm auftritt und also dieselbe bipolare Ausbreitung zeigt wie die ihn begleitende Glossopterisflora. Auch die mittleren Beaufort-Schichten, die zum spätesten Perm zu zählen sind, zeugen mit 10 Reptilien von dem Reichtum dieser Tierwelt, ebenso wie die frühtriassischen Burghersdorp-Schichten mit 29 Reptilien und einem Säugetier. Diese Reptilien waren nur zum kleineren Teil mehr Wassertiere, wie die in den mittleren Beaufort-Schichten vorherrschende Gattung Lystrosaurus, sondern meist ziemlich große, plump gebaute Pflanzenfresser und teilweise Raubtiere. Da wir Kohle sowohl in den unteren Beaufort-Schichten, wo die Zahl der Reptilien besonders groß ist, als auch in den mittleren Beaufort-Schichten haben, müssen wir schließen, daß diese Reptilienfauna in der gemäßigten Regenzone, nicht etwa in der subtropischen Trockenzone, gehaust hat, was ja ohnehin nach dem schwerfälligen Bau der Pflanzenfresser unter ihnen wahrscheinlich ist. Das ganze Bild, welches das allmähliche Aufkommen dieser Reptilienfauna in Südafrika bietet, bezeugt eine rasche Verbesserung des Klimas vom Polarklima bis zum Klima der gemäßigten Regenzone und entspricht dem Fortwandern des Südpols.

Die entsprechende permische Reptilienfauna aus Texas, die gern, aber wohl nicht ganz mit Recht, als völlig gleichartig mit der südafrikanischen geschildert wird, macht einen mehr tropischen Eindruck. Der durch einen großen Rückenkamm drachenartige Naosaurus claviger besaß eine Länge von mehr als 25 m, wofür wir aus Südafrika kein Gegenstück kennen.

Die Gesamtheit der Klimazeugen ergibt für Karbon und Perm folgende, in unseren Karten Fig. 3 und 4 zum Ausdruck gebrachte Lagen des Nord- und Südpols, bezogen auf das heutige Gradnetz von Afrika (Längen von Greenwich):

	Nordpol	Südpol
Karbon	30° Nord, 145° West	30° Süd, 35° Ost
Perm	35° Nord, 115° West	35° Süd, 65° Ost

Kapitel III
Die Klimagürtel im Mesozoikum

Im Mesozoikum kam es nicht wieder zu einer so reichen Entwicklung tropischer Moore wie im Karbon, vor allem weil der Äquator jetzt wieder in die Region der Tethys zurückgekehrt war und die äquatoriale Regenzone daher größtenteils auf dem Meere lag. Und noch in anderer Hinsicht sind die Verhältnisse im Mesozoikum einer genauen Orientierung der Rotationsachse ungünstiger: Wir haben aus dem ganzen Zeitraum keine sicheren Spuren von Inlandeis. Auch hierfür ist teilweise die Achsenlage selbst verantwortlich zu machen. Denn der Nordpol lag auch im Mesozoikum stets im nördlichen Pazifik, und der Südpol ist von seiner Exkursion nach Südafrika und Australien wieder nach seiner Heimat, der Antarktis, zurückgekehrt, wo er die Trias-, Jura- und Kreidezeit hindurch mit geringen Schwankungen seiner Lage verblieb. Es besteht also die Möglichkeit, daß auf dem antarktischen Kontinent auch im Mesozoikum Inlandeisbildungen geherrscht haben, aber wir wissen nichts davon. Indessen liefern die Klimazeugnisse der umliegenden Länder mehr oder weniger für alle mesozoischen Zeiten ein eigenartiges Bild, welches es zweifelhaft erscheinen läßt, ob die Kälte der damaligen Südpolargegenden überhaupt für größere Inlandeisbildung ausreichte.

Aus allen diesen Gründen ist die Bestimmung der Achsenlage für die mesozoischen Zeiten einstweilen nur mit einer geringeren Genauigkeit durchführbar, als namentlich im Karbon. Dennoch sei gleich hier hervorgehoben, daß abgesehen von diesem geringeren Genauigkeitsgrad über die ungefähre Lage der Erdachse auch für diese Zeiten nach den Klimazeugnissen gar kein Zweifel herrschen kann.

A. Trias

1. **Eisspuren.** Sichere Eisspuren aus der Trias sind nicht bekannt. Allerdings gibt Hennig, wie schon erwähnt, für Zentralafrika neben karbonischen Eisspuren auch triassische an. Aber da die zwei als glazial gedeuteten Tillite nicht im gleichen Profil beobachtet wurden, muß die Deutung bei unserer geringen Kenntnis der dortigen

Schichtenfolge noch als unsicher gelten. Die übrigen triassischen Klimazeugnisse schließen es aus, daß dort Polarklima herrschte. Denn nur 12 Großkreisgrade entfernt liegen die für triassisch gehaltenen Steinsalzlager von Angola; Eis und Salz vertragen sich aber nicht auf so kurze Entfernung. Der Anschluß an die doch recht sichere permische Lage des Südpols würde sehr schwer herzustellen sein, da die reiche Reptilienfauna Südafrikas im Perm und der Trias sich schwer mit der Annahme vereinigen läßt, daß der Südpol nahe an diesem Gebiet vorbeirückte. Vor allem aber ergibt die Gesamtheit der Klimazeugnisse aus der Triaszeit eine Lage des Südpols, die viel zu entfernt ist, um in Zentralafrika noch Inlandeis zu erzeugen. Es kann sich also bei diesen unsicheren Eisspuren in Zentralafrika höchstens um Gebirgsgletscher handeln, wenn nicht etwa die Zeitangabe zu korrigieren ist.

2. **Kohle.** In den Vereinigten Staaten von Nordamerika, wo im Perm die Kohlenbildung ganz dem Trockengebiet gewichen war, treten jetzt in der Triaszeit im äußersten Osten, nämlich in Virginien und Nordkarolina, in den Schichten der Newark-Serie wieder Kohlenbildungen auf, die sich auch noch in die Juraperiode hineinziehen (vgl. Fig. 9). Aber das ganze übrige Land lag nach wie vor im Trockengebiet, so daß wir es bei den genannten Kohlen wohl nur mit einer lokalen Unterbrechung des Trockengürtels, verursacht durch das im Südosten liegende Meer, zu tun haben. Ganz im Westen der Vereinigten Staaten treten jedoch auch schon wieder Anzeichen größerer Feuchtigkeit auf in Form von unbedeutenden Kohlenschichten in den Sandsteinen und dem berühmten versteinerten Wald in der heutigen Wüste von Arizona. Hier haben wir es wohl mit den Ausläufern der nördlichen Regenzone zu tun.

Auf europäischem Boden zieht sich die Hauptentwicklung der Trockenzone gerade durch Mitteleuropa. Alle drei Abteilungen der Trias haben hier Salz, Gips und Wüstensandsteine gebildet, wie im nächsten Abschnitt näher erörtert werden soll. Nur im 3. Abschnitt (Keuper) wurde das Klima, offenbar ohne Verlegung der Zonen, etwas feuchter — die Einleitung zu der allgemeinen Feuchtigkeitszunahme im Jura; es kam hier in Schwaben, Lothringen, Oberschlesien und Polen vorübergehend zu einer unvollkommenen Kohlenbildung, der sogenannten Lettenkohle, die aus kohligen Schiefern mit einer dünnen Schicht echter Kohle besteht und zu vielen nutzlosen Schürfungen Anlaß gegeben hat. (In der Karte ist die Lettenkohle unberücksichtigt geblieben.) Im Süden und Norden Europas aber treffen wir bald auf die Grenzen des Trockengebietes in Gestalt echter Kohlenlager. Schon in den Ostalpen führt die Trias etwas Kohle[1]), und in Bosnien gibt es

---

[1] Franz Heritsch, Die österreichischen und deutschen Alpen bis zur alpino-dinar. Grenze (Ostalpen). Handb. d. Reg. Geol. II, 5 a. Heidelberg 1915.

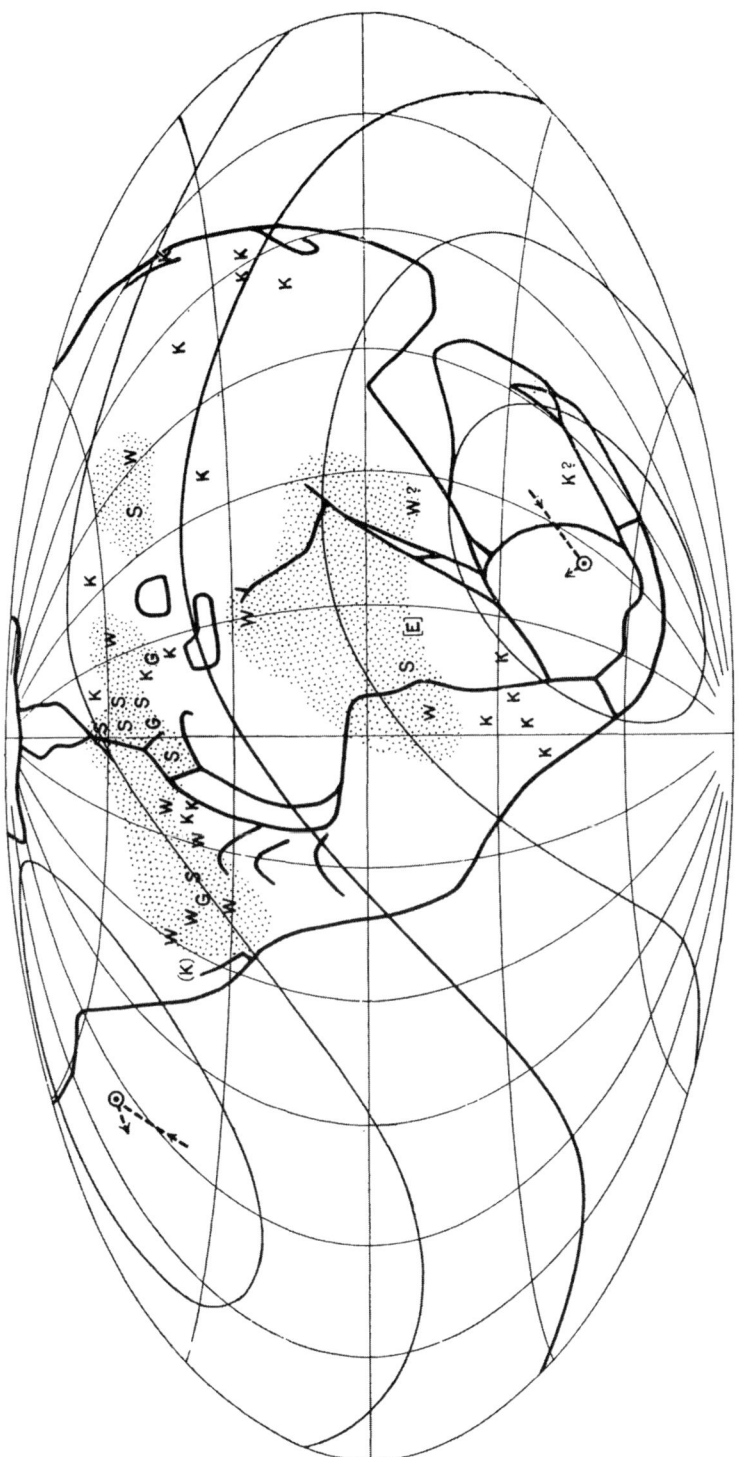

Fig. 9. Moore und Wüsten der Triaszeit
(E Eisspuren, K Kohle, S Salz, G Gips, W Wüstensandstein, punktierte Räume: Trockengebiete)

sowohl frühtriassische wie spättriassische Kohlen. Und im Norden finden wir Kohlenbildung in Südschweden (Schonen), wo sich in der spätesten Trias (Rhät) und weiterhin auch in der Jurazeit insgesamt zwei Flöze von etwa je $^1/_2$ m Dicke bildeten.¹) Und auch im östlichen Ural bildeten sich im Rhät Kohlen.

Auf asiatischem Gebiet setzt sich die äquatoriale Regenzone fort in den triassischen Kohlen von Afghanistan²), ferner in den rhätischen Kohlen in der Mongolei und in denen der Provinz Hunan in Mittelchina (frühtriassisch) und des etwas östlich davon gelegenen Maling-Gebirges (rhätisch). Hier am Ostrande des Kontinents verbreitert sich indessen die äquatoriale Regenzone, wie die rhätischen Kohlen bei Tongking im Süden und die triassischen und teilweise rhätischen Kohlen in Japan zeigen. Letztere lagen in der Trias auf etwa 30° Nordbreite und bezeugen also eine Unterbrechung der nördlichen Trockenzone.

Die weiteren triassischen Kohlen, die noch zu nennen sind, stellen sich als Fortsetzung der permischen Kohlenbildungen im südlichen subpolaren Regengebiet dar. Sie liegen namentlich in Südamerika, nämlich in Paraguay, Uruguay und Argentinien, und, nach Chamberlin und Salisbury, auch in Chile. Brasilien hatte dagegen bereits Trockenklima. Ebenso finden sich rhätische Kohlen in Südafrika in den Molteno-Schichten der Stormberg-Serie. Vorderindien hatte nach der Zeitsetzung von Rogers und du Toit bereits Trockenklima. In Australien hatte noch das späteste Perm (Newcastle) produktive Flöze bis zu 27 Fuß Mächtigkeit hervorgebracht, so daß hier, wenn auch für die triassischen Hawkesbury-Sandsteine und Wianamatta-Schichten keine Kohlen mehr angegeben werden, doch das Klima wohl noch feuchter gewesen ist als in Vorderindien, wo die permischen Kohlen noch durch die kohlenlosen Panchet-Schichten von der Trias getrennt sind. Wie schon früher erwähnt, will Frech die Kohlen sowohl in Vorderindien wie in Australien in die Trias setzen. Wir folgen auch hier im wesentlichen Rogers und du Toit, wollen aber der Auffassung von Frech so weit Rechnung tragen, daß wir für Vorderindien zweifelhaftes Trockenklima, für Australien zweifelhaftes Regenklima annehmen.

3. Salz, Gips, Wüstensandstein. In Nordamerika lag in der Trias der größte Teil der Vereinigten Staaten in der nördlichen Trockenzone. Im äußersten Osten gab es zwar in Virginien und Nordkarolina noch Torfmoore, und ganz im Westen begegnen wir dem Rand der nördlichen Regenzone; dazwischen aber bildete sich allenthalben die Wüstenformation des New Red, besonders mächtig im Osten der

---

1) A. G. Högbom, Fennoskandia. Handb. d. Reg. Geol. IV, 3. Heidelberg 1913.
2) Chamberlin and Salisbury, Geology, Vol. III. New York 1907.

großen Gebirgszüge, nämlich der Alleghanies und namentlich der Rocky Mountains, wo sich diese roten Sandsteine in einer Zone von Texas über Colorado („Red Beds von Denver") nach Idaho hinziehen. Gerade diese westliche Hauptzone der roten Sandsteine war es, welche Kreichgauer seinerzeit bei seinen paläoklimatischen Untersuchungen Schwierigkeiten machte, weil sie bei der heutigen Lage der Kontinente und bei der von ihm gewählten Achsenlage in zu hoher Breite lagen. Durch Herandrehen Nordamerikas an Europa verschwindet diese Schwierigkeit.

In dieser Wüstenzone finden sich in den Sandsteinen zahlreiche Gips- und Salzeinlagerungen, welche die Trockenheit des Klimas weiterhin bekräftigen. Nach Buschman ist namentlich auch in Kansas bei den zahlreichen Bohrungen auf Kohle und Gas immer nur triassisches Steinsalz gefunden worden. Es bildet dort auf einem Gebiet von 190 km Länge und 48 km Breite einzelne verstreute Stöcke bis zu einer Mächtigkeit von 75 bis 90 m. „Dieses Salzvorkommen dürfte während der Trias durch Verdunstung eines salzhältigen Binnensees gebildet worden sein, doch haben den Prozeß, wie die Zwischeneinlagerungen von Schieferton zeigen, Zuflüsse süßen, schlammhältigen Wassers wahrscheinlich mehrmals unterbrochen." [1]

Auch Mitteleuropa hatte in der Trias, wie schon erwähnt, Wüstenklima. Das Trockengebiet war hier begrenzt im Süden durch die Kohlen in den Ostalpen und in Bosnien, im Norden durch die Kohlen im südlichen Schweden. Dazwischen dehnte sich über ungeheure Flächen eine Wüste aus rotem Sand, deren verhärtetes Material, der Buntsandstein, dem ersten Drittel der Trias den Namen gegeben hat. Die Konifere Voltzia und die Fußspuren des unbekannten Chiroteriums sind fast die einzigen, seltenen Spuren des Lebens in diesen ungeheuren Ablagerungen, von denen J. Walther im Kapitel „Die bunte Sandwüste" seines Lehrbuches der Geologie Deutschlands [2] eine anschauliche Schilderung gegeben hat. Das Hauptgestein, das im Schwarzwald, im Odenwald, in der Hardt und den Vogesen auftritt, besteht aus einfarbig dunkelroten Sandsteinen, die in mächtigen Bänken brechen. „Sie liefern treffliches Quadermaterial, sie haben die Bausteine für das Heidelberger Schloß, für die Dome zu Speyer, Worms und Straßburg, für zahllose Bauten jener Gegenden hergegeben, und ihr Vorkommen bedingt zum großen Teil Bauart und Charakter der Städte dieses herrlichen Landes" (Neumayr-Uhlig).

In England besteht sogar die ganze Trias „aus einer ununter-

---

[1] J. Ottokar Freiherr von Buschman, Das Salz, Bd. 2, S. 337. Leipzig 1906.
[2] 2. Aufl., S. 101 ff. Leipzig 1912.

brochenen Folge von roten Sandsteinen und Mergeln", und ähnlich ist es in einem großen Teil Rußlands.

Aber noch deutlicher als die roten Sandsteine zeugen die Salz- und Gipsablagerungen von dem Wüstenklima Mitteleuropas. In allen drei Unterteilen der Trias finden wir sie. Im Buntsandstein bildeten sich die Steinsalzlager im Nordharz und dem davorliegenden Tiefland, und gleichzeitig entstanden auch die zahlreichen und bekannten Steinsalzlager des „Salzkammergutes" in den Alpen, wo viele Ortsnamen, wie Salzburg, Hallstatt, Hallein, Hall usw. daran erinnern. Weiter im Muschelkalk haben wir Salzbildungen in Thüringen und Württemberg und Gipsablagerungen in den Westalpen. Und auch im Keuper verleugnet sich das Trockenklima nicht. Wenn es hier auch an mehreren Stellen Mitteleuropas zu schwachen Kohlenbildungen kam, so haben wir doch gerade auch im Keuper Salzbildungen in England, Frankreich und Lothringen, und wenigstens Gipsablagerungen in Mitteldeutschland und den Alpen. Zu den englischen Salzlagern aus der Triaszeit gehören namentlich die großen Lager der Grafschaften Nottingham, Derby, Stafford u. a. (Neumayr-Uhlig).

Auch in Spanien sind die triassischen Ablagerungen, besonders die des Keupers, nach Douvillé reich an Salz, das dort an zahllosen Stellen im kleinen gewonnen wird.[1]) Gipsablagerungen reichen auch noch gelegentlich in das Randgebiet der äquatorialen Regenzone hinein, so im Buntsandstein in Kroatien, im Keuper auf der dalmatischen Insel Lissa.

Auf asiatischem Gebiet finden sich in Ostbuchara nach Leuchs salzführende Tone in den Werfener Schichten der Frühtrias.[2]) Der Abstand von den oben erwähnten triassischen Kohlen in Afghanistan ist heute nicht groß, muß aber wegen der starken dazwischenliegenden Gebirgsfaltung zur Triaszeit groß genug gewesen sein, um aus der nördlichen Trockenzone in die äquatoriale Regenzone zu führen. Im übrigen hebt Leuchs hervor, daß das Klima Zentralasiens bis einschließlich der früheren Triaszeit wegen der Fossilarmut des betreffenden Teils der Angara-Schichten arid gewesen sein muß, daß sich aber schon in der späteren Triaszeit auch hier Anzeichen jener Feuchtigkeitszunahme geltend machen, welche dann in der Jurazeit zu den so überraschend ausgedehnten Kohlenbildungen über das ganze nördliche Asien führen.

Damit sind die Spuren der nördlichen Trockenzone erschöpft. Am Ostrande des Kontinents finden wir statt des Trockengebietes die bekannte Erscheinung, daß hier die äquatoriale Regenzone mit der nördlichen zusammenwächst.

---

1) Douvillé, La Péninsule Ibérique. A. Espagne. Handb. d. Reg. Geol. III, 3. Heidelberg 1911.

2) Leuchs, Zentralasien. Handb. d. Reg. Geol. V, 7. Heidelberg 1916.

Wenden wir uns nun zur südlichen Trockenzone. In Ägypten, welches von dem europäischen Trockengebiet durch die Kohlenlager von Bosnien und den Ostalpen getrennt ist, war die Bildung des Nubischen Sandsteins im Gange, dessen mächtige Schichten von der Perm- bis zur Jurazeit keine Spuren von Leben zu enthalten scheinen. Es besteht wohl kaum eine andere Möglichkeit, als daß dies Land das ganze Mesozoikum hindurch eine Wüste gewesen ist.

Viel weiter südlich ist noch das schon beim Perm besprochene Salzlager in der portugiesischen Kolonie Angola zu nennen, dessen Entstehungszeit als permotriassisch bezeichnet wird. Es lag, wie unsere Karte lehrt, auf knapp 40° Südbreite.

Auch in dem damals benachbarten Brasilien muß aus den triassischen Red Beds der Rio do Rasto-Schichten auf Trockenklima während der Triaszeit geschlossen werden. In Südafrika dagegen bezeugen die reichen Floren und Landfaunen der Burghersdorp- und Molteno-Schichten, daß wir uns hier außerhalb der Trockenzone im südlichen Regengebiet befinden. Dagegen haben wir wieder in Vorderindien, wenn wir der Zeitsetzung von Rogers und du Toit folgen, in den Kota-Maleri-Schichten Sandsteine, teilweise sogar von roter Färbung, die auf arides Klima schließen lassen. Neumayr-Uhlig bezeichnen die Gondwanaländer geradezu als das zweite Sandsteingebiet der Trias. „Allerdings ist das Aussehen hier ein anderes, die rote Farbe der Gesteine tritt zurück," — ein Zeichen für tiefere Temperatur. Wir müssen uns hierbei immer vergegenwärtigen, daß in bezug auf Land- und Wassermenge die beiden Halbkugeln damals ihre Rolle gegen heute vertauscht hatten, wenigstens in den subpolaren Gebieten. Auf der südlichen Halbkugel dehnte sich ein ungeheures Festland vom Pol bis zum Äquator und gestattete der südlichen Trockenzone, sehr weit polwärts vorzudringen. Im alten Gondwanaland mögen ähnliche klimatische Verhältnisse geherrscht haben wie heute in Sibirien.

4. Die Pflanzenwelt. Die triassische Pflanzenwelt ist weniger gut bekannt als die permokarbonische, und vor allem ist noch kaum ein ernsthafter Versuch einer klimatischen Gliederung gemacht worden. Wir halten aber einen solchen keineswegs für hoffnungslos, wenn er von einem Fachmann unter Benutzung der im Vorangehenden beschriebenen anorganischen Klimazeugnisse unternommen wird. Vorläufig läßt sich nur folgendes sagen:

In Nordamerika ist die Flora der Newark-Schichten mit den Kohlenlagern in Virginien und Nordkarolina näher untersucht. Dabei hat sich zwischen diesen beiden Lokalitäten trotz ihrer Nähe ein interessanter Unterschied ergeben. Nach Chamberlin und Salisbury haben wir es in Virginien mit einer echten Sumpfflora zu tun. Das Pflanzenmaterial wurde dort aufgespeichert, wo es wuchs. Gefunden wurden „ungeheure Mengen von Equiseten und Farnen, aber fast keine Koniferen und nur wenige Cycadeen". In Nordkarolina dagegen haben wir es hauptsächlich mit zusammengeschwemmtem Material zu tun, welches nicht Sumpfpflanzen, sondern die Flora des umliegenden trockenen Landes enthält. Hier werden „verhältnismäßig wenig Farne, aber viele Koniferen und Cycadeen" gefunden. Wie in den früheren Zeiten bilden also auch hier die Farne die charakteristischen Moorpflanzen der heißen Zone, während die Koniferen und Cycadeen, wie ja auch nach ihrem Habitus zu erwarten, mehr die Savannenflora repräsentieren.

Ganz im Westen der Vereinigten Staaten, in Arizona, bezeugt der berühmte versteinerte Araucarienwald, wie schon erwähnt, den Beginn der nördlichen Regenzone.

In Europa haben wir nach Gothan eine der Newark-Flora ähnliche triassische Flora mit zahlreichen Farnen nur im Süden bei Basel und bei Lunz in den Ostalpen, wo sich ja auch Kohlen bildeten. In Südschweden, wo in Verbindung mit den Kohlen wieder eine reiche Flora gefunden wird, scheinen gewisse Unterschiede gegenüber den südlicheren Funden aufzutreten, die aber klimatisch noch wenig untersucht sind. In dem dazwischenliegenden Trockengebiet ist vor allem die Armut der Flora, sowohl an Arten wie an Individuen, auffallend. Im deutschen Buntsandstein sind überhaupt nur wenig Pflanzenreste, meist nur von der Konifere Voltzia und der bis 2 m hohen Pleuromeia, dem letzten Nachkommen der Sigillarien, vorhanden. Sie liegen nach Gothan konzentriert um einzelne Punkte herum, so daß man den Eindruck von Oasen in der Buntsandsteinwüste erhält, und scheinen auch nach ihrem Äußeren der Trockenheit angepaßt zu sein. Frentzen hält sie entweder für Oasenpflanzen oder für die Vegetation verfestigter Dünen. Besonders Pleuromeia macht „einen wüstenpflanzenähnlichen, fast kakteenhaften Eindruck; die unverzweigte, starre Gestalt der dicken Stämme legt diesen Vergleich nahe". Blätter waren vielleicht gar nicht vorhanden, jedenfalls kennt man sie nicht.

Aus dem deutschen Muschelkalk sind so gut wie gar keine Pflanzen bekannt, dagegen liefert der Keuper mit seiner Feuchtigkeitszunahme Pflanzenreste in Verbindung mit der Lettenkohle, und zwar sowohl Sumpfpflanzen wie Farne und Schachtelhalme, als auch Cycadeen und Nadelhölzer. Kein einziges Holz aus dem deutschen Keuper zeigt nach Gothan regelmäßige Jahresringe, ein Zeichen dafür, daß wir uns noch in der winterlosen Zone befinden.

Auch in Ostgrönland, auf Spitzbergen und in Franz-Joseph-Land sind triassische Pflanzen gefunden worden. Diese Gegenden lagen damals auf etwa 42° Nordbreite, so daß das Klima noch fast subtropisch war. Das Vorkommen von Cycadeen wäre also auch dann nicht auffallend, wenn diese Gewächse damals nur die gleichen Verbreitungsgrenzen gehabt hätten wie heute.

Eine kühle Flora ist aus der Triaszeit bisher nur in den Gondwanaländern bekannt. Sie erscheint hier als unmittelbare Fortsetzung der gondwanischen Permflora, wodurch ihre klimatische Deutung an Sicherheit gewinnt. Wir treffen hier in der Hauptsache noch die permischen Formen Glossopteris und Schizoneura, daneben treten aber spezifisch triassische Formen auf wie die auch in Deutschland vorkommende Danaeopsis, ferner Dicroidium (Thinnfeldia), Stenopteris, in Australien und Argentinien auch die Matoniaceen und Dipteridinen, und in Australien und Südafrika die Gattung Baiera. Eine nähere Untersuchung würde natürlich auch hier die überall vorkommenden Formen von den spezifisch gondwanischen trennen müssen.

5. Die Tierwelt. Über die Beziehungen der triassischen Tierwelt zum Klima ist nur wenig zu sagen.

In Nordamerika finden wir ausgedehnte Korallenriffe in den Vereinigten Staaten, und zwar sowohl in dem östlichen Staat Indiana, als auch weit im Westen in den Staaten Californien, Nevada, Oregon. Am nördlichsten hiervon liegt Oregon, für welches für die Triaszeit eine geographische Breite von fast 40° resultiert. Es wäre wichtig, die Frage zu prüfen, ob hier die Riffbildung noch ebenso kräftig war wie weiter südlich, oder ob sich bereits eine Abnahme der Kalkproduktion bemerkbar macht. Die Angabe von J. P. Smith, daß triassische Korallenriffe sogar bis Alaska hinauf zu finden seien[1]), würde ganz aus dem Rahmen der übrigen Klimazeugnisse herausfallen. Aus dem südlichen Staate Texas sind Reste zahlreicher und großer Saurier bekannt. Auch im äußersten Nordosten der Vereinigten Staaten, im Connecticut-Tale, enthält der triassische Sandstein die Fußspuren zahlreicher Saurier, wie Brontozoum und namentlich von Dinosauriern, die, gestützt auf den Schwanz, auf den Hinterbeinen gingen. Man kennt über einhundert verschiedene Arten von Spuren; einzelne Riesen sollen eine Schrittweite von 4 m gehabt haben. Neuerdings hat man den 4 m langen aufrechten Anchisaurus als Urheber der seltsamen „Vogelspuren" in den Sandsteinen ermittelt.

Ähnliche Verhältnisse herrschten in Europa. Namentlich haben wir auch hier reiche Korallenriffbauten, die aber nordwärts nicht über die Alpen hinausgehen. Die Grenze ist eigenartig scharf: Auf der Südseite der Alpen haben wir es mit teilweise über 1000 m mächtigen echten Korallenriffen zu tun, wie beim Schlerndolomit, auf der Nordseite entstehen zwar auch gewaltige Kalkriffe, aber die Korallen treten hier als Riffbildner bereits hinter anderen Organismen zurück; z. B. besteht

---

[1]) E. Dacqué, Grundl. Methoden d. Paläogeographie, S. 417. Jena 1915.

der Wettersteinkalk fast ganz aus Kalkalgen (Gyroporellen). Obwohl auch andere Einflüsse hier eine Rolle spielen können, ist es doch nicht unwahrscheinlich, daß ein Temperaturunterschied des Meerwassers nördlich und südlich der Alpen die Ursache hierfür war. Es entstanden so in der Trias alle die bekannten großen Dolomit- und Kalksteinmassive der nördlichen und südlichen Kalkalpen, wie der Schlerndolomit, Marmolatakalk, Ramsaudolomit, Mendoladolomit, Wettersteinkalk, Röthidolomit u. a. L. W a a g e n schildert dieses triassische Riffleben in den Alpen folgendermaßen:[1]) „Das offene Meer wogte über den Ostalpen. Es waren die Wogen der ‚Tethys‘, welche hier brandeten, und dies zentrale Mittelmeer erfüllte die Gegend unseres gegenwärtigen Mittelländischen Meeres, zog dann über Kleinasien und Syrien und bedeckte zum großen Teile Zentralasien. In Europa war es von einer trostlosen Wüste umgeben, und von dorther wurden ihm so viel Sand und Staub anfänglich zugetragen, daß in der Untertrias sich hier zumeist Sandsteine (Werfener Schichten) und nur selten Kalksteine bildeten. Dann wird das Meer jedoch klarer und es siedeln sich Korallen an, die zu beiden Seiten der als Inseln emporragenden Zentralkette der Ostalpen ausgedehnte Riffe bauten (Schlerndolomit), während andernorts reichlich Kalke zum Absatz gelangten (Wettersteinkalk). Neuerlich überwog dann wieder die Zufuhr vom Lande mit mergelig-sandigem Material (Lunzer und Raibler Schichten), und ihm folgte eine neue lange Periode blühenden Rifflebens (Hauptdolomit, Dachsteinkalk), das bis gegen Ende der Triaszeit anhielt."

Wie in Amerika sind auch im deutschen Buntsandstein Saurierspuren (Chiroterium) bekannt, wenn auch nicht von gleicher Größe und Menge wie dort. Bemerkenswert ist hier ferner das Vorkommen des Lungenfisches Ceratodus in dem etwas feuchteren letzten Drittel, dem Keuper. Dieser Fisch, der noch heute in Australien gefunden wird, ist beim Versiegen der Flüsse imstande, über Land bis zu dem nächsten Altwasserrest zu wandern und die Zeit der Dürre bis zur nächsten Regenperiode im Schlamm zu überstehen, und wird hierdurch zu einem wichtigen Klimazeugnis. Auch aus der russischen Trias sind Saurierreste bekannt.

Nach L. W a a g e n gab es in der Trias auch Korallen (Riffe?) auf den Sundainseln, die auf unserer Karte eine geographische Breite von etwa 30° haben.

Schließlich sind noch die Saurierreste aus Südafrika zu erwähnen, die eine unmittelbare Fortsetzung der dortigen permischen Fauna bilden. R o g e r s und d u T o i t geben für die triassischen Burghersdorp-Schichten noch 29 Reptilien an; in den darüberliegenden Molteno-

---

[1]) L. W a a g e n, Unsere Erde, S. 441. München o. J.

Schichten, die gleichfalls zur Trias gerechnet werden, sind drei Kohlenschichten bekannt. Diese Tiere lebten also hier im Bereich der südlichen Regenzone, nach unserer Karte auf 60° Breite, also jedenfalls in wesentlich kühlerem Klima als diejenigen in Texas und Rußland. Dem entspricht aber auch das Fehlen von Riesenformen in Südafrika. Im übrigen ist bemerkenswert, daß diese Reptilienfauna in der Trias, wenngleich immer noch reich, doch nicht mehr so reich erscheint wie im Perm, wo nach Rogers und du Toit in den unteren Beaufort-Schichten 64 Reptilien genannt werden. In der Jurazeit wird die Fauna noch ärmer, was mit der Annäherung des Südpols übereinstimmt.

Aus der Gesamtheit der Klimazeugen ergibt sich die wahrscheinlichste Lage des triassischen Nordpols zu 50° Nord, 125° West, und des Südpols zu 50° Süd, 55° Ost, wie in Fig. 9 dargestellt.

B. Jura

In der Jurazeit bildete sich die erste große Spalte in der Kontinentenmasse zwischen Australien und Antarktika einerseits und Vorderindien und Südafrika andererseits. Wir haben diesen Veränderungen durch eine geringfügige Änderung der Kartengrundlage in Fig. 10 Rechnung getragen. Gleichzeitig mit diesen Vorgängen sehen wir weiter nördlich auf dem asiatischen Kontinent Kohlenbildungen in einer ganz erstaunlichen räumlichen Ausdehnung. Wenn auch die Produktivität dieser Kohlen geringer ist als die der großen karbonischen Kohlenlager, so steht doch in bezug auf die räumliche Ausdehnung dieser Bildungen die Jurazeit in der ganzen Erdgeschichte unerreicht da. Diese auffallende Erscheinung kann wohl nur dadurch erklärt werden, daß in der Jurazeit — vielleicht in ursächlichem Zusammenhange mit der Abspaltung Australiens — die asiatische Kontinentalscholle allenthalben gerunzelt wurde und so die Bildung von Wasserbecken ermöglichte, welche dann vermoorten. In der folgenden Kreidezeit haben wir die Fortsetzung dieser merkwürdigen zusammenhängenden Ereignisse: im Süden den Abriß Südamerikas von Afrika, im Norden Bodenbewegungen im westlichen Nordamerika, die dort zur Bildung der gleichfalls ungewöhnlich ausgedehnten Kreidekohlen führten.

1. **Eis.** Jurassische Eisspuren sind nicht bekannt.

2. **Kohlen.** In Nordamerika herrschen dieselben klimatischen Verhältnisse wie in der Trias: Die Kohlenbildung im Osten in Virginien und Nordkarolina hält auch in der Jurazeit an, und nordwestlich davon liegt das Trockengebiet. Weit im Norden, auf Alaska, sind wieder jurassische Kohlen bekannt, die damals etwa auf 67° Breite lagen (vgl. Fig. 10).

Auch in Europa treffen wir in der Jurazeit wenigstens in der Hauptsache noch die gleichen Verhältnisse wie in der Triaszeit: Mitteleuropa lag in der Trockenzone und hatte Salz- und Gipsbildungen. Aber das Trockengebiet erscheint hier doch schon von beiden Seiten her zugunsten der Regenzonen eingeengt. Im Süden wird es begrenzt durch frühjurassische Kohlenbildungen in den Ostalpen[1]), in Ungarn[2]) und Bosnien[3]), durch jurassische Kohlen im Kaukasus[4]) und spätjurassische aus dem westlichen Karabagh südlich des Kaukasus.[5]) Im Norden aber wird das Trockengebiet begrenzt durch die im Rhät begonnene, aber auch noch im frühen Jura anhaltende Kohlenbildung in Südschweden (Schonen), ferner durch jurassische Kohlen auf Andö in den Lofoten[6]), in Nordostgrönland und auf Spitzbergen, und ebenso diejenigen in Nordrußland (Petschoraland) und die spätjurassischen Kohlen im Ostural. Alle diese Gebiete gehören offenbar bereits der nördlichen Regenzone an. Vielleicht kann man aus dem Aufhören der Kohlenbildung in Schonen schließen, daß sich das Trockengebiet und vermutlich auch der Äquator im Laufe der Jurazeit in dieser Gegend etwas mehr nach Norden verschoben hat, wofür, wie wir sehen werden, auch noch andere Umstände sprechen.

In Asien herrscht, wie erwähnt, ein außerordentlicher Reichtum an jurassischen Kohlen; von der nördlichen Trockenzone dagegen sind nur noch Spuren zu erkennen.

Die Kohlenfunde in Persien gehören offenbar zur äquatorialen Regenzone. Es sind dies die jurassischen Kohlenlager im Elbursgebirge in der Gegend von Teheran und noch weiter östlich, und andererseits eine Reihe von Lagerstätten, die sich quer durch Zentralpersien von Westnordwest nach Ostsüdost hinziehen, nämlich bei Nehawend, Isfahan und Kirman.[7])

Das gleiche gilt wohl auch für die jurassischen Kohlen im westlichen und mittleren Kwenlun in Zentralasien[8]) und ebenso für die frühjurassischen Kohlen der chinesischen Provinzen Szetschuan und Hupe. In der weiteren Fortsetzung der Äquatorialzone finden wir nach Chamberlin und Salisbury jurassische Kohlen auf zahlreichen Inseln im Südosten von Asien, die wir mangels näherer Ortsangaben nicht auf die Karte gesetzt haben.

Die jurassischen Kohlen von Turkestan, ferner vom Oberlauf des

---

1) Franz Heritsch, Die österreichischen und deutschen Alpen bis zur alpino-dinar. Grenze (Ostalpen). Handb. d. Reg. Geol. II, 5 a. Heidelberg 1915.

2) K. Andrée, Geologie in Tabellen III. Berlin 1922.

3) R. Schubert, Die Küstenländer Österreich-Ungarns. Handb. d. Reg. Geol. V, 1 a. Heidelberg 1914.

4) Chamberlin and Salisbury, Geology Vol. III. New York 1907.

5) Felix Oswald, Armenien. Handb. d. Reg. Geol. V, 3. Heidelberg 1912.

6) A. G. Högbom, Fennoskandia. Handb. d. Reg. Geol. IV, 3. Heidelberg 1913.

7) A. F. Stahl, Persien. Handb. d. Reg. Geol. V, 6. Heidelberg 1911.

8) Leuchs, Zentralasien. Handb. d. Reg. Geol. V, 7. Heidelberg 1916.

Die Klimagürtel im Mesozoikum

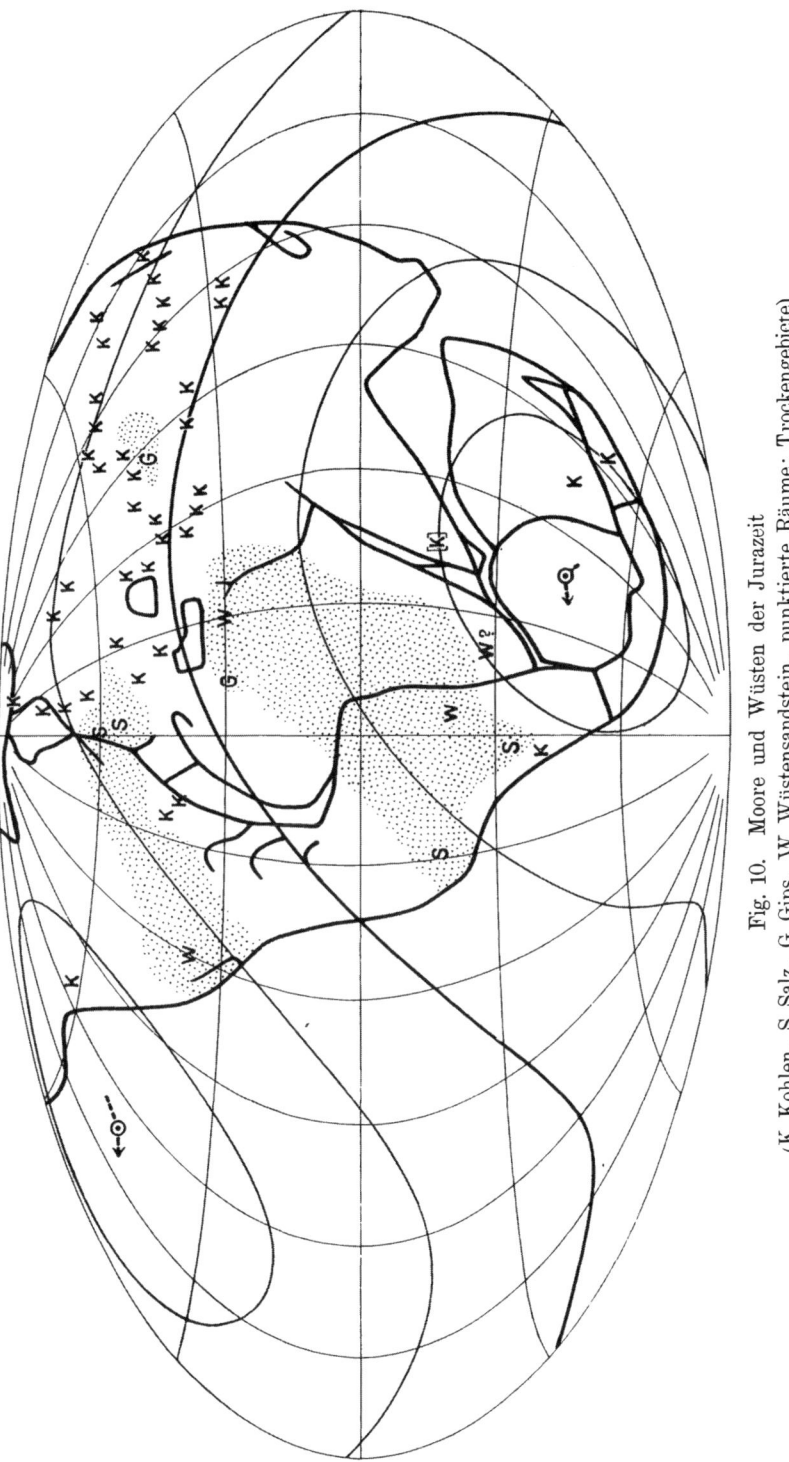

Fig. 10. Moore und Wüsten der Jurazeit
(K Kohlen, S Salz, G Gips, W Wüstensandstein, punktierte Räume: Trockengebiete)

Syr Darja und aus den Gebirgen südöstlich des Balkaschsees und des Saissannor (nach Leuchs) nehmen bereits eine nördlichere Lage ein; in diesem Gebiete finden sich aber auch, wie weiter unten ausführlich zu zeigen ist, die einzigen Spuren von Trockenklima.

Im Bereich des nördlichen Regengebietes liegt dagegen wohl schon die zusammenhängende Reihe von Fundstellen jurassischer Kohlen, die sich längs der Südgrenze von Sibirien hinzieht, nämlich von West nach Ost: 1. Bei Kusnezk; 2. an der unteren Tunguska; 3. im Gouvernement Irkutsk; 4. in Transbaikalien; 5. in der Amurprovinz; 6. am Ussuri. Nach Toll finden sich auch bei Jakutsk im Schergin-Schacht jurassische Kohlen.

Ein weiterer zusammenhängender Zug von Fundstellen, die sich längs der Nordgrenze von China hinziehen, würde der Breitenlage nach wohl eher in die Trockenzone fallen, läßt sich aber durch die allgemeine Erscheinung erklären, daß am Ostrande der Kontinente die Trockenzonen unterbrochen sind, und die äquatoriale Regenzone lückenlos in das Regengebiet der gemäßigten Zonen übergeht. Es sind dies die Fundstellen 1. in der Mongolei nahe der Grenze von Schansi; 2. in der Provinz Schansi; 3. Provinz Tschili (frühjurassische Kohle); 4. Mandschurei; 5. Japan.

Weit entfernt von diesen Kohlenbildungen und, wie wir sehen werden, durch die Erzeugnisse der südlichen Trockenzone vom jurassischen Äquator getrennt, liegen noch einige Vorkommen jurassischer Kohlen, die wir dem südlichen subpolaren Regengebiet zuzurechnen haben. Hierher gehören die frühjurassischen Kohlen in der Küstenkordillere von Chile, ferner jurassische Kohlen in Australien und Neuseeland[1]) und die von Frech sowie von Chamberlin und Salisbury für jurassisch gehaltenen Kohlen Vorderindiens, die aber nach anderen Autoren wahrscheinlich älter sind.

Wir erhalten aus dieser Zusammenstellung ein Gesamtbild, welches sehr gut mit den übrigen Klimazeugnissen harmoniert, — bis auf die Gegend von Zentralasien, wo wir anstatt Kohlenbildung eher ein größeres Trockengebiet erwarten würden. Nur vereinzelte Gipseinschaltungen in den Angara-Schichten zeugen von dem Trockenklima, das eigentlich hier herrschen sollte. Nach Leuchs bildet übrigens die Jurazeit nur eine vorübergehende Pluvialzeit innerhalb einer langen Periode von Wüstenklima für Zentralasien. Für das Karbon und die ältere Triaszeit nimmt er wegen der Fossilarmut dieser Schichten Trockenklima an. „In der oberen Triaszeit muß dann eine Änderung zu feuchterem Klima erfolgt sein. In der unteren und mittleren Jurazeit erreichte dieses seinen Höhepunkt, welcher durch die Pflanzen und

---

1) Chamberlin and Salisbury, Geology III. New York 1907.

Kohlen in den Schichten bezeichnet wird. Darüber liegen wieder versteinerungsleere Schichten von großer Mächtigkeit. Diese obere Abteilung ist in Ferghana (Oberlauf des Syr Darja) konkordant von marinem Senon überlagert, entspricht demnach dem Zeitraum vom oberen Jura bis zum Cenoman und beweist eine neuerdings eingetretene Veränderung von dem feuchten zu aridem Klima, eine Annahme, welche durch die auffallende Ähnlichkeit dieser Schichten mit dem ‚nubischen Sandstein' Ägyptens noch unterstützt wird." Die Oberkreide enthält Gips, auch das untere Tertiär ist arid.

Man könnte zunächst der Ansicht sein, daß diese feuchte Juraperiode in Zentralasien auf einer Verschiebung der Klimagürtel beruhen müsse. Man kann sich aber leicht davon überzeugen, daß man dann in Konflikt mit wichtigen anderen Klimazeugnissen kommt, die nur eine geringe Änderung der Achsenlage gegenüber der Trias zulassen. Es könnte sich ja nur entweder um ein vorübergehendes Vorrücken der nördlichen Regenzone bei südwärts rückendem Äquator handeln, oder um einen Äquatordurchgang. Aber im ersteren Falle würden wir den Äquator über Ägypten bekommen, wohin er doch erst im Oligozän gelangte, während im Jura hier noch leblose Wüste herrschte. Und im zweiten Falle würden wir wieder die Trockenzonen vergeblich suchen, und eine ganze Reihe von Verschlechterungen des Gesamtbildes mit in den Kauf nehmen müssen. Vor allem aber sind doch tatsächlich Gipslager vorhanden. Daß die Kohlenschichten noch häufiger sind, wie Leuchs hervorhebt, kann doch nicht zu der Annahme verleiten, daß sich auch die Gipslager in der äquatorialen Regenzone gebildet haben.

Man wird übrigens gut tun, zu berücksichtigen, daß die Lage dieser zentralasiatischen Fundorte in unseren rekonstruierten Erdkarten infolge der riesigen Zusammenschübe, welche die Erdrinde in diesem Gebiet erfahren hat, besonders unsicher ist. Das von Leuchs beschriebene Gebiet umfaßt hauptsächlich den nördlichen Teil von Zentralasien, jedenfalls ohne Tibet und den Himalaja. Es ist nicht ausgeschlossen, daß durch die Mängel der Rekonstruktion das fast völlige Fehlen der nördlichen Trockenzone nur vorgetäuscht wird.

3. Salz, Gips, Wüstensandstein. Die nördliche Trockenzone ist in der Jurazeit weniger deutlich ausgebildet als in den meisten anderen Zeiten, aber sie läßt sich doch erkennen. In Nordamerika, wo ganz im Osten die erwähnten Kohlenbildungen andauerten, hatte der Westen der Vereinigten Staaten Trockenklima. „Das Colorado-Plateau scheint eine Sandwüste gewesen zu sein."[1]) Erst an der Wende der Kreidezeit wurde es hier durch Vordringen des nördlichen Regengebietes feuchter.

---

1) Eliot Blackwelder, United States of North America. Handb. d. Reg. Geol. VIII, 2. Heidelberg 1912.

In Europa kam es in England namentlich im späten Jura (Malm) zu nicht unerheblichen Salz- und Gipsablagerungen, und gleiches gilt auch für Nordwestdeutschland; „die 300 m mächtigen Münder Mergel zeigen durch ihre rote Farbe wie durch ihren Gips- und Salzgehalt, daß sie am öden Gestade des Meeres in salzigen Pfannen entstanden." [1])

Auf dem weiten Raume von Asien werden die Spuren der Trockenzone, wie erwähnt, sehr undeutlich. Wir haben nur die Angabe von Leuchs, daß die Angara-Schichten in Zentralasien neben häufigen Kohlen auch vielfach Gipseinlagerungen enthalten.

Sehr viel breiter ist die Trockenzone auf der damaligen südlichen Halbkugel entwickelt, wo nun umgekehrt die Kohlenbildung sehr zurücktritt.

In Peru liegt nach Buschman südlich von Cerro de Pasco ein Steinsalzbergwerk, „wo nach Fürer in den der Jura- und Kreideformation angehörenden Gesteinschichten mächtige Steinsalzlager auftreten". Auch auf argentinischem Gebiet enthalten die südamerikanischen Kordilleren, die ja überhaupt zu den salzreichsten Gebirgen der Erde gehören, jurassische Salzlager. Buschman schreibt: „So fand Brackebusch an der Ostseite der Grenzkordillere in der argentinischen Provinz San Juan im Rio de la Sal ein Lager Steinsalzes und es sollen besonders zahlreich in den noch nicht lange den Indianern abgerungenen Gebieten des Rio Neuquén und Limay Steinsalzlager auftreten, die sich nach Berichten verschiedener Reisender noch weit nach Süden ausdehnen. Alle diese Gebiete gehören der marinen Jura- und Kreideformation an, welche an der Zusammensetzung der westlichen Hauptkordillere und deren Fortsetzung südlich von 35° südlicher Breite an einen wesentlichen Anteil nehmen." Während es sich in Peru um die normale Lage der südlichen Trockenzone handeln dürfte, scheint in Argentinien durch die westlich davor liegenden Kohlen angedeutet zu sein, daß schon damals ähnlich wie heute das Trockengebiet sich östlich der Anden bis in abnorm hohe Breiten erstreckte, wohl infolge der Föhnwirkung des auch damals schon bestehenden Gebirges.

In Brasilien deuten wohl die jurassischen São Bento-Sandsteine auf ein trockenes Klima hin.

Auch in Afrika hat die südliche Trockenzone Spuren hinterlassen. Fast der ganze Kontinent muß zusammen mit Brasilien ein riesiges zusammenhängendes Trockengebiet gebildet haben. In Nordafrika enthalten die jurassischen Schichten im äußersten Süden von Tunesien Gipseinlagerungen [2]), die dann in der folgenden Kreidezeit an zahl-

---

[1] J. Walther, Lehrb. d. Geologie Deutschlands. 2. Aufl., S. 124. Leipzig 1912.

[2] Lemoine, Afrique occidentale. Handb. d. Reg. Geol. VII, 6 A. Heidelberg 1913.

reichen Orten der Sahara durch Gipsbildungen ihre Fortsetzung finden. In Ägypten war die Bildung des Nubischen Sandsteins im Gange, dessen mächtige, fossilleere Schichten auch die Juraformation umfassen. Diese für unsere Klimabetrachtung überaus wichtige Schichtenfolge scheint durchaus zu der Annahme zu nötigen, daß der Äquator während des ganzen Mesozoikums wesentlich nördlicher lag und erst im Oligozän Ägypten passierte. In Südafrika scheinen die jurassischen Red Beds der Stormberg-Serie und die darüberliegenden Cave-Sandsteine ähnlich wie in Brasilien für trockenes Klima zu sprechen, doch kann es sich kaum um eigentliches Wüstenklima handeln, da gerade in den Red Beds auch verkieseltes Holz gefunden wird.

4. Die Pflanzenwelt. Die bisherige klimatische Beurteilung der jurassischen Pflanzenwelt stellt uns vor eigenartige Verhältnisse, die Gothan mit den Worten charakterisiert: „In keiner geologischen Periode haben wir eine gleichförmigere Flora auf der Erde gehabt als zu dieser Zeit. Die entsprechenden Floren von Grönland (70° Nordbreite), Yorkshire, Nordamerika, Sibirien, Japan und andererseits die der Antarktis von Grahamland (64° Südbreite) zeigen bis auf einige Punkte eine verblüffende, oft bis in die Arten hinein gleichförmige Zusammensetzung, jedenfalls in ihren allgemeinen Zügen, so daß die von Halle 1913 beschriebene Juraflora von Grahamland allein nach ihrer Zusammensetzung auch von Yorkshire stammen könnte, wenn man es etwas übertrieben ausdrücken will." In der Tat sind von den 18 antarktischen Farnen, Schachtelhalmen und Cycadeen[1]) zehn auch in der deutschen Flora vorhanden, die für tropisch oder doch subtropisch gehalten werden muß. Bei Berücksichtigung der Kontinentalverschiebungen und der Achsenlage, wie sie den übrigen jurassischen Klimazeugnissen entspricht, erscheint es uns jedoch keineswegs aussichtslos, auch in der Florenverteilung die Klimagürtel wiederzufinden. Allerdings werden wir nicht um die Annahme herumkommen, daß zur Jurazeit an den Polen, zumal am Südpol, ein wesentlich wärmeres Klima geherrscht haben muß als heute, denn die Flora von Grahamland kommt auf unserer Karte sogar noch auf etwas höherer südlicher Breite (etwa 68°) zu liegen als jetzt. Aber es scheinen sich doch immerhin auch Klimaunterschiede zu zeigen. Den zehn Beziehungen, welche die Flora von Grahamland mit der europäischen verbinden, stehen doch auch acht gegenüber, welche auf die Gondwana-Schichten Indiens hinweisen, und welche also für das subpolare Regengebiet im Gegensatz zu den damaligen Tropen charakteristisch sind. Ginkgo, der in Europa und Zentralasien häufig auftritt, und noch auf Spitzbergen auf

---

1) Gefunden wurden: Cladophlebis, Sphenopteris, Otozamites, Zamites, Elatocladus, Pagiophyllum, Equisetites, Thinnfeldia, Nilssonia, Scleropteris, Williamsonia, Schizolepidella, Sagenopteris, Todites, Coniopteris, Araucarites, Pachipteris.

damals 40° Nordbreite vorkam, fehlt auf allen Südpolarländern, deren Floren in wesentlich höheren Breiten wuchsen. Und gleiches wird sich vielleicht bei näherer Untersuchung noch bei manchen anderen Pflanzen herausstellen.

Wieweit Zittels Urteil haltbar ist, daß die jurassische Flora Englands subtropisch war, aber gegen Ende der Jurazeit tropisch wurde, lassen wir dahingestellt. Sollte es sich bestätigen, daß wir es hier mit einer Erhöhung der Temperatur, nicht nur der Feuchtigkeit, zu tun haben, so würde hierdurch das schon erwähnte Resultat bekräftigt, daß sich im Laufe der Jurazeit der Äquator Europa näherte.

Vielleicht hat es auch klimatische Ursachen, wenn im Jura, wie Gothan hervorhebt[1]), auf Spitzbergen, Franz-Joseph-Land und den Neusibirischen Inseln die Abietineen vorherrschen, in „außerordentlichem Gegensatz zur gleichzeitigen südlicheren Flora", und zwar schon zu der Juraflora von Grönland in heute 70°, damals 35° Breite, die sich bereits mehr der europäischen anschließt. Denn diese jurassischen Koniferen aus dem heutigen höchsten Norden, damals 42 bis 50°, zeigen „weit stärker abgesetzte Zuwachszonen als die gleichaltrigen südlicherer Breiten".

Ein Gegenstück zu diesen nördlichen Hölzern mit Jahresringen sind die verkieselten Koniferenhölzer aus den Trias-Jura-Schichten von Neuseeland. Entsprechend der noch höheren geographischen Breite von 60° sind die Jahresringe hier sehr ausgeprägt.

5. Die Tierwelt. Mehr als in den früheren geologischen Perioden liefert in der Jurazeit auch die Tierwelt, insbesondere die des Meeres, Beiträge zur Klimafrage. Freilich nicht, wie oft behauptet wird, weil sich nun zum ersten Male schärfere Klimazonen auf der Erde gebildet hätten — die Paläobotaniker sind ja, wie wir sahen, gerade entgegengesetzter Ansicht —, sondern weil hier zum ersten Male ein ernsthafter Versuch zu einer klimatischen Gliederung dieser Meeresfauna von Neumayr gemacht worden ist, der dann von Uhlig noch weitergeführt wurde. Wir haben die Neumayr-Uhligschen „marinen Reiche" der Jurazeit in Fig. 11 auf unsere Kartengrundlage übertragen und werden im folgenden mehrfach darauf Bezug nehmen. Im übrigen sollen aber wie früher gleich die gesamten Klimazeugen aus der Tierwelt für jeden Kontinent im Zusammenhange besprochen werden.

In Nordamerika fand im Gebiet der Vereinigten Staaten eine außerordentliche Entfaltung der Reptilien statt, welche zahlreiche Riesenformen, bisweilen geradezu hausgroße Ungetüme hervorbrachte, die alle Phantasiegestalten unserer Drachensagen übertreffen. In

---

1) Gothan, Das Leben der Pflanze, S. 80—86. Stuttgart (Kosmos) 1913.

Wyoming fand man den 18 m langen Pflanzenfresser Brontosaurus. Noch größer muß Brachiosaurus gewesen sein, dessen Schenkel über 2 m mißt. Atlantosaurus soll gar 30 m lang gewesen sein. Von den Dinosauriern waren die Stegosaurier, Sauropoden und Ornithopoden Pflanzenfresser. Von ihnen wiederum nährten sich die fleischfressenden Theropoden, zu denen z. B. der 5 m lange Ceratosaurus aus Colorado gehört. Daneben gab es delphinartige Ichthyosaurier, Meereskrokodile, den Seedrachen Plesiosaurus, dessen Gestalt mit einer durch eine Schildkröte gezogenen Schlange verglichen wird, Schildkröten und Flugsaurier. Zu dieser Zeit und auf amerikanischem Boden haben wir den Höhepunkt der Saurierentwicklung in der Erdgeschichte, die wohl ihrer ganzen Natur nach nur in warmem Klima erreicht werden konnte.

Auch die Betrachtung der nordamerikanischen Meeresfauna aus der Jurazeit führt zu dem gleichen Ergebnis. Im Westen, wo der Kontinent noch von Flachsee bedeckt war, finden wir in den Vereinigten Staaten auch jetzt wie in der Trias Korallenriffe. Aber weiter im Norden bezeugt die „boreale" Fauna nach Neumayr kühleres Wasser. Die Grenze liegt heute auf 38° Nordbreite, etwa bei San Franzisko. Für die Jurazeit erhalten wir etwa 45° Breite. Die boreale Fauna ist durch das völlige Fehlen von Riffkalk, ferner durch die Ammonitengattungen Cadoceras, Virgatites, Craspedites und namentlich das massenhafte Auftreten der kleinen Aviculidengattung Aucella gekennzeichnet. Das Gebiet des warmen Wassers dagegen ist hier wie in Europa gekennzeichnet durch Kalkriffbildungen aller Art und durch andere Ammonitengattungen, die zum Teil beträchtliche Größe erreichen. In Mexiko und Zentralamerika finden sich diese Zeugnisse für warmes Wasser, während in Canada, auf Alaska, auf den arktisch-amerikanischen Inseln und in Grönland die „boreale" Fauna zu finden ist.

Europa stand während der Jurazeit unter dem Zeichen einer fortschreitenden Transgression. Im schwarzen und braunen Jura wurden zunächst allerlei wechselnde Meeresarme und -becken gebildet; im weißen Jura aber wuchsen diese durch weitere Senkung des Bodens zu einem großen, gut durchströmten Meere zusammen, dessen klares Wasser die Bildung großer weißer Kalk- und Korallenriffe ermöglichte. Landtiere können daher in Europa nicht so in den Vordergrund treten wie in Nordamerika. Aber im Wasser tummelten sich auch hier zahllose Ichthyosaurier, und besonders in England wird auch häufig Plesiosaurus gefunden. Dazu kommen Ammoniten in teilweise sehr großen Formen, Belemniten und Fische. Vor allem aber war das Meer besonders in der jüngeren Jurazeit nach J. Walther[1] „reich an solchen Pflanzen

---

[1] J. Walther, Lehrbuch der Geologie Deutschlands. 2. Aufl., S. 122—123. Leipzig 1912.

und Tieren, welche, am Grunde festgewachsen, durch ihre Kalkpanzer und Skelette große Massen organischen Kalkes aufhäuften, so daß neben geschichteten Kalkbänken zahlreiche Kalkriffe entstanden, die vielfach

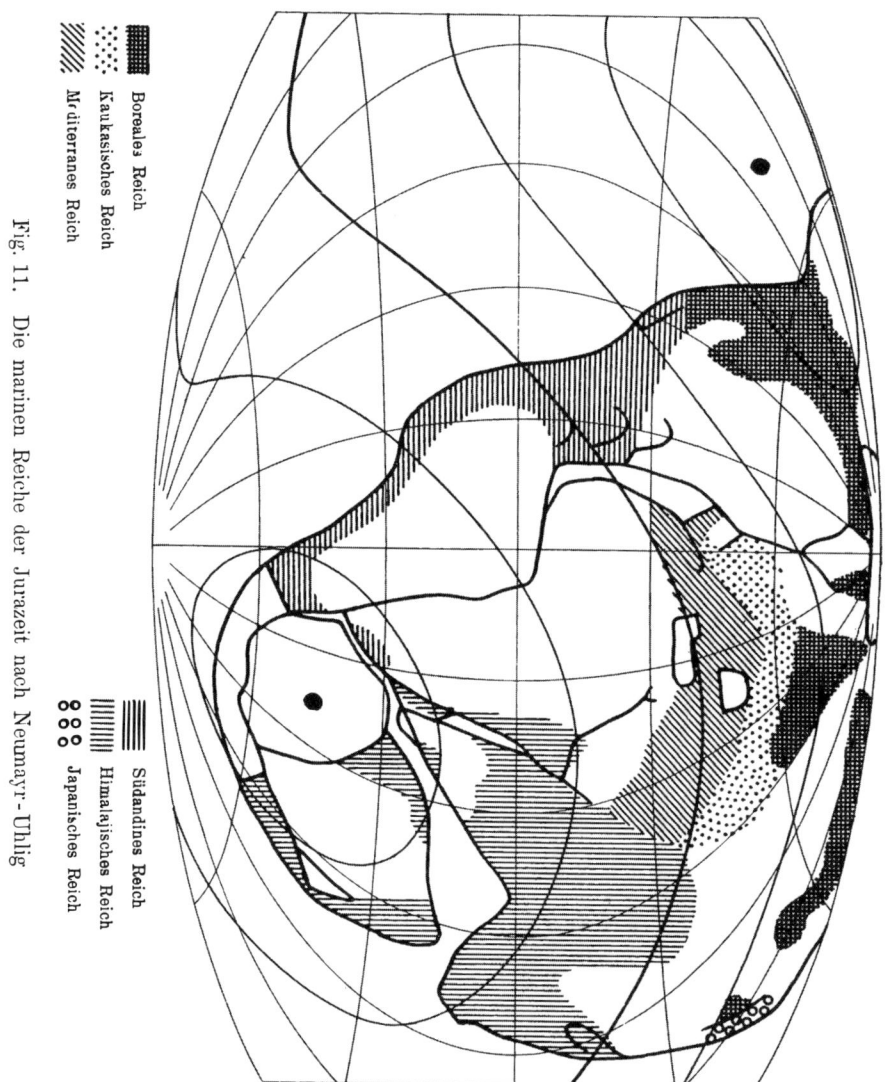

Fig. 11. Die marinen Reiche der Jurazeit nach Neumayr-Uhlig

Boreales Reich
Kaukasisches Reich
Mediterranes Reich
Südandines Reich
Himalajisches Reich
Japanisches Reich

bis zum Meeresspiegel emporwuchsen und dessen Fläche durch Atolle und Riffarchipele gliederten."

„Besonders den Rand des böhmisch-vindelizischen Festlandes säumte eine Kette von Kalkriffen, nach Art des australischen Barriereriffes."

„Kalkschwämme und Korallen, Muscheln und Kalkalgen, Seelilien und Cephalopoden wetteiferten miteinander, um hohe Kalklager zu bilden, die mit steilen Böschungen aus dem tiefen Meer aufstiegen, vielfach von Höhlungen und Lücken durchzogen waren und beim Absterben der organischen Masse oft in Dolomit verwandelt wurden."

„Die Lücken zwischen den Kalkriffen wurden entweder mit geschichtetem Kalk oder mit tonigem Schlamm erfüllt, den große Flüsse vom nahen Land ins Meer trugen. Wo aber flache Lagunen zwischen den Atollen standen, in die nur bei starken Stürmen der aus dem Riffgestein ausgewaschene Kalkschlamm hineingeschwemmt wurde, da bildeten sich jene, durch chemisch ausgeschiedenen Kalk in klingend harte Platten verwandelten Schichten, welche oft so dünn wie ein Blatt Kartonpapier in wunderbarer Regelmäßigkeit auf den Höhen des Altmühltals verbreitet sind, und aus denen bei Solnhofen die bekannten Platten für die Zwecke der Lithographie gewonnen werden."

Die Korallenriffe, die in der Trias nur in den Alpen, aber nicht mehr nördlich davon in Deutschland vorkamen, überschritten also im Jura diese Grenze, besonders im späten Jura, wo sie in England und Deutschland bis zum 52. heutigen Breitengrad vordrangen (damals 20° Nordbreite). Nun ist es zwar sehr wohl möglich, daß der Grund hierfür einfach der ist, daß erst im späten Jura die Senkung des Landes hinreichend stark wurde, um eine für die Korallenverbreitung genügende Verbindung mit dem Ozean der heißen Zone und Durchströmung zu gewährleisten. Immerhin ist aber zu beachten, daß auch sonst mancherlei Anzeichen dafür vorliegen, daß sich der Äquator in der Jurazeit Europa näherte. So findet z. B. Handlirsch, daß die mittlere Länge der Insektenflügel gerade im späten Jura wieder ein Maximum von 22 mm erreichte, nachdem sie im Oberkarbon und Perm nur 17 bis 20 mm betragen und dann mehrfach gewechselt hatte. Wir hatten schon früher aufmerksam gemacht auf das Vorrücken der Trockenzone nach Norden, das sich im Aufhören der Kohlenbildung in Südschweden zeigt, und auf den zunehmend tropischen Charakter der englischen Flora. Es scheint hiernach doch, als habe die geographische Breite Europas in der Jurazeit etwas abgenommen, worauf auch die jurassische Transgression hinzuweisen scheint („hinter dem Pol Transgression").

Neumayr hielt die jurassische Meeresfauna in Deutschland für einen klimatisch bedingten Übergang zwischen der borealen und der südlich der Alpen vertretenen, offenbar tropischen. Nach Uhlig handelt es sich jedoch im wesentlichen nur um zwei Reiche, das boreale und das „kaukasische" (vgl. Fig. 11), welches letztere in eine Flachseeregion in Deutschland und eine Region offeneren und tieferen Meeres südlich der Alpen zu teilen ist. Wir lassen es dahingestellt, ob der ja nicht abgeleugnete Unterschied nicht neben diesen Einflüssen zu einem gewissen Teil doch auch klimatischer Herkunft sein könnte. Jedenfalls aber haben wir es bei dem kaukasischen Reich mit einer typischen

Warmwasserfauna zu tun. Sie ist ausgezeichnet durch die Ammonitengattungen Phylloceras, Lytoceras, Oppelia und durch Kalkriffe aller Art, und hat ihre Hauptverbreitung in den Mittelmeerländern, Kleinasien und Persien, also entlang dem jurassischen Äquator. Die boreale Fauna dagegen findet sich nicht nur auf Spitzbergen und Novaja Semlja, sondern auch noch im europäischen Rußland bis zu einer Linie, die etwa von Memel bis etwas nördlich des Kaspischen Meeres reicht (vgl. Fig. 11).

Es mag auffallend erscheinen, daß in Europa die Korallenriffe in der Jurazeit nur bis 20° Nordbreite gegangen sein und die Grenze der borealen Fauna bei 25 bis 20° gelegen haben soll, während wir letztere in Nordamerika bei 40 bis 45° fanden, und man könnte versucht sein, deswegen den Äquator in der alten Welt etwas südlicher zu legen, als wir es taten. Dies erscheint aber deshalb unmöglich, weil dann in Ägypten nicht Wüsten-, sondern äquatoriales Regenklima geherrscht haben müßte, und weil dann auch die Flora von Grahamland noch größere Schwierigkeiten bereiten würde, als sie es jetzt tut. Wir müssen uns also damit abfinden, daß in Europa die boreale Meeresfauna ungebührlich weit gegen den Äquator vordrang, was wohl durch die Meeresverbindung zu erklären ist. Es zeigt sich aber hier schon, daß wir es bei der Faunengliederung von Neumayr-Uhlig keineswegs mit einer rein klimatischen Gliederung zu tun haben.

Auch in Japan sollen sich jurassische Korallen finden[1]), doch erscheint es fraglich, ob es sich um Riffe handelt. Neumayr-Uhlig bezeichnen die japanische Meeresfauna als ein besonderes Reich, über dessen Klimacharakter noch nichts Sicheres bekannt ist. Im nördlichen Asien findet sich aber wieder die boreale Meeresfauna.

An der südamerikanischen Westküste reichten nach Burckhardt die Korallenbauten bis zum heutigen 35., vielleicht 40. Breitenparallel. Nach unserer Karte lagen diese Gegenden in etwa 45 bis 50° Südbreite, d. h. etwa auf derselben Breite, in welcher auch an der nordamerikanischen Westküste die Grenze des borealen Reiches lag. Die Beobachtung von Burckhardt deutet jedenfalls an, daß auch an der südamerikanischen Küste eine klimatische Gliederung der Meeresfauna zu finden ist. In Neumayr-Uhligs Darstellung kommt sie jedoch nicht zum Ausdruck, da diese das ganze Gebiet bis Kap Horn und sogar Südafrika als „südandines Reich" zusammenfassen. Es ist wohl anzunehmen, daß dieses südandine Reich nur die Zugehörigkeit zum Ostufer des Pazifik bezeichnet und klimatisch mindestens in zwei Abschnitte zu teilen wäre.

---

[1]) Dacqué, Artikel „Juraformation". Handwörterbuch der Naturwissenschaften 5, 620. Jena 1914.

Aus Südafrika sind wieder Reptilien bekannt. Aber ihre Zahl ist im Vergleich zu den vorangehenden Zeiten auffallend gering. Während Rogers und du Toit in den permischen Schichten 64 Reptilien, in den triassischen Schichten 29 Reptilien angeben, werden für die untersten Juraschichten, die als Red Beds bezeichnet werden, nur noch 5 Reptilien (nebst verkieseltem Holz), für den darüberliegenden Cave-Sandstein nur noch 1 Dinosaurier und 1 Krokodil, und in den darüberliegenden Drakenberg-Schichten, die abwechselnd vulkanische Gesteine und Sandsteine enthalten, überhaupt keine Fossilien angegeben. Alle diese Schichten werden als frühjurassisch bezeichnet, der obere Jura fehlt ganz. Es ist sehr wahrscheinlich, daß sich in dieser schrittweisen Abnahme der südafrikanischen Reptilienfauna das Näherrücken des Südpols seit dem Perm, wo sein Abstand am größten war, zeigt. Freilich wurde das Klima auch trockener, wie das Aufhören der Kohlen und die zunehmende Entwicklung der Sandsteine zu zeigen scheint. Das Trockengebiet scheint sich also hier allmählich weiter polwärts ausgedehnt zu haben. Immerhin dürfte das Näherrücken des Poles, das durch so viele verschiedenartige Zeugnisse bekräftigt wird, die Hauptursache darstellen. Besonders eindrucksvoll ist diese Verarmung der südafrikanischen Reptilienfauna im Vergleich mit der gewaltigen Entwicklung, die die Reptilien gleichzeitig in Nordamerika nahmen. Der Temperaturunterschied der beiden Gebiete wird hierdurch eindringlich bezeugt.

Neumayr-Uhlig vereinigen die afrikanische Ostküste und Madagaskar mit Vorderindien, Hinterindien, dem Sundaarchipel, Australien und Neuseeland zu einem „himalajischen Faunenreich" des Meeres, welches aber in klimatischer Hinsicht wohl ebensowenig eine Einheit bildet wie das „südandine", sondern wohl nur der gleichartigen Besiedlung vom Westufer des Pazifik aus entspricht. Wichtig ist, daß auf Neuseeland wieder die für das nördliche Kaltwassergebiet charakteristische Aucella auftritt, deren Verbreitung im damaligen südpolaren Gebiet vielleicht einer besonderen Untersuchung wert wäre. Es ist immerhin beachtenswert, daß gerade das boreale Reich von Neumayr und Uhlig, das einzige eigentliche Klimareich, sich auch schärfer von allen anderen unterscheidet, als diese untereinander. Dies läßt hoffen, daß man bei Durchführung des rein klimatischen Einteilungsgrundes vielleicht zu übersichtlicheren Ergebnissen gelangen wird als bei der bisherigen Einteilung, bei der offenbar mehrere Einteilungsgründe nebeneinander verwendet werden.

Von einem gewissen Interesse ist endlich im Zusammenhang mit den klimatischen Zeugnissen des Tierreiches auch die heutige Fauna Australiens. Dieser Kontinent löste sich ja mitten in der Jurazeit von Ceylon und Vorderindien ab, enthält aber noch heute gewisse „gondwanische" Faunenelemente, welche Verwandtschaft mit den Faunen jener Länder zeigen und also als Nachkommen der beim Abriß noch gemeinsamen Fauna zu betrachten sind. Die heutige Zusammensetzung dieses Faunenelements läßt nun auch einen Schluß auf den Klimacharakter der ehemaligen gemeinsamen Fauna zu. Es finden sich unter diesen Tieren insbesondere auch Reptilien und Regenwürmer; daraus folgt, daß der Erdboden in der Tiefe jedenfalls trotz der Nähe des Poles nicht dauernd gefroren war wie heute in Sibirien. Die Jahresmitteltemperatur muß damals auf Ceylon und den benachbarten Teilen Vorderindiens und Australiens, also auf 70° Südbreite, jedenfalls nicht unter —2° gewesen sein, wieder eine Bestätigung des relativ milden Südpolarklimas, und zwar diesmal fast auf der Gegenseite von Grahamland.

Die Gesamtheit der jurassischen Klimazeugen wird am besten dargestellt durch die in Fig. 10 und 11 angegebene Lage des Nordpols bei 47° Nord, 132° West, bzw. des Südpols bei 47° Süd, 48° Ost.

C. Kreide

In der Kreidezeit schreitet der Prozeß der Zerteilung der Kontinentalmasse weiter fort, indem sich nunmehr auch Südamerika von Afrika abspaltet. Es war schon im vorigen Kapitel auf die merkwürdige Tatsache hingewiesen worden, daß sich gleichzeitig in Nordamerika Kohlen in auffallender Ausdehnung bilden, die auf eine allgemeine Runzelung der Erdrinde auf diesem Kontinent hinweisen, ganz entsprechend den Vorgängen, die sich in der Jurazeit in Asien bei der Abspaltung Australiens von Vorderindien abspielten. Wir halten es auch hier für sehr wahrscheinlich, daß dem zeitlichen Zusammenhang auch ein ursächlicher entspricht. Der Grund für die auffallend reichen Kohlenbildungen in der Kreide Nordamerikas wäre dann in einer Stauchung zu sehen, welche dieser Kontinent durch die Loslösung und beginnende Westwanderung nebst Drehung Südamerikas erfuhr.

Der veränderten Lage der Kontinente wurde in der Kartengrundlage (Fig. 12) Rechnung getragen.

1. Eis. Abgesehen von einem vereinzelten Glazialfund auf Spitzbergen, der aber von Nathorst ins Silur umdatiert wird, berichtet namentlich Basedow von Eisspuren aus der Kreide in Australien. Dacqué meint aber, daß es sich dort „wahrscheinlich um ein zur Kreidezeit durch Sturzbachwirkung auf sekundäre Lagerstätte geratenes paläozoisches Glazialmaterial" handelt. Nach der Gesamtheit der Klimazeugnisse erscheint uns Dacqués Ansicht wahrscheinlicher als die von Basedow, da wir auch in der Kreide ebenso wie in den vorangehenden Zeiten ein relativ mildes Klima im damaligen Südpolargebiet annehmen müssen, und Mittelaustralien nur in etwa 60° Südbreite lag.

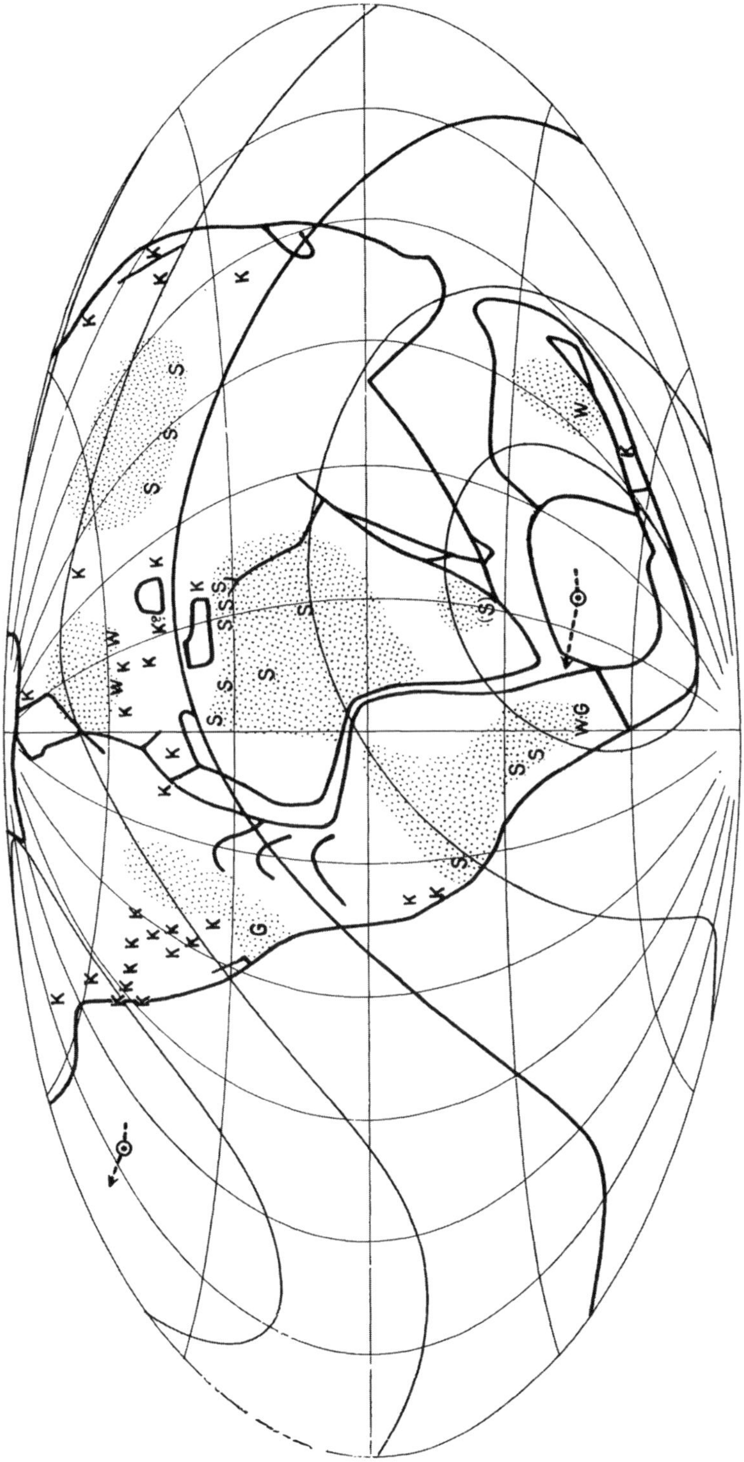

Fig. 12. Moore und Wüsten der Kreidezeit
(K Kohle, S Salz, G Gips, W Wüstensandstein, punktierte Räume: Trockengebiete)

Die Kreideablagerungen Australiens sind aber bisher nur wenig erforscht. Sie bestehen aus den weit verbreiteten Rolling Down Beds, deren Fauna aus Inoceramen, Aucellen, Crioceraten und Dinosauriern jedenfalls auf kühles Klima hindeutet, so daß Gletscherbildungen in beschränktem Umfange, die nicht geradezu Polarklima im heutigen Sinne verlangen, immerhin für möglich gehalten werden müssen.

2. Kohle. Die Breitenlage Nordamerikas scheint gegenüber der Jurazeit keine nennenswerte Änderung erfahren zu haben. Das Trockengebiet ist aber durch Verbreiterung der Regengebiete mehr eingeengt und tritt überhaupt weniger hervor. Im Osten der Vereinigten Staaten finden wir geringe Kohlenbildungen in der pflanzenreichen Potomac-Formation, welche sich, nach dem Potomac-Flusse benannt, als langgezogenes Band am Ostabhang der Appalachen ausdehnt.[1]) Besonders eindrucksvoll aber sind die zahlreichen produktiven Kohlenvorkommen im Westen und Nordwesten dieses Kontinents (vgl. Fig. 12). Sowohl die Frühkreide wie die Spätkreide beteiligen sich an diesen Bildungen. Besonders die Flöze der letzteren, die in der sogenannten Laramie-Formation liegen und stellenweise 6 bis 10 m mächtig sind, haben große wirtschaftliche Bedeutung. Solche spätkretazische Kohle kommt in Alaska vor[2]), wo sich ihre Bildung auch noch im Eozän fortsetzt, ferner auf kanadischem Boden im pazifischen Küstenlande, auf Vancouver, in Alberta und dem südlichen Saskatschewan; frühkretazische Kohlen finden sich in Canada in den Provinzen Yukon, British-Columbia und Alberta. Südlich schließen sich hieran die Kreidekohlen der westlichen Vereinigten Staaten in Washington, Montana, North-Dacota, South-Dacota, Wyoming, Utah, Colorado, New Mexico. Und endlich greift die Kohlenbildung auch noch etwas über die mexikanische Grenze hinaus. Die nördliche Regenzone reicht hier also auch noch in die Gebiete hinein, die in der Jurazeit zur Trockenzone gehörten.

Auch in Europa tritt die Kohlenbildung auf Kosten der Trockenzone mehr hervor als in der Jurazeit. Hier handelt es sich aber wohl — wie auch schon in den Potomac-Schichten des östlichen Amerika — um die äquatoriale Regenzone; der Äquator lag nach unserer Karte in der Kreidezeit Europa ein wenig näher als in der Jurazeit. In Spanien entstanden im Gault die Lignitlager von Terruel; in Deutschland bildeten sich in der Frühkreide (Wealden) wertvolle Steinkohlenflöze am Teutoburger Wald, am Wesergebirge, am Deister und Osterwald. Andere deutsche Kohlenflöze aus dieser Zeit, wie die von Quedlinburg oder Liegnitz, sind ohne wirtschaftliche Bedeutung. In den Ost-

---

1) Neumayr-Uhlig, Erdgeschichte, Bd. II. 2. Aufl., S. 272. Leipzig und Wien 1895.

2) K. Henning, Alaska in den Jahren 1911, 1912. Geol. Rundsch. 1914, S. 415.

alpen¹) und Niederösterreich finden sich spätkretazische Kohlen in den Gosau-Schichten. Auch in Bulgarien sind angeblich Kreidekohlen vorhanden, doch bezeichnet Frech das Alter als fraglich und vermutet Trias. Hoch im Norden finden sich frühkretazische Kohlen auf Spitzbergen.²) Diese gehören offenbar ebenso wie die Laramie-Kohlen Nordamerikas zum nördlichen Regengürtel. Die frühkretazischen Kohlen im Ostural nehmen eine Mittelstellung ein. Zur äquatorialen Zone gehören dagegen wieder die Braunkohlen in der Kreide bei Alexandropol südlich des Kaukasus³) und die frühkretazischen Kohlen des Libanon.⁴) Auf asiatischem Gebiet, das in der Jurazeit übersät mit Kohlenbildungen war, haben wir nur noch ganz im Osten Kreidekohlen zu erwähnen, nämlich im nördlichen Sachalin, der Mandschurei, in Japan und der chinesischen Provinz Szetschuan. Auch in der Kreide macht sich hier die Tendenz zur Unterbrechung der Trockenzone durch Zusammenfließen der äquatorialen und der nördlichen Regenzone bemerkbar.

In Südamerika haben wir in der Kreide einige wichtige Kohlenbildungen, die wohl noch zur äquatorialen Regenzone gerechnet werden müssen: In Nord- und Mittelperu zieht sich ein 800 km langes Kohlenflöz aus der Frühkreide parallel zur Küste hin. Auch dicht nördlich davon, in Ecuador, gibt es Kohlen aus der Spätkreide bei Quito. Man könnte versucht sein, den Kreideäquator gerade durch diese Kohlenvorkommen zu legen, wodurch einmal die Salzbildungen im südlichen Südamerika besser erklärt würden, und andererseits dem Umstande Rechnung getragen würde, daß in Nordamerika die nördliche Regenzone so weit nach Süden vordringt. Aber dann ließe es sich nicht vermeiden, daß der Äquator mit den Salzfunden in Nordafrika und auch in Zentralasien kollidiert; und die andere, auf den ersten Blick verlockende Lösung, daß der Äquator von den südamerikanischen Kohlengebieten über Europa und nördlich des zentralasiatischen Trockengebietes zu ziehen sei, verbietet sich aus zahlreichen Gründen, u. a. schon durch die noch zu besprechende Rudistenverteilung (vgl. Fig. 13 S. 90). Es bleibt also nichts übrig, als anzunehmen, daß die südamerikanischen Kohlen einer Verbreiterung oder auch Verschiebung der äquatorialen Regenzone nach der kontinentaleren Südhalbkugel entsprechen.

Auch auf Neuseeland bildeten sich in der Spätkreide Kohlen⁵), die einzigen bekannten aus dem südpolaren Regengebiet. Sie liegen an

---

¹) Franz Heritsch, Die österreichischen und deutschen Alpen bis zur alpino-dinar. Grenze (Ostalpen). Handb. d. Reg. Geol. II, 5 a. Heidelberg 1915.

²) O. Nordenskjöld, Die Nordatlantischen Polarinseln. Handb. d. Reg. Geol. V, 4. Heidelberg 1914.

³) Felix Oswald, Armenien. Handb. d. Reg. Geol. V, 3. Heidelberg 1912.

⁴) M. Blanckenhorn, Syrien, Arabien und Mesopotamien. Handb. d. Reg. Geol. V, 4. Heidelberg 1914.

⁵) Wilckens, Die Geologie von Neuseeland. Geol. Rundsch. 8, 1917, S. 150.

der Grenze des Eozän, ja Marshall[1]) möchte sie schon dem Eozän zuweisen.

3. **Salz, Gips, Wüstensandstein.** In Nordamerika ist die Trockenzone, der enormen Entwicklung der Kohlen entsprechend, nur sehr schwach ausgebildet. Gipsablagerungen aus Mexiko sind die einzigen Spuren, die wir nennen können.[2])

Für Europa gilt Ähnliches. Salz- und Gipsablagerungen fehlen ganz, bis auf einige Solquellen in Westfalen (Neumayr-Uhlig). Die äquatoriale Regenzone beherrschte ganz Süd- und Mitteleuropa. Vielleicht darf aber hier der Quadersandstein als letzter Rest des Trockengebietes betrachtet werden. „In manchen Gegenden, namentlich in Sachsen und Böhmen, ist ein Teil der oberen Kreide durch mächtigen Sandstein vertreten, der wegen seiner Neigung zur quaderförmigen Absonderung den Namen Quadersandstein erhalten hat. Zahlreiche senkrechte Klüfte bringen es mit sich, daß bei der Verwitterung und Denudation senkrechte Abstürze entstehen, daß inmitten eines der Zerstörung verfallenden Komplexes einzelne riesige, oft sehr schlanke Pfeiler stehen bleiben und auch sonst eigentümliche Verwitterungsformen hervortreten. Dieser Eigentümlichkeit verdankt die Sächsische und Böhmische Schweiz ihren landschaftlichen Reiz; die senkrecht abfallenden Felsklötze des Königsteins und Liliensteins, die kühnen Türme und Spitzen der Bastei, die Säulen des Bieler Grundes, die vielgerühmten Adersbacher Steine in Böhmen, sie alle werden von dem Quader gebildet." [3]) Im übrigen sind ja die Kreideablagerungen in Europa vorwiegend marin, und es entstand die hauptsächlich aus Foraminiferen zusammengesetzte weiße Schreibkreide in Norddeutschland (Rügen!), Nordfrankreich, England, einem Teil Rußlands, aber auch in Syrien, Arabien und der Libyschen Wüste.

Im Gegensatz zu Nordamerika und Europa ist in Zentralasien die nördliche Trockenzone wieder sehr gut ausgebildet, nachdem sie hier in der Jurazeit durch Überhandnehmen der Kohlenbildungen stark eingeengt war. Der Kreide entsprechen hier die oberen Angara-Schichten, die vielfach Salz führen. So liegt nach Leuchs[4]) in Ostbuchara am Wachschfluß unter Sandsteinen der späten Kreide ein 40 m mächtiges Steinsalzlager, „und geringere Mengen von Steinsalz kommen an vielen Stellen in den Kreide- und Tertiärschichten dieser Gegend vor". Auch

---

1) P. Marshall, New Zealand. Handb. d. Reg. Geol. VII, 1. Heidelberg 1911.

2) E. Böse, On the Permian of Coahuila, Northern Mexico. The Amer. Journ. of Science, Vol. 1, Febr. 1921.

3) Neumayr-Uhlig, Erdgeschichte, Bd. II. 2. Aufl., S. 270. Leipzig und Wien 1895.

4) Leuchs, Zentralasien. Handb. d. Reg. Geol. V, 7. Heidelberg 1916.

im westlichen Kwenlun und anscheinend auch im östlichen Nanschan findet sich Kreidesalz.

Die südliche Trockenzone war sehr ausgedehnt und erstreckte sich namentlich bis in sehr hohe Breiten. In Südamerika ist auch jetzt wieder das schon im Jura genannte Steinsalzlager südlich von Cerro de Pasco in Peru zu nennen, da das Salz hier den Jura- und Kreideschichten angehören soll, wurde schon im vorigen Abschnitt das Nötige gesagt. Als der Provinz San Juan, welches ebenfalls der Jura- und Kreideformation angehören soll, wurde schon im vorigen Kapitel das Nötige gesagt. Als Fortsetzung hiervon erscheint das etwas nördlicher, bei Bipos nördlich von Tucuman gelegene Vorkommen von Natriumsulfat, das in zwei Schichten von über 1 m Mächtigkeit zusammen mit Glauberit zwischen Gips und Mergel auftritt und, wenngleich mit Fragezeichen, zur Kreideformation gerechnet wird.

Auch im südlichen Patagonien besteht wenigstens die untere Kreide noch aus bunten Sandsteinen, „vergleichbar dem Old Red", allerdings ohne Salz, aber doch teilweise mit mächtigen Gipseinschaltungen, die obere dagegen aus weichen Mergeln und Tonen. „Zweifellos weisen jene mächtigen Sandsteine auf ein Überwiegen kontinentaler, mehr oder weniger arider oder semiarider klimatischer Bedingungen, und einer mehr mechanischen Gesteinszersetzung hin, während die weichen Tone und lockeren bunten Mergel auf chemische Verwitterungsvorgänge unter den Wirkungen eines mehr humiden Klimas schließen lassen."[1]) Auch Wilckens[2]) kommt zu ähnlichen Resultaten bezüglich der patagonischen Kreideablagerungen. Zu unterst liegen die „Areniscas abigarradas", die er, auch einschließlich der klimatischen Bedingungen, dem Buntsandstein vergleicht, und darüber die guaranitischen Sandsteine mit Dinosaurierresten. Wie unsere Karten zeigen, war der Südpol zwischen Jura und Kreide in Bewegung gerade auf Patagonien zu begriffen. Und außerdem mußte das Klima Patagoniens auch deshalb feuchter werden, weil durch den Abriß Südamerikas von Afrika die große Landmasse zerteilt und dem Meer von Osten her ein Zugang nach Patagonien eröffnet wurde. Immerhin lag Patagonien auch in der Jurazeit doch auf etwa 60°, in der Kreide gar auf etwa 64° Südbreite. Das Trockengebiet erstreckte sich also damals über ungeheure Räume. Vielleicht darf man aus den wealdenähnlichen Flußablagerungen im östlichen Brasilien (Bahia) mit Süßwassermollusken, Krokodilen und Dinosauriern den Schluß ziehen, daß die Trockenzone hier unter dem

---

1) A. Windhausen, Ein Blick auf Schichtenfolge und Gebirgsbau im südlichen Patagonien. Geol. Rundsch. 12, 1921, S. 109—137.

2) O. Wilckens, Die Meeresablagerungen der Kreide und Tertiärformation in Patagonien. N. Jahrb. f. Min. usw., Beil.-Bd. 21, 1906, S. 98—195.

Einfluß des neu entstehenden Meeresarmes unterbrochen oder doch weniger scharf ausgeprägt war.

Auch in Afrika scheint das Trockengebiet den größten Teil des Kontinents überlagert zu haben. Buschman schreibt: „Laut Schleiden und Fürer kommen auch in dem der Kreideformation angehörenden Hippuritenkalke Algeriens, namentlich bei Constantine, Salzlager vor, die, wie z. B. bei Biskra und Médéa (Medeah), förmliche Berge bilden und zu den wenigen bedeutenderen Salzvorkommen jener Formation gehören." Ebenso hat nach Buschman auch Tunesien ausgedehnte Steinsalzvorkommen, wohl aus derselben Zeit; am Djebel Hadifa besteht ein Berg ganz aus Salz. Auch eine Solquelle wird erwähnt, die an der Küste südöstlich von Tunis im Senon entspringt. Vielleicht ist die Zeitbestimmung dieser Salzlager inzwischen geändert, denn es ist auffallend, daß Lemoine[1]) diese doch offenbar schwer zu übersehenden Vorkommen nicht ausdrücklich erwähnt. Er gibt nur an, daß die Kreide sowohl am Nordrande der Sahara, als auch in derselben und namentlich auch im Sudan (hier auch das Eozän) salzführend ist. Sie enthält aber auch verkieseltes Holz, dessen Fundorte leider nicht näher angegeben werden. Eine Ergänzung hierzu erhalten wir durch Blanckenhorns Schilderung der ägyptischen Verhältnisse.[2]) Hier wurden zur Kreidezeit die oberen Schichten des Nubischen Sandsteins abgesetzt, die teilweise Gips und Salz, freilich auch verkieseltes Holz führen. Desgleichen führen die Kreideablagerungen am Sinai Gips. In Palästina[3]) kam es beiderseits des Toten Meeres zu Salzablagerungen, auf der Ostseite wurde Alaun, und auf der Westseite wurden Abraumsalze abgelagert. Natürlich ist auch Gips dort reichlich vertreten. Für Ägypten bildet die Kreide das Ende der ungeheuer langen Wüstenzeit, die seit dem Karbon hier geherrscht hat. Denn in dem darauffolgenden Eozän breitet sich die äquatoriale Regenzone über Ägypten aus, die in der Kreide bereits die Kohlen auf dem Libanon erzeugte.

Der Vollständigkeit halber sei noch erwähnt, daß Buschman auch noch aus Südafrika Salz erwähnt: „An der Ostküste Britisch-Südafrikas finden sich, wie Passarge nach den Forschungen Dr. A. Schencks anführt, von der Algoa-Bai bis über Natal mit dem Sulu-Land hinauf zur Delagoa-Bai Schollen, die sich an den Festlandssockel angelagert haben, der Kreideformation angehören und salzführende Schichten besitzen." In Anbetracht des weiten Vordringens der Trockenzone in Südamerika kann auch dieses Salzvorkommen nicht unerklärlich er-

---

1) P. Lemoine, Afrique occidentale. Handb. d. Reg. Geol. VII, 6 A. Heidelberg 1913.

2) M. Blanckenhorn, Ägypten. Handb. d. Reg. Geol. VII, 9. Heidelberg 1921.

3) M. Blanckenhorn, Syrien, Arabien und Mesopotamien. Handb. d. Reg. Geol. V, 4, 1914.

scheinen. Es wird auch nicht gesagt, daß es sich um größere Steinsalzlager handelt; im übrigen zeigen für Südafrika die Wood-Beds der Uitenhage-Serie mit ihrer reichen Flora, daß hier keinesfalls eigentliches Wüstenklima geherrscht haben kann. Auch in Deutsch-Ostafrika kann, wie die Funde von Riesensauriern zeigen, schwerlich Trockenklima geherrscht haben. Vermutlich machte sich auch hier der Einfluß des östlich davon liegenden Meeres geltend.

Endlich sei noch erwähnt, daß in Nordostaustralien (Queensland) in damals etwa 50° Breite in der Kreide der „Desert sandstone" gebildet wurde. Aber nicht in der Frühkreide wie die Sandsteine Patagoniens, sondern umgekehrt in der Spätkreide, während hier die Frühkreide mit den früher erwähnten Rolling Down Beds durch Aucella und andere Formen ein kühles Klima bezeugt. Wir erhalten hier eine neue Bestätigung für die damalige Bewegung des Südpols in der Richtung von Australien auf Patagonien. Und durch die halbkreisförmige Umschließung des Südpols mit Erzeugnissen des Trockenklimas wird das an sich auffallende Vordringen des letzteren bis in so hohe Breiten weiter bestätigt.

4. Die Pflanzenwelt. In der Kreide vollzieht sich der größte Florenwechsel in der Erdgeschichte: Mit dem Abschluß der früheren Kreide stirbt die mesozoische Gymnospermen-Flora größtenteils aus, und es beginnt die Neuzeit der Pflanzenwelt, in welcher die Angiospermen die Führung übernehmen. Die hieraus entspringenden zeitlichen Unterschiede verdunkeln leider oft die klimatischen.

Einen geringen Anhaltspunkt geben die Jahresringe: Bei Hölzern aus dem oberen Nubischen Sandstein in Nordostafrika (damals etwa 10° Südbreite) fehlen nach Dacqué die Jahresringe. Dagegen zeigen Koniferenstämme aus der Frühkreide Spitzbergens (damals 40° Nordbreite), die Gothan untersuchte, deutlich erkennbare Zuwachszonen. Und ein kretazischer Araucarienstamm von der Nordostküste von Neuseeland-Südinsel (damals 52° Südbreite), den Stopes 1914 beschrieben hat, ist nach Irmscher „von allen bekannten Formen durch besonders scharf ausgebildete Jahresringe unterschieden."[1])

In Nordamerika enthalten sowohl die Dakota-Schichten im Westen wie die Potomac-Schichten im Osten eine Flora, die zahlreiche subtropische bis tropische Formen enthält, daneben aber auch Pappeln, Birken, Buchen, Eichen, Ahorn, Efeu und andere Gewächse, die wir nach ihrer heutigen Verbreitung eher in den subpolaren Regengürteln vermuten würden. Die Erklärung dürfte in der von Irmscher hervorgehobenen Gesetzmäßigkeit zu suchen sein, daß alle diese Blüten-

---

1) E. Irmscher, Pflanzenverbreitung und Entwicklung der Kontinente. Studien zur genet. Pflanzengeographie. Mitt. a. d. Inst. f. allg. Bot. Hamburg 1923.

pflanzen zuerst in den Tropen sich entwickelt haben; sie kamen daher in der Kreide auch noch dort und in den Subtropen, freilich auch schon in höheren Breiten vor, und haben sich erst später ganz auf das kühle Klima der höheren Breiten zurückgezogen. Es herrschte so in Nordamerika eine Pflanzengemeinschaft, in welcher außer den genannten Gewächsen auch Walnuß, Tamariske, Brotfruchtbaum (Artocarpus) — auch heute ein tropisches Gewächs —, Platane, Liriodendron (Tulpenbaum), Cinnamomum, Ilex, Liquidambar, Nerium (Oleander), Ficus (Feige), Sassafras-Lorbeer, Magnolien, dazu Sequoien und andere Koniferen vorkamen, ferner Cycas, Ginkgo — heute nur in einer Art in China und Südjapan —, Eucalyptus u. a. Auch waren gegen Ende der Kreidezeit viele Palmen vorhanden. Zu nennen sind außerdem Hymenaea, der Heuschreckenbaum, der heute im tropischen Amerika vorkommt, und Sapindopsis, verwandt, wenn nicht identisch mit dem heutigen Sapindus, dem Seifenbaum, gleichfalls einer tropisch-amerikanischen Form. Chamberlin und Salisbury meinen, daß diese Flora etwa einer geographischen Breite von 30° entspricht. Die Ansicht dieser Autoren, daß das Klima im Laufe der Kreidezeit kühler wurde, weil die Laramie-Flora „eher eine temperierte als eine tropische" sei, erscheint uns jedoch insofern bedenklich, als durch das Hervortreten der heute zwar temperierten, damals aber auch tropischen Blütenpflanzen leicht ein solcher Klimawechsel vorgetäuscht werden kann.

Auch Europa, das ja nach der Gesamtheit der Klimazeugnisse in der Kreide sicher ein tropisches Klima hatte, trug dasselbe Pflanzenkleid. Zu den in der Frühkreide noch vorhandenen Baumfarnen, Cycadeen, Nadelhölzern und Ginkgophyten gesellen sich später ebenso wie in Amerika Eichen, Buchen, Weiden, Kirschbäume, Efeu u. a., die heute mehr in gemäßigtem Klima vorkommen, ferner Tulpenbäume, Magnolien, und auch tropische Gewächse aus den Abteilungen der Caesalpinien, Araliaceen, der Palmen u. a.

Berühmt sind die Funde von Kreidepflanzen auf der Insel Disko in Westgrönland, weil die dortige Schieferserie alle Teile der Kreide repräsentiert und dabei den allmählichen Florenwechsel erkennen läßt. In der untersten Schicht kommen außer der Pappel nur mesozoische Formen vor, darunter manche, die anscheinend als subtropisch angesprochen werden müssen, wie Pecopteris, Osmunda, Ginkgo u. a. Darüber aber finden sich auch Eichen, Magnolien u. a., neben dem tropischen Brotfruchtbaum. Heer schätzt die Mitteltemperatur der Frühkreide auf Disko zu 20 bis 21°, nach unserer Ansicht zu hoch, da man mit 16 bis 18° wohl sicher auskäme, und möchte hier, ebenso wie Chamberlin und Salisbury für Nordamerika, eine Abkühlung während der Kreide annehmen, die aber nach unserer Ansicht auch hier wohl durch den zeitlichen Florenwechsel nur vorgetäuscht wird.

Disko lag nach unserer Karte in der Kreide auf etwa 35° Nordbreite, wenig südlicher als Spitzbergen (40°), wo gleichfalls noch Ginkgo zusammen mit Sphenopteris, Taeniopteris, Baiera und Pinites wuchs. Die oft hervorgehobene Übereinstimmung der grönländischen und nordamerikanischen Kreidefloren, deren Fundorte heute einen Breitenunterschied von 35° besitzen, findet durch die von uns angenommene Äquatorlage und Kontinentenverschiebung ohne weiteres ihre Erklärung; auch Dacota lag auf 30 bis 35° Nordbreite, wie Disko.

Einem kühleren Klima entspricht die Kreideflora, die von Hauthal und Kurtz im südlichen Patagonien auf heute 51° Breite festgestellt worden ist. Von mesozoischen Vertretern sind hier hauptsächlich Araucarien, Sequoien und Abietineen vertreten, und dazu gesellen sich Eichen, Birken, Pappeln, Weiden, Cinnamomum, Sassafras-Lorbeer, Liriodendron, Liquidambar, Platanen u. a. Am häufigsten waren Weidenblätter und sodann die von drei Sassafrasarten. Es sind hier jedenfalls keine Formen vertreten, die als typisch für die Tropen gelten können. Hymenaea, Sapindopsis und Artocarpus fehlen. Natürlich bleibt trotzdem auffallend, daß die hier vorkommenden Formen auch alle in der damaligen Tropenzone vorkamen. Dies hängt, worauf schon hingewiesen wurde, wahrscheinlich mit ihrer dortigen Entstehung zusammen. Wir müssen offenbar annehmen, daß diese Formen damals durch alle Klimagürtel hindurch verbreitet waren. Daß aber überhaupt eine so reiche Baumflora noch auf einer damaligen Breite von etwa 65° Süd bestehen konnte, bestätigt unsere Annahme eines milden Klimas in dem damaligen Südpolargebiet. Sie zeigt aber auch, daß das Trockengebiet, welches in Südpatagonien in der Frühkreide noch Wüstensandstein und Gips erzeugte, hier sein südliches Ende erreichte.

In Südafrika sind Pflanzen aus den der Frühkreide angehörenden Uitenhage-Schichten bekannt. (Die Oberkreide ist hier marin.) Die Pflanzen gehören daher alle noch zu den mesozoischen Typen. Sie sind besonders wichtig, weil das Kapland in der Kreide auf etwa 70°, in der Frühkreide also vielleicht auf 67° Südbreite lag, und wir es daher mit der polnächsten Flora der Kreidezeit überhaupt zu tun haben. In den zu unterst liegenden Enon Beds der Uitenhage-Serie finden sich außer Holzfragmenten auch die Reste eines Dinosauriers, des Algoasaurus. Darüber liegen die pflanzenführenden „Wood Beds", in denen große Holzstämme, u. a. einer von $7^{1}/_{2}$ m Länge, im Sandstein eingebettet sind. Diese Holzfunde scheinen zu zeigen, daß die Baumgrenze damals noch polwärts von 67° lag. Die Flora setzt sich nach Rogers und du Toit zusammen aus 8 Farnen (Onychiopsis, Sphenopteris, Cladophlebis, Taeniopteris, Osmundites), 8 Cycadeen (Zamites, Cycadolepsis, Benstedtia, hiervon auch Stämme, Carpolithes, Bucklandia) und 5 Koniferen (Araucarites, Taxites, Brachyphyllum, Conites und Koniferen-holz). Man würde es, ohne die übrigen Klimazeugen, vielleicht für schwer glaublich erklären, daß alle diese Gewächse in einer geographischen Breite von 67° gelebt haben sollen. Denn wenn auch das Klima im Südpolargebiet damals wesentlich günstiger war als unser heutiges Nordpolarklima, so ist doch kaum daran zu zweifeln, daß das Meer im Süden von Afrika Scholleneis trug, und die Jahresmitteltemperatur, in welcher diese Flora lebte, wird, wenn überhaupt, nicht viel über 0° gewesen sein können.

Von Australien hat v. Ettinghausen 1895 eine Flora beschrieben, die aus 62 Arten bestand. Sie stammt aus Queensland, dem nördlichsten Teil Ostaustraliens, der in der Kreide auf 45 bis 50° Südbreite lag, und ist nach Irmscher „gemischt aus temperierten und einigen subtropischen Elementen", was zu der Breite gut paßt.

Neuseeland endlich, von dem schon die markanten Jahresringe erwähnt wurden, hatte auch nach den sonstigen Pflanzenfunden aus der Kreide jedenfalls ein kühles Klima. Es finden sich dort merkwürdigerweise keine Vorläufer seiner heutigen Flora, sondern Eichen und Buchen. Gegen Ende der Kreidezeit, nach Marshall sogar erst am Anfang der Tertiärzeit, scheint aber das Klima wärmer geworden zu sein, was wieder mit der von uns angenommenen Polbewegung stimmen würde. Denn die in diesen Schichten 1887 von v. Ettinghausen gefundene Flora wird als „warm gemäßigt" gedeutet. Neuseeland lag in der Kreide etwa zwischen 40 und 60° Südbreite.

Die Floren von Patagonien, Südafrika, Australien und Neuseeland umstellen den Südpol dergestalt von fast allen Seiten, daß es nicht möglich ist, seinen Abstand von einem dieser Funde zu vergrößern, ohne denjenigen von einem anderen zu verringern. Darin zeigt sich besonders deutlich, daß wir um die Annahme eines relativ milden Klimas im Südpolargebiet wie im Jura, so auch zur Kreidezeit nicht herumkommen. Die Diskussion der Zeugnisse aus der Tierwelt wird diese Frage weiter klären, indem sie nun auch die andere Grenze für die Temperaturverhältnisse liefert.

5. Die Tierwelt. Die marine Tierwelt der Kreidezeit ist von Dacqué einer unseres Erachtens mustergültigen klimatischen Untersuchung unterzogen worden, deren Ergebnisse einen wichtigen Beitrag für die Orientierung der Klimagürtel liefern.[1]) Dacqué hat insbesondere versucht, die durch große Kalkabsätze als tropisch gekennzeichnete Meeresfauna, wie wir sie zur Kreidezeit in Europa vorfinden, auf ihre Verbreitung zu untersuchen. Er betont zunächst den Gegensatz gegen die Fauna des hohen Nordens. „Großschalige Foraminiferen, Korallen, dickschalige riffbildende Rudistenmuscheln, Nerineen und

---

1) E. Dacqué, Grundlagen u. Methoden der Paläogeographie, S. 423. Jena 1915.

Actaeonellen sind für diese südliche Zone charakteristisch, während sie im Norden fehlen. Diese ungeheure Kalkentwicklung deutet entschieden auf warmes Wasser im Gegensatz zum borealen Gebiet." Die genannten Formen „gehen nicht über eine gewisse Grenze, die im allgemeinen mit der alpinen Tethys zusammenfällt, hinaus. Daß auch diese Verteilung klimatisch bedingt ist, zeigt aufs schönste das sporadische Auftreten von Rudisten im Norden und Süden. Nach Südskandinavien haben sie sich verirrt und nach Deutsch-Ostafrika. Während sie aber in der mediterran-äquatorialen Zone üppig gedeihen, sind diese Outsider außerordentlich klein, verkrüppelt und vereinzelt geblieben; die Actaeonellen und Korallen als bezeichnende Warmwasserbewohner fehlen in der Borealregion." Diese letztere ist charakterisiert durch das Belemnitengenus Cylindrotheutis, ferner Polyptychites und andere Formen, durch besondere Arten von Ammoniten wie Simbirskites, und namentlich durch die Muschelgattung Aucella, die schon die Polarregionen der Jurazeit kennzeichnete und in der Kreide gleichfalls in beiden Polarregionen heimisch war. Auch Gregory hat schon darauf aufmerksam gemacht, daß in Grönland und sogar schon in England die riffbildenden Rudisten fehlen und die Korallen- und Krinoidenfauna verkrüppelt ist.

Dacqué kann aber weiter auch das kalte Wasser im Süden nachweisen: „Das Überraschendste ist aber die Wiederkehr des borealen Charakters in der Südhemisphäre, und was Neumayr und Uhlig für den oberen Jura krampfhaft suchten: die südliche gemäßigte Zone als Äquivalent der borealen, das tritt uns in der Unterkreide klar entgegen. Denn in Südafrika und im südlicheren Südamerika treffen wir, abgesehen von anderen Spezialformen, auf eine von der mediterran-äquatorialen unterschiedene eigenartige Trigonienfauna, und außerdem kehrt in Südamerika die boreale Ammonitenform Simbirskites wieder." Für die südliche kalte Region ist weiter auch bezeichnend die Ammonitengattung Kossmaticeras, die z. B. im antarktischen Grahamland auf damals 70° Südbreite gefunden wurde. Man könnte auch wohl die oben erwähnte Muschelgattung Aucella nennen, die zusammen mit Inoceramen, Crioceraten und Dinosauriern in den Rolling Down Beds von Australien vorkommt. Madagaskar schließt sich übrigens in der Kreide (ebenso wie auch im Frühtertiär) mehr an das Mediterrangebiet als an das südpolare an, eine Abnormität, die wohl leicht durch die Meeresverbindung und vielleicht Meeresströmung erklärt wird. In Dacqués Untersuchung kommt dies dadurch zum Ausdruck, daß an der ostafrikanischen Küste die Funde allerdings verkrüppelter Rudisten besonders weit nach Süden reichen.

Dacqué gibt auf einer Weltkarte alle Fundstellen normal, d. h. tropisch entwickelter Individuen der Genera Radiolites, Hippurites und ihrer Nächstverwandten an, sowie diejenigen Stellen im nördlichen Europa und in Ostafrika, wo Krüppelformen gefunden worden sind. Wir haben diese Punkte auf unsere Kartengrundlage übertragen (Fig. 13), und man sieht, daß sich die Funde gut zwischen 30° Nordbreite und 30° Südbreite einordnen. Nur eine Fundstelle normaler

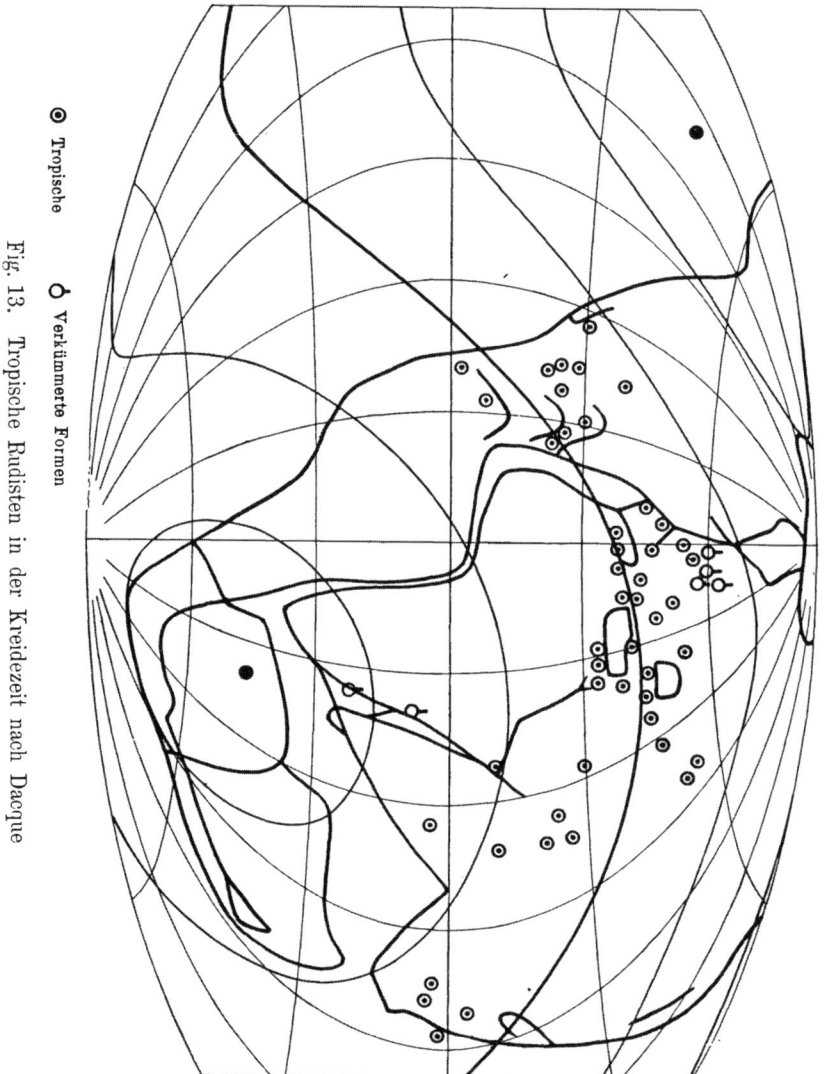

Fig. 13. Tropische Rudisten in der Kreidezeit nach Dacqué

⊙ Tropische   ☌ Verkümmerte Formen

Formen aus dem Himalaja bekäme vielleicht eine höhere südliche Breite, doch ist hier zu beachten, daß wir uns bei dem Riesenzusammenschub der Erdrinde im Himalaja kaum ein Bild von der genauen ehemaligen Position eines heutigen Fundortes machen können. Wir dürfen daher auf diese Abweichung kein größeres Gewicht legen.

Würde man den Äquator allein nach den Dacquéschen Rudistenfunden orientieren, so wäre man zunächst versucht, ihn zu drehen, so daß er auf amerikanischem Gebiet nördlicher, auf ostasiatischem südlicher läge, als von uns angegeben. Allein ganz abgesehen davon, daß eine solche Lage sich weder mit den nordamerikanischen Kreidekohlen, noch mit den Kohlen-, Salz- und Gipsvorkommen in Südamerika und dessen patagonischer Flora vertrüge, läßt auch eine genauere Diskussion der Rudistenfunde selbst eine solche Drehung nicht zu. Auch heute ist ja der Gürtel der Warmwasserfauna 50 bis 60° breit; da der Rudistengürtel in Amerika und Europa nur etwa halb so breit ist, können seine Grenzen nicht überall klimatische Grenzen sein, sondern wir haben es mit einer künstlichen Einengung durch Land zu tun. Nun schließt sich sowohl in Nordamerika wie in Europa nördlich an die Rudistenzone das Reich der borealen Marinfauna an, hier haben wir es also mit der klimatischen Grenze zu tun. Im Süden aber verhinderten die Landmassen von Südamerika und Afrika die volle Entfaltung des Warmwassergürtels. Und in Ostasien war wohl umgekehrt nur die Südgrenze der Rudisten klimatisch bedingt.

Als Ergänzung hierzu seien nun auch noch die sonstigen Klimazeugnisse aus der Tierwelt der Kreidezeit besprochen.

In Nordamerika brachten die Saurier noch ähnlich große Formen hervor wie in der Jurazeit. In den Laramie-Schichten findet man den nashornähnlichen, 7 m langen plumpen Pflanzenfresser Triceratops; fast 10 m lang wurde der känguruhartige, gleichfalls pflanzenfressende Iguanodon; vielleicht noch etwas größer war das ähnlich gebaute Raubtier Tyrannosaurus, und manche Autoren setzen auch den im Jura genannten Atlantosaurus in die Kreide. Der seeschlangenartige Mesosaurus lebte im Meere zusammen mit dem 9 m langen Tylosaurus. Von den Flugsauriern erreichte der Fischräuber Pteranodon eine Flügelspannweite von 6 m. Namentlich die großen, plump gebauten Pflanzenfresser ergänzen das Bild des damaligen Klimas, da ihnen die Beherrschung weiter Flächen nicht möglich war und sie also auf massenhaftes Pflanzenwachstum angewiesen waren. Gegen Ende der Kreidezeit stirbt dann — man weiß noch nicht, warum — die ganze Sauriergruppe aus.

Dieselben Verhältnisse — subtropische bis tropische Üppigkeit — zeigt auch die europäische Fauna der Kreidezeit. Hier sind besonders die Iguanodonfunde in Belgien bekannt geworden. Die Neigung zu Riesenformen zeigt sich auch bei Ammoniten und anderen Seetieren. Fand man doch in der oberen Kreide Westfalens einen Pachydiscus von 2 m Durchmesser!

Sehr im Gegensatz zu dieser Üppigkeit stehen die Kreidefaunen in den polnäheren Teilen der Südkontinente. In Südamerika mag vielleicht die Fauna der Flußablagerungen von Bahia sich noch bei näherer Untersuchung als ähnlich herausstellen — wir befinden uns hier erst in damals 40° Südbreite —, aber schon in Argentinien werden nach Gerth[1]) nur noch Dinosaurus und Titanosaurus gefunden, und in Patagonien herrscht eine noch auffallendere Verarmung, ebenso wie in den entsprechenden Schichten Südafrikas und Australiens. Einige Dinosaurier drangen freilich mit der besprochenen kühlen Flora bis in recht hohe Breiten vor. Aber gerade in Patagonien werden sie in den oberen Kreidehorizonten, wie Windhausen hervorhebt, immer seltener und verschwinden schließlich ganz, was wohl mit der mehrmals besprochenen Annäherung des Pols zusammenhängt.

Die südafrikanische Fauna ist womöglich noch dürftiger, entsprechend der noch höheren Breite (70°). Nach Rogers und du Toit ist in den pflanzenreichen Uitenhagen-Schichten bisher nur ein einziger Dinosaurier (Algoasaurus) gefunden worden. Dagegen herrschte in Deutsch-Ostafrika, unter damals 35° Südbreite, wieder eine üppige Entwicklung von teilweise riesigen Sauriern, wie durch die jüngsten Untersuchungen sich herausgestellt hat. Ein dort in den Schichten von Tendaguru gefundener Oberarmknochen eines Sauriers hatte 2 m Länge!

Von Australien ist schon erwähnt, daß sich auch hier in den „Rolling Down Beds" Reste von Dinosauriern finden, wahrscheinlich derselben, die auch in Südafrika und Patagonien lebten. Obwohl die Schichten noch nicht gründlich durchforscht sind, kann man doch soviel sagen, daß von einer üppigen Entwicklung auch hier ebensowenig die Rede sein kann wie in den übrigen damaligen Südpolarländern.

Zum Schluß möge noch die heutige Tierwelt Australiens zur Untersuchung herangezogen werden, welche, wie schon für die Jurazeit, so auch für die Kreidezeit klimatische Kriterien bietet. Diesmal handelt es sich um diejenigen Faunenelemente in Australien, welche auf einen früheren Austausch mit Südamerika hinweisen. Da nämlich im Frühtertiär Australien sich von Antarktika ablöste, bestand die Brücke zwischen Südamerika und Australien vornehmlich in der Kreidezeit, und der altertümliche Charakter der australischen Säugetiere scheint ja auch zu zeigen, daß es hauptsächlich die spätere Kreide- und früheste Tertiärzeit mit ihren ersten Säugetieren war, welche als Zeit des Austausches in Frage kommt. Es ist nun von großem Interesse, daß diesen Südamerikanern in der australischen Fauna ein bestimmter, ja auffallender Klimacharakter gemeinsam ist: es sind ausnahmslos Tiere, die bedeutende Kälte vertragen. Schon Wallace schrieb:[2]) „Es ist

---

[1]) Gerth, Die Fortschritte der geologischen Forschung in Argentinien und einigen Nachbarstaaten während des Weltkrieges. Geol. Rundsch. 1921, S. 74—87.

[2]) Wallace, Die geographische Verbreitung der Tiere. Deutsch von A. B. Meyer. 2 Bände. Bd. 1, S. 463. Dresden 1876.

wichtig, hier zu bemerken, daß die hitzeliebenden Reptilien kaum einen Beweis einer nahen Verwandtschaft zwischen den beiden Regionen liefern, während es die kälteaushaltenden Amphibien und Süßwasserfische im Überfluß tun." Die gleiche Eigentümlichkeit zeigen auch alle anderen Ordnungen in diesem Faunenelement, z. B. herrscht keine Übereinstimmung bei den Regenwürmern, weil diese in dem ewig gefrorenen Boden der Polarländer, auch wenn er im Sommer oberflächlich auftaut, nicht leben können; da heute, wie schon früher erwähnt, gefrorener Boden überall da angetroffen wird, wo die Jahresmitteltemperatur der Luft unterhalb etwa $-2°$ liegt, so können wir schließen, daß in der Kreide ganz Antarktika offenbar Temperaturen hatte, die unterhalb dieser Grenze lagen. Dagegen herrscht wiederum gute Übereinstimmung bei den Säugetieren, zu denen die bekannten australischen Beuteltiere, die Verwandten der südamerikanischen Beutelratten, gehören. Diese können sich durch die erhöhte Eigenwärme des Körpers gegen die Kälte schützen, wie wir es heute beim Polarhasen, Polarfuchs, Polarwolf, Eisbären, Moschusochsen, Rentier usw. sehen. Das betrachtete Faunenelement Australiens ist eben eine ehemalige Polarfauna, die später in niedere Breiten versetzt wurde. Diese Beziehungen sind nicht nur von hohem Interesse für das Verständnis der australischen Tierwelt selbst, sondern liefern auch einen wichtigen Beitrag zur Frage des Klimas im Südpolargebiet zur Kreidezeit, und sind hierfür um so wichtiger, als nunmehr durch Flora und Fauna für die Beurteilung des Klimas gewissermaßen zwei Grenzen gegeben werden, innerhalb deren das Klima jedenfalls gelegen haben muß: Die Floren beweisen, daß es, zumal im Sommer, jedenfalls milder gewesen sein muß als selbst das heutige Nordpolargebiet, die Fauna aber zeigt, daß die Jahresmitteltemperatur jedenfalls niedriger war als $-2°$, also als die heutige im südlichen Alaska, Labrador, Südgrönland, Scoresby-Sund, dem Russischen Eismeer, dem Ochotskischen Meer und Kamtschatka. Die Breitenlage dieser Jahresisotherme schwankt heute auf der nördlichen Halbkugel zwischen etwa 50 und $74°$ und liegt im Mittel bei $61°$. In der Kreidezeit lag sie dem Südpol vermutlich wesentlich näher, muß aber immerhin das eigentliche Polargebiet bis etwa $70°$ Breite umschlossen haben.

— Die Gesamtheit der Klimazeugnisse aus der Kreide läßt auf eine Lage des Nordpols bei $47°$ Nord, $140°$ West und des Südpols bei $47°$ Süd, $40°$ Ost schließen, wie in den Fig. 12 und 13 dargestellt.

Kapitel IV
Die Klimagürtel in der Tertiärzeit

Das Tertiär ist die Zeit der großen Gebirgsfaltungen, durch welche die meisten heutigen Hochgebirge der Erde entstanden sind, namentlich der meridionale Faltenzug der Anden und das äquatoriale Faltensystem, welches sich vom Atlas über die Alpen und den Kaukasus zum Himalaja erstreckt. Diese Vorgänge zeigen, daß die Verschiebungskräfte im Tertiär besonders stark waren, denn zu einer Faltung ist eine größere Kraft nötig als zur bloßen Verschiebung.

Das Tertiär ist aber auch die Zeit der größten und schnellsten Verlegungen der Erdachse in dem ganzen von uns betrachteten Zeitraum.

Ähnliche Ereignisse, nur geringeren Ausmaßes, hatten bereits einmal früher, in der Karbonzeit, stattgefunden. Und wie damals gegen Schluß der Karbonzeit das bis dahin relativ milde Polarklima abgelöst wurde durch eine Eiszeit, so beginnt auch jetzt am Schluß der Tertiärperiode beim Übertritt des Nordpoles vom ozeanischen auf kontinentales Gebiet die große Eisüberschwemmung der Nordpolargebiete, die ihren Höhepunkt im Quartär erreichte. Diese Analogie ist sehr auffallend und legt den Gedanken an einen ursächlichen Zusammenhang von Kontinentalverschiebungen bzw. ihrer gesteigerten Auswirkung in Faltungen mit Polwanderungen und Eisüberschwemmungen sehr nahe. Die Frage, wie dieser Zusammenhang zu denken ist, kann hier freilich noch nicht näher untersucht werden.

Daß die Tertiärperiode auch zu den kohlenreichsten Zeiten der Erdgeschichte gehört, hängt offenbar ebenfalls mit den erwähnten Faltungen zusammen. Denn durch diese Bodenbewegungen wurden auch über die Grenze der eigentlichen Gebirge hinaus Senken und Becken geschaffen, die sich mit Wasser füllen und vermooren konnten.

Die großen Veränderungen, welche sowohl die Lage der Kontinente als auch namentlich die Lage der Pole im Laufe der Tertiärzeit erfahren haben, machen die Diskussion der Klimazeugnisse aus dieser Zeit besonders schwierig, weil schon kleine Fehler in der Zeitsetzung von großem Einfluß werden, und Klimazeugnisse, bei denen nur ihre

Zugehörigkeit zur Tertiärzeit, aber nicht zu deren Unterteilen, bestimmbar ist, fast ganz wertlos sind. Wir werden bei der Besprechung der Klimazeugen nur zwei Abschnitte — Frühtertiär und Spättertiär — unterscheiden, aber zur Eintragung in die Karte und Ableitung der Äquatorlage sind auch diese Zeiträume noch zu lang. Wir werden daher so verfahren, daß wir die Verhältnisse des ganzen Frühtertiärs an der Hand einer Karte erörtern, welche nur die Eintragungen und die Äquatorlage für das Eozän enthält. Beim Spättertiär werden wir zwei Karten benutzen, die einerseits für das Miozän und andererseits für die Grenze zwischen Pliozän und Quartär gelten.

A. Das Frühtertiär (Paleozän, Eozän, Oligozän)

1. Eis. Über Vereisungen im Frühtertiär ist nichts Sicheres bekannt. Kreichgauers Annahme, daß auf den Ländern der Beringstraße im Frühtertiär Inlandeis gelegen hat, muß als unhaltbar bezeichnet werden, da die an verschiedenen Stellen von Alaska gefundenen eozänen Floren, die u. a. Magnolien enthalten, mit einer solchen Annahme ebenso unvereinbar sind wie die dortige eozäne Meeresfauna, welche, wenn auch vielleicht etwas übertrieben, als subtropisch bezeichnet worden ist. Die fossilen Inlandeismassen auf Alaska und auf den Neusibirischen Inseln, die Kreichgauer als Beleg für seine Ansicht anführt, können erst später, im Miozän, entstanden sein, wie im Abschnitt über das Spättertiär erörtert werden wird.

A. Wegener hatte in früheren Veröffentlichungen, namentlich in der 2. Auflage seiner „Entstehung der Kontinente und Ozeane", die Vermutung ausgesprochen, daß Patagonien im Frühtertiär eine Eiszeit gehabt haben könnte. In der Tat erreicht die geographische Breite Patagoniens auch nach den Ergebnissen der vorliegenden Untersuchung im Frühtertiär ein Maximum von fast 70°, so daß wenigstens eine Gebirgsvergletscherung im südlichsten Teile Südamerikas sicherlich angenommen werden muß. Ob es möglich ist, die von Steinmann[1]) dort gefundenen älteren Blocklehme (Jujuy-Schichten), die er selbst in das Frühquartär setzt, bis in das Frühtertiär zurückzudatieren, können wir aber nicht beurteilen. Es sind allerdings versteinerungslose Schichten, die stark gestört, teilweise bis zur senkrechten Stellung aufgerichtet und von Verwerfungen durchsetzt sind und von den spätquartären Moränen diskordant überlagert werden. Sie sind also zweifellos viel älter als die spätere Vereisung, die allerdings, wie gezeigt werden wird, in das späteste Quartär zu setzen ist. Gegen eine weit ausgedehnte Überschwemmung Patagoniens mit Inlandeis überhaupt seit tertiären Zeiten

---

1) Steinmann, Über Diluvium in Südamerika. Zeitschr. d. Deutsch. Geol. Ges. 1906, Monatsber.

sprechen gewichtige biologische Gründe, namentlich der Umstand, daß die Regenwürmer hier wie auf den Falklandsinseln offenbar niemals ausgerottet wurden, sondern seit langen Zeiten endemisch sind, was voraussetzt, daß der Boden im Sommer niemals gefroren blieb (Temperatur-Jahresmittel über — 2°). Es würde deshalb eine große Erleichterung bedeuten, wenn sich herausstellte, daß die von Steinmann beobachteten Erscheinungen frühtertiär oder etwa pseudoglazial wären. Im spätesten Tertiär und frühesten Quartär lag Patagonien in der südlichen Trockenzone, und die Faltungsprozesse lieferten gewaltige Mengen Schutt, die wohl zur Bildung pseudoglazialer Schichten dienen konnten. Aber ob hiervon die Rede sein kann, entzieht sich unserem Urteil.

2. Kohle. Nordamerika bietet im Frühtertiär noch dasselbe Bild wie in der Kreide. Der ganze Westen des Kontinents ist besät mit Kohlenlagern (vgl. Fig. 14). In Alaska bestehen vier Fünftel der dortigen nicht unerheblichen Kohlenschätze aus eozänen Ligniten und Braunkohlen. Gleichfalls im Eozän bildeten sich südlich davon Kohlen in den kanadischen Provinzen Alberta und Saskatschewan. Und hieran schließen sich die gleichfalls eozänen Kohlen in den Vereinigten Staaten [1]), nämlich in den Staaten Washington (hier auch oligozän) und Oregon und an zahlreichen Stellen in den Rocky Mountains von der kanadischen Grenze bis New Mexico, ferner in Kansas und noch in Texas. In letzterem Staate wird allerdings noch im Eozän die Kohle durch Gips abgelöst, dessen Bildung dann auch noch im Oligozän andauert. Jedenfalls überwiegen im Süden der Vereinigten Staaten durchaus die Zeugnisse für Trockenklima im Frühtertiär.

Auch Europa ist im Frühtertiär ähnlich wie in der Kreide übersät mit Kohlenbildungen. Bei der Unsicherheit der genauen Identifizierung der Horizonte macht es sich aber hier sehr störend geltend, daß der Äquator im Oligozän bereits weit südlicher, nämlich bei der Nilmündung, zu finden ist. Wir müssen deshalb den Versuch machen, Eozän und Oligozän zu trennen. Betrachten wir z. B. die Schichtenfolge im Oberelsaß, wie sie Andrée angibt, so finden wir zu unterst im Tertiär Braunkohlentone; darüber folgt im unteren Oligozän die noch zu besprechende Kalisalzformation, dann wieder Braunkohle (!) und darüber im mittleren Oligozän eine Gipszone. Den Übergang von der eozänen Braunkohlenformation zur oligozänen Salzformation können wir mit dem Zurückweichen des Äquators nach Süden erklären, aber die starken Feuchtigkeitsschwankungen innerhalb des Oligozäns werden wir wohl auf andere Ursachen zurückführen müssen, vielleicht auf Transgres-

---

[1]) E. Blackwelder, U. S. of North America. Handb. d. Reg. Geol. VIII, 2. Heidelberg 1912.

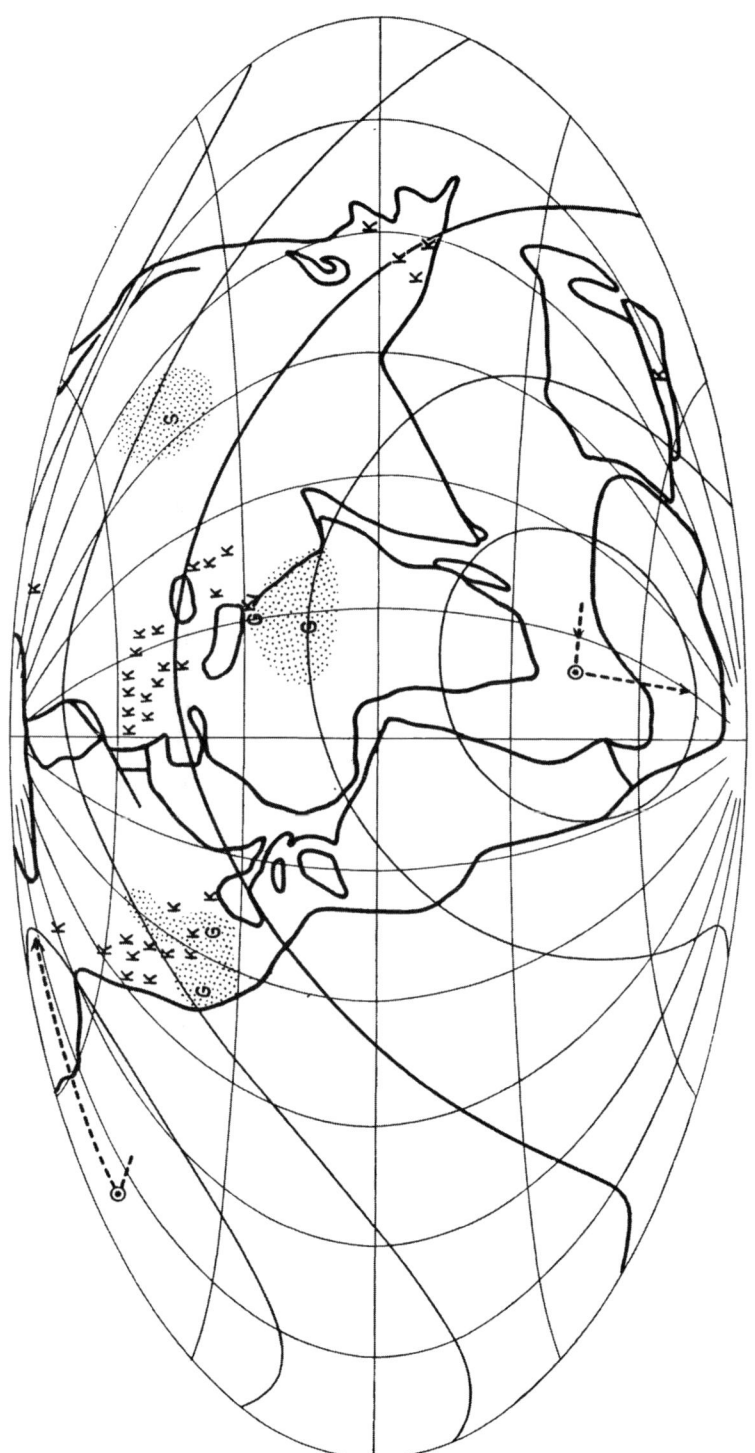

Fig. 14. Moore und Wüsten im Eozän
(K Kohle, S Salz, G Gips, punktierte Räume: Trockengebiete)

sionswechsel, vielleicht auch auf Schwankungen in den Bestrahlungsverhältnissen, wie wir sie bei den Interglazialzeiten kennen lernen werden. Leider wird durch diese Schwankungen das Bild, wenn man es genau zeichnet, etwas verworren. In großen Zügen erkennt man aber leicht, daß das Eozän für ganz Europa eine Zeit der Kohlenbildung war, das Oligozän für Mittel-, das Miozän für Südeuropa eine Zeit der Salzbildung.

Die Kohlen von Spitzbergen und ebenso diejenigen in Ost- und Westgrönland werden von O. Nordenskjöld bzw. Böggild als „tertiär" schlechtweg bezeichnet. Wir möchten sie lieber dem Miozän oder jedenfalls Spättertiär zurechnen, wo die klimatischen Bedingungen für Kohlenbildungen wohl günstiger waren als im Eozän. Für die Kohlen auf Island wird auch ohnehin miozänes Alter angenommen.

Die frühtertiären Kohlen Europas — sämtlich Braunkohlen — sind, dem tropischen Klima entsprechend, oft von großer Mächtigkeit; Flöze von 40, ja selbst 70 m Dicke sind keine Seltenheit.

Als eozän[1]) werden bezeichnet die Kohlen im Londoner Becken, in Belgien und im Pariser Becken (Andrée), bei Chalons sur Marne (Arldt), im Mainzer Becken und im Oberelsaß (Andrée), an der deutsch-holländischen Grenze, in Hessen, Braunschweig, Sachsen, Thüringen (Walther), in Kärnten (Heritsch), in den Karpathenländern (Neumayr-Uhlig), auf Istrien (Schubert), in Dalmatien (Schubert).

Als oligozän werden bezeichnet die Kohlen in Südfrankreich (Neumayr-Uhlig), solche im Oberelsaß (Andrée), desgleichen solche an der deutsch-holländischen Grenze, in Hessen, Braunschweig, Sachsen, Thüringen (Walther), diejenigen im Samland und an anderen Stellen Norddeutschlands (Arldt), in Südbayern, der Schweiz, Steiermark, Krain, in Böhmen am Fuß des Erzgebirges bei Eger, Falkenau, Dux, Brüx, Bilin und anderen Orten, ferner in Kroatien, Slavonien, Bosnien, Herzegowina, Siebenbürgen und auf italienischem Boden die Kohlen in Ligurien (Neumayr-Uhlig).

Als frühtertiär schlechthin bezeichnet werden die Kohlen in Tirol (Heritsch).

Über die genaue Eingliederung dieser Kohlenvorkommen in die frühtertiäre Schichtenfolge haben indessen vielfach Meinungsverschiedenheiten geherrscht, und mehr als einmal hat man schon Umdatierungen vornehmen müssen. Es muß deshalb betont werden, daß wir die vorstehenden Angaben ohne weiteres aus den zum Teil recht verschieden alten Schriften entnommen haben, ohne auch nur den Versuch gemacht zu haben, festzustellen, ob etwa neuere Untersuchungen zu

---

[1]) Paleozän rechnen wir hier mit zum Eozän.

einer Korrektur der Zeitsetzung geführt haben. Wir halten es deshalb für möglich, daß bei einer genaueren Aufnahme sich größere Unterschiede zwischen Eozän und Oligozän hinsichtlich der Kohlenbildung zeigen werden als in den vorstehenden Angaben. Diese Annahme liegt nahe wegen der Unterschiede, die hinsichtlich der Salz- und Gipsbildungen festzustellen sind. Denn während wir im Eozän nirgends in Europa deutliche Anzeichen der Trockenzone vorfinden, bergen schon die oligozänen Schichten und noch mehr die miozänen bedeutende Salzlager. Hierauf wird im nächsten Abschnitt näher eingegangen werden.

Ihre unmittelbare Fortsetzung finden diese frühtertiären Kohlen von Europa in Kleinasien und den angrenzenden Ländern. Eozäne Kohle findet sich im südlichen Amanus am Golf von Alexandrette (Blanckenhorn), ferner in Armenien bei Erzerum (Frech, Oswald) und an zahlreichen Stellen der Vorberge des armenischen Taurus (Oswald) sowie im nördlichen Mesopotamien (Blanckenhorn). Oligozäne Kohle ist vorhanden bei den Dardanellen (Chamberlin und Salisbury), in der Provinz Kilikien gegenüber von Cypern (Philippson) und in Armenien (Oswald).

Zu der Äquatorlage, wie sie aus der Gesamtheit der Klimazeugnisse hervorgeht, passen diese orientalischen frühtertiären Kohlen sehr gut, ebenso wie die darauf folgende spättertiäre Salzformation dieser Gegenden. Unter diesen Umständen sind wir skeptisch gegenüber einigen Nachrichten über spättertiäre Kohlen in Kleinasien und Nordpersien, die wir gleich hier erwähnen, weil sie unseres Erachtens sehr wahrscheinlich in das Frühtertiär gehören: Philippson berichtet von „wahrscheinlich miozänen" Braunkohlen, die im Westen Kleinasiens bei Soma nördlich von Smyrna ein 15 m mächtiges Flöz bilden; ebenso sollen weiter südlich am Golf von Kos „untermiozäne" Braunkohlen vorhanden sein. Ferner erwähnt Stahl „miozäne" Braunkohlen bei Täbris in Nordpersien „und nördlicher bei Liwar" (unauffindbar). Es soll natürlich keineswegs die Möglichkeit abgeleugnet werden, daß sich auch innerhalb der großen Salzbildungsperiode durch Klimaschwankungen auch Kohlen gebildet haben können, allein wir gehen wohl kaum fehl in der Annahme, daß die Lagerungsverhältnisse dieser asiatischen Vorkommen noch nicht so eingehend erforscht sind wie die der europäischen, so daß eine solche Umdatierung vielleicht nicht besonders schwer wiegt. Aus der Darstellung bei Stahl geht jedenfalls hervor, daß die Kohlenzeit vor der Salzzeit lag, da er letztere als spätmiozän bezeichnet.

Aus den ungeheuren Räumen Innerasiens ist über Kohlenbildung im Tertiär bisher sehr wenig bekannt. Nach Frech sollen am Jenissei-Strom tertiäre Kohlen vorhanden sein. Aber sowohl der Jenissei-Strom wie die Tertiärperiode sind so lang, daß uns diese Angabe für unsere Zwecke nichts nützt.

Das ostasiatische Küstengebiet ist auch im Tertiär wieder die Stätte zahlreicher Kohlenbildungen gewesen. Aber leider lautet auch hier die Zeitangabe bei Frech stets nur auf „tertiär". In der Amurprovinz, in Nordsachalin, der Mandschurei, im Südussurigebiet und in Südchina liegt diese tertiäre Kohle, und nach Warren D. Smith auch auf den Philippinen. P. Kukuk bezeichnet diese Kohle auf den Philippinen als eozän, und gibt eozäne Kohle auch in Java, Sumatra und Borneo an.[1]) Auch nach mündlicher Versicherung holländischer Geologen hat es auf den Inseln des Sunda-Archipels in allen Abschnitten des Tertiärs Kohlenbildungen gegeben, die zusammen mit Riffkorallen, fossilen Palmen und Lianen auf eine Konstanz des tropischen Regenklimas wenigstens seit Beginn des Tertiärs schließen lassen.

Auf dem südamerikanischen Kontinent liegen im äußersten Nordwesten in Columbien und Venezuela nach Stappenbeck Kohlenlager oligozänen Alters. Es handelt sich um 0,6 bis 6 m mächtige Flöze, die in Venezuela als Braunkohle ausgebildet sind, in Columbien aber, wo sie im gefalteten Gebirge liegen, teilweise als Anthrazit. Diese Gegend lag noch im Eozän in der südlichen Trockenzone, im Oligozän aber sehr nahe dem Äquator. Viel weiter südlich findet sich noch „tertiäre" Kohle ohne nähere Zeitangabe in Chile.

In ganz Afrika kennen wir nur ein einziges, obendrein sehr dürftiges Kohlenvorkommen im Frühtertiär: Im nördlichen Ägypten enthalten nach Blanckenhorn die Flußablagerungen bei Birket el-Kerun im Obereozän und Oligozän einige Schichten Schieferkohle. So unbedeutend dieses Vorkommen in ökonomischer Hinsicht ist, so wichtig ist es für unsere Untersuchung. Denn seit dem Karbon hatte Ägypten in der südlichen Trockenzone gelegen, heute aber liegt es in der nördlichen. Es muß daher notwendigerweise eine Zeit des Äquatordurchgangs gegeben haben, und dies kann nur das Oligozän sein; denn noch in der Kreide war dies Land Wüste ähnlich wie heute, und die letzten Ausläufer der Trockenperiode reichen bis in das Eozän. Das Oligozän ist die einzige Zeit, für welche wir keine Zeugen von Trockenheit, sondern nur von Regen haben. Schon im Miozän stellen sich die ersten Anzeichen der neuen Trockenperiode wieder ein, und im Pliozän sind wir wieder in der Wüste.

Für Australien finden wir bei Frech „tertiäre" Kohle ohne nähere Zeitangabe.

Auf Neuseeland berichtet Marshall von Kohlen, die von

---

1) P. Kukuk, Unsere Kohlen. Aus Natur und Geisteswelt, S. 87. Berlin und Leipzig 1913.

manchen in die späteste Kreide gesetzt werden, wahrscheinlicher aber dem Eozän angehören.

3. **Salz, Gips, Wüstensandstein.** In Nordamerika hatten die Vereinigten Staaten im Frühtertiär vorwiegend Trockenklima, wenn dies auch an einigen Stellen unterbrochen war. Nach Blackwelder finden wir im Eozän Kaliforniens Gips. Der im Great Basin in der Laramie-Zeit aufgestaute See trocknete jetzt im Tertiär aus, und es entstanden mächtige Ablagerungen von Ton, Mergel und Salzen. Auch in Texas kommen im Eozän neben Kohlenschichten auch Gipsschichten vor. Noch allgemeiner war wohl die Gipsablagerung im Oligozän. In dieser Zeit sind in Texas wie in Louisiana die Gipsablagerungen durchaus vorherrschend. In den Golfstaaten wird das Oligozän nach Chamberlin und Salisbury hauptsächlich durch die „Grand Gulf"-Formation dargestellt, die aus Sandsteinen mit Gipseinlagerungen besteht, und im Osten des nördlichen Felsengebirges (in Colorado, Wyoming, Nebraska, South-Dacota, Kansas) durch die „White River"-Formation, die teilweise äolischen Ursprungs sein soll und gleichfalls Gips enthält.

In Europa tritt, wenn wir nach den Zeugnissen für Trockenheit gehen, im Frühtertiär ein Klimawechsel ein: Im Eozän finden sich noch keine Anzeichen des Trockengebietes, aber im Oligozän haben wir Salz und Gips in Spanien, bei Paris, im Oberelsaß; und diese Salzformation setzt sich dann weiter östlich und namentlich südöstlich im Miozän fort in den galizisch-persischen Salzbildungen.

In Spanien, welches ganz frei von frühtertiären Kohlen ist, findet sich nach Douvillé im Oligozän (Tongrien) allenthalben Gips. Im „Oligo-Miozän" aber ist außer Gips auch Salz sehr verbreitet. Hierher gehört die Salzformation des Ebrobekens mit dem berühmten Salzberg von Cardona. Penck setzt diese Bildungen in das Miozän, Andrée in das Oligozän, und Douvillé, wie erwähnt, in das Oligo-Miozän. Wir wollen uns hier mit diesem kurzen Hinweis begnügen und die näheren Angaben im Kapitel über das Spättertiär bringen, weil sie jedenfalls zur Miozänkarte besser passen müssen als zur Eozänkarte.

Auch im Pariser Becken, wo das Eozän Kohle bildete, haben wir im Oligozän Gips, wie die Gipslager des Montmartre in Paris mit den berühmten, von Cuvier untersuchten Resten von Beutelratten und anderen Säugetieren zeigen. Frühtertiärer Gips findet sich nach L. Waagen auch in der Schweiz. Von größter Bedeutung aber ist die wiederum oligozäne Salzformation im Oberelsaß, die teilweise auch nach Baden hinübergreift. Nachdem auch hier das Eozän noch Kohle gebildet hatte, gelangten jetzt im Oligozän nach Andrée Gips, Anhydrit, Steinsalz und namentlich die wertvollen Kalisalze zur Ablagerung, die an verschiedenen Stellen abgebaut werden. Bei der oligozänen Orientierung des Äquators kam dieses Gebiet auf etwa 30° Nordbreite zu liegen.

Die jurassischen Kalkriffe Süddeutschlands boten zur selben Zeit den Anblick einer Karstlandschaft. Vulkanische Asche von den Ausbrüchen zahlreicher Vulkane namentlich im Norden wurde vom Winde in die Schluchten und Löcher dieser Kalkklippen hineingeweht und verwandelte sich unter dem Einflusse des damaligen Klimas in Terra rossa, die dann später bei tieferen Temperaturen und größerer Feuchtigkeit weiter verwandelt wurde und hier und da abbauwürdiges „Bohnerz" enthält.

Die galizischen Salzlager werden, da sie zum Miozän gehören, erst beim Spättertiär besprochen werden, doch sei erwähnt, daß sie sich zeitlich als unmittelbare Fortsetzung der elsässischen Salzformation darstellen, da sie als frühmiozän bezeichnet werden, während ihre Fortsetzung auf kleinasiatischem und persischem Gebiet wiederum etwas jünger, nämlich spätmiozänen Alters ist.

Nach einigen wenigen Autoren soll es auch frühtertiäre Steinsalzlager in Kleinasien geben. Wir sind in bezug auf diese Angaben, die von anderen Autoren nicht bestätigt werden, skeptisch und halten es für wahrscheinlicher, daß auch diese Vorkommen zur großen miozänen Salzformation Kleinasiens gehören. Wir werden diese Fälle deshalb im Abschnitt über das Spättertiär ausführlicher besprechen.

Über das frühtertiäre Klima von Zentralasien lesen wir bei Leuchs „Im Hauptteile von Zentralasien aber ist die ältere Tertiärzeit gekennzeichnet durch Bildung von kontinentalen Ablagerungen, welche noch deutlicher als die oberen Angara-Schichten ihre Entstehung in aridem Klima zur Schau tragen (starker Wechsel in petrographischer Hinsicht, in der Mächtigkeit, Überwiegen bunter und grobklastischer Gesteine, häufige Einschaltung von Gips und Salz, Fehlen von organischen Resten). Erst in einem höheren Abschnitte der Tertiärzeit ist wieder feuchteres Klima eingetreten   Der vollständige Mangel an Pflanzenresten und Kohlen in den (tertiären) Hanhai-Schichten, sowie das Überwiegen roter Bildungen unterscheidet sie von den Angara-Schichten."[1)]

Sehr merkwürdig sind die weit nach Norden vorgeschobenen Salzlager in Sibirien, von denen Buschman berichtet. Leider werden sie wieder nur als „tertiär" bezeichnet ohne nähere Zeitangabe. Sie liegen im Gebiet von Jakutsk. „Ward bemerkt, daß die Salzlager im Tale des Wiljui, in denen sich Steinsalz von verschiedenen Farben befindet, die nördlichsten der ihm bekannten Steinsalzlager seien, da sie auf 63° 15′ nördlicher Breite liegen. Man soll zwar auch noch nördlicher, und

---

1) Leuchs, Zentralasien. Handb. d. Reg. Geol. V, 7. Heidelberg 1916.

zwar in den Tälern der Flüsse Anabara und Khatanga, also innerhalb des Polarkreises Steinsalz gefunden haben, aber bisher ist die Wahrheit dieser Behauptung noch nicht geprüft." Die günstigsten Zeiten für Salzbildung in diesen Gebieten sind Anfang und Schluß des Tertiärs; im mittleren Tertiär waren die Verhältnisse ungünstiger.

In Ägypten herrschte im Eozän anfangs noch Gipsbildung; z. B. findet sich nach Blanckenhorn westlich von Sues eine 25 bis 30 m mächtige Gipsschicht aus dieser Zeit. Im weiteren Verlauf des Eozäns und vollends im Oligozän — also zur Zeit der Salzbildung in Spanien und im Elsaß — verschwinden hier aber die Anzeichen der Trockenzone ganz, und statt dessen treten Schieferkohlen und Reste von Pflanzen und Tieren der äquatorialen Regenzone auf. Schon das Miozän führt aber wiederum Gips, und das Klima wird erneut wüstenhaft. Im Oligozän fand also der Durchgang der äquatorialen Regenzone statt, durch den dies Land von der südlichen Trockenzone in die nördliche hinübergelangte.

Nach Lemoine wurde im Eozän auch im Sudan Gips gebildet. Dieses Gebiet lag nach unserer Karte gerade auf 30° Südbreite.

Es werden ferner noch Salzvorkommen aus Marokko, Algerien und Tunesien genannt, welche sich räumlich an die oligo-miozäne Salzformation Spaniens anschließen. In der Zeitfrage gehen die Angaben ziemlich weit auseinander: Es werden Eozän, Frühtertiär, Oligozän und Mitteltertiär genannt. Teilweise handelt es sich aber hierbei um Solquellen. Das wichtigste Steinsalzlager wird als mitteltertiär bezeichnet. Wir gehen wohl kaum fehl in der Annahme, daß diese Salzformation auch zeitlich sich an die spanische anschließt und in das Miozän zu setzen ist. Wir werden sie deshalb ausführlicher erst beim Spättertiär besprechen.

Buschman gibt auch noch an, daß sich Steinsalz von tertiärem Alter — ohne nähere Zeitangabe — „in Französisch-Ostafrika, im Lande Adel" vorfinde, doch ist nicht zu ermitteln, was damit gemeint ist.

4. Die Pflanzenwelt. Die frühtertiäre Flora der Vereinigten Staaten von Nordamerika wird von Chamberlin und Salisbury als „subtropisch oder warm temperiert" bezeichnet. Besonders das Eozän brachte hier Palmen, Feigen, Zimtbäume (Cinnamomum) u. a. hervor. Noch in Montana, an der kanadischen Grenze, macht die Flora einen wenigstens warm gemäßigten Eindruck. Hervorgehoben wird dabei allgemein, daß das Klima vom Paleozän zum Eozän wärmer wurde, eine Erscheinung, die auch in Europa zu beobachten ist. Im Oligozän beginnt dann die große Temperaturabnahme, die schließlich zur Eiszeit führt. Nach unseren Annahmen findet dies durch eine besonders extreme Lage des eozänen Äquators seine Erklärung. Von

großer Bedeutung hierfür ist die sehr auffallende eozäne Flora von Alaska, über welche Stephan Richarz schreibt[1]): „Über das ganze Gebiet zerstreut findet man Lignite und Braunkohlen, der Kenai-Formation angehörig, welche sicher alttertiär ist. Eine Zusammenstellung der in diesen Ablagerungen von verschiedenen Fundorten bekannt gewordenen Pflanzenreste gibt Knowlton. Es sind u. a. die Genera: Abies, Acer, Alnus, Betula, Ficus, Magnolia, Platanus, Quercus, Sequoia, Vitis. Diese Flora setzt unbedingt ein mildes Klima voraus." Nach unserer Eozänkarte erhält man für Alaska etwa 55 bis 60° Breite. Wir müssen hierbei berücksichtigen, daß damals das Polarklima wesentlich milder war als heute, wie z. B. auch aus dem Fehlen einer frühtertiären Eisüberschwemmung Patagoniens und der Erhaltung der endemischen Regenwürmer dort und auf den Falklandinseln hervorgeht. Die weiter unten zu besprechende eozäne Meeresfauna Alaskas stimmt übrigens mit diesem milden Klima gleichfalls überein. Von besonderem Interesse sind diese Verhältnisse, weil hier schon im Oligozän eine schnelle Abkühlung erfolgte und im Miozän sich Inlandeis bildete.

Wie in den Vereinigten Staaten, so treten auch in Europa im Frühtertiär Palmen als Klimazeugen in den Vordergrund. Es ist deshalb wichtig, sich die heutigen Grenzen des Palmenwuchses zu vergegenwärtigen, wie sie Drude[2]) ermittelt hat: Die Nordgrenze der Palmen liegt heute in Nordamerika im Mittel bei etwa 33°, in Eurasien bei etwa 38°, in Südamerika bei 32°, in Afrika 25°, Australien 24°, Neuseeland 42°, Pazifische Inseln 45°. Diese Grenzen entsprechen ungefähr der Jahresisotherme 16° C und auch der Isotherme des kältesten Monats von 8° C.

Die europäische Flora im Frühtertiär bezeugt nach übereinstimmendem Urteil aller Autoren eine höhere Temperatur als die nordamerikanische, was durch die etwas geringere geographische Breite (vgl. die Karte Fig. 14 S. 97) seine Erklärung findet. Auch hier sind nach Gothan „als besonders auffällige Florenbestandteile die Palmen zu erwähnen; im Eozän und Oligozän noch zahlreich vertreten, sind ihre Spuren im Miozän, besonders im jüngeren Miozän, nördlich der Alpen nur noch sehr sporadisch wahrzunehmen". Nach Geikie erreichte in England die Temperatur im mittleren Eozän einen Höhepunkt. Die damalige Flora der Themsemündung bezeichnet er als „the most tropical in general aspect which has yet been studied in the northern hemisphere"[3]) und

---

1) Stephan Richarz, Eine tertiäre Vergletscherung Alaskas und die Polwanderung. Zeitschr. d. Deutsch. Geol. Ges. Mon.-Ber. 74, 1922, S. 180—190.

2) O. Drude, Die geographische Verbreitung der Palmen. Peterm. Mitt. 24, 1878, S. 94—106 (mit Karte).

3) Zitiert nach Chamberlin und Salisbury.

vergleicht ihr Klima und ihre Wälder mit denen des Sunda-Archipels und des tropischen Amerika. Nach unserer Karte lag England im Eozän auf etwa 13° Nord. Im Oligozän war auch in England das Klima wieder gemäßigter. Aber nach Steuer[1]) waren „Pflanzen des Mediterrangebietes mit Palmen noch im Oberoligozän bis nach Mitteldeutschland (Münzenberg in der Wetterau nördlich von Frankfurt a. M.) verbreitet." Die Mitteltemperatur der oligozänen Schweiz schätzte Heer immer noch auf 20,5° C. Die geographische Breite mag damals, als der Äquator bei der Nilmündung lag, etwa 22° Nord betragen haben.

Im Bereich der Ostsee, vielleicht von Skandinavien bis zum Samlande und Mecklenburg, entwickelten sich im Oligozän (als diese Gegenden in etwa 40° Breite lagen) die Bernsteinwälder, über welche Neumayr-Uhlig schreibt: „Der Bernstein ist das fossile Harz mehrerer Nadelbäume, die um die Mitte der alttertiären Zeit das damalige Festland bedeckten. Von diesen Bernsteinbäumen kennt man bisher vier Föhren und eine Fichte, die mit unseren jetzigen Nadelbäumen wenig Ähnlichkeit haben, nur die seltene und erst vor wenigen Jahren entdeckte Ormorica-Fichte Serbiens und Bosniens [ca. 43° Breite] und die japanische Ajanfichte [ca. 35° Breite] scheinen Ausläufer der Bernsteinfichte Picea Engleri zu bilden. Vermutlich war ein großer Teil des nördlichen Europa damals mit Nadelwäldern bestanden, und die Forste von Skandinavien und Finnland haben wohl hauptsächlich jene Harzmassen geliefert, die durch Flüsse ins Meer gelangten und, hier von marinen Sedimenten umhüllt, sich im Laufe langer Zeiträume zu Bernstein fossilisierten." Nach J. Walther enthält die Bernsteinflora u. a. Thuja Kleiniana, 22 Kiefern und zahlreiche andere Nadelhölzer, 15 Laubbäume, darunter Eichen, Buchen, Kastanien, Ahorn, ferner 4 Palmen. Letztere kommen mit Bambus auch noch im Hangenden vor. Zeugen diese Formen von warmem Klima, so macht sich andererseits die Jahresperiode der Temperatur dadurch kenntlich, daß an einem 2 Fuß dicken Baumstamm 100 Jahresringe gezählt werden konnten. Andrée führt folgende Formen an: Pinites succinifer, die Sabal-Palme, Cinnamomum, Laurus, Taxodium, Thuja, Quercus (immergrün), Acer. Es handelt sich also jedenfalls um eine subtropische Flora.

Von größtem Interesse sind aber die frühtertiären Baumfloren im heutigen Nordpolargebiet, weil hier der Gegensatz gegen das heutige Klima besonders eindrucksvoll ist. Auch historisch kommt diesen Funden die Bedeutung zu, die führenden Männer der Geologie zum ersten Male von der Unabweisbarkeit von Polwanderungen überzeugt zu

---

1) A. Steuer, Tertiärformation. Handwörterbuch der Naturwissenschaften 9, S. 1077—1097. Jena 1913.

haben. Anfänglich wurden diese Waldfloren von ihrem berühmten Bearbeiter Heer in das Miozän gesetzt, doch betrachtet man sie neuerdings allgemein als frühtertiär. „Man kann ja nicht annehmen, daß zur Miozänzeit, wo sogar schon in Deutschland (Lausitz) Frostspuren nachgewiesen sind, im hohen Norden eine ebensolche Flora unter womöglich noch günstigeren Verhältnissen gelebt habe als in unseren Breiten" (Gothan). Heer selbst schildert diese Floren mit folgenden Worten[1]):

„Wir kennen gegenwärtig aus Island, Grönland, Grinnell-Land, Spitzbergen und Nordkanada 363 miozäne [nach heutiger Auffassung: frühtertiäre] Pflanzenarten. Die nördlichste Fundstelle solcher Pflanzen ist Grinnell-Land bei 81° 45′ nördlicher Breite Es wurden in einem schwarzen Schiefer 30 Pflanzenarten gesammelt, von welchen zehn zu den Nadelhölzern gehören; die Sumpfzypresse (Taxodium distichum, das noch jetzt im südlichen Teile der Vereinigten Staaten lebt) war da häufig, und es wurden nicht nur die zierlichen beblätterten Zweige, sondern auch die männlichen Blüten gefunden; die Fichte ist eine zweite noch lebende Pflanzenart, die uns in diesem Polarlande begegnet, und ihr waren zwei Kiefern (Pinus Feildeniana und Pinus polaris) beigesellt. Eine eigentümliche ausgestorbene Gattung der Familie der Eibenbäume bildet Feildenia, welche in drei Arten den höchsten Norden bewohnte. Eine Ulme (Ulmus borealis) bildete mit einer Linde, zwei Birken- und zwei Pappelarten den Laubwald, zwei Haselarten mit einem Schneeballe (Viburnum Nordenskiöldi) das Buschwerk; in dem See, der sich dort befunden haben muß, lebte eine Seerose (Nymphaea arctica), und das Ufer bekleideten Seggen und Schilfrohr. Es tritt uns daher in diesem äußersten Teil eine Pflanzenwelt entgegen, welche am meisten mit derjenigen im nördlichen Teile der gemäßigten Zone übereinstimmt und eine mittlere Jahrestemperatur von wenigstens 8° C verlangt, während diese gegenwärtig dort 20° C unter Null liegt. Am nächsten schließt sich die Flora von Spitzbergen an, welche wir von zahlreichen zwischen $77^1/_2$ und $78^2/_3$° nördlicher Breite gelegenen Stellen in 179 Arten kennen. Auch hier dominieren die Nadelhölzer und die Sumpfzypresse, die Fichte und die Feildenien treten uns auch hier entgegen, dazu kommt aber noch eine ganze Zahl von Föhren, Fichten und Tannen, wie ferner mehrere Mammutbäume (Sequoia, jetzt in Californien lebend) und Glyptostroben, aber auch Zypressen fehlen nicht, so namentlich zwei zierliche Arten von Libocedrus (Libocedrus Sabineana, Libocedrus gracilis). Unter den Laubbäumen treten uns die Pappeln mit sieben Arten entgegen, von denen zwei über die ganze Westseite Spitzbergens, vom Bellsund bis zur

---

[1]) Zitiert nach Neumayr-Uhlig.

King's Bai, verbreitet waren; die Weiden sind selten, ebenso die Erlen, Birken und Buchen. Von größerem Interesse sind zwei großblätterige Eichen-, eine Platanen-, eine Ulmen-, eine Linden-, eine Walnußbaum-, zwei Magnolien- und vier Ahornarten, von denen eine (Acer arcticum) in prächtigen Blättern und Früchten gefunden wurde. Drei Schneeball-, mehrere Cornus-, Nyssa-, Weißdorn- und Judendornarten bildeten mit dem Haselstrauche das Buschwerk. Die arktische Seerose, ein Froschlöffelkraut und ein Laichkraut (Potamogeton Nordenskiöldi) weisen auf einen Süßwassersee, der wahrscheinlich von einem Torfgrunde umgeben war, welchen zahlreiche Riedgräser (Cyperus, Carex), Sparganien und Schwertlilien bekleideten. Überblicken wir diese Flora von Spitzbergen, so vermissen wir zwar in derselben alle Formen der heißen Zone, andererseits weicht sie gänzlich von der jetzigen Spitzbergens und überhaupt von der Flora der aktischen Zone ab; sie hat den Charakter der Pflanzenwelt der gemäßigten Zone, wie wir sie heute im nördlicheren Deutschland antreffen, und läßt auf eine mittlere Jahrestemperatur von 9° C schließen."

„Einen etwas südlicheren Anstrich hat die fossile Flora von Nordgrönland, welche uns von der Westküste bei 70° nördlicher Breite näher bekannt geworden ist. Wir erblicken unter den 169 Arten, welche uns von da zugekommen sind, eine Magnolie mit immergrünen Blättern, während die beiden Spitzberger Arten offenbar fallendes Laub hatten; ferner haben wir in Grönland einen Kastanienbaum, einen Ginkgo, Diospyrus, Sassafras und lederblätterige Macclintockien und Coculites. Die Sequojen, Taxodien und Pappelarten waren hier ebenso gemein wie auf Spitzbergen; die Eichen treten uns in sieben Arten entgegen und hatten zum Teil große, prächtige Blätter, ebenso die Platanen und die Weinreben. Es ist dies eine Flora, die ein Klima andeutet, wie wir es gegenwärtig in der Umgebung des Genfer Sees, z. B. bei Montreux, mit $10^1/_2$° C Jahrestemperatur treffen."

Inzwischen ist nach Böggild[1]) die Anzahl der auf der Insel Disko in Westgrönland gefundenen Pflanzen auf 282 gestiegen, darunter befinden sich 19 Farne, 28 Coniferen und 200 Dicotyledonen. Die drei gewöhnlichsten Formen sind: Sequoia Langsdorffi, Taxodium distichum und Populus arctica.

Nach unserer Eozänkarte hatte Grinnell-Land eine geographische Breite von etwa 42°, Spitzbergen etwa 40° und Disko etwa 30°. Man muß aber beachten, daß diese Zahlen der extremen Lage des Äquators entsprechen und also Minimalwerte darstellen. Im Oligozän sind die Breiten dieser Gegenden durchgängig etwa 15° höher.

Aus den weiten Räumen Asiens können wir bisher nur wenige Beiträge zur Klimafrage auf Grund der fossilen Flora liefern. Nathorst

---

1) O. B. Böggild, Grönland. Handb. d. Reg. Geol. IV, 2a, 1917.

kam bei einer Untersuchung der fossilen Flora Japans¹) zu dem Resultat, daß die dortige „vorpliozäne" Tertiärflora ein Klima voraussetzt, das etwas kühler ist als das heutige. Nach unseren Karten war die geographische Breite Japans etwa: im Eozän 45°, im Miozän 43°, an der Grenze von Pliozän und Quartär 20° (heute 35°). Meist wird die Äußerung Nathorsts wohl auf das Miozän bezogen, man sieht aber, daß sie ebensogut auch noch auf das Frühtertiär paßt.

Die fossile Tertiärflora von Java, Borneo und Sumatra ist durch v. Ettinghausen untersucht worden mit dem Ergebnis, daß das ganze Tertiär hindurch dort das gleiche tropische Regenklima geherrscht haben muß wie heute. Irmscher meint: „Aus dieser relativen Klimakonstanz, die diese Verhältnisse für Hinterindien bedeuten, erklärt sich auch die Unmöglichkeit, eine nähere Zeitbestimmung für diese Funde innerhalb der Tertiärperiode durchzuführen."

Die Tertiärfloren Südamerikas sind für unsere Untersuchung von allergrößter Bedeutung. Irmscher hat sie soeben zusammenfassend behandelt.²) Die meisten und wichtigsten dieser Floren, nämlich diejenigen von Honda, Loja, Tumbez, Ouricanga, Coronel und der Seymour-Insel sind zwar offenbar spättertiär und sollen weiter unten besprochen werden. Frühtertiär dagegen scheinen die Floren vom Panamakanal und von Punta Arenas, sowie die fossilen Hölzer der Puna de Atacama zu sein.

Die Flora vom Panamakanal wird von Berry, dem sich Irmscher anschließt, für oligozän oder höchstens frühmiozän gehalten. Sie besteht aus 17 Arten, die auf äquatorialen Regenwald schließen lassen und sämtlich zu Gattungen gehören, die noch heute dort oder im tropischen Südamerika heimisch sind. Aus unseren Karten ist zu entnehmen, daß der Äquator gerade im Oligozän oder höchstens Frühmiozän die Gegend des Panamakanals passierte.

Die fossilen Hölzer, die W. Penck in der Puna de Atacama fand, zeigen dagegen sämtlich deutliche Jahresringe und scheinen deshalb außerhalb der Tropen gewachsen zu sein. Ein Pityoxylon glich sehr einem solchen aus dem mittleren Tertiär des Yellowstoneparkes in Nordamerika (Oligozän etwa 36°, Miozän 42°) und gab Anlaß, die Zeit ins mittlere Tertiär zu setzen. Irmscher meint: höchstens Miozän. Die Puna de Atacama lag im Miozän auf 20°, im Oligozän noch auf etwa 32°. Oligozän würde also besser passen als miozän.

Einem noch kühleren Klima scheint die Flora von Punta Arenas

---

1) A. G. Nathorst, Zur fossilen Flora Japans. Paläont. Abh. von Dames u. Kayser, Bd. IV, S. 48 ff. Berlin 1888.
2) E. Irmscher, Pflanzenverbreitung und Entwicklung der Kontinente. Studien zur genetischen Pflanzengeographie. Mitt. a. d. Inst. f. allg. Botanik in Hamburg, 235 Seiten, 1922.

an der Magellanstraße, insbesondere ihr unterer Teil, die Fagus-Stufe, zu entsprechen. Sie enthält die Reste zahlreicher Fagus- und Nothofagus-Arten, von denen zwei immergrün, alle übrigen aber blattabwerfend sind. Die meisten sind mit heutigen südamerikanischen Arten verwandt, z. B. ist Nothofagus magellanica fast identisch mit der heutigen Nothofagus obliqua, die aber erst 12° nördlicher vorkommt. In der fossilen Flora kommen auch Myrtaceen vor, deren heutige Grenze gleichfalls nördlicher liegt. (Auch die in der höheren „Araucarien-Stufe" zu findenden Pflanzen kommen heute nur weit nördlicher vor.) Zwei Nothofagen weisen auch Verwandtschaft mit Tasmanien auf. Und fünf Nothofagus-Arten sind als ausgestorben zu betrachten, ein Beweis für ein nicht ganz junges Alter dieser Flora. Dusén setzt diese Flora ins Oligozän, die darüber liegende, aber durch zwei marine Horizonte von ihr getrennte Araucarien-Stufe in das frühere Miozän, und hebt hervor, daß die beiden Floren eine Wärmezunahme in der Zwischenzeit bezeugen. Diese Wärmezunahme paßt ausgezeichnet zu unseren Annahmen, denn Punta Arenas lag nach unseren Karten im Oligozän auf etwa 59°, im Miozän auf 55° Südbreite, wobei zu berücksichtigen ist, daß das Polarklima damals milder war als heute.

In Afrika ist von besonderer Wichtigkeit die frühtertiäre Flora Ägyptens. Blanckenhorn schreibt zunächst über die eozäne Flora: „Engelhardt konnte nicht weniger als acht meist neue Arten Ficus, zwei Cinnamomum, zwei Pterocarpus und je eine von Artocarpidium, Litsaea, Tetranthera, Maesa, Securidaca, Juglans, Melastomites, Eucalyptus und Cassia bestimmen. Die Lebensbedingungen dieser Flora sind die des indomalayischen Waldgebiets mit einer jährlichen Regenmenge von ca. 2000 mm bei tropischer Wärme." Dazu gesellen sich im Oligozän zahlreiche Hölzer, die zwischen Kairo, Sues und dem Bittersee zu finden sind, nämlich Araucarioxylon, Palmoxylon, Nicolia, Caesalpinium, Laurinoxylon, Acacioxylon, Capparidoxylon, Dombeyoxylon, Ficoxylon. „Genannte Baumarten haben die engsten Beziehungen zu heutigen des indisch-australischen Monsungebiets. Sie weisen auf ein Klima tropischer feuchter Urwälder an den (oberen) Ufern des sie verflößenden Urnil hin." Noch im Frühmiozän finden sich Palmoxylon, Nicolia, Caesalpinium, Ficoxylon. Im Mittelmiozän dagegen entstanden bereits wieder ausgedehnte Gipslager. Daß auch die mit dieser Flora vereinigte Fauna den Schluß auf den Durchgang der äquatorialen Regenzone bestätigt, wird weiter unten gezeigt werden.

Die eozäne Flora Südostaustraliens (Neusüdwales) zeigt nach v. Ettinghausen einen temperiert-subtropischen Charakter; im Miozän treten in der Zusammensetzung die Vertreter warmen Klimas etwas mehr zurück. Nach unseren Karten lag Neusüdwales im Eozän auf etwa 30°, im Miozän auf etwa 46° Breite.

Auch die eozäne Flora der Nordinsel Neuseelands war nach demselben Autor gemischt aus gemäßigten und subtropischen Formen. Ihre geographische Breite war nach unserer Karte 45 °.

Schließlich seien noch die auf Kerguelen gefundenen Hölzer erwähnt, die alle den beiden Arten Cupressinoxylon antarcticum und Dadoxylon kerguelense zugesprochen werden. Nach Irmscher neigt man zu der Annahme, sie seien frühtertiär. Nach unseren Karten würde miozän besser passen, da die Inseln im Frühtertiär vielleicht zu nahe am Pole lagen, um Baumwuchs zu tragen.

5. **Die Tierwelt.** In Nordamerika lebten in der früheren Tertiärzeit große pflanzenfressende Säugetiere, wie z. B. in Wyoming der 13 Fuß lange Dinoceras oder das 14 Fuß lange und 10 Fuß hohe Titanotherium, dessen Gestalt etwa die Mitte zwischen Rhinozeros und Elefant hält, ferner die Vorfahren des Pferdes, der Tapir, das Rhinozeros u. a., und von diesen wieder lebten große Raubtiere wie Patriofelis. Aber den Klimacharakter dieser Fauna zu bestimmen, ist nicht leicht. Wir können nur so viel feststellen, daß sich kein Widerspruch mit unserer Annahme zeigt, nach welcher die Vereinigten Staaten während des Eozäns im wesentlichen in der nördlichen Trockenzone lagen und im Oligozän und Miozän in die gemäßigten Breiten gelangten.

Etwas besser zu deuten ist die frühtertiäre Meeresfauna Nordamerikas. Für die tropische Warmwasserzone sind dabei neben den Riffkorallen für diese Zeit namentlich die Nummuliten kennzeichnend, die eine erstaunlich kurze Existenzzeit im Eozän hatten und deshalb für scharfe Zeitvergleiche besonders wichtig sind. Neumayr-Uhlig sowohl wie v. Zittel geben an, daß in ganz Westindien im Frühtertiär reicher Korallenriffbau herrschte; L. Waagen bemerkt, daß Riffkorallen und Nummuliten in Florida, Mexiko und Westindien vorkommen. Merkwürdigerweise nennt er auch Chile, was sonst nirgends genannt wird und nach unserer Karte auch kaum in Frage kommen dürfte. Chamberlin und Salisbury geben an, daß im Oligozän die Nummuliten in der Gegend des Panamakanals besonders üppig gediehen, also gerade dort, wo wir den Äquator annehmen. Wesentlich kühler war das Wasser, in dem die eozäne Marinfauna Alaskas lebte. Von tropisch kann hier keine Rede mehr sein. Dall nennt sie „subtropisch" und macht darauf aufmerksam, daß sie in den folgenden Abschnitten wesentlich kälter, im Miozän rein boreal wird.

In Europa bezeugt im Frühtertiär auch die Fauna ein noch heißeres Klima als in Nordamerika. Nach Steuer herrschte „in ganz Mitteleuropa tropisches bis subtropisches Klima. Das lehren sowohl die Conchylien- und Wirbeltierfaunen mit Affen, Mastodonten, Krokodilen, großen Schildkröten usw., wie die Floren mit Palmen, Myrten und anderen immergrünen Gewächsen." Im Oligozän machte sich jedoch

„in Nordeutschland in den Meeren schon wieder nordischer Einfluß durch das Zurückweichen der Faunen der wärmeren Meere geltend". Im Eozän Englands sind nach J. Walther die straußähnlichen Laufvögel Dasornis und Megalornis „als echte Steppenbewohner von Interesse" England näherte sich nach unserer Karte im Eozän bis auf 15° dem Äquator; im Oligozän lag es schon auf 30°. Nach Semper besteht in den marinen Eozänschichten Belgiens ein Drittel, in denen von Paris die Hälfte der Arten aus tropischen Formen, und es werden dort ungewöhnlich große Conchylien und üppige Nummuliten gefunden. „Die marine Tierwelt des südlichen Eozändistrikts unterscheidet sich, abgesehen von der außerordentlichen Menge der Nummuliten, noch durch eine Reihe anderer Merkmale von der Nordeuropas. Unter den Mollusken fällt die durchschnittlich bedeutendere Größe der südlichen Formen auf. Dazu kommt der außerordentliche Reichtum an See-Igeln, endlich das Auftreten von Riffkorallen, die stellenweise in der südlichen Region massenhaft vorkommen, im Norden aber fehlen oder nur in kümmerlichen Spuren vorhanden sind" (Neumayr-Uhlig). Korallenriffe wuchsen im Eozän z. B. am ligurischen Apennin in Norditalien (Arldt), und im Oligozän am Nord- und Südrande sowohl der Alpen wie der Pyrenäen (v. Zittel, Neumayr-Uhlig). Eozäne Nummuliten aber sind bekannt aus den Pyrenäen, Frankreich, den Apenninen, Karpathen, Griechenland, der Türkei, der Krim. Semper[1]) hat versucht, nach der indischen und atlantischen Verwandtschaft der eozänen Fauna des damaligen Mittelmeeres die Stromrichtung zu bestimmen, und gelangte zu dem interessanten Ergebnis, daß im Eozän der Strom von Osten gekommen, also durch Passat verursacht sei, während sich in späteren Zeiten durch die Zunahme der atlantischen Beziehungen eine Stromrichtung aus Westen und damit der Eintritt des Mittelmeeres in die nördliche Westwindzone feststellen läßt. Er kommt auf diese Weise auf eine eozäne Polverlegung um 20 bis 30°, bezogen auf Europa, was wegen der inzwischen eingetretenen Verkürzung des Alpengebietes gleichbedeutend ist mit 30 bis 40°, bezogen auf Afrika. Wie man sieht, weicht dieser Wert von dem unseren (45°) nicht in unvereinbarer Weise ab.

Die Warmwasserzone läßt sich nach Osten weiterverfolgen. Frühtertiäre Korallenriffe finden sich in Arabien. „Nach Osten setzt sich das breite Gebiet der Nummuliten-Schichten durch ganz Südeuropa, den Kaukasus, Kleinasien, Syrien, Arabien und weiterhin bis in die Ketten des Karakorum und Himalaja fort, es breitet sich im nördlichen

---

[1]) Semper, Das paläothermale Problem, speziell die klimatischen Verhältnisse des Eozän in Europa und im Polargebiet. Zeitschr. d. Deutsch. Geol. Ges. **48**, 1896, S. 261.

Teile von Vorderindien bis in den Golf von Bengalen aus und läßt sich von da über Java und Sumatra bis Borneo und nach den Philippinen verfolgen" (Neumayr-Uhlig). Chamberlin und Salisbury nennen auch Persien, Belutschistan, China und sogar Japan, Arldt auch Neukaledonien und die Neuen Hebriden. „Gegen Norden schließen sich an dieses zentrale Mittelmeer einige Ausläufer an, die buchtenartig in das feste Land eingegriffen zu haben scheinen, denen aber, ihrer nördlicheren Lage entsprechend, die massenhaften Nummuliten der südlichen Entwicklung fehlen. Hierher gehören die eozänen Schichten in Südrußland und die fossilreichen Ablagerungen Zentralasiens, die nach den Forschungen von Muschketow und Romanowsky in den Pamir und im Tienschan sehr verbreitet zu sein scheinen" (Neumayr-Uhlig).

In Südamerika sind von den argentinischen Geologen frühtertiäre Säugetiere gefunden worden, namentlich Pyrotherium, Notostylops und Leontinia. Nach Wilckens sind diese Schichten eozän und oligozän. Diese Fauna scheint eine frühtertiäre Überschwemmung mit Inlandeis auszuschließen, wenn sie auch anscheinend nicht so reich ist wie diejenige im Spättertiär und Frühquartär. Was die Meeresfauna betrifft, so gehen nach Arldt die eozänen Nummuliten an der Westküste bis Ecuador (auf unserer Karte 30° Südbreite) nach Süden. Nach Neumayr-Uhlig finden sich in Chile auf heute 35° Südbreite unter den frühtertiären und miozänen Meeresfossilien keine, die auf größere Wärme als die heutige schließen lassen. Auf unserer Eozänkarte liegt diese Gegend auf 55°, auf der Miozänkarte wie heute auf 35° Breite, während die Breite im Spättertiär wesentlich geringer wird.

In Afrika ist vor allem die frühtertiäre Fauna Ägyptens bemerkenswert. Im Oligozän lebte hier eine reiche Tierwelt von Proboscidiern, Hyracoiden, usw. Es finden sich nach Blanckenhorn dort Knochenlager, aus denen man die Reste von Krokodilen, Schildkröten und zahlreichen Säugetieren, darunter drei Affen, hat feststellen können. Darüber liegen Schichten, die für frühmiozän angesprochen werden; „Knochen von riesigen Anthracotheriden, Rhinocerotiden und anderen Säugetieren liegen hier neben Platten von fossilen Krokodilen und Schildkröten". Diese Fauna bestätigt das aus der fossilen Flora und den Schieferkohlen abgeleitete Ergebnis, daß im nördlichen Ägypten der Durchgang der äquatorialen Regenzone im Oligozän stattfand.

Auch die frühtertiäre Meeresfauna Ägyptens stimmt hiermit überein. Denn Nummulites gizehensis, dessen zahllose Gehäuse das Material der Bausteine für die Pyramiden gebildet haben, erreichte eine ungewöhnliche Größe: Durchmesser von 5 bis 6 cm sind sehr häufig, und gelegentlich kommt sogar das Doppelte vor (Neumayr-Uhlig). Nach Arldt gehen die eozänen Nummuliten an der Westküste Afrikas bis zum Senegal (damals 17° S.) nach Süden, an der Ostküste aber sollen sie erstaunlicherweise bis Madagaskar und Mozambique reichen. Diese Gegend lag im Eozän auf etwa 60° Südbreite. Es muß allerdings daran erinnert werden, daß auch schon in der Kreide zu bemerken war, daß sich die Formen des äquatorialen Mittelmeeres hier, wenn auch verkrüppelt, auffallend weit nach dem Pol hin verbreitet hatten, so daß man wohl hier eine besonders starke Abweichung von der rein zonalen Anordnung annehmen darf. Dennoch möchten wir Zweifel wagen, ob die Nummuliten auf Madagaskar und in Mozambique nach ihrer Massenhaftigkeit und Größe denjenigen der Äquatorzone gleichgestellt werden können. Übrigens war die geographische Breite hier im Frühtertiär schnell im Abnehmen. Schon im Oligozän, wo auch sonst noch Nachzügler des Nummulitenheeres gefunden werden, darf man die Breite zu 50° schätzen.

— Die Gesamtheit der frühtertiären Klimazeugen führt zu einer Lage des Nordpols im Eozän bei 45° Nord, 160° West, und einer entsprechenden Lage des Südpols bei 45° Süd, 20° Ost, wie in Fig. 14 dargestellt.

B. Das Spättertiär (Miozän und Pliozän)

1. Eis. Im Miozän finden wir zum ersten Male seit dem Kambrium wieder Eisspuren aus dem nördlichen Polargebiet, und zwar einerseits in Form von Grundmoränen und Tilliten auf Alaska, und andererseits in noch heute erhaltenen Eisresten auf Alaska, in Nordostsibirien und auf den Neusibirischen Inseln (vgl. Fig. 16 S. 118). Das Miozän war eben die erste Zeit seit dem Kambrium, in welcher sich die Nordpolarzone wieder auf kontinentales Gebiet verlegte.

Die Angaben über die miozänen Tillite entnehmen wir einem Referat von Stephan Richarz über die klimatischen Verhältnisse Alaskas.[1]) Er erwähnt zuerst, daß nach Dalls Untersuchungen die miozäne Meeresfauna von Alaska einem viel kälteren Klima entspricht, als im Eozän, und im Pliozän sogar bis zum Staate Washington hinab borealen Charakter hat, um im Quartär wieder wärmer zu werden. „In voller Übereinstimmung mit diesen biologischen Argumenten für die Pollage steht die Entdeckung von zweifellos glazialen Ablagerungen durch Capps, die sicher bedeutend älter sind als die noch frischen Überreste einer Vergletscherung, die später von den Hochgebirgen Alaskas ausging. Capps studierte das Gebiet des oberen White River, der gespeist wird vom Russell-Gletscher (nördlich vom St. Elias), und fand dort ein gut aufgeschlossenes altglaziales Profil. Nicht verfestigte

---

1) Stephan Richarz, Eine tertiäre Vergletscherung Alaskas und die Polwanderung. Zeitschr. d. Deutsch. Geol. Ges., Mon.-Ber. 74, 1922, S 180—190.

Gerölle mit wenigen weichen Tonschiefern und etwas Sandstein treten in häufiger Wechsellagerung auf mit Geschiebemergeln, die durch ihr ganzes Aussehen und durch zahlreiche geschrammte Geschiebe zweifellos auf glazialen Ursprung hinweisen. Sie sind verfestigt, so daß sie bei Verwitterung der Gesamtmasse in Streifenform stehen bleiben. Capps nennt sie deshalb Tillite. Das studierte Profil hat eine Mächtigkeit von fast 1000 m, vereinzelte Funde an anderen Stellen weisen jedoch auf eine noch größere Mächtigkeit der Gesamtablagerungen hin. Die Schichten fallen 55 bis 60° nach Osten. 10 km weiter in dieser Richtung findet man dieselben Tillite in horizontaler Lage."

„Nach Capps sind diese Bildungen ,viel älter als die Moränen, welche beim letzten Vorschub des Eises der Gebirgsgletscher zurückgeblieben Es ist kein positiver Beweis vorhanden, daß diese Ablagerungen quartär sind. Sie mögen älter sein, aber der Verfasser ist geneigt, sie der großen Vergletscherungsperiode im Pleistozän zuzuschreiben'. Stellen wir sie ins Jungtertiär, Obermiozän oder Unterpliozän, so paßt diese Vergletscherung gut in die Vorstellungen, die wir uns nach den Fossilien vom jungtertiären Klima Alaskas machten."

„Diese Annahme findet eine gute Stütze in der so bedeutenden Aufrichtung der Glazialschichten. Zwar ist das Alter der letzten Gebirgsfaltung in jenen Gegenden noch nicht genau festgestellt. Doch beobachtete Schrader pliozäne Ablagerungen mit borealer Fauna (nach Dall) in horizontaler Lage, und das Pliozän der Coast Range liegt diskordant auf dem Miozän, welch letzteres sehr stark gestört ist, so daß die Faltung zwischen Miozän und Pliozän stattfinden mußte [Es folgen noch mehrere weitere Belege dafür.] Junge Hebungen sind in Alaska zweifellos nachgewiesen, da man am St. Elias junge marine Ablagerungen 1500 m hoch fand, die wahrscheinlich dem jüngsten Pliozän angehören. Faltungen aber aus so später Zeit sind unbekannt."

„Aus all dem geht mit großer Wahrscheinlichkeit hervor, daß die glazialen Ablagerungen im oberen White River mit einem Schichtfallen bis 60° schon am Ende des Miozän vorhanden waren und aufgerichtet wurden."

„In derselben Richtung weisen ältere Beobachtungen, welche Spurr an der Ostküste der Nushagak Bay (Bristol Bay, Alaska) machte. Er fand dort Gerölle, grobe Sande und Tone, gefaltet und anderweitig gestört, mit Geschieben von sehr mannigfaltiger Herkunft, unter denen sich manche geschrammte befanden. Dall bestimmte aus diesen Ablagerungen Fossilien, die auf Miozän hinweisen. Über diesen alten Glazialablagerungen liegen dann diskordant geschichtete Tone und Gerölle, ebenfalls glazialen Ursprungs Es ist zu hoffen, daß bei weiterer Durchforschung Alaskas mehrere derartige Profile bekannt werden, besonders wenn man einmal die bisher fast selbstverständliche

Voraussetzung aufgibt, daß alle Glazialerscheinungen diluvial sein müssen." Als Ergänzung zu diesen Ausführungen diene noch die Bemerkung L. Waagens, daß auch nach Russell die Hauptfaltung des Eliasgebirges erst nach der Vereisung des Landes stattfand, da deren Ablagerungen mitgefaltet wurden.

Wir sind aber, wie schon erwähnt, der Ansicht, daß auch die merkwürdigen Inlandeisreste, das fossile „Steineis" von Alaska und Nordostsibirien tertiären Alters sind. Es mag überraschen, daß dies Eis seit der Miozänzeit nicht geschmolzen sein sollte; im gegenwärtigen Zustande ist es da, wo wir es kennen, in ziemlich schneller Zerstörung. Allein die Bloßlegung, durch welche die Zerstörung eingeleitet wird, stammt wohl allgemein aus recht neuer Zeit. Die Neusibirischen Inseln müssen nach Toll und Bunge noch zur Mammutzeit unter sich und mit dem Festlande zusammengehangen haben und wurden erst später vom Meere zerrissen. Wo das Eis aber mit einer meterdicken Erdschicht bedeckt ist, vermag ihm die Sommerwärme nichts mehr anzuhaben, und wenn nur die Jahresmitteltemperatur weit genug unter Null liegt, um bei der vorhandenen geothermischen Tiefenstufe die Nullgrad-Isothermenfläche unterhalb der Basis des Eises zu halten, so verhält sich das Eis, worin alle Kenner der Frage übereinstimmen, wie jede andere Felsart und ist unbegrenzt haltbar. Bei einer Jahresmitteltemperatur von $-17°$ kann daher eine genügend stark bedeckte Eismasse von mehreren Hundert Metern Mächtigkeit erhalten bleiben, ohne daß weder von oben noch von unten Verluste durch Abschmelzung eintreten. Das schützende Material, mit dem diese Eismassen rechtzeitig bedeckt wurden, kann wohl zum allergrößten Teil nur aus inneren Moränenschichten stammen, wenn auch der Windtransport hier und da vielleicht etwas mitgewirkt haben mag. Nach den Erfahrungen, die man am Rande des grönländischen Inlandeises, des Vatna-Jökel und des Malaspina-Gletschers gemacht hat, sind die randlichen Partien des Eises an manchen Stellen durchsetzt mit horizontalen Moränenschichten, die mit dickeren oder dünneren Schichten reinen Gletschereises wechsellagern. Diese internen Moränenschichten sind vermutlich in den zentralen Regionen, über welchen das Eis größere Mächtigkeit hatte, vom Boden aufgenommen und auf die unteren Randpartien, zum Teil wohl auch schräg aufwärts, hinaufgeschoben worden. Bei der Abschmelzung des Eises häuft sich das Material dieser inneren Moränenschichten an der Oberfläche an und bildet schließlich eine schützende Decke, welche imstande ist, die darunterliegenden Eisschichten der Abschmelzung zu entziehen.[1])

---

[1]) Auch von dem quartären Inlandeise Südfinnlands scheinen nach neueren Beobachtungen noch vereinzelte Reste unter einer schützenden Decke von Moränen oder Schottern erhalten zu sein, was besonders beachtenswert deshalb ist, weil hier die

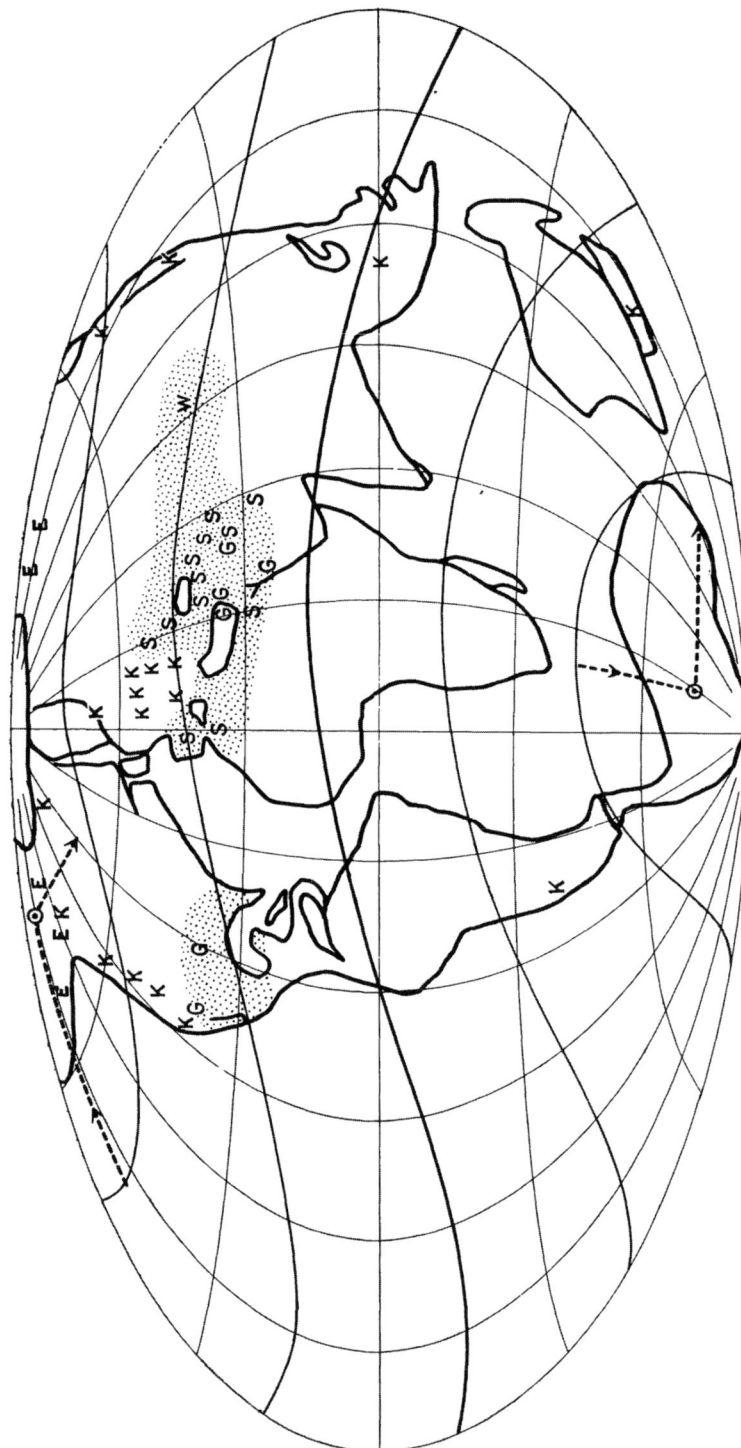

Fig. 15. Eis, Moore und Wüsten im Miozän
(E Eis, K Kohle, S Salz, G Gips, W Wüstensandstein, punktierte Räume: Trockengebiete)

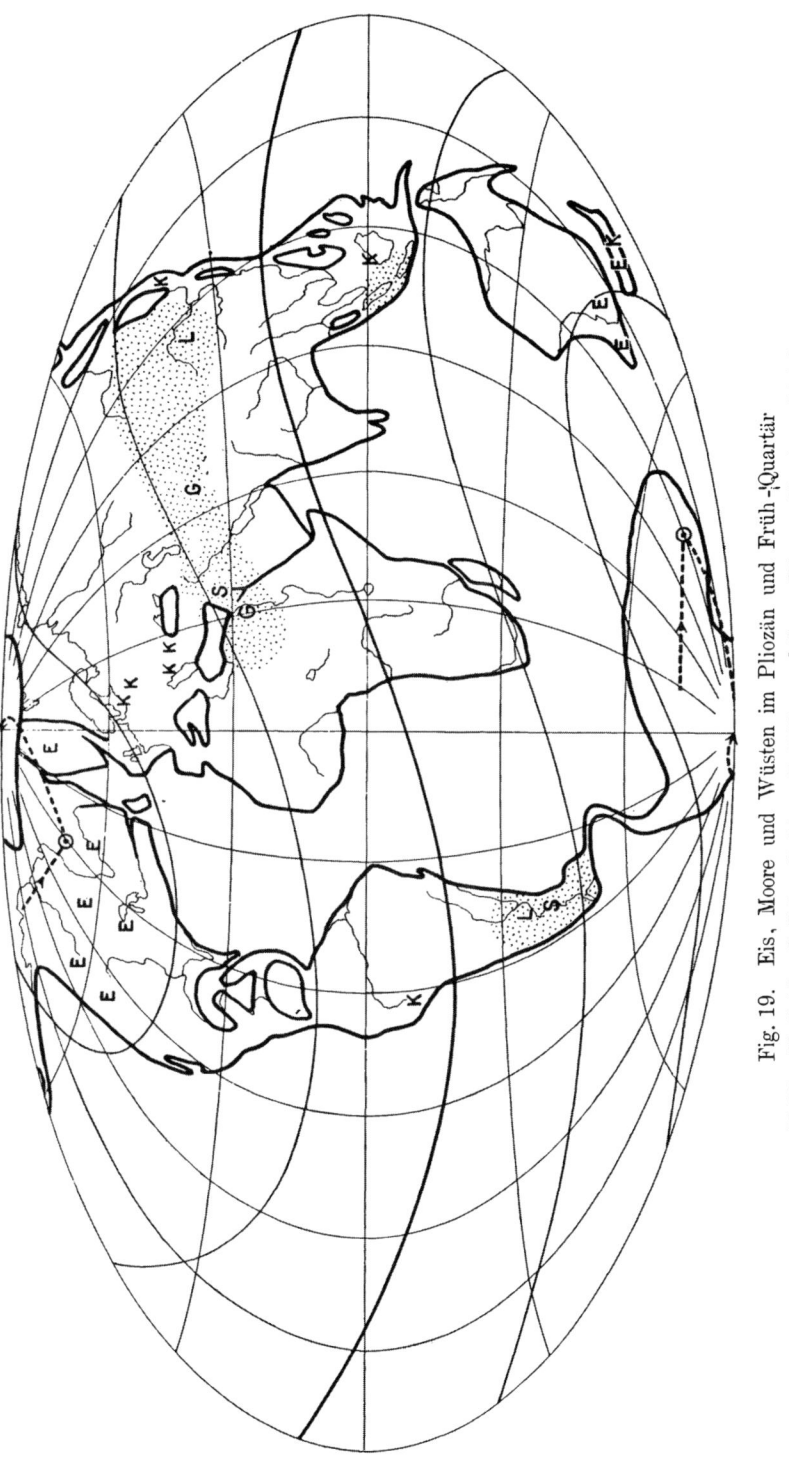

Fig. 19. Eis, Moore und Wüsten im Pliozän und Früh-Quartär
(E Eis, K Kohle, S Salz, G Gips, L Löß; punktierte Räume: Trockengebiete)

Aus dem Gesagten geht hervor, daß von einer ehemaligen Inlandeiskappe nur sehr kleine Teile erhalten bleiben können, und daß wohl auf dem größten Teil des ehemals bedeckten Gebietes keine Eisreste mehr zu erwarten sind. Hiermit scheint das sehr sporadische Auftreten des fossilen Steineises zu stimmen.

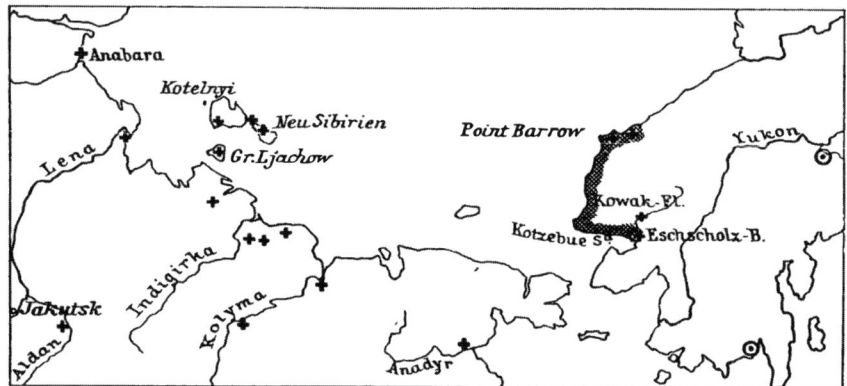

Fig. 16. Fundorte des fossilen Steineises
(Die einzelnen Orte sind durch Kreuze bezeichnet, die zusammenhängende Fundstrecke zwischen Eschscholz-Bay und Point Barrow durch Schraffur, die miozänen Tillite durch Kreise)

Am frühesten bekannt, nämlich durch Kotzebue und Chamisso, wurde das Steineis an der Eschscholtz-Bai auf Alaska, welches später von Dall eingehender beschrieben ist.[1]) Diese Eisbildung reicht,

Jahresmitteltemperatur jetzt so hoch ist, daß ein wenn auch geringes Abschmelzen unausgesetzt stattfinden muß. J. Keränen (Über den Bodenfrost in Finnland. Mitt. d. Met. Zentralanst. d. finn. Staates, Helsinki 1923, S. 35) schreibt darüber:

„Leiwiskä (Fossiles Eis in einem fluvioglazialen Hügel unweit von Åbo. Zeitschr. f. Gletscherk. 8, 1914, S. 209—225. Finnisch in den Verh. d. Finn. Ak. der Wiss. 1914) hat etwa anderthalb Kilometer nordöstlich von Turku (Abo) in einer Kiesgrube rund 22 m unterhalb der Oberfläche eines fluvioglazialen Hügels eine mächtige, Steine enthaltende Eisschicht von etwa 45 m Länge und 3 m Dicke näher studiert. Die Grube ist kürzlich in der Weise entstanden, daß dem Hügel Kies für den Eisenbahnbau entnommen worden ist. Beim Kiestransport haben die Arbeiter schon fünf Jahre vor der im Jahre 1913 stattgefundenen Untersuchung von Leiwiskä diese Eisschicht angetroffen, und mit dem Kies ist auch von der Eisschicht Material weggenommen worden, z. B. im Jahre 1913 etwa 16—20 m breit ..... In der Nähe der Oberfläche war eine Tonschicht, die das Eis vor dem Regenwasser geschützt hat, da das Wasser größtenteils die Abhänge des Hügels entlang auf der Tonschicht abfließen muß ..... Im Jahre 1922 ist eine andere gleichartige Eisschicht in Suojärvi beim Eisenbahnbau gefunden worden, aber davon haben wir noch nicht nähere Nachrichten." — Die Jahresmitteltemperatur dieser Gegend ist +4°, die Seehöhe der Fundorte ist nicht erwähnt, kann aber nur gering sein.

1) A. Penck, Die Eismassen der Eschscholtz-Bai. Deutsche Geogr. Blätter IV, S. 174—189. Bremen 1881. — Hann, Handb. d. Klimatol. III, S. 650. — E. Sueß, Antlitz der Erde II, 616. — Kreichgauer, Die Aquatorfrage in der Geologie, S. 340. Steyl 1902.

wohl mit Unterbrechungen, an der Nordküste Alaskas ostwärts bis 149° westlicher Länge, und an der Westküste bis zum Kotzebue-Sund nach Süden, wo sie in der genannten Eschscholtz-Bai und am Kowak-Flusse gefunden wird (vgl. Fig. 16). E. Sueß beschreibt diese fossilen Inlandeisreste bei Point Barrow wie folgt: „Uraltes Eis, welches die Merkmale einer selbständigen Felsart annimmt, reicht mit Unterbrechungen nördlich bis Point Barrow ($71^1/_4°$ nördlicher Breite, 204° östlicher Länge), östlich bis Return Reef, wo die Eislage etwa 6 Fuß über dem Meere beginnt, und südlich bis Icy Cape ($70^1/_2°$ N, 198° O) und in einzelnen Vorkommnissen bis in die Kotzebue-Bucht (zum Polarkreis) herab. Es ist nicht gefrorener Boden, sondern in der Tat Eis, doch nicht blaugrün wie Gletschereis, sondern unrein, öfters von geschichtetem Aussehen, wohl auch gelblich, wie von Torfwasser."

Aus Sibirien ist das fossile Steineis namentlich durch die Beschreibung von Baron E. v. Toll bekannt geworden, der auch interessante Abbildungen veröffentlichte.[1]) Er untersuchte namentlich die Vorkommen auf den Neusibirischen Inseln, wo es auf der südlichsten von ihnen, der Großen Ljachow-Insel, sowie auf der Insel Neusibirien und Kotelny vorkommt. An der Ostseite der letzteren bildet es den Boden des Blagoweschtschenski-Sundes. Die Kornstruktur mit Luftblasen beweist nach Toll, daß es aus Schnee entstandenes Gletschereis ist.

Auf dem Festlande finden sich entsprechende Erscheinungen im äußersten Nordosten nördlich der Mündung des Anadyr, wo sie von Baron G. Maydell untersucht wurden. Derselbe Forscher beschrieb auch die Vorkommen nahe der sibirischen Nordküste auf etwa 152° und 153° östlicher Länge, etwa 100 km landeinwärts. Baron Wrangell hatte schon früher etwas östlich davon, nahe der Küste auf 156° östlicher Länge, und auf 161°, 200 km südlich der Mündung der Kolyma, am Bolschoj Anjui mehrere solche Vorkommen gefunden. Bunge untersuchte ein anderes Vorkommen am Ostrande des Lena-Deltas, unmittelbar am Meere, das schon 1806 von Adams als erstes dieser Art entdeckt worden war. Toll untersuchte 1893 ein weiteres Beispiel an der Küste in der Nähe des Anabara-Busens, wo er unter dem Eise eine Moräne mit gekritztem Geschiebe fand.

Auf dem Festlande wurde ferner südlich der Neusibirischen Inseln

---

1) Die russische Polarfahrt der „Sarja" 1900—1902, aus den hinterlassenen Tagebüchern von Baron Eduard von Toll, herausgeg. von Baronin Emmy von Toll. Berlin 1909. — Ferner verschiedene Abhandlungen (in deutscher Sprache) von E. von Toll in Mém. Acad. I St. Pbg.; VII sér. T. 37, Nr. 5; T. 42, Nr. 13; VIII sér., T. 9, Nr. 1. — Ferner in russischer Sprache: Toll, die fossilen Gletscher der Neusibirischen Inseln, ihr Verhältnis zu den Mammutleichen und zur Eiszeit, auf Grund der Arbeiten zweier Expeditionen der Akademie der Wiss. 1885—86 und 1893 (1897 als Bd. 32, Nr. 1 der „Sapiski" der K. Russ. Geogr. Ges. erschienen).

am Bor-Uräch östlich von Ustjansk bei der Ausgrabung eines Mammuts unter Wechselschichten von Eis und Lehm 14 m dickes reines Eis gefunden, das nach unserer Ansicht gleicher Entstehung sein muß, obwohl es Toll für Flußeis, sogenanntes Aufeis, hält. Östlich von Jakutsk bei Amginsk hatte schon Middendorff in einem Bergwerk

Fig. 17. Schmelzender Rand des Steineises auf der Insel Gr.-Ljachow östlich von Wanjkin Stan. Im Vordergrunde Erdkegel

8 Fuß unter der Oberfläche reines Eis von 3 bis 12 Fuß Dicke gefunden; auch dies kann nach unserer Ansicht keine andere Entstehung gehabt haben als durch Inlandeis. Das von Herz und Pfizenmayer 1901 im Gebiet der mittleren Kolyma ausgegrabene Mammut lag gleichfalls in einer Grube in derartigem Steineis, offenbar einer alten Gletscherspalte, in die es hineingestürzt ist; große Massen gefrorenen Blutes zeugten von schweren Verletzungen, die es beim Sturz erlitten.[1]

---

[1] Für die von F. Nansen (Sibirien ein Zukunftsland, S. 333. Leipzig 1914) geäußerte Vermutung, daß solche unterirdischen Eisschichten durch Sublimation ent-

Es kann wohl keinem Zweifel unterliegen, daß dieses Steineis die Reste einer großen Inlandeiskappe darstellt, die ganz Nordostsibirien und Alaska bedeckte.

Fig. 17 haben wir aus einer Reihe von ähnlichen Photographien ausgewählt, die Toll von den Küsten der Großen Ljachow-Insel in den „Sapiski" beibringt. Den Vordergrund nehmen die durch abgestürzte Massen der Deckschicht von Erde und Torf vor weiterem Schmelzen geschützten Eishügel ein, auf deren einem ein Mann steht.

Fig. 18 gibt aus derselben Quelle eine Zeichnung von Baron G. Maydell wieder, die er 1870 von den schon erwähnten Eisklippen am Schandron zwischen Indigirka und Alaseja, 100 km vom Meere entworfen hat. Sie zeigt besonders deutlich das Abschmelzen dieser jetzt

Fig. 18. Schmelzender Rand des Steineises zwischen Indigirka und Alaseja. Zwei Erdkegel durch schmale Eisgrate mit der Eismasse verbunden

bloßliegenden Eisschichten. Die beiden Schuttkegel sind offenbar am Eisrande entstanden, der dann so weit von ihnen zurückgewichen ist, daß er nur durch zwei scharfe Kämme mit ihnen verbunden ist.

Die natürlichen Aufschlüsse des Steineises haben meist mehr oder weniger diese Form, wenn auch oft die Wand nicht senkrecht ist. Die Eiswand kann 10 bis 30 m hoch sein. Das Eis enthält Luftblasen wie jedes Gletschereis und ist vielfach mit Moränenschichten durchzogen. In der schon ausgeschmolzenen Deckschicht finden sich auch gekritzte Geschiebe, ebenso wie in der darunterliegenden Moränenschicht.

Das miozäne Alter dieser Eismassen läßt sich direkt nicht beweisen. In der Deckschicht finden sich auf den Neusibirischen Inseln neben den Resten typisch quartärer Tiere auch hochstämmige Erlen und Birken, weit nördlich der heutigen Baumgrenze. Das Quartär

---

standen sein könnten, läßt sich wohl kaum eine hinreichende physikalische Begründung geben. Für die am besten bekannten Vorkommen auf den Neusibirischen Inseln und den benachbarten Festlandsküsten, sowie auf Alaska erscheint durchaus nur die Deutung als Reste eines Inlandeises möglich

war also hier eine warme Zeit, und das Eis muß älter sein. Außerhalb des Eises liegen Tertiärschichten mit großen Holzansammlungen, teilweise noch mit aufrechtstehenden Stämmen, die wie alle tertiären Waldfloren der Nordpolargebiete von Schmalhausen als miozän bezeichnet wurden, aber sicherlich eozän sind. Sequoia Langsdorffi, deren Früchte sich in Menge finden, ist für Eozän ebenso charakteristisch wie für Miozän. Ist diese Deutung richtig, so erscheint das Steineis also eingeschlossen zwischen Eozän und Quartär. Nach unseren Karten lagen diese Gegenden im Miozän dem Nordpol am nächsten, um sich dann wieder zu entfernen und am Schlusse des Pliozäns oder Beginn des Quartärs ihren größten Polabstand zu erreichen. Daß sie eine Zeit größerer Wärme als heute durchgemacht haben, bezeugt in der Tat nicht nur das Vorkommen hochstämmiger Bäume jenseits der heutigen Baumgrenze, sondern auch der Umstand, daß das Steineis nirgends mehr die Mächtigkeit hat, die es nach den heutigen Jahresmitteltemperaturen haben könnte.

Auch im Pliozän lassen sich Eisspuren nachweisen, und zwar möchten wir dafür die ältesten Eisspuren Kanadas und der Vereinigten Staaten in Anspruch nehmen (vgl. Fig. 19 auf S. 117). Auch Grönland wird wahrscheinlich im Pliozän bereits Inlandeis getragen haben. Die Beweise für diesen tertiären Anteil der nordamerikanischen Eiszeit sind zahlreich. Wie L. Waagen bemerkt, sind nach Leconte die Eisspuren im Kaskadengebirge älter als die jüngsten Faltenbewegungen, an denen sie teilgenommen haben. Diese Faltung hält man aber für spättertiär. Ferner rückte die Vereisung von Westen nach Osten vor. Während im Osten die vom Eise abgeschliffenen Felsen und die Moränen noch ganz frisch aussehen, kostete es in Columbien Mühe, das Inlandeis sicher nachzuweisen, und es sind bisher dort nur kurze Stücke der Endmoräne gefunden worden. Der Vergleich der Reihenfolge der europäischen und amerikanischen Eiszeiten zeigt, wie später eingehend zu begründen ist, daß die ältesten amerikanischen Vereisungen vor der ersten europäischen stattgefunden haben müssen. Ein Vergleich der Faunen führt zu demselben Ergebnis. Man hat in Europa wie in Nordamerika die Tierwelt des „Quartärs" in 3 Abschnitte zu teilen versucht, die als früh-, mittel- und spätquartär einen Begriff von dem Faunenwechsel geben sollen. Wie diese Faunen sich über die verschiedenen Interglazialzeiten, namentlich die fünf amerikanischen, verteilen, vermögen wir nicht anzugeben. Aber es ist sehr bezeichnend, daß nur die spätesten Abschnitte zueinander passen, und der älteste amerikanische Abschnitt lauter Formen enthält, die in Europa noch für tertiär gelten. E. Kayser kennzeichnet den Inhalt dieser Faunen folgendermaßen:

Nordamerika

1. Mylodon-Camelus-Fauna: Besonders kennzeichnend sind „tertiäre Nachzügler". Machaerodus, Mylodonten, Lamas, Kamele, Mastodonten, der riesige Elephas imperator, Equus Scotti.

2. Megalonyx-Fauna: Riesenfaultiere (Megalonyx, Mylodon), Elephas Columbi, Mastodon, verschiedene Pferde (Equus pectinatus usw.), aber noch keine arktischen und keine Tundrenformen.

3. Ovibos-Rangifer-Fauna: Moschusochse, Rentier, Mammut, Lemming, Mastodon, Pferde.

Europa

1. Antiquus-Zeit: Elephas antiquus (auch noch in 2), Hippopotamus, Rhinoceros etruscus, Machaerodus, Equus Stenonis, Trogontherium.

2. Primigenius-Zeit: Elephas primigenius (Mammut), Rhinoceros antiquitatis, Ursus spelaeus, Equus caballus fossilis, Hyaena spelaea, Megaceros giganteus, Bos primigenius, Bison priscus.

3. Rentier-Zeit: Rangifer, tarandus, Pferd, anfangs auch noch Mammut, wollhaariges Rhinoceros, Höhlenbär.

Mastodon, in Europa schon zu Beginn des Quartärs ausgestorben, ist in Nordamerika noch in allen drei Faunen vorhanden. Das Mammut, das Leitfossil der mittleren europäischen Fauna, tritt in Nordamerika erst in der 3. Fauna auf. Was sollte aber dieses Tier, das große Räume beherrschte und an Kälte angepaßt war, veranlaßt haben, Amerika so lange zu meiden? Es ist viel wahrscheinlicher, daß die Nichtübereinstimmung der älteren Quartärfaunen durch einen Zeitunterschied verursacht ist. Nur die dritten Faunen können gleichzeitig gelebt haben. Unter den amerikanischen fossilen Pferdearten findet sich auch das dreizehige Hipparion, das in Europa, Asien und Afrika seit dem mittleren Spättertiär ausgestorben erscheint. Ein Teil der ältesten nordamerikanischen Fauna stammt aus Südamerika und muß also über die Landenge von Panama gewandert sein, die sich bereits im Eozän über das Meer erhob. Die ersten Auswanderer von Nord werden in der Tat in diese Zeit gesetzt, die ersten von Süd aber finden wir in den nordamerikanischen Glazialschichten.

Im pliozänen Crag an der Ostküste von England hat man Anzeichen für vorherrschenden Ostwind gefunden; es ist wohl nicht ausgeschlossen, daß dieser Ostwind mit der Antizyklone in Verbindung zu bringen ist, die über dem Inlandeis des damals benachbarten Nordamerika gelegen haben muß.

Diese Gründe für ein tertiäres Alter der älteren nordamerikanischen Eisspuren sind, soweit bekannt, bisher nur von sehr vereinzelten Autoren, wie L. W a a g e n und K r e i c h g a u e r, betont worden, während die Mehrzahl der Forscher noch heute sämtliche Glazialerscheinungen in das Quartär setzt, wie uns scheint, sehr mit Unrecht.

— In Südamerika gibt es keine tertiäre Vereisung, das Spättertiär ist hier vielmehr eine Wärmeperiode.

Nach P. M a r s h a l l soll die einst stärkere Vergletscherung der Neuseeländischen Gebirge nach dem Urteil einiger Autoren schon am Schluß der Tertiärzeit eingesetzt haben. M a r s h a l l hält diese Ansicht allerdings nicht für ausreichend begründet. Nach unseren Annahmen müßte das Frühquartär die kälteste Zeit für Australien und Neuseeland gewesen sein.

2. K o h l e. In Nordamerika finden sich an zahlreichen Stellen spättertiäre Kohlen, meist Lignite. So auf Alaska am Yukon, auf den arktischen Inseln und in British-Columbien. Auch die Vereinigten Staaten haben nach B l a c k w e l d e r spättertiäre Kohle an verschiedenen Punkten der westlichen Staaten, und F r e c h gibt „wahrscheinlich miozäne" Lignite in den nördlichen Rocky Mountains und der kalifornischen Küstenkette an.

Schon früher genannt waren die von B ö g g i l d bzw. O. N o r d e n s k j ö l d nur als „tertiär" bezeichneten Kohlen von West- und Ostgrönland, sowie Spitzbergen. An letzterem Orte sind gerade die tertiären Kohlen diejenigen, welche ausgebeutet werden. Man ist geneigt, sie als gleichaltrig mit den tertiären Kohlen Islands zu betrachten, die nach P j e t u r s s wahrscheinlich miozänen Alters sind, so daß man vielleicht gut tut, alle diese Kohlenbildungen einstweilen als spät- oder höchstens mitteltertiär zu bezeichnen, in welcher Zeit sie auch nach den übrigen Klimazeugnissen besser motiviert erscheinen als etwa im Eozän, wo Grönland unter etwa 30° Breite lag.

In Europa, wo die spättertiären Kohlen als Braunkohlen ausgebildet sind, finden wir ganz Deutschland mit ihnen bedeckt. So sind Miozänkohlen bekannt aus Ost- und Westpreußen, Pommern, Mecklenburg, der Mark (A r l d t), Posen (im „Posener Ton"), Oberschlesien, Sachsen, Thüringen, Hessen (W a l t h e r), in der Wetterau und am Vogelsberg (A r l d t) und am Niederrhein, wo in der Bonn-Kölner Rheinbucht die miozäne Kohlenformation über 180 m Mächtigkeit erreicht. Und auch außerhalb Deutschlands findet sich miozäne Kohle in Böhmen, Niederösterreich (L. W a a g e n), bei Wien (A r l d t), in den Ostalpen (H e r i t s c h), und auch in der italienischen Provinz Toscana (A r l d t), und in Bosnien (S c h u b e r t).

Aus Dalmatien, Kroatien und der Herzegowina wird nur von „spättertiären" Kohlen berichtet (Schubert).

Als pliozän dagegen finden wir angegeben Kohlen in der Lausitz, wo Frostspuren an Buchenblättern nachweisbar sind (Neumayr-Uhlig), in Posen, an der Fulda und Werra (Arldt), bei Aschaffenburg im Spessart, wo ein 12 m mächtiges Flöz im Tagebau abgebaut wird, bei Düren und Linnich, wo Flöze von 3 bis 25 m Dicke erbohrt sind (Walther), ferner auch in Bosnien und Bulgarien (Frech).

Natürlich kann diese Aufzählung keinen Anspruch auf nur annähernde Vollständigkeit erheben. Gerade über die tertiären Braunkohlenvorkommen wird in den Lehrbüchern stets nur sehr unvollständig berichtet.

Daß die angeblich miozänen, teilweise als frühmiozän bezeichneten Kohlen in Kleinasien und Nordpersien wahrscheinlich in das Frühtertiär zu stellen sind, ist schon weiter oben besprochen worden, so daß wir diese Vorkommen hier übergehen können.

Gleichfalls schon erwähnt sind die nur als „tertiär" bezeichneten Kohlen im übrigen Asien, nämlich am Jenissei-Strom ohne nähere Ortsangabe, in der Amurprovinz, in Nordsachalin, im Südussurigebiet, in der Mandschurei, in Südchina und auf den Philippinen. Bei diesen Vorkommen bleibt es meist ungewiß, ob sie zum Früh- oder Spättertiär zu rechnen sind; nur für die Kohlen von Sachalin gibt Kukuk miozänes Alter an. Für Japan wird ausdrücklich Kohlenbildung sowohl miozänen wie pliozänen Alters angegeben, und auch auf den Sunda-Inseln haben wir nach Angabe holländischer Geologen auch im Spättertiär Kohlenbildung. Volz erwähnt hier insbesondere frühpliozäne Kohlen auf Sumatra.

Südamerika hat nach Stappenbeck miozäne Braunkohle bei Arauco nahe Conception in Südchile und pliozäne Braunkohle in Peru.

In Australien hat es nach Frech „tertiäre" Braunkohle ohne nähere Zeitangabe gegeben.

Neuseeland hat sowohl miozäne wie pliozäne Kohle.

3. Salz, Gips, Wüstensandstein. In Nordamerika scheinen sich die Gipsbildungen in Kalifornien und Louisiana noch in das Miozän hinein fortzusetzen, dann aber verschwinden die Anzeichen der Trockenzone, die nach Süden gerückt ist. Buschmans Angabe von quartären Salzlagern in Louisiana, die man bei neueren Autoren nicht mehr antrifft, ist offenbar verkehrt, da Salzbildung so nahe bei Inlandeis unmöglich erscheint.

Auf europäischem Boden finden wir die Trockenzone zunächst in Spanien, dessen Salzformation, wie schon früher erwähnt, von Douvillé als oligo-miozän bezeichnet wird. Sie ist vor allem im Ebrobecken vertreten, wo sie Gips, Steinsalz und Kalisalze enthält. Besonders handelt es sich dabei um den „berühmten Salzberg von Cardona in Katalonien, der eine steile, etwa 95 m hoch aus Nummulitenschichten frei aufragende Salzmasse bildet und schon seit Jahrhunderten abgebaut wird" (Neumayr-Uhlig). A. Penck[1]), der diese Salzformation als miozän bezeichnet, weist darauf hin, daß die klimatischen Verhältnisse damals denen glichen, die heute 12° südlicher herrschen, und macht darauf aufmerksam, daß Heer auf Grund der fossilen Flora in der Schweiz dasselbe fand. „Der Parallelismus der an zwei so weit voneinander entfernten Orten für das Klima der Miozänepoche gewonnenen Ergebnisse ist völlig; während man aber aus der Flora des mitteleuropäischen Miozäns lediglich auf höhere Temperatur schloß, muß man aus der Entwicklung der gleichaltrigen Ablagerungen in Spanien auf die in niedrigeren Breiten herrschende Trockenheit des Klimas schließen. Nicht bloß die Isothermen lagen in der Miozänepoche in Europa nördlicher, sondern auch das gesamte Windsystem, welches die Trockenheit an den Westküsten unter den Wendekreisen verursachte, war um einen entsprechenden Betrag polwärts verschoben. Die Passate, welche heute etwa bei den Kanarien ihre Nordgrenze haben, müssen damals in der Breite des Golfes von Biscaya gewurzelt haben." Auch nach unserer Miozänkarte lag Spanien damals dem Äquator etwa 12° näher als heute. Im südlichen Spanien (Andalusien) soll nach L. Waagen übrigens auch pliozänes Salz und Gips vorhanden sein, was ein Südwärtsrücken der Trockenzone andeutet.

Weiter östlich finden wir nach Andrée Salz und Gips sowohl im Miozän wie im Pliozän Siziliens.

Noch weiter östlich finden wir die galizisch-rumänische Salzformation, die frühmiozänen, also fast noch frühtertiären Alters ist. In Galizien ist nach Steuer „das Miozän ähnlich wie im Wiener Becken entwickelt. Den untersten Schichten gehören die Gips- und Salzablagerungen, auch mit etwas Kalisalz, von Wieliczka und Kalusz an." Eine anschauliche Beschreibung dieser berühmten Salzlager gibt Neumayr-Uhlig:

„Der Nordrand der Alpen und Karpathen wird von einem fast kontinuierlichen schmalen Bande von Miozänablagerungen, meist schieferigen und sandigen Tonen, begleitet, die sich bis weit nach Rumänien hinein verfolgen lassen. Von den Karpathen, die wie die Alpen zur Miozänzeit bereits ein gehobenes Gebirge darstellten, war auch der südliche Innenrand vom Miozänmeere bespült, und es bildeten sich auch da ausgedehnte Salzlager. Zwar im ober- und niederösterreichischen, mährischen und schlesischen Anteil der Miozänzone kam es nicht zu

---

[1]) A. Penck, Studien über das Klima Spaniens während der jüngeren Tertiärperiode und der Diluvialperiode. Zeitschr. der Ges. für Erdk. zu Berlin **29**, 1894, Seite 109—141.

ausgedehnten Salzablagerungen; aber einzelne Solen und Jodquellen und zahlreiche Gipsvorkommnisse deuten darauf hin, daß hier wenigstens ähnliche, die Dissoziation des Meerwassers begünstigende Verhältnisse geherrscht haben wie weiter östlich in Galizien, in Siebenbürgen und im östlichen Ungarn, wo es eine Reihe großer Salzlager gibt."

„Das bekannteste ist wohl das von Wieliczka bei Krakau, das sicher seit dem 11. Jahrhundert, wahrscheinlich schon früher, regelmäßig abgebaut worden ist. Unter einer wenig mächtigen Decke von Dammerde und Diluvialbildungen folgt der miozäne bläuliche, ungeschichtete Tegel, der schon bei 20 m Tiefe eine leichte Imprägnation mit Salz erkennen läßt. Mit zunehmender Tiefe wächst auch der Salzgehalt, und in dem mit Salzbrocken angereicherten Salztone treten zahlreiche stockförmige, bald kubische, bald langgestreckte, grobkristallinische Salzkörper auf, die die verschiedensten Größen bis zu einem Inhalt von mehreren tausend Kubikmetern aufweisen und ihrer grünlichgrauen Färbung wegen den Namen Grünsalzkörper erhalten haben . . . . Kaum enthält ein zweites Salzlager so zahlreiche Versteinerungen wie das von Wieliczka, das dadurch schlagend seine Entstehung aus dem Meere erweist. Häufig sind wohl nur die mikroskopischen Schälchen von Foraminiferen; doch sind auch Mollusken, Krustazeen, Bryozoen und eine Einzelkoralle nachgewiesen worden. Nicht selten stößt man auf Reste von Landpflanzen, die von den benachbarten Küstengegenden eingeschwemmt worden sind . . . ."

„Wenden wir uns von Wieliczka nach Osten, so tritt uns im benachbarten Bochnia das nächste Salzvorkommen entgegen . . . . In Ostgalizien und in der Bukowina sind großartigere Salzlager selten; dagegen ist hier eine Unzahl (über 200) ergiebiger Solen über die ganze Miozänzone verstreut. Nur eins unter den ostgalizischen Salzlagern kann eine erhöhte Aufmerksamkeit beanspruchen, das von Kalusz, das neben Steinsalz mächtige Lagen und Linsen von Sylvin (Chlorkalium) und Kainit enthält . . . ."

„Auf der Südseite des Karpathenbogens nehmen in erster Linie die siebenbürgischen Salzlager durch ihre Geschichte, ihre Größe und ihr geologisches Verhalten die Aufmerksamkeit in Anspruch. Ein förmlicher Ring von einzelnen Salzvorkommnissen, der nur auf der Südseite erhebliche Unterbrechungen erleidet, umzieht den Innenrand des siebenbürgischen Beckens . . . . Mit dem Salze sind auch hier, wie allenthalben, Gips und Anhydrit verbunden. Als Begrenzung der Salzstöcke treten Salztone auf, die hier häufig Trachyttuffe enthalten, von den vulkanischen Eruptionen her, die zur Miozänzeit in Siebenbürgen wie in Ungarn eine Rolle gespielt haben . . . . Ähnliche Verhältnisse wie die Salinen Siebenbürgens bieten auch die Salzlager Oberungarns, namentlich die im Komitat Marmaros gelegenen, dar."

Ihre zeitliche und räumliche Fortsetzung findet diese frühmiozäne galizisch-rumänische Salzformation in derjenigen von Kleinasien und Nordpersien, welche spätmiozänen Alters ist. Über die kleinasiatischen Salzlager schreibt K r ü g e r[1]): „Die anatolischen Lager scheinen durchweg dem fossilleeren Obermiozän anzugehören; sie sind meist von Tonschichten durchsetzt und gehen unter stark durchgipsten Tonen und Letten oft in Salztone über. Das Liegende bildet im allgemeinen Rotsandstein und Gipsmergel. Die Lager sind häufig stark gestört Die wichtigsten Salztonlager sind im Halysbogen aufgeschlossen und stehen im engsten genetischen Zusammenhang mit den armenischen bei Erserum und Ssö'örd, sowie auch mit den transkaukasischen und persisch-mesopotamischen." Auch P h i l i p p s o n bezeichnet die Gips- und Salzformation in Kleinasien und auf Cypern als spätmiozän, desgleichen S t a h l, K a e h n e u. a. diejenige Persiens. Der letztere Autor betont, daß die fossilleere Salzformation hier über dem marinen Miozän liegt.[2]) B u s c h m a n s Angabe, der die „große galizisch-persische" Salzformation als einheitlich frühmiozän bezeichnet, ist also ungenau. L. W a a g e n will andererseits die Salzformation Armeniens und Persiens in das Pliozän setzen, was namentlich für das südlichere Persien nicht schlecht passen würde. Aber wie dem auch sei, man erkennt jedenfalls eine Verlegung der Salzbildung nach Süden, gemäß der Wanderung des Äquators.

Von den einzelnen Vorkommen sei noch folgendes erwähnt:

Wenn wir bei B u s c h m a n lesen: „Nach F ü r e r gehören einige Steinsalzvorkommen Kleinasiens und Armeniens dem Eozän an", so werden wir kaum fehlgehen in der Annahme, daß die Zeitangabe verkehrt ist. Es muß Miozän heißen; im Eozän lag der Äquator gerade über diesem Gebiet und es herrschte allenthalben Braunkohlenbildung. Und das gleiche Mißtrauen verdient auch P h i l i p p s o n s Angabe von gipsführenden Mergeln aus dem Oligozän Cyperns. Dies sind aber die einzigen Zeitangaben, die wir korrigieren möchten. In Kleinasien wird von P h i l i p p s o n besonders die Provinz Kilikien als salzführend im Miozän genannt, B l a n c k e n h o r n erwähnt Gips an der Orontes-Mündung südlich Alexandrette, ferner Steinsalz in Russisch-Armenien im Araxestal und im Olital, teilweise 150 m mächtig. Von Persien sagt B u s c h m a n: „Allenthalben am Südrande des im 5465 m hohen Vulkan Demawend gipfelnden Elburs-(Albors-)Gebirges ist die miozäne Salzformation verbreitet; auch das Vorgebirge des Elburs, das Hügelgebiet der sogenannten Kaspischen Tore, ist zum größten Teile aus Gesteinen

---

[1]) Karl K r ü g e r, Vorkommen, Gewinnung und Absatz des Kochsalzes im türkisch-arabischen Vorderasien. Diss. Hamburg 1920.

[2]) K. K a e h n e, Beitr. zur physischen Geographie des Urmija-Beckens. Zeitschrift der Ges. für Erdk. zu Berlin 1923, S. 104—132.

der Salzformation zusammengesetzt. Die Sidarpässe auf der Straße von Teheran südöstlich nach Kischlak sind nackte Steinsalzberge." Das Steinsalz wird dort als Baustein verwendet. Es gibt auch einen Gebirgspaß, der beiderseits mit Steinsalzfelsen eingefaßt ist. In Nordpersien sollen sich namentlich auch noch in der Umgebung des Urmia-Sees tertiäre Salzlager finden, vermutlich gleichen Alters. Nach Kaehne enthalten hier auch noch die lößartigen pliozänen Ablagerungen vielfach Gipseinlagerungen. Ebenso sollen die Inseln im Persischen Golf Salz und Gips bergen, das angeblich über tertiären Schichten liegt, also vermutlich spättertiär, wenn nicht quartär, ist.

In Mesopotamien findet sich nach Blanckenhorn als Fortsetzung dieser Salzformation überall Gips, an der persischen Grenze untergeordnet auch noch Steinsalz. Buschman erwähnt auch Salzquellen im nördlichen Mesopotamien, die in der Tertiärformation entspringen.

Noch am Roten Meere findet man nach Blanckenhorn Gips, dessen Alter als spättertiär bezeichnet wird, also auch noch jünger als miozän sein kann. Weiter nach Südosten reichen aber anscheinend die spättertiären Zeugnisse für Trockenklima nicht, denn in Vorderindien finden wir die Fauna der äquatorialen Regenzone. Über die Fortsetzung der Salzformation in Ägypten wird weiter unten gesprochen werden.

Für Zentralasien gibt Leuchs eine Zusammenfassung, nach welcher das Klima schon im Spättertiär wieder feuchter geworden wäre als Vorbereitung des Quartärs, in dem die Gebirge vergletschert waren. Aber die Angaben sind sehr allgemein gehalten, so daß sich vielleicht kein Widerspruch mit unseren Annahmen konstruieren läßt, nach denen das ganze Tertiär hindurch das Klima trocken sein mußte und zu Anfang des Quartärs gerade besonders heiß und trocken war, während die Feuchtigkeitszunahme erst im Laufe des Quartärs erfolgte.

Für die Richtigkeit dieser Annahme scheint besonders der chinesische Löß zu sprechen, dessen unterster, rotgefärbter Teil in das Frühquartär gesetzt wird und zur Voraussetzung hat, daß westlich davon, in Zentralasien, eine heiße Wüste lag.

Eine besondere Bestätigung erfährt die in der Karte (Fig. 19 S. 117) dargestellte Orientierung der Klimagürtel durch die Angabe von Volz, daß im spätesten Pliozän auf Sumatra Trockenklima geherrscht hat.[1]) Es war dies die einzige Unterbrechung seit langer Zeit, die das äquatoriale Regenklima hier erfuhr. „Es braucht allerdings kein Wüsten-

---

1) W. Volz, Nord-Sumatra, Bd. II, Die Gajoländer. Berlin 1912, und derselbe: Jungpliozänes Trockenklima auf Sumatra und die Landverbindung mit dem asiatischen Kontinent, Gaea. Stuttgart 1909, Heft 7.

klima gewesen zu sein, es genügt ein Klima mit langen, ausgesprochenen Trockenzeiten, mit geringen Niederschlägen, welche auf kurze Zeiträume sich konzentrierten." V o l z kommt nämlich zu dem Schluß, daß im Spätpliozän die Oberfläche Sumatras infolge einer enormen mechanischen Gesteinsverwitterung sich in eine Fastebene verwandelte, die dann erst im Laufe des Quartärs durch die hier neu entstehenden Flüsse eingeschnitten wurde.

„Unter dem Einfluß der überaus starken Verwitterung in Trockengebieten zerfällt das Gestein in Schutt, der Schutt geht zu Tale, und so bleibt die Höhe ständig dem Einfluß intensivster Verwitterung ausgesetzt, so daß auf diese Weise schließlich eine Einebnung des hügeligen Geländes erfolgen kann, zumal die fast durchgehends weichen Gesteine, wie die Beobachtung heutigen Tages noch lehrt, unter dem Einfluß der Sonnenbestrahlung überaus leicht verwittern Das feuchte Quartär ist aber eine Zeit vorwiegend chemischer Zersetzung, also Bunterdebildung, der gegenüber die physikalische Verwitterung fast gar nicht in Betracht kommt. Es würde überaus schwer sein, bei einem dem heutigen Zustande ähnlichen oberpliozänen Klima die Entstehung dieser Schuttmassen zu erklären, während ein Trockenklima sie geradezu fordert." Nach unserer Karte (Fig. 19 S. 117) hatte Sumatra im Spätpliozän eine geographische Breite von etwa 20°.

In Südamerika, das fast antipodisch zu China lag, haben wir wie dort eine ausgedehnte Lößformation, deren unterer Teil auch hier im Gegensatz zum gelben oberen rote Farbe besitzt und dadurch seine Herkunft durch Windtransport aus der heißen Wüste verrät. Hier wird der untere Teil aber schon in das Pliozän gesetzt (K e i d e l , G e r t h u. a.). W a l t h e r glaubt insbesondere das pliozäne Alter mit Hilfe mariner Zwischenschichten erweisen zu können. Nach G e r t h [1]) und W i l c k e n s [2]) seien hier die Tertiär- und Quartärschichten von Argentinien angegeben:

Quartär: Patagonische Geröllformation; im Norden jüngerer, gelber Pampaslöß mit Säugetieren.

Pliozän: Rio Negro-Sandstein; im Norden älterer, roter Pampaslöß mit Säugetieren, an der atlantischen Küste die marine Parana-Stufe.

Miozän: Mittleres und oberes Miozän = Santa Cruz-Stufe mit Säugetieren. Unteres Miozän = marine patagonische Molasse.

Oligozän: Colpedon-Stufe.

Eozän: Pyrotherium-Notostylops-Schichten.

---

[1] G e r t h, Die Fortschritte der geologischen Forschung in Argentinien und einigen Nachbarstaaten während des Weltkrieges. Geol. Rundsch. 1921, S. 74—87.

[2] W i l c k e n s, Die Meeresablagerungen der Kreide- und Tertiärformation in Patagonien. N. Jahrb. f. Min. usw., Beil.-Bd. 21, 1905.

Kreide: Oberste Kreide = marine San Jorge-Stufe; Oberkreide = Guaranitische Sandsteine mit Dinosaurier-Resten.
Darunter: „Areniscas abigarradas" (buntsandsteinartig).

Auf die reiche Säugetierfauna, die sich in den spättertiären Schichten Argentiniens findet, werden wir weiter unten zurückkommen.

In Nordafrika begegnen wir noch der Fortsetzung der miozänen Salzformation Südeuropas und Kleinasiens. Bei Fes in Marokko liegen Steinsalzlager, deren Alter Buschman als mitteltertiär angibt, und die sich daher räumlich und zeitlich an die spanischen anschließen. Die Salzformation scheint sich auch in Afrika weiter nach Osten zu erstrecken, denn nach Buschman werden auch die Salzsümpfe südlich des Tell-Atlas teilweise aus tertiären Salzschichten gespeist, und auch L. Waagen berichtet von tertiärem Gips in Algerien; in Tunesien soll nach Buschman wenigstens noch eine Solquelle aus Tertiärschichten entspringen. Freilich werden in diesen drei Fällen Unterteile des Tertiärs genannt, die mit unseren Ergebnissen schlecht vereinbar sind, nämlich „oligozän", „frühtertiär" und „spätes Eozän", aber man wird kaum fehlgehen in der Annahme, daß diese Zeitbestimmungen in miozän umzuändern sind.

Auch in Ägypten macht sich im Spättertiär nach dem Durchgang der äquatorialen Regenzone wieder die Trockenzone breit. Stromer von Reichenbach konnte schon aus der braunen Gesteinskruste spättertiärer Ablagerungen auf Wüstenklima in dem damaligen Ägypten schließen. Nach Blanckenhorn treten vom frühen Miozän ab auch wieder ausgedehnte Gipsablagerungen auf: „Eine große Bedeutung gewinnt der Gips im Miozän. An zahlreichen Plätzen zu beiden Seiten des Suêsgolfs und Roten Meeres sind die der Oberfläche genäherten Kalke der Kreide und des Eozäns in Gips umgewandelt, vermutlich durch Einwirkung von Schwefelwasserstoff, der im Grunde des transgredierenden flachen Miozänmeeres infolge Verwesung organischer Reste in großer Masse erzeugt wurde. Daran schlossen sich noch weitere Absätze von Gips, Salz und Gipsmergeln beim Eintrocknen derselben Meeresbucht. Diese Vorgänge vollzogen sich in der Zeit der großen untermiozänen galizisch-persischen Salz- und Gipsformation [richtiger: Galizien früh-, Persien spätmiozän] oder des österreichischen Schliers. Als Decke folgte dann das fossilführende Obermiozän oder an dessen Stelle diluviale Küstenbildungen und Korallenriffe. Derartige Gipsmassen breiteten sich aus: am Sinai zwischen Wâdi Fîrân und Gharandel hinter der Marcha-Ebene, dann am Ostfuß des Gebel Geneffe im Südwesten der gleichnamigen Eisenbahnstation, weiter längs der Küste des Roten Meeres vom 28. Breitengrad bis Halaib unter 24° 13′ N., besonders am Gebel Sêt, Râs Gemsa, in der Umgebung von Qosêr, am Bir Ranga und Râs Benas."

Ein Bohrloch am Gebel Sêt, das bis 1140 m Tiefe herabgeführt wurde, ergab von oben nach unten: 100 m Sand, 200 m Kalk, 210 m Gips (mit 22 m starker Kalklage), 242 m Gipsmergel (mit 13 m Gips), 215 m Gips, 20 m Steinsalz, 55 m Gips, 5 m Sandstein, 25 m Gips. Nach unseren Karten wäre die günstigste Zeit für Salzbildung in Ägypten das Pliozän und die Folgezeit bis zur Gegenwart. Hiermit stimmt die Beobachtung von Beadnell, nach welcher am Schluß des Pliozäns das Eindampfen der brackischen Wässer im Osten des Faijûm stattfand, wobei sich die dortigen, mit Schottern verknüpften Gipse auf dem breiten Rücken absetzten, der das Faijûm vom Niltal trennt. Auch im Quartär wurden hier noch Gips und am Toten Meer Salz abgesetzt.

4. Die Pflanzenwelt

In Nordamerika trat nach Chamberlin und Salisbury im Spättertiär insofern eine Veränderung in der Pflanzenwelt ein, als die tropischen und subtropischen Formen schnell zurücktraten, so daß die Flora gegen Schluß des Tertiärs der heutigen sehr ähnlich war, und zwar nicht nur in ihrem Klimacharakter, sondern auch in ihrer Zusammensetzung. Natürlich ist aber bei diesem Urteil die übliche Voraussetzung gemacht, daß die Eiszeit ganz ins Quartär gehört. Nimmt man wie wir bereits eine pliozäne Vereisung an, so verschiebt sich die Zeitskala, und wir erhalten am Schluß des Tertiärs in Nordamerika bereits eine Polarflora. Der größte Teil von Nordamerika befand sich schon im Miozän in der nördlichen Regenzone; im Yellowstone-Park sind Reste eines versteinerten Waldes aus der Miozänzeit erhalten.

Die früher in das Miozän gesetzten Baumfloren im heutigen Polargebiet haben wir bereits im Frühtertiär besprochen.

Auch in Europa näherte sich der Klimacharakter der Flora schnell dem gegenwärtigen, denn „das Klima Europas war zu Beginn des Pliozäns wohl noch etwas wärmer, gegen Ende aber wenig anders als das heutige" (Steuer). Die Zusammensetzung der europäischen Flora wurde ähnlich der damaligen und heutigen von Nordamerika, während die heutige europäische Flora durch die hier weit verheerenderen Wirkungen der Eiszeit eine andere geworden ist. Im Miozän kamen bei Öningen am Bodensee noch Palmen und andere subtropische Pflanzen vor, so daß Heer aus der Zusammensetzung der 1500 Arten zählenden fossilen Flora auf eine mittlere Jahrestemperatur von 18° schloß. Im Pliozän aber sind nach Walther diese Vertreter wärmerer Zonen bis auf wenige Nachzügler verschwunden, und „im allgemeinen war Deutschland von großen Wäldern bedeckt, in denen Eichen, Buchen und Ahorn vorherrschten, während Erlen, Pappeln. und Weiden in den feuchten Niederungen standen". In den zahlreichen Torfmooren wuchsen Sumpfzypressen (Taxodium), so daß diese Moore sehr den heutigen virginischen Swamps in Nordamerika glichen. Es sind in den Braunkohlengruben meterdicke Stämme mit über 600 Jahresringen gefunden worden; andere Riesen, deren Jahresringe nicht gezählt werden konnten, hatten 4 m Durchmesser. Nach Gothan wurden schon im Miozän bei Zschipkau in der Lausitz Frostspuren an Blättern festgestellt, im Pliozän auch bei Frankfurt a. M., wodurch das Vorkommen von Frostnächten bewiesen wird.

In Persien hat das Becken des Urmia-Sees im Pliozän einen erheblich größeren See enthalten als heute. Stahl meint: „Das Ufergebiet dieses Sees muß eine fast tropische Vegetation gehabt haben, da hier fossilen Funden zufolge eine reiche Säugetierfauna lebte."[1]) Indessen darf man hier, worauf schon das Wörtchen „fast" hinweist, nicht an die äquatoriale Regenzone denken. Denn Kaehne beschreibt diese Funde mit den Worten: „An erster Stelle sind hier die fossilen Reste einer reichen, wahrscheinlich pliozänen Säugetier-Steppen-Fauna zu nennen, die in einer gipsdurchsetzten, von Pohlig als fluvio-lakustrin bezeichneten lößartigen Ablagerung im östlichen Winkel der Maragha-Ebene gefunden werden."[2]) Hiernach dürfte am Urmia-See zur Zeit jener Ablagerungen ein Steppenklima geherrscht haben, was mit der von uns angenommenen Breite von 30° im Pliozän nicht im Widerspruch steht. Auf die Zusammensetzung der Fauna kommen wir später zurück.

An der Ostküste Asiens haben wir im Spättertiär die Skala aller Wärmezonen, auf den Sunda-Inseln nach dem Zeugnis der holländischen Geologen die Flora der äquatorialen Regenzone (ausgenommen im Spätpliozän, wo dort nach Volz Trockenklima herrschte); in Japan bezeugt die „vorpliozäne" Flora ein Klima, das etwas kühler war als das heutige (Lage im Miozän auf 42 bis 47° gegen 35 bis 40° heute). Im Pliozän aber rückte der Äquator viel näher als heute, worauf wir bei Besprechung der Meeresfauna zurückkommen werden. Und nach Chamberlin und Salisbury bezeugt die Flora von Kamschatka (ebenso wie Alaska) gleichfalls tiefere Temperaturen als heute. Ob allerdings die Zeitsetzung (miozän) zutrifft, bedarf wohl mit Hinblick auf die Vereisungsfrage einer nochmaligen Prüfung.

Von entscheidender Wichtigkeit für die spättertiäre und selbst noch die quartäre Orientierung der Klimagürtel sind aber die spättertiären Floren Südamerikas und der Westantarktis, denn die hier vorliegenden Tatsachen gehören zu den stärksten Gründen für eine

---

1) A. F. Stahl, Persien Handb. d. Reg. Geol. V, 6, 1911.
2) K. Kaehne, Beitr. zur physischen Geographie des Urmija-Beckens. Zeitschrift der Ges. für Erdk. zu Berlin 1923, S. 120.

quartäre Verlegung der Pole. Wir folgen wieder der Besprechung von Irmscher.

Zunächst ist zu nennen die spättertiäre Flora von Columbien, die namentlich bei Honda, aber auch im Cauca-Tal gefunden wurde, sowie die gleichaltrige und praktisch identische Flora von Tumbez im nordwestlichen Peru (vgl. Fig. 20). Diese Floren haben den Charakter des tropischen Regenwaldes in der Tiefebene. Mittlere und große Blattformen walten vor, Holzgewächse, Palmen, Lianen und Epiphyten sind zahlreich. Das Alter setzt Berry in das frühe Miozän, wo nach unseren Karten in der Tat der Äquator gerade über dieser Gegend lag; Irmscher möchte sie später setzen, etwa an die Grenze von Pliozän und Quartär, doch würde dies nach unserer Karte nicht so gut passen, wenn es auch nicht ausgeschlossen ist. Die Arten sind den heutigen des tropischen Amerika sehr ähnlich, teilweise mit ihnen identisch.

Fig. 20. Fundorte spättertiärer Floren in Südamerika

Mitten zwischen diesen Fundstellen wuchs die Flora von Loja in Ecuador. Sie wird, wofür auch die Seehöhe von mehr als 2000 m ihres Fundortes spricht, von Irmscher für tropischen Bergwald erklärt. Sie unterscheidet sich von den früheren Floren durch ihre Zusammensetzung, indem die Lauraceen und Palmen selten, die Leguminosen und Myrtaceen zahlreich sind, während es bei jenen umgekehrt ist. Auch diese Flora bezeichnet Berry als frühmiozän, was zu unseren Karten gut paßt, während Irmscher sie ins Frühquartär setzen möchte.

Unsicherer ist die klimatische Deutung der Flora von Ouricanga im nördlichen Teil des brasilianischen Staates Bahia. Es handelt sich aber jedenfalls um eine tropische bis subtropische Flora, die der heutigen dort sehr nahe steht. Sie enthält 2 Farne, 3 Gymnospermen, 2 Monocotylen; den Rest bilden Dicotylen, unter denen auch 4 Quercusarten und Cinnamomum genannt werden. Wegen Fehlens von Abbildungen hält aber Irmscher die Bestimmungen nicht für gesichert. Das Alter dieser Flora wird übereinstimmend von v. Ettinghausen, Bonnet und Irmscher zu pliozän angenommen. Man überzeugt sich leicht nach unseren Karten, daß im Pliozän der Äquator über dieser Gegend lag.

Im mittleren Teile des Kontinents treffen wir weiter die berühmte fossile Flora von Potosi in Bolivien, die in einer Seehöhe von über 4000 m gefunden wurde. Auch hier weist Irmscher ebenso wie bei der Loja-Flora nach, daß es sich um einen tropischen Bergwald handelt, der damals in etwa 2000 m Höhe gewachsen sein mag und infolgedessen bereits mit subtropischen Formen durchsetzt ist. Die Kleinblättrigkeit aller Formen ist auffallend. Am meisten treten die Leguminosen in den Vordergrund mit 20 Gattungen und 42 Arten. Cassia, die oft in trockenen Grassteppen eingestreut vorkommt, ist mit 10 Arten vertreten. Am häufigsten finden sich Myrica banksioides und Calliandra obliqua. Auch diese Flora wird übereinstimmend von Berry, Steinmann und Irmscher für pliozän erklärt. 54 von den im ganzen gefundenen 82 Arten stimmen mit heutigen überein. Abgesehen von der Hebung um 2000 m, die hiernach seit dem Pliozän bei Potosi eingetreten sein muß, müssen wir also schließen, daß auch dieser Teil des südamerikanischen Kontinents im Pliozän in der äquatorialen Regenzone lag. Nach der Karte (Fig. 10 S. 117) ist dies ohne weiteres verständlich.

Je weiter wir nun nach Süden kommen, um so wichtiger werden die Funde. Zunächst gilt dies für die Flora von Coronel nahe Concepcion in Mittelchile, die erstaunlicherweise immer noch dem tropischen Regenwald in der Tiefebene entspricht. Die Flora ist großblättrig, enthält Bäume, Sträucher, Schlinggewächse, und ist nahe verwandt mit der heutigen von Mittelamerika und Brasilien, namentlich derjenigen längs den Flüssen. Auch mit den fossilen Floren von Honda, Loja und Tumbez besteht starke Verwandtschaft. Unter den im ganzen 101 Arten finden sich 4 Farne, 3 Gymnospermen (1 Cycas, 1 Sequoia, 1 Ephedra), 1 Monocotyle, nämlich die Sabal-Palme, und 65 Dicotylengattungen. Über das Alter dieser Coronel-Flora gehen die Ansichten sehr auseinander. Engelhard und auch Reiche wollen sie in das frühe Tertiär setzen, Berry teils in das frühere, teils in das spätere Tertiär (frühes Miozän). Man erkennt das Bestreben, diese „heiße" Flora möglichst von der „Eiszeit" zu entfernen. Irmscher dagegen fordert wegen der engen Verwandtschaft mit der heutigen südamerikanischen Tropenflora ein viel jüngeres Alter und nimmt sogar Quartär an. Aus unserer Darstellung geht hervor, daß der Schluß des Tertiärs oder der Beginn des Quartärs die wärmste Zeit in dieser Gegend gewesen sein muß; Concepcion näherte sich damals bis auf etwa 15° dem Äquator, wodurch der Wärmecharakter der Flora erklärt wird. Und gegen die Zeitsetzung werden sich wohl kaum zwingende Hinderungsgründe ergeben. — Aber gehen wir noch weiter nach Süden!

Bei Punta Arenas an der Magellanstraße wurde, wie schon im Frühtertiär erwähnt, eine Flora in 2 Stufen gefunden, deren untere, die Fagus-Stufe, dem dort kühlen Frühtertiär angehört. Die jüngere sogenannte Araucarien-Stufe mit Araucaria Nathorsti, aber ohne jede Spur von Buchen, entspricht einem wesentlich wärmeren, wohl subtropischen Klima, im scharfen Gegensatz zum heutigen. Dusén setzt sie ins Miozän, Irmscher in das Quartär. Die wärmste Zeit war auch hier etwa die Grenze zwischen Tertiär und Quartär, wo die Magellanstraße auf etwa 30° Südbreite lag.

Nach Gothan waren auch die Falklandsinseln „im Präglazial offenbar reich bewaldet, u. a. mit Koniferen südamerikanischer Verwandtschaft, während sie jetzt waldlos sind". Auch sie erreichten am Ende der Tertiärzeit ihre niedrigste Breite von etwa 30°.

Am wichtigsten von allen aber ist die fossile Flora der Seymour-Insel des antarktischen Grahamlandes. Hier bietet sich das Bild eines noch rascheren und jüngeren Klimawechsels als der, den Heer an Hand der nordpolaren Tertiärfloren nachwies. Denn diese, jetzt unter Eis begrabene Fundstätte birgt die Reste einer Flora, deren Arten in der Mehrzahl subtropisch sind und dabei offenbar den jüngsten geologischen Zeiten angehören. Von den im ganzen 87 gefundenen Arten werden 20 als temperiert und von patagonischer und südchilenischer Verwandtschaft bezeichnet, dagegen nicht weniger als 50 als subtropisch und von südbrasilischer Verwandtschaft. Unter den temperierten Arten befinden sich auch 2 Fagus und 2 Nothofagus, unter den subtropischen 1 Araucaria, 18 Pecopteris, 10 Sphenopteris, 2 Taeniopteris, 2 Leguminosites, dazu 2 Carpolithes und 26 Phyllites. Alle Verwandtschaften weisen nach Südamerika; als einzige Ausnahme hat Knightia ihre Verwandten in Australien. Als Anzeichen für junges Alter macht Irmscher geltend, daß die meisten Gattungen mit heutigen identisch sind, und daß auch die Arten mit heute lebenden nahe verwandt sind. Ausgestorbene Typen, wie sie z. B. in der Fagus-Stufe von Punta Arenas zu finden sind, gibt es hier nicht. Die Zeitfrage läßt Dusén in Wirklichkeit offen. Er möchte sie — aber anscheinend nur wegen der hohen Wärme — für älter als die Fagus-Stufe erklären, hat aber andererseits wegen der nahen Verwandtschaft mit der rezenten Flora Bedenken, sie als frühtertiär zu bezeichnen. Wir müssen uns Irmschers Gedankengang anschließen, wenn er aus dem wärmeren Klimacharakter der Araucarien-Stufe gegenüber der Fagus-Stufe den Schluß zieht, daß das Klima im Laufe des Tertiärs hier nicht, wie Dusén als selbstverständlich voraussetzt, kälter, sondern umgekehrt wärmer wird. Irmscher erklärt deshalb die Seymour-Flora für quartär; wir begnügen uns schon mit dem Schluß des Tertiärs, wo die Seymour-Insel ihre niedrigste Breite von etwa 45° erreichte.

Wir betonen noch einmal die Wichtigkeit dieses einwandfreien Klimazeugnisses. Niemand, der diese jugendliche Flora der Seymour-Insel erklären will, kommt um eine bedeutende Verlegung des Nordpols nach Nordamerika im Spättertiär und Frühquartär herum, und damit ist nach unserer Ansicht auch die Frage der Pollage in der Eiszeit bereits grundsätzlich entschieden.

— In Ägypten bildet das Spättertiär den Übergang von der äquatorialen Regenzone zur nördlichen Trockenzone, was sich auch in der fossilen Flora zeigt: im frühen Miozän noch tropischer Urwald, aber vom mittleren Miozän ab hören wieder alle Anzeichen von Leben auf, und Gipsablagerungen zeugen vom Platzgreifen des Wüstenklimas.

In Südostaustralien fand v. Ettingshausen eine miozäne Flora, die nur noch 34 % warme Typen enthält, gegen 52 % in einer ebendort gefundenen eozänen. Im Miozän lag Südostaustralien auf etwa 46, im Eozän auf etwa 30° Breite.

Von der neuseeländischen Flora geben Chamberlin und Salisbury an, sie sei im Miozän ebenso wie die Fauna von „tropischem Aussehen" gewesen, und es werden als Beleg dafür Palmenfrüchte angeführt. Neuseeland erstreckte sich nach unseren Karten im Eozän von 15 bis 30°, im Miozän lag es immer noch zwischen 30 und 45°, was wohl dem Tatbestand genügend gerecht wird.

5. Die Tierwelt

Die spättertiäre Landfauna Nordamerikas bezeugt die fortschreitende Abkühlung. Im übrigen hängt die Beurteilung ihres Klimacharakters wesentlich davon ab, ob man die ältesten Vereisungen, wie wir, noch in das Tertiär setzt oder nicht. Im ersteren Fall kann aus der Übersicht S. 123 auch die für den Schluß des Tertiärs gültige Fauna entnommen werden.

Die Meeresfauna ist deshalb wohl wichtiger, und besonders diejenige von Alaska. Stephan Richarz schreibt, nachdem er auf die Wärmeperiode im Frühtertiär hingewiesen hat:[1])

„Anders ist es im Miozän. Dall beschreibt marine Fossilien dieser Periode aus Alaska, die dem Miozän von Astoria (Oregon) und von Mittel- und Südcalifornien entsprechen. Sie beweisen ein viel kälteres Klima, als im Alttertiär in denselben Gebieten herrschte . Alaska lag damals dem Nordpol bedeutend näher als die übrigen genannten Länder. Damit stimmt dann gut überein das kältere Klima im Miozän bis hinunter nach Californien und jenseits des pazifischen Ozeans in Japan."

„Noch merkwürdiger sind andere Feststellungen Dalls. Die

---

[1]) Stephan Richarz, Eine tertiäre Vergletscherung Alaskas und die Polwanderung. Zeitschr. d. Deutsch. Geol. Ges., Mon.-Ber. 74, 1922, 180—190.

pliozäne marine Fauna von Californien, Oregon und Yakutat Bay in Alaska weist auf noch kälteres Wasser hin und hat borealen Charakter bis in die Shoalwater Bay in Washington, während es im Pleistozän wieder wärmer war. Die Verbesserung des Klimas konnte schon im Pliozän begonnen haben, da Dall aus der marinen Fauna am Norton Sound (Alaska) auf ein gemäßigtes Klima schließt. Doch stellen andere diese Ablagerungen, die Dall nach ihrer Fauna für pliozän hält, aus stratigraphischen Gründen ins Pleistozän. Jedenfalls steht so viel fest, daß auf ein wärmeres Klima im Alttertiär ein kälteres im Miozän folgte, das dann im jüngsten Tertiär oder im ältesten Pleistozän wieder gemäßigter wurde. Das aber stimmt ausgezeichnet mit der hypothetischen Lage des Nordpoles in der Nähe von Alaska während des mittleren Tertiärs und seiner größeren Entfernung am Ende des Tertiärs und im Quartär ."

Interessant ist auch das Ergebnis, zu welchem Linstow[1]) bei Vergleichung der miozänen Meeresfauna von Maryland im Osten der Union mit derjenigen von Hemmoor nordwestlich von Hamburg kommt, nämlich „daß die Fauna von Chesapeake in einem wesentlich kühleren Klima gelebt haben muß als die von Hemmoor ." Nach der damaligen (wie auch der heutigen) geographischen Breite wäre eher das umgekehrte zu erwarten. Aber man darf wohl annehmen, daß die Isothermen auch im Miozän in dieser Gegend im selben Sinne von den Parallelkreisen abwichen wie heute, wozu namentlich die allmählich von Nordwesten vordringende Eisüberschwemmung beitragen mußte.

In Europa lebte im Miozän u. a. der Affe Dryopithecus in Frankreich in der Haute-Garonne, in Württemberg und bei Mainz, und in Griechenland gab es Antilopen. Noch im Pliozän finden sich Affen in der Umgebung von Montpellier in Südfrankreich, in Italien und bei Pikermi in Griechenland, an letzterem Orte zusammen mit Huftieren und Raubtieren. Weiter ist von der europäischen Fauna wenig zu sagen. Es ist bisher nicht möglich, die Zone warmen Meereswassers in der früheren Weise auch im Spättertiär über die Erde zu verfolgen, da wegen der schnellen Polwanderung hierzu sehr genaue Aufnahmen nötig wären, die wohl noch kaum vorhanden, jedenfalls nirgends zusammengestellt sind. Von dem Korallengürtel wird nur allgemein gesagt, daß er sich im Spättertiär von Europa nach Süden auf seine heutige Lage zu bewegte.

Schon früher war die größere Ausdehnung des Urmia-Sees in Persien erwähnt, die nach Stahl und Kaehne in das Pliozän zu setzen ist. Die zugehörige Fauna besteht aus Hipparion, Rhinoceros,

---

1) O. v. Linstow, Die Verbreitung der tertiären und diluvialen Meere in Deutschland. Abhandl. d. Pr. Geol. Landesanst. N. F. H. 87, S. 103. Berlin 1922.

Elephas oder Mastodon, Tragoceros, Cervus, Hyaena, ferner Antilopen, Schweine, Schafe, Dachs, Orycteropus (Erdferkel), Manis (Schuppentier).

Während diese Fauna, entsprechend der Breitenlage von etwa 30°, kaum für die äquatoriale Regenzone spricht, ist dies offensichtlich der Fall mit der Siwalik-Fauna, die auf den Siwalik-Hügeln vor dem Südfuß des Himalaja gefunden ist. Sie ist sehr reichhaltig und enthält zahlreiche Affen, auch eine riesige Landschildkröte von über 4 m Länge (Colossochelys). Ihr Alter ist spättertiär. Wie unsere Karten zeigen, lag der Äquator im ganzen Spättertiär über dieser Gegend.

Stephan Richarz erwähnt, daß in Japan marine Mollusken quartären Alters gefunden sind, die heute erst 15° südlicher an den Küsten der Philippinen gefunden werden. Wir erwähnen diese Angabe bereits hier beim Spättertiär, weil nach unseren Karten die wärmste Zeit für Japan gerade die Grenze zwischen Tertiär und Quartär ist, wo Japan auf etwa 15 bis 20° lag, gegen 35 bis 40° heute.

Im Sunda-Archipel hat es nach den Angaben holländischer Geologen auch im Spättertiär Riffkorallen gegeben.

In Südamerika haben wir entsprechend der reichen, tropischen Flora auch eine besonders reiche Entwicklung der Tierwelt. Das pflanzenfressende Riesenfaultier Megatherium, welches bei sehr plumpem Körperbau die Größe eines Elefanten besaß, konnte wohl nur bei reichlichem Pflanzenwuchs genügend Futter finden. Ähnliches gilt für das etwas kleinere Mylodon. Das Riesengürteltier Glyptodon erreichte 2 m Länge, Doedicurus 4 m, die Huftiere Toxodon und Typotherium erreichten etwa Nashorngröße. Besonders die erstgenannten müssen Waldtiere gewesen sein. Wenn ihre Reste heute im Löß gefunden werden, so zeugt dies wohl nur von der besseren Erhaltung durch diesen, aber schwerlich von ihrer Natur als Steppentiere. Diese ganze Fauna, die oft als quartär bezeichnet wird, gehört ebenso wie der Löß, in den sie eingebettet ist, teils in das Pliozän, teils in das Frühquartär und bestätigt jedenfalls das Zeugnis der Pflanzenwelt von der damaligen größeren Wärme.

Von der südamerikanischen Meeresfauna ist nur die schon früher erwähnte Bemerkung Neumayr-Uhligs zu nennen, daß in Chile auf heute 35° Südbreite unter den frühtertiären und auch noch miozänen Fossilien sich keine befinden, die auf höhere Wärme als heute schließen lassen. In der Tat war im Miozän die geographische Breite dieselbe wie heute. Im Pliozän aber muß es viel wärmer geworden sein.

Vielleicht sind auch die von Lemoine erwähnten Korallenriffbauten Madagaskars ins Pliozän zu setzen. Sie sind jünger als das Aquitanien (älteres Miozän), aber vor der Entstehung des heutigen Flußsystems der Insel gebildet worden. Die geographische Breite Madagaskars wird ihr Minimum allerdings wohl erst nach Beginn des Quartärs erreicht haben.

— Die Gesamtheit der spättertiären Klimazeugen führt für das Miozän zu einer Lage des Nordpols bei 75° Nord, 150° West, und einer entsprechenden Lage des Südpols bei 75° Süd, 30° Ost, und andererseits für das Spätpliozän und Frühquartär zu einer Lage des Nordpols bei 70° Nord, 60° West, und einer entsprechenden Lage des Südpols bei 70° Süd, 120° Ost.

Kapitel V

Die Klimate in den vorkarbonischen Zeiten

Für die Zeit vor dem Karbon fehlt uns die Kartengrundlage, die zur Diskussion des jeweiligen Klimasystems unerläßlich ist. Wollten wir folgerichtig handeln, so müßten wir also diese Zeiten einstweilen überhaupt von der Behandlung ausschließen. Wenn wir sie trotzdem in Kürze besprechen, so geschieht es, weil es auch bereits von Interesse ist zu sehen, daß dieselben Klimazeugen, die uns bisher geleitet haben, auch schon in diesen ältesten Zeiten in ganz ähnlicher Weise entstanden wie später. Wir finden Salzformationen im Silur und Kambrium, Inlandeisspuren im Algonkium usw. Auch kann man im Devon und Silur immerhin noch auf die Karbonkarte zurückgreifen, wenn man auch dabei im Auge behalten muß, daß sie immer unrichtiger wird, je weiter wir in der Erdgeschichte zurückgehen. Aber wir glauben außerdem, daß sich gerade an diese Klimazeugen der ältesten Zeiten noch ein ganz besonderes Interesse knüpft, und daß sie in der künftigen Entwicklung der Paläogeographie eine sehr wichtige Rolle spielen werden. Denn der Gedanke liegt sehr nahe, daß es einmal möglich sein wird, die bisher unmögliche Rekonstruktion der Erdoberfläche für diese alten Zeiten gerade auf Grund der Klimazeugen vorzunehmen. Gegenwärtig sind allerdings die Altersbestimmungen gerade dieser Ablagerungen hierzu noch nicht detailliert genug, und die Ablagerungen selbst auf den meisten Kontinenten auch noch zu wenig erforscht, als daß ein solcher Versuch angängig wäre. Wir beschränken uns deshalb auf eine Besprechung der einzelnen Klimazeugnisse in der bisherigen Weise.

A. Devon

Devonische Eisspuren sind in Südafrika nachgewiesen, also an gleicher Stelle oder doch in unmittelbarer Nachbarschaft der karbonischen Eisspuren des Südpols. Schon hierdurch ist die Orientierung der devonischen Klimazonen in den großen Zügen gegeben; sie kann nicht grundsätzlich von der der karbonischen abgewichen haben. Nach

Cloos[1]) handelt es sich um zwei Fundstellen, an denen gekritzte Gerölle in feinkörniger Matrix eingebettet vorkommen, so daß an der glazialen Entstehung kein Zweifel sein kann. Die Eisbildung umfaßte 600 qkm und wird in das Frühdevon gesetzt. Die auf S. 31 nach Rogers und du Toit angegebene Schichtenfolge zeigt, daß die Glazialschichten die Basis der Tafelbergserie bilden, die im oberen Teil mitteldevonische Meeresfossilien enthält. Die frühdevonische Zeit ist deshalb von Wichtigkeit, weil sie den Schluß nahelegt, daß auch schon im Spätsilur der Südpol nicht sehr weit von Südafrika entfernt gelegen haben wird. Weitere devonische Eisspuren sind nicht bekannt.

Die wenigen Kohlenbildungen aus dem Devon haben wir bereits im Abschnitt „Karbon und Perm" erwähnt. Sie sind schnell aufgezählt: Nach Blackwelder finden sich devonische Kohlen an mehreren Stellen Nordamerikas, namentlich im Staat Maine im äußersten Nordosten der Vereinigten Staaten; ferner nach Frech in Deutschland bei Neunkirchen in der Eifel, und nach Neumayr-Uhlig auch an einigen Orten in Frankreich und Spanien. Leuchs erwähnt devonische Kohlen am Nordfuß der Alaikette am Oberlauf des Syr Darja, und Neumayr-Uhlig solche in China. Alle diese Vorkommen scheinen der äquatorialen Regenzone des Devons zu entsprechen. Spätdevonisch sind weiter noch Kohlen auf der Bären-Insel, also nördlich der Old-Red-Wüste; diese Kohlenbildung setzt sich in das Frühkarbon fort und bildet damit den Anschluß an die Karbonzeit.

Besonders auffallend ist die devonische Wüstenbildung des Old-Red, die in Nordamerika von New York bis Neufundland, ferner in West-, Nordwest- und Ostgrönland, auf Spitzbergen und in Nordeuropa vorkommt und zu beweisen scheint, daß dies heute so zerrissene Kontinentalgebiet damals noch lückenlos zusammenhing und eine große Wüste, J. Walthers „rotes Nordland", bildete (Fig. 21). Wenn auch Walther davor warnt, alle dickbankigen Sandsteine ohne weiteres als Erzeugnisse der trockenen Wüste zu betrachten, weil in der Vorzeit, als es noch keine Blütenpflanzen gab, vermutlich auch feuchtere Gebiete pflanzenleer sein konnten, so geht doch in unserem Falle die Trockenheit schon daraus hervor, daß das Old-Red sowohl in Nordamerika wie im Baltikum auch Salz und Gips enthält.[2])

In England und Irland erreicht das Old-Red eine Mächtigkeit von 3000 m, in Schottland, wo die kaledonischen Faltungsprozesse an der Grenze von Silur und Devon große Schuttmengen lieferten, gar 5000 m.

In der spärlichen Fauna finden sich Lungenfische (Ceratodus) und Lungenschnecken, die imstande waren, eine vorübergehende Austrock-

---

1) H. Cloos, Geologische Beobachtungen in Südafrika, III. Die vorkarbonischen Glazialbildungen des Kaplandes. Geol. Rundsch. 6, Heft 7/8, 1916.
2) Dacqué, Grundlagen und Methoden der Paläogeographie, S. 408. Jena 1915.

nung der Flüsse zu überstehen. „Wir kommen so zu der Vorstellung, daß das nordische Festland schon im Oberkambrium, dann wiederum im Obersilur, weiterhin durch die ganze Dauer der Devonperiode bis in die Unterkarbonzeit ein heißes Wüstenklima besaß, dessen Trocken-

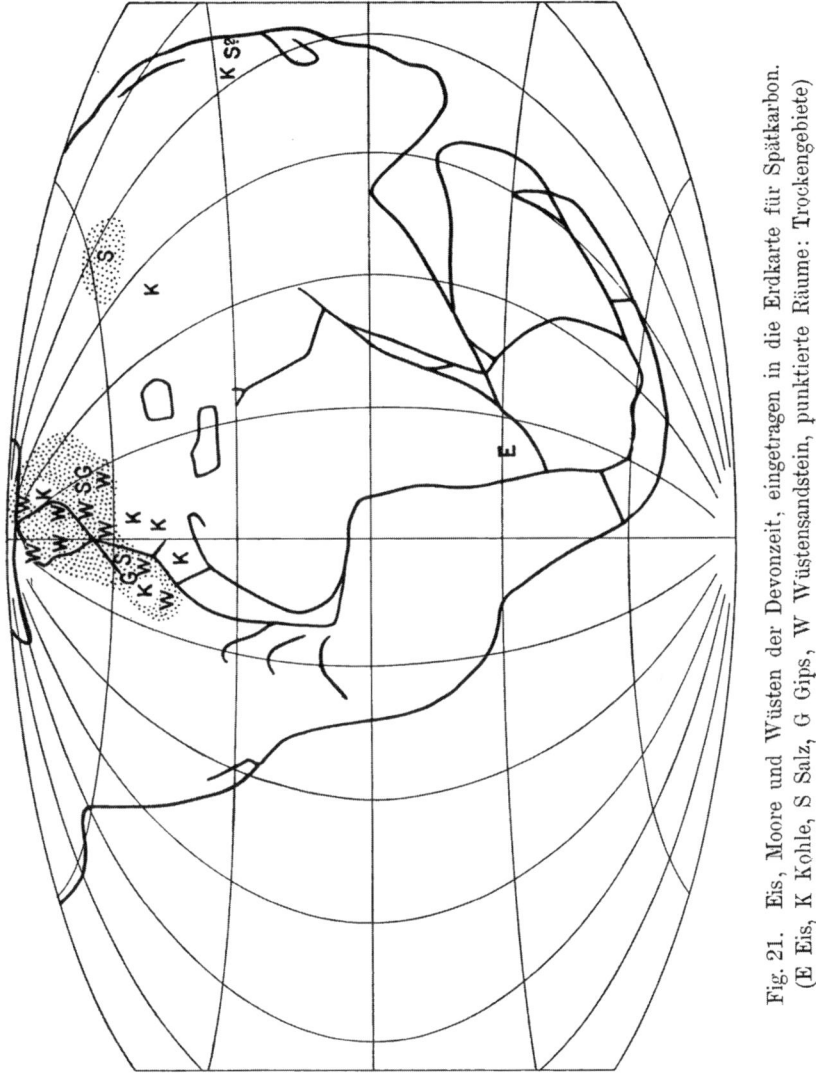

Fig. 21. Eis, Moore und Wüsten der Devonzeit, eingetragen in die Erdkarte für Spätkarbon. (E Eis, K Kohle, S Salz, G Gips, W Wüstensandstein, punktierte Räume: Trockengebiete)

perioden nur selten von gewitterreichen Niederschlägen unterbrochen wurden. Dann entfernte der stürmische Wasserguß die rote, sandige Erde von den verwitterten Gehängen der Berge und bisweilen waren seine Fluten kräftig genug, um metergroße Blöcke abzureißen und, mit kleineren Felsentrümmern vereint, nach dem Fuße der Berge zu tragen, so daß man in den Grampiansbergen und in Nordschottland noch jetzt die gewaltigen Felsblöcke in die Konglomerate eingestreut sieht. Man hat früher geglaubt, daß beim Transport dieser Massen Gletschereis eine Rolle gespielt habe, und auf gekritzte Geschiebe hingewiesen, die man darin fand. Allein es zeigte sich bei genauerer Untersuchung, daß sie von vordevonischen Felsen stammten, die von Bruchspalten durchzogen sind, auf denen sich deutliche Gleitharnische finden." (Walther.) Die Südgrenze dieses Old-Red-Gebietes geht in Europa durch England und das Baltikum. In der Eifel dagegen zeugt die devonische Kohle bereits von der äquatorialen Regenzone.

Im südlichen Sibirien, im Gouvernement Irkutsk und bei der Stadt Minussinsk, heute 13° nördlich (und bedeutend östlich) der devonischen Kohlen vom oberen Syr Darja, kommen Solquellen vor, deren Salzführung nach Buschman auf devonische Ablagerungen zurückgeht. Es ist dasselbe Gebiet, welches später im Perm Kohlen bildete. Der devonische Äquator muß also in Asien merklich südlicher gelegen haben als der permische. Nach Neumayr-Uhlig enthalten ferner auch die devonischen Ablagerungen Chinas Salzbildungen. Leider fehlen hier die Angaben über das zeitliche und räumliche Verhältnis zu den schon erwähnten devonischen Kohlen, für die gleichfalls nur „China" angegeben wird.

Korallenriffe wurden im Devon in Europa etwa von England bis Südfrankreich gebildet, und in Nordamerika von New York bis Ohio. Die bei einzelnen Autoren anzutreffende Bemerkung, daß auch noch auf Ellesmereland (78° Breite) devonische Riffkorallen gefunden seien, geben wir mit Vorbehalt wieder; Einzelkorallen, wie sie heute in den norwegischen Fjorden leben, wären allerdings auch dort zu erklären, ebenso wie sie ja auch aus den devonischen, dicht über den Glazialablagerungen liegenden Schichten Südafrikas bekannt sind, während Riffe hier fehlen.

— Tragen wir alle diese devonischen Klimazeugnisse in unsere Karbonkarte ein, so ist jedenfalls so viel ersichtlich, daß die devonische Äquatorlage von der karbonischen in dem Sinne abwich, daß der Äquator auf den europäischen Meridianen etwas südlicher lag als im Karbon. (Vgl. Karte Fig. 21.)

B. Silur

Im Silur wird die Orientierung auf der immer weniger stimmenden Karbonkarte bereits schwieriger, aber es gibt doch, wie gezeigt werden wird, manche Stellen, die uns unmittelbar den Anschluß an die Position der devonischen Klimagürtel liefern.

Ob Eisbildungen aus der Silurzeit erhalten sind, ist unsicher. In Frage kommen dafür nach Cloos die früh- oder vorpaläozoischen

Eisbildungen in Südafrika, die etwa 25 000 qkm einnehmen, aber die Zeit ist noch nicht näher bestimmt. „Rogers denkt an Silur oder Cambrium; auch Algonkium würde noch in Betracht kommen."

Dagegen sind silurische **Kohlenbildungen** an mehreren Stellen in Europa nachgewiesen. „Gewisse silurische Schiefer in Deutschland und England, die wegen ihres Reichtums an Schwefelkies zur Darstellung von Eisenvitriol und Alaun verwendet und danach Alaunschiefer genannt werden, enthalten reichliche Beimengungen kohliger Stoffe, die aber doch nicht beträchtlich genug sind, die Verwertung der Alaunschiefer als Brennmaterial zu gestatten. Schwache, unbauwürdige Kohlen- und Anthrazitflöze kennt man im Bereich silurischer Graptolithenschiefer in Portugal und in der Grafschaft Cork im Obersilur von Irland, im Silur der Insel Man usw." Nach F. Rinne sind auch in Böhmen silurische Anthrazite vorhanden.[1]) Herrmann hält diese „nur stellenweise verwertbaren geringmächtigen Anthrazitflöze" wegen ihrer Lage zwischen marinen Schichten für Umwandlungsprodukte zusammengehäuften Seetangs.[2]) Wenn diese Deutung richtig sein sollte, können derartige „Algenkohlen" natürlich nichts mehr über den Regen aussagen und verlieren wohl einstweilen jede klimatologische Bedeutung. Wir haben aber große Bedenken gegen diese Deutung; denn wo entstehen heute Torflager auf solche Weise? Nach Herrmann finden sich schon im Silur Böhmens Lepidodendron und in dem des Harzes Stigmaria und Sphenopteridium, was die Existenz einer Landflora ähnlich der karbonischen schon im Silur beweist; dann liegt es aber doch auch nahe, anzunehmen, daß auch die silurischen Kohlen ebenso wie die karbonischen aus Süßwasser-Flachmooren entstanden. Doch müssen wir diese Frage den Fachleuten überlassen. Jedenfalls würden die genannten Kohlenvorkommen sich ohne Schwierigkeit als Erzeugnisse der äquatorialen Regenzone des Silurs erklären lassen, da noch viele andere Anzeichen für tropisches Klima in Europa sprechen.

Verhältnismäßig am besten ist im Silur die nördliche **Trockenzone** zu verfolgen. In Europa nimmt sie etwa das Old-Red-Gebiet ein, wie schon aus den Angaben im Devon hervorgeht. Kreichgauer erwähnt insbesondere auch rote silurische Sandsteine vom Nordwestende der Baffinsbai. Aus dem Frühsilur stammen nach Neumayr-Uhlig auch die Solen in der Umgebung von Petersburg. Jedenfalls liegt dies nordeuropäische Trockengebiet nördlich der erwähnten Kohlen. In Nordamerika aber bildete sich im Spätsilur eine weit ausgedehnte Salzformation als Fortsetzung des europäischen Trockengebietes. In dieser

---

[1]) F. Rinne, Gesteinskunde. 6./7. Aufl. Leipzig 1921.
[2]) F. Herrmann, Artikel „Silurformation", Handwörterb. d. Naturwiss. 9, S. 18—31. Jena 1913.

Zeit wurde nach Herrmann und Buschman Steinsalz und Gips in den Vereinigten Staaten abgelagert in New York, Pennsylvanien, Ohio, Virginia, Michigan, und auf kanadischem Gebiet in Ontario und Nord-Manitoba. In Ontario sind bis zu 12 m mächtige Steinsalzbänke erbohrt worden. Der Staat New York hat namentlich Solquellen, von denen Neumayr-Uhlig besonders die von Salina und Syracuse hervorheben. Diese Salzformation ist überall rot gefärbt, und Dacqué betont, daß sich diese Rotfärbung erst innerhalb der Silurablagerungen einstellt, wodurch eine Erwärmung gegenüber den älteren Zeiten angezeigt wird. Die geographische Breite war hier offenbar im Abnehmen. Endlich sehen wir als Fortsetzung dieser Trockenzone nach Osten noch eine zweite, freilich frühsilurische Salzwüste in Südsibirien, nach L. Waagen im Angara-Lande nordwestlich des Baikal-Sees. Kreichgauer erwähnt auch rote silurische Sandsteine im Norden des Baikal-Sees. Durch dieses zusammenhängende Trockengebiet, welches nur der nördlichen Trockenzone entsprechen kann, ist die Orientierung der Klimagürtel in den großen Zügen auch für die Silurzeit gegeben. Berücksichtigen müssen wir freilich, daß das westliche Ende, in Nordamerika, später entstand als das östliche und dabei in Verlagerung nach Norden begriffen war. Im Frühsilur, als Südsibirien Salz bildete, mag es über Mittelamerika gelegen haben. — Die südliche Trockenzone ist im Silur noch nicht bekannt.

Die Verbreitung der silurischen Korallen steht mit dieser Orientierung der Klimagürtel anscheinend in guter Übereinstimmung. „Offenbar bauten sie schon damals Riffe, die in den wesentlichsten Punkten jenen entsprechen, die heute die Küsten der tropischen Meere umsäumen. Ziemlich vereinzelt im Untersilur (Nordamerika), gewinnen die Korallenriffe in der oberen Hälfte der Formation ganz gewaltig an Bedeutung: in den russischen Ostseeprovinzen, auf Gotland, in Norwegen, in Nordamerika und in verschiedenen anderen Gegenden treffen wir auf ihre Reste" (Neumayr-Uhlig). Besonders üppige Riffbildung herrschte in Mitteleuropa, also etwa im Bereich der silurischen Kohlenvorkommen. „Gotland zeigt uns vielleicht das schönste Korallenriff der paläozoischen Periode." Aus über 1000 Arten besteht die Fauna des Gotländer Kalkes, der in Schweden überall die Hauptmasse des Silurs ausmacht. Im spätsilurischen Orthocerenkalk sind hier nach Herrmann besonders große Orthoceren aus der Untergattung Endoceras vorhanden, die auch auf warmes Wasser hindeuten. In England entspricht dem Gotländer Kalk der Wenlock-Kalk, der nach Neumayr-Uhlig stellenweise „massenhafte Anhäufungen von Korallen, ja wirkliche Riffbildungen", daneben aber auch viele Kalkalgen (Girvanella) enthält. Das oberste Silur wird hier schon sandig wie das Old-Red und enthält 2 m lange Riesenkruster, die wohl auch auf tropisches

Klima hindeuten. Und endlich finden sich auch in den Alpen die Korallen wieder; „stellenweise, wie am Findenigkofel, sind auch Riffkalke ausgebildet" (Herrmann).

Ebenso unzweifelhaft scheint die Riffnatur der Korallen in Nordamerika zu sein. Der Niagarakalk ist hier das Äquivalent des Wenlock- und Gotländer Kalkes. Nach E. Kayser liegt über ihm die rote Salz- und Gipsformation, die schon besprochen wurde.

Nun sind silurische Korallen noch in vielen anderen Gegenden gefunden worden; Neumayr-Uhlig gibt an: North-Devon im nordamerikanischen Polararchipel, L. Waagen: Nordamerika von Grinnell-Land bis nach Arkansas, auf Novaja Semlja, den Neusibirischen Inseln, Nordsibirien im Olenek- und Chatangagebiet und „bis hinab nach Australien". Aber wir dürfen wohl mit Recht bezweifeln, daß es sich hier um echte Riffbildungen mit jener üppigen Kalkabsonderung handelt, die für die warmen Tropengewässer charakteristisch ist. In einem Falle können wir hierfür bereits den Beweis liefern: Gregory hat gezeigt, daß die in das Britische Museum gelangten Silur-Korallen von Grinnell-Land durchweg verkümmerten Wuchs zeigen.[1]) Es dürfte sich hier um Einzelkorallen ohne riffbildende Kalkabsonderung handeln, wie sie heute z. B. in den kühlen Wassern der norwegischen Fjorde gedeihen.

Neumayr-Uhlig betont auch den sonstigen Faunenunterschied, der im Silur zwischen Nord- und Südeuropa bemerkbar ist, und möchte ihn für klimatisch bedingt halten. „Es bleibt die Möglichkeit übrig, daß die Vorkommnisse in England, Skandinavien, Rußland, China und Nordamerika einer zusammenhängenden Nordzone, die in Chile und dem südlichen Australien einem antarktischen Verbreitungsgebiet angehören, während die in Böhmen, den Alpen, Sardinien, Frankreich, Spanien und Portugal als die nördlichsten einer äquatorialen Zone gelten müßten."

Der äquatoriale Warmwassergürtel scheint auch durch die Graptolithen des Silurs bezeichnet zu sein, denn diese kommen nach Zittel vor in: Bolivien, in Nordamerika in Virginia, Iowa, Wisconsin, Tennessee, Ohio, New York, Neufundland, Canada, ferner in Europa in Spanien, Sardinien, Frankreich, Irland, England, Schweden, Norwegen, Deutschland, Kärnten, Polen, den baltischen Provinzen, am Ural; weiter wird merkwürdigerweise auch Australien genannt, was ganz herausfällt. Dagegen sollen die Graptolithen im Himalaja fehlen. Bei der immerhin auffallenden Übereinstimmung mit der damaligen Tropenzone möchten wir bezweifeln, daß die Zurückführung dieser Ablagerungen lediglich auf größere Meerestiefe unabhängig von der Temperatur, wie

---

1) Nach Dacqué, a. a. O., S. 406.

sie von manchen Autoren vertreten wird, haltbar ist. Es erscheint viel wahrscheinlicher, daß auch die Graptolithen, wenn sie vielleicht auch an etwas größere Meerestiefe gebunden waren, sich in ihrer Hauptentwicklung auf die damaligen Tropen beschränkten.

— Im ganzen läßt sich also auch im Silur die Lage der verschiedenen Klimazonen in großen Zügen noch leidlich verfolgen.

C. Kambrium

Im Kambrium läßt uns nun die Bezugnahme auf das System der Klimagürtel ganz im Stich, aber offenbar nur, weil es vorläufig unmöglich ist anzugeben, wie die Erdteile damals zueinander lagen. Wir haben nicht den geringsten Grund, daran zu zweifeln, daß sich in Wirklichkeit auch damals zwei Trockenzonen beiderseits der äquatorialen Regenzone befanden, und daß die Polargegenden mehr oder weniger vereist waren. Aber diese Klimazonen erscheinen so deformiert und durcheinandergeschoben, daß wir bei manchen dieser Zeugnisse im Zweifel sind, ob sie zur südlichen oder nördlichen Halbkugel gezählt werden müssen.

Durch Reusch sind kambrische Eisspuren im Varangerfjord im nördlichen Norwegen bekannt geworden, die später namentlich von Strahan genauer beschrieben wurden. „Über echten präkambrischen kristallinen Gesteinen liegt die quarzitische, schieferige und konglomeratführende Gaisa-Formation, deren unterer Teil glaziale Trümmer in einem dunkeln Geschiebelehm führt, in dessen Liegendem Gletscherschrammen nachgewiesen sind. Die Formation ist altkambrisch" (Dacqué). Diese Spuren werden jedenfalls von allen für echt glazial gehalten, wenn auch Frech das Alter als zweifelhaft bezeichnet und einige Autoren sie in das Algonkium setzen wollen.

Andere Eisspuren, die gleichfalls allgemein für echt gehalten werden, finden sich nach Willis am Yangtse in China. Sie werden von E. Kayser als frühkambrisch bezeichnet und liegen unter Schichten mit kambrischen Versteinerungen. „Die glazialen Ablagerungen selbst bestehen ebenfalls aus einem Geschiebelehm und -ton mit typischen geschrammten und polierten Gesteinen; darüber folgt ein aus dem Glazialmaterial aufgearbeitetes, eine marine Ingression andeutendes Konglomerat, woraus hervorzugehen scheint, daß diese Glazialperiode den Schluß der algonkischen Zeit bedeutet, weil überall in China das Kambrium transgressiv auf algonkischer Abrasionsfläche liegt" (Dacqué).

Unsicher dagegen ist die glaziale Natur der in Südaustralien bis Adelaide gefundenen Eisspuren, angeblich gleichfalls frühkambrischen Alters. Dacqué und E. Kayser nehmen sie für echt glazial und lassen nur das Alter noch unzureichend bestimmt, nach Frech[1]) aber handelt es sich „um geschrammte Gerölle, deren Politur auf Gebirgsdruck zurückgeführt wird (Basedow) und deren Altersbestimmung ebenfalls ganz zweifelhaft ist, sie gehören nach Noetling zur Dyas."

Als sehr fraglich sind auch noch angebliche Glazialfunde in der indischen Salt Range und auch südlich davon auf der indischen Halbinsel zu erwähnen. Namentlich ist auch hier die Altersbestimmung nicht sicher; nach Dacqués Darstellung sind sie wohl schon dem Algonkium zuzuzählen. Leider wird nicht angegeben, in welchem Zeitverhältnis diese Glazialfunde zu der ja auch ins Kambrium gesetzten Salzformation der Salt Range stehen, mit der sie sich doch klimatisch gar nicht vertragen. Solange dieser Widerspruch nicht gelöst ist, lassen sich die kambrischen Glazialzeugnisse von Indien kaum verwerten.

Schließlich sei erwähnt, daß auch die ältesten Glazialspuren von Südafrika nach Cloos ebensogut kambrischen wie silurischen oder algonkischen Alters sein können. Wenn wir das frühkambrische Alter der chinesischen Eisspuren als richtig voraussetzen, so würden die südafrikanischen Spuren auch bei starker Verschiebung der ostasiatischen Küstengebiete immerhin recht weit entfernt von ihnen liegen, so daß wir es vorziehen würden, diese afrikanischen Spuren in wesentlich jüngere Zeiten, nämlich in das Silur zu setzen, wo sie sich dann an die frühdevonischen Eisspuren des Kaplandes gut anschließen.

Von kambrischen Kohlen ist nichts bekannt. Dagegen lassen sich die Trockengebiete einigermaßen festlegen. Die Solquellen in Ostsibirien entstammen nach Buschman nicht nur dem Untersilur, sondern auch dem Kambrium. Europa und Nordamerika stehen im Kambrium im Zeichen zunehmender Wärme nach der algonkischen Vereisung. Die Eisspuren im Varangerfjord gehören noch dem Frühkambrium an, im Spätkambrium dagegen bilden sich in Schottland und anderen Teilen des späteren Old Red-Gebietes rote Wüstensandsteine. Für Nordamerika ist Willis zu dem gleichen Ergebnis der Klimabesserung im Laufe des Kambriums gekommen. Hier wurde im Spätkambrium der Potsdamsandstein gebildet. Im Silur folgte dann hier die große Salzformation.

Merkwürdigerweise findet sich nun im Kambrium noch ein anderes, durch Salzbildungen sehr auffallendes Trockengebiet in Vorderindien. Neumayr-Uhlig beschreibt es mit den Worten: „Die geologisch ältesten Salzlager finden wir im Kambrium der Salzkette (Salt Range) vom Pandschab in Ostindien. Sie sind mit Gips und rotem Mergel ver-

---

[1]) F. Frech, Artikel „Kambrium" im Handwörterbuch der Naturwiss. **5**, 658—665, Jena 1914.

gesellschaftet und werden schon seit uralter Zeit abgebaut. In dem außerordentlich trockenen [heutigen] Wüstenklima der Salzkette erhalten sich einzelne derartige Lager als zu Tage anstehende Felsen; auf einem solchen Salz- und Gipsstock ist die Stadt Amb erbaut." Leider kennt man das Liegende des Salzes nicht und weiß nur, daß es älter sein muß als die darüberliegenden kambrischen Schichten. Meist wird es als frühkambrisch bezeichnet, doch ist wohl auch noch größeres Alter möglich. Die Lage dieses Trockengebietes paßt auf unserer Karbonkarte nicht mehr gut zu den übrigen Klimazeugnissen, wie denn auch die gleichzeitigen Eisbildungen in China und in Norwegen, die doch mindestens 120° voneinander entfernt sein sollten, auf dieser Karte eine zu geringe Entfernung besitzen.

Mächtige Kalkbildungen aus kambrischer Zeit finden sich nach Frech in Schonen, Nordschottland und Sardinien, ferner im kanadischen Felsengebirge und in Ostasien (ohne nähere Ortsangabe). Sehr ähnlich verläuft der von Dacqué in einem Kärtchen erläuterte Gürtel der korallenähnlichen Archäocyathen, die sich im westlichen Nordamerika in Nevada, im Osten im südlichen Labrador und New York finden, ferner in Europa in Schottland, Frankreich, Spanien, Sardinien, und auf asiatischem Gebiet am Altai und im indischen Pandschab sowie Nordchina. Weiter werden Südostaustralien, das Weddel-Meer, und fraglich auch Graham-Land und Deutsch-Südwestafrika genannt. Dacqué macht aber selbst darauf aufmerksam, daß diese Angaben nicht gleichwertig in bezug auf Riffbildung sind und auch zeitliche Unterschiede aufweisen. So stellen sich die Archäocyathiden in Schottland erst im Mittelkambrium ein, nachdem die frühkambrische Vereisung des Varangerfjords aufgehört hatte. Auch die chinesischen Funde sollen nach Walcott mittelkambrisch, also jünger als das Eis, sein. Für Australien reproduziert Dacqué eine von Howchin gegebene Schichtenfolge, nach welcher über dem glazialen Tillit zuerst Kieselkalke mit Radiolarien und dann erst Trilobiten- und Archäocyathidenschichten folgen. Auch hier ist also eine Erwärmung im Laufe des Kambriums eingetreten. Dagegen fehlen die Archäocyathiden trotz Vorhandenseins kambrischer Ablagerungen in Südamerika. Daß die Archäocyathiden auch im westlichen Nordamerika nördlich von Nevada und auch auf Alaska fehlen und ebenso auch auf den Neusibirischen Inseln, ist bei der zeitlichen Nähe der algonkischen Vereisung nicht zu verwundern.

Auch die sonstige Meeresfauna des Kambriums zeigt gewisse regionale Unterschiede, in denen man klimatische Einflüsse zu erkennen glaubt. Haug betont den Unterschied zwischen Nord- und Südeuropa. Sao ist z. B. nur im Süden, Microdiscus nur im Norden vertreten. Trotzdem wird meist die europäische Fauna als Einheit betrachtet und mit der des östlichen Nordamerika zu einer nordatlantischen Provinz vereinigt, welcher eine pazifische Provinz gegenübergestellt wird, die in China, Australien und dem westlichen Nordamerika vertreten ist. Um nur ein Beispiel zu nennen: Paradoxites, den Frech „die häufigste Gattung mittelkambrischer Art des atlantischen Gebiets" nennt, kommt in Böhmen, Spanien, Sardinien, Massachussets vor, fehlt dagegen in den Gebieten von Westamerika, Argentinien und in Ostasien.[1]) Da in Europa alle Anzeichen, wie die besonders üppige Entwicklung der Archäocyathiden usw., für tropische Wärme sprechen, so liegt die Vermutung nahe, daß die „atlantische" Fauna die der warmen Zone, die pazifische die der gemäßigten oder kalten Zonen darstellt; aber es ist fraglich, ob diese Unterschiede ausschließlich klimatischer Natur sind.

D. Algonkium

Noch mehr als im Kambrium macht sich natürlich das Fehlen der Kartenunterlage im Algonkium bemerkbar. Glücklicherweise haben wir hier einen besonders guten Ausgangspunkt für die Betrachtung in der anscheinend sehr ausgedehnten algonkischen Vereisung des nördlichen Teiles von Nordamerika. Dacqué schreibt über sie: „In den oberhuronischen Basaltkonglomeraten hat Coleman an zwei 4 Meilen voneinander entfernten Punkten der Silberminenregion nördlich vom Huron-See in Canada abpolierte und gekritzte Geschiebe aus in der Umgegend anstehendem archäischen und unteralgonkischen Gestein entdeckt, die in einem tillitartigen, grauwackig-sandigen Gestein eingebettet sind   Ganz ähnliche, aber nicht gekritzte, vielleicht also fluviatil-glaziale Konglomerate liegen auf einer Erstreckung von über 700 Meilen in Ontario, vom Temiscaming-See im Osten bis zum Lake of the Woods im Westen, vom Huron-See im Süden bis zum Nordende des Nipigon-Sees auf eine Erstreckung von 250 Meilen, und erreichen eine Mächtigkeit von ca. 300 m. Andere Vorkommen von Konglomeraten in Canada, Minnesota, Michigan und Neufundland sind analog entwickelt und vielleicht als fluviatile Glazialgebilde anzusprechen." Dacqué erwähnt ferner, daß nach Gregory auch auf Spitzbergen ein glaziales Konglomerat das Kambrium unterlagert, bezeichnet allerdings auf seiner Glazialkarte diese algonkische Vereisung Spitzbergens als fraglich; und endlich sollen auch an der Lenamündung präkambrische Glazialablagerungen gefunden sein. (Auf der genannten Karte gleichfalls mit Fragezeichen versehen.) „Jedenfalls kann das amerikanische huronische Glazialphänomen nunmehr als allseitig anerkannt gelten, und Schuchert will es sogar noch in früh- und spätalgon-

---

1) Für die atlantische Fauna sind charakteristisch: Paradoxites, Olemus. Für die pazifische: Die ältesten Asaphiden, Dicellocephalus, Ceratopyge.

kische Vorkommen gliedern, so daß wir mehrere Vereisungen hätten." Die früher erwähnten Eisspuren im Frühkambrium des nördlichen Norwegens stellen sich hiernach als Ausläufer dieser algonkischen Eiszeit Nordamerikas dar. Mit diesem Ausgreifen der nördlichen Polarkappe über weite Gebiete des nordamerikanischen und europäischen Festlandes steht auch die von Haug hervorgehobene Tatsache in Zusammenhang, daß hier im Algonkium die Kalkbildung auffallend zurücktritt, im Gegensatz zum Kambrium und Silur.

Weit getrennt von diesen gesicherten Eisspuren finden sich die schon erwähnten unsicheren in Vorderindien. Hier sind bei Blaini in der Salt Range Glazialspuren gefunden, die von David als kambrisch bezeichnet werden, die aber nach Schuchert möglicherweise als präkambrisch zu betrachten sind. Und ebenso hat Vredenburg weiter südlich auf der indischen Halbinsel Gerölle von glazialer Lagerungsart beschrieben, die möglicherweise vorkambrisch sind. Erinnert sei auch daran, daß auch für die ältesten Eisspuren in Südafrika noch algonkisches Alter in Frage kommt. — Leider sind diese Spuren der südlichen Polarkappe, wie hervorgehoben, noch nicht als gesichert zu betrachten.

Interessanterweise sind auch aus dem Algonkium noch Kohlenbildungen bekannt. Nach E. Kayser, L. Waagen u. a. gibt es in Finnland nördlich des Onega-Sees ein 2 m dickes Kohlenflöz, welches nach Sederholm das älteste bekannte Kohlenlager darstellt. Die als „Schungit" bezeichnete Kohle brennt nicht mehr und steht in ihrer Beschaffenheit zwischen Anthrazit und Graphit.

Der Wüstensandstein des Old Red-Gebietes wurde nach Dacqué schon seit dem Algonkium gebildet. Der algonkische Torridonsandstein des nordwestlichen Schottlands ist nach E. Kayser „eine mehrere tausend Meter mächtig werdende, hauptsächlich aus rötlichen Sandsteinen und Arkosen[1]) bestehende, nahezu horizontal gelagerte Bildung." J. Walther sagt: „Nordschottland war in algonkischer Zeit ein gebirgiges Festland, dessen steil aufragende Kämme und Felsenzacken, durch keine Vegetation geschützt, dem zerstörenden Einfluß der atmosphärischen Kräfte rasch unterlagen. Große Schuttkegel und gewaltige Bergstürze bewegten sich an steilen Böschungen nach den Tälern hinab. Regengüsse breiteten sich in den Senken aus, bildeten vergängliche Trockenseen, an deren Boden geschichtete Tone abgelagert wurden, während der Sturm feine und grobe Sande zu vergänglichen Sandhügeln oder wandernden Dünen aufhäufte." Dem schottischen Torridonsandstein entspricht der gleichfalls algonkische rötliche Dalasandstein im zentralen Norwegen. Es kann hiernach kaum

---

1) „Arkosen bestehen aus Feldspat, Quarz und Glimmer, also den Trümmern von Granit oder Gneis, die in einem meist spärlichen, tonigen, kieseligen oder hämatitischen Bindemittel liegen." (Rinne.)

zweifelhaft sein, daß Schottland sich in den ganzen ungeheuren Zeiträumen vom Algonkium bis zum Karbon und noch weiterhin im Bereich der nördlichen Trockenzone befand, wenn es auch die geographische Breite innerhalb dieses Spielraums noch stark wechselte. Immerhin beweist diese Tatsache eine gewisse Stabilität der Pollage auch in den ältesten Zeiten und verbietet die Annahme von Polwanderungen um 180°, wie sie von Kreichgauer angenommen wurden. Auch die algonkische Vereisung Nordamerikas kann wie die quartäre offenbar nur vom Nordpol verursacht worden sein. Im übrigen sind leider die algonkischen Ablagerungen noch zu wenig bekannt, um weitere Schlüsse auf die damaligen Klimate zu gestatten.

Kapitel VI
Polwege und Breitenänderungen in der Erdgeschichte

Aus dem Vorangehenden ergeben sich folgende wahrscheinlichste Lagen des Nord- und Südpols, bezogen auf das heutige Gradnetz Afrikas (Längen von Greenwich):

		Karbon	Perm	Trias	Jura	Kreide	Eozän	Miozän	Beginn d. Quartärs
Nordpol	Breite	30° N	35° N	50° N	47° N	47° N	45° N	75° N	70° N
	Länge	145° W	115° W	125° W	132° W	140° W	160° W	150° W	60° W
Südpol	Breite	30° S	35° S	50° S	47° S	47° S	45° S	75° S	70° S
	Länge	35° O	65° O	55° O	48° O	40° O	20° O	30° O	120° O

In Fig. 22 ist diese Bahn der Pole, bezogen auf Afrika, dargestellt. Die übrigen Kontinente sind sowohl in ihrer heutigen Lage wie auch (mit gestrichelten Konturen) in ihrer karbonischen Lage gezeichnet, und zwar sind die Kontinentalschollen ohne Rücksicht auf die Wasserbedeckung ihrer niedrigeren Teile zur Anschauung gebracht.

Die Genauigkeit dieser Positionen der Pole läßt sich naturgemäß schwer zahlenmäßig ermitteln. Unser allgemeiner Eindruck ist der, daß wohl die meisten Positionen mit Fehlern von etwa 2 Großkreisgraden behaftet sind, daß aber nur sehr wenige, vielleicht gar keine, solche von 5° besitzen.

Für einen gegebenen Beobachtungsort lassen sich aus unseren Karten ohne größere Schwierigkeiten die sukzessiven geographischen Breiten entnehmen. Man hat hierdurch ein ausgezeichnetes Mittel, um sich einen Überblick über die Klimafolgen zu verschaffen, denen er im Laufe der Erdgeschichte ausgesetzt gewesen ist. Für die genauere Deutung des Klimas sind dann freilich noch verschiedene andere Faktoren in Betracht zu ziehen, wie die Strenge des Polarklimas u. a. In Fig. 23 haben wir die Änderung der Breitenlage graphisch dargestellt, welche die fünf Orte Leipzig, Tokio, Kairo, Punta Arenas und Hobart im Laufe der Erdgeschichte erfahren haben. Für Leipzig glaubten wir diese Kurve näherungsweise schon bis zum Algonkium geben zu können. Wie man sieht, gehen bei der großen tertiären Polwanderung die

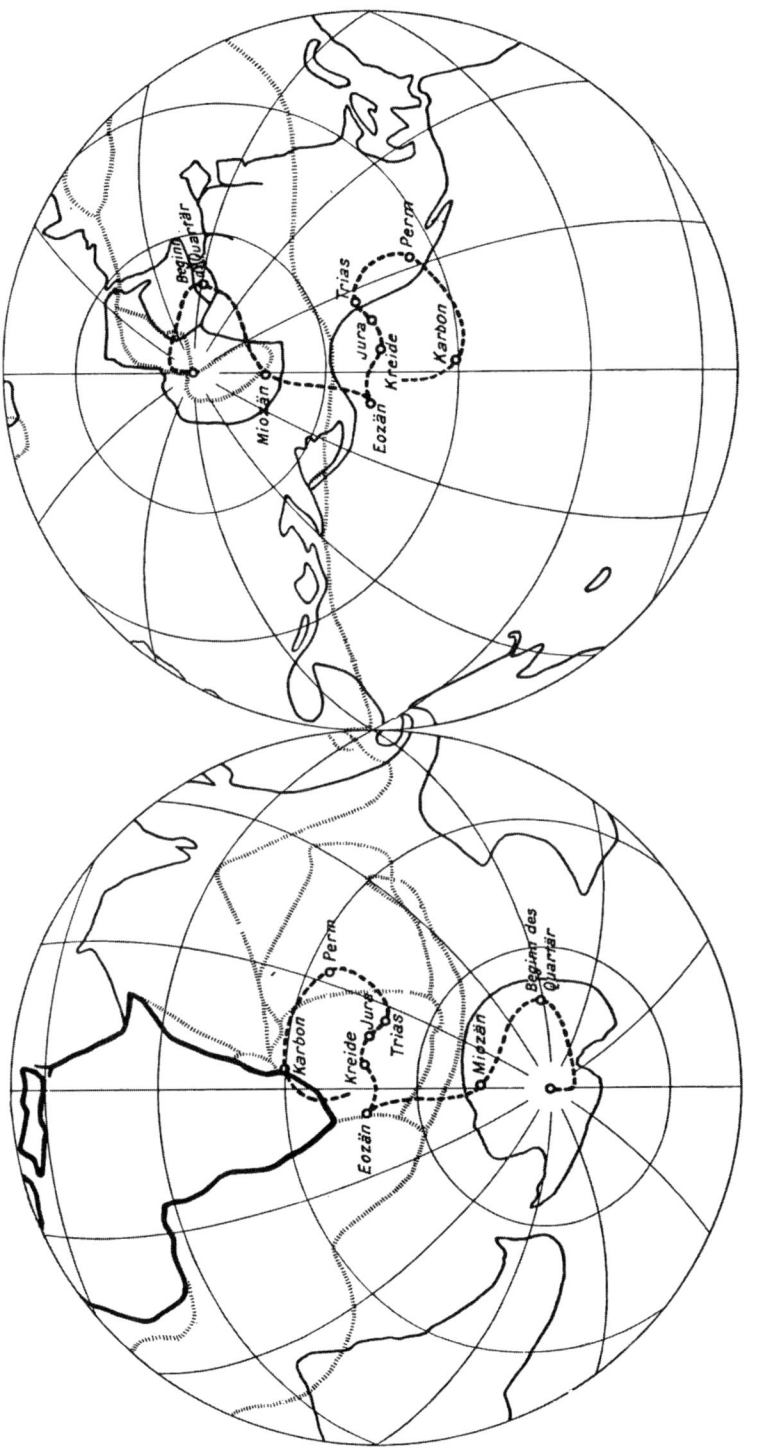

Fig. 22. Polwege, bezogen auf Afrika
Grenzen der Kontinentalblöcke: schattiert im Karbon, fest in der Jetztzeit

Kurven von Leipzig und Punta Arenas ungefähr parallel, und diejenigen von Tokio und Hobart unter sich parallel, den ersteren aber entgegengesetzt. Kairo ist das Beispiel eines Ortes, welcher die Halbkugel gewechselt hat.

Da es wohl nicht ohne Interesse ist, diese kurze Darstellung des Hauptgliedes der Klimaänderungen für eine größere Zahl von Orten auf der Erde zu haben, geben wir im folgenden noch eine Zahlentabelle der Breitenlage für 27 Orte seit der Karbonzeit. Fett gedruckt sind

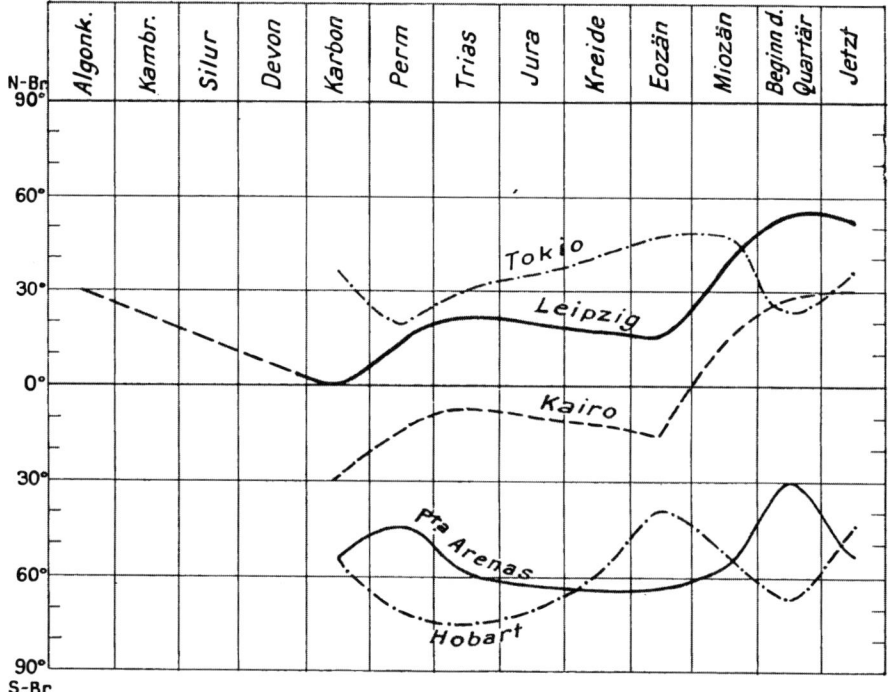

Fig. 23. Änderungen der geographischen Breite im Laufe der Erdgeschichte für 5 ausgewählte Orte

diejenigen Breiten, die dem Äquator um mindestens 20° näher liegen als die heutigen; kursiv und mit * solche, die von ihm mindestens 20° weiter entfernt sind. Hierdurch bekommt man einen leichteren Überblick darüber, wo, wann und in welcher Richtung das vorzeitliche Klima stark vom heutigen abwich. Die Tabelle zeigt z. B., daß besonders in Europa, aber auch in Nordamerika und Nordasien der weitaus größte Teil der Vorzeit erheblich wärmer war als die Gegenwart, während es in Südasien, Südamerika, Afrika und Australien gerade umgekehrt war. Wäre die Geologie nicht in Europa, sondern beispielsweise in Afrika oder Australien entstanden, so hätte sie wohl den Trugschluß einer allgemeinen Abkühlung der Erde vermieden.

Breitenänderung von 27 Orten seit dem Karbon

	Karbon	Perm	Trias	Jura	Kreide	Eozän	Miozän	Beginn d. Quartär	Jetzt
Nordamerika:									
Mt. Elias	50	66	78	75	74	58	78	66	60
S. Francisco	32	58*	52	50	42	32	50	59*	38
New York	0	18	20	18	12	11	38	62*	41
St. Louis	15	32	32	30	29	18	42	66*	39
Mexiko	8	30	22	19	12	10	26	47*	19
Europa:									
Spitzbergen	24	32	42	40	40	38	65	70	79
Leipzig	0	13	20	19	18	15	39	53	51
Madrid	−6	14	16	13	10	0	30	50	40
Asien:									
Neusibirische Inseln	32	35	50	45	52	45	68	60	75
Irkutsk	22	12	28	29	31	37	54	37	52
Tokio	36	19	30	33	40	48	48	24	36
Batavia	−30*	−50*	−40*	−37*	−33*	−8	−13	−26*	−6
Colombo	−82*	−69*	−65*	−69*	−70*	−58*	−24	−18	7
Südamerika:									
Panama	−10	15	6	0	−2	−17	6	31*	9
Arica	−45*	−20	−30	−35	−42*	−45*	−20	5	−18
Rio	−63*	−40	−42*	−45*	−50*	−62*	−24	1	−22
Punta Arenas	−55	−45	−60	−62	−63	−63	−57	−31	−53
Afrika:									
Kairo	−30	−15	−8	−10	−12	−15[0]	14	27	30
Kamerun	−46*	−29*	−27*	−28*	−32*	−40*	−10	11	4
Kapstadt	−72*	−52	−*	−65*	−70*	−80*	51	−28	−34
Madagaskar (Mitte)	−80*	−65*	−60*	−65*	−65*	−61*	−40*	−26	−19
Australien:									
Perth	−78*	−72*	−67*	−70*	−70*	−40	−46	−54*	32
Kap York	−43*	−70*	−60*	−55*	−41*	−15	−28	−40*	−11
Hobart	−55	−71*	−76*	−70*	−60	−40	−55	−69*	−43
Christchurch	−41	−60	−68*	−58	−50	−22	−41	−57	−44
Antarktika:									
Seymour-Inseln	−55	−50	−68	−67	−69	−67	−64	−40	−64
Mt. Erebus	−60	−64	−80	−75	−68	−53	−80	−80	−77

Kapitel VII

Die Klimate des Quartärs

Im Abschnitt über das Spättertiär war bereits gezeigt worden, daß die Pole zu Beginn des Quartärs eine von der heutigen ziemlich abweichende Lage hatten. Andererseits müssen sie am Schluß der Quartärzeit bereits die heutige Lage eingenommen haben. Das Quartär war also die Zeit, in welcher die Pole von der in der Karte Fig. 19 (S. 117) angegebenen Lage in die heutige übergingen. Die Frage der Pollage im Quartär ist damit bereits in den Hauptzügen gelöst, so daß wir nur noch Ergänzungen hierzu zu bringen haben.

Dafür tritt uns hier ein neues Problem entgegen, nämlich die Gliederung des Quartärs in Eis- und Interglazialzeiten. Die Untersuchung und Erklärung dieser relativ kurzperiodischen Klimaschwankungen wird daher den wichtigsten Inhalt dieses Kapitels bilden.

A. Übersicht der Tatsachen.

Nachdem Europa und Nordamerika seit der algonkisch-kambrischen Vereisung während ungeheuer langer Zeiträume tropisches bis subtropisches Klima gehabt hatten, begann für sie gegen Ende der Tertiärzeit ein neues Eiszeitalter, zuerst in Nordamerika, dann auch in Europa, das seinen Höhepunkt im Quartär erreichte. In den Gebirgen senkte sich die Schneegrenze wiederholt um etwa 1200 m, und in den einzelnen Eiszeiten wurden weite Teile beider Festländer unter einem kilometermächtigen Inlandeise begraben, während in den Interglazialzeiten das Eis ganz oder teilweise wegschmolz und eine Flora ähnlich der heutigen in das freigegebene Land einzog. Die größte Ausdehnung dieser Nordatlantischen Vereisung ist auf Fig. 24 dargestellt. Die geologischen Produkte dieser Eisüberschwemmung sind äußerst mannigfaltig und bilden den Gegenstand eines besonderen Zweiges der Geologie, nämlich der Glazialgeologie. Im folgenden werden nur solche herangezogen werden, die ein besonderes klimatisches Interesse haben.

1. Europa. Schon im Anfange des vorigen Jahrhunderts haben Playfair und Schimper, später Venetz, Charpentier und

viele andere erkannt, daß sich in den Alpen zahlreiche Erscheinungen nur durch die Annahme einer einst viel größeren Ausdehnung der Gletscher erklären lassen. Die Alpen waren im Quartär zwar nicht so stark vereist, wie heute Grönland, denn die Grate ragten auch aus dem am stärksten ausgebildeten Eisschilde des mittleren Teils noch

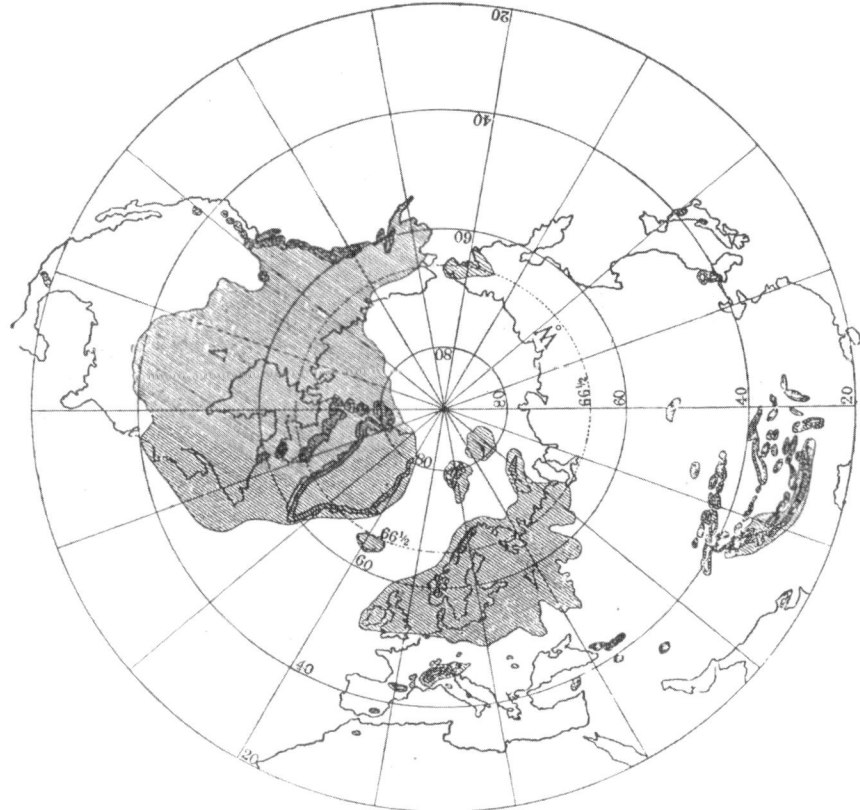

Fig. 24. Ausdehnung der pliozänen und quartären Glazialspuren

um 1000 bis 2500 m heraus. Aber das Netz von Eisströmen, das sie durchzog, überfloß viele der Pässe, und im Norden breiteten sich am Fuß des Gebirges die aus den Tälern herausgeflossenen Eismassen zu ausgedehnten Vorlandgletschern aus. Die Eisscheide lag dabei nördlich der heutigen Wasserscheide.

A. Penck und E. Brückner haben die Spuren dieser quartären Vereisung der Alpen eingehend untersucht und ihr umfangreiches Beobachtungsmaterial in dem dreibändigen Werk: „Die Alpen im Eiszeitalter" niedergelegt.[1]) Hauptsächlich auf Grund der Schotterterrassen

---

1) Penck und Brückner, Die Alpen im Eiszeitalter. 3 Bände. Leipzig 1901—1909.

der Flüsse kommen sie zu dem Ergebnis, daß die Vereisung viermalig war, mit drei dazwischenliegenden Interglazialzeiten. Sie bezeichnen die Eiszeiten als Günz-, Mindel-, Riß- und Würm-Eiszeit. Bei letzterer werden noch mehrere Rückzugsstadien unterschieden. Die Moränen der Würm-Eiszeit treten als wenig verwitterte „Jungmoränen" in Erscheinung. Die größte Ausdehnung hatte das Eis jedoch in den Ostalpen in der Mindel-Eiszeit, in den Westalpen in der Riß-Eiszeit. Die Spuren der ältesten Eiszeit sind nur an wenigen Stellen erhalten. Von den Interglazialzeiten muß diejenige zwischen der Mindel- und Riß-Eiszeit (Mindel-Riß-Interglazialzeit) weitaus die längste gewesen sein, da die Verwitterung hier das Moränenmaterial bis in große Tiefen hinab verändert und die Erosion am tiefsten eingeschnitten hat.

Diese alpine Gliederung des Eiszeitalters wird allgemein für die vollständigste und sicherste gehalten, so daß auch wir sie in diesem

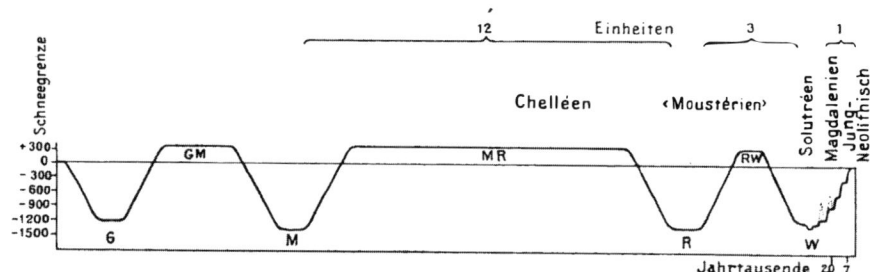

Fig. 25. Verlauf des Eiszeitalters in den Alpen nach A. Penck und E. Brückner
GMRW die vier Eiszeiten, Abszissen die Zeit

Kapitel zugrunde legen müssen. Über die absolute Zeitdauer sind natürlich nur rohe Schätzungen bisher möglich gewesen. So fand Königsberger nach dem Heliumgehalt des Zirkons für den Beginn des Quartärs das Alter von $1/2$ bis 1 Million Jahren. In dem Schlußband des erwähnten großen Werkes von Penck und Brückner (auf S. 1168) gibt uns Penck die Schätzungen, die sie hauptsächlich auf Grund der Erosion der in den Eiszeiten abgelagerten Flußschotter während der Interglazialzeiten erhalten haben, und zwar in Gestalt der in Fig. 25 nur mit Vertauschung von rechts und links wiedergegebenen „Klimakurve des Eiszeitalters". Der Maßstab am oberen Rande drückt die Dauer der beiden letzten Interglaziale in Einheiten aus, als welche die Zeitdauer seit der Ablagerung der Bühl-Moränen im Vierwaldstätter See genommen ist, die Penck auf 20 000 Jahre annimmt, wie dies am rechten Rande der Figur angedeutet ist. Die letzte, Riß-Würm-Interglazialzeit schätzt Penck auf 60 000, die vorhergehende, Mindel-Riß-Interglazialzeit aber viermal länger, auf 240 000 Jahre. Über die Dauer der Eiszeiten spricht Penck keine Vermutung aus, in der Figur aber hat er etwa 660000 Jahre als die seit Beginn der Günz-Eiszeit verflossene Zeit angenommen.

Als neue Weiterentwicklung geben wir noch in Fig. 26 eine graphische Darstellung des Verlaufs nur der Würm-Eiszeit in Süddeutsch-

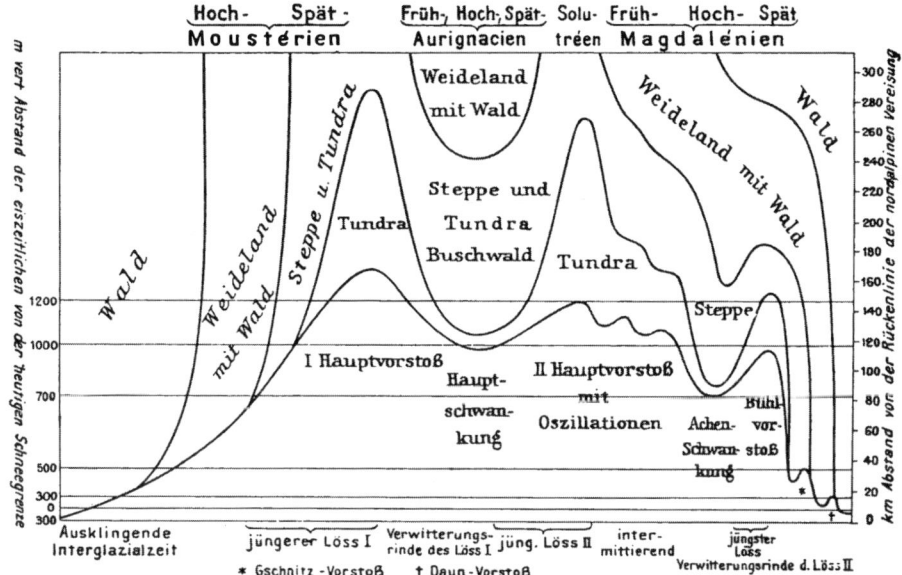

A. Verlauf der letzten Eiszeit in Süddeutschland nach Soergel

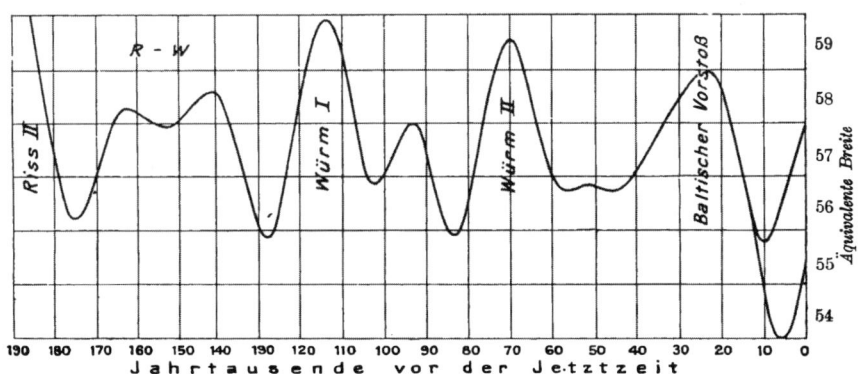

B. Sonnenstrahlung auf 55° Nordbreite nach Milankovitch
Fig. 26

land nach Soergel[1]) (unter Fortlassung der Fundorte). Die Würm-Eiszeit erscheint hiernach gegliedert in 2 Hauptvorstöße, Würm I und Würm II; den nachfolgenden Bühlvorstoß läßt Soergel sehr zurücktreten, sagt aber andererseits auf S. 129 seines Buches: „Die Haupt-

---

[1] W. Soergel, Lösse, Eiszeiten und paläolithische Kulturen. Jena 1919.

masse des intramoränalen Löß scheint dem Bühlvorstoß anzugehören, womit dieser als eine in hohem Maße selbständige glaziale Einheit, und die ihm vorhergehende Achenschwankung als bedeutendste seit der ‚Hauptschwankung' gekennzeichnet wird." (Auf die im unteren Teil der Figur zum Vergleich wiedergegebene Strahlungskurve von Milankovitch werden wir im nächsten Abschnitt zurückkommen.) Noch ausgesprochener sind die drei Vorstöße der letzten Eiszeit in der Tabelle von Krenkel unterschieden, die wir weiter unten auf S. 178 wiedergeben.

Natürlich existieren auch Schätzungen, die von den angeführten stark abweichen. So hält de Geer die meisten Zeitangaben für weit überschätzt. Aber seine Methode der Jahreszählung nach Lehmhorizonten, mit der wir uns noch im Abschnitt über das Postglazial beschäftigen werden, ist nur in der letzten Abschmelzperiode verwendbar und versagt in der älteren Zeit. Merkwürdig ist es, daß Pilgrim auf Grund derselben astronomischen Tatsachen, die uns im nächsten Abschnitt zu einer guten Übereinstimmung mit Pencks Schätzungen führen werden, allein die seit Beginn der Mindel-Eiszeit verflossene Zeit auf nicht weniger als 940 000 Jahre berechnet. Es liegt dies an seiner abweichenden, offenbar unrichtigen Deutung des Einflusses jener Tatsachen auf die Vereisung.

Die in den Alpen gewonnenen Anschauungen boten schon frühzeitig Anlaß, die quartäre Überschüttung Nordeuropas bis zum südlichen England, dem Harz und den Karpathen mit ungeheuren Massen von Tonen, Kiesen und Findlingsblöcken nicht mehr einer Flut, Diluvium, sondern der Wirkung des Eises zuzuschreiben. Zunächst nahm man freilich jahrzehntelang an, daß diese Massen in Eisbergen und Eisschollen auf dem Meere verfrachtet seien. Erst Anfang der siebziger Jahre wurde die großartige Auffassung ausgesprochen, und erst 1875, besonders nach einem Vortrag des schwedischen Geologen Torell in Berlin, drang sie durch, daß dieser Transport direkt durch Gletscher, nämlich durch ein ganz Nordeuropa bedeckendes Inlandeis erfolgt sei. Aber noch heute ist es nicht gelungen, restlose Klarheit in die Gliederung des norddeutschen Quartärs und ihre Beziehung zur Gliederung der alpinen Eiszeiten zu bringen, wenn auch der früher sehr lebhafte Streit zwischen Mono- und Polyglazialisten jetzt wohl als abgeschlossen gelten darf. Nach der von den norddeutschen Geologen jetzt überwiegend vertretenen Auffassung lassen sich hier zwar nicht vier, aber doch drei Vereisungen feststellen, und dementsprechend auch zwei Interglazialzeiten. Lange Zeit waren sogar nur zwei Eiszeiten bekannt, bis die Grundmoräne einer älteren dritten bei Hamburg erbohrt wurde. Die Ablagerungen dieser ältesten Eiszeit liegen auf älterem Gestein. Im Osten fehlen sie, so daß hier das ältere Interglazial mit seiner charakteristischen marinen Eemfauna (die ausgestorbene Muschel Tapes aurea eemiensis u. a.) zum Präglazial wird.

Gagel faßt die Beweise für eine mehrfache Vereisung in folgenden Worten zusammen:[1])

„1. In der Umgebung des baltischen Höhenrückens zeigt das Diluvium die typischen Formen der Glaziallandschaft: frische, schroffe, steil abgeböschte Landschaftsformen mit sehr vielen abflußlosen Vertiefungen, während südlich und westlich davon die Landschaft viel ruhigere, sanftere, unverkennbar stark eingeebnete („greisenhafte") Formen aufweist und meist völlig abdrainiert ist. Zugleich liegt

„2. ein deutlicher Gegensatz insofern vor, als in dem Gebiete der frischen, schroffen Oberflächenformen die postglaziale Verwitterung im allgemeinen nur Beträge von 0,7 bis 1,8 m Tiefe aufweist, während südlich und westlich außerhalb des Höhenrückens zum Teil ganz auffällig viel tiefer gehende und viel intensivere Verwitterungserscheinungen auftreten, die 10 bis 13, ja bis 27 m Tiefe erreichen und in Mächtigkeit und Intensität der Zersetzung sich nur mit den tief unter dem frischen, jungen Diluvium liegenden, im Zusammenhang mit den Ablagerungen gemäßigter Interglazialfloren auftretenden Verwitterungserscheinungen vergleichen lassen."

„3. Das Auftreten von Ablagerungen mit Resten einer wärmeliebenden (Fauna und) Flora, die nach unserer heutigen Kenntnis ihrer Lebensbedingungen nicht dicht am Inlandeisrande gelebt haben können, sondern klimatische Bedingungen verlangen, die mindestens so günstig waren wie heutzutage, also aller Wahrscheinlichkeit nach eine ebenso geringe Ausdehnung der Gletscher voraussetzen wie heute."

„Es hat sich dann bei genauer stratigraphischer Untersuchung dieser Interglazialbildungen (ebenso wie der Verwitterungszonen) herausgestellt, daß diese sich auf zwei Horizonte verteilen, deren tieferer durch die Führung der echten Paludina diluviana, sowie von Dreyssensia polymorpha und Corbicula fluminalis in den Süßwasserablagerungen, der sogenannten Eemfauna in den marinen Ablagerungen ausgezeichnet ist, während das jüngere Interglazial durch Paludina Duboisiana und Brasenia purpurea bezeichnet zu sein scheint...."

„Soweit unsere Erfahrungen reichen, liegt dieses jüngere Interglazial von Westpreußen bis Schleswig-Holstein und Hannover über der letzten mächtigen Verwitterungszone und unter den jungen frischen Moränen des baltischen Höhenrückens, bzw. unter Bildungen, die mit diesen jungen frischen Moränen in unmittelbarem, stratigraphisch erweisbarem Zusammenhang stehen ."

---

[1] C. Gagel Die letzte große Phase der diluvialen Vergletscherung Norddeutschlands. Geol. Rundsch. 6, 55, 1915. — Derselbe Die Beweise für eine mehrfache Vereisung Norddeutschlands in diluvialer Zeit. Ebendort 4, 1913.

„4. Dazu kommt als viertes Moment die Verbreitung des norddeutschen Lösses, der sich im wesentlichen außerhalb des Gebietes der jungen, frischen Moränen hält, und nur selten und in ganz gering ausgedehnten, wenig mächtigen Partien[1]) auf die äußersten, randlichen Teile des jungen Diluviums übergreift, der Hauptsache nach aber mit einer mächtigen Erosionsdiskordanz auf einem außerordentlich stark denudierten und zerstörten älteren Diluvium liegt, das unter ihm oft

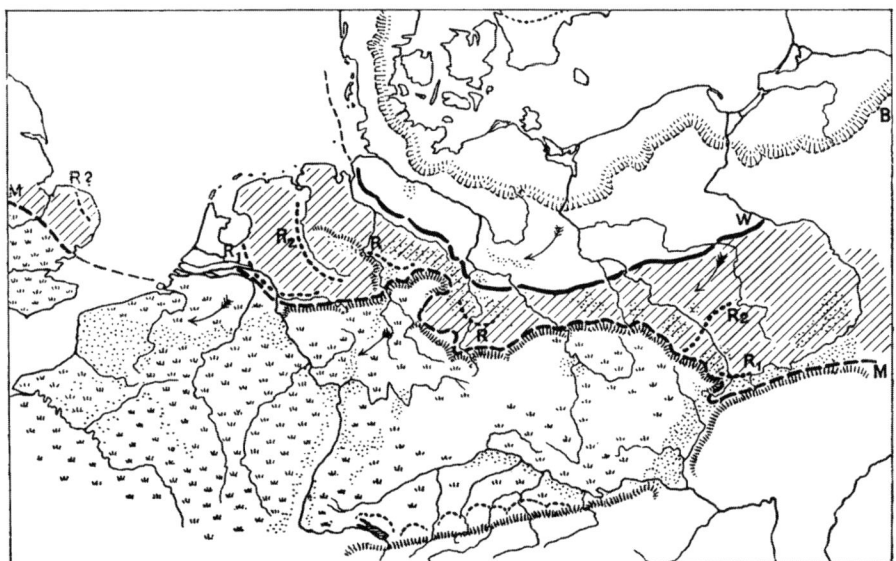

Fig. 27. Ausdehnung der Moränen der Mindel- (M), Riß- (R) und Würm- (W) Eiszeit und des Baltischen Vorstoßes (B) nach Olbricht

Durch Grasland ist das unvereiste Gebiet zwischen den Alpengletschern und dem skandinavischen Inlandeis bezeichnet. Die Lößgebiete sind punktiert. Das Gebirgszeichen deutet die Alpen und die Mittelgebirge an, an denen das nordische Eis sich zeitweise staute. Die dick gestrichelte M-Linie gibt den äußersten Rand des Inlandeises; R die Riß-Moränen, W die Würm-Moränen, B die des Baltischen Vorstoßes. Das Altmoränengebiet mit seiner eisenschüssigen Verwitterung ist schräg schraffiert. Die Pfeile bezeichnen die Richtung der den Löß aufwehenden Eisföhne.

bis auf sehr geringe Reste, bzw. bis auf eine Steinsohle reduziert ist; was beweist, daß zwischen der Ablagerung dieses älteren Diluviums und des oberflächenbildenden Lösses eine sehr lange Zeit der Zerstörung und Abtragung gelegen hat."

Die Frage, welchen alpinen Eiszeiten die einzelnen Phasen der norddeutschen Vereisung entsprechen, wird von den verschiedenen

---

1) Die Feinsande des Fläming und vielleicht ein Teil der Flottsande bzw. Flottlehme Nordhannovers sind anscheinend derartiger, wenig mächtiger und stark verwitterter, aber sonst typischer Löß im Gebiet des äußersten jungen Diluviums.

Autoren, wenn überhaupt, verschieden beantwortet. Eine geringere Anzahl von Vereisungen kann hier auf zwei Ursachen beruhen: Entweder war die interglaziale Abschmelzung nicht stark genug, um Norddeutschland vom Eise frei zu machen; oder nicht alle Vorstöße des skandinavischen Eises reichten bis Norddeutschland. In Fig. 27 ist ein neueres Kärtchen von Olbricht (mit Auslassung einiger uns hier nicht interessierender Signaturen) wiedergegeben[1]), in welchem die verschiedenen Moränenzüge durch die daneben geschriebenen Buchstaben M R W mit den alpinen Mindel-, Riß- und Würm-Eiszeiten in Parallele gesetzt werden. Die Günz-Eiszeit fehlt, vielleicht weil damals die Eiskappe nicht bis Norddeutschland reichte. Mindel- und Riß-Eiszeit haben auch hier fast gleich große Ausdehnung. Der Würm-Eiszeit ist nicht, wie man nach Gagels angeführtem Wortlaut meinen sollte, der baltische Moränenzug, sondern der südlich davon liegende Moränenzug zugeordnet, der von Olbricht gleichfalls wegen seines frischen Aussehens zu den Jungmoränen gerechnet wird. Da Würm II weiter reichte als Würm I, muß dann der baltische Rücken einem dritten Vorstoß entsprechen, der auch schon wiederholt als der „baltische Vorstoß" oder sogar die „baltische Eiszeit" bezeichnet worden ist. Mit welchem der alpinen Vorstöße nach Würm II dieser zu identifizieren ist, bleibt einstweilen unsicher, zumal der früher dort für bedeutend gehaltene „Bühlvorstoß" durch neuere Arbeiten von Penck überhaupt zweifelhaft geworden ist. Da diese letzten Vorstöße in den Alpen noch wenig geklärt sind, während in Norddeutschland der baltische Moränenzug sehr hervortritt, werden wir im folgenden für die Zeit nach Würm II in Anlehnung an Krenkel und Olbricht nur mit einem größeren Vorstoß rechnen, den auch wir den „baltischen" nennen. Er entspricht Krenkels drittem Vorstoß der Würm-Eiszeit in der Tabelle S. 178.

Der Kaiser-Wilhelm-Kanal, der größte Durchschnitt durch die Grundmoränen Norddeutschlands, zeigt nach Gagel merkwürdigerweise, daß hier „die ganze, zum Teil sehr mächtige Grundmoräne über dem (jüngeren) Interglazial durchaus einheitlich" ist.[2]) Wenn es also in diesem Gebiet überhaupt zu Interglazialbildungen zwischen den drei Vorstößen der Würm-Eiszeit gekommen ist, so müssen sie beim nachfolgenden Vorstoß wieder zerstört worden sein. Es muß aber betont werden, daß die Auffassungen der verschiedenen Forscher noch in den meisten Fragen auseinandergehen, so daß man die angeführten Parallelisierungen noch nicht als endgültig feststehend betrachten darf.

---

1) Olbricht, Die Eiszeit in Deutschland. Naturwiss. Wochenschr. 1922, S. 377.

2) Gagel in Geol. Rundsch. 6, 72, 1915; noch nachdrücklicher in Monatsber. der Deutsch. Geol. Ges. 63, 7, 1911.

Auf Grund englischer Beobachtungen unterscheidet Geikie[1]) für Europa 6 Eiszeiten, die wahrscheinlich mit denen von Penck und Brückner in folgender Weise zu identifizieren sind: Scanian = Günz; Saxonian = Mindel; Polandian = Riß; die dann folgenden Mecklenburgian, Lower Turbarian und Upper Turbarian dürften den drei in Krenkels Tabelle (S. 178) angegebenen Vorstößen der Würm-Eiszeit entsprechen.

In Skandinavien, nahe dem Herd der Vergletscherung, ist natürlich die Gliederung in Eis- und Interglazialzeiten noch mehr verwischt als in Norddeutschland, zumal diese Länder Ausräumungsgebiet waren. Dennoch sind dort Funde gemacht, die wenigstens für die Existenz einer eisfreien Interglazialzeit auch dort sprechen. Bei Hernösand und Bollnäs sind moränenbedeckte Ablagerungen der Zerstörung durch das Eis entgangen, deren reicher Fossilinhalt auf ein „temperiert boreales Klima" hindeutet.[2]) Nach ihrer Lagerung könnten sie freilich auch präglazial sein, aber der Fossilinhalt spricht für ein späteres, also interglaziales Alter. Dasselbe gilt für die Funde von Mammutzähnen in Schonen, bei Upsala, im zentralen Norwegen (hoch im Gebirge!) und in Finnland, sowie von Knochen des Moschusochsen bei Gothenburg. Das Inlandeis muß demnach wenigstens in einer der Interglazialzeiten auch in Skandinavien so gut wie ganz verschwunden gewesen sein.

Auch für die Halbinsel Kola und die Küste des Weißen Meeres wurde durch Ramsay eine Interglazialzeit festgestellt. Vermutlich handelt es sich hier wie auch in Skandinavien um die lange Mindel-Riß-Interglazialzeit, in der die Bedingungen für eine völlige Beseitigung des Inlandeises wohl am günstigsten waren.

Für die Frage der Polbewegung im Quartär ist es von besonderem Interesse, daß die in den verschiedenen Eiszeiten in Nordeuropa ausgebildeten Eiskappen sich anscheinend allmählich etwas nach Osten verlegt haben. Nach Gagel wissen wir bestimmt, „daß die jüngste oberdiluviale Vereisung [Würm] den Westen (jenseits Aller und Weser) nicht mehr überschritten, dagegen im Osten besonders mächtige Ablagerungen hinterlassen hat"; und andererseits scheint die älteste Vereisung gerade vorzugsweise den Westen betroffen zu haben und im Osten zu fehlen, denn „wir haben eine höchst charakteristische und unverkennbare marine Fauna einmal im Nordwesten [an der Eem in Geldern, am Kaiser-Wilhelm-Kanal, bei Tondern usw.] als sicheres Interglazial auf mächtigem Glazialdiluvium auflagernd und einmal im äußersten Osten bzw. Südosten [insbesondere zwischen Thorn, Inowrazlaw und Bromberg] in einem Gebiet, wo anscheinend das älteste Glazial-

---

1) James Geikie, The Great Ice Age. London 1894. — Auch in Journ. of Geol. **3**, S. 241.
2) A. G. Högbom, Fennoskandia. Handb. d. Reg. Geol. IV, 3, Heidelberg 1913.

diluvium fehlt, auf Tertiär liegend". Geikies Ahnung, es fehle der „untere Blocklehm" des Westens im Osten und der „obere Blocklehm" des Ostens im Westen, würde hiernach im wesentlichen recht behalten, wenn sie auch in dieser Form von den deutschen Geologen meist abgelehnt wird.

Auch in dem nicht vom Eise bedeckten Gebiet Europas bildeten sich im Quartär Ablagerungen, die von unmittelbarem klimatischem Interesse sind. Zwischen den Alpen und dem Rande des nordischen Eises blieb auch zur Zeit der größten Vereisung ein eisfreier oder nur mit lokalen Gebirgsgletschern besetzter Raum. Über das Klima dieser Gebiete werden wir u. a. durch die Blockfelder unterrichtet. Harrassowitz[1]) hat gezeigt, daß deren Bildung Eisboden in der Tiefe voraussetzt und damit eine Jahrestemperatur unterhalb etwa $-2°$ an Orten, wo sie jetzt 6 bis 7° beträgt, was einer Temperaturerniedrigung um mindestens 8° entspricht. Zugleich aber setzt das Erdfließen, dem die Blockfelder ihren Ursprung verdanken, Schneearmut, also ein wenigstens im Winter ziemlich trockenes Klima voraus. Hierauf werden wir noch zurückkommen.

Ein weiteres wichtiges Klimazeugnis aus diesen Gebieten, das zugleich auch weitere Beiträge zur Gliederung der Quartärzeit liefert, ist der schon oben erwähnte Löß. Durch zahlreiche petrographische Untersuchungen ist nachgewiesen worden, daß der europäische Löß aus dem Feinmaterial der Moränen und ihrer Auswaschprodukte entstanden ist. Er besteht aus dem feinzerriebenen, unverwitterten und deshalb kalkhaltigen Material, das auch als „Gletschertrübe" die aus Gletschergebieten kommenden Flüsse milchig trübt. Nach Soergel, Frech u. a. wurden diese Teilchen vom Winde aufgenommen, als die Schmelzwasserabsätze vor der Moräne auftrockneten. Nach A. Wegeners Beobachtungen in Grönland geschieht aber die Befreiung der Staubteilchen von der Verklebung weniger durch Austrocknen des flüssigen Lehmbreies — wobei meist harte Platten entstehen —, als durch Gefrieren und unmittelbares Verdampfen des darin enthaltenen Eises, was namentlich im Herbst, wenn der Boden wärmer ist als die Luft, in größerem Maßstabe geschieht.

Das Transportmittel, welches diesen Lößstaub aus dem Moränengebiet fortgetragen hat, ist jedenfalls der Wind. Nach seiner Ablagerung ist der Löß dann im Laufe der Jahrtausende von oben her mehr oder weniger tief verwittert, „verlehmt", wobei er seinen Kalkgehalt und seine poröse Struktur verlor. Strittig war lange Zeit die Frage, ob der Löß während der Eiszeiten oder während der Interglazialzeiten ge-

---

[1]) H. Meyer-Harrassowitz, Die Blockfelder im östlichen Vogelsberg. Ber. Vers. Niederrh. Geol. Ver. 1916. Bonn 1918.

bildet wurde. Aus seinem Vorkommen konnte man eine unmittelbare Antwort hierauf deshalb nicht erhalten, weil er stets oder fast stets außerhalb derjenigen Moränen liegt, die als gleichaltrig mit ihm in Frage kommen können. Die nächstliegende Annahme, daß er in trockenen Interglazialzeiten mit Steppenklima abgelagert sei, mußte allmählich verlassen werden zugunsten der Erkenntnis, daß er in den Eiszeiten selbst durch anhaltende trockene Winde, die antizyklonal aus dem Eisgebiet herauswehten, von dem Rande des letzteren aufgenommen und an seinen heutigen Ort gebracht wurde. Ein Teil von ihm ist dann wohl noch weiter durch Bodenfluß und Regenfluten umgelagert worden.¹) Diese Entstehung des europäischen Lösses ist also — trotz gleichartiger Zusammensetzung und trotz gleichartigen Transports

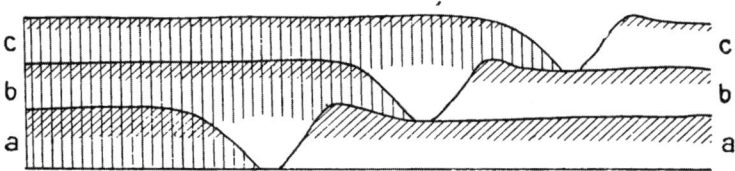

Fig. 28. Verhältnis der Lösse zu den Moränen nach Soergel

durch den Wind — eine andere als die des chinesischen und auch des argentinischen Lösses, deren Material, wie schon früher erwähnt wurde, aus der Wüste stammt. Nach den treffenden Worten von Frech bedarf es zur Bildung von Löß eben nur „eines unbewachsenen Denudationsgebietes, eines trockenen Windes und einer mehr oder weniger bewachsenen Auffangfläche".

Durch die Verlehmungsrinden, sowie durch Farbe und andere Eigenschaften gliedern sich die deutschen Lösse deutlich in mehrere Altersstufen, nämlich in älteren, jüngeren und jüngsten Löß. Jeder von diesen zerfällt jedoch noch weiter in mehrere zeitlich getrennte Bildungen, zwischen deren Ablagerung längere Zeiträume der Verwitterung liegen. Die Beziehung zwischen den Lössen und Moränen stellt Soergel durch das in Fig. 28 wiedergegebene Schema dar.²) Die Schattierungen deuten hierbei die verschieden starken Verwitterungsrinden an. Da der Löß b auf den verwitterten Moränen der Eiszeit a liegt, muß er beträchtlich jünger als diese sein, und da er weder unter noch über den Moränen der Eiszeit b liegt, kann er weder älter noch

---

1) Auch A. Penck, der früher durchaus für die Bildung des Lösses in den Interglazialzeiten eintrat, gibt bereits am Schluß des großen Alpenwerkes zu (S. 1160): Wenn der Löß während einer Eiszeit entstand, so mußte er gerade dort zur Ablagerung kommen, wo er heute vorhanden ist, und dort nicht, wo er fehlt.

2) W. Soergel, Lösse, Eiszeiten und paläolithische Kulturen. Jena 1919.

jünger als diese, sondern nur gleichaltrig mit ihnen sein. Löß liegt daher niemals auf unverwitterter Moräne, wohl aber auf unverwittertem Flußschotter (seiner eigenen Eiszeit) oder auf verwitterten Moränen (der vorangehenden Eiszeit).

Ein Beispiel möge die Lagerung des jüngeren Lösses auf der Verwitterungsdecke des älteren Lösses veranschaulichen [Fig. 29[1)]. Jener

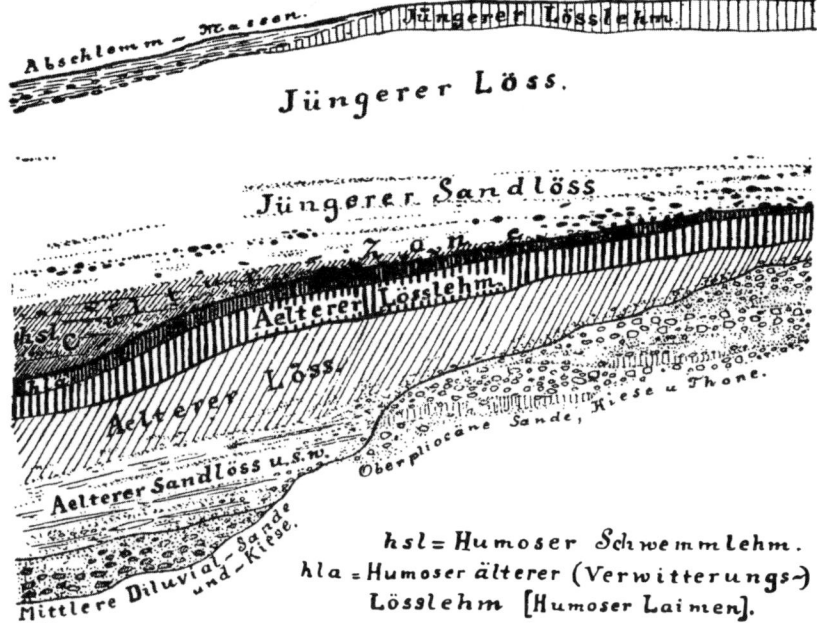

Fig. 29. Beispiel der Übereinanderlagerung verschiedenaltriger Lösse aus der Umgegend von Straßburg nach Schumacher

erweist sich anderswo nach seiner Tierwelt als aus der Würm-Eiszeit stammend; der ältere stammt also aus der Riß-Eiszeit und hat in einer Interglazialzeit mit bald mehr, bald weniger heißen Sommern Zeit gehabt, zu verwittern (verlehmen). Aus diesem Interglazial stammt auch die Kulturschicht, die vom Löß der neuen Eiszeit begraben wurde.

Noch bedeutend stärker war die Verwitterung in der so viel längeren Mindel-Riß-Interglazialzeit. Die Deckenschotter der Südalpen wurden in ihr zu leuchtend rotem Ferretto umgewandelt. In wenn auch geringerem Grade zeigt sich diese Erscheinung auch diesseits der Alpen. Unter den Riß-Moränen sind die Ablagerungen der Mindel-Eiszeit teilweise stark verkittet und die Feuersteine in Norddeutschland, wie die Fäustel des Chelléen und Alt-Acheuléen in Frankreich, die bis in die große Interglazialzeit zurückgehen, mit leder- bis blutroter Patina

---

1) Aus E. Werth, Der fossile Mensch, S. 458. Berlin 1923.

überzogen. Die vermorschten Geschiebe der Mindel-Eiszeit zeigen zum Teil schalenartige Absonderung, gewaltige Manganrindenbildung und wüstenlackähnliche Politur.[1]) Dies deutet darauf hin, daß in der langen Mindel-Riß-Interglazialzeit Zeiten sehr heißer Sommer vorgekommen sind.

In klimatischer Hinsicht zeugen die Lösse hauptsächlich von den Windverhältnissen am Rande des Inlandeises. Da sie durch den Wind stets von hier nach außen geschafft worden sind, so müssen über den quartären Inlandeiskappen ähnliche antizyklonale Winde geherrscht haben, wie wir sie jetzt in Grönland und Antarktika mit einer erstaunlichen Regelmäßigkeit vom Inlandeise herabwehen sehen, wobei sie durch die Erdrotation auf der nördlichen Halbkugel nach rechts, auf der südlichen nach links abgelenkt werden.

Die Konstanz und zugleich Trockenheit dieser Winde im Quartär wird schon durch die vielen Windkanter bezeugt, die teilweise (besonders in Schlesien) als Steinpflaster unter dem Löß liegen, vor allem aber durch das massenhafte Vorkommen von jetzt festliegenden Sicheldünen, deren Öffnung nach Westen schaut, so daß ihre Form wohl unter der Einwirkung von Ostwind entstanden sein muß. In der folgenden feuchteren Zeit der Westwinde wurden diese Dünen auch in Norddeutschland durch Bewachsung erhalten. Besonders auffallend ist ihre Auffindung in den Sumpfwäldern des Pripetj-Gebietes durch Tutkowski.[2]) In Norddeutschland sind sie später zum Teil vor ihrer Bewachsung durch Westwinde umgelagert worden, so daß ihre Steilseite im Osten ist.

Für die Trockenheit dieser östlichen antizyklonalen Winde wird, wohl in etwas übertriebener Weise, das Absteigen der Luft vom Inlandeise verantwortlich gemacht. Der Haupteffekt wurde aber wohl durch ein Absteigen aus noch viel größeren Höhen im Innern der Antizyklone bewirkt, die über der Eiskappe lag.

Diese Verhältnisse sind in Fig. 30 etwa für die Mindel-Eiszeit dargestellt. Die Ablösung Grönlands und Nordamerikas von Europa hatte erst kürzlich begonnen, der Nordpol lag Europa noch 5° näher als jetzt, so daß Norddeutschland eine geographische Breite von etwa 58° hatte. In den späteren Eiszeiten lag der Pol östlicher; die größte Ausdehnung des Inlandeises gehört im Osten daher wohl diesen späteren an. Wir haben uns in der Figur der Vermutung angeschlossen, daß die barometrischen Minima vom Atlantischen Ozean in den Eiszeiten

---

1) Olbricht, Die Eiszeit in Deutschland und der vorgeschichtliche Mensch. Naturwiss. Wochenschr. XXI, Nr. 27, 1922.

2) P. Tutkowski, Das postglaziale Klima in Europa und Nordamerika, die postglazialen Wüsten und die Lößbildung. Ber. d. 11. Internat. Geol. Kongresses (1910), S. 359 u. 398. Stockholm 1912.

ihren Weg über das Mittelmeer nahmen und den Ländern um dieses herum viel mehr Regen auch im Sommer brachten, als ihnen heute zuteil wird. Ägypten, Palästina usw. hatten damals ihre „Pluvialzeiten", von denen später noch die Rede sein wird.

Während die Lösse und Dünen uns hauptsächlich über die Windrichtung der wärmeren Jahreszeit belehren, ist man neuerdings auf

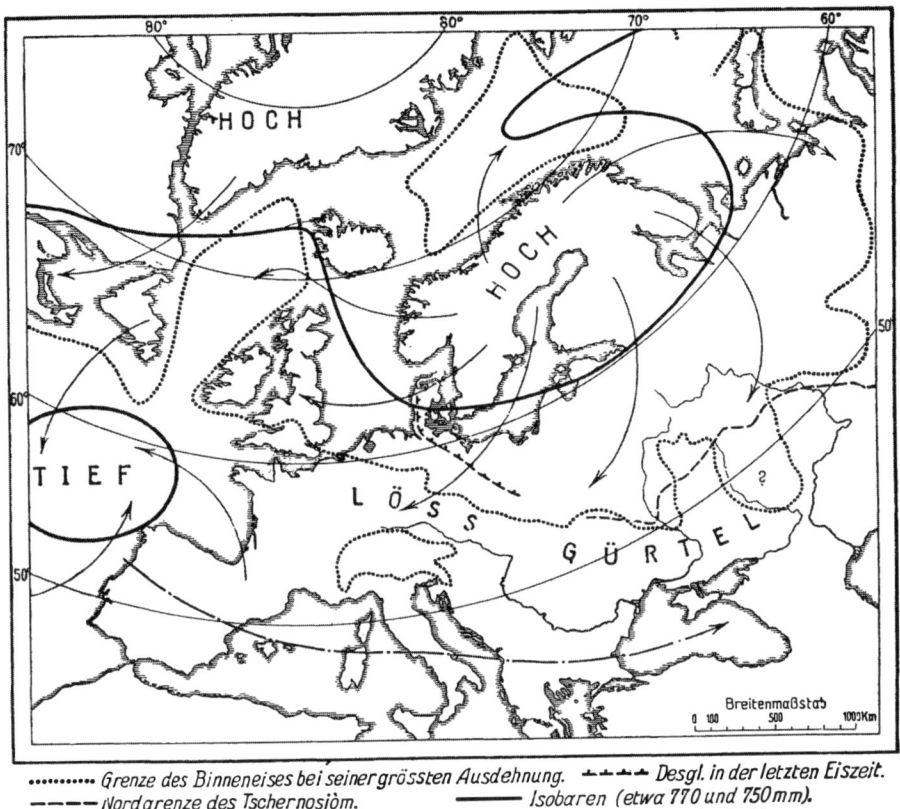

········· Grenze des Binneneises bei seiner grössten Ausdehnung.   ┴┴┴ Desgl. in der letzten Eiszeit.
─ ─ ─ Nordgrenze des Tschernosjòm.   ──── Isobaren (etwa 770 und 750 mm).
⤎── Vorherrschende Luftströmung   ─·─▶ Hauptzugstrasse der Cyklonen.

Fig. 30. Wahrscheinliche Lage der Kontinente, der Luftdruckgebiete und der vorherrschenden Winde zur Mindel-Eiszeit

ein Merkmal aufmerksam geworden, das sich namentlich auf den Winter bezieht. Wiederholt haben einzelne[1]) betont, daß die Gletscher vorzugsweise aus Treibschnee entstehen und daher auf der Leeseite der Berge stärker sind, als an der Windseite, wo viel weniger Schnee liegen bleibt. Aber diese gelegentlichen Hinweise sind unbeachtet geblieben, bis Fr. Enquist die Frage zum Gegenstand einer großen Ab-

---

[1]) Ratzel, Romer, Diller, Gilbert, Salisbury u. a.

handlung gemacht hat.¹) Er unterscheidet durchaus die „Vergletscherungsgrenze", d. h. das Niveau, in dem die Berggipfel eben anfangen, ewigen Schnee bzw. Gletscher zu tragen, und die Orientierung der Gletscher an jedem Berge. Erstere wird durch Niederschlag und Temperatur bestimmt, letztere aber nach Enquists, wohl etwas zu weitgehender, Auffassung ausschließlich durch die Richtung der vorherrschenden schneeführenden Winterwinde. Die Windseite der Berge erhalte zwar mehr Niederschlag, aber der Schnee komme überwiegend auf der Leeseite zur Ablagerung. Als Ausgangspunkt dienen ihm besonders die Verhältnisse Nordskandinaviens, wo in sehr auffallender Weise die Gletscher und Schneefelder an den Ostseiten der Berge liegen, während die Menge des Niederschlags nach Westen zunimmt.

Die Vergletscherungsgrenze ist ein bedeutend klarerer Begriff, als die klimatische Schneegrenze, die an verschiedenen Seiten eines Berges, wegen der Länge der Gletscher, verschieden ist, im großen aber der Vergletscherungsgrenze parallel geht. Für die Orientierung der Gletscher verwirft Enquist nicht nur die früher von manchen ausgesprochene Ansicht durchaus, daß auf der Windseite mehr Schneedecke und Gletscherbildung zu finden sein müsse, sondern er sieht auch den Einfluß von Sonnenlage und Schattenlage für gering an gegenüber dem des nach Lee treibenden Windes.

Da die württembergischen Karten sehr genau die Spuren der Eiszeit verzeichnen, gibt Enquist für den nördlichen Schwarzwald die eiszeitliche Vergletscherungsgrenze und die Lage der vielen kleinen Gletscher an. Erstere sinkt, sonderbarerweise, von der Hornisgrinde bis nach Freudenstadt von fast 1000 auf 750 m ab. Daraus, daß die kleinen Eiszeitgletscher, ebenso wie die Schneereste im Frühjahr heute (nach Klute), überwiegend nach Norden, Nordosten und Osten liegen, schließt Enquist, daß damals wie jetzt die Richtung der schneebringenden Winterwinde im Schwarzwald südwestlich war.

Es folgt daraus, daß der großen Antizyklone über dem nordischen Eise eine kleine bei den Alpen gegenüberlag. Auch in Schlesien und den Karpathen waren die eiszeitlichen Gletscher überwiegend nach Nordost gerichtet, so daß wohl die Nordostwinde auf Fig. 30 etwas einzuschränken sind.

Gebirge mit vorwaltend nach Süden und Westen gerichteten eiszeitlichen Gletschern sind aus Europa nicht bekannt (vielleicht der Ural). Wohl aber aus Amerika, wie wir weiter unten sehen werden.

Die Lösse, Windkanter und Sicheldünen beweisen uns, daß die Eiszeiten relativ arm an Niederschlag waren. Dies wird auch bestätigt durch die sehr geringen Niederschlagsmengen auf den heutigen Inland-

---

1) Fredrik Enquist: Der Einfluß des Windes auf die Verteilung der Gletscher. Bull. of the Geol. Inst. of Upsala, Vol. XIV, 1916.

eisgebieten. Die ältere Auffassung, wonach die Eiszeiten hauptsächlich durch Vergrößerung des Niederschlags bei nur wenig erniedrigter Temperatur entstanden wären, wird daher in neuerer Zeit nur von sehr wenigen noch vertreten. Die Kälte, namentlich des Sommers, war es vielmehr, welche den Schnee trotz seiner geringen Menge sich anhäufen ließ. Und umgekehrt hält man jetzt die Interglazialzeiten, denen man früher ein Steppenklima zuschrieb, für ausreichend feucht, um Waldwuchs zu erzeugen. A. Penck sagt ganz neuerdings mit Bezug auf die Reste von Hochmooren in den Alpen: „Unsere gesamte interglaziale Formation ist im humiden Klima entstanden."[1]) Gelegenheit zu Steppenbildungen war weit mehr in den Eiszeiten selbst gegeben. Der Löß weist in der Tat durch seine Röhrchenstruktur auf die Ablagerung des Staubes in Grassteppen hin. Aus dem noch zu besprechenden Tiergemisch, dessen Reste er enthält, muß aber geschlossen werden, daß diese Steppen unmittelbar an Tundren grenzten und in diese übergingen. Diesen waldlosen Übergang von der Steppe zur Tundra finden wir heute nur in sehr dürren Gegenden Hochasiens, aber nirgends im Tieflande; überall liegt vielmehr zwischen Steppe und Tundra, d. h. zwischen der Trockengrenze und der Kältegrenze des Baumwuchses, ein mehr oder weniger breiter Waldgürtel, in Sibirien die Taiga genannt. Am schmalsten ist dieser Streifen heute in Feuerland, dessen Nordende von Steppe und dessen Südrand von Tundren eingenommen wird. Auch hier zieht sich aber dazwischen Urwald von zum Teil gewaltigen Bäumen hin. Aber die eiszeitlichen Verhältnisse unterschieden sich eben in einem wichtigen Punkte völlig von allem, was wir heute auf der Erdoberfläche sehen: Die Grenze des Inlandeises lag damals auf weiten Strecken im Innern eines großen Kontinents, nicht wie heute in Grönland und der Antarktis nahe der Küste! Dieser anderen Lage können also auch Verhältnisse in der Pflanzendecke entsprochen haben, die wir heute nicht finden, und es kann damals ein Glied des Klimasystems der Erde gegeben haben, das heute nur zufällig nicht entwickelt ist: trockene Tundrensteppen diesseits der polaren Baumgrenze, mit vorherrschenden polar-östlichen, antizyklonalen Winden. In den Eiszeiten hätte also dann über dem Inlandeise eine ständige Antizyklone gelegen, deren Rand bis an die Grenze des innerkontinentalen Trockengebiets reichte, so daß der Waldgürtel der westlichen Winde an diesen Stellen bis auf Reste zum Verschwinden gebracht war und nur in den Interglazialzeiten, wenn mit der Eiskappe auch die Antizyklone einschrumpfte, sich wieder ausbreiten konnte. In der Soergelschen Darstellung der Würmeiszeit (Fig. 26 S. 161) tritt diese Schwankung des Waldrandes gut hervor.

Daß auch jenseits der Baumgrenze ausgesprochene Erscheinungen

---

1) A. Penck, Sitzungsber. Berl. Akad. 1922, S. 246.

ariden Klimas auftreten, hat jüngst Harrassowitz¹) ausgeführt. Man wird wohl neben der ozeanischen Abart eine, jetzt nur schwach vertretene, kontinentale Abart des Tundrenklimas zu unterscheiden haben.

Die Pflanzen, die man in den interglazialen Ablagerungen findet, kommen in den weitaus meisten Fällen auch heute wieder in der Nachbarschaft ihrer Fundorte vor. In Norddeutschland sind es z. B. Fichte, Tanne, Eibe, Kiefer (besonders deren Pollen), Eiche, Haselnuß, Schwarzerle, Hainbuche, seltener Rotbuche, Esche, Ulme, Spitzahorn, ferner Linden, Pappeln, Weiden, Schlehdorn, die weiße und gelbe Seerose usw. Einige Funde deuten aber sogar auf etwas wärmeres Klima als heute. Denn die Weinrebe, Magnolie und die Seerose Brasenia purpurea, die sich im norddeutschen Interglazial finden, und Rhododendron ponticum aus der interglazialen Höttinger Breccie bei Innsbruck wachsen jetzt in diesen Gegenden nicht wild. Freilich können sie dort in Gärten wachsen, und es ist noch nicht untersucht, ob sie sich nicht auch frei fortpflanzen, verwildern können. In diesem Falle wäre nur die Wiedereinwanderung der Pflanzen nach den inzwischen eingetretenen Eiszeiten allzusehr erschwert gewesen. Der Fund von Ilex aquifolium im Torf bei Kottbus deutet besonders auf wärmere Winter als heute, denn die heutigen sollen ihm dort zu streng sein. Auch Rhododendron ponticum wird meist als Zeuge für ein wärmeres Interglazialklima als jetzt angeführt. Allein in Wirklichkeit verlangt es kein wärmeres, aber ein sehr nasses Klima. Denn es kommt im westlichen Kaukasus bis zu 1500 m häufig und bis zu 2200 m vereinzelt vor.²) Was dieser Strauch nicht verträgt, ist Trockenheit, denn er findet sich jetzt nur in Gegenden mit mehr als 1000 mm Regenfall. Sein gegenwärtiges Verbreitungsgebiet ist einerseits der feuchte westliche Kaukasus und andererseits drei Orte im Westen der Iberischen Halbinsel. Da er überall dazwischen fehlt, so trägt er hier den Charakter von Relikten. Sein Nachweis im quartären Kalktuff von der Insel Skyros, nordöstlich von Euböa, durch G. Andersson ist daher einer der auffallendsten Beweise für eine zeitweise die jetzige weit übertreffende Regenmenge im Quartär. Denn Skyros hat jetzt einen völlig trockenen Sommer, und seine jährliche Regenmenge wird nicht viel größer sein, als die von Athen (390 mm) und Santorin (362 mm). Auf diese Verhältnisse werden wir später bei Besprechung der Pluvialzeiten zurückkommen.

---

1) H. Harrassowitz: Klima und Verwitterung. 2. Polare aride Gebiete. N. Jahrb. f. Mineral. Beilagebd. 47, S. 506.

2) G. Andersson in: Die Veränderungen des Klimas seit dem Maximum der letzten Eiszeit, eine Sammlung von Berichten, herausgeg. von dem Exekutivkomitee d. 11. Intern. Geol.-Kongresses, S. 146. Stockholm 1910.

Die auffallendste und noch zweifelhafte Nachricht betreffend eine größere Wärme der Interglazialzeiten ist die, daß im russischen Gouvernement Kaluga (ca. 55° Breite) in interglazialen Süßwassermergeln unter Löß Reste von Buche, Weißbuche und Taxus gefunden sein sollen.[1]) Ist die Artbestimmung richtig, so wird es sich hier wohl um ältere, vielleicht pliozäne Ablagerungen handeln.

Daneben sind in Norddeutschland an vielen Stellen Pflanzenfunde gemacht, die durch Zwergbirken, Polarweiden und Dryas octopetala auf die Nachbarschaft des Eisrandes hinweisen, und stellenweise ist durch die Übereinanderlagerung und den allmählichen Übergang dieser Floren auch die allmähliche Wandlung des Klimas sehr schön belegt. So hat man beispielsweise in Dänemark auf Grund solcher Pflanzenfolgen eine wahrscheinlich dem Baltischen Vorstoß vorangehende „Alleröd-Schwankung" feststellen können, indem auf eine wärmere Flora mit Betula odorata und Populus tremula wieder eine reine Dryasflora folgte. Für die erstere wird eine Julitemperatur von mindestens 9 bis 10° und für die zu ihr gehörige Molluskenfauna sogar eine solche von 12 bis 14° gefordert; für die darüber liegende Dryasflora muß dagegen eine Julitemperatur unter 8° angenommen werden.[2]) Aug. Schulz, dessen 5. Eiszeit offenbar dem Baltischen Vorstoß entspricht, glaubt aus der geographischen Verbreitung der jetzigen Flora schließen zu dürfen: „Die Zwischenzeit zwischen der 4. und 5. Eiszeit hatte wohl eine recht lange Dauer. Es fällt in sie ein Zeitabschnitt, wo selbst in Norddeutschland offenbar ausgedehnte aus Laub- und Nadelbäumen bestehende Wälder vorhanden waren, die auf ein dem heute hier herrschenden Klima ähnliches Klima schließen lassen." [3]) Es wird allerdings wohl nur Birken- und Kiefernwald gewesen sein, ohne Eiche, Schwarzerle und Buche.

Daß der Eisrand auch in der eigentlichen Würmeiszeit, als er noch auf dem Baltischen Höhenrücken lag, wiederholt kleinere Vorstöße gemacht hat, beweisen nicht nur die mehrfachen Moränenzüge, sondern auch die fossilienreichen Einlagerungen im glazialen Material in Ostpreußen. Die Flora derselben enthält nach Gagel „Formen, die nach Art und kümmerlicher Entwicklung etwa auf ein Klima analog dem an der heutigen Baumgrenze hindeuten, also auf ein Klima, das nur 1 bis 4 Monate einer (Mittel-) Temperatur von 6° bis höchstens 10° aufweist, und gerade noch genügt, um eine kümmerliche baumlose Vegetation gedeihen zu lassen Es fehlen vor allem alle Pollen von Bäumen (Pinus, Quercus), die sonst überall zu finden sind." [4])

---

1) Zeitschr. f. Gletscherkunde 1913—14, S. 285—286.

2) Nordmann in: Die Veränderungen des Klimas usw., S. 316. Stockholm 1912.

3) Aug. Schulz, Zeitschr. D. Geol. Ges., Abhandl. u. Mon.-Ber. 62, 1910. Berlin 1911.

4) Geol. Rundsch. 6, 77, 1915.

Bei diesen, durch Pflanzen bezeugten, Klimaschwankungen müssen wir berücksichtigen, daß nach der später zu besprechenden Strahlungskurve höchstwahrscheinlich die Zahl der Klimaschwankungen im Quartär viel größer war als die der Eiszeiten, und daß diese nur durch Überschreitung gewisser Schwellenwerte zustande kamen. Im Takte dieser zahlreichen, nur etwa 20 000 jährigen Klimaschwankungen hat zweifellos ein abwechselndes Vordringen der Pflanzenwelt nach Norden und Einschränkung ihres Gebietes durch Aussterben stattgefunden.[1]) Es ist erklärlich, daß es sehr schwierig ist, die Stellung solcher Pflanzenfunde zu den Eiszeiten genau festzustellen.

Auch die Tierwelt liefert weitere wichtige Zeugnisse für die Klimaperioden des Quartärs in Europa. In Deutschland geben besonders die Lösse, soweit sie nicht verlehmt sind, und aller Kalk aus ihnen herausgelöst ist, durch reiche Funde an Säugetierknochen und Schnecken Beiträge zur Klimafrage. Unter den Schneckenresten fehlen die wärmeliebenden Südeuropäer ganz. Dagegen sind viele der Arten heute in den höheren Teilen der Alpen und des Mont d'Or verbreitet. Eine von ihnen, Sphyradium columella, ist ausgesprochen boreal-alpin. Die häufigste Lößschnecke, Succinea oblonga, lebt heute am häufigsten bei Petersburg, also unter 60° Breite. Alles dies spricht für kaltes Klima zur Zeit der Lößbildung.

Bei der Betrachtung der Säugetierreste entrollt sich uns für die Quartärzeit in Europa — und ähnliches gilt für Nordamerika — ein sonderbares Bild. In den Interglazialzeiten tummelte sich in einer der heutigen fast genau entsprechenden Pflanzenwelt eine erstaunliche Menge von Großtieren, teils Waldtiere und teils Steppentiere. In Mitteleuropa gab es mehrere Arten von Elefanten, Nashörnern, Rindern, Pferden, Löwen, Hyänen. Als Waldtiere führt Soergel insbesondere an: Edelhirsch, Elch, Riesenhirsch (bei dem Geweih??), Wisent und Ur. Auch die Reste des Birkhahns, Auerhahns und der Waldtaube lassen auf wenigstens vereinzelte Waldinseln schließen. Als Steppentiere sind dagegen zu nennen Steinbock, Gemse, asiatischer Wildesel (Equus hemionus), Wildpferd (E. Przewalskii), Steppeniltis, Hase, Ziesel, Murmeltier, Bobak, großer Pferdespringer (Alactaga), Zwergpfeifhase (Lagomys), Zwiebelmaus (Arvicola gregalis), Argalischaf u. a. Daneben gab es natürlich noch zahlreiche Tiere, die weder als spezifische Steppentiere noch als spezifische Waldtiere zu bezeichnen sind, wie Maulwurf, Hamster, Wasserratte, Wühlmaus, die seltenen Raubtiere Marder, Dachs, Fuchs, Wolf, Höhlenbär, brauner Bär,

---

1) Selbst bei Tieren handelt es sich um Aussterben, nicht „Auswandern", wie oft gesagt wird; denn nur ohnedies schnell und viel wandernde Tiere mögen zuweilen dabei günstigere Gegenden gegen die erkaltenden eingetauscht haben; die andern wissen doch nicht, wo die gesegneteren Gefilde liegen!

Streifenhyäne, Höhlenhyäne, Wildkatze, Panther und Höhlenlöwe. Beim jedesmaligen Heranrücken des Inlandeises wird diese „warme" Wald- und Steppenfauna durch Tiere ersetzt, die näher dem Eise an der Baumgrenze lebten: Mammut, wollhaariges Nashorn[1]), Rentier, Moschusochse, Schneehase, Vielfraß, Lemming, Eisfuchs, Schneemaus, die sich dann beim Wiedereintritt der Wärme vor der vorrückenden „warmen" Fauna nach Norden zurückziehen.[2]) Doch sind beide Faunen nicht entfernt so voneinander getrennt, wie es gegenwärtig ihre überlebenden Nachkommen sind. Die Knochen von Löwe und Rentier, Hyäne und Eisfuchs liegen vielfach an derselben Fundstätte beisammen. Außer dieser Mischung der Faunen hat auch die Massenhaftigkeit mancher Tierreste, wie z. B. der Wildpferde, großes Erstaunen erregt. Allein beides ist wohl der natürliche Zustand. In Hagenbecks Tierpark gediehen die Löwen im Hamburger Klima fast ohne Schutz vortrefflich, und gleiches gilt wohl für die gesamte Großtierwelt des Quartärs. Aber damals war das gefährlichste Raubtier, der Mensch, in dieser reichen Tierwelt nur äußerst dünn gesät, wie die außerordentliche Seltenheit von Menschenknochen aus dem Paläolithikum zeigt. Seine spätere übermächtige Entwicklung in den gemäßigten Breiten hat hier zu einer vollständigen Ausrottung der Großtiere geführt, wodurch die nordische Fauna auf die arktische Zone, die „warme" auf die Tropen beschränkt wurde. Ihre jetzigen Verbreitungsgrenzen sind also künstliche, nicht natürliche. Und ähnlich hat der Mensch auch den Gegensatz zwischen Dickicht und offenem Lande verstärkt: Hirsch und Wisent haben die letzte Zuflucht im Walde gefunden; die Knochen von Saiga-Antilope und Bobak beweisen natürlich, daß, wo sie lebten, kein zusammenhängendes Waldland war, aber sie werden einst viel weiter über das reine Steppengebiet hinaus vorgekommen sein, als jetzt oder vielmehr vor kurzem.

Auch das Erscheinen des Menschen im Quartär hat Beziehungen zu den Klimawechseln, da auch die Menschenrassen durch das Inlandeis zurückgedrängt wurden und in den Interglazialzeiten wieder bessere Lebensbedingungen fanden. Indessen besteht die Gefahr, daß wir uns auf diesem so sehr fesselnden Gebiete allzu weit von unserer Aufgabe

---

[1]) Diese beiden Tiere deuten deshalb auf kaltes Klima hin, weil sie sich von ihren heute in wärmeren Gegenden lebenden Verwandten durch einen dichten langen Pelz und eine starke Fettschicht unterschieden.

[2]) Bis nach Wien gelangten freilich die Vertreter des kalten Klimas niemals, wie Kreichgauer hervorhebt: „Keines der spezifisch nordischen Säugetiere, wie Moschusochs, Lemming, Rentier, Schneehase, Eisfuchs, Vielfraß usw. wird angetroffen, dagegen fanden hier Insektenfresser, wie Maulwurf, Fledermaus und Spitzmaus, hinreichende Nahrung." (Kreichgauer Die Äquatorfrage und die Geologie, S. 356. Steyl 1902.)

Quartär in Mitteleuropa nach Krenkel

Geologische Perioden	Klima u. Vegetation	Kulturen	Menschenrassen	Wichtige „Stationen" in Deutschland, Österreich, Schweiz
Präglazial	Gemäßigt, wärmer als heute. Offener Wald, Grasland	Eolithikum	Homo Heidelbergensis	—
Mindel-Eiszeit	Kalt, trocken, Steppen überwiegend			—
M-R-Interglazial	Gemäßigt, milder als heute, Wald	Praechelléen Chelléen	Neandertalmensch	Hundisburg
Riß-Eiszeit	Kalt, trocken, Steppen vorherrsch. (auch Tundren)	Acheuléen		Markkleeberg, Lindental, Kösten
R-W-Interglazial	Gemäßigt, milder als heute. Wald vorherrschend	Unteres Moustérien		Weimar, Taubach, Krapina, Wildkirchli
1. Hauptvorstoß der letzten (Würm-)Eiszeit	Kalt, trocken, Steppen vorherrsch. (z. T. Tundren)	Oberes Moustérien		Sirgenstein, Irpfel- und Schipkahöhle
Großer Rückzug	Ziemlich gemäßigt, Wald, Steppe	Aurignacien	Aurignacrasse	Sirgenstein, Ofnet, Wildscheuer, Willendorf, Brünn
2. Hauptvorstoß der letzten (Würm-)Eiszeit	Kalt, trocken, Steppen vorherrsch. (z. T. Tundren)	Solutréen		Sirgenstein, Ofnet, Canstatt, Předmost
Rückzug	Gemäßigt, Wald vorherrschend	Magdalénien	Cro-Magnon-rasse	Sirgenstein, Schussenried, Ofnet, Munzingen, Keßlerloch, Schweizersbild, Gudenushöhle, Kostelik
3. Vorstoß der letzten (Würm-)Eiszeit	Kontinental bis kalt. In Norddeutschland Steppe, in Süddeutschland Wald			
Postglazial	Übergang zum gemäßigten Klima, Vordringen d. Waldes	Azilien-Tardenoisien	Grenellerasse	Istein, Kösten, Gr. Ofnet, Kaufertsberg, Wüste Scheuer

entfernen, und wir begnügen uns daher mit der Wiedergabe der nebenstehenden tabellarischen Übersicht über die Menschenrassen und ihre Zuordnung zu den einzelnen Phasen der Quartärzeit, wie sie kürzlich von Krenkel gegeben worden ist.[1])

Die älteste (Günz-) Eiszeit hat Krenkel hier außer acht gelassen, weil sie in Deutschland fehlt, außer vielleicht am Niederrhein. Archäologisch werden Chelléen, Acheuléen und Moustérien als altpaläolithische Zeit, Aurignacien, Solutréen und Magdalénien als jungpaläolithische Zeit bezeichnet, oder auch das Aurignacien als die ältere, das Solutréen als die mittlere und das Magdalénien als die jüngere Rentierzeit. Von der Schweiz schreibt Brockmann-Jerosch „Es folgt [auf das Paläolithikum] die menschenleere Zeit, der Hiatus. Erst später wandert ein neuer Mensch ein, der Neolithiker. Er kennt bessere Werkzeuge, ist nicht nur Jäger, sondern auch Viehzüchter und Ackerbauer."[2]) Diese jüngere Steinzeit scheint sich erst mit dem Wärmerwerden nach dem letzten Eisvorstoß, also etwa seit 15 000 v. Chr., von Süden her ausgebreitet zu haben. In Nordeuropa wird ihre Herrschaft sogar erst auf die Zeit 5500 bis 1000 v. Chr. geschätzt, also gleichaltrig mit der sogenannten Litorinazeit, in welcher die Sommerwärme nachließ, aber die Winter milder wurden, und in Norddeutschland und Dänemark die Buche einwanderte. Auf die klimatischen Verhältnisse dieser postglazialen Zeit werden wir im letzten Abschnitt dieses Kapitels zurückkommen.

2. **Außereuropäische Länder.** In Nordamerika sind alle Spuren des Inlandeises: Blocklehme, gekritzte Geschiebe, geglättete und geschrammte Felsen, Drumlin, Esker (Osen), Kame, erratische Blöcke usw. in großartiger Entwicklung vorhanden. Fig. 31 stellt nach Chamberlin und Salisbury den Eisrand in den verschiedenen Eiszeiten Amerikas und die Bewegung des Eises dar, wie sie durch die Richtung der Schrammen bezeugt wird.[3]) Noch am Mt. Washington in New Hampshire reichen die Gletscherspuren bis zu 1770 m Höhe, so daß man für die Zentren der Vergletscherung mindesten 2500 m Seehöhe und 2000 m Eisdicke annehmen muß. Die Eisdecke war also in Nordamerika noch weit mächtiger als in Europa.

Auch in Amerika läßt sich aus den Ablagerungen auf einen Wechsel zwischen Eis- und Interglazialzeiten schließen. Chamberlin und Salisbury unterscheiden 6 Eiszeiten: 1. Jerseyan (klarer: Prae-

---

1) Krenkel, Vom diluvialen Menschen und seiner Jagd. Naturwissensch. Wochenschr. Nr. 18, S. 244, 30. April 1922.

2) Brockmann-Jerosch in: Veränd. des Klimas seit der letzten Eiszeit, S. 61. Stockholm 1910.

3) Th. C. Chamberlin and R. D. Salisbury, Geology. Vol. III. New York 1907.

Fig. 31. Endmoränen der verschiedenen Eiszeiten und Bewegung des Eises in Nordamerika. Nach Chamberlin und Salisbury.

Kansan), 2. Kansan, 3. Illinoian, 4. Iowan, 5. Earlier Wisconsin, 6. Later Wisconsin. Die Reste der zwei Wisconsin-Eiszeiten sind sehr viel schärfer ausgeprägt als die der „nahezu ausdruckslosen Oberfläche der älteren Decken der Drift" (S. 392). Besonders beziehen C h a m - b e r l i n und S a l i s b u r y diesen Eindruck auf die jüngere der beiden Wisconsin-Eiszeiten. Sie machen zwar geltend, daß diese stärkere Ausprägung wenigstens teilweise auch durch eine stärkere Moränenablagerung selbst bewirkt sei, aber sicherlich wird sich dadurch doch vor allem das jugendliche Alter dieser beiden Moränenzüge geltend machen. Jeder von ihnen gliedert sich übrigens noch weiter in mehrere Endmoränen. Die Trennung des Illinoian vom Iowan sieht L e v e r e t t noch nicht für gesichert an.[1]) In British-Columbien sind ferner die verwaschenen Spuren einer ganz alten Vereisung gefunden, die wohl noch älter ist als das Prae-Kansan.

Schon früh wurde bemerkt, daß das Zentrum der Vereisung sich im Lauf der Zeiten ostwärts verlegt hat. Im Kansan lag das Zentrum auf den „barren grounds" westlich der Hudsonsbai (Keewatin-Eis), im Illinoian aber nur oder vorwiegend auf Labrador. T y r r e l l sagt: „Der letzte Vorstoß des Keewatin-Gletschers muß in Früh-Wisconsin- oder Vor-Wisconsin-Zeit stattgefunden haben."[2])

Eine besondere Merkwürdigkeit des Keewatin-Gletschers schildern C h a m b e r l i n und S a l i s b u r y mit den Worten: „Einer der wunderbarsten Züge in der Ausbreitung des Eises war das Ausströmen der Keewatin-Decke von einem niedrigen flachen Zentrum, ohne auch nur eine Andeutung von einem Gebirgskern, 800 bis 1000 miles nach Westen und Südwesten über eine gegenwärtig ansteigende semiaride Fläche, während die Gebirgsvergletscherung im Westen, wo sie bis jetzt bekannt ist, ostwärts nur wenig über die Hügel am Fuße hinausstieß." Fanden wir schon beim europäischen Quartär die heute nirgends auf der Erde erfüllte Bedingung, daß der Eisrand weit im Innern eines großen Kontinents endigte, so haben wir hier beim Keewatin-Gletscher wiederum Verhältnisse, wie sie jetzt nirgends auf der Erde zu studieren sind. Diese Umstände erschweren natürlich sehr ein richtiges Urteil über die Bildungsbedingungen dieser alten Eiskappen. Immerhin liegt es nahe anzunehmen, daß zur ersten Bildung des Keewatin-Inlandeises hohe Breite und lange Zeiten besonders kalter Sommer nötig waren.

Auch hier unterwirft E n q u i s t die Lage der jetzigen und der eiszeitlichen Gletscher einer eingehenden Untersuchung.[3]) An den jetzigen Gletschern findet er seinen Satz bestätigt, daß die Gletscher sich überwiegend an der Leeseite der Berge entwickeln. Für die der Eiszeit boten

---

1) F. L e v e r e t t, Zeitschr. f. Gletscherk. **4**, 1909/10.
2) „Die Veränderungen des Klimas usw." S. II. Stockholm 1912.
3) a. a. O. S. 40—73. Vgl. oben S. 172.

die vielen kleinen Gletscher in den westlichen Bergen südlich des großen Inlandeises reichliches Material, das er in diesem Sinne deutet. Bis zum 40. Breitengrad südwärts, und zum Teil darüber hinaus, müssen hiernach in der Eiszeit die schneebringenden Winde überwiegend aus Nord und Ost geweht haben. Dagegen erhielt die Park Range unter $39^1/_4°$ die ihren aus Südwest. Von den Wahsatch-Bergen flossen die Gletscher im Norden überwiegend nach Westen, zum Lake Bonneville, im Süden hingegen überwiegend vom östlichen Abhang ab, ebenso wie in Neu-Mexico und Arizona. Ein Strich niedrigsten Luftdrucks zog also im Winter etwa längs dem 40. Breitengrade; an der Küste reichten die Westwinde aber weiter nordwärts, bis über die Grenze von Kalifornien hinaus.

Auf derselben Grundlage des Zusammenfegens des Schnees hinter Hindernissen versucht E n q u i s t auch die merkwürdige Bildung der zwei Haupt-Vereisungszentren in Nordamerika zu erklären. Zunächst sei das Keewatin-Eis als Vorlandgletscher der westlichen Bergkette mit südwestlichen Winden entstanden, dann erst, nachdem sich über ihm die Antizyklone gebildet, das Labrador-Eis mit Nordostwinden in Lee der etwa 2000 m hohen Torngat-Berge, die jetzt nicht vergletschert sind, weil sie von trockenen Landwinden aus West überweht werden. Hierauf habe sich das Keewatin-Eis von der Bergkette abgelöst und sei allmählich erloschen. — Ein immerhin anerkennenswerter Versuch zur Lösung eines bestehenden großen Rätsels! Wird er für die letzte Eiszeit als wahr befunden, so kann er auch für die früheren in gleicher Weise gelten. Vorläufig fehlt ihm noch viel an der nötigen Beweiskraft.

Schließlich kommen wir zu der schwierigen Frage der Parallelisierung der europäischen und nordamerikanischen Vereisungen. Schon im Abschnitt über das Spättertiär war gezeigt worden, daß die Einbeziehung der älteren Moränen in die Andenfaltung, ferner die ältere glaziale Fauna Nordamerikas und andere Argumente zu der Annahme führen, daß die ältesten Vereisungen im Gebiet Kanadas und der Vereinigten Staaten noch in das Pliozän gehören. Zu dem gleichen Resultat kommen wir, wenn wir an Hand der später zu behandelnden Strahlungskurve eine Parallelisierung mit den europäischen Eiszeiten versuchen. Leider ist die Erkennung der langen Mindel-Riß-Interglazialzeit in Amerika erschwert, da nach C h a m b e r l i n und S a l i s b u r y nur die älteste Interglazialzeit, die sie Aftonian nennen, bisher als besonders lang erkannt worden ist, die dafür nicht in Betracht kommt. Aber auf S. 392 heben sie hervor, wie viel schärfer ausgeprägt die Reste der zwei Wisconsin-Eiszeiten sind als die der früheren, so daß der Gedanke naheliegt, dieser Unterschied sei auf den Einfluß der langen Interglazialzeit zurückzuführen. Die Scheidung zwischen dem älteren und jüngeren Wisconsin, von denen jedes mehrere Endmoränen aufgeworfen hat, ist in der Hauptsache dieselbe, wie auch zwischen Riß und Würm: die Moränen der älteren Zeit sind von Löß bedeckt, die der jüngeren nicht. So rechnen wir denn rückwärts: Later Wisconsin = Würm-, Earlier Wisconsin = Riß-, Iowan = Mindel-, Illinoian = Günz-Eiszeit und nehmen Kansan und Prae-Kansan als pliozäne, in Europa nicht empfundene Eiszeiten an. Daß Illinoian die erste in Europa fühlbare Vereisung war, wird auch dadurch nahegelegt, daß vom Kansan zum Illinoian das Zentrum der Vereisung sich von den „barren grounds" nach Labrador ostwärts verlegte.

Leverett, der als Ergebnis eines Jahresstudiums im europäischen Glazial eine Vergleichung vorgenommen hat, kommt freilich zu anderen Schlüssen.[1]) Zunächst setzt er Prae-Kansan = Günz, Kansan = Mindel. Ferner sagt er, das Illinoian sei etwa so tief verwittert wie die Riß-Moränen, enthalte aber in den tieferen Teilen Verwitterungsfugen, die sich in Europa erst bei den Mindel-Moränen finden. Er glaubt es zwischen Mindel und Riß setzen zu sollen.[2]) Es ist aber sehr unwahrscheinlich, daß es zwischen diesen beiden Amerika und Europa gemeinsamen Eiszeiten noch eine große gegeben habe, die nur Amerika betraf. Iowan erkennt Leverett nicht an und Wisconsin zählt er als eins, weil noch keine interglazialen Ablagerungen zwischen dessen älteren und jüngeren Moränen gefunden seien. — Wir müssen uns damit begnügen, die von uns vorgeschlagene Parallelisierung als eine mögliche zu bezeichnen. Ob sie zutrifft, muß von geologischer Seite geprüft werden. Alle Versuche der Identifizierung amerikanischer Eiszeiten mit europäischen werden aber in der Luft schweben, wenn sie nicht vom Verlauf der Strahlungskurve als Grundlage ausgehen.

Auch in Nordamerika haben wir außerhalb der Eisbedeckung quartäre Ablagerungen von klimatischer Bedeutung. Die Lößablagerungen sind ähnlich entwickelt wie in Europa. Namentlich sind aber in dieser Hinsicht die Uferterrassen von Seen zu nennen, die auf einen ehemals höheren Wasserstand, also größere Niederschlagsmenge, schließen lassen. Besonders schön ist der zeitweise größere Wasserreichtum während des Quartärs im großen abflußlosen Becken des westlichen Nordamerikas, dem „Great Basin" in den Vereinigten Staaten nachgewiesen.[3]) Fig. 32 möge dies veranschaulichen. Über dem Großen Salzsee in Utah sieht man heute zahlreiche alte Strandterrassen; deren

---

[1]) a. a. O. S. 294.

[2]) „The European deposits seem to contain nothing that correlates clearly with the Illinoian drift. The middle drift of north Germany and the Riss drift of the Alpine region   each seem to be younger than the Illinoian drift." a. a. O. S. 341.

[3]) Gilbert in U. S. Geol. Survey Report 1880/81. — Russell: Lake Lahontan. — E. Brückner, Klimaschwankungen seit 1700, nebst Bemerkungen über die Klimaschwankungen der Diluvialzeit, S. 301. Wien 1890. — Chamberlin and Salisbury, Geology, Bd. 3, S. 455. New York 1907.

oberste bezieht Gilbert auf einen See, den er Lake Bonneville nennt, der eine Tiefe bis zu 300 m hatte; sein Rest, der Große Salzsee, hat nur eine solche bis zu kaum 15 m. Westlich davon bestimmte Russell die Spuren eines anderen großen Sees, den er Lake Lahontan nannte. Die Umrisse beider sieht man auf der Figur, wo die jetzigen Seen schwarz, die älteren gestrichelt dargestellt sind. Alle Seen dieses Gebietes hatten früher größere Ausdehnung, und bei einigen von ihnen konnte auch das Verhältnis der Seeablagerungen zu hineinströmenden Gletschern festgestellt werden. Mit großer Sicherheit ermittelten Gilbert und Russell, daß es zwei Perioden solchen Hochstandes der Seen gab, da man an vielen Stellen über einer älteren Seeablagerung typische Bachablagerungen und darüber eine zweite Seeablagerung findet. Zwischen den Hochständen waren die Seen völlig ausgetrocknet; nur so glauben Gilbert und Russell die geringe chemische Verschiedenheit der Seeabsätze aus beiden Perioden erklären zu können. Beim Lake Bonneville war der zweite Hochstand der höhere und verschaffte ihm auf einige Zeit einen Abfluß nach Norden. Jedes Einschrumpfen eines abflußlosen Sees ist mit einer starken Konzentrierung der in ihm gelösten Salze verbunden, die zur Ausfällung derselben führt. Wächst der See wieder, so erfolgt eine Auflösung der Salze genau in der umgekehrten Reihenfolge, in der sie ausgefällt wurden, so daß der Salzgehalt des Sees bei gleichem Wasserstand immer der gleiche ist. Sind aber nach erfolgter völliger Austrocknung die Salze mit Detritus bedeckt und mit Tonstaub überweht, so wird die Wiederauflösung verhindert, und der im Becken des ehemaligen Salzsees entstandene neue See wird Süßwasser enthalten, bis ihm durch seine Zuflüsse wieder genügende Mengen Salz zugeführt sind. Eine solche Verdeckung der ausgeschiedenen Salze dürfte nach Gilbert und Russell beim Lake Bonneville und Lake Lahontan in der interlakustren Zeit eingetreten sein und beim Lahontan auch wieder nach der Eiszeit, denn der Salzgehalt der Seen, die jetzt in seinem Becken liegen, ist so gering, daß er nach Russell höchstens das Resultat einer 400- bis 500 jährigen Zuführung durch Flüsse sein kann. Beim Großen Salzsee verrät dagegen der große Salzgehalt, daß er nach der letzten Eiszeit nicht ganz ausgetrocknet ist.

Nach der Bildung der Terrassen haben an vielen Stellen des Beckens Vulkanausbrüche stattgefunden; die Terrassen weisen ebenso wie die Moränen dieser Gegend Verwerfungen bis zu 12 m auf. Da es wohl keinem Zweifel unterliegt, daß die zwei Hochstände der Seen des Great Basin mit irgendwelchen Eiszeiten zusammenfielen, so ist die Annahme kaum vermeidbar, daß jede Eiszeit mit einem Hochstand verbunden war und daß man daher wohl mit der Zeit die Spuren von weiteren Schwankungen der Seen finden wird.

Die Erklärung dieser quartären „Pluvialzeiten" am heutigen Nordrand des nordhemisphärischen Trockengebietes ist nicht schwer. Durch die veränderte Pollage im Frühquartär war die Bahn der Zyklonen oder barometrischen Minima, die jetzt über die großen Seen nach Neufundland ziehen, südwärts verschoben und hatte anfangs ihre normale Lage

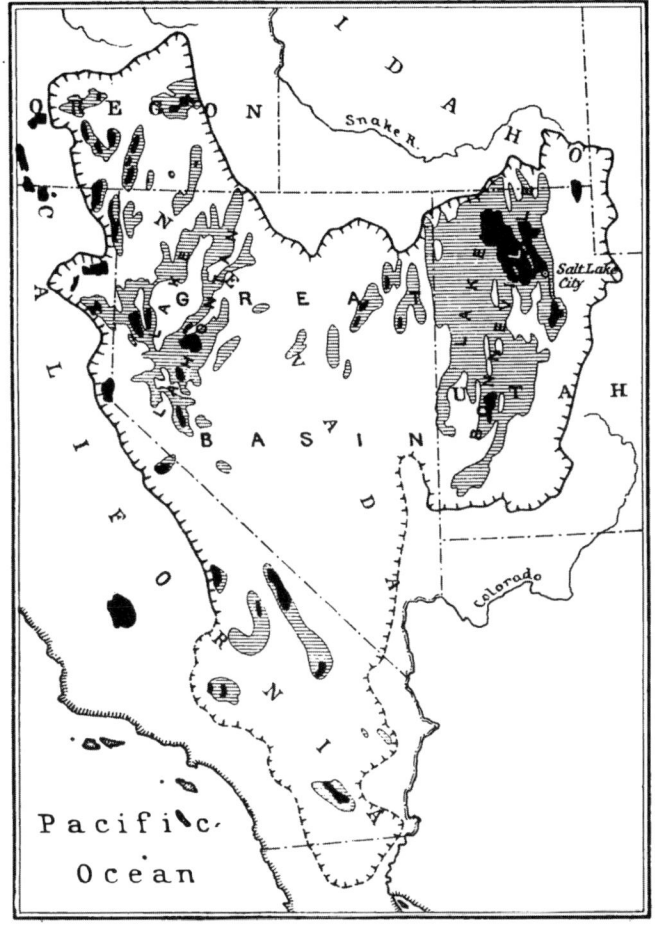

Fig. 32. Die quartären Seen des Great Basin. (Schwarz die jetzigen Seen)

über den Golfstaaten. Im Verlauf des Quartärs näherte sich freilich der Pol immer mehr seiner heutigen Lage; aber die stationäre Antizyklone, welche sich in den Eiszeiten über der großen Inlandeiskappe ausbildete, mußte jedesmal die Zugstraßen der Zyklonen nach Süden drängen, während sie in den Interglazialzeiten wieder nordwärts rückten. Auf diese Weise mußte die nördliche Grenze des Trockengebietes auch abgesehen von der Polverlagerung im Takte der Eiszeiten und Interglazialzeiten Verlagerungen nach Norden und Süden ausführen, die für die an der Grenze liegenden Gegenden in Gestalt von Pluvialzeiten und Trockenzeiten in Erscheinung treten mußten.[1]

Daß sich diese Erscheinung nicht nur auf Nordamerika beschränkte, sondern in der Tat längs des ganzen Nordrandes der nördlichen Trockenzone geltend machte, lehren zahlreiche Beobachtungen aus anderen Ländern, namentlich in Ägypten und Syrien. Der Nil führte Kies, den die jetzt trockenen Wadis ihm zutrugen. Man schätzt die Zeit, wo er zur Schlammführung überging, auf 8000 v. Chr. oder 10 000 Jahre vor der Jetztzeit. Auf der heute so trockenen Insel Skyros bei Euböa wuchs das regenliebende Rhododendron ponticum. Das Kaspische Meer stand, wie die Strandmarken sowohl an den Jergeni im Nordwesten, als am Ust-Urt und den Balkanen im Südosten zeigen, 50 bis 60 m höher als jetzt. Es reichte nordwärts längs dem hohen Wolga-Ufer bis Kasan; der nördlichste Teil war im Süden bei Samara durch eine enge Meeresstraße abgeschnürt. Der Aralsee war nach Norden, Osten und Süden weit über seine jetzigen Grenzen ausgedehnt.[2] Auch für verschiedene tibetanische Seen ist ein früherer höherer Wasserstand durch Strandlinien, 10 bis 75 m über dem heutigen Wasserstand, erkennbar. Freilich, ob diese aus derselben Zeit stammen, ist vorläufig unbekannt.

Es ist nun sehr interessant, daß diesen Belegen für eine südlichere Lage der Nordgrenze der Trockenzone im Quartär eine Reihe von Tatsachen gegenüberstehen, welche zu bezeugen scheinen, daß auch der Südrand dieser nördlichen Trockenzone damals südlicher lag als heute, und also „eine Polwärtswanderung der äquatorialen Trockengrenze in jüngster geologischer Vergangenheit" andeuten.[3] Statt durch Salzreichtum sich als die Sole eines eingedampften großen Sees zu erweisen, sind die Seen an der Südgrenze der Sahara zumeist süß, selbst der nur ganz vorübergehend überfließende Tschadsee, während die geschlossenen Hohlformen, in denen sie liegen, noch immer die Bildung der Oberfläche im ariden Klima verraten. Das unbestimmte Netz von Flußarmen, das sowohl der Niger als der Weiße Nil beim Eintritt in die Wüste bilden, spricht ebenfalls dafür, daß sie, wie die Zuflüsse des Tschad, jetzt mehr Wasser führen als früher und noch keine Zeit

---

1) Freilich ist das Great Basin von allen Seiten, außer im Süden, von Gebirgen mit einer Gipfelhöhe von über 4000 m umgeben, so daß auch bei südlicherer Lage der Zyklonenbahnen kaum mehr Wasserdampf als heute von außen in das Gebiet gelangen konnte. Allein im Bereich der Zyklonen war der Anlaß zu Regen häufiger, und vor allem bedingte die niedrigere Temperatur der Eiszeiten eine Verringerung der Verdunstung.

2) E. Brückner, Klimaschwankungen sit 1700, S. 298. Wien 1890.

3) A. Penck, Die Formen der Landoberfläche und Verschiebungen der Klimagürtel. Berlin. Akad. Sitz.-Ber. 1913.

gehabt haben, sich tiefe Betten zu graben. Diese ganzen Erscheinungen stimmen vollkommen mit unserer Auffassung von der quartären Wanderung der Pole überein. Penck kommt a. a. O. allerdings zu einer anderen Deutung, er glaubt nämlich nicht an eine Verlegung der Pole, sondern an eine Verschmälerung des humiden Gebietes am Äquator, an ein Zusammenrücken der beiden Passatzonen in der letzten Eiszeit. Analoge Erscheinungen, die er auf der Südhalbkugel feststellen zu können glaubt, führen ihn nämlich „zur Annahme, daß während der Eiszeit die Klimagürtel der Erde äquatorwärts verschoben waren; die Schneegrenze war herabgedrückt und die beiden[1]) Trockengrenzen in niedrigere Breiten gerückt. Die Bewegung der Schneegrenze erscheint bedeutender als die der Trockengrenze, beläuft sie sich doch auf 800 bis 1300 m, das ist rund ein Fünftel der größten Höhe, welche die Schneegrenze auf der Erdoberfläche hat, während die Bewegungen der beiden Trockengrenzen nur wenige, drei, vielleicht fünf Grade der Breite ausmachen" (S. 92). Er führt hierfür namentlich die den obigen ganz ähnlichen Erscheinungen an der Etoscha-Salzpfanne, den Armen des Okawango und dem Becken des Titicaca an, wobei er die Gleichzeitigkeit aller dieser Erscheinungen voraussetzt. Andererseits aber hebt er selbst hervor (S. 94), daß vielleicht bei mehrfachem Klimawechsel „die verschiedenen Autoren nicht denselben, sondern verschiedenaltrige Klimawechsel ins Auge fassen". Es sind nämlich sowohl im Tale von Mexiko, als südlich vom Tschad und besonders am Titicaca (durch Steinmann) auch Spuren einer früher weit größeren Ausdehnung der betreffenden Süßwasserseen gefunden und auf die Diluvialzeit bezogen worden. Freilich sind die Tatsachen noch sehr dürftig. Nur Steinmann berichtet für Peru von alten, deutlich wahrnehmbaren Uferlinien; weder aus dem Tale von Mexiko noch im Tschadsee-Becken kennt man solche bis jetzt. Penck vermutet (S. 95), daß diese größeren Seen in die letzte Interglazialzeit gehören und „daß die Seen an der äquatorialen Trockengrenze nicht die unmittelbaren Überreste jener großen Seen sind, deren Spuren rings um sie herum auftreten, sondern daß sich zwischen die Existenz beider eine aride Zeit einschaltet, während der die Seen verschwunden und ihre Becken leere Hohlformen waren". Als Restseen könnten die Seen nämlich nicht süß sein.

Wie man sieht, steht die Komplikation des Problems heute noch in allzu großem Gegensatz zur Dürftigkeit der Beobachtungstatsachen, und man muß es deshalb der Zukunft anheimstellen, zu entscheiden, wie weit diese Erscheinungen auf die Polwanderung und auf die Zu-

---

1) Eigentlich alle vier, nämlich gleichzeitig je eine polare und äquatoriale auf jeder Halbkugel.

sammendrängung der Klimagürtel durch die Inlandeis-Antizyklone in den Eiszeiten zurückzuführen sind. Daß beide Einflüsse beteiligt sind, erscheint von vornherein unabweisbar.

Dieselbe Resignation ist leider vorläufig auch geboten hinsichtlich der zahlreichen Anzeichen für eine früher größere Ausdehnung der Gletscher in den heutigen Tropen. So hat Hans Meyer in den Anden von Peru und Ecuador eine zweimalige Senkung der Schneegrenze mit zwischenliegender Lößperiode festgestellt[1]) und ähnliche Beobachtungen sind jüngst von Klute auf den Hochgipfeln des äquatorialen Afrika gemacht worden. Die heute so beliebte Schlußfolgerung von einer gleichzeitigen Senkung der Schneegrenze auf der ganzen Erde hat keinerlei Rückhalt in den Beobachtungen, denn es ist bisher nicht möglich anzugeben, welcher Eis- oder Interglazialzeit diese tropischen Moränen entsprechen. Die Annahme einer solchen Gleichzeitigkeit erscheint dabei meteorologisch unwahrscheinlich; denn wenn bei Ausbildung einer großen Eiskappe am Pol durch die damit eintretende Abkühlung des Polargebiets der Temperaturgegensatz zwischen Pol und Äquator, also der Antrieb der Gesamtzirkulation der Atmosphäre, vergrößert wird, so ist zwar leicht einzusehen, daß hierdurch die Regengürtel der Erde verstärkt werden müssen und auch die Temperatur der subpolaren und gemäßigten Breiten vielleicht noch etwas verringert wird, was dort zu einer Depression der Schneegrenze führen wird; andererseits werden aber bei intensiverer Gesamtzirkulation auch die Trockenzonen schärfer betont sein, d. h. noch trockener sein, da auch das Absteigen der Luft in ihnen dann stärker und regelmäßiger sein wird. In diesen Breiten wäre also umgekehrt eine Hebung der Schneegrenze zu erwarten.

Aus allen diesen Gründen können die Beobachtungen über Änderungen der Schneegrenze in den Tropen einstweilen noch nichts Brauchbares zu dem Problem der Klimaschwankungen des Quartärs beitragen und sollen deshalb hier nicht weiter behandelt werden.

Die von H. Meyer nachgewiesene Zone zwischen $1/2$ und $1^1/_2°$ südlicher Breite in den Cordilleren, in der die Berge ihre hauptsächlichste Vergletscherung auf der Ost- und Nordostseite tragen, deutet nach Enquists Grundsatz auf westliche Winde. Nördlich und südlich davon sind die Westseiten der Berge die stärker vergletscherten, hier auf Ostwinde als die Schneebringer deutend. In bezug auf eine „Eiszeit" gewinnt dies besonders am Chimborazo Bedeutung, da er am besten untersucht ist. Nach H. Meyer trug er auch damals seinen größten Gletscher auf der Nordostseite, und dieser war der längste Gletscher von Ecuador.

---

[1]) H. Meyer, Die Eiszeit in den Tropen. Geogr. Ztschr. 10, 1904, S. 593—600.

Da die Berge, welche diese Richtung der Vergletscherung nach Osten zeigen — Chimborazo, Cotopaxi, Antisana u. a. — über 5000 m Höhe haben, die nördlicheren Berge, deren Gletscher nach Westen weisen, aber darunter, so ist noch unentschieden, ob jene westlichen Winde nicht auch über den letzteren in größerer Höhe wehten. Freilich gibt südlich davon Enquists Karte auch für den Cerro Altar mit 5404 m und den Sangay mit 5323 m Gipfelhöhe die Hauptrichtung der Gletscher nach Südwesten, aber ohne Erläuterung im Text.

Von großer Wichtigkeit für die Frage der Pollage im Quartär sind die Beobachtungen aus den Ländern der Beringstraße. Denn wenn die Eisüberschwemmung Nordamerikas und Europas wesentlich auf der von uns angenommenen Abweichung des Nordpols nach der Seite letzterer Länder beruhte, mußte die Beringstraße und Nordostsibirien in niedrigerer Breite liegen als heute. Und dies war in der Tat der Fall: „In Alaska, dessen Breite derjenigen von Norwegen gleichkommt, war das Diluvium . nicht imstande, bedeutende Eismassen hervorzurufen, wohl aber in der Seengegend, viel weiter im Süden, wo sich die Eisränder noch 300 km über Chicago hinausdrängten. Gegenwärtig wird wieder der größte Teil des einst von Herden pflanzenfressender Tiere bewohnten nordischen Landes von Tundren bedeckt, gleich dem nördlichsten Sibirien, Moschusochse, Rentier und Schneehuhn bewohnen dünn gesät seine unwirtlichen Gegenden, aber mehrere hundert Kilometer nördlich von Chicago wird Weizen gebaut."[1])

In der Tat hatte Alaska nach der Meeresfauna im Quartär wieder ein wärmeres Klima als im Miozän. Vereisungen traten nur in geringem Maße im Gebirge auf und entstammen dem jüngsten Quartär, in welchem der Nordpol schon fast seine heutige Lage hatte. Nach Stephan Richarz hatte diese geringe lokale Vereisung „nicht dieselbe Bedeutung, wie die Vergletscherung im übrigen Nordamerika. Inlandeis fehlte in Alaska, es handelte sich nur um eine weitere Ausdehnung der heutigen Hochgebirgsgletscher Capps studierte auch die jungglazialen Bildungen im White-River-Gebiet . Nach Hayes lag das Gletscherende 210 km vom heutigen Ende des Russell-Gletschers entfernt Eine solche Mächtigkeit und Ausdehnung hatten aber nur die Hauptgletscher Die Lokalgletscher waren unbedeutend Auf keinen Fall läßt sich diese letzte Vergletscherung der Gebirge Alaskas mit der Vereisung der Alpen im Pleistozän vergleichen, diese war viel ausgedehnter und allgemeiner Capps versucht nun aus Torfablagerungen über Moränen, 13 km von der Zunge des Russell-Gletschers im White-River-Tal, die Zeit des Rückzuges zu bestimmen und kommt auf mindestens 8000 Jahre."

---

1) Kreichgauer, Die Äquatorfrage in der Geologie. Steyl 1902.

Im übrigen ist das Quartär auf Alaska und in Nordostsibirien durch die Ablagerungen vertreten, welche auf den miozänen Inlandeisresten, dem „Steineis", liegen und sie bisher beschützt haben. Auch diese Ablagerungen bezeugen mit ihrer Fauna und Flora wärmeres Klima als heute. E. S u e ß sagt von den Funden auf Alaska (am Elephant-Point in der Nähe der Chamisso-Insel): „Hier sieht man tonige dünne Lagen mit Sphagnum (Torfmoos) und mit Schalen von Pisidium und Valvata (Süßwassermuschel bzw. -schnecke), da und dort sehr übelriechende Flecken im Ton, wie von Verwesung, ganz wie in der Nähe der Mammut- und Rhinozerosreste an den sibirischen Flüssen, und man findet auch hier zahlreiche Knochen von Mammut und Rindern ..... Die auflagernde Tonschicht erreicht 40 Fuß, umschließt Knochen von Elefanten, Pferden und Büffeln."

Über die Flora, welche zur Mammutzeit hier auf dem Steineis wuchs, gibt uns die folgende Profilbeschreibung Auskunft, die T o l l von den betreffenden Schichten auf der Ljachow-Insel (Neusibirische Inseln) gibt:[1])

„Unmittelbar auf dem Eise (vgl. Fig. 17 S. 120) ruhen Anschwemmungen von Sand und Ton ganz ohne vegetabilische Reste oder nur mit Spuren von solchen. Auf diesen Horizont folgt feiner schlammiger Lehm mit Zwischenschichten von Torf, der aus Moosen, Gräsern und vereinzelten Resten von Salix und Betula nana besteht, und dann die nur auf der Großen Ljachow-Insel vorgefundenen Suiten aus der Waldepoche mit Alnus fruticosa, die durch Vermittlung einer Reihe von Übergangsformen in die echte Tundrenvegetation ausgehen ..... Mammutknochen sind in allen postpliozänen Lehmschichten vorhanden, finden sich aber in größter Fülle neben Abhängen mit Sedimenten aus der Waldepoche, wenn wir hierunter im weiteren Sinne die Horizonte mit Salix sp., Betula nana, Alnus fruticosa und Betula alba verstehen."

Die große Menge der Mammutreste (neben denen auch Reste anderer großer Säugetiere, wie wollhaariges Nashorn, Moschusochse, Tiger, Wildpferd, Saiga-Antilope, Edelhirsch vorkommen) gerade bei den früher beschriebenen Fundstellen des Steineises ist höchst erstaunlich. Die Suche nach Mammutzähnen wird in diesen Gebieten von zahlreichen Personen als lohnender Beruf geübt, und die Zähne selbst bilden einen bedeutenden Handelsartikel. Besonders die Neusibirischen Inseln werden im Sommer (im Winter sind sie unbewohnt) regelmäßig von den Bewohnern des anliegenden Festlandes auf herausgeschmolzene Mammutzähne abgesucht, aber auch die Ufer der Flüßchen, die

---

1) Die russische Polarfahrt der „Sarja" 1900 bis 1902, aus dem hinterlassenen Tagebuch von Baron E d. v o n T o l l, herausgeg. von Baronin E m. v o n T o l l, S. 618. Berlin 1909.

zwischen Indigirka und Alaseja ins Eismeer fallen, sind beliebte Beutegebiete der Elfenbeinsucher.

Von Zeit zu Zeit schmelzen auch ganze Leichen von Mammuten, seltener auch Nashörnern und Moschusochsen heraus, und diese genauer untersuchten Lagerstätten gestatten einen Schluß auf die Ursache des massenhaften Sterbens der Tiere und der Erhaltung ihrer Leichname. Nach Toll sind ihre Fundorte mit Erde und Torf gefüllte Gruben im Eise, die sich durch dessen allmähliche Zerstörung am Klippenrande nach außen öffnen, worauf die Leichname herabrutschen. Maydell äußert[1]), daß man beim Reiten über den Eislagern äußerst vorsichtig sein müsse, damit das Pferd nicht in Gruben stürzt, die sich unter dem Torfe finden. — Diese Verhältnisse zeigen, daß die Tiere in Gletscherspalten stürzten und hier ihren Tod fanden, wobei aber ihre Leichen durch die Kälte vor Verwesung geschützt wurden. Berücksichtigt man, daß Gletscherspalten auch heute Menschenfallen sind, so ist diese Erklärung gewiß naheliegend. Freilich werden die Mammute wohl selten oder nie auf das Inlandeis gegangen sein. Aber diese im Quartär waldbestandenen unterirdischen Eisreste mußten sie arglos betreten, bis sie an eine Stelle kamen, wo der Boden unter ihnen nachgab und sie in eine Spalte hinabstürzten, aus der es kein Entrinnen gab. Diese Deutung ist nicht nur durch die Lage der Leichen in spaltenartigen Vertiefungen geboten, sondern wird auch dadurch unterstützt, daß bei einer der so gefundenen Mammutleichen ein Beinbruch, bei einer anderen eine Menge gefrorenen Blutes festgestellt werden konnte.

In den angeführten Tatsachen haben wir bestimmte Anhaltspunkte für die Temperatur der Mammutzeit auf den Neusibirischen Inseln. Weil dort Bäume wuchsen, aber doch die Eismassen sich in der Tiefe auch in der wärmsten Zeit erhalten konnten, bekommen wir folgende Grenzwerte der Temperatur jener Zeit, denen wir die heutigen zum Vergleich anfügen:

	Juli	Jahr	also Januar
im Quartär	$> 10°$	$< -2°$	$< -14°$
jetzt	$3°$	$-17°$	$-36°$

Dies entspricht für das Quartär zwar einem rauhen Klima, jedoch mit erheblich wärmeren Sommern als jetzt; etwa wie es jetzt das Innere von Ostsibirien hat. Gegenwärtig liegt die Baumgrenze 5 bis 6 Breitengrade südlich der Inseln.

Asien muß nach der Karte S. 117 im Quartär größtenteils unter niedrigerer Breite gelegen haben als heute. Im Frühquartär ging der 30. Breitenparallel von Ägypten zum Nordende Japans, statt durch dessen Südende wie heute. In Ostasien waren also die Breiten damals

---

[1]) Brief an Toll, S. 33 in Bd. 32, Nr. 1 der „Sapiski" der K. Russ. Geogr. Ges.

etwa 15° niedriger als jetzt. Im Verlauf des Quartärs stellten sich dann allmählich die heutigen Breiten ein, so daß die Würm-Eiszeit sich auch hier durch eine gegen heute erniedrigte Schneegrenze geltend machen konnte. Hiermit stimmt das Wenige überein, was wir von dem quartären Klima Asiens wissen. Nach Stephan Richarz enthält das Quartär Japans Mollusken, die heute erst 15° südlicher an den Küsten der Philippinen leben. In der Trans-Alai-Kette im Pamir wurden nach Muschketow im Quartär bis 300 m mächtige Gipsschichten abgesetzt[1]), und in Palästina findet sich nach Krüger ein bedeutendes quartäres Salzlager am Südende des Toten Meeres.[2]) Diese Anzeichen der nördlichen Trockenzone werden ergänzt durch die großartige Erscheinung des chinesischen Löß, der den Raum von Tsin-ling-schan bis zur großen Mauer und von Lan-tschou fast bis Kaiföng in zusammenhängender Decke bedeckt, und darüber hinaus, mit Gebirgsketten und Alluvialebenen abwechselnd, sich weit in die Mongolei, in die Mandschurei und über den Jangtsekiang hinaus erstreckt. In China ist Richthofen zuerst zu der Überzeugung gekommen, daß der Löß ein äolischer Boden sei, abgesetzt von Staubstürmen aus dem inneren Asien auf einem von Gräsern bewachsenen Boden, wodurch die poröse Struktur zustande kommt.

Die Literatur über den Löß in China hat kürzlich H. Kanter zusammengestellt, dem wir folgen können.[3]) Zu unterst liegt der Rotlöß, über ihm Braunlöß und über diesem Gelblöß. „Die Lößarten bilden deutlich verfolgbare Terrassierungen in den Tälern." Es kann wohl keinem Zweifel unterliegen, daß sich in dieser Farbenänderung die allmähliche Breitenzunahme im Laufe der Quartärzeit zu erkennen gibt. Auch heute dauert aber die Lößbildung noch an: „Sämtliche Reisende erzählen von dem Staub, der die Luft bei Nordwestwind erfüllt, und v. Lóczy beschreibt Tromben, die auch bei sonst ruhiger Luft den Staub mit emporreißen. Stürme bringen oft mehrere Zentimeter Staub in wenigen Stunden zur Ablagerung, und Tafel bringt ein anschauliches Bild, wie bei aufziehendem Regen die Wolken dick und braun erscheinen, so daß man glaubt, Massen verdichteten Staubes näherten sich. Geht dann der Regen nieder, sagen die Chinesen: es regnet Erde, derart sind die Wassertropfen mit gelbem Staub überladen. Wo unter dem heutigen Klima noch diese relativ großen Mengen Staubes abgelagert werden, wofür nicht nur die Kulturgüter und Gräber aus der alten chinesischen Geschichte bei Si-ngan-fu sprechen,

---

1) Arved Schultz, Landeskundl. Forsch. in Pamir. Abh. d. Hamb. Kol. Inst. 33, C, 4. Hamburg 1916.
2) K. Krüger, Vorkommen, Gewinnung und Absatz des Kochsalzes im türkisch-arabischen Vorderasien. Diss. Hamburg 1920.
3) H. Kanter, Der Löß in China. Diss. Hamburg 1922.

die mehrere Meter tief gefunden werden, und die Lößablagerungen auf den Terrassen des Hwang-ho, nördlich Lan-tschu-fu (v. Lóczy), wird man nicht fehl gehen, wenn man das Klima der Steppenperiode doch nicht so extrem annimmt, wie v. Richthofen."

Wir sehen jedenfalls aus diesen Salz-, Gips- und Lößbildungen, daß auch im Quartär die nördliche Trockenzone in Asien gut ausgebildet war.

Andererseits liegen aber auch Beobachtungen vor, welche auch in diesen Gebieten auf eine zeitweise Depression der Schneegrenze schließen lassen. So waren namentlich die auch heute gewaltigen Gletscher des Tjanschan früher noch größer, die Schneegrenze lag dort 600 m niedriger als heute. Aus Tibet sind allerdings bisher keine Eisspuren bekannt, und über die Verhältnisse in China scheinen die Ansichten noch nicht geklärt zu sein. Für Japan faßt Oseki den Stand der Frage so zusammen:[1]) Gletscherspuren, und zwar unbedeutende, sind in Japan bis jetzt nur in Form von Karen und Moränenwällen im Hidagebirge (36° nördlicher Breite) gefunden worden; gekritzte Geschiebe, Gletscherschliffe und Rundhöcker konnten bisher noch nicht nachgewiesen werden. Kleine Hängegletscher scheinen sich bis zu einer Höhe von 2500 m herabgezogen zu haben.

Wann diese Senkung der Schneegrenze in Asien stattgefunden hat, ist nicht bekannt. Wir vermuten, daß sie spätquartären Alters ist und sich als Auswirkung der letzten Eiszeiten, insbesondere der Würm-Eiszeit bei schon fast der heutigen Pollage darstellt.

Südamerika war in bezug auf Breitenänderungen in gleicher Lage wie Ostasien, mußte also ebenfalls warm im Frühquartär sein (vgl. Fig. 19 S. 117), konnte dagegen im Spätquartär bei schon fast der heutigen Pollage zu den Eiszeiten kälter sein als heute. Die Beobachtungen bestätigen dies. Die Belege für größere Wärme zu Beginn des Quartärs sind bereits früher bei Behandlung des Spättertiärs genannt. Fast genau antipodisch zum Lößgebiet Chinas entstand der „Pampaslehm" Argentiniens, an dessen äolischer Entstehung nicht zu zweifeln ist, wie sein Vorkommen bis auf die Höhen der pampinen Sierren beweist. Auch hier ist, wie in China, der ältere Löß rot, der jüngere gelb, was einer Breitenzunahme im Quartär entspricht. Der rote Löß wird hier jedoch, wie früher bemerkt, bereits in das Pliozän gesetzt.

Auch die sonderbare Tierwelt, die in diesen Lössen begraben ist, wurde schon beim Tertiär erwähnt, namentlich die riesigen Zahnlosen. Die Ausläufer dieser Fauna haben in dem allmählich kühler

---

[1]) K. Oseki, Die Eiszeit in den nordjapanischen Alpen. Geol. Rundsch. 5, 346, 1914.

werdenden Klima bis in sehr neue Zeit gelebt. Soll doch das plumpe Grypotherium noch mit dem Menschen zusammengelebt haben und von ihm in der Höhle von Ultima Esperanza als eine Art Haustier gehalten worden sein.[1]) Was das Aussterben dieser Großtiere bewirkt hat, zu denen auch Pferde gehörten, wissen wir nicht. Eckards Annahme, die Equiden seien deshalb verschwunden, weil ganz Südamerika damals von Wald bedeckt wurde, kann nicht zutreffen, wie die waldlose Lößformation zeigt.

Auch die Pflanzenwelt, welche in Südamerika zu Beginn des Quartärs lebte, haben wir bereits früher besprochen, und es war gezeigt worden, daß alle Funde mit der Annahme einer erheblich größeren Wärme als heute harmonieren. Insbesondere nötigt die auf der jetzt völlig vereisten Seymour-Insel gefundene Flora aus gemäßigten und subtropischen Elementen zu der von uns angenommenen Verlegung der Pole.

Viel umstritten war bis vor kurzem noch die Entstehung der Quartärschichten Patagoniens, insbesondere des „Patagonischen Gerölls", welches den größten Teil des Landes bedeckt. Über die Stellung dieses Gerölls in der Schichtenfolge gibt die Übersicht auf S. 130 Auskunft. An seinem quartären Alter kann kein Zweifel sein. Das Geröll ist am Rio Santa Cruz 60 m, sonst meist 10 bis 20 m mächtig, am Rio Negro weniger als 10 m. Die Steine sind gerundet, im Westen größer als im Osten, Schichtung oft deutlich. Die Ansicht der meisten Geologen [2]) geht dahin, daß es sich um das Geröll von Flüssen handelt, die oft ihr Bett wechselten, und daß sich dies Geröll unter dem Einfluß des Trockenklimas in eine Kieswüste verwandelte. Einige, wie O. Nordenskjöld [3]), möchten diese Flüsse mit einer Gebirgsvereisung im Westen in Zusammenhang bringen, die sie als Ursache annehmen zu sollen glauben, von welcher aber unmittelbare Spuren nicht bekannt sind. Am weitesten geht Hauthal [4]), der sogar eine vollständige Überschwemmung Patagoniens mit Inlandeis annehmen zu sollen glaubt

---

1) R. Hauthal, Erforschung der Grypotherium-Höhle bei Ultima Esperanza. Globus 76, S. 299—303, 1899.

2) A. Windhausen, Ein Blick auf Schichtenfolge und Gebirgsbau im südlichen Patagonien. Geol. Rundsch. 12, S. 109—137, 1921. — O. Wilckens, Die Meeresablagerungen der Kreide und Tertiärformation in Patagonien. N. Jahrb. f. Min. usw., Beil.-Bd. 21, S. 98—195, 1906. — H. Keidel, Über das patagonische Tafelland, das patagonische Geröll und ihre Beziehungen zu den geologischen Erscheinungen im argentinischen Andengebiet und Litoral. Zeitschr. d. Deutsch. Wiss. Vereins, Bd. III, Heft 5, S. 219—245, Heft 6, S. 311—333. Buenos Aires 1918.

3) O. Nordenskjöld, Svenska Expeditionen till Magellansländerna, Bd. I, 1. Heft. Stockholm 1899.

4) Hauthal, Erforschung der Glazialerscheinungen Südpatagoniens. Glob. 75, S. 101—104. 1899.

und also das Geröll für Grundmoräne hält. Hierin steht er indessen ganz allein. Auch wir können ihm nicht folgen, denn eine so große Vereisung erscheint uns bereits aus biologischen Gründen unannehmbar. Zum Beispiel wurden die Regenwürmer im Quartär und überhaupt seit langer Zeit auf den Falklandsinseln und in Patagonien und Feuerland nicht ausgerottet, was aus ihrer heutigen Verbreitung mit Sicherheit zu entnehmen ist. Folglich kann auch der Boden weder gefroren noch mit Inlandeis bedeckt gewesen sein. Vielmehr deuten die süd-

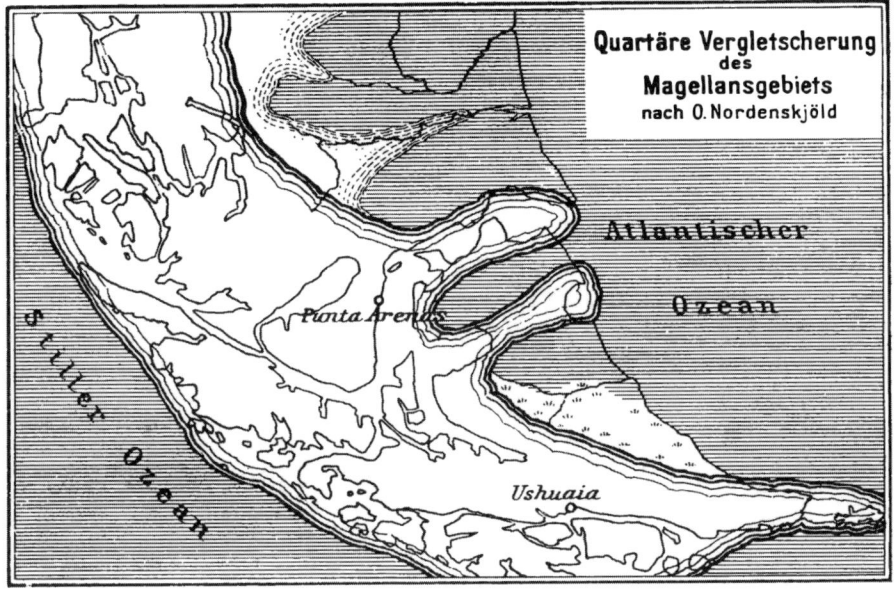

Fig. 33

amerikanischen quartären Faunen und Floren, ferner der Löß sowie auch die von Buschman erwähnte quartäre Steinsalzbildung in Patagonien mit großer Bestimmtheit auf ein warmes und trockenes Klima dieser Gegenden im Pliozän und dem früheren Quartär, in Übereinstimmung mit den in unserer Karte Fig. 19 dargestellten Zeugnissen aus den anderen Kontinenten. Unter solchem Klima muß daher zweifellos die Bildung des patagonischen Gerölls stattgefunden haben.

Aber andererseits sind in Südamerika ebenso wie in Asien auch deutliche Spuren einer beträchtlichen zeitweisen Senkung der Schneegrenze vorhanden. Das Kärtchen Fig. 33 zeigt die Ausdehnung dieser früheren Vergletscherung nach O. Nordenskjöld.[3]) Die Vereisung führte nicht zu einem Inlandeise, sondern nur zur Ausbildung von aller-

---

3) O. Nordenskjöld, Die Polarwelt. Leipzig und Berlin 1909.

dings großen Vorlandgletschern. Das Alter dieser Bildungen ist aber spätquartär, denn alle Beobachter heben das frische Aussehen der Moränen hervor: „Alles ist so frisch, als wenn die Gletscher erst vor wenigen Jahrzehnten sich von hier zurückgezogen hätten!" (Hauthal). Diese Tatsachen harmonieren aufs beste mit unserer Annahme, daß die Pole sich im Laufe des Quartärs immer mehr ihren heutigen Plätzen näherten, so daß Patagonien bei den letzten Klimaschwankungen des Quartärs bereits seine heutige Breite hatte. — Wir werden später an der Hand der Strahlungskurve sehen, daß der Takt der Eis- und Interglazialzeiten auf der Südhalbkugel ein anderer ist und war als auf der Nordhalbkugel, so daß es keinen Sinn hätte, die spätquartäre Vereisung Patagoniens etwa mit einer der europäischen Eiszeiten identifizieren zu wollen. Die letzte Eiszeit der Südhalbkugel muß nach der Strahlungskurve vor etwa 30 000 Jahren geherrscht haben.

In Südafrika haben sich die anfangs dort vermuteten quartären Eisspuren nicht bestätigt, im Gegenteil deuten verschiedene Erscheinungen auf wärmeres Klima als heute. Hierhin gehört namentlich die von Passarge gefundene Lateritbildung in der Kalahari[1]), deren Alter zwar nicht genau feststeht („tertiär bis rezent"), aber wahrscheinlich als quartär zu betrachten sein dürfte. Er ist gleichaltrig mit dem „Kalaharikalk", mit welchem er in der Weise abwechselt, daß Passarge annimmt, er entspreche Waldinseln in den großen Brackwasserseen, welche den Kalk lieferten. Ferner sei hier nochmals an die beim Spättertiär besprochenen Korallenriffbauten Madagaskars erinnert, die nach dem Miozän, aber vor der Entstehung des heutigen Flußsystems der Insel gebildet sein müssen. Auch sie sprechen, selbst wenn sie noch zum Pliozän gehören, für höhere Wärme an der Grenze zwischen Tertiär und Quartär.

Australien und Neuseeland waren als Antipoden von Europa-Nordamerika denselben Breitenänderungen unterworfen wie diese, aber den entgegengesetzten wie Feuerland. Hier sind Vereisungsspuren gerade aus dem frühesten Quartär zu erwarten, und im Laufe der Quartärzeit näherte sich das Klima unter Schwankungen allmählich dem heutigen. Da allerdings die australischen Alpen auch im Frühquartär höchstens 65° Breite erreichten und im Süden kein Festland lag, welches Australien hätte mit Inlandeis überschwemmen können, so dürfen wir überhaupt nur mäßige Grade der Vergletscherung erwarten.

Diese aus unserer Karte abzulesenden Forderungen finden wir wieder voll bestätigt: Nirgends finden wir Beschreibungen, die auf ein besonders jugendliches Alter der Vereisung schließen ließen. Nach

---

1) Passarge, Die Kalahari, S. 646. Berlin 1904.

J. W. E. Davids Schätzung[1]) würde ihre Hauptphase auf die Zeit vor 100 000 bis 200 000 Jahren fallen, was jedenfalls das hohe Alter der Spuren bezeugt. Für Neuseeland sollen sogar nach P. Marshall[2]) einige Autoren die „Eiszeit" schon an den Schluß der Tertiärperiode setzen, doch hält Marshall diese Ansicht für nicht ausreichend begründet. Unsere Annahme eines frühquartären Alters dürfte jedenfalls mit den Beobachtungen am besten harmonieren.

Der Umfang der Vereisung war nach A. Penck „ziemlich dürftig". Von Inlandeis ist nicht die Rede, es handelt sich nur um Gebirgsvergletscherung. Nach David bedeckte beim Maximum der Vergletscherung in Australien ein Firnfeld von 150 qkm Fläche den Mount Kosciusko; die Schneelinie lag rund 900 m tiefer als heute, woraus er auf eine Temperaturerniedrigung von $5^1/_2\,°$ C schließt. Nicht ganz sicher sind die Spuren einer jüngeren kleineren Vereisung. Penck findet übrigens den tiefsten Stand der Schneegrenze auf Tasmanien 500 bis 600 m niedriger als auf Neuseeland, was auffallend ist, da diese beiden Länder heute fast die gleiche geographische Breite haben. Aber gerade wenn diese Angaben, wie anzunehmen, für das Frühquartär gelten, so gibt unsere Karte Fig. 19 (S. 117) hierfür die Erklärung durch Berücksichtigung der verschieden starken Schollenverschiebungen, die seitdem eingetreten sind, denn zu jener Zeit lag Tasmanien noch auf etwa 68°, Neuseeland-Südinsel (Mitte) auf etwa 57° Südbreite.

Auch die quartäre Tierwelt Australiens, die Riesenkänguruhs, das Diprotodon australe von Nashorngröße, die Krokodile, großen Schildkröten, Riesenlaufvögel usw. bezeugen ein ziemlich warmes Klima. Australien hatte also auch im Quartär niemals eigentliches Polarklima, und namentlich im jüngeren Quartär näherten sich seine klimatischen Verhältnisse bereits stark den heutigen.

B. Die Gliederung des Eiszeitalters, ihre Ursachen und Zeitrechnung.

Wenden wir uns nun den wahrscheinlichen **Ursachen** und der **absoluten Zeitrechnung** der Eiszeiten zu, so müssen wir uns zuvörderst über zwei Fragen klar werden: 1. um welches meteorologische Element und 2. um welche Jahreszeit vorwiegend handelt es sich bei dem Eiszeitalter in Europa und Nordamerika? Über die ungefähre Größe der Zeiträume, die in Betracht kommen, haben wir einige Anhaltspunkte bereits oben gewonnen.

Von den beiden Ursachen eines Wachstums der Gletscher — große Schneemenge und niedrige Temperatur, besonders des Sommers —

---

[1]) Proceed. Linn. Soc. N. S. Wales 33, S. 657, 1908.
[2]) P. Marshall, New-Zealand. Handb. d. Reg. Geol. VII, 1. Heidelberg 1911.

wurde lange, und wird von manchen noch jetzt, der ersteren die Wirkung ganz oder größtenteils zugeschrieben. Selbst bei Erhöhung der Jahrestemperatur sollte eine Vergletscherung Skandinaviens durch bloße Zunahme der winterlichen Niederschläge möglich sein. Es läßt sich aber jetzt eine Reihe von Beweisen anführen, daß es sich mindestens während eines großen Teiles jeder Eiszeit in Mitteleuropa nicht um Verhältnisse handelt, wie sie jetzt in Feuerland und Neuseeland herrschen, sondern um solche, wie sie heute Grönland und die Antarktis haben: niedrige Temperatur, die die geringen, aber nur in fester Form fallenden Niederschläge nicht zum Schmelzen kommen, sondern sich zu Eisströmen ansammeln läßt.

Schon 1909 beantwortete A. Penck als Endergebnis von seiner und Brückners grundlegenden Untersuchung[1]) die erste Frage für die Alpen wie folgt (S. 1142): Da „während der Eiszeit die Firnfelder nicht voller waren als heute, so können wir die eiszeitliche Gletscherentwicklung aus der heutigen nicht durch eine Mehrung der Niederschläge hergeleitet denken, sondern müssen sie auf eine Minderung der Ablation, entsprechend einer Minderung der Temperatursummen über 0°, zurückführen. Wurde letztere nicht etwa, was doch nicht wahrscheinlich, durch eine Minderung der Temperatursummen unter 0° wett gemacht, so war die Eiszeit im Vergleiche zur Gegenwart eine Zeit allgemeiner Temperaturerniedrigung." Ferner S. 1145: „Die schneeigen Niederschläge des Eiszeitalters müßten, in Wasser ausgedrückt, 11 bis 14 m im Jahre betragen haben, wenn sie im Niveau der eiszeitlichen Schneegrenze der Ablation die Wage halten sollten. Der Annahme einer solchen Steigerung der Niederschläge widersprechen aber nicht bloß alle Erfahrungen über die Niederschlagsmengen der Gegenwart, nicht bloß die Erfüllung der eiszeitlichen Schneefelder, sondern namentlich auch der im allgemeinen hervortretende Parallelismus zwischen der heutigen und der eiszeitlichen Schneegrenze Wären während der Eiszeit die Niederschlagsmengen ansehnlich verstärkt gewesen, so hätte das randliche Abbiegen der Schneegrenze (deren Senkung im Vergleich zu den Zentralalpen) in der Eiszeit viel bedeutender sein müssen als heute." Dazu kommt noch ganz besonders (S. 1147): „Pflanzenreste in Tonen unmittelbar im Hangenden der Moränen der letzten Eiszeit gehören einer typischen Tundrenflora an und bergen Elemente, die heute oberhalb der Baumgrenze ihre reichste Entwicklung zeigen. Die immerhin noch spärlichen Fundstellen lassen erkennen, daß dem schwindenden Eise nicht unmittelbar reichlicher Pflanzenwuchs folgte und daß in den

---

1) A. Penck und E. Brückner, Die Alpen im Eiszeitalter, Bd. III. Tauchnitz, Leipzig 1909.

Niederungen 600 bis 800 m unter der eiszeitlichen Schneegrenze während des Eisrückzuges Bäume zunächst nicht vorhanden waren." Freilich an der Südseite der Alpen dürften nach Penck die Zungen der piemontesischen und insubrischen Gletscher weit bis ins Waldland hinein sich erstreckt haben. Hier glich die Landschaft wohl der vom Südrande von Alaska, wo auf dem Fuße des gewaltigen Malaspinagletschers hochstämmiger Wald wächst, während diejenige der Nordseite der Alpen „mit Island zu vergleichen ist". Wie dort in der Nähe des Vatna Jökull immerhin noch große Schafherden weiden können, „so bot das Ödland am Saume der nordalpinen Vorlandvergletscherung dem Mammut, dem wollhaarigen Rhinozeros und dem Rentier Nahrung".

Ebenso bestimmt hat sich in diesem Sinne Ed. Brückner an verschiedenen Orten geäußert. Unter anderem stellt er folgende Überlegung an:[1]) Das Gebiet, wo durch gewaltige Schneefälle die Schneegrenze fraglos am meisten herabgedrückt ist, das ist die Umgebung des Malaspinagletschers in Alaska. Sie liegt hier in der Tat sehr tief, bei 600 bis 800 m, wo die Julitemperatur etwa 11° ist. Im Laufe eines Jahres fallen hier 3 m Niederschlag. In den Alpen haben wir dagegen in der Höhe der eiszeitlichen Schneegrenze heute eine Julitemperatur von 15 bis 16°; wir müßten also hier noch weit größere Schneemengen annehmen, als in jenem heute ganz extremen Gebiet. Alles führt ihn zum Schluß, „daß die Ursache der Depression der Schneegrenze nicht in einer Vermehrung der Niederschläge, sondern nur in einer Minderung der Temperatur und ganz besonders in einer Minderung der Summe der Temperaturen über 0°, die ja allein zur Eisschmelzung dienen, gesucht werden kann"

Sehr gering wird die Niederschlagsmenge auch im Innern von Antarktika sein, weil in die große, den Südpol umgebende Antizyklone wohl noch seltener Zyklonen eindringen werden als in die grönländische. Außer Schneefall beteiligt sich an der Speisung des Inlandeises auch der reichliche Ansatz von Reif und Rauhfrost auf der Eisoberfläche. Eine bestimmte Angabe über seinen Betrag ist noch nicht möglich; die wenn auch seltenen Schneefälle bei zeitweise niedrigem Luftdruck müssen jedoch als weitaus wichtigere Quelle des Inlandeises angesehen werden.

In Grönland sehen wir auch eine nördliche Grenze des Inlandeises, denn Pearyland trägt nur kleinere Lokalgletscher. Während am äquatorialen Rande die Wärme des Sommers dem Eise eine Grenze setzt, beruht die polare Grenze, wo es eine solche gibt, auf dem Herabsinken des Niederschlages unter einen Wert, der selbst am Nordpol im Sommer durch Schmelzung beseitigt werden würde. Man kommt auf diese Weise

---

1) „Die Veränderungen des Klimas usw.", S. 107. Stockholm 1910.

zu der Vorstellung, daß das Optimum der Bedingungen für Inlandeisbildung nicht am Pol selbst, sondern in etwa 75° Breite zu finden ist. Im Quartär, wo wir uns stets nur mit dem Südrand des nordischen Inlandeises zu beschäftigen haben, muß die Ausdehnung also hauptsächlich nur eine Funktion der Temperatur gewesen sein.

Die zweite Frage ist: Die Temperatur **welcher Jahreszeit** ist für die Gletscherentwicklung in gemäßigten und hohen Breiten entscheidend?

Die beiden Faktoren der zunehmenden Vergletscherung sind, wie wir eben sahen, eine Vermehrung der jährlichen Schneemenge und eine „Minderung der Temperatursummen über 0°". Im jetzigen Klima von Westeuropa sind es natürlich Jahre mit kalten Wintern, die allein eine erhebliche Schneemenge bringen.[1]) Anders aber, wo die Lufttemperatur den größten Teil des Jahres unter 0° liegt und Regen überhaupt nur eine Ausnahmeerscheinung ist; hier ist die Temperatur des Winters teils für die Eisbildung gleichgültig, teils sind es gerade die wärmeren Winter, die, weil sie reicher an Zyklonen sind, mehr Schnee bringen, während solche, in denen Antizyklonen mit heiterem Himmel herrschen, arm an Schnee sind. Hier ist der zweite Faktor wichtiger: die Dauer und Wärme der Zeiträume über 0° im Sommer. Einige wenige Zahlen mögen dies belegen:

Vergleichen wir die Mitteltemperaturen einiger Orte geringer Seehöhe unter 65° Breite.

	Vergletschert					Unvergletschert			
	Grahamsland	Gaußstation	Godthaab	Angmagsalik	Spitzbergen	Brönnö, Norwegen	Jakutsk u. Werchojansk	Kap Pr. of Wales, Alaska	Mackenzie
Monat: kältester	−16	−22	−10	−11	−20	−2	−47	−23	−28
wärmster	0	−1	6	6	4	13	17	10	13
Jahr	−7	−11	−2	−2	−8	5	−14	−7	−8

Weder die Kälte des kältesten Monats, noch die des Jahres kann danach Vergletscherung bewirken, wohl aber die Abwesenheit der **Sommerwärme**. Dagegen erzeugt sehr niedrige Jahrestemperatur in Ostsibirien und im Innern des nördlichen Amerikas Eisboden, der auch im teilweise sehr warmen Sommer nur bis zu geringer Tiefe auftaut, aber dennoch hochstämmige Wälder trägt.

---

[1]) Unter diesem Eindruck macht selbst Geikie für die Eiszeiten „the long winter of aphelia" verantwortlich. Great Ice Age. 1. Aufl., S. 114. 1877.

Daß Kälte an sich nicht ausreicht, um Inlandeis zu erzeugen, zeigt am deutlichsten Sibirien, wo wir die tiefsten Temperaturen, aber kein Inlandeis finden. Sein zwischen 60 und 70° Breite gelegener Teil liegt in gleicher Breite mit dem heute vergletscherten Südgrönland und hat eine durchschnittlich (in gleichen Seehöhen) 8° niedrigere Jahrestemperatur als dieses. Dennoch hat es heute nicht nur keine Eiskappe, sondern ist völlig frei von Gletschern. Sein Boden ist bis in Tiefen von 100 m und mehr gefroren. Aber sein Sommer ist durchschnittlich 7° wärmer als der Südgrönlands, die Julitemperatur im Binnenlande, außer in hohen Lagen, 12 bis 20°. Man sieht eben, daß für die Vergletscherung der Sommer entscheidend ist, während es für den Eisboden natürlich auf die Jahrestemperatur ankommt, weil er in Tiefen liegt, wo der Unterschied der Jahreszeiten schwindet. Doch ist das Verhältnis der Bodentemperatur zur Lufttemperatur offenbar je nach der winterlichen Schneebedeckung ziemlich verschieden, denn in Westsibirien reicht der Eisboden (schwed. tjäle, russ. merslotá) kaum bis zur Jahresisotherme — 6°, während im Osten selbst Blagowestschensk mit einer Jahrestemperatur zwischen — 1 und — 2° noch Eisboden hat. Bei Jakutsk, wo der Schergin-Versuchsschacht noch ganz in gefrorenem Boden verläuft, dürfte dieser bis etwa 200 m Tiefe reichen.

Wir müssen also bei der Ausschau in der Vergangenheit unser Augenmerk vorwiegend auf die Zeiten mit k a l t e n S o m m e r n richten. Im folgenden werden wir die Strahlungswerte des astronomischen S o m m e r h a l b j a h r s, vom Frühlings- bis zum Herbstäquinoktium, der Betrachtung zugrunde legen.

Betrachten wir den notwendigen Verlauf einer der großen negativen Wellen in der Strahlung des Sommerhalbjahrs!

In den Gegenden, wo bei abnehmender Sommerstrahlung sich Inlandeis bildet, ist der Schneefall auch im Sommerhalbjahr beträchtlich und der des Winters mehr durch zu große Kälte, als durch Wärme eingeschränkt. Nimmt daher die Sommerstrahlung ab und die des Winters zu, so wächst in diesen Gegenden der Schneefall des Jahres, bis Inlandeis entsteht. Mit dessen Bildung aber nimmt der Schneefall ab, weil das Inlandeis, je größer es ist, um so dauernder den Kern eines Gebiets hohen Luftdrucks, einer Antizyklone, abgibt.

Hier, aber n u r hier, ist also der Beginn einer Eiszeit eine Schneezeit, ihr Ende, ebenso wie weiter im Süden, eine Zeit klaren Himmels.

In den äquatorwärts darangrenzenden Gebieten liegt es etwas anders, weil bei ihnen die Erniedrigung der Sommer- und Erhöhung der Winterwärme wohl ein feuchteres Klima, aber nicht Schneefall bringt. Mit der Entwicklung der Antizyklone wird aber auch hier das Klima trocken mit östlichen und polaren Winden. Deren Spuren sind in den Inlanddünen aufbewahrt, aber noch nicht zusammenhängend bearbeitet.

Festen Boden unter den Füßen erhalten wir, wenn wir die säkularen Schwankungen der Sonnenstrahlung zu Rate ziehen und ihren Einfluß auf die Temperatur richtig auffassen. Denn die Änderungen in der Lage der Erdachse und in den Elementen der Erdbahn sind von der Astronomie mit ziemlicher Sicherheit mindestens für die letzte Million Jahre festgestellt; und damit sind auch die der Bestrahlung in allen Breiten und Jahreszeiten gegeben, soweit man die „Sonnenkonstante" eben als Konstante annehmen kann. Wieweit dies der Fall ist, muß sich eben daran zeigen, wie weit sich die übrigen Ursachen als ausreichend erweisen.

Seitdem Adhémar[1]) und nach ihm in besserer, aber immer noch unvollkommener Form James Croll[2]) die astronomischen Elemente der Erdstellung zur Erklärung der Eiszeiten herangezogen haben, ist dieser Zusammenhang nicht aus der Diskussion verschwunden[3]), jedoch noch nie in vollständiger und überzeugender Weise dargestellt worden.

Da diese periodischen Schwankungen der Sonnenstrahlung — von unperiodischen müssen wir als beweislos gänzlich absehen — nur eine Länge von 20- bis 92 000 Jahren haben, Europa aber vor dem Quartär Millionen von Jahren hindurch warmes Klima ohne Eiszeiten gehabt hat, so können diese Perioden uns nichts zur Erklärung des Eiszeitalters als Ganzem, wohl aber sehr Maßgebendes zur Erklärung seiner Gliederung sagen. Mit dieser wollen wir uns zunächst beschäftigen und dann erst untersuchen, welchen Rest in den Klimaänderungen wir auch hier Verlegungen der Pole zuzuschreiben haben.

Zeigt es sich, daß die Geschichte des Quartärs mit dieser astronomischen Grundlage in Einklang zu bringen ist, so ist damit außerordentlich viel gewonnen: wir haben dann endlich wenigstens für die letzten 600 000 Jahre eine absolute Zeitrechnung und stehen in der Beurteilung aller Erscheinungen dieser Zeit auf einer ungleich festeren Grundlage als bisher. Das heutige Verhalten der Nord- und Südhalbkugel der Erde zeigt uns freilich, daß die Einwirkungen der Strahlungsunterschiede durch mächtigere Einflüsse in der Verteilung von Land und Wasser ganz überdeckt werden können; denn gerade die Südhalbkugel

---

1) Adhémar, Les révolutions de la mer, déluges périodiques. Paris 1842.

2) J. Croll, Verschiedene Aufsätze 1864 bis 1889, besonders aber: Climate and time in their geological relations. Den Einfluß der Ekliptikschiefe hat er zu wenig beachtet.

3) Einige Literatur findet man bei Hann, Lehrbuch der Klimatologie Bd. I, S. 367 u. 369. Besonders zu nennen ist Pilgrims weiter unten angeführte und hier viel benutzte Schrift, ferner N. Ekholm, Variations of the Climate, Quart. Journ. R. Met. Soc. 1901, S. 36, und die seitdem im Selbstverlag erschienene Schrift von Spitaler: Das Klima des Eiszeitalters. Prag 1921.

Eine Diskussion dieser sich vielfach widersprechenden Literatur würde hier zu weit führen.

hat heute ihren Sommer im Perihel, ihren Winter im Aphel, und daher eine stärkere Jahresschwankung der Sonnenstrahlung als die nördliche; trotzdem ist die Jahresschwankung der Lufttemperatur zwischen 40 und 70° Breite auf der ozeanischen Südhalbkugel viel geringer, als auf der kontinentalen Nordhalbkugel. Allein erstens ist die jetzt **sehr kleine** Exzentrizität der Erdbahn in der in Frage stehenden Zeit zeitweise viel größer, also auch wirksamer gewesen, und zweitens konnten die verhältnismäßig kurzen Perioden von 20 bis 90 Jahrtausenden und die daraus sich zusammensetzenden Wellen nicht leicht von den sehr langsam vor sich gehenden Änderungen in der Verteilung von Meer und Land verwischt werden. **Diese kürzeren Klimaschwankungen infolge der astronomischen Bedingungen müssen sich vielmehr durch alle Zeiten der Erdgeschichte wiederholt haben;** sie werden aber nur an gewissen Schwellenwerten, wie besonders an der Vergletscherungsgrenze, für den Geologen erkennbar, so im Permokarbon und besonders im Quartär.

Den Einfluß der Änderungen in der Ekliptikschiefe und in der Erdbahn auf die an die Grenze der Atmosphäre gelangende Sonnenstrahlung kann man für jeden Punkt genau berechnen, und damit besitzen wir auch für ihren Einfluß auf die Temperatur an der Erdoberfläche bestimmte Anhalte. Für den Einfluß auf Wind, Feuchtigkeit und Niederschläge sind wir leider auf Vermutungen angewiesen. Da bei geringer Schiefe der Ekliptik der Temperaturunterschied zwischen den Polen und dem Äquator im Sommerhalbjahr verstärkt und im Winter nicht sehr abgeschwächt ist, müssen wir annehmen, daß die atmosphärische Zirkulation dann im Sommerhalbjahr gesteigert ist und damit sowohl die polare Antizyklone, als die westlichen Winde in den gemäßigten Zonen bzw. die Häufigkeit und Stärke der Zyklonen an ihrem Nordrande zunehmen, also wohl die Gebiete regenarmer Sommer im Süden von Europa eingeschränkt werden. Außerdem bringt auch ohne Vermehrung der Niederschläge die geringere Wärme dieser Sommer eine verringerte Verdunstung mit sich. Wir dürfen also annehmen, daß die kühleren Sommer dieser Jahre auch feuchter waren. Ob aber dies hinreichen würde, um gleichzeitig mit den Eiszeiten im Norden für Ägypten, Vorderasien, das Great Basin von Nordamerika usw. Pluvialzeiten hervorzubringen, läßt sich nicht bestimmt sagen. Wohl aber machen es die Entwicklung der Antizyklone auf dem nordischen Binneneise und die um mehrere Grade höheren geographischen Breiten wahrscheinlich, daß die große Zugstraße der ostwärts wandernden Zyklonen zu diesen Zeiten vom Norden Europas nach dem Mittelmeer sich verlegte und den genannten Ländern reichlichere Regen brachte, wie wir dies in Fig. 28 auch dargestellt haben.

Die Ekliptikschiefe, oder die Neigung der Erdachse zur Ebene der Erdbahn, schwankt ziemlich gleichförmig in einer Periode von 40 400 Jahren zwischen 22° und 24½°; das Perihel macht seinen Umlauf durch alle Jahreszeiten in 20 700 Jahren.

Diese Periode von kaum 21 000 Jahren ist viel zu kurz zur Entwicklung einer Eiskappe über Nordeuropa. Aus dem Abgang von Eisbergen aus der Baffinsbai berechnen Chamberlin und Salisbury das jährliche Vorrücken des Eises in Grönland auf durchschnittlich nur 12 m. Nehmen wir selbst 100 m an, so brauchte das Eis für die 900 km vom Skandinavischen Gebirge bis zu den äußeren Moränen in Norddeutschland 9000 Jahre. Nun ist aber das Vorschreiten des Eisrandes nur die Differenz zwischen dem Zustrom und dem Abschmelzen, kann also auch im äußersten Fall nur weit langsamer sein. Noch ungünstigere Zahlen berechnen Chamberlin und Salisbury für Nordamerika.[1]) Die Rückzugsgeschwindigkeiten des Eisrandes bis zu mehreren 100 m im Jahr, die De Geer in Schweden fand, sind damit nicht zu vergleichen, denn dort handelt es sich um Abschmelzen eines dünn gewordenen Eiskuchens minus dessen (vielleicht bis auf Null gesunkenes) Vorwärtsströmen, hier aber um dieses körperliche Vordringen selbst minus dem sicher auch hier nicht zu vernachlässigenden Abschmelzen.

Entscheidend aber für das Auftreten von Eiszeiten werden die viel langsameren Schwankungen in der Exzentrizität der Erdbahn. Denn von ihrer Größe hängt es ab, ob die Änderungen in der Perihellänge wirksam sind oder nicht und ob sie in ihrem Zusammenfallen mit den ziemlich gleichbleibenden Schwankungen in der Ekliptikschiefe außerordentliche Ausschläge in der Bestrahlung bewirken können. Die Schwankungen der Exzentrizität haben eine durchschnittliche Dauer von 91 800 Jahren. Durch sie zerlegt sich das Eiszeitalter — und in minder auffälliger Weise sicherlich auch jedes andere Zeitalter von genügender Länge — in ruhige Zeiten, in denen die kürzeren Schwankungen der Strahlung sich in mäßigen Grenzen halten[2]), und in Zeiten extremer Schwankung, in denen mehrtausendjährige Reihen äußerst kalter und ebensolche sehr heißer Sommer miteinander abwechseln. Diese unruhigen Zeiten der großen Exzentrizität der Erdbahn sind es, die, wie wir weiter unten ausführen, die gewaltigen Vergletscherungen

---

1) Geology, S. 429. New York 1907.

2) In einer solchen ruhigen Zeit leben wir jetzt. Die Exzentrizität e der Erdbahn ist klein, nur 0,017, und nimmt noch ab, bis sie um 2600 n. Chr. auf 0,004 sinken wird, einen Betrag, den sie seit 510 000 Jahren nicht erreicht hat. In den nächsten 20 000 ist zudem für die Nordhalbkugel der Einfluß der Änderungen der Ekliptikschiefe ε und von $e \sin \Pi$ (Π Länge des Perihels) entgegengesetzt, so daß die Strahlungsverhältnisse fast unveränderlich bleiben.

herbeiführten, die das Kennzeichen der „Eiszeiten" sind, wenn die Lage der beiden Perioden der Ekliptikschiefe und der Exzentrizität der Erdbahn zueinander günstig war, um die erwähnten Scharen kalter Sommer zu erzeugen. In den 7 Maxima, welche die Exzentrizität der Erdbahn seit 640 000 Jahren nach Pilgrims Rechnungen gehabt hat, war dieses bei fünfen der Fall, bei dem dritten und vierten, wie wir sehen werden, nicht. Die folgende Tabelle gibt eine Übersicht dieser Änderungen in der Gestalt der Erdbahn. Die voranstehende Zahl gibt das Jahrtausend vor 1850 an. Vorgreifend setzen wir die zugehörigen Eiszeiten mit ihren von Penck und Brückner eingeführten Namen hinzu; nur für das letzte Maximum ist die Identifikation im Norden sicherer als in den Alpen. Wir nennen es wie früher den Baltischen Vorstoß.

Um ein wenig Anhalt dafür zu haben, welche Sicherheit diese Werte besitzen, setzen wir neben die Zahlen nach Stockwell, die unserer Tafel zugrunde liegen, noch die von McFarland berechneten Zahlen (Jahrtausende vor 1850, alles nach Pilgrim[1])).

Minima der Exzentrizität		Mc Farland		Maxima der Exzentrizität		Mc Farland		Eiszeiten
Stockwell				Stockwell				
−782	0,0022	−791	0,0061?	−836	0,0655	−842	0,0652	
−693	0240	−703	0230	−737	0412	−749	0410	
−616	0134	−623	0121	−656	0364	−665	0353	
−515	0018	−521	0022	−566	0522	−571	0535	(Günz-Eiszeit)
−408	0103	−412	0102	−465	0433	−472	0438	(Mindel-Eiszeit)
−350	0199	−356	0186	−369	0221	−372	0207	—
−257	0097	−260	0093	−301	0361	−305	0377	—
−145	0254	−148	0253	−200	0462	−205	0474	(Riß-Eiszeit)
−45	0105	−45	0104	−98	0408	−100	0408	(Würm-Eiszeit)
−26	0044	—		−13	0197	−14	0197	(Balt. Vorstoß)

In einem kürzlich erschienenen Buche hat der Professor der angewandten Mathematik an der Belgrader Universität M. Milankovitch für die Strahlungsmengen und Strahlungsstärken in den beiden astronomischen Halbjahren die Formeln entwickelt und einen Teil der

---

[1] Pilgrim, Versuch einer rechnerischen Behandlung des Eiszeitalters. Jahresber. d. Ver. f. vaterländ. Naturkunde in Württemberg, Bd. 60. 1904.

Rechnungen durchgeführt.¹) Um vor Mißverständnissen sicher zu sein, haben wir uns an ihn um Auskunft gewandt und in entgegenkommendster Weise von ihm einen Beitrag erhalten, den wir im folgenden abdrucken. In diesem ist über das in seinem Buch Gegebene hinaus die Frage einer exakten Lösung zugeführt.

Wie nämlich auf S. 242 seines Buches erwähnt ist, sind nicht nur die Strahlungsmengen W, sondern auch die mittleren Intensitäten w darin mit der wechselnden Dauer und Lage der astronomischen Halbjahre behaftet. Es bedurfte also, um die Frage rein darzustellen, noch der Lösung eines mathematischen Problems. Diese Lösung gibt Prof. Milankovitch an anderem Orte, hier aber teilt er das Ergebnis der mühsamen Rechnungen mit, die er auf Grund dieser Lösung für unsere Zwecke ausgeführt hat.

Besonderen Dank schulden wir ihm für die Tabelle und die graphische Darstellung der Änderungen der Sonnenstrahlung seit 650 000 Jahren, welche die obere Hälfte der Tafel am Schluß dieses Buches füllt. Aus dem Vergleich mit Kurve 4 derselben Tafel, die wir schon vorher nach den Angaben seines Buches entworfen hatten, sahen wir mit Beruhigung, daß wir auf keinem Irrwege waren, wie er in diesem heiklen Gebiet leicht eingeschlagen werden kann. Kurve 5 gibt die Strahlungsschwankungen auf der Südhalbkugel, die ziemlich abweichend verliefen. In derselben Weise kann man sich leicht auch für andere Breiten die angenäherten Strahlungskurven aus den beiden astronomischen Fundamentalkurven ableiten. Um die Strahlung für einen bestimmten Ort auf der Erde zu erhalten, muß man dessen Breitenänderung hinzufügen, wie wir dies in Fig. 38 für einige Punkte getan haben. Da Prof. Milankovitch die Strahlungsstärke in deren Breitenäquivalenten ausgedrückt hat, kann dies einfach geschehen, indem wir seinen Breitenmaßstab annähernd auf unsere Kurven übertragen.

Die Tafel gibt eine genügend begründete absolute Chronologie des Eiszeitalters. Ihre Angaben entsprechen zwar in den Hauptzügen den von hervorragenden Eiszeitforschern ausgesprochenen Erwartungen, enthalten aber auch manche Überraschungen, an die man sich erst wird gewöhnen müssen.

In jedem Lehrbuch der Astronomie, kosmischen Physik oder mathematischen Geographie findet man den Mechanismus jener Änderungen der astronomischen Elemente auseinandergesetzt, die eine räumliche und zeitliche Veränderung der Erdbestrahlung zur Folge haben.²)

---

1) M. Milankovitch: Théorie mathématique des phénomènes thermiques produits par la radiation solaire. Gauthier-Villars, Paris 1920.

2) Präzession und Nutation haben auf die Bestrahlung keine Wirkung, weil bei ihnen der Winkel zwischen den Ebenen des Äquators und der Erdbahn sich nicht ändert.

Im Folgenden bedeutet:

ε die Ekliptikschiefe, d. h. den Neigungswinkel der Äquatorebene gegen die jeweilige Erdbahnebene,

e die Exzentrizität der Erdbahn, d. h. das Verhältnis der Entfernung der Sonnenmitte von dem Mittelpunkt der Erdbahnellipse zur halben großen Achse dieser Ellipse,

Π die heliozentrische Länge des Perihels, d. h. den Winkel, den die über die Sonne hinausgehende Verlängerung des Erdbahnradius nach der Frühlingslage der Erde mit dem kürzesten Erdbahnradius bildet,

T die unveränderliche Länge des tropischen Jahres,

T_s die Dauer des astronomischen Sommerhalbjahres, d. h. der Zeit vom Frühlings- bis zum Herbst-Äquinoctium,

T_w desgl. des astronomischen Winterhalbjahres,

W_s Menge der an der Grenze der Atmosphäre im astronomischen Sommerhalbjahr erhaltenen Sonnenstrahlung,

W_w desgl. die der Sonnenstrahlung im astronomischen Winterhalbjahr.

Wir lassen nun das Manuskript von Prof. Milankovitch folgen.

„Die Bestimmung der zeitlichen Änderungen der Größen ε, e und Π ist Aufgabe der Himmelsmechanik. Die letzte diesbezügliche Aufstellung von Formeln, bei welcher alle acht Planeten berücksichtigt worden sind, rührt von Stockwell[1]) her. Pilgrim[2]) hat die numerische Auswertung dieser Formeln für das Zeitintervall von 1 010 000 Jahren vor 1850 bis 50 000 Jahre nach 1850 durchgeführt, welche für unsere Zwecke als genügend zuverlässig anzusehen ist. Wir sind demnach imstande, die Änderungen der fraglichen astronomischen Elemente während des Quartärs Schritt für Schritt zu verfolgen."

„Es handelt sich nun darum, aus diesen Änderungen der astronomischen Elemente den säkularen Gang der Erdbestrahlung abzuleiten und auf solche Art darzustellen, daß daraus zuverlässige Schlüsse gezogen werden können, wie sich dieser Gang im klimatischen Bilde der Vorzeit fühlbar gemacht hat."

„Um frei von allen willkürlichen Annahmen zu sein, wollen wir dabei den Einfluß der Atmosphäre auf die Erdbestrahlung außer acht lassen, d. h. nur jene Strahlungsmengen in Rechnung setzen, welche an der oberen Grenze der Erdatmosphäre anlangen. Da es uns nur auf

---

1) Stockwell, Memoir on the secular variations of the elements of the eight principal planets. Smithsonian contributions to knowledge. Vol. XVIII. 1873.

2) Prof. Dr. Ludwig Pilgrim, Stuttgart. Versuch einer rechnerischen Behandlung des Eiszeitalters. Jahresber. des Ver. für vaterl. Naturkunde in Württemberg 1904, Bd. 60, S. 26—117.

die zeitlichen Änderungen ankommt, so genügt dies. Zieht man dabei eine bestimmte geographische Breite φ in Betracht, so bekommt man die ersten Anhaltspunkte über den Bestrahlungszustand dieser geographischen Breite während eines beliebigen Jahres der Vorzeit, wenn man die Strahlungsmengen W_s und W_w berechnet, welche während des damaligen astronomischen Sommerhalbjahres und Winterhalbjahres einer in dieser geographischen Breite gelegenen horizontalen Flächeneinheit zugestrahlt worden sind. Als zu diesen zwei Größen zugehörig müssen auch die Längen T_s und T_w des damaligen astronomischen Sommerhalbjahres bzw. Winterhalbjahres berechnet werden."

„Die Berechnung der Größen W_s, W_w, T_s und T_w geschieht sehr einfach mit Hilfe der im erwähnten Werke von Milankovitch mitgeteilten Tabellen. Schwieriger ist der Vergleich der so erhaltenen Werte mit jenen, welche dem gegenwärtigen Bestrahlungszustand der Erde entsprechen. Man hat dabei je zwei und zwei Strahlungsmengen und je zwei und zwei Zeitintervalle, während welcher diese Mengen zugestrahlt werden, untereinander zu vergleichen. Alle diese Größen müssen zu gleicher Zeit in Betracht gezogen werden, weil in den thermischen Erscheinungen nicht allein die Wärmemengen, sondern auch die Zeiten ihres Verbrauches ausschlaggebend sind."

„Berechnet man sowohl für das in Betracht gezogene Jahr der Vorzeit als auch für den gegenwärtigen Bestrahlungszustand der Erde die numerischen Werte der Quotienten

$$w_s = \frac{W_s}{T_s} \qquad w_w = \frac{W_w}{T_w},$$

so stellen dieselben jene Strahlungsmengen dar, welche während des astronomischen Sommer- bzw. Winterhalbjahres der in Betracht gezogenen geographischen Breite **durchschnittlich** pro Zeiteinheit zugestrahlt werden. Der Vergleich dieser Werte erlaubt den Schluß zu ziehen, ob während des in Betracht gezogenen Jahres der Vorzeit die astronomischen Halbjahre durchschnittlich wärmer oder kälter waren als gegenwärtig; dabei wird von der Dauer dieser Halbjahre aber nicht gesprochen. Eine solche Angabe ist offenbar nicht vollkommen ausreichend zu einer erschöpfenden Beurteilung des thermischen Zustandes des in Betracht gezogenen Jahres. Es genügt nicht allein zu wissen, ob das astronomische Sommerhalbjahr, zum Beispiel, heißer oder milder war als das gegenwärtige, sondern auch wie lange es gedauert hat, und diese Dauer kommt in den Werten w_s und w_w nicht zum entsprechenden Ausdruck. Für $\varepsilon = 21°\,58'\,30''$ und alle noch möglichen Werte von e und Π, sofern diese nur die Gleichung $e \sin \Pi = -0{,}0165$ befriedigen, bekommt man beispielsweise für den 77. Breitengrad nördlich für w_s und w_w dieselben numerischen Werte, wie sie der Gegenwart entsprechen. Doch folgt bei einer solchen Kombination der Werte e und Π eine andere Dauer der astronomischen Jahreszeiten als gegenwärtig, und zwar ein um zehn Tage kürzeres astronomisches Sommerhalbjahr und ein um ebensoviel Tage längeres Winterhalbjahr. Es ist außer Zweifel, daß ein solches Jahr der Vorzeit, trotzdem ihm dieselben Werte von w_s und w_w entsprechen wie der Gegenwart, wegen des kürzeren Sommers und des längeren Winters kühler sein mußte als das gegenwärtige. Aus diesem Grunde eignen sich die Größen w_s und w_w wohl zu einer raschen Rekognoszierung der Vorzeit, nicht aber zu einer exakten Beschreibung des säkularen Bestrahlungsganges der Erde, und es muß zwecks einer solchen Beschreibung ein anderer Weg eingeschlagen werden, welcher erst kürzlich angegeben worden ist.[1]"

"Um diesen Weg zu zeigen, müssen wir den gegenwärtigen jährlichen Bestrahlungsgang einer schärferen Analyse unterziehen. Es stelle uns zu diesem Ende die Linie ABCD (Fig. 34) den jährlichen Gang der Bestrahlung in einer beliebigen geographischen Breite φ dar, wobei wir allerdings die Breiten von $-11°$ bis $+11°$ ausschließen, weil in diesem tropischen Gürtel das Phänomen der Jahreszeiten nicht

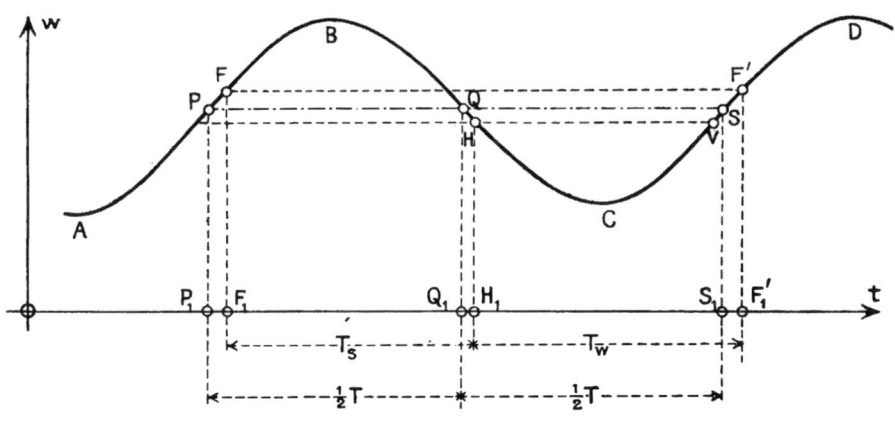

Fig. 34

zum Ausdruck gelangt. Die Abszissenachse dieser Figur stelle uns die Zeitskala dar, und die Ordinaten der Kurve ABCD die mittlere Bestrahlung der Breite φ. Bezeichnet man mit W_τ die Strahlungsmenge, welche einer auf der geographischen Breite φ horizontal gelegenen Flächeneinheit innerhalb jenes Tages zugestrahlt wird, dessen Mittag durch den in Betracht gezogenen Punkt der Abszissenachse dargestellt

---

[1] Milankovitch, Kalorische Jahreszeiten und deren Anwendung im paläoklimalen Problem. Ber. d. Königl. Serb. Akad. Bd. 1923.

erscheint, und mit τ das Zeitintervall von 24 Stunden, so ist, wie im erwähnten Werke gezeigt, $W_\tau = w\tau$. Die Größe w stellt uns also zu gleicher Zeit die Bestrahlung der erwähnten Flächeneinheit pro Zeiteinheit dar. Wenn die in Betracht gezogene geographische Breite den Polarzonen angehört, so schrumpfen für die Dauer der langen Polarnacht die Ordinaten der Linie ABCD auf Null zusammen, doch ändert dies nichts an den nachstehenden Ausführungen."

„Es soll nun der Punkt F_1 den Zeitpunkt des Frühlingsäquinoktiums, der Punkt H_1 den Zeitpunkt des Herbstäquinoktiums und F_1' den Zeitpunkt des nächstfolgenden Frühlingsäquinoktiums darstellen, so daß die Ordinaten $\overline{F_1F}$, $\overline{H_1H}$, $\overline{F_1'F'}$ die Äquinoktialbestrahlungen und die Zeitstrecken $\overline{F_1H_1}$ und $\overline{H_1F_1'}$ die Dauer des astronomischen Sommer- bzw. Winterhalbjahres veranschaulichen. Von allen diesen Längen sind nur die Strecken $\overline{F_1F}$ und $\overline{F_1'F'}$ einander gleich, oder, besser gesagt, ihr Unterschied ist verschwindend klein. Es ist also

$$\overline{F_1F} \gtreqless \overline{H_1H}$$
$$\overline{F_1H_1} \gtreqless \overline{H_1F_1'}$$

„Die erste dieser beiden Ungleichheiten rührt davon her, daß die augenblickliche durchschnittliche Bestrahlung der geographischen Breite φ nicht allein von der Deklination der Sonne, sondern auch von der augenblicklichen Entfernung der Erde von der Sonne abhängig ist, und diese letztere ist zu Zeiten der beiden Tag- und Nachtgleichen verschieden."

„Aus diesem Grunde ist die Bestrahlung der nördlichen Hemisphäre der Erde zur Zeit des Frühlingsäquinoktiums um 13,5 pro Mille stärker als zur Zeit des Herbstäquinoktiums. Doch dieser gegenwärtig geringe Unterschied kann infolge der säkularen Variationen der astronomischen Elemente den Wert von 312 pro Mille erreichen."

„Auch die zweite der oben angeführten Ungleichheiten, jene der astronomischen Jahreszeiten, rührt von der Exzentrizität der Erdbahn her. Gegenwärtig ist das astronomische Sommerhalbjahr der nördlichen Hemisphäre um 7 Tage 16 Stunden länger als das Winterhalbjahr, doch kann dieser Unterschied den Wert von $\pm$ 31 Tagen 20 Stunden erreichen."

„Diese beiden Ungleichheiten haben noch eine weitere Anomalie zur Folge. Während des Zeitintervalles, welcher in der Fig. 34 durch die Differenz der Abszissen der Punkte F' und V dargestellt erscheint, welches Zeitintervall offenbar dem Winterhalbjahre angehört, ist die Bestrahlung der in Betracht gezogenen geographischen Breite intensiver als die Bestrahlung der letzten Tage des Sommerhalbjahres. Das astronomische Winterhalbjahr weist also Tage auf, welche sich einer stärkeren Bestrahlung erfreuen als einige Tage des Sommerhalbjahres."

„Aus alle dem folgt, daß die astronomischen Halbjahre das Jahr nicht in Intervalle stärkerer und schwächerer Bestrahlung teilen, sondern in zwei ungleiche Intervalle, welche keinen innigen Zusammenhang mit der Erdbestrahlung aufweisen. Überdies variieren sowohl die Längen dieser Intervalle als auch die Ungleichheiten der Erdbestrahlung an ihren Enden fortwährend. Dies war die Ursache, warum man mit Hilfe der astronomischen Jahreszeiten allein keinen tieferen Einblick in den säkularen Gang der Erdbestrahlung gewinnen konnte."

„Alle diese Unzukömmlichkeiten können vermieden werden, wenn man das Jahr in zwei gleich lange Halbjahre teilt, von welchen das erste alle jene Tage umfaßt, während welcher die Bestrahlung der in Betracht gezogenen geographischen Breite stärker ist als an irgendeinem Tage des anderen Halbjahres."

„Die analytische Bestimmung dieser Halbjahre, welche in der erwähnten Abhandlung gegeben worden ist, und auf welche hier nicht näher eingegangen werden kann, gründet sich auf der geometrischen Überlegung: es ist eine zur Abszissenachse parallele Gerade PQS zu finden, welche die Kurve der Bestrahlung ABCD derart schneidet, daß die Abschnitte $\overline{PQ}$ und $\overline{QS}$ einander gleich werden. Die Projektionen $\overline{P_1 Q_1}$ und $\overline{Q_1 S_1}$ dieser beiden Abschnitte stellen dann offenbar jene beiden Zeitintervalle des Jahres dar, welche den oben gestellten Bedingungen genügen."

„Diese beiden Zeitintervalle können die kalorischen Halbjahre genannt werden, weil sie durch die Anzahl der Kalorien bestimmt werden, welche von der Sonne der in Betracht gezogenen geographischen Breite im Laufe des Jahres zugestrahlt werden. Jenes Halbjahr, welches alle Tage der stärkeren Bestrahlung umfaßt, soll das kalorische Sommerhalbjahr, das andere das kalorische Winterhalbjahr genannt werden."

„Wenn die Kurve ABCD den jährlichen Gang der Temperatur an der in Betracht gezogenen Stelle der Erdoberfläche darstellen würde, so könnte auf dieselbe Weise das Jahr in zwei thermische Halbjahre geteilt werden. Im solaren Klima stehen die thermischen Halbjahre im engen Zusammenhang mit den kalorischen, doch sind ihre Eintrittszeiten gegeneinander verschoben."

„Da nun die Dauer T des Jahres keinen säkularen Änderungen unterworfen ist, haben die kalorischen Halbjahre stets dieselbe Dauer von 182 Tagen 14 Stunden 54 Minuten. Hingegen ist der Zeitpunkt des Beginnes eines kalorischen Halbjahres nicht derselbe in allen geographischen Breiten. Gegenwärtig erfolgt beispielsweise mit zunehmender nördlicher geographischer Breite eine Verspätung dieses Beginnes, welche vom 45. Breitengrad rund 20 Zeitminuten pro Breitengrad beträgt."

„Die kalorischen Halbjahre geben uns nun das Mittel in die Hand, den Gang der Erdbestrahlung exakt zu verfolgen. Denn hat man den Beginn und das Ende der kalorischen Halbjahre bestimmt, so kann man auch die Strahlungsmengen Q_s und Q_w berechnen, welche während des kalorischen Sommerhalbjahres bzw. Winterhalbjahres der in Betracht gezogenen geographischen Breite zugestrahlt werden. Hat man diese Berechnung sowohl für die Gegenwart als auch für das in Betracht gezogene Jahr der Vorzeit durchgeführt, so können die so erhaltenen Werte direkt untereinander verglichen werden, weil sie sich alle auf gleiche Zeitintervalle beziehen. Man kann die Unterschiede auch quantitativ erfassen und jene geographische Breite φ_s bestimmen, auf welcher man gegenwärtig denselben Wert von Q_w vorfindet, wie er während des in Betracht gezogenen Jahres der geographischen Breite φ entsprochen hat. So kann man also die säkularen Änderungen des thermischen Zustandes auf der Erdoberfläche, hervorgerufen durch die astronomischen Ursachen, durch Breiteschwankungen ausdrücken, was für die Paläoklimatologie von großem Werte ist."

„Die rechnerische Ermittlung der Größen Q_s und Q_w und des zugehörigen Breitenwertes, auf welche hier nicht näher eingegangen werden kann, gestaltet sich sehr einfach, wenn die Perihellänge Π die Werte von $90°$ oder $270°$ erreicht, was alle zehn bis elf Jahrtausende der Fall ist. Gerade diese Zeiten sind es, welche im säkularen Bestrahlungsgange der Erde die wichtigsten Etappen darstellen, denn dann koinzidieren die Solstitiallagen der Erde in ihrer Bahn mit dem Aphel und Perihel. Im Falle $\Pi = 90°$ fällt das Wintersolstitium der nördlichen Halbkugel mit dem Perihel zusammen und der nördliche Winter erfährt durch die Nähe der Erde an der Sonne die größte Abmilderung, welche er bei gegebenem ε und e durch die Veränderlichkeit von Π erreichen kann; im Falle $\Pi = 270°$ erfährt er seine größte Verschärfung. In diesen beiden Fällen der extremen jahreszeitlichen Gegensätze sind die jeweiligen Größen W_s, W_w, Q_s und Q_w durch folgende Gleichungen miteinander verbunden

$$Q_s = W_s \mp K, \quad Q_w = W_w \pm K,$$

wobei sich das obere Zeichen, wenn wir die nördliche Halbkugel der Erde betrachten, auf den Fall $\Pi = 90°$, das untere auf den Fall $\Pi = 270°$ bezieht; für die südliche Halbkugel ist es umgekehrt."

„Was nun die Größe K anbelangt, so ist diese, wenn es sich um

Breiten handelt zwischen 45° und 70°, welche für das paläoklimale Problem hauptsächlich in Betracht kommen, durch den Ausdruck

$$K = \frac{2(b_0 - b_1)}{\pi^2 \sqrt{1-e^2}} \cdot e$$

genügend genau gegeben. Dabei bedeutet b_0 und b_1 die jeweiligen Werte der durch die Tabellen IV und XVI (S. 188 und 225) des erwähnten Werkes gegebenen Größen. Beachtet man aber, daß die Größe

$$\frac{2(b_0 - b_1)}{\pi^2 \sqrt{1-e^2}} = m$$

sich säkular nur unbedeutend ändert, da e nur im Quadrat vorkommt, so kann diese mit Hilfe der erwähnten Tabelle IV allein mit einem mittleren Werte von e berechnet und als konstant angenommen werden. So bekommt man

$$K = me,$$

wo m nur von der geographischen Breite abhängig ist."

„Die Größen W_s und W_w sind für ein beliebiges Jahr der Vorzeit, welchem eine um $\triangle \varepsilon$ Grade größere Schiefe der Ekliptik als gegenwärtig entspricht, durch die Ausdrücke gegeben

$$W_s + \triangle W_s \triangle \varepsilon$$
$$W_w + \triangle W_w \triangle \varepsilon$$

wo W_s und W_w der Tabelle V und $\triangle W_s$ und $\triangle W_w$ der Tabelle XVII des erwähnten Werkes zu entnehmen sind. Man bekommt also für die Größen Q_s und Q_w folgende Ausdrücke

$$Q_s = W_s + \triangle W_s \triangle \varepsilon \mp me$$
$$Q_w = W_w + \triangle W_w \triangle \varepsilon \pm me$$

welche leicht zu berechnen sind. Dabei gilt, wie bereits erwähnt, das obere Zeichen für $\Pi = 90°$, das untere für $\Pi = 270°$, wenn man die nördliche Halbkugel der Erde betrachtet."

„Da der gegenwärtige Wert der Perihellänge von 100,4° nicht viel verschieden ist von 90° und die Perihellänge erst vor 600 Jahren den Wert von 90° durchschritten hat, so können die obigen Ausdrücke, wenn es sich um die angegebenen Breiten handelt, dazu benützt werden, um die gegenwärtigen Werte von Q_s und Q_w zu berechnen; man hat nur $\triangle \varepsilon = 0$ und $e = 0{,}0168$ zu setzen."

„Mit Hilfe der soeben mitgeteilten Formeln ist der sommerliche Bestrahlungszustand in den Breiten 55°, 60° und 65° nördlich während der verflossenen 650 Jahrtausende verfolgt und in der dem Buche beigelegten Tafel durch Breiteschwankungen dargestellt worden. Daß die folgende Tabelle sich auf die sommerliche Bestrahlung bezieht, geschieht auf Wunsch der Verfasser vorliegenden Werkes."

Jahr-tausende vor der Gegenwart	Die Breiten			Jahr-tausende vor der Gegenwart	Die Breiten		
	55° N	60° N	65° N		55° N	60° N	65° N
	sind zu verschieben auf:				sind zu verschieben auf:		
0,6	54° 50'	59° 50'	64° 50'	350,5	53° 50'	59° 40'	65° 50'
11,4	49° 20'	55° 20'	60° 20'	359,6	55° 40'	60° 40'	65° 50'
22,3	56° 50'	62° 0'	68° 0'	369,4	48° 30'	54° 30'	59° 30'
33,5	53° 40'	59° 30'	65° 20'	379,3	55° 40'	60° 40'	65° 50'
47,6	52° 10'	57° 10'	61° 30'	388,9	53° 50'	59° 40'	65° 50'
60,9	52° 20'	58° 10'	63° 50'	398	56° 10'	61° 10'	67° 0'
72	58° 50'	64° 0'	72° 10'	406,3	50° 50'	56° 30'	61° 30'
82,9	48° 20'	54° 50'	60° 20'	414,7	53° 0'	57° 50'	62° 30'
94,1	56° 0'	61° 20'	64° 50'	423,8	51° 40'	57° 30'	63° 10'
105,1	50° 30'	56° 50'	62° 50'	433,5	58° 40'	63° 50'	71° 50'
116	58° 50'	63° 40'	71° 0'	443,5	49° 10'	55° 30'	61° 10'
127,6	47° 50'	54° 10'	59° 20'	454,1	56° 30'	61° 0'	65° 30'
140	56° 40'	61° 30'	66° 50'	464,7	49° 30'	56° 0'	61° 50'
152,3	52° 10'	58° 20'	64° 10'	475	59° 0'	63° 50'	71° 0'
164,5	55° 40'	60° 20'	64° 50'	485,5	48° 40'	55° 10'	60° 40'
176,2	48° 30'	55° 0'	60° 40'	496,2	55° 30'	60° 20'	65° 10'
187.4	59° 50'	65° 0'	73° 50'	507.1	53° 30'	59° 10'	64° 50'
198,3	48° 30'	55° 20'	61° 10'	527,2	54° 20'	59° 10'	63° 50'
209,4	55° 50'	60° 10'	64° 20'	537,8	48° 50'	55° 10'	60° 30'
220,5	49° 0'	55° 30'	61° 10'	548,2	59° 40'	64° 50'	73° 0'
231.1	59° 40'	65° 10'	75° 40'	558,4	48° 50'	55° 40'	61° 40'
242,3	50° 20'	56° 20'	61° 40'	568,8	57° 30'	61° 50'	66° 30'
256,9	53° 40'	58° 40'	63° 30'	579,3	46° 20'	53° 20'	59° 0'
270,7	53° 40'	59° 30'	65° 50'	589,4	59° 0'	64° 0'	71° 30'
281,6	56° 40'	61° 30'	66° 50'	599,1	51° 50'	57° 50'	63° 40'
292,4	47° 30'	54° 0'	59° 20'	608,1	54° 50'	59° 40'	64° 40'
302,8	57° 40'	62° 30'	68° 0'	616,2	50° 40'	56° 20'	61° 20'
312,8	51° 40'	57° 50'	63° 50'	624,4	55° 20'	60° 20'	65° 30'
322,6	56° 20'	61° 0'	66° 10'	633,5	51° 50'	57° 50'	63° 40'
332,4	48° 40'	54° 40'	59° 50'	643,2	57° 20'	62° 10'	67° 50'
341,7	56° 30'	61° 20'	67° 0'	653,3	48° 10'	54° 40'	60° 10'

— Diese Mitteilungen von Prof. Milankovitch sind besonders dankenswert wegen der übersichtlichen Form, in die er sie durch Umrechnung in Breitenäquivalente und durch die graphische Darstellung gebracht hat, die den oberen Teil unserer Tafel füllt (am Schluß dieses Buches). Diese Breitenäquivalente der jeweiligen Strahlung können exakt berechnet werden; dagegen ist deren Umsetzung in Temperatur von vielen Umständen abhängig. Um einen Anhalt dafür zu bekommen, welchen Temperaturwerten die Wechsel dieser Breitenäquivalente der Strahlung entsprechen, mögen hier die heutigen Mittelwerte der Temperaturabnahme mit wachsender Breite Platz finden (für je 10 Breitengrade und für nördliche und südliche Halbkugel):

Geogr. Breite		0°	10°	20°	30°	40°	50°	60°	70°	80°
im wärmsten Monat	N-Halbkugel		−0,5	1,4	1,0	3,3	5,9	4,1	7,0	5,2
	S-Halbkugel		0,1	0,9	3,6	6,2	7,3	5,1	4,0	5,7
	Mittel		−0,2	1,2	2,3	4,8	6,6	4,6	5,5	5,5
im kältesten Monat	N-Halbkugel		−0,2	3,9	7,3	9,7	11,9	8,8	10,2	7,5
	S-Halbkugel		1,7	3,9	5,4	5,6	6,1	10,5	14,6	9,3
	Mittel		0,8	3,9	6,4	7,6	9,0	9,6	12,4	8,4

Bevor wir in die Besprechung der Zahlen und Linien von Prof. Milankovitch eintreten, wollen wir sie noch durch einige wichtige Angaben aus seinem Buche und durch die Kurven ergänzen, die den unteren Teil unserer Tafel einnehmen.

Für unsere Zwecke erweisen sich nämlich die Änderungen der Strahlungsmengen, die während des veränderlichen astronomischen Sommer- und Winterhalbjahres den verschiedenen Breiten zukommen, zunächst schon ausreichend. Deren Abhängigkeit von den astronomischen Fundamentalwerten ε und $e \sin \Pi$ läßt sich aber nach den Darlegungen in Milankovitchs Werk sehr einfach und übersichtlich fassen.

Seien η_s und η_w die Abweichungen dieser Größen von einem bestimmten Mittelwert, als welchen Milankovitch jenen wählt, welcher der gegenwärtigen Ekliptikschiefe ε_0 und der Exzentrizität der Erdbahn $e = 0$ entspricht, so ist für eine Ekliptikschiefe $\varepsilon_0 + \triangle \varepsilon$ (in Graden) und eine Exzentrizität e nach S. 238/239 seines Buches

$$\eta_s = 2 \triangle W_s \triangle \varepsilon \mp 2 W_s \frac{4}{\pi} e \sin \Pi$$

$$\eta_w = 2 \triangle W_w \triangle \varepsilon \pm 2 W_w \frac{4}{\pi} e \sin \Pi.$$

$\triangle W$ ist der Betrag, um den sich der Wert W der Einstrahlung an der Grenze der Atmosphäre bei Änderung von ε um 1° ändert.

Das obere Zeichen gilt für die Nord-, das untere für die Südhalbkugel. Drücken wir nun noch η_s und η_w durch deren Verhältnis zu den Größen W_s und W_w aus, d. h. setzen wir

$$A_s = \frac{\eta_s}{2 W_s}, \quad A_w = \frac{\eta_w}{2 W_w},$$

so erhalten wir folgende einfache Beziehungen:

$$A_s = \frac{\triangle W_s}{W_s} \triangle \varepsilon \mp \frac{4}{\pi} e \sin \Pi$$

$$A_w = \frac{\triangle W_w}{W_w} \triangle \varepsilon \pm \frac{4}{\pi} e \sin \Pi.$$

Wie man sieht, sind die Größen A algebraische Summen von zwei Gliedern, deren erstes ein Produkt von $\triangle \varepsilon$ mit einer bekannten und für jeden Breitengrad konstanten Größe, deren zweites für alle Breiten (bis auf das Vorzeichen) dasselbe ist. Man kann also, wenn man als Fundamentalkurven den säkularen Verlauf der Größen $\triangle\varepsilon$ und $e\sin\Pi$ nach Pilgrims Zahlen entwirft, aus diesen den Gang der mittleren Strahlung der beiden astronomischen Halbjahre graphisch ableiten, indem man nur das Verhältnis der beiden Maßstäbe je nach der gewünschten geographischen Breite wählt.

Die Koeffizienten $\triangle W_s/W_s$ und $\triangle W_w/W_w$ sind (multipliziert mit 100) in der Tabelle XVIII (S. 229) des Werkes von Milankovitch angegeben. Um die Hauptzüge ihrer Verteilung zu zeigen, mögen die Werte in untenstehender Tabelle von 15 zu 15° Breite und für 65° Platz finden, daneben die entsprechenden Werte für das Jahr.

Die sommerliche Strahlung nimmt bei wachsender Ekliptikschiefe bis zu 11° Breite ab, von da an bis zum Pol zu.

Prozentische Änderung der Strahlungsmenge bei Zunahme der Ekliptikschiefe um 1° für die astronomischen Halbjahre (s Sommer, w Winter) und das Jahr (T).

Breite	$\dfrac{\triangle W_s}{W_s}$	$\dfrac{\triangle W_w}{W_w}$	$\dfrac{\triangle W_T}{W_T}$
0°	− 0,35	− 0,35	− 0,35
15°	+ 0,11	− 0,87	− 0,33
30°	+ 0,59	− 1,54	− 0,22
45°	+ 1,17	− 2,60	+ 0,03
60°	+ 2,04	− 4,78	+ 0,78
65°	+ 2,51	− 5,77	+ 1,39
75°	+ 3,57	− 4,31	+ 3,17
90°	+ 4,02	0,00	+ 4,02

Die Maßstäbe der Kurven sind so gewählt, daß 1° von ε einer Änderung von e um 0,02 oder von $\dfrac{4}{\pi}e$ um 0,025 entspricht, was im Sommerhalbjahr in 65° Breite der Fall ist, wie obige Tabelle zeigt. Will man die Kurve für eine andere Breite haben, so muß man das Verhältnis von ε zu e ändern; $1°\,\varepsilon = 0,03\,e$ würde 80° Breite, $1°\,\varepsilon = 0,01\,e$ etwa 48° Breite entsprechen, wie man aus der Tabelle erkennen kann, da $\dfrac{4}{\pi}e = 0,0127$ ist. Der Einfluß der Ekliptikschiefe wächst eben (von 11° Breite an) mit der geographischen Breite.

Eine einfache Summierung der beiden Fundamentalkurven gibt die gesuchte angenäherte Strahlungskurve. Um dies noch deutlicher zu machen, haben wir die letztere in der Tafel zwischen den Fundamentalkurven als deren Mittel bzw. halbe Summe eingetragen.

Die so gewonnenen Kurven sind, wie gesagt, keine genaue Darstellung des Ganges der Strahlungsstärke, weil sie noch mit der wechselnden Länge und Lage der astronomischen Jahreszeiten behaftet sind. Aber die Wellen entsprechen, bis auf geringe Änderungen in der Form und Größe, denen der genauen Intensitätskurve, wie schon ein Vergleich unserer Kurve IV mit der Zackenlinie III von Milankovitch zeigt.

Da die Ausschläge dieser Zackenlinien in Breitenäquivalenten ausgedrückt sind, so sind sie auch vom Gefälle der Insolation nach der Breite abhängig. Da dieses im Sommer in 60° Breite am größten ist, so sind die Ausschläge der Linie II kleiner als die von I und III.

Warum wir im Folgenden nur das Sommerhalbjahr in Betracht ziehen, ist oben S. 200 angegeben. Zu beachten bleibt, z. B. für die Pflanzenverbreitung, daß der säkulare Gang der winterlichen Sonnenstrahlung im allgemeinen entgegengesetzt ist. Sie war also in den Eiszeiten größer als im Durchschnitt. In der Nachbarschaft des Inlandeises wird dieses wohl nicht zur Geltung gekommen sein.

Wenden wir uns nun der genaueren Betrachtung der sommerlichen Verhältnisse auf der nördlichen Halbkugel zu, so erkennen wir in der Zahlentabelle S. 214 und in den Zackenlinien der Tafel vier Paare von je vieltausendjährigen Scharen kalter Sommer um etwa die Jahre 90 000, 210 000, 450 000 und 570 000 vor unserer Zeit, also in Zeitabständen, wie sie ungefähr der Mitte der Würm-, Riß-, Mindel- und Günz-Eiszeit nach den Schätzungen von Penck und Brückner für das Alpengebiet entsprechen können. Die Wahrscheinlichkeit des Zusammenhanges wird ganz besonders erhöht durch den großen Abstand zwischen dem zweiten und dritten Paar, welcher der „großen Interglazialzeit" entspricht. Lesen wir auf der Tafel die Zeiten ab, wo die unterste Zackenkurve jedes Paares über 68° stieg und unter 68° fiel, so sind die Intervalle

Jahrtausend:	545 bis 478	429 bis 238	182 bis 118
Dauer:	67	191	64
= Interglazial:	Günz-Mindel	Mindel-Riß	Riß-Würm
Schätzung von Penck	(100)	240	60

Die Übereinstimmung ist überraschend gut. Wir können nicht zweifeln, daß wir in den Zackenpaaren unserer Tafel die europäischen Eiszeiten vor uns haben.

Es entsteht nun die Frage: Wie können diese durch jeweils etwa 40 000 wärmere Sommer getrennten je zwei oder drei Scharen kalter Sommer den Eindruck je einer einheitlichen „Eiszeit" hinterlassen.

Vor allem ist da zu bemerken, daß bis jetzt Vereisungen nur dann deutlich voneinander geschieden werden konnten, wenn entweder die eisfreie Zeit zwischen ihnen äußerst lang war oder jede nachfolgende einen Rückgang gegen die vorhergehende zeigte, so daß ihre Endmoränen innerhalb derjenigen der älteren liegen. So in Europa mit Riß- und Würmeiszeit und den „Rückzugsstadien" der letzteren, und so auch in Nordamerika. Wenn dagegen auf eine Vereisung nach (geologisch) kurzer Zeit eine zweite folgt, die ebenso groß oder noch größer ist als die vorige, so wird die Unterscheidung ihrer Spuren wohl in aller Zukunft sehr schwierig bleiben. Die der ersten sind durch die zweite verwischt.

Dennoch ist es, wie die Tabelle von Krenkel und das Diagramm von Soergel (S. 161) zeigen, den Geologen bereits gelungen, in der letzten Eiszeit zwei annähernd gleich große Hauptvorstöße zu unterscheiden; und auch wenn nach Gams und Nordhagen[1] Soergels erster Hauptvorstoß der Rißeiszeit gleich wäre, so setzen diese an Stelle von Soergels Rißeiszeit eine neue, die Mühlbergsche Eiszeit als Bildnerin vieler Hochterrassenschotter, der Moränen zwischen den oberen und unteren Schieferkohlen der Schweiz und des älteren Lösses. So oder so sind also für die zwei letzten Eiszeiten zusammen bereits drei Hauptvorstöße erkannt von den vieren, die wir nach der Strahlungskurve erwarten müssen.

Wenn auch vielleicht nicht in den Alpen, so doch bei dem großen nordischen Eise dürfte zudem die Erhaltungstendenz eines einmal entstandenen Inlandeises genügt haben, daß sein Kern auch Zehntausende von warmen Sommern überdauerte; dann mußte bei nur gleichem Strahlungsmangel der zweite Eisvorstoß größer sein als der erste, weil er von diesem Kern ausging.

Zur ersten Bildung eines Inlandeises ist es nötig, daß an der Erdoberfläche selbst, wo der Schnee anfällt, die Sommertemperaturen so tief sind, daß sie nicht zur Schmelzung ausreichen. Es ist also ein starkes Defizit an Bestrahlung nötig. Ist die Eiskappe aber erst einmal entstanden, so kann sie sich auch unter wesentlich stärkerer Bestrahlung erhalten, ja weiterbilden. Denn zunächst erniedrigt sie durch die starke Ausstrahlung die Lufttemperatur um 5 bis 7° unter diejenige Höhe, welche ohne Schnee herrschen würde. Dieser Effekt mag freilich dadurch kompensiert werden, daß die damit Hand in Hand gehende Ausbildung einer Antizyklone die Bedingungen für Niederschlag wesentlich verschlechtert. Dafür tritt aber eine andere Erscheinung hinzu, welche für die Erhaltung des Inlandeises außerordentlich wirksam ist: die Erhebung der Oberfläche über die Schmelzisotherme. Der weitaus größte Teil der ungeheuren grönländischen Eiskappe liegt zwischen 2000

---

[1] H. Gams und R. Nordhagen: Postglaziale Klimaänderungen und Krustenbewegungen in Mitteleuropa. München 1923. S. 134—135, 286.

und 3000 m Seehöhe und ist hierdurch jeglicher Schmelzung entzogen. Und wo, wie im Süden und längs dem Rande, der Sommer eine kurze Schmelzperiode bringt, durchfeuchtet das Schmelzwasser nur die darunterliegenden Schneeschichten, um dann in der kalten Jahreszeit zu Eis zu gefrieren. Auch dies Schmelzwasser wird also dem Inlandeise nicht entzogen. Nur in der eigentlichen Randzone des grönländischen Inlandeises, die meist nur 100 km breit ist (im Norden weniger, im Süden mehr), kann die Sommerwärme das Inlandeis beeinträchtigen, indem hier das Schmelzwasser oberirdisch als Oberflächenbäche oder unterirdisch durch Spalten und am Grunde des Inlandeises abfließen kann. Auf allen Seiten des grönländischen Inlandeises gelangt man beim Aufstieg sehr bald in Seehöhen über 2000 m, während es dann nach der Mitte nur noch sehr langsam weitersteigt; die Oberfläche ist also schildartig gewölbt. Die Regelmäßigkeit dieser Erscheinung nötigt zu der Ansicht, daß sie nicht durch die lokalen Bodenverhältnisse erzeugt, sondern die normale Form einer Inlandeiskappe ist. Auch die quartären Eiskappen werden also diese Form gehabt haben, die Abschmelzung war also auch dort auf eine Randzone beschränkt, während alles übrige den Schmelzprozessen völlig entzogen war. Es ist klar, daß hierdurch die Lebensdauer eines Inlandeises sehr verlängert wird, und daß es auch unter Bedingungen erhalten bleiben kann, bei denen eine Neubildung nicht möglich wäre. In diesem Sinne nehmen wir mit v. Drygalski an, daß das grönländische Inlandeis ein Rest aus der Eiszeit ist, d. h. daß es sich nur vermöge der großen Seehöhe seiner Oberfläche erhält und, wenn beseitigt, sich unter den heutigen Bedingungen nicht wieder neu würde bilden können.

Wir glauben, in diesen Überlegungen eine ausreichende Erklärung dafür zu sehen, daß je zwei Strahlungsminima nur eine Eiszeit ergeben können. Der Zeitabstand von 40 000 Jahren zwischen zwei Minima ist zwar sehr groß, und mitunter treten in ihm Zeiten recht hoher Strahlung auf. Allein wenn nur ein Rest der ersten Eiskappe übrig bleibt, so wird die Bildung der zweiten um so viel früher beginnen und die Eiskappe wird nun viel größer werden, so daß die deutlichsten Kennzeichen einer Vereisung, die Endmoränen des früheren Vorstoßes, überrannt und verwischt werden und der Eindruck einer einheitlichen Eiszeit entsteht.

Damit soll durchaus nicht gesagt sein, daß diese Verschmelzung zweier großer Vorstöße überall stattgefunden habe. Nur die Wahrscheinlichkeit davon beim nordischen Inlandeis sollte gezeigt werden. Es mehren sich aber die Anzeichen dafür, daß bei den kleineren Eisfeldern der Alpen usw. die Spaltung der Eiszeiten in mehrere Hauptvorstöße noch erkannt werden kann.

Der Typus unserer Quartär-Eiszeiten ist am reinsten ausgebildet in den Jahrtausenden —180 bis —240, die wir als die Rißeiszeit ansehen. Die Exzentrizität der Erdbahn war groß und die Wellen von $e \sin \Pi$ standen so zu denen von ε, daß ihre Wellentäler (die Abkühlungen) sich unterstützten. Dementsprechend erreichte denn auch die sommerliche Strahlung in diesen Jahrtausenden ihre tiefsten Minima während der 650000 Jahre, wie denn auch die Vereisung der Rißzeit erheblich die der Würmzeit übertraf. Die übrigen drei Eiszeiten zeigen den gleichen Typus abgeschwächt.

Da die Eiszeiten Zeiten stärkster Exzentrizität der Erdbahn sind, so könnte gegen ihre Enden und in den ein bis zwei Zeiträumen verstärkter sommerlicher Strahlung, die sie spalteten, die Sommertemperatur am Eisrande recht hoch gewesen sein, wenn auch beeinträchtigt durch die antizyklonalen Winde. Wir müssen wegen des weiten Nachhinkens der Eisschmelze hinter dem Temperaturgange erwarten, daß nur beim Beginn jeder Eiszeit oder jedes Vorstoßes weite Tundragebiete den entstehenden Eiskuchen begrenzten, beim Rückgange aber die Baumgrenze, ja sogar die Eichengrenze, den wärmeren Sommern entsprechend, dem Eise recht nahe lag. Vielleicht erklärt sich so ein Teil der bestehenden Meinungsverschiedenheiten in dieser Frage. Die Sachlage war eben minder einfach, als man sich gewöhnlich vorstellt.

Nach dem zweiten Hauptvorstoß der letzten Eiszeit, der eine Folge des Strahlungsminimums vor 72000 Jahren war, kann das Abschmelzen auch in Deutschland sehr lange, wohl bis vor 50000 Jahren gedauert haben. Der zweite Vorstoß war größer als der erste, sein Eis ging über dessen Endmoränen hinweg und muß sie undeutlich gemacht haben. Über den kleineren dritten Vorstoß, der dem Strahlungsminimum vor 22000 Jahren folgte, sind verschiedene Auffassungen möglich. Die nächstliegende ist, daß wir ihm den so frischen Moränengürtel zuzuschreiben haben, dem wir die schönen Hügel und Seen von Ostholstein bis Masuren verdanken. Demgegenüber ist es auffallend, daß von dem langen Interstadial davor fast gar keine Reste bisher nachgewiesen sind. Im längsten Aufschluß Norddeutschlands, im Kaiser-Wilhelm-Kanal, hat sich keine Spur einer Unterbrechung im Abschmelzen gezeigt.

Unabhängig von der Frage nach dem Eisrande ist das Ergebnis von August Schulz, das sich auf die Flora von Mitteldeutschland bezieht.[1]) Eine lange Wälderzeit vor 55000 bis 40000 Jahren und darauf folgende Tundrenzeit vor 40000 bis 20000 Jahren in Norddeutschland ist nach der Strahlungskurve sehr wahrscheinlich, auch wenn der Eisrand in der letzteren nicht auf deutschem Boden gelegen haben sollte.

---

[1]) Zeitschr. d. Deutsch. Geol. Ges., Bd. 62.

Die ungeheuer lange Zeit vom Beginn der Würmeiszeit vor 120 000 Jahren bis zum Ende des zweiten Hauptvorstoßes vor vielleicht 60 000 Jahren erscheint zunächst unbegreiflich, wenn man bedenkt, daß der Mensch nicht nur sie, sondern auch das vorhergehende Interglazial und die Rißeiszeit mit zusammen wiederum 120 000 Jahren überlebt haben soll, ohne über die Stufe der Faustkeilkultur emporzusteigen (vgl. Fig. 26 und Tabelle S. 178). Allein es war nicht Homo sapiens, sondern Homo neandertalensis oder mousteriensis, und in diesem als zoologisch andere Spezies anerkannten Wesen war der, aller übrigen Tierwelt fremde, Fortschrittstrieb offenbar nur in ersten Anfängen vorhanden. Die drei Grundsteine zur Kultur waren freilich auch bei ihm schon gelegt: die Instrumentierung durch den Faustkeil u. a., die Domestizierung durch Gebräuche (Bestattung) und drittens, sehr wahrscheinlich, auch die Sprache — aber wohl in äußerster Unvollkommenheit.

Erst während der letzten Eiszeit, jedenfalls vor dem letzten Baltischen Vorstoß, erschien der Jetztmensch, Homo sapiens L., in Europa; wie und von wo läßt sich noch nicht sagen. Bevor wir uns aber mit dieser letzten Phase beschäftigen, ist einiges über die vorhergehenden Interglaziale zu sagen.

Unsere Tafel zeigt uns, daß im Eiszeitalter am selben Orte Schwankungen in der Wärmezufuhr von der Sonne vorkamen, die einem Breitenunterschied von 16 Breitengraden entsprachen, und daß diese Schwankungen ungefähr zu den Zeiten stattfanden, zu denen Interglazial- und Eiszeiten aus geologischen Befunden angenommen wurden. Damit ist der Wechsel dieser Zeiten in der Hauptsache erklärt und kann eine zweite Ursache, auch eine Polbewegung, nur insofern in Frage kommen, als sie Störungen in diesem Wechsel bewirkt haben könnte. Denn die Wirkung einer zweiten Ursache im gleichen Tempo dieser vier Wellen ist allzu unwahrscheinlich.

An Störungen scheint es auch nicht ganz gefehlt zu haben. Warum z. B. nach Riß II eine Interglazialzeit gekommen ist, nach Würm II aber nur ein Interstadium, worauf ein dritter Vorstoß folgte, das scheint sich aus unseren Kurven noch nicht erklären zu lassen. Übrigens wird sich auch in diesem Interstadium der Eisrand weit nach Schweden zurückgezogen haben, und es ist zweifelhaft, ob es im „Interglazial" Riß-Würm viel anders war.

Unzweifelhaft aber sehen wir eins: die heute in Europa auf dem 55. und 56. Breitengrad liegenden Orte würden jetzt ohne Breitenänderung einer Eiszeit fast näher sein, als einer Interglazialzeit. Wir würden auf ihnen aus dem Eiszeitalter mehr Zeugnisse einer höheren Wärme als einer Kältezeit haben, denn die Abweichungen der Strahlung von der Jetztzeit erreichen, in fiktiven Breitengraden ausgedrückt, nur 5° nach der Nordseite, aber 7°, ja in einem Falle 9° nach der Südseite. Wir werden uns mit dieser Frage im folgenden Abschnitt beschäftigen, der der Breitenänderung gilt.

Die Kurvengruppe V, die dieselben Größen für die Südhalbkugel darstellt, gibt ein ganz anderes Bild. Auch hier ist die Mittelkurve die Strahlungskurve, mit ebenso wie in I bis IV nach oben wachsender Strahlung. Um die Entstehung der Kurve klarzumachen, haben wir auch hier die beiden Fundamentalkurven eingezeichnet, die ε-Kurve mit demselben, die $e \sin \Pi$-Kurve mit entgegengesetztem Vorzeichen wie für die Nordhalbkugel, weil der Sommer hier in unseren Winter fällt.

In der folgenden Übersicht stellen wir alle die durch Strichelung herausgehobenen Täler der Kurven IV und V zusammen, in denen wir die Eiszeiten bzw. deren Beginn erkennen müssen. Die entstandenen Eiskappen werden viele Jahrtausende weitergewachsen sein. Auch auf der südlichen Halbkugel sind es, wie auf der nördlichen, die Zeiten großer Exzentrizität der Erdbahn, in die diese Täler fallen; aber zum Teil sind es andere Maxima derselben, und im einzelnen gestaltet sich die Kurve sehr anders. Weder die Vierzahl noch die Verdoppelung der Strahlungsminima, die wir im Norden fanden, zeigt sich hier. Dagegen sehen wir eine große Zahl schwächerer Minima in verschiedenen Abständen aufeinander folgen. Das kleine Tal im M-R- Interglazial der Nordhalbkugel, das wir als „Namenlos" aufgeführt haben, hat wohl kaum zu einer wirklichen Eiszeit, d. h. Inlandeisbildung in Europa geführt.

Übersicht der Eiszeiten (Jahrtausende vor Jetztzeit).

Nordhalbkugel		Südhalbkugel	
Günz I	592—585 ..	—	
Günz II	550—543 ..	Vor Günz II	560—554 ..
Mindel I	478—470 ..	Nach Mindel I	468—462 ..
Mindel II	434—429 ..	bei: (442), 389, 350, 312, 270 ..	
—			
—			
Namenlos	305—302 ..		
Riß I	236—225 ..	Nach Riß I	226—218 ..
Riß II	193—183 ..	Vor Riß II	200—195 ..
Würm I	118—110 ..	bei 152 ..	
Würm II	74—66 ..	Nach Würm I	110—103 ..
(Balt. Stadium 25 ..)		Vor Balt. Stad.	33—30 ..

Selbstverständlich haben neben diesen Schwankungen in der Bestrahlung auch allfällige Änderungen im Luftkreislauf und in der Verteilung von Wasser und Land das Klima beeinflußt. Aber hier sind wir mehr auf Annahmen angewiesen. Die Ausdehnung der Ostsee hat stark, die der Nordsee wohl weniger geschwankt. Allein das kann nur geringere Unterschiede im Klima hervorgebracht haben, wie sie heute zwischen Küste und Binnenland in Europa bestehen, und hatte wohl auf den Wechsel von Eis- und Interglazialzeiten wenig Einfluß. In der Tat schließt ja auch die große Übereinstimmung der Strahlungskurve mit den geologischen Befunden die Wirkung anderer dominierender Ursachen aus, soweit sie nicht selbst Funktionen dieser Kurve sind, wie z. B. die Antizyklone über dem Inlandeise.

Die genannten Hebungen und Senkungen im Vereisungsgebiet und seiner Nachbarschaft müssen wir als Folge der wechselnden Eisbedeckung ansehen.[1] Am Ende des Pliozäns und jeder Interglazialzeit lagen Skandinavien und Labrador höher als jetzt, in jeder Eiszeit wurden sie zu deren Ende um mehrere hundert Meter durch die Eislast herabgedrückt, die Umgebung dagegen durch den herausgequetschten Untergrund etwas gehoben. Nach Verschwinden des Eises fand dann ein durch viele Jahrtausende dauerndes Steigen des entlasteten Gebiets und schwaches Sinken der Umgebung statt. Diese Hebung beträgt noch jetzt etwa 1 m im Jahrhundert. Die Senkung, die als „Litorina-Senkung" vor etwa 6000 Jahren sehr auffällig war, ist jetzt in Norddeutschland nicht mehr zu merken.

In der Fig. 26 (S. 161), die Soergels Auffassung vom Verlauf der Würmeiszeit wiedergibt, haben wir unten zum Vergleich die sommerliche Strahlungskurve seit 190 000 Jahren beigefügt, unter Zusammenschiebung der Höhepunkte von Würm I mit Soergels I. Hauptvorstoß. Auch Würm II fällt dann in beiden Darstellungen nahe zusammen, ebenso Soergels „Bühl" mit unserem Baltischen Vorstoß, der aber durchaus nicht so unbedeutend war. Aber die Riß-Würm-Interglazialzeit war nach der Strahlungskurve viel kürzer und in ihrem mittleren Teile kühler, als Soergels Diagramm vorauszusetzen scheint.

Die gezeichnete Abzweigung der zweiten Kurve in den letzten 15 000 Jahren nach der Seite höherer Wärme ist derjenige Strahlungsgang, der einer Abnahme der geographischen Breite um 5° zwischen etwa 15 000 und 5000 vor der Jetztzeit entspricht.

Ganz übersehen ist sowohl in Soergels Zeichnung, als in Krenkels Tabelle die Zeit der warmen Sommer vor 10 000 bis 4000 Jahren, das „Klima-Optimum", dessen Wesenheit doch außer Zweifel steht, das aber freilich in Deutschland sich weniger gezeigt haben wird, als in höheren Breiten. Betrug doch infolge der Änderungen in der Ekliptik-

---

[1] Vgl. Köppen, Das System in den Bodenbewegungen und Klimawechseln des Quartärs im Ostseebecken. Zeitschr. f. Gletscherk. XII, 1922, S. 97—123.

schiefe die Dauer des längsten Tages unter $68^{1}/_{2}°$ N vor 9100 Jahren 62 Tage, während sie jetzt nur 54 beträgt; vor 28300 Jahren war sie dort nur 38 Tage.[1])

C. Die Breitenänderungen im Quartär und die Klimawechsel bestimmter Gegenden.

Die von der Geologie festgestellte Wechselfolge von Eiszeiten und Interglazialzeiten in Europa stimmt so unerwartet nahe mit dem Gang der Kurven der Sonnenstrahlung in dem von uns angenommenen Zusammenhang überein, daß wir nicht umhin können, in diesen Kurven das Bild der Ursache jener Schwankungen vor uns zu sehen.

Allein im Vergleich zur Jetztzeit liegt die Mittellinie dieser Kurven offenbar zu hoch, d. h. nach der Seite zu großer Bestrahlung verschoben, und sie allein erklären daher das Eiszeitalter nicht. Wir befinden uns heute in einem, wenn auch flachen, Wellental der Kurve, einer Eiszeit verwandter, als einem Interglazial. Die Pflanzenwelt der Interglaziale aber zeigt uns, daß die Lufttemperatur und voraussichtlich die Sonnenstrahlung auch in diesen höheren Bergen der Kurven nur ungefähr mit den jetzigen übereinstimmten und in den Wellentälern tief unter diesen lagen.

In den Zackenlinien auf unserer Tafel sehen wir fünfmal die Linie III und sechsmal die Linie II um einen etwas mehr als 5 Breitengrade entsprechenden Betrag die jetzige Strahlung übertreffen. Nehmen wir, nach den Pflanzenfunden der Interglaziale, an, daß an den jetzt auf diesen Breitengraden liegenden Orten Mitteleuropas Strahlung und Lufttemperatur nur dieselben waren, wie jetzt, so ergibt sich daraus eine Breitenabnahme von $5°$ für diese Orte. In der Kurve I würden dabei 15 Wellenberge diese Grenze überschreiten, also in den Alpen voraussichtlich diese Zeiträume aus den Interglazialen wärmer, z. T. mehr als 2 Breitengraden entsprechend wärmer gewesen sein, als jetzt. Da natürlich bei der Lage des Pols im jetzigen Nordwesten nicht für ganz Mitteleuropa und für den ganzen Polweg genau die gleiche Breitenänderung gelten kann, nehmen wir 5 bis $7°$ als maßgebend an, im Westen mehr, im Osten weniger.

Diesen gegen heute um mindestens $5°$ verringerten Polabstand müssen wir aber auch noch für den letzten Eisvorstoß vor 22000 Jahren[2]) gelten lassen; denn trotzdem bei ihm die Abnahme der Sonnenstrahlung (vgl. die Tafel) nur eben bis an die Grenze ging, die wir

---

1) N. Ekholm, On the Variations of the Climate of the Geological and Historical Past and their Causes. Quart. Journ. of the R. Met. Soc. 1901, S. 40.

2) In derselben Lage von $85°$ Breite, $10°$ Ostlänge müssen wir den Pol nach der immerhin beträchtlichen Stärke der letzten Patagonischen Eiszeit schon vor 30000 Jahren annehmen.

oben für eine Eiszeit angenommen haben, stieß in ihm das Eis nach De Geer bis über Schonen in die Ostsee hinaus. Wir müssen sogar, um De Geers Zählungen von Lehmhorizonten möglichst Rechnung zu tragen, den Beginn der Breitenabnahme für Skandinavien, und Europa überhaupt, noch später, erst vor etwa 15 000 Jahren ansetzen. Nur durch diese Breitenänderung erklärt sich ja das völlig geänderte Verhalten des Inlandeises seit dieser Zeit, verglichen mit demjenigen in den Interstadien der Eiszeiten. Die Strahlungskurven geben dafür keine Erklärung. Wie kommt es denn, daß in den 19 000 Jahren, seit die Strahlung den jetzigen Betrag erreicht hat, der große skandinavische Eiskuchen längst unserer Pflanzenwelt Platz gemacht hat, während in den je 27 000 bis 29 000 Jahren, in denen in der Würmeiszeit zweimal, in den übrigen je einmal die Strahlung ebenfalls diesen Betrag überstieg, sich bis jetzt keine Anzeichen für ein Interglazial gezeigt haben? Dabei war vor 83 000 Jahren zwischen Würm I und II die sommerliche Sonnenstrahlung ebenso stark, wie im Strahlungsmaximum vor 11 000 Jahren, das vom Klimaoptimum gefolgt wurde. Aber mit der von uns angenommenen Polwanderung erklärt sich alles befriedigend, wenn auch die starke Drehung der Breitenkreise in Europa seit 72 000 Jahren unerwartet ist. Für die Zeit von vor 30 000 bis vor 15 000 Jahren nehmen wir die Pollage in 85° Breite und 10° Ostlänge an.

Unter sich zeigen die europäischen Eiszeiten, soweit bis jetzt erkannt, Unterschiede, wie sie ungefähr der Strahlungskurve entsprechen; die Riß-Eiszeit war viel stärker als die Würm-Eiszeit, Günz tritt dagegen zurück, nur von der Mindel-Eiszeit könnte man eine stärkere Hervorhebung erwarten, der wir leicht durch eine Ausbauchung des Polwegs nach Osten Rechnung tragen könnten.

Diesem Verhalten entspricht eine Bewegung des Pols während des europäischen Eiszeitalters annähernd tangential gegenüber Mitteleuropa, die vor 30 000 Jahren in 85° N 10° O endete und von SSW kam. Wie weit diese Tangente rückwärts auszuziehen ist und wo der von der Beringstraße kommende Pol in diese Bahn einschwenkte, müssen Amerika und Antarktika entscheiden.

Die Fig. 35 zeigt nach Chamberlin und Salisbury schematisch, daß die Eisgrenze in Nordamerika in jeder folgenden Eiszeit weniger weit vordrang; da sie dies in ihrer Fig. 470 auch für Wisconsin II gegenüber Wisconsin I ausdrücklich darstellen, haben wir diese Spaltung des Wisconsin, die im Original zufällig fehlt, hinzugefügt. Nach Leverett bleiben die Wisconsin-Moränen in Illinois 200 km hinter denen des Illinoian, und in Iowa nur ebensoviel hinter dem Kansan zurück. Im einzelnen ist der Verlauf der verschiedenen Endmoränen höchst unregelmäßig; aber das Schema stimmt zu einer fortschreitenden Entfernung des Pols von den großen Seen.

Um den südlichsten Punkt zu finden, auf dem der Pol, von seiner Miozänlage in 75° N 150° W in diese zu Europa tangentiale Bahn einschwenkte, müssen wir Angaben von der Südhalbkugel berücksichtigen.

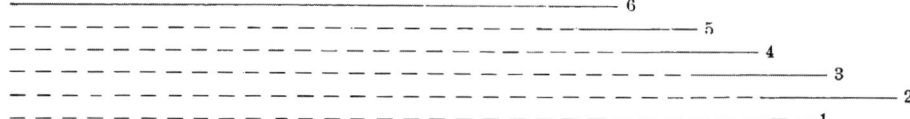

Fig. 35. Veranschaulichung des schuppenförmigen Zurückbleibens der Reste der fünf letzten amerikanischen Eiszeiten. Links der gemeinsame Ausgang. 1 Prä-Kansan. 2 Kansan. 3 Illinoian. 4 Iowan. 5 Früh-Wisconsin. 6. Spät-Wisconsin.
— — — Von späteren Eisfluten überdeckte Ablagerungen.

Auf S. 136 haben wir auseinandergesetzt, daß wir mit Irmscher die Flora der jetzt vereisten Seymour-Insel (64° S 57° W) in den Beginn des Quartärs setzen müssen. Der fast subtropische Charakter dieser Flora nötigte uns, eine Breite von etwa 45° für sie anzunehmen, und so finden wir die Pollage im Norden für den Beginn des Quartärs zu rund 70° N 60° W. Die Westlänge ist nach Europa bestimmt.

Das ist für Europa die Pollage vor oder zu der Günz-Eiszeit; welche von den amerikanischen Eiszeiten ihr entspricht, haben wir schon auf S. 183 untersucht. Wir setzen Iowan = Mindel, Illinoian = Günz, denn dann hat man für den weiten Weg des Pols vom Miozän (75° N 150° W), der sehr nahe an Nordamerika vorbeiging, immerhin zwei anerkannte Eiszeiten, Kansan und Prä-Kansan. Da die mächtige Kansan-Eisflut zudem nur vom Keewatin-Zentrum ausgegangen zu sein scheint, so haben wir den Pol zu dieser Zeit weit westlich zu legen, so daß er von Europa noch fern war. Andererseits dürfte der Baltische Eisvorstoß vor 21 000 Jahren in Amerika kaum merkbar gewesen sein.

In Fig. 36 ist nach diesen Angaben der Weg des Nordpols seit dem Miozän dargestellt. Zur Orientierung sind die heutigen Küstenumrisse eingezeichnet. Doch ist zu beachten, daß das Gradnetz und die Pollagen auf Europa bezogen sind, Amerika aber während des größeren Teils der Zeit östlicher und nördlicher lag als jetzt.

Unserer Auffassung nach haben also die älteren Vereisungen im Innern von Nordamerika stattgefunden noch während am West-, Süd- und Ostrand der Vereinigten Staaten und in Europa die als Pliozän bezeichneten Ablagerungen entstanden.

Dem Meridian 50° W gegenüber liegt der Meridian 130° O, in dessen Nähe die Neusibirischen Inseln und der heutige Winterkältepol bei Werchojansk liegen. Diese müssen also vor 600 000 Jahren um 20°, und noch vor 72 000 Jahren um 16° südlicher gelegen haben, als jetzt; die Ljachow-Insel also unter 54 bis 58° N, Werchojansk unter 47½ bis 51½° N. Auch hatten sie kein Land im Norden, das sie mit Eis überschwemmen konnte, wie Europa und Nordamerika. So wird uns das mächtige Tierleben dieser Gegenden zur Mammutzeit erklärlich. Das Behringsmeer und der Schelf bis zu den Neusibirischen Inseln lag größtenteils trocken, und dies Behringsland, wie wir es nennen können, war nicht nur kein Hindernis für Tierwanderungen, sondern war ein Teil des ausgedehnten, von Alaska bis Vorderasien reichenden Lebensgebietes, von dem aus Nordamerika und Europa nach

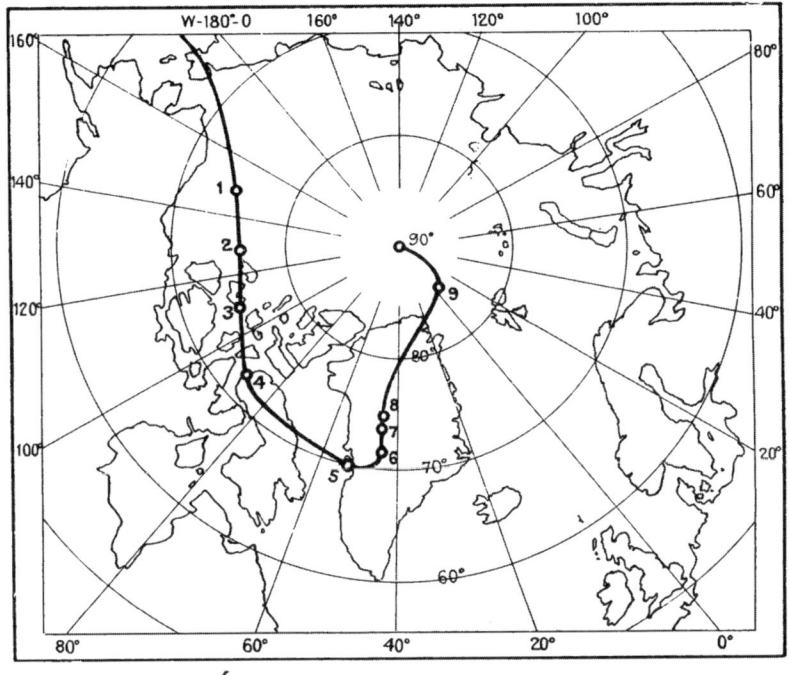

Fig. 36. Weg des Nordpols, bezogen auf Europa.
1 Miozän, 2—4 Pliozän (4 Kansan), 5 Günz, 6 Mindel, 7 Riß, 8 Würm, 9 Balt. Vorstoß.

jeder Eiszeit mit den gleichen Tieren versorgt wurden. Für Nordamerika war dies nur die e i n e Quelle neben Mexiko und dem Antillenland; für Europa aber war der Weg nach Süden durch Mittelmeer und Sahara versperrt, die freilich damals weniger unwirtlich als jetzt war. Europa war also auf die Zuwanderung aus dem Landstreifen von Alaska bis Persien angewiesen, und diese war nicht nur durch den weiten Weg, sondern zeitweise auch durch das Kaspische Meer beschränkt, das bis Kasan reichte. Das Ergebnis war das schnelle Verschwinden der reichen pliozänen Tierwelt aus Europa und dessen heutige Armut an Tier- und Pflanzenarten, verglichen mit Japan und Nordamerika.

Wir können den Gang der Vergletscherungen auf der Nordhalbkugel, seitdem festes Land in die nördliche Polarzone eingetreten ist, durch das Diagramm Fig. 37 veranschaulichen. Unter Columb. ist eine wahrscheinliche, aber nur erst durch schwache Spuren in Britisch-Columbia erkannte Eiszeit im früheren Pliozän verstanden.

	Miozän	Columb.	Prä-Kans.	Kansan	Günz =Illin.	Mindel =Iowan	Riß =Früh-Wisc.	Würm =Spät-Wisc.
Alaska	—	—	—?					
N Ver. Staaten		—	—	—	—	—	—	—
Brit. Inseln						—	—	—
NW-Deutschl.							—	—
Ostpreußen							—	—

Fig. 37

In der langen Zeit von vor 590 000 bis vor 71 000 Jahren hat sich, danach zu urteilen, der Pol nur langsam bewegt. Der Abstand der Endmoränen zwischen Illinoian bei Indianapolis und Spät-Wisconsin bei Saginaw beträgt nach der Karte auf S. 331 von Chamberlin und Salisbury 450 km, anderswo meist noch weniger, und wir haben keine Veranlassung zu glauben, daß irgendeine dieser Vereisungen in niedrigere damalige Breiten gedrungen sei, als die anderen. Wir erhalten so für Spät-Wisconsin = Würm den Pol auf 75° N 45° W. Dort lag er wohl noch vor 71 000 Jahren; vor 30 000 bis 15 000 aber nahmen wir ihn in 85° N 10° O an. Dies gibt eine sprungweise Verschiebung in der Zwischenzeit um 1510 : 40 = 3,8 km im Jahrtausend; und nach 15 000, da er schon vor der historischen Zeit, also vor etwa 5000 Jahren zur Ruhe gekommen ist, erhalten wir sogar eine Verschiebung um 550 : 10 = 5,5 km im Jahrtausend.

Diese schnelle Breitenabnahme Nordamerikas nach der Spät-Wisconsin-Zeit hat wohl zur Champlain-Überflutung beigetragen, wenn diese auch zum größeren Teile durch die vorhergehende Niederdrückung des Nordens durch die Eislast bedingt war. Würde aber letztere Ursache allein die wirksame sein, so müßten wir eine ebensolche Überflutung nach jeder Eiszeit erwarten, was doch nicht — d. h. nicht in dem Maße — der Fall gewesen zu sein scheint. Vor dem Pol sinkt, hinter ihm steigt der Meeresspiegel, bis wieder Ausgleichung erfolgt.[1])

Bei diesen Pollagen fielen die Spät-Wisconsin-Moränen bei Chicago, die jetzt in 41° Breite liegen, auf 53° Breite, wenn wir Amerika in seiner jetzigen Lage nähmen. Es ist indessen ziemlich wahrscheinlich, daß auch die Abwanderung Amerikas, in ursächlichem Zusammenhang mit der Polwanderung, großenteils in den gleichen zwei Sprüngen wie

---

1) Vgl. A. Wegener, Die Entstehung der Kontinente und Ozeane. Aufl. Braunschweig 1922. S. 85/86.

diese (vor und nach dem europäischen Eiszeitalter) geschah, so daß wir dessen Abtrift von Grönland erst nach dem Spät-Wisconsin anzunehmen haben. Das gibt eine weitere wahrscheinliche Breitenabnahme von mindestens 5°, so daß wir für den Spät-Wisconsin-Eisrand bei Chicago dieselbe Breite von 58° erhalten, wie für den in der letzten Eiszeit in Norddeutschland. Das ist scheinbar mehr, als wir zur Erklärung des jetzigen Breitenunterschieds dieser Moränen von > 10° brauchen. Denn durch Golfstrom und Westwinde sind selbst die Sommerisothermen, auf die es hier ankommt, in Mitteleuropa bis zu 6° nördlicher gerückt als bei Chicago; und wenn auch schwächer als jetzt, wegen der geringeren Breite des Atlantik, werden dieselben Ursachen auch damals schon so gewirkt haben. Allein wir müssen auch für die amerikanischen Vereisungen niedrigere Temperaturen am Eisrande annehmen, als für die europäischen. Denn auch bei ihrem östlichen Vereisungszentrum lag der Gebirgskern, an den sie sich anlehnen konnten (Grönland), viel weiter ab. Der südliche skandinavische Gebirgsknoten lag vom Eisrande in Deutschland etwa 1200 km entfernt; das grönländische Hochland aber, selbst wenn es dicht vor dem Labradorschelf lag, mindestens 2700 km von Chicago. Eine um 6° höhere Sommertemperatur am Abschmelzende des europäischen Inlandeises, wie sie etwa dem erwähnten Breitenunterschied der jetzigen Isothermen entspricht, steht damit in keinem Widerspruch.

Legen wir den Kansan-Pol vermutungsweise auf 72° N, 90° W, so kommen dessen fernste Moränen, nördlich von Cairo, ohne Verschiebung auf 57°, mit dieser auf etwa 63° Breite. Wir müssen aber eine so hohe Breite besonders für diese Vereisung fordern, da sie vom Keewatin-Zentrum, ohne Mitwirkung eines Gebirges und noch ohne Mitwirkung von Grönland, erfolgte. Das Labrador- oder vielmehr Grönland-Zentrum kam erst im Illinoian zur Geltung, warum, ist noch nicht erklärt.[1]) Umgekehrt fehlte das Keewatin-Zentrum im Wisconsin, wenigstens im späteren.[2])

Eine Verschiebung des Äquators auf dem Atlantischen Ozean nach Süden mußte auf das europäische Klima, auch wenn Europa von der Verminderung der Strahlung wenig betroffen wurde, eine starke Wirkung durch die Änderung der Meeresströmungen haben. Die jetzige einzig dastehende thermische Bevorzugung des Nordatlantischen Ozeans und Europas hat ihren Grund zum größten Teil darin, daß die warmen

---

1) Diese Verschiedenheit zwischen den zwei Eiszeiten bezeichnet Leverett a. a. O. S. 342 als „perhaps the most remarkable of all the discordances" im amerikanischen Glazial und als „one of the leading problems for American glacialists". Wir glauben zwar nicht, daß sie durch die geringe Polverlegung völlig erklärt wird, aber letztere hat jedenfall in diesem Sinne mitgewirkt.

2) Tyrrell in: „Die Veränderungen des Klimas usw." S.IL.

Wassermassen der Äquatorialzone, die von den Passaten nach Westen gepreßt werden, durch die Lage von Südamerika ganz vorwiegend nach Norden abgeleitet, jenseits 30° N von den Westwinden erfaßt und Europa zugetrieben werden. Der Golfstrom ist ein Teil dieser großen Trift. Lag der Äquator 10 bis 20° südlicher, südlich vom Kap Roque, so kam der ganze Südäquatorialstrom, ja sogar ein Teil des Nordäquatorialstroms, dem Südatlantischen Ozean zugute, der Golfstrom war viel schwächer und südlicher gelegen, auf 60° Breite mußte dagegen unter dem Einfluß vorwaltender östlicher Winde von der Eisantizyklone der Strom nach Westen setzen. Polarwasser wird dieser Strom im Altquartär indessen nicht geführt haben, weil Grönland noch zu wenig von Europa abgerückt war, so daß die Temperatur von Labrador höher gewesen sein mag, als seine Polnähe unter den jetzigen Bedingungen bewirkt haben würde. Mit zunehmender Breite des Atlantik wird der Gegensatz zwischen seinen Ost- und Westküsten gewachsen sein.

Die Verlagerung des Äquatorialstroms war natürlich bedingt durch eine Verlagerung des Passatsystems und des äquatorialen Stillengürtels. Diese Verlagerung dürfte wahrscheinlich noch stärker gewesen sein, als die des Äquators selbst. Denn sobald der Temperaturunterschied zwischen Nord- und Südatlantik gemildert wird, wird auch der jetzt extrem nach Nord ausgewichene Stillengürtel sich dem Äquator nähern. Die Wirkung einer Südwärtswanderung des Äquators würde eine gradweise sein, da der Brasilienstrom stetig wachsen, der Guyanastrom abnehmen würde. Man könnte also meinen, für Europa vielleicht mit einer noch kleineren Breitenänderung auszukommen, als oben angenommen wurde. Allein da die große Warmwasserheizung vorwiegend dem Winter Europas, und nur wenig dem Sommer Europas und Nordamerikas zugute kommt, so würde doch eine Änderung bei Kap Roque auf die Vereisung zu wenig Wirkung haben, und wir müssen daher an der größeren Polnähe festhalten.

Auf der Südhalbkugel (vgl. S. 222) traten die Strahlungsminima nicht so ausgesprochen paarweise auf, wie die auf der Nordhalbkugel. Da anscheinend im Norden die mächtige Entwicklung der Eiskappen mit diesem paarweisen Auftreten zusammenhing, indem das erste Minimum das zweite unterstützte (vgl. S. 218), so dürften die Strahlungsminima auf der Südhalbkugel im allgemeinen von geringerer Wirkung gewesen sein. Das letzte war vor 30000 Jahren, vor dem Baltischen Vorstoß, zu einer Zeit, als der Pol noch mindestens 5° nach der Seite der Ostantarktis vom jetzigen abstand. Die Breitenlage Südamerikas war aber schon fast dieselbe wie jetzt, und die Strahlung so wie jetzt in 5° höherer Breite.

Günstig für Eiszeiten waren die Verhältnisse des Frühquartärs in

Australien, weil die Verlängerung des Meridians 50° W durch die Mitte dieses Kontinents geht und er damals noch um einige Grade südlicher lag; aber seine Breite war doch nicht hoch genug, um selbständiges Inlandeis zu erzeugen, und auf seiner Polseite lag der tiefe Ozean.

Die Änderungen der sommerlichen Sonnenstrahlung bei **gleichbleibender** geographischer Breite sind in der Tafel am Schluß dieses

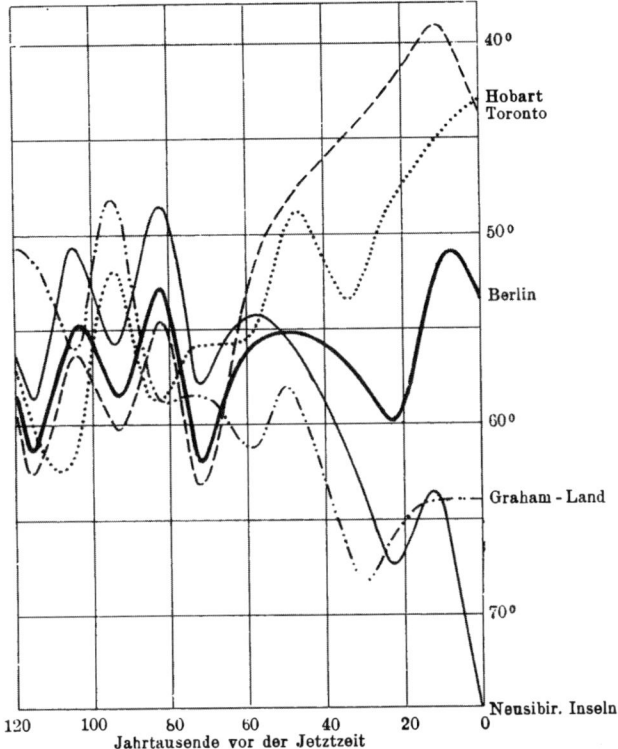

Fig. 38. Stärke der Sonnenstrahlung in Breitenäquivalenten mit Berücksichtigung der Änderungen der Breite

Buches dargestellt, und zwar in Breitenäquivalenten. Fügen wir zu diesen fiktiven Änderungen der Breite deren wirkliche Änderungen infolge der Polwanderungen hinzu, so erhalten wir den säkularen Gang der Strahlung am bestimmten Ort. Fig. 38 zeigt diesen für einige der interessantesten Beispiele seit den beiden Hauptvorstößen der Würm-Eiszeit.

Berlin, jetzt 9 Breitengrade nördlich von Toronto, hatte danach in der Eiszeit ungefähr die gleiche Sonnenstrahlung wie dieses. Dennoch lag Berlin $1/2$ Grad außerhalb, Toronto $1^1/_2$ Grade innerhalb des Eisrandes dieser letzten Vereisung. Dieser Unterschied von 2°, und nur

2°, in der Breitenlage des Eisrandes erklärt sich aus dem oben Gesagten. Gegenwärtig liegen die Isothermen des Sommerhalbjahrs bei Toronto sogar um 8° südlicher als bei Berlin; dieser Unterschied zwischen der Ost- und Westseite des Atlantik wird auch damals bestanden haben, aber aus den angegebenen Gründen viel kleiner gewesen sein als jetzt.

Der Unterschied der Strahlungsminima bei Berlin vor 72 000 und 22 000 Jahren erscheint gegenüber dem Verhalten des Eises zu gering; allein für das letztere war der betreffende Unterschied weiter im Norden entscheidend, und unsere Tafel zeigt in der Tat, daß er in 60° und 65° Breite erheblich größer war.

Daß die letzte Zeit der warmen Sommer bei Toronto viel stärker ausgeprägt war als bei Berlin, entspricht, wie wir sehen werden, den geologischen Tatsachen.

Einen ähnlichen Aufstieg der Kurve während der letzten 120 000 Jahre, wie an diesen Orten, finden wir bei deren Antipoden in Tasmanien (Hobart). Daß dort dennoch nur Spuren von Gebirgsvergletscherung, aber keine solchen eines Inlandeises gefunden werden, ist erklärlich: Berlin und Toronto wurden durch den Rand eines auf ihrer Polseite entstandenen mächtigen Eiskuchens begraben bzw. bedroht. Auf der Polseite von Tasmanien aber lag auch damals tiefes Meer.

In den zu obigen Gegenden periöken Erdvierteln liegt naturgemäß die Sache ganz anders: statt zu steigen, sinken die Kurven bis zur Jetztzeit, wenn auch die Schwankungen naturgemäß bei den Neusibirischen Inseln nordhemisphärisch, bei Graham-Land südhemisphärisch sind. Auf den ersteren schwankte vor 100 000 Jahren die Strahlung um die jetzige von Berlin herum. Und auf Graham-Land erreichte sie noch vor 95 000 Jahren auf kurze Zeit einen fast dem 48. Breitengrad entsprechenden Wert. Daß sie im Früh-Quartär hier noch größer war, haben wir gesehen. Vor 30 000 Jahren aber erreichte sie hier ein Minimum, dem die noch so frischen Glazialspuren in Patagonien entsprechen.

D. Das Ende der Eiszeit und die Postglazialzeit

Die wichtigste Erscheinung aus der Zeit nach dem letzten, dem „baltischen" Eisvorstoß war jedenfalls das Maximum sommerlicher Sonnenstrahlung, das ohne Breitenänderung vor etwa 10 000 Jahren eingetreten sein muß und durch die Breitenabnahme für Europa auf eine merklich spätere Zeit verspätet zu sein scheint.

In diese Zeit fällt einerseits das erstaunlich schnelle Abschmelzen des Inlandeises über Schweden und andererseits die Ausbreitung der Eiche und Haselnuß über ihre jetzigen Grenzen hinaus. Wie diese beiden Erscheinungen zeitlich zueinander stehen, ist leider noch nicht festgestellt.

De Geer veröffentlichte seine aufsehenerregenden Zählungen der Jahrgänge des Rückganges des Eisrandes in einer Rede auf dem XI. Internationalen Geologenkongreß und einem Aufsatz in dem zur Vorbereitung auf diesen herausgegebenen Bande.[1]) In einem klaren Referat hat kürzlich Brückner über diese Untersuchungen berichtet[2]), in dem man auch über die späteren Zählungen von Lidén, Carlzon u. A. im nördlichen Schweden (1913) und von Sauramo in Finnland (1918) Angaben findet. Da der Witterungscharakter der Jahrgänge in Schweden und Finnland gewöhnlich derselbe ist, war ein Anschluß der Zählungen aus beiden Ländern möglich.

„Fassen wir", sagt Brückner a. a. O., „die Ergebnisse De Geers und seiner Schüler kurz zusammen, so dauerte der Rückzug des Eises während der gotiglazialen Zeit, das ist von den Endmoränen im mittleren Schonen bis zum Südrand der großen mittelschwedischen Moränen, rund 3000 Jahre, und der Rückzug während der finiglazialen Zeit 2000 Jahre. Das gibt zusammen 5000 Jahre. Dazu ist die Zeit hinzuzurechnen, die zum Aufbau der mittelschwedischen Moränenzone erforderlich war, rund 700 Jahre, so daß sich für die ganze Rückzugszeit ein Betrag von 5700 Jahren ergibt. Sonach erhält man folgende ungefähre Chronologie:"

„Finiglaziale Zeit. 6 700 bis 4 700 v. Chr.[3])
Zeit der mittelschwedischen Moränen 7 400 bis 6 700 v. Chr.
Gotiglaziale Zeit 10 400 bis 7 400 v. Chr."

Im südlichsten Schweden war der Rückgang des Eisrandes noch langsam, im Durchschnitt 50 m jährlich. Bei Stockholm aber wurden jährlich etwa 250 m, weiter nördlich 300 und 400 m Land eisfrei.

„War es im südlichen Schweden und Finnland das glaziale Yoldiameer, in dem die Bändertone zur Ablagerung kamen, so tritt an seine Stelle später beim weiteren Zurückweichen des Eises der Ancylussee als Süßwassersee, in dem sich die Ablagerungen in gleicher Weise bildeten. Lidén vermochte auch noch über die Grenzen des Ancylussees hinaus die Jahressedimente an den fluviatilen Ablagerungen des Ångermanelf zu verfolgen."

Der Anschluß der Zählungen an die Jetztzeit gelang De Geer durch Zählung der Jahresschichten in dem 1796 abgelassenen Ragunda-

---

1) Compte Rendu, S. 24, Stockholm 1911, und „Die Veränderungen des Klimas seit dem Maximum der letzten Eiszeit", S. 303. Stockholm 1910.

2) Ed. Brückner, Geochronologische Untersuchungen über die Dauer der Postglazialzeit in Schweden, in Finnland und in Nordamerika. Zeitschr. f. Gletscherkunde, 12. Bd. 1921/22.

3) Das „Ende der Eiszeit", nämlich der Zerfall des Inlandeises in zwei Gebirgsvergletscherungen ist nach De Geer und Lidén vor 6600 Jahren = 4700 v. Chr. angenommen.

see. Er fand, daß die Umgebung des Sees vor rund 7000 Jahren eisfrei geworden sei. Der Zerfall des Inlandeises wurde darauf von Lidén auf noch 400 Jahre später, also nur 6600 Jahre vor unserer Zeit bestimmt. Ernst Antevs[1]), einer der Teilnehmer an den Zählungen, setzt neuerdings De Geers Zeitpunkte um 1500 Jahre früher. Eine solche Zurückschiebung würde deren Stellung zum Klima-Optimum und zur Entwicklung der Flora ein wenig erleichtern. Leider aber gibt Antevs keine Begründung dafür.

Eine etwa 4000 Jahre längere Dauer nimmt Werth[2]) in seinem eben erscheinenden Buche: „Der fossile Mensch" für die Postglazialzeit in Anspruch, indem er wie folgt rechnet: Keilhack kam auf Grund des durch parallele Dünenzüge markierten Landzuwachses an der Swinemündung auf 7000 Jahre allein für die Zeit seit dem Höhepunkt der Litorina-Senkung. Die Ancyluszeit nebst dem Rest der Litorinazeit („das Mesolithicum") werde man nach den bedeutenden geologischen Vorgängen in ihr nicht auf weniger als 4000 Jahre schätzen können, also 11 000 Jahre für die Postglazialzeit. Durch Zeitschätzungen in den Alpen findet Werth dieses bestätigt. Wir wollen indessen an De Geers niedrigen Werten vorläufig festhalten und zusehen, wie sie sich mit der Strahlungskurve und der anzunehmenden Breitenabnahme in Einklang setzen lassen.

Die Fig. 39, die wir Brückners Aufsatz entnehmen, zeigt die Lage des Eisrandes zu den verschiedenen Zeiten. Die Doppellinie in Mittelschweden—Finnland zeigt den Süd- und Nordrand des dortigen Moränengürtels. In dieselbe Figur haben wir nun auch Ergebnisse der andern, etwas älteren Forschungsreihe der schwedischen Botaniker eingezeichnet. Auf dem gestrichelten Raume ist die Haselnuß in postglazialer Zeit vorgekommen, während sie jetzt dort fehlt[3]), sein Südostrand ist ihre jetzige Grenze. Ungefähr dieselben Grenzen gelten auch für die Eiche, von der starke Stämme in den Torfmooren weit jenseits ihres jetzigen Verbreitungsgebiets gefunden werden. Die Temperatur der Vegetationszeit (Mai/September) bestimmte G. Andersson für die Zeit, da die Haselnuß ihre nördlichste Verbreitung gewann, recht genau zu $2^1/_2°$ höher als die jetzige[4]), und er konnte diese Periode auf das Ende der Ancyluszeit oder den Beginn der Litorinazeit festlegen.

Das Maximum der Ekliptikschiefe wurde vor etwa 9000 Jahren

---

[1]) E. Antevs, On the late glacial and post-glacial history of the Baltic. Sonderabdruck ohne Quelle und Jahr.

[2]) E. Werth, Der fossile Mensch, S. 458, Berlin 1923.

[3]) Gunnar Andersson in: Die Veränderungen des Klimas seit dem Maximum der letzten Eiszeit, S. 295. Stockholm 1910.

[4]) Ebenda S. 29.

erreicht, das Maximum der Strahlung aber früher, und zwar, weil
$e \sin \Pi$ sein Maximum vor 11 400 Jahren hatte, schon vor mehr als
10 000 Jahren. Auch wenn wir nun die notwendige Breitenänderung
möglichst spät, auf 15 000 bis 5000 Jahre vor der Jetztzeit ansetzen,
so finden wir doch, daß die sommerliche Sonnenstrahlung ihren heutigen
Wert schon vor 12 000 Jahren erreichte und bis vor kurzem über diesem
blieb. Daß nun trotzdem am Eisrande in Schonen eine Dryasflora und
später in Mittelschweden nur Kiefern und Birken wuchsen, während

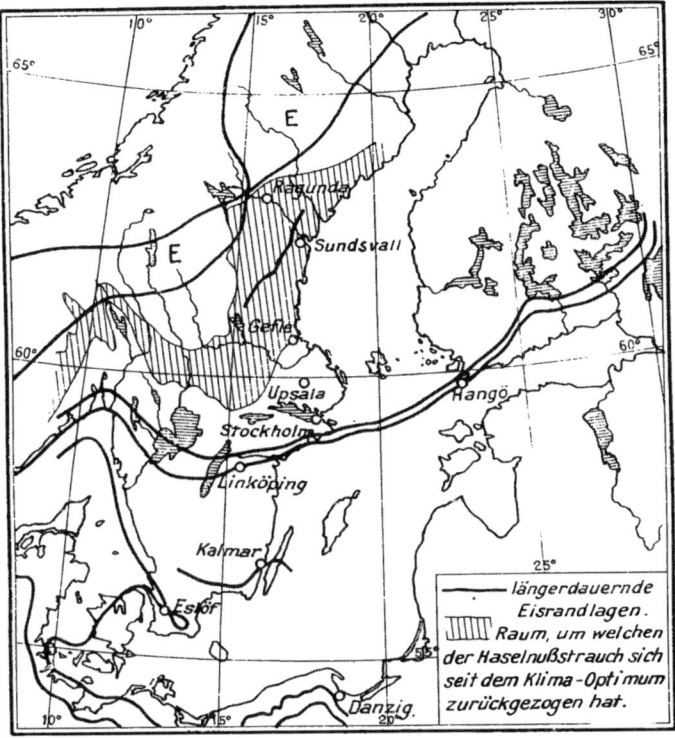

F 39. Letzter Rückgang des Inlandeises über Fennoskandia
E Gebirgsvergletscherung nach Schluß der Eiszeit

hiernach auch Eiche und Haselnuß bis zum Eisrande selbst hätten vordringen können, daran dürften die wohl noch immer vorwaltenden Nordostwinde die Schuld haben. Denn wenigstens für den Anfang, als noch ganz Schweden unter Eis lag, müssen wir eine überwiegende, wenn auch mit dem Schwinden des Landeises rasch abnehmende, Bildung von Anticyklonen über diesem annehmen.[1]) Erst in der Litorina-

---

[1]) Nach den Torfmoorfunden sagt Gunnar Andersson in: „Die Veränderungen des Klimas seit dem Maximum der letzten Eiszeit", S. 29, Stockholm 1910: „Eines scheint sicher zu sein, daß nämlich die Temperatur auch zunahm, nachdem

zeit traten, bei abnehmender Sonnenstrahlung, die feuchtwarmen Westwinde der Jetztzeit ein. Diesen Winden, und nicht der geringen Raumzunahme der Nord- und Ostsee, müssen wir die größere Feuchtigkeit der Litorinazeit hauptsächlich zuschreiben. Die Winter wurden nun wärmer, die Buche konnte sich ausbreiten.

Der lange schwedisch-finnische Moränengürtel, der die Seen aufstaut, verlangt eine unter allen Umständen nach Jahrhunderten zu bemessende Unterbrechung im schnellen Rückzug des Eisrandes, also wohl eine Zeit bedeutend kühlerer Sommer. Aus der Stockwellschen Formel ergeben sich aber in den letzten 120 000 Jahren bestimmt **nur drei Minima der Strahlung.** Für diesen letzten Kälterückfall und ebenso für die verschiedenen Rückzugsstadien der Alpenvergletscherung, bis auf eines, findet sich also in den bekannten astronomischen Tatsachen keine Begründung; ihre Erklärung muß anderweitig gesucht werden.

Wir kommen so auch für Schweden zu ganz demselben einfachen Bilde, das Kupffer (nach einem Zitat in „Die Veränd. usw." S. 294) für die ehemals russischen Ostseeprovinzen in die Worte faßt:

„Aus der Verbreitung zahlreicher Pflanzenarten im ostbaltischen Gebiete und aus einigen bisher erfolgten Funden subfossiler Pflanzenreste können wir mit hinlänglicher Sicherheit schließen, daß nach dem Ausgange der letzten baltischen Vereisung fünf Perioden aufeinandergefolgt sind, die folgendermaßen benannt und gekennzeichnet werden können:

1. **Die kalte Periode,** deren Klima und Flora denen der gegenwärtigen Eismeerküste ähnelte.

2. **Die kühle Periode,** während der hier wohl das Klima und zum Teil auch die Flora des nördlichen russisch-sibirischen Waldgürtels geherrscht haben dürfte.

3. **Die trockene** [und, setzen wir hinzu, **sommerheiße!**] **Periode,** die hierzulande zwar keinen eigentlichen Steppencharakter getragen hat, aber in bezug auf Klima und Flora dem heutigen Mittelrußland ähnlich gewesen sein mag.

4. **Die feuchtwarme Periode,** die ein an die westeuropäischen Küsten erinnerndes Klima und eine dementsprechende Vegetation mit sich gebracht hat.

5. **Die geschichtliche Periode,** die uns aus der Gegenwart wohlbekannt ist."

Unter dem „Ausgange der Vereisung" ist die Befreiung des Landes vom Inlandeis zu verstehen. Die Zeitabschnitte dürften auch für Skan-

---

der in den zentralen Teilen Nordschwedens zurückgebliebene Eisrest endgültig abgeschmolzen war."

dinavien und Deutschland gelten, nur mit verschiedenen Jahreszahlen, dem Rückgange des Eises entsprechend.

Der wunderbar schnelle und ununterbrochene Rückgang der Eisgrenze, wie ihn De Geer für die Zeit vor etwa 9000 Jahren entdeckt hat, ist nur dadurch erklärlich, daß dieser Eisrest in die Zeit sowohl starker sommerlicher Strahlung, als der raschen Breitenabnahme hineingeraten war. Dasselbe zeigt sich auch in den Alpen dadurch, daß fast bis zu den jetzigen Gletscherenden, auf einer Strecke von 60 bis 70 km, Moränen fehlen, also kein Stillstand im Rückzug der Eisgrenze stattgefunden hat.[1]

Die Zählungen der Jahrgänge sind von De Geer und seinen Schülern natürlich nicht an einem einzigen Aufschluß gewonnen, sondern aus vielen Stücken durch Wiedererkennung der wechselnden dünnen und dicken Lagen zusammengesetzt worden — eine gefährliche Methode, die aber bei benachbarten Aufschlüssen eines Landes und bei großer Sorgfalt genügend sicher sein wird. Sie nimmt an, daß die Dicke der Ablagerung von der Witterung des betreffenden Jahres abhängt, die natürlich über Schweden ziemlich einheitlich ist. Ganz ausgeschlossen ist es aber, mit dieser Methode gleiche Jahrgänge in Amerika und Europa zu erkennen, oder selbst die Südhalbkugel anzuschließen, wie dies De Geer neuerdings will.[2] Denn schon zwischen Europa und den östlichen Vereinigten Staaten findet ebenso oft Übereinstimmung wie Gegensatz im Witterungscharakter der Jahrgänge statt. Die Deutsche Seewarte hat dies vor mehreren Jahrzehnten durch fortlaufende Vergleichung der Temperaturabweichungen auf beiden Seiten des Ozeans gezeigt[3], nachdem Dove deren Gegensatz sogar als Regel erklärt hatte. Eingehend ist die Frage vor kurzem von Behler[4] untersucht worden. In West- und Mitteleuropa zeigen in 57% der Fälle die Monatsmittel der Temperatur gleichsinnige Abweichung vom Normalwert, wie die gleichzeitigen in den östlichen Vereinigten Staaten, in 43% entgegengesetzte. Zwischen Skandinavien und den Grönland-Labrador-Stationen überwiegt der Gegensatz sogar sehr bedeutend: gleichsinnig sind die Abweichungen hier nur in 31% (im Winter sogar nur 25%), ungleichsinnig in 69% der Fälle. Die von Dove längst erkannten großen Felder der + und — Abweichung haben eben in ihrer wechselnden Lage ihre Grenze bald auf dem Ozean, bald

---

1) Brückner, Klimaschwankungen seit 1700, Bd. IV der Geogr. Abh., herausg. von Penck. Wien 1890.

2) Geol. För. Stockholm. Förhandl. 43, S. 70. 1921.

3) Annalen der Hydrogr. und Marit. Meteorologie, 1877—85.

4) A. Behler, Die unperiodischen Temperaturschwankungen von längerer Dauer an der Westseite Europas und der Ostseite Nordamerikas im Zusammenhang mit der Luftdruckverteilung. Archiv d. Seewarte 40, Nr. 3. 1922.

auf den Festländern; im Norden fällt sie wegen des „Aktionszentrums" Island überwiegend auf den Ozean. Dazu kommt, daß De Geer das Endstadium der schwedischen mit dem Maximalstadium der amerikanischen Vergletscherung vergleicht, die viele Jahrtausende vor ihrem Ende die gemessenen Ablagerungen schuf. Auf Grund einiger zufälliger Ähnlichkeiten in den Jahresschichten steht De Geer nicht an, das Abschmelzen des laurentischen Eiskuchens einfach für entsprechend später als das des skandinavischen zu erklären. Wann die gewaltige Eismasse auf Labrador dann geschmolzen sein soll, bleibt unerklärt.

So außerordentlich also der Fortschritt durch Anwendung von De Geers Methode auf Schweden auch war, weil sie zuerst wirkliche Bestimmungen an die Stelle von Schätzungen und Vermutungen setzte, so können wir der Hereinziehung Nordamerikas in dieselbe Chronologie durchaus nicht zustimmen.

Beim Abschmelzen des Inlandeises wurde an vielen Stellen das Land nicht gleich freigelegt. Vielmehr bildeten sich, weil das Eis die natürlichen Entwässerungskanäle teils selbst versperrte, teils mit Moränenmaterial zuschüttete, ausgedehnte Stauseen an dessen Rande, die die Trockenheit der vom Eis herabkommenden Winde milderten. Am besten bekannt sind die Vorläufer der jetzigen großen Seen von Nordamerika. Bei ihrer ersten Entstehung flossen sie zum Mississippi ab; in der weiteren Entwicklung wechselten diese Abflüsse mannigfaltig.

Daß nach dem Verschwinden des Eises die Temperatur nicht, wie zuerst natürlich angenommen wurde, allmählich bis zur jetzigen Höhe gestiegen ist, sondern daß die Sommer in der Zwischenzeit viel wärmer gewesen sind als jetzt, das steht außer Zweifel. Es steht dies auch durchaus in Übereinstimmung mit der Strahlungskurve; ja wir müssen sogar, um die von ihr geforderte Abkühlung bis zur Jetztzeit zu mildern, die Breitenabnahme Europas mindestens zur Hälfte auf die Zeit nach 10 000 vor heute legen. Strittig ist aber, ob es nur eine oder zwei solche wärmeren und trockeneren Zeiten gegeben hat, wie letzteres die Schule Blytt-Sernander auf Grund der Torf-, Seekreide- und Tuffablagerungen behauptet.[1]) Aus der Sonnenstrahlung ist ein solcher mehrmaliger Wechsel nicht zu erklären. Wird er durch die Beobachtung unzweifelhaft nachgewiesen, so muß man natürlich auch das vorläufig Unerklärliche gelten lassen. Allein auch

---

1) Die Reihenfolge der von R. Sernander aufgestellten Klimate s. unten in den Tabellen S. 244 u. 248. Die Aufstellung ist vor allem erfolgt auf Grund des Vorkommens von Baumstümpfen in gewissen Höhenlagen mancher Moore, die für deren zeitweises Austrocknen sprechen. Die Beweiskraft dieser „Stubbenhorizonte" und ihr Zusammenhang werden besonders von Gunnar Andersson bestritten.

über die Deutung der Beobachtungstatsachen sind die Meinungen geteilt, und namhafte Forscher in Skandinaven wie in Deutschland stehen für nur e i n e einfache Zeit der warmen Sommer und kalten Winter ein, wie wir dieses auch nach der Strahlungskurve erwarten müssen. Daß diese Zeit auch trockener als die Jetztzeit war, ist vielleicht nur der entsprechend der höheren Temperatur gesteigerten Verdunstung zuzuschreiben. Denn mit dem Verschwinden des Inlandeises war die Veranlassung für die erhöhte Ausbildung von Anticyklonen über Skandinavien verschwunden, und die Zugstraßen der barometrischen Minima und die mittlere Druckverteilung müssen ungefähr ihre jetzige Lage eingenommen haben. Eine Druckverteilung, wie sie B r o o k s für die Zeit 5000 v. Chr. zeichnet[1]), und die der vorausgehenden glazialen gleicht, ist gänzlich unbegründet, nachdem das Eis über Skandinavien bis auf Gebirgsgletscher verschwunden war, wenn auch in den mit den heißen Sommern verbundenen kalten Wintern antizyklonales Wetter häufiger gewesen sein mag als heute. Der Temperaturunterschied zwischen Pol und Äquator, also die treibende Kraft des Luftkreislaufs, war zudem in dieser Zeit wegen der größeren Ekliptikschiefe zwar im Sommer kleiner, aber im Winter, zur Zeit der Stürme, größer als jetzt. Also wird jene Zeit sicher auch nicht weniger stürmisch gewesen sein als die jetzige. Daß die Insel Ingö, nahe beim Nordkap, jenseits der jetzigen Baumgrenze, im Klima-Optimum bewaldet war[2]), erklärt sich daher nicht, wie B r o o k s meint, aus der geringen Windstärke, sondern aus der höheren Sommertemperatur jener Zeit.

Die vom Inlandeis bedeckten Länder haben sich unter seiner Last schließlich um 100 bis 500 m gesenkt; durch das dabei zur Seite gequetschte Tiefenmaterial wurden die anstoßenden Gebiete etwas gehoben.[3]) So kam durch Hebung Dänemarks und der norddeutschen Küste zeitweise die Absperrung der Ostsee vom Ozean als Ancylussee zustande, dessen Wasserfläche doch größer war als die der Ostsee. Die Steigung des von der Eislast befreiten Landes brachte dann in der Litorina-Zeit durch ihre Saugwirkung die Senkung am Südrande und dadurch die Öffnung der Ostsee nach dem Ozean hervor, von dem nun wärmeres Wasser einströmte. Durch die Zähigkeit des Tiefenmaterials verspäteten sich diese Bewegungen so, daß auch in Norwegen die Senkung bis ins Klima-Optimum fortgedauert hat.[4])

---

1) Quart. Journ. R. Met. Soc., S. 180. Juli 1921.

2) H o l m b o e in: „Die Veränderungen des Klimas usw.", S. 337.

3) K ö p p e n, Das System der Bodenbewegungen und Klimawechsel des Quartärs im Ostseebecken. Zeitschr. für Gletscherkunde, Bd. XII, S. 98.

4) H o l m b o e, a. a. O., S. 338. Die Baumgrenze im norwegischen Gebirge lag im Klima-Optimum 300 m über der jetzigen, aber, da das Land fast 200 m tiefer lag als jetzt, nur 100 m höher über dem Meere, was auffallend wenig ist.

Diese Änderungen in der Ausdehnung von Wasser und Land, sowie in der Meereshöhe haben natürlich auch ihre Wirkung auf das Klima der Gegenden gehabt. Allein diese Wirkung war jedenfalls gering gegenüber jener der astronomischen Bedingungen, und wir können auf sie nicht näher eingehen.

Wir wollen nun kurz die Zeugnisse aus den einzelnen Ländern in der Umgebung des Nordatlantischen Ozeans durchgehen. Dabei werden wir auch über die angebliche mehrmalige Klimaschwankung, so unwahrscheinlich sie uns scheint, in übersichtlichen Tabellen berichten.

Über Grönland und Spitzbergen spricht sich Gunnar Andersson[1]) so aus: „Besonders ist die warme postglaziale Periode zu betonen, die der Jetztzeit vorhergegangen ist, denn von dieser hat man vielerorts Spuren gefunden. Es gilt dies vor allem für die Meeresablagerungen rings um das Nördliche Eismeer herum. Vorzüglich sind es die leicht erkennbaren Schalen und Schalenfragmente von Mytilus edulis, die an vielen Stellen beobachtet worden sind ... Die wichtigsten erwähnten Funde sind die Nathorsts in dem großen Franz-Josef-Fjord-Komplex auf Ostgrönland und die vielen schwedischen Funde auf Spitzbergen von 1861 an bis auf unsere Tage, wobei auch Cyprina islandica und Litorina litorea angetroffen worden sind, die man lebend dort nie gefunden hat. Weiter nach Osten ist Mytilus von G. Andersson auf König Karl-Land und von Nansen auf Franz-Josef-Land gefunden worden." Sodann betont G. Andersson den Fund von Resten von Pelvetia, einer Alge, die jetzt weder auf Spitzbergen, noch auf Grönland, wohl aber bis zum nördlichsten Norwegen vorkommt, und fährt fort: „In denselben nun gehobenen Deltabildungen, in denen Pelvetia vorkam, hat Andersson zahlreiche Fruchtsteine der Krähenbeere (Empetrum nigrum) gefunden, die jetzt dort oben äußerst selten ist und niemals Früchte ansetzt. Die weitverbreitete Sterilität spitzbergischer Pflanzen hat auch seit lange die Aufmerksamkeit verschiedener Forscher auf sich gezogen."[2]) Es ergibt sich, daß von den 125 Gefäßpflanzen der Inselgruppe beinahe ein Drittel sicher oder wahrscheinlich nicht imstande ist, sich weiter zu verbreiten oder verlorene Standorte zu ersetzen. „Es scheint unmöglich, dies zu verstehen, wenn man nicht annimmt, daß die hiesige Flora eine in starker Dezimierung begriffene ist, die vor nicht sehr langer Zeit unter günstigeren Verhältnissen gelebt hat." Vielleicht ist hierbei doch die Wirkung einzelner, ganz abnorm warmer Sommer unterschätzt. Doch kommen auch andere Beobachtungen den obigen zu Hilfe.

---

1) Die Veränderungen des Klimas seit dem Maximum der letzten Eiszeit, S. XVII und 410. Stockholm 1910.

2) Dasselbe hat für Nowaja Semlja K. E. v. Baer vor langer Zeit bemerkt.

Alle Torfmoorbildung hat jetzt auf Spitzbergen aufgehört.¹) Aber um den Eisfjord finden sich Torfmoore von der Mächtigkeit bis zu 2,4 m, deren Bildung nur in günstigerem Klima als dem jetzigen vor sich gegangen sein kann.

In Nordgrönland finden sich von Nathorst entdeckte „mächtige Torflager" bei Kap York, über die sich stellenweise das Inlandeis ausgebreitet hat. Aus welcher Zeit diese stammen, ist unbekannt. Das „Klima-Optimum" Skandinaviens kann sich wegen der Polwanderung

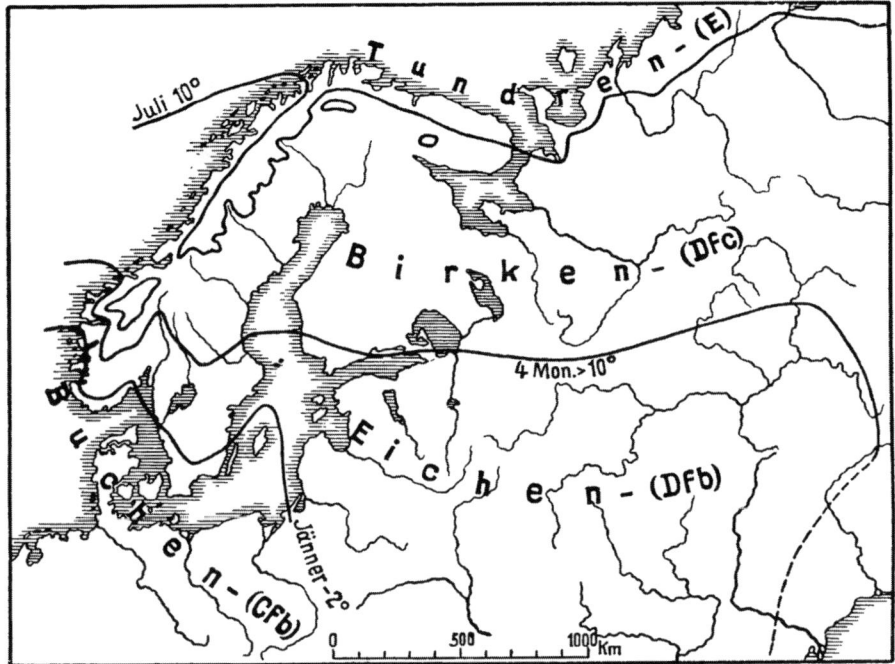

Fig. 40. Jetzige Klimate von Nord- und Osteuropa nach Köppens Bezeichnung

auf Grönland nur schwach und spät geäußert haben. Möglich, daß die für die Bronzezeit, also nur 2000 bis 3000 vor der Jetztzeit, behauptete größere Wärme als vor- und nachher auch in Grönland eintraf, und auf einer geringen Polschwankung auf Ostasien zu beruhte; in Stockwells Formel findet sie keine Erklärung.

Die Aufeinanderfolge der Klimate seit der letzten Eiszeit, die sich an den Pflanzenresten in Südskandinavien und in Deutschland nachweisen läßt, entspricht vollständig der Stufenfolge, die man heute auf einer Reise von der Murman-Küste des Eismeeres über Finnland und Estland nach Norddeutschland durchleben kann, nämlich dem Übergang vom Tundren- zum Birken-, Eichen- und Buchen-Klima, nach Köppens Klassifikation.

---

1) G. Andersson in: Die Veränderungen des Klimas usw., S. XVII.

Das Kärtchen Fig. 40, auf dem die heutige Ausdehnung dieser Klimate eingezeichnet und ihren Namen auch die Buchstaben beigefügt sind, die sie in Köppens Schema haben, veranschaulicht dieses. Das Auftreten der Birke in den Pflanzenfunden bedeutet, daß das Mittel des wärmsten Monats über 10°C steigt; das der Eiche, daß die Dauer der Temperatur über 10°C auf mehr als vier Monate steigt; das der Buche, daß die Temperatur des Januars (im vieljährigen Mittel) von nun an nicht unter etwa $-3^1/_2$°C liegt, wobei die Sommerwärme abgenommen haben kann. Das Verhalten der Kiefer[1]) und Fichte (innerhalb der Baumgrenze) ist nicht durch Temperaturverhältnisse bedingt.

Mit der Birke (Betula alba bzw. odorata) kommen die Kiefer (Pinus sylvestris) und Espe (Populus tremula), mit der Stieleiche (Quercus pedunculata) die Haselnuß (Corylus avellana), die Schwarzerle (Alnus glutinosa) und die Wassernuß (Trapa natans); hinter der Rotbuche (Fagus sylvatica) kommen, in einigem Abstande, die Eibe (Taxus baccata), der Efeu (Hedera helix) und der Hülsenstrauch oder die Stechpalme (Ilex aquifolium). Von Tieren sind charakteristisch für die Tundrenzeit das Ren und der Riesenhirsch, für die Birken-Kiefernzeit der Elch, für die Eichenzeit der Rothirsch und für die Buchenzeit dieser und das Reh.

Dieses sind die feststehenden Hauptzüge in dem Wechsel des Pflanzenkleides unserer Gegenden seit der Eiszeit, der zuerst 1842 von Japetus Steenstrup in den dänischen Mooren nachgewiesen wurde. Nur zeigt es sich unzweifelhaft, daß in der Eichenzeit die Sommer wärmer waren als jetzt. Die weiteren Komplikationen, die Steenstrup und Spätere in dies einfache Bild hineingebracht haben, beziehen sich hauptsächlich auf die Wechsel von feucht und trocken, und für diese besitzen wir nicht die gute äußere Kontrolle, die wir für die Temperatur in der Strahlung haben. Der Einfluß der abwechselnden Trockenlegungen und Überflutungen in der Ost- und Nordsee auf das Klima wird überschätzt, da es sich doch nur um verhältnismäßig kleine Strecken und um Klimaunterschiede, wie etwa zwischen Hamburg und Hannover, Swinemünde und Berlin, handelt.

Die Wandlungen des Klimas von Nordwest-Deutschland, wie sie sich in dessen Mooren zeigen, faßt Stoller mit folgenden Worten zusammen[2]):

„1. Die Zeit des Abschmelzens des jüngsten Landeises war in Nordwest-Deutschland verhältnismäßig kurz. Das Klima war in jener

---

[1]) In der Nähe der Baumgrenze überwiegen in ozeanischem Klima die Birken, i kontinentalerem die Nadelhölzer — in Europa die Kiefer, in Sibirien zwei Lärchen.

[2]) O. Stoller, Die Beziehungen der nordwestdeutschen Moore zum nacheiszeitlichen Klima. Zeitschr. D. Geol. Ges. 1910, S. 180.

Periode trocken und kalt, doch keineswegs arktisch, besaß vielmehr während der vier bis fünf Monate dauernden Vegetationsperiode der höheren Pflanzen zu Anfang eine mittlere Temperatur von 3 bis 6°C und gegen Ende von etwa 8°C Pflanzengeschichtlich ist diese Zeit im Süden unseres Gebietes als Steppenperiode, im Norden als Dryasperiode gekennzeichnet. Sie fällt mit einem Teil, vielleicht der ersten Hälfte, der Yoldiazeit zusammen.

2. Eine lange Periode mit feuchtem, anfänglich kühlem Klima und langsamer, aber stetiger Wärmesteigerung schloß sich an. Über das ganze Gebiet verbreitete sich eine geschlossene Pflanzendecke. Es ist die Zeit der Birken- und Kiefernwälder und der Bildung ausgedehnter Hochmoore. Die Eiche dringt allmählich siegreich von S nach N vor, so daß sie am Ende der Periode der herrschende Waldbaum ist. Die Mitteltemperatur für die Monate Mai bis September beträgt gegen Ende dieser Zeit mindestens 12°C (jetzt $15^1/_2$°C). Die Birken-Kiefern-Periode Norddeutschlands entspricht ungefähr der zweiten Hälfte der Yoldiazeit und der ersten Hälfte der Ancyluszeit.

3. Die nächste Periode war von kürzerer Dauer und zeichnete sich durch ein warmes und verhältnismäßig trockenes Klima aus. Es ist die Zeit der unbestrittenen Herrschaft der Eiche und des Stillstandes im Wachstum der Hochmoore [Bildung des Grenztorfes[1])] in unserem Gebiet. Die Temperatur stieg rasch, wahrscheinlich bis zu einer Höhe von 17°C für die Monate Mai bis September. Die Eichen-Periode Nordwest-Deutschlands umfaßt ungefähr die zweite Hälfte der Ancyluszeit und den Anfang der Litorinazeit.

4. Es folgte eine Periode mit feuchtwarmem Klima, in der die Buche sich in unserem Gebiet ausbreitete, ohne indes die Vorherrschaft zu erlangen. Die alten Hochmoore beginnen aufs neue ihr Höhenwachstum, zahlreiche Flach- und Hochmoore entstehen neu. Die Erle

---

[1]) Über diesen sagt Stoller, ebenda S. 187: „Der Grenztorf ist eine meist gering mächtige Torfschicht, die im Sphagnetumtorf vieler nordwestdeutschen Hochmoore eingeschaltet, aber nicht durch die natürlichen ökologischen Verhältnisse unter gleichbleibender Feuchtigkeit der Hochmoore bedingt ist. Er zeigt sowohl durch seine Zusammensetzung als auch durch seinen besonders hohen Zersetzungsgrad an, daß er in einer Periode entstand, die sich durch eine gewisse Trockenheit auszeichnete gegenüber den Zeiten vor und nach seiner Bildung. Wo in den betreffenden Hochmooren keine besondere, charakteristische, durch ihre abweichenden Komponenten gekennzeichnete Neubildung aus jener Trockenperiode festzustellen ist, wo vielmehr der jüngere Sphagnetumtorf den älteren direkt, diskordant überlagert, da ist infolge einer intensiven Zersetzung der obersten Partien des älteren Sphagnetumtorfes (quasi Verwitterungsrinde) doch in den meisten Fällen die Schichtgrenze zwischen beiden Torfen so genau zu ermitteln, daß sie z. B. bei der geologischen Kartierung des Bourtanger Moores selbst in den Bohrungen gut erkannt werden konnte." (C. A. Weber ist geneigt, die Entstehung des Grenztorfes erst nach der „Litorinasenkung", ungefähr am Ende der jüngeren Steinzeit anzunehmen.)

wird unumstrittener Bruchwaldbaum. Ob die Temperatur noch eine wesentliche Steigerung erfahren, insbesondere ob sie den heute im Gebiet herrschenden Wärmegrad überschritten hat, ist aus der Pflanzenführung der Moore nicht zu beweisen. Die Erlen-Buchen-Periode herrschte in Nordwest-Deutschland jedenfalls schon zur mittleren Litorinazeit."

Vergleichen wir Stollers Darstellung mit der Strahlungskurve, so wird 1. die Zeit des Abschmelzens 70 000 bis 50 000 Jahre vor unserer Zeit fallen, 2. die Birken- und Kiefern-Periode die Zeit vor 50 000 bis 15 000 Jahren ausfüllen und 3. die Eichenzeit 10 000 bis vielleicht 4000 Jahre zurückliegen, worauf 4. die Buchenzeit eintrat. Die Beobachtung stimmt also sehr gut zu den astronomischen Daten, nur sind 2 und 1 länger als man wohl bisher glaubte, und ist die stetige Wärmesteigerung während 2 sehr zweifelhaft, vielmehr war sie von 3 durch eine kältere Zeit, die der Alleröd'-Schwankung entsprach, getrennt.

Für Schweden stellen wir nach Högbom[1]) in der folgenden Tabelle die Zählungen von De Geer und die Anschauungen von Munthe (Wassertiere), Blytt und Sernander (Torfmoore) und Montelius (Artefakte) nebeneinander.

Chronologie nach De Geer u. Lidén Jahre vor der Jetztzeit		Entwicklung der Ostsee nach Munthe	Klima nach Blytt u. Sernander	Archäologie nach Montelius
0		Mya- und Limnaeus-Zeit (etwa 3500 Jahre)	Subatlantische Zeit: feucht und kalt	Eisenalter
1000			Subboreale Zeit: trocken und warm „wie Zentralrußland"	Bronzealter (1800—500 v. Chr.) Steinkistenzeit Ganggräberzeit
2000				
3000				
4000	Postglazial	Litorinazeit (etwa 7500 Jahre)	Atlantische Zeit: warm — maritim	Dolmenalter Schwed. Steinzeit n. Einwand. d. Menschen
5000				
6000				
7000		Ancyluszeit (etwa 6000 Jahre)	Boreale Zeit: warm und trocken	—
8000	Finiglazial			
9000		Yoldiameer	Subarktisch	
		Eissee		
10000	Gotiglazial	Verbindung mit Weißem Meer	Arktisch wie Südgrönland	—
11000				
12000		Eissee		
	Daniglazial	Becken von Inlandeis ausgefüllt	—	—

[1]) A. G. Högbom, Handbuch der regionalen Geologie. Bd. IV Abt. 3, Fennoskandia, S. 114. Heidelberg 1913.

In einem kürzlich erschienenen Aufsatz stellt Brooks[1]) folgendes als Gesamtergebnis der neueren Untersuchungen für NW-Europa hin:

Phase	Klima	Zeit (vor Jetztzeit)
1. Die letzte große Eiszeit	Arktisch	32000—20000
2. Rückzug der Gletscher	Streng kontinental	20000—8000
3. Kontinentale Phase	Kontinental	8000—6000
4. Maritime Phase	Warm und feucht[2])	6000—5000
5. Jüngere Waldphase	Warm und trocken	5000—3700
6. Torfmoor-Phase	Kühler und feuchter	3700—1600
7. Rezente Phase	Trockener werdend	1600—

Dagegen sollen nach O. Petterssons Theorie der Wirkungen innerer Gezeiten im Meere auf das Wetter die stürmischen — also wohl auch regenreichen — Zeiträume sich um folgende Maxima gruppieren: 3500, 2100 und 350 v. Chr., und 1434 n. Chr. Das um 350 v. Chr. fällt in den Höhepunkt der „Torfmoor-Phase" von Brooks, von dem dieser sagt: „Die nordischen Sagas und die deutschen Mythen deuten auf ein strenges Klima um 650 bis 400 v. Chr., das eine frühe Zivilisation zerstörte. Das war die ‚Götterdämmerung', als Frost und Schnee für Generationen die Welt beherrschte. Es war die ältere Eisenzeit, als die Kultur in NW-Europa sehr zurückging."

Eine jüngere neolithische Trockenzeit, die bis in die Bronzezeit[3]) gereicht haben soll, wird von manchen daraus erschlossen, daß die schnelle Entwicklung des Ackerbaues des neolithischen Menschen auf das Vorhandensein von ausgedehnten waldfreien Strecken, auf „Steppen" in Mitteldeutschland deute. Auch vorher hatte der Mensch den zusammenhängenden Urwald gemieden und an Meeresküsten, an Seen und Flußläufen sich seine Nahrung gesammelt und gefischt.

Wie in Schweden, ist das Klima-Optimum auch in Finnland und Rußland mehrfach bezeugt durch die weitere Verbreitung der Wassernuß und der Eiche. In den Torfmooren am See Bologoje (halbwegs zwischen Petersburg und Moskau) sind Wurzeln von Quercus pedunculata in Massen gefunden worden, während die Eiche gegenwärtig bei Bologoje eine Seltenheit ist und jedenfalls nicht in Torfmooren wächst; ja sogar bei Wologda hat man mächtige fossile Stämme

---

1) C. E. P. Brooks, The Evolution of Climate in NW Europe. Quart. Journ. R. Meteor. Soc., S. 173. 1921.

2) Dies war die Litorinazeit, mit einem Tiefstand des Landes im südlichen Ostseegebiet.

3) In Süddeutschland (im Ries) lag nach der Schätzung Frickhingers die Bronzezeit 2000—1200 Jahre v. Chr., das Neolithicum 6000—2000, das Azilien (Ofnet) 10000 Jahre v. Chr.

von Eichen gefunden, während sie jetzt nur in Kümmerformen südlich von da bis zum Flusse Leshnja vordringt.¹)

In Mitteleuropa konnten die warmen Sommer keine so deutlichen Spuren hinterlassen wie in Schweden und Rußland, denn es fehlen ihm Verbreitungsgrenzen leicht kenntlicher Pflanzen, die durch die Sommerwärme gesetzt sind, während sie dort für Eiche, Haselnuß und Schwarzerle vorhanden sind. Doch haben Pflanzengeographen, wie Aug. Schulz, auch aus der jetzigen inselförmigen Verbreitung vieler Pflanzen in eingehenden Untersuchungen auf Klimawechsel in Deutschland geschlossen. Denn bei solchen Pflanzen, deren Samen nicht auf weite Transporte eingerichtet sind, ist es wahrscheinlich, daß diese Inseln Reste früherer zusammenhängender Verbreitung sind.

In dieser Weise ist längst aus dem Vorkommen südlicher Pflanzen in den Alpen jenseits jetzt für sie unübersteigbarer Pässe geschlossen worden, daß sie früher auch auf diesen Pässen wachsen konnten. So kann man aus versprengten Pflanzenvorkommen am oberen Isonzo und bei Raibl schließen, daß die illyrische Flora einst bis Tarvis gereicht hat.

Die bis zu 1 m starken Lagen von Schwarzerde auf Löß in Rheinhessen und Mittelschlesien, die postglazial sind, aber zum Teil 4 m tief begraben sind, stammen wohl auch aus dieser Zeit der warmen Sommer. Diese warmen Sommer waren aber, infolge der großen Ekliptikschiefe, mit kalten Wintern verknüpft, und das ist die Ursache dafür, daß die Buche, deren Nordgrenze nicht, wie die der Eiche, durch die Sommer-, sondern durch die Wintertemperatur bedingt wird, in dieser Zeit bei uns noch fehlte. Erst als mit abnehmender Ekliptikschiefe die jährliche Schwankung der Temperatur abnahm, und als der letzte Rest des skandinavischen Inlandeises und seiner Antizyklone verschwunden war, konnte die Buche in Norddeutschland und Dänemark die Eiche aus ihrer Vorherrschaft verdrängen. Die Kiefer, die nur auf den großen „Sandr"-Flächen vor den Endmoränen herrschte, wurde später durch die Forstkultur weiter verbreitet.

Für die Schweiz, wo die Buche ebenfalls spät eingewandert ist und sich noch jetzt auszubreiten scheint, leugnet Brockmann-Jerosch alle Änderung der Jahrestemperatur (in und) seit der Eiszeit.²) Das Klima sei nur trockener und kontinentaler geworden. Nach brieflicher Mitteilung von Prof. Brückner dagegen hat dieser in neuerer Zeit eine Senkung der Baumgrenze um etwa 150 m, zum Teil sogar mehr, in so vielen Teilen der Alpen festgestellt, daß er „heute die Ursache hierfür doch nur in einer Klimaverschlechterung sehen kann".

---

1) Leo Berg, Das Problem der Klimaänderung in geschichtl. Zeit. Pencks Geograph. Abhandl., Bd. 10. Leipzig und Berlin 1914.
2) Die Veränderungen des Klimas usw., S. 55—71. Stockholm 1910.

In den Karpathenländern ist die Klimaänderung wenig an der Temperatur, aber deutlich an einem dauernden Feuchterwerden des Klimas erkennbar. Nach M u r g o c i [1]) ist der Wald in Rumänien, besonders in neuerer Zeit, in die Steppe erobernd vorgedrungen. In der ersten Zeit nach der Lößbildung war das Klima noch sehr trocken, und entstanden dunkelfarbige alkalische Böden und Roterden; später, bei zunehmender Feuchtigkeit, wurden Roterde, Braunerde und Tschernosjom gebildet. Das heutige Klima ist das feuchteste.

Auch in Rußland ist längs dem Nordrande des Schwarzerdegebiets der Wald, wo er sich selbst überlassen ist, heute im Vordringen gegen die Steppe begriffen.

Beim Abschluß dieser Schrift kommt uns ein soeben erschienenes Werk von zwei Schülern Rutger S e r n a n d e r s [2]) zu, das sich auch für Mitteleuropa auf den Standpunkt der mehrfachen Klimaänderung stellt und ihn besonders auf die Moore Oberbayerns anwendet. Aus den 26 Spalten seiner Schlußtafel wählen wir sieben zur etwas gekürzten Wiedergabe aus. Gewiß ist das Zusammenarbeiten eines süddeutschen und eines skandinavischen Forschers, wie es hier vorliegt, der beste Weg, zu vergleichbaren Beobachtungen zu gelangen. Wir geben diese Tabelle, wie die von B r o o k s, „zur Nachricht", ohne dazu Stellung zu nehmen. Wir haben bereits gesagt, daß in der Strahlungskurve für eine zweimalige Temperaturwelle kein Platz ist, und auch der große Übergang von trocken zu feucht beim Verschwinden der Eisantizyklone ein einmaliger war. Die einmalige Welle ist daher wahrscheinlicher.

Die Fig. 41 zeigt den wahrscheinlichen Gang der Strahlung und der Temperatur seit 25 000 Jahren, unter Annahme einer Breitenabnahme von 5° zwischen 15 000 und 5000 Jahren vor der Jetztzeit. Beiderlei Werte sind ausgedrückt durch die jetzt ihnen entsprechende geologische Breite. Für die Temperatur kommt noch hinzu:

a) der Einfluß der antizyklonalen Winde, solange das Inlandeis besteht; mit dessen Kleinerwerden nimmt er allmählich ab;

b) die Kälte auf dem Inlandeis. Beide Einflüsse sind der Anschaulichkeit wegen sehr niedrig auf nur 5° angesetzt.

Von der Wirkung der Änderung der Seehöhe durch die Eisdecke wollen wir absehen.

Es sind genommen:
ein Ort in jetzt 60° Breite, der vor 9000 Jahren vom Eise befreit sein möge (Upsala);
ein Ort in jetzt 54° Breite, der vor 17 000 Jahren eisfrei geworden sein möge (Rostock);

---

[1]) Die Veränderungen des Klimas usw., S. 151. Stockholm 1910.
[2]) Helmut G a m s und Rolf N o r d h a g e n, Postglaziale Klimaänderungen und Erdkrustenbewegungen in Mitteleuropa. 336 Seiten und 28 Tafeln. München 1923.

Schweden nach Sernander	Dänemark nach K. Jessen	Nordd. Moore nach C. A. Weber	Chiemsee-Möser	Krutzelried im Glattal (Schweiz)	Entwicklung der Vegetation in Mitteleuropa	Kulturen
Arktische Zeit: Dryas-Flora	Dryaszeit	Tonmudde mit Dryas, Kalkmudde, Schilftorf, Torf und Lebermudde	—	Dryas-Ton	Zwergstrauchheiden mit Salix-Arten, Betula nana usw. (Dryas-Flora)	Azilien-Tardenoisien, im Alpenvorland fast fehlend. (Ren ausgestorben)
Subarktische Zeit: Föhre und Birke	Espenzeit Einwanderung der Föhre	Föhren- und Birkenwald, Brandlagen. Erlenbruchtorf	Gyttja-Bildungen	Föhre und Weißbirke	Einwanderung von Föhre und Fichte, Weißbirke und Hasel. Verschwinden d. Dryas-Flora	Magdalénien Renntierzeit Solutréen
Boreale Zeit: Trocken-warmes kontinentales Klima. Einwand. der Eiche	Föhrenzeit Eiche, Linde, Erle, Hasel wandern ein	Grenzhorizont. Austrocknung und Verwitterung der älteren Torfschichten	Lebertorf, vorherrsch. Föhre, daneben Traubeneiche und Linde	Lebertorf, und in den Voralpen größte Häufigkeit der Eibe. Einwanderung der Weißtanne und Buche	Rasche Ausbreitung der Föhrenwälder, Einwand. der Eichen und Linden, in den Alpen Ausbreitung v. Lärche und Arve	Erste Wiederbesiedelung d.Alpenvorlandes Vollneolithicum
Atlantische Zeit: Maritimes, feuchtwarmes Klima. Laubwälder wie in der subborealen Periode	Eichenzeit	Älterer Sphagnumtorf, unten oft mit Scheuchzeria	Radicellentorf mit sehr viel Weißtannenpollen	Schroffer Übergang zu terr. Bild. (Braunmoostorf u. Wald). Austrocknung der Gyttja, Ausbreitung der Xerothermen, blühend, Ackerbau	Eichenwälder, am Alpenrand die Föhre wird von der Eiche zurückgedrängt	Campignien, im Alpenvorland fast fehlend (Hiatus) Bronzezeit
Subboreale Zeit: Trockenes und warmes Klima, gegen das Ende Klimaoptimum. Größte Ausbreitung der Xerothermen, v. Corylus u. a. Erhöhung d. Baumgrenzen, Eichenmischwälder	Einwanderung der Buche	Nadelwaldschicht (Ausgangshorizont,Zersetzung des Radicellentorfs	Vorherrsch. Eichenwälder, in trocknen Gegenden auf den Mooren Föhrenwälder, Waldgrenze erhöht. Lichtung der Wälder, Ausbreitung der Xerothermen	Blühender Bergbau. Verkehr über heute vergletscherte Pässe. Frühe Hallstattzeit
Subatlantische Zeit: Feuchtes und besonders anfangs kaltes Klima. Klimaverschlechterung, die Fichte breitet sich aus, Pflanzen Nordlands wandern südwärts	Buchenzeit Aussterben der Föhre	Unten Scheuchzeria-, Sphagnum cuspidatum-Torf Jüngerer Sphagnum-Torf	Zuunterst Scheuchzeria-Torf, höher Sphagnum-Eriophorum vaginatum-Torf, darin röm. Bohlweg	Sphagnum-Eriophorum-Torf, z. T. über Bruchwaldtorf	Größte Häufigkeit der Buche und des Bergahorns, Wiederausbreitung der Rot- und Weißtanne, Aussterben von Trapa u. a.	Mittel- und Spät-Hallstattzeit. La Tène-Zeit Frühgeschichtliche Zeit
Neuzeit: Trockener	†	—	Moorwald	Föhren und Heide	Austrocknung der Moore	Mittelalter, Neuzeit

ein Ort in jetzt 52½° Breite, den das Inlandeis damals nicht erreicht hat (Berlin).

Die Lufttemperatur an einem Orte in 54° Breite, eben nördlich der baltischen Moränen, betrug hiernach: vor 23000 Jahren (auf dem Eise) so viel, wie jetzt 72° Br. zukommt, vor 11000 Jahren dagegen so viel wie heute und vor 7000 Jahren so viel, wie einer 3° südlicheren Lage (51° Br.) zukommt.

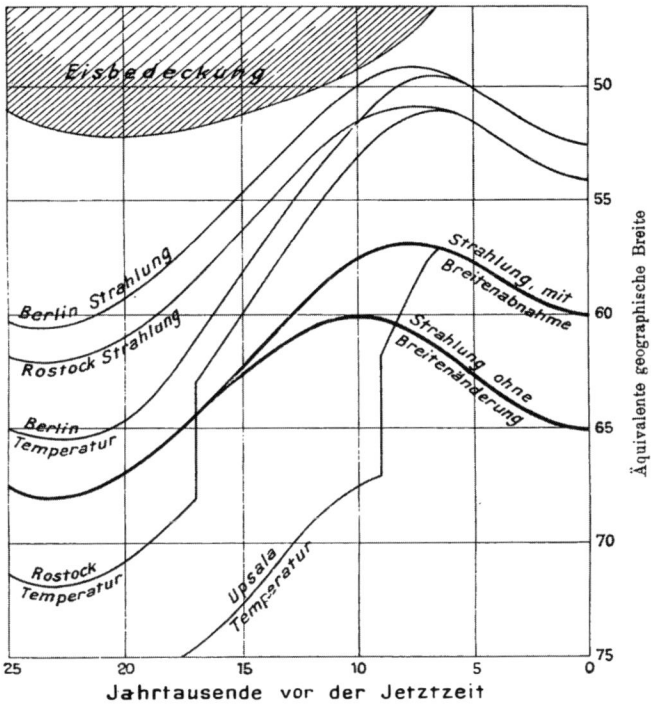

Fig. 41. Sonnenstrahlung und wahrscheinliche Temperatur der untersten Luftschicht an drei Punkten des Ostseegebiets beim letzten Rückgang des Inlandeises, ausgedrückt in Breitengraden

In der Ecke oben links ist für dieselbe Zeitskala die Ausdehnung des Inlandeises in willkürlichem Maß, nach unten wachsend, eingezeichnet.

Man erkennt aus der Figur leicht, daß nach De Geers Rechnung das Maximum der Bestrahlung Mittelschweden noch teils unter Eis, teils unter den abkühlenden Nordostwinden gefunden haben muß, und daß dessen Klima nur etwa 4000 Jahre lang merklich wärmere Sommer als die Jetztzeit gehabt haben kann. Biologen mögen entscheiden, ob für die weite Ausbreitung schwerfrüchtiger Bäume, wie Eiche und Haselnuß, ein so kurzer Zeitraum genügt haben kann. Jedenfalls würde die Auffassung erleichtert werden, wenn es gelänge, mit ausreichender Begründung De Geers Zahlen um einige Jahrtausende zurückzuschieben.

Da im östlichen Nordamerika die Temperatur mit wachsender Breite viel stärker abnimmt als in Europa, so äußerte sich dort die Änderung der Breite stärker als in Europa, wozu kommt, daß nach unserer Annahme die Breitenänderung dort größer war. Es scheinen noch andere Ursachen, insbesondere die sehr rezente Südwärtsverschiebung des Kontinents, mitgewirkt zu haben, um die Änderung so außerordentlich stark zu machen. Die warme Periode nach der letzten Eiszeit war auch dort ausgeprägt, vielleicht sogar noch mehr als in Europa, aber da die Torfmoore in Amerika noch kaum untersucht sind, sind es hauptsächlich Land- und Wassertiere, die dafür anzuführen sind.

In dem oft erwähnten Sammelwerke: „Die Veränderungen des Klimas seit dem Maximum der letzten Eiszeit", das aus Veranlassung des XI. Internationalen Geologenkongresses in Stockholm (1910) erschien, schildert Oliver Hay diese Änderungen mit den Worten (S. 374): „Wir können annehmen, daß bei der Kulmination der warmen Post-Wisconsin-Periode vom Golf bis zu den großen Seen Mastodonten, der Columbische Elefant, Megalonyx, Castoroides (der Riesen-Biber) und Herden von Peccaris sich fanden, zusammen mit Vertretern jetzt in unserem Lande lebender Arten. So scheint es denn wahrscheinlich, daß zu dieser Zeit die Gegend längs den Südufern der Seen Ontario, Erie und Michigan sich eines Klimas erfreuten, das dem jetzt in Tennessee und Arkansas herrschenden glich Warum Megalonyx, Mastodon, der Columbische Elefant und die Peccari vom Genus Platygonus nicht in den Staaten am Golf weiterlebten, ist ein noch zu lösendes Problem. Es scheint wahrscheinlich, daß die warme postglaziale Epoche mit der „Champlain-Depression" eines Teils des Ostrandes vom nordamerikanischen Kontinent zusammenfiel, wie dieses Dana annahm; aber bewiesen kann dieses kaum werden."

Das (einfache oder doppelte) „Klima-Optimum", d. h. die wärmeren Sommer und kälteren Winter in Nord- und Mitteleuropa zwischen der letzten Eiszeit und heute, ist die letzte sicher festgestellte Klimaänderung von jahrtausendelanger Dauer. Alle für die spätere Zeit behaupteten Änderungen, abgesehen von Klimaschwankungen von höchstens hundertjähriger Länge, sind durchaus unsicher, so viel auch darüber geschrieben worden ist.

Unzweifelhaft hat der Mensch durch Ausroden der Wälder, durch Ackerbau und Viehzucht stark in die Natur und den Wasserhaushalt des Bodens eingegriffen. Eine andere Frage ist es aber, ob auch die Verteilung und Menge der Niederschläge sich in dieser Zeit geändert hat.

Auch in bezug auf die Temperatur lassen uns hier unsere Strahlungskurven insofern im Stich, als die Tatsachen uns zwingen, eine Abnahme der geographischen Breite von Europa in sehr junger Zeit anzunehmen, durch welche zwar die von den Kurven geforderte Zunahme der Strahlung in der Zeit vor 21 000 bis vor 10 000 Jahren verstärkt, ihre Abnahme seit 10 000 Jahren aber entsprechend abgeschwächt und die größte Sommerstrahlung uns näher gerückt wurde, und zwar um so mehr, je später wir jene Zeit der Breitenabnahme ansetzen. Wir haben gesehen, daß, wenn wir diese auf 15 000 bis 5000 vor der Jetztzeit setzen, die wärmsten Sommer sich bis gegen — 7000 oder — 8000 verspäten. Die Sonnenstrahlung nahm dann von 11 000 bis 8000 Jahren vor der Jetztzeit nicht mehr wesentlich zu, und die Erwärmung mußte, solange noch Schweden und Finnland mehr oder weniger eisbedeckt waren, zurückgehalten werden, in der weiteren Umgebung[1]) des Eiskuchens durch die antizyklonalen Winde, und auf ihm selbst noch viel mehr durch die abkühlende Wirkung des Eises, das durch seine Ausstrahlung und seinen Verbrauch an Schmelzwärme die Temperatur niedrig hält (s. Fig. 41).

Wir kommen nun zur **geschichtlichen Zeit**.

Es ist sonderbar, daß nicht zahlreichere und sicherere Zeugnisse aus historischer Zeit für ein Kühlerwerden der Sommer in Europa vorliegen. Denn, ein Gleichbleiben der Breite und der Sonnenkonstante vorausgesetzt, mußte die sommerliche Sonnenstrahlung hier wegen dauernder Abnahme der Eklipticschiefe und Wachstums der sommerlichen Sonnennähe die merkliche Einbuße, die sie seit 10 000 Jahren erlitten hat, auch in den letzten 5000 Jahren fortgesetzt haben. Die Angabe, daß in der Bronzezeit Nordeuropas die Sommer wärmer waren als jetzt, ist also wahrscheinlich zutreffend. Wenn aber diese Zeit auch wärmer war als die vorhergehende, so ist dieses vorläufig noch unerklärt. Das Aufhören des Weinbaues in Norddeutschland seit dem Mittelalter hat man nur durch Verfeinerung des Geschmacks und Zunahme des Verkehrs erklären wollen; vielleicht trägt aber die erwähnte Abnahme der Sonnenstrahlung ganz oder teilweise die Schuld daran.

Mit der größeren Sonnenstrahlung im Sommer war geringere Sonnenstrahlung im Winter verknüpft. Die auffallenden Nachrichten aus dem Mittelalter über Zufrieren der Ostsee sind Gegenstand sehr sorgfältiger Untersuchungen geworden[2]), die die Übertreibungen auf ein

---

1) Die nähere war vom kalten Yoldiameer eingenommen, dessen Gewässer unter dem Einfluß derselben Winde eine Strömung aus dem Eismeer zur Nordsee gehabt haben müssen.

2) Neben älteren vgl. besonders S p e e r s c h n e i d e r : Om Isforholdene i Danske Farvande i aeldre og nyere Tid. Meddelels. Nr. 2 des Dän. Met. Inst.

richtiges Maß zurückgeführt haben. Was übrig bleibt, kann vielleicht zum Teil auf dieser Ursache beruhen.

Der allgemeine Eindruck alter Leute, daß in ihrer Jugend noch richtige Winter und richtige Sommer waren, hat mit diesem Maritimerwerden des Klimas seit 10 000 Jahren nichts zu tun, auch dort, wo er richtig ist. Denn die kurze Spanne eines Menschenlebens bedeutet gegenüber jenen langsamen Änderungen nichts.

Für periodische Änderungen der Temperatur von hundertjähriger — 80- bis 200jähriger — Dauer liegen Andeutungen vor, die aber ganz unsicher sind. Die kurzen Perioden von durchschnittlich 34,8 und 11,1 Jahren Dauer gehören nicht in den Rahmen dieses Buches. Der Tatbestand läßt sich dahin zusammenfassen, daß i m m e r ein Teil der Erdoberfläche wärmer, ein anderer kälter ist, als im vieljährigen Durchschnitt, daß aber — großenteils unperiodisch, zu einem kleinen Teile aber auch periodisch — die Gebiete positiver und negativer Temperaturabweichung sich verschieben und abwechselnd einschrumpfen, ohne, soviel wir urteilen können, jemals zu verschwinden. Die Wahrscheinlichkeit, in ein solches Gebiet hineinzukommen, schwankt also für den einzelnen Ort, ohne sich jemals bis zur Gewißheit zu steigern. Die bestimmte Gegend kann also auch in den Jahren, wo die Periode Wärme verlangt, kalt bleiben, wenn für die Erde als Ganzes die Periode vielleicht zugetroffen ist.

Weit mehr, als über Änderung der Temperatur, ist über Änderung der Regenverhältnisse in historischer Zeit geschrieben worden, und zwar fast durchweg im Sinne einer zunehmenden Trockenheit. Diese Auffassung hat sich schon früh am Studium der klassischen Literatur gebildet. Die Alten sahen das Klima der Mittelmeerländer als das normale an und Deutschland erschien ihnen trübe und feucht. Umgekehrt finden die Deutschen jetzt Trockenheit und Heiterkeit im Sommer am Mittelmeer, von der die Alten als von etwas Selbstverständlichem nicht sprechen. Aber auch die Trümmer der blühenden Städte Mesopotamiens liegen jetzt in kahler Steppe. Alles dies mußte den Eindruck erwecken, daß das Klima sich geändert habe. Aber die genauere Untersuchung hat gelehrt, daß die Alten auch das Fluß nannten, was wir einen Bach nennen würden, wenn er nur im Winter viel Wasser führt, und daß Ruinen antiker Gebäude am Rande von abflußlosen Salzsümpfen in Algerien zu finden sind; deren Wasserstand kann also im Altertum nicht viel höher gewesen sein. Die Kultur Mesopotamiens hat offenbar ganz auf künstlicher Bewässerung beruht, und ihr Verfall war die Folge von Kriegen und Verwüstungen. Sie ist auch nach Jahrtausenden auf einige Zeit unter den Arabern wieder aufgeblüht. Der Verfall der Bodenkultur und damit auch des Staates im alten Rom und in Spanien nach der Conquista war eine Folge des falschen Bodenrechts, das die Latifundienbildung gestattete, und nicht einer Änderung des Klimas.

Ganz sicher haben in geschichtlicher Zeit bedeutende Schwankungen im Regenreichtum stattgefunden. So stand das Wasser des Kaspischen Meeres 1815 um 2 m höher und 1843 bis 1846 sowie 1851 bis 1860 fast 1 m tiefer als 1877, und aus älterer Zeit sind noch bedeutend größere Schwankungen bezeugt.[1]) Allein für eine fortschreitende Änderung finden sich nirgends sichere Anzeichen: In den Jahren 915 bis 921 stand das Kaspische Meer 8 m, 1306/07 11 m über dem Jetztstande, aber dazwischen im 12. Jahrhundert 5 m unter diesem.

Die beobachteten und behaupteten Änderungen in der Feuchtigkeit von Europa und Innerasien hat L. Berg in einer Schrift[2]) behandelt, die als Heft 2 des 10. Bandes von Pencks Geogr. Abhandl. erschienen ist. Da wir fast in allem, auch in der Polemik gegen Huntington, ihm zustimmen, und die Schrift leicht zugänglich ist, möge es genügen, auf sie zu verweisen und nur ihre Schlußsätze anzuführen.

„1. Vergleicht man die gegenwärtige Epoche mit der Eiszeit, so wird man fast auf dem ganzen Festlande eine Verringerung der Binnengewässer und der atmosphärischen Niederschläge[3]) konstatieren können.

2. Eine ununterbrochene Austrocknung hat seit dem Ende der Eiszeit nicht stattgefunden; der gegenwärtigen Epoche ging eine solche mit noch trockenerem und wärmerem Klima voraus.

3. Während der historischen Zeit ist nirgends eine Klimaänderung zugunsten einer fortschreitenden Erhöhung der mittleren Jahrestemperatur der Luft oder einer Verminderung der atmosphärischen Niederschläge zu bemerken. Das Klima bleibt entweder beständig (abgesehen von Schwankungen, deren Periode höchstens einige Jahrzehnte beträgt), oder es läßt sich sogar eine gewisse Tendenz zu einem Feuchterwerden konstatieren.

4. Es kann daher weder von einem ununterbrochenen Austrocknen der Erde seit der Beendigung der Eiszeit noch von einem ununterbrochenen Austrocknen im Laufe der geschichtlichen Zeit die Rede sein."

Dieselbe Ansicht vertreten für Gegenden, die scheinbar besonders stark für eine Austrocknung sprechen, Sven Hedin für Persien[4]) und Partsch für Palmyra.[5])

---

[1]) Brückner, Klimaschwankungen seit 1700, S. 62. Wien 1890.

[2]) Leo Berg, Das Problem der Klimaänderung in geschichtl. Zeit. Leipzig und Berlin 1914.

[3]) Letzteres ist zum Teil zweifelhaft. Der Wasserreichtum eines Landes nimmt bei Erniedrigung der Temperatur auch ohne Zunahme der Niederschläge, durch Verringerung der Verdunstung, zu.

[4]) Die Veränderungen des Klimas usw., S. 431. Stockholm 1910.

[5]) Verhandl. d. Sächs. Akad. d. Wiss. zu Leipzig, phil.-histor. Klasse, 74. Bd., S. 1. 1922.

E. Die Größe der Ekliptikschiefe (ε) und des Produkts aus Exzentrizität der Erdbahn (e) und Sinus der Perihellänge (Π), von 800000 Jahren vor bis zu 30000 Jahren nach der Jetztzeit. Nach Pilgrim.

Jahrtausende vor 1850	e sin Π	ε	Jahrtausende vor 1850	e sin Π	ε	Jahrtausende vor 1850	e sin Π	ε
800	— ·0165	22° 38'	650	— ·0178	23° 39'	525	·0109	23° 41'
795	·0153	22° 49'	643	·0335	23° 10'	520	— ·0029	23° 9'
790	·0070	23° 12'	640	·0168	22° 55'	515	— ·0010	22° 47'
785	— ·0045	23° 39'	635	— ·0245	22° 47'	510	— ·0050	22° 37'
780	·0043	23° 58'	633	— ·0263	22° 47'	507	— ·0114	22° 49'
775	— ·0035	23° 50'	630	— ·0086	22° 52'	505	— ·0118	22° 57'
770	— ·0177	23° 29'	625	·0177	23° 19'	500	·0095	23° 25'
765	·0072	23° 1'	620	·0000	23° 47'	496	·0250	23° 39'
760	·0291	22° 40'	616	— ·0134	23° 54'	495	·0247	23° 44'
755	— ·0065	22° 40'	615	— ·0118	23° 55'	490	·0089	23° 53'
750	— ·0373	22° 53'	610	·0125	23° 48'	485	— 0351	23° 34'
745	·0042	23° 28'	608	·0177	23° 37'	480	·0000	23° 8'
740	·0409	23° 49'	605	·0091	23° 18'	475	·0413	22° 48'
735	·0000	23° 58'	600	— ·0257	22° 46'	470	·0022	22° 38'
730	— ·0401	23° 52'	599	— ·0280	22° 44'	465	— ·0431	22° 56'
725	— ·0040	23° 22'	595	·0071	22° 34'	460	— ·0074	23° 22'
720	·0360	22° 50'	590	·0378	22° 38'	455	0400	23° 51'
715	·0020	22° 37'	585	·0081	23° 9'	454	·0411	23° 57'
710	— ·0306	22° 42'	580	— ·0473	23° 43'	450	·0141	24° 5'
705	·0033	23° 9'	579	— ·0488	23° 46'	445	— ·0330	23° 34'
700	·0245	23° 39'	575	— ·0127	24° 3'	443,5	— ·0356	23° 23'
695	— ·0097	23° 49'	570	·0488	24° 6'	440	— ·0156	22° 55'
692	— ·0242	23° 49'	569	·0520	23° 59'	435	·0256	22° 29'
690	— ·0203	23° 47'	565	·0203	23° 36'	433,5	·0278	22° 22'
685	·0171	23° 25'	560	— ·0455	22° 59'	430	·0111	22° 22'
682,5	·0270	23° 13'	558	— ·0505	22° 51'	425	— ·0196	22° 57'
680	·0189	23° 1'	555	— ·0240	22° 34'	420	— ·0051	23° 40'
675	— ·0250	22° 52'	550	·0390	22° 25'	415	·0128	24° 9'
673	— ·0322	22° 51'	548	·0439	22° 35'	410	·0018	24° 15'
670	— ·0182	22° 54'	545	·0226	22° 53'	406	— ·0104	23° 35'
665	·0305	23° 13'	540	— ·0282	23° 29'	405	— ·0092	23° 44'
664	·0356	23° 20'	538	— ·0327	23° 41'	400	·0091	23° 4'
660	·0181	23° 34'	535	— ·0200	23° 55'	398	·0133	22° 51'
655	— ·0313	23° 42'	530	·0145	24° 6'	395	·0074	22° 33'
653	— ·0362	23° 43'	527	·0179	23° 52'	390	— 0168	22° 18'

Die Klimate des Quartärs

Jahrtausende vor 1850	e sin Π		Jahrtausende vor 1850	ε sin Π		Jahrtausende vor 1850	e sin Π	ε
389	— ·0185	22° 21'	240	— ·0191	23° 15'	90	·0166	24° 18'
385	— ·0055	22° 42'	235	— ·0088	22° 27'	85	— ·0310	23° 55'
380	·0204	23° 18'	231	·0322	22° 2'	83	— ·0364	23° 39'
375	·0045	23° 54'	230	·0315	22° 0'	80	— ·0238	23° 17'
370	— ·0217	24° 16'	225	— ·0089	22° 31'	75	·0203	22° 39'
365	— ·0038	23° 58'	220	— ·0403	23° 20'	72	·0292	22° 20'
360	·0210	23° 25'	215	·0000	24° 1'	70	·0232	22° 14'
355	·0000	22° 45'	210	·0444	24° 25'	65	— ·0099	22° 29'
350	— ·0196	22° 18'	209,4	·0451	24° 24'	61	— ·0194	22° 56'
345	·0078	22° 39'	205	·0157	24° 0'	60	— ·0181	23° 2'
342	·0207	23° 2'	200	— ·0405	23° 20'	55	— ·0010	23° 49'
340	·0174	23° 14'	198,3	— ·0460	23° 8'	50	·0102	24° 25'
335	— ·0147	23° 50'	195	— ·0268	22° 45'	47,6	·0110	24° 25'
332,4	— ·0240	24° 7'	190	·0314	22° 23'	45	·0092	24° 13'
330	— ·0180	24° 11'	187,4	·0435	22° 30'	40	·0007	23° 39'
325	·0210	23° 46'	185	·0330	22° 36'	35	— ·0119	22° 49'
322,6	·0292	23° 29'	180	— ·0206	23° 5'	33,5	— ·0138	22° 37'
320	·0204	23° 9'	176	— ·0384	23° 31'	30	— ·0094	22° 10'
315	— ·0252	22° 43'	175	— ·0355	23° 40'	25	·0122	22° 25'
313	— ·0337	22° 32'	170	·0004	24° 6'	22,3	·0182	22° 44'
310	— ·0219	22° 31'	165	·0318	23° 58'	20	·0149	23° 0'
305	·0279	22° 56'	160	·0118	23° 32'	15	— ·0098	23° 43'
303	·0360	23° 11'	155	— ·0213	22° 53'	11,4	— ·0195	24° 5'
300	·0236	23° 30'	152,3	— ·0265	22° 37'	10	— ·0179	24° 14'
295	— ·0340	23° 53'	150	— ·0213	22° 24'	8,8	—	24° 15'
290	— ·0259	24° 2'	145	— ·0075	22° 39'	5	·0049	23° 59'
285	·0173	23° 40'	140	·0259	23° 12'	0,6	·0170	23° 31'
281,6	·0285	23° 18'	135	·0085	23° 52'	0	·0165	23° 28'
280	·0245	23° 8'	130	— ·0243	24° 18'	nach 1850		
275	— ·0084	22° 38'	127,6	— ·0308	24° 8'	5	— ·0020	22° 35'
270,7	— ·0198	22° 22'	125	— ·0249	23° 41'	9,6	— ·0118	22° 33'
270	— ·0181	22° 22'	120	·0148	23° 9'	10	— ·0114	22° 32'
265	·0000	22° 39'	116	0·363	22° 41'	15	·0010	22° 45'
260	·0088	23° 21'	115	·0354	22° 33'	18,8	·0061	23° 5'
257	·0099	23° 47'	110	— ·0060	22° 15'	20	·0049	23° 10'
255	·0100	24° 3'	105	— ·0401	22° 42'	25	— ·0039	23° 39'
250	·0042	24° 28'	100	— ·0043	23° 28'	26	— ·0044	23° 44'
245	— ·0136	24° 0'	95	·0391	24° 2'	30	·0007	23° 59'
242,3	— ·0209	23° 36'	94	·0403	24° 8'			

Erklärung der Tafel

Die drei Zackenlinien I, II und III rühren von Prof. Milankovitch her und geben die Zahlen seiner Tabelle im Abschnitt B des Kapitels Quartär (S. 214) wieder. Die Änderungen der Strahlung sind durch entsprechende Änderungen der nördlichen geographischen Breite dargestellt, mit a b w ä r t s wachsenden Breiten, um die Strahlung (und die Temperatur) aufwärts wachsen zu lassen. Die Werte stellen die Strahlungsmengen während der $182^1/_2$ Tage stärkster Strahlung dar.

Die beiden Kurvengruppen IV und V geben in den dicken Linien den säkularen Gang der angenäherten sommerlichen Strahlungswerte für 65° Breite wieder, und zwar

Gruppe IV für nördliche, Gruppe V für südliche Breite,

sowie deren Entstehung aus den beiden Wellen von ε und $e \sin \Pi$ [1]) nach den eben dort gegebenen Entwicklungen. Diese Wellen sind in Nord- und Südbreite identisch, aber die kürzere Welle der $e \sin \Pi$ fällt im Süden umgekehrt. Die Zahlenwerte dieser beiden Elemente findet man auf S. 254 und 255 angegeben.

Aus diesen beiden Fundamentalkurven von ε und $e \sin \Pi$ ist die angenäherte Strahlungskurve als deren arithmetisches Mittel abgeleitet. Durch Änderung der relativen Amplitude der Fundamentalkurven kann dasselbe für andere ektropische Breiten geschehen. Da diese Kurven für das astronomische Sommerhalbjahr gelten, so stellen sie wegen dessen Verschiebungen gegen die Strahlungswelle und wegen dessen wechselnder Länge den säkularen Gang der Sonnenstrahlung nicht genau, aber doch, wie ein Vergleich von IV und II zeigt, mit recht großer Annäherung dar. Die Strahlungswelle der südlichen Halbkugel V stimmt nur darin mit IV überein, daß große Schwankungen nur in Zeiten großer e vorkommen.

---

[1]) ε = Ekliptikschiefe, e = Exzentrizität der Erdbahn, Π = Länge des Perihels.

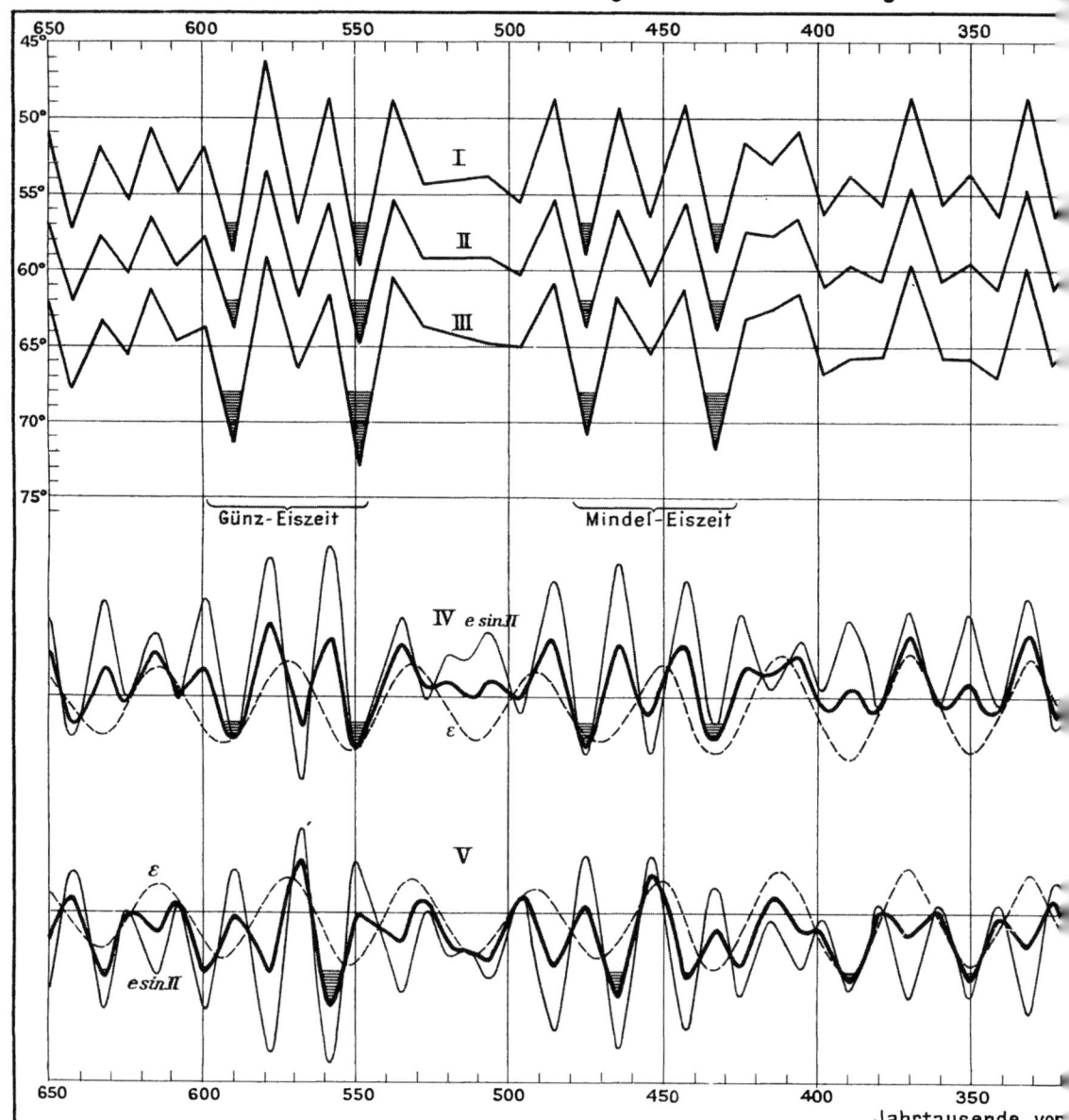

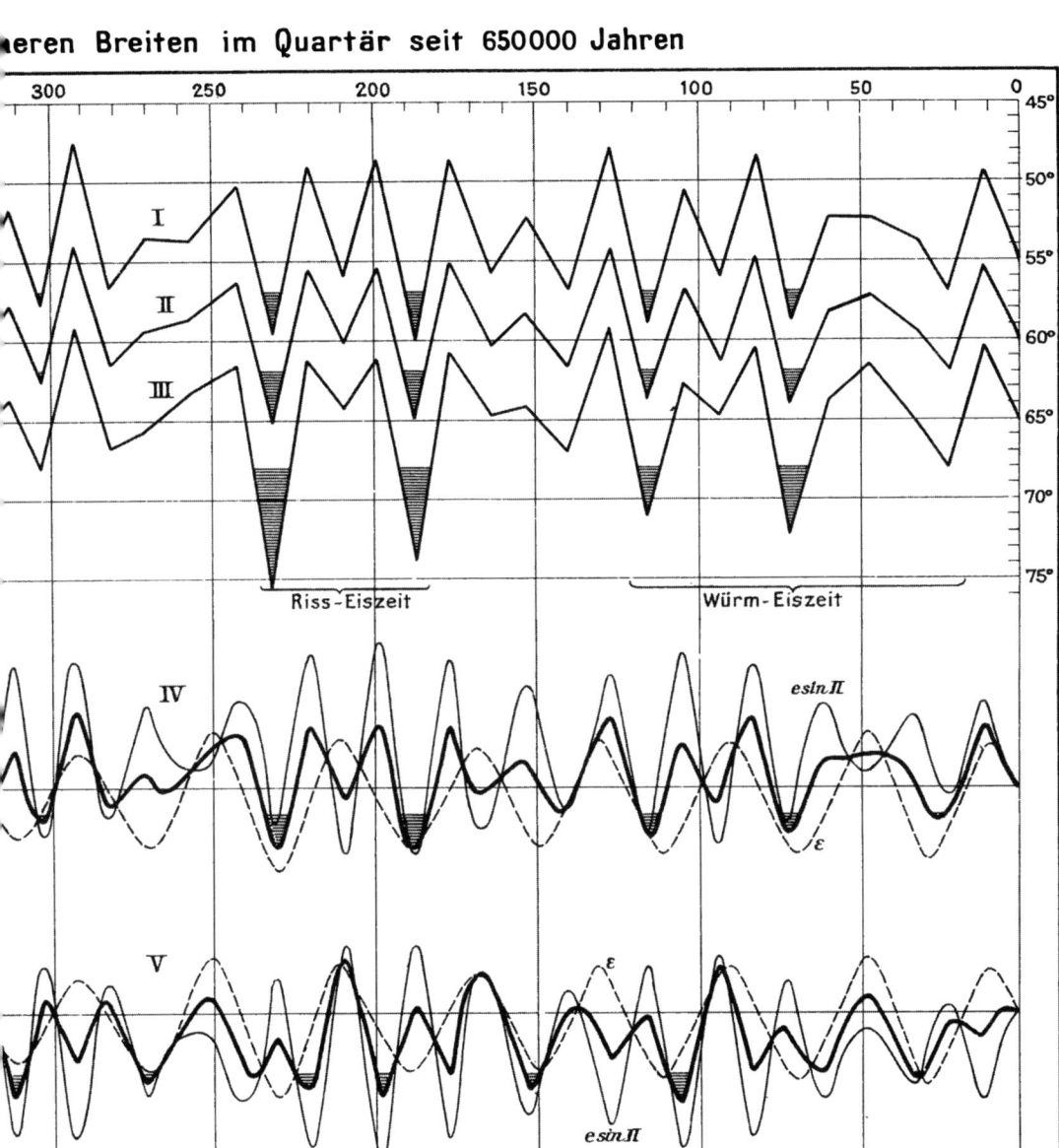

Index

A

Abies (Tanne) 104
Abietinaceae 72
Abietineen 87
Acacioxylon 109
Acer (Ahorn) 104, 105, 107
Actaeonellen 89
Adams 119
Adelaide, Eisspuren 148
Adersbacher Steine 82
Adhémar 202
Adiantites 49
Affe (Anthropoidea) 110, 112
Afghanistan
   Glossopterisflora 50
   Trias, Kohlen 58
Afrika
Eiskappe 28
   Kreidezeit, Trennung von Südamerika 78
   Palmen, Nordgrenze 104
   Eisspuren 21
   Tertiär (Alt-), Kohlelagerstätte 100
   Torfmoor 35
   Vereisungen 25
Ägypten
   Eozän, Gipsbildung 103
   Eozän (Ober-), Schieferkohlen 100
   Gipsbildung 71
   Nubischer Sandstein 42, 61, 69, 84
   Pliozän, Salzbildung 132
   Regenzeiten 186
   Tertiär (Früh-), Flora 109
   Tertiär (Früh-), Meeresfauna 112
   Tertiär (Spät-), Trockenzone 131
   Trockenzone, Übergang 137
Ahorn (Acer) 107, 132
Algenkohlen 9
Ajanfichte 105
Alabama, Karbon (Spät-), Kohlen 37
Alaikette 142
Alaseja 191
Alaska
   Eozän, Braunkohlen 96
   Eozän, Flora 95
   Eozän, Meeresfauna 104, 110
   Fauna, boreal 73
   fossiles Grundeis 115
   Inlandeis 6, 95, 121
   junge Hebungen 114
   Jura, Kohlen 65
   Karbon, Kohlen 37
   Kreidezeit (Spät-), Kohlen 80
   Miozän, Meeresfauna 113, 137
   Quartär, Klima 189
   Schneegrenze, Depression 199
   Tertiär, Kohlen 124
   Tierwanderung 227
   Tillite 113
Alberta
   Eozän, Braunkohlen 96
   Eozän, Kohlen 80
   Kreidezeit, Kohlen 80
Aleseja 121
Alexandrette, Gips 128
Alexandropol, Braunkohlen 81
Algerien
   Ablagerungen 84
   Miozän (Unter-), Salz- und Gipsformationen, galizisch-persisch 131
   Salz 103
   Salzwiesen 252
   Trias, Ablagerungen 42
Algoa-Bai, Salz 84
Algoasaurus 87, 92
Algonkium 7, 141, 149, 151, 152
   Indischer Salt Range 149
   Inlandeis 141
   Kohlenformationen 152
   Tillite 7
   Vereisung, Nordamerika 151
Alleghanies, roter Sandstein 59
Aller 166
Alleröd-Schwankung 175
Alnus (Erle) 104, 190
Alpen
   Äquatoriales Faltensystem 94
   Baumgrenze, Senkung 246
   Gletschervorstoß 165
   Hochmoore 173
   Kalksteinriffe 147
   Oligozän, Korallen 111
   Richthofeniden, kalkhaltig 53
   Schnecke, fossil 176

Steinsalzlagerstätten 60
Trias, Korallenriffe 63, 75
Alt-Acheuléen 169
Altai, Perm, Kohlen 37
Altmühltal 75
Aluminiumoxyd 16
Amalitzky 51
Amanusgebirge, Eozän, Kohlen 99
Amazonas, Torfmoor 36
Amb 150
Amerika 179
 Gletscher, Ausrichtung 172
 Karbon (Mittelober-), Flora 48
 Saurierspuren 64
 Trockengebiete 10
Amginsk 120
Ammoniak, tierisches 20
Ammoniten 73, 76, 89
Amur
 Jura, Kohlen 68
 Tertiär, Kohlen 100
Anabara 103
Anabara-Busen 119
Anadyr 119
Anchisaurus 63
Ancylussee 233, 239
Andersson, G. 36, 174, 234, 240
Anden, Schneegrenze, Depression 188
Andö, Jura, Kohlen 66
Andrée
 Bernstein, Pflanzenarten 105
 Braunkohlen 98
 Oligozän, Salzbildung 101
 Salzbildung, Cardona 101
 Salzbildung, Sizilien 126
 Stratigraphie, Oberelsaß 96
Angara-Land 146
Angara-Schichten
 Gips 68
 Gips und Kohlen 70
 Kreide, Salz 82
Angermanelf 233
Angiospermen 85
Angola
 Perm, Salzbildung 61
 Steinsalz 56
Anhydrit 41, 101
Anjui 119
Antarktis
 Glossopterisflora 50

Kohlen 38
Niederschlagsmengen 199
Polwanderung 21, 33, 55
Tertiär (Spät-), Flora, Westen 133
Trennung von Australien 92
Antevs, E. 234
Anthracotheriden 112
Anthrazit 100, 145, 152
Antillen 227
Antilope 18, 138, 139
Antisana 189
Antizyklone
 Eiszeit, Nordamerika 182
 Golfstrom, Auswirkungen auf 230
 im Winter 200
 polar 203
 Skandinavien 246
 über Inlandeis 185, 188, 223
 über Inlandeis, Schweden 235
 über Skandinavien 239
Apennin, Eozän, Nummuliten 111
Appalachen
 Karbon (Spät-), Faltung 33
 Potomac-Formation 80
äquatoriale Regenzone 37
äquatoriale Verschiebung, Atlantik 229
äquatoriales Afrika, Schneegrenze, Depression 188
äquatoriales Faltensystem 94
Arabien 82, 111
Aralsee 186
Araucarien 62, 85, 87
Araucarien-Stufe 109, 136
Araucarioxylon 109
Arauco, Miozän, Braunkohlen 125
Araxestal 128
Archäosuchus 54
Archäocyathen 150
Areniscas abigarradas 83, 131
Argalischaf 176
Argentinien
 Dinosaurus 92
 Glossopterisflora 50
 Jura, Salzablagerungen 70
 Lepidodendronflora 50
 Lößbildung 15, 130
 Pampaslehm 193
 Titanosaurus 92
 Trias, Dipteridines 63
 Trias, Kohlen 58

Trias, Matoniaceae 63
Gletscher, Horizonte 25
arides Klima
  Baumgrenze, jenseits der 174
  Indikatoren, Südamerika 43
  Jura, Brasilien 70
  Jura, Nordamerika 69
  Jura, Südafrika 71
  Produkte, Südpol 85
  Tertiär (Früh-), Amerika 96
  Tertiär, Zentralasien 102
  Trias, Brasilien 42, 61
  West- und Mitteleuropa 60
Arizona
  Gletscher 182
  versteinerter Wald 56, 62
Arkansas, Silur, Korallen 147
arktische Seerose 107
Arldt 40, 98, 98, 112
Armenien
  Eozän, Kohlen 99
  Tonvorkommen, salzhaltig 128
Arrhenius 4
Artern, Perm, Salz 40
Artocarpidium 109
Artocarpus 86, 87
Aschaffenburg, Pliozän, Kohlen 125
Asia Minor, Tertiär, Kohlen 99
asiatischer Wildesel (Equus hemionus) 176
Asien
  Feuchtigkeitsänderungen 253
  Ginkgo 71
  Jura, Kohlen 81
  Jura, Klima, feucht 69
  Meeresfauna, boreal 76
  Quartär, Klima 192
  Quartär, Lage 191
  Richthofeniden, kalkhaltig 53
  Schneegrenze Depression 193, 195
  Tertiär (Früh-), Klima 102
  Tertiär, Wärmezone 133
  Ton, salzführend 60
  Trias, Kohlen 58
  Trockengebiete 10
  Trockenzone, nördliche 82
Asterocalamites 48, 49
Asterophyllites 49
astronomische Jahreszeiten 209, 217
Athen 174

Atlantik
  äquatoriale Verschiebung 229
  Ausweitung der Vergletscherung 158
  kalkhaltige Riffe 19
  Südäquatorialstrom 230
Atlantosaurus 18, 73, 91
Aucella 73, 77, 80, 85, 89
Auerhahn 176
Aufeis 120
Australien
  Alter der Eisablagerungen 28
  Archäocyaths 150
  Breitengrad, Änderungen 196
  Dinosaurier 89
  Eiskappe 28
  Eisspuren 148
  Eiszeit 26, 197
  Eiszeit, Ende 33
  Eozän, Flora 109
  Fauna als Klimaindikatoren 77
  Fauna, Austausch, Südamerika 92
  Flora, südliche 88
  Gletscher, Eisspuren 78
  Glossopterisflora 50
  Holz, Jahresringe 46
  Jura, Kohlen 68
  Kreideablagerungen 80
  Kreidesandstein 85
  Kreidezeit, Klima 92
  Lepidodendronflora 50
  Lungenfisch Ceratodus 64
  Miozän, Flora 137
  Palmen, Nordgrenze 104
  Perm, Kohlen 38, 58
  Permo-Karbon, Eisspuren 21
  polare Fauna, ehemalige 93
  Polwanderung 21, 55
  Quartär, Fauna 197
  Quartär (Früh-), 124
  Silur, Korallen 147
  Stratigraphie 32
  Tertiär, Kohlen 100, 125
  Trennung von Vorderindien 78
  Trias, Baiera 63
  Trias, Dipteridines 63
  Trias, Matoniaceae 63
australische Alpen 196
Aviculidengattung 73

B

Baden 101
Baffinsbai 145
Bahia, Flußablagerungen 83, 91
Baiera 47, 63, 87
Baikal-See 146
Balkasch-See 36, 68
Baltischer Höhenrücken 163, 175
Baltischer Rücken 165
Baltischer Vorstoß 164, 175, 205, 221, 223, 230
Bären-Insel
   Devon (Spät-), Kohlen 142
   Karbon (Früh-), Kohlen 36
   Kohlebildung 40
Basedow, H. 27, 78, 149
Basel, Trias, Farn 62
Bastei 82
Baumfarn 43, 48
Bayern, Moore 247
Beacon-Sandstein 38
Beadnell 132
Beaufort-Schichten 65
Beaufort-Serie 54
Behler 237
Belemniten 73, 89
Belgien
   Eozän, Kohlen 98
   Eozän, Schichten 111
   Iguanodon 91
Bellsund 106
Belutschistan, Nummuliten 112
Berg, L. 253
Beringmeer 227
Beringstraße 189, 225
Berlin, Eiszeit 231
Bernsteinwälder 105
Berry 108, 134, 135
Betula (Birke) 87, 103, 106, 121, 175, 190, 235, 241, 242
Beuteltiere 93, 101
Bieler Grund 82
Bilma 42
Bipos, Natriumsulfat 83
Bir Ranga 131
Birke (Betula) 87, 103, 106, 121, 175, 235, 241, 242
Birket el-Kerun, Eozän, Schieferkohlen 100
Birkhahn (Lyrurus tetrix) 176
Biskra 84
Bison 123
Blackwelder, E. 40, 101, 124, 142
Blagoweschtschenski-Sundes 119
Blagowestschensk 201
Blaini, Gletscherspuren 152
Blanckenhorn 42, 84, 99, 100, 103, 109, 112, 128, 131
Blockfelder 167
Blockströme 8
Blytt 244
Bobak 176, 177
Bochnia, Salzvorkommen 127
Bodenfluß 168
Bodensee 132
Böggild 98, 107
Böhmen
   Kambrium, Paradoxites 151
   Kreide (Ober-), Sandstein 82
   Miozän, Kohlen 124
   Oligozän, Kohlen 98
   Perm, Kohlen 37
   Silur, Anthrazite 145
Böhmische Schweiz, Kreide (Ober-), Sandsteinquader 82
Böhmisch-Vindelizisches Massiv 74
Bolivien 135
Bollnäs 166
Bolschoj 119
Bonn, Miozän, Kohlen 124
Bonnet 134
boreale Fauna 73, 75, 114
Borneo
   Eozän, Kohlen 100
   Flora, fossil 108
   Nummuliten 112
Bor-Uräch 120
Bosnien
   Jura, Kohlen 66
   Karbon, Kohlen 37
   Kohlen 61
   Miozän, Kohlen 124
   Oligozän, Kohlen 98
   Ormorica Fichte 105
   Perm, Kohlen 37
   Pliozän, Kohlen 125
   Trias, Kohlen 56
Boston
   Lage im Karbon, 34

Roxburgh-Konglomerat 33
Bothrodendron 49
Brachiosaurus 73
Brackebusch 70
Branner, J.C. 28
Branxton-Horizont 26
Brasenia purpurea 163, 174
Brasilianischer Tillit, afrikanische Felsen 24
Brasilien
  Eiskappe 28
  Eiszeit 27
  Eiszeit, Ende 33
  Flußablagerungen 83
  Glossopterisflora 28, 50, 51
  Lepidodendronbäume 28
  Perm, Temperaturanstieg, schnell 53
  Rio Bonito-Schichten 50
  Rio do Rasto-Schichten 61
  Santa Catharina-System 28
  Sao Bento Sandsteine 70
  Sigillarienbäume 28
  Tillit 24, 25
  Trias, Klima, trocken 42
Brasilienstrom 230
Brauneisenstein 16
brauner Bär 176
Braunkohlen 80, 96, 98, 99, 125
Braunschweig, Kohlen 98
Bristol Bay 114
British-Columbien
  Kreidezeit (Früh-), Kohlen 80
  Columbien, Prae-Kansan, Eiszeit 181
British-Guyana, Torfmoor 35
Brockmann-Jerosch 179, 246
Bromberg 166
Brontosaurus 73
Brontozoum 63
Bronzezeit 241, 245, 251
Brooks, C.E.P. 239, 245, 247
Brotfruchtbaum 86
Brückner 159, 166, 198, 205, 217, 233, 246
Bryozoen 127
Buchara, Salz 60, 82
Buche (Fagus) 125, 132, 175, 179, 236, 241
Buenos Aires, Karbon, Breitengrad 53
Büffel 190
Bühl-Moränen 160
Bühlvorstoß 161, 165

Bukowina, Salzvorkommen 127
Bulgarien
  Kreidezeit, Kohlen 81
  Pliozän, Kohlen 125
Bunge 115, 119
Buntsandstein 16, 59, 60, 62, 83, 131
Buntsandsteinwüste 41
Burckhardt 76
Burghersdorp-Schichten 54, 61, 64
Buschman 42, 59, 70, 84, 102, 125, 128, 131, 144, 146, 149, 195

C

Ceratosaurus 73
Caesalpinium 109
Calamites 47, 48
Calciumsulfat 41
Californien
  Gipsformationen 125
  Meeresfauna 137
  Pliozän, Meeresfauna 138
  Sequoia 106
  Trias, Korallenriffe 63
Calliandra obliqua 135
Callipteris 47, 48, 51
Calymmatotheca 48, 49
Canada
  Fauna, boreal 73
  Karbon (Spät-), Kohlenbildung 39
  Kohlen 37
  Kreidezeit (Früh-), Kohlen 80
Canadian Rockies, Kambrium, Kalkstein 150
Cap Roque 230
Capparidoxylon 109
Capps 113, 189
Cardona, Salzberg 101, 126
Carlzon 233
Carpolithes 87, 136
Cassia 109, 135
Castoroides (Riesen-Biber) 250
Cauca-Tal 134
Cauvin 42
Ceratodus 64
Cerro Altar 189
Cerro de Pasco
  Jura, Steinsalzlagerstätten 70
  Steinsalz 83
Cervus 139
Ceylon 77

Torfmoor 35
Chamberlin, R. 58, 61, 66, 86, 99, 101, 103, 110, 112, 132, 137, 179, 204, 225, 228
Chamisso, Grundeis 118
Chamisso-Insel 190
Champlain-Depression 250
Champlain-Überflutung 228
Charpentier 158
Chatanga, Silur, Korallen 147
Chemnitz, Karbon (Früh-), Kohlen 36
Chesapeake, Miozän, Meeresfauna 138
Chicago
  Eisgrenzen 189
  Moränen 228
  Wisconsin, Eisgrenze 229
Chile
  Flora von Coronel 135
  Jura (Unter-), Kohlen 68
  Miozän, Braunkohlen 125
  Tertiär, Kohlen 100
  Trias, Kohlen 58
Chimborazo 188, 189
China
  Archäocyathen 150
  Devon, Kohlen 142
  Eisformationen 150
  Kambrium, Eisspuren 148
  Karbon (Früh-), Kohlen 36
  Löß 192
  Lößbildung 14
  Nummuliten 112
  Permokarbon, Steinkohlen 34
  Salzbildung in devonischen Ablagerungen 144
  Tertiär, Kohlen 100
  Trias (Früh-), Kohlen 58
Chiroterium 59, 64
Cinnamomum (Zimtbaum) 86, 87, 103, 105, 109, 134
Cladophlebis 87
Cloos 142, 144, 149
Coast Range 114
Coculites 107
Coleman 24, 151
Colorado
  Ceratosaurus 73
  Kreidezeit, Kohlen 80
  Plateau 69
  roter Sandstein 59

Colossochelys 139
Columbia
  Inlandeis 122
  Salzquellen 43
  Tertiär (Spät-), Flora 134
Columbien, Oligozän, Kohlen 100
Columbischer Elefant 250
Concepcion
  Flora von Coronel 135
  Miozän, Braunkohlen 125
Conchylien 110
Connecticut Valley, Saurier, Fußabdrücke 63
Constantine 84
Corbicula fluminalis 163
Cordaites 47, 48
Cordilleren 188
Cornus 107
Coronel 108, 135
Cotopaxi 189
Crioceraten 80, 89
Croll, J. 202
Cupressinoxylon antarcticum 110
Cuvier 101
Cycadeen 62, 71, 87
Cycas 135
Cyceas 86
Cylindrotheutis 89
Cypern
  Miozän (Spät-), Salz 128
  Oligozän, Kohlen 99
Cyprina islandica 240

D

Dachs 139, 176
Dachsteinkalk 64
Dacqué, E. 78, 85, 88, 146, 148
Dadoxylon kerguelense 110
Dalasandstein 152
Dall 110, 113, 114, 118, 137, 138
Dalmatien
  Eozän, Kohlen 98
  Tertiär (Spät-), Kohlen 125
Damuda 32
Damuda-Schichten 25
Dana 250
Danaeopsis 63
Dänemark 175, 239
Dardanellen, Oligozän, Kohlen 99
David, J.W.E. 197

De Geer, G. 204, 225, 233, 244, 249
Deister, Kreidezeit, Kohlen 80
Dekan 31
Delagoa-Bai, Kreidezeit, Salz 84
Derby, Salzablagerungen 60
Deutsche Seewarte 237
Deutschland
  'Ausgange der Vereisung' 237
  Breitengrad in der Mindel-Eiszeit 170
  Devon, Kohlen 142
  Eiszeit, Abschmelzen 220
  Flora, Eisrand 175
  Flora in interglazialen Ablagerungen 174
  Flora, Mitteldeutschland 220
  Foraminiferen 82
  Gipsablagerungen 60
  Jura, Flora 71
  Jura, Kalksteinriffe 102
  Jura, Meeresfauna 75
  Jura (Ober-), Salz und Gips 70
  Karbon (Spät-), Kohlen 37
  Klimaveränderungen 242
  Kreidezeit (Früh-), Kohlen 80
  Löß 168
  Mindel, Feuersteine 169
  Miozän, Frostspuren 106
  Oligozän, Kohlen 98
  Perm, Salzablagerungen 40
  Pflanzenreste, fossil 241
  Quartär, Klimaindikatoren 176
  Silur, Schiefer 145
  Steppe 245
  Tertiär (Spät-), Kohlen 124
  Trias, Flora 63
  Würm-Hochglazial, Gletscher 161
Deutsch-Ostafrika
  Rudisten 89
  Saurier 92
Deutsch-Südwest-Afrika, Archäocyathen 150
Devon
  Eisspuren, Südafrika 141
  Klimagürtel 144
  Klimaindikatoren 144
  Klimazonen 141
  Kohlen, Europa 142
  Kohlen, Nordamerika 142
  Korallenriffe, Europa 144
  Tillite 7

Wüstensandstein 39
Dicroidium 63
Dicynodon 54
Dinoceras 110
Dinosaurier 80, 83, 92
Diospyrus 107
Diprotodon australe 197
Dipteridinen 63
Djebel Hadifa, Salzberg 84
Doedicurus 139
Dombeyoxylon 109
Donetzbecken 48
Douvillé 60, 101, 125
Dove 237
Drakenberg-Schichten 77
Drcyssensia polymorpha 163
Drude, O. 104
Drumlin 179
Dryas 235, 243
Dryas octopetala 175
Drygalski, E. von 219
Dryopithecus 138
dsungarisches Alatau, Karbon, Kohlen 36
du Toit, A. 24, 38, 54, 58, 61, 64, 77, 87, 92, 142
Durchstrahlbarkeit 4
Düren, Pliozän, Kohlen 125
Dusén 109, 136
Dwina 51, 52
Dwyka-Konglomerat 24, 27
Dwyka-Schichten 47
Dwyka-Serie 30, 50, 51
Dyas 149

E

Earlier Wisconsin Eiszeit 181
Ebro-Becken
  Cardona Salzberg 101
  Oligo-Miozän, Ablagerungen 125
Eccasaurus 54
Ecca-Serie 30, 47, 50, 51, 54
Eckard 194
Ecuador
  Eozän, Nummuliten 112
  Flora 134
  Kreide (Spät-), Kohlen 81
  Schneegrenze, Depression 188
Edelhirsch 176, 190
Eem 163, 166
Efeu 242

Egeln, Perm, Salz 40
Eibe (Taxus) 106, 174, 242
Eiche 86, 87, 107, 132, 174, 220, 232, 241
Eifel
   Devon, Kohlen 142
   Kohlebildung 40
Eisbär 93
Eisenglanz 16
Eisenhydroxyd 16
Eisenoxyd 15
Eisenzeit 245
Eisfjord
   Gips 40
   Torfmoor 241
Eisfuchs 177
Eismeer 191, 236, 240
Eisströme 7
Eiszeit
   Algonkin, Nordamerika 152
   Alpine Struktur 160
   älteste 160
   Auswirkungen auf Flora, Europa 132
   Deutschland 241
   einheitliche 217
   fünfte Eiszeit, Schultz 175
   Gliederung 197
   Grenze 172
   Homo sapiens, Erscheinen des 221
   Inlandeis, Grönland 219
   Klimawandel, Europa 250
   Mindel 165
   Riß 165
   Tertiär 158
   Wärmezufuhr 221
   Zeitrechnung 197
Eiszeiten
   Bezeichnungen 160
   Europa 166
Ekliptikschiefe 203, 246, 251
Elbursgebirge, Jura, Kohlen 66
Elch 176, 242
Elefanten 176, 190
Elephant-Point 190
Elephas 123, 139
Ellesmereland 144
Endoceras 146
Engelhardt 109, 135
England
   Devon, Korallenriffe 144
   Eiszeiten 166

Eozän, Lage 105
Eozän, Laufvögel 111
Foraminiferen 82
Gletscherablagerungen 162
Gotländer Kalk 146
Jura (Ober-), Salz und Gips 70
Jura, Flora 72
Jura, Korallenriffe 75
Karbon (Spät-), Kohlen 37
Karbon, Salzbildung 40
Keuper, Salzbildung 60
Old Red 142
Plesiosaurus 73
Pliozän, Ostwinde, Crag 123
roter Sandstein 59
Silur, Schiefer 145
Enon Beds 87
Enquist, F. 8, 171, 181, 188
Eozän
   Flora, Australien 109
   Flora, Neuseeland 110
   Grönland, Lage 124
   Kalksteine 131
   Landenge von Panama 123
   Laufvögel 111
   Meeresfauna 104
   Nummuliten 112
   Trockenzone, Nordamerika 110
Eozäne Kohlen 99
Epiphyten 134
Equiseten 62
Equus hemionus 176
Erdachse, Dislokation 94
Erdferkel 139
Erdfließen 167
Erdkarten 69
Erle 121, 132, 243
Erraticum 26
erratische Blöcke 7, 179
Erzerum, Eozän, Kohlen 99
Erzgebirge, Oligozän, Kohlen 98
Esche 174
Eschscholtz-Bai 118
Esker 179
Ettingshausen, C. von 88, 108, 109, 134, 137
Euböa 174, 186
Eucalyptus 86, 109
Eurasien, Palmen Nordgrenze 104
Europa

Ablösung von Grönland und Nordamerika 170
Affe 138
Äquator, Position 31
Bernsteinfichte 105
Breitengrad, Änderung 193, 225, 238, 251
Devon, Korallenriffe 144
Devon, Trockenzone 40
Devon, Wüstensandstein 39
diluviale Vereisung 24
Eisenzeit, Rückgang der Kultur in der 245
Eiszeiten 166
Eozän, Meeresfauna 111
Feuchtigkeitsänderungen 253
Gletscherablagerungen 162
Homo sapiens, Erscheinen des 221
in den Tropen 47
Jura, 73
Jura, Äquator 75
Jura (Ober-), Salz und Gips 70
Kambrium, Klima 149
Karbon, Klima, tropisch 53
Karbon, Korallenriffe 53
Klima seit Algonkin-kambrische Eiszeit 158
Klima vor Quartär, 202
Klimaindikator Palmen 104
Klima-Optimum 250
Klimawandel 1
Kohlen- und Salzbildung 80, 98, 131, 145
Korallenriffe 76
Kreidezeit (Früh-), Flora 86
Löß 167, 168
Lößbildung 15
Meeresfauna, boreal 76
Perm, Entfernung Europas vom Äquator 52
Permokarbon, Steinkohlen 34
Pliozän, Klima 132
Polwanderung 226
Quartär (Post-), Torfmoore 39
Quartär, Klima 202
Quartär, Klimaindikatoren 176
Quartär, Säugetierfossilien 176
Silur, Korallenriffe 146
Steinzeit 179
Tertiär (Früh-), Fauna 110
Tertiär (Spät-), Kohlen 124

Tertiär, Fauna 123
Tertiär, Klimawandel 101
Trias, Klima, trocken 59
Trias, Korallenriffe 63
Trockenzone 56
Wärme, tropisch 151
Wechsel von Eiszeiten 224
europäischer Löß 167, 168

F

Fagus-Stufe 109
Falkland-Inseln
   Glossopterisflora 50
   Jahresringe Holz 46
   Permo-Karbon, Eisspuren 21
   Präglazial 136
Faltungen 9, 114
Fäustel des Chelléen 169
Feige 86
Feildeniana 106
Feistmantel 50
Ferghana 69
feuchtes Klima
   geologische Indikatoren 2
   Trias (Spät-), 68
Feuerland, Breitengrad, Änderungen 196
Fichte 105, 106, 174, 242
Ficoxylon 109
Ficus 86, 104, 109
Findenigkofel 147
finiglaziale Zeit 233
Finnland
   Algonkin, Kohlen 152
   Bänderton 233
   Bernstein Flora 105
   Eiskante, Rezession 233
   Inlandeis ‚Reste 6
   Klima-Optimum 245
   Mammutzähne 166
Flammand 42
Fließendes Eis 7
Florida
   Nummuliten 110
   Riffkorallen 110
   Torfmoor 36
Flugsaurier 73, 91
fluvio-lakustrine Steppenfauna 133
Föhnwirkung 70
Föhren 105
Foraminiferen 82, 88, 127

fossiler Klimaindikator 4
Frankfurt a. M. 133
Frankreich
  Alt-Acheuleen 169
  Archäocyathen 150
  Devon, Kohlen 142
  Devon, Korallenriffe 144
  Eozän, Nummuliten 111
  Foraminiferen 82
  Karbon (Spät-), Kohlen 37
  Keuper, Salzbildung 60
  Perm, Kohlen 37
Franz-Joseph-Fjord 240
Franz-Joseph-Land
  Abietinaceae 72
  Mytilus 240
  Pflanzen 62
Frech, F. 31, 34, 38, 58, 68, 81, 99, 124, 142, 167
Frentzen 62
Freudenstadt 172
Früh 35
Fuchs 176
Fulda, Pliozän, Kohlen 125
Fumarolenbildung 9
Fürer 70, 84, 128
Fusulinenkalke 53

G

Gagel 163, 165, 175
Gaisa-Formation 148
Galicia, Salzvorkommen 127
Galizisch-persische Salzbildung 101
Gams 218
Gangamopteris 29, 30, 33, 48, 51
Gault 80
Gebel Geneffe 131
Gebel Sêt 131
Gebirgsfaltung 94
Geikie 104, 166, 167
Gelberde 15
Geldern 166
Gemse 176
Genfer See 107
geologische Schichtenfolge 4
Geologisches Institut von Utrecht 51
Gera, Perm, Salz 40
Gerth 53, 92, 130
Gigantopteris 49
Gingkophytengruppe 47

Ginkgo 71
Gips
  Alexandrette 128
  Bildung im mittleren Miozän 109
  Fällung 41
  Karbon (Früh-) 39
  Miozän (Früh-) 131
  Miozän (Spät-) 128
  Miozän und Pliozän, Sizilien 126
  Quartär, Pamir-Gebirge 192
  Sekretion in Wasser 20
  Silur (Oberer), Nordamerika 146
  Tertiär, Algerien 131
  Tunesien 71
  Wieliczka 126
Glauberit 83
Glazialer Blocklehm 13
Gletscher, Schrammen 148
Gletschertrübe 15, 167
Glossopteris 27
Glossopterisflora 46
Glyptodon 139
Golf von Alexandrette, Eozän, Kohlen 99
Golf von Bengalen, Nummuliten 112
Golf von Biscaya 126
Golf von Kos, Miozän (Unter-), Braunkohlen 99
Golfstrom 230
Gondwanaland 24, 28, 61
Gondwana-Schichten 71
Gosau-Schichten 81
Gothan 27, 34, 47, 49, 62, 71, 72, 85, 104, 106, 133, 136
Gothenburg, Moschusochsen 166
gotiglaziale Zeit 233
Gotland, Korallenriff, Reste 146
Gotländer Kalk 146, 147
Grafschaft Cork, Silur, Schiefer 145
Graham-Land
  Ammoniten 89
  Archäocyathen 150
  Flora, fossil 136
  Jura, Flora 71
Grampiansbergen 144
„Grand Gulf"-Formation 101
Graphitlager 9
Graptolithen 147
Great Basin 101, 183, 184
Great Lakes, Quartär, Zugbahn 185

Great Plains, Klimaindikatoren, trocken 40
Gregory 89, 147, 151
Greta-Kohlenschichten 26
Griechenland
  Eozän, Nummuliten 111
  Miozän, Antilopen 138
  Pliozän, Affen 138
Grinnell-Land
  Eozän, Breitengrad während 107
  Silur, Korallen 147
  Tertiär (Früh-), Flora 106
Griqua-Land, Eisausdehnung 24
Grönland
  antizyklonale Winde 170
  Devon, Old Red 142
  Devon, Wüstensandstein 39
  Eisausdehnung 204
  Eiskappe, Höhe 218
  Fauna, boreal 73
  Flora, fossil 107
  Inlandeis 115, 199
  Jura, Flora 71, 72
  Karbon (Früh-), Flora 49
  Kreidezeit, Flora 86, 87
  Laubwälder 1
  Loslösung von Europa 170
  Miozän, Kohlen 98
  Pliozän, Inlandeis 122
  Polmigration 241
  Tertiär (Früh-), Flora 106
  Torfmoor 241
  Trennung von Amerika 229
  Trias, Flora 62
Große Ljachow-Insel 119, 121, 190
Großer Salzsee 183, 184
Große Seen, Polwanderung 226
Großer Bittersee, Oligozän, Hölzer 109
Grypotherium 194
guaranitische Sandsteine 83
Günz-Eiszeit 160
Guyanastrom 230
Gymnospermen 47, 134, 135
Gyroporellen 64

H

Hainbuche 174
Halle, T.G. 50, 71
Halle, Perm, Salz 40
Halysbogen 128

Hamada 13
Hamburg
  dritte Eiszeit, Hinweise 162
  Miozän, Meeresfauna 138
Hamster 176
Handlirsch, A. 53, 75
Hanhai-Schichten 102
Hardt 59
Harrassowitz 8, 43, 174
Harrison 35
Harz
  Gletscherablagerungen 162
  Silur, Sphenopteridium 145
Hase (Leporidae) 176
Haselnuß (Corylus avellana) 106, 107, 174, 232, 234, 242, 246, 249
Haug 150, 152
Hauptdolomit 64
Haute Garonne, Miozän, Affen 138
Hauthal 87, 194, 196
Hawkesbury-Sandsteine 58
Hay, O. 250
Hayes 189
Hedin, S. 253
Heer 16, 86, 105, 106, 126, 132, 136
Hemmoor, Miozän, Meeresfauna 138
Hennig 25, 27, 55
Heritsch 98, 124
Hernösand 166
Herrmann 145, 146, 147
Herz 120
Herzegowina
  Oligozän, Kohlen 98
  Tertiär (Spät-), Kohlen 125
Hessen
  Eozän, Kohlen 98
  Miozän, Kohlen 124
  Oligozän, Kohlen 98
Heuschreckenbaum 86
Hidagebirge 193
Himalaja
  Äquatorialklappsystem 94
  Nummuliten 111
  Siwalik, Fauna 139
Hipparion 123, 138
Hippopotamus 123
Hippuritenkalke 84
Hippurites 89
Hobson 33
Högböm 244

Hobart
  Breitenänderung 154
  Gebirgsgletscher, Spuren der 232
Hohensalza, Perm, Salz 40
Höhlenbär (Ursus spelaeus) 123, 176
Höhlenhyäne (Crocuta crocuta spelaea
    Goldfuß 1823, früher Hyaena
    spelaea) 177
Höhlenlöwe (Panthera leo spelaea) 177
Holz, verkieselt 71, 77, 84
Holzgewächse 17, 109, 134
Homo mousteriensis 221
Homo neandertalensis 221
Homo sapiens 221
Honda 108, 134, 135
Hornisgrinde 172
Höttinger Breccie 174
Howchin 150
Hudsonsbai 181
Huftiere 139
Hunan
  Rhät, Kohlen 58
  Trias, Kohlen 36
Huntington 253
Hupe, Jura (Unter-), Kohlen 66
Huron-See 151
Hwang-ho 193
Hyaena 139
Hyänen (Hyaenidae) 176
Hymenaea 86, 87
Hyraoiden 112

I

Iberische Halbinsel 174
Ichthyosaurier 73
Idaho, roter Sandstein 59
Iguanodon 91
Ilex 86
Ilex aquifolium 174, 242
Illinoian
  Eiszeit 181
  Endmoränen 228
illyrische Flora 246
Indiana, Trias, Korallenriffe 63
Indianapolis, Endmoränen 228
Indigirka 191
Indischer Ozean, Mollusken 20
Indischer Salt Range 149
Inlandeis
  Auswirkungen auf die menschliche
    Rassen 177
  Auswirkungen auf Flora und Fauna 177
  Bildungsbedingungen, optimal 200
  Columbia 122
  Effekt des Gewichts 239
  Eiszeit, Rest, Grönland 219
  Entwicklung 6
  Erhaltungstendenz 218
  Europa 229
  Hochdruckgebiet 173
  Kambrium 141
  Keewatin 181
  Mammutfund 120
  Miozän 104, 190
  Norden 203
  Nordgrenze, Grönland 199
  Quelle 199
  Rand 173
  Reste, fossil 119
  Schmelze 9
  Schmelze, Schweden 232
  schwimmend 7
  Skandinavien 164
  Sommersonneneinstrahlung 201
  Spuren, Nordamerika 179
  Südgrenze 200
  Torflager 241
  Verschwinden während der Interglazi-
    alzeit 166
  Wirkung 162
  Zerfall, See Ragunda 234
Inlandeiskappe 2, 6, 46, 118, 121, 185
Inoceramen 80, 89
Inowrazlaw 166
Insel Disko
  Flora nach Böggild 107
  Eozän, Breitengrad 107
  Kreidezeit, Flora 86
  Kreidezeit, Lage 87
Insel Ingö 239
Insel Man, Silur, Schiefer 145
Insel Sykros 174
Inselberge 14
insubrische Gletscher 199
Interglazial, Norddeutsches 174
Interglazialzeiten
  Eisschmelze 158
Interglazialzeiten
  Temperaturen 175
  Waldwachstum 173

Iowan-Eiszeit 181
Iraty-Schiefertone 29
Iraty-Schiefertone, erste Reptilien 53
Irkutsk
  Jura, Kohlen 68
  Salzquellen 144
Irland
  Karbon, Korallenriffe 53
  Old Red 142
  Silur, Schiefer, graptolith-haltig 145
Irmscher, E.
  Flora, Ecuador 134
  Flora, Seymour Insel 226
  Kreide, Flora 88
  Kreide, Flora, Neuseeland 85
  Miozän, Flora, Panama 108
  Pflanzenverteilung 17
  Potosi Flora 135
  Tertiär, Floren, Südamerika 108
Isfahan 66
Island
  Miozän, Kohlen 98
  Sandr 13
  Tertiär (Früh-), Pflanzenarten 106
  Tertiär, Kohlen 124
Isothermen 10, 126, 138, 232
Istrien
  Eozän, Kohlen 98
  Eozän, Korallenriffe 111
  Pliozän, Affen 138

J

Jahresmitteltemperatur 2, 122
Jahresringe 17, 105, 108, 133
Jahrestemperaturen 1
Jakutsk
  Boden, gefroren 201
  Flußeis 120
  Jura, Kohlen 68
  Tertiär, Salzablagerungen 102
Jangtsekiang, Löß 192
Japan
  Flora, fossil 108
  Gletscher, Spuren von 193
  Jura, Flora 71
  Jura, Kohlen 68, 76
  Kreidezeit, Kohlen 81
  Miozän, Klima 137
  Miozän und Pliozän, Kohlen 125
  Nummuliten 112

Pliozän (Vor-), Flora 133
Quartär, Meeresweichtiere 139
Rhät, Kohlen 58
Java
  Eozän, Kohlen 100
  Flora, fossil 108
  Gips 43
  Nummuliten 112
Jenissei, Perm, Kohlen 37
Jenissei-Fluß, Tertiär, Kohlen 99
Jergeni 186
Jerseyan Eiszeiten 179
Jowa, Gips 39
Judendornarten 107
Juglans 109
Jujuy-Schichten 95
Jura
  Klimaindikatoren 78
  Kohleformationen, Asien 81
  Kohlen 65
  Korallenriffe, Europa 76

K

Kaehne, K. 128, 129, 133, 138
Kaiföng 192
Kairo
  Breitengrad, Änderung 154
  Oligozän, Hölzer 109
  Wechsel der Halbkugel 156
Kaiser-Wilhelm-Kanal 165, 166, 220
Kalaharikalk 196
Kalifornien, Eozän, Gips 101
kalifornische Küstenkette 124
Kalkalgen 18, 64, 74, 146
Kalkriffe 18, 63, 75
Kalksteinriffe 102
kalorische Halbjahre 211
Kaluga 175
Kalusz
  Kainit, Ablagerungen 127
  Kaliumchlorid, Ablagerungen 127
  Gips und Salz 126
Kambrium
  Inlandeis, Spuren 141
  Kalkstein 150
  Meeresfauna 150
  Salzbildung, Vorderindien 149
  Tillite 7
Kambrium (Früh-), Eisspuren, Norwegen 152

Kame 179
Kamparfluß, Torfmoor 35
Kamschatka 133
Kanada
    Algonkin (Unter-), Felsbrocken 151
    Pliozän, Eisspuren 122
    Tertiär (Früh-), Pflanzenarten 106
Kanarien 126
Kansan
    Eiszeit 181
    Polposition 229
Kansas
    Eozän, Kohlen 96
    Gips 39
    Trias, Steinsalz 59
Kanter, H. 192
Kap Roque 230
Kap York, Torfmoor 241
Kapland
    Devon (Früh-), Eisspuren 149
    Kreidezeit, Lage in der 87
    Polwanderung 33
Kap-System 31
Karabagh, Jura (Ober-), Kohlen 66
Karakorum, Nummuliten 111
Karbon
    Breiten seit 156
    geologische Formationen aus dem 21
    Korallenriffe 53
    Lage der Kontinente im 154
    Pecopteris 51
    Südpol, Eisspuren 141
    Tillite 7
Kärnten, Eozän, Kohlen 98
Karpaten (auch: Karpathen)
    Eozän, Nummuliten 111
    Feuchtigkeit als Indikator für den Klimawandel 247
    Gletscher, Ausrichtung der 172
    Gletscherablagerungen 162
    Miozän, Ablagerungen 126
Karroo-System 30, 31
Kasan 186, 227
Kaschmir, Glossopterisflora 50
Kaskadengebirge 122
Kaspisches Meer
    Migrationsbarriere für Fauna 227
    im Quartär 186
    Wasserstandänderung 253
Kaspisches Tor 128

Kastanie 107
Katalonien, Cardona Salzberg 126
Katanga, Glossopterisflora 50
Kaukasus
    Äquatorialklappsystem 94
    Nummuliten 111
    Rhododendron 174
Kayser, E.
    Algonkin, Kohlen, Finnland 152
    Europäisches Tertiär, Fauna 122, 123
    Kambrium (Früh-), Eis, China 148
    Kambrium (Früh-), Eis, Spuren 148
    Riffkorallen, Nordamerika 147
    Perm (Spät-), Ablagerungen 40
Keewatin-Eis 181, 182
Keidel 25, 130
Keilhack 35, 234
Kenai-Formation 104
Kerguelen Insel 110
Kerner, F.v. 4
Keuper, 56
Khatanga 103
Kibirizi-Moor 35
Kiefer 174, 242
Kieselsäure 15
Kilikien
    Miozän, Salz 128
    Oligozän, Kohlen 99
King's Bai 107
Kirman 66
Kischlak, Steinsalz 129
Kleinasien
    Nummuliten 111
    Salz 128
Kletterfarne 43
Klimaindikator 4, 6, 8, 10, 19, 40, 77, 78, 104, 144, 167, 176
Klimagürtel 2, 69, 87, 129, 133, 144, 146, 187
Klima-Optimum 223, 245, 250
klimatische Schneegrenze 172
Klute 172, 188
Knightia 136
Knowlton 104
Kohlen
    als Klimaindikatoren 8
    Bildung in Regengürteln 9
    Eozän 98
    Jura 65
    Kreidezeit 65

Oligozän 98
Tertiär, Australien 100
Tertiär (Früh-) 98
Tertiär (Spät-) 124
Kohlenflöze 8, 38
Kola-Halbinsel, Interglazialzeit 166
Köln, Miozän, Kohlen 124
Kolyma 119, 120
Kongo
　Glazialfunde 27
　Kohlen 38
　Torfmoor 35
König Karl-Land, Mytilus 240
Königsberger 160
Königstein 82
Kontaktmetamorphose 10
Koorders 34
Köppen, W., Klima-Klassifizierungssystem 241
Korallen
　Alpen 147
　Kreidezeit 88
　Nordamerika 147
　Trias, Riffe 75
　Schlerndolomit 64
　Silur, Verteilung 146
　Tertiär (Spät-) 139
Kossmaticeras 89
Kota-Maleri-Schichten 61
Kotelny 119
Kottbus 174
Kotzebue, Grundeis 118
Kowak-Fluß 119
Krähenbeere 240
Krain, Oligozän, Kohlen 98
Krakau, Salzvorkommen 127
Krasser 51
Kreichgauer, D.
　paläoklimatische Studien 59
　Silur, roter Sandstein 146
　Silur, Sandstein, Baffin Bay 145
　Tertiär (Früh-), Eis 95
　Tertiär, Eis, Nordamerika 124
Kreide
　Klima, Australien 92
　Kohlen 65
Kreidezeit
　Kalksteine 131
　Kohlenbildung, Südamerika 81
　Südpolregion, Klima 93

Krenkel, E.
　Eiszeiten 162
　Menschen im Quartär 179
Krim, Eozän, Nummuliten 111
Kroatien
　Gipsablagerungen 60
　Karbon, Kohlen 37
　Oligozän, Kohlen 98
　Tertiär (Spät-), Kohlen 125
Krokodile 83, 110, 112, 197
Krüger, K.
　Anatolische Salzlager 128
　Salzablagerungen, Palästina 192
Krustazeen 127
Kubierschky, K. 40
Kukuk, P. 100, 125
Kupffer 236
Kurtz 87
Kusnezk, Jura, Kohlen 68
Kwenlun
　Karbon, Kohlen 36
　Jura, Kohlen 66
　Kreide Salz 83

L

Labrador
　Archäocyathen 150
　Höhe im Pliozän 223
　Quartär (Früh-), Temperatur 230
Lagunen 9, 75
Lake Bonneville 182, 184
Lake Lahontan 184
"Lake of the Woods" 151
Landschildkröte 139
Lang, R. 15, 16
Lan-tschou 192
Lan-tschu-fu 193
Laramie-Flora 86
Laramie-Formation 80
Larive 35
Later Wisconsin, Eiszeit 181
Laterit 15, 16, 196
Laufvögel 18
Laufvögel Dasornis 111
Lauraceen 134
Laurinoxylon 109
Laurus 105
Lausitz
　Miozän, Frostspuren 106

Pliozän, Kohlen 125
Leconte 122
Leguminosen 134, 135, 136
Lehmhorizonte 162, 225
Leipzig, Breitenänderung 154
Lemming 123, 177
Lemoine, P.
   Eozän, Gips, Sudan 103
   Korallenriffe, Madagaskar 139
Lena-Deltas 119
Lenz 42
Leontinia 112
Lepidodendron 28, 47
Leshnja Fluß 246
Lettenkohle 56, 62
Leuchs, K.
   Devon, Kohlen 142
   Jura, Kohlen, Turkistan 68
   Karbon, Flora, Asien 49
   Kreide Salz 82
   Salinar-Tone, Asien 60
   Tertiär (Früh-), Klima, Asien 102
Leverett, F. 181, 183, 225
Liane 100, 134
Libanon
   Kreide (Früh-), Kohlen 81
   Kohlen 84
Libocedrus gracilis 106
Libocedrus Sabineana 106
Libysche Wüste, Foraminiferen 82
Lidén 233, 234
Liegnitz 80
Ligurien, Oligozän, Kohlen 98
ligurischer Apennin 111
Lilienstein 82
Limay, Steinsalz 70
Linde 106, 107, 174
Linnich, Pliozän, Kohlen 125
Linstow, O. v. 138
Liquidambar 86, 87
Liriodendron 86, 87
Lissa, Gipsablagerungen 60
Litorina litorea 240
Litorina-Senkung 223, 234
Litsaea 109
Ljachow-Insel 190, 227
Lochinvar Eiszeit 26
Lóczy 192, 193
Lofoten, Jura, Kohlen 66
Loja 108, 134, 135

Londoner Becken, Eozän, Kohlen 98
Lothringen, Keuper, Salzbildung 60
Louisiana
   Miozän, Gips 125
   Oligozän, Gips 101
Löwe 176, 177
Lungenfische (Ceratodus) 142
Lungenschnecke 142
Lunz, Trias, Farne 62
Lycopodites 49

M

Macelintockien 107
Madagaskar
   Eozän, Nummuliten 113
   Glossopterisflora 50
   Pliozän, Korallenriffe 139
Maesa 109
Magellanstraße, Oligozän, Flora 109
Magnolie 86, 95, 104, 107, 174
Maine, Devon, Kohlen 142
Mainz, Miozän, Affen 138
Mainzer Becken, Eozän, Kohlen 98
Malaspinagletscher 115, 199
Maling-Gebirge, Rhät, Kohlen 58
Malm 70
Mammut 120, 123, 166, 177, 190, 191
Mandschurei
   Jura, Kohlen 68
   Kreidezeit, Kohlen 81
   Löß, China 192
   Perm, Kohlen 36
   Noeggerathiopsis 51
   Phyllotheca 51
   Tertiär, Kohlen 100
Manis 139
Manitoba, Silur (Spät-), Gips 146
Maragha-Ebene 133
Marattiaceen 43
Marcha-Ebene 131
Marder 176
Mariopteris 43, 48, 49
Marmaros 127
Marmolatakalk 64
Marokko
   Salz 103
   Steinsalz 42
   Tertiär (Mittel-), Steinsalzlager 131
Marshall, P. 82, 88, 100, 124, 197
Maryland, Miozän, Meeresfauna 138

Massachussetts, Kambrium, Paradoxites
    151
Mastodon 110, 123, 139, 250
Matoniaceen 63
Maulwurf 176
Maydell, Baron G. 119, 121, 191
McFarland 205
Mecklenburg 105, 124
Médéa 84
Meeresfauna
    Eozän, Europa 111
    Fossilien 7
    Jura 72, 75
    Kambrium 150
    Kreidezeit 88
    Pliozän, Südamerika 139
    Quartär, Alaska 189
    Tertiär (Früh-), Ägypten 112
    Tertiär (Früh-), Nordamerika 110
Meereskrokodile 73
Megaceros 123
Megalonyx 123, 250
Megalornis 111
Megatherium 139
Melastomites 109
Melville-Inseln 49
Memel 76
Mendoladolomit 64
meridoniale Berge 10
merslotá (ruß. Eisboden) 201
Mesopotamien
    Gips 84
    Kohlen 99
Mesosaurus 30, 91, 53, 54
Mexikanischer Golf, Karbon, Korallen-
    riffe 53
Mexiko
    Gips 82
    Kreidezeit, Kohlen 80
    Nummuliten 110
    Riffkorallen 110
    Tierwanderung 227
    warmes Wasser, Indikatoren 73
Meyer, H. 188
Michigan
    Gips 39
    Post Wisconsin, Klima 250
    Silur (Spät-), Gips 146
Michigansee, Karbon, Korallenriffe 53
Microdiscus 150

Middendorff 120
Milankovitch, M. 3, 162, 205, 256
Mindel
    Eiszeit Bezeichnung 160
    Geschiebe, vermorscht 170
    Verwitterung 169
Minussinsk 144
Miozän
    Affen 138
    Auswirkungen auf die europäische Flora
        132
    Braunkohle 99
    Flora, Panama 108
    Gips, Sizilien 126
    Inlandeis, Reste 190
    Klima, kältcr 138
    Klima, Nordamerikan 110
    Kohlen 124
    Lignite, Rocky Mountains 124
    Nordpol, Position im 140
    Regenzone, Nordamerika 132
    Salz, galizisch-rumänisch 126
    Salz, Kilikien 128
    Salzbildung 12
    Salzbildung, Katalonien 126
    Säugetierfossilien 112
    Südpol, Position im 140
    Tillite 7
    Tillite, Alaska 113
Miozän (Früh-)
    Caesalpinium 109
    Flora, Ecuador 134
    Nicolia 109
    Palmoxylon 109
Mississippi 238
Mittelalter 251
Mittelmeer
    Algenriffe, kalkhaltig 20
    Migrationsbarriere für Fauna 227
    Oligozän, Pflanzen 105
    rote Böden 15
    Rudisten 89
    Warmwasserfauna 76
Molengraaff, G.A.F. 24
Mollusken 20, 111, 127, 139, 192
Molteno-Schichten 58, 61, 64
Mongolei
    Jura, Kohlen 68
    Löß, China 192
    Noeggerathiopsis 51

Phyllotheca 51
Rhät, Kohlen 58
Mont d'Or 176
Montana
Flora, warm-gemäßigt 103
Kohlen 80
Montelius 244
Montmartre 101
Montpellier, Pliozän, Affen 138
Montreux 107
Moorbildung 9
Moränenablagerungen 7, 25
Mosambik, Eozän, Nummuliten 113
Moschusochse 93, 123, 166, 177, 189, 190
Moskau
Karbon (Früh-), Kohlen 36
Torfmoore 245
Mount Kosciusko 197
Mt. Washington 179
Münder Mergel 70
Munthe 244
Münzenberg 105
Murgoci 247
Murmeltier 176
Murray 20
Muschelkalk 60, 62
Muschketow 112, 192
Mylodon 123, 139
Myrica banksioides 135
Myrtaceen 109, 110, 134
Mytilus edulis 240

N

Nadelbäume 105, 106
Nama-Land, Eisvorstoß 24
Nanschan 36, 83
Nansen, F. 240
Naosaurus claviger 54
Nashorn 176
Natal
Eisvorstoß 24
Kreidesalz 84
Nathorst 78, 107, 240, 241
Nehawend 66
neolithische Trockenzeit 245
Nerineen 88
Nerium 86
Neubraunschweig, Karbon (Früh-), Kohlen 37
Neue Hebriden, Nummuliten 112

Neufundland
Devon, Old Red 142
Devon, Wüstensandstein 39
Karbon, Salz 39
Neukaledonien, Nummuliten 112
Neumayr-Uhlig
Cardona Salz 126
Devon, Ablagerungen, China 144
Devon, Kohlen, Frankreich 142
Eozän, Kohlen, Istrien 98
Fauna, Japan 76
Faunenreich, Himalaja 77
Jura, Meeresfauna 75
Kambrium, Salzbildung 149
Karbon, Salz, England-Formation 40
Korallenriff, Reste 146
Korallenriffe, Gotland 146
Miozän, Ablagerungen, Karpaten 126
Nummuliten 112
Oligozän, Bernsteinwälder 105
Oligozän, Kohlen, Frankreich 98
Pliozän, Kohlen 125
Salzquellen, St. Petersburg 145
Salzquellen, Westfalen 82
Silur, Korallen 147
Silur, Salz, Bundesstaat New York 146
Südandines Reich 76
Tertiär (Früh-), Riffe 110
Tertiär (Früh-), Nummuliten 112
Trias, Europa 59
Trias, Salz, England 60
Triassandstein 61
Neu-Mexico (siehe New Mexico)
Neunkirchen, Devon, Kohlen 142
Neuropteris 48, 49
Neuseeland
Aucella 77
Breitengrad Änderungen 196
Eozän, Flora 110
Eozän, Kohlen 100
Flora, südliche 88
Glossopterisflora 51
Jura, Kohlen 68
Koniferen, verkieselt 72
Kreide Araucarien 85
Kreide (Spät-), Kohle Entwicklung 81
Miozän, Fauna 137
Miozän und Pliozän, Kohle 125
Palmen Nordgrenze 104
Quartär (Früh-), 124

Schneegrenze 197
Neusibirische Inseln 113, 191
  Abietinaceae 72
  Flußeis 119
  Grundeis, fossil 119
  Inlandeis 95
  Inlandeis, Reste 6
  Mammutreste 190
  Quartär, Warmzeit 121
  Silur, Korallen 147
Neusüdwales
  Eozän, Flora 109
  Smith's Creek-Schichten 27
Nevada
  Archäocyathen 150
  Trias, Korallenriffc 63
New Hampshire 179
New Mexico
  Eozän, Kohlen 96
  Gletscher 182
  Kreidezeit, Kohlen 80
New Red 58
New York
  Archäocyathen 150
  Devon, Korallenriffe 144
  Devon, Old Red 142
  Silur (Spät-), Gips 146
  Devon, Wüstensandstein 39
Newark-Schichten, Flora 61
Newark-Serie 56
Niagarakalk 147
Nicolia 109
Niederrhein, Miozän, Kohlen 124
Niederschlagszone, südlich subpolar 37
Nieger 42
Niger 186
Nil
  Äquator im Oligozän, 96
  Gipsablagerungen 132
  Oligozän, Wald 109
  Überflutung 186
Nipigon-See 151
Njassa-See, Kohlen 38
Noeggerathiopsis 29, 48, 51
Noetling 149
Nordamerika
  Algonkin, Eiszeit 151, 152, 153
  Äquator, Position 31
  Archäocyathen 150
  Breitengrad, Änderungen 196

Devon, Kohlen 142
Devon, Korallenriffe 144
Devon, Old Red 142
Devon, Wüstensandstein 39
diluviale Vereisung 24
Eisgrenze 225
Fauna, boreal 76
Flora der Newark-Schichten 61
Gips 39
Holz, fossil, Yellowstone 108
Jura, Flora 71
Jura, Kohlen 65
Jura, Meeresfauna 73
Jura, Klima, trocken 69
Kambrium, Klima 149
Karbon, Korallenriffe 53
Keewatin, Eisbildung 182

Klima seit Algonkin-kambrischer
    Eiszeit 158
Klimaveränderungen 1
Kohlen 37
Korallen 147
Korallenriff Reste 146
Kreideflora ähnlich Grönland 87
Loslösung von Europa 170
Lößbildung 15
Mammut 123
Palmen, Nordgrenze 104
Pennsylvania, Kohlezeit 48
PermoKarbon, Steinkohle 34
Pliozän, Braunkohlen, Peru 125
Wisconsin (Spät-), Breitenabnahme 228
Quartär, Eisspuren 179
Quartär, Löß 183
Quartär, Säugetierfossilien 176
Reptil, Entwicklung 72
Saurier 91
Silur, Korallen 147
Silur (Spät-), Salz 145
Stauwasserseen, Bildung 238
subtropisch bis tropisch in der Kreide-
    zeit 85
Tertiär (Früh-), 96
Tertiär (Früh-), Meeresfauna 110
Tertiär (Früh-), Pflanzenfresser 110
Tertiär (Spät-), Kohlen 124
Tertiär (Spät-), Nordpol-Position 137
Tertiär (Unter-), Flora 103
Tertiär, Fauna 123, 137

Tertiär, Flora, polare 132
Trias, Kohlenbildung 56
Trias, Korallenriffe 63
Nordäquatorialstrom 230
Norddeutschland 1, 41
Nordenskjöld, O. 98, 194, 195
Nordhagen 218
Nordhalbkugel
  Auslenkung antizyklonaler Winde 170
  Sommerbedingungen 217
  Strahlungsminima 230
  Wintersonnenwende 212
  Zeitverlauf der Gletscherbildung 228
Nordharz, Steinsalz 60
Nordkarolina
  Jura, Kohlen 65
  Torfmoore 58
  Trias, Kohlevorkommen 61
Nördliche Hemisphäre
  astronomisches Sommerhalbjahr 210
  Sonnenbestrahlung 210
Nordostsibirien, Inlandeis, Reste 6
Nordpol
  Eozän, Position während 113
  Karbon und Perm, Position während 54
  Kreidezeit, Position in der 93
  Miozän, Pliozän (Spät-) und Quartär (Früh-), Position während 140
  Trias, Position in der 65
Nordsee, Mollusken 20
Nord Devon, Silur, Korallen 147
North-Dacota, Kreidezeit, Kohlen 80
Norton Sound 138
Norwegen
  Eisbildung 150
  Dalasandstein 152
  Kambrium, Eisspuren 148
  Korallenriff, Reste 146
  Mammutzähne 166
  Pelvetia 240
Norwegische Fjorde, Einzelkorallen 20, 144 147
Notostylops 112
Nottingham, Salzablagerungen 60
Novaja Semlja, Silur, Korallen 147
Nubischer Sandstein 42, 50, 61, 69, 71, 84, 85
Nummuliten 110, 126
Nummulites gzehensis 112
Nushagak Bay 114

Nyssa 107

O

Oberelsaß
  Eozän, Kohlen 98
  Oligozän, Gips und Salz 101
  Oligozän, Kohlen 98
  Oligozän, Salz 101
  Stratigraphie 96
oberes Isonzo 246
Oberhuronian Basaltkonglomerate 151
Oberschlesien
  Miozän, Kohlen 124
  Steinkohlen 34
OberSilur, 145
Odenwald 59
Ohio
  Devon, Korallenriffe 144
  Karbon (Spät-), Kohlen 37
  Silur (Spät-), Gips 146
Olbricht 165
Old Red 16, 39, 40, 83, 142, 146, 149, 152
Oleander 86
Olenek, Silur, Korallen 147
Oligozän
  äquatoriale Regenzone, Übergang 112
  Fauna Rezession 110
  Flora, Panama 108
  Hölzer 109
  Klima, Nordamerika 110
  Kohlen 99
  Mergel, gipshaltig, Cypern 128
  Nummuliten 110
  Position von England 111
  Punta Arenas Flora 109
  Temperaturabnahme 103
Olital 128
Onega-See 152
Öningen 132
Ontario
  Konglomerate, fluviatil-glazial 151
  Silur (Spät-), Gips 146
Onychiopsis 87
Oran, Lepidodendronflora 50
Oregon
  Eozän, Kohlen 96
  Miozän, Meeresfauna 137
  Pliozän, Meeresfauna 138
  Trias, Korallenriffe 63
Orléans-Konglomerat 29, 38, 51

Ormorica-Fichte 105
Ornithopoden 73
Orontes 128
Orthoceren 146
Orycteropus 139
Oseki 193
Osmunda 86
Osmundites 87
Ostafrika, Glossopterisflora 50
Ostalpen
　Eiszeit 160
　Jura (Unter-), Kohlen 66
　Kohlen 59
　Kohlevorkommen 61
　Kreide (Spät-), Kohle 80
　Miozän, Kohlen 124
　Trias, Farne 62
　Trias, Kohlen 56
Ostasien, Kambrium, Kalkstein 150
Österreich
　Kohlevorkommen 10
　Kreide (Spät-), Kohle 81
　Miozän, Kohlen 124
　Kreide Kohle 80
Ostsee
　Eisvorstoß 225, 236
　Korallenriff, Reste 146
　Mittelalter, Zufrieren während des 251
　Trennung vom Meer, vorübergehend 239, 240
Ouricanga 108, 134
Oswald 81

P

Pachydiscus 91
Paläoklimatologie 1, 212
Paläozoikum
　Eisformationen, Südafrika 144
　Korallenriff, Gotland 146
Palästina
　Quartär, Salzablagerungen 192
　Salz 84
Palmen 86, 100, 103, 110, 134
Palmoxylon 109
Palmyra 253
Paludina diluviana 163
Paludina Duboisiana 163
Pamir 112, 192
Pampaslehm 193
pampine Sierren 193

Panama-Kanal
　Oligozän, Flora 108
　Oligozän, Nummuliten 110
　Tertiär (Früh-), Flora 108
Panchet 32
Panchet-Schichten 25, 58
Pandschab, Salzlager 149
Panther 177
Pappel 87, 106, 107, 132, 174
Paradoxites 151
Paraguay, Trias, Kohlen 58
Pareiasaurus 54
Paris
　Eozänschichten 111
　Oligozän, Gips und Salz 101
Pariser Becken
　Eozän, Kohlen 98
　Oligozän, Gips 101
Park Range 182
Partsch 253
Passarge 84, 196
Patagonien
　Flora, südliche 88
　Glazialspuren 232
　Inlandeis, Flut 95
　Kreide (Früh-), bunter Sandstein 83
　Kreidezeit (Früh-), 85
　Kreidezeit, Flora 87
　Pliozän, Klima, trocken 195
　Quartär, Breitengrad im 196
　Quartär, Schichten 194
　Tertiär (Früh-), Eiszeit im 95
Patriofelis 110
Pazifik, Miozän, Klima 137
Pazifikinseln, Palmen, Nordgrenze 104
Pearyland 199
Pecopteris 43, 51, 86, 136
Pecopterisflora 46, 47, 48
Pelvetia 240
Penck, A. 101, 108, 126, 159, 162, 165, 173, 187, 197, 205, 217, 253
Pennsylvanien, Silur (Spät-), Gips 146
Perm
　geologische Formationen 21
　Kohlen 37
　Salzbildung 12
　Tillite 7
　Wüstensandstein 40
Permokarbon, Eiszeit 21
permokarbonische Vereisung 7

Persien
  Feuchtigkeitsänderungen 253
  Jura, Kohlen 66
  Miozän, Braunkohle 99
  Miozän, Salz 128
  Nummuliten 112
  Salz 128
  Tertiär, Kohlen 99
  Tertiär, Salzablagerungen 129
  Tierwanderung 227
  Warmwasserfauna 76
Peru
  Gips 43
  Jura, Steinsalzlagerstätten 70
  Kreidezeit (Früh-), Kohle 81
  Lepidodendronflora 50
  Pliozän, Braunkohle 125
  Schneegrenze, Depression 188
  Steinsalz 83
  Tertiär, Flora 134
Petersburg
  Silur (Früh-), Salz 145
  Lößschnecke 176
  Torfmoore 245
Petschoraland, Jura, Kohlen 66
Pettersson 245
Pferd 18, 123, 176, 190, 194
Pferdespringer (Alactaga) 176
Pfizenmayer 120
Pflanzen, als Indikatoren für Wärme und Kälte 2
Pflanzenfresser 18
Philippinen, Tertiär, Kohlen 100
Philippson 99, 128
Phyllites 136
Phyllotheca 29, 48, 51
Picea Engleri 105
piemontesische Gletscher 199
Piesbergflora 48
Pilgrim, L. 162, 205, 207, 216, 254
Pinites 87
Pinites succinifer 105
Pinus Feildeniana 106
Pinus polaris 106
Pisidium 190
Pityoxylon 108
Pjeturss 124
Platane (Platanus) 86, 87, 104, 107
Platygonus 250
Playfair 158

Plesiosaurus 73
Pleuromeia 62
Pliozän
  Affen, Montpellier 138
  Eisspuren 122
  Eiszeit 132
  Gips, Sizilien 126
  Klima, Europa 132
  Klima, trocken, Patagonien 195
  Kohlen 125
  Korallenriffe, Madagaskar 139
  Meeresfauna, Alaska 138
  Meeresfauna, Kalifornien 138
  roter Löß 193
  Salz und Gips, Andalusien 126
  Steppenfauna 133
  Urmia-See, Expansion 138
  Tillite 7
Pliozän (Spät-), Klima, trocken, Sumatra 129
Pneumatophoren 35
Pohlig 133
Point Barrow 119
Polarfuchs 93
Polarhase 93
Polarklima, geologische Indikatoren 2
Polarweide 17, 175
Polarwolf 93
Polwanderung 4, 21, 33, 83, 85, 94, 105, 134, 153, 166, 185, 187, 226, 231, 241
Polyhalit 41
Polyptychites 89
Pommern, Miozän, Kohlen 124
Populus arctica 107
Populus tremula 175, 242
Portugal, Silur, Schiefer 145
Posen, Kohlen 124, 125
Potomac-Fluß 80
Potomac-Formation 80
Potonié 35, 43, 46
Potonié-Gothan 51
Potoniés Protest 8
Potosi 135
Potsdamsandstein 149
Preußen, Miozän, Kohlen 124
Preußen, Würm-Hochglazial, Fossilien 175
Pripetj 170
Proboscidiern 112

pseudoglazial 33, 96
pseudoglaziale Konglomerate 7
Pteranodon 91
Pteridospermen 47
Pterocarpus 109
Puna de Atacama 108
Punta Arenas
  Breitengrad, Änderung 154
  Oligozän, Flora 108
  Tertiär, Flora 135
  Tertiär (Früh-), Flora 108
Pyrenäen, Eozän, Nummuliten 111
Pyrotherium 112
Pyrotherium-Notostylops 130

Q

Qoser 131
Quartär
  Alaska und Sibirien 190
  astronomische Elemente 207
  Breitengrad und Klimaveränderungen 224
  Eiskappe, Form 219
  Eiszeit, Spuren 159
  Eiszeiten 158
  Europa, Klima vor Quartär 202
  Flora, Seymour Insel 226
  Interglazialzeiten 158
  Klimaindikatoren, Europa 176
  Löß, Klimaindikator 167
  Löß, Nordamerika 183
  Meeresweichtiere, Japan 139
  Nordtrockenzone, Asien 193
  Polbewegung 166
  Polwanderung, Polverlagerung 134, 185, 187
  Säugetierfossilien 176
  Schneegrenze, Depression, Asien 193
  Trockenzonengrenze 186
  Sandmasse Entstehung 13
  Tillite 7
  Tuffstein Kalkstein 174
Quartär (Früh-), Eiszeiten, Australien 230, 231
Quedlinburg 80
Queensland, Kreidesandstein 85
Quercus 104, 105, 134, 175, 242, 245
Quito, Kreide (Spät-), Kohlen 81

R

Radiolarien 150
Radiolites 89
Ragunda-See 233
Raibl 246
Raibler Schichten 64
Ramann 15, 34
Ramsaudolomit 64
Ramsay 166
Ras Benas 131
Ras Gemsa 131
Red Beds von Denver 59
Regenfälle, Schwankungen 253
Regenwurm 19, 78, 93, 96, 195
Reh 242
Reiche 135
Reichenbach, S. von 131
Rentier 93, 123, 177, 189, 242
Reptilien 18, 51, 64, 65, 72, 77, 78, 93
Return Reef 119
Reusch 148
Rhacopteris 33, 48
Rhät, 66
Rheinbucht, Miozän, Kohlen 124
Rhinoceros 123, 138, 190
Rhinocerotiden 112
Rhododendron ponticum 174, 186
Richarz, S. 104, 113, 137, 139, 189, 192
Richthofen 192, 193
Richthofeniden 53
Riedgräser 107
Riesenfaultier 139
Riesengürteltier 139
Riesenhirsch 176, 242
Riesenkruster 146
Riesenlaufvögel 197
Riffkorallen 19, 110, 111
Rind 176, 190
Rinne 9, 145
Rio Bonito-Schichten 38, 47, 50, 51
Rio do Rasto-Schichten 61
Rio Negro 36, 194
Rio Neuquén, Steinsalz 70
Rio Santa Cruz 194
Rio-Negro 130
Riß
Eiszeit 160
  Gletschervorstoß 218
  Sommer, heiß 170

Verwitterung 169
Riß-Würm-Interglazial 160
Rocky Mountains
  Eozän, Kohlen 96
  Klimaindikatoren 40
  New Red 59
Rogers, A.W. 28, 38, 54, 58, 61, 64, 77, 87, 92, 142, 145
Rolling Down Beds
  Dinosaurier 89
  Kreideablagerungen 80
Romanowsky 112
Roßbreiten 10
Rostock 247
Rotbuche (Fagus sylvatica) 174
roter Sandstein 16, 47, 59
Rotes Meer
  Korallenriffe 20
  Miozän, Gips 131
  Tertiär (Spät-), Gips 129
Röthidolomit 64
Rothirsch (Cervus elaphus) 242
Roxburgh-Konglomerat 33
Rudistenmuscheln 88
Ruhrbecken, Steinkohle 34
Ruhrgebiet, Karbon, Eisspuren 33
Rumänien, Miozän, Ablagerungen 126
Russell 115, 184
Russell-Gletscher 113, 189
Rußisch-Armenien 128
Rußland
  Fauna, boreal 76
  Foraminiferen 82
  Glossopterisflora 49
  Jura, Kohlen 66
  Klima-Optimum 245
  Lepidodendronflora 49
  Perm, Salzablagerungen 40
  roter Sandstein 60

S

Saarbecken, Steinkohlen 34
Saarbrücken, Flammkohlenflora 48
Sabal-Palme 105
Sachalin
  Kreidezeit, Kohlen 81
  Tertiär, Kohlen 100
Sachsen
  Eozän, Kohlen 98
  Kreide (Ober-), Sandstein 82

Miozän, Kohlen 124
Oligozän, Kohlen 98
Perm, Kohlen 37
Sächsische Schweiz, Kreide (Ober-), Sandsteinquader 82
Saginaw, Wisconsin, Endmoränen 228
Sahara 186
Sahara
  Gipsbildung 71
  Karbon, Salz 42
  Migrationsbarriere für Fauna 227
Saiga-Antilope 177, 190
Saissannor 68
Salina, Silur, Salz 146
Salisbury, R. 58, 61, 66, 86, 99, 101, 103, 110, 112, 132, 137, 179, 204, 225, 228
Salix (Weide) 190
Salzbildung 10, 12, 40, 61, 80, 101, 126, 131, 132, 149
Salzburg, Steinsalz 60
Salzkammergut, Steinsalz 60
Samara 186
Samland
  Bernsteinwälder 105
  Oligozän, Kohlen 98
San Juan de la Sal, Steinsalz 70
Sandr-Flächen 246
Sandstein
  Algonkin, Schottland 152
  Cave-Sandsteine, Südafrika 71
  Farbschicht als Klimaindikator 15
  Kambrium (Spät-), Schottland 149
  Miozän (Ober-), Anatolien 128
  Old Red 152
  Schwarzwald 59
Sangay 189
Santa Catharina-System 28, 38
Santorin 174
Sao 150
Sao Bento Sandstein 70
Sapindopsis 86, 87
Sapindus 86
Sardinien
  Archäocyathen 150
  Kambrium, Kalkstein 150
  Kambrium, Paradoxites 151
Saskatschewan
  Eozän, Braunkohlen 96
  Eozän, Kohlen 80

Sassafras 86, 87, 107
Sauramo 233
Saurier
  Deutsch-Ostafrika 85, 92
  Nordamerika 91
  Trias, Rußland 64
Saurierspuren, Deutscher Buntsandstein 64
Sauropoden 73
Sayles, R.W. 33
Scania, Kambrium, Kalkstein 150
Schaf (Ovis) 139
Schandron 121
Schansi
  Jura, Kohlen 68
  Perm, Kohlen 36
Schantung, Karbon (Früh-), Kohlen 36
Schenck, A. 84
Schergin-Schacht 68
Schildkröte (Testudinata) 73, 110, 112, 197
Schimper 158
Schizoneura 29, 48, 63
Schlehdorn 174
Schleiden 84
Schlerndolomit 20, 63, 64
Schlesien
  Gletscher, Ausrichtung der 172
  Quartär, Windkanter 170
  Schwarzerde 246
Schmalhausen 122
Schneeball (Viburnum) 106, 107
Schneehase (Lepus timidus) 177
Schneehuhn (Lagopus) 189
Schneemaus (Chionomys nivalis) 177
Schnee-Wald-Klima 17
Schonen
  Eisausbreitung 225
  Dryas Flora 235
  Gotiglaziale Zeit, Eisrückzug 233
  Mammutzähne 166
  Rhät, Kohlen 66
  Trias, Rhät und Jura, Kohlen 58
Schottland
  Archäocyathen 150
  Algonkin, Sandstein 152
  Kambrium, Kalkstein 150
  Kambrium (Spät-), Sandsteine 149
  Karbon (Früh-), Kohlen 36
  Karbon, Trockenzone 40

Old Red 142
Schrader 114
Schubert 98, 124, 125
Schuchert 151, 152
Schulz, A. 175, 220, 246
Schungit, Kohlen 152
Schuppentier (Manidae) 139
Schwarzerde 246, 247
Schwarzerle (Alnus) 174, 175, 242, 246
Schwarzes Meer, Flora 49
Schwarzwald
  Eiszeit Grenzen 172
  Perm, Kohlen 37
  Sandsteine 59
Schweden
  Antizyklone 235
  Bänderton 233
  Chronologie, Klima, Archäologie 244
  Dryas Flora 235
  Eiskante Rezession 233
  Eisrückzug 236
  Eisrückzug, Geschwindigkeit 204
  Gotiglaziale Zeit, Eisrückzug 233
  Gotländer Kalk 146
  Klima-Optimum 245
  Kohlen 59
  Rhät, Kohlen 66
  Sonneneinstrahlung, maximale 249
  Trias, Flora und Kohlen 62
  Trias, Rhät und Jura, Kohlen 58
Schwein 139
Schweiz
  Hochterrassenschotter 218
  Miozän, Flora, fossil 126
  Oligozän, Kohlen 98
  Oligozän, Mitteltemperatur 105
  Steinzeit 179
  Tertiär (Früh-), Gips 101
Schwertlilie (Iris) 107
Sebcha Idjil 42
Securidaca 109
Sederholm 152
See Bologoje, Torfmoore 245
Seeablagerungen 184
Seeigel (Echinoidea) 111
Seerose (Nymphaea) 106, 174
Segeberg, Perm, Salz 40
Seifenbaum 86
Semper 111
Senegal, Eozän, Nummuliten 113

Senon, Salzquelle, Tunis 84
Sequoia 104, 106, 107, 135
Sequoia Langsdorff 122
Sequoien 86, 87
Serbien, Ormorica-Fichte 105
Sernander, R. 238, 244, 247
Serivenor, G.B. 51
Seymour-Insel 108, 136, 194, 226
Shackleton 38
Sibirien
  Devon, Salz 144
  gefrorener Boden 201
  Grundeis, fossil 115, 119
  Inlandeis 121
  Jura, Flora 71
  Jura, Kohlen 68
  Miozän, Eisspuren 113
  Noeggerathiopsis 51
  (Ost-), 200
  Perm, Entfernung vom Äquator 52
  Phyllotheca 51
  Quartär, Ablagerungen 190
  Salzablagerungen 102
  Salzquellen 149
  Silur (Früh-), Salzwüste 146
  Silur, Korallen 147
  Tundra 189
Sidarpässe 129
Siebenbürgen
  Oligozän, Kohlen 98
  Salzvorkommen 127
  Trachyttuffe 127
Sigillaria 28, 47, 51, 62
Silisia, Quartär, Windkanter 170
Silur
  Graptolithen 147
  Kohleformationen 145
  Korallen 146, 147
  Nordtrockenzone 145
  roter Sandstein 146
  Salzbildung 141
  Wüstensandstein-Formation 40
Silur (Spät-), Salz, Nordamerika 145
Simbirskitas 89
Sinai
  Gips 131
  Lepidodendron 42
  Lepidodendronflora 50
  Sigillaria 42
Si-ngan-fu 192

Singapore, Glossopterisflora 51
Siwalik 139
Sizilien
  Miozän und Pliozän, Gips 126
  Richthofeniden 53
Skandinavien
  'Ausgange der Vereisung' 237
  Bedingungen für Vereisung 198
  Bernsteinwälder 105
  Breitengrad, Abnahme 225
  Inlandeis 164
  'Klima Optimum' 241
  Pflanzenreste, fossil 241
  Pliozän, Höhe im 223
  Rudisten 89
Skandinavisches Gebirge 204
Skyros, Insel 186
Slawonien, Oligozän, Kohlen 98
Smith, J.P. 63
Smith's Creek
  Lepidodendronflora 50
  Schichten 27
  Schieferton 32
Smyrna, Miozän, Braunkohle 99
Soergel, W. 161, 167, 168, 173, 176, 223
Solnhofen 75
Soma, Miozän, Braunkohlen 99
Sonneneinstrahlung
  Defizit 251
  im letzten Gletschervorstoß 224
  Länge der periodischen Schwankungen 202
  Milankovitch 206
  Ostsee, Zufrieren der 251
  Rückgang bei Litorina 236
  säkulare Schwankungen 202
  Sommer 232
  verdeckte Einflüsse 203
  Winter 217
Sonnenstrahlung 3, 203
South-Dacota, Kreidezeit, Kohlen 80
Spanien
  Archäocyathen 150
  Braunkohlevorkommen 80
  Devon, Kohlen 142
  Kambrium, Paradoxites 151
  Karbon, Kohlen 37
  Karbon, Korallenriffe 53
  Oligo-Miozän, Salzbildung 103
  Oligozän, Gips und Salz 101

Salzablagerungen 60
Tertiär (Mittel-), Steinsalz 131
Trockenzone, Salz 125
Sparganien 107
Sperenberg, Perm, Salz 40
Spessart, Pliozän, Kohlen 125
Sphagnum (Torfmoos) 190
Sphenopteridium 145
Sphenopteris 29, 43, 47, 48, 49, 87, 136
Sphyradium columella 176
Spitzahorn (Acer platanoides) 174
Spitzbergen 85
Spitzbergen
  Abietinaceae 72
  Devon, Old Red 142
  Devon, Wüstensandstein 39
  Eozän, Breitengrad 107
  Fauna, boreal 76
  Flora, fossil 107
  Ginkgo 71
  Gips 40
  Karbon (Früh-), Flora 49
  Karbon (Früh-), Kohlen 36
  Konglomerat, glazial 151
  Kreidezeit, Kohlen 81
  Lepidodendronflora 47
  Miozän, Kohlen 98
  Mytilus edulis 240
  postglaziale Periode 240
  Tertiär (Früh-), Pflanzenarten 106
  Tertiär (Früh-), Pappeln 106
  Torfmoorbildung 241
  Trias, Flora 62
Spurr 114
Squantum-Tillit 33, 34
St. Elias 113, 114
Stafford, Salzablagerungen 60
Stahl, A.F. 99, 128, 133, 138
Stappenbeck 38, 100, 125
Staßfurt, Perm, Salz 40
Steenstrup, J. 242
Stegosaurier 73
Steiermark, Oligozän, Kohlen 98
Steinbock (Capra) 176
Steineis, Bedingungen für die Erhaltung 7
Steinmann 95, 96, 135, 187
Steinmeere 8
Steinsalz
  Klimaindikator 10
  Silur (Oberer), Nordamerika 146

Stenopteris 63
Steppeniltis (Mustela eversmanii) 176
Steppenklima 10, 14, 18, 133, 168, 173
Stereosternum 30, 53
Steuer, A. 105, 110, 126, 132
Stigmaria 145
Stillengürtel 230
Stockholm 233
Stockwell 205, 207, 236, 241
Stoller 242, 244
Stopes 85
Stormberg-Serie 58
Strahan 148
Strahlungsmengen 3
Streifenhyäne 177
Stromberg-Serie 71
subpolares regnerisches Klima 9
Succinea oblonga (Kleine Bernstein-
  schnecke) 176
Südafrika
  älteste Glazialspuren 149
  Devon, Eisspuren 141
  Devon, Korallen 144
  Eiszeit Ende 33
  Entstehung der Reptilienfauna 54
  Evolution der Reptilien 30
  Flora 88
  Gletscherabrieb 24
  Glossopterisflora 50, 51
  Jura, Klima, trocken 71
  Karroo-System 30
  Kohlen 38
  Kreidezeit, Fauna 92
  Kreidezeit (Früh-), Flora 87
  Lepidodendronflora 28, 47, 50
  Molteno-Schichten 61
  Moränen 25
  Paläozoikum, Eisformationen 145
  Permokarbon, Eiszeit 7
  Permotrias, Reptilienfauna 53
  Polwanderung 55
  Reptilien 77
  Rhät, Kohlen 58
  Salz 84
  Saurierreste, fossil 64
  Trias, Flora 63
Südalpen
  Mindel-Riß, Verwitterung 169
  Perm, Salzablagerungen 40
Südamerika

Fauna, Austausch mit Australien 92
Fauna, Migration aus Nordamerika 123
Glossopterisflora 50
Indikatoren des ehemaligen trockenen Klimas 43
Konifern, Falkland-Inseln 136
Korallenriffstrukturen 76
Kreidezeit, Kohleformationen 81
Lößbildung 130
Miozän, Braunkohle 125
Palmen, Nordgrenze 104
Permo-Karbon, Eisspuren 21
Pferde, Aussterben 194
Pliozän, Klima 195
Quartär (Früh-), Fauna 139
Quartär (Früh-), Lage 193
Schneegrenze, Depression 195
Tertiär (Früh-), Säugetiere 112
Tertiär, Flora 108
Trennung von Afrika in der Kreidezeit 78
Trias, Kohlen 58
Sudan, Eozän, Gips 103
Südandines Reich 76
Südäquatorialstrom 230
Südbayern, Oligozän, Kohlen 98
Südpol
  Antizyklone 199
  Devon, Position 28
  Eozän, Position 113
  Exkursion nach Südafrika 55
  Jura, Klima 71
  Jura, Position 78
  Karbon, Eisspuren 141
  Karbon, Migration 21
  Karbon und Perm, Position 37, 54, 56
  Kreidezeit, Position 93
  Miozän, Position 140
  Silur (Spät-), Position 142
  Trias, Position 65
  Wanderung 33, 83, 85
Sues
  Eozän, Gips 103
  Miozän, Gips 131
  Oligozän, Hölzer 109
Sueß, E. 51, 119, 190
Sulu-Land, Kreide, Salz 84
Sumatra
  Eozän, Kohlen 100
  Flora, fossil 108
Karbon (Ober-), Pecopteris 49
Nummuliten 112
Pecopteris 51
Pliozän (Früh-), Kohlen 125
Pliozän (Spät-), Breitengrad im 130
Pliozän (Spät-), Fastebene 130
Pliozän (Spät-), Klima, trocken 129
Torfmoor 34
Sumpfzypresse (Taxodium) 106
Sunda-Archipel
  Eozän, Flora, tropisch 105
  Tertiär, Kohlen 100
  Tertiär (Spät-), Korallen 139
Sunda-Inseln, Trias, Korallen 64
Süßwassermollusken 83
Swine 234
Syr Darja 68, 69, 142, 144
Syracuse, Silur, Salz 146
Syrien
  Foraminiferen 82
  Nummuliten 111
  Regenzeiten 186
Szetschuan
  Jura (Früh-), Kohlen 66
  Karbon (Früh-), Kohlen 36
  Kreidezeit, Kohlen 81

T

Täbris, Miozän, Braunkohlen 99
Tadodium 105
Taeniopteris 87, 136
Tafel 192
Tafelbergserie 142
Taiga 173
Talchir 32
Tamariske 86
Tanganjika-See 35
Tanne (Abies) 174
Taoudeni 42
Tarvis 246
Tasmanien
  Gebirgsgletscher, Spuren der 232
  Glossopterisflora 50
  Nothofagus 109
  Schneegrenze 197
Taurusgebirge, Eozän, Kohlen 99
Taxodium 106, 107, 133
Taxus (Eibe) 175
Teheran, Jura, Kohlen 66
Tell-Atlas 131

Temiscaming-See 151
Tendaguru 92
Terra rossa 15, 102
Terruel, Braunkohlevorkommen 80
Tertiär, Grundeis, fossil, Sibirien 115
Tertiär (Früh-)
  Fauna, Europa 110
  Kohlen 98
Tertiär (Spät-)
  Fauna, Wechsel, Nordamerika 132
  Flora, Kolumbien 134
  Kohlen 124, 125
  Trockenzone, Ägypten 131
Tethys 55, 89
Tetranthera 109
Teutoburger Wald, Kreidezeit, Kohlen 80
Texas
  Eisspuren 33
  Eozän, Gips 101
  Eozän, Kohlen 96
  Oligozän, Gips 101
  Saurier, Überreste 63
  Gips 39
  Perm, Reptilienfauna 54
  roter Sandstein 59
Themse, Eozän, Flora, tropisch 104
Theorie der Kontinentenverschiebung 1
Theropoden, fleischfressend 73
Thetys 64
Thorn 166
Thuja 105
Thuja Kleiniana 105
Thüringen
  Eozän, Kohlen 98
  Miozän, Kohlen 124
  Oligozän, Kohlen 98
  Perm, Kohlen 37
  Salzbildung 60
Tibet 193
tibetanische Seen 186
Tienschan 112
Tiger 190
Tillite, Miozän, 113
Timbuktu, Steinsalz 42
Timor, Perm, einzige Korallen 53
Tirol, Tertiär (Früh-), Kohlen 98
Tischit 42
Titanosaurus 92
Titanotherium 110
Titicaca-See, Karbon, Kohlen 38

tjäle 201
Tjanschan 193
Tobler 49, 51
Tokyo, Breitenänderung 154
Toll, E. von 68, 115, 119, 190
Tomsk
  Noeggerathiopsis 51
  Phyllotheca 51
Tondern 166
Tonerde 15
Tongking, Rhät, Kohlen 58
Torell 162
Torfschichten 8, 36
Torngat-Berge 182
Toronto 231
Torridonsandstein 152
Toscana, Miozän, Kohlen 124
Totes Meer
  Kreidezeit, Salzablagerungen 84
  Quartär, Salzablagerungen 132
  Quartär, Salzablagerungen, Palästina 192
Toxodon 139
Tragoceros 139
Trans Alai-Kette, Quartär, Gips 192
Transbaikalien
  Jura, Kohlen 68
  Noeggerathiopsis 51
  Phyllotheca 51
Transvaal, Eisvorstoß 24
Trias, 36, 42, 56, 58, 59, 61–65, 68, 75
Trias
  Kohlen, China 36
  Nordpol, Position 65
  Südpol, Position 65
Triceratops 91
Trigonien 89
Trilobiten 150
Trockenklima
  Angara-Schichten 68
  geologische Indikatoren 2, 10
  Pliozän, Patagonien 195
  Pliozän (Spät-), Sumatra 129
  Tertiär (Früh-), Nordamerika 101
Tropenmoore 8
Tschadsee 186, 187
Tschernischew 33
Tschernosjom 247
Tschichatscheff 51
Tschili
  Jura, Kohlen 68

Perm, Kohlen 36
Tsin-ling-schan 192
Tucuman 83
Tuffstein Kalkstein 174
Tulpenbaum 86
Tumbez 108, 134, 135
Tundra
   Eisbildung, Begrenzung 220
   Fauna, charakteristisch 242
   Deutschland 220
Tundrenklima, Lößbildung 15
Tunesien
Jura, Gips 70
   Salz 103
   Steinsalzlagerstätten 84
   Tertiär, Salzquelle 131
Tunguska, Jura, Kohlen 68
Türkei, Eozän, Nummuliten 111
Turkestan, Jura, Kohlen 66
Tutkowski, P. 170
Tylosaurus 91
Typotherium 139
Tyrannosaurus 91
Tyrrell 181

U

Udden 33
Uitenhage-Schichten 87, 92
Uitenhage-Serie 85
Ullmannia 47
Ulme (Ulmus) 106, 107, 174
Ultima Esperenza 194
Ungarn
   Jura (Unter-), Kohlen 66
   Salzvorkommen 127
   Trachyttuffe 127
Upsala 166, 247
Ur (Bos primigenius) 176
Ural
   Ausrichtung der Gletscher 172
   Gips- und Salzablagerungen 40
   Jura (Ober-), Kohlen 66
   Karbon, Eisspuren 33
   Kreidezeit, Kohlen 81
   Mittlerer Zechstein 40
   Rhät, Kohlen 58
Urmia-See
   Ausdehnung 138
   Tertiär, Salzablagerungen 129
Uruguay

Glossopterisflora 50
Perm, Temperaturanstieg, schnell 53
Trias, Kohlen 58
Ussuri
   Jura, Kohlen 68
   Tertiär, Kohle 100
Ustjansk 120
Ust-Urt 186
Utah
   Kreidezeit, Kohlen 80
   Strandterrassen 183

V

Valvata (Süßwassermuschel) 190
Vancouver, Eozän, Kohlen 80
Varangerfjord 148, 149, 150
Vatna Jökull (auch Vatna-Jökel, Vatna-Jökul) 199
Venetz 158
Venezuela, Oligozän, Kohlen 100
verkieseltes Holz 71, 77, 84
versteinerter Wald
   Arizona 56
   Miozän, Yellowstone Park 132
Viburnum (Schneeball) 106, 107
Victoria, Aust.
   Gletscher, Horizont 26
   Lepidodendronbäume 28, 33
   Rhacopteris 33
Vielfraß (Gulo gulo) 177
Vienenburg, Perm, Salz 40
Vierwaldstätter See 160
Virginia
   Kohlevorkommen 61
   Gips 39
   Silur (Spät-), Gips 146
   Kohlen 65
   Torfmoore 58
Vitis (Weinrebe) 104
Vogelsberg, Miozän, Kohlen 124
Vogesen 59
Voltzia 29, 59, 62
Voltzien 47
Volz 125, 129, 130, 133
Vorderindien
   Eiskappe 28
   Eiszeit, Ende 33
   Fauna, äquatorial 129
   Glossopterisflora 50
   Kambrium, Salzbildung 149

Klima, trocken 58
Kohlen 68
Nummuliten 112
Permo-Karbon, Eisspuren 21
PräKambrium, Eisspuren 152
produktive Kohle 38
Sandstein 61
Stratigraphie 31
Trennung von Australien 78
Trennung von Ceylon 77
Vredenburg 152
Vulkan Demawend 128

W

Waagen, L. 27, 64, 101, 110, 115, 122, 124, 126, 128, 146, 147, 152
Wachschfluß, Kreidezeit, Sandstein 82
Wadan 42
Wadia 31
Wahsatch-Berge, Gletscher 182
Walcott 150
Waldtaube (Columba) 176
Walnuß (Juglans regia) 86, 107
Walther, J. 7, 40, 41, 59, 73, 98, 105, 111, 124, 125, 130, 132, 142, 144, 152
Wanner, J. 53
Ward 102
Warmblüter 18
Warmwasser-Gürtel, Tierwelt 91
Washington
  Eozän und Oligozän, Kohlen 96
  Kreidezeit, Kohlen 80
Wassernuß 242, 245
Wasserratte 176
Weddel-Meer, Archäocyathen 150
Weide (Salix) 87, 132
Weinrebe (Vitis vinifera) 107, 174
Weißbuche (Carpinus betulus) 175
Weißdorn (Crataegus) 107
Weißer Nil 186
Weizen (Triticum L.) 189
Wenlock-Kalk 146, 147
Werchojansk 226, 227
Werfener Schichten 60, 64
Werra, Pliozän, Kohlen 125
Werth 234
Weser 166
Wesergebirge, Kreidezeit, Kohlen 80
Westborneo 51
Westfalen

Kreidezeit, Pachydiscus 91
  Salzquellen 82
Westindien
  Nummuliten 110
  Riffkorallen 110
westlicher Kaukasus 174
Wetterau
  Miozän, Kohlen 124
  Oligozän, Pflanzen 105
Wettersteinkalk 20, 64
White River 113, 189
White, C.D. 27, 32
White, D. 50
Wianamatta-Schichten 58
Wieliczka, Gips- und Salzvorkommen 126, 127
Wien, Miozän, Kohlen 124
Wilckens, O. 83, 112, 130
Wildkatze (Felis silvestris) 177
Wildesel (Equus hemionus) 176
Wildpferd (Equus ferus) 176, 177, 190
Wiljui 102
Willis 148, 149
Windhausen 92
Wirbeltierfaunen 110
Wisent (Bison binasus) 176
Witteberg-Serie
  Karbon (Mittel-) 31
  Lepidodendronflora 50
Wolf (Canis lupus) 176
Wolga 186
wollhaariges Nashorn 177, 190
Wologda 245
Wood Beds 85, 87
Wrangell, B. 119
Wühlmaus 176
Würm, Eiszeit 160
Würm-Hochglazial
  Eisgrenze 175
  Nordpol, Position 228
  Waldrandverschiebungen nach *Soergel* 173
  Zeitverlauf 161
Württemberg 172
  Miozän, Affen 138
  Salzbildung 60
Wyoming
  Dinoceras 110
  Kreidezeit, Kohlen 80
  Titanotherium 110

Y

Yakutat Bay, Pliozän, Meeresfauna 138
Yangtze, Kambrium, Eisspuren 148
Yellowstone-Park
    Miozän, Versteinerter Wald 132
    Tertiär (Mittleres), Pityoxylon 108
Yoldia 243
Yoldiameer 233
Yorkshire, Jura, Flora 71
Yukon
    Kreidezeit (Früh-), Kohlen 80
    Tertiär (Spät-), Kohlen 124

Z

Zahnlose 193
Zalessky 51
Zechstein 40, 47
Zeugenberge 13
Zhili, Jura, Kohlen 68
Ziesel (Spermophilus, früher auch Citellus) 176
Zimtbaum (Cinnamomum) 86, 87, 103, 105, 109, 134
Zittel 72, 110, 111, 147
zonale Anordnung 1
zonales Gesetz 1, 3
Zschipkau 133
Zululand, Kreidezeit, Salz
Zwergbirke (Betula nana) 175
Zwergpfeifhase (Lagomys) 176
Zwiebelmaus (Arvicola gregalis) 176

W. Köppen† und A. Wegener†

Die Klimate
der geologischen Vorzeit

Ergänzungen und Berichtigungen
von
W. Köppen†

GEBRÜDER BORNTRAEGER
BERLIN-ZEHLENDORF 1940

W. Köppen † und A. Wegener †

Die Klimate der geologischen Vorzeit

Ergänzungen und Berichtigungen

von

Professor Dr. W. Köppen †

Mit 6 Abbildungen im Text

Berlin
Verlag von Gebrüder Borntraeger
1940

Alle Rechte,
insbesondere das Recht der Übersetzung in fremde Sprachen, vorbehalten
Copyright 1940 by Gebrüder Borntraeger in Berlin

Buchdruckerei des Waisenhauses G. m. b. H. in Halle a. d. S.
Printed in Germany

Vorwort

In den 15 Jahren seit Erscheinen dieses Buches haben sich dessen drei Grundannahmen bewährt, wenn auch manche Forscher im Widerspruch damit bleiben; es sind dies:

1. Polverlagerungen,
2. Kontinentalverschiebungen,
3. Entstehung der Eiszeiten und der Interglaziale durch die astronomisch festgestellten Schwankungen in den Elementen der Erdbahn und der Ekliptikschiefe, ohne Änderung der von der Sonne ausgegebenen Wärmestrahlung.

Besonders die Annahme 3 ist durch eine Reihe geologischer Untersuchungen in Übereinstimmung mit den Tatsachen gefunden worden.

Der Tod von Alfred Wegener verhindert die Ausarbeitung einer neuen Ausgabe des Buches. Eine kurze Übersicht über die wichtigsten Ergänzungen, die inzwischen erschienen sind, und einige wünschenswerte Berichtigungen dürften aber den Besitzern des Buches willkommen sein.

Dieses Heft ist einseitig gedruckt, damit, wer will, es zerschneiden und die Streifen an den angegebenen Stellen in unser Buch einkleben kann.

W. Köppen

Anmerkung der Herausgeber (2015): Dieser Teil wird in der Neuausgabe aus ästhetischen und wirtschaftlichen Gründen doppelseitig gedruckt und nicht einseitig wie im Original.

Inhalt

(Nur die wichtigeren Sachen sind angeführt)

	Seite
Vorwort	3

Kapitel I. Die fossilen Klimazeugen
Zweierlei Dünen. — Reine Kalklager bezeugen Trockenheit. — Pollenanalyse. — Stand des Weltmeeres.

Kapitel II—IV. Die Klimagürtel im Karbon bis Tertiär   8
Mangroven. — Die Eozänfloren in Rußland. — Brief von Gagel. — Oberes Tertiär in Rußland. — Pliozän im Himalaja.

Kapitel VI und SS. 224—232. Polwege und Breitenänderungen   12
Drei empirisch und eine theoretisch abgeleitete Polbahnen. — Zeugnisse für die Pollage im Quartär aus Patagonien, Nordamerika und Sibirien. — L. Becker über Verknüpfung von Polwanderung und Kontinentalverschiebungen.

Kapitel VII. Die Klimate des Quartärs   21
Penck über das Klima der Eiszeiten. — Gagel über die Interglaziale. — Norddeutschland, Rußland und Finnland. — Nordamerika. — Geologische Feststellungen von Eberl und Soergel. — Neuberechnung der Bestrahlungs-Chronologie durch Milankovitch. — Die Neben- und Nachwirkungen (Reflexion von den Schneeflächen, Verspätung). — Andere Ansichten. — Das Postglazial.

Zum Kapitel I: **Die fossilen Klimazeugen**

Mit Ausnahme der Eisspuren nimmt die Reichhaltigkeit des Materials mit der Annäherung an die Jetztzeit ab. Das ist eine zunächst befremdende, aber sehr natürliche Tatsache. Denn die Zeugnisse stammen ja zum größten Teile aus den Gegenden, die zur betreffenden Zeit vom Meere, von Süßwasser oder Sumpf bedeckt waren und später trockengelegt wurden, und solcher Gegenden gibt es naturgemäß aus der letzten Zeit weniger.

(Seite 13) Fußnote:

In der russischen Zeitschrift „Priroda" 1928 setzt K. K. M a r k o w auseinander, daß die fossilen, bewachsenen, kontinentalen Dünen Deutschlands, Polens und Nordwestrußlands unter der Herrschaft derselben westlichen Winde entstanden sind, die heute dort herrschen. Es sind „parabolische Dünen" →), nicht „Barchane") ← (der Pfeil gibt die Richtung des vorherrschenden Windes an). Letztere entstehen als dauernd unbewachsene Wanderdünen, erstere aus Dünen während des allmählichen Bewachsens, das an den Hörnern zuerst geschieht. Die Steilseite ist die dem Wind abgewandte bei beiden.

Über Seen als Klimazeugen findet man Angaben auf S. 184—187 unseres Buches. Abflußlose Seen mit süßem Wasser haben jugendliches Alter, sie haben noch nicht Zeit gehabt, zu versalzen.

(Seite 20) In den letzten Jahren ist man auf manche weitere fossilen Klimazeugen aufmerksam geworden.

E. B. B a i l y hat gezeigt, daß reine Kalklager, die in der Nähe der Festlandküsten entstanden sind, wie die in der oberen Kreide in Europa, beweisen, daß diese Küsten Wüsten waren; der Mangel an Regen auf ihnen war wesentlich Bedingung für die Reinheit dieser Meere. Auch die begleitenden Grünsande sind fast nur an Küsten zu treffen, wo keine Flüsse Detritus vom Lande bringen; die Meere waren Flachmeere. Arnold H e i m hat gezeigt, daß mehr als $9/10$ aller Kalke und Dolomite nicht, wie die Abbildungen in den Lehrbüchern vortäuschen, aus Organismenresten bestehen, sondern als chemische Niederschläge zu betrachten sind, in denen Planktontiere nur akzessorische Bestandteile bilden. Die Polargebiete, die Kaltwasserströmungen und die großen Ozeantiefen sind kalklösende Gebiete. „Kalkreichtum und Kalkarmut können paläoklimatisch verwertet werden."

Auf weitere Zeugnisse hat in den letzten Jahren F. Z e u n e r aufmerksam gemacht: die Nervatur der Blätter der Pflanzen ist locker im feuchten, dicht im trockenen Klima, um der Verdunstung zu genügen (Zentralblatt f. Miner. 1932); die Schädel der im Urwald lebenden Nashörner sind auf horizontale, die der in Buschsteppen lebenden auf geneigte Haltung eingerichtet (Naturw. Ges. Freiburg i. Br. 1934); in Schottern aus warm humidem Klima überwiegt chemische Zersetzung, in solchen aus kalt trockenem mechanische Zertrümmerung (Geolog. Rundschau, 24. Band).

Zeugenberge verraten lange Herrschaft von Trockenklima, Mangroven tropisch warmes Wasser. Verkieselungsvorgänge haben unzweifelhafte Beziehungen zu fossilen Wüsten, es bleibt aber noch zu klären, wie die zum Teil riesenhaften verkieselten Baumstämme zustande gekommen sind, da sie doch jedenfalls an feuchten Standorten gewachsen sind.

Eine Aufzählung der Klimazeugen haben A. W e g e n e r in den letzten Auflagen seiner „Entstehung der Kontinente usw." und Th. S c h u c h a r t in „Theory of Continental Drift, a symposium. London 1928" gegeben.

Pflanzen und Tiere aus älteren Formationen können nur in beschränktem Maße als Klimazeugen verwendet werden, weil wir deren klimatische Ansprüche nicht sicher kennen. Für das Quartär und die Postglazialzeit ist dagegen seit etwa 20 Jahren ein wichtiger neuer Wissenszweig in der Pollenanalyse entstanden: der mikroskopischen Untersuchung des in verschiedener Tiefe in Mooren begrabenen Blütenstaubes. Die Methode wurde zuerst in Schweden entwickelt (von P o s t) und wird seit 1921 in Deutschland (R u d o l f, F i r b a s u. A.) und anderwärts mit bestem Erfolg für die Waldgeschichte angewandt. „Denn die Pollenkörner vieler Arten und Gattungen sind formverschieden und daher bestimmbar und erhalten sich besonders in Seeablagerungen und Torfen. Da vor allem die Pollenkörner der windblütigen, aber auch mancher insektenblütiger Waldbäume jährlich in großer Menge verweht und in wachsende Ablagerungen eingebettet werden, kann man aus ihren Mengenverhältnissen sogar die wechselnde quantitative Zusammensetzung der Wälder erschließen, die während der Bildungszeit der untersuchten Ablagerung in der Nähe wuchsen. Ein Vergleich der heutigen Waldzusammensetzung mit dem heutigen Pollenniederschlag lehrt, wie weit solche Schlüsse zulässig sind. Durch die Pollenanalyse ist auch der Nachweis von Pflanzen möglich, die feuchte Böden meiden, von denen sich also andere Reste nur selten erhalten" (F i r b a s).

In der Fig. 1 ist das Auftreten und die wechselnde Menge der Pollenkörner verschiedener Arten in verschiedener Tiefe, also zu verschiedener Zeit, graphisch dargestellt. Das Bild zeigt rechts die Häufigkeit der verschiedenen Pollenarten in Prozenten der Baumpollen, links die Bodenschichten.

In den untersten (ältesten) Schichten herrschen Birke und Kiefer, höher folgen die mehr Wärme verlangenden Baumarten.

Die Reihenfolge ist die für Osteuropa auch jetzt charakteristische: Kiefer und Birke gehen bis an die Baumgrenze und verlangen nur

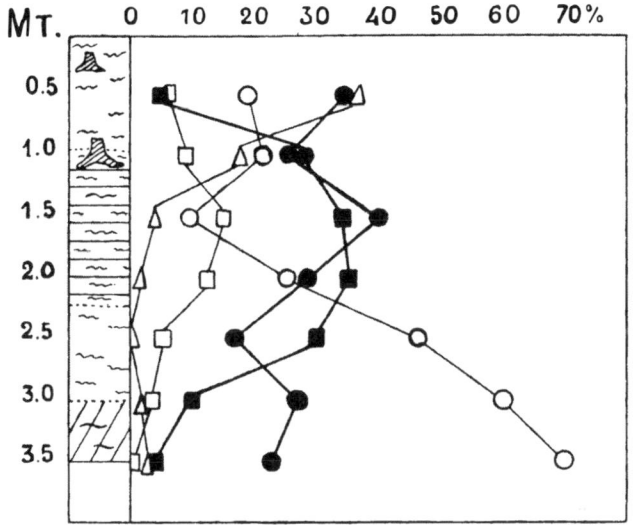

Fig. 1. Pollendiagramm aus einem Moor bei Kaluga
Vertikal: Tiefe im Moor, m. Horizontal: Prozente des Baumpollens
○ Birke ● Kiefer □ Erle ■ Stieleiche △ Fichte

einen Monat mit über 10° Mitteltemperatur, die Eiche (Quercus pedunculata) verlangt solcher mindestens vier, die Buche verträgt nicht mehr als vier Monate unter $+1°$. In Ostpreußen, wo diese ihre Grenze findet, tritt die Hainbuche an ihre Stelle, die fünf solcher Monate verträgt.

Mittelbare Klimazeugen sind auch die Wasserstände des Ozeans. Änderungen in der Menge des Inlandeises müssen „eustatische" Niveauänderungen der Oberfläche des Weltmeeres bewirken. Diese steht um so niedriger, ein je größerer Teil der Hydrosphäre in Eisform auf dem Lande gebunden ist. Aus den letzten 85 Jahren liegen zahlreiche Versuche vor, die Erhöhung des Meeresspiegels durch das Schmelzen der eiszeitlichen Inlandeise zu berechnen. Das Ergebnis schwankt zwischen 40 m und mehr als 900 m, die genaueren Bestimmungen ergeben zwischen 40 und 150 m. Anderseits ist die Erhöhung, die der Meeresspiegel durch Schmelzung der jetzigen Inlandeise erfahren würde, auf 11 bis 40 m, im Mittel von 6 Bestimmungen auf 28 m geschätzt worden (Daly in Amer. Journ. of Sc. Okt. 1925, S. 285), wovon nur etwa $^1/_7$ auf die nördliche Halbkugel, der Rest auf Antarktika entfällt. Hiernach würde selbst das vollständige Schwinden des Grönländischen Eises den Ozean nur um 4 m steigen lassen.

Zu Kapitel II bis IV: Die Klimagürtel im Karbon bis Tertiär

(Seite 26) In Victoria (Australien) und ähnlich am Godavery, wechseln wiederholt Horizonte von erratischen Blöcken mit marinen Ablagerungen. Das widerlegt auch die Ansicht von Koken u. A., daß die Eisdecke durch große Meereshöhe des Gondwanalandes bedingt sein könne.

(Seite 37) Nachzutragen sind hier und in der Karte S. 22 die reichen Anthrazitgruben in Südrußland (am Donez) sowie die Kohlen am Nordrande des Kaukasus. Auch müßte in der Karte das K in Kleinasien weiter westlich stehen. Diese Funde umfassen das ganze Oberkarbon. Vgl. Wilser in Geologische Rundschau. VIII, I.

(Seite 40) Die Salzdome in den Randgebieten des Golfs von Mexiko werden auf permische Salzlager zurückgeführt. Vgl. Geologische Rundschau XV 1, S. 61.

(Seite 65 und Karte S. 67) Im Lias von Oaxaca finden sich nach Staub (Verhandlungen Schweiz. Nat. Ges. 1925, S. 129) Glanzkohlenflöze, die abgebaut werden.

(Seite 82) Der Quadersandstein ist zwar marin und hat erst nach seiner Trockenlegung, wahrscheinlich erst im Oligozän (vgl. S. 101) Einwirkungen eines Trockenklimas erfahren. Aber die von England bis Südrußland verbreiteten reinen Kalkablagerungen, wie Schreibkreide usw., bezeugen, wie oben S. 5 angegeben ist, daß auf den angrenzenden Landteilen Trockenklima herrschte.

(Seite 84) Nach E. Kaiser (Die Diamantenwüste SW.-Afrikas, Berlin 1926) soll schon seit der Kreide dort Wüstenklima geherrscht haben.

(Seite 86) Der Flysch, besonders die Inoceramusschichten der Oberkreide, ist nach O. Abel (Anzeiger Wien. Akad. 1925, S. 248) „im Bereiche eines breiten, den Außenrand der Alpen und Karpathen umsäumenden marinen Mangrovegürtels abgelagert   Die dichten, auf Kilometer weit sich erstreckenden fest verfilzten Stelzwurzeln der Mangroven lassen keine größeren Geschiebe in den Bereich des Mangrovegürtels eindringen". Dieses war für die dünnschaligen Inceramen ein sehr günstiges geschütztes Lebensgebiet, in dem sie sich zu zum Teil riesenhafter Größe entwickeln konnten.

(Seite 97) Mitteleuropa war im Eozän wärmer als jetzt erheblich südlicher liegende Teile von Nordamerika und Ostasien; so hatte Wyoming (jetzt etwa 43° Br.) im mittleren Eozän ein gemäßigtes Klima (vgl. Bull. Amer. Met. Soc. Mai 1938, S. 169) und Japan war sichtlich kühler als jetzt.

(Seite 105) Auch im Gebiet der mittleren Wolga zeigen die paleozänen Ablagerungen ein warmes und feuchtes, subtropisches Klima an, wie es heute in Südjapan, im südöstlichen China und in etwa 2000 m auf Java sich findet mit Palmen, Bananen, immergrünen Eichen, Birken, Eschen und Pappeln[1]).

Nach denselben Verfassern sind noch im unteren Oligozän und wahrscheinlich schon früher Wolhyniens Palmen-, Sequoia- und Laurusreste gefunden, neben solchen von sommergrünen Bäumen. Sie schätzen die entsprechenden Jahrestemperaturen auf 16 bis 17° C.

(Seite 108) Während in Mitteleuropa und ostwärts bis zum südlichen Ural im Eozän eine subtropische Vegetation wuchs mit Sabal- und Nipapalmen, Cinnamomum-, Laurus-, Myrtusarten usw., entwickelte sich in Sibirien eine Flora mit gemäßigt warmem Charakter, die nahe Verwandtschaft mit der gleichzeitigen Flora Grönlands zeigt. Ihre Reste finden sich vom nördlichen Ural (an der Los'wa) bis zu den Neusibirischen Inseln und dem Anadyrgebiet (Trochodendroide Flora). Sequoia Langsdorffi, die großblättrige Populus Richardsoni u. a. treten in ihr allgemein auf, aber kein Fagus, Carpinus und Castanea.

Dagegen sind diese in der darauf folgenden oligozänen Turgaj-Flora[2]) allgemein, die sich auf demselben weiten Raume von Sterlitamak bis nach Alaska und südwärts wohl bis zur Mongolei ausbreitete. Neben derselben Sequoia enthält diese Flora Alnus, Platanus, Liquidambar, an ihrem südlichen Rande, Saissan-See, Mukden, Wladiwostok, auch Gingko, Grewia, Liriodendron, aber nirgends tropische Formen. Erst im südlichen Japan zeigen sich solche. Umgekehrt drangen auch keine Elemente dieser Turgaj-Flora nach Südasien, das andauernd seine ganz andere, tropische Flora bis in die Jetztzeit behielt.

Dagegen breitete sich im Miozän die Turgaj-Flora nach Europa aus, so daß die pliozäne Flora der Provence bis auf etwas xerophyleren Bau sich wenig von der jetzigen Flora Japans unterscheidet (A. Krischtofowitsch, russ. Sonderabdruck von 1936).

---

1) Vgl. L. Berg, Klima und Leben (russisch), Moskau 1922, S. 24, der auf einer ebenfalls russischen Arbeit von A. Krasnow fußt.

2) Turgaj, jetzt 49° 40′ N, 63° 30′ O, im Oligozän etwa 30° N Breite.

(Seite 113—122 und Abschnitt „Gliederung des Eiszeitalters".)
Als Außenseitern der Geologie war uns natürlich die folgende Äußerung eines erfahrenen Feldgeologen, Prof. Dr. C. Gagel († 1927), sehr wertvoll. In einem Briefe an mich, datiert Berlin-Dahlem, 20. 10. 1924, schreibt er über unser Buch: „Ich bin dabei, das Diluvialkapitel genauer zu studieren. Ich bin außerordentlich einverstanden und zufrieden mit Ihren Darlegungen und freue mich, daß wir damit doch offenbar einen ganz wesentlichen Schritt weiter gekommen sind. Das Mathematische kann ich natürlich nicht kontrollieren und muß es als richtig annehmen — es ist ja auch außerordentlich einleuchtend und zeigt endlich den lang gesuchten Ausweg aus all den so schwer empfundenen Unerklärlichkeiten und Unbegreiflichkeiten der mehrfachen Glaziale und Interglaziale. Ebenso ist mir die Sache mit dem tertiären Steineis von Nordsibirien und der jungtertiären Vergletscherung von Nordwestamerika ganz außerordentlich einleuchtend — die betreffenden Hinweise von Kreichgauer auf letztere habe ich schon vor jenen 25 Jahren als richtig und durchschlagend empfunden, besonders nachdem ich zufällig einmal die Notizen von ich glaube Russel über die ganz steil stehenden glazialen Schichten in Alaska gelesen habe — das paßt ja alles glänzend. Man sieht doch endlich das System und die vernünftigen Zusammenhänge in all den bis dahin so unbegreiflichen Dingen. Alles in allem begrüße ich das Werk sehr dankbar und erfreut und bin überzeugt, daß es neue Fortschritte einleiten wird."

(Seite 120) Nach dem Blatt „Aeroarktik", S. 39, fand die Expedition Grigorjew 1925 um die obere Jana „unter $1^1/_2$ bis 2 m Alluvium Bodeneis, wahrscheinlich in Hunderten von Kilometern Ausdehnung, dessen Herkunft ungeklärt ist".

(Seite 129) Doch hat diese Trockenzone im Ober-Miozän nicht so weit nach Norden gereicht, wie jetzt. Nach L. Berg (Klima und Leben, S. 25) finden sich in der Kirgisensteppe, wie bei Odessa und Ssewastopol Reste einer warmen Flora und Fauna wie jetzt im gemäßigten China. Auch die reiche Säugetierfauna von Pikermi (bei Athen) und Samos deutet auf die südlichere Lage der Trockenzone im östlichen Mittelmeer im Pliozän, wenn sie auch Merkmale des semiariden Klimas besitzt.

Das europäische Miozän wird in folgende Stockwerke gegliedert, von unten nach oben: Aquitan, Burdigal, Helvet, Torton, Sarmat; das darüberliegende Pliozän in die mäotische, pontische und levantische Stufe. Während im Torton die Trockenzone noch so nördlich lag, daß Wieliczka und Bochnia entstehen konnten, war sie im Sarmat und im Pliozän nach Kleinasien und Persien verschoben und nördlich davon das Gleichgewicht zwischen Verdunstung und Regenfall so günstig geworden, daß eine abflußlose, wenig unterbrochene Brackwasserfläche von Wien bis Taschkent sich halten konnte. Die Flora von Südrußland (Don-Gebiet)[1]) im Sarmat glich nach A. Krischtofowitsch der jetzigen von Szetschwan und Hupei: außer Buchen, Eichen, Hainbuchen, Ahornen wuchsen da Zelkova Ungeri, Sapindus, Taxodium distichum, Liriodendron Procaccinii, Sterculia tridens, Eucommia ulmoides und Ailanthus Confucii (sehr nahe dem A. glandulosa).

Im höheren Mittel-Miozän treten nach Wilckens (Geologische Rundschau XVII, S. 60) Riffkorallen noch bei Wildon (südlich von Graz) auf, dagegen bei Baden bei Wien nur mehr Einzelkorallen. Da dies Vorkommen das einzige in Mitteleuropa ist, und Graz in Miozänmitte etwa bei 34° N lag, dürfte es einer auflandigen Meeresströmung aus Süden zuzuschreiben sein.

Einige Funde bei Ssewastopol zeigen, daß auch die Tierwelt der sarmatischen Zeit für ein ziemlich warmes Klima spricht: eine Giraffe (Achtiaria,) Antilope (Tragoceras), Nashorn (Aceratherium), Hipparion und ein Raubtier (Ictitherium). Ja auch noch in der mäotischen Zeit lebten in der Nähe von Odessa sowohl Strauße, Aceratherium, Tragoceras, Camelopardalis und Helladotherium, als auch ein Waldtier, der Biber. Daß das Aralo-Kaspische Wasserbecken im Pliozän sogar zum Teil Süßwasser führte, macht es sehr wahrscheinlich, daß aus Westsibirien ihm Ströme, die oberen Teile der jetzigen Irtysch und Obj, zuflossen.

(Seite 139) Im Himalajagebiet haben im Pliozän die starken Regen erheblich weiter nach Nordosten gereicht als jetzt, doch ist die Deutung dieses Umstandes für eine Änderung der geographischen Breitengrade unsicher, weil in dieser Zeit hier gewaltige Änderungen in der Höhenlage vor sich gingen. Trinkler sagt[2]) folgendes:

„Die typischen Siwalikablagerungen kommen aber auch in Gebieten vor, die heute typisch aridisches Klima haben, wie z. B. in Beludschistan und in dem südwestlichen Tibet (Ngari-Khorsum). In diesen Gebieten muß also das Klima einst — und zwar noch kurz vor der Eiszeit — bedeutend niederschlagsreicher gewesen sein als heute. Die heutige Höhenlage der Siwaliks weist darauf hin, daß sie erst am Ende des Pliozäns zu diesen Höhen aufgewölbt wurden. Im südwestlichen Tibet besteht der ganze Kailas (6650 m) aus pliozänen Sandsteinen und Konglomeraten   Die Niederschläge müssen zu jenen Zeiten ganz beträchtlich gewesen sein; große Flüsse müssen das Verwitterungsmaterial aus den Gebirgen heraus verfrachtet und den Innen- und

---

1) Nachrichten der Leningrader Akad. d. Wiss. (russisch) 1914, S. 599 und 1916, S. 1285. Hier zitiert nach L. Berg, Klima und Leben, Moskau 1922, S. 25 (russisch).

2) Petermanns Mitteil. 1926, S. 50.

Außensenken zugeführt haben. Ein sehr großes Sammelbecken in Form eines Innensees muß das Kailas-Manasarowar-Gebiet dargestellt haben Die jüngeren Ablagerungen wurden aufgepreßt und in die Höhe gehoben."

Zum Kapitel VI und den Seiten 224 bis 232:
Polwege und Breitenänderungen in der Erdgeschichte[1])

In der Steinkohlenzeit lagen Mitteldeutschland bis Donez und ein Teil der Vereinigten Staaten von Nordamerika im äquatorialen Regengürtel, während Südafrika und Brasilien im Inlandeis begraben waren. Umgekehrt hatten im Quartär Deutschland und in noch höherem Grade Nordamerika ihre Eiszeit, während Patagonien und Nordsibirien bedeutend wärmer als jetzt waren. Aus einer Fülle solcher auffälliger Tatsachen, die sich allmählich zu einem klaren Bilde zusammengefügt haben, ergibt sich, daß sich im Laufe der Erdgeschichte die geographischen Breiten geändert haben, daß mit anderen Worten der Äquator und die Pole gewandert sind.

Zugegeben, viele von den Tatsachen lassen sich, einzeln genommen, auch anders deuten; aber was wir suchen müssen, ist ein von inneren Widersprüchen freies Gesamtbild, und das eben erreichen wir hier.

Berühmte Physiker und Astronomen — Lord Kelvin und Schiaparelli — haben eine solche Verlagerung der Erdpole für durchaus möglich erklärt. Letzterer hat sie 1889 in einer kleinen Schrift näher erläutert, die wohl nur im Besitz einiger Sternwarten zu finden ist[2]). Einige Geologen, wie Neumayr, Nathorst und Semper, haben sich in speziellen Fragen genötigt gesehen sie anzunehmen, und ein Ingenieur, Reibisch, hat im Jahre 1901 den Gedanken ausgesprochen, daß die Erde auf einem Schwingungskreis 10° O v. Gr., „Pendulation" ausübe, eine Hypothese, deren Konsequenzen für die organische Welt usw. sodann Prof. H. Simroth eingehend durchgearbeitet hat.

Der erste, der diese Frage umfassend angriff, war Dr. Damian Kreichgauer S. V. D., Lehrer der Geologie in St. Gabriel bei Mödling (Niederösterreich), vorher Assistent an der Physikalischen Reichsanstalt in Charlottenburg.[3]).

---

1) Die folgenden 8 Seiten sind mit geringen Änderungen aus der Met. Zeitschr. 1940 übernommen.

2) Vgl. Köppen in Petermanns Mitteil. 1921, S. 145.

3) Kreichgauer, Die Äquatorfrage in der Geologie. 1. Auflage, Steyl 1902. 2. umgearb. Auflage 1926, 301 S.

Später haben Alfred Wegener und ich[1]) im Jahre 1924 in weiterer Verfolgung von Wegeners Theorie der Kontinentalverschiebungen dieselbe Frage recht eingehend untersucht, unter Hinzuziehung einerseits seiner Annahme der späten Entstehung des Atlantischen Ozeans und der inzwischen von Milankovitch gewonnenen Ergebnisse über die Schwankungen der von der Erde empfangenen Sonnenstrahlung. Wir haben uns dabei auf die Zeit seit dem Karbon beschränkt und noch ältere Zeiten nur gestreift.

In neuester Zeit hat dann Milankovitch versucht, die Frage theoretisch mit mathematischem Rüstzeug zu behandeln[2]). Aus der asymmetrischen Lagerung der Kontinentalblöcke in der Sialdecke der Erde, die isostatisch auf dem schwereren Sima schwimmt, folgt eine Kraft, die diese Decke auf der Unterlage langsam zu verschieben strebt. Hieraus leitet er den Weg und die Geschwindigkeitsänderungen einer einmaligen, nicht periodischen Verschiebung ab, die den Nordpol aus seiner Lage (im jetzigen Gradnetz) in 20° N Br. und 168° W Lge. über seine jetzige Lage nach 65° 16' N Br. und 49° 34' O Lge. führen müßte, wobei seine Geschwindigkeit von Null im Beginn bis zu einem Maximum in 64° Br. und 146° W Lge. wachsen sollte und er dann unweit der Petschoramündung zur Ruhe kommen soll, bis er einen neuen Anstoß erhält. Die absolute Geschwindigkeit muß empirisch bestimmt werden, die 24 Strecken, in die der Verfasser den Polweg durch Rechnung zerlegt hat, wurden nach ihm in gleich langer Zeit zurückgelegt. Eine Bezugnahme auf geologische Perioden vermeidet der Verfasser.

Wie die Karte (Fig. 2) zeigt, verläuft die Polbahn nach allen drei Entwürfen zwischen dem 30. und dem 60. Grad jetziger Breite auf dem Großen Ozean; auch nach Köppen und Wegener, denn das amerikanische Festland lag nach ihrer Annahme im Mesozoikum in diesen Breiten weit östlicher. Vom 60. bis zum 70. Breitengrad durchschneiden alle drei Entwürfe Alaska in seiner jetzigen und annähernd auch seiner damaligen Lage. Aber während Milankovitch den Pol von da direkt zu seinem jetzigen Punkt ziehen läßt, machte er nach Kreichgauer und nach Köppen und Wegener von da eine weite Schleife nach rechts.

---

1) W. Köppen und A. Wegener, Die Klimate der geologischen Vorzeit. Berlin, Gebr. Borntraeger, 1924, 256 S.

2) S. Gerlands Beitr. z. Geophysik, 1934, und M. Milankovitch, Astronomische Mittel zur Erforschung der erdgeschichtlichen Klimate. Berlin 1938. Band I (Abschnitt 7) und Band IX (Lieferung 3) des Handbuchs der Geophysik, Verlag Gebr. Borntraeger.

Eine ebensolche Schleife machte er nach Köppen und Wegener zwischen Karbon und Kreide. Wir müssen nun prüfen, worauf diese Unterschiede in der Auffassung beruhen.

Milankovitch leitet seine Polbahn nur mathematisch aus der Asymmetrie der Kontinente ab, Köppen und Wegener gewinnen

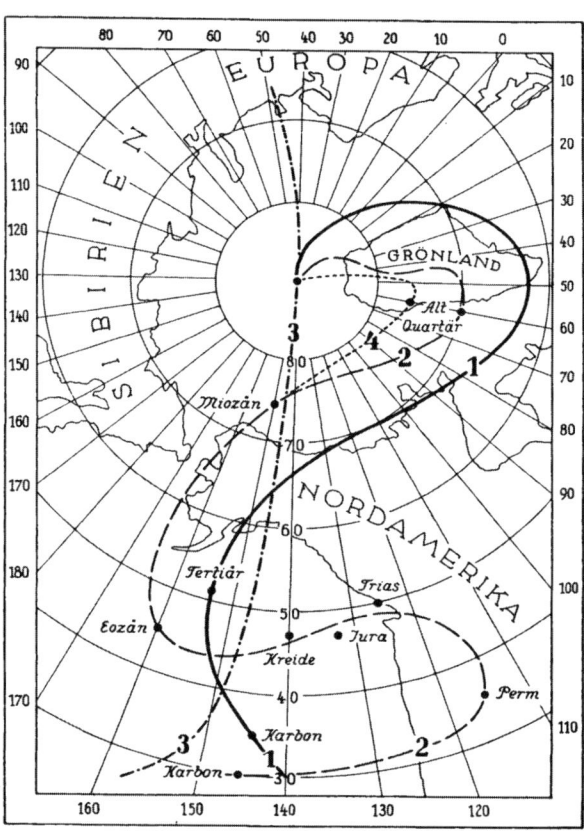

Fig. 2. Wege des Nordpols

1   nach Kreichgauer 1902
2 – – – nach Köppen und Wegener 1924
3   nach Milankovitch 1938
4   nach Köppen 1940

sie ebenso wie Kreichgauer nur aus den beobachteten Tatsachen der Geologie. Von 45 bis 70° Breite können wir eine ziemliche Übereinstimmung der drei Kurven feststellen. Zu der großen Schleife, die Köppen und Wegener ihn vorher machen lassen, werden sie durch folgende Tatsachen genötigt.

Aus dem äquatorialen Regengürtel, in dem Mitteldeutschland lag, als die Sumpfwälder der Karbonzeit in ihm wuchsen, trat es zum Perm so ausgesprochen in die nördlich angrenzende Trockenzone über, daß nun in einem abgeschnürten flachen Meeresteil die mächtigen Salzlager entstanden, durch die Staßfurt berühmt ist. Und ähnlich war der Übergang in Nordamerika. Gleichzeitig werden die Glazialbildungen im Karbon Brasiliens durch Kohlebildungen im Perm ersetzt. Beides entspricht einer Breitenänderung von 10 bis 20° in gleichem Sinne und erklärt sich also, vorausgesetzt daß man die südlichen Kontinente so zusammenschiebt. Im ganzen Mesozoikum blieb sodann Deutschland und Frankreich in der Trockenzone oder an ihren Rändern.

Während auf dieser großen Schleife der Nordpol sich anhaltend auf dem Ozean hielt und daher keine Spuren hinterlassen konnte, müssen wir solche von seinem Durchqueren Alaskas im Oligozän und Miozän verlangen; und solche liefert er denn auch in den gewaltigen Massen fossilen Eises in Alaska, in dem äußersten Nordosten Sibiriens und auf den Neusibirischen Inseln, sowie den Tilliten dieser Länder. Alfred Wegener und ich haben sie ausführlich auf S. 113 bis 121 besprochen und ich brauche hier nicht darauf einzugehen.

Daß diese fossilen Eismassen in Alaska und Sibirien nicht aus dem Quartär stammen, wird durch das reiche Tierleben sehr wahrscheinlich, das später auf ihnen gelebt hat und dann wieder verschwunden ist. Herden mächtiger Weidetiere — Mammute, Bisons usw. — haben auf ihnen Nahrung gefunden in Wäldern weit jenseits der jetzigen Baumgrenze. Gewiß, in Europa hat es auch ein postglaziales „Klima-Optimum" gegeben, eine Zeit etwas wärmerer Sommer, mit einem Juli $2^1/_2°$ wärmer als jetzt. Aber die Neusibirischen Inseln waren in ihrer Waldzeit mindestens 7° wärmer als heute; ein Teil dieser Abkühlung der Sommer auf ihnen kann vom Einbruch des Meeres herrühren, aber das reicht nicht aus.

Bedeutend mehr noch läßt sich über die große Bahnschleife des Pols seit dem Miozän sagen. Hier sind vor allem Südamerika und Antarktika maßgebend.

Wir haben in unserem Buche für den Beginn des Quartärs den Nordpol auf 70° jetziger Breite, noch südlicher als im Miozän, angesetzt. Dafür waren uns die erstaunlichen Pflanzenfunde auf der jetzt vereisten Seymour-Insel leitend, deren damalige Breite wir auf S. 136 für 45° und auf S. 157 sogar für 40° Süd ansetzen zu müssen glaubten, während sie gegenwärtig 64° Süd beträgt. Beides stimmte zu den Pflanzenfunden in Patagonien und zu den übrigen Angaben auf S. 133 bis 136 unseres Buches. Seitdem sind aber einige Tatsachen aus den Küstengewässern von Patagonien bekanntgeworden, die die Breitenänderung genauer abschätzen lassen.

Daß die Araukarien-Stufe von Punta Arenas und der Seymour-Insel in Antarktika, wie wir auf S. 136 und 226 unseres Buches annehmen, in den Anfang des Quartärs fällt, wird vollständig bestätigt durch die Tatsachen, welche H. v. Ihering in seiner 1927 erschienenen „Geschichte des Atlantischen Ozeans" (Jena, G. Fischer) beibringt. Vom Miozän bis zur Mitte des Quartärs findet er Wanderung tropischer Molluskentypen an der Ostküste Südamerikas südwärts bis nach Nordpatagonien und in Afrika bis zum Kap. Die Faunen der Antillen und Patagoniens sind bis zum Miozän ganz verschieden, dann aber findet man westindische Arten bis Nordpatagonien.

Die quartären Ablagerungen an der Ostküste von Südamerika zeigen bis zum Rio Negro eine subtropische Molluskenwelt. „Die Arten sind die gleichen, welche heute an der Küste des Staates Santa Catharina leben, auch die Baumauster ist dabei vertreten, deren Eindrücke verraten, daß sie an den Wurzeln und Stämmen von Mangrovebäumchen angeheftet waren. In den obersten Lagen aber sind diese Tropenformen zum großen Teil verschwunden, die Baumauster, Ostrea parasitica, ist durch Ostrea puelchana verdrängt, eine Kaltwasserart. Es hat sich ergeben, daß die Mangroveformation, deren Südgrenze heute im Staate Santa Catharina bei Laguna in $28°$ S und Mambituba in $29°$ S gelegen ist, damals bis zum Rio Negro, also bis zum 41. Grad S reichte." Diese Angaben sind um so zuverlässiger, als H. v. Ihering, der an der Lehre von den Brückenkontinenten festhielt, diese Tatsachen nur durch das Eindringen kalten Wassers vom Pazific in den Atlantischen Ozean nach dem Untergange der Südatlantis erklären[1]) wollte, eine Annahme, die sich nicht durchführen läßt.

Wir wollen also, da das Wärmebedürfnis der in Rede stehenden südamerikanischen Bäume nicht genau untersucht ist und es möglich ist, daß der einzeln stehende Fund von der Seymour-Insel zufällig aus einem besonders warmen Interglazial stammt, deren Breite im Altquartär als $50°$, die Breitenänderung also nur $14°$ und die Lage des Südpols also als $76°$ jetziger Breite annehmen, um mit möglichst niedrigen Ansätzen zu arbeiten. Wie stimmt dieses zu den Angaben vom Nordpol? Denn eine Ablösung des südlichen Teils der langen Amerika-Scholle und ihre Bewegung unabhängig vom Nordteil würde eine neue, durch keine anderen Tatsachen gestützte Hypothese sein. Wahrscheinlicher ist es, daß wir auch den Nordpol im Frühquartär in der Nähe des 60. Längengrades um etwa $14°$ von seiner jetzigen Lage verschoben an den klimatischen Wirkungen wiederfinden werden. Und in der Tat ist dies, wie wir gleich sehen werden, der Fall.

Die unvergleichlich grandiosere Entwicklung des Inlandeises in Nordamerika im Vergleich mit Europa ist kaum ohne eine erheblich größere Polnähe gegenüber der Jetztzeit erklärlich. Das Keewatin-Eis ist von etwa $62°$ bis zu $38°$ jetziger Breite geflossen, das Schweden-Eis von etwa derselben Breite nur bis $51°$, also müßte ersteres nach einem ungefähr doppelt so langen Weg eine um $13°$ südlichere Breite erreicht haben. Auch heute ist das östliche Nordamerika im Jahresmittel kälter als Europa, aber im entscheidenden Sommerhalbjahr liegen seine Iso-

---

[1]) Vgl. Gerlands Beiträge zur Geophysik, 1927, S. 391.

thermen nur durchschnittlich 8° statt 13° südlicher, das reicht also nicht aus, zeigt aber immerhin, daß die Verlegung des Pols bei Kreichgauer bis zu 63° und in unserem Buch bis zu 70° zu stark geschätzt war. Aber vielleicht löst sich auch durch diese verhältnismäßig schnell durchlaufene Schleife der Polbahn das Rätsel der scheinbaren Entstehung der amerikanischen Inlandeise im Tieflande ohne ein Kerngebirge. Denn da wegen der Ellipsoidgestalt der Erde die Niveauflächen vor dem Pol sinken und hinter ihm steigen, so waren vielleicht am Ende des Pliozäns jene Gebiete Hochebenen und die Kanadische Inselwelt ein Gebirge. Das hängt von den noch fast unbekannten Festigkeiten des Erdinnern ab.

Im zweiten hierzu periöken Erdviertel, in Sibirien, dürfen wir ebenso wie in Patagonien nur aus der jüngsten Eiszeit Spuren erwarten, wo der Pol bereits seine jetzige Lage hatte. So werden denn auch die vor einigen Jahren von Obrutschew dort entdeckten Spuren aus der Würmzeit rühren, die ja auch in Deutschland erst vor 18 000 Jahren endete. Überall sind ja natürlich die Spuren der jüngsten Eiszeit am sichtbarsten, weil sie am wenigsten verwischt sind. Daß das ältere Quartär auf den Neusibirischen Inseln eine warme Zeit war, wärmer als die vorhergehende und die Jetztzeit, wird durch die massenhaften Mammutreste belegt und haben wir auf S. 190 und 191 unseres Buches nachgewiesen. Auch die Verwandtschaft der jetzigen Baikalfauna mit der Neogenfauna und mit der von Südchina, Indien, Kaspi, Ochrida und den östlichen Vereinigten Staaten beweist, daß Sibirien viel weniger Eiszeit hatte als Europa. Vom südlichen Sibirien sind nur wenige Funde aus Pliozän und Quartär bekannt. Aber die wenigen zeigen, daß dann auch dort wenigstens zeitweise das Klima wärmer war als jetzt. So hat Krischtofowitsch 1914 an der Mündung der Bureja in den Amur Reste von Zelkowa und Gingko gefunden und wuchs auf Sachalin damals Laubwald, nicht Taiga. Daß dasselbe auch für Japan gilt, haben schon verschiedene Geologen erkannt, nur liegen dort naturgemäß keine so deutlichen Beweise dafür vor.

Setzen wir also die Lage des Nordpols im Beginn des Quartärs auf 76° jetziger Breite und 60° W Lge., so müssen die in der betreffenden Spalte auf S. 157 unseres Buches angegebenen Breitenlagen durch folgende ersetzt werden.

St. Louis und Leipzig liegen beide eben innerhalb der südlichsten quartären Endmoränen. Nach folgender Tabelle sollen sie im Altquartär auf der gleichen Breite gelegen haben, was wahrscheinlich erscheint.

Würde das antipodisch zu Nordamerika liegende Australien ein großes Festland sein, so würden auch dort ausgedehnte Spuren eines Eiszeitalters zu finden sein. Da es aber auf seiner Polseite Weltmeer hat, können wir dies nicht erwarten. Daß aber auch seine geographische

	Alt-quartär	Heute		Alt-quartär	Heute
Nordamerika			**Südamerika**		
Mt. Elias	62	60	Panama	22	9
San Francisco	43	38	Arica	−4	−18
New York	55	41	Rio	−8	−22
St. Louis	52	39	Punta Arenas	−39	−53
Mexiko	31	19	**Afrika**		
			Kairo	30	30
Europa			Kamerun	8	4
Spitzbergen	72	79	Kapstadt	−27	−34
Leipzig	53	51	Madagaskar	−20	−19
Madrid	48	40	**Australien**		
			Perth	−43	−32
			Kap York	−22	−11
Asien			Hobart	−54	−43
Neusibirische Inseln	60	75	Christchurch	−51	−44
Irkutsk	39	52	**Antarktika**		
Tokio	20	36			
Batavia	−20	−6	Seymour-Insel	−50	−64
Colombo	−5	7	Mt. Erebus	−80	−77

Breite in geologisch jüngster Zeit abgenommen hat, wird dadurch bewiesen, daß in seinem nördlichen Teil das Klima feuchter geworden ist. Dort finden sich abflußlose Seen, die süß oder brackisch sind, und die Bodengestaltung des üppigen Graslandes verrät nach Gr. Taylor frühere Wüstenbedingungen.

Im Pliozän änderten sich in Europa und Nordamerika die Breiten und entsprechend die Temperaturen schnell. Nimmt man an, daß der Pol von seiner Miozänlage zu der im Beginn des Quartärs auf dem kürzesten Wege fortschritt, so muß er in der Mitte des Pliozäns auf etwa 79° Breite und 100° westlicher Länge gelegen haben, was für St. Louis etwa 43° Breite ergibt, unter Berücksichtigung, daß es damals 30° östlicher lag. Das dürfte seiner pliozänen Flora und Fauna nicht widersprechen.

Alles zusammengenommen, zeigt sich uns ein grandioses Bild. Aus der asymmetrischen Lage der Kontinentalblöcke läßt sich nach Milankovitch eine Kraft berechnen, die die Pole seit dem Karbon aus 30° jetziger Breite ungefähr längs dem Meridian 150° W = 30° O nach ihrer jetzigen Stelle trieb, also ungefähr auf dem Schwingungskreis von Reibisch, aber einmalig, nicht periodisch. Aus dieser Normalbahn wurden sie zweimal weit nach rechts hinausgeworfen, im Permokarbon und im Tertiär[1]), durch eine unbekannte, vielleicht kosmische Ursache, die zugleich den Anstoß zu zwei gewaltigen Faltungen längs dem gleichzeitigen Äquator gab: der variskischen und der

---

1) Oberkreide bis Quartär.

himalaja-alpiden. In der Zwischenzeit verhältnismäßiger Ruhe, Trias bis Unterkreide, kehrten die Pole sehr langsam in die „Normalbahn" zurück. In dieser Zeit scheint die Neigung der Ekliptik größer gewesen zu sein, wodurch die Sommer und mit ihnen der Waldwuchs in höhere Breiten reichten als jetzt. Eiszeiten zeigen sich, wenn Festland in die Umgebung eines Pols bis zu 45° Abstand tritt, sie haben dagegen fast keine Spur hinterlassen, wenn der betreffende Pol auf dem Stillen Ozean oder auf Antarktika lag.

Diese Eiszeitalter bestanden stets aus Eisvorstößen und wärmeren Pausen, bedingt durch die Schwankungen der Erdbahn und der Ekliptik; mit den Wanderungen der Pole hatte dieser Wechsel von Eis- und Interglazialzeiten nichts zu tun, meine Vermutung (Peterm. Mitt. 1921) war ein Irrtum.

Versuchen wir es zum Schluß, uns auch ein Bild von den Geschwindigkeiten dieser Polbewegung zu machen, so begeben wir uns auf das noch so unsichere Feld der absoluten Zeitbestimmungen in der Geologie. Nur für die letzten 800 000 Jahre seit der „Donau-Eiszeit" von B. Eberl ruht diese durch die astronomischen Berechnungen von Milankovitch auf sicheren Füßen. Weiter rückwärts gehen die Schätzungen so weit auseinander, daß wir auch den ganz rohen Versuch nur bis zum Eozän fortsetzen wollen. Nehmen wir zwei gewiß maßvolle Schätzungen: A. nach der chemischen Methode[1]) und B. nach den Sedimenten[2]) und vergleichen wir sie mit den Weglängen unserer Karte.

	Seit Beginn des Quartärs	Von da bis Mitte Miozän	Von Mitte Miozän bis Mitte Eozän
Zurückgelegte Strecke km	1 500	2 800	3 300
Zeitlänge in Jahrmillionen A.	1,0	3,5	8,0
Zeitlänge in Jahrmillionen B.	0,4	1,0	2,3
Zeitlänge in Jahrmillionen Mittel	0,7 (korr. 0.8)	2,25	5,15
Jährlich Meter	1,88	1,24	0,64

Also ziemlich ähnliche Geschwindigkeiten, am größten im Quartär. Dagegen muß in der Zeit von Trias bis Kreide, da die Strecken so kurz und, schon nach der Wandlung in den Organismen zu urteilen, die Zeiten sehr lang waren, die Geschwindigkeit der Polbewegung sehr viel kleiner gewesen sein.

---

1) Aus A. Wegener, Entstehung der Kontinente usw., 4. Aufl., S. 24.
2) Aus F. X. Schaffer, Lehrbuch der Geologie, 1924, S. 54.

Andererseits berechnet Milankovitch folgende Verteilung der relativen Geschwindigkeit auf die Polbahn (aus „Astron. Mittel", S. 92, umgerechnet) zwischen den angegebenen Breiten:

Geograph.	20°	30°	40°	52°	60°	68°	76°	90°
		29	208	357	449	484	483	420

Die vermutete Zunahme der Polgeschwindigkeit vom Mesozoikum zum Tertiär, also in der Nähe von 50° jetziger Breite, wird hier bestätigt, aber eine Abnahme derselben mit Annäherung an die Jetztlage des Pols gefordert, während ich oben eine Beschleunigung bei dieser Annäherung annehmen mußte.

Kürzlich hat Dr. Ludwig Becker, früher Professor der Astronomie in Glasgow, zur Zeit in Lugendo-Bolzano wohnhaft, in wertvoller Weise die Polbahn mit der Spaltung der Kontinentalblöcke verknüpft[1]). Da die Polbahn, wie alle Wegenerschen Rekonstruktionen, auf Afrika bezogen ist, so haben Australien und Amerika nach ihrer Abspaltung keinen Einfluß mehr auf die Kurve.

Die Grundlage der Beckerschen Berechnungen bildet die von Köppen und Wegener in ihrem Werke „Die Klimate der geologischen Vorzeit", S. 155 und 227 auf Grund der geologischen Zeugnisse entworfene Polbahnkurve. Als Initialzeitpunkt wird die Karbon-Epoche gewählt, zu der die Kontinente eine zusammenhängende Schale bildeten, wie dies durch die auf S. 22 des Köppen-Wegenerschen Werkes mitgeteilte Figur veranschaulicht erscheint. Diese ursprüngliche Konfiguration der Kontinente und die erwähnte Polbahnkurve werden als gegeben betrachtet, und die Frage gestellt, auf welche Weise eine solche Polbahnkurve zustandekommen konnte, sich die Kontinente nach und nach voneinander trennten und in ihre gegenwärtige Lage kamen. Als die dabei wirksame Kraft wird die Polfluchtkraft, d. h. die auf Grund des Dichteunterschiedes zwischen Sima und Sial sich ergebende, die Kontinente relativ zu ihrer Unterlage verschiebende Kraft in Rechnung gestellt. Dabei wird angenommen, daß diese Kraft auch das negative Vorzeichen aufweisen, also auch gegen den Pol gerichtet werden kann, wenn Teile der Kontinente unter dem hydrostatischen Gleichgewicht schwimmen. Dies mag der Grund sein, warum statt Polfluchtkraft die Bezeichnung Zentrifugalkraft benützt wird. Eine solche Kraft wäre nach Ansicht des Verfassers nicht imstande, eine relative Verschiebung der Kontinente in bezug auf den jeweiligen Pol, folglich eine relative Verschiebung dieses Pols in bezug auf die Kontinente zustande zu bringen, wie dies durch die Köppen-Wegenersche Polbahnkurve gefordert wird. Deshalb führt Becker als eine Hilfshypothese die

---

[1] L. Becker, Die Bewegung der Kontinente und die Köppen-Wegenersche Polkurve. Zeitschr. f. Geophysik, 1939, S. 379.

so von ihm benannten Widerstandszentra ein, die die Bewegung der Kontinente hindern und sie zum Drehen um diese Angelpunkte zwingen. Der jeweilige Ort eines Widerstandszentrums folgt allein aus der Polbahnkurve und liegt auf dem rechtwinklig zur Polbahnkurve gezogenen jeweiligen Meridian. Auf diese Weise ergeben sich aus der als gegeben angenommenen Polbahnkurve die jeweiligen Widerstandszentra oder, umgekehrt, aus diesen Widerstandszentren die Polbahnkurve selbst. Zwei Drittel der Meridiane dieser Widerstandszentra gehen durch Westasien. Die in bezug auf diese Zentra berechneten Drehmomente lassen nach ihren aus der Polbahnkurve sich ergebenden Vorzeichen erkennen, welche Teile der ursprünglich zusammenhängenden Kontinentalbedeckung der Erde sich nach und nach ablösten. Die dabei sich ergebenden Zeitpunkte der Ablösung der Kontinente stimmen weitgehend mit den Ergebnissen der Wegenerschen Theorie überein.

Die der Nordpolbahn spiegelbildlich entsprechende Bewegung des Südpols verlief auf der Australienseite der Erdkugel.

W. Wundt hat es kürzlich wahrscheinlich gemacht, daß die Klimagürtel der Erde sich seit dem Ausklang der Eiszeit verschoben haben, und ich vermute, daß in der Tat solche Verschiebungen des meteorologischen Äquators gegenüber dem geodätischen zu allen Zeiten stattgefunden haben. Für die jetzige Lage gibt er 3 Ursachen an: 1. die stärkere Landbedeckung der Nordhalbkugel; 2. die Kälte der Antarktis; 3. die Perihellage zu Anfang des Januars. Die beiden letzteren Ursachen unterliegen nun vieljährigen Schwankungen, denn wenn auch die Änderungen der Ekliptikschiefe auf beiden Halbkugeln in gleichem Sinne geschehen, so sind deren Wirkungen auf die nördliche Halbkugel größer als auf die südliche. Daher wird wahrscheinlich in den Eiszeiten der nördlichen Halbkugel der nördliche, in ihren Interglazialzeiten, wie heute, der südliche Passat der stärkere gewesen sein.

Zum Kapitel VII: **Die Klimate des Quartärs**

Seit 1923 ist an Neuem hinzugekommen: Die Feststellung der Vielzahl von Eiszeiten durch Beobachtung; die Neuberechnung der Strahlungsschwankungen; die Untersuchung von deren Nebenfolgen und Nachfolgen; die neue Bestimmung der Polwege; die Pollenanalyse.

A. Übersicht der Tatsachen (S. 160 ff.).

Über Temperaturen und Niederschlag während der Eiszeiten in Europa hat sich Penck wie folgt geäußert[1]). Er geht dabei von der „klimatischen Schneegrenze" aus, das ist der von örtlichen Einflüssen

---

1) Penck, Das Klima der Eiszeit. Internat. Quartär-Konf. Wien 1936.

befreiten sommerlichen Grenze der Schneedecke[1]). Diese liegt allgemein bei einer Jahrestemperatur unter Null und nähert sich Null nur in den schneereichsten Gegenden mit geringster jährlicher Temperaturschwankung; sie ist Bedingung für die Entstehung von Gletschern. Die Anzeichen für diese fand Penck im südlichen Irland in einer Höhe von 500 m ü. Meer und in der Nähe von Cattaro in 1400 m, in beiden Fällen bei einer jetzigen Jahrestemperatur von etwa 8°, und um mindestens 8° muß also diese in den Eiszeiten niedriger gewesen sein. „1906 glaubte ich", sagt er, „die eiszeitliche Temperaturerniedrigung auf 2 bis 3° schätzen zu können. Dem hat C. Gagel widersprochen und 10 bis 12° verlangt. „Könnte man die bekannte Temperaturabnahme von 0,5° für 100 m anwenden, so würde man aus der jetzt nachgewiesenen Temperaturerniedrigung von 8° in Europa eine Herabdrückung von 1600 m folgern. Die höchste nachgewiesene beträgt aber nur 1200 bis 1300 m. Das weist darauf hin, daß während der Eiszeit andere Niederschlagsverhältnisse herrschten als heute, und zwar, daß der schneeige Niederschlag an der Schneegrenze geringer war als gegenwärtig; eine geringere Wärmemenge war zum Schmelzen nötig, und deswegen sank die Schneegrenze weniger als die Jahrestemperatur. Nehmen wir die Verschiedenheiten der Herabdrückung als ein ungefähres Maß jener Niederschlagsminderung, so ergibt sich diese bei einer Senkung der Schneegrenze von 1200 m auf drei Viertel, bei einer solchen von 800 m, wie wir sie in den mehr kontinentalen Teilen Europas kennen, zur Hälfte des heutigen Niederschlags."

Trotzdem floß, wegen der geringeren Verdunstung, der Kaspisee über zum Schwarzen Meer. Da die Oberfläche des Mittelmeeres, wie die des Ozeans, in jeder der Eiszeiten niedriger lag als jetzt, nach Penck um 100 m, so strömte dies ausgedehnte System von Binnenmeeren im Dardanellenstrom, dem St. Lorenzstrom gleich, zum Ozean ab [2]).

(Seite 163) Im Jahre 1926 hat sich C. Gagel im Centralblatt f. Min., Geol. u. Pal. so geäußert: „Vor etwa einem Jahrzehnt habe ich in der Branca-Festschrift auf alle die Unstimmigkeiten hingewiesen, die sich aus den bisherigen Beobachtungen über das Diluvium und aus deren Einstellung in das damalige — wie sich jetzt herausstellt, ganz unzureichende — diluviale Gliederungsschema ergaben. Wenn wir unsere bisherigen Beobachtungen sinngemäß in die jetzige viel genauere Erkenntnis einpassen, und die Tatsachen über die interglazialen

---

1) Ihre heutige Lage in verschiedenen Breiten ist in der Figur auf S. 127 von der 4. Auflage von A. Wegeners Entstehung der Kontinente und Ozeane, 1929, dargestellt.

2) Penck, Europa zur letzten Eiszeit. In der Festschrift für Norbert Krebs.

Verwitterungserscheinungen ihrer Größe nach in diesem Sinne verwerten, so besteht die begründete Hoffnung, daß der größte Teil dieser Unstimmigkeiten und Unbegreiflichkeiten sich jetzt völlig auflösen wird." Denn auch in Norddeutschland zeigt sich die große Mindel-Riß-Interglazialzeit durch die mächtige Verwitterungszone an vielen Stellen deutlich. „Während die postglaziale Verwitterung der letzten Würmeiszeit-Ablagerungen in Norddeutschland durchschnittlich $1^1/_4$ bis $1^3/_4$ tief geht und im allgemeinen nicht besonders intensiv ist, tritt im Spreewald unvermittelt eine solche von 5 bis 6 m auf Endlich finden sich im südlichen Holstein, in der Gegend von Elmshorn, gar 27 m tief verwitterte und in der intensivsten Weise zersetzte und ferretisierte Diluvialbildungen — großenteils Geschiebelehme. Wer diese Aufschlüsse gesehen hat und überhaupt irgendeine Ahnung von dem Chemismus der Bodenverwitterung hat, wird nicht einen Augenblick im Zweifel sein, daß diese Unterschiede in der Tiefe und in der Intensität der Verwitterung auf einer außerordentlich verschiedenen Länge und Intensität der Einwirkung klimatischer Faktoren beruhen, daß diese völlige Zersetzung und Ferretisierung der älteren Diluvialbildungen nur die Folge eines außerordentlich lange anhaltenden feuchten und **warmen Klimas** sein kann, **das sehr viel länger und** intensiver gewirkt hat, als das Klima der Postglazialzeit auf die Ablagerungen der letzten Eiszeit."

Nunmehr hat die Gliederung des Eiszeitalters auch in Mittel- und Norddeutschland Fortschritte gemacht. Außer in Thüringen, wo T o e p f e r die Forschungen S o e r g e l s ergänzte, sind auch in anderen Stromgebieten Systeme von Flußterrassen gefunden worden, welche dessen Vollgliederung unterstützen. G r a h m a n n hat die Terrassen der Mulde, Elster, Pleiße und Elbe in Nordwestsachsen untersucht, S i e g e r t die der Werra und Weser, B r e d d i n, M o r d z i o l, S t e i n m a n n und andere die des Rheins und Z e u n e r die der Glatzer Neiße in Schlesien. Überall war die Zahl der durch die Terrassen belegten alten Klimaphasen zu groß für die einfache Viergliederung. An manchen Stellen wurde auch die Verbindung mit den skandinavischen Vereisungen gefunden, deren wenigstens fünf festgestellt und mit eigenen Namen belegt wurden, um ihre Verknüpfung mit den süddeutschen noch offen zu halten. Auch diese dürfte jetzt feststehen: eine große ältere Vereisung wird als die Elster-Eiszeit bezeichnet und als gleich mit den beiden Mindel-Eiszeiten angenommen, die beiden Riß-Eiszeiten werden als Saale-Eiszeit zusammengefaßt und die drei Würmvorstöße als Warthe-, Weichsel- und Baltische oder Pommernsche Eiszeit bezeichnet. Ihre Reihenfolge prägt man sich am leichtesten durch den Spruch ein: „Die Elster im Saale wartete auf ihre Weichselkirsche, die sie bald (t) erhielt."

Zwischen die Warthe- und die Weichsel-Eiszeit fällt das Rixdorfer Interglazial, zwischen diese und die Pommersche Eiszeit das Masurische.

„Auch in Rußland ist die Vollgliederung des Quartärs durch Girmounsky, Mirčink u. A. mit ziemlichem Erfolg durchgeführt worden. Nach Jakowleff sind die Don-Dnjepr-Moränen mit den Saale-Moränen zu verknüpfen." Der nördlich folgende „Hauptendmoränengürtel" umfaßt das Gebiet glazialer Seen, genau wie in Deutschland die Randlage der Weichselvereisung, mit welcher diese russischen Moränen auch direkt verbunden werden können . Der innere oder nordwestliche Endmoränenzug ist die direkte Fortsetzung der Moränen der Pommernschen Phase. Auf eine Anzahl weiterer Rückzugsphasen (Baltisch-Weißmeer-Gürtel) folgen endlich die zwei Stadien der Salpausselkä im südlichen Finnland[1])." Diese sind auf der Karte S. 235 unseres Buches verzeichnet.

Das Stocken des Eisrückzuges an letzteren und an den mittelschwedischen Moränen entspricht keiner Kältephase in der Strahlungskurve, sondern wurde, wie E. Hyyppä wahrscheinlich mit Recht annimmt, von der Zunahme des Schneefalls nach dem Eintritt der heutigen mittleren Luftdruckverteilung und den veränderlichen, aber vorwiegend westlichen Winden in Nordwesteuropa bewirkt.

(Seite 175 oben) Näher definiert ist die Nachricht bei einem neueren Fund aus dem Jahre 1923 bei Mikulino, Gouv. Smolensk, von Mirčink. Unter Würmlehm und über sandigem Rißlehm im Torf Brasenia purpurea, Trapa natans, Stratiotes aloides und massenhaft Samen von Carpinus und Corylus, aber weder Buche noch Eibe.

(Seite 177) Die Vermischung von „warm" und „kalt", von Wald und Steppe unter den Resten von Säugetieren, die jetzt durch tausende von Meilen getrennt sind, wird auch ganz neuerdings von Penck betont[2]). Diese sind deshalb für die Erkennung des Klimas viel weniger brauchbar, als man früher glaubte. Die seltsame „Überschwemmung" mit Höhlenbären (Ursus spelaeus) im Riß-Würm-Interglazial erstreckte sich über einen Höhenunterschied von mehr als 2000 m. Bis zu 2000 Individuen in einer Höhle lassen sich erkennen, über 99% aller Knochenreste darin. „Solange man glaubte, daß es sich um Wohnplätze der Bären, um Bärenschlüpfe handle, war sie nicht so bemerkenswert wie heute, da wir wissen, daß viele Bärenlöcher Stätten gewesen sind, wo der Mensch seine Jagdbeute verzehrte oder hinterlegte." Wie sie sind auch die andern Großtiere aus Europa ver-

---

1) F. Zeuner, Die Chronologie des Pleistozäns. Belgrad 1938, S. 24.

2) Penck, Säugetierfauna und Paläolithikum des jüngeren Pleistozäns in Mitteleuropa. Abh. Berliner Akademie 1938.

schwunden, soweit sie nicht Haustiere wurden. Was ist die Ursache? Man spricht von Entartungserscheinungen, die man an den Höhlenbären gefunden hat. Das Zusammenfallen des gleichzeitigen Verschwindens aller dieser Tierarten, von denen die meisten schon mehrere Eiszeiten überdauert hatten, mit dem Auftreten des Menschen legt die Annahme nahe, daß sie von ihm ausgerottet wurden, wie eine Reihe anderer in neuerer Zeit. Aber letzteres tat der Kulturmensch mit Feuerwaffen, nachdem der Naturmensch mit ihren Herden jahrtausendelang zusammengelebt hatte. Es bleibt also viel Rätsel darum. Auch mit alten Kulturen haben diese Tiere lange zusammengelebt: Löwe, Steinbock, Wisent, Ur waren Jagdtiere sowohl der Jäger von Krems, unweit von Wien, die Abel ins „Maximum der letzten Eiszeit" und ins Aurignacien, also vor etwa 80 000 Jahre verlegt, als der sumerischen Könige vor 4400 Jahren, der Ur auch der assyrischen Könige vor 2800 Jahren.

Dabei war die Pflanzenwelt in Mitteleuropa schon im Riß-Würm-Interglazial so ziemlich die heutige: Fichte, Hainbuche, Stieleiche, Eibe, Stechpalme und Wassernuß, im Süden auch Walnuß.

(Schluß zu Seite 177) Über den Zustand Deutschlands in den Eiszeiten fehlen uns insofern feste Anhaltspunkte, als heute nirgends ein großes Inlandeis im Inneren eines Kontinents endet. Der Raum zwischen dem nordischen und dem alpinen Inlandeis wird Tundra gewesen sein mit kärglichen Birken- und Kiefernwäldchen in den wärmeren Lagen. Da die Sommer kühler und die Winter wärmer waren als heute, so werden Klima und Landschaft einen ausgeprägten ozeanischen Charakter gehabt haben, ohne doch den von Island zu erreichen. Denn nach den Rechnungen von Milankovitch war die jährliche Schwankung in der Bestrahlung z. B. vor 7200 Jahren (W 2) nur um 7% kleiner als heute, und die der Temperatur unter Zuziehung der Wirkung der Schneeflächen höchstens um 12%. Ihre Jahresschwankung in Island aber ist gegenwärtig nur etwa halb so groß wie in Deutschland. Wir können daher kaum annehmen, daß in den Eiszeiten Graswiesen, wie auf Island, vorgeherrscht haben, sondern Renntierflechten auf den trockenen, Moose auf den feuchten Flächen; um so mehr, als die Nordsee trocken lag und die Lage Deutschlands dadurch noch ein wenig kontinentaler war als heute.

(Seite 178) Das aus Nordfrankreich stammende Schema der Kulturperioden hat, besonders durch Hinzuziehung der Funde aus Mitteleuropa und England, einige Änderungen erfahren. Die Kulturen haben teilweise nebeneinander, räumlich getrennt, bestanden. Mehrmals scheinen in den wärmeren Interglazialen Faustkeilmenschen aus Südwesten vorgedrungen zu sein, während in den Eiszeiten Klingenmenschen durch das vordringende Eis aus Norden und Osten an ihre Stelle gedrängt wurden.

In runden Zahlen läßt sich der Ablauf des Postglazials in Südschweden und Norddeutschland so darstellen[1]):

	Zahl der Jahre vor der Jetztzeit	Mitteltemperatur des wärmsten Monats	
		nach der Strahlungskurve[2])	nach den Funden
Die kältesten Sommer	22 000	15°	10°
Eisrand in Pommern (Würm 3)	18 000	—	—
Eisrand in Schonen	15 000	—	—
Eisrand in Mittelschweden und Beginn der Schneedecke	12 000	—	—
Die heißesten Sommer	10 000	—	—
Teilung des schwedischen Inlandeises	9 000	—	—
Weiteste Verbreitung der Hasel usw. nach Norden	7 000	22°	21°
Einwanderung der Buche in SW-Deutschland	6 000	—	—
Jetztzeit	0	18°	—

(Seite 181) In Nordamerika scheint jedoch noch immer die Spur des großen M-R-Interglaziale (Sangamon?) nicht zuverlässig gefunden und die Einordnung der dort ungleich großartigeren Eisspuren in die Strahlungskurve noch unsicher zu sein. Auch dürfte hier nicht mehr die Kurve von 65° nördlicher Breite, sondern eher die von 45° oder 50 maßgebend sein. In dieser ist der letzte Eisvorstoß — W 3 — viel schwächer. Um so mehr glaube ich, daß die Moränen dieser, und vielleicht aller drei Würm-Eiszeiten, nicht in den Vereinigten Staaten, sondern viel nördlicher in Kanada zu suchen sind, da ich nicht umhin kann, an eine ziemlich schnelle Zunahme der geographischen Breiten im östlichen Nordamerika in den letzten 500 000 Jahren zu glauben, wenn sie auch geringer sein dürfte, als ich 1923 annahm. Der Aufsatz des um seine Warwenzählungen sehr verdienten F. Antevs im Maiheft 1938 des Bull. of the Amer. Met. Soc. gibt höchst auffallende Altersschätzungen: die Moränen bei New York sollen vor etwa 36 000 Jahren, die bei Port Huron vor etwa 27 000 Jahren aufgeschüttet sein. „Zwischen etwa 65 000 und 45 000 Jahren vor der Jetztzeit herrschte Schwinden des Eises in der Westhälfte und Zunahme desselben im nordöstlichen Teil des Kontinents." Wir werden wohl noch einige Jahre bis zur Klärung dieser Verhältnisse warten müssen.

(Seite 193) E. Trinkler sagt Peterm. Mitt. 1926, S. 57: „Fast unmerklich leiten (im Himalaja) die Ablagerungen des Jungtertiärs in

---

1) Köppen, Die Änderungen der Temperatur in Europa seit der letzten Eiszeit. Meteor. Zeitschrift 1933, S. 281.
2) Ohne Rücksicht auf die Reflexion der Schneedecke.

die Eiszeit über. Während die höchsten Gipfel, wie Himalaja, Kara Korum, Hindukusch vereist waren, hatten alle anderen Gebiete von Tibet, Afghanistan, Belutschistan eine Pluvialzeit, deren Ablagerungen wir in Gestalt der mächtigen horizontal gelagerten Konglomerate und Terrassen verfolgen können." Durch die damals viel niedrigere Pforte des Kumaon drang nach ihm der Monsun damals weit ins Innere des ebenfalls wohl tiefer gelegenen Zentralasiens ein und ließ große Seen entstehen.

B. Die Gliederung des Eiszeitalters.

Als wir im Jahre 1923 an diesem Buche arbeiteten und aus den Rechnungen von Milankovitch entdeckten, daß die vier Eiszeiten von Penck und Brückner aus je zwei bzw. drei großen Eisvorstößen sich zusammensetzten, wußten wir nicht, daß gleichzeitig zwei Geologen in Mittel- und Süddeutschland dasselbe Resultat durch Beobachtungen im freien Felde gefunden hatten.

In den bayrischen Voralpen hatte B. Eberl auf der Iller-Lech-Platte ebendieselbe Zerlegung der vier klassischen Eiszeiten in neun große Eisvorstöße gefunden und darüber in einem Vortrage in München bereits am 29. Januar 1924 berichtet. In seinem erst später erschienenen Buche, das den geologischen Einzelheiten dieses Tatbestandes gewidmet ist [1]), sagt er auf Seite 384: „Die Übereinstimmung ist so restlos und gerade auch hinsichtlich der unerwarteten Einzelheiten so überraschend, daß ein Zweifel nicht Raum hat an der Identität der beiden Kurven."

Um dieselbe Zeit hatte in Thüringen W. Soergel an den Flußterrassen der Ilm und der Saale elf kalte Klimaphasen erkannt, von denen zwei mit den beiden ältesten norddeutschen Großvereisungen verbunden sind. Jede Aufschotterungsphase entspricht einer Zeit kalt-trockenen, glazialen Klimas, jede Einschneidungsphase einer feuchteren und wärmeren Zeit gemäßigten Klimas. „Diese Gliederung, die zwei Monate vor Erscheinen des Köppen-Wegenerschen Buches veröffentlicht wurde [2]), den beiden Autoren aber bei Abfassung ihres Buches nicht bekannt sein konnte, stimmt völlig mit der astronomischen Gliederung überein", sagt Soergel in seiner bald darauf erschienenen ausführlichen Schrift [3]), die bereits diese Gliederung benutzt.

---

1) B. Eberl, Die Eiszeitenfolge im nördlichen Alpenvorlande. Augsburg, E. Filser, 1930. Referat in Gerlands Beiträge, 1930, S. 366.

2) W. Soergel, Die diluvialen Terrassen der Ilm und ihre Bedeutung für die Gliederung des Eiszeitalters. Jena, G. Fischer, 1924.

3) W. Soergel, Die Gliederung und absolute Zeitrechnung des Eiszeitalters. Berlin, Gebr. Borntraeger, 1925 (S. 198).

Diese gleichzeitige Entdeckung der offenbar zusammenhängenden Tatsachen auf drei verschiedenen Wegen ohne Kenntnis voneinander hat der Forschung eine starke Anregung gegeben.

(Seite 207—214, der Beitrag von Prof. Milankovitch) Die Schwankungen in der an die Grenze der Atmosphäre gelangenden Sonnenstrahlung sind bedingt durch die Änderungen in den drei Größen: ε der Ekliptikschiefe, e der Exzentrizität der Erdbahn, und π der Länge des Perihels. Die beiden letzteren treten stets in der Verbindung e sin π auf. Diese Änderungen werden berechnet aus dem Newtonschen Schweregesetz nach den Stellungen und den Massen der Planeten und der Sonne, das Ergebnis ändert sich also mit den Feststellungen über diese Massen, die meist erst in neuerer Zeit geschehen konnten. Es ist ein Irrtum, wenn man glaubt, daß die Formeln aus den beobachteten Änderungen extrapoliert seien.

Diese Schwankungen von ε, e und π und die dadurch bedingten Schwankungen in der Erdbestrahlung haben selbstverständlich nicht nur im Quartär, sondern fortdauernd zu allen Zeiten stattgefunden, aber die dadurch bedingten Klimaschwankungen waren zeitlich und räumlich verschieden, je nach der sich ändernden Lage des Ortes zu Pol und Äquator und zu Wasser und Land.

Da die Geologie eine sehr junge Wissenschaft ist, sind ihr die Zeugen dieser Klimaschwankungen bis jetzt nur zum kleinen Teile verständlich. Diese Klimaschwankungen haben wahrscheinlich einen Hauptanteil am Kampf ums Dasein, Blühen und Sterben in der Pflanzen- und Tierwelt. Ebenso am Problem der Schichtenbildung. Als Eiszeitalter mit einem Wechsel von Eis- und Interglazialzeiten äußern sie sich hauptsächlich dann und dort, wann und wo Festland zwischen 45° und 65° Breite liegt, in Europa also seit im Pliozän der Pol sich ihm mit einer Geschwindigkeit von etwa anderthalb Kilometer im Jahrtausend genähert hat.

Die — sehr umständliche — Berechnung der Schwankungen von ε, und π auf dieser Grundlage ist, unabhängig voneinander, durch Leverrier und Stockwell geschehen, in beiden Fällen mit nachträglichen Korrekturen wegen Änderungen in den Grundgrößen. Die numerische Auswertung hat Pilgrim 1904 auf Grund der Formeln von Stockwell durchgeführt, und diese Werte hat Milankovitch in unserem Buche benutzt. Da sich aber erwies, daß einige von Pilgrims Zahlen teils mit Rechenfehlern behaftet, teils durch allzu weitgehende Interpolationen gewonnen sind, so hat der Professor der Astronomie Miskovic in Belgrad die Berechnung zur Kontrolle nochmals durchgeführt, und zwar diesmal nach den Formeln von Leverrier und unter Anwendung der neuesten Massenbestimmungen, und hieraus hat Milankovitch die Strahlungsgrößen für verschiedene geographische Breiten neu bestimmt. Man findet sie in seinen Beiträgen zum Handbuch der Klimatologie, Band 1, und zum Handbuch der Geophysik, Band IX. In unserer Fig. 3 gibt die Zackenlinie das Resultat der neuen Berechnung für 65° Breite wieder. In der Hauptsache ist sie eine sehr erwünschte unabhängige Bestätigung der Darstellung von 1924, sie zeigt aber die letzte, Würm III entsprechende Zacke vor 22 000 Jahren als sehr viel stärker, einer wirklichen Eiszeit entsprechend, andererseits die Günz-Eiszeit in mehrere Stöße aufgespalten. Wir dürfen diese neuere Bestimmung als die richtigere ansehen. Riß I ist auch hier der größte Kältevorstoß, wird aber von Würm I beinahe erreicht. Die äußere Kurve in Fig. 3 wird weiter unten erklärt.

Die Größen sind hier, und ebenso in Fig. 4, nicht mehr wie in unserem Buche in Breitenäquivalente umgerechnet, sondern in „kanonischen Einheiten" belassen, für die Milankovitch eine andere anschauliche Beziehung fand. Sie sind nämlich fast genau der durchschnittlichen Änderung der Schneegrenze in den Alpen um 1 m Höhe gleich.

Unter den vielen Diagrammen, in denen Milankovitch die Schwankungen in der sommerlichen Bestrahlung verschiedener Breiten veranschaulicht hat, wählen wir unsere Fig. 4 heraus, weil sie die Entstehung der bekannten „Strahlungskurve" für

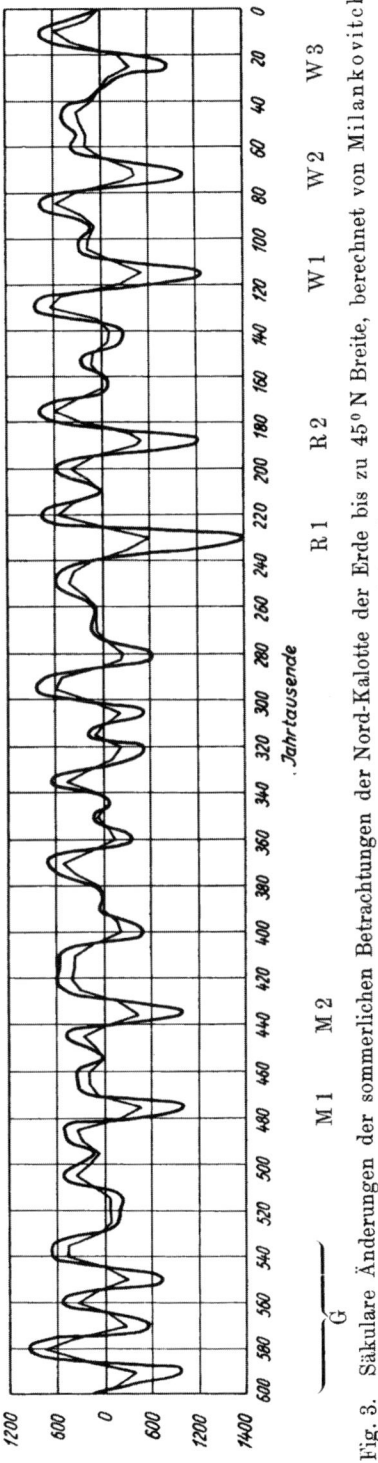

Fig. 3. Säkulare Änderungen der sommerlichen Betrachtungen der Nord-Kalotte der Erde bis zu 45° N Breite, berechnet von Milankovitch nach den Zahlen von Leverrier—Miskovic
a) Gebrochene Linie: nur infolge der Schwankungen der astronomischen Elemente
b) Kurve: dasselbe unter Hinzuziehung der Schwankungen des Reflexionsvermögens der Erde

Europa deutlich macht. In hohen Breiten sind die Schwankungen in der Schiefe der Ekliptik entscheidend, und diese wirken auf beiden Halbkugeln im gleichen Sinne. Daher sind die Kurven für 75° Nord und Süd nahe gleichlautend. In der Nähe des Äquators ist dagegen die Bahnform der Erdbahn (der Ausdruck $e \sin \pi$) maßgebend, und die beiden Kurven sind entgegengesetzt. In mittleren Breiten sehen wir eine verwickelte Verbindung beider Einwirkungen. Daß das Resultat

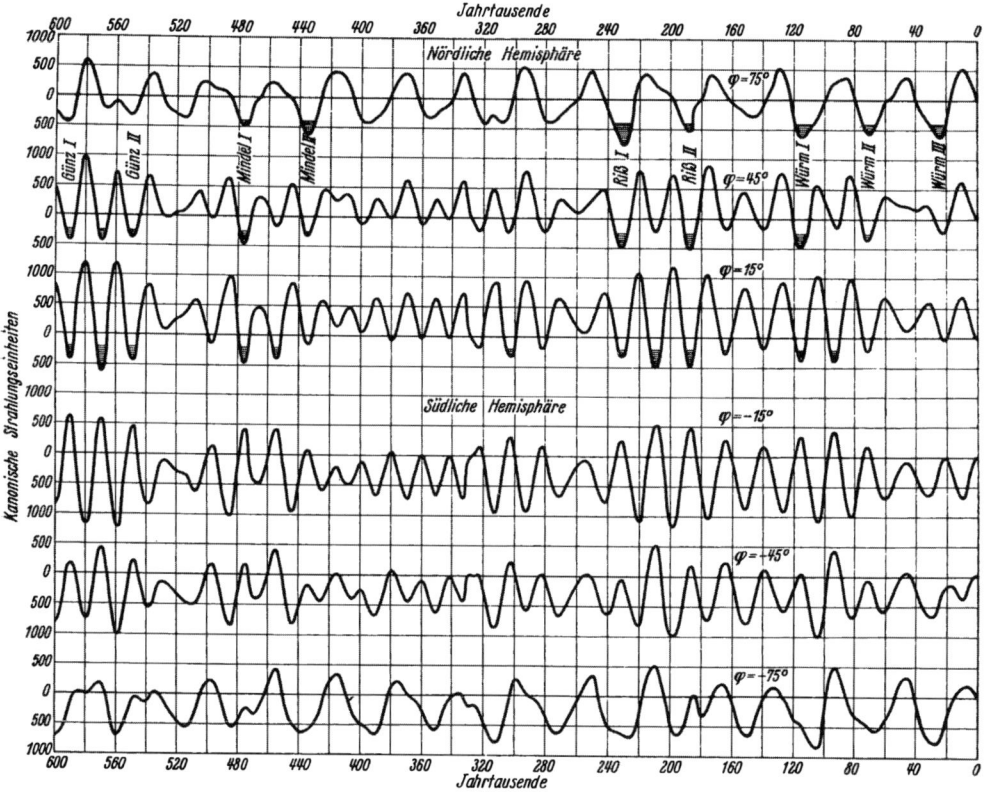

Fig. 4. Säkularer Gang der sommerlichen Bestrahlung verschiedener geogr. Breiten, berechnet aus den Schwankungen der astronomischen Elemente (nach Leverrier—Miskovic), berechnet von Milankovitch

sich gerade hier deutlich in der Form mehrfacher Eiszeiten geäußert hat, wird wohl nicht ohne Hinzuziehung der Neben- und Nachwirkungen der Strahlungsschwankungen verständlich werden. Diesen wenden wir uns im Nachfolgenden zu.

Besonders die Wirkung der in der Figur dargestellten Schwankungen der Sonnenbestrahlung in niederen Breiten wird wohl erst nach Jahrzehnten richtig verstanden werden können, wenn man über die Bedingungen des Wachstums von Gletschern mehr Klarheit gewonnen hat. Die Temperatur des Sommers ist gewiß in unseren und höheren Breiten das maßgebendste Element, wenn sie auch spät und nur in vielfacher Wiederholung wirkt. Die großen Wellen aber, welche unsere Figur für den 15. Breitengrad zeigt, können dort, wo die andere Jahreshälfte nahezu ebenso warm ist, nicht dasselbe besagen. Da hier die säkulare Schwankung dieser anderen Jahreszeit entgegengesetzt ist, so zeigen uns diese Wellen nur, daß die jährliche Schwankung der Temperatur sich auch in diesen Breiten in einer Periode von rund 20 000 Jahren ändert. Es ist aber möglich, daß in der Tat für die tropischen Gletscher die Größe dieser Jahresschwankung entscheidende Bedeutung hat; dann würden, wie die Figur zeigt, die „Mindel-", „Riß-" usw. Eiszeiten mit geringen Verschiebungen von nur je 10 000 Jahren weltweite Geltung haben.

Daß Eis- und Interglazialzeiten sich in den meisten Stücken wie Tag und Nacht, Sommer und Winter verhalten haben, ist sehr wahrscheinlich, aber die sehr besonderen Verhältnisse sind natürlich zu beachten und Zeiten mit dauernd unter dem Gefrierpunkt liegender Temperatur und teilweise über diesem gelegener sind zu unterscheiden. Nur bei den letzteren (den Sommern) ist Verringerung der Sonnenstrahlung günstig für die Entwicklung von Inlandeis, bei den ersteren (den Wintern) ist im Gegenteil höhere Temperatur günstiger durch stärkeren Schneefall usw. Da nun die astronomischen Strahlungsperioden beim Winter entgegengesetzt verlaufen wie beim Sommer, genügt es im allgemeinen, letzteren zu untersuchen. P. Beck in Thun findet[1]), daß es für die Schweiz richtiger ist, die Dauer der Frostperiode zugrunde zu legen.

In den letzten Jahren hat die Wirkung einer Schneedecke auf Empfang und Abgabe von Wärmestrahlung auch für die Eiszeitenfrage größere Beachtung gefunden. In unserem Buche ist sie nur insofern berücksichtigt (z. B. S. 249), als auf Grund der Angaben von A. Wegener die Temperatur über Inlandeis (bei gleicher Seehöhe) durchschnittlich 5 bis 8° niedriger angenommen wurde als über aperem Boden. Seit 1933 hat W. Wundt (Freiburg i. Br.) in einer Reihe von Aufsätzen in der Met. Zeitschr. mit Recht die Wichtigkeit der Schneedecke auch außerhalb der Inlandeise ausgeführt. Da er dabei nur die Reflexion der Sonnenstrahlen am Tage und nicht die nach allen Beobachtungen sehr starke Ausstrahlung einer frischen Schneedecke bei Nacht berücksichtigt, so dürfen wir annehmen, daß die Gesamtwirkung noch größer sein wird.

Da die Wirkung von Schneefall und von Regen auf die Strahlungsbedingungen gänzlich verschieden ist, können die Temperaturverhältnisse

---

1) Eclogae geologiae Helvetiae, Vol. 30 Nr. 2, 1937 und Vol. 31, Nr. 1, 1938.

um Null herum als labil bezeichnet werden. Eine geringe Abkühlung bringt, wenn sie mit Schneefall verbunden und von Aufklaren des Himmels gefolgt ist, ihre eigene Verstärkung und Verlängerung hervor[1]. Milankovitch hat versucht, auch diese Wirkungen rechnerisch zu erfassen, und gefunden, daß sie zum Teil an die primäre Wirkung der Änderungen in der Sonnenstrahlung heranreicht. Wie Wundt es ausspricht: „Die Erde bereitete sich, wenn einmal der erste Anstoß da war, auf dem Wege der ständig sich steigernden Mindereinnahmen an Wärme selbst eine Eiszeit." Um die ungefähre Größe dieser Einwirkung zu bestimmen, verfährt Milankovitch folgendermaßen: Die mittlere jetzige Südgrenze der Eiskalotte der nördlichen Halbkugel während des Sommerhalbjahres setzt er auf 75° N. Br., diejenige vor 230 Jahrtausenden zu 55° N. Br. und ihre Änderung als proportional dem Strahlungsdefizit der letzteren Zeit = −601 K, so daß der Proportionalitätsfaktor sich zu 2 Sek. ergibt. Bezeichnet $\Delta_1 Q_s$ die Änderung des im Sommerhalbjahr an der Grenze der Atmosphäre auf dem von 45° Br. begrenzten Erdkalotten empfangenen Strahlungsmenge, $\Delta_2 Q_s$ die Änderung der Bestrahlung dieser Räume infolge der Veränderlichkeit des Reflexionsvermögens der Erde, so setzt Milankovitch diesen Wert für die nördliche Kalotte auf

$$\Delta_2 Q_s = 6143 \, [\sin(75° + 2' \Delta_1 Q_s) - \sin 75°]$$

und für die südliche Kalotte wegen ihrer überwiegenden Meeresbedeckung und der Höhe des antarktischen Kontinents auf

$$\Delta_2 Q_s = 5433 \, [\sin(68° + 0'33 \Delta_1 O_s) - \sin 68°].$$

Bei Berechnung des Koeffizienten ist eine mittlere Bewölkung gleich 0,54, eine Durchlässigkeit der Atmosphäre gleich 0,8 und ein Reflexionsvermögen der Schnee- und Eisdecke gleich 0,50[2], das des aperen Bodens gleich 0,94 zugrunde gelegt worden.

Die Schwankungen in der sommerlichen Bestrahlung der Erde sind also viel größer, als die ursprüngliche Strahlungskurve sie ergab. Die Zweifel, ob sie für die Entstehung von Eis- und Interglazialzeiten hinreichen, sind deshalb unberechtigt. In Übereinstimmung mit den geologischen Tatsachen kommt diese Verstärkung fast nur den negativen Abweichungen von der jetzigen Temperatur in den Eiszeiten und nur wenig den positiven während der Interglaziale zugute, so daß der allgemeine Charakter des Eiszeitalters ein Wärmedefizit ist. Auch sind die Schwankungen in der Bestrahlung des Winterhalbjahres zwar großenteils denen des Sommers entgegengesetzt, aber geringer als diese, so daß die Jahresmittel denselben, wenn auch kaum halb so starken

---

[1] Kältezeiten im deutschen Winter sind meistens, in der Zöllnersprache ausgedrückt, „importierte, aber im Inland veredelte Ware".

[2] Nach Devaux, L'Economie radio-thermique des champs de neige. Paris 1933.

Gang zeigen, wie die Sommermittel. Daß dabei im hohen Norden warme Winter das Gletscherwachstum eher begünstigen als schwächen müssen, haben wir schon auf S. 200 unseres Buches ausgesprochen.

In Fig. 3 ist nach der Tabelle 94 von Milankovitchs neuester Veröffentlichung[1]) der säkulare Gang der Bestrahlung der Erdkalotte nördlich von 45° N. Br. dargestellt, und zwar einerseits (gebrochene Linie) die einfache Folge der Änderungen der astronomischen Elemente ($\Delta_1 Q_s$), andererseits (die Kurve) die Gesamtwirkung sowohl dieser als der Reflexion der wechselnd ausgedehnten Schnee- und Eisfläche ($\Delta_1 Q_s + \Delta_2 Q_s = \Delta Q_s$). Die Größe der Änderungen hat Milankovitch in dieser Figur durch „kanonische Einheiten" ausgedrückt, deren tausend einer Änderung von etwa 7 Breitengraden entsprechen.

Daß sowohl die Entstehung als die Auflösung der Eismassen gegen die sie bedingenden Schwankungen in der Bestrahlung verspäten mußten, ist selbstverständlich. Wie stark aber diese Verspätung war, läßt sich vorläufig nur abschätzen. Die Pommersche Endmoräne, deren Alter jetzt auch De Geer auf 18 000 Jahre schätzt, soll danach 4000 Jahre nach dem Strahlungsminimum von —22 000 entstanden sein. Im Jahre 1930 habe ich[2]) diese Verspätung für das von Eberl untersuchte Gebiet auf 4 bis 7 Jahrtausende angenommen. Im Jahre 1938 hat Soergel[3]) die Frage genauer untersucht und ist dabei zu einer Kurve gekommen, die von der Strahlungskurve auffallend weit abweicht. Da er aber eine genauere Darstellung seiner Methode, die auch eine ausführliche rechnerische Begründung bringen soll, an anderer Stelle veröffentlichen will, muß hier die Wiedergabe seiner graphischen Darstellung der ungefähren Randlage des Inlandeises in Deutschland (zwischen 11 und 19° östl. Länge), in Breitengraden gemessen, genügen (Fig. 5). Das entscheidende Moment ist, daß ja die Abschmelzung an der Oberfläche mit wachsender Dicke des Eises abnimmt und in gewisser Seehöhe aufhört, während die Schmelzung am Rande fortdauert. Daß dabei zum Teil die Verschmelzung zweier Vorstöße zu einer Eiszeit vorkommt, entspricht dem in unserem Buch Vermuteten (vgl. S. 218).

Neben den Arbeiten von Milankovitch sind in den letzten Jahren mehrere Berechnungen von Prof. Spitaler über diesen Gegenstand erschienen, die von denselben astronomischen Daten ausgehend zu einer ganz anderen Chronologie des Eiszeitalters gelangen. Als ich

---

1) M. Milankovitch, Astronomische Mittel zur Erforschung der erdgeschichtlichen Klimate. Band IX, Lief. 3 des Handbuchs der Geophysik. Gebr. Borntraeger, 1938.

2) Köppen, Neueres über Verlauf und Ursachen des Europäischen Eiszeitalters. Gerlands Beiträge, Bd. 26, S. 376.

3) Soergel, Die Vereisungskurve. Berlin, Gebr. Borntraeger, 1937.

im Jahre 1923 die Ergebnisse von Milankovitch in seiner „Theorie mathematique" kennen lernte, war es die weitgehende Übereinstimmung der von ihm ermittelten Schwankungen in dem Strahlungsempfang dieser Breiten mit dem Penck-Brücknerschen Schema der alpinen Eiszeiten, die mir die Überzeugung aufdrängte, daß hier die Quelle des letzteren liege. Freilich war die Zerspaltung aller vier Eiszeiten in je zwei und drei solch eine „Überraschung, an die man sich erst wird gewöhnen müssen" (vgl. S. 206 unseres Buches). Diese Zerspaltung ist dann, wie wir sahen, durch ein merkwürdiges Zusammentreffen gleichzeitig von der Beobachtung bestätigt worden.

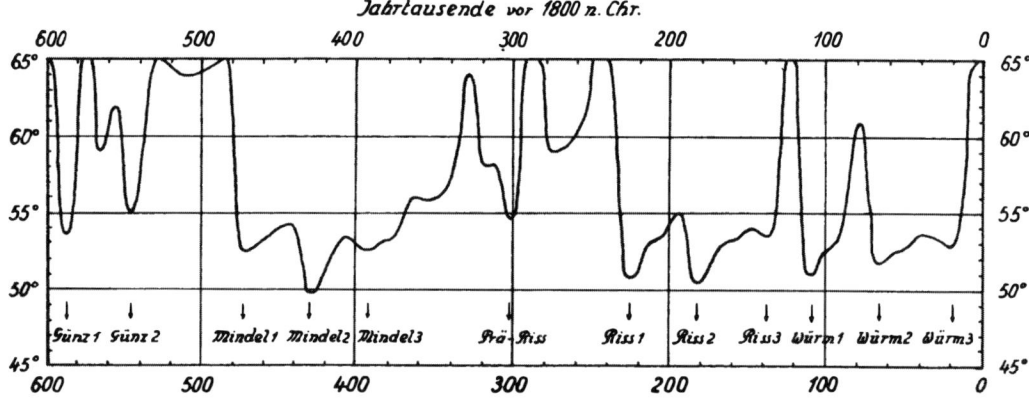

Fig. 5. Die „Vereisungskurve" von Soergel

Diesen entscheidenden Vergleich wollen wir denn auch jetzt vornehmen. Im Märzheft 1939 der Meteorol. Ztschr. gibt Spitaler, nachdem er auf S. 117 angegeben hatt, daß auch er, wie wir, „kalte Sommer und milde Winter in erster Linie zur Hervorrufung einer Eiszeit erforderlich" findet, eine Übersicht seiner Ansicht von der Chronologie des Eiszeitalters, wonach die Günz-Eiszeit schon vor 1 350 000 Jahren begonnen habe. Auf das Jahr −22 300 setzt er das Daun-, auf −72 000 das Bühl-Stadium an. Die Riß-Eiszeit, in der bereits der Neandertaler lebte, versetzt er in die unwahrscheinliche Entfernung von −600 000 bis −450 000 Jahren, und, was hier das Wichtigste ist, das große M-R-Interglazial nimmt er als wenig länger denn dasjenige Riß-Würm an.

Etwas klarer als die Zahlenmassen und beschreibenden Texte von Spitaler sind seine Diagramme in diesem und dem folgenden Juliheft, die offenbar auf den Zahlen von Pilgrim beruhen. Die Hochpunkte der gestrichelten Linien auf S. 116 und 266, die auf letzterer als „Winter", auf ersterer überhaupt nicht bezeichnet sind, fallen mit den Tiefpunkten der älteren Strahlungskurven von Milankovitch zusammen, ebenso die Pluszeichen in der Kolumne Δ auf S. 267 (deren dazwischenstehende Zahlen scheinen durcheinandergeraten zu sein). Man sieht, daß die krassen Unterschiede zwischen den Chronologien von Spitaler und den unseren in der Hauptsache nicht in den Rechnungen, sondern in der Deutung der Zahlen liegen (vgl. dazu Ann. d. Hydr. 1921, S. 411—414), die bei Spitaler ohne sichtbaren Grund den Schätzungen von Penck gänzlich widersprechen (vgl. S. 160 u. 217 unseres Buches).

Da eine Vermengung dieser verschiedenen Zeitrechnungen, wie sie Antevs im Bull. of the Americ. Meteor. Soc. vom Mai 1938 vornimmt, ebensolche Verwirrung anrichten würde, wie sie einst in der Vermischung von LaGrange's alten Rechnungen mit den neuzeitigen stattfand, so ist sie sorgfältig zu vermeiden.

In einer soeben erschienenen Schrift von A. Wagner, Innsbruck[1]), wird außer den kurzen Klimaschwankungen unserer Zeit auch das quartäre Eiszeitalter auf 78 Seiten behandelt. In dem „Versuch einer neuen Erklärung der Eiszeiten" knüpft der Verfasser an deren Auftreten nach Zeiten starker Gebirgsbildung an und glaubt es aus einem zeitweise verringerten Wärmestrom aus dem Erdinnern erklären zu können. Durch die Gebirgsbildung werde die durch Zerfall der radioaktiven Stoffe aufgespeicherte Wärme ausgegeben und eine „Bereitschaft zu rhythmischen Eisvorstößen" geschaffen, bis der Wärmestrom aus dem Erdinnern wieder zunehme. Beweise fehlen freilich. Also auch hier ein unnötiger Rücksprung aus der beginnenden Klarheit ins Dunkle!

Völlig auf Willkürlichkeiten aufgebaut ist eine Erklärung der Eiszeiten, die G. C. Simpson 1927 bis 1934 im Quart. Journ. Met. Soc. und in drei andern Aufsätzen dargelegt hat. Er nimmt an:

1. Im Laufe des europäischen Eiszeitalters eine zweimalige Schwankung der sogenannten „Sonnenkonstante".
2. Entstehung von Eiszeiten abwechselnd bei abnehmender und bei zunehmender Sonnenstrahlung.
3. Die große M-R-Interglazialzeit soll trockenkalt, die beiden anderen sollen feuchtwarm gewesen sein.
4. Bei steigender Sonnenstrahlung soll die Bewölkung zugenommen haben und die Temperaturzunahme dadurch wieder aufgehoben worden sein.
5. Den vier Eiszeiten sollen nur zwei Pluvialzeiten in der Sahara zur Zeit der beiden feuchtwarmen Interglaziale entsprechen.

Albrecht Penck lehnt leider die überall auf ihre Konsequenzen prüfbare astronomische Theorie der Eiszeiten kurzweg ab und zieht

---

1) A. Wagner, Klimaänderungen und Klimaschwankungen. Bd. 92 von „Die Wissenschaft". Braunschweig, Fr. Vieweg, 1940.

ihr¹) die unprüfbare und daher durchaus unfruchtbare Annahme vor, die Sonne habe (in relativ kurzer Wiederholung?) weniger Wärme abgegeben oder die Erde habe sich entsprechend in einem kälteren Teil des Weltraumes befunden. So muß sich also leider die neue Auffassung gegen den Forscher durchsetzen, dem unser Wissen von der Eiszeit am meisten verdankt. Sehr schade!

Kurze Darstellungen des quartären Eiszeit-Phänomens, die sich bereits auf den neuen Standpunkt stellen, findet man im Handwörterbuch der Naturwiss. (2. Aufl., Artikel Eiszeiten) von K. Keilhack, im Handbuch der Bodenlehre (Bd. 2) von E. Wasmund und im Bulletin der Belgrader Math.-Naturw. Akademie 1938 von F. E. Zeuner.

(Seite 233) Die Zahlen dieser Tabelle werden jetzt erheblich höher angesetzt. De Geer selbst (s. Geol. Rundschau XVII, S. 422) gibt jetzt dem „Postglazial", d. h. der Zeit seit dem Durchbruch des Stausees bei Ragunda nach Westen, 8700 Jahre, also 2100 Jahre mehr. Wir können somit rund 9000 Jahre dafür ansetzen. Die Sommer in Schweden waren damals schon längst viel wärmer geworden, als die jetzigen, und der Baumwuchs folgte dem schnell wegschmelzenden Inlandeis auf dem Fuße nach. Dasselbe findet auch Hyyppä (Acta Forest. Fenn. 39, S. 20) auf der Karelischen Landenge. Birke, Kiefer, Fichte und Weißerle folgten, unter Anführung der Birke, dem Gletscherrande so nahe, daß von einer baumlosen Tundra nur in unmittelbarer Nähe des Randes die Rede sein kann. Er nimmt dafür eine erheblich frühere Zeit an, „vor mindestens 1200 Jahren", und etwa 250 Jahre lang, bis zum Anfang der Ancyluszeit. Die dieser gleichzusetzende „boreale Zeit" setzt auch Gams auf 9700 bis 7500 vor jetzt an.

In 55° N. Br. erhielt nach Milankovitch die Erde an der Obergrenze der Atmosphäre folgende Wärmemengen mehr oder weniger als jetzt von der Sonne zugestrahlt, in kanonischen Einheiten:

Jahre Abstand vor 1850	22 000	20 000	15 000	10 000	5 000
Sommerhalbjahr	−315	−171	+374	+589	+277
Winterhalbjahr	+215	+111	−347	−528	−234

Also von 15 000 bis 5000 Jahre vor der Jetztzeit, in der Eichenzeit, viel wärmere Sommer als jetzt, aber zugleich kältere Winter, welche die Buche ausschlossen.

Die Spuren dieser durch die Strahlungskurve geforderten Zeit der warmen Sommer lassen sich auch weit nach Osten verfolgen. So fand Fr. Schmidt im Delta des Jenissej Lärchenreste im Torf bis $70\frac{1}{2}°$ Breite (Mem. Petersburger Akad. 1872), Lopatin solche sogar bis

---

1) Verhandlungen der III. Internat. Quartär-Konferenz, Wien, September 1936, S. 11 und 13 des Sonderabdrucks seiner Rede.

72° Breite. Heute verläuft die Baumgrenze hier bei 66°. Dabei fand Schmidt in der Gyda-Tundra in 70½° Breite Knochen und Hautstücke vom Mammut, das also trotz seines großen Bedarfs[1]) dort noch Nahrung fand. Samojlowitsch hat 1921 sogar an der Krestowaja-Bai auf Nowaja Semlja fossilen Torf 1½ m tief im Boden gefunden. Um Jakutsk herum — bei Wiljujsk, Suntar, Olekminsk und anderen Orten — treten fossile Salzböden (meist Natronkarbonat) auf; 2 m darunter liegt Eisboden[2]). Ob diese Zeugen einer warmen und trockenen Zeit aus dem Postglazial oder aus dem Frühquartär stammen (vgl. oben S. 5), ist freilich noch unbestimmt.

Durch das Steigen Skandinaviens und das Sinken des norddeutschen Küstenlandes ist die Ostsee nach der letzten — und wohl nach jeder — Eiszeit etwas nach Süden verschoben worden, ebenso die Seen des Europäischen Nordens, die dadurch ihre Abflüsse südwärts verlegten, z. B. der des Ladoga von Wiborg nach Petersburg.

Das vom Eise freiwerdende Land wurde in Europa, den Pollenfunden (s. oben S. 6) nach zu urteilen, bald von Birken- und Kiefernwäldchen besetzt. Erst später erhielten, mit den immer wärmer werdenden Sommern (s. Fig. 3), Corylusgebüsch und Eichenmischwald die Herrschaft: Linden, Ulmen, Erlen, Eichen. Es ist seltsam, daß dabei nicht etwa Ulmus effusa, deren Früchte so massenhaft vom Wind verbreitet werden, sondern schwerfrüchtige Gewächse, Haselnuß und Eiche, die Führung hatten, die auf die Hilfe von Nagetieren und wenigen Vögeln angewiesen sind, die sie verschleppen; und zwar ist es an den meisten untersuchten Stellen die Hasel, deren Pollen längere Zeit so stark vorwaltet, daß man von einer Haselzeit spricht. Später wurde sie durch den Schatten des Eichenmischwaldes verdrängt. Daß sie vor der Eiche einen großen Vorsprung hatte, obwohl ihre Nordgrenze jetzt nur wenig nördlicher liegt, hat sie vielleicht ihrem besseren Geschmack zu verdanken, indem die Tiere die bitteren Eicheln verschmähten, solange Haselnüsse so massenhaft zur Verfügung standen. Die Annahme, daß die Tundra zunächst durch offene Gras- und Heidelandschaften ersetzt wurde, hat man wohl mit Recht verlassen; aber Birke, Kiefer, Hasel und Eiche lieben Licht und geben keinen tiefen Schatten. Erst als vor etwa 5000 Jahren die Sommer kühler, aber die Winter wärmer wurden, wurden die Eichenmischwälder im Südwesten durch die Buche, im Nordosten durch die Fichte mehr und mehr eingeschränkt.

Natürlich folgten die Pflanzen der Änderung des Klimas mit einer Verspätung, deren Betrag noch unbekannt, auf durchschnittlich etwa

---

1) Nach Penck, Berl. Ak., 1938, S. 67, braucht ein Elefant soviel Nahrung wie etwa 15 Wildpferde.
2) S. L. Berg, Klimagürtel der Erde (russisch), S. 26, und Sokolow, Iswetija der Russ. Geogr. Ges. 1923.

5 Jahre das Kilometer geschätzt ist, bei Meeresstraßen unter Umständen wohl viel länger, soweit nicht Vögel dabei beteiligt waren.

Eine ähnliche Entwicklung der Vegetation wird jedenfalls nach jeder Eiszeit stattgefunden haben. Manche interglaziale Ablagerungen zeigen uns auch, wie sie beim Heranrücken einer neuen Eiszeit sich veränderte und verarmte. So ließ sich im Rinnersdorfer Interglazial in Brandenburg folgende Waldzeitenfolge nachweisen: 1. Ältere Kiefernzeit, 2. Haselzeit, 3. Lindenzeit, 4. Hainbuchenzeit, 5. Tannenzeit, 6. Fichtenzeit, 7. jüngere Kiefernzeit. Anstieg, Optimum und Rückgang der Temperatur kommen hierin klar zum Ausdruck, vielleicht neben Änderungen der Feuchtigkeit, für die wir leider keinen solchen

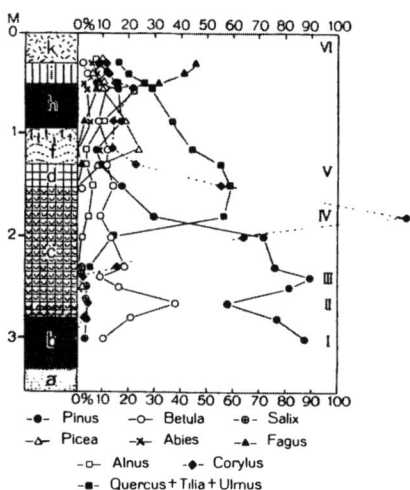

Fig. 6. Pollendiagramm aus dem Federseemoor in Oberschwaben

Wegweiser wie die Strahlungskurve besitzen. Auch bei gleicher Regenmenge ist natürlich, wegen zunehmender Verdunstung, ein Klima um so „trockner", je wärmer es ist. Deshalb ist die Bezeichnung „xerothermische Periode" für die Wärmezeit, der man vielfach begegnet, wahrscheinlich richtig. Für eine solche findet man auch im Alpengebiet viele Spuren.

Pollenzählungen liegen jetzt aus vielen Ländern vor, auch aus Nordafrika, jedoch ohne so bestimmte Ergebnisse wie die obigen.

(Seite 250) Die Angaben über die postglazialen Klimaänderungen aus Amerika scheinen noch nicht deutbar, da sie Änderungen in jüngster Zeit behaupten, die unerklärbar sind, außer etwa durch große Niveauänderungen. So nimmt E. Kies eine große Klimaänderung am Titicacasee vor nur 1000 Jahren an, und so sprechen die Ruinen in jetzt wasserlosen Gegenden von Arizona und in den Urwäldern von Yucatan scheinbar für eine Verlagerung der Trockenzone in jüngster Zeit.

2015–341 /

Here follows the first full English-language translation of

'The Climates of the Geological Past'
(1924)

complete with the 'Supplements and Corrections' produced by Wladimir Köppen following the untimely death of his co-author and son-in-law, Alfred Wegener.

The Climates
of the Geological Past

by

W. Köppen   and   A. Wegener

Meteorologist at the Naval Observatory (retired)   Prof. of the University of Graz

With 1 plate and 41 figures in the text

Berlin

Verlag von Gebrüder Borntraeger

W 35 Schönberger Ufer 12a

1924

Contents

Introduction Methods of the Book p. 1 — Stratigraphy p. 4

Chapter I. Fossil Climate Indicators 5

Fossil Ice 6; Traces of Inland Ice and Glaciers 7; Coals as Indicators of Rainy Climates 8; Present-day Arid Regions 10; Gypsum and Rock Salt 10; Desert Sandstone 12; Loess 13; Soil Colors 14; Remnants of Plants 15; Remnants of Terrestrial Animals 16; Limestone Production by the Marine Fauna 17.

Chapter II. The Climate Belts of the Carboniferous and Permian 19

A. Traces of Ice 19

In South Africa 22; Multiple Glaciation 23; Special Stratigraphy in New South Wales 24; Temporal Displacement of the Ice Cap 26; Stratigraphy in Brazil 27; the same in South Africa 28; the same in Nearer India 29; the same in Australia 30; Pseudoglacial Phenomena 31;

B. Coal 32

Tropical Peat Bogs 32; The Equatorial Coal Belt of the Carboniferous and the Permian 34; Coals of the Southern Rain Zone on Moraines 36.

C. Salt, Gypsum and Desert Sandstone 36

In North America 36; in Europe 37; Formation of the Stassfurt Salt Deposit 38; Salt Deposits in Africa 39.

D. Flora 40

Tropical Nature of the European Carboniferous Flora 40; Pecopteris Flora, Lepidodendron Flora and Glossopteris Flora 43.

E. Fauna 49

Limestone Reef Builders 49; Reptiles 50.

Chapter III. The Climate Belts of the Mesozoic 52

A. The Triassic 52

Traces of Ice 52; Coal 53; Salt, Gypsum, Desert Sandstone 54; Flora 58; Fauna 59.

B. The Jurassic 61

Ice 61; Coal 61; Salt, Gypsum, Desert Sandstone 65; Flora 66; Fauna 68; Classification of the Marine Fauna acc. to Neumayr-Uhlig 71; Criteria Derived from the Present-day Fauna of Australia 72.

C. The Cretaceous 73

Ice 73; Coal 74; Salt, Gypsum, Desert Sandstone 76; Flora 79; Fauna 82; Distribution of Rudists acc. to Dacqué 89; Sauria 84; Criteria Derived from the Present-day Fauna of Australia 85.

Chapter IV. The Climate Belts of the Tertiary 88

A. The Early Tertiary (Paleocene, Eocene, Oligocene) 89

Ice 89; Coal 90; Salt, Gypsum, Desert Sandstone 94; Flora 97; Amber Forests 98; Early Tertiary Forest Flora of the Northern Polar Region 98; South American Floras 101; Equatorial Rain Flora in Egypt 102; Fauna 102.

B. The Late Tertiary (Miocene, Pliocene) 105

Ice 105; Miocene Tillite in Alaska 105; Fossil Ice in Alaska and Northeast Siberia 105; Miocene Age of same 113; Pliocene Glaciation in North America 114; Coal 116; Salt, Gypsum, Desert Sandstone 117; Galician-Romanian-Minor Asian-Persian Salt Formation 118; Late

Pliocene Arid Climate in Sumatra 121; Stratigraphy of Argentina 122; Floras 123; Floras of South America and Seymour Island 125; Fauna 128; Marine Fauna of Alaska 128; Terrestrial Fauna of South America 130.

Chapter V.   The Climates of the Pre-Carboniferous Periods 131
A.   The Devonian 131; Old Red 132.
B.   The Silurian 134; Salt Formations in North America 135; Silurian Corals 136.
C.   The Cambrian 137; Ice Traces 138; Cambrian Salt Deposits in Nearer India 139.
D.   The Algonquian 140; Ice Traces in North America 140; Algonquian Desert Sandstone 141.

Chapter VI.   Pole Migrations and Latitude Changes in Earth's History 143
Pole Migration Pathways 143; Latitude Changes 145; Table of the same from 27 locations since the Carboniferous 146

Chapter VII.   The Climates of the Quaternary 147
A.   Overview of the Facts 147
1. Europe: Glaciation of the Alps 147; The Inland Ice of Northern Europe 154; Climate Indicators Outside the Glaciation Area: Boulder Fields, Loesses 155; Anticyclones, Orientation of Dunes and Glaciers 159; Flora 162; Fauna 164; Man 167.
2. Countries Outside Europe: The Inland Ice of North America 169; Ice Ages 171; Lakes 173; Alaska and the New Siberian Islands 177; Mammoth Carcasses 178; Asia 179; South America 180; South Africa 183; Australia and New Zealand 183.
B.   The Stratigraphic Division of the Ice Ages, their Causes and Age Calculation 184
The temperature in summer is crucial 184; Fluctuation of Solar Insolation 188; Milankovitch on the Relation between ε and $e \sin \Pi$ and their Secular Fluctuations 193; Amounts of Insolation in the Caloric Seasons Expressed in Latitude Equivalents 194; Solar Insolation Table for the Summer Half-year at 55°, 60° and 65° Latitude During the Last 650,000 years 199; Approximate Graphical Derivation of the Insolation Amount as a Function of ε and $e \sin \Pi$ for Both Hemispheres of the Globe 200; Comparison with the Glaciations in the Alpine Region 202; Duration of an Ice Age, Combination of two Insolation Minima to Yield One Ice Age 204; Ice Ages in both Hemispheres of the Globe; Accompanying Circumstances 207.
C.   The Latitude Changes in the Quaternary and the Climate Changes in Specific Areas 208
Low Temperatures in Europe and North America During the Entire Period 211; Pole Migrations according to Observations Made in Europe, North America and Antarctica 212; Shift of the Equatorial Current 214; Time Course of Solar Insolation at Five Locations During the Last 120,000 Years 215.
D.   The End of the Ice Age and the Postglacial Period 216
De Geer's Measurements in Sweden and North America 217; The Climate Optimum at 8,000—5,000 Years Ago 218; One Time of Hot Summers is More Likely Than Two 222; Climate Changes in Greenland and Spitsbergen 224; Vegetation Change in Denmark and NW Germany 226; Two Tables for NW Europe 228; Connection to the Foothills of the Alps 231; Temperature Change on the Border of Inland Ice During Retreat 247; North America 233; Historical Time 234; Change in Moisture 235; "Desiccation" without Proof 236.
E.   Table of ε and $e \sin \Pi$ since 800,000 Years 237

Explanation of the PLATE (Line Chart) 239
Index 243

Table of Figures

Fig. 1. Arid regions and isotherms today	9
Fig. 2. Boundaries of the coral reef formations in the Pacific Ocean	17
Fig. 3. Ice, bogs and deserts in the Carboniferous	20
Fig. 4. Ice, bogs and deserts in the Permian	21
Fig. 5. The climbing fern Sphenopteris	41
Fig. 6. Young frond with aphlebiae of Pecopteris plumose	42
Fig. 7. Glossopteris frond	44
Fig. 8. Distribution of the flora in the Carboniferous and Permian	48
Fig. 9. Bogs and deserts in the Triassic period	55
Fig. 10. Bogs and deserts in the Jurassic period	63
Fig. 11. The marine realms of the Jurassic after Neumayr-Uhlig	70
Fig. 12. Bogs and deserts of the Cretaceous period	75
Fig. 13. Tropical rudists in the Cretaceous after Dacqué	84
Fig. 14. Bogs and deserts in the Eocene period	91
Fig. 15. Ice, bogs and deserts in the Miocene	106
Fig. 16. Locations of fossil ground ice occurrence	110
Fig. 17. Melting margin of ground ice on Great Lyakhovsky Island	112
Fig. 18. Melting margin of ground ice between Indigirka and Alazeya	113
Fig. 19. Ice, bogs and deserts in the Pliocene and Early Quaternary	107
Fig. 20. Localities of Upper Tertiary floras in South America	125
Fig. 21. Ice, bogs and deserts in the Devonian incorporated into the world map of the Late Carboniferous	133
Fig. 22. Pole migration pathways, related to Africa	144
Fig. 23. Changes in geographical latitude in the course of the earth's history for 5 selected locations	145
Fig. 24. Expansion of Pliocene and Quaternary glacial traces	148
Fig. 25. Time course of the ice ages in the Alps according to A. Penck and E. Brückner	149
Fig. 26A. Time course of the last glacial stage in southern Germany after Soergel	150
Fig. 26B. Insolation at a northern latitude of 55° after Milankovitch	151
Fig. 27. Expansion of the moraines during the Mindelian, Rissian, Würmian glaciations of the Baltic Advance after Olbricht	154
Fig. 28. Relationship between loesses and moraines after Soergel	157
Fig. 29. Example of the overlaying structure of various types of loess from the environs of Strasbourg after Schumacher	158
Fig. 30. Likely position of the continents, the barometric pressure zones and the prevailing winds during the Mindelian glaciation	160
Fig. 31. End moraines of various glaciations and ice movement in North America after Chamberlin and Salisbury	168
Fig. 32. The Quaternary lakes of the Great Basin	172
Fig. 33. Quaternary glaciation of the Magellan area after O. Nordenskjöld	181
Fig. 34. Time course of an annual insolation at an arbitrary geographical latitude according to Milankovitch	195

Fig. 35. Illustration of the scale-shaped remainders of the last five American glaciations . 210
Fig. 36. The path of the North Pole, related to Europe... 211
Fig. 37. Glacier formations in the Northern Hemisphere 212
Fig. 38. Strength of insolation expressed as equivalents of latitude considering latitudinal changes Millennia before present. 215
Fig. 39. Last retreat of inland ice in Fennoscandia 219
Fig. 40. Present-day climates of northern and eastern Europe according to Köppen's classification and nomenclature 225
Fig. 41. Solar insolation and likely temperature of the lowest atmospheric layer at three points of the Baltic region during the last retreat of the inland ice. 232

Introduction

The exploration of the earth's crust has unequivocally led to the discovery that great climate changes repeatedly took place in most parts of the world, particularly also in the best known continents of Europe and North America. Northern Germany was temporarily covered by a thick sheet of ice, like Greenland is now, and at other times deciduous forest once rustled in Greenland, displaying a greater species abundance than the present-day forests of Germany and southern Europe.

In this book the climate changes of the geological past will be discussed under the conditions given by the continental drift theory[1] which will be assumed to be correct. The simple clarity, which is thus introduced into the hitherto convoluted field of paleoclimatology will in turn demonstrate that these conditions are correct.

In today's system of climates we identify, as the main precept, a zonal arrangement as well as perturbations of same, which ultimately result from the distribution of water and land. However, the zonal principle predominates very strongly, as can be derived from the table below which shows the highest and lowest annual mean temperatures at various latitudes:

Latitude		80°	60°	40°	20°	0°	—20°	—40°	—60°	—80°
Highest	Annual mean of	—10	7	17	29	28	25	14	1	—12
Lowest	the temperature	—19	—8	10	23	25	18	9	—6	—20
	Difference	9	15	7	6	3	7	5	7	8

In the table, the zonal principle is expressed as the difference between the equator and 80° latitude, which in the northern hemisphere amounts to 38 and/or 44°, in the southern hemisphere to 40 and/or 45°. However, for the perturbations which are due to the distribution of water and land, we obtain a measure

---

1 A. Wegener, Die Entstehung der Kontinente und Ozeane. "Die Wissenschaft", Vol. 66, third fully revised edition. Brunswick 1922.

from the differences between the highest and the lowest values. As can be seen, 15° are obtained only in one case, two-thirds of all differences are less than 50 percent of this value. The zonal principle consequently prevails by far. If we had taken the average temperature of the warmest months or other elements as the standard, instead of the annual mean temperature, we would invariably find, as we do here, that the differences are much greater in meridional direction than they are in the direction of the latitude circles.

Based on these considerations, the following method was applied to older periods including the Tertiary: In the maps of the world reconstructed by A. Wegener the indicators of polar climate (glacial boulder clays), humid climate (coals), and arid climate (salt, gypsum, desert sandstone) were drawn in and compared with the indicators of warmth and coldness derived from the flora and fauna, as have become manifest, for example, in the shape of the great limestone reefs of the corals and calcareous algae, the annual rings of the trees etc. Particularly when the adjoining formations were also included, it showed invariably that two arid strips, and one humid strip between them, encompass the earth along one great circle and together they contain all indicators of tropical warmth; the two arid strips have humid ones again on their outsides. And wherever a region with polar climate can be made out, its center will be 90° distant from the middlemost humid strip and approximately 60° from the next arid strip.

From this empirical finding we infer that the same climate belts we have today had existed at all times in the history of the earth, namely an equatorial rain zone, two arid zones, two rain zones in the temperate latitudes, and two more or less ice-covered pole caps.

Our maps of geological time also show perturbations of this zonal system which are similar to those of the present-day climate map; for example, the arid strips are regularly discontinued on the eastern margins of the continents, just like they are in the present-day climate system, where this discontinuation is produced by the monsoon rains. The harshness of the polar climate obviously underwent noticeable changes in the course of earth's history, as seems to follow from the variable degree of ice coverage and the inconsistent advance of organisms towards the poles. Here too, the change in water and land distribution, and the atmospheric and water currents that depend on it, particularly come into question as the cause. Above all, the formation of an inland ice cap is by nature associated with the existence of a sufficiently large land mass in the polar region.

But, as is the case with the present-day climate system, neither are these perturbations in our maps of geological time capable of obscuring the the zonal principle

If we now look at the location of these empirically determined climate zones in the course of times, we will see that their locations changed from formation to formation. Hence the poles have migrated[1], although only within certain bounds. The climate history of one location is therefore a first approximation to the history of its position relative to the pole and the equator.

When discussing the Quaternary we were able to go one step further. While we were able to explain an ice age with pole migrations, the subdivision of glacials and interglacials found its likely explanation resulting from the conditions of insolation received under the impact of gradual changes in eccentricity, perihelion and obliquity of the earth's orbit. Fortunately, the mathematical part of this task has just been comprehensively studied by Prof. Milankovitch in Belgrade[2]. He particularly succeeded in fully sidestepping the main difficulty of a paleoclimatic interpretation of calculated results by introducing arbitrary latitude changes. For this book, he personally presented the principles of calculation and the results in a concise and comprehensible article, which we gratefully included unchanged in the text.

When we applied the results of his calculations to the climate issue, we anticipated that a stronger insolation would also be equivalent with higher temperatures and that cold summers, not cold winters, would promote the development of inland ice — two almost natural assumptions, yet disputed by several authors! For more detailed information the reader is referred to the section dealing with the Quaternary.

Under these conditions, the curve showing the amounts of summer insolations for the last 650,000 years assumes the character of an absolute chronology of the glacial age. Its details are largely in conformity with assumptions made by the most excellent glaciologists, for which reason it appears unnecessary to search for further causes of climate changes in this period of time.

This book will therefore not make mention of the numerous other hypotheses which have been proposed in order to explain climate changes. Especially, in the system of fossil climate indicators we did not identify any empirical evidence for the assumption that the radiation emitted by the sun could have changed in the course of the earth's history. Also lacking are facts which could be explained by changes in the transmissibility of the atmosphere (Arrhenius) or outer space (Nölke); because those facts, for the explanation of which these theories are normally drawn upon, will already find their explanation in the present-day climate system if one accounts for their modified orientation in geological time. In most cases, they already disqualify as proof for them because they do not apply to the whole world but to certain parts only. We therefore do not have to enter on

---

1 As in A. Wegener's book mentioned above, we refer to changes in geographical latitude as pole migrations, when they also involve Africa as their initial continent and thus the main part of the solid ground, and as continental drifts if they involve only one of the other continents.

2 Milankovitch. Théorie mathématique des phénomènes thermiques, produits par la radiation solaire. 339 pages. Paris, Gauthier-Villars, 1920.

the criticism of the very weak foundations of these hypotheses. Neither do the numerous studies of F. v. Kerner, which focus on a numerical registration of the influence of land and water, prove useful for our purposes.

According to the evidence submitted in the following, pole migrations are no longer a hypothesis but an empirical fact. Because the zonal distribution of arid and humid regions precludes any other explanation.

In the following, the Quaternary will be treated by W. Köppen, the remaining formations by A. Wegener, however, under permanent mutual exchange of thoughts and ideas.

An overview of the geological stratigraphy is given below in order to facilitate the use of this book:

Geological Stratigraphy

- A. Cenozoic
  1. Alluvium
  2. Diluvium (glacial epoch, Pleistocene) } Quaternary
  3. Tertiary
     - a) Pliocene
     - b) Miocene
     - c) Oligocene
     - d) Eocene
     - e) Paleocene
- B. Mesozoic
  4. Cretaceous
     - a) Senonian
     - b) Turonian
     - c) Cenomanian
     - d) Gaultian
     - e) Neocomian and Hilsian, Wealden
  5. Jurassic
     - a) White Jurassic (Malm)
     - b) Brown Jurassic (Dogger)
     - c) Black Jurassic (Lias)
  6. Triassic
     - a) Keuper (uppermost layer of the same = Rhaetian)
     - b) Muschelkalk
     - c) Bunter
- C. Paleozoic
  7. Dyas or Permian
     - a) Zechstein
     - b) Rotliegend
  8. Carboniferous
     - a) Productive Carboniferous
     - b) Culm Measures
  9. Devonian
  10. Silurian
  11. Cambrian
  12. Pre-Cambrian (Algonquian etc.)
- D. Archaic (gneiss, crystalline schist, without organic remains).

Chapter I
Fossil Climate Indicators

The number of geological climate indicators is legion. Essentially every rock, every piece of fossil flora and fauna bears the imprint of the climate that prevailed at the time of its creation. Yet we stand at the very beginning of discovering and interpreting these imprints. We are still totally unaware of the climatic significance of the various life forms whose astonishing properties easily lead us astray, whenever we attempt to draw conclusions by analogy, and also of such formations whose development depends on physical and chemical processes only, for example, petroleum, asphalt, graphite, dolomite or other rocks.

Although the climate indicators shall be comprehensively discussed in this book, for reasons of better understanding, in the context of their appearance in the course of earth's history, it will nevertheless be reasonable to begin with a brief overview for orientation.

The traces which previous inland ice covers left behind constitute important climate indicators. As will be shown later, the development of inland ice depends less on the amount of precipitation than on temperature. In particular, low summer temperatures are required. In the interior of the great continents, where annual temperature oscillations are large, the conditions are unfavorable because the summer heat will eliminate the snow, whereas a maritime region will be capable of bearing inland ice even if the annual mean temperature is higher. Hence this must not be noticeable everywhere in a polar climate owing to the presence of traces of inland ice. On the other hand, however, we are undoubtedly dealing with the products of a polar climate wherever such traces are found. Today, we encounter inland ice at maximum down to a latitude of 60 degrees.

The most distinctive feature of a previous inland ice layer consists in the remnants of the ice itself, as they have persisted in Alaska, northeast Siberia and in the New Siberian Islands since the Tertiary, in the shape of ground ice to be discussed in detail later, as remnants of a gigantic inland ice cap overlaying these regions entirely. The most recent remnants of the Quaternary inland ice also to be found in Finland seem to have survived time. Only two conditions have to be fulfilled in order to preserve fossil ice forever: firstly, the protection from above against summer heat by means of an approximately meter-thick layer of moraine debris or peat; and secondly, an annual mean temperature so low that the isothermal surface of 0 °C, which is the lower boundary of frozen soil, runs below the ice. Hence from the preservation of these remnants of ice we are able to infer that the annual mean temperature has been permanently, or at least until recently, below —2 °C since the time of their formation.

But even in places where the ice no longer exists, it leaves traces of its activity behind. "Flowing ice must have once existed where we encounter the rocky basement as smoothed and scratched, and with an unbedded sandy-clayey deposit on top of it, in which imported pieces of rock are interspersed, also smoothed and striated. The orientation of the striae is, just like the origin of the erratic boulders, an unequivocal indication of the origin of the ice stream" (J. Walther). Most often found are boulder clays, whose name properly denotes the unsorted disarray of the finest and coarsest materials. Ice just does not separate the material as wind and water would do. The boulder clays are usually unbedded. Wherever bedding is observed, in which smaller and larger erratic boulders are interspersed, we are mostly dealing with deposits below the floating inland ice, whose lowest layers interspersed with moraine deposits melt in the water and leave their contents to settle to the bottom. In many such cases this development process can be directly evidenced by identifying the fossil remains of the marine fauna. The boulder clays of older periods are mostly hardened to yield solid rocks, tillites. Such boulder clays, or tillites, are known from the Algonquian, Cambrian, Devonian, Carboniferous, Permian, Miocene, Pliocene and Quaternary. Unfortunately, it is just these most common traces of previous inland ice covers that are so confusingly similar to other "pseudoglacial" conglomerates based on common debris formation. Smoothing and scratching of rocks occasionally occur in the latter, thus mimicking striated boulders, although in reality they result from slickensides. A great many of such phenomena, e.g. dating from the European Carboniferous, have been addressed as glacial, whereas they are considered as pseudoglacial nowadays. Opinions are divided about various other cases. In general, the glacial nature will usually be considered as unequivocally proven only if it can be achieved to provide evidence of the polished surface of the bed rock underneath the boulder clay of the ground moraine, for example, as was the case in the Permo-Carboniferous glaciation in South Africa.

Recently, Fr. Enquist[1] has drawn our attention to an important tool to identify the wind direction prevailing at the time of a glacier's greatest expansion. As yet, the unequal development of glaciers on different sides of a mountain has been interpreted rather inconsistently. Enquist believes that this phenomenon must be ascribed "exclusively" to the effects of the wind which drives the snow before and after it falls toward the leeside of the mountain, as opposed to the rain which predominately falls on the windward side. We will concern ourselves further with this question below, in the section dealing with the Quaternary.

Certain phenomena which are related to the frozen ground, or to the flow of its uppermost layer having thawed in the summer, occur in polar climate regions which are not covered by ice. Among these are namely the boulder streams known as "boulder fields" (Steinmeere) in the German mid-range mountains and, according to Harrassowitz, they have developed in the Quaternary under the influence of a cold and concomitantly snow-deficient climate. The significance of weathering crusts for the climate question has been recently emphasized with regard to the European Quaternary. For example, if we find an older loess with a much deeper reaching and darker weathering crust underneath an upper, less weathered loess, we will take it as a sign that a much longer time with some warmer summers has passed between the deposition of both than since the deposition of the upper, much younger loess.

The coals represent another important group of climate indicators. But, strangely enough, there still is great confusion nowadays as to what the climate, of which these indicators give testimony, was actually like. The ignorance of the tropical marshes, which on account of their inaccessibility have not yet been described by travelers, has led to the paralyzing prejudice that peat and hence coal formation would not occur in the tropics, and it was quickly explained that the high temperature accelerating decay was the reason for it. Even today, most of the climate discussions about coal formation which we find in textbooks are hampered by this baleful false doctrine, which could not even be eradicated by Potonié's protest, despite the fact that nowadays tropical marshes are known to exist in Sumatra, Ceylon, central Africa, and British Guyana! We will content ourselves here with this brief indication and for more details refer to the elaborations of the chapters dealing with the Carboniferous and the Permian. The thickness of the coal seams and peat layers can give us an indication as to the time of their formation, after all, even the followers of the mentioned false doctrine admit that the intensity of peat formation, within its alleged boundaries, depends on temperature. However, the actual contribution of this formation to the climate question does not exist in the context of temperature, but in the context of humidity. Because for a water basin to be converted into peat it necessarily has to be filled with freshwater, which is something that can only hap-

---

1 Frederik Enquist, Der Einfluß des Windes auf die Verteilung der Gletscher, Bull. of the Geol. Inst. of Uppsala, Vol. 14, 1916.

pen in the rain belts of the earth and not in arid environments. For this reason, coals cannot be formed in the arid belts of the Horse latitudes but only in the equatorial rain belt and in the two rain belts of the temperate latitudes, or otherwise in locations where the arid belts are disrupted, for example, in present-day Florida or at the edge of the East Asian shelf. Admittedly, a humid climate is not sufficient for peat formation, the topographical prerequisites for the formation of freshwater lakes have to be fulfilled as well. This is not the case in old, well-drained landscapes, and consequently peat cannot be formed there, despite any precipitation there might be. However, wherever melting inland ice leaves behind numerous irregular impressions in the ground, the latter will be filled with water under the influence of the subpolar rainy climate and converted into peat. As a result, numerous peat bogs and coal seams regularly follow upon an overflow with inland ice. And likewise, foldings and similar ground movements also create new basins which can be converted into peat bogs. All greater coal formations in the history of the earth were created this way: either on moraines or on fresh foldings.

Some authors consider "shungite", formed out of accumulated seaweeds or other marine plants, to be the oldest of all coals. In our opinion, this interpretation must remain unlikely until someone succeeds in demonstrating this mechanism of peat formation in the present. The so-called "paralic" coal seams, which by their display of a marine intercalations show that they developed near oceans in lagoons, cannot be interpreted as a transitional form. They also represent a peat formation from freshwater which accumulated in lagoons behind the dune belt, only that the sea flooded these peat bogs from time to time. We therefore believe that the coals must neither be rejected as climate indicators for the oldest time periods, which otherwise would have to be done if they really had developed as algal coals, and that perhaps even graphite deposits, provided that they may be regarded as converted coal seams, can be used as indicators of rainy climates. Naturally, not the graphitic vein deposits are meant in this context which, according to Rinne, are to be considered as fumarole formations, but only the seam-structured deposits which developed from black coal through the mechanism of contact metamorphosis, particularly those located in Austria (Bohemia, Moravia, Lower Austria, Styria).[1]

The most important group of indicators are the products of the arid environments, particularly salt, gypsum and desert sandstones, because they are the ones which account for the correct orientation of the climate zones and the grid in our earth maps of previous time. Their present-day location is shown in Fig. 1, which also contains all the isotherms mentioned in this chapter. Not a specific amount of rainfall is used to define the boundary of an arid region, because temperature has an important part to play due to evaporation: Instead, if t represents the annual temperature, the expression (cm) 33+t is applied, under

---

[1] F. Rinne, Gesteinskunde. 6th/7th edition, p. 325, Leipzig 1921.

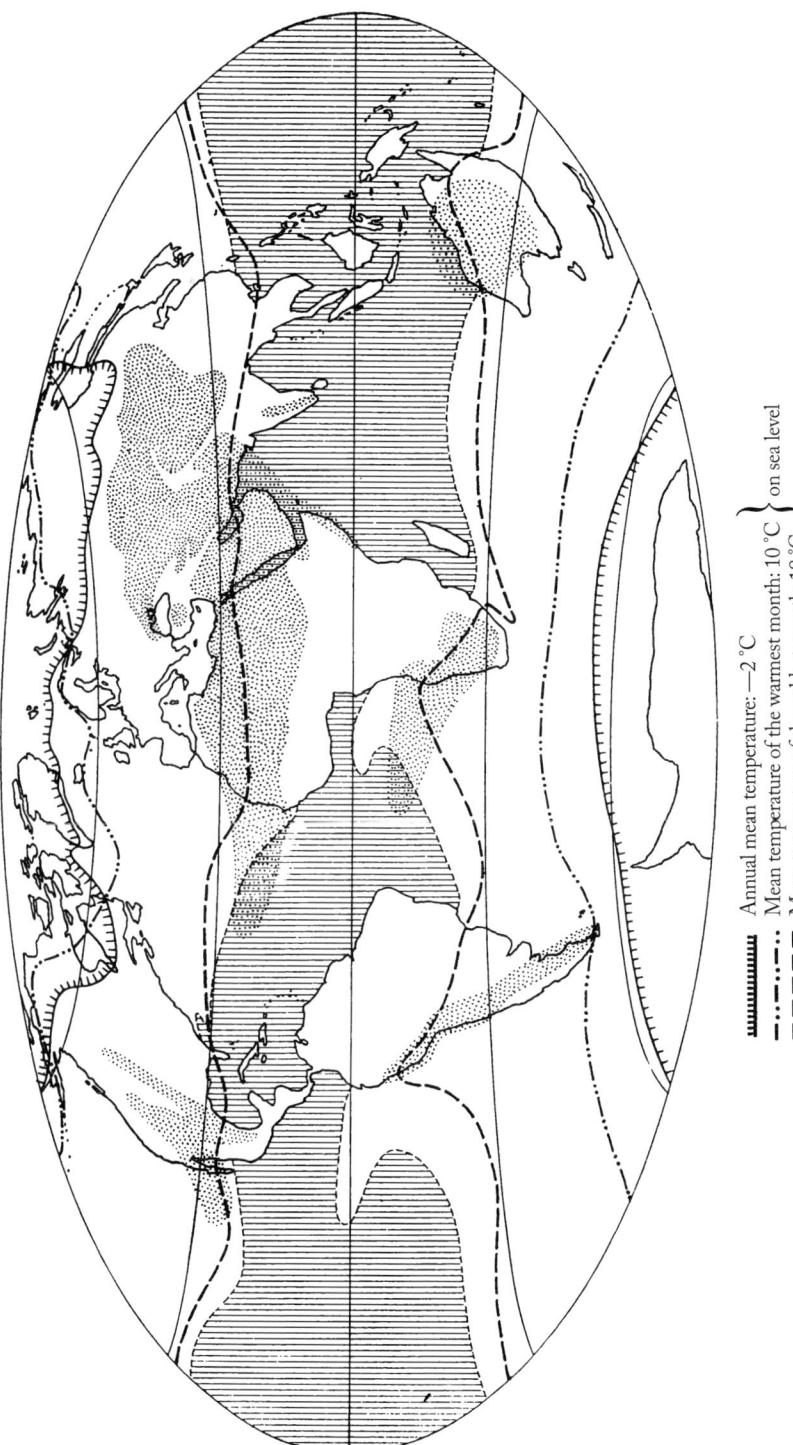

Fig. 1. Arid regions and isotherms today

the provision that precipitation is evenly distributed over the whole year; in places where precipitations occur mainly in the summer, the constant will increase up to 44; where they occur mainly in the winter, it will be decreased down to 22. The arid regions thus defined are arranged, as the map shows, in two belts which correspond to the high-pressure belts of the Horse latitudes, with centers located approximately between 20 and 30° latitude. In the interior of the great continents, namely Asia, they thrust toward the pole, whereas in the meridional mountains of America they mostly lie leeward of the mountain, hence in the trade-wind region west, and in the west-wind region east of the mountain ranges. The arid zones are discontinuous on the eastern boundary of the continent, whereas they project far into the sea on the western border.

The arid regions thus defined comprise both the desert and the steppe climate. The most unequivocal product of both is rock salt, which forms as a result of seawater evaporation. In most cases, this is a matter of large inundations (transgressions) of the mainland, areas which are cut off from the open sea by movements of the floor. In a dry climate, where evaporation exceeds precipitation, the flooded area will become continuously smaller, while the salt solution becomes increasingly concentrated, until the precipitation of salt proceeds on a continually decreasing space. Gypsum precipitates first, then rock salt (sodium chloride) and, only after a very intense desiccation, also the deliquescent potassium salts. This mechanism of formation which shall be elaborated in greater detail later, when we discuss the Permian salt formations in Germany, explains why salt formations often developed in the shape of "salt strata" over huge areas at the same time. Such salt strata are known particularly from the Cambrian (India), the Silurian (North America, Siberia), the Permian (central Europe, North America), and the Miocene (southern Europe, Asia Minor). But these are only the most extensive occurrences. Salt deposits of lesser or greater dimension are encountered in every geological formation. Even more common are gypsum deposits, which mostly cover entire regions uniformly, whereas salt stocks are locally confined and interspersed in them. The precipitation of gypsum just occurred in an earlier stage, when the water still covered greater areas.

As is the case in coal formation, the climate only plays the part of a necessary albeit not concomitantly sufficient condition in the formation of salt deposits. Rather, in addition, seawater in isolated basins must be available for evaporation. On a larger scale, this is only the case in regression areas where the previous shelf sea is separated from the world oceans by an elevation of the sea floor and, once the climate becomes dry enough, then undergoes desiccation. Larger salt formations therefore invariably develop only in expansive regression areas, provided that they are located in arid regions. We may formulate this general principle differently, if we take into consideration that such expansive regression areas form in the quadrant in front of the migrating pole, due to the earth mass lagging behind - the new adjustment to the rotation ellipsoid, while the ocean assumes the new form immediately.¹ The regions located in the dry area in front of the migrating pole must have been situated in the equatorial rain belt when the preceding axial position prevailed. For this reason, particularly such regions which were displaced from the equatorial rain belt into the dry zone are preferentially capable of building large salt formations, and much less those which drifted into the dry areas from the temperate rain zones. Observations strikingly confirm this rule: The Sahara had favorable conditions for salt formations in the Carboniferous, whereas North America and Europe had them in the Permian; and the large salt formations in eastern Europe and Asia Minor during the Miocene included areas which were still located in the equatorial rain belt during the Early Tertiary and produced massive coal.

In addition, the thick unfossiliferous sandstones displaying ripple marks, desiccation fissures, mud cracks, animal tracks and impressions rain drops must also be regarded as desert formations. All these phenomena reveal that the ground was free of any protective vegetation cover. Cross stratifications are indicative of the steep slope angles of wandering dunes. Admittedly, caution is advised when inferring an arid climate because dunes occur concomitantly, for example, when beach environments in the rain-laden climate of northern Germany, or when great sand masses are formed as "sanders" through the operation of the segregating effects of melts like on the borders of the Vatnajökul in Iceland. Sand masses thus created in Germany during the Quaternary have often been remodeled by the wind to wandering dunes which were later overgrown, but whose shape still remain recognizable as inland dunes.² Such, mostly white sands can therefore also be created in climates completely different from the desert. However, the areas where this happens are but small compared to the vast expansion of the deserts in the world.

Above all, the great thickness of these sandstones is indicative of their formation in the desert. Because "under the influence of extremely strong weathering in the tropical regions, rock decomposes to detritus, the detritus rolls into the valley, and the summit remains permanently exposed to weathering, wherefore, at last, an applanation of the hilly landscape will be the result."³ The ultimate remnants of these summits are erosional outliers, the witness buttes ("*Zeugen-*

---

1 A. Wegener, Die Entstehung der Kontinente und Ozeane. 3rd edition, p. 85. Brunswick 1922.

2 The more detailed exploration of these U-shaped dunes, which are encountered numerously, mostly under forests, in the interior of Scandinavia, North Germany, Poland, Hungary etc., in particular, by means of the wind directions, will give more information about the time of their formation. However, it is preliminarily still controversial whether they are deposited by easterly winds on the closed side of the U, as is claimed by Solger, or whether this proceeds from the open side by westerly winds, as is taught by most of the others. (Solger: Dünenbuch, Stuttgart 1910; Keilhack, Die großen Dünengebiete Norddeutschlands, Zeitschrift D. Geol. Ges. Vol. **69**, 1917; — J. Högbom, Ancient Inland Dunes of N. and Middle Europe, Geografiska Annaler 1923).

3 W. Volz, Nordsumatra, Vol. II, Berlin 1912

berge"). We also interpret the conglomerates in this fashion which often lie on the basis of such desert sandstones and sometimes gave occasion to be confused with glacial boulder clays. J. Walther describes these processes in illustrative words which may be quoted here:[1]

"Smooth like a table top the rocky Hamada cuts the horizon, the gravel desert fades out afar in gentle wave lines. All around the wind has excavated closed basins and oasis depressions; fantastic rocks crop out of the level detrital soil; irregular valley systems with changing slopes loosely unite the lowlands.—Eolian weathering has widely loosened, crumbled, cleaved, undermined all rock. The aridness lasting many years created numerous large and small boulders of rock, heavy storms have blown them bare on all sides, uprising brines softened their core and loosened their adherence. Landslides broke downward and formed a broad talus cone. Corrasion rounded the edges and corners of the rocks, and even huge boulders of rock lie unstable on their foundation, only held by few points of support. Loose windborne sand passed over wide spaces, finest loess dust was gathered by steppe plants, easily soluble salts cropped out of the ground, covering the rocks and soil with a white crust—then all in a sudden gigantic masses of water plunge down onto the ragged rocky mountains, roll thunderously through the ravines of the Uadi, surge through narrow portals, and a sea bursts out over the desert plains. The apparently impossible turns into reality; gigantic rectangular boulders of rock start moving, gravel-covered surfaces are set in motion, a slurry of sand flows from the edge of the dune downward and spreads over the plain in tongues like soft kitchen dough. All clay surfaces and loess deposits are softened and flow toward the low-lying lands, and the salt masses which, protected by years of dryness, had covered the ground are dissolved and licked up in no time."

Once the material is broken down to sand, the wind begins to rule. The dunes start to wander. If the direction of the wind is constant, "ventifacts" are created, "when scattered obstacles reduce the sand milling over the ground to those small rivulets of sand which one perceives sliding over the ground like snakes in a sandstorm. They part in front of any obstacle they meet, then merge together again, are thus capable of abrading the surfaces of gravel from various sides, cutting them to sharp edges."[2]

"Armoring the landscape with evenly distributed, harder masses, unassailable by the wind, like various stone packings and ventifact zones, also belongs—just like amphitheaters, witness buttes and inselbergs, tongue mountain ranges and precipitous dead ends (of ravines)—to the denudation forms, in the development of which the wind was more active than water." It has probably not been fully revealed yet how the dark protective desert varnishes are formed.

---

 1 J. Walther, Das Gesetz der Wüstenbildung, 2nd edition, p. 161, Leipzig 1912

 2 A measure for the effect of this kind of sandblasting is displayed in the monuments of Egyptian architecture, the lower parts of which, depending on the material, were fretted away in the course of 2,000 to 4,000 years, whereas their later parts reveal only little damage.

The sandstorms transport the finer dust particles also beyond the boundaries of the actual desert, in order to allow them to settle as loess in the grass-covered steppe. This is how loess still continues to be formed in China today. Its porous structure, and particularly its peculiar tubular structure, is thought to result from the roots of plants and thus anticipate that the ground is covered with grass. Loess is therefore an indicator of a steppe climate, however, it requires a desert without a vegetation cover in its proximity, whence the wind could have withdrawn the material in order to deposit it among the stalks in the steppe. The chemical composition of unweathered loess reveals a high limestone content and thus indicates its origin from a dry climate, where there was not enough rain to extract the salts from the soil. This formation history has been corroborated for the major loess regions on earth, i.e. in China and Argentina. However, the less significant loess occurrences in Europe and North America also reveal that loess may be formed under other climate conditions as well. Because here, where the Quaternary loess encompasses the broad strip of sand like a corona, which continues on the outside of the ground moraine of the inland ice, the loess material could not have originated from a desert, but only from the dried-up ground moraine, in which these fine-corraded stone particles—known as glacial meal when they occur in glacial melt water—constitute the material of the boulder clays. This material initially also contains limestone and is only converted into clay by its weathering in a humid climate, as is the case with Chinese loess, i.e. by leaching out the limestone. In Europe and North America loess is consequently an indicator of the nearness of the inland ice, not of the desert. And it was created in a tundra climate, not in a steppe climate.

The glacial loess also gives some indications as to the wind directions: it was deposited outwards, never inwards of the moraines which created it.

The color of sandstone layers greatly facilitates the identification of the climate character pertaining to these layers, since the red color is an indicator of the high temperature prevailing at the time when they were built, and thus excludes that they developed on the border of the inland ice or as sand dunes in temperate latitudes. According to Ramann[1] the soils follow the temperature zones, at least in the rainy regions: laterite in the tropics, red soils in the Mediterranean, the brown and yellow soils in the temperate zones and the leached podzol soil (bleaching earths) in the cool and cold regions.

A very determined statement has been made by Lang:[2]

"While yellow soil rich in silicic acid is left behind as the ultimate residual product of weathering in our colder climates, whereby the relative amount of silicic acid makes up approximately 60% of the substance on average, we encounter

---

1 Ramann, Bodenkunde. 3rd edition. Berlin 1911.
2 R. Lang, Verwitterung und Bodenbildung als Einführung in die Bodenkunde. 188 pages. Stuttgart 1920. The same explanation of the soil colors has also been given by H. Stremme, Profile tropischer Böden, Geol. Rundschau **8**, 1917, p. 80—88.

the red soils or terra rossa in the Mediterranean regions as the corresponding weathering product which, with an average silicic acid content of only 20 to 40%, is relatively richer in argillaceous earth and iron oxide. At last, as far as the respective weathering product of the tropics is concerned, i.e. laterite, the content of silicic acid might decrease to zero, whereas the quantities of aluminum oxide and iron oxide continued to increase accordingly."

"The percentage of the iron which forms at low temperatures, in a cold climate, a strongly hydrous oxide in the shape of brown iron, loses its water content more and more when temperatures rise again, i.e. in warmer regions, and it thus passes over in a more water-deficient iron oxide colloid. While the brown iron exhibits a yellow to brown, in fact, even a blackish color, depending on the physical condition of the single particles, the color of the iron oxide colloid gradually changes with its decreasing water content to a bright orange and finally intensive red and crimson to violet …"

"In these humid areas, where there is no accumulation of humus worth mentioning, the predominately occurring soils are the mentioned residual products yellow soil, red soil, and laterite. They constitute a uniform soil series which depends on the temperature."

Lang also believes to be capable of reporting temperature limits: yellow soil appears at an annual mean temperature of up to 12 °C, red soils "which despite their name fail to display such bright colors like laterite," between 12 and 20 °C, and laterite above 20 °C. By the way, the increase of the red color with the decreasing content of rust in water also results from the two naturally occurring iron ores, i.e. brown hematite and iron glance (or its bloodstone variety), of which the former is iron hydroxide and shows a brown to ocher-yellow streak, whereas the second is iron oxide, displaying a cherry-red streak.— The Devonian Old Red and the Bunter of the Triassic are classical examples of such red desert sandstones.

As yet, we have only discussed climate indicators belonging to the world of inorganic matter. They are the most reliable ones because they are strictly bound to physical values and cannot adapt themselves like organisms do. Nevertheless, flora and fauna represent climate indicators of greatest significance, especially if we take into consideration their respective geographical distributions. When we compare two floras of identical geological time, most often we are able to state with complete certainty which is the warmer and which is the colder of the two, and if the percentage of tropical, subtropical and moderately temperate forms of the fossil flora can be reported, we will obtain a figure which in most cases is of great value and characterizes the climate character with sufficient accuracy, despite some errors which may have been made. As to the periods since the Triassic, during which the plant species commenced to resemble those of recent times, it was notably Heer who even made an attempt to estimate the annual temperature. It will be shown that to a great extent these figures obviously fit quite well; Irmscher recently drew our attention to a common law of plant distribution, the knowledge of which being indispensable for estimating the climate character.[1] He demonstrated that the trees still growing at the Arctic tree limit today originated from tropical ancestors. Most of the recent forms came from the tropics and dispersed towards both poles—a rule which incidentally also applies to humans. If therefore a fossil flora (such as the younger Cretaceous floras) reveals a relatedness to the plants that are growing in the temperate zones today, we must not yet draw the conclusion that the climate had formerly been temperate as well, instead, it might have been much warmer. The opposite conclusion is much more reliable: if a fossil flora reveals a relatedness to recent tropical plants only, it is most likely that it formerly had been tropical also.

The annual rings of wood plants are justly considered as a sign of winterly growth cessations, as they occur particularly in the continental "snow-forest climate" of the temperate zones. The objection raised against this climate indicator holds that many trees are also induced to shed their leaves as a result of periodic dry periods and thus stop growing despite high temperatures, and that upon closer inspection some trees in the tropical rain zone are found to possess annual rings, whereas others growing in the snow-forest climates are found to be without. However, these are undoubtedly exceptions, although it is the rule that we encounter annual rings in climates with large seasonal changes, and in the tropics we do not. And considering the capricious behavior of the world of organisms, we can hardly assume that more than one rule exists anyhow. The criterion of annual rings cannot be brushed aside by these objections, and we may also add that it does not stand in conflict with any of the other climate indicators in any geological formation, whence it follows that we are dealing with the rule everywhere, nowhere with the exception.

Trees are already climate indicators inasmuch as they must have grown outside the treeless tundra climate. Nowadays the tree limit almost fully coincides with the 10° isotherm of the warmest month (Fig. 1). Beyond this boundary, wood plants such as the polar willow lie flat on the ground. The reason for this is near at hand if we take into account that the soil itself and the atmospheric layer lying immediately on top of it heats up very strongly in the polar summer, exceeding the meteorological "air temperature" which is measured in an altitude of 2 m. The plants still find the temperature conditions they need on the ground this way, whereas these conditions cease to exist at the mentioned isotherm in free air, i.e. in case of tall trunk trees. The last representatives of the trees growing along today's tree limit belong to very diverse families; it may therefore be suggested that this boundary isotherm is of general significance to the plant kingdom and therefore constituted the tree limit in the past as well. Hence it would follow that at all times and in all places where tall trunk trees grew, the warmest month in the year must have had at least a mean temperature of 10 °C. This cli-

---

[1] E. Irmscher, Pflanzenverbreitung und Entwicklung der Kontinente. Mitt. aus dem Institut für allg. Botanik, p. 200, Hamburg 1922.

mate indicator will be of significance wherever we find the fossil remains of trees temporarily or spatially close to traces of inland ice.

Among the water plants, particularly the calcareous algae of the ocean are important climate indicators, because the massive limestone reefs they built are indicative of the subtropical and tropical temperature of marine waters. We shall come back to this phenomenon when we discuss the corals.

The climate indicators derived from the animal kingdom are of the same importance as those derived from the plant kingdom. Among the terrestrial animals, the order of the reptiles is of particular interest because the body temperature of these animals does not produce any significant heat of its own and thus essentially adapts to all temperature changes of ambient air. These animals therefore fall into a state of torpor which turns them into defenseless victims of their better adapted enemies. They can only survive in our climates if they are small enough to hide with ease like the lizards and ring snakes. If an Atlantosaurus were to survive the cold of a German winter, it would be eaten up by rats and mice. And neither would a crocodile be capable of exploiting the temperature of the water, for example, because, unlike the fishes, it is not adapted to water breathing and the access to air is obstructed by the ice cover. Reptiles do not encounter any tolerable life conditions in polar regions at all. Wherever we find this branch richly developed with particularly large representatives we may infer without hesitation a winterless hence tropical climate.

Among the warm-blooded animals which have made themselves independent of the influence of temperature, the herbivores give us a criterion that tells us something about the vegetation and hence the quantity of rainfall. Fast runners like horses, antelopes or cursorial birds are indicators of a steppe climate because their anatomy is adapted to mastering vast open spaces. Climbers like apes or sloths are at home in the forests.

Interesting conclusions can also be drawn from the distribution of today's earthworms—fossil ones have not been conserved. Owing to the tremendous slowness of both their further development and their migrations, there are many places on earth where the recent spatial distribution of earthworms, after all we must conclude, still matches that of their primeval ancestors in the Cretaceous or Jurassic. In such locations we may infer that the ground has never frozen in the interim, hence that the annual mean temperature had never fallen below —2°C. For, apart from deviations of local nature effected by a winterly snow coverage, this annual isotherm still represents the boundary of the permanently frozen ground in our time. If the temperature had fallen below this limit only once the old earthworm fauna would have been destroyed and the continuity of its evolution interrupted. We will see later that this criterion is essential, for example, to the Quaternary climate in Patagonia.

Among the marine fauna, particularly the builders of the calcareous reefs can be applied as climate indicators, primarily the reef corals. Fig. 2 illustrates

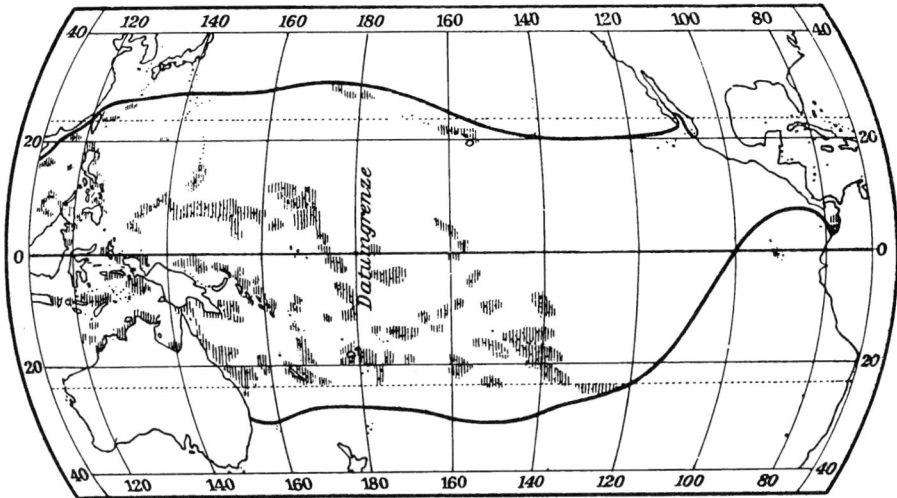

Fig. 2. Boundaries of the coral reef formations in the Pacific Ocean
(after the Sailing Handbook of the German Naval Observatory)

the distribution of corals in the Pacific Ocean.[1] As is known for the Atlantic, the boundaries coincide with the water isotherm of the coldest month (22 to 25 degrees); they remain mostly within the air isotherm of the coldest month (18 degrees), i.e. the climatic boundary of the tropics (Fig. 1). If we neglect the eastern parts of the ocean, where cold water is driven from higher latitudes toward the continental shelves by the trade wind, and to some extent drawn aloft from the deep, this boundary lies at a latitude of approx. 28 degrees. However, it must be emphasized that it applies as such only to real reef building. Single corals often also occur in cold waters, e.g. in the Norwegian fjords. The calcareous algal reefs already mentioned appear to reach somewhat beyond the coral reef boundary; today, they are to be found in the Mediterranean, for example, whereas coral reefs commence to grow only in the Red Sea, and quite accordingly only algal reefs (Wetterstein Limestone) were also predominately formed on the northern margins of the Alps in the Triassic, whereas real coral reefs (Schlern Dolomite) evolved on the southern margins. In the past, the corals were replaced by other reef builders whose temperature requirement was possibly somewhat different, however, the great reef formations have always been limited to the tropical zone, and all other species forming calcareous tests have probably always produced particularly large forms as they do in the tropical seas today. "Murray has called attention to this circumstance and also proved by drawing comprehensive comparisons that the lime secretion of the marine organisms is much more significant in the tropics than in colder regions. Not only the single individuals—we

---

[1] Segelhandbuch für den Stillen Ozean, edited by the German Naval Observatory, p. 5 Hamburg 1897.

only have to compare the shells of mollusks of the North Sea with those of the Indian Ocean—but also the produced absolute amount of limestone is incomparably much larger in the tropics. Greater depths must not be considered in this regard where, as everyone knows, there is a noticeable decline of limestone."[1]

The reason for this greater lime secretion in the warmer oceans has not been fully understood yet. The simplest explanation would be that warm water facilitates the secretion of lime and gypsum because, as is well known, both substances are less soluble in it than they are in cold water. Calcareous shells sinking down into the cold deep ocean dissolve, whereas limestone is secreted in the warm surface waters of the tropical seas. Observations are still too scarce to make a final judgment. Dacqué prefers a more sophisticated explanation; in his view "the carbonate of lime is precipitated by means of animal ammonia from other lime salts common in seawater, only in the organism itself. The ammonia results from the decomposition of protein compounds, and this reaction proceeds more intensively and faster in warm water than it does in cold. Murray refers to experiments which elucidate that the animals are capable of separating carbonate of lime from water containing various lime compounds; it is also remarkable that ocean water accumulates ammonia in the immediate proximity of coral reefs."

---

[1] Dacqué, Grundlagen und Methoden der Paläogeographie, p. 380. Jena 1915.

Chapter II
The Climate Belts of the Carboniferous and Permian

We will begin our discussion of the individual geological formations with the Carboniferous and Permian because the Late Carboniferous is the oldest period for which we possess, to some extent, a sufficient cartographical basis derived from the assumptions made in the drift theory. However, this beginning also looks promising because in the Carboniferous and Permian various circumstances contribute, within attainable precision boundaries, to a particularly precise and convincing presentation of the equator's orientation, giving us a good starting point for the observations which are to follow. For, on the one hand, the Late Carboniferous fold movement alongside the former equator induced the formation of particularly many freshwater lakes, which the flora filled up with massive layers of peat, thus supplying us with large coal deposits. And, on the other hand, the South Pole moved from the almost unknown Antarctic to South Africa, in order to return back to Antarctica again, traveling in an arch over Australia. In the course of this excursion it temporarily developed huge masses of inland ice, the traces of which have been comprehensively studied. The definite emergence of these phenomena, which were not established to the same extent in other periods, makes the position of the equator in the Carboniferous and Permian particularly evident. The discussion of these two periods shall proceed in one context, as opposed to those following, so that we need not disrupt the magnificent phenomenon of the Permo-Carboniferous glaciation of the southern continents.

A. Traces of Ice. Traces of ice from the Permo-Carboniferous have been found in the Falkland Islands, in South America (Argentina and East Brazil), in central Africa (Congo) and South Africa, in

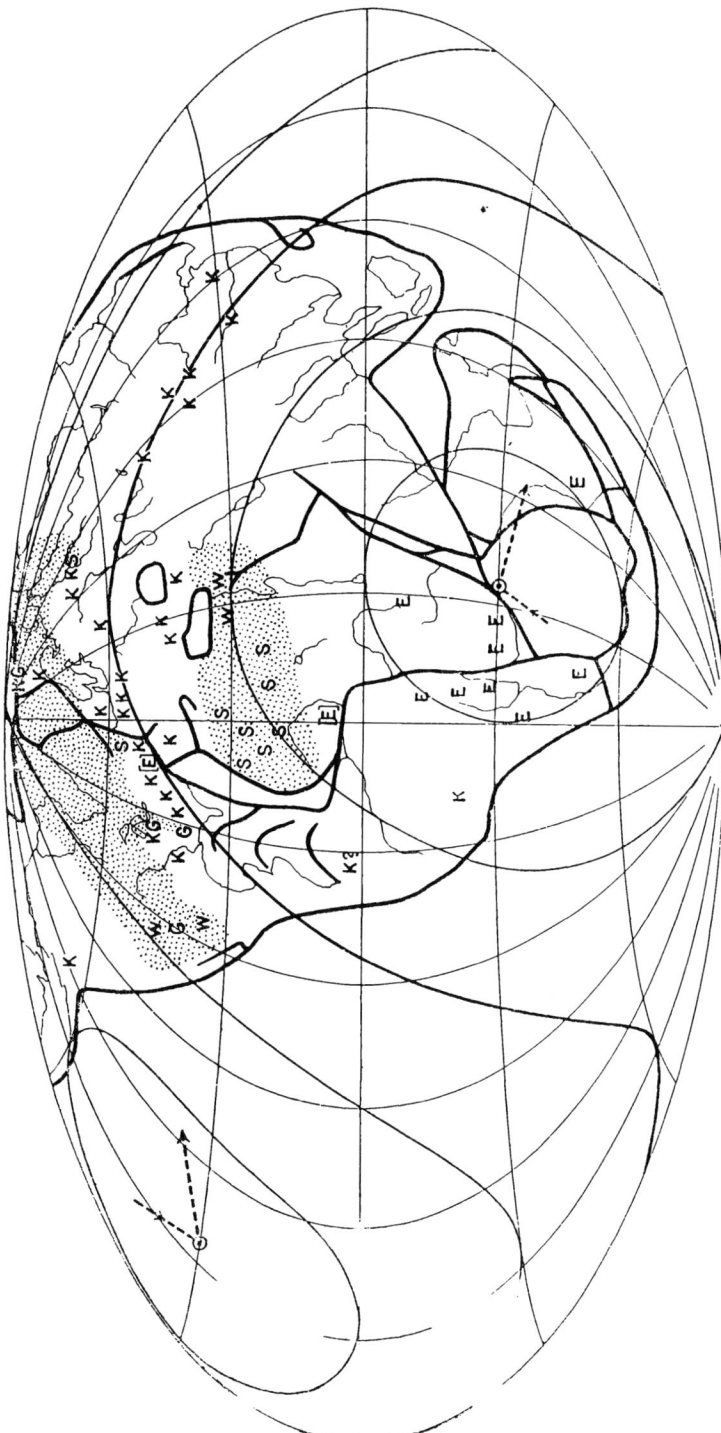

Fig. 3. Ice, bogs and deserts in the Carboniferous
(E – traces of ice, K – coal, S – salt, G – gypsum, W – desert sandstone, dotted areas – arid regions)

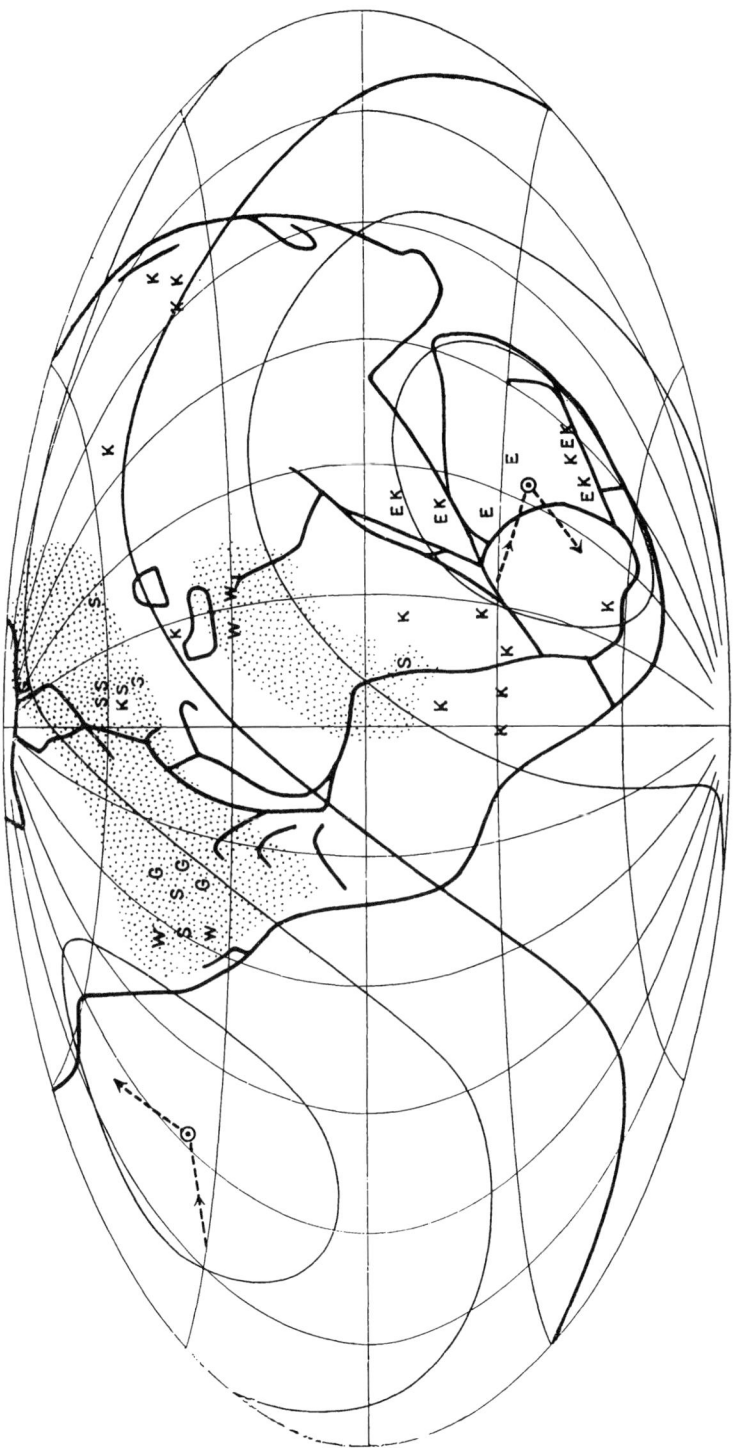

Fig. 4. Ice, bogs and deserts in the Permian

Nearer India, in western, central and eastern Australia[1] (Fig. 3 and 4). These traces are distributed over an entire hemisphere today, for example, the traces in northeastern Australia are 150 great circle degrees away from those of northeast Brazil, and if the South Pole is set to the most favorable point, i.e. 45°S, 45°E, the most distant ice traces would not even reach a geographical latitude of merely 10 degrees. The assembly of these fragments of former Gondwanaland to one ice cap, not exceeding the Quaternary ice cap of North America and Europe, must be considered as one of the most important successes of the drift theory.

The ice traces mostly consist of a coherent layer of solidified boulder clay (tillite) with striated boulders. However, the rock floor smoothed by the glacial abrasion can be seen at some locations and, on it, the direction of the ice's movement can be read off the still visible striations. These phenomena are best studied in South Africa, where they have first become known in detail from the meticulous descriptions provided by G. A. F. Molengraaff.[2] The great expansion of these ice traces proves that we are not dealing with local mountain glaciers but with genuine inland ice, whose development requires a polar climate. Not even the size of the ice cap of South Africa is comparable with that of present-day Greenland, although the ice must have reached beyond present-day continental margins. As is the case with the diluvial glaciation in North America and Europe, several centers of the ice's expansion can be reported for South Africa, which apparently constitute old ground elevations, which are from west to east: Namaland, Griqualand, Transvaal and Natal. The actual center of the latter subregion is still assumed to lie somewhat more east of Africa. But the ice from Namaland seems to have stepped northwestward beyond the boundaries of Africa into formerly adjoining southern part of Brazil because, on the one hand, Coleman concludes that the South American tillite came from the southeast and had originated from an ice cap located beyond the present-day South American coast. On the other hand, du Toit refers to the fact that the description of the characteristic pebbles consisting of banded jasper and occurring in southern Brazilian tillite, matches perfectly with an African rock which the Transvaal ice picked up from mountain chains of the Matsap beds in West Griqualand and then transported northwestwards at least up to German Southwest Africa. It would probably be easy for an expert of the Dwyka Conglomerate to prove the occurrence of other African rocks in southern Brazilian tillite.

In South Africa, the moraines lie discordantly on the often striated substrate north of 33° latitude. The ice rested and ended here on dry land. The boulder clay

---

1 According to Koert, also in Togo. However, these traces probably still have to be verified, since they are remarkably far away from the areas of the others and only appear at 42 degrees latitude on our map.

2 G.A.F. Molengraaff, The Glacial Origin of the Dwyka Conglomerate, Trans. of the Geol. Soc. of South Africa **4**, 103—115, 1898. Among the more recent publications we preferably mention: Alex du Toit, The Carboniferous Glaciation of South Africa, Trans. of the Geol. Soc. of South Africa **24**, 188—227, 1921.

lies southwards concordantly on top of marine deposits, appearing to be their unbroken continuation. Here, the ice seems to have ended as a floating "barrier", whereby the ground moraine melting out at the lower edge lay over the earlier sediment as its natural continuation. The fossil record reveals that the water was fresh or just brackish, from which du Toit concludes that there once had been a continuation of land south of the Capeland. This is confirmation of the drift theory, according to which the Antarctic Plate used to be directly attached here.

According to the classification of the diluvial glaciation in glacials and interglacials, the Permo-Carboniferous glacial layers also occasionally seem to bear stacks of multiple moraine deposits, separated from each other by other deposits. Admittedly, the observations relating to this feature are rather sparse. For example, Keidel describes two glacial or fluvioglacial horizons in the Argentinian Precordillera which are separated by coal-bearing slate and sandstones. Woodward reports (according du Toit) of two- or threefold tillite in southwestern Brazil. Such statements must admittedly be taken with much caution if the different ice horizons are not seen in the same profile lying on top of each other, but at two different, very distant locations and perhaps by various observers, and if the plurality of the glacials has been inferred only from differences in the time determinations. The latter presumably applies, for example, to the statements made by Hennig who assumes that there had been at least two, perhaps three glaciations in Equatorial Africa, one of which is supposed to be older than the South African, whereas the other is to have taken place as late as in the Triassic. According to du Toit, an echelon arrangement of the boulder clays resulting from various ice centers can be recognized in South Africa, where the traces have been studied best, in the sense that the eastern ice cap was always active later than the one in the west, similar to the Quaternary in North America. Admittedly, not mentioned are interglacial layers which indicate the absence of ice in the intermediate periods, so that probably a concomitant glaciation of all South African centers must in fact be assumed, and that only the maximum thickness of the ice gradually passes over from one center to the other. In India, the glacial conglomerates are first followed by the Damuda Series with coal and plant fossils and, on top of them, the Panchet Series, in which cold temperatures without ice were inferred from the disintegration of rocks. However, in this case the time difference is quite considerable (the boundary separating the Carboniferous and the Permian and, on the other hand, the uppermost Permian). But most obvious is such a division into two glacial periods in a part of Australia, namely in New South Wales. The following profile shows itself here:[1]

---

1 After Dacqué, Grundlagen und Methoden der Paläogeographie, p. 362, Jena 1915, and C. D. White, Carboniferous Glaciation in the southern and eastern Hemispheres, — with some notes on the Glossopteris flora. The Amer. Geologist, May 1889.

	Upper marine layers	Marine layers 3,500 feet
		Branxton glacial horizon
		Marine layers 1,500 feet
Permian	Greta coal beds with plant fossils 130 feet	
	Lower marine layers	1. Marine sandstones of the Ravensfield Series 1,000 feet
		2. Slate with occasional foraminifera 800 feet
		3. Harpus Hill conglomerates and tuff sandstones 270 feet
		4. Marine slate 1,000 feet
		5. Marine(?) slate with Erraticum and thin (Andesitic and alkaline) volcanic extrusions 900 feet
		6. Slate with occasionally interspersed Erraticum, presumably striated 440 feet
		7. Sandstones in conglomerate bands, downwards passing over in marine slate layers with ripple markings 60 feet
		8. Lochinvar glacial layers
Carboniferous	Smith's Creek Series with plant fossils.	

This profile shows that the Lochinvar glaciation was first followed by a period, in which the developing marine layers were still interspersed with Erraticum, i.e. the sea carried icebergs, from whose undersides ground moraine material was detached. Then, however, the Greta coal beds ensued with terrestrial plants which have resulted from freshwater peat bogs on land. And above it, in turn, there is a ground moraine in the Branxton horizon. The Greta coals hence define a typical interglacial period which includes peat-bog formation.

Incidentally, it is quite interesting that this division of the glaciation can only be observed in the middle part of eastern Australia (New South Wales). In the south, in Victoria, there is only one glacial horizon, and in the north, in Queensland, there are none. This may be understood thus that the southernmost part was permanently buried under the ice, whereas the ice only advanced twice in the middle part, whereas the northernmost part remained absolutely ice-free.

It should not be permissible to assume that there was a change in the pole distance every time these internal fluctuations of the Permo-Carboniferous glaciation occurred. However, a corroboration of such an assumption can hardly be derived from climate indicators from other latitudes. It is much more likely that we are dealing with the same climate variations which we will later rediscover in the Quaternary in the alternation of glacials and interglacials, which is apparently induced by astronomically dependent changes in the earth's reception of insolation. As to what extent transgressional alternations also come into question as a cause can only be assessed with difficulty because of our lack of knowledge about the deposits in Antarctica.

As far as the continuous tracking of the South Pole is concerned, it is interesting to know whether the glaciations occurred everywhere at the same time, or whether time differences can be detected. The latter is now in fact the case, which means that the Brazilian ice traces are the oldest, whereas a part of the Australian and Indian ice is the youngest. Even for South Africa alone, it can be inferred from the echeloned stacks of the moraines, according to du Toit,[1] that the ice formation had moved from west to east. Upon comparing the profiles in the various southern continents, the same author[2] determines that the glaciation of Brazil was older than that of South Africa. According to Hennig[3] (du Toit agrees with him), one of the various glacial findings made in the Congo area is certainly older than the South African Dwyka Conglomerate. L. Waagen[4] underscores that the glaciation in Brazil and South Africa took place before, and in Australia after the appearance of Glossopteris. C. D. White[5] states that Glossopteris is found next to other fossil plant remains under the glacial in the Smith's Creek Series of New South Wales. In contrast, Gothan[6] refers to reports of "an older perhaps Lower Carboniferous Glossopteris from Australia" as being uncertain, which appears to agree with the circumstance that neither Basedow[7] nor W. Waagen[8] record Glossopteris among the plants belonging to the Smith's Creek Series. But even if the reports of Glossopteris existing under the Australian glacial were mistaken—which must be left to the experts to say—there still remains plenty which speaks in favor of the younger age of the Australian ice deposits. In Brazil, as in South Africa, Lepidodendron and Sigillaria trees still used to grow on Permo-Carboniferous moraines, even if they had already been merging with the new Glossopteris flora. But neither in Nearer India nor in Australia are these older Carboniferous forms still known above the glacial; only for Victoria does Basedow (loc. cit.) indicate that Lepidodendron can also be found directly on top of the glacial conglomerate, however, apparently it cannot be excluded that an error has been made here. The better known stratigraphy of New South Wales already shows a flora

---

1 Op. cit.

2 A. W. Rogers and A. L. du Toit, An Introduction to the Geology of Cape colony. 2nd edition, London, New York, Bombay and Calcutta 1909.

3 E. Hennig, Die Glazialerscheinungen in Äquatorial- und Südafrika. Geol. Rundschau 1915, p. 154.

4 L. Waagen, Unsere Erde, p. 437 Munich, year not stated.

5 C. D. White, Carboniferous Glaciation in the southern and eastern Hemisphere—with some notes on the Glossopteris flora. The American Geologist, May 1889.

6 Potonié-Gothan, Lehrbuch der Paläobotanik, 2nd edition, Berlin 1921.

7 H. Basedow, Beiträge zur Kenntnis der Geologie Australiens, Zeitschrift der Deutsch. Geol. Ges. 1909, pp. 306.

8 W. Waagen, Die Carbone Eiszeit, Jahrb. K.K. Geol. Reichsanst. 37, 1888, pp. 143.

in the Greta coals between the two ice horizons which only consists of the new elements from that time on.

From all that has been said above, however, it follows that the ice cap of Brazil moved to Australia via Africa and Nearer India. Admittedly, the precise periods can hardly be determined with certainty. As far as the best known traces in South Africa are concerned, Rogers and du Toit report that they would allocate them "either to the Late Carboniferous or to the Early Permian." Since the inland ice had covered South Africa during the Early Devonian, we must assume that the South Pole had already been close to the southernmost point of Africa at that time and had then reached its northernmost position in Africa in the Carboniferous, that it resided on the eastern coast of South Africa in the Late Carboniferous, skirted Nearer India in the Early Permian, and finally travelled to Australia. We can hardly deny the assumption that, for example, no greater glaciation took place in the Late Devonian or Early Carboniferous. It cannot be ruled out completely that ice traces originating from these periods will be found yet, and it is also imaginable that ice traces might have been produced in these periods but were eliminated at a later event by erosion. However, at present the assumption is more likely that larger ice masses did not exist at the South Pole at that time. At least, it is impossible to retrace the drift of the southern polar inland ice continuously in these or later periods. The shift of the ice masses from Brazil to Australia corresponds only to a particularly distinctive fragment of this pole migration.

It is very useful—also with regard to the following sections of this chapter—to obtain an overview of the stratigraphic profile, including the climate indicators it contains, for the individual parts of old Gondwanaland.

According to Rogers and du Toit (loc. cit.) as well as Branner,[1] the "Santa Catharina System" in Brazil that comes into question here is structured as follows:

---

[1] John C. Branner, Geologia elementar preparada con referencia espial aos Estudiantes Brasilieros e á Gologia do Brazil, 2nd edition, Paris 1915.

Period (acc. to Rogers and du Toit)	Structure of the Santa Catharina System		
Early Jurassic	São Bento Series		Volcanic rocks
			São Bento sandstones
Triassic			Rio do Rastro Strata (red beds with the reptile Scaphionyx)
Permian	Passa Dois Series		Estrada Nova Strata
			Iraty shaly clays with the reptiles Mesosaurus and Stereosternum
	Rio Tuberao Series		Palermo shaly clays
			Rio Bonito Strata (coal, Lepidodendron, Sigellaria, Glossopteris, Gangamopteris, Phyllotheca, Noeggerathiopsis, etc.)
Late Carboniferous			Orleans Conglomerate
			Sandstones and shaly clays

The Rio Bonito Strata lying on top of the glacial conglomerate also contain, apart from productive coal, a rich flora which is mixed with elements of the Lepidodendron flora and the Glossopteris flora. Branner mentions the following plants:[1]

Lepidodendron, Lepidophloios, Sigellaria (3 species), Sphenopteris, Cardiocarpon (4 species), Lycopodiopsis, Equisetites, Hysterites, Rosellinites, the problematic alga Reinschia, in addition *Schizoneura?*, *Phyllotheca* (2 species), *Glossopteris* (3 species), *Gangamopteris, Ottokaria, Arberia, Noeggerathiopsis* (3 species), *Derbyella, Voltzia?, Dadoxylon* (3 species), *Carpolithus?, Hatimima*.

As Glossopteris, in general, only appears during the Late Carboniferous, whereas Lepidodendron becomes extinct at the transition to the Permian, we at least only have to choose between the Late Carboniferous and Early Permian to determine the age of the Rio Bonito Strata. The former of these two assumptions even appears to be more advantageous than the latter which was chosen by Rogers and du Toit. Considering the abundance of the flora, which also included trees, we may also assume that a certain length of time must have elapsed between its appearance and the emergence of the ice cap. This might give us reason enough to date the Orleans Conglomerate back to the Middle Carboniferous. Such decision, however, will depend on the results of further geological research.[2] The shaly clays of the Iraty Formation, including the 18-inch-long, free-swimming Mesosaurus reptile, which also marks the beginning of reptile fauna evolution in South Africa, and the quite similar Stereosternum, would

---

1   The main representatives of the Lepidodendron flora are indicated in spaced print, those of the Glossopteris flora in italics.

2   The publication by David White, Fossil Flora of the Coal Measures of Brazil, in CommisSão de Estudios das Minas de Carvao, Final Report of Dr. J. C. White, has unfortunately not been available to us up to now.

have to be moved somewhat further down in the Permian record by such slight time revision, which would appear only advantageous.

Rogers and du Toit (loc. cit.) subdivide the quite corresponding Karroo System in South Africa as follows:

Period (acc. to Rogers and du Toit)	Stratigraphy of the Karroo System		
Early Jurassic (Rhaetian)	Stormberg Series	Drakenberg Strata, volcanic	
		Cave sandstone (1 dinosaur, 1 crocodile)	
		Red beds (5 reptiles, incl. carnivorous dinosaurs, silicified wood)	
Triassic		Molteno Strata (3 coal beds, silicified wood, Schizoneura, Stenopteris, Thinnfeldia, Baiera e.g. plants, some reptiles)	
	Beaufort Series	Burghersdorp Strata (29 reptiles, 1 mammal, Shizoneura, Thinnfeldia, Taenopteris, Stigmatodendron, Glossopteris)	
Permian		Middle Beaufort Strata (coal, 10 reptiles)	
		Lower Beaufort Strata (coal, 64 reptiles! Glossopteris with 8 species, Schizoneura, Phyllotheca)	
	Ecca Series (Silicified wood, Glossopteris, Gangamopteris, Sigillaria, Lepidodendron, 2 reptiles: Archaeosuchus and Eccasaurus)		
Late Carboniferous	Dwyka Series (with coal)	Upper shaly clays (Lepidodendron, Mesosaurus)	
		Boulder clays (Gangamopteris)	
		Lower shaly clays (Phyllotheca)	

We followed the age determinations reported by Rogers and du Toit with the sole assumption, which they granted themselves on another page of their book, namely that we assign the boulder clays of the Dwyka Series to the Late Carboniferous instead of the Early Permian as they do. We therefore do not consider this as being contradictory to their representation. Instead, the question may be asked whether the entire Dwyka Series still belong to the Carboniferous and whether the Ecca Series should be assigned to the lowermost Permian. For Glossopteris, which is already to be found elsewhere in the Upper Carboniferous, appears for the first time in the Ecca Series, whereas the Dwyka Series only contains the older forms of this flora, namely Gangamopteris and Phyllotheca. The fact that Lepidodendron also appears in the Ecca Series, which becomes extinct elsewhere at the beginning of the Permian, also supports the assumption that this series must be assigned to the beginning of the Permian. The same applies to Gangamopteris, which also becomes extinct elsewhere in the Late Permian. However, the revision of these age determinations is only of significance to our concerns inasmuch as it concomitantly affects the position of the equator in Europe and North America.

In addition, the Cape System lying underneath the South African Karroo System may be represented as follows:

Period	Stratigraphy of the Cape System
Middle Carboniferous	Witteberg Series (Lepidodendron, Sigillaria, Stigmaria)
Devonian	Bokkeveld Series (single coral Zaphrenta, Middle Devonian marine fossils) Table Mountain Series (glacial)

The assignment of the Witteberg Series to the Middle Carboniferous appears to be necessary because Sigillaria, appearing therein, did not yet emerge in the Culm according to European experiences.

With regard to Nearer India, Rogers and du Toit (loc. cit.) report the following compilation for reasons of comparison, to which we shall add the fossil contents according to Wadia:[1]

Period (acc. to Rogers and du Toit)	Stratigraphy of the Gondwana Strata	
Early Jurassic Triassic	Upper Gondwana Strata	Rajmahal Kota-Maleri (red sandstones, arid climate)
Permian	Lower Gondwana Strata	Panchet (without coal; disintegration of the rocks by low temperatures without ice) Damuda[2] (productive coals, Glossopteris [2 species], Gangamopteris [8 species], Sagenopteris, Schizoneura, Voltzia, Albertia Talchir (lowest layer glacial, on top Gangamopteris and Glossopteris)

The age determination of the strata is very uncertain in this case, which is probably due to the fact that representatives of the Lepidodendron flora do not appear here. The glacial constitutes the lowest horizon everywhere, layers of plant fossils do not exist below. It is accordingly not ruled out by any means that the Dekan was already glaciated during the Carboniferous. The age determined by Frech deviates extraordinarily from the statements made above. He assumes a Permian age only for the Talchir, however, a Triassic age for Damuda, and even a Jurassic age for Panchet! We would rather follow Rogers and du Toit, indeed as far as the Talchir conglomerate is concerned. To us, the opinion of the Indian Survey, according to which it is supposed to belong to the Late Carboniferous, seems to be remarkable.[3]

---

1 D.N. Wadia, Geology of India for Students, London 1919.

2 Is further divided into: a) Raniganj = upper coals, b) iron-ore level without coals, c) Barakar = lower coals.

3 The moraines in the Salt Range are situated at the bottom discordantly on top of older layers, then follow layers containing marine fossils which the Indian Survey believes to belong to the Late Carboniferous, whereas others believe them to be Permian. On top are fossil-void rocks and finally Productus limestone.

Finally, the stratigraphy below applies to Australia[1]:

Period (acc. to Rogers and du Toit)	Stratigraphy of New South Wales		
[Rhaetian] Triassic	Wianamatta Strata		
	Hawksbury Series	Hawksbury sandstone, 1,000 feet	
		Narraheen Strata, 1,900 feet	
Permian	Upper Coal Strata	Newcastle (coals, single seams up to 27 feet thick, Glossopteris), 500–1,200 feet	
		Dempsey, 2,000 feet	
		Tomago (coals), 700 feet	
	Upper marine strata (with glacial horizon,[2] 5,000 feet		
	Greta or other coal beds (Glossopteris 4 species, Phyllotheca, Gangamopteris, Noeggerathiopsis, Annularia), 130 feet		
Carboniferous	Lower marine strata (with glacial horizon[2]), 4,500 feet		
	Smith's Creek shaly clays (Archaeopteris, Lepidodendron 3 species, Rhacopteris 4 species, Calamites, Cyclostigma, Sphenophyllum, Glossopteris?), 10,000 feet		

Rogers and du Toit consequently still assign the lower of the two glacial horizons to the Late Carboniferous. The Greta coals on top no longer contain any representatives of the Lepidodendron flora; the mixed flora lying on top of the glacial in Brazil and South Africa is missing here (as it does in Nearer India). The Smith's Creek shaly clays seem to belong to the Early Carboniferous, as it appears to follow from the absence of Sigillaria, for example. However, in this case, the report of Glossopteris by C.D. White (op. cit.) must be incorrect because this plant is of ubiquitous occurrence not before the Late Carboniferous. But we also still find various contradictions or ambiguities in the assertions made elsewhere with respect to the Australian glaciation. In Victoria where, according to Basedow (loc. cit.), only one glaciation can be proven, beds containing Rhacopteris and Lepidodendron are found below the glacial, as is the case with our profile; Gangamopteris (3 species) is found directly on top of the moraines in the same layer system, and on top of it shaly clays and red sandstones allegedly with Lepidodendron! We will probably have to await further investigations before we can establish reliable concepts of the exact age of the glaciation in the various continents. As yet, we only can state with certainty that the glaciation first ceased in Brazil and Australia, and finally in Nearer India and Australia, and in South Africa it occurred in the Late Carboniferous, close to the boundary of the

---

1   According to Rogers and du Toit (loc. cit.), also C.D. White, Carboniferous Glaciation in the southern and eastern Hemisphere—with some notes on the Glossopteris flora. The American Geologist, May 1889. — H. Basedow, Beiträge zur Kenntnis der Geologie Australiens. Zeitschr. der Deutsch. Geol. Ges. 1909, pp. 306. — W. Waagen, Die Carbone Eiszeit, Jahrbuch K. K. Geol. Reichsanst. **38**, Vienna, 1888, pp.143.

2   Compare with special profile on p. 27.

Permian. At least, these facts agree best with the assumption that the South Pole moved from Antarctica to the Capeland between the Early Devonian and the Carboniferous, then almost reversed its direction of movement, then travelling from South Africa to Australia via Nearer India in the Late Carboniferous and Permian. We shall see later that such a migration of the South Pole also stands in good agreement with the displacement of the equatorial rain belt and the arid regions.

It still has to be mentioned in this context that isolated discoveries have been made at certain locations in the northern hemisphere, which some interpreted as glacial, although others question or dispute this interpretation. For example, Udden believes to perceive Permian traces of ice in western Texas, the same applies to Hobson who identifies them in the Carboniferous of the Ruhr Basin, and Chernishev who does so in the Upper Carboniferous of the Ural Mountains. According to the opinion of most geologists today, all these cases are based on an erroneous interpretation of pseudoglacial conglomerates. But how do matters stand with the most recent sensational case of this sort, the so-called Squantum tillite in the Roxbury Conglomerate in the Permo-Carboniferous of Boston, which Sayles[1] describes as a moraine? The description given by Sayles actually seems to be quite convincing; he depicts striated erratic boulders and reports the discovery sites which in fact do cover a vast area. However, smoothed rocks underneath the moraine have not been determined yet, wherefore we are dealing only with phenomena which can also be created, with deceptive similarity, independent of a glacial mechanism. Perhaps formerly high sea levels may come into question to explain the formation of this Squantum tillite, after all, the Late Carboniferous folding of the Appalachians does cross this area. But a preservation of such high-altitude moraines seems rather unlikely, because whatever is formed at high sea levels will usually become destroyed by erosion. As all other climate indicators will irreproachably prove, as shall be shown later, that Boston was located in the equatorial rain belt during the Carboniferous, and in the hot desert region during the Permian, hence the glacial nature of this tillite stands in an irreconcilable contradiction with numerous other types of climate indicators which surround it temporally and spatially. We attach importance to the fact that this contradiction cannot be blamed on our assumptions. Rather, it is already attached with the observations and requires a solution, regardless of all assumptions made on the system of the climates; because a climate which simultaneously created coral reefs, salt deposits and ice, i.e. which was both cold and hot at the same time, logically could not have existed. The solution to the mystery of Squantum tillite may probably be expected to be discovered only after further studies focusing on its nature have been made. For us, it cannot be questioned that we shall have to follow the great number of the other climate

---

1 Robert W. Sayles, The Squantum Tillite. Bull. of the Museum of Comparative Zoology at Harvard College **56**, No. 2 (Geol. Series Vol. **10**). Cambridge 1914.

indicators which stand in agreement with each other, and not the one deviating from the rest.

B. Coal.[1] Particularly the most productive black coal deposits in North America, Europe and China lie in our reconstruction on a great circle, the pole of which comes to lie in the middle of the Permo-Carboniferous glaciation region, and thus characterize themselves as previous peat bogs belonging to the equatorial rain belt. This interpretation already suggests itself on account of the great thickness of the coal-bearing beds, which can only be explained with an especially abundant production of plant substance. After all, for example, there are 233 seams with a total of more than 82 m of black coal in the Saar Basin, and 176 seams with a total of more than 81 m of black coal in the Ruhr Basin. In Upper Silesia, the numerous seams even contain more than 155 m of black coal, and the main seam is 16m thick. As will be shown later, a study of the plant residues will also lead to the result that they are of tropical origin. The objections raised against the tropical origin of the black coal by Ramann, Frech, Gothan and others mostly anticipated that peat formation was bound to a low temperature and that the processes of decay would be too intensive for peat to be formed in the tropics. However, recent research clearly demonstrated that this was a prejudice which could only be upheld so long as the numerous bogs of the equatorial rain belt had not been studied with regard to their peat formation. Opinions have changed rapidly ever since Dr. Koorders studied a peat bog in Sumatra for the first time in 1891. According to Potonié's description,[2] this peat bog lies on the level eastern part of the island north of Kampar River, 90 kilometers away from the coast. It has a diameter of 12 kilometers and its overall surface area has been estimated to amount to 80,000 ha. It is covered by a 30 m-tall forest consisting of evergreen mixed trees whose roots form a dense horizontal web, without which no person could set his foot in this area. The expedition bivouacked twice in the peat bog and was strongly hindered by the breathing roots (pneumatophores) towering 1/3 to 1/2 m above the water level. Among the trees there were, although seldom, tree ferns. The water displayed the tea-like color characteristic of bog water. That the ground really consisted of peat was later determined by Larive, who discovered peat measuring up to 9 m in thickness. It was a typical, easily combustible fen peat which had formed almost completely from the fallen foliage of the forest.

It can only be attributed to the inaccessibility typical of these tropical peat bogs that hardly anything has hitherto become known about their existence and

---

   1   The majority of the following statements are derived from F. Frech, Die Kohlenvorräte der Welt, Stuttgart 1917 (Finanz- und Volkswirtschaftliche Zeitfragen, 43rd Issue), 182 pages..
   2   H. Potonié. Die Entstehung der Steinkohle. 5th edition, 1910.

that, for example, the bog map published by Früh[1] appeared to prove that the bogs were limited to the rainy areas of the temperate and, at the most, to the subtropical regions. Unfortunately, the resulting prejudice that it is impossible for peat bogs to form in the tropics because of the high temperatures, has still not been overcome in today's literature, although it has been admitted that "within the climates of bog development" peat formation reaches its maximum intensity "in relatively warm climates". However, it is about time to do away with this prejudice because reports of bog formations are now available from almost all countries lying in the tropical rain zone. Keilhack describes peat bogs on the island of Ceylon,[2] Krenkel describes them in tropical Africa.[3] He discusses most comprehensively the Kibirizi Bog close to the shore of Lake Tanganyika, but also reports, although in lesser detail, of numerous other expansive bogs situated at the tributaries of the Congo, whose "black waters already divulge their origin from a bog by their abovementioned tea color." Furthermore, Harrison describes bogs in British Guyana,[4] they are located on the shallow coast and measure up to 3m in thickness. It may be assumed as certain that the river basin of the Amazon, like that of the Congo River, also harbors many tropical bogs, to which the abundant black waters (Rio Negro) give reference. In reality, the formation of bogs in the tropical rain zone should be at least as common as in the rainy areas of the temperate zone, and in this regard should produce peat layers displaying a greater thickness on average, depending on the more abundant and uninterrupted plant growth in the tropics.

The main mass of the productive black coal is attributable to the Late Carboniferous, however, one part also originates from the Early Carboniferous and even from the Permian, giving us the opportunity to follow the displacement of the equatorial rain belt. According to the movement of the South Pole as inferred from the ice traces, we may expect that the equator rotated around two points, of which one was located in central Asia, almost at Lake Balkhash. It must have moved northwards in East Asia, and southwards in Europe. Indeed, this seems to be confirmed by the arrangement of the coal deposits in the Lower Carboniferous, Upper Carboniferous and Permian. In China, Lower Carboniferous coal lies chiefly in Shantung and South Sichuan, hence in central

---

1   Früh and Schröter, Die Moore der Schweiz mit Berücksichtigung der gesamten Moorfrage, Beiträge zur Geologie der Schweiz. Geotechn. Serie, III. Lief. Bern 1904 (cited after Solger, Die Moore in ihrem geographischen Zusammenhange. Zeitschr. der Ges. für Erdk., p. 702—717, Berlin 1905).

2   K. Keilhack, Über tropische und subtropische Torfmoore auf der Insel Ceylon. Jahrbuch d. Preuß. Geol. Landesanst. 1915, Issue 1; — Über tropische und subtropische Flach- und Hochmoore auf Ceylon. Mitt. Oberrhein. Geol. Ver. N.F. 4, p.76.

3   E. Krenkel, Moorbildungen im tropischen Afrika. Centralbl. f. Min. etc. 1920, p. 371—380 and 429-438.

4   J.B. Harrison, Pegass of British Guiana. Quart. Journ. Geol. Soc. Vol. LXIII, p. 292 (after Stutzer, Nichterze, Vol. II, 2nd edition, 1923).

China; however, the farthest northeastern location of Permian coals is in Shansi, Tschili and Manchuria. The still younger Triassic coals, which lie farther south (in Hunan), shall be discussed in the next chapter. In central Asia, the coals of the Lower Carboniferous are located in the Dzungarian Alatau (southeast of Lake Balkhash), the Upper Carboniferous somewhat more to the south (and east) in Peschan, on the northern slope of the Nanshan and in the central Kuenlun Mountains.[1] In Europe, we perceive a reverse arrangement of coals: here, the coals of the Lower Carboniferous are found in the north. We would admittedly not wish to assign the Lower Carboniferous coals of Spitsbergen to the equatorial rain belt which, according to Andersson,[2] make up more than two-thirds of the natural coal resources there, as the flora already seems to indicate a somewhat colder climate. Presumably the same also applies to the coals of the Lower Carboniferous on Bear Island.[3] But perhaps the Lower Carboniferous coals of the eastern and western Ural mountain range already belong to the equatorial zone, as those of Scotland, Chemnitz, Moscow certainly do and perhaps those of Bulgaria as well. The bogs of Spitsbergen and Bear Island were perhaps the same as those in present-day Florida at 27 degrees latitude. At any rate, it will be good practice to rely predominately on the English, German and Russian deposits in order to define the position of the equator in the Early Carboniferous. In our reconstruction we have not yet taken into regard the Late Carboniferous folding, which must still be smoothed out for the Early Carboniferous. Northern Europe would then come to lie approximately 10 degrees further north than is shown in our map. The English and central European coals would then just lie on the equator matching the position of the South Pole in the Early Carboniferous, Bulgaria at 10°S, Spitsbergen at 26°N.

The coals of Bosnia and Croatia and of Spain (in Asturias and Leon) are generally attributed to the Carboniferous, whereas those from the southern shore of the Black Sea and the main coals of England, France and Germany belong to the Late Carboniferous.

The equator in the Late Carboniferous may therefore be placed a little more to the south in Europe, considering that the land masses were being pushed together at this time.

Finally, in France, Thuringia, the Black Forest, Saxony and Bohemia, coals are known to have originated from the earliest Permian. Moreover, there still are coals from the Permian to be found in Bosnia and central Asia (in the Altai and at the upper Yenissei River). These areas will be consistent with the equatorial rain belt, if the South Pole lies in Australia.

---

1   K. Leuchs, Zentralasien. Handb. d. Reg. Geol. V, 7, Heidelberg 1916.

2   Andersson, Spetsbergens Koltillgangar och Sveriges Kolbehof. Ymer **37**, 201—248, 1917.

3   O. Nordenskjöld, Die Nordatlantischen Polarinseln. Handb. d. Reg. Geol. IV, 2b, Heidelberg 1921

In North America, where Carboniferous coals occur mainly in the eastern part of the United States and Canada, the conditions are different inasmuch as that the Permian coals no longer appear from now on—a fact which is very easy to explain with the position of the equator we anticipated. Here we find Early Carboniferous coals[1] mainly in New Brunswick all the way to the Virginias, whereas Late Carboniferous coal deposits extend from Ohio to Alabama. Hence merely a displacement of the coal formation alongside the equator can be determined here. However, if we smooth out the Late Carboniferous compression of the Appalachians here as well, the coals of the Early Carboniferous will move considerably toward the northwest and will come very close to our Early Carboniferous equator.

With this, the discussion of the coal deposits, which originated from the equatorial rain belt of the Carboniferous and Permian, is now quite exhausted. We will now turn to the coals of the two subpolar precipitation belts. From the even less thoroughly studied northern zone, of which one part fell in the Pacific, the other in today's northern polar countries, Carboniferous coals are only known to have occurred in Alaska so far.[2]

However, as far as the southern subpolar precipitation belt is concerned, coals are known from everywhere in South America, Africa, Nearer India, Australia and Antarctica. They differ from the equatorial coals predominately by their reduced thickness and thus lower economic value. As to the insignificant coal deposits of Bogota (Columbia) it may be questionable whether they belong to the southern subpolar rain zone of the Early Carboniferous or to the equatorial rain belt of the Permian. A precise age determination will someday find the answer to this question. Carboniferous coals of reduced thickness also occur at Lake Titicaca; here, a greater probability speaks in favor of an Early Carboniferous subpolar rain zone, although the Permian equatorial zone cannot be ruled out either. However, the situation is totally clear when it comes to the invariably insignificant coal deposits which, according to Stappenbeck,[3] lie in Permian (and Triassic) layers above the Permo-Carboniferous glacial in Argentina, Paraguay, Uruguay and Brazil. As stated earlier, we encounter productive coal in the Santa Catharina System in the Rio Bonito Strata lying immediately on top of the glacial Orleans Conglomerate. Rogers and du Toit classify these layers as Lower Permian, according to our assumptions they perhaps may even belong to the Upper Carboniferous.

---

1   After Frech. After Eliot Blackwelder (U.S. of North America. Handb. d. Reg. Geol. VIII, 2, Heidelberg 1912) none or only few of these coals are older than the Carboniferous.

2   The Geography and Geology of Alaska, Washington 1906. Department of the Interior U.S. Geological Survey.

3   Stappenbeck, Südamerikanische Minerallagerstätten. Die Naturwiss. 10, 231, 1922.

Very similar conditions exist in South Africa, where we find coals on top of the boulder clays first in the Permian Lower and Middle Beaufort Strata (then in the Triassic Molteno Strata as well). According to Frech, the thickness of these coal deposits is supposed to decrease from South Africa to the north: they are already thinner in Rhodesia and only traces were to be found in German East Africa. According to other authors, however, there are seams in the north of Lake Nyasa that are worth being exploited, and coals are also to be found in the corresponding layers of the Congo region.

Productive coals also exist on top of the glacial horizon in Nearer India, namely in the Permian Damuda Series. The coals in Australia also originate from the Permian; some lie between the two glacial horizons (Greta coals), some lie on top of them (Newcastle and Tomago Series). In Antarctica, finally, Shackleton discovered several coal seams in the "Beacon Sandstone" at 74 and 85 degrees latitude, which together measure 12 m in thickness and must be interpreted as an equivalent of the Gondwana formation. These coals therefore probably belong to the Permian age.[1]

Consequently, coals were formed everywhere in regions which had formerly underwent glaciations, always after the recession of the ice on top of the remaining moraines. This phenomenon is identical with what we see in the Quaternary and post-Quaternary peat bogs of northern Europe. The irregularity of moraine formation was obviously the cause for the numerous backwater lakes into which the bogs could then settle after sufficient precipitation.

C. Salt, Gypsum and Desert Sandstone.[2] When it comes to the topography of the arid zones in the Carboniferous, it is of particular importance to take the Devonian into consideration right from the beginning. Because the conditions in both Europe and North America may be described in brief in terms stating that the northern arid zone still in place here during the Devonian is pushed back northwards by the advancing equatorial rain belt, whereas it regains its former expansion in the Permian. Favorable conditions for the formation of major salt deposits were therefore provided in the Carboniferous for the southern arid zone (Sahara), and in the Permian for the northern arid zone (North America and Europe).

The Devonian desert sandstone of the Old Red, which corresponds to the northern arid zone, is encountered in North America from New York to Newfoundland, also in Greenland, Spitsbergen and northern Europe, and in North America and Europe it also contains salt. A more detailed description will be given in Chapter V in context with other Devonian climate indicators.

---

1 O. Nordenskjöld, Antarktis, Handb. d. Reg. Geol. VIII, 6, p.19 Heidelberg 1913.

2 Most of the following information about salt is derived from: J. Ottokar Freiherr von Buschman, Das Salz, dessen Vorkommen und Verwertung in sämtlichen Staaten der Erde, especially from Vol. II: Asien, Afrika, Amerika und Australien mit Ozeanien. Leipzig 1906.

In the Carboniferous, the arid zone characterized by the Old Red was pushed back by the coal-forming equatorial rain belt. In North America, we still encounter gypsum deposits in the Lower Carboniferous (Mississippian) not only in Michigan but also in Virginia. But there was intensive coal formation in the eastern part of the United States and Canada in the Late Carboniferous (Pennsylvanian), and coal fields still run in southwesterly direction even through the central regions of the United States, which admittedly are no longer so productive as those lying in the East. However, sandstones with inclusions of gypsum were formed further south, and the thick Permo-Carboniferous red beds in the West are ubiquitous evidence of the desert climate. As early as in the latest Carboniferous, the equatorial rain belt begins to retreat and in the Permian almost the whole of North America has become desert-like: In the uppermost Carboniferous of Newfoundland salt already appears on top of the last coal beds. In the Permian, huge gypsum deposits are formed in Iowa, Texas and Kansas. Salt deposits occur in the latter state as well. According to E. Kayser,[1] there is a "predominately red-colored, fossil-poor rock zone consisting of sandstones, marls and shaly clays, containing gypsum and salt," that represents the Late Permian in the western and southern states of the Union. And similarly, Eliot Blackwelder[2] formulates: The red beds and their salt lake deposits prevailing in the region of the Rocky Mountains and the Great Plains are indicators of an arid climate."

We perceive something quite similar in Europe. The Devonian arid zone of the Old Red, bordered by the coal formation in the south of the Eifel, in the north by Bear Island, is pushed back northwards during the Carboniferous. In Spitsbergen, which used to lie beyond the arid zone in the earliest Carboniferous (Culm) and produce coal, massive gypsum layers (e.g. at the shores of the Isfjord) have already been deposited in the Lower Carboniferous layers lying on top, and even more so in the layers of the Upper Carboniferous.[3] Salt and gypsum were also deposited in the eastern part of the Ural Mountains. Scotland remained in an arid zone in the Carboniferous as well because here, according to J. Walther,[4] the formation of desert sandstone continued without interruption from the Silurian to the Permian; and according to Neumayr-Uhlig, salt was formed even in England during the Carboniferous. Throughout central Europe, however, all signs of aridity disappeared. Here, gigantic coal deposits formed in the Early and Late Carboniferous. However, in the Permian the arid zone not only returns but now also takes possession of the whole of Europe, extending farther into

---

1 E. Kayser, Lehrbuch der Geologie, Part II, p. 302. Stuttgart 1908.

2 Eliot Blackwelder, United States of North America, Handb. d. Reg. Geol. VIII, 2. Heidelberg 1912.

3 O. Nordenskjöld, Die Nordatlantischen Polarinseln. Handb. d. Reg. Geol. IV, 2b. Heidelberg 1921.

4 J. Walther, Geschichte der Erde und des Lebens. Leipzig 1908.

the south than ever before during the Devonian. We have to admit that coal formation initially still continued in the earliest Permian. But then Permian salt deposits were formed in southern Russia (Gov. Yekaterinoslav), eastern Russia (Gov. Perm), Germany and the Southern Alps. According to Arldt,[1] Permian salt is found in Germany, especially at Gera, Artern, Stassfurt, Egeln, Vienenburg, Halle, Sperenberg, Segeberg, Hohensalza. With regard to the formation of the northern German salt deposits, which have gained great importance especially because of the "precious salts" appearing next to the common salts, and which are primarily attached to the name of Stassfurt, Kubierschky creates the following image:[2]

Towards the end of the Middle Zechstein a large sea spread from the Ural Mountains over the greatest part of Germany all the way to the middle of England. Initially standing in connection with the open Nordic Sea, it was gradually separated from it upon emergence of the later Zechstein period. A salty inland sea arose which gradually dried up in the hot desert climate. Gypsum is the first salt to precipitate when sea water evaporates. Today we mostly find anhydrite which owes its existence to subsequent transformations. The precipitation of gypsum is followed by the precipitation of a mixture of gypsum and rock salt, then by anhydrite and rock salt, and before the actual potassium salts appear, by polyhalite and rock salt. These salt mixtures are found naturally in quite regularly alternating precipitations which appear in the shape of so-called "annual rings". Their existence can be easily explained with an annual temperature variation. Calcium sulfate precipitated as gypsum, anhydrite or polyhalite during the Zechstein summers because it is less soluble in warm water than in cold, whereas the slightly soluble sodium chloride precipitated as rock salt in the Zechstein winters. The precipitation of most readily soluble mother-lye salt ensued at last and presumably also proceeded in layers under the influence of temperature variations. This allows us to estimate the time it took for the Stassfurt deposit to evaporate. The result is an astonishingly short period of 10,000 years, of which only 1,000 years are attributable to the potassium salts. Northern Germany remained the deepest depression of the wide basin during the evaporation process and is supposed to have sunk further 600 m during the Zechstein. Finally, the wind covered the salt pans with water-impenetrable clay dust and thus protected them against subsequent dissolution. The precipitation of the first salt sequence was followed at isolated sites by a second, and even a third, as salt floods of other partial areas of the wide basin flooded the pans that had just dried up anew. Afterwards, the dunes of the Bunter desert passed over them and the Zechstein salts were buried deeper and deeper.

---

1 Arldt, Handb. der Paläogeographie, p. 495. Leipzig 1917—1921.
2 K. Kubierschky, Artikel Kaliindustrie in der Enzyklopädie der techn. Chemie, Vol. 6, p. 564—627.

The Climate Belts of the Carboniferous and Permian

Concerning the temperature of the evaporated solutions, Kubierschky assumes that variations ranged between +15° and +35 °C, according to the condition of the Sahara today; he explains the absence of certain layers from the record with a temporary drainage during the process of crystallization. He also assumes that the "ultimate brine" was absorbed by desert sands blown over it and was thus removed from the salt deposits. We already mentioned the subsequent transformation of some minerals—e.g. gypsum into anhydrite—below the surface of the earth.

Walther explains the isolated occurrence of single salts in part with an origin other than from sea water, in part with a wind-controlled separation of the salts while they were drying, whereby one proportion, swept away by stormy winds, was finally deposited at a great distance from the rest that was left behind.

However, regardless of the circumstances, the formation of all salt deposits requires an arid desert climate in which evaporation dominates over precipitation at least during a great part of the year.

We possess much less reliable traces of the southern arid zone than we do of the northern. In Egypt, the desert formation of Nubian Sandstone developed in the course of long time periods. According to Blanckenhorn,[1] a Carboniferous horizon can be determined in its lower layers, which in Sinai contains Lepidodendron and Sigillaria. On top of it are massive fossil-void layers of indeterminable ages, however, the uppermost part can be determined and proven to belong to the Upper Cretaceous. It seems that the so-called "Salt of the Sahara" also dates from the Carboniferous. Yet, Buschman describes it as belonging to the Triassic. But we read nothing about it in the publications of Lemoine,[2] apart from "A Taoudeni, ce sont les dépôts de remplissage d'un synclinal carboniférien" with reference to Flammand (1907), Nieger, Cauvin. If we follow the description of Buschman the allegedly Triassic deposits of rock salt and gypsum in Algeria would belong here, also the Saharan locations of Sebeha Idjil, Taudeni, Bilma and at the southeastern scarp of the Tibesti mountain range. A rock-salt pit is also supposed to exist north of Timbuktu, and Lenz also reports of Wadan (southeast of Sebeha Idjil) and Tischit (yet farther southeastward, halfway between Sebcha Idjil and Timbuktu). The best known among them are the salt deposits of Taudeni, situated on the caravan road halfway between Morocco and Timbuktu, where even houses are built of rock salt. Perhaps it cannot not be excluded that these indeed widely scattered findings do not all belong to the same age. As for the western locations, in particular Sebcha Idjil and Taudeni, the Carboniferous seems to be the only period that comes into question as being responsible for the salt formation according to the other climate indicators, as otherwise the equator would have invariably been too close.

---

1 M. Blanckenhorn, Geologie Ägyptens, p. 25. Berlin 1901.
2 Lemoine, Afrique occidentale. Handb. d. Reg. Geol. VII, 6A. Heidelberg 1913.

According to Buschman, salt formations should have occurred in other parts of Africa as well, namely at the Cuanza River and other locations in the Portuguese colony of Angola. However, this salt is supposed to belong to the Permo-Triassic. In fact, the Permian is more likely than the Carboniferous because the pole distance was too small for salt to be formed during the latter. The time reported thus also complies with the circumstance that an arid climate began in neighboring Brazil during the Triassic.

There is only little we can report about the former existence of arid climates in South America. There are salt springs in Columbia (Dep. Antioquia) which have their source in coal-bearing Carboniferous layers, presumably owing their salt content to layers situated immediately below. However, as the age of this coal still seems to be too uncertain, as we have mentioned earlier, assumptions about the supposed salt layers underneath are probably of no significance. Yet, Harrassowitz[1] also mentions Peru and Java among the regions which formed "gypsum, salt or red layers referring to dryness" during the Carboniferous. They fit perfectly into the arrangement shown in Figure 3. Admittedly, other regions are also named, such as Donets, Tian Shan and western Australia, which match less well with the rest.

D. Flora. The person best informed about the European Carboniferous flora, H. Potonié, compiled in his popular studies the reasons which were compelling to assume that these plants had originated from the equatorial rain belt, where they grew in forest bogs. The peat has been conserved for us in the shape of the great common coal deposits.[2] In particular, he underscores the following features:

1. Inasmuch as the reproductive organs of fossil ferns allowed us to draw any conclusion, it followed that these plants are related to families that live in the tropics today. For example, numerous Carboniferous plants are related to the recent Marattiaceae.

2. Tree ferns as well as climbing and twining ferns are very eminent representatives of the Carboniferous flora. Actually tree-like growths dominate also in groups which are mostly herbaceous today. Climbing ferns are, for example, Sphenopteris and Mariopteris (Fig. 5).

3. Some Carboniferous ferns, e.g. the tree fern Pecopteris, possess aphlebiae, i.e. irregularly serrated pinnae at the attachment sites of the secondary rachii which are strikingly different from the other regularly formed pinnae of the fronds. They are already full-grown when the young, regular pinnae are still coiled up (Fig. 6). Such aphlebiae are seen only in tropical ferns today.

---

1 H. Harrassowitz, Klima und Verwitterungsfragen. N. Jahrb. f. Min. usw. Beid. Bd. XLVII, p. 497—These statements have not yet been considered in our map of the Carboniferous.

2 H. Potonié, Die Tropensumpfflachmoornatur der Moore des produktiven Karbons, Jahrb. der Kgl. Preuß. Geol. Landesanst. 30, Part I, Issue 3. Berlin 1909.—Idem., Die Entstehung der Steinkohle. 5th editon, p. 164. Berlin 1910

4. A considerable number of Carboniferous ferns have fronds of a size that occurs only in the tropics. There are fronds measuring several square meters.

5. Growth rings are completely absent in trunks of European Carboniferous trees. Their growth was presumably not interrupted by periodic drought or periodic cold.

6. Stem-borne blossoms ("cauliflory") have been determined as characteristic of "Calamariaceae and Lepidophyta, in the latter case certain Lepidodendraceae

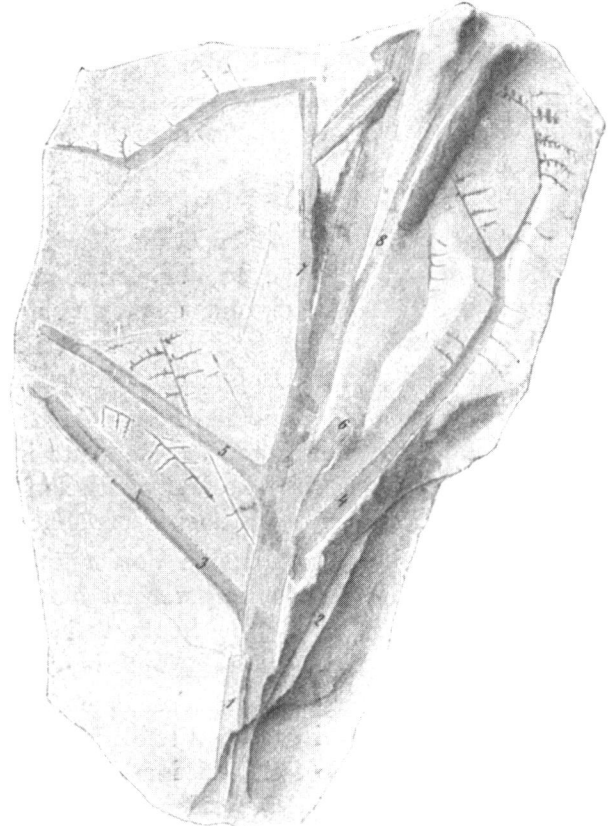

Fig. 5. The climbing fern Sphenopteris (after H. Potonié)

(belonging the "genus" of Ulodendron, established solely by those large marks on the fossil trunk remains which correspond to stem-borne blossoms) and Sigillariaceae … Today, woody plants whose blossoms sprout on the side of old wood (trunks or branches) are almost entirely limited to the tropical rainforests …. Perhaps it is the intense struggle for sunlight resulting from the dense vegetation cover, which expresses itself in the fact that the light-dependent foliage often fully occupies the treetops, while the reproductive organs occur on those parts of the plant less accessible to light, where, in any case, they in no way obstruct the vigorous vital functions of the foliage."

Fig. 6. Young frond with aphlebiae of Pecopteris plumosa (after H. Potonié)

It has often been stated that recent tree ferns occur in the tropics in less abundance than they do in the subtropics, i.e. on the humid mountain slopes of the latter. However, it must be taken into consideration that we are dealing with a bog flora. We can only compare the great coal deposits either with the recent bogs of the equatorial rain belt or with those of the two subpolar rain belts. Between them, bog formation occurs much too seldom for us to explain the great coal belt that can be traced from North America over Europe all the way to China. But tree ferns today stand (although seldom) only in the bogs of the equatorial rain belt, whereas they are completely excluded from the subpolar peat bogs. For this reason, the frequent occurrence of tree ferns can be definitely taken as evidence of their origin from the equatorial rain belt.

Furthermore, it has been argued that the absence of annual rings might represent a common peculiarity of the primeval flora and would tell us nothing whatsoever about the climate. Indeed this argument must also be rejected, as wood displaying annual rings from former times has in fact been discovered at a very short distance to the poles (in the Falkland Islands and Australia).

The fact that a tropical flora is found particularly among the main coal deposits, whose thickness alone already indicates rapid and uninterrupted growth, but not at the thinner coal seams which appear in the southern continents on top of the Permo-carboniferous moraines, is yet another confirmation of Potonié's opinion.

However, the circumstance that the large coal belt forms a great circle when the drift theory is applied, and that the pole of this great circle falls into the center of the former glaciation region, is a finding which is especially impressive. The enormous former peat masses inclusive of the tropical plant residues, according to Potonié, used to be situated everywhere 90 degrees from the center of the great inland ice cap. As a result, it can no longer be doubted that they originated from the former equatorial rain belt.

We must first take a closer look at the findings of the Permo-Carboniferous flora in their entirety if we want to utilize them for climate purposes. The literature repeatedly confronts us in this regard with a "European Carboniferous flora" as opposed to the colder "Glossopteris flora" emerging on top of moraines in the southern continents. This represents something so well defined that Arber was able to dedicate a monograph to this subject (Catal. Brit. Mus. 1905). But in our opinion this contrasting pair does not get to the heart of the matter because climate-dependent differences are confused with time-dependent changes. It is more correct to distinguish a Carboniferous from a Permian flora first and then draw further distinctions between a tropical and colder flora in every one of these stages. Hence the Carboniferous flora is divided into a tropical part, with which Potonié's argumentation in favor of the tropical nature is mainly concerned and which we perhaps may name, in order that we have a name, after the fern tree Pecopteris which is endowed with aphlebiae. This tropical Pecopteris flora can be differentiated from a cold Carboniferous flora, which is composed of only the harder elements of the European Carboniferous flora, such as Lepidodendron, Sigillaria and others, which we shall therefore refer to as Lepidodendron flora. While the Pecopteris flora is strictly limited to the former tropics, the Lepidodendron flora occurs at least from Spitsbergen down to South Africa, i.e. in a latitude interval of 120 degrees.

This Carboniferous flora was then succeeded by a Permian flora which, in turn, is also divided into a tropical and, this time, not ubiquitous but expressly cold flora. As far as the latter is concerned, i.e. the so-called Glossopteris flora, the transition from the Lepidodendron flora to the Glossopteris flora took place nearly at the transition from the Carboniferous to the Permian. As follows from the abovementioned stratigraphic sequences in Brazil and Africa, the Early Permian Rio Bonito Strata in Brazil still contain representatives of both floras, as is the case with the also Early Permian uppermost Dwyka Series and the Ecca Series in South Africa. Consequently, the change of the flora can be followed stepwise at these locations. In Europe, which belonged to the tropics at that time, a much more profound change of the flora took place only somewhat later, i.e. in the middle of the Permian period, a change which Gothan describes as follows:[1] "Plant life exhibits here (in the Zechstein, hence the Upper Permian) a totally different character than in the Rotliegend-Carboniferous. Hardly anything relating to the actually Carboniferous and Permo-Carboniferous forms can be perceived anymore. A sparse Callipteris and some Sphenopteris pieces, obviously some pteridosperms, still remind us to a certain extent of the former flora; some other Permo-Carboniferous forms may have left residues behind, however, the numerous other pteridosperms of the Carboniferous, the Lepidophyta, the Sphenophyllum species, almost all Calamites, the fern forms of the Carboniferous, the Cordaites have all disappeared. Whereas the numerous individuals of the conifer genus Ullmannia, the more abundant Baiera digitata from the group of Ginkgophyta, and the first Voltzias give the flora an unambiguous Mesozoic aspect. Because the predominance of the conifers in this flora, apart from the Ginkgophyta and others, speaks as clearly as possible in favor of this effect. Concomitantly it follows that the essential division of the younger Paleozoic flora has to be made between Rotliegend and

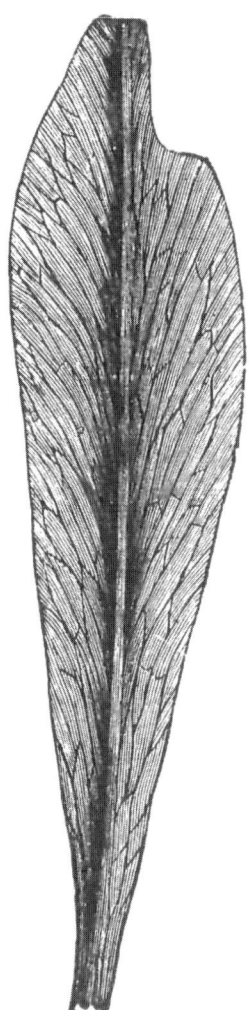

Fig. 7. Glossopteris frond

---

1   Potonié-Gothan, Lehrb. d. Paläobotanik, 2nd edition, p. 455—456. Berlin 1921.

Zechstein; a new period of major plant life development began in the middle of the Permian formation, characterized by the dominance of the gymnosperms." It must be considered in this context that, during the Zechstein, Europe was just moving out of the previous equatorial rain belt and into the arid region, as can be derived from the simultaneous salt deposits. Naturally, this aridity had to have lethal effects on the flora of the tropical bogs, whereas the conifers were much better adapted to it.

As far as the composition of this flora is concerned, the Carboniferous equatorial Pecopteris flora consists in particular of the following elements:

Pecopteris (tree fern with aphlebiae), the climbing ferns Sphenopteris and Mariopteris, also Lonchopteris, Neuropteris, Alloiopteris, Palmatopteris, Alethopteris, Odontopteris, etc., whereas the Lepidodendron flora mainly consists of these elements:

Lepidodendron, Sigillaria, Calamites, Cordaites (all of them are trees), also the fern Rhacopteris, Callipteris and the herbaceous, small Sphenophyllum perhaps growing as an aquatic plant, Cyclostigma (Archaeopteris, Calymmatotheca, Asterocalamites), etc.

Finally, among the Glossopteris flora, the following main representatives must be mentioned:

The fern Glossopteris with undivided, mostly 10 cm-long and seldom nearly one-foot-long fronds and of herbaceous growth (Fig. 7), the similar, somewhat older fern Gangamopteris, the roots of both (Vertebraria), which often sunk into the moraines of the Permo-Carboniferous glacial; in addition, Neuropteridium with quite large monopinnate fronds, Schizoneura and Phyllotheca, both Equisetales, of which the latter belongs to the oldest representatives of this flora, Noeggerathiopsis, Ottokaria, Arberia, Rhipidopsis, Belemnopteris, Annularia, Reinschia (an alga?).

What do these observations reveal now? In the European Carboniferous the tropical-swampy Pecopteris flora appears mixed with the Lepidodendron flora (Fig. 8). This mixed flora is also dominant in the North American coal region. Admittedly, there are certain differences but they are not greater than those existing between the various European coal basins. "The best agreement between the European and North American Carboniferous flora exists in the upper part of the (Pennsylvanian), where a flora emerges in America which matches that of the European (the transition in England, the Piesberg flora of the Ruhr Basin, the flame-coal flora of Saarbrücken, and corresponding strata of the Donets Basin) completely, so to speak.[1] Still, the main coal-producing period in North America is the Pennsylvanian.

The flora of the black coal deposits on the southern shores of the Black Sea near Eregli also bears the same character of the tropical swamps, documented by the occurrence of Mariopteris, Sphenopteris, Neuropteris, etc.[2]

---

1 Potonié-Gothan, Lehrb. d. Paläobotanik, 2nd edition, p. 455—456. Berlin 1921.
2 Philippson, Kleinasien, Handb. d. Reg. Geol. V, 2. Heidelberg 1918.

Neither does the situation seem to be essentially different in China, as much as we now know. According to Gothan, we encounter "apart from the species occurring in both Europe and North America, i.e. Lepidodendron oculus felis and species of Gigantopteris, very specific local plants." However, Gigantopteris has already been found in the southern part of the United States of America and it appears that it must be allocated to the Pecopteris flora.

Furthermore, we may call to mind the discovery of Pecopteris made by A. Tobler in the Upper Carboniferous of Sumatra and the doubts which Dutch geologists had about the occurrence of the Glossopteris flora in the Sunda Archipelago. It seems that the Sunda Islands had a tropical rather than cold climate during the Carboniferous.

According to Leuchs[1] a flora from central Asia is known to consist of Lepidodendron, Lepidophloios, Bothrodendron, Sphenophyllum (all Early Carboniferous) and Lycopodites, Asterophyllites (both Late Carboniferous) suggesting that the climate was colder instead of warmer. Nevertheless, the representatives of the tropical forest bogs were missing and, admittedly, so were the coals. The equator can hardly be led past these regions other than in considerable proximity to them, despite the fact that the exact position of these regions is particularly uncertain in our reconstruction because of the gigantic collisions which took place in central Asia in particular. It may be best that the question concerning the interpretation of this flora should remain an open one.

The Lower Carboniferous flora of Spitsbergen and northeastern Greenland consists, at least in its essentials, only of the Lepidodendron flora. It consisted of: Sphenopteris, Adiantites, Lepidodendron, Bothrodendron, Calymmatotheca, Sphenophyllum, Asterocalamites. Here, we are probably dealing with swamps which formed just north of the northern arid zone under similar warm climate conditions like those existing in present-day Florida. Similar were probably also the conditions prevailing on Melville Island.

The Lepidodendron flora also occurs mixed with representatives of the Glossopteris flora in northern Russia and at numerous locations in central Asia.

However, the Lepidodendron flora displayed an extraordinarily wide distribution in the southern hemisphere as well. It is encountered, first of all, in Africa, in southern Oran, also in Sinai, where Lepidodendron and Sigillaria are found in the Lower Nubian Sandstone, and in a very similar fashion in Peru and Argentina as well. In the Rio Bonito Strata of Brazil, the elements of this flora occur together with those of the Glossopteris flora. In South Africa, the Lepidodendron flora initially occurs alone (in the Witteberg Series), then mixed with the Glossopteris flora (Dwyka Series and Ecca Series).[2] No representatives of the

---

1 Leuchs, Zentralasien. Handb. d. Reg. Geol. V, 7. Heidelberg 1916.

2 The information often referred to in many textbooks that a "purely European Carboniferous flora" has also been found in the Zambezi is based, according to Gothan (Branca Festschrift 1914), on a confusion of localities.

Lepidodendron flora have become known from Nearer India, whereas they do appear in the shaly clays of Smith's Creek in Australia, whereby it still remains undecided whether representatives of the Glossopteris flora are likewise present.

The cold Lepidodendron flora displayed a nearly worldwide distribution and also existed in the tropics at that time, although it probably occurred there together with other species as opposed to higher latitudes.

It has not yet been proven with certainty that its younger counterpart, the Glossopteris flora, existed in the former tropics, although it probably spread from the equator towards the colder climates according to the general principle of plant distribution,[1] as its bipolar arrangement indeed already indicates, a feature the Glossopteris flora has in common with many recent plant species which verifiably originated from the tropics. We will therefore have to assume for these plants as well that they, or their ancestors, had originally dwelled in the tropics. However, as yet, their tropical origin has not been ascertained, for which reason their appearance remains limited mainly to the two non-tropical pole caps—as opposed to the Lepidodendron flora.

The Glossopteris flora is known in South America, i.e. in Argentina (San Juan) and southern , where it has been comprehensively studied by D. White. Indications of this flora also exist in Uruguay and, according to Halle, it is very beautifully represented in the Falkland Islands. In Africa, it is known in the entire area from South Africa to Katanga, Portuguese and German East Africa. It has also been encountered in Madagascar. Also in Afghanistan, Kashmir,[2] and Nearer India whose flora was studied by Feistmantel. This Glossopteris flora is just as well known to occur in Australia and Tasmania; it was found in the continent of Antarctica at 85 degrees southern latitude during Scott's expedition. The Geological Institute of Utrecht possesses a beautiful stone plate with a Glossopteris species from New Zealand. According to Potonié–Gothan, the New Zealand findings should indeed be attributed to a later period. The assertion of G. B. Serivenor that Glossopteris may also be found in Singapore has been challenged by Dutch geologists[3] who also disbelieve Suess[4] who claims that Phyllotheca was found in West Borneo. These doubts are supported by A. Tobler's already mentioned discovery of Pecopteris in the Upper Carboniferous of Sumatra, from which it seems to follow that the tropical Pecopteris flora used to exist in the Sunda Islands during the Late Carboniferous.

As already mentioned earlier, this Glossopteris flora grew, in part, together with the Lepidodendron flora. This was particularly the case, for example, in

---

1 E. Irmscher, Pflanzenverbreitung und Entwicklung der Kontinente, Studien zur genetischen Pflanzengeographie. Mitt. a. d. Inst. f. allg. Botanik. Hamburg 1922.

2 D. N. Wadia, Geology of India for Students, p. 147, London 1919, (Gangamopteris and Glossopteris).

3 According to oral communication.

4 Antlitz der Erde, Vol. II, p. 210. Vienna 1888.

southern Brazil (Rio Bonito Strata above the Orleans Conglomerate) and in South Africa (Dwyka Series and Ecca Series). The extinction of the last Sigillariae and Lepidondendra thus took place long after the glaciation had ended,

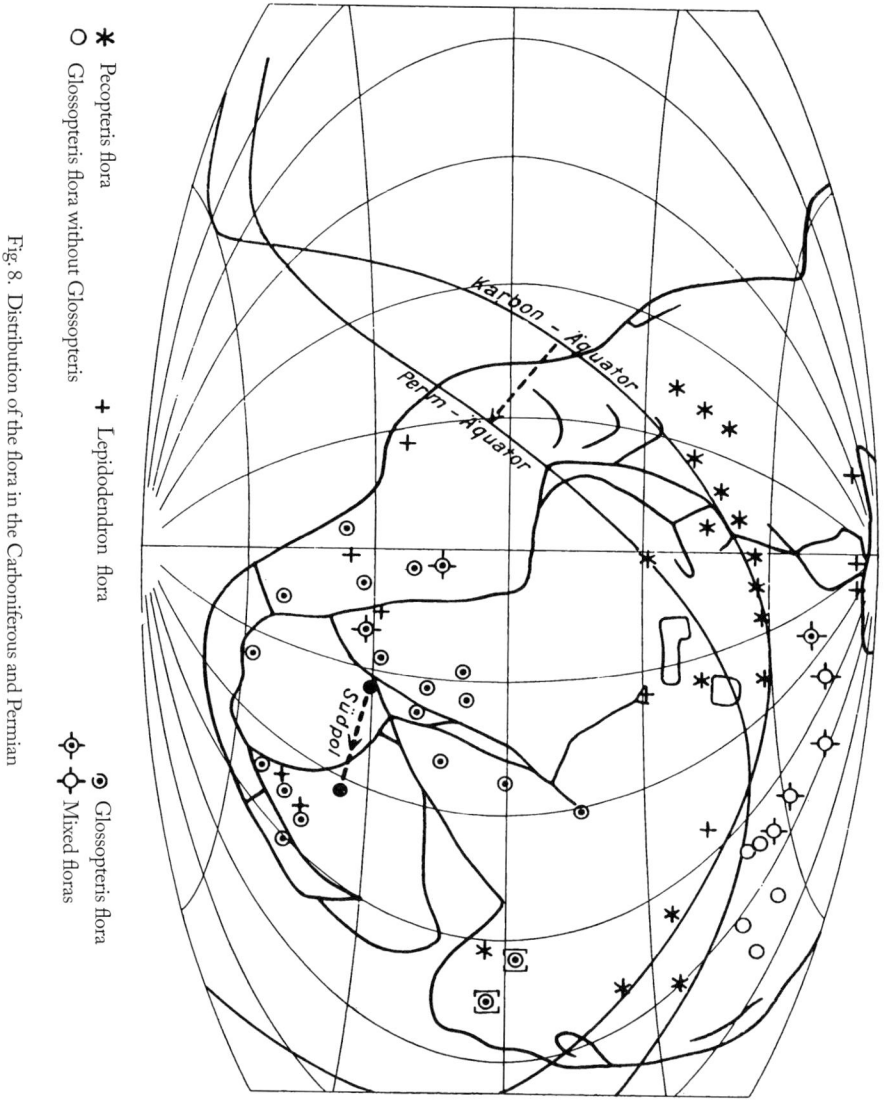

Fig. 8. Distribution of the flora in the Carboniferous and Permian

○ ✽ Pecopteris flora
○ Glossopteris flora without Glossopteris
+ Lepidodendron flora
⊙ Glossopteris flora
⊙✧ Mixed floras

at a time when temperatures were rising quickly. We therefore cannot hold the glaciation period accountable for their disappearance, instead, just like the concomitant conspicuous floral change in the former tropics, it must be explained with more general causes which disturbingly affected the natural balance of the flora and fauna at that time. A rapid proliferation of large plant-eating reptiles could possibly present such a cause.

The distribution of the Glossopteris flora in the northern temperate and cold regions is less well known, as it moved partially into the ocean, partially into polar areas. Amalitzky's discovery (1901) of Glossopteris, Gangamopteris, Noeggerathiopsis together with Lepidodendron and Callipteris at the Dvina was a great sensation. This remains to be the only discovery of Glossopteris within the northern temperate and cold regions to this day. However, other, older representatives of the Glossopteris flora have also been found at numerous other locations, mostly together with elements of the Lepidodendron flora. Tschichatscheff found Phyllotheca and Noeggerathiopsis next to species of the Lepidodendron flora in Siberia. Zalessky found Phyllotheca and Noeggerathiopsis, perhaps also Gangamopteris, near Tomsk. Krasser reports the existence of Phyllotheca and, to some extent, Noeggerathiopsis also in Transbaikalia, eastern Mongolia and even Manchuria. It is conspicuous that these Asian findings invariably contain older representatives of the Glossopteris flora but not Glossopteris itself. They are thus characterized as belonging to the Carboniferous, whereas the finding of Glossopteris at the Dvina might rather be Permian. This agrees with the equator positions we anticipated, inasmuch as northern Europe and Siberia were at a maximum distance from the equator in the Permian and in the Carboniferous, respectively.

When we include this distribution of the flora into the map of the earth reconstructed according to the drift theory (Fig. 8),[1] we obtain a picture which is without any question very satisfactory despite various minor shortcomings The distribution of the flora greatly confirms the orientation of the climate zones inferred by us.

E. Fauna. The Permo-Carboniferous fauna provides the least contributions to the climate question. However, the reason for this is to some extent that the fauna has hardly been studied with regard to climate aspects yet. But the little information we can give fits perfectly with the position of the climate belts we assume.

Carboniferous coral reefs in Europe are known from Ireland to Spain, and in North America from Lake Michigan to the northern shore of the Mexican Gulf. This matches completely with our Carboniferous equator position.

It appears that only little is known about reef corals from the Permian. The calcareous reef–forming richthofenids found in the Alps and on Sicily as well as East Asia must perhaps be considered as equivalent. According to Wanner[2] predominately only single corals have been found in the Permian of Timor. Also according to Wanner, the Fusulinida limestones, which lie in the lowermost Permian of this island and are indicative of higher temperatures, still seem to belong to the Late Carboniferous, i.e. a period in which the equator used to be

---

1 Predominately according to the map of Permo-Carboniferous floras in Potonié-Gothan, Lehrbuch der Paläobotanik, p. 454, Berlin 1921, with supplements.

2 J. Wanner, Geologie von Westtimor, Geol. Rdsch. 1913, p.141.

significantly closer to this island than it had been in the Permian; according to our maps, Timor used to lie at a latitude of 20 degrees during the Carboniferous, whereas it preliminarily moved to a latitude of almost 45 degrees during the Permian.

In Europe, the enormous size of the insects is also a characteristic feature of the tropical climate during the Carboniferous, considering that our recent tropical insects are distinguished by their largeness. Of particular interest is Handlirsch's statement that the size of the insects began to decrease steadily in Europe during the subsequent period. He reports an average wingspan amounting to 51 mm in the Early and Middle Carboniferous, and to a mere 20 mm in the Late Carboniferous and Permian. (The present figures are: 16 mm in the tropics, 7mm in central Europe).

According to Gerth, the Permian of Uruguay and Brazil displays signs of rapid temperature rises. This is where limestone and dolomite inclusions finally appear in shaly clays. Our maps reveal that Buenos Aires was at a latitude of 66 degrees in the Carboniferous, and 45 degrees in the Permian. The appearance of the first reptiles in the shaly clays of the Iraty Formation, i.e. Mesosaurus and Stereosternum, which used to be aquatic animals, has already been mentioned in the stratigraphic sequence shown on page 27. We probably have to assume that remains of the same Permo-Triassic reptile fauna known from South Africa will be found here in the strata lying on top as well. The climate in which Mesosaurus lived had probably still been quite cold, as this form of life appears in Africa directly on top of Permo-Carboniferous moraines, namely in the upper shaly clay of the Dwyka Series (compare stratigraphy, p. 28). Living in the water, Mesosaurus was capable of evading the cold winterly air temperature. In Africa, in the Ecca Series lying directly on top, two new reptiles already appeared, Eccasaurus and Archaeosuchus, and in the Beaufort Strata following next and reaching from the Late Permian to the Early Triassic we encounter an amazingly abundance of reptile fauna. According to Rogers and du Toit, the Lower Beaufort Strata have already produced 64 reptiles, among which is the 2 m-long Pareiasaurus, also appearing (as does Dicynodon) in the Russian Permian and also displaying the same bipolar distribution pattern as the accompanying Glossopteris flora. The Middle Beaufort Strata, which must be allocated to the latest Permian, also bear witness to the abundance of this fauna with 10 reptiles, just as the Early-Triassic Burghersdorp Strata do with 29 reptiles and one mammal. Only a small number of these reptiles were still rather aquatic animals, like Lystrosaurus, the dominant genus in the Middle Beaufort Strata, instead, they mostly were quite big and plump plant eaters and to some extent predators. As we find coal both in the Lower Beaufort Strata, where there is a particularly high number of reptiles and in the Middle Beaufort Strata, we must conclude that this reptile fauna dwelled in the temperate rain zone and not in the subtropical arid zone, which is likely on account of the heavy physical build of the vegetarian species among them. The whole picture which is displayed by the gradual emergence of this reptile fauna in South Africa, is an indicator of a rapid improvement of the climate, from a polar climate to one of the temperate rain zone, and corresponds to the growing distance to the South Pole.

The corresponding Permian reptile fauna in Texas which has been, appreciatively albeit probably not deservedly, described as being completely identical with the South African fauna, makes a more tropical impression. Naosaurus claviger, more dragon-like due to its huge dorsal sail, measured more than 25 m in length, to which there is no counterpart in South Africa.

The entirety of climate the indicators reveals the following positions of the North and South Pole during the Carboniferous and the Permian, expressed in our maps shown in Fig. 3 and 4, relative to the grid of present-day Africa (Greenwich longitudes):

	North Pole	South Pole
Carboniferous	30°N, 145°W	30°S, 35°E
Permian	35°N, 115°W	35°S, 65°E

Chapter III
The Climate Belts of the Mesozoic

In the Mesozoic period, such a rich development of tropical bogs as had occurred in the Carboniferous did not repeat itself, especially because the equator returned into the region of Tethys and the most part of the equatorial rain belt was on sea. And the conditions in the Mesozoic are unfavorable for an exact orientation of the rotation axis because of other reasons as well: we do not possess any reliable evidence of inland ice for the whole period. To some extent, the position of the axis itself is also responsible for this. Because the North Pole always used to lie in the northern Pacific during the Mesozoic, and the South Pole had returned from its excursion to South Africa and Australia back to its home, the Antarctic, where it remained throughout the Triassic, Jurassic and Cretaceous, displaying only little positional fluctuations. It may therefore be possible that formations of inland ice had existed on the Antarctic continent in the Mesozoic as well, but we know nothing about them. Meanwhile, the climate indicators of the adjoining countries provide a more or less unique picture for all Mesozoic periods, which makes it appear dubious whether the low temperatures of the former southern polar regions could ever have been sufficient for a larger formation of inland ice.

For all these reasons, the axis position during the Mesozoic periods can only be determined with lesser precision as compared with the Carboniferous. Still, it must be emphasized at an early stage that, apart from this low degree of precision, there cannot be any doubt as to the approximate position of the earth's axis during these periods based on climate indicators.

A. The Triassic

1. Traces of Ice. Corroborated ice traces originating from the Triassic are unknown. However, as has been already mentioned, Hennig also reports of Triassic ice traces in Central Africa, apart from those of the Carboniferous. But since the two tillites interpreted as glacial were not observed in the same profile, this interpretation must be still be considered as uncertain, given our limited knowledge of the stratigraphy in this area. Other Triassic climate indicators rule out the fact that a polar climate prevailed because the rock salt deposits of Angola, believed to be Triassic, are only 12 great circle degrees distant; however, ice and salt are not compatible when so near. The connection with the indeed quite reliable position of the South Pole in the Permian would be very difficult to accomplish, as South Africa's abundant reptile fauna in the Permian and Triassic complies only with great difficulty with the assumption that the South Pole had passed closely by this area. In particular, however, the entirety of all Triassic climate indicators reveals a position of the South Pole which is much too far away for inland ice to be produced in in South Africa. The uncertain ice traces in central Africa can therefore, at best, only be mountain glaciers, unless the age determination must be corrected.

2. **Coal.** In the United States of North America, where the coal formation gave way to the arid region in the Permian, coal formations now reappear in the Triassic period farthest east, notably in the layers of the Newark Series of Virginia and North Carolina, and even reach over into the Jurassic period (Fig. 9). But the entire rest of the country still remained in the arid region, wherefore the mentioned coals are probably nothing but the result of a local intercession of the arid belt caused by the sea lying in the southeast. However, in the Far West of the United States, signs of greater humidity are again already reappearing in the shape of insignificant coal beds in sandstones and the famous petrified forest in today's Arizona desert. We are probably dealing with the projections of the northern rain zone here.

On European ground, the main development of the arid zone runs straight across central Europe. Here, all three subdivisions of the Triassic formed salt, gypsum and desert sandstone, as will be discussed in more detail in the next section. Only in the third subdivision (Keuper) did the climate become somewhat more humid, apparently not associated with any shift of the zones—a prelude to the general moisture increase in the Jurassic; an incomplete coal formation occurred preliminarily in Swabia, Lorraine, Upper Silesia and Poland, the so-called Lettenkohle, which is composed of coaly shales and a thin layer of real coal. It has inspired a great deal of unproductive excavation activity (Lettenkohle has not been included in the map). In the north and south of Europe, however, we soon encounter the boundaries of an arid region representing genuine coal deposits. The Triassic already bears some coal[1] in the Eastern Alps, and in Bosnia there are both Lower Triassic and Upper Triassic coals. And in the north we find a formation of coal in the south of Sweden (Scania), where during the Late Triassic (Rhaetian) and during the Jurassic a total of two seams were formed, each

---

1 Franz Heritsch, Die österreichischen und deutschen Alpen bis zur alpino-dinar. Grenze (Ostalpen). Handb. d. Reg. Geol. II, 5a. Heidelberg 1915.

measuring about ½ m in thickness.¹ And coals were also formed in the eastern part of the Ural Mountains during the Rhaetian.

In Asia, the equatorial rain belt continues in the Triassic coals of Afghanistan,² furthermore in the Rhaetian coals of Mongolia, and in those of the Hunan province in central China (Lower Triassic) and the Maling Mountains (Rhaetian) lying somewhat more east. Here, however, at the eastern edge of the continent, the equatorial rain belt becomes broader, as is demonstrated by the Rhaetian coals of Tongking in the south and the Triassic coals and, to some extent, the Rhaetian coals in Japan. The latter lay in the Triassic at about 30°N and hence are indicators of a disruption of the northern arid zone.

Additional Triassic coals still to be mentioned constitute a continuation of the Permian coal formations in the southern subpolar rain zone. They are located, in particular, in South America, i.e. in Paraguay, Uruguay and Argentina and, according to Chamberlin and Salisbury, also in Chile, whereas Brazil already had an arid climate. There are also Rhaetian coals to be found in South Africa, e.g. in the Molteno Strata of the Stormberg Series. According to the age determinations of Rogers and du Toit, Nearer India already had an arid climate. In Australia, the latest Permian (Newcastle) had still given rise to productive seams measuring 27 feet in thickness, so that here, although coals were no longer reported for the Triassic Hawkesbury Sandstones and the Wianamatta Series, the climate probably must have been more humid than in Nearer India where the Permian coals are still separated from those of the Triassic by the coal-free Panchet Series. As already mentioned earlier, Frech wants to assign the coals of Nearer India and Australia to the Triassic. Here as well, we essentially agree with Rogers and du Toit but also wish to do justice to the opinion expressed by Frech inasmuch as we assume an equivocal arid climate for Nearer India and an equivocal rainy climate for Australia.

3. Salt, Gypsum, Desert Sandstone. In the North American Triassic the greatest part of the United States lay in the northern arid zone. In the farthest eastern part peat bogs existed in Virginia and North Carolina, and farthest west we encounter the boundary of the northern rain zone; in the middle, however, the desert formation of the New Red evolved everywhere, building particularly thick layers in the east of the large mountain ranges, i.e. the Alleghenies and especially the Rocky Mountains where these red sandstones reach in one zone from Texas over Colorado ("Red Beds of Denver") all the way to Idaho. It was particularly this western main zone of red sandstones which previously caused difficulties in Kreichgauer's paleoclimatic studies, because they were located at a too high latitude, considering the present-day location of the continents and the axis position he selected. This difficulty disappears once we turn North America towards Europe.

---

1   A. G. Högbom, Fennoskandia. Handb. d. Reg. Geol. IV. 3. Heidelberg 1913.

2   Chamberlin and Salisbury, Geology, Vol. III. New York 1907.

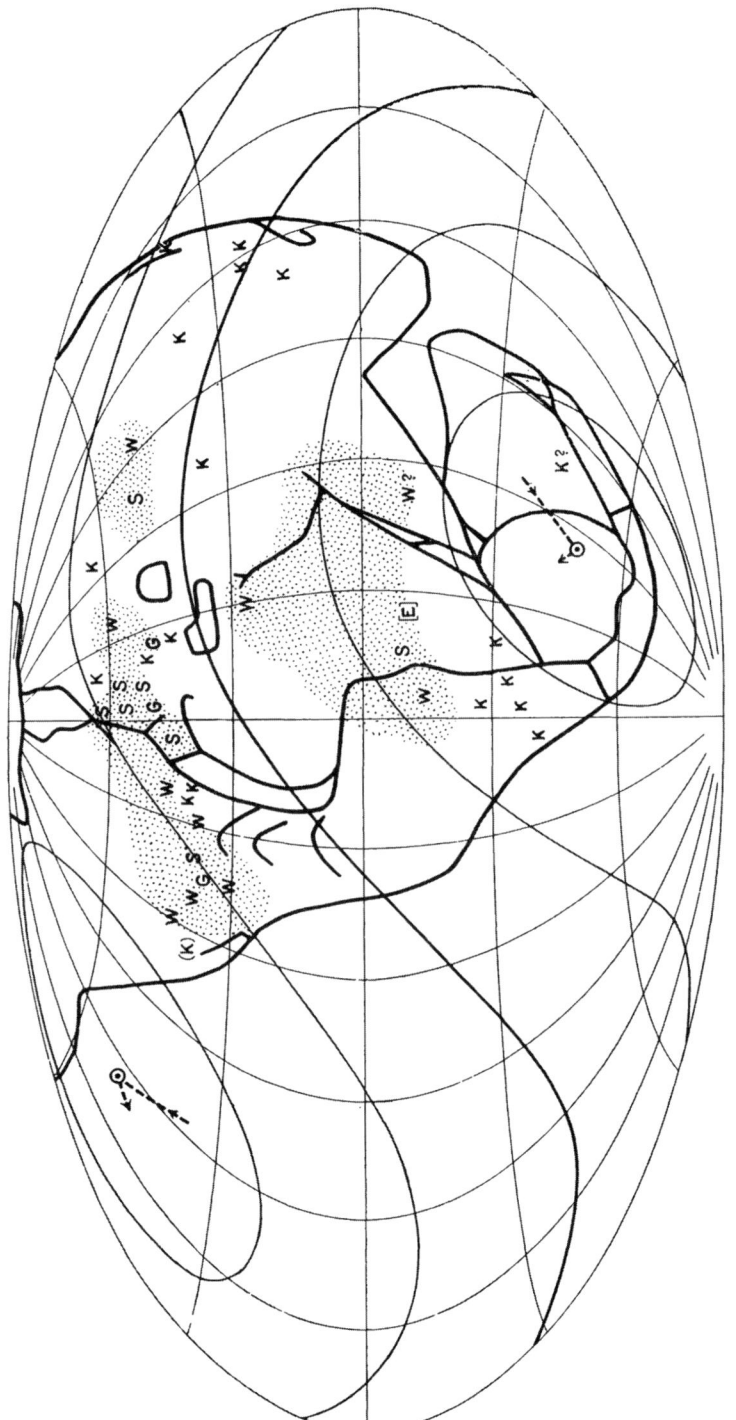

Fig. 9. Bogs and deserts in the Triassic period
(E – traces of ice, K – coal, S – salt, G – gypsum, W – desert sandstone, dotted areas – arid regions)

Numerous gypsum and salt inclusions are to be found in these desert zone sandstones, a circumstance which additionally confirms the aridity of the climate. According to Buschman, Triassic rock salt has also been invariably found during numerous coal and gas drillings which were carried out particularly in Kansas. Single salt stocks with a maximum thickness of 75 to 90 m had formed here, scattered over an area measuring 190 km in length and 48 km in width. "These salt deposits must have formed during the Triassic by the evaporation of a saliniferous inland lake, however, tributaries of fresh, muddy water probably interrupted the process several times, as the interspersion of shaly clay reveals."[1]

As already mentioned, central Europe also had a desert climate during the Triassic. This arid region was delimited in the south by coals of the Eastern Alps and Bosnia, in the north by coals in the south of Sweden. In-between, a desert consisting of red sand expanded over tremendous areas, whose solid material, the Bunter, gave the first third of the Triassic period its name. The conifer Voltzia and the footprints of Chiroterium are almost the only infrequent traces of life in these enormous deposits, of which J. Walther has given an illustrative description in the chapter "The Colorful Sand Desert" of his textbook on the geology of Germany.[2] The main rock type which appears in the Black Forest, Odenwald, Hardt and Vosges Mountains consists of unicolor dark-red sandstones which break in massive beds. "They produce good ashlar material, provided building blocks for Heidelberg Castle, the Domes of Speyer, Worms and Strasbourg, for numerous edifices in that region, and their occurrence determines to a great extent the architecture and character of the cities of this magnificent country" (Neumayr-Uhlig).

In England, even the entire Triassic consists of an "uninterrupted sequence of red sandstones and marls," and the situation is similar in a large part of Russia.

But the salt and gypsum deposits are indicators of a desert climate in central Europe, even more explicitly than the red stones. The deposits of rock salt were formed in the North Harz mountains and in the lowlands lying in front of them during the Bunter, while at the same time the numerous and famous rock-salt deposits of the "Salzkammergut" developed in the Alps, where many names of villages such as Salzburg, Hallstatt, Hallein, Hall etc. still remind of these deposits. In the Muschelkalk, we have salt formations in Thuringia and Württemberg, and gypsum deposits in the Western Alps. And neither does the arid climate conceal its existence in the Keuper. Although poor coal formations emerged at several sites in central Europe as well, indeed we do have Keuper salt formations particularly in England, France and Lorraine, and at least gypsum deposits in central Germany and the Alps. The huge deposits in the counties

---

1   J. Ottokar Freiherr von Buschman, Das Salz, Vol. **2**, p. 337. Leipzig 1906.

2   2nd edition, pp. 101. Leipzig 1912.

of Nottingham, Derby, Stafford etc. belong to the English salt deposits of the Triassic (Neumayr-Uhlig).

There are Triassic deposits also to be found in Spain, especially those belonging to the Keuper which, according to Douvillé, are rich in salt and exploited by small-scale mining at numerous sites.[1] Gypsum deposits occasionally reach into the border countries of the equatorial rain belt, for example, into the Bunter in Croatia, into the Keuper on the Dalmatian island of Lissa.

According to Leuchs, saliniferous clays are found in Asia, i.e. in eastern Bukhara, in the Werfen Strata of the Lower Triassic.[2] The distance to the earlier mentioned Triassic coals in Afghanistan is not so large today, however, because of the strong mountain folding in the Triassic period it must have been large enough in order to pass from the northern arid zone into the equatorial rain belt. Besides, Leuchs emphasizes that the climate of central Asia must have been arid up to Early Triassic period inclusively because of the fossil deficiency in the part of the Angara Series concerned, however, signs of the moisture increase had already become manifest here as well in the Late Triassic, which then resulted in the coal formations extending so amazingly over the whole of northern Asia during the Jurassic.

This is all that remains to be said about the traces of the northern arid zone. Instead of an arid zone, we encounter the known phenomenon that the equatorial rain belt merges with the northern one on the eastern border of the continent.

Let us now draw our attention to the southern arid zone. In Egypt, separated from the European arid zone by the coal deposits of Bosnia and the Eastern Alps, the formation of Nubian Sandstone was in progress. From the Permian to the Jurassic period its massive layers do not appear to contain any traces of life. There is hardly any possibility other than this region used to be a desert throughout the entire Mesozoic.

Much farther south, i.e. in the Portuguese colony of Angola, there is the salt deposit we have already discussed in context with the Permian. Its time of formation is referred to as being Permo-Triassic. Our map shows that it was located nearly at 40°S.

Also in formerly adjacent Brazil, we must infer from the Triassic red beds of the Rio do Rastro Series that an arid climate existed during the Triassic period. Whereas in South Africa the abundant floras and faunas belonging to the Burghersdorp and Molteno Strata are evidence that we are outside the arid zone in the southern rain zone. In the Kota-Maleri Series of Nearer India, in turn, if we pursue the objectives of Rogers and du Toit further, we find sandstones, some even red-colored, which are suggestive of an arid climate. Neumayr-Uhlig even refer to the Gondwanalands as the second sandstone region of the Triassic.

---

1 Douvillé, La Péninsule Ibérique. A. Espagne. Handb. d. Reg. Geol. III, 3. Heidelberg 1911.

2 Leuchs, Zentralasien. Handb. d. Reg. Geol. V, 7. Heidelberg 1916.

"However, the aspect here is a different one, the red color of the rocks stands back,"—an indication of lower temperatures. In this context, we must always bear in mind that the amount of land and water in the two hemispheres was just the opposite from what it is today, at least, as far the subpolar regions are concerned. In the southern hemisphere, a tremendous continent expanded from the pole to the equator and permitted the southern arid zone to advance very far towards the pole. Climate conditions similar to those of present-day Siberia might have prevailed in old Gondwanaland.

4. Flora. The Triassic flora is less well known than that of Permo-Carboniferous and, in particular, a serious attempt has hardly ever been made to differentiate the climate structures. But we hold that such an attempt will not be beyond all hope if it is made by an expert who uses the aforesaid inorganic climate indicators. As for now, only the following may be said:

In North America, the flora of the Newark Strata including the coal deposits in Virginia and North Carolina has been studied in detail. An interesting difference between these two localities emerged in this regard, despite their closeness to each other. According to Chamberlin and Salisbury, we are dealing with a veritable marsh vegetation in Virginia. The plant material accumulated where it had grown. "Great numbers of equiseta and ferns, but almost no conifers and only few cycads were found." In North Carolina, however, we are dealing predominately with material which was washed up together and does not contain any swamp plants, instead, the flora of the surrounding arid land. Here, "relatively few ferns, but many conifers and cycads are found." As in earlier periods, the ferns constitute the characteristic bog plants of the high-temperature zone, whereas the conifers and cycads represent the flora of the savannah, as may be expected on account of their habitus.

As already mentioned, in the Far West of the United States, in Arizona, the famous petrified Araucaria forest is an indicator of the begin of the northern rain zone.

According to Gothan, we have a Triassic flora in Europe which is similar to the Newark flora, with numerous ferns only in the south near Basel and Lunz in the Eastern Alps where, after all, coals had been actually formed. In southern Sweden, where an abundant flora is found again in association with the coals, certain differences appear to emerge as compared to the southern localities, which have been studied only to a small extent with regard to climate questions. In the arid zone lying in-between, it is the poorness of the flora that is conspicuous as regards both species and the counts of individuals. In general, only few plant remnants exist in the German Bunter, most originating only from the Voltzia conifer and the up to 2 m-tall Pleuromeia, the last descendants of the Sigillaria. Also according to Gothan, they are found lying concentrated around single spots, thus giving the impression of oases in a desert of Bunter sandstone. They also appear to have adapted to the aridity on account of their exterior features. Frentzen believes them to represent either oasis plants or a vegetation of compacted sand dunes. Especially Pleuromeia gives "an impression similar to that of a desert-like plant, almost like a cactus; the unbranched rigid shape of the thick stems justifies such a comparison." Leaves probably not even existed, at least they are unknown.

Hardly any plants have become known from the German Muschelkalk, whereas the Keuper with its increase in humidity contains fossil plant remains in conjunction with Lettenkohle, i.e. both swamp plants like ferns and horsetails as well as cycads and conifers. According to Gothan, not a single piece of wood from the German Keuper displays regular annual rings. This indicates that we are still in a winterless zone.

Triassic plants have also been found in eastern Greenland, Spitsbergen and in Franz Joseph Land. These areas were formerly at about 42°N, for which reason the climate was still almost subtropical. The occurrence of cycads would hence not have been surprising, even if these plants only had the same distribution boundaries as they do today.

As yet, a cold-adapted flora from the Triassic is only known in the Gondwanalands. This flora appears to be the direct continuation of the Gondwanan Permian flora, which adds to the reliability of its climatic interpretation. We still mainly encounter the Permian forms of Glossopteris and Schizoneura, apart from which specifically Triassic forms occur, such as Danaeopsis, also appearing in Germany, furthermore Dicroidium (Thinnfeldia), Stenopteris, also the Matoniaceae and Dipteridines in Australia and Argentina, and the genus Baiera in Australia and South Africa. Here as well, a more detailed study would naturally have to distinguish the ubiquitous forms from those that are specifically Gondwanan.

5. Fauna. Only little can be said about the relations between the Triassic fauna and the climate.

In North America, we find vast coral reefs in the United States, particularly in the eastern state of Indiana as well as in the Far West, in the states of California, Nevada and Oregon. Oregon is the northernmost of these states. In the Triassic, it is located at a geographical latitude of almost 40°. It would be important to find out whether reef formation was as strong here as it was farther south, or whether a decline of limestone production would already become noticeable. The assertion made by J. P. Smith, stating that Triassic coral reefs could even be found all the way up to Alaska[1] is totally inconsistent with the other climate indicators. The remains of numerous and large Sauria are known from the southern state of Texas. In the extreme northeast of the United States, in the Connecticut Valley, the Triassic sandstone contains footprints of large Sauria such as Brontozoum and, in particular, dinosaurs which, supporting themselves with their tails, walked on their hind limbs. Over one-hundred different types of

---

1 E. Dacqué, Grundl. u. Methoden d. Paläogeographie, p. 417. Jena 1915.

footprints are known; some giants are supposed to have had a stride length of 4 meters. Recently, the 4 m-long upright-walking Anchisaurus was discovered to be the reason for the peculiar "bird tracks" found in these sandstones.

Similar conditions prevailed in Europe. Here we also find rich coral reef structures, however, they do not extend northwards beyond the Alps. The boundary is exceptionally distinct: there are real coral reefs on the south side of the Alps, some measuring more than 1,000 m in thickness, as applies to the Schlern Dolomite, whereas gigantic limestone reefs also develop on the north side, although corals already begin to fall behind other organisms as reef builders; for example, Wetterstein Limestone consists almost completely of calcareous algae (Gyroporella). Although other influences might also be at work, it is not improbable that a difference in the sea water temperature north and south of the Alps could have been the causal factor. All dolomite and limestone massifs of the northern and southern Limestone Alps known in the Triassic were created this way, for example, the Schlern Dolomite, Marmolata Limestone, Ramsau Dolomite, Mendola Dolomite, Wetterstein Limestone, Röthi Dolomite, etc. L. Waagen describes this Triassic reef life in the Alps as follows:[1] "The waves of the open ocean rose over the Eastern Alps. These were the waves of the 'Tethys Ocean' which crashed against the rock and this centrally located sea occupied the area of the Mediterranean Sea we know today, then reached over Asia Minor and Syria and covered large parts of central Asia. In Europe, it was surrounded by a dismal desert, from where so much sand and dust were initially introduced into it that mostly sandstone (Werfen Strata) and, only seldom, limestone were formed in the Lower Triassic. Subsequently, however, the sea becomes more transparent and corals begin to grow, building widespread reefs on both sides of the central chain of the Eastern Alps emerging as islands (Schlern Dolomite), whereas elsewhere plenty of limestone settled to the ground (Wetterstein Limestone). In more recent periods, the terrestrial input of marly sand material (Lunz and Raibler Strata), followed by another long period of flourishing reef life (Dolomia Principale Formation, Dachstein Limestone) which lasted almost until end of the Triassic."

Saurian tracks are also known to exist in the German Bunter (Chiroterium), however, they do not occur in the same size and number as they do in America. The occurrence of the lungfish Ceratodus is a remarkable feature in the somewhat moister last third of the Triassic, the Keuper. This fish, still encountered in Australia today, is capable of migrating over land to the next residual oxbow when rivers dry out and thus survives a drought interval in the mud until the next rain period. It is therefore an important climate indicator. Fossil remains of the Sauria are also known from the Russian Triassic.

---

[1] L. Waagen, unsere Erde. p. 441. Munich (year non cit.).

According to L. Waagen, corals (reefs?) existed in the Sunda Islands in the Triassic, which our map shows to be at a geographical latitude of approximately 30°.

Finally, we must make mention of the occurrence of dinosaur remains in South Africa, where they constitute the immediate continuation of the Permian fauna. Rogers and du Toit still report 29 reptiles in the Triassic Burghersdorp Strata; three coal beds are known from the Molteno Strata lying on top, which are also allocated to the Triassic. Consequently, these animals lived here in the area of the southern rain zone, according to our map at a latitude of 60°, at any rate in a much colder climate than their counterparts in Texas or Russia. However, this is also in agreement with the absence of giant life forms in South Africa. Besides, it is remarkable that this reptile fauna still appears to be quite abundant in the Triassic albeit not so rich as in the Permian, where Rogers and du Toit report the occurrence of 64 reptiles in the Lower Beaufort Strata. In the Jurassic, the fauna will become poorer still, which coincides with the South Pole drawing nearer.

From the entirety of the climate indicators, it follows that the most likely position of the Triassic North Pole is at 50°N, 125°W, and that of the South Pole at 50°S, 55°E, as is shown in Fig. 9.

B. The Jurassic

In the Jurassic, the first large gap in the continental mass was formed between Australia and Antarctica, on the one hand, and between Nearer India and South Africa on the other. We accounted for these changes by making a minor revision of the base map shown in Fig. 10. Concurring with these processes, we perceive coal formations of astonishing spatial dimensions farther north on the Asian continent. Although the productivity of these coals is less than those of the great Carboniferous coal deposits, the Jurassic is indeed unmatched with regard to the expansion of these formations within the entire history of the earth. This conspicuous phenomenon can only be explained by the fact that the wrinkles were formed in the continental block of Asia—perhaps causally related to its separation from Australia—and thus enabled the formation of water basins which were subsequently converted into peat bogs. In the following Cretaceous, we encounter the continuation of these remarkable connected events: the separation of South America from Africa in the south, ground movements in the western part of North America in the north, which resulted in the formation of the likewise exceptionally extensive Cretaceous coals.

1. Ice. Jurassic ice traces are unknown.

2. Coals. In North America, the same climate conditions prevail as during the Triassic: The coal formation in the east, i.e. in Virginia and North Carolina, still continues in the Jurassic, and northwestward from here lies the arid region.

Far north, in Alaska, Jurassic coals are found again, which at that time were deposited at a latitude of approx. 67° (Fig. 10).

In Europe we also encounter, at least in their essentials, the same conditions as during the Triassic: central Europe was in the arid zone and had salt and gypsum formations. But the arid region appears to be already confined on both sides to the advantage of the rain zones. In the south, it is limited by the Early Jurassic coal formations in the Eastern Alps,[1] Hungary[2] and Bosnia,[3] by the Jurassic coals in the Caucasus[4] and the Late Jurassic coals of western Karabakh south of the Caucasus.[5] In the north, however, the arid region is bordered by the coal formation in southern Sweden (Scania) which had begun in the Rhaetian but still continued into the Early Jurassic, furthermore by the Jurassic coals on Ando in the Lofoten Islands,[6] in northeastern Greenland and Spitsbergen, and also by those in northern Russia (Petchora) and the Late Jurassic coals in the eastern Ural Mountains. All these regions apparently already belong to the northern rain zone. Perhaps we may infer from the cessation of coal formations in Scania that the arid region, and presumably the equator also, shifted somewhat more to the north in this area during the Jurassic, a conclusion which is supported by yet other circumstances, as we shall see.

As already mentioned, an extraordinary richness of Jurassic coals prevails in Asia; whereas only traces are noticeable in the northern arid zone.

The coal discovered in Persia apparently belongs to the equatorial rain belt. In particular, they are the Jurassic coal deposits located in the Alborz mountain range near Teheran and farther eastward, and additionally a number of deposits which cross central Persia from west-northwest to east-southeast, i.e. at Nehawend, Isfahan and Kerman.[7]

The same might also apply to the Jurassic coals found in western and central Kwenlun in central Asia,[8] and also to the Early Jurassic coals of the Chinese provinces of Sichuan and Hupe. According to Chamberlin and Salisbury, we find Jurassic coals in the further continuation of the equatorial zone in numerous islands in Southeast Asia, which we did not put on our map because of lacking information of the reported locations.

---

1 Franz Heritsch, Die österreichischen und deutschen Alpen bis zur alpino-dinar. Grenze (Ostalpen). Handb. d. Reg. Geol. II, 5a. Heidelberg 1915.

2 K. Andrée, Geologie in Tabellen III. Berlin 1922.

3 R. Schubert, Die Küstenländer Österreich-Ungarns. Handb. d. Reg. Geol. V, 1a. Heidelberg 1914.

4 Chamberlin and Salisbury, Geology III, New York 1907.

5 Felix Oswald. Armenien. Handb. d. Reg. Geol. V, 3. Heidelberg 1912.

6 A. G. Högbom, Fennoskandia. Handb. d. Reg. Geol. IV, 3. Heidelberg 1913.

7 A. F. Stahl, Persien. Handb. d. Reg. Geol. V, 6. Heidelberg 1911.

8 Leuchs, Zentralasien. Handb. d. Reg. Geol. V, 7. Heidelberg 1916.

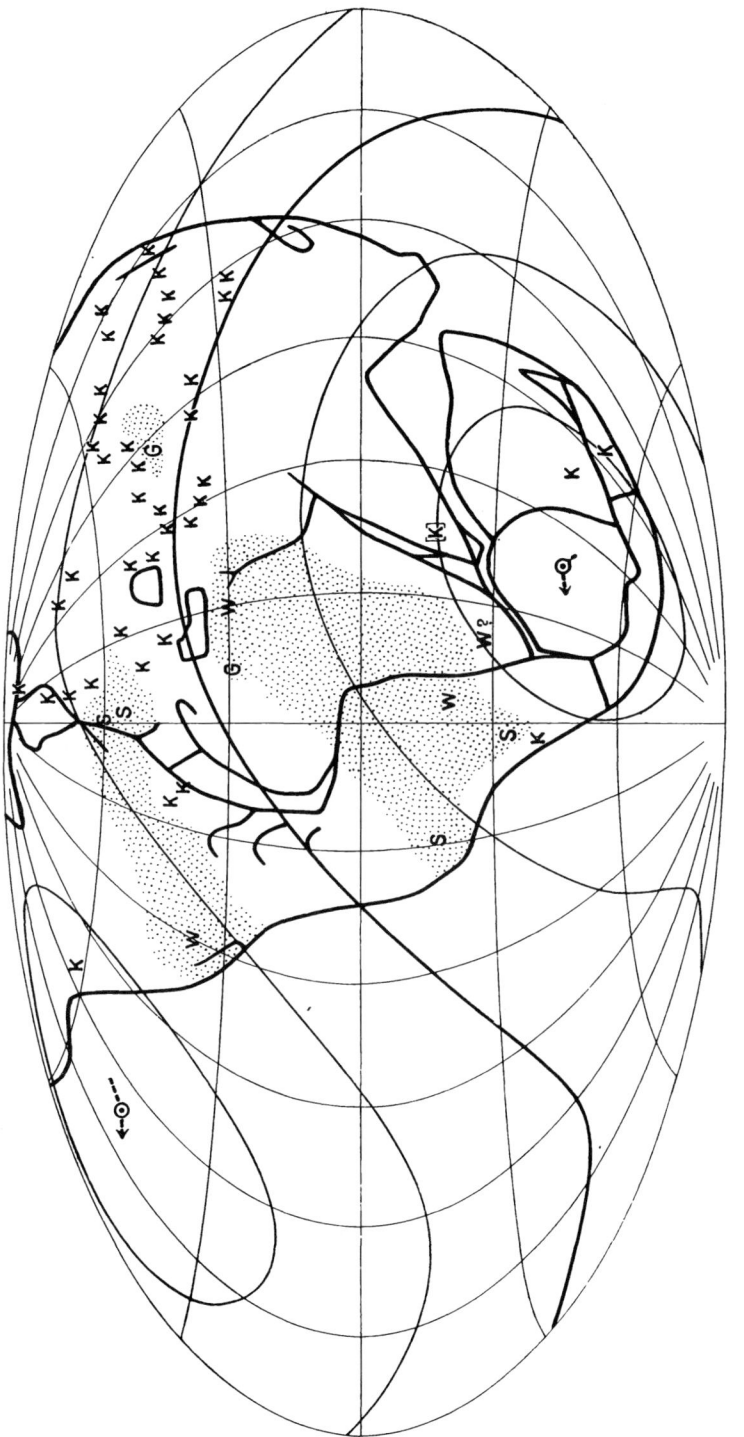

Fig. 10. Bogs and deserts in the Jurassic period
(K – coal, S – salt, G – gypsum, W – desert sandstone, dotted areas – arid regions)

The Jurassic coals of Turkestan, furthermore from the upper reaches of the Syr Darya River and from the mountains southeast of Lake Balkhash and Lake Zaysan (according to Leuchs) already took on a more northern location; however, the only traces of an arid climate are found in this area, as will be demonstrated in further detail below.

However, there is a coherent series of localities where Jurassic coal is found running along the southern border of Siberia, namely from west to east, probably already lying in the northern rain zone: 1. near Kuznets; 2. at the lower Tunguska; 3. in the Governorate of Irkutsk; 4. in Transbaikalia; 5. in the Amur province; 6. at the Ussuri. According to Toll, Jurassic coals are also found near Yakutsk in Shergin's Shaft.

Another coherent series of localities running alongside the northern Chinese border would, by latitude, rather fall into the arid region, but can be explained with the general phenomenon that the arid zones on the eastern margins of the continents are discontinuous and that the equatorial rain belt passes without interruption over into the rain belt of the temperate zone. The localities are as follows: 1. in Mongolia near the border of Shansi; 2. in the province of Shansi; 3. the province of Zhili (Early Jurassic coals); 4. Manchuria; 5. Japan.

Quite distant from these coal formations and, as we shall see, separated from the Jurassic equator by effects of the southern arid zone, there still are some deposits of Jurassic coals which we shall have to attribute to the southern subpolar rain zone. Among them are the Early Jurassic coals in the coastal cordilleras of Chile, also the Jurassic coals of Australia and New Zealand[1] and the coals of Nearer India which Frech as well as Chamberlin and Salisbury believe to be Jurassic, but which are of an older age in the opinion of other authors.

From this compilation we obtain a general view which is in good harmony with the other climate indicators—except for the region of central Asia, where we would rather expect a larger arid region instead of coal formations. Merely single gypsum inclusions in the Angara Series are indicative of the arid climate which should actually prevail here. Besides, according to Leuchs, the Jurassic period only constitutes a transitory pluvial period within a long period of central Asian desert climate. He assumes an arid climate existed in the Carboniferous and the older Triassic period because of the fossils lacking in these strata. "A change to a more humid climate must have then occurred in the Late Triassic. It reached a culmination point in the Early and Middle Jurassic, as defined by the plants and coals found within the corresponding layers. On top, there are again layers of great thickness devoid of fossils. This upper stratum in Ferghana (upper reaches of the Syr Darya River) is concordantly overlain with marine Senonian, accordingly equals a time interval lasting from the Late Jurassic to the Cenomanian, and proves the recent occurrence of a change from a humid to an arid climate, an assumption which is also supported by the conspicuous similarity of

---

1   Chamberlin and Salisbury, Geology III, New York 1907.

these layers with the "Nubian Sandstone" in Egypt. The Upper Cretaceous contains gypsum, the Lower Tertiary is also arid.

One could now hold the opinion that this humid Jurassic period in central Asia must have resulted from a shift of the climate belts. However, it is easy to convince oneself that conflicts will then arise with other important climate indicators, which will only permit a minor change in the axis position relative to the Triassic. It could, in fact, just reflect either a transient advance of the northern rain zone while the equator moved southward, or an equatorial transition. However, the equator would be over Egypt in the first case, where it arrived only as late as in the Oligocene, whereas in the Jurassic only a lifeless desert had prevailed here. In the second case, we would again search in vain for arid zones, and would have to tolerate a whole series of deteriorations affecting the overall picture. However, above all, it is a fact that the gypsum deposits really exist. That the coal-bearing beds are still more frequent, as Leuchs points out, cannot induce us to believe that the gypsum deposits were also formed in the equatorial rain belt.

One is well advised to consider that the topography of these central Asian locations on our reconstructed maps of the world is very uncertain due to the gigantic compressions which the earth underwent in this area. The area described by Leuchs comprises predominately the northern part of central Asia, at least, not including Tibet and the Himalaya. It cannot be ruled out that an almost complete absence of the northern arid zone is only feigned by the deficits in the reconstruction.

3. Salt, Gypsum, Desert Sandstone. The northern arid zone is less distinct in the Jurassic than in most other periods, however, it is well discernible. In North America, where the mentioned coal formations still continued in the Far East, the western part of the United States experienced an arid climate. "The Colorado Plateau seems to have been a sandy desert."[1] Only at the turn of the Cretaceous period did it become more humid due to the progression of the northern rain zone.

In Europe, considerable salt and gypsum deposits were formed particularly in the Late Jurassic (Malm) of England, and the same also applies to northwest Germany; "the red color of the 300 m-thick Münder Marls and their gypsum and salt contents reveal that they were formed in salty basins on the barren shores of the ocean."[2]

As already mentioned, the traces of the arid zone become very indistinct in the wide open spaces of the Asian continent. We only dispose of the statement made by Leuchs who claims that the Angara Series in central Asia also often contain gypsum inclusions next to frequent coals.

---

1   Eliot Blackwelder, United States of America. Handb. d. Reg. Geol. VIII, 2. Heidelberg 1912.

2   J. Walther, Lehrbuch der Geologie Deutschlands. 2nd edition. p. 124. Leipzig 1912.

The arid zone in the southern hemisphere of that time developed much more broadness and, conversely, coal formation then strongly receded.

According to Buschman, there is a salt mine south of Cerro de Pasco in Peru, where "according to Fürer massive rock salt deposits occur in the rock layers belonging to Jurassic and Cretaceous formations." Jurassic salt deposits are also found in the South American cordilleras of Argentina, one of the salt-richest mountain ranges on earth. Buschman writes: "Thus Brackebusch discovered on the eastside of the border cordilleras in the Argentinian province of San Juan de la Sal a deposit … of rock salt … and rock salt deposits are supposed to exist in great number in the areas of the Rio Neuquén and Limay not long ago wrested away from the Indians, which according to the reports of our travelers extend far into the south. All these areas belong to the formation of the marine Jurassic and Cretaceous, which make an essential contribution to the composition of the western main cordillera and its continuation … south of 35 degrees southern latitude." While we should be dealing with the normal position of the southern arid zone in Peru, it seems that in Argentina the coals lying in front of it in the west imply that the arid zone already extended east of the Andes all the way up to extreme high latitudes at that time, as it does today, probably as a result of the Foehn effect of the mountain range which had already existed at that time.

In Brazil, the Jurassic Sao Bento Sandstones might indicate that an arid climate existed.

The southern arid zone also left traces behind in Africa. Almost the whole continent, along with Brazil, must have formed a gigantic coherent arid region. In northern Africa, i.e. the southernmost part of Tunisia, the Jurassic layers contain gypsum inclusions[1]. In the subsequent Cretaceous period their existence is continued in the gypsum formations found at numerous places in the Sahara. In Egypt, the formation of Nubian Sandstone was in progress, its massive layers being void of fossils also comprising the Jurassic formation. This sequence of layers which is of great importance to our observations on the climate indeed seems to necessitate the assumption that the equator was situated throughout the entire Mesozoic much more in the north and only passed Egypt in the Oligocene. In South Africa, the Jurassic red beds belonging to the Stormberg Series, and the Cave sandstones lying on top of them, speak in favor of a more arid climate as they do in Brazil. However, this can hardly be an actual desert climate since silicified wood is particularly also found in the red beds.

4. Flora. The previous climate assessment of the Jurassic flora confronts us with peculiar situations which G o t h a n characterizes in terms such as these: "In no other geological period did we have a more uniform flora on earth than in these times. The corresponding floras of Greenland (70°N), Yorkshire, North

---

1 Lemoine, Afrique occidentale. Handb. d. Reg. Geol. VII, 6A. Heidelberg 1913.

America, Siberia, Japan and, on the other hand, the Antarctic of Graham Land (64°S) displayed with but few exceptions an astonishing homogeneous composition, oftentimes recognizable all the way down to the individual species, at least as much as their general features are concerned. Therefore, the Jurassic flora of Graham Land described by Halle in 1913 might just as well have originated from Yorkshire, considering its composition alone, if we may say so despite some exaggeration." In fact, ten out of the 18 Antarctic ferns, horsetails and cycads[1] also exist in the flora of Germany, which must be considered as tropical or, at least, subtropical. Taking into consideration the continental drifts and the position of the axis, which complies with the other Jurassic climate indicators, it does not seem by any means futile to find the climate belts to be reflected by the patterns of plant distribution. However, we cannot rule out the notion that a considerably warmer climate must have prevailed on the poles during the Jurassic period, particularly on the South Pole, compared with today, since on our map the flora of Graham Land comes to lie at somewhat even higher southern latitudes (approx. 68 degrees) than it does now. But climate differences appear to be recognizable nevertheless. The ten relations which unite the flora of Graham Land with the flora of Europe, stand against eight referring to the Gondwana Strata in India, which are also characteristic of the subpolar rain belt as opposed to the tropics of that time. Ginkgo, which often occurs in Europe and central Asia, and still occurred in Spitsbergen at 40°N at that time, is missing in all southern polar countries whose floras had grown in considerably higher latitudes. And, upon closer inspection, the same will presumably apply to some other plants as well.

It remains to be seen whether Zittel's judgment is tenable, claiming that the Jurassic flora of England had been subtropical but then became tropical towards the end of the Jurassic period. Should it be corroborated that we are dealing with a temperature increase here, and not only an increase in humidity, this would confirm the already mentioned conclusion that the equator moved closer to Europe in the course of the Jurassic.

Perhaps there were climate-related reasons why the Abietinaceae prevailed in Spitsbergen, Franz Joseph Land and the New Siberian Islands in the Jurassic, as was emphasized by Gothan,[2] "in an extraordinary contrast to the concomitant southern form", in fact, even to the Jurassic flora of Greenland at 70° today, at 35° latitude then, which is already adapting itself more to the European flora. For these conifers from what is farthest north today, 42 to 50° then, display "far more distinct growth rings than southern-latitude conifers from the same age."

---

    1   Found: Cladophlebis, Sphenopteris, Otozamites, Zamites, Elatocladus, Pagiophyllum, Equisetites, Thinnfeldia, Nilssonia, Scleropteris, Williamsonia, Schizolepidella, Sagenopteris, Todites, Coniopteris, Araucarites, Pachipteris.

    2   Gothan, Das Leben der Pflanze. p. 80—86. Stuttgart (Kosmos) 1913.

The counterpart to these northern wood species possessing annual rings are the silicified conifer wood types from the Triassic-Jurassic layers of New Zealand. Here, the annual rings are very pronounced depending on the even higher geographical latitude of 60°.

5. Fauna. The fauna in the Jurassic, especially the marine fauna, contributes more to the climate question than earlier geological periods do. It must be admitted that this is not because more distinct climate zones have been formed on earth for the first time, as has often been claimed—the paleobotanists hold the opposite opinion, as we have just seen—but because of the fact that a climate-related classification of this marine fauna has been attempted for the first time by Neumayr and later further elaborated by Uhlig. We translated the "marine realms" of the Jurassic in Fig. 11 into our basic map and will repeatedly refer to them in the following. Besides, however, the entire climate indicators of the fauna shall be separately discussed for each continent in its respective context as has been done earlier.

In North America, on the territory of the United States, an extraordinary development of reptiles took place, producing numerous giant forms, some of which were monsters big as houses, surpassing all the imaginary figures of our dragon myths. An 18 m-long, plant-eating Brontosaurus was discovered in Wyoming. Brachiosaurus must have been even bigger still, its thighs measuring more than 2 m. Atlantosaurus is even supposed to have measured 30 m in length. Among the dinosaurs, the stegosauruses, sauropods and ornithopods were plant eaters. Carnivorous theropods, for example, the 5 m-long Ceratosaurus from Colorado, were feeding on them. Besides, there were dolphin-like ichthyosaurs, marine crocodiles, the sea-dragon Plesiosaurus whose shape has been compared with a snake drawn through a turtle, turtles and pterosaurs. At this time, and on American soil, we are facing the culmination point of Saurian development in earth's history which, considering its comprehensive nature, could only have been accomplished in a warm climate.

Looking at the North American marine fauna of the Jurassic, we get the same result. In the West, where the continent was still covered with a shallow sea, we now again find coral reefs in the United States as we did in the Triassic. But farther north, according to Neumayr, the "boreal" fauna gives evidence of cooler water. Today, the boundary lies at about 38°N, somewhere near San Francisco. For the Jurassic, we register nearly 45°. The boreal fauna is distinguished by the complete absence of reef limestone, in addition, by the ammonite genera Cadoceras, Virgatites, Craspedites and especially the massive occurrence of a small genus of the Aviculidae, i.e. Aucella. However, the area of warm water is distinguished, here and in Europe, by limestone reef formations of all sorts which, in part, take on remarkable dimensions, and by other ammonite genera. These warm-water indicators are found in Mexico and in Central America, whereas the "boreal" fauna is found in Canada, Alaska, the Arctic-American islands and Greenland.

Europe in the Jurassic stood under the sign of a progressive transgression., First, manifold changing sea inlets and basins were formed in the Black and Brown Jurassic; in the White Jurassic, they merged by means of a continued subsidence of the ground to become one great, well-flooded sea, the clear water of which enabled the formation of great white calcareous and coral reefs. Terrestrial animals could not become as dominant in Europe as they did in North America. But endless numbers of ichthyosaurs teemed in the waters here as well, Plesiosaurus is often discovered, among others, especially in England. In addition, there are ammonites, some of which occurring in very large forms, belemnites and fishes. According to J. Walther,[1] the ocean in the younger Jurassic period was above all "rich in plants and animals which, adhering to the sea floor, accumulated great masses of organic limestone on account of their calcareous shells and skeletons, wherefore numerous calcareous reefs were built next to stratified beds of limestone, often growing up to the level of the sea and structuring its surface with atolls and reef archipelagos."

"A chain of calcareous reefs lined the margins of the Bohemian-Vindelician Massif, somewhat like the Great Barrier Reef in Australia."

"Calcareous sponges and corals, mussels and calcareous algae, sea-lilies and cephalopods competed with each other in building high-rising limestone deposits which climbed upwards from the deep sea on steep slopes, often permeated by cavities and gaps, and often transformed into dolomite once the organic mass had died off."

"The gaps between the limestone reefs were filled with layers of limestone or clayey mud which big rivers had carried into the ocean from the near coasts. However, where shallow lagoons stood between the atolls, into which the calcareous mud—washed out of the reef rock—was carried, only if there were heavy storms, this is where the layers were formed out of chemically precipitated lime and reshaped into chinking hard plates, oftentimes as thin as a sheet of cardboard, which are then distributed on the heights of Altmühl Valley in wonderful regularity, and from which the famous plates for lithographical applications are made near Solnhofen."

The coral reefs, which existed during the Triassic only in the Alps, but not farther north therefrom in Germany, consequently crossed this boundary in the Jurassic, particularly during the Late Jurassic, where they advanced in England and Germany to present-day 52° (20°N then). It may now be possible that the reason for this is simply that the subsidence of the land had been strong enough only in the Late Jurassic to ensure a sufficient connection with the ocean of the high-temperature zone and a flow which allowed for the dispersal of the corals. Still, it must be observed that there are various other signs indicating that the equator approached Europe during the Jurassic. For example, Handlirsch finds that the mean length of insect wings again reached a maximum of 22 mm

---

1 J. Walther, Lehrbuch der Geologie Deutschlands. 2nd edition. p. 122—123. Leipzig 1912.

particularly in the Late Jurassic, after it had amounted to mere 17 mm in the Late Carboniferous and Permian, and had then changed several times afterwards. We have pointed out earlier to the northward advance of the arid zone,

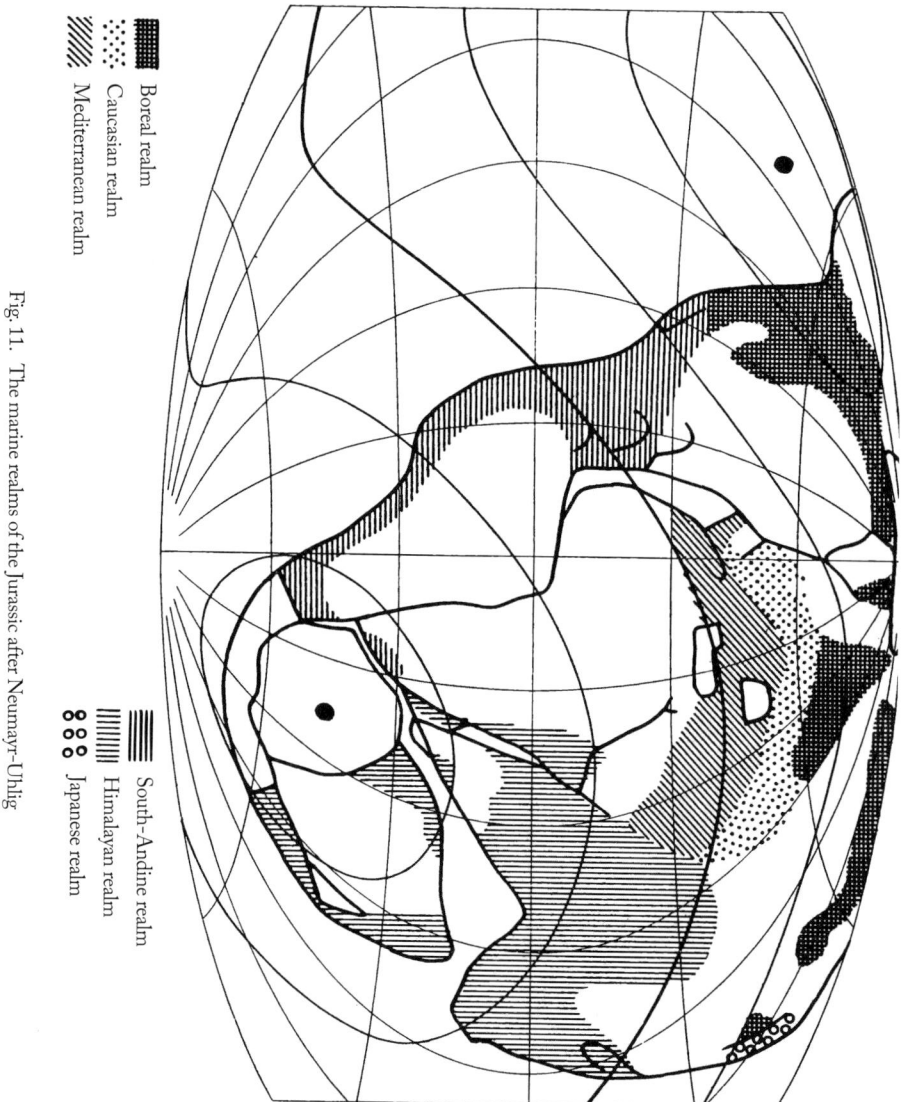

Fig. 11. The marine realms of the Jurassic after Neumayr-Uhlig

Boreal realm
Caucasian realm
Mediterranean realm
South-Andine realm
Himalayan realm
Japanese realm

which shows itself in the discontinuation of coal formation in southern Sweden, and to the increasingly tropical character of the English flora. It seems, according to what has been said before, as if the geographical latitude of Europe decreased somewhat during the Jurassic period, a circumstance to which the Jurassic transgression also seems to make reference ("behind-the-pole transgression").

Neumayr believed the Jurassic marine fauna in Germany to be a climate-dependent transition between the boreal fauna and the apparently tropical fauna existing south of the Alps. However, according to Uhlig, these are essentially but two realms, a boreal and a "Caucasian" realm (Fig. 11), the latter of which having to be subdivided into a shallow-sea region in Germany and a region of a more open and deeper ocean south of the Alps. Whether the undisputed difference could to a certain extent have a climate-dependent origin in addition to these influences shall remain to be seen. At least, however, the Caucasian realm is represented by a characteristic warm-water fauna. It is distinguished by the ammonite genera Phylloceras, Lyctoceras, Oppelia and calcareous reefs of all kinds, and is mainly distributed in the countries of the Mediterranean, Asia Minor and Persia, hence it runs parallel to the Jurassic equator. In contrast, the boreal fauna is not only found in Spitsbergen but also in southern Russia, down to the line which runs from the Memel River to a place lying somewhat north of the Caspian Sea (Fig. 11).

It might appear peculiar that the coral reefs in Europe only reached to 20°N in the Jurassic period, and the boundary of the boreal fauna was supposed to lie only at 25 to 20°, whereas we found the latter in North America at 40 to 45°, and for this reason one could be tempted to transpose the equator in the Old World a little more to the south than we did. But this appears to be impossible because, otherwise, not a desert but an equatorial rainy climate would have prevailed in Egypt, and the flora of Graham Land would give us more difficulty than it already does. Hence we must accept that the boreal marine fauna in Europe progressed illicitly far toward the equator, which might be explained with the given connection with the ocean. However, it already reveals itself that the classification of the fauna according to Neumayr-Uhlig is by all means not a purely climate-dependent classification.

Jurassic corals are also supposed to have been found in Japan,[1] however, it seems questionable if they are reefs. Neumayr-Uhlig refer to the Japanese fauna as a special realm, of whose climate character nothing certain has become known yet. However, a boreal marine fauna is encountered once again in Northeast Asia.

According to Burckhardt, coral reef structures on the western coastline of South America reached to the present-day 35th parallel, perhaps to the 40th. According to our map, these areas were situated nearly at 45 to 50°S, i.e. nearly the same latitude at which the boundary of the boreal realm used to lie on the west coast of North American. At any rate, this observation made by Burckhardt suggests that a climate-related classification of the marine fauna can also be found

---

1 Dacqué, Article „Juraformation". Handwörterbuch der Naturwissenschaften **5**, 620. Jena 1914.

on the coast of South America. The same has not been expressed, however, in the representations of Neumayr-Uhlig, as they combine the entire area reaching down to Cape Horn, and even including South Africa, as a "South Andine realm". It probably must be assumed that this South Andine realm only describes the connection to the eastern shores of the Pacific and should be further divided in at least two climate regions.

Again, reptiles are known to have occurred in South Africa. But their number is conspicuously low as compared to the previous periods. Whereas Rogers and du Toit reported 64 reptiles in the Permian layers, and 29 in the Triassic, only 5 reptiles (next to silicified wood) are reported for the lowest Jurassic layers, which are referred to as red beds, only one dinosaur and only one crocodile in the Cave Sandstone lying on top, and no fossils at all in the Drakenberg Strata lying on top and containing volcanic rock and sandstones in alternation. All these layers are referred to as Lower Jurassic, the Upper Jurassic is completely missing. It is very likely that the approach of the South Pole since the Permian, at a time when its distance was greatest, reveals itself in the shape of this stepwise decline of the South African reptile fauna. However, the climate also became more arid, which seems to be demonstrated by the discontinuation of the coals and the increasing development of sandstones. Hence the arid area appears to have gradually reached closer to the pole at this site. At least the advance of the pole, which is confirmed by so many different indicators, might represent the main cause. Especially impressive is the depletion of the South African reptile fauna in comparison with the powerful development which the reptiles displayed in North America at the same time. The temperature difference between these two regions is thus strikingly confirmed.

Neumayr-Uhlig combine the African east coast and Madagascar with Nearer India, Farther India, the Sunda Archipelago, Australia and New Zealand to a "realm of Himalayan fauna" of the ocean which, however, does not constitute an entity as far as the climate is concerned, nor does the "South Andine" realm do so. Instead, it may merely reflect identical Pacific west coast populations. It is important that Aucella, which is characteristic of the northern cold-water region, occurs again in New Zealand, its distribution in the former southern polar region probably being worth a detailed study. It is, after all, worth noticing that particularly the boreal realm of Neumayr and Uhlig, the only actual climate realm, also differs more distinctively from all other realms than the latter differ among each other. This may give us hope that clearer results might be obtainable when a purely climate-related classification principle has been applied, instead of the previous classification which apparently makes use of several classification principles at once.

Finally, the present-day Australian fauna is also of some interest when it comes to climate indicators. The Australian continent separated from Ceylon and Nearer India in the middle of the Jurassic, but it still contains certain "Gondwanan" faunal elements which show their relatedness with the faunas of those countries and therefore must be regarded as the descendants of a common fauna which had still existed at the time of detachment. The present-day composition of this faunal element now also enables us to draw conclusions on the climate character of the previously common fauna. Particularly reptiles and earthworms are found among these animals; hence it follows that, despite the nearness of the pole, the ground has not always been frozen as it is in Siberia today. At that time, the annual mean temperature must not have been under at least —2 °C in Ceylon and the adjoining parts of Nearer India and Australia, hence at 70°S, which is again a confirmation of the relatively mild southern polar climate, this time almost on the side opposite to Graham Land.

The entirety of the Jurassic climate indicators is best demonstrated by a position of the North Pole at 47°N, 132°W and the South Pole at 47°S, 48°E, as is shown in Fig. 10 and 11.

C. Cretaceous

The disintegration process separating the continental mass continues during the Cretaceous, as now South America also separates from Africa. In the last chapter we already referred to the odd circumstance that coals of conspicuous spatial orientation were formed in North America at the same time, a circumstance which is indicative of an overall crumpling of the earth's crust on this continent, which is completely in conformity with the processes which took place in Asia during the Jurassic, when Australia separated from Nearer India. Here, we also believe it to be very likely that there is a correlation between temporal and causal events. The reason for the remarkably rich coal formations in the Cretaceous of North America would then be seen in a compression which this continent experienced when South America detached itself, began to move westward and rotate.

The changed positions of the continents were accounted for in the basic maps (Fig. 12).

1. Ice. Apart from one singular glacial locality in Spitsbergen, which has been reassigned to the Silurian by Nathorst, particularly Basedow reports of ice traces from the Cretaceous in Australia. However, Dacqué holds the opinion that this is "probably Paleozoic glacial material which came to lie on secondary deposits in the Cretaceous through the action of torrential streams." Considering the entirety of the climate indicators, Dacqué's view appears to be more to the point than Basedow's, since we must assume that the climate in the southern polar region was relatively mild during the Cretaceous, as it was in the preceding periods, and central Australia was located only at about 60°S. Only little research has been done on the deposits of the Cretaceous in Australia. They consist of the widely distributed Rolling Down Beds, whose fauna composed of inoceramids, Aucella spp., Crioceratites spp. and dinosaurs at least seems to indicate the existence of a cool climate, wherefore the formation of glaciers must be considered, to a certain extent, as possible, as they did not require a polar climate in the sense of today.

2. Coal. The geographical latitude of North America does not seem to have undergone any changes worth mentioning since the Jurassic. The arid region, however, has become narrower due to expansion of the rainy areas and is, in general, less distinguished. In the East of the United States we find minor coal formations in the vegetation-rich Potomac Formation, which, named after the Potomac River, runs like a long-extended piece of rope on the eastern hillside of the Appalachians.[1] However, most impressive are the numerous productive coal deposits in the west and northwest of the continent (Fig. 12). Both the Early and the Late Cretaceous contributed to their formation. Of great economic relevance are particularly the coal seams of the latter, which lie in the so-called Laramie Formations and measure 6 to 10 m in thickness in some places. Such Upper Cretaceous coal occurs in Alaska,[2] where its formation still continues in the Eocene, also on Canadian soil in the coastal area of the Pacific, in Vancouver, Alberta and southern Saskatchewan; Lower Cretaceous coals are found in Canada in the provinces of Yukon, British Columbia and Alberta. Southward, the Cretaceous coals of the western United States continue in Washington, Montana, North Dakota, South Dakota, Wyoming, Utah, Colorado and New Mexico. And finally, the coal formation reaches a little across the border of Mexico. The northern rain belt hence extends into areas which belonged to the arid zone in the Jurassic.

Coal formation in Europe is also more pronounced than it used to be in the Jurassic, at the expense of the arid zone. Here, however, we are probably dealing with the equatorial rain belt, as was already the case in the Potomac layers of eastern America; according to our map, the equator was somewhat closer to Europe in the Cretaceous than in the Jurassic. In Spain, the lignite deposits of Teruel formed in the Gault Formation; in Germany, valuable black coal seams formed during the Early Cretaceous in the Teutoburg Forest, the Weser Hills, Deister and Osterwald. Other German coal seams resulting from this period, such as those of Quedlinburg or Liegnitz, have no economic significance. In the Eastern Alps[3] and Lower Austria, Late Cretaceous coals are found in the Gosau Series. Cretaceous coals allegedly also exist in Bulgaria, however, Frech refers to their age as being doubtful and assumes that they are Triassic. Farther up

---

1   Neumayr-Uhlig, Erdgeschichte. Vol. II., 2nd edition. p. 272. Leipzig and Vienna 1895.

2   K. Henning, Alaska in den Jahren 1911, 1912. Geol. Rundsch. 1914, p.415.

3   Franz Heritsch, Die österreichischen und deutschen Alpen bis zur alpino-dinar. Grenze (Ostalpen). Handb. d. Reg. Geol. II, 5a. Heidelberg 1915.

The Climate Belts of the Mesozoic

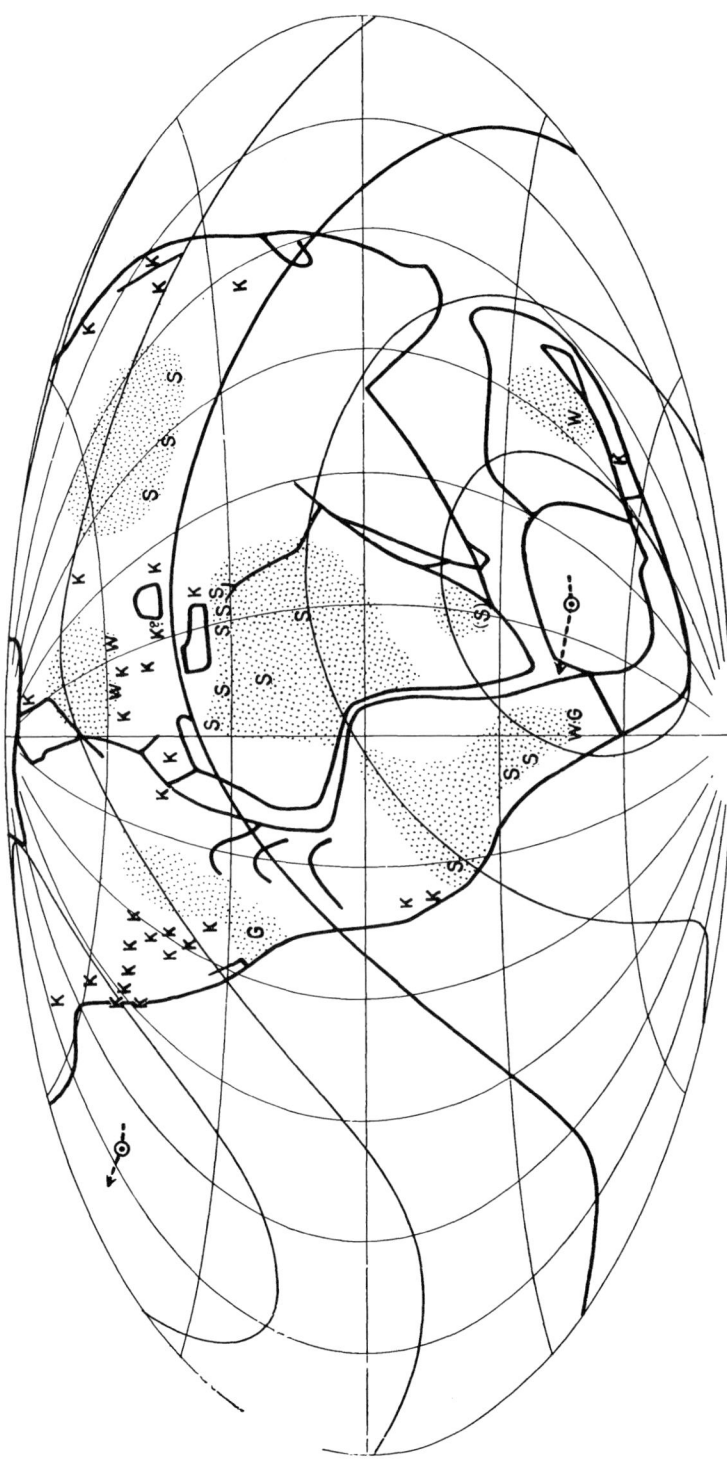

Fig. 12. Bogs and deserts in the Cretaceous period
(K – coal, S – salt, G – gypsum, W – desert sandstone, dotted areas: arid regions)

north, we encounter Lower Cretaceous coals in Spitsbergen.[1] They probably belong to the northern rain belt just like the Laramie Coals in North America. The Lower Cretaceous coals in the eastern Ural Mountains assume an intermediate position, whereas the brown coals near Alexandropolis south of the Caucasus mountains[2] and the Lower Cretaceous coals of the Lebanon[3] belong to the equatorial zone. As to Asia, which was pitted with coal formations in the Jurassic, we can only make mention of Cretaceous coals in the Far East, notably in the northern part of Sakhalin, Manchuria, Japan and the Chinese province of Sichuan. A tendency of a discontinuation of the arid zone also becomes noticeable in the Cretaceous due to the confluence of the equatorial and northern rain zone.

In South America, we encounter some significant Cretaceous coal formations which must probably be attributed to the equatorial rain belt: In northern and central Peru, there is a 800 km-long coal seam from the Early Cretaceous that runs parallel to the coastline. Not far north of Peru, in Ecuador, there are also Upper Cretaceous coals to be found near Quito. We could be tempted to draw the equator of the Cretaceous straight through these coal formations, which would give us a better explanation of the salt deposits found in the southern part of South America; on the other hand, it would account for the circumstance that the northern rain zone in North America expands so far into the south. But then it could not be avoided that the equator collides with the salt localities in northern Africa or central Asia; and the other solution, as tempting as it may be at first sight, i.e. that the equator should be drawn from the South American coal areas across Europe and north of the central Asian arid region, is not acceptable for several reasons, for example, because the distribution of rudists still remains to be discussed (Fig. 13, p. 84). There is nothing left for us to do but to assume that the South American coals comply with an expansion or a shift of the equatorial rain belt toward the more continental southern hemisphere.

Coals developed in New Zealand during the Late Cretaceous as well,[4] they are the only ones known from the southern polar rain zone. They are located at the transition to the Eocene, indeed, Marshall[5] would already like to assign them to the Eocene.

3. Salt, Gypsum, Desert Sandstone. The arid zone is not fully developed in North America, which is in conformity with the enormous development

---

1 O. Nordenskjöld, Die Nordatlantischen Polarinseln. Handb. d. Reg. Geol. V, 4. Heidelberg 1914.

2 Felix Oswald. Armenien. Handb. d. Reg. Geol. V, 3. Heidelberg 1912.

3 M. Blanckenhorn, Syrien, Arabien und Mesopotamien. Handb. d. Reg. Geol. V, 4. Heidelberg 1914.

4 Wilckens, Die Geologie von Neuseeland. Geol. Rundsch. 8, 1917, p. 150.

5 P. Marshall, New Zealand. Handb. d. Handb. d. Reg. Geol. VII, 1. Heidelberg 1911.

of coal. The gypsum deposits in Mexico are the only traces we are able to mention.[1]

Something similar applies to Europe. Salt and gypsum deposits are missing completely, with the exception of some salt springs in Westphalia (Neumayr-Uhlig). The equatorial rain belt dominated over all of southern and central Europe. But here, the block sandstone may perhaps be considered as the last remnant of the arid area. "In some regions, notably Saxony and Bohemia, a part of the Upper Cretaceous is represented by massive sandstone, which was named block sandstone because of its propensity toward forming block-shaped secretions. Numerous vertical fissures are the reason why vertical slides occur after weathering and denudation and why single, gigantic, often very slender columns remain standing amidst a complex bound to collapse and why other unusual weathering forms protrude. Saxonian and Bohemian Switzerland owe their appealing landscapes to these outstanding features; the vertically dipping cliffs of Königstein and Lilienstein, the bold towers and peaks of the Bastei, the columns of Bieler Grund, the much praised Adersbach Rocks are all made of these blocks."[2] Besides, the chalk deposits in Europe are predominately of marine origin, and it formed the white chalk mainly composed of foraminifera in northern Germany (Ruegen!), northern France, England and in a part of Russia, but also in Syria, Arabia and the Libyan desert.

As opposed to North America and Europe, the northern arid zone is well developed in central Asia, after having been strongly contained during the Jurassic due to the prevalence of coal formations. The often salt-bearing Upper Angara Series represents the Cretaceous here. For example, according to Leuchs,[3] a 40 m-thick rock salt deposit lies under the Upper Cretaceous sandstones at Vakhsh River in eastern Bukhara and "small amounts of rock salt occur at many locations in the Cretaceous and Tertiary layers of this area." Cretaceous salt is also found in the western part of Kwenlun and apparently also in western Nanchan.

The southern arid zone was very broad and reached into very high latitudes. As for South America, we must now again mention the rock-salt deposit south of Cerro de Pasco in Peru earlier mentioned in the context of the Jurassic. As this salt is supposed to belong to the Jurassic and Cretaceous layers, all that is necessary has already been said in the previous chapter. The sodium sulfate situated somewhat more to the north, near Bipos north of Tucuman, apparently represents a continuation of this deposit which occurs in two layers, each measuring more than 1m in thickness, together with glauberite between gypsum and marl, and, although doubtful, is allocated to the Cretaceous.

---

1 E. Böse, On the Permian of Coahuila, Northern Mexico. The Amer. Journ. of Science, Vol. 1 Feb. 1921.

2 Neumayr-Uhlig, Erdgeschichte, Vol. II, 2nd edition, p. 270. Leipzig and Vienna 1895.

3 Leuchs, Zentralasien. Handb. d. Reg. Geol. V. 7. Heidelberg 1916.

In southern Patagonia, at least the Lower Cretaceous still consists of colored sandstones, "comparable with the Old Red", however, without salt, but partially with massive gypsum inclusions, whereas the Upper Cretaceous consists of soft marls and clays. "Without doubt, these massive sandstones indicate the predominance of continental, more or less arid or semi-arid conditions and a more mechanical weathering of rock, whereas the soft clays and loose colored marls are suggestive of chemical weathering processes under the effect of a more humid climate."[1] Wilckens[2] also comes to similar conclusions concerning the Patagonian Cretaceous deposits. Bottommost are the "Areniscas abigarradas", which he, also including the climate conditions, compares with the Bunter; on top of them are the Guaranitic sandstones containing dinosaur fossils. As shown in our maps, the South Pole was just about to move toward Patagonia between the Jurassic and the Cretaceous. And besides the climate of Patagonia also had to become more humid because the great landmass was divided as result of the detachment of South America from Africa, allowing the ocean to access Patagonia from the east. At all events, in the Jurassic Patagonia lay at about 60°, and even at about 64° southern latitude in the Cretaceous. The arid zone therefore reached across extremely wide areas at that time. Perhaps the Wealden-like fluvial deposits in eastern Brazil (Bahia) including freshwater mollusks, crocodiles and dinosaurs allow us to draw the conclusion that the arid zone was interrupted or at least less pronounced here under the influence of the new-formed arm of the sea.

The arid zone also seems to have covered the greatest part of the African continent as well. Buschman writes: "According to Schleiden and Fürer, salt deposits occur in the Hippurite Limestones of Algeria, belonging to the formation of the Cretaceous, notably those near Constantine, which form veritable mountains, e.g. at Biskra and Medeah, and belong to the less significant salt deposits of that formation." According to Buschman, Tunisia also possesses vast rock salt deposits, probably resulting from the same period;, there is a mountain completely made of salt at Djebel Hadifa. A salt spring is also mentioned which has its source on the coast southeast of Tunis in the Senonian. It might be that the age determination of these salt deposits has been revised in the meantime, because it is peculiar that Lemoine[3] explicitly does not make mention of these deposits which are obviously hard to overlook. He only states that the Cretaceous bears salt both at the northern boundary of the Sahara and within the same desert, and particularly in Sudan (here also in the Eocene). It also harbors silicified wood, the locations of which are unfortunately not

---

1　A. Windhausen, Ein Blick auf Schichtenfolge und Gebirgsbau im südlichen Patagonien. Geol. Rundsch. **12**, 1921, p. 109—137.

2　O. Wilckens, Die Meeresablagerungen der Kreide und Tertiärformation in Patagonien. N. Jahrb. f. Min. usw. Beil. Bd. **21**, 1906, p. 98—195.

3　P. Lemoine, Afrique occidentale. Handb. d. Reg. Geol. VII, 6 A. Heidelberg 1913.

reported. We hold Blanckenhorn's description of the situation in Egypt[1] as an amendment to the aforesaid. Here, the upper layers of Nubian Sandstone were deposited during the Cretaceous period, bearing to some extent gypsum and salt, admittedly also silicified wood. The Cretaceous deposits in Sinai likewise also contain gypsum. In Palestine[2] salt was deposited on both sides of the Dead Sea, alum on the east side, waste salts on the west. Gypsum is naturally also well represented. In Egypt, the Cretaceous constitutes the end of an extremely long desert period which has prevailed here since the Carboniferous. Because in the subsequent Eocene, the equatorial rain belt, which already produced coals in the Lebanon during the Cretaceous, spreads over Egypt.

For reasons of completeness, it should be stated that Buschman also mentions salt from South Africa: "On the east coast of British South Africa, as Passarge states with reference to research done by Dr. A. Schenck, there are blocks, from Algoa Bay over to Natal including Zulu Land up to Delagoa Bay, which became attached to the continental shelf, belong to the Cretaceous and possess salt-bearing layers. Neither may this salt deposit appear to be inexplicable considering the advance of the arid zone far into South America. Nor is it said that these deposits of rock salt were big; as a matter of fact, the Wood Beds of the Uitenhage Series in South Africa with their abundant flora indicate that a real desert climate could absolutely not have existed here. As the discoveries of giant Sauria reveal, an arid climate could hardly have existed in German East Africa. Perhaps the ocean lying in the east also exerted its influence here.

Finally, it may be mentioned that "desert sandstone" was formed in the Cretaceous of northeastern Australia (Queensland) which was at about 50° latitude at that time. However, not during the Early Cretaceous like the sandstones of Patagonia but, conversely, the Late Cretaceous, whereas here the Lower Cretaceous including the previously mentioned Rolling Down Beds indicate a cooler climate based on the existence of Aucella and other forms. Here we obtain a new confirmation of the South Pole moving from Australia toward Patagonia at that time. And the circumstance that the products of the arid climate surround the South Pole in a semi- circular fashion also confirms the in itself conspicuous migration of the latter into such high latitudes.

4. Flora. The greatest change in the flora that has ever taken place in the history of the earth occurs in the Cretaceous: At the end of the Early Cretaceous, the greatest part of the Mesozoic gymnosperm flora becomes extinct and a modern age of plant life commences, in which the angiosperms take the lead. Unfortunately, the time-related differences resulting herefrom often obscure the climate-related differences.

---

1 M. Blanckenhorn, Ägypten. Handb. d. Reg. Geol. VII, 9. Heidelberg 1921.

2 M. Blanckenhorn, Syrien, Arabien und Mesopotamien. Handb. d. Reg. Geol. V, 4. 1914.

The annular rings give us a reference point of lesser significance: According to Dacqué, the wood pieces from the Upper Nubian Sandstone in northeast Africa (then at about 10°S) lack annual rings, whereas the trunks of conifers from the Lower Cretaceous of Spitsbergen (then at 40°N), which were studied by Gothan, display distinctly recognizable growth zones. And according to Irmscher, a Cretaceous Araucaria trunk from the northeast coast of the southern island of New Zealand (then at 52°S), which Stopes described in 1914, "is distinguished from all other known forms by its particularly distinct development of annual rings."[1]

In North America, the Dakota Series in the west and the Potomac Series in the east contain a flora which comprises numerous subtropical to tropical forms, but additionally also poplars, birches, beeches, oaks, maples, ivy and other plants which we would assume to have grown in the subpolar rain belts because of their distribution today. The explanation for this may be found in the principle emphasized by Irmscher who claims that all these flowering plants developed in the tropics first; they therefore still appeared there and in the subtropics, during the Cretaceous, admittedly already in higher latitudes as well, and only later did they fully retreat to the cool climate of higher latitudes. A plant community thus prevailed in North America among which occurred, apart from the plants mentioned, walnut, tamarisk, breadfruit tree (Artocarpus)—a tropical plant still today—sycamore, liriodendron (tulip tree), cinnamon, ilex, liquidambar, Nerium (oleander), Ficus (fig), Sassafras, magnolias, sequoias and other conifers, also Cycas, Gingko—today only represented by one species in China and southern Japan—, Eucalyptus etc. Numerous palm trees also existed in the Late Cretaceous. Also to be mentioned are Hymenaea, the locust tree which still grows in tropical America today, and Sapindopsis, related to albeit not identical with recent Sapindus, the soapnut tree, another species of tropical America. Chamberlin and Salisbury believe that this flora corresponds to a geographical latitude of 30 degrees. However, the opinion of these authors that the climate began to become cooler during the Cretaceous because the Laramie flora would be "rather temperate than tropical" appears doubtful to us inasmuch as such a climate change can easily be feigned by the emergence of the nowadays temperate, but formerly tropical flowering plants.

Europe which, according to the entirety of climate indicators of the Cretaceous, certainly had a tropical climate, displayed an identical vegetation cover. As was also the case in America, the tree ferns, cycads, coniferous trees and gingkophytes still existing during the Early Cretaceous were later joined by oaks, beeches, willows, cherry trees, poison ivy etc., which today occur more abundantly in a temperate climate, next to tulip trees, magnolias, and tropical plants from the categories of the caesalpinias, Araliaceae, palm trees etc.

---

1   E. Irmscher, Pflanzenverbreitung und Entwicklung der Kontinente. Stadien zur genetischen Pflanzengeographie. Mitt. a. d. Inst. f. allg. Bot. Hamburg 1923.

Famous are the discoveries of Cretaceous plants on Disko Island in western Greenland, because the slate series there represents all parts of the Cretaceous and thus makes the floral change noticeable. Apart from the poplar, only Mesozoic forms occur in the lowest layer, some of which that apparently must be addressed as tropical, such as Pecopteris, Osmunda, Gingko etc. However, on top there are oaks, magnolias etc., next to the breadfruit tree. Heer estimates that the mean temperature on Disko Island was at 20 or 21 °C, which in our opinion is too high, as one would surely do well with 16 to 18 °C and like to anticipate a cooling-off period to have occurred here during the Cretaceous, just as Chamberlin and Salisbury assumed it for North America, however, which in our opinion is only feigned here as well, probably by the temporary floral change. According to our map, Disko Island used to lie at about 35°N during the Cretaceous, a little south of Spitsbergen (40°), where Gingko also used to grow together with Sphenopteris, Taeniopteris, Baiera and Pinitis. The often emphasized matching Cretaceous floras of Greenland and North America, whose locations today display a difference in latitude of 35°, can be easily explained with the position of the equator and the continental shift we assume to have existed; Dakota once also used to lie between 30 and 35°N, just like Disco.

The Cretaceous flora which was determined in southern Patagonia by Hauthal and Kurtz at a present-day latitude of 51° corresponds to a colder climate. Among the Mesozoic representatives there predominately are only araucarias, sequoias, and abietineas, in association with oaks, birches, poplars, willows, cinnamon, sassafras laurel, liriodendron, liquidambar, sycamore etc. Most abundant were willow leaves, followed by leaves from three sassafras species. In any case, no forms are represented which may be considered as typical of the tropics. Hymenaea, Sapindopsis, and Artocarpus are absent. Naturally, it still remains conspicuous that all forms occurring here also occurred in the former tropical zone as well. As has already been stated, this is probably connected with their evolution there. We must obviously assume that these forms were distributed across all climate belts at that time. The fact that such an abundant tree flora existed at all at a former latitude of approx. 65°S confirms our assumption that there was a mild climate in the former southern polar region. However, it also shows that the arid region, which still created desert sandstone and gypsum in southern Patagonia in the Early Cretaceous, reached its southernmost boundary.

In South Africa, plants belonging to the Cretaceous are known to exist from the Uitenhage Series (the Upper Cretaceous is marine here). All the plants therefore still belong to the Mesozoic types. They are particularly important because the Capeland used to lie at about 70° in the Cretaceous, in the Early Cretaceous perhaps at 67°S, for which reason we are dealing with the Cretaceous flora nearest to the pole. Apart from wood fragments, also the remains of a dinosaur (Algoasaurus) are found in the lowermost Enon Beds belonging to the Uitenhage Series. On top are the vegetation-bearing "Wood Beds", in which large tree trunks, for example, one measuring 7½ meters in length, are embedded in sandstone. These wood discoveries seem to demonstrate that the tree limit used to be still closer to the poles than 67 degrees. According to Rogers and du Toit, the flora was composed of 8 ferns (Onychiopsis, Sphenopteris, Cladophlebis, Taeniopteris, Osmundites), 8 cycads (Zamites, Cycadolepsis, Benstedita, including trunks, Carpolithes, Bucklandia), and 5 conifers (Araucarites, Taxites, Brachyphyllum, Conites, and coniferous wood). Without the other climate indicators, one would probably hardly be able to convincingly explain that all these plants were supposed to have survived at a geographical latitude of 67°. For, even if the climate in the southern polar region used to be much more favorable than the northern polar climate of our world today, it can hardly be doubted that the ocean south of Africa carried floe ice and that the annual mean temperature in which this flora grew could hardly, if at all, have been much over 0 °C.

In 1895, v. Ettinghausen described an Australian flora consisting of 62 species. It originated from Queensland, the northernmost part of eastern Australia, which was at 45 to 50°S during the Cretaceous and, according to Irmscher is "a mixture of temperate and some tropical elements", which is in good agreement with the latitude.

Finally, New Zealand, the distinctive annual rings of which have already been mentioned, at least experienced a cool climate also according to discovered plants dating from the Cretaceous. Strangely enough, no progenitor plants of its extant flora can be found, instead there are oaks and beeches. The climate seems to have become warmer toward the end of the Cretaceous, according to Marshall even only at the beginning of the Tertiary, which again would agree with the pole movement we anticipated. For the flora which v. Ettinghausen found in these layers in 1887 is interpreted as "warm temperate". New Zealand was located between 40 and 60°S during the Cretaceous.

The floras of Patagonia, South Africa, Australia and New Zealand encompass the South Pole from almost all sides in such a fashion that it is impossible to increase its distance from any one of these discovery sites, without decreasing the distance from either one to another. This reveals rather distinctly that we cannot but assume a relatively mild climate in the southern polar region during the Cretaceous, as was the case during the Jurassic. The discussion of the fauna-related climate indicators will elucidate this question further, by now also providing the other boundary for the temperature conditions.

5. Fauna. The marine fauna of the Cretaceous has been subject to an, in our opinion exemplary climate study by Dacqué, the result of which contributed significantly to the alignment of our climate belts.[1] Dacqué particularly attempted to examine the distribution of the marine fauna, distinguished as tropical on account of massive limestone depositions, as we encounter them in Europe

---

1   E. Dacqué, Grundlagen u. Methoden der Paläogeographie. p. 423. Jena 1915.

during the Cretaceous. He initially underscores the contrast to the fauna of the far north. "Large-shelled foraminifera, corals, thick-shelled reef-building rudist clams, Nerinea and Actaeonella spp. are characteristic of this southern zone, whereas they are absent in the north. This extreme limestone production peremptorily indicates warm water as opposed to the boreal region." The forms mentioned do not "exceed a certain boundary which is, in general, identical with that of the Alpine Tethys. That this distribution also depends on climate is most beautifully demonstrated by the sporadic appearance of rudists in the north and in the south. They strayed into southern Scandinavia and German East Africa. While they thrived abundantly in the Mediterranean-equatorial zone, these outsiders remained extraordinarily small, crippled and isolated; the actaeonellas and the corals are missing as indicating warm-water dwellers in the boreal region." The latter is characterized by the belemnite genus Cylindrothentis, also Polyptychites and other forms, by special ammonite species such as Simbirskites, and notably by the clam species Aucella, which already characterized the polar regions during the Jurassic and was native to both polar regions also during the Cretaceous. Gregory has also already drawn our attention to the fact that reef-building rudists are missing in Greenland and that the coral and crinoid fauna is crippled.

However, Dacqué is also capable of proving the existence of cold water in the south: "But the most astonishing thing is the return of the boreal character to the southern hemisphere, and what Neumayr and Uhlig desperately searched for in the Upper Jurassic: the southern temperate zone as an equivalent to the boreal is what we are clearly facing in the Lower Cretaceous … For in South Africa and in the southern part of South America we encounter, apart from other specialized forms, the exceptional fauna of Trigonia, which differs from its Mediterranean-equatorial counterpart, and, in addition, the boreal ammonite form of Simbirskites reappears again in South America." The ammonite genus Kossmaticeras which was discovered, for example, in Antarctic Graham Land at formerly 70°S, continues to be typical of the southern cold region. We could perhaps refer to the earlier mentioned clam genus Aucella, which appears together with inoceramids, Crioceratites and dinosaurs in the Rolling Down Beds of Australia. Madagascar, by the way, resembles the Mediterranean region in the Cretaceous (as it does in the Early Tertiary), and not as much the southern polar region, an abnormity which is easily explained with the connection to the ocean and perhaps the ocean current. This is expressed in Dacqué's study by the fact that the localities of rudists —albeit crippled— on the East-African coast extend particularly far to the south.

Dacqué reports all localities in a world map as being normal, i.e. tropically developed individuals belonging to the genera Radiolites, Hippurites and their closest relatives, as well as those sites where crippled forms have been found in northern Europe and eastern Africa. We have put these points on our basic map

(Fig. 13) and it shows that these localities are easily allocatable between 30°N and 30°S. There is only one locality where normal forms found in the Himalaya

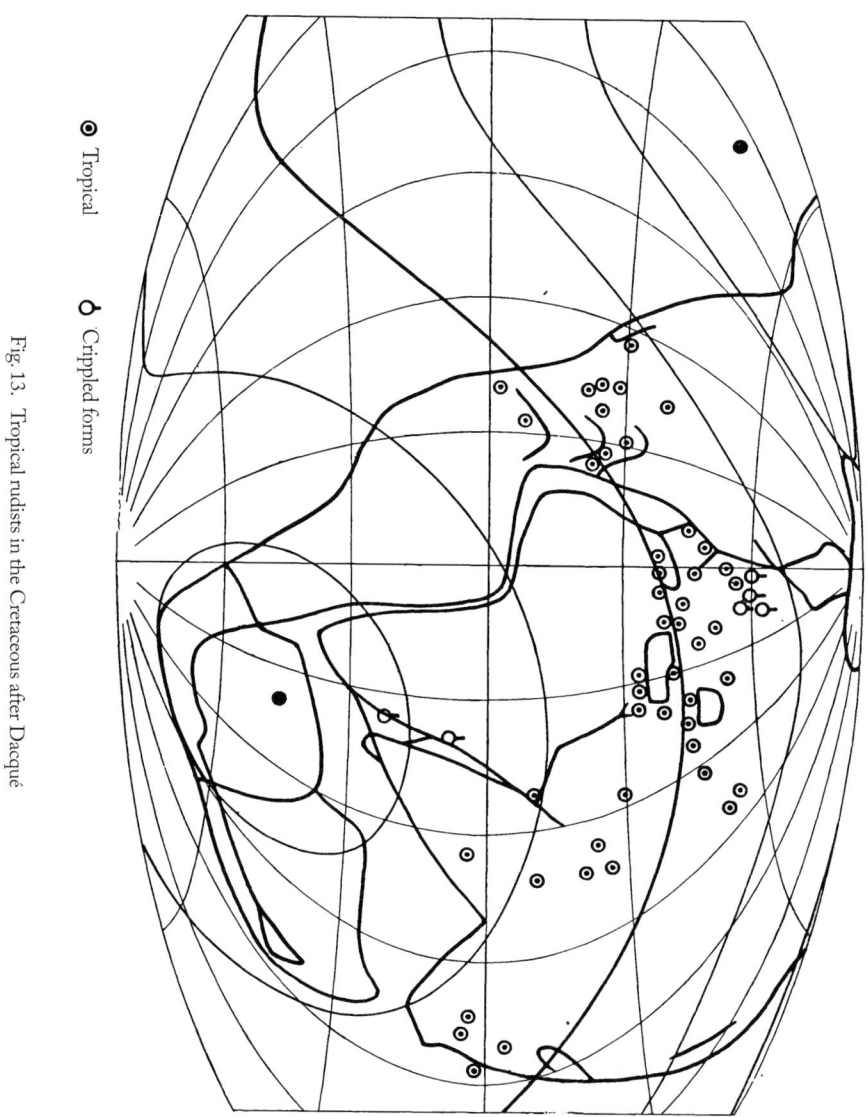

Fig. 13. Tropical rudists in the Cretaceous after Dacqué
◉ Tropical   ○ Crippled forms

would be allocatable to a higher southern latitude, but it must be observed that we can hardly conceive the exact previous position based on a present-day locality, considering the gigantic compression of the earth's crust in the Himalayan. We should therefore attach not too much importance to this inconsistency.

If we were to align the equator solely according to Dacqué's rudist finds, one would be tempted to rotate it in such a manner that it would lie farther north on the American, and farther south on the East-Asian continent than we have claimed. Fully irrespective of the fact that such a position would neither be compatible with that of the North American Cretaceous coals, nor with the coal, salt and gypsum deposits in South America and the Patagonian flora of the latter continent, such a rotation would not even permit a more detailed discussion of the rudist fossil finds themselves. The belt of warm-water fauna is still 50 to 60° broad today; as the rudist belt is only half as broad in America and Europe, its boundaries cannot consist of climate-dependent boundaries everywhere, instead, we are facing an artificial confinement consisting of land. In America as well as in Europe, the realm of the boreal marine fauna comes after the rudist zone in the north, hence this represents a climate boundary. However, the land masses of South America and Africa in the south prevent the full development of the warm-water belt. And in East Asia, on the other hand, only the southern boundary of the rudists depended on the climate.

Some other climate indicators from the Cretaceous fauna shall also be discussed now to complete what has been said above.

In North America, the Sauria still developed huge forms similar to those of the Jurassic. In the Laramie Strata we find the rhinoceros-like, 7 m-long, plump plant-eating Triceratops; the Iguanodon, kangaroo-like and also a vegetarian, measured 10 m in length; perhaps the similarly built predator Tyrannosaurus was somewhat bigger, and some authors assign Atlantosaurus, also mentioned in the Jurassic, to the Cretaceous. Mesosaurus, reminding of a sea snake, dwelled in the ocean together with the 9 m-long Tylosaurus. Among the pterosaurs, the fish-hunting Pteranodon reached a wing span of 6 m. Notably the large, plumply built plant eaters complete the picture of the climate in this period, since they were incapable of exploiting large areas and hence depended on massive plant growth. Toward the end of the Cretaceous—no one yet knows why—the entire group of Sauria becomes extinct.

The same conditions—subtropical to tropical abundance—are also displayed by the European Cretaceous fauna. In this regard, the discoveries of Iguanodon in Belgium have become quite popular. Also the ammonites and other marine animals demonstrate a tendency towards the development of giant life forms. An exemplar of Pachydiscus measuring 2 m in diameter was found in the Upper Cretaceous of Westphalia!

In stark contrast to this abundance are the Cretaceous faunas found in the southern continents near the pole. In South America, perhaps the fauna of the fluvial deposits of Bahia might someday be assessed as being similar upon closer inspection—here we are only at previously 40°S—but, according to Gerth,[1] only

---

1 Gerth, Die Fortschritte der geologischen Forschung in Argentinien und einigen Nachbarstaaten während des Weltkrieges. Geol. Rundschau 1921, p. 74—87.

Dinosaurus and Titanosaurus have been found in Argentina, and an even more noticeable depletion prevails in Patagonia, as is the case in the corresponding layers in South Africa and Australia. Along with the cool flora already mentioned, some dinosaurs admittedly advanced into rather high latitudes. However, particularly in Patagonia they become more and more seldom in the horizon of the Upper Cretaceous, as Windhausen points out, and finally they disappear completely, which is probably connected with the convergence of the pole repeatedly mentioned.

The fauna of South Africa is perhaps even poorer still, corresponding to the yet higher latitude (70°). According to Rogers and du Toit, only one single dinosaur (Algoasaurus) has been found in the plant-rich Uitenhage Series. In contrast, a flourishing development of partially giant Sauria prevailed in German East Africa, below 35°S at that time, as recent studies revealed. A humerus bone of a Saurian species found there in the Tendaguru Beds measured 2 m in length!

As to Australia, we already mentioned that fossil remains of dinosaurs are found here as well in the "Rolling Down Beds", probably the same which also lived in South Africa and Patagonia. Although the layers are not yet studied comprehensively, it can be said that, as applies to the other southern polar regions of that time, an abundant development just did not exist.

At last, for the purpose of our study, we shall draw upon the extant fauna of Australia, which offers climate criteria for the Cretaceous, as it had already done for the Jurassic. This time, it is about the faunal elements of Australia which are indicative a previous exchange with South America. When Australia separated from Antarctica in the Early Tertiary, there was a bridge between South America and Australia, predominately in the Cretaceous, and the primordial character of the Australian mammals indeed appears to show most of all that the Late Cretaceous and the earliest Tertiary with its first mammals are the periods that come into question for an exchange to take place. It is now of great interest that these South Americans in the Australian fauna have a certain, indeed conspicuous climate character in common: They consist without exception of animals that tolerate significantly low temperatures. Wallace[1] already wrote: "It is important to note that the thermophile reptiles hardly provide any evidence for the close relatedness between the two regions, whereas the cold-resistant amphibians and freshwater fishes do so in abundance." All other orders of this faunal element reveal the same peculiarity, for example, there is no match among earthworms because they cannot survive in a permanently frozen soil, even if the surface thaws in summer; as frozen soil is encountered everywhere, as said before, where the annual mean temperature of the atmosphere is below approx. —2 °C, we may conclude that the whole of Antarctica obviously had temperatures below this threshold. However, on the other hand, there is a good consistency among mam-

---

1 Wallace, Die geographische Verbreitung der Tiere. German by A. B. Meyer. 2 volumes. Vol. I, p. 463. Dresden 1876.

mals to which belong the known Australian marsupials, relatives of the South American opossums. They can protect themselves against the cold on account of their elevated body temperature, as we see it in case of the Arctic hares, Arctic foxes, Arctic wolves, polar bears, musk ox, reindeer etc. The observed faunal element of Australia is actually a former polar fauna which has been later displaced into lower latitudes. These relationships are not only of great interest to our understanding of the Australian fauna itself, they also make an important contribution to the question concerning the climate in the southern polar region during the Cretaceous and are all the more important in this context because flora and fauna now actually provide two boundaries for a climate assessment, within which the climate at any event must have been: The floras prove that it must have been even milder, especially in summer, than in the northern polar region of today, whereas the fauna shows that the annual mean temperature must have been at any rate below —2 °C, hence lower than in present-day southern Alaska, Labrador, southern Greenland, Scoresby Sound, the Russian Arctic Sea, the Sea of Okhotsk, and Kamchatka. The latitude of this annual isotherm varies in the northern hemisphere somewhere between 50 and 74°, and lies on average at 61°. It was probably much closer to the South Pole during the Cretaceous, but must have at least comprised the actual polar region to up to a latitude of approx. 70°.

— From the entirety of the climate indicators we can infer that the position of the North Pole for the Cretaceous was at 47°N, 140°W, and the position of the South Pole was at 47°S, 40°W, as is shown in Fig. 12 and 13.

Chapter IV
The Climate Belts of the Tertiary

The Tertiary is the period of the great mountain folding which created most of the high mountains there are on earth today, in particular, the meridional mountain range of the Andes and the equatorial fold system which extends from the Atlas over the Alps and the Caucasus all the way to the Himalaya. These processes show that the forces of horizontal drift were very strong because folding requires a much greater force than a mere drift.

But the Tertiary is also the period with the greatest and most rapid dislocations of the earth's axis throughout the whole time interval we observe.

Similar events, however, of lesser extent, had already taken place previously in the Carboniferous. And just like toward the end of the Carboniferous, the relatively mild polar climate was replaced by a glacial period, now, as the North Pole moves from the marine to the continental region at the end of the Tertiary, the great glacial floods of the northern polar regions begin, reaching their culmination point in the Quaternary. This analogy is very obvious and suggests the notion of a causal interrelationship between the continental drifts, including their enhancement effect on folding processes, and pole migrations and ice floods. Admittedly, the question as to how this interrelationship is to be imagined cannot be investigated in detail here.

The fact that the Tertiary also belongs to those periods of earth's history which is richest in coals apparently also depends on the mentioned folding processes. For, reaching beyond the borders of the actual mountains, the ground movements create troughs and basins which could fill up with water and turn into bogs.

The great changes which the position of the continents and, in particular, the position of the poles underwent in the course of the Tertiary make it extremely difficult to discuss the climate indicators of this period, because even the minutest error in age-determination will become a factor of great influence, and climate indicators will be almost without any relevance whatsoever, if only their allocation to the Tertiary and not to its subdivisions can be determined. Upon discussing the climate indicators we will distinguish two sections—the Early Tertiary and the Late Tertiary—however, these time periods are still too long for making map entries and inferring the position of the equator. We will therefore proceed by discussing the conditions of the entire Early Tertiary based on a map which only displays the entries and the equator position of the Eocene. For the Late Tertiary we will use two maps, one applying to the Miocene, one to the transition from the Pliocene to the Quaternary.

A. The Early Tertiary (Paleocene, Eocene, Oligocene)

1. Ice. Nothing certain is known about glacial stages of the Early Tertiary. Kreichgauer's assumption that inland ice had lain on the countries of the Bering Strait in the Early Tertiary must be said to be untenable. The Eocene floras found at various sites in Alaska which also contain magnolias, among other plants, are incompatible with such an assumption, just like the Eocene marine flora found there, which has been referred to, perhaps with too much exaggeration, as subtropical. The fossil masses of inland ice in Alaska and the New Siberian Islands, which Kreichgauer takes as evidence for his opinion, can only have been formed in a later time, i.e. the Miocene, as shall be discussed in the chapter dealing with the Late Tertiary.

In previous publications, namely the second edition of his "The Origin of the Continents and Oceans", A. Wegener assumed that Patagonia could have experienced a glacial period during the Early Tertiary. The geographical latitude of Patagonia indeed reaches a maximum of almost 70° during the Early Tertiary, also according to the results of this study, so that at least a glaciation of the mountains must certainly be assumed for the southernmost parts of South America. However, we cannot judge whether it is possible to date back the older boulder clays (Jujuy Strata) found there by Steinmann[1] to the Early Tertiary, which he himself allocated to the Lower Quaternary. These are admittedly layers devoid of fossils which are heavily disturbed, partially lifted into an almost vertical position and interspersed with faults and discordantly overlain with moraines of the Upper Quaternary. They are doubtlessly much older than the later glaciation which, however, must be assigned to the latest Quaternary, as will be shown yet. There are substantial biological reasons speaking against the existence of a large-scale inland ice flood in Patagonia since the Tertiary, namely the circumstance that the earthworms here, as in the Falkland Islands, obviously have never been exterminated. Instead, they have been endemic for a long time, which requires that the ground has never remained frozen during the summers (annual mean tem-

---

1   Steinmann, Über Diluvium in Südamerika. Zeitschr. d. Deutsch. Geol. Ges. 1906, Monatsber.

perature above —2 °C). It would therefore make things much easier if it transpired that the phenomena observed by Steinmann were assignable to the Early Tertiary or perhaps represented pseudoglacial events. Patagonia was located in the southern arid zone in the latest Tertiary and earliest Quaternary, and folding processes produced massive amounts of debris which could have contributed to the formation of pseudoglacial layers. However, it is not for us to say whether this actually has been the case.

2. Coal. North America in the Early Tertiary shows the same picture as it did in the Cretaceous. The entire western part of the continent is peppered with coal deposits (Fig. 14). Four-fifths of the not insignificant natural coal resources in Alaska consist of Eocene lignites and brown coals. South of Alaska, also in the Eocene, coals formed in the Canadian provinces of Alberta and Saskatchewan. And herewith connected are the likewise Eocene coals of the United States,[1] in particular, in the states of Washington (here also Oligocene) and Oregon and at numerous locations in the Rocky Mountains from the Canadian border down to New Mexico, also in Kansas and even in Texas. However, still within the Eocene, the coal in the latter mentioned state is replaced by gypsum whose formation continues in the Oligocene. At any rate, indicators of an arid climate in the Early Tertiary predominate in the south of the United States.

Europe is also covered with coal formations in the Early Tertiary as it was in the Cretaceous. Due to the uncertainty regarding the precise identification of the horizons, however, it is disturbing that the equator in the Oligocene is already to be found far more in the south, namely in the estuary of the Nile River. We therefore must endeavor to separate the Eocene from the Oligocene. For example, if we consider the stratigraphy of Upper Alsace as reported by Andrée we will encounter brown-coal clays at the bottom of the Tertiary; on top, i.e. in the Lower Oligocene, follow the formation of potash salts yet to be discussed, then brown coals (!) again, and on top of it, in the Middle Oligocene, a zone of gypsum. We are able to explain the transition from the brown-coal formation in the Eocene to the salt formation of the Oligocene with the southward retrogression of the equator, but we will probably have to state other reasons for the strong moisture variations within the Oligocene, perhaps a transgression change, or perhaps fluctuations of the insolation conditions, with which we will become familiar as soon as we discuss the interglacial periods. Unfortunately, these fluctuations will blur the picture to some extent if we undertake to draw it with precision. In a rough outline, however, it is easy to perceive that the Eocene was a period of coal formation all over Europe, whereas the Oligocene and Miocene were periods of salt formation in central and southern Europe, respectively.

The coals of Spitsbergen, and those of eastern and western Greenland as well, have been simply referred to as "Tertiary" by O. Nordenskjöld and Böggild. We

---

1 E. Blackwelder, U.S. of North America. Handb. d. Reg. Geol. VIII, 2. Heidelberg 1912.

The Climate Belts of the Tertiary

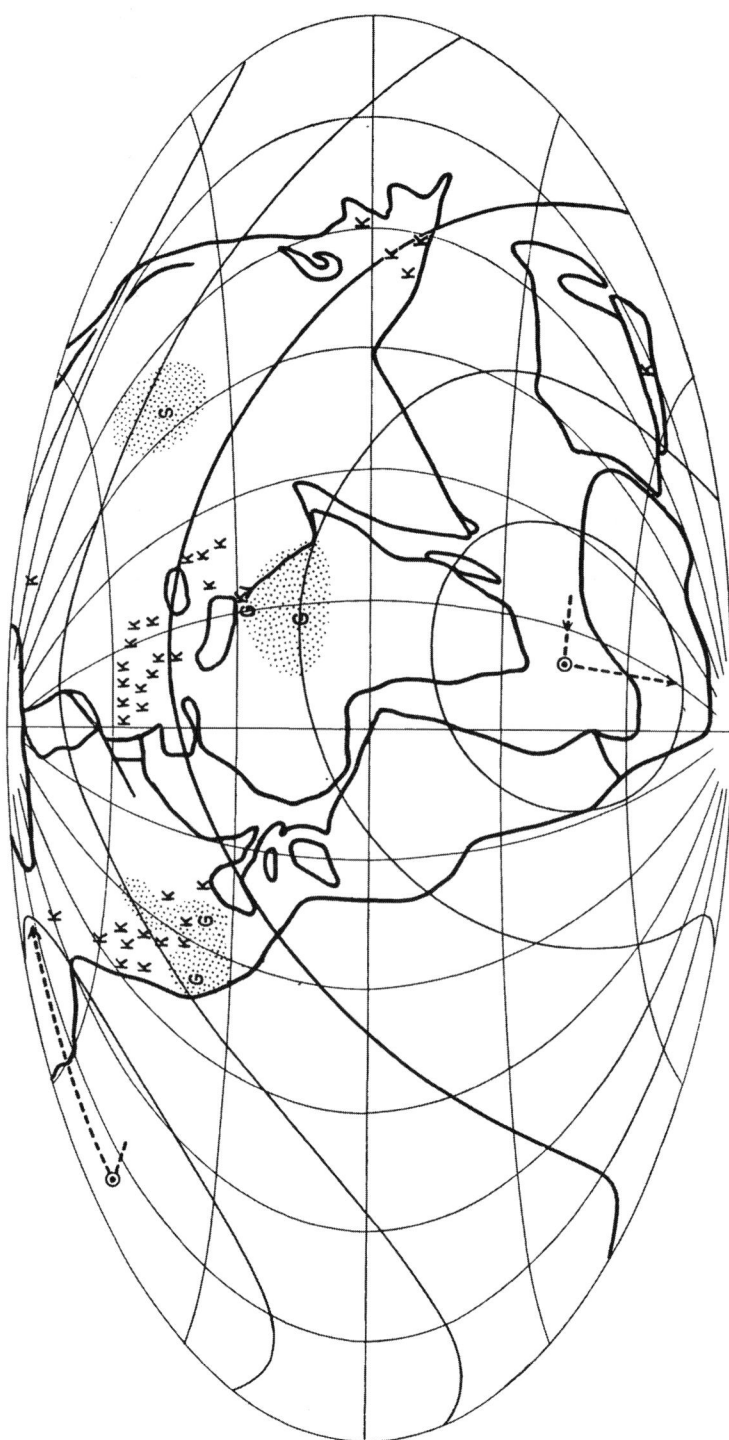

Fig. 14. Bogs and deserts in the Eocene period
(K – coal, S – salt, G – gypsum, W – desert sandstone, dotted areas: arid regions)

would rather assign them to the Miocene, or at least to the Late Tertiary, when the climate conditions were probably more favorable for coal formations than they were in the Eocene. A Miocene age is assumed for the coals on Iceland anyway.

Depending on the tropical climate, the coals in Europe's Lower Tertiary—all of them are brown coals—display great thickness; seams of 40 or indeed even 70 m thickness are not seldom.

Coals in the London Basin, Belgium and the Paris Basin (Andrée), at Chalons-sur-Marne (Arldt), in the Mainz Basin and Upper Alsace (Andrée), at the German-Dutch border, in Hesse, Brunswick, Saxony, Thuringia (Walther), Carinthia (Heritsch), in the countries of the Carpathians (Neumayr-Uhlig), in Istria (Schubert), in Dalmatia (Schubert) are referred to as belonging to the Eocene.[1]

The coals in southern France (Neumayr-Uhlig), such found in Upper Alsace (Andrée), also at the German-Dutch border, in Hesse, Brunswick, Saxony, Thuringia (Walther), Samland and at other locations in northern Germany (Arldt), in southern Bavaria, Switzerland, Styria, Carniola, in Bohemia at the foot of the Ore Mountains near Eger, Falkenau, Dux, Brüx, Bilin and other villages, also in Croatia, Slavonia, Bosnia, Herzegovina, Transylvania, and the coals in Italian ground, in Liguria, are referred to as belonging to the Oligocene (Neumayr-Uhlig).

The coals in Tyrol are generally referred to as belonging to the Lower Tertiary (Heritsch).

There have been many disputes as to the precise classification of these coal deposits in the stratigraphy of the Lower Tertiary, and age determinations had to be corrected on more than one occasion. It must therefore be emphasized that we extracted the aforementioned data without much ado from the publications, their ages to some extent varying greatly, without even making the mere attempt to ascertain whether the more recent studies might have resulted in a correction of the age determinations. We therefore believe it to be possible that a more precise compilation will reveal greater differences between the coal formations in the Eocene and Oligocene than the aforementioned data did. This assumption suggests itself because of the differences existing between the salt and gypsum formations. Because, since we find distinctive signs of the arid zone nowhere in Europe during the Eocene, the Oligocene layers already harbor significant salt deposits, and those of the Miocene do so even more. We will come back to this issue in the next chapter.

These Lower Tertiary coals in Europe continue directly in Asia Minor and adjoining countries. Eocene coals are found in the southern Amanus Mountains at the Gulf of Alexandretta (Blanckenhorn), also in Armenia near Erzerum (Frech, Oswald), and at numerous locations in the promontories of the

---

1 Here we count the Paleocene as a part of the Eocene.

Armenian Taurus mountains (Oswald) as well as in northern Mesopotamia (Blanckenhorn). Oligocene coals exist in the Dardanelles (Chamberlin and Salisbury), in the province of Cilicia opposite to Cyprus (Philippson) and in Armenia (Oswald).

These oriental Lower Tertiary coals are very consistent with the position of the equator as it follows from the entirety of climate indicators. The same applies to the subsequent Upper Tertiary salt formation in these regions. We are skeptical under these circumstances of some reports of Upper Tertiary coals found in Asia Minor and northern Persia, which we will mention here directly, because in our opinion they very likely belong to the Lower Tertiary: Philippson reports of "probably Miocene" brown coals which build a 15m-thick seam in the west of Asia Minor near Soma, north of Smyrna; in addition, "Lower Miocene" brown coals are supposed to exist farther south, at the Gulf of Kos. Stahl mentions "Miocene" brown coals near Tabriz in northern Persia "and farther north at Livar" (untraceable). Naturally, we do not by any means deny the possibility that coals could have been formed within the great salt formation period as a consequence of climate variations, however, we will hardly go wrong if we assume that the depositional conditions of Asian occurrences have not been investigated so thoroughly as their European counterparts, wherefore such a revision of the age determinations would probably not turn out to be an all too serious matter. At any rate, from Stahl's representations it follows that the coal period took place before the salt period, as he refers to the latter as belonging to Late Miocene.

Only very little is known about the coal formations in the vast spaces of central Asia during the Tertiary. According to Frech, Tertiary coals are supposed to exist at the Yenissei River. But both the Yenissei and the Tertiary are so long that this assertion will hardly be of any use for our purposes.

In the Tertiary, the eastern Asian coastal area has once again been the place of numerous coal formations. But unfortunately, here again, the age allocation reported by Frech invariably only reads "Tertiary". This Tertiary coal lies in the Amur province, in northern Sakhalin, Manchuria, the southern Ussuri area, southern China and, according to Warren D. Smith, also in the Philippines. P. Kukuk refers to this coal as belonging to the Eocene and reports of Eocene coals also in Java, Sumatra and Borneo.[1] Also according to the oral communications made by Dutch geologists, coal formations existed in the islands of the at all times during the Tertiary which, along with the Sunda Archipelago reef corals, fossil palm trees and lianas, suggest the existence of a constant tropical rainy climate at least at the beginning of the Tertiary.

According to Stappenbeck, coal formations belonging to the Oligocene are encountered in the farthest northwest of the South American continent, i.e. in Columbia and Venezuela. These are seams measuring 0.6 to 6 m in thickness

---

1 P. Kukuk, Unsere Kohlen. Aus Natur und Geisteswelt, p. 87. Berlin and Leipzig 1913.

which are brought out as brown coal in Venezuela, whereas in Columbia, where they occur in folded mountains, they to some extent appear as anthracite. This area still used to lie in the southern arid zone during the Eocene, but very close to the equator during the Oligocene. Much farther south there still is "Tertiary" coal to be found in Chile, without any age determined.

We know of only one single Lower Tertiary coal deposit in the whole of Africa, which is also a very poor one at that: According to Blanckenhorn, fluvial deposits in the north of Egypt near Birket el-Kerun contain some layers of schistous coal from the Upper Eocene and the Oligocene. So insignificant as this deposit may be from the economical point of view, the more important it is to our study. Because Egypt was situated in the southern arid zone from the Carboniferous onward; nowadays, however, it lies in the northern arid zone. It therefore must have necessarily experienced a time in which it crossed the equator, and this can only have been the Oligocene; because during the Cretaceous this landscape still used to be a desert somewhat like it is today, and the last projections of the arid period reached into the Eocene. The Oligocene is the only period for which we have indicators for rain, but none for aridity. As early as in the Miocene, the first signs of a new arid period reoccur, and during the Pliocene we are back in the desert again.

As far as Australia is concerned, we find "Tertiary" coals which have been described by Frech without giving any further information as to their age.

Marshall reports of coals in New Zealand which others attributed to the latest Cretaceous, however, it is more likely that they belong to the Eocene.

3. Salt, Gypsum, Desert Sandstone. In North America, the United States predominately had an arid climate during the Early Tertiary, despite the fact that this climate was discontinuous at some places. According to Blackwelder, gypsum is found in the Eocene of California. The dammed lake in the Great Basin of the Laramie period dried up during the Tertiary, creating massive deposits of clay, marl and salts. Also in Texas, gypsum layers occur next to those of coal during the Eocene. Gypsum deposits during the Oligocene were probably of even more generalized occurrence. The gypsum deposits of Texas and Louisiana are absolutely dominant during this time. According to Chamberlin and Salisbury, the Oligocene in the Gulf states is mainly represented by the "Grand Gulf" Formation, consisting of sandstones and gypsum inclusions, and east of the northern Rocky Mountains (Colorado, Wyoming, Nebraska, South Dakota, Kansas) by the "White River" Formation, which is supposed to be partially of eolian origin and also known to contain gypsum.

In Europe, if we follow the indicators of aridity, a change of climate occurred during the Early Tertiary: In the Eocene, there are no signs of an arid area yet, but during the Oligocene we find gypsum and salt in Spain, near Paris and in Upper Alsace; this salt formation continues farther east and particularly southeast in the Miocene, in the Galician-Persian salt formations.

In Spain, which is absolutely free of Lower Tertiary coals, gypsum is found everywhere in the Oligocene (Tongrian) according to Douvillé. But salt is also very common apart from gypsum in the "Oligo-Miocene". This is where the salt formation of the Ebro Basin belongs to, with the famous salt mountain of Cardona. Penck assigns these formations to the Miocene, Andrée to the Oligocene, and Douvillé, as already mentioned, to the Oligo-Miocene. At this point we will be content with this brief indication and give more detailed information in the chapter dealing with the Late Tertiary, because they are more consistent with the map of the Miocene than with the map of the Eocene.

In the Paris Basin, where Eocene coal was formed, we find gypsum in the Oligocene, for example, the gypsum deposits of Montmartre in Paris with the famous fossil remains of the opossums and other mammals studied by Cuvier. Lower Tertiary gypsum is found according to L. Waagen also in Switzerland. However, of greatest significance is the Oligocene salt formation in Upper Alsace, which partially reaches over to Baden. After the Eocene still had formed coal here, according to Andrée, gypsum, anhydrite, rock salt and namely the valuable potash salts were now deposited here during the Oligocene and mined in various locations. This area was once at a latitude of approx. 30°N due to the orientation of the equator during the Oligocene. At the same time, the Jurassic limestone reefs in southern Germany took on the appearance of a karst landscape. Volcanic ashes from the eruptions of numerous volcanoes, particularly in the north, were blown by wind into the ravines and gaps of the limestone cliffs and transformed under the influence of the climate into terra rossa, which later undergoes further transformation at lower temperatures and greater moisture and occasionally contains minable "bean ore".

The Galician salt deposits will be discussed in the context of the Late Tertiary, as they belong to the Miocene. However, it may be mentioned that they represent a temporarily direct continuation of the Alsatian salt formation, as they are referred to as belonging to the Early Miocene, whereas their continuation in Asia Minor and Persia is, in turn, somewhat younger, notably belonging to the age of the Late Miocene.

According to few authors, Lower Tertiary rock salt deposits are also supposed to exist in Asia Minor. We are skeptical about these statements which have not been confirmed by other authors and believe it to be more likely that these deposits also belong to the great Miocene salt formation of Asia Minor. We will therefore discuss these cases more thoroughly in the chapter focusing on the Late Tertiary.

As far as the Early Tertiary climate of central Asia is concerned, we read in the publications of Leuchs: "In the main part of central Asia, however, the oldest Tertiary period is distinguished by the formation of continental deposits, which put their development in an arid climate more distinctly on display than the Upper Angara Series (stark alteration in terms of petrography, thickness, predominance of colored and coarse-grained clastic rocks, frequent inclusion of gypsum and salt, absence of organic residues). A wetter climate reoccurred only in a higher stage of the Tertiary ... The complete deficiency of fossil plant remains and coals in the (Tertiary) Hanhai Series, and the predominance of red formations distinguishes them from the Angara Series."[1]

Very remarkable are the salt deposits in Siberia that were pushed far into the north, of which Buschman reports. Unfortunately, they are referred to as "Tertiary" without any precise determination of their age. They are located in the area of Yakutsk. "Ward notices that the salt deposits in the valley of Vilyuy River, in which rock salt of various color is found, are the northernmost rock salt deposits known to him as they occur at 63° 15' northern latitude. Rock salt is supposed to have been discovered even farther north, i.e. in the valleys of the rivers Anabara and Khatanga, hence within the polar circle, but the truth of this assertion has not yet been verified." The most favorable times for salt formations in these areas are the beginning and the end of the Tertiary; the conditions were less favorable in the Middle Tertiary.

In Egypt, gypsum formation initially predominated in the Eocene; for example, according to Blanckenhorn, there is a 25 to 30 m-thick gypsum layer that lies west of Suez and originates from this period. In the further course of the Eocene, and especially in the Oligocene—hence at the time of salt formations in Spain and the Alsace region—the signs of the arid zone disappear completely, instead, schistous coals and fossil remains of plants and animals of the equatorial rain belt emerge. However, the Miocene already bears gypsum again and the climate becomes desert-like once more. Consequently, the equatorial rain belt passed through this area in the Oligocene, whereby the land moved from the southern arid zone into its northern counterpart.

According to Lemoine, gypsum was also formed in Sudan during the Eocene. According to our map, this region was just lying at a southern attitude of 30°.

Also mentioned are salt deposits from Morocco, Algeria and Tunisia, which are spatially connected with the Oligo-Miocene salt formations of Spain. There are some considerable inconsistencies when it comes to the age determinations: Eocene, Early Tertiary, Oligocene and Middle Tertiary are mentioned. Some of these deposits exist as salt springs. The most significant rock salt deposit has been assigned to the Middle Tertiary. We will hardly go wrong if we anticipate that this salt formation is connected in time to that of Spain and belongs to the Miocene. We will discuss it in more detail in a context with the Late Tertiary.

Buschman also reports that rock salt from the Tertiary—without stating an exact time allocation—"would be found in French East Africa, in the Land of Adel," however, it cannot be said what this means.

1　Leuchs, Zentralasien. Handb. d. Reg. Geol. V, 7. Heidelberg 1916.

4. Flora. Chamberlin and Salisbury refer to the Lower Tertiary flora of the United States of North America as being "subtropical or warm temperate". Particularly the Eocene produced, for example, palm trees, figs, cinnamon trees (Cinnamomum) and others. Even in Montana, near the Canadian border, did the flora give an at least warm-temperate impression. It is generally emphasized that the climate became warmer from the Paleocene to the Eocene, a phenomenon which is also observable in Europe. The great temperature decline then commences in the Oligocene and finally results in the glacial epoch. According to our assumptions, this ensues from a particularly extreme position of the equator during the Eocene. Of great significance in this regard is the very conspicuous Eocene flora in Alaska of which Stephan Richarz writes:[1] "Scattered over the entire area one finds lignites and brown coal, belonging to the Kenai Formation, which surely belongs to the Old Tertiary. Knowlton issued a compilation of the fossil plant remains occurring in these deposits which have become known from various sources. Among others, the following genera are concerned: Abies, Acer, Alnus, Betula, Ficus, Magnolia, Platanus, Quercus, Sequoia, Vitis. This flora absolutely requires a mild climate." According to our map of the Eocene, Alaska is located at a latitude of about 55 to 60°. In this regard, we must take into consideration that the polar climate was essentially milder at that time than it is today, as follows, for example, from the absence of an Early Tertiary ice flood in Patagonia and the conservation of the endemic earthworms there and on the Falkland Islands. The Eocene marine fauna of Alaska, which will be discussed later on, is also consistent with this mild climate. These conditions are of particular interest because a rapid temperature decrease occurred here as early as in the Oligocene and inland ice was formed in the Miocene.

Like in the United States, palm trees became the obvious climate indicators during the Early Tertiary in Europe as well. It is therefore important to keep in mind the present-day limits of palm-tree growth as have been determined by Drude:[2] The northern limit of palm trees in North America is today on average at about 33°, in Eurasia at about 38°, in South America at 32°, in Africa at 25°, Australia 24°, New Zealand 42°, Pacific Islands 45°. These limits are nearly equivalent to the annual isotherm of 16° and also the isotherm of the coldest month of 8°.

According to the unanimous judgment of all authors, the Eurasian flora is evidence of a temperature that is higher than it is in North America, a circumstance which is explicable by a somewhat lower geographical latitude (see map in Fig. 14, p. 91). According to Gothan, "palm trees must be mentioned as especially obvious floral components here as well; in the Eocene and Oligocene, they

---

1 Stephan Richarz, Eine tertiäre Vergletscherung Alaskas und die Polwanderung. Zeitschr. d. Deutsch. Geol. Ges., Mon.-Ber. 74, 1922, 180—190.

2 O. Drude, Die geographische Verbreitung der Palmen. Peterm. Mitt. 24, 1878, p. 94—106 (incl. chart).

were represented by high numbers, their traces are perceivable north of the Alps only very sporadically in the Miocene, particularly the younger Miocene." According to Geikie, the temperature in England reached a maximum during the Middle Eocene. He refers to the flora at the mouth of the Thames at that time as "the most tropical in general aspect which has yet been studied in the northern hemisphere"[1] and compares her climate and her forests with those of the Sunda Archipelago and tropical America. According to our map, England was situated at about 13°N during the Eocene. During the Oligocene, the climate in England was again more temperate. But according to Steuer,[2] "the plants of the Mediterranean, including the palm trees, still spread all the way up to central Germany (Münzenberg in the Wetterau north of Frankfurt-on-Main) in the Late Oligocene." The mean temperature of Switzerland during the Oligocene was estimated by Heer to be still at 20.5 °C. The geographical latitude might have been at 22°N, when the equator was at the estuary of the Nile.

The amber forests developed in the Baltics during the Oligocene, perhaps from Scandinavia to Samland and Mecklenburg (when these areas were still at about 40° latitude), of which Neumayr-Uhlig write: "Amber is the fossil resin of several conifers which covered the mainland at about the middle of the Early Tertiary. Of these amber trees four Scots pines and one spruce are known so far, none of which hardly bear any resemblance to our present-day conifers, with the sole exception of the rare and only recently discovered Ormorica spruce of Serbia and Bosnia [approx. 43° latitude] and the Japanese Ajan spruce [approx. 35° latitude], both appearing to be descendants of the amber spruce Picea Engleri. A large part of northern Europe was presumably covered by coniferous forests at that time, and the forests of Scandinavia and Finland probably supplied most of the resin masses which were carried to the sea by the rivers and, surrounded by marine sediments, fossilized to amber in the course of long periods of time." According to J. Walther, the amber flora comprised, among others, Thuja Kleiniana, 22 pines and numerous other conifers, 15 deciduous trees, among which are oaks, beeches, chestnut, maple and, in addition, 4 palm trees. The latter still occurred together with bamboo in the overlying stratum as well. While these forms are evidence of a warm climate, the annual temperature period on the other hand revealed itself by 100 annual rings that could be counted in a tree trunk measuring 2 feet in diameter. Andrée mentions the following forms: Pinites succinifer, Sabal palm, Cinnamomum, Laurus, Taxodium, Thuja, Quercus (indeciduous), Acer. Consequently, this is at any rate a subtropical flora.

Of greatest interest are, however, the Lower Tertiary tree floras in the present-day polar region, because the contrast with the present-day climate is particularly impressive. These finds also possess historical significance for having

---

1   Cited in: Chamberlin and Salisbury.

2   A. Steuer, Tertiärformation. Handwörterbuch der Naturwissenschaften 9, p. 1077—1097, Jena 1913.

convinced the leading men in geology about the irrefutability of pole migrations for the first time. Initially, these forest floras were allocated to the Miocene by Heer, their famous examiner, but in general they are recently considered as belonging to the Lower Tertiary. "One cannot assume that such a flora had survived in the north under probably even more favorable conditions than in our latitudes during the period of the Miocene, when traces of frost can even be evidenced in Germany (Lausitz) " (Gothan). Heer himself describes these floras as follows:[1]

"At present, we know about 363 Miocene [according to current opinion: Early Tertiary] plant species from Iceland, Greenland, Grinnell Land, Spitsbergen and northern Canada. Grinnell Land at 81°45' northern latitude is the northernmost location where such plants were found … Thirty plant species were collected in a black shale, ten of which were conifers; the bald cypress (Taxodium distichum, which still grows in the southern parts of the United States) was of high abundance there and not only the delicately leaved branches were found but also the male flowers; the spruce is a second extant plant species we encounter in this polar landscape, and it was accompanied by two pines (Pinus Feildeniana and Pinus polaris). A peculiar extinct genus of the family of the yew trees is represented by Feildenia, three species of which populated the highest north. One elm (Ulmus borealis), along with one linden tree, two birches, and two species of poplar constituted the deciduous forest, whereas the shrubbery was composed of two hazel species with one arrowwood (Viburnum Nordenskiöldi); a water lily (Nymphea arctica) grew in a lake, which also must have been there, its shore being lined by sedges and reeds. Hence, in these extreme parts we encounter a flora which is most identical with that growing in the northern parts of the temperate zone and requires an annual mean temperature of at least 8 °C, whereas the temperature at present is 20 °C below zero there. The flora of Spitsbergen is the closest to follow, 179 species of which we know from numerous locations ranging between 77 1/2 and 78 2/3 ° northern latitude. Here too, the conifers and the bald cypress are dominant, while spruce and Feildenias were also encountered, in addition, a great number of Scots pines, spruces and firs, as well as several mammoth trees (Sequoia, now growing in California) and Glyptostrobus spp., but also cypresses were not lacking, namely two delicate species of Libocedrus (Libocedrus Sabineana, Libocedrus gracilis). Among the deciduous trees we encountered seven species of poplars, of which two were distributed over the entire west side of Spitsbergen, from Bellsund all the way to King's Bay; willows are seldom, as are alder, birches and beeches. Of greater interest are two large-leafed oak species, one sycamore, one elm, one linden tree, one walnut-tree, two magnolia and four maple species, of which one (Acer arcticum) was found bearing magnificent leaves and fruits. Three species of Viburnum, several Cornus, Nyssa, Crataegus and Ziziphus species, along with the hazel bush, constituted the

---

1   Cited by Neumayr-Uhlig.

shrubbery. The Arctic water lily, a water plantain and a pondweed (Potamogeton Nordenskiöldi) indicate the existence of a freshwater lake which was probably surrounded by peat soil, on which numerous reed grasses (Cyperus, Carex), bur-reeds and sword lilies grew. Looking over this flora of Spitsbergen, we may miss all forms of the warm zone, whereas it deviates totally from the present-day flora of Spitsbergen and the flora of the Arctic zone in general; it displays the character of a temperate-zone flora as we encounter it in the northern parts of Germany today and implicates an annual mean temperature of 9 °C."

"The fossil flora of northern Greenland, to which we have become more familiar on the west coast at 70°N, has a more southern streak. Among the 169 species we encountered we saw one magnolia with indeciduous leaves, whereas the two Spitsbergen species obviously had falling leaves, in addition, we found in Greenland one chestnut tree, one gingko, Diospyrus, Sassafras and leather-leafed Maclintockias and Coculites. Here, Sequoia spp., Taxodium spp., and poplar species, were just as common as they were in Spitsbergen; we encountered seven species of oaks, some of which had large, magnificent leaves, also sycamores and grapevines. This is a flora indicating a climate which we nowadays encounter in the vicinity of Lake Geneva, for example, near Montreux, with an annual temperature of 10.5 °C."

According to Böggild,[1] the number of plants found on Disko Island in Greenland has by now increased to 282, among which are 19 ferns, 28 conifers and 200 dicotyledons. The three most common species are: Sequoia Langdorfii, Taxodium distichum and Populus arctica.

According to our map of the Eocene, Grinnell Land had a geographical latitude of about 42°, Spitsbergen one of nearly 40°, and Disko Island was at about 30°. However, it needs to be considered that these figures relate to the extreme equator position and thus represent minimum values. In the Oligocene, the latitudes of these areas are consistently about 15° higher.

As regards the wide open spaces of Asia, we can as yet only make few contributions to the climate issue based on the fossil flora. Upon studying the fossil flora of Japan,[2] Nathorst came to the conclusion that its "pre-Pliocene" Tertiary flora requires a climate somewhat cooler than today. According to our maps, the geographical latitude of Japan was nearly at:45° in the Eocene, 43° in the Miocene, 20° (today 35°) at the transition between the Pliocene and the Quaternary. Nathorst's statement is probably in most cases related to the Miocene, however, one can see that it applies to the Early Tertiary just as well.

The fossil Tertiary flora of Java, Borneo and Sumatra has been studied by v. Ettinghausen, with the result that the same tropical rainy climate must have prevailed there as it does today. Irmscher states: "From this relative constancy of

---

1   O. B. Böggild, Grönland. Handb. d. Reg. Geol. IV, 2 a. 1917.

2   A.G. Nathorst, Zur fossilen Flora Japans. Paläont. Abh. von Dames u. Kaiser. Vol. IV, pp. 48. Berlin 1888.

climate, which these conditions mean for South-East Asia, it follows that it is impossible to determine the age of these finds within the Tertiary period with more precision."

The Tertiary floras of South America are of utmost importance to our study. Irmscher has just reviewed them in summary.[1] The most, and most important, of these floras, namely those of Honda, Loja, Tumbez, Ouricanga, Coronel and Seymour Island might belong to the Upper Tertiary and shall be discussed below. In contrast, the floras of Panama Canal and Punta Arenas, as well as the fossil wood pieces of the Puna de Atacama appear to belong to the Lower Tertiary.

Berry believes that the flora of Panama Canal belongs to the Oligocene or, at most, to the Lower Miocene, an opinion which is shared by Irmscher. It consists of 17 species, suggesting the existence of an equatorial rain forest and all belonging to genera which are still indigenous there or to tropical South America. It can be derived from our maps that the equator crossed the Panama Canal area particularly in the Oligocene, or at the latest, in the Early Miocene.

However, all fossil wood pieces which W. Penck found in the Puna de Atacama reveal distinct annual rings and they therefore appear to have grown outside the tropics. A Pityoxylon strongly resembled one from the Middle Tertiary of the Yellowstone Park in North America (at 36° in the Oligocene, 42° in the Miocene) and was reason enough to allocate the time to the Middle Tertiary. Irmscher supposes: Miocene at maximum. The Puna de Atacama was at 20° in the Miocene, and still at about 32° in the Oligocene. The Oligocene would hence fit better than the Miocene.

The flora of Punta Arenas on Magellan Strait seems to be consistent with a colder climate, particularly its lower part, i.e. the Fagus zone. It harbors the fossil remains of numerous Fagus and Nothofagus species, of which two are indeciduous, whereas all others are deciduous. Most of them are related to extant South American species, for example, Nothofagus magellanica is almost identical with the extant Nothofagus obliqua which appears, however, only 12° father north. Myrtaceae, whose present-day boundary just the same also lies farther north, also constitute a part of the fossil flora. (Plants which are to be found in the higher "Araucaria Zone" also grow here only much farther north today). Two Nothofagus species also display some degree of relatedness to Tasmania. And five Nothofagus species must be considered to be extinct, which is evidence for a not too young age of this flora. Dusén dates this flora back to the Oligocene, the Araucaria zone lying on top of it, but separated by two marine horizons, to the Miocene, and emphasizes that both floras are evidence of a temperature increase which took place in the meantime. This temperature

---

[1] E. Irmscher, Pflanzenverbreitung und Entwicklung der Kontinente, Studien zur genetischen Pflanzengeographie. Mitt. a. d. Inst. f. allg. Botanik. Hamburg. 235 pages. 1923.

increase is perfectly consistent with the our assumptions, as Punta Arenas used to be in our maps at about 59° during the Oligocene, and at 55°S during the Miocene, whereby it must be taken into consideration that the polar climate was milder then than it is now.

The Lower Tertiary flora of Egypt is of special importance in Africa. Blanckenhorn writes about the Eocene flora: "Engelhardt was able to determine not less than eight, mostly new species of Ficus, two Cinnamomum, two Pterocarpus species, and one of each of Artocarpidum, Litsaea, Tetranthera, Maesa, Securidaea, Juglans, Melastomites, Eucalyptus and Cassia. The life conditions of this flora are the same as those of the Indomalayan forest region, with an annual rain rate amounting to approx. 2,000 mm coupled with tropical heat." Hereto, numerous wood plants are added during the Oligocene which are to be found between Cairo, Suez and the Great Bitter Lake, namely Auracarioxylon, Palmoxylon, Nicolia, Caesalpinium, Laurinoxylon, Acacioxylon, Capparidoxylon, Dombeyoxylon, Ficoxylon. "The tree species mentioned are closely related to the present-day Indian-Australian monsoon area. They are indicators of a climate of a tropical humid primeval forest growing at the (upper) shores of the primeval Nile that drove their trunks downstream." Palmoxylon, Nicolia, Caesalpinium and Ficoxylon are still found during the Early Miocene. However, extensive gypsum deposits were already formed again in the Middle Miocene. We will prove later that the fauna associated with this flora confirms our conclusion on a transition of the equatorial rain belt.

According to v. Ettinghausen, the Eocene flora of southern Australia (New South Wales) has a temperate subtropical character; the representatives of the warm climate step back some more in the Miocene. According to our maps, New South Wales was at about 30° in the Eocene, and at about 46° latitude in the Miocene.

According to the same author, the Eocene flora of New Zealand's northern island was also a mixture of temperate and subtropical forms. According to our map, their geographical latitude was 45°.

Finally, the wood specimens found in the Kerguelen Islands are mentioned. They are all attributed to the two species of Cupressinoxylon antarcticum and Dadoxylon kerguelense. According to Irmscher, one is inclined to believe that they belong to the Lower Tertiary. According to our maps, the Miocene would be a better suggestion as the islands were perhaps too close to the poles in the Early Tertiary in order to display tree growth.

5. Fauna. During the Early Tertiary large plant-eating mammals lived in North America, for example, in Wyoming, the 13-feet-long Dinoceras or the 14-feet-long and 10-feet-tall Titanotherium, whose shape ranged somewhere between that of a rhinoceros and an elephant. There were also the ancestors of the horse, the tapir, the rhinoceros etc., and on these feasted, in turn, large predators like Patriofelis. However, it is not at all easy to determine the climate character of this fauna. We can only say as much as there is no perceivable contradiction to our assumptions, according to which the United States were essentially located in the northern arid zone during the Eocene and later, during the Oligocene and Miocene, moved to temperate latitudes.

The marine fauna of the Early Tertiary in North America is somewhat easier to interpret. Next to the reef corals, the Nummulites are especially characteristic of the tropical warm water zone. They had an astonishingly short period of existence in the Eocene, and for this reason they are of particular value to precise time comparisons. Both as well as v. Zittel stated that prolific coral reef building took place in the entire West Indies during the Early Tertiary: L. Waagen remarks that reef corals and Nummulites occurred in Florida, Mexico and the West Indies. Oddly enough, he also mentions Chile, which is not mentioned anywhere else and, according to our map, should hardly come into question at all. Chamberlin and Salisbury state that the Nummulites used to be particularly abundant in the Panama Canal area during the Oligocene, hence exactly where we assume the equator to have been. The water in which the Eocene marine fauna of Alaska used to live was much cooler. We no longer may speak of tropical conditions there. Dall refers to a "subtropical" climate and draws attention to the fact that it will become much colder in the subsequent segments, and purely boreal in the Miocene.

In Europe, the fauna of the Early Tertiary is an indicator of a yet even warmer climate than in North America. According to Steuer, "a tropical to subtropical climate prevailed throughout central Europe. This is the lesson which Conchylia and the vertebrate faunas including apes, mastodons, crocodiles, large turtles etc. teach us, like the floras with palm trees, myrtles, and other indeciduous plants. "In the Oligocene, however, the recession of the faunas living in the warmer waters again indicated that a northern influence made itself felt in the seas of northern Germany." According to J. Walther, the ostrich-like, flightless birds Dasornis and Megalornis are "of interest as real steppe dwellers" in the Eocene of England. According to our map, England approached the equator at maximum by 15° in the Eocene; in the Oligocene, it was already at 30°. According to Semper, one-third and one-half of all species found in the marine Eocene layers of Belgium and in Paris, respectively, are tropical forms. Unusually large Conchylia and abundant Nummulites are found there. "The marine fauna of the southern Eocene district still differs from the marine fauna of northern Europe in a number of other features, apart from the extraordinary amount of Nummulites. Among the mollusks, the more significant average size of the southern forms is obvious. In addition, there is an extraordinary abundance of sea urchins, finally the emergence of reef corals which occur massively in some areas of the southern region, whereas in the north they are either absent or exist only in meager traces." (Neumayr-Uhlig). In the Eocene, coral reefs grew in northern Italy near the Ligurian Apennines (Arldt) and, in the Oligocene, on the northern and southern edges of the Alps and the Pyrenees (v. Zittel, Neumayr-Uhlig). However, Eocene Nummulites are known from the Pyrenees, France, the Apennines, the Carpathians, Greece, Turkey, the Crimea. Semper[1] endeavored to determine the flow direction of the water current on the basis of the Indian and Atlantic relatedness of the Eocene fauna of the Mediterranean of that time. He came to the interesting conclusion that, in the Eocene, the current came from the east, hence was caused by the trade winds, whereas a current from the west could be determined for later periods, due to the increase of relations with the Atlantic, thus marking the entry of the Mediterranean into the northern westerly wind zone. This way he arrives at an Eocene pole displacement of 20 to 30° relative to Europe, which is equivalent to 30 to 40° relative to Africa, because of the reduction of the Alpine region in the intermediate time. As can be seen, the deviation of this value from ours (45°) does not reveal any incompatibility.

The warm water zone can be pursued eastward. Lower Tertiary coral reefs are found in Arabia. "To the east, the broad area of layers of Nummulites continues throughout the whole of South Europe, the Caucasus, Asia Minor, Syria, Arabia, and from there all the way to the ranges of the Karakoram and the Himalaya, extending in the northern part of Nearer India to the Bay of Bengal, and can be traced to Java and Sumatra and Borneo from there all the way to the Philippines" (Neumayr-Uhlig). Chamberlin and Salisbury also mention Persia, Balochistan, China and even Japan, whereas Arldt also mentions New Caledonia and the New Hebrides. "Toward the north some extensions project from this central Mediterranean Sea which appear to have embraced the mainland with bays, which, however, according to their northern position, lack the massive Nummulites of southern development. This is where the Eocene layers of southern Russia and the fossil-rich deposits in central Asia belong to, which appear to be quite abundant in the Pamir and Tian Shan mountain ranges according to research done by Muschketov and Romanowky" (Neumayr-Uhlig).

Argentinian geologists found Lower Tertiary mammals in South America, namely Pyrotherium, Notostylops and Leontinia. According to Wilckens, these layers belong to the Eocene and Oligocene. The existence of this fauna seems to rule out an Early Tertiary flood of inland ice, even if it is apparently not as abundant as that of the Late Tertiary and Early Quaternary. According to Arldt, as far as the marine fauna is concerned, the Eocene Nummulites at the west coast reach into the south as far as Ecuador (30°S on our map). According to Neumayr-Uhlig, there are no Early Tertiary and Miocene fossils to be found in Chile at a present-day latitude of 35° which are suggestive of temperatures that used to be higher than they are today. This area lies at 55° on our Eocene map, at 35° latitude on the Miocene map, as it does today, whereas the latitude decreases considerably in the Late Tertiary.

---

1 Semper, Das paläothermale Problem, speziell die klimatischen Verhältnisse des Eozän in Europa und im Polargebiet. Zeitschr. d. Deutsch. Geol. Ges. 48, 1896, p. 261.

In Africa, especially the Lower Tertiary fauna of Egypt is most remarkable. An abundant fauna of proboscideans, hyracoids etc. used to live there. According to Blanckenhorn, bone deposits are found, from which the fossil remains of crocodiles, turtles and numerous mammals could be determined, among which were three apes. On top were layers which are attributed to the Lower Miocene; "Bones of giant Anthracotheriidae, Rhinocerotidae and other mammals lie here next to plates of fossil crocodiles and turtles." This fauna corroborates the result derived from the fossil flora and the schistous coal, i.e. that the transition of the equatorial rain belt took place in northern Egypt during the Oligocene.

This is also supported by the Lower Tertiary marine fauna in Egypt. For Nummulites gizehensis, whose numerous shells constituted the building material of the pyramids, grew to an unusual size: diameters of 5 to 6cm are very frequent and, occasionally, even twice as much is noticeable (Neumayr-Uhlig). According to Arldt, the Eocene Nummulites on the west coast of Africa extend southward down to Senegal (then at 17°S), whereas on the east coast they amazingly spread all the way down to Madagascar and Mozambique. This area was at about 60°S in the Eocene. However, it must be kept in mind that, as early as in the Cretaceous, these life forms of the equatorial Mediterranean, albeit crippled, dispersed conspicuously far toward the pole, wherefore we may assume that there is a particularly strong deviation from a purely zonal assembly in this area. Nevertheless we would venture to doubt whether the Nummulites in Madagascar and Mozambique can be conceived of as being equivalent to those of the equatorial zone with regard to their massive character and size. As a matter of fact, the geographical latitude began to decrease rapidly at this site in the Early Tertiary. In the Oligocene, where stragglers of the army of Nummulites are also usually found, it may be permitted to estimate the latitude to lie at 50°.

— From the entirety of the climate indicators we can infer for the Eocene that the position of the North Pole was at 45°N, 160°W and that the according position of the South Pole was at 45°S, 20°E, as is shown in Fig. 14.

B. The Late Tertiary (Miocene, Pliocene)

1. Ice. In the Miocene, we find traces of ice originating from the northern polar zone again, for the first time since the Cambrian, namely in the shape of ground moraines and tillites in Alaska and, on the other hand, in the shape of ice traces which are still conserved in Alaska, northeastern Siberia, and the New Siberian Islands (Fig. 16, p. 110). The Miocene was just the first time period since the Cambrian, in which the northern polar zone moved backed into continental area again.

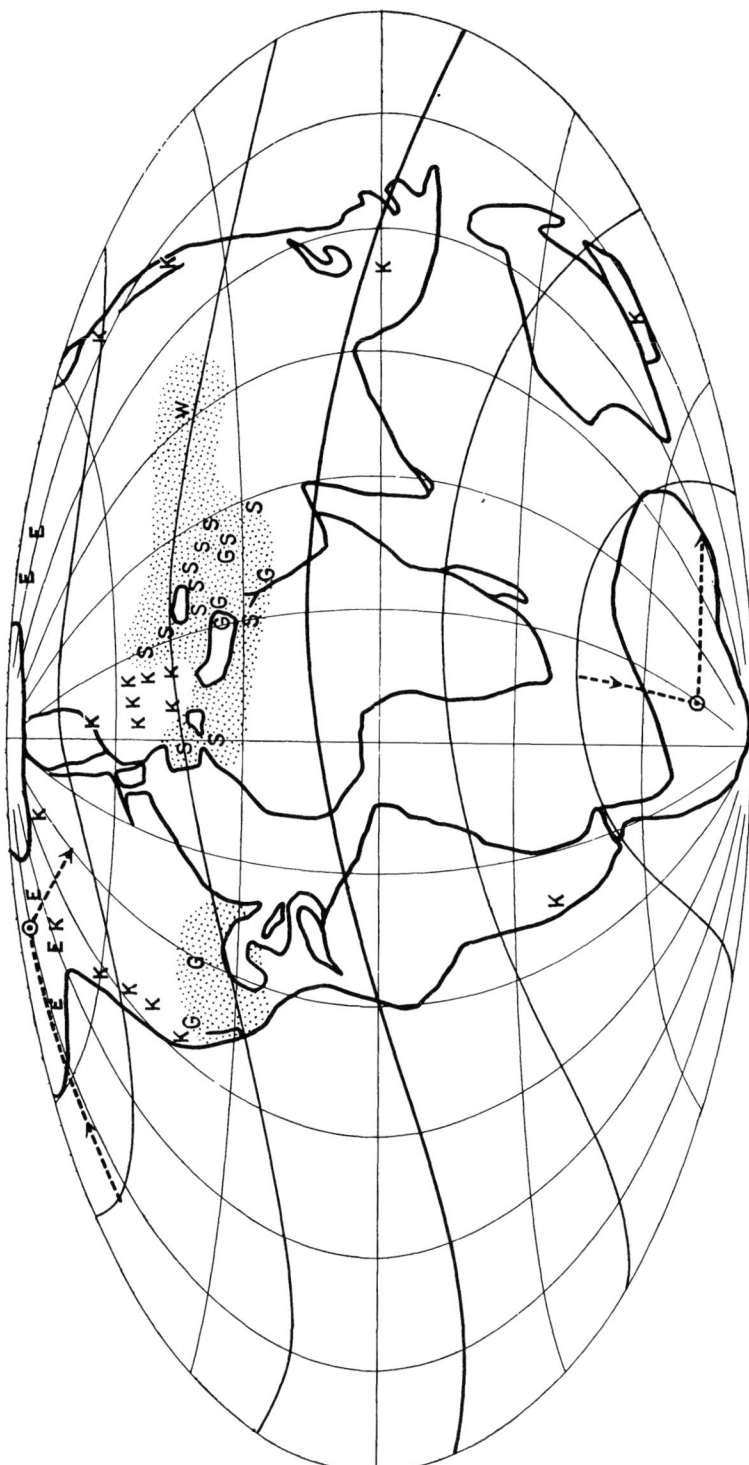

Fig. 15. Ice, bogs and deserts in the Miocene
(E – ice, K – coal, S – salt, G – gypsum, W – desert sandstone, dotted areas: arid regions)

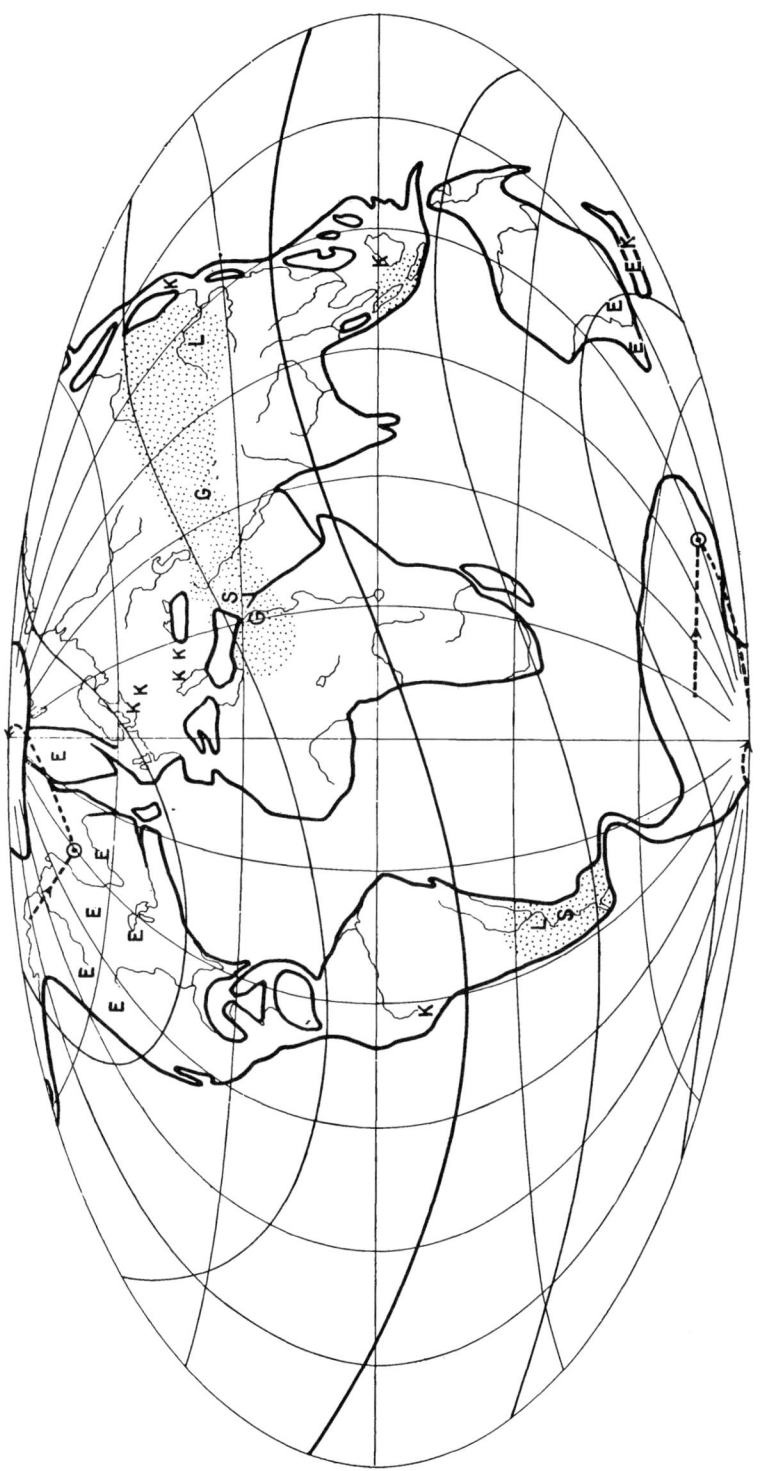

Fig. 19. Ice, bogs and deserts in the Pliocene and Early Quaternary
(E –ice, K – coal, S – salt, G – gypsum, L – loess, dotted areas: arid regions)

We derive the information relating to the Miocene tillites from a lecture on the climatic conditions of Alaska which was held by Stephan Richarz.[1] He first mentions, according to studies carried out by Dall, that Alaska's Miocene marine fauna complies with a climate that is much colder than in the Eocene, and in the Pliocene even displays a boreal character all the way down to the state of Washington, in order to become warmer again in the Quaternary. "In full agreement with these biological arguments for the position of the pole stands the discovery of indisputably glacial deposits by Capps. The deposits are certainly significantly older than the still fresh remains of a glaciation which later cropped out from the high mountains of Alaska. Capps studied the area of the upper White River which is fed by the Russell Glacier (north of St. Elias) where he found a well exposed old-glacial profile. Loose gravel with few soft clay schists and little sandstone appear in frequently alternating layers with glacial till, whose total appearance and numerous striated pebbles unequivocally indicated its glacial origin. They are consolidated in a fashion that they remain standing in stripes once the overall mass weathers away. Capps therefore calls them tillites. The studied profile measures almost 1,000 m in thickness, individual finds at other localities, however, are indicative of a yet greater layer thickness of the overall deposits. The layers display a downward inclination of 55 to 60° toward the east. A horizontal arrangement of the same tillites is found at a distance of 10km in this direction."

"According to Capps, these formations are 'much older than the moraines which stayed behind during the last advance of the ice of the mountain glacier ... There is no positive evidence that these deposits date back to the Quaternary. They may be older, however, the author is inclined to assign them to the great glaciation period during the Pleistocene.' If we place them in the Upper Tertiary, Upper Miocene or Lower Pliocene, this glaciation will be in good agreement with the concepts we made, based on fossils, of the climate in Alaska during the Late Tertiary."

"This assumption is well supported by the very significant uplift of the glacial layers. The age of the last mountain folding in these areas may not be precise yet, but Schrader observed Pliocene deposits containing a boreal fauna (according to Dall) in a horizontal position. And the Pliocene of the Coast Range lies discordantly on top of the Miocene, the latter being strongly disturbed, wherefore the folding must have occurred between the Miocene and Pliocene ... [Various additional pieces of evidence are mentioned in the following]. Recent uplifts have been undeniably evidenced in Alaska, because 1,500 m-high, young marine deposits have been found at Mount St. Elias which probably belong to the youngest Pliocene. Yet, foldings having occurred so late in time are unknown."

---

1   Stephan Richarz, Eine tertiäre Vergletscherung Alaskas und die Polwanderung. Zeitschr. d. Deutsch. Geol. Ges., Mon.-Ber. **74**, 1922, 180—190.

"From what has been said so far, it very likely follows that the glacial deposits at the upper White River displaying a 60° slope gradient had already existed at the close of the Miocene and was then uplifted."

"Older observations made by Spurr at the east coast of Nushagak Bay (Bristol Bay, Alaska) point in the same direction. He found pebbles, coarse sands and clays, folded and disturbed otherwise, with erratics of miscellaneous origin, some of which were striated. Dall identified fossils in these deposits which were indicative of the Miocene. On top of these old glacial deposits then follow discordantly layered clays and pebbles, also of glacial origin … It may be hoped that more of such profiles will become known when Alaska is subject to more thorough research, especially when the hitherto almost self-evident precept claiming that all glacial phenomena must be diluvial, is relinquished." The remark of L. Waagen who maintained that, also according to Russell, the main folding of the Saint Elias Mountains only took place after the glaciation of the land, as its deposits were also folded, may serve to complement these representations.

However, as already mentioned, we hold the opinion that also the peculiar remnants of inland ice, the fossil "ground ice" of Alaska and northeastern Siberia, originate from the Tertiary. It may be astonishing that this ice has not melted since the Miocene; it is undergoing a quite rapid destruction in its present-day state, where we know it exists. Just the exposure, which initiates the process of destruction, might generally result from quite recent times. According to Toll and Bunge, the New Siberian Islands must have been attached to each other and to the mainland at the time of the mammoths and were only separated by the sea at a later event. However, wherever the ice is covered with a meter-thick layer of soil, the heat of summer cannot do any harm, and if the annual mean temperature is far enough below zero to preserve the zero-degree isotherm area underneath the base of the ice below the given geothermal gradient, the ice will react, and to this all experts agree, like any other species of rock and will remain indefinitely stable. If the annual mean temperature is at —17 °C a sufficiently covered mass of ice measuring several hundred meters in thickness can be preserved, without suffering melt losses from the top or bottom. The major proportion of protective material that covered these ice masses at the right time can only originate from inner moraine layers, even if eolian transport might have concurred here and there. According to the experience made on the edge of Greenland's inland ice, the Vatnajökul and Malaspina Glacier, some of the marginal parts of the ice are interstratified with horizontal moraine layers, alternating with thicker or thinner layers of pure glacier ice. In the central regions upon which the ice was thicker, these inner moraine layers were probably absorbed by the ground and pushed to the lower margins, probably to some extent also obliquely upwards. As soon as the ice melts, the material of these inner moraine layers accumulates on the surface and finally

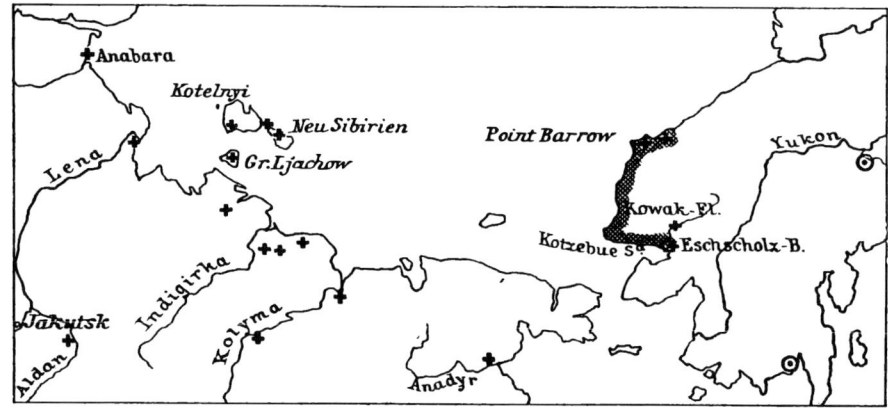

Fig. 16. Locations of fossil ground ice occurrence
(Crosses denote the individual sites, hatches indicate the coherent stretch of localities between Eschscholz Bay and Point Barrow, circles denote Miocene tillites)

forms a protective mantle which is capable of preventing wastage of the ice layers below.[1]

It follows from what has been stated before that only very small parts of a previous inland ice cap can be retained, and probably no ice traces are to be expected in the largest part of the previously covered area. The very sporadic appearance of fossil ground ice seems to comply with this.

---

[1] According to recent observations, isolated remnants of Quaternary inland ice in southern Finland seem to be preserved under a protective layer of moraines or crushed stone, which is especially remarkable because the annual mean temperature is now so high that some, albeit limited degree of deglaciation must proceed incessantly. As regards this subject K. Keränen (Über den Bodenfrost in Finnland. Mitt. d. Met. Zentralanst. d. finn. Staates, Helsinki 1923, p. 35) writes: "Leiwiskä (Fossiles Eis in einem fluvioglacialen Hügel unweit von Abo, Zeitschr. f. Gletscherk. 8, 1914, p. 209—225. Finnish in Verh. d. Finn. Akad. der Wiss. 1914) has comprehensively studied a massive ice layer measuring approx. 45 m in length and 3 m in thickness and containing rocks, located about one and a half kilometers from Turku (Abo) in a gravel quarry about 22 m below the surface of a fluvioglacial hill. The quarry has been created recently, when gravel was removed for railway construction work. Workers moving gravel had encountered this ice layer five years before the study of Leiwiskä was conducted in 1913, and material from the ice layer was also taken away along with the gravel, for example, it used to be 16—20 m wide in 1913 … Near the surface was a layer of clay which protected the ice against rainwater, as the water had to run down the slopes of the hill onto the layer of clay … In 1922, another ice layer of similar type was found in Suoyarvi while railroad construction work was in progress, however, we do not have more details on this yet." — The annual mean temperature in this area is at +4 °C, the altitude above sea level is not mentioned, however, it must be low.

The earliest known ground ice made known by Kotzebue and Chamisso comes from Eschscholz Bay in Alaska and was later described in more detail by Dall.[1] This ice formation reaches, probably with interruptions, along the north coast of Alaska eastward to 149° western longitude, and along the west coast southward to Kotzebue Sound, where it is found in Eschscholz Bay and at Kobuk River (Fig. 16). E. Suess describes these remnants of fossil inland ice near Point Barrow as follows: "Very old ice which takes on the features of a rock type of its own kind, reaching with interruptions as far north as Point Barrow (71¼° northern latitude, 204° eastern longitude), as far east as to Return Reef, where the ice layer begins at about six feet above sea level, and as far south as to Icy Cape (71½°N, 198°E), while isolated deposits occurred down to Kotzebue Bay (toward the polar circle). It is not frozen ground but, in fact, real ice, however, not blue-green like glacier ice, instead, impure and frequently displaying a layered structure, maybe even yellowish, as if produced by peat water."

This fossil ground ice has become known from Siberia, especially from the description given by Baron E. v. Toll who also published interesting images of it.[2] He particularly examined formations in the New Siberian Islands, where it occurs on the southernmost island, Great Lyakhovsky Island, also in New Siberia (Novaya Sibir Island) and Kotelny Island. On the eastern coast of the latter, it forms the ground of the Blagoveshchensky Sound. According to Toll, the grain structure with entrapped air bubbles gives proof that this is glacier ice made of snow.

Similar phenomena are found on the mainland in the outermost northeast, north of the mouth of the Anadyr River, where they have been studied by Baron G. Maydell. The same researcher also described occurrences near the Siberian northern coast at about 152° and 153° eastern longitude, nearly 100 km inland. Earlier, Baron Wrangell had found several of such deposits at the Bolshoy Anyuy River, somewhat more eastward, near the coastline at 156° eastern longitude, and at 161°, 200 km south of the mouth of the Kolyma River. Bunge studied another deposit located in the eastern part of the Lena Delta, directly at the sea, which had been discovered as the first of its kind by Adams in 1806. In 1893, Toll investigated another specimen on the coast near Anabara Bay, where he found a moraine with striated pebbles under the ice.

---

1   A. Penck. Die Eismassen der Eschscholz Bai. Deutsche Geogr. Blätter IV, p. 174—189. Bremen 1881. — Hann, Handb. d. Klimatol. III, p. 650. — E. Sueß, Antlitz der Erde II, 616. — Kreichgauer, Die Äquatorfrage in der Geologie, p. 340. Steyl 1902.

2   The Russian polar expedition of the "Sarya" in 1900–1902, from the logbooks left by Baron Eduard von Toll, edited by Baroness Emmy von Toll. Berlin 1909. — In addition, various treatises (in German language) by E. von Toll in Mém. Acad. I St. Pbg.: VII sér. T. 37 No. 5; T. 42, No. 13; VIII sér., T. 9, No. 1. — Also in Russian language: Toll, The fossil glaciers of the New Siberian Islands, their relationship to the mammoth carcasses and the ice age, based on the work of two expeditions of the Academy of Science in 1885—1886 and 1893 (published as Vol. 32 No. 1 of the "Sapiski" of the Imperial Russian Geographical Society in 1897).

Moreover, upon excavating a mammoth, a 14 m-thick wedge of pure ice was found on the mainland south of the New Siberian Islands at the Bor Uryakh River, east of Ust-Yansk, under alternating layers of ice and clay which, according to our opinion, must be of the same origin, although Toll believes it to be river ice, so-called "aufeis". East of Yakutsk near Amginsk Middendorff had already found pure ice, measuring 3 to 12 feet in thickness, in a mine 8 feet under the surface; in our opinion, it owes its existence to no other mechanism

Fig. 17 Melting margin of ground ice on Great Lyakhovsky Island east of Wanjkin Stan. Earth pyramids can be seen in the foreground

than the formation of inland ice. The mammoth excavated in the region of the middle Kolyma by Herz and Pfizenmayer in 1901 was also found in a pit containing such ground ice, obviously an old crevasse into which it had fallen; huge masses of frozen blood give evidence of the serious injuries the animal sustained as it fell.[1]

---

1 A satisfactory physical explanation can hardly be given for the supposition expressed by F. Nansen (Sibirien ein Zukunftsland, p. 333. Leipzig 1914), namely that such underground ice layers could have formed by sublimation. Indeed it appears that the best known occurrences in the New Siberian Islands and the neighboring mainland coasts as well as in Alaska can only be interpreted as remnants of inland ice.

There can be no doubt that this ground ice represents the remnants of a huge inland ice cap which covered the whole of northeastern Siberia and Alaska.

We have selected Fig. 17 from a series of similar photographs which Toll produces of the shores of Great Lyakhovsky Island in the "Sapiski". Ice mounds protected against further melting by precipitated masses of a mantle made of soil and peat are shown in the foreground. A man is seen standing on one of the mounds.

Fig. 18 Melting margin of ground ice between Indigirka and Alazeya.
Two earth pyramides are connected by narrow ice ridges with the ice body

Fig. 18 is derived from the same source and shows a drawing which Baron G. Maydell made in 1870, showing the already mentioned ice cliffs at the Schandron between the rivers of Indigirka and Alazeya 100 km from the sea. It very clearly depicts the wastage of these ice layers now exposed. The two rock waste cones were obviously formed on the edge of the ice which retreated to such an extent that it remains connected to them by only two keen ridges.

The natural exposures of the ground ice most frequently take on this shape, more or less, even if the wall often does not stand in a vertical position. The ice wall can rise up to a height of 10 to 30 m. The ice has entrapped air bubbles like all types of glacier ice and is often stratified with multiple moraine layers. The already melted cover layer also contains striated pebbles, just like the underlying moraine layer.

The Miocene age of these ice masses cannot be ascertained directly. In the New Siberian Islands, tall-trunked alders and birches are found in the cover layer, next to the fossil remains of typically Quaternary animals, reaching farther north than the present-day tree limit. The Quaternary was hence a warm period here, and the ice must be older. Lying apart from the ice are layers of the Tertiary, with massive wood accumulations, partially with trunks still standing upright, which Schmalhausen refers to as belonging to the Miocene like all Tertiary wood floras of the northern polar regions, but which are definitely from the Eocene. Sequoia Langsdorffi, whose fruits are found in abundance, is characteristic of both the Eocene and the Miocene. If this interpretation is correct, the ground ice consequently appears to be trapped between the Eocene and the Quaternary. According to our map, these regions were nearest to the North Pole during the Miocene, then withdrew again and finally reached their maximum distance to the pole either at the end of the Pliocene or at the beginning of the Quaternary. That they went through a time when temperatures were higher than they are today is, in fact, demonstrated not only by the occurrence of tall-trunked trees growing beyond the present-day tree limit, but also by the circumstance that the ground ice never displays a thickness greater than it is allowed to have according to the present-day annual mean temperatures.

Traces of ice can also be evidenced in the Pliocene. To this end, we would like to refer to the oldest ice traces in Canada and the United States (Fig. 19, p. 107). Greenland might as well already have already borne inland ice during the Pliocene. The evidence for this Tertiary contribution to the North American glacial period is manifold. For example, L. Waagen remarks that, according to Leconte, the ice traces in the Cascade Mountains are older than the youngest folding movements in which they took part. Yet, this folding event is believed to have taken place in the Late Tertiary. In addition, the glaciation progressed from east to west. While the rocks were abraded by the ice and the moraines still appear quite fresh in the east, it did cost much effort to prove the existence of the inland ice in Columbia with certainty and only short pieces of the end moraine have hitherto been found there. Upon comparing the sequence of European and American glaciation events, as will have to be explained in more detail later, it shows that the oldest American glaciations must have taken place before the first in Europe. A comparison of the faunas produced the same result. As for Europe and North America, an attempt has been made to divide the fauna of the "Quaternary" into three stages which were supposed to give us an understanding of the faunal change as belonging either to the Early, Middle or Late Quaternary. As to how these faunas are distributed over the various interglacial periods, especially the five American ones, is not for us to say. But it is quite obvious that only the latest stages fit together and that the oldest American stage contains many life forms which are believed to belong to the Tertiary of Europe. E. Kayser characterizes the content of these faunas as follows:

North America

1. Myelodon-Camelus fauna: Particularly characteristic are "Tertiary stragglers". Machaerodus, mylodons, lamas, camels, mastodons, the giant Elephas imperator, Equus Scotti.

2. Megalonyx fauna: giant sloths (Megalonyx, Mylodon), Elephas Columbi, Mastodon, various horses (Equus pectinatus etc.), but no Arctic or tundra life forms yet.

3. Ovibos-Rangifer fauna: Musk ox, reindeer, mammoth, lemming, mastodon, horses.

Europe

1. Antiquus epoch: Elephas antiquus (also in 2), Hippopotamus. Rhinoceros etruscus, Machaerodus, Equus Stenonsis, Trogontherium.

2. Primigenius epoch: Elephas primigenius (mammoth), Rhinoceros antiquitatis, Ursus spelaeus, Equus caballus fossilis, Hyeana spelaea, Megaceros giganteus, Bos primigenius, Bison priscus.

3. Reindeer epoch: Rangifer tarandus, horse, initially also mammoth, wooly-haired Rhinoceros, cave bear.

The mastodon, extinct in Europe already at the beginning of the Quaternary, still exists in all three faunas of North America. The mammoth, the index fossil of the central European fauna, only appears in North America's third faunal stage. However, for what reason did this animal, which was distributed over vast spaces and adapted to the cold, avoid America for so long? It is much more likely that a time difference is the cause of the inconsistency observed among the older Quaternary faunas. Only the third faunas could have existed at one and the same time. Among the American fossil horse species, there is also the three-toed Hipparion, which seems to have been extinct in Europe, Asia and Africa since the Middle-Late Tertiary. One part of the oldest North American fauna comes from South America and must have wandered over the isthmus of Panama, which protruded from the sea as early as in the Eocene. The first emigrants from the north are indeed allocated to this period, however, we find the first from the south in the North American glacial layers.

In the Pliocene Crag on the east coast of England, two indications of prevailing east winds have been found, although it cannot be ruled out that this east wind must be regarded in the context of the anticyclones which must have been over the inland ice of formerly adjoining North America.

For all we know, only very few authors such as L. Waagen and Kreichgauer have emphasized these reasons speaking in favor of a Tertiary age applying to the older North American ice traces, whereas the majority of researchers still allocate all glacial phenomena to the Quaternary, which in our opinion is wrong.

— There is no Tertiary glaciation in South America, the Late Tertiary is rather an interglacial interval.

According to P. Marshall, various authors hold that the formerly stronger glaciation of the New Zealand mountain ranges should have already begun at the end of the Tertiary. However, Marshall does not believe this opinion be to sufficiently substantiated. According to our assumptions, the Early Quaternary must have been the coldest period in Australia and New Zealand.

2. Coal. Upper Tertiary coal, mostly lignites, is found in numerous places in North America. For example, in Alaska near the Yukon, in the Arctic islands and in British Columbia. According to Blackwelder, the United States also have Upper Tertiary coal in various places of their western states and Frech reports of "probably Miocene" lignites in the northern Rocky Mountains and in the Californian Cordilleras.

We already mentioned the coals of western and eastern Greenland and Spitsbergen, which Böggild and O. Nordenskjöld merely specified as "Tertiary". The Tertiary coals of the latter locality are particularly the ones that are being exploited. One may be inclined to regard them as being as old as the Tertiary coals of Iceland which, according to Pjeturas, are probably from the Miocene. For this reason it may be well to attribute all these coal formations for the time being to the Upper or, at most, to the Middle Tertiary, in which period, according to the other climate indicators, they also seem to be better motivated than in the Eocene when, for example, Greenland was still below about 30° latitude.

In Europe, where the Upper Tertiary coals were formed as brown coals, we find that the whole of Germany is covered by them. For example, Miocene coals are known from East and West Prussia, Pomerania, Mecklenburg, the Mark (Arldt), Posen (in the 'Posen Clay'), Upper Silesia, Saxony, Thuringia, Hesse (Walther), in the Wetterau and Vogelsberg area (Arldt), and in the Lower Rhine area, where the Miocene coal formation attains a thickness of more than 180 m in the Rhine Bay of Bonn and Cologne. In addition, Miocene coal also exists outside of Germany, in Bohemia, Lower Austria, (L. Waagen), near Vienna (Arldt), in the Eastern Alps (Heritsch), in the Italian province of Tuscany (Arldt) and in Bosnia (Schubert).

Only "Upper Tertiary" coals are reported to occur in Dalmatia, Croatia and Herzegovina (Schubert).

However, in the Lausitz area, where traces of frost are evidenced on beech leaves, coal is reported to belong to the Pliocene (Neumayr-Uhlig) in Posen, along the rivers of Fulda and Werra (Arldt), at Aschaffenburg in the Spessart, where a 12 m-thick seam is being exploited in open cast mining, at Dueren and Linnich, where seams of 3 to 25 m thickness have been struck by drilling (Walther), in addition, also in Bosnia and Bulgaria (Frech).

It is a matter of course that this enumeration cannot be by any means complete. Particularly the information about Tertiary brown coal deposits given in textbooks has always been quite fragmentary.

It has already been mentioned earlier that the coals found in Asia Minor and northern Persia, allegedly belonging to the Miocene, some of which occasionally referred to as belonging to the Lower Miocene, probably belong to the Lower Tertiary. We shall therefore forgo any further discussion of these deposits.

We also already mentioned the coals occurring in other parts of Asia which have only been referred to as "Tertiary", i.e. at the Yenissei River, without any precise locality having been stated, in the Amur province, in northern Sakhalin, in the southern Ussuri area, in Manchuria, in southern China and in the Philippines. As far as these deposits are concerned, it usually remains uncertain whether they are to be assigned to the Early or Late Tertiary; only for the coals found in Sakhalin does Kukuk report a Miocene age. For coal formations in Japan both the Miocene and Pliocene age are expressly reported and, according to information given by Dutch geologists, we also encounter a coal formation in the Sunda Islands of the Late Tertiary. Volz makes particular mention of Early Pliocene coals in Sumatra.

According to Stappenbeck, South America possesses Miocene brown coal at Arauco, near Concepcion in southern Chile, and Pliocene brown coal in Peru.

According to Frech, "Tertiary" brown coal existed in Australia, however, no detailed age determination has been given.

New Zealand has both Miocene and Pliocene coal.

3. Salt, Gypsum, Desert Sandstone. In North America, gypsum formations in California and Louisiana seem to continue into the Miocene, but then the signs of an arid zone which moved southward disappear. Buschman's reports of Quaternary salt deposits in Louisiana, not to be encountered in articles of more current authors anymore, are obviously wrong, as salt formations situated so close to the inland ice do not seem possible.

On European ground, we find the arid zone first of all in Spain. As already mentioned earlier, Douvillé attributed the Spanish salt formations to the Oligo-Miocene. It is primarily represented by the Ebro Basin, where it contains gypsum, rock salt and potassium salts. In particular, we are talking about the "famous salt mountain of Cardona in Catalonia which constitutes a steep, freely uprising mass of salt about 95 m high which consists of layers of Nummulites and has been mined for over centuries" (Neumayr-Uhlig). A. Penck,[1] who allocates this salt formation to the Miocene, refers to the fact that the climatic

---

[1] A. Penck, Studien über das Klima Spaniens während der jüngeren Tertiärperiode und der Diluvialperiode. Zeitschr. der Ges. für Erdk. zu Berlin **29**, 1894, p. 109—141.

conditions of that time were almost the same which prevail 12° farther south today, and draws our attention to the circumstance that Heer came to identical conclusions based on the fossil flora he found in Switzerland. "The parallelism of results for the epoch of the Miocene obtained from two so far distant localities is complete; while merely a higher temperature was inferred from the flora of the central European Miocene, the aridity of the climate prevailing in lower latitudes must be deduced from the development of contemporaneous deposits in Spain. Not just the isotherms were located farther north during the Miocene epoch, but also the entire wind system, which caused the aridity on the west coasts under the tropics, was displaced toward the pole to a corresponding degree. The trade winds, the northern boundary of which lies somewhere near the Canary Islands nowadays, must have been rooted in the latitude of the Bay of Biscay." Also according to our map of the Miocene, Spain used to be 12° closer to the equator than it is today. Besides, according to L. Waagen, Pliocene salt and gypsum were supposed to be found in southern Spain (Andalusia), which would signify a southward movement of the arid zone.

Farther to the east, according to Andrée, we encounter salt and gypsum both in the Miocene and Pliocene of Sicily.

Even more eastward, we encounter the Galician-Romanian salt formation which belongs to the Early Miocene, and is hence still almost of Early Tertiary age. According to Steuer, "the Miocene in Galicia displayed a development similar to that of the Vienna Basin. The gypsum and salt deposits of Wieliczka and Kalusz, also containing some potassium salt, belong to the lowest layers." Neumayr-Uhlig give us an illustrative description of this famous salt deposit:

"The northern edge of the Alps and the Carpathians is accompanied by an almost continuous narrow belt of Miocene deposits, mostly consisting of schistous and sandy clays, which can be traced deep into Romania. The southern interior border of the Carpathians, which already represented an uplifted mountain range like the Alps, was lapped by the waves of the Miocene sea, and vast salt deposits were formed as well. Extensive salt depositions did not occur in the Upper and Lower Austrian, Moravian and Silesian part of the Miocene zone; but isolated salt and iodine springs and numerous gypsum deposits suggest that conditions prevailed here, favoring a dissociation of the sea water, which were at least similar to those farther east in Galicia, in Transylvania and in eastern Hungary, where a number of large salt deposits exist."

"The most famous is probably the one of Wieliczka near Cracow, which has been exploited on a regular basis with certainty since the eleventh century, perhaps even earlier. Under a thin cover of topsoil and diluvial formations follows the Miocene bluish unstratefied clayey marl which, in a depth of 20 m already reveals the existence of a slight salt impregnation. The salt concentration increases with increasing depth, and in the saliferous clay enriched with salt chunks numerous stock-shaped, coarsely crystalline bodies of salt appear, some displaying cubic, others elongated morphologies. They display various dimensions up to a volume of several thousand cubic meters and because of their greenish-gray color are referred to as copperas particles.... There is hardly a second salt deposit that contains so many fossils like that of Wieliczka, thus giving striking evidence of its marine origin. Only the microscopic tests of foraminifera are often found; but mollusks, crustaceans, bryozoans and a single coral have been evidenced as well. Not seldom does one encounter fossil remains of terrestrial plants washed in from neighboring coasts …"

"If we turn from Wieliczka toward the east, we will soon face the next salt deposit in neighboring Bochnia … Massive salt deposits are of seldom occurrence in eastern Galicia and in the Bukovina; however, myriads of productive salt springs (over 200) are dispersed all over the Miocene zone. Only one of the eastern Galician salt deposits is entitled to claim more attention, which is that of Kalusz. Apart from rock salt it contains massive layers and lenses of sylvine (potassium chloride) and kainite …"

"On the south side of the Carpathian arch, the Transylvanian salt deposits primarily capture our attention because of their history, their dimensions, and geological behavior. A veritable ring of single salt deposits outlining the internal rim of the Transylvanian Basin …, which only suffers major discontinuations on its south side. Associated with the salt, as is the case everywhere, are gypsum and anhydrite. Saliferous clays appear as boundaries of the salt stocks, here often containing trachyte tuffs, originating from the volcanic eruptions which have been of relevance in Transylvania and Hungary at the time of the Miocene … Conditions similar to those of the salt evaporation ponds in Transylvania are also characteristic of the salt deposits in Upper Hungary, particularly the ones located in the County of Mármaros."

This Lower Miocene Galician-Romanian salt formation finds its temporal and spatial continuation in those of Asia Minor and northern Persia, which belong to Late Miocene. Krüger[1] writes about these salt deposits in Asia Minor as follows: "The Anatolian deposits seem to belong consistently to the fossil-void Upper Miocene; they are mostly interspersed with layers of clay and often change into saliferous clay under strongly gypseous clays and argil. The underlying bed generally consists of red sandstone and gypseous marl. The deposits are often heavily disturbed … The most important saliferous clay deposits are found exposed in the Halys River bend and stand in a close genetic … connection with those at Eserum and Ssöord in Armenia, as well with those of Transcaucasia and Persian-Mesopotamia." Philippson also assigns the gypsum and salt deposits in Asia Minor and Cyprus to the Upper Miocene, as did Stahl, Kaehne etc. with respect to those of Persia. The latter author underscores that the fossil-void salt

---

1   Karl Krüger, Vorkommen, Gewinnung und Absatz des Kochsalzes im türkisch-arabischen Vorderasien. Thesis Hamburg 1920.

formation lies here on top of the marine Miocene.[1] Buschman's statement that refers to the "large Galician-Persian" salt formation as belonging uniformly to the Lower Miocene is also inaccurate. On the other hand, L. Waagen wants to place the salt formation of Armenia and Persia into the Pliocene, which would not fit badly to southern Persia in particular. That being as it may, a southward displacement of the salt formations is at any rate recognizable in accordance with the migration of the equator.

The following may be added about the individual deposits:

If we read in Buschman: "According to Fürer, some rock-salt deposits in Asia Minor and Armenia belong to the Eocene," we can hardly be mistaken if we assume that this age determination is wrong. It must read: the equator was just over this area in the Eocene and the formation of brown coal prevailed everywhere. And Philippson's statement concerning gypseous marls from the Oligocene in Cyprus deserves the same suspicion. However, these are the only age determinations we wish to see corrected. Philippson especially refers to the province of Cilicia as being salt-bearing in the Miocene of Asia Minor, Blanckenhorn mentions gypsum at the mouth of the Orontes south of Alexandrette, also rock salt in the valleys of the rivers Aras and Oli in Russian Armenia, some parts measuring 150m in thickness. Buschman reports of Persia: "Miocene salt formation prevails everywhere on the southern border of the Alborz mountain range, its summit consisting in the 5,465m-high Demawend volcano; also the promontory of the Alborz, the foothills called the Caspian Gates .... consist majorly of rocks of this salt formation. The Sidar passes on the road to Teheran southeast of Kishlak are exposed rock-salt mountains." Rock salt is used as construction material there. There is also a mountain pass which is enclosed on both sides by rock salt. Tertiary salt deposits presumably of the same age are also supposed to exist in northern Persia, particularly in the environs of Lake Urmia. According to Kaehne, the loess-like Pliocene deposits often also contain inclusions of gypsum. In addition, the islands in the Persian Gulf are supposed to harbor salt and gypsum which allegedly lies on top of Tertiary strata, hence presumably in the Upper Tertiary, if not Quaternary.

According to Blanckenhorn, gypsum is found as a continuation of this salt formation everywhere in Mesopotamia, on the Persian border rock salt is also still found secondarily. Buschman also mentions salt springs in northern Mesopotamia, the source of which being the formation of the Tertiary.

According to Blanckenhorn, gypsum whose age is referred to as being the Late Tertiary, which is hence even younger than the Miocene, also still occurs at the Red Sea. Farther southeastward, however, the arid climate indicators of the Late Tertiary apparently do not suffice, because in Nearer India we encounter the fauna of the equatorial rain belt. We will discuss the continuation of the salt formation in Egypt below.

---

1 K. Kaehne, Beitr. zur physischen Geographie des des Urmija-Beckens. Zeitschrift der Ges. für Erdk. zu Berlin 1923, p. 104—132.

Leuchs published a review, for central Asia according to which the climate would have become wetter again in the Late Tertiary, as a preliminary to the Quaternary, when the mountains became glaciated. However, the information is too general in scope, for which reason perhaps no contradiction with our assumptions may be construed. We hold that the climate must have been arid throughout the whole Tertiary and especially hot and dry just at the beginning of the Quaternary, whereas the humidity increase only took place in the course of the Quaternary.

Particularly the Chinese loess seems to speak for the correctness of this assumption. Its lower red-colored part is said to belong to the Early Quaternary, the prerequisite for this being that there was a hot desert west of it in central Asia.

The orientation of the climate belts, shown in the map (Fig. 19, p. 107), is corroborated especially by the assertion made by Volz, who claimed that an arid climate had prevailed in Sumatra during the Late Pliocene[1] This was the only discontinuation which the equatorial rainy climate had experienced here for a long time. "However, it must not have been a desert climate. A climate with prolonged, pronounced arid periods with little precipitations concentrated in short time intervals would do. Volz namely comes to the conclusion that the surface of Sumatra transformed into a peneplain in the Late Pliocene on account of an enormous mechanical weathering of rock, into which the new created rivers subsequently crossed their path as late as in the course of the Quaternary.

"Under the influence of the extreme weathering in arid regions the rock decomposes to detritus, the detritus goes to the valley, and the summit remains permanently exposed to the impact of most intensive weathering, so that the hilly landscape is finally levelled out plane, after all, the almost ubiquitous soft rocks weather most easily under the impact of sunlight, as observation still teaches us today … The wet Quaternary, however, is predominately a period of chemical decomposition, hence a formation of colored earths, and hardly of any concern relative to physical weathering. It would be extremely difficult to explain the formation of these masses of detritus in a Late Pliocene climate similar to the present-day condition, whereas an arid climate downright demands it." According to our map (Fig. 19, p. 107), Sumatra had a geographical latitude of about 20° in the Late Pliocene.

In South America, which almost constituted an antipode to China, we have an extended loess formation in both geographical regions, whose lower part possesses a red color here as well, in contrast to the yellow upper part, and thus divulges its origin from the hot desert, transported by the wind. However, here, the lower part is already assigned to the Pliocene (Keidel, Gerth, etc.).

---

1 W. Volz, Nord-Sumatra, Vol. II. Die Gajoländer. Berlin 1912, and idem.: Jungpliozänes Trockenklima auf Sumatra und die Landverbindung mit dem asiatischen Kontinent, Gaea. Stuttgart 1909, Issue 7.

Walther, in particular, believes to be able to prove the Pliocene by means of marine interlayers. According to Gerth[1] and Wilckens[2], the Tertiary and Quaternary layers of Argentina may be referred to here:

Quaternary: Patagonian scree formation; younger, yellow Pampa loess with mammals in the north.
Pliocene: Rio Negro Sandstone; in the north, red Pampa loess with mammals, the marine Parana level at the Atlantic coast.
Miocene: Middle and Upper Miocene = Santa Cruz Stage with mammals. Lower Miocene – marine Patagonian molasses.
Oligocene: Colpedon Stage.
Eocene: Pyrotherium- Notostylops Strata.
Cretaceous: Uppermost Cretaceous = marine San Jorge Stage; Upper Cretaceous = Guaranitic Sandstones with dinosaur fossils.
Below: "Areniscas abigarradas" (Bunter-like).

We shall come back later to the mammalian fauna encountered in the Upper Tertiary layers of Argentina.

We still encounter the continuation of the Miocene salt formation of South Europe and Asia Minor in northern Africa. There are rock-salt formations near Fes in Morocco, which Buschman classifies as belonging to the Middle Tertiary and which are temporally and spatially connected with the deposits in Spain. The salt formations appear to extend farther eastwards in Africa as well because, according to Buschman, the salt marshes south of the Tell Atlas are also to some extent fed from Tertiary salt layers; and also L. Waagen reports of Tertiary gypsum in Algeria; in Tunisia, according to Buschman, at least one other salt spring is supposed to have its source in Tertiary layers. Admittedly, subdivisions of the Tertiary are mentioned in all three of these cases which are poorly compatible with our results, i.e. "Oligocene", "Early Tertiary", and "Late Tertiary", but we can hardly be mistaken as to whether these age determinations must be changed to Miocene.

Also in Egypt, an arid zone spreads out again in the Late Tertiary, after a transition of the equatorial rain belt. Stromer von Reichenbach was able to infer from the brown rock crust of Late Tertiary deposits a desert climate in Egypt for these times. According to Blanckenhorn, expansive gypsum deposits reoccur, starting in the Early Miocene: "Gypsum gains great importance in the Miocene. At numerous locations on both sides of the Gulf of Suez and the Red Sea, the limestones of the Cretaceous and the Eocene near the surface were transformed into gypsum, probably through the action of hydrogen sulfide,

---

1 Gerth, Die Fortschritte der geologischen Forschung in Argentinien und einigen Nachbarstaaten während des Weltkrieges. Geol. Rundsch. 1921, p. 74— 87.

2 Wilckens, Die Meeresablagerungen der Kreide- und Tertiärformation in Patagonien. N. Jahrb. f. Min. usw. Beil. Bd. **21**, 1905.

which was produced in huge quantities on the floor of the transgressing shallow Miocene sea as a result of organic matter decay. When the same bay dried up, further deposits of gypsum, salt and gypseous marl layers were added. These processes occurred in the time of the great Early Miocene Galician-Persian salt and gypsum formation [more correctly: Galician Early Miocene, Persian Late Miocene] or "Austrian Schlier". As a cover then followed the fossil-bearing Upper Miocene or, in its stead, diluvial coast formations and coral reefs. Such masses of gypsum then began to spread out: in the Sinai between Wadi Firan and Gharandel behind the Marcha plain, then on the eastern foot of the Gebel Geneffe southwest of the railway station bearing the same name, further along the coast of the Red Sea from the 28th parallel to Halaib below 24°13'N, particularly at the Gebel Set, Ras Gemsa, in the environs of Qoser, at the Bir Ranga and Ras Benas."

A drill hole at the Gebel Set, which went down to a depth of 1,140 m, revealed from top to bottom: 100 m sand, 200 m limestone, 210 m gypsum (with a 22 m-thick lime layer), 242 m gypseous marl (with 13 m gypsum), 215 m gypsum, 20 m rock salt, 55 m gypsum, 5m sandstone, 25 m gypsum,. According to our maps, the most favorable time for salt formation in Egypt would be the Pliocene and the time following until present. This corroborates the observation made by Beadnell, according to which the evaporation of the brackish water took place east of the Faijum at the end of the Pliocene, whereby the gypsums associated with gravel settled on the broad ridge separating the Faijum from the Nile Valley. In the Quaternary, gypsum was still deposited here, and salt near the Dead Sea.

4. Floras

According to Chamberlin and Salisbury, the North American flora underwent a change in the Late Tertiary which consisted in a quick retreat of tropical and subtropical forms, so that at the end of the Tertiary the flora was very similar to that of the present day, not only as concerns its climate character but also its composition as well. However, this judgment naturally depends on the regular condition that the glaciation period belongs completely into the Quaternary. But if one assumes a glaciation during the Pliocene, as we do, the time scale will shift and we will obtain a polar flora in North America as early as at the end of the Tertiary. The greatest part of North America was already in the northern rain zone during the Miocene; Yellowstone Park harbors the remains of a petrified forest dating from the Miocene.

We have already referred to the tree floras previously assigned to the Miocene in the present-day polar region when we discussed the Early Tertiary.

The climate of the flora changed in Europe too, because "the climate in Europe was probably still somewhat warmer at the beginning of the Pliocene but, toward the end of that period, it differed only little from what it is today." (Steuer). The composition of the European flora grew similar to the North American flora of that time and today, whereas the present-day European flora has changed completely due to the much more devastating impact of the ice age which took effect here. Palm trees and other subtropical plants used to grow at Lake Constance near Öningen during the Miocene, for which reason Heer inferred an annual mean temperature of 18 °C from the composition of the fossil flora counting 1,500 species. According to Walther, however, the representative species of the warmer zones disappeared in the Pliocene, with the exception of a few stragglers, and "Germany was in general covered by large forests, where oak, beech and maple prevailed, whereas alder, poplar and willows stood in the wet lowlands." Swamp cypresses (Taxodium) were growing in the numerous peat bogs, wherefore these bogs became similar to the present-day Virginian swamps in North America. Meter-thick trunks displaying more than 600 annual rings were found in brown-coal pits; other giants whose annual rings could not be counted measured 4 m in diameter. According to Gothan, traces of frost on leaves were already identified in the Miocene in the Lausitz region near Schipkau, in the Pliocene also at Frankfurt-on-Maine, thus proving the occurrence of frost nights.

In Persia, the basin of Lake Urmia used to hold a considerably larger lake than it does today. Stahl remarks: "The shores of this lake must have had an almost tropical vegetation, as fossil finds show that an abundant mammalian fauna had dwelled here."[1] However, one must not imagine the equatorial rain belt in this context, as the word "almost" already signifies. For Kaehne describes these finds as follows: "Foremost, the fossil remains of an abundant, probably Pliocene mammalian steppe fauna must be mentioned, which were found in a loess-like deposit interstratified with gypsum, referred to as fluviolacustrine by Pohlig and located in the eastern corner of the Maragha plain."[2] Accordingly, a steppe climate might have prevailed at Lake Urmia at the time of these depositions, which does not stand in contradiction to the 30° latitude we assume for the Pliocene. We will return to the composition of the fauna later.

In the Late Tertiary, we perceive the whole scale of all warm zones on the eastern coast of Asia. According to the evidence provided by the Dutch geologists, there is a flora typical of the equatorial rain belt to be found in the Sunda Islands (with the exception of the Late Pliocene when, according to Volz, an arid climate prevailed); in Japan, the "pre-Pliocene" flora indicates a climate that was somewhat colder than that of present day (position during the Miocene from 42 to 47° versus 35 to 40° today). However, the equator was much closer in the Pliocene than it is today, a circumstance which we will address again upon dis-

---

1   A. F. Stahl, Persien, Handb. d. Reg. Geol. V, 6, 1911.
2   K. Kaehne, Beitr. zur physischen Geographie des Urmija-Beckens. Zeitschrift der Ges. für Erdk. zu Berlin 1923, p. 120.

cussing the marine fauna. And according to Chamberlin and Salisbury, the flora of Kamchatka (as well as Alaska) also give us proof that the temperatures used to be lower than they are today. However, the question whether the age determination (Miocene) is correct may have to be subject to further review and also include the issue of glaciation.

The floras of South America and western Antarctica are of crucial importance to the Late Tertiary orientation of the climate belts in the Late Tertiary, and still even to those in the Quaternary, because the circumstances that exist here constitute the strongest arguments for a displacement of the poles in the Quaternary. Again, we agree to Irmscher's review.

Fig. 20. Localities of Upper Tertiary floras in South America

First to be mentioned is the Late Tertiary flora of Columbia which was mainly found near Honda and in the Cauca Valley, along with the practically identical flora of the same age in Tumbez of northwestern Peru (Fig. 20). These floras have the character of the tropical rainforest in the lowlands. Moderate and large leaf shapes prevail, wood plants, palm trees, lianas and epiphytes are plenty. Berry assigns their age to the Early Miocene when, according to our maps, the equator was in fact just in this area; Irmscher would like to assign them to a later period, for example, the transition from Pliocene to the Quaternary, but this would not really be consistent with our map, although we cannot rule out such a hypothesis. The species are quite similar to those of present-day tropical America, they are to some extent identical.

The flora of Loja in Ecuador grew right in the middle of these localities. Irmscher claims that this flora belongs to a tropical mountain forest, a fact which is corroborated by its altitude of more than 2,000 m above sea level. However, its composition differs from that of the earlier floras in that the Lauraceae and palm trees are of rare occurrence, legumes and Myrtaceae are in abundance, whereas it is otherwise the opposite. Berry also refers to this flora as belonging to the Lower Miocene, which agrees well with our maps, whereas Irmscher would like to put it into the Lower Quaternary.

More uncertainty is attached to the climatic interpretation of the flora of Ouricanga in the northern part of the Brazilian state of Bahia. However, we are at least dealing with a tropical or subtropical flora, which is quite similar to the flora of present day. It comprises two ferns, three gymnosperms and two monocots; the rest are dicots, among which four Quercus species and Cinnamomum are mentioned. Due to the lack of illustrations, however, Irmscher disbelieves that these determinations have been corroborated. V. Ettinghausen, Bonnet and Irmscher agree that the age of this flora is the Pliocene. It is easy to convince oneself by looking at our maps that the equator was in this area in the Pliocene.

In the central region of the continent we also find the famous fossil flora of Potosi in Bolivia, which was found at an altitude of 4,000 m above sea level. As he had already done with the Loja flora, Irmscher again proves that this is a tropical rainforest which may once have grown in an altitude of 2,000 m and, as a result, is already interspersed with subtropical life forms. The microphilly of all forms is a conspicuous feature. Most abundant are the legumes, represented by 20 genera and 42 species. Cassia, which occurs often interspersed in the dry grass steppe, is represented by 10 species. Most commonly found are Myrica banksioides and Calliandra oblique. Berry, Steinmann and Irmscher agree in declaring that this flora belongs to the Pliocene as well. 54 out of all 82 species found are identical with those we encounter today. Apart from the elevation of 2,000 m, which accordingly must have taken place at Potosi since the Pliocene, we must conclude that this part of the South American continent must have been located in the equatorial rain belt during the Pliocene. According to the map (Fig. 19, p. 107), this is comprehensible without any difficulty.

The more we travel to the south, the more important the discoveries become. This applies primarily to the flora of Coronel near Concepcion in central Chile, which amazingly still corresponds to the tropical rainforest of the lowlands. The flora is macrophyllous, includes trees, shrubs, and climbing plants, and is closely related to the present-day flora of Central America and Brazil, in particular the flora that grows along the riverbanks. There is also a strong relatedness to the fossil floras of Honda, Loja and Tumbez. Among the total of 101 species, there are 4 ferns, 3 gymnosperms (1 Cycas, 1 Sequoia, 1 Ephedra), 1 monocot, namely the sabal palm, and 65 genera of dicots. The opinions of the authors regarding the age of the Coronel flora vary. Engelhardt, and also Reiche, want to assign this flora to the Early Tertiary. Berry does so in part to the time of Early Tertiary, in part to the Late Tertiary (Early Miocene). The effort to remove this "hot" flora as far as possible from the "ice age" is noticeable. Irmscher, however, demands a much younger age because of its close relatedness to the present-day tropical flora of South America and even assumes it to be the Quaternary. It follows from our representation that the warmest period in this area must have been either the end of the Tertiary or the beginning of the Quaternary; Concepcion approached the equator by almost 15° at that time, which is what explains the warm nature of the flora. And there will be hardly any compelling objections to be raised against this age determination.—But let us proceed yet farther south!

At Punta Arenas on Magellan Strait, as has already been mentioned in our chapter dealing with the Early Tertiary, a flora was found in two stages, of which the lower one, the Fagus Stage, belonged to the colder Early Tertiary. The younger, so-called Araucaria Stage including, Araucaria Nathorsti, but not displaying any trace of beeches, corresponds to a much warmer, presumably subtropical climate, which stands in a sharp contrast to the climate of today. Dusén classifies it as belonging to the Miocene, whereas Irmscher assigns it to the Quaternary. Here, the warmest period was also at the transition from the Tertiary to the Quaternary, where Magellan Strait used to lie at about 30°S.

According to Gothan, the Falkland Islands were also "obviously abundantly covered by forests in the pre-glacial, among others, with conifers of South American affinity, whereas these islands are void of forests nowadays." They also reached their lowest latitude of about 30° at the end of the Tertiary.

Most important of all, however, is the fossil flora of Seymour Island which belongs to Antarctic Graham Land. Here, the picture of an even more rapid climate change presents itself compared to the one Heer proved to have taken place based on northern polar Tertiary floras. For this locality, now buried in the ice, harbors the fossil remains of a flora, whose majority is subtropical and obviously belongs to younger geological periods. Out of a total of 87 species found, 20 are referred to as temperate and of Patagonian and southern Chilean affinity, whereas no less than 50 are subtropical and of southern Brazilian affinity. Among these temperate species, there are also two Fagus and two Nothofagus species, whereas among the subtropical species there are 1 Araucaria, 18 Pecopteris, 10 Sphenopteris, 2 Taeniopteris, 2 Leguminosites, and additionally 2 Carpolithes and 26 Phyllites species. All affinities refer to South America; Knightia, as the only exception, has relatives in Australia. Irmscher argues that it is an indication of a young age if most genera are identical with those of present day, and if most species are closely related with those still alive today. Extinct types like those that are found, for example, in the Fagus Stage of Punta Arenas, do not exist here. Dusén actually leaves the time question unanswered. He would like to declare it to be older than the Fagus Stage, probably only because of the high temperature, however, he has qualms to call this time the Early Tertiary, because of the close relatedness that exists with the recent flora. We must approve to Irmscher's reasoning when he infers from the warmer climate character of the Araucaria Stage, relative to the Fagus Stage, that the climate did not become colder in the course of the Tertiary, as Dusén takes it for granted, but warmer. Irmscher therefore declares the Seymour flora to belong to the Quaternary; we already content ourselves with concluding the Tertiary, when Seymour Island reached its lowest latitude at about 45°.

We once again underscore the importance of this perfect climate indicator. No one who endeavors to explain this youthful flora of Seymour Island is able to deny the significant displacement of the North Pole to North America, which took place during the Late Tertiary and Early Quaternary. In our opinion, this already makes the decision on the question of the pole's position during the glacial also a final one.

— In Egypt, the Late Tertiary formed the transition from the equatorial rain belt to the northern arid zone, which is also reflected by the fossil flora: It is still a tropical jungle in the Early Miocene, but all signs of life disappear from the Middle Miocene onward, and the gypsum deposits give evidence of the expansion of a desert climate.

In the southeastern part of Australia, v. Ettinghausen found a Miocene flora which contained only 34% as compared to 52% warm types in an Eocene flora at the same location. In the Miocene, southeastern Australia was at a latitude of approx. 46°, and at about 30° in the Eocene.

Chamberlin and Salisbury assert that the flora in New Zealand had a "tropical aspect" during the Miocene like the fauna. The fruits of the palm are mentioned as evidence. According to our maps, New Zealand extended from 15 to 30° in the Eocene, whereas it still was between 30 and 45° in the Miocene, which presumably gives sufficient consideration to the facts.

5. Fauna

The Upper Tertiary terrestrial fauna of North America is an indicator of a progressive temperature decrease. Incidentally, the assessment of its climate character essentially depends on whether one still assigns the oldest glaciations to the Tertiary, as we do, or not. In the first case, the fauna applicable to the end of the Tertiary can also be derived from the overview given on p. 115.

The marine fauna is therefore probably more important, especially the marine fauna of Alaska. Stephan Richarz writes, after having referred to the warm period in the Early Tertiary:[1]

"Things are different in the Miocene. Dall describes that marine fossils belonging to this period were found in Alaska corresponding to those of the Miocene of Astoria (Oregon) as well as central and southern California. They prove that a much colder climate existed then as compared to the Early Tertiary in the same area. … Alaska was then significantly closer to the North Pole than the other countries mentioned. This is in good agreement with the colder climate in the Miocene reaching down to California and beyond the Pacific Ocean to Japan."

" Other assertions made by Dall are yet more remarkable. The Pliocene marine fauna of California, Oregon and Yakutat Bay in Alaska indicates the existence of even colder waters and possesses a boreal character all the way to Shoalwater Bay in Washington, whereas it became warmer again during the

---

1 Stephan Richarz, Eine tertiäre Vergletscherung Alaskas und die Polwanderung. Zeitschr. d. Deutsch. Geol. Ges., Mon.-Ber. 74, 1922, 180–190.

Pleistocene. The improvement of the climate could have begun already in the Pliocene, as Dall infers a temperate climate from the marine fauna discovered at Norton Sound (Alaska). However, others have stratigraphic reasons to assign these depositions, which Dall believes to belong to the Pliocene because of their fauna, to the Pleistocene. At least, this much can be said, namely that a colder climate in the Miocene succeeded a warmer climate in the Early Tertiary, which then became more temperate again during the youngest Tertiary or the oldest Pleistocene. However, this is perfectly consistent with the hypothetical position of the North Pole being close to Alaska during the Middle Tertiary and its greater distance at the end of the Tertiary and in the Quaternary …"

Interesting is also the result which Linstow[1] obtains when he compares the Miocene marine fauna of Maryland in the east of the Union with that of Hemmoor northwest of Hamburg, namely "that the fauna of Chesapeake must have dwelled in a much colder climate than that of Hemmoor …" Considering the geographical latitude of that time (and today), we would rather expect the opposite. But we probably may assume that the isotherms of this area deviated from the polar circles during the Miocene in the same sense as they do today, to which particularly the ice flood gradually progressing from the northwest must have contributed.

In Europe during the Miocene, the ape Dryopithecus thrived among other species in the Haute Garonne area of France, in Württemberg and near Mainz; and antelopes were to be found in Greece. In the Pliocene, there still are apes in the environs of Montpellier in southern France, in Italy and near Pikermi in Greece, at the latter place together with hoofed mammals and predators. Not much more can be said about the European fauna. As yet, it is unfortunately impossible to follow the zone of warm ocean water in its earlier course everywhere on earth during the Late Tertiary, because the rapid pole migration would require very precise records for us to do so. Such records are hardly available or, at least, have not yet been compiled anywhere. As far as the coral belt is concerned, it is merely said that it moved in the Late Tertiary from Europe southward to its present-day position.

The greatest expansion of Lake Urmia in Persia which, according to Stahl and Kaehne, belongs to the Pliocene has already been mention earlier. The pertinent fauna consists of Hipparion, Rhinoceros, Elephas or Mastodon, Tragoceros, Cervus, Hyaena, also antelopes, pigs, sheep, badger, Orycteropus (aardvark), Manis (pangolin).

Although this fauna hardly indicates an equatorial rain belt because of its occurrence at a latitude of about 30°, the Siwalik fauna, which has been found in the Siwalik hills along the southern foot of the Himalaya obviously does. It is very abundant and contains many ape species, also one giant terrestrial turtle

---

1 O. v. Linstow, Die Verbreitung der tertiären und diluvialen Meere in Deutschland, Abhandl. d. Pr. Geol. Landesanst. N. F. H. **87**, p. 103. Berlin 1922.

measuring more than 4 m in length (Colossochelys). Its age is the Late Tertiary. As our maps reveal, the equator was in this area throughout the whole period of the Late Tertiary.

Stephan Richarz refers to the fact that marine mollusks of the Quaternary age have been found in Japan, animals which are found today only 15° farther south on the coasts of the Philippines. We have already mentioned this result in the context of the Late Tertiary because, according to our maps, the warmest period in Japan was just the boundary between the Tertiary and the Quaternary, when Japan lay at about 15 to 20° versus 35 to 40° today.

According to the results of Dutch geologists, reef corals also existed in the Sunda Archipelago during the Late Tertiary.

In South America, there is a particularly rich development of a fauna which corresponds to the rich tropical flora. The plant-eating great ground sloth Megatherium, which had a very plump body and was as big as an elephant, could probably only have found enough food if there was a rich vegetation. Something similar applies to the somewhat smaller Mylodon. The giant armadillo Glyptodon grew up to 2 m in length, Doedicurus up to 4 m, and the ungulates Toxodon and Typotherium were as big as rhinoceroses. Particularly the former must have been forest animals. If their fossil remains are found in loess nowadays, this probably only will be an indicator of their better preservation in that soil, however, it will tell us nothing about the nature of these creatures as steppe animals. The entire fauna which is often referred to as Quaternary belongs, like the loess in which it is embedded, in part to the Pliocene, in part to the Early Quaternary, and at any rate it confirms the evidence of the flora which is an indicator of the greater warmth that prevailed at that time.

As to the South American marine fauna, only the remark made of Neumayr-Uhlig previously referred to shall be mentioned, asserting that in Chile, located at a present-day southern latitude of 35°, there are no fossils among those found in the Lower Tertiary and Miocene that allow us to infer that the temperatures were higher than they are today. Indeed, the geographical latitude during the Miocene was the same as it is today. However, it must have become much warmer during the Pliocene.

Perhaps the coral reef structures of Madagascar mentioned by Lemoine must also be attributed to the Pliocene. They are younger than the Aquitanian (older Miocene), but have developed before the formation of the present-day river system of the island. The geographical latitude of Madagascar, however, will reach its minimum probably only after the beginning of the Quaternary.

— The entirety of Late Tertiary climate indicators result in a position of the North Pole which is at 75°N, 150°W during the Miocene and a corresponding position of the South Pole at 75°S, 30°E, on the other hand, in a position of the North Pole which is at 70°N, 60°W during the Late Pliocene and Early Quaternary and a corresponding position of the South Pole at 70°S, 120°E.

Chapter V
The Climates of the Pre-Carboniferous Periods

For the time before the Carboniferous we lack the cartographical basis which is indispensable to the discussion of the respective climate systems. If we were to proceed logically, we would have to exclude these periods from our considerations for the time being. But if we do discuss them in brief nevertheless, this will be done because it will be interesting to see that the same climate indicators which have guided us so far had developed in a very similar fashion in these oldest of times as they did later. We find salt formations in the Silurian and in the Cambrian, traces of inland ice in the Algonquian etc. In the Devonian and Silurian we also may still revert to the map of the Carboniferous, although we must always be aware of the fact that exactness will be lacking the more we go back in earth's history. However, we also believe that these climate indicators of oldest times are of very special interest and that they will be of great importance to the future development of paleogeography. For the idea is quite obvious that it will be possible someday to achieve the hitherto impossible reconstruction of these oldest times on the basis of climate indicators. At present, however, the age determinations of these deposits are not detailed enough, and the deposits themselves have not yet been studied on most continents to an extent that would justify such an attempt. We shall therefore limit ourselves to a discussion of the individual climate indicators as we have done before.

A. The Devonian

Devonian traces of ice were evidenced in South Africa, hence at the same site as the Carboniferous ice traces of the South Pole, or at least in their immediate vicinity. This alone gives us a rough outline of the orientation of the Devonian climate zones; it cannot have deviated fundamentally from that of the

Carboniferous. According to Cloos[1], there are two localities in which striated pebbles occur embedded in a fine-grained matrix, wherefore the existence of a glacial mechanism of formation cannot be doubted. The ice formation comprised 600 km^2 and is set into the Early Devonian. The stratigraphy referred to by Rogers and du Toit on p. 30 displays that the glacial strata form the basis of the Table Mountain Series, whose upper part bears marine fossils from the Middle Devonian. The Early Devonian period is therefore of importance because it suggests that, even as early as in the Late Silurian, the position of the South Pole might not have been far from South Africa. Other Devonian ice traces are not known.

We have already mentioned the few coal formations of the Devonian in the chapter dealing with "the Carboniferous and the Permian". They can be enumerated quickly: According to Blackwelder, Devonian coals are found in places in North America, namely in the state of Maine in the far northeast of the United States; also, according to Frech, in Germany near Neunkirchen in the Eifel region and, according to Neumayr-Uhlig, also in some places in France and Spain. Leuchs mentions that Devonian coals exist in the northern foothills of the Alai Chain at the upper reaches of the Syr Darya River, and Neumayr-Uhlig mentions the like in China. All these deposits seem to be consistent with the equatorial rain belt of the Devonian. To the Upper Devonian also belong coals which are found on Bear Island, hence north of the Old Red desert; this coal formation continues in the Early Carboniferous and thus represents a connection to the Carboniferous.

A very distinctive feature is the Devonian desert formation of the Old Red, which occurs in North America from New York to Newfoundland, also in the western, northwestern and eastern parts of Greenland, in Spitsbergen and in northern Europe, and seems to prove that this nowadays so disrupted continental area once clung together in one piece and formed a vast desert, i.e. J. Walther's "Red Northland" (Fig. 21). Despite the fact that Walther warns us not to regard all thick-bedded sandstones uncritically as products of an arid desert, because in the geological past, at a time when no flowering plants existed, wetter areas could also probably be void of plants. However, in our case the aridity results from the circumstance that the Old Red also contains salt and gypsum both in North America and in the Baltic countries.[2]

The Old Red in England and Ireland assumes a thickness of 3,000 m, in Scotland even 5,000 m, where the Caledonian folding processes at the boundary between the Silurian and the Devonian produced huge masses of detritus.

The scarce fauna comprises lung fishes (Ceratodus) and lung snails (Pulmonata) capable of surviving a temporary desiccation of the rivers. "We thus

---

1 H. Cloos, Geologische Beobachtungen in Südafrika, III. Die vorkarbonischen Glazialbildungen des Kaplandes. Geol. Rundsch. 6, Issue 7/8. 1916.

2 Dacqué, Grundlagen und Methoden der Paläogeographie, p. 408. Jena 1915.

arrive at the notion that the Nordic mainland possessed a hot desert climate, whose arid periods were only seldom interrupted by the heavy precipitations of frequent thunder storms, as early as during the Late Cambrian, then again in the Late Silurian, furthermore throughout the entire Devonian period until well

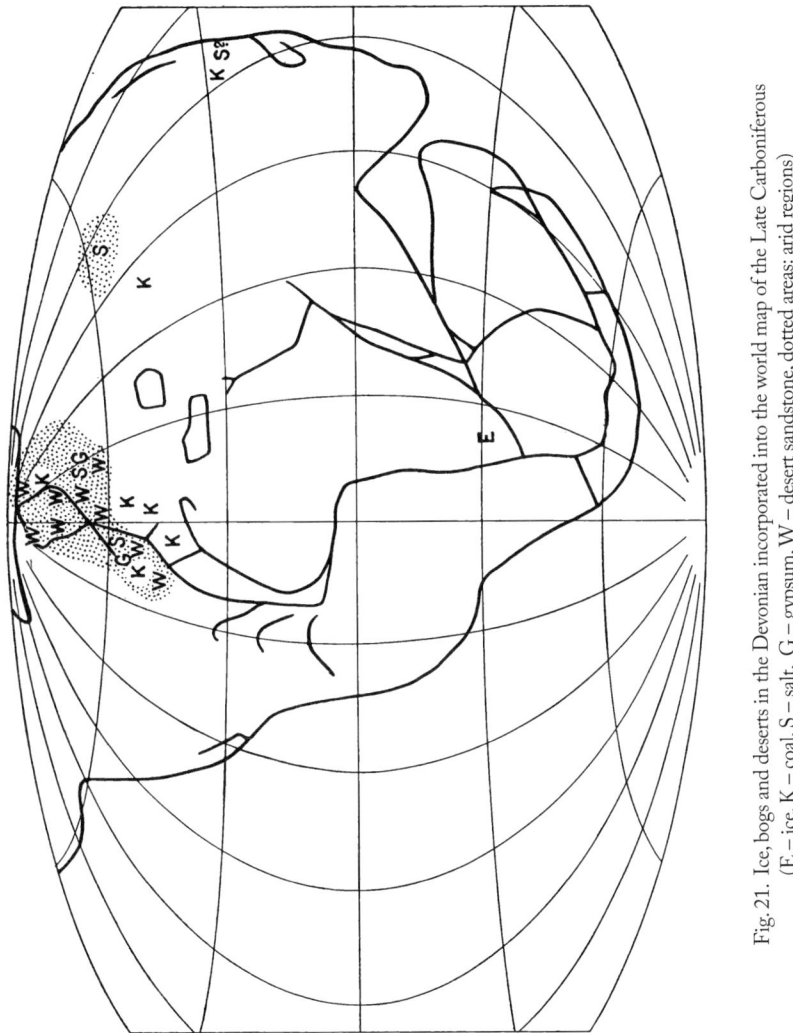

Fig. 21. Ice, bogs and deserts in the Devonian incorporated into the world map of the Late Carboniferous (E – ice, K – coal, S – salt, G – gypsum, W – desert sandstone, dotted areas: arid regions)

into the Early Carboniferous. Then the stormy downpour of rain removed the red, sandy earth from the weathering slopes of the mountains and its floods were occasionally strong enough to tear off meter-sized blocks, carrying them to the foot of the mountain along with small rock debris, for which reason we still see giant boulders interspersed with conglomerates in the Grampian Mountains and in northern Scotland today. It was formerly believed that glacier ice had a part to play in the transport of these masses and reference was made to striated boulders found among them. However, closer inspection revealed that they originated from pre-Devonian rock displaying fault fissures, on which distinct slickensides are found." (Walther). In Europe, the southern border of this Old-Red region runs across England and the Baltic countries. In the Eifel region, however, the existence of Devonian coal already gives evidence of the equatorial rain belt.

In southern Siberia, in the Governorate of Irkutsk and in the city of Minussinsk, today 13° north (and considerably east) of the Devonian coals from the upper reaches of the Syr Darya River, there are salt springs whose salt freight, according to Buschman, is based on Devonian deposits. It is the same region in which coals later formed in the Permian. The equator must therefore have been noticeably farther south in the Devonian than in the Permian. According to Neumayr-Uhlig, the Devonian deposits in China also contain salt formations. Unfortunately, indications are not given as to how they are related in space and time to the already mentioned Devonian coals, as only "China" has again been stated.

Coral reefs were formed during the Devonian in Europe, approximately from England to the south of France, and in North America from New York to Ohio. Only with some reservation do we refer to the statement of various authors who claim that Devonian reef corals were also found in Ellesmere Land (78° latitude); however, an explanation for the occurrence of individual corals, such as those living in the Norwegian fjords today, could be found, as they are also known from Devonian layers in South Africa lying directly on top of the glacial deposits, whereas reefs are missing.

—If we enter all these Devonian climate indicators in our map of the Carboniferous, it can at least be seen that the Devonian equator position deviated from that of the Carboniferous, to the effect that the equator on the European meridians was somewhat further south than had been the case in the Carboniferous (see map in Fig. 21).

B. The Silurian

In the Silurian, orientation on the decreasingly exact map of the Carboniferous is already becoming more difficult, but there still are some places, as will be shown, that give us information about the position of the Devonian climate belts.

Whether ice formations from the Silurian are preserved is uncertain. According to Cloos, the Early or pre-Paleozoic ice formations in South Africa, which cover approximately 25,000 km², come into question in this regard, however, their age has not yet been exactly determined. "Rogers thinks of the Silurian or Cambrian, the Algonquian would also be possible."

In contrast, Silurian coal formations have been evidenced at many locations in Europe. "Because of their high iron disulfide concentration certain Silurian schists in Germany and England are used to produce iron vitriol and alum and are therefore referred to as alum schist. They contain rich admixtures of carbonaceous substances which are, however, not plenty enough to permit the utilization of alum schist as fuel. Seams of poor, unproductive coal and anthracite are known from the Silurian graptolite-bearing shales in Portugal, County Cork in the Upper Silurian of Ireland, and from the Silurian of the Isle of Man etc." According to F. Rinne, Silurian anthracites also exist in Bohemia.[1] Herrmann believes that these "only locally exploitable, thin anthracite seams represent transformation products of accumulated seaweed.[2] If this interpretation is correct, such "algal coals" will naturally tell us nothing about the rainfall and probably lose all climatological relevance whatsoever for now. However, we have great scruples against this interpretation; for where are the peat deposits being formed this way today? According to Herrmann, Lepidodendron is found as early as in the Silurian of Bohemia, as Stigmaria and Sphenopteridium are in the Silurian of the Harz Mountains, which already proves the existence of a terrestrial flora in the Silurian which is similar to that of the Carboniferous; then it also stands to reason to assume that the Silurian coals were also formed from shallow freshwater bogs just like those of the Carboniferous. But we must leave it to the experts to find the right answer to this question. At least, the mentioned coal deposits can be explained, without any difficulty, as products of the Silurian equatorial rain belt, because many other signs also speak in favor of a tropical climate in Europe.

The northern arid zone is relatively the best zone to be retraced in the Silurian. In Europe, it is almost identical with the Old Red area, as already follows from what has been said about the Devonian. Kreichgauer particularly also mentions red Silurian sandstones from the northwestern end of Baffin Bay. According to Neumayr-Uhlig, the salt springs in the vicinity of Petersburg also originate from Early Silurian times. At any rate, this northern European arid zone lies north of the mentioned coals. In North America, however, a vast extended salt formation was formed in the Upper Silurian as a continuation of the European arid zone. According to Herrmann and Buschman, rock salt and gypsum were deposited in the United States during this time in New York, Pennsylvania, Ohio, Virginia, Michigan and, on Canadian territory in Ontario and northern Manitoba. Rock salt layers measuring up to 12 m in thickness have been drilled in Ontario. The state of New York particularly possesses salt springs; Neumayr-Uhlig especially draw attention to those of Salina and Syracuse. This salt formation is red-colored everywhere, and Dacqué emphasizes that its red coloration only begins with-

---

    1   F. Rinne, Gesteinskunde. 6/7th edition. Leipzig 1921.
    2   F. Herrmann, Article „Silurformationen", Handwörterbuch d. Naturwiss. **9**, p. 18—31. Jena 1913.

in the Silurian deposits, revealing an increase in temperature as compared to older periods. The geographical latitude was obviously now in the process of decreasing. At last, we see a second, admittedly Lower Silurian salt desert in southern Siberia as a continuation of this arid zone in the east, according to L. Waagen, in Angara Land northwest of Lake Baikal. Kreichgauer also mentions Silurian Red Sandstone to be found north of Lake Baikal. Owing to this coherent arid region, which can only be consistent with the northern arid zone, the orientation of the climate belts is also roughly outlined for the Silurian. However, we must take into consideration that the western part, in North America, was formed later than the eastern part and was thus in the process of being shifted to the north. In the Early Silurian, when salt was formed in Siberia, it may have been over Central America.—The southern arid zone is still unknown in the Silurian.

The distribution of the Silurian corals is apparently very consistent with this alignment of the climate belts. "At that time they obviously already built reefs which, as regards their essential properties, are identical to those bordering the coastlines of the tropical seas today. Quite isolated as they are in the Lower Silurian (North America), the coral reefs gain an immense importance in the upper half of the formation: we encounter their remains in the Russian Baltic provinces, in Gotland, in Norway, in North America, and in various other regions" (Neumayr-Uhlig). A particularly abundant reef formation prevailed in central Europe, hence just about in the region of the Silurian coal deposits. "Gotland perhaps shows us the most beautiful coral reef of the Paleozoic period." The fauna of the Gotland Limestone, which constitutes the main mass of the Silurian everywhere in Sweden, consists of more than 1,000 species. Here, according to Herrmann, especially large Orthoceras species, belonging to the subgenus Endoceras, are to be found in the Orthoceras Limestone of the Upper Silurian. They are also indicative of warmer water. In England, the Gotland Limestone corresponds to the Wenlock Limestone which, according to Neumayr-Uhlig, contains in certain areas "massive accumulations of corals, indeed real reef formations," but next to them also numerous calcareous algae (Girvanella). Here, the Upper Silurian is already sandy like the Old Red and contains 2 m-long giant arthropods which probably are also indicators of a tropical climate. And finally, corals are again found in the Alps: "Reef limestones have also developed in some places, for example, at Mount Findenigkofel." (Herrmann).

The reef nature of the corals in North America seems to be just as unambiguous. Here, the Niagara Limestone is the equivalent to the Wenlock and Gotland Limestone. According to E. Kayser, the red salt and gypsum formation already mentioned lies on top of it.

Now the Silurian corals have been found in many other regions; Neumayr-Uhlig claim: North Devon in the North American polar archipelago, L. Waagen: North America from Grinnell Land to Arkansas, in Novaya

Zemlya, in the New Siberian Islands, in northern Siberia in the Olenek and Chatanga area, and "all the way down to Australia." But we may have good reason to doubt that these are real reef formations with a lime secretion so abundant that it is characteristic of warm tropical waters. In one case we are already able to submit evidence for this: Gregory demonstrated that the Silurian corals from Grinnell Land, which made their way into the British Museum, consistently displayed stunted growth.[1] These might have been single corals without any reef-forming lime secretion, as thrive today, for example, in the cold waters of the Norwegian fjords.

Neumayr-Uhlig also point out to the other difference in the fauna noticeable between northern and southern Europe in the Silurian and would like to assess it as being climate-dependent. "The possibility remains .... that the deposits in England, Scandinavia, Russia, China, and North America belong to a coherent northern zone, those in Chile and southern Australia to an Antarctic distribution area, whereas those in Bohemia, the Alps, Sardinia, France, Spain and Portugal actually must have to be considered as the northernmost part of an equatorial zone.

The equatorial warm-water belt also seems to be defined by the graptolites of the Silurian, because according to Zittel, they occur: in Bolivia, in North America in Virginia, Iowa, Wisconsin, Tennessee, Ohio, New York, Newfoundland, Canada, furthermore in Europe in Spain, Sardinia, France, Ireland, England, Sweden, Norway, Germany, Carinthia, Poland, the Baltic provinces, at the Ural; in addition, Australia is mentioned, peculiarly, as it completely falls out of regular order. In contrast, graptolites are supposed to be missing in the Himalaya. Considering the at least obvious consistency with the former tropical zone, we would like to dispute that it is possible to explain these deposits merely with a greater ocean depth, regardless of the temperature, as has been represented by several authors, is tenable. It seems to be more likely that the major development of the graptolites, despite perhaps being bound to a somewhat greater water depth, was limited to the tropics of that time.

—In summary, it also applies to the Silurian that only the rough positions of the various climate zones can be passably retraced.

C. The Cambrian

Any reference to the climate belt system is absolutely useless when it comes to the Cambrian, but apparently only because it is temporarily impossible to say how the continents stood relative to each other at that time. We have not the slightest reason to doubt that, in reality, two arid zones coexisted on both sides of the equatorial rain belt at that time as well, and that the polar regions were more or less covered with ice. But these climate zones appear so deformed and thrown

---

1 According to Dacqué, op. cit., p. 406.

in disarray that we are unsure whether some of these indicators must be allocated to the southern or to the northern hemisphere.

Cambrian ice traces in the Varangerfjord in northern Norway have become known by Reusch. They were later described more precisely by Strahan. "On top of genuine pre-Cambrian crystalline rocks lies the quartzitic, shaly and conglomerate-bearing Gaisa Formation, whose lower part contains glacial debris in a dark boulder clay, whereas the underlying stratum has been shown to display glacial striae. The formation belongs to the Early Cambrian" (Dacqué). At any rate, everyone believes that these traces are really glacial, despite the fact that Frech calls their age dubious and some authors want to place them into the Algonquian.

Other ice traces, which are also generally believed to be genuine, are found, according to Willis, at the Yangtze in China. E. Kayser refers to them as belonging to the Lower Cambrian and they lie underneath layers containing Cambrian fossils. "The glacial deposits themselves also consist of boulder clay and loam, with typical striated and polished rocks; on top follows a conglomerate reworked from the glacial material and implying a marine ingression, from which it seems that this glacial period marks the end of the Algonquian period because the Cambrian lies transgressively on top of an Algonquian abrasion surface everywhere in China " (Dacqué).

Uncertain is, in contrast, the glacial nature of the ice traces found in southern Australia all the way to Adelaide, which are allegedly also of Early Cambrian age. Dacqué and Kayser believe them to be genuinely glacial and just leave the age inadequately determined. However, according to Frech,[1] they represent "striated pebbles whose polish resulted from mountain pressure (Basedow), their determined age being also absolutely questionable. According to Noetling, they belong to the Dyas."

Also very questionable are two allegedly glacial finds from the Indian Salt Range and the Indian peninsula south thereof. In particular, the age determination is uncertain in this case as well; according to Dacqué's representations, they probably must still be counted to the Algonquian. Unfortunately, it is not said in which relation of time these glacial findings stand to the salt formation of Salt Range, also attributed to the Cambrian, with which they are climatically incompatible. So long as this contradiction has not been resolved the Cambrian glacial indicators of India can hardly be of any use.

Finally, it may be stated that, according to Cloos, the oldest glacial traces of South Africa may also be just as well of Cambrian or Silurian age. If we assume that the Early Cambrian age of the Chinese ice traces is correct, the South African traces would still be quite distant from them, even if there had been a strong drift of the South Asian coastal areas. For this reason, we would

---

1 F. Frech, article "Kambrium" in Handwörterbuch der Naturwiss. **5**, 658—665. Jena 1914.

prefer allocating these African traces to considerably younger periods, namely to the Silurian, where they connect easily to the Early Devonian ice traces of the Capeland.

Nothing is known about Cambrian coals. Instead, the arid areas can be defined to some extent. According to Buschman, the salt springs in eastern Siberia originate from both the Early Silurian and the Cambrian. In the Cambrian, Europe and North America stood under the sign of increasing temperatures subsequent to the Algonquian glaciation. The ice traces found in Varangerfjord still belong to the Early Cambrian, whereas red desert sandstones were formed in Scotland and other parts of the Old Red territory during the Late Cambrian. Willis drew the same conclusion regarding a period of climate improvement in North America during the Cambrian. Here, Potsdam Sandstone was formed during the Late Cambrian. Then the great salt formation succeeded in the Silurian.

Strangely enough, another arid region, very conspicuous due to its salt formations, can be found in Nearer India during the Cambrian. Neumayr-Uhlig describe it as follows: "We find the geologically oldest salt deposits in the Cambrian of the Salt Range in the Punjab in East India. They were associated with gypsum and red marl and have been mined since ancient times. In the extraordinarily arid [present-day] desert climate of the Salt Range some individual layers have been conserved in the shape of outcropping rock; the city of Amb has been built on such a salt or gypsum stock." Unfortunately, the underlying stratum of the salt is unknown. All we know is that it must be older than the Cambrian layers lying on top. It is most often referred to as Lower Cambrian, however, an even older age may be possible. The position of this arid region is no longer consistent with the other climate indicators on our map of the Carboniferous, just as the simultaneous ice formations in China and Norway are too close to each other on this map and should at least be 120° apart.

According to Frech, massive limestone formations from Cambrian times are found in Scania, northern Scotland, and Sardinia, also in the Canadian Rockies, and in East Asia (without further information as to their location). The belt of the coral-like archeocyaths illustrated on a small chart drawn by Dacqué and to be found in North America in Nevada, in southern Labrador and New York in the East, furthermore in Europe in Scotland, France, Spain, Sardinia, and in Asia at the Altai and in the Indian Punjab and North China, displays a quite similar distribution. In addition, reference is made to southern Australia, the Weddell Sea, and arguably to Graham Land and German Southwest Africa. However, Dacqué himself draws attention to the fact that these reports are not equivalent to reef formations and also display time differences. For example, the archeocyaths appear in Scotland only in the Middle Cambrian, after the Early Cambrian glaciation of the Varangerfjord had ended. According to Walcott, the Chinese finds are also supposed to belong to the Middle Cambrian, hence they are younger than the ice. For Australia, Dacqué reproduces a stratigraphy previously reported by Howchin, according to which siliceous limestones with radiolarians were first to follow on top of the glacial tillite, and ultimately the layers of trilobites and archeocyaths. Consequently, a temperature rise occurred here during the Cambrian as well. However, the archeocyaths are missing in South America despite the existence of Cambrian deposits. That archeocyathids are also missing in the western part of North America, north of Nevada and also in Alaska, and also in the New Siberian Islands, is not astonishing considering the temporal closeness of the Algonquian glaciation.

The other marine fauna of the Cambrian also display regional variations in which one might believe to discern influences of climate. Haug emphasizes the difference existing between northern and southern Europe. Sao, for example, only occurs in in the south, Microdiscus only in the north. Still, the European fauna is mostly conceived of as one entity and to be united with the fauna of the eastern part of North America, forming a North Atlantic Province, as opposed to a Pacific Province which is represented in China, Australia, and in the western part of North America. Just to give one example: Paradoxites, which Frech calls "the most frequent genus of the Middle Cambrian kind in the Atlantic area," occurs in Bohemia, Spain, Sardinia, Massachusetts, but is missing in areas of western America, Argentina and in East Asia.[1] As all signs speak in favor of a tropical warmth in Europe, as does the particularly abundant development of the archeocathids etc., it stands to reason that the "Atlantic" fauna represents the fauna of the warm zone, and the Pacific fauna that of the temperate or colder zones; but it may be questioned whether these differences are exclusively of climatic nature.

D. The Algonquian

The absence of a cartographical basis naturally becomes more noticeable in Algonquian than in the Cambrian. Fortunately, we have an especially good starting point for our discussion here, consisting in the apparently very extended Algonquian glaciation of the northern part of North America. Dacqué writes about it as follows: "In the Upper Huronian basalt conglomerates, Coleman discovered at two sites lying 4 miles apart in the silver mine region north of Lake Huron in Canada polished and striated boulders from archaic and Lower Algonquian rock exposed in the surrounding area embedded in tillite-like, greywacke-sandy rocks …Very similar, but not striated, hence perhaps fluviatile-glacial conglomerates lie on a stretch of over 700 miles in Ontario, from Lake Temiscaming in the East to Lake of the Woods in the West, from Lake Huron in the South to the northern shore of Lake Nipigon on a stretch of 250

---

[1] Characteristic of the Atlantic fauna are: Paradoxites, Olemus. Of the Pacific fauna: the oldest asaphids, Dicellochephalus, Ceratopyge.

miles, reaching a thickness of approx. 300 m. Other deposits of conglomerates in Canada, Minnesota, Michigan and Newfoundlandhave developed analogously and are perhaps to be addressed as fluviatile glacial structures." Dacqué also mentions that, according to Gregory, a glacial conglomerate would lie under the Cambrian also in Spitsbergen, however, in his glacial map he refers to this Algonquian glaciation as being questionable; and finally, pre-Cambrian glacial deposits are supposed to have been found at the mouth of the Lena. (Also added with question mark in the same map). "At least, the American Huronic glacial phenomenon can now be regarded as generally acknowledged and Schuchert even wants to differentiate Lower and Upper Algonquian deposits, so that we would have several glaciations." Accordingly, the earlier mentioned ice traces in the Lower Cambrian of northern Norway would represent a projection of this Algonquian ice age in North America. The circumstance underscored by Haug that the limestone formation noticeably regresses here in the Algonquian, as opposed to Cambrian and Silurian, is also associated with the expansion of the northern polar ice cap over large areas of the North American and European mainland.

Far apart from these corroborated ice traces are the already mentioned uncertain ones in Nearer India. Here, glacial traces were found at Blaini in the Salt Range which David referred to as Cambrian. However, according to Schuchert, they must possibly be considered as pre-Cambrian. And Vredenburg described detritus of the glacial deposition type farther south in the Indian peninsula which were possibly pre-Cambrian. We may also be reminded that an Algonquian age might also still come into question for the oldest ice traces found in South Africa.—Unfortunately, these traces of the southern polar ice cap, as pointed out, cannot be considered as corroborated.

Interestingly, coal formations are also known from the Algonquian. According to E. Kayser, L. Waagen, and others, there is a 2 m-thick coal seam in Finland north of Lake Onega which, according to Sederholm, represents the oldest coal deposit known. This coal referred to as "Shungite" no longer burns and its texture ranges between that of anthracite and graphite.

According to Dacqué, the desert sandstone of the Old Red area was formed as early as during the Algonquian. The Algonquian-Torridon Sandstone of northwestern Scotland is, according to E. Kayser," an almost horizontal structure, several thousands of meters thick, mainly consisting of red sandstones and arkoses."[1] J. Walther says: "In Algonquian times, northern Scotland consisted of a mountainous mainland whose steeply rising ridges and rock jags were not protected by any vegetation, rapidly succumbing to the destructive influence of atmospheric forces." Huge talus cones and tremendous avalanches moved down steep slopes into the valleys. Torrential downpours of rain spread in the

---

1   Arkoses consist of feldspar, quartz and glimmer, hence the debris of granite or gneiss which mostly lie in a rare, clayey, siliceous or hematitic binding medium". (Rinne).

troughs, forming transient dry lakes, on the bottom of which settled layered clays, while the storm accumulated fine and coarse sands to build transient sand hills or wandering dunes." Equivalent to the Scottish Torridon Sandstone is the also Algonquian, red Dala Sandstone in central Norway. Consequently, there can hardly be any doubt that Scotland was located in the northern arid zone throughout the enormous time intervals lasting from the Algonquian to the Carboniferous and beyond, although the geographical latitude was still strongly subject to change within these margins. After all, this circumstance is evidence of a certain stability of the pole position even in the oldest of times, and does not allow the assumption of pole migrations by 180°, which were assumed by Kreichgauer. The Algonquian glaciation of North America, like that of the Quaternary, apparently could only have been caused by the North Pole. Otherwise, too little do we know about the Algonquian deposits to draw further conclusions on the climates of this past.

Chapter VI
Pole Migrations and Latitude Changes in Earth's History

The following most likely positions of the North Pole and South Pole result from the aforesaid, related to the present-day grid of Africa (longitudes of Greenwich):

		Carboniferous	Permian	Triassic	Jurassic	Cretaceous	Eocene	Miocene	Beginning of the Quaternary
North Pole	Latitude	30°N	35°N	50°N	47°N	47°N	45°N	75°N	70°N
	Longitude	145°W	115°W	125°W	132°W	140°W	160°W	150°W	60°W
South Pole	Latitude	30°S	35°S	50°S	47°S	47°S	45°S	75°S	70°S
	Longitude	35°E	65°E	55°E	48°E	40°E	20°E	30°E	120°E

Figure 22 reveals the trajectory of the poles related to Africa. The locations of other continents today and during the Carboniferous (dashed contours) are shown, whereby the continental blocks are displayed irrespective of the water covering their shallower parts.

The accuracy of these pole positions is naturally difficult to determine in terms of numeric figures. Our general impression is that probably errors of approximately 2 great-circle degrees adhere to most of the positions, however, only very few have errors amounting to 5°, if any at all.

The successive geographical latitudes of any given observation site can be derived from our maps without much difficulty. This provides an excellent method to gain an overview of the climatic consequences, to which such a site was subjected in the course of the earth's history. However, various other factors must admittedly be taken into consideration for a more accurate evaluation of the climate, such as the harshness of the polar climate. In Fig. 23, we graphically represented the change in latitude which the five locations (Leipzig, Tokyo, Cairo, Punta Arenas and Hobart) experienced in the course of the earth's history. As far as Leipzig is concerned, we believed that we could already show this curve leading in approximation as far back as to the Algonquian. As can be seen, the curves applying to Leipzig and Punta Arenas run almost parallel to each other

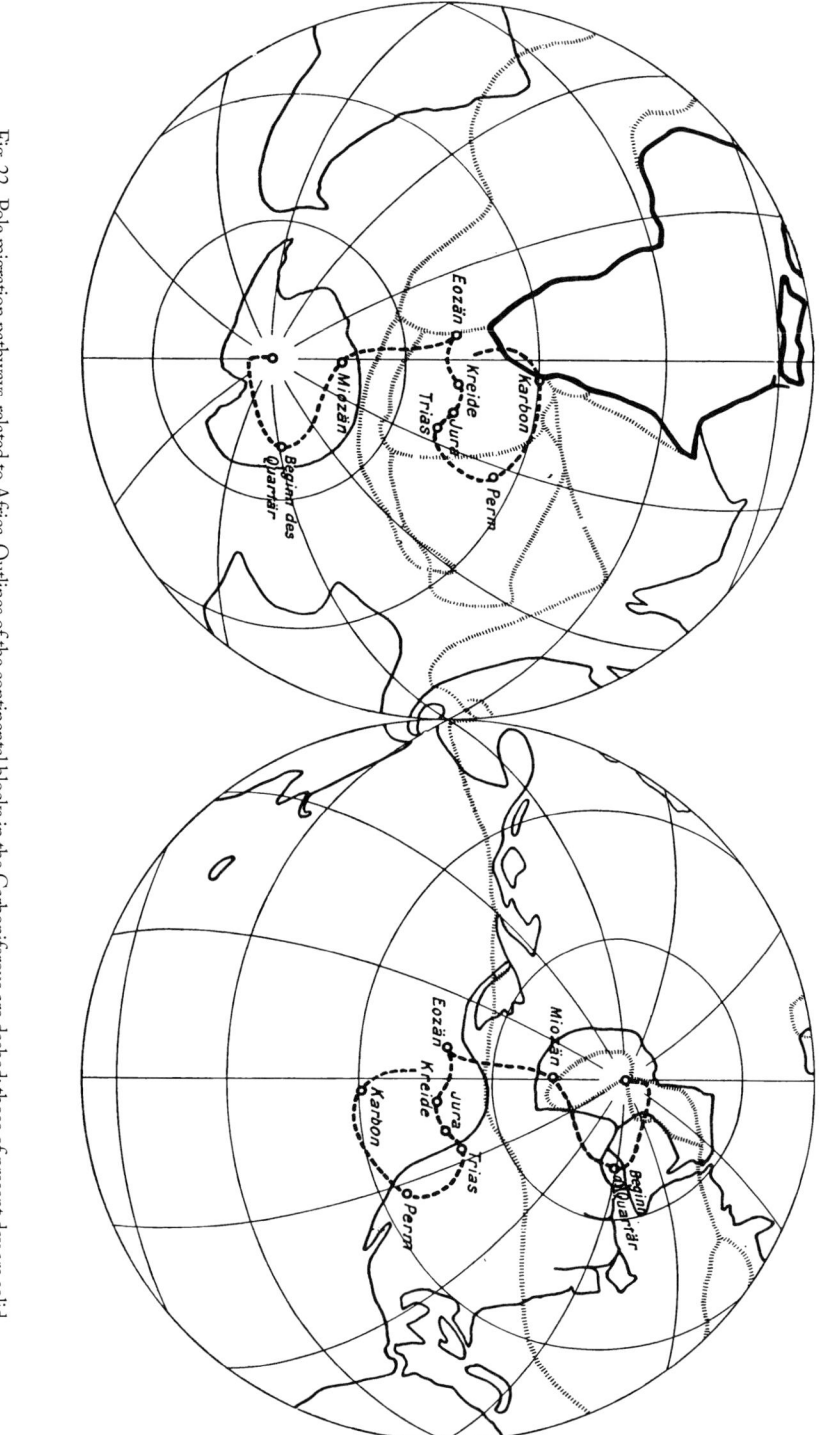

Fig. 22. Pole migration pathways, related to Africa. Outlines of the continental blocks in the Carboniferous are dashed; those of present day are solid. (Eocene—Carboniferous—Cretaceous—Permian—Triassic—Jurassic—Miocene—Beginning of the Quaternary)

during the great Tertiary pole migration, and those of Tokyo and Hobart also run roughly parallel to each other, but in opposite direction as compared to the former. Cairo is an example of a location which changed the hemisphere.

As it is probably not without interest to have this brief representation of the main constituent of the climate changes for a greater number of places on earth, we provide below a data table with latitudes of 27 places since the Carboniferous. Latitudes which are by 20° closer to equator than they are today are printed in

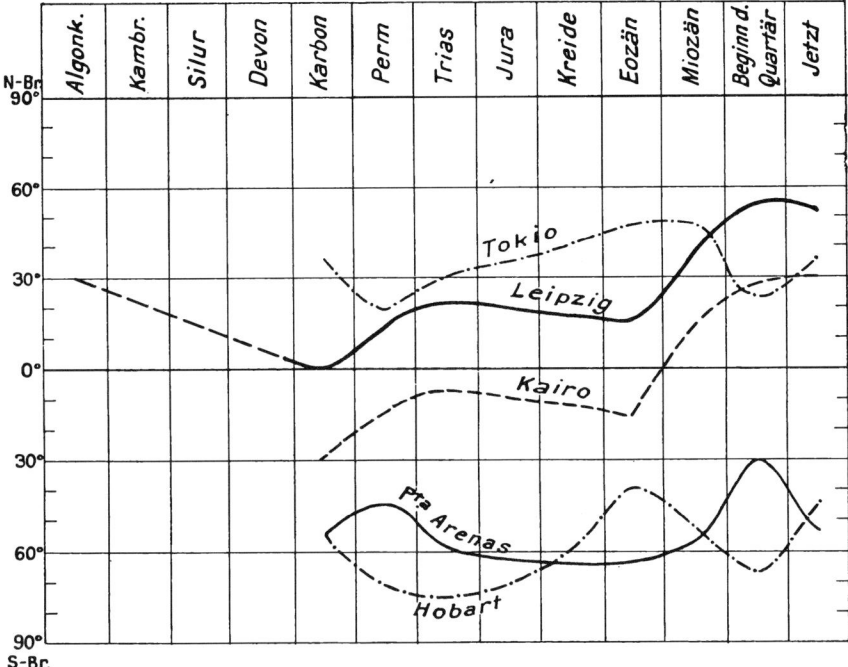

Fig. 23. Changes in geographical latitude in the course of earth's history for 5 selected locations.
Tokyo—Leipzig—Cairo—Punta Arenas—Hobart
Algonquian—Cambrian—Silurian—Devonian—Carboniferous—Permian—Triassic—Jurassic—Cretaceous—Eocene—Miocene— Beginning of the Quaternary— Present day

bold typescript; those printed in italics and bearing an asterisk are at least 20° farther away. This gives a good overview of where, when, and in which direction, the climate of the geological past has deviated from that of today. The table shows, for example, that particularly in Europe, but also in North America and North Asia, the by far greater proportion of geological time used to be warmer than the present, whereas the opposite is true for South Asia, South America, Africa and Australia. If the science of geology had not developed in Europe but, for example, in Africa or Australia, it would have escaped the erroneous assumption of a general cooling down of the earth.

Latitude Changes of 27 Places since the Carboniferous

	Carboniferous	Permian	Triassic	Jurassic	Cretaceous	Eocene	Miocene	Beginning of the Quaternary	Present Day
North America:									
Mt. Elias	50	66	78	75	74	58	78	66	60
S. Francisco	32	*58**	52	50	42	32	50	*59**	38
New York	**0**	**18**	**20**	**18**	**12**	**11**	38	*62**	41
St. Louis	15	32	32	30	29	**18**	42	*66**	39
Mexico	8	30	22	19	12	10	26	*47**	19
Europe:									
Spitsbergen	**24**	**32**	**42**	**40**	**40**	**38**	65	70	79
Leipzig	**0**	**13**	**20**	**19**	**18**	**15**	39	53	51
Madrid	—6	**14**	**16**	**13**	**10**	**0**	30	50	40
Asia:									
New Siberian Islands	**32**	**35**	**50**	**45**	**52**	**45**	68	60	75
Irkutsk	**22**	**12**	**28**	**29**	**31**	37	54	37	52
Tokyo	36	19	30	33	40	48	48	24	36
Batavia	—*30**	—*50**	—*40**	—*37**	—*33**	—8	—13	—*26**	—6
Colombo	—*82**	—*69**	—69	—*69**	—*70**	—*58**	—24	—18	7
South America:									
Panama	—10	15	6	0	—2	—17	6	*31**	9
Arica	—*45**	—20	—30	—35	—*42**	—45	—20	5	—18
Rio	—*63**	—40	—*42**	—*45**	—*50**	—*62**	—24	**1**	—22
Punta Arenas	—55	—45	—60	—62	—63	—63	—57	**—31**	—53
Africa:									
Cairo	—30	—15	**—8**	**—10**	—12	—15[0]	14	27	30
Cameroon	—*46**	—*29**	—*27**	—*28**	—*32**	—*40**	—10	11	4
Cape Town	—*72**	—52	—*	—*65**	—*70**	—*80**	51	—28	—34
Madagascar (middle)	—*80**	—*65**	—*60**	—*65**	—*65**	—*61**	—*40**	—26	—19
Australia:									
Perth	—*78**	—*72**	—*67**	—*70**	—*70**	—40	—46	—*54**	32
Cape York	—*43**	—*70**	—*60**	—*55**	—*41**	—15	—28	—*40**	—11
Hobart	—55	—*71**	—*76**	—*70**	—60	—40	—55	—*69**	—43
Christchurch	—41	—60	—*68**	—*58**	—50	**—22**	—41	—57	—44
Antarctica:									
Seymour Islands	—55	—50	—68	—67	—69	—67	—64	**—40**	—64
Mt. Erebus	—60	—64	—80	—75	—68	**—53**	—80	—80	—77

Chapter VII
The Climates of the Quaternary

In the chapter dealing with the Late Tertiary, we already showed that the position of the poles at the beginning of the Quaternary was quite different from what it is today. On the other hand, the poles must have already assumed their present-day positions at the close of the Quaternary. Hence the Quaternary was the time when the poles changed their positions from what is indicated in the map of Fig. 19 (p. 107) to that of present day. In principle, the question of the position of the poles in the Quaternary is thus resolved, wherefore we only have to make additions in this regard.

Instead, we are now concerned with a new problem, namely the division of the Quaternary in glacials and interglacial periods. The study and explanation of these relatively short-periodic climate variations will therefore be the paramount subject dealt with in this chapter.

A. Overview of the Facts

After Europe and North America had experienced a tropical to subtropical climate over tremendously long periods of time since the Algonquian-Cambrian glaciation, a new ice age began for these continents at the end of the Tertiary period, first in North America, then also in Europe, reaching its culmination point in the Quaternary. In the mountains, the snow limit repeatedly decreased by about 1,200 m, and vast parts of both continents were buried under a kilometer-thick layer of inland ice in each single glacial, whereas the ice melted away, totally or in part, during the interglacials and a flora similar to that of present day moved into the cleared land. The greatest expansion of this North-Atlantic glaciation is shown in Figure 24. The geological products of this ice deluge are extremely manifold and constitute the subject of a special branch of geology, namely glacial geology. Only those which are of particular interest to the climate will be discussed in the following.

1. Europe. Already at the beginning of the last century Playfair and Schimper, later Venetz, Charpentier and many others realized that numerous phenomena in the Alps could only be explained by assuming a previous, much larger expansion of the glaciers. In the Quaternary, the Alps might not have been glaciated to the same extent as Greenland is today, for the ridges still protruded 1,000 to 2,500 m from the strongest developed ice shield in the middle part. But the network of ice currents running across the shield flowed over

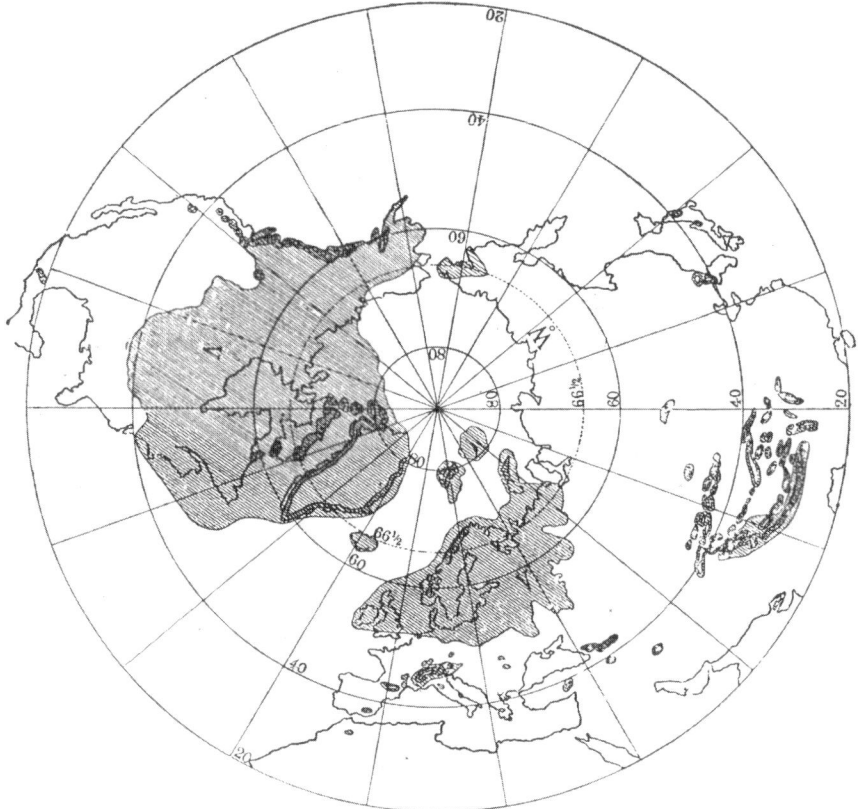

Fig. 24. Expansion of Pliocene and Quaternary glacial traces

many of the passes, and in the north the ice masses flowing out of the valleys fanned out, creating expansive piedmont glaciers at the foot of the mountain. The ice divide lay north of the present-day water divide.

A. Penck and E. Brückner intensively studied the traces of this Quaternary glaciation and published their comprehensive observational material in three volumes entitled: "Die Alpen im Eiszeitalter".[1] Predominately on account of the gravel terraces of the rivers they came to the conclusion that glaciations had

---

1   Penck and Brückner, Die Alpen im Eiszeitalter. 3 volumes. Leipzig 1901—1909.

occurred four times, with three interglacials in-between. They named the glacials Günzian, Mindelian, Rissian and Würmian. The latter mentioned stage is differentiated in several retreat stages. The moraines of the Würmian glacial appear to be less weathered "top moraines". However, the ice had its largest expansion in the Eastern Alps during the Mindelian glacial, in the Western Alps during the Rissian glacial stage. The traces of the oldest ice age are preserved only in a few places. Of the interglacials, the one between the Mindelian and Rissian glacial (Mindelian-Rissian interglacial) must have been by far the longest in time, as weathering altered the moraine material down to great depths and erosion has made the deepest cuts.

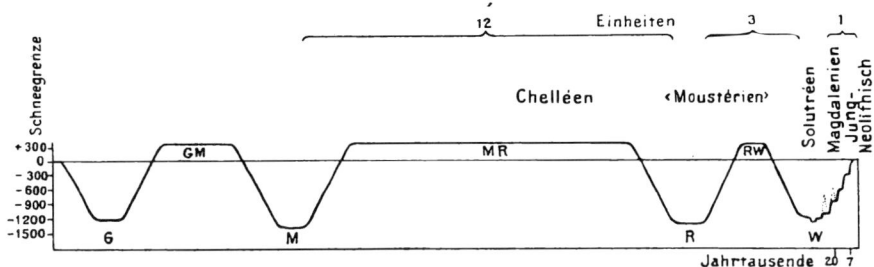

Fig. 25. Time course of the ice ages in the Alps according to A. Penck and E. Brückner
G M R W – the four ice ages, axis of abscissae – time
Schneegrenze – snow limit, Einheiten – units, Chellén – Chellean, Moustérien – Mousterian, Solutréen – Solutrean, Magdalénien – Magdalenian, Jung-Neolithisch – Late Neolithic

This Alpine structure of the ice age is generally believed to be the completest and most dependable, for which reason we must rely on them in this chapter.

Of course, only rough estimations have hitherto been possible regarding the absolute duration. For example, Königsberger found the Quaternary to begin at an age of ½ to 1 million years, based on the helium content of zircon. In the final volume of the mentioned great work of Penck and Brückner (on p. 1168) Penck gives us the estimations which they obtained mainly on the basis of the interglacial erosion of the river gravel deposited during the ice ages, in the shape of the "Climate curve of the ice age" as is shown in Fig. 25, in which only left and right are reversed. The scale on the upper margin expresses the duration of the last two interglacial stages in units, which is defined as the time passed since the deposition of the Bühl moraines in Lake Lucerne, which Penck believes to be 20,000 years, as has been indicated on the right margin of the figure. Penck estimates the most recent Rissian-Würmian interglacial stage to have lasted 60,000 years, however, the preceding Mindelian-Rissian interglacial to be four times as long, namely 240,000 years. Penck does not speculate on any duration of the glacials, however, in the figure he anticipates that about 660,000 years have passed since the onset of the Günzian glacial.

We submit a graphical representation in Fig. 26 as a new further development, showing only the time course of the Würmian glacial in southern Germany according to Soergel[1] (omitting the localities). Accordingly, the Würmian

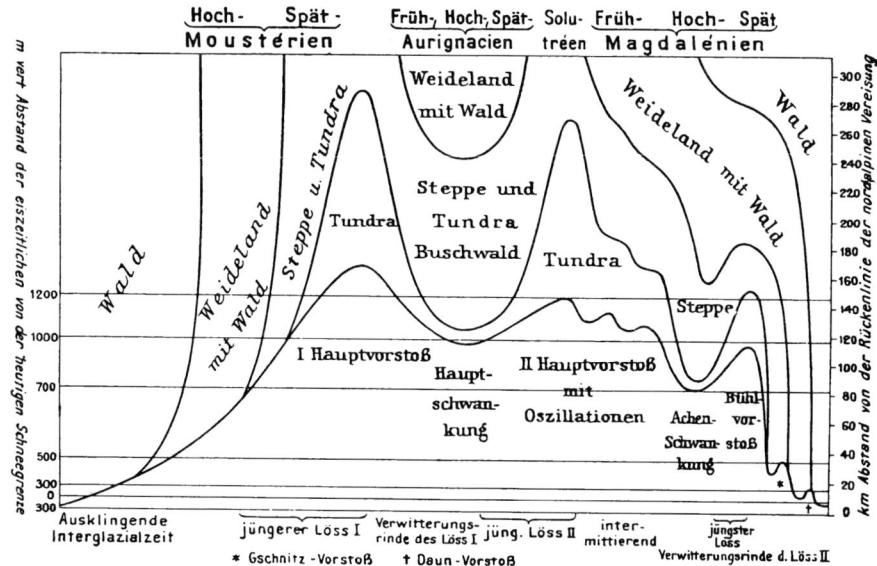

Fig. 26 A. Time course of the last glacial stage in southern Germany after Soergel

Hoch- Spät Moustérien	High, Late Mousterian
Früh, Hoch, Spät Aurignacien	Early, High, Late Aurignacian
Früh, Hoch, Spät Magdalénien	Early, High, Late Magdalenian
Wald	Forest
Weideland mit Wald	Grassland with forest
Steppe u. Tundra	Steppe and tundra
Buschwald	Coppice-wood
Tundra	Tundra
I. Hauptvorstoß	1st main advance
II. Hauptvorstoß mit Oszillationen	2nd main advance with oscillations
Achsenschwankung	Axis fluctuation
Hauptschwankung	Main fluctuation
Bühl Vorstoß / Gschnitz Vorstoß / Daun Vorstoß	Bühl Advance / Gschnitz Advance / Daun Advance (stadial)
km Abstand von der Rückenlinie der Nordalpinen Vereisung	km distance from the backline of northern Alpine glaciation
m vert Abstand der eiszeitlichen von der heutigen Schneegrenze	Meters vertical distance between the glacial and present-day snow limit
Ausklingende Interglazialzeit	Ending interglacial period
Junger Loess	Young loess
intermittierend	intermittent
Verwitterungsrinde	Weathering crust

---

1   W. Soergel, Lösse, Eiszeiten und paläolithische Kulturen. Jena 1919.

glacial seems to be subdivided in 2 main advances, Würmian I and Würmian II; Soergel moves the subsequent Bühl Advance very strongly into the background, however, he says on p. 129 of his book: "The main mass of the intramoraine loess appears to belong to the Bühl Advance, whereby the same is distinguished as a highly independent glacial unit and its preceding axis fluctuation as the most significant of its kind since the 'main fluctuation'." (In the next chapter we will

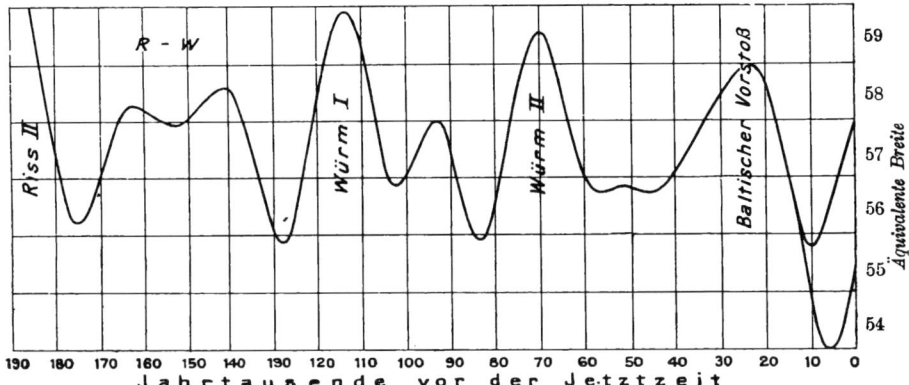

Fig. 26 B. Insolation at a northern latitude of 55° after Milankovitch
Riss II = Rissian II
Würm I = Würmian I
Baltischer Vorstoß = Baltic Advance
Äquivalente Breite = Equivalent latitude

come back to Milankovitch's insolation curve, shown in the lower part of the figure for reasons of comparison). More pronounced are the differences between the three advances of the last glacial in the table published by Krenkel, which we will show on p. 166.

Naturally, there are estimations that strongly deviate from those aforementioned. For example, de Geer believes that most age determinations are overestimated. But his method of counting years depending on clay horizons, with which we will concern ourselves later in the chapter dealing with the postglacial period, is only applicable to the last melting period and fails in older time. It is peculiar that Pilgrim calculates the time that has passed since the beginning of the Mindelian glaciation to be no less than 940,000 years, based on the same astronomical facts which in the next section will bring us in good agreement with Penck's estimations. This is a result of his deviating, apparently false interpretation of the impact which those factors had on glaciation.

The opinions gained from the Alps gave reason to ascribe, already at an early stage, the Quaternary coverage of northern Europe all the way down to southern England, the Harz mountains and the Carpathians with masses of clays, gravels, and boulders no longer to a flood, Diluvium, but to the effects of ice. Admittedly, it has been assumed over decades that these masses were transported in the shape of icebergs and ice floes over the oceans. Only early in the 1870s was the magnificent concept expressed, and only in 1875, particularly after a lecture of the Swedish geologist Torell in Berlin, did it bring across effectually that this transport proceeded directly by means of glaciers, namely through the action of inland ice that covered the whole of North Europe. But even today, we have not been able to fully clarify the structure of the northern German Quaternary and its relationship with the structure of the Alpine glaciations, despite the fact that the formerly rather lively dispute between mono- and polyglacialists may now be considered to be over. According to the opinion majorly held by northern German geologists, not four, but three glaciations can be determined here, and, accordingly, two interglacials. For a long time, only two glacials have even been known to have existed, until the ground moraine of an older third glacial was struck by a drilling operation near Hamburg. The depositions of this oldest glacial are lying on top of older rocks. They are missing in the east, for which reason the older interglacial with its characteristic marine Eem fauna (the extinct mussel Tapes aurea eemiensis, etc.) becomes a preglacial.

Gagel summarizes the evidence of multiple glaciation, using the following words:[1]

"1. In the environs of the Baltic mountain ridge the diluvium shows typical forms of a glacial landscape: fresh, precipitous, steep-sloping landscape forms with numerous drainless depressions, whereas south and west thereof the landscape displays much calmer, gentler, unmistakably strongly planed ("aged") forms and is mostly fully drained off. Concomitantly, there is a

"2. distinctive discrepancy inasmuch as postglacial weathering in the area of fresh, precipitous surface forms in general only displays depth values of 0.7 to 1.8 m, whereas some distinctly more profound and intensive weathering phenomena appear in the south and west, apart from the mountain ridge, reaching a depth of 10 to 13 m, indeed even up to 27 m, whose thickness and decomposition intensity are only comparable with weathering phenomena lying deep underneath the fresh, young diluvium, and occur in association with depositions of temperate interglacial floras."

"3. The occurrence of depositions with the fossil remains of a thermophile (fauna and) flora which could not have dwelled close to the border of inland ice, for as much as we know today about their life conditions, instead, they required climate conditions which were at least as favorable as they are today, hence in all probability depending on an expansion of the glaciers to be just as small as it is today."

"A more precise stratigraphic study of these interglacial formations (including the weathering zones) has revealed that they are distributed over two hori-

---

1   C. Gagel, Die letzte große Phase der diluvialen Vergletscherung Norddeutschlands. Geol. Rundsch. **6**, 55, 1915. — Idem, Die Beweise für eine mehrfache Vereisung Norddeutschlands in diluvialer Zeit. Ibid. **4**, 1913.

zons, the deeper of which being distinguished by its bearing Paludina diluviana ….. as well as Dreyssenia polymorpha and Corbicula fluminalis in the freshwater depositions, the so-called Eem fauna in the marine depositions …. whereas the younger interglacial appears to be defined by Paludina Duboisiana and Brasenia purpurea …"

"As much as we know, this younger interglacial expands from West Prussia to Schleswig-Holstein and Hanover across the last thick weathering zone and underneath the young fresh moraines of the Baltic mountain ridge and/or underneath formations standing in an immediate, stratigraphically verifiable association with these young fresh moraines …."

"4. In addition, there is a fourth element, i.e. the distribution of the northern German loess, which keeps outside the area of young fresh moraines, and only seldom and to a lesser extent and in slender proportions[1] reaches over to the peripheral, marginal parts of the young diluvium but, predominately with a thick erosion discordance, lies on top of an extremely strong denuded and destroyed older diluvium, which, below it, is often reduced to very few remnants and/or a layer of gravel; which proves that there has been a very long time of destruction and erosion between the deposition of this older diluvium and the surface-forming loess."

The question as to which Alpine glacials correspond to the single stages of northern German glaciation, is being answered, if at all, differently by the various authors. A lesser number of glaciations here might have had two causes: Either interglacial melting was not strong enough to free northern Germany from the ice; or not all of the Scandinavian ice advances reached down to northern Germany. Fig. 27 shows a new small map drawn by Olbricht[2] (omitting some of the signatures that we are not interested in here), in which the various moraine tracts are set in parallel to Alpine Mindelian, Rissian and Würmian glaciations by affixing the letters M R W next to them. The Günzian glacial is missing, perhaps because the ice cap did not reach all the way down to northern Germany at that time. The Mindelian and Rissian glacials are almost of equal expansion here as well. The Würmian glacial is not allocated to the Baltic mountain ridge as one would suppose according to Gagel's diction, but to the moraine tract south thereof, which Olbricht ascribes to the young moraines because of its fresh appearance. Since Würmian II reached farther than Würmian I, the Baltic mountain ridge must then correspond to a third advance which has been repeatedly referred to as the "Baltic Advance" or even the "Baltic Glacial". Provisionally, it remains uncertain with which Alpine advance this one subsequent to

---

1   The fine sands of the Fläming and perhaps a part of the sand-rich sandy loess (Flottsand) and/or silt-rich sandy loess (Flottlehm) of northern Hannover apparently represent such, slightly thick and strongly weathered but otherwise typical loess in the area of the outermost young diluvium.

2   Olbricht, Die Eiszeit in Deutschland. Naturwiss. Wochenschr. 1922, p. 277.

Würmian II is to be identified, particularly because the "Bühl Advance", which had been previously deemed to be of significance here, has become questionable altogether due to the recent studies published by Penck. As these latter advances

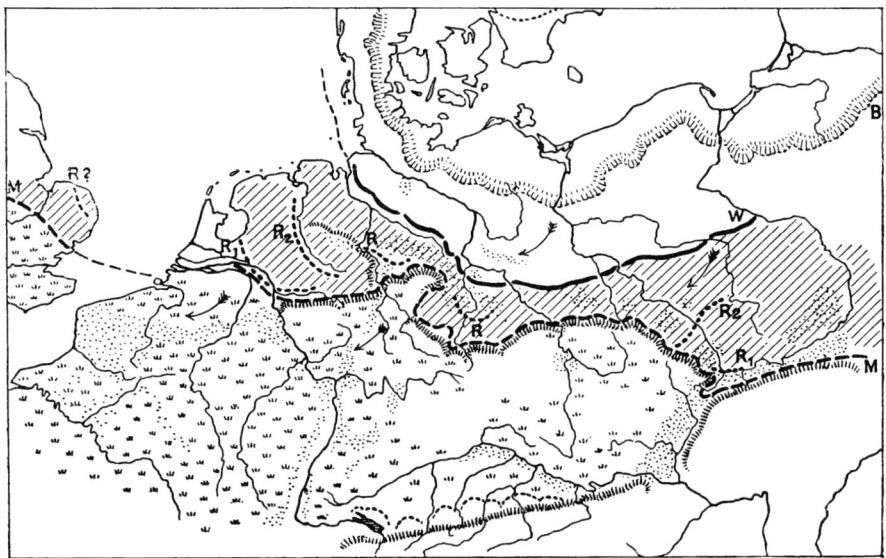

Fig. 27. Expansion of the moraines during the Mindelian (M), Rissian (R), Würmian (W) glaciations and the Baltic Advance (B) after Olbricht

The unglaciated area between the Alpine glaciers and the Scandinavian inland ice is marked by grassland. The loess areas are dotted. The mountain symbols denote the Alps and the low mountain ranges where the northern ice banked up temporarily. The bold dashed M line indicates the extreme outer margin of the inland ice; R the Rissian moraines, W the Würmian moraines, B those of the Baltic advance. The area of old moraines with its ferrous weathering is hatched diagonally. The arrows denote the direction of the ice foehn winds that whirl up the loess.

in the Alps are only little understood yet, whereas the Baltic moraine tract is very pronounced in northern Germany, we shall reckon in the following only with one greater advance for the time subsequent to Würmian II, in accordance with Krenkel and Olbricht, one which we shall refer to as the "Baltic Advance". It corresponds to Krenkel's third advance of the Würmian glacial stated in the table shown on p. 166.

The Kaiser Wilhelm Canal, the greatest incision into the ground moraine in northern Germany, according to Gagel, peculiarly exhibits that here "the entire, in part very thick ground moraine lying on top of the (younger) interglacial is in fact quite uniform."[1] If there had been any interglacial formations between the three advances of the Würmian glacial in this area at all, they must have been destroyed

---

1   Gagel in Geol. Rundsch. **6**, 72, 1915; more explicitly in Monatsber. der Deutsch. Geol. Ges. **63**, 7, 1911.

again after each subsequent advance. However, it must be pointed out that the opinions of the various researchers do not agree on most issues, the mentioned parallelizations must therefore not be regarded as ultimately settled.

Based on observations made in England, Geikie[1] distinguishes six glacials in Europe, which probably match with those of Penck and Brückner as follows: Scanian=Günzian; Saxonian=Mindelian; Polandian=Rissian; the subsequently following Mecklenburgian, Lower Turbarian and Upper Turbarian should match with the three advances of the Würmian glacial stated in Krenkel's table (p. 166).

In Scandinavia, near the center of glaciation, the differentiation of glacials and interglacials is naturally less distinct than it is in northern Germany, after all, these countries were glacial erosion landscapes. Still, findings have been made which at least speak in favor of an ice-free interglacial having existed there as well. Moraine-covered deposits escaped destruction by the ice at Hernösand and Bollnäs. Their rich fossil content is indicative of a "temperate boreal climate."[2] According to their deposition, they admittedly also may be preglacial, although the fossil content speaks for a late, hence interglacial age. The same applies to discoveries of mammoth teeth in Scania, near Uppsala, in central Norway (high up in the mountains!) and in Finland, as well as bones of a musk ox near Gothenburg. Accordingly, the inland ice must have disappeared almost to completion also in Scandinavia in at least one of the interglacial periods.

Ramsay also determined an interglacial period for the Kola Peninsula and the coast of the White Sea. As in Scandinavia, this may also be the long Mindelian-Rissian interglacial period, during which the conditions were probably most favorable for a complete withdrawal of the inland ice.

Concerning the question of pole migration during the Quaternary, it is of particular interest that the ice caps formed in northern Europe during the various ice ages apparently have shifted gradually somewhat to the east. According to Gagel, we know with certainty "that the youngest upper-diluvial glaciation [Würmian] …. did not reach past the west (beyond the rivers of Aller and Weser), whereas it left behind particularly thick deposits in the east;" and, on the other hand, the oldest glaciation seems to have preferentially affected the west and seems to be missing in the east, because "we have … a highly characteristic and unambiguous marine fauna once in the northwest [at the Eem River in Geldern, at the Kaiser Wilhelm Canal, at Tondern etc.], in the shape of a verified interglacial lying on top of thick glacial diluvium and, again, in the extreme east or southeast [in particular, between Thorne, Inowrazlaw and Bromberg] in an area where apparently the oldest glacial diluvium is absent, lying on top of the Tertiary." According to this, Geikie's notion that the "lower boulder clay" of the

---

1   James Geikie, The Great Ice Age, London 1894. — Also in Journ. of Geol. **3**, p. 241.

2   A.G. Högbom, Fennoscandia. Handb. d. Reg. Geol. IV, 3, Heidelberg 1913.

west would be missing in the east, and the "upper boulder clay" of the east would be missing in the west, would be true in its essentials, despite the fact that it is mostly not accepted in this form by German geologists.

Deposits of immediate climatic interest also appeared in areas of Europe which were not covered with ice. Between the Alps and the boundary of the northern ice, there remained a space free of ice or where only local mountains were overlain with glaciers, even at the time of the greatest glaciation. We are informed about the climate in this area, for example, owing to the existence of the boulder fields. Harrassowitz[1] showed that their formation conditionally requires a frozen ground in the deep and thus an annual temperature which is approx. below —2 °C in places where it nowadays amounts to 6 to 7 °C, corresponding to a temperature decline of at least 8 °C. Concomitantly, solifluction, to which boulder fields owe their existence, depends on a lack of snowfall, hence a rather dry climate at least in the winter. We will come back to this subject later.

Another important climate indicator from these areas, which also makes further contributions as to how to subdivide the Quaternary, is the loess already mentioned earlier. Numerous petrographic studies revealed that European loess developed from the fine material of the moraines and their wash-off products. It consists of the fine-ground, unweathered and therefore calcareous material known as "glacial milk" which gives the rivers emanating from glacier areas an opaque appearance. According to Soergel, Frech and others, these particles have been taken up by the wind after the melt-water runoffs had dried up in front of the moraine. However, according to the observations A. Wegener made in Greenland, the release of these dust particles from the adhesion proceeds less by desiccation of the fluid clay slurry— mostly the cause of hard plate formations— than by freezing and immediate evaporation of the ice contained therein, which happens on a larger scale particularly in the autumn, when the ground is warmer than the air.

At any rate, the means of transportation which carried this loess dust out of the moraine area is the wind. After its deposition, the loess is subject to more or less deep weathering from the top down in the course of thousands of years, i.e. "loamification", during which it loses its lime content and porous structure. The question whether the loess was formed during the glacials or during the interglacial periods was treated controversially over a long period of time. A direct answer to this question could not be derived from its occurrence because it invariably, or nearly invariably, lies outside those moraines which are as old as the loess itself. The next most likely assumption, i.e. that the loess could have been deposited during arid interglacials exhibiting a steppe climate, had to be gradually abandoned in favor of accepting the knowledge that it had been picked up from the boundaries of ice-covered areas and carried to the places where it lies

---

1 H. Meyer-Harrassowitz, Die Blockfelder im östlichen Vogelsberg. Ber. Vers. Niederrh. Geol. Ver. 1916, Bonn 1918.

now by dry anticyclonic winds persistently blowing out of these areas during the glacials. One part of it was then reworked by solifluction and rain floods.[1] This mechanism of European loess formation—despite its identical composition and identical transport by wind—hence differs from that of Chinese and Argentinian loess whose material is of desert origin, as has been explained earlier. According to a poignant quotation of Frech, all that loess formation requires is "an unvegetated denudation area, a dry wind and a more or less vegetation-covered catchment surface."

Owing to the clay formation crusts, their color and other properties, German loesses can be distinctly subdivided into several age periods, namely in Older, Younger and Youngest Loess. However, each of these categories decomposes further to yield multiple time-separated formations and between their depositions are longer periods of weathering. Soergel demonstrates the relationship between loesses and moraines in the schematic representation shown as Fig. 28.[2] Here, the hatched areas indicate weathering rinds of various strengths. As loess *b* lies on top of the weathered moraines of glacial *a*, it must be considerably younger than the same, and as it lies neither under nor on top of the moraines of glacial *b*, it can be neither older nor younger than the same, instead, of identical age. Loess therefore never lies on top of an unweathered moraine, however, it does come to lie on unweathered river gravel (of its own glacial), or on top of weathered moraines (of the previous glacial).

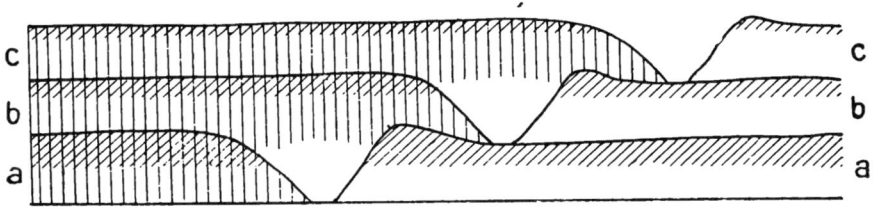

Fig. 28. Relationship between loesses and moraines after Soergel

One example may illustrate the arrangement of the younger loess on top of the weathered cover of older loess [Fig. 29[3]]. Its fauna discovered elsewhere shows that it had originated from the Würmian glaciation; the older one thus originates from the Rissian and had time to undergo processes of weathering (transform into clay) in an interglacial period with more or less hot summers.

---

1   Also A. Penck, who definitely used to argue for the formation of loess during the interglacial stages, admits at the close of the great work on the Alps (p. 1160): If the loess formed during a glacial it must become deposited exactly where it is found today, and not where it does not exist at all.

2   W. Soergel, Lösse, Eiszeiten und paläolithische Kulturen. Jena 1919.

3   From E. Werth, Der fossile Mensch. p. 458. Berlin 1923.

The culture layer buried by the loess of the new glacial also originates from this interglacial.

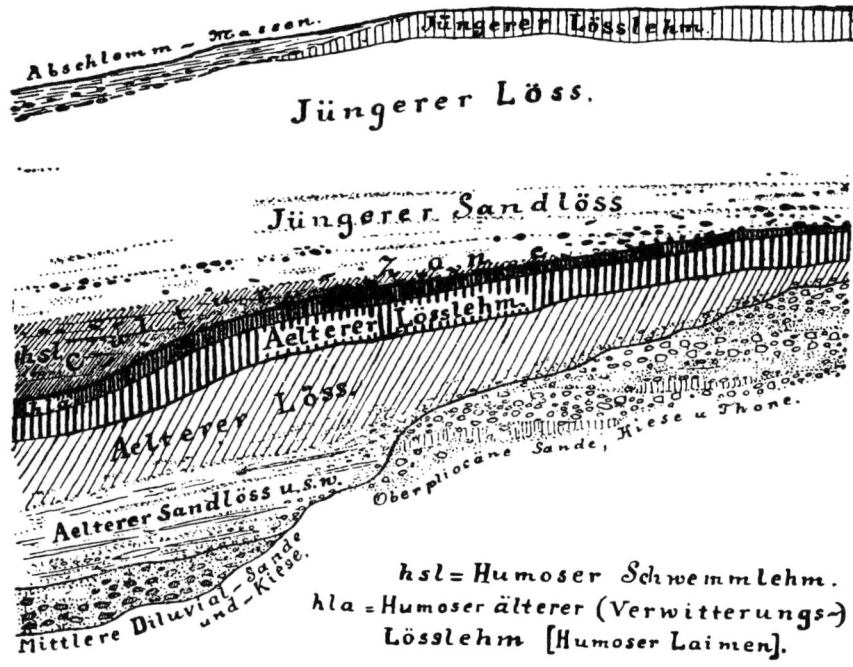

Fig. 29. Example of the overlaying structure of various types of loess from the environs of Strasbourg after Schumacher

Abschlamm-Massen = Mudslide
Jüngerer Löss = Younger loess
Jungerer Sand Löss Zone = Younger sand loess zone
Älterer Lösslehm = Older loess clay
Älterer Löss = Older loess
Älterer Sandlöss usw = Older sand loess etc.
Oberpliozäne Sande, Kiese und Thone = Upper Pliocene sands, gravels and clays
Mittlere Diluvial-Sande und Kiese = Middle Diluvial sands and gravels
hsl = Humoser Schwemmlehm = hsl = Humic alluvial clay
hla = Humoser älterer (Verwitterungs-) Lösslehm   hla = Humic older (weathering) loess clay
[Humoser Laimen] = [humic loam]

Weathering during the much longer Mindelian-Rissian glacial was yet significantly stronger. In it, the cover gravel of the Southern Alps was transformed to yield bright red ferretto. This phenomenon is also displayed on this side of the Alps albeit to a lesser extent. Under the moraines of the Rissian, the deposits of the Mindelian glaciation are partially strongly cemented and the flint stones in northern Germany, like the hammer stone of the Abbvillians and Old-Acheuleans in France, which date far back to the great interglacial period, are covered with a leathery red to blood-red patina. The dry-rotted erratics of the Mindelian glaciation partially display scaly excretions, a tremendous formation of manganese rinds and a desert-varnish-like patina.[1] This indicates that there had been very hot summers during the long Mindelian-Rissian interglacial.

As far as the climates are concerned, the loesses are mainly indicative of the wind conditions prevailing at the inland-ice boundaries. Since they have always been carried by the wind from there to the outside, similar anticyclonic winds must have prevailed over the Quaternary inland-ice caps, as we see them blowing downward from the inland ice shields of Greenland and Antarctica with amazing regularity nowadays, whereby they are deflected by the earth's rotation to the right in the northern hemisphere, and to the left in the southern hemisphere.

The constancy and concomitant dryness of these winds in the Quaternary has already been evidenced by the numerous ventifacts which to some extent (especially in Silesia) lie under the loess as a boulder pavement, but most of all by the massive occurrence of the now stationary crescentic dunes whose openings face the west, wherefore their shape must have been created under the impact of easterly winds. In the following and more humid period of westerly winds, these dunes were preserved by a vegetation cover in northern Germany as well. Particularly striking is their discovery in the marsh forests of the Pripet landscape by Tutkowski.[2] In northern Germany, they were later partially displaced by the westerly winds before they were overgrown, for which reason their slope side is in the east.

The descent of air from the inland ice is probably exaggeratingly seen to be responsible for the dryness of these easterly anticyclonic winds. The main effect, however, was probably produced by a descent from yet higher altitudes in the interior of the anticyclones which was positioned over the ice cap.

These conditions are shown in Fig. 30 and apply, for example, to the Mindelian glaciation. The detachment of Greenland and North America from Europe had just recently begun, the North Pole was 5° closer to Europe, so that northern Germany had a geographical latitude of approx. 58°. The pole was more in the east during the later glacials; the greatest expansion of the inland ice in the east probably belongs to these later glacials. In the figure, we agreed to the assumption that the barometric minima moved from the Atlantic Ocean in the glacials across the Mediterranean Sea, bringing the countries around it much more rain during the summers than they do today. Egypt, Palestine etc. had their "pluvial periods" then, which will be discussed later.

While the loesses and the dunes primarily teach us about the direction of the wind in the warmer seasons, attention has been recently drawn to a feature

---

[1] Olbricht, Die Eiszeit in Deutschland und der vorgeschichtliche Mensch. Naturwiss. Wochenschr. XXI, No. 27, 1922.

[2] P. Tutkowski, Das postglaziale Klima in Europa und Nordamerika, die postglazialen Wüsten und die Lößbildung. Ber. d. 11. Internat. Geol. Kongresses (1910), p. 359 and 398, Stockholm 1912.

which is particularly related to the winter. Some authors[1] have repeatedly emphasized that the glaciers are preferentially made of drift snow and are therefore more massive on the lee sides of the mountains than on their wind-exposed sides, where much less snow remains lying on the surface. However, these occasional indications had remained unnoticed until Fr. Enquist made this question

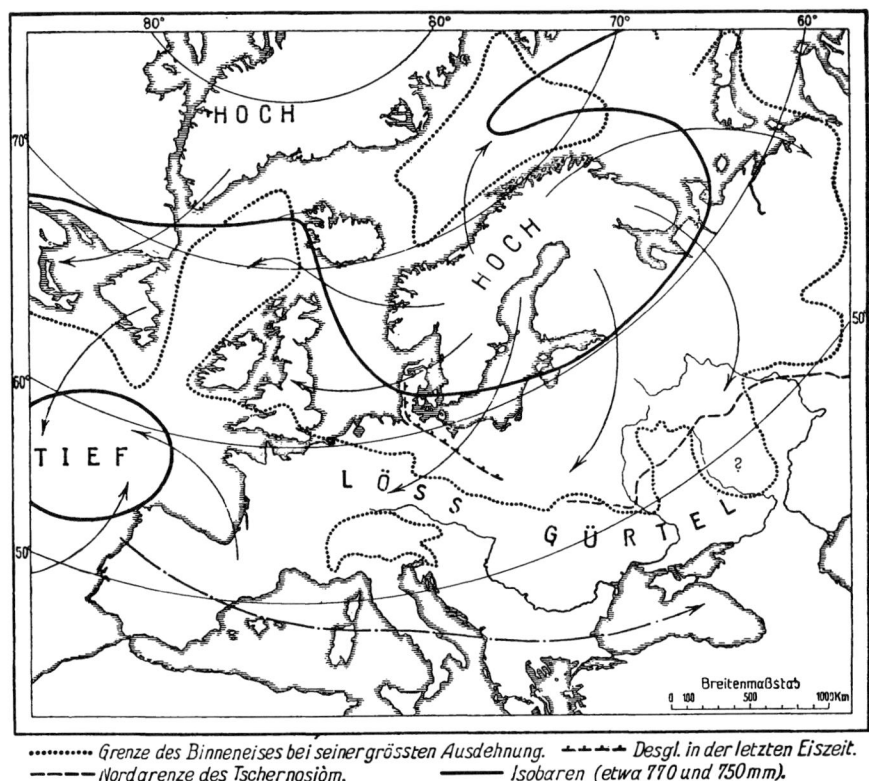

Fig. 30. Likely position of the continents, the barometric pressure zones and the prevailing winds during the Mindelian glaciation

Hoch = High
Tief = Low
Löss-Gürtel = Loess belt
Grenze des Binneneises bei seiner
größten Ausdehnung = Greatest expansion of the inland ice boundary
Nordgrenze des Tschernosjöm = Northern boundary of Chernozem
Vorherrschende Luftströmung = Prevailing atmospheric current
Desgl. in der letzten Eiszeit = The same during the last glacial
Isobaren (etwa 770 und 750 mm) = Isobars (approx. 770 and 750 mm)
Hauptzugstrasse der Zyklonen = Main travel route of cyclones

---

1   Ratzel, Romer, Diller, Gilbert, Salisbury, among others.

an issue of a comprehensive treatise.[1] He actually distinguishes the "glaciation limit", i.e. the level at which mountain summits commence bearing eternal snow or glaciers, from the orientation of the glaciers on each mountain. The former is determined on the basis of precipitation and temperature, the latter, according to Enquist's presumably too far-reaching opinion, exclusively on the basis of the direction of the prevailing, snow-bearing winter winds. The windward side of the mountains would receive more precipitation, whereas the snow would be predominately deposited on the leeside. He selects the conditions in northern Scandinavia as a starting point, where glaciers and snow fields conspicuously lie on the eastern side of the mountains, whereas the amount of precipitation increases toward the west.

The glaciation limit is a significantly clearer term than the climatic snow limit, which differs on the various sides of a mountain because of the inconsistent lengths of the glaciers, however, in general, it runs parallel to the glaciation limit. For the orientation of the glaciers, Enquist not only rejects the opinion hitherto expressed by others, i.e. that more snow cover and glacier formation must be found on the windward side, he also considers the influence of solar exposure and shading to be low in comparison with the wind drifting leeward.

As the Württemberg maps show the traces of the glaciation very precisely, Enquist indicates the ice-age glaciation limits and the location of the many small glaciers for the northern part of the Black Forest. The former decreases, strangely, from Hornisgrinde to Freudenstadt, from almost 1,000 down to 750 m. From the fact that the small ice-age glaciers, just like the snow remnants today (according to Klute) predominately face the north, northeast and east, Enquist infers that the direction of the snow-bearing winter winds in the Black Forest was, then and now, southwesterly.

Hence it follows that the great anticyclone over the northern ice was opposed by a small one in the Alps. Ice-age glaciers were also predominately oriented toward the northeast in Silesia and in the Carpathians, for which reason somewhat less importance must be bestowed on the northeasterly winds in Fig. 30.

Mountain ranges with ice-age glaciers predominately oriented southward and westward are not known from Europe (perhaps the Ural Mountains), instead, they occurred in America, as we shall see further below.

The loesses, ventifacts and crescentic dunes provide evidence that precipitation during the glaciations had been relatively low. This is also confirmed by the very low precipitation amounts in present-day inland-ice areas. The older concept, according to which the glaciations came about due to an increase of precipitation and concomitantly only marginally lower temperatures, is therefore represented only by very few in recent times. It was the cold particularly of the summers that caused an accumulation of snow despite its small amounts. And

---

[1] Fredrik Enquist: Der Einfluß des Windes auf die Verteilung der Gletscher. Bull. of the Geol. Inst. of Upsala. Vol. XIV, 1916.

conversely, the interglacials which were formerly supposed to be associated with a steppe climate, are now considered to have been sufficiently humid to have produced a growth of forests. A. Penck said very recently with regard to the remnants of raised bogs in the Alps: "Our entire interglacial formation was created in a humid climate."[1] Much better conditions for steppe formations existed in the time of the glaciations. The tubular structure of the loess, in fact, refers to the deposition of dust in a grass steppe. From the composition of animals, yet to be discussed, whose remains it contains, we must infer that these steppes immediately border on tundras and transition into them. We find this treeless transition from steppe to tundra only in very barren areas of High Asia, but never in the lowlands; instead, everywhere between steppe and tundra, i.e. between the dry-humid boundary and temperature boundary of tree growth, there is a more or less broad forest belt which is called Taiga in Siberia. This strip is nowadays narrowest in Tierra del Fuego whose northern end and southern border is steppe and tundra, respectively. However, here as well, a jungle with, in part, enormous trees stretches out in-between. But the glacial conditions differ particularly in just one important point completely from everything we see on the surface of earth today: The boundary of the inland ice was located over wide stretches in the interior of a large continent at that time, and not near the coast as is the case in Greenland and Antarctica today! Conditions relating to the vegetation cover we cannot find today could have been associated with this different position, and an element of the earth's climate system could have formerly existed which by accident has not developed today: the dry steppe-tundras on this side of the polar tree limit, with prevailing polar-easterly, anticyclonic winds. During the glaciations, a permanent anticyclone would have thus stood over the inland ice, whose margins had reached the boundary of the inner-continental arid zones, so that the forest belt of westerly winds at these sites would have been made to disappear, except for few remnants, and could only expand again during the interglacial periods, when the anticyclone also receded along with the ice cap. This variation of the forest boundary clearly emerges in Soergel's representation of the Würmian glaciation (Fig. 26, p. 150).

That pronounced arid climate phenomena appear beyond the tree limit has been recently elaborated by Harrassowitz[2]. Apart from an oceanic variant, we will probably have to distinguish a continental variant of tundra climate, which is nowadays only poorly represented.

The plants which are found in the interglacial deposits occur again today, by far in the most cases, in the vicinity of places where they have been found. In northern Germany, these plant species are, for example, spruce, fir, yew, pine (especially their pollen), oak, hazelnut, black alder, hornbeam, more seldom cop-

---

1   A. Penck, Sitzungsber. Berl. Akad. 1922, p. 246.

2   H. Harrassowitz: Klima und Verwitterung. 2. Polare aride Gebiete. N. Jahrb. f. Mineral Beilagebd. **47**, p. 506.

per beech, ash, elm, Norway maple, also linden tree, poplar, willow, blackthorn, the white and yellow water lily, etc. Some finds, however, even give indication of a somewhat warmer climate than today. Because the grapevine, magnolia and the water lily Brasenia purpurea, which are also found in the northern German interglacial, and Rhododendron ponticum from the interglacial Hötting Breccia near Innsbruck do not grow wild in these parts now. Admittedly, they might grow in gardens there, and it has not been studied whether they do not reproduce in the wild and run to seed. In this case, only the reintroduction of the plants would have been all too difficult subsequent to the glaciations that had occurred in the meantime. The discovery of Ilex aquifolium in peat near Cottbus especially points out to warmer winters than we have today, for present-day winters are supposed to be too harsh for its growth. Rhododendron ponticum is also most often mentioned as an indicator of an interglacial climate warmer than today. However, in reality, it requires not a warmer, but a very wet climate. Because it frequently occurs in the western part of the Caucasus up to 1,500 m and occasionally up to 2,200 m.[1] What this shrub does not tolerate is dryness, because it is found only in areas having more than 1,000 mm rainfall. Its present-day distribution area includes, on the one hand, the wet Western Caucasus and, on the other hand, three places in the west of the Iberian Peninsula. As it does not occur anywhere in-between, it has the character of relicts here. Its discovery by G. Andersson in the Quaternary tufaceous limestone of Skyros Island, northeast of Euboea, is therefore one of the conspicuous evidences of an amount of rainfall in the Quaternary temporarily by far exceeding that of present day. For Skyros has a completely dry summer now, and its annual amount of rainfall will not be much higher than that of Athens (390 mm) or Santorini (362 mm). We will come back later to these conditions upon discussing the pluvial periods.

The most striking and also dubious message concerning higher temperatures during interglacial periods states that fossil remains of beech, hornbeam and yew have been allegedly found in the Russian Kaluga Governorate (approx. 55° latitude) under the loess in interglacial freshwater marls.[2] If the determination of these species is correct, these deposits might probably be older, perhaps originate from the Pliocene.

In addition, plants were discovered in numerous places of northern Germany, i.e. dwarf birch, polar willow and Dryas octopetala, indicating a nearness to the ice boundary and, at some sites, the stratification and the gradual transition of these floras beautifully also give evidence of the gradual change in climate. For example, in Denmark, an "Allerød oscillation" probably having preceded the Baltic Advance was determined, because a warmer flora including Betula odorata

---

[1] G. Andersson in: Die Veränderungen des Klimas seit dem Maximum der letzten Eiszeit, a compilation of reports edited by the Executive Committee of the 11th International Geological Congress, p. 146. Stockholm 1910.

[2] Zeitschr. f. Gletscherkunde 1913-14, p. 285—286.

and Populus tremula again succeeded a pure Dryas flora. For the former, a July temperature of at least 9 to 10 °C was demanded, and even one of 12 to 14 °C for the mollusk fauna belonging to it. For the succeeding Dryas flora, however, we have to assume a July temperature below 8 °C.[1] Aug. Schulz, whose fifth ice age obviously corresponds to the Baltic Advance, believes that he is permitted to infer the following from the geographical distribution of the present-day flora: "The interstadial period between the fourth and the fifth ice age probably lasted for quite a long time. It falls into the time interval in which apparently extensive forests consisted of deciduous trees, and conifers even existed in northern Germany, suggesting a climate similar to that prevailing there today."[2] However, these forests might have been beech and pine forests only, without oak, black alder and beech.

That the ice boundary repeatedly made small advances during the actual Würmian glaciation as well, when it still lay on the Baltic mountain ridge, is proven not only by the multiple moraine tracts, but also by the fossil-rich inclusions in the glacial material in East Prussia. According to Gagel, its flora contains "forms whose type and stunted development refer to a climate which is analogous to that at the present-day tree limit ... hence a climate which exhibits a (mean) temperature of 6 °C to a maximum of 10 °C only over 1 to 4 months and is just enough to permit the growth of a poor and treeless vegetation ... Particularly missing are all pollen of trees (Pinus, Quercus) which otherwise are to be found everywhere."[3]

As concerns these climate variations indicated by plants, we must take into consideration that, according to the insolation curve to be discussed later, the number of climate variations was most likely much greater in the Quaternary than the number of the glaciations, and that they only came into existence when certain threshold limits were exceeded. Without doubt, an alternation of a northward advance of the plant species and a confinement of their habitat by extinction has taken place, in rhythm with these numerous climate variations over approx. 20,000 years only.[4] There are reasons explaining why it is so very difficult to exactly determine the connection between such plant finds and the glaciations.

The fauna also provides important indicators for the climate periods of the Quaternary in Europe. In Germany, especially the loesses, unless they have weathered to clay and all lime has been leached out, contribute to the climate is-

---

1 Nordmann in: Veränderungen des Klimas etc., p. 316. Stockholm 1912.

2 Aug. Schulz, Zeitschr. d. Geol. Ges., Abhandl. u. Mon.-Ber. 62, 1910. Berlin 1911.

3 Geol. Rundsch. 6, 77, 1915.

4 Even as much as the animals are concerned, it is extinction and not "emigration" as is often said; because fast and far migrating animals are occasionally capable of replacing areas that are growing colder with such that are more favorable; the others are just unaware of where the blessed grounds are!

sue owing to the rich finds of mammal bones and snails. The thermophile southern Europeans are completely missing among the fossil remains of the snails. On the other hand, many species are distributed in the higher regions of the Alps and Mont d'Or today. One of them, Sphyradium columella, is a particularly boreal-Alpine type by its nature. The most common loess snail, Succinea oblonga, is nowadays most common near Petersburg, hence below a latitude of 60°. All this speaks in favor of a cold climate at the time when the loess was formed.

Upon looking at the fossil remains of the mammals, the Quaternary period unfurls in Europe—and something similar applies to North America—a peculiar image to behold. In the interglacial periods, an astonishing, huge number of large animals thrived in a flora almost identical to that of present day, partly forest animals, partly steppe animals. In central Europe, there were several species of elephants, rhinoceroses, cattle, horses, lions, hyenas. Among the forest animals, Soergel mentions the following: red deer, elk, Megaceros (considering the antlers?), wisent, aurochs. Also the fossil remains of black cock, capercaillie and forest pigeon suggest the existence of at least isolated forest islands. The following species are mentioned as steppe animals: ibex, chamois, Asian wild ass (Equus hemionus), Przewalski's wild horse (E. Przewalksii), steppe polecat, hare, souslik, groundhog, Bobak marmot, Allactaga, steppe pica (Lagomys), Siberian vole (Arvicola gregalis), argali, etc. Furthermore, there are naturally many animals which are not referred to as specific steppe animals, neither are they specific forest animals, such as mole, hamster, water rat, root vole, the rare predators marten, badger, fox, wolf, cave bear, brown bear, striped hyena, cave hyena, wildcat, panther and cave lion. Each time the inland ice advanced, this "warm" forest and steppe fauna was replaced by animals living closer to the ice near the tree limit: mammoths, wooly rhinoceros[1], reindeer, musk ox, snow hare, wolverine, lemming, Arctic fox, snow vole, which upon the re-emergence of the warm temperatures would then retreat to the north, away from the advancing "warm" fauna.[2] However, these two faunas are not separated and not so apart from each other to the same extent as their surviving descendants are today. The bones of lion and reindeer, hyena and Arctic fox are oftentimes found in the same localities. Apart from this mixture of faunas, the massive occurrence of some animal remains, for example, of wild horses, has been the cause of great astonishment. But both seem to reflect the natural condition. The lions at Hagenbeck's Zoo thrive admirably in Hamburg's climate, almost without any protection, and the same applies to the

---

1   These two animals are indicators of a cold climate because a dense, long fur and a thick layer of fat distinguishes these animals from their relatives who are living in warmer areas today.

2   Admittedly, the representatives of the cold climate never reached Vienna, as Kreichgauer emphasizes: "None of the specifically Nordic mammals, such as musk ox, lemming, reindeer, snow hare, Arctic fox, wolverine etc. ..... is encountered, instead, insect eaters such as mole, bat and shrew found sufficient food." (Keichgauer. Die Äquatorfrage und die Geologie, p. 356. Steyl 1902).

The Quaternary in Central Europe after Krenkel

Geological Period	Climate and Vegetation	Cultures	Human Races	Important Stages in Germany, Austria, Switzerland
Preglacial	Temperate, warmer than present-day. Open woodland, grassland	Eolithic	Homo Heidelbergensis	—
Mindelian glaciation	Cold, dry, mostly steppe			—
M-R interglacial	Temperate, warmer than present-day, woods	Prechellean, Chellean	Neanderthal man	Hundisburg
Rissian glaciation	Cold, dry, steppe prevailing (partly tundras)	Acheulean		Markkleeberg, Lindental, Kösten
R-W interglacial	Temperate, milder than present-day, woods prevailing	Lower Mousterian		Weimar, Taubach, Krapina, Wildkirchli
1st main advance of the last (Würmian) glaciation	Cold, dry, woods prevailing (some tundras)	Upper Mousterian		Sirgenstein, Irpfel- and Schipka cave
Great retreat	Quite temperate, woods, steppe	Aurignacian	Aurignac man	Sirgenstein. Ofnet, Wildscheuer, Willendorf, Brünn
2nd main advance of the last (Würmian) glaciation	Cold, dry, steppe prevailing (some tundras)	Solutrean		Sirgenstein. Ofnet, Canstatt, Prédmost
Retreat	Temperate, woods prevailing	Magdalenian	Cro-Magnon man	Sirgenstein, Schussenried, Ofnet, Munzingen, Kellerloch, Schweizersbild, Guddenus cave, Kostelik
3rd advance of the last (Würmian) glaciation	Continental to cold. Steppe in northern Germany, woods in southern Germany			
Postglacial	Transition to temperate climate. Advance of woods	Azilian-Tardenoisian	Grenelle man	Istein, Kösten, Gr. Ofnet, Kaufertsberg, Wüste Scheuer

entire big game animals of the Quaternary. But at that time, the most dangerous predator, i.e. man, was of extremely rare occurrence in this world of animals, as is shown by the extraordinary sparseness of human bones recovered from the Paleolithic. His subsequent overpowering development in the temperate latitudes resulted in the complete extinction of big game animals, confining the Nordic fauna to the Arctic zone, the "warm" fauna to the tropics. Their present-day distribution boundaries are therefore artificial, not natural ones. And man similarly intensified the contrast between thickets and open country: deer and wisents found ultimate refuge in the woods: the bones of the Saiga antelope and Bobak marmot give us proof that it was not coherent woodland where they used to live, however, they will have appeared much farther beyond the pure steppe region than they do now, or have done recently.

The appearance of man in the Quaternary was also related to the climate changes, as the human races were also pushed back by the inland ice and encountered better living conditions in the interglacial periods. However, this so very interesting subject puts us at risk of digressing all too much our task, and we will therefore be content with reproducing the adjacent tabular overview of the human races and their relationship to the individual stages of the Quaternary period, as was recently published by Krenkel[1]

Krenkel did not take into consideration the oldest (Günzian) glaciation because it is missing in Germany, perhaps except in the Lower Rhine area. Archeology refers to the Chellean, Acheulean and Mousterian as stages of the Lower Paleolithic, and the Aurignacian, Solutrean and Magdalenian as stages of the Upper Paleolithic period, or the Aurignacian as the older, the Solutrean as the middle, and the Magdalenian as the younger Reindeer Period. Brockmann-Jerosch writes about Switzerland: "[Upon the Paleolithic] follows a period void of humans, the hiatus. Only later does a new man enter the stage, the Neolithic. He is accustomed to better tools, is not only hunter but also stockbreeder and crop farmer."[2] This younger stone age appears to have expanded from the south only after the last advance of the ice, when temperatures rose, hence at about 15,000 BC. In northern Europe, its reign is even estimated to have taken place at 5,500 to 1,000 BC, hence an age that is equal to the so-called Litorina period, in which the solar warmth subsided but the winters grew milder and the beeches immigrated to northern Germany and Denmark. We will return to the climatic conditions of this postglacial period in the last section of this chapter.

---

1   Krenkel, Vom diluvialen Menschen und seiner Jagd. Naturwissensch. Wochenschr. No. **18**, p. 244, April 30, 1922.

2   Brockmann-Jerosch in: Veränd. des Klimas seit der letzten Eiszeit, p. 61. Stockholm 1910.

Fig. 31. End moraines of various glaciations and ice movement in North America. After Chamberlin and Salisbury.

2. Countries Outside Europe. In North America all traces of inland ice are present and display a magnificent development: boulder clays, striated boulders, polished and striated rock, drumlin, eskers, kames, erratic boulders, etc. Fig. 31 shows the boundary of the ice during the various glaciations in America and the movement of the ice after Chamberlin and Salisbury, as it was revealed by the orientation of the striations.[1] At Mount Washington in New Hampshire, the traces of the glaciers reach up to an altitude of 1,770 m, wherefore an altitude above sea level amounting to at least 2,500 m and a thickness of the ice amounting to 2,000 m must be assumed for the glaciation centers. The ice cover was consequently much thicker in North America than in Europe.

The deposits allow us to infer that there were changes between glaciation and interglacial periods in America as well. Chamberlin and Salisbury distinguish six glaciations: 1. Jerseyan (more precisely: pre-Kansan), 2. Kansan, 3. Illinoian, 4. Iowan, 5. Earlier Wisconsin, 6. Later Wisconsin. The remnants of the two Wisconsin glaciations are much more distinctive than those of the "relatively expressionless surfaces of the older sheets of the drift" (p. 392). Chamberlin and Salisbury relate this impression particularly to the younger of the two Wisconsin glaciations. They claim that this greater distinction resulted at least in part from the more massive moraine deposit itself, however, especially the youthful age of these two moraine tracts will thus surely bring its influence to bear. By the way, each of the two can be divided further into several end moraines. Leverett does not perceive the separation of the Illinoian from the Iowan as a corroborated fact.[2] In British Columbia, washed-out traces of a very old glaciation which are probably even older than the pre-Kansan have been found.

It was noticed at an early stage that the center of the glaciation had moved eastward in the course of time. In the Kansan, the center was on "barren grounds" west of Hudson Bay (Keewatin ice), but in the Illinoian exclusively or predominately in Labrador. Tyrrell says: "The last advance of the Keewatin Glacier must have taken place during the early Wisconsin or pre-Wisconsin period."[3]

Chamberlin and Salisbury describe a peculiarity of the Keewatin Glacier as follows: "One of the most marvelous features of the ice dispersion was the great extension of the Keewatin sheet from a low flat center, without the slightest indication of a mountainous core 800 to 1,000 miles westward and southwestward over what is now a semi-arid plain, rising in the direction in which the ice moved, while mountain glaciers on the west, where now known, pushed eastward but little beyond the foothills." While in the European Quaternary we already encountered the condition, which hitherto has been fulfilled nowhere else in the world, i.e. that the boundary of the ice ended far in the interior of a great continent, the Keewatin Gla-

---

[1] Th. C. Chamberlin and R. D. Salisbury, Geology. Vol. III. New York 1907.
[2] F. Leverett, Zeitschr. f. Gletscherk. **4**, 1909/10.
[3] „Die Veränderung des Klimas usw.", p. IL, Stockholm 1912.

cier confronts us again with conditions which cannot be studied elsewhere on earth now. These circumstances naturally make it very difficult to come to a correct conclusion about the formative conditions pertaining to these old ice caps. Still, it is suggested that the initial formation of the Keewatin inland ice required a high latitude and long periods of particularly cold summers.

Here too, Enquist subjects the location of the present-day and ice-age glaciers to a comprehensive study.[1] Based on the present-day glaciers he finds his principle confirmed that the glaciers predominately develop on the lee side of mountains. As to those of the ice age, the numerous small glaciers in the western mountains south of the great inland ice sheet provided rich material which he interprets in this sense. Accordingly, southward down to the 40th parallel, and in part beyond, the snow-bearing winds must have blown mainly from the north and east during the ice age. Whereas the Park Range below 39¼° was exposed to winds from the southwest. The glaciers in the north predominately spread westward from the Wahsatch Mountains toward Lake Bonneville, whereas in the south they predominately moved down the eastern slope, as is the case in New Mexico and Arizona. A stretch of lowest atmospheric pressure hence extended along the 40th parallel; however, the west winds on the coast reached farther northwards, beyond the Californian border.

Based on the same principle of sweeping snow behind obstacles, Enquist also attempts to explain the unusual formation of the two main glaciation centers in North America. First of all, the Keewatin ice developed as a foothill glacier of the western mountain range with southwesterly winds, only then, after anticyclones formed over it, came the Labrador ice with northwesterly winds in the lee of the ca. 2000 m-high Torngat Mountains, which today do not bear glaciers because they are overblown by dry terrestrial winds from the west. As a consequence, the Keewatin ice detached itself from the mountain range and gradually wasted away.—At least a commendable attempt to find a solution to an existing great mystery! If it is believed to be true for the last ice age it may just as well apply to earlier ice ages. Preliminarily, it lacks much of the required evidentiary power.

Finally, we come to the difficult question concerning the parallelization of the European and North American glaciations. The section dealing with the Late Tertiary already demonstrated that the inclusion of older moraines in the folding of the Andes, also the older glacial fauna of North America and other arguments, resulted in the assumption that the oldest glaciations in the territories of Canada and the United States still belong to the Pliocene. We come to the same conclusion if we attempt a parallelization with the European glaciations based on the insolation curve to be discussed later. Unfortunately, identifying the

---

1   Op. cit., p.40—73. cf. top of p. 172

long Mindelian-Rissian interglacial period is difficult in America, since, according to Chamberlin and Salisbury, only the oldest interglacial, which they refer to as Aftonian, has been recognized as being particularly long, however, it does not come into question. But they emphasize on p. 392 how much more pronounced the remnants of the two Wisconsin glaciations are in comparison with the earlier ones, suggesting the idea that this difference depended on the influence of the long interglacial period. The division between the older and younger Wisconsin glaciation, each of which having created several end moraines, is in the main the same as between the Rissian and the Würmian: the moraines of the older period are covered with loess, whereas those of the younger are not. We then calculate backwards: Later Wisconsin = Würmian, Earlier Wisconsin = Rissian, Iowan = Mindelian, Illinoian = Günzian, and take the Kansan and pre-Kansan as Pliocene glaciations not visible in Europe. The circumstance that the Illinoian was the first tangible glaciation in Europe is also suggested by the fact that the center of glaciation moved eastward from the "barren grounds" to Labrador between the Kansan and Illinoian.

Leverett admittedly comes to different conclusions as a result of a one-year comparative study on the European glacial.[1] First of all, he places the pre-Kansan = Günzian, Kansan = Mindelian. Moreover he says that the Illinoian would be so deeply weathered like the Rissian moraines, but in deeper parts would contain weathering joints which, in Europe, are found only in the Mindelian moraines. He believes that he should place it between the Mindelian and Rissian.[2] However, it is very unlikely that there could have been another great glaciation between these two which are common to both Europe and America and could have only concerned America alone. Leverett does not acknowledge the existence of the Iowan, and the Wisconsin he counts as one because no interglacial deposits have yet been found between the its older and younger moraines.—We must content ourselves with referring to the parallelization we propose as a potential one. Whether it is true, the science of geology will have to decide. All attempts to relate the American glaciations with those in the European will be lacking in substance, unless they rely on the time line of the insolation curve as a foundation.

We have Quaternary deposits of climatic relevance lying outside the ice coverage in North America as well. The loess deposits have developed similar to those in Europe. In particular, however, the shore terraces of lakes must be mentioned in this regard, from which a formerly higher water level, hence a larger amount of precipitation can be inferred. The temporary water richness during the Quaternary has been beautifully demonstrated by the example of a

---

1 Op. cit., p. 297.
2 "The European deposits seem to contain nothing that correlates clearly with the Illinoian drift. The middle drift of north Germany and the Riss drift of the Alpine region … each seem to be younger than the Illinoian drift." Ibid., p. 341.

large closed basin in western America, the "Great Basin" in the United States.[1] This is illustrated in Fig. 32. Numerous old beach terraces are seen above the Great Salt Lake in Utah today; Gilbert relates the uppermost of these terraces to a lake he calls Lake Bonneville, which had a maximum depth of 300 m; its remnant water body, the Great Salt Lake, only has a depth of 15 m. Westward

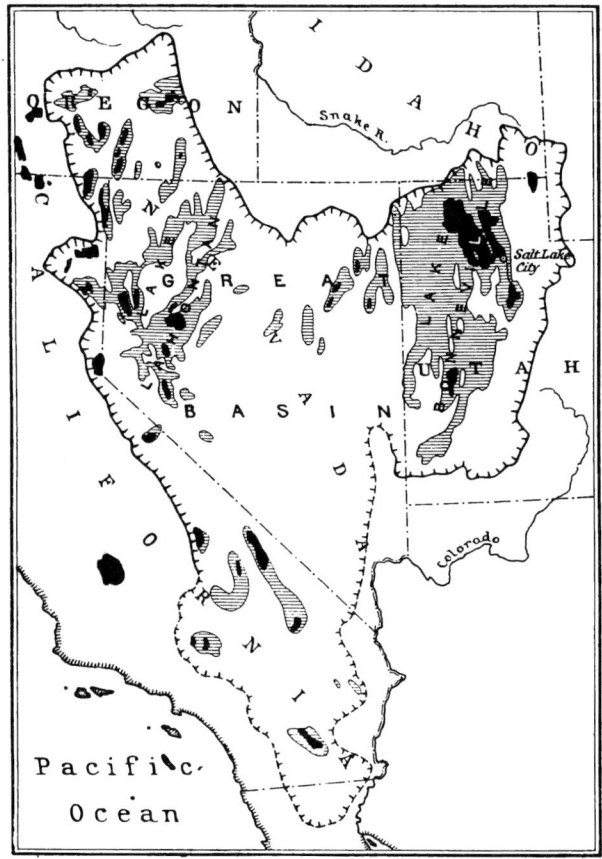

Fig. 32. The Quaternary lakes of the Great Basin (black: present-day lakes)

from here, Russell identified the traces of another large lake, which he called Lake Lahontan. The outlines of the two are seen in the figure where the present-day lakes are represented in black, while the older ones are hatched. All the

---

[1] Gilbert in U.S.: Geol. Survey Report 1890/81. — Russell: Lake Lahontan. — E. Brückner, Klimaschwankungen seit 1700, nebst Bemerkungen über die Klimaschwankungen der Diluvialzeit, p. 301. Vienna 1890. — Chamberlin and Salisbury, Geology. Vol. 3, p. 455. New York 1907.

lakes in this area used to be of greater expansion and, for some of them, it was possible to determine the ratio of lacustrine deposits and inflowing glaciers. Gilbert and Russell determined with a great deal of certitude that the lakes underwent two periods of such high water levels, because characteristic brook deposits were found at many sites on top of an older lacustrine deposit, and a second lacustrine deposit on top of both. The lakes were found to be completely dried out between the high water levels: this is the only explanation Gilbert and Russell believe they can give for the low degree of chemical differences in the lacustrine sediments from both periods. In case of Lake Bonneville, the second high water level was higher and enabled an outflow of lake water in the north for some time. Each shrinkage of a closed lake is associated with a strong concentration of the salts dissolved in it and will result in their precipitation. Once the lake begins to grow again, the salts dissolve in the reverse order of their precipitation, so that the salt content of the lake will always be the same, provided that the water level is the same. But if the salts are covered with detritus and airborne clay dust after the lake's complete desiccation, a redissolution of the salt will be prevented and the new lake created in the basin of the former salt lake will contain freshwater, until its tributaries supply sufficient amounts of salt again. According to Gilbert and Russell, such coverage of precipitated salts must have occurred in the case of Lake Bonneville and Lake Lahontan in the interlacustrine period, and it happened again after the glaciation in case of Lake Lahontan, because the salt content of the lakes which now lie in its basin is so low that, according to Russell, it can at most be the result of a riverine inflow over 400 to 500 years, whereas the high salt content of the Great Salt Lake discloses that the lake has not yet dried out completely since the last ice age.

Volcanoes erupted at numerous sites of the basin subsequent to the formation of the terraces; the terraces, like the moraines, display faults rising up to 12 m. As there cannot be any doubt that the two high water levels of the lakes lying in the Great Basin coincided with glaciations of some kind, the assumption can hardly be avoided that each glaciation was associated with a high water level and that, in time, one will therefore probably find traces of further variations pertaining to the lakes.

The explanation of these Quaternary "pluvial periods" at the present-day northern boundary of the arid zone in the northern hemisphere is not a difficult one. Due to the changed position of the pole in the Early Quaternary the track of the cyclones or barometric minima, which now travel over the Great Lakes toward Newfoundland, has shifted southwards and initially had its regular position over the Gulf states. However, the pole gradually approached its present-day position in the course of the Quaternary; but the stationary anticyclones forming over the great inland ice cap during the glaciations had to push the corridors of the cyclones southward every time, whereas during the interglacial stages they moved back into the north again. This way, by following the rhythm of the glacial and interglacial stages, the northern boundary of the arid zone had to undergo shifts to the north and south, displacements which were irrespective of the pole migrations and had to materialize in the shape of pluvial and arid periods in the boundary areas.[1]

Numerous observations made in other countries, especially in Egypt and Syria, teach us that this phenomenon was not limited to North America but indeed took effect along the entire northern boundary of the northern arid zone. The Nile carried gravel which came from the now dry wadis. The time in which it changed to carrying mud is estimated to be 8,000 years BC or 10,000 years before present. The rain-loving Rhododendron ponticum used to grow on the now so very dry island of Skyros near Euboea. The Caspian Sea stood 50 to 60 m higher than it does now, as beach markings reveal in the Yergeni hills in the northwest as well as the Ust-Urt and in the Balkans in the southeast. It reached northward along the high Volga riverbank to Kazan; the northernmost part was cut off in the south by a narrow strait at Samara. The Aral Sea reached to the north, east and south far beyond its present-day boundaries.[2] The previously higher water levels of various Tibetan lakes are also identifiable on account of beach markings, i.e. 10 to 75 m above the present-day waterline. Admittedly, it is preliminarily unknown whether they originate from the same time period.

It is now of great interest that this evidence of the more southern location of the arid zone's northern boundary in the Quaternary stands in opposition to a number of circumstances which seem to indicate that the southern boundary of this northern arid zone also used to be farther south than it is today, hence suggesting a "poleward migration of the equatorial arid zone in the recent geological past."[3] Instead of proving itself to be the brine of an evaporated large lake on account of its salt richness, the lakes on the southern border of the Sahara are mostly freshwater lakes—this even includes the only very transiently overflowing Lake Chad—while the closed basins in which they lie still tell of their surface formation in an arid climate. The undefined network of river arms which both Niger and White Nile create upon entering the desert also suggests that they, like the tributaries of Lake Chad, carry more water than they used to in the past and did not have time to bury deep beds for themselves. All these phenomena are fully consistent with our concept of a migration of the poles in the Quaternary. However, Penck (loc. cit.) comes to a different interpretation, for he does not believe in a shift of the poles but in the constriction of the humid area at the

---

1 Admittedly, the Great Basin is on all sides, except for the south, surrounded by mountains with a summit height of over 4,000 m, wherefore more water vapor could hardly be introduced into the area from the outside as compared with conditions today, even in case of a more southward position of the cyclone tracks. Only in the area of cyclones was the occasion for rain more frequent, and the lower temperature of the glacials reduced evaporation.

2 E. Brückner, Klimaschwankungen seit 1700, p. 298. Vienna 1890.

3 A. Penck, Die Formen der Landesoberfläche und Verschiebungen der Klimagürtel. Berlin Akad. Sitz.-Ber. 1913.

equator, induced by the two trade wind zones moving closer together during the last glaciation. Analogous phenomena, which he believes to be able to determine in the southern hemisphere, especially led him to "assume that the climate belts of the world were displaced during the last glaciation; the snow limit was lowered and the two[1] arid boundaries were pushed down to lower latitudes. The movement of the snow limit seems to be more significant than that of the arid boundary, as it amounts to 800 to 1,300 m, which is about one-fifth of the maximum altitude which the snow limit has on the surface of the earth, whereas the movements of the two arid boundaries only comprise a few, three, perhaps five degrees of latitude" (p. 92). He particularly mentions phenomena which are quite similar to those mentioned before, i.e. the Etosha salt pan, the arms of the Okavango River and the basin of Lake Titicaca, anticipating the simultaneous occurrence of all these phenomena. On the other hand, however, he himself underscores (p. 94) that perhaps in case of multiple climate changes "the various authors would not focus on the same, but on different kinds of climate changes." After all, traces indicating a formerly much greater expansion of the mentioned freshwater lakes have been found and related to the diluvial period both in the Valley of Mexico and south of Lake Chad, and especially at Titicaca (by Steinmann). The evidence is admittedly still quite thin. Only Steinmann reports of old, distinctly perceivable shorelines in Peru; neither from the Valley of Mexico nor from the Chad Basin have such shorelines ever become known. Penck supposes (p. 95) that these larger lakes belong to the last interglacial and "that the lakes on the equatorial arid boundary are not the immediate remnants of those large lakes whose traces appear all around them, instead, that an arid period intervened between the existences of both, during which the lakes disappeared and their basins became empty basins." Because remnant lakes cannot hold freshwater.

As we can see, the complication of the problem stands in a much greater opposition to the scarcity of the observed facts, and one must leave it to the future to decide how much these phenomena are caused by the migration of the poles or by the climate belts moving closer together through the action of inland-ice anticyclones during glaciations. It appears to be an irrefutable fact right at the outset that both of these influences are involved.

Unfortunately, the same resignation provisionally appears to be reasonable also concerning the numerous signs of a formerly larger expansion of the glaciers in the present-day tropics. For example, Hans Meyer determined a two-time depression of the snow limit in association with an intermittent loess period in the Andes of Peru and Ecuador,[2] and similar observations have been recently made by Klute on the high summits of Equatorial Africa. The nowadays so popular conclusion of a simultaneous depression of the snow limit everywhere in the world is not substantiated by observations, because it is still impossible to

---

1 Actually all four, i.e. concomitantly one polar and one equatorial in each hemisphere.
2 H. Meyer, Die Eiszeit in den Tropen. Geogr. Ztschr. **10**, 1904, p. 593—600.

say, to which glacial or interglacial stage these tropical moraines may belong. The assumption of such simultaneity appears to be unlikely from the perspective of meteorology; for if the temperature difference between the pole and the equator increases due to the formation of a large ice cap on the pole, therewith associated also the drive of the atmosphere's entire circulation, it will be easy to conceive that the rain belts must be strengthened, and perhaps the temperature of subpolar and temperate latitudes are lowered to a certain extent, which will result in a depression of the snow limit there; however, on the other hand, the arid regions will become more pronounced through the action of the more intensive overall circulation, i.e. they will become even more arid, as the descent of air will also become stronger and more regular in them. Hence a rise of the snow limit would conversely have to be expected in these latitudes.

For all of these reasons, the observations made on changes of the snow limit in the tropics cannot contribute anything useful to the issue of climate variations during the Quaternary for the time being and therefore should not be dealt with any further.

The zone which H. Meyer discovered in the Cordilleras between ½ and 1½ degrees southern latitude, where the mountains display their main glaciers on their eastern and northern sides, is indicative of westerly winds according to Enquist's principle. North and south from here, the western sides of the mountains are more heavily glaciated, which indicates that the easterly winds are the snow bearers. As far as an "ice age" is concerned, this feature gains significance especially at the Chimborazo, as it has been studied most comprehensively. According to H. Meyer, it displayed its largest glacier on its northeastern side, and this was the longest glacier of Ecuador.

As the mountains which face these glaciations to the east—Chimborazo, Cotopaxi, Antisana, etc.—have an elevation of 5,000 m, whereas the more northern mountains whose glaciers show to the west are smaller, it is not yet decided whether these westerly winds also blow over the latter in a higher altitude. Admittedly, south from here, Enquist's map reveals that the main direction of the glaciers shows to the southeast in case of the Cerro Altar and the Sangay, with summits rising up to 5,404 m and 5,323 m, respectively, however, no explanations are given in the text.

The observations from the Bering Strait countries are of great importance to the question concerning the position of the pole in the Quaternary. Because if the ice deluge in North America and Europe essentially depended on the deviation of the North Pole toward the side of the latter mentioned countries, as we suppose, then Bering Strait and northeast Siberia must have been located in lower latitudes than they are today. And this indeed is the case: "In Alaska whose latitude is nearly to the same as that of Norway, the diluvium … was not capable of building up significant masses of ice, however, it did so much farther south in the lake district where the boundaries of the ice pushed 300 km beyond Chicago. At present, the by far largest part of the northern country which had once been populated by herds of plant-eating animals is again covered by tundras, like northeastern Siberia. Musk ox, reindeer and snow grouse thinly populated its inhospitable areas, but wheat is grown several hundred kilometers north of Chicago."[1]

In fact, according to the marine fauna, Alaska experienced a warmer climate in the Quaternary than in the Miocene. Glaciations only occurred to a minor extent in the mountains and originated from the younger Quaternary, during which the North Pole almost assumed its present-day position. According to Stephan Richarz, this minor local glaciation "did not have the same significance as the glaciation in the rest of America. There was no inland ice in Alaska, only a farther expanse of the present-day high-mountain glaciers … Capps also studied young-glacial formations in the White River area … According to Hayes, the end of the glacier was 210 km distant from the present-day termination of Russell Glacier … However, such thickness and expansion was only displayed by the main glaciers …The local glaciers were insignificant …This last glaciation of the Alaskan mountains can by no means be compared with the glaciation of the Alps in the Pleistocene, the latter was much more extensive and generalized ….Capps now attempts to determine the time of the retreat based on peat deposits over moraines, 13 km from the tongue of Russell Glacier in White River Valley, and comes up with a result of at least 5,000 years."

Besides, the Quaternary in Alaska and northeastern Siberia is represented by deposits which lie on top of the remnants of Miocene inland ice, the "ground ice", and have protected it till now. The deposits including their fauna and flora also indicate that the climate was warmer than it is today. E. Suess says about the finds in Alaska (at Elephant Point near Chamisso Island): "Here one perceives ….clayey, thin layers with Sphagnum and shells of Pisidium and Valvata (freshwater mussel and snail), here and there are very malodorous spots in the clay, as resulting from decay, very similar as if close to mammoth and rhinoceros remains at Siberian rivers, and one also finds numerous bones of mammoth and cattle here …. The overlying clay layer reaches 40 feet, encompassing the bones of elephants, horses and buffaloes."

The following profile description of the layers in Lyakhovsky Island (New Siberian Island) given by Toll informs us about the flora which grew here on the ground ice at the time of the mammoths:[2]

"Directly on top of the ice (compare Fig. 17, p. 112) rest the alluvial deposits of sand and clay, completely without any vegetable remains, not even traces of the same. On this horizon follows a fine, muddy clay with intermediate peat beds consisting of mosses, grasses and occasional fossil remains of Salix and Bet-

---

1   Kreichgauer, Die Äquatorfrage in der Geologie. Steyl 1902.

2   The Russian polar expedition of the "Sarya" from 1900 to 1902, from the journal left behind by Baron Ed. von Toll, published by Em. von Toll, p. 618. Berlin 1900.

ula nana, and then the suites from the forest epoch only to be found in Great Lyakhovsky Island, including Alnus fructicosa, which through the mediation of a series of transitional forms end in the real tundra vegetation …. Mammoth bones exist in all post-Pliocene clay layers, however, they are found in greatest abundance next to slopes with sediments from the forest epoch, if we understand the latter in the broadest sense as horizons containing Salix, sp., Betula nana, Alnus fructicosa and Betula alba."

The huge amount of mammoth remains (next to which there are the fossil remains of large mammals such as wooly rhinoceros, musk ox, tiger, wild horse, Saiga antelope, red deer) is very amazing considering the ground ice localities described previously. Searching for mammoth tusks is a lucrative profession which is pursued by many people in these areas, and the teeth themselves are a significant commodity of trade. Particularly the New Siberian Islands are regularly searched for melted-out mammoth teeth by the inhabitants of the adjoining mainland in the summer (the islands are uninhabited during the winter), but also the shorelines of the rivers which flow into the Arctic Sea between Indigirka and Alazeya, are popular search grounds for ivory hunters.

From time to time, whole carcasses of mammoths melt out of the ice, less often rhinoceroses and musk-oxen too, and these better studied deposits permit us to draw a conclusion on the reason for the massive extinction of these animals and the preservation of their carcasses. According to Toll, their localities are pits in the ice, filled with soil and peat, which open towards the outside as a result of their gradual destruction on the escarpment boundaries, whereupon the carcasses slide downhill. Maydell states[1] that one has to be extremely careful when riding over these ice beds that the horse does not fall into one of the pits lying under the peat.—These conditions demonstrate that animals precipitated into the crevasses and perished there, whereby the cold protected their carcasses from decay. Taking into consideration that the same crevasses are pitfalls for humans today too, this explanation is certainly an obvious one. However, the mammoths will hardly ever, or never, have walked on the inland ice. But they must have innocently set their foot on the underground ice remnants, overgrown with forest in the Quaternary, until they came to a place where the ground under them gave in and made them plunge into a crevasse from where there was no escape. This interpretation not only applies on account of the fact that the carcasses are arranged in crevasse-like recesses, but it is also supported by the discovery that one mammoth carcass had a leg fracture, while another exhibited plenty of frozen blood.

The reported facts contain certain indications as to what the temperatures could have been like in the New Siberian Islands during the mammoth age. Due to the fact that trees grew there, although ice masses were preserved in the deep during the warmer periods as well, we obtain the following temperature

---

1   Letter to Toll, p. 33 in Vol. **32**, No. 1 of the "Sapiski" of the Imperial Russian Geographical Society.

limit threshold values of that time, to which we add those of the present day for reasons of comparison:

	July	Year	hence January
In the Quaternary	>10°	<—2°	<—14°
Today	3°	—17°	—36°

This is equivalent to a rough climate in the Quaternary, however, with considerably warmer summers than we experience today; somewhat like the interior of eastern Siberia has it today. At present, the tree limit is 5 to 6 degrees of latitudes south of the island.

According to the map shown on p. 107, Asia must have been situated mostly under a lower latitude in the Quaternary than it is today. In the Early Quaternary, the 30th parallel ran from Egypt to the northern end of Japan, and did not cross the southern end of the latter as it does today. The latitudes in East Asia were consequently about 15° lower at that time than they are now. The present-day latitudes then gradually came to be in the course of the Quaternary, so that the Würmian glaciation was capable of asserting itself by a snow limit which was lower than it is today. This is in agreement with the little information we have about the Quaternary climate in Asia. According to Stephan Richarz, the Quaternary of Japan contains mollusks which live only 15° farther south on the coasts of the Philippines today. According to Muschketov, up to 300 m-thick gypsum layers were deposited in the Trans-Alai range of the Pamir Mountains during the Quaternary,[1] and, according to Krüger, a significant Quaternary salt deposit is found on the southern border of the Dead Sea in Palestine.[2] These indications of a northern arid zone are complemented by the magnificent phenomenon of Chinese loess, whose almost coherent layer covers the area from Tsinlingshan to the Great Wall, from Lanzhou almost to Kaifeng, and beyond it, stretches far into Mongolia, into Manchuria and beyond the Yangtze Kiang, with mountain ranges and alluvial plains interchanging. In China, Richthofen first gained the conviction that loess is an eolian soil, deposited by dust storms from the interior of Asia on a grass-growing soil, which accounts for its porous structure.

H. Kanter, with whom we agree, recently compiled literature dealing with the loess in China.[3] Bottommost lies the red loess, on top of it brown loess, and way on top yellow loess. "The loess types form distinctly retraceable terrace structures in the valleys." There can hardly be any doubt that this color change reflects the gradual increase of latitudes in the course of the Quaternary period. But loess

---

1 Arved Schultz. Landeskundl. Forsch. in Pamir. Abh. d. Hamb. Kol. Inst. **33**, C, 4. Hamburg 1916.

2 K. Krüger, Vorkommen, Gewinnung und Absatz des Kochsalzes im türkisch-arabischen Vorderasien. Diss. Hamburg 1920.

3 H. Kauter, Der Löß in China. Diss. Hamburg 1922.

formation still continues today: "All travelers report of the dust which fills the air when the northwest winds blow and v. Lòczy describes dust devils which tear up the dust skywards, although the air is otherwise calm. Storms often account for a deposit of several centimeters of dust within a few hours, and Tafel produces an illustrative picture showing how the clouds appear to be thick and brown before it starts to rain, making us believe that masses of compacted dust are approaching. When the rain begins to fall, the Chinese say: it's raining earth, for the drops of water are thus excessively laden with yellow dust. Where such relatively large amounts of dust are still being deposited under the present-day climate, of which not only the cultural assets and the graves of old Chinese history near Singanfu, found several meters deep, and the loess deposits on the terraces of the Hwang Ho north of Lanzhou (v. Lòczy) give evidence, one will not be mistaken if one assumes that the climate of the steppe period is not so extreme as v. Richthofen supposed."

At least, from these formations of salt, gypsum and loess we perceive that the northern arid zone in Asia was also well established during the Quaternary.

However, on the other hand, there are observations suggesting a temporary snow-line depression in this area as well. For example, the glaciers of the Tian Shan, still enormous today, used to be larger still, the snow limit there being 600m lower than it is now. However, no traces of ice are hitherto known in Tibet, and the opinions regarding the conditions in China still appear undecided. Oseki summarizes the state of the issue as follows:[1] Traces of glaciers, i.e. insignificant ones, have been found in Japan only in the shape of cirques and moraine walls in the Hida Mountains (36° northern latitude); the existence of striated boulders, glacial polish and roches moutonées (sheep backs) have not be evidenced yet. Small hanging glaciers seem to have hung down to a level of 2,500 m.

It is unknown when this depression of the snow limit in Asia took place. We presume that it occurred in the Late Quaternary and represents an effect elicited by the last ice ages, especially the Würmian glaciation, when the positions of the poles were almost the same as they are now.

With regard to latitude changes, South America was in the same position as East Asia, hence that continent also had to be warm in the Early Quaternary (Fig. 19, p. 107), however, it could have been colder than it is today during the glaciations, when the position of the poles was almost as it is now. This is corroborated by observations. Evidence of a greater warmth at the beginning of the Quaternary has already been mentioned earlier, when we discussed the Late Tertiary. The "Pampas clay" of Argentina, whose eolian mechanism of formation cannot be questioned, as its occurrence all the way up to the Pampine Sierras proves, was formed almost exactly antipodically to the loess area in China. Here, however, the red loess has already been attributed to the Pliocene, as stated earlier.

---

[1] K. Oseki, Die Eiszeit in den nordjapanischen Alpen. Geol. Rundsch. **5**, 346, 1914.

Also already mentioned when discussing the Tertiary was the exceptional fauna one finds buried in these loesses, in particular the giant Edentata. Until very recent times, extensions of this fauna have survived in a climate which became gradually colder. The plump Grypotherium, for example, is supposed to have lived together with man and to have been kept by him as some kind of domesticated pet in the cave of Ultima Esperanza.[1] We are unaware of what

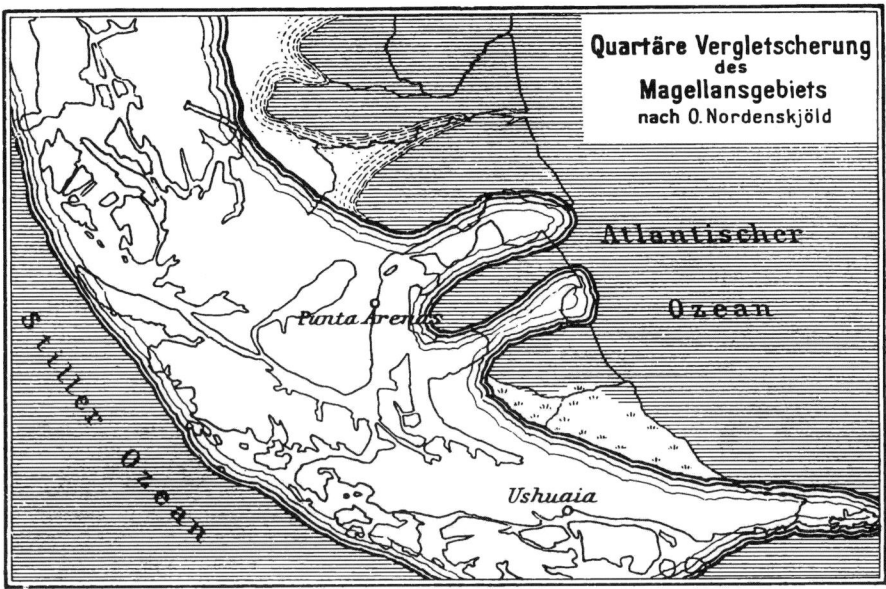

Fig 33. Quaternary glaciation of the Magellan area after O. Nordenskjöld
Atlantic Ocean / Pacific Ocean / Punta Arenas /Ushuaia

caused the extinction of the large animals, to which also the horses belonged. Eckard's assumption that the equids disappeared because South America was entirely covered by forest at that time cannot be true, as the loess formation free of forests demonstrates.

Earlier we have also discussed the flora that grew in South America at the beginning of the Quaternary, and it has been shown that all finds are in agreement with the assumption that there were considerably higher temperatures than today. Particularly the flora which consists of temperate and subtropical elements and is found in Seymour Island, an island now completely glaciated, demands the displacement of the poles we assume.

Until recently, the development of the Quaternary layers in Patagonia has been a very controversial matter, especially that of the "Patagonian gravel" which covers the greatest part of the country. The stratigraphic position of this gravel

---

   1   R. Hauthal, Erforschung der Grypotherium-Höhle bei Ultima Esperanza. Globus **76**, p. 299—303. 1899.

is shown in the overview given on p. 122. There can be no doubt as far as its Quaternary age is concerned. The gravel is 60 m thick at the Rio Santa Cruz, elsewhere it measures mostly between 10 to 20 m, and less than 10 m at the Rio Negro. The pebbles are rounded, larger in the west than in the east, a stratification is often visible. It is the opinion shared by most geologists[1] that it is gravel from rivers which frequently change their beds and that it was transformed into a gravel desert under the influence of the arid climate. Some, such as O. Nordenskjöld[2], would like to bring these rivers in connection with a mountain glaciation in the west, which they are supposed to believe to be the cause, however, of which no direct traces are known. Hauthal[3] takes it to the limits for he even believes he must assume a whole deluge of inland ice in Patagonia and therefore believes that he must anticipate that the gravel is a ground moraine. However, others do not confirm this view. Neither are we able to agree with him, because there are biological reasons that make such a vast glaciation appear inacceptable to us. For example, the earthworms have not been brought to extinction in the Quaternary, neither has this been the case for a long time altogether in the Falkland Islands, Patagonia and Tierra del Fuego, which can be taken as a corroborated fact on account of their present-day distribution. As a consequence, the ground can have been neither frozen nor covered with inland ice. Instead, the South American faunas and floras, in addition the loess and the rock salt formation in Patagonia mentioned by Buschman, indicate that there was a warm and arid climate in these regions during the Pliocene and the Early Quaternary, which is consistent with the indicators from other continents shown in our map (Fig. 19). Without any doubt, the Patagonian gravel formation must therefore have taken place in such a climate.

On the other hand, however, there are distinct traces telling of a considerable temporary snow limit depression in both South America and Asia. The small chart (Fig. 33) shows the expanse of this earlier glaciation according to O. Nordenskjöld.[4] The glaciation did not result in the formation of inland ice, instead, only in the formation of large piedmont glaciers. However, the age of these formations is the Late Quaternary because all observers emphasize

---

1 A. Windhausen, Ein Blick auf die Schichtenfolge und Gebirgsbau im südlichen Patagonien. Geol. Rundsch. **12**, p. 1009—137, 1921. — O. Wilckens, Die Meeresablagerungen der Kreide und Tertiärformation in Patagonien. N. Jahrb. f. Min. etc., Beil. Vol. **21**, p. 98—195, 1906. — H. Keidel, Über das patagonische Tafelland, das patagonische Geröll und ihre Beziehungen zu den geologischen Erscheinungen im argentinischen Andengebiet und Litoral. Zeitschr. d. Deutsch. Wiss. Vereins, Vol. III, Issue 5, p. 219—245, Issue 6, p. 311-333. Buenos Aires 1918.

2 O. Nordenskjöld, Svenska Expeditionen till Magellansländerna. Vol. I, 1st Issue. Stockholm 1899.

3 Hauthal, Erforschung der Glazialerscheinungen Südpatagoniens. Glob. 75, p. 101—104, 1899.

4 O. Nordenskjöld, Die Polarwelt. Leipzig and Berlin 1909.

the fresh appearance of the moraines: "Everything is so fresh as if the glaciers retreated from here just a few decades ago!" (Hauthal). These facts are most perfectly consistent with our assumption that the poles steadily approached their present-day stations in the course of the Quaternary, for which reason Patagonia already had assumed its present-day latitude at the time of the last climate variations in the Quaternary.—Based on the insolation curve, we will later see that the timing of the glacial and interglacial stages in the southern hemisphere is, and was, different from that in the northern hemisphere, wherefore it does not make any sense to match the Late Quaternary glaciation of Patagonia, for example, with one of the European ice ages. According to the insolation curve, the last glaciation in the southern hemisphere must have prevailed about 30,000 years ago.

In South Africa, the Quaternary traces of ice initially presumed there were not confirmed. On the contrary, various phenomena indicate that the climate used to be warmer than it is today. Among them is, in particular, the laterite formation discovered in the Kalahari by Passarge.[1] Its age has not been exactly defined ("Tertiary to recent") but probably may be considered as Quaternary. It is of the same age as the "Kalahari Limestone", with which it alternates in such a manner that Passarge assumes that it corresponds to the forest islands in the great brackish water lakes having supplied the limestone. In addition, we may once again call to mind the coral reef structures of Madagascar, discussed in the context of the Late Tertiary, which must have formed after the Miocene, but before the formation of the island's present-day river system. They are also arguments for the higher temperatures at the boundary between Tertiary and Quaternary, even if they still belong to the Pliocene.

As antipodes of Europe-North America, Australia and New Zealand were subject to the same latitude changes as the former continents, but to opposite ones compared to Tierra del Fuego. Here, traces of glaciation are to be expected to result particularly from the earliest Quaternary, and in the course of the Quaternary period the climate, exhibiting variations, gradually grew similar to the climate of present day. However, since the Australian Alps reached a maximum latitude of 65° during the Early Quaternary, and a mainland which could have flooded Australia with inland ice did not exist in the south, we may only expect a moderate degree of glaciation in the first place.

We find these conditions which are to be read out of our map fully confirmed: Nowhere do we find descriptions implicating a particularly young age of the glaciation. According to the estimations made by J. W. E. David,[2] their main stage would fall into a time ranging between 100,00 and 200,00 years ago, which would by all means prove the old age of the traces. According to P.

---

[1] Passarge, Die Kalahari, p. 646. Berlin 1904.
[2] Proceed. Lim. Soc., N. S. Wales **33**, p. 637, 1908.

Marshall,[1] some authors are supposed to have placed the "ice age" at the end of the Tertiary period, but Marshall does not believe such an opinion to be sufficiently substantiated. Our assumption of an Early Quaternary age should at any rate be best in line with the observations.

According to A. Penck, the extent of the glaciation was "quite limited". No reference to inland ice is made, only mountain glaciation is spoken of. According to David, a firn field of approximately 150 km² covered Mount Kosciusko at the culmination point of the glaciation period in Australia; the snow limit was about 900 m lower than it is today, from which he concludes a temperature decrease of 5½ °C. Quite uncertain are the traces of a younger, smaller glaciation. Penck by the way finds the lowest level of the snow limit in Tasmania to be 500 to 600 m lower than in New Zealand, which is conspicuous because these two countries are almost in the same latitudes today. However, if these assertions apply to the Early Tertiary, as it must be assumed, then our map shown in Fig. 19 (p. 107) will give an explanation for this, considering the various strong block displacements which have occurred since then, because Tasmania was still at about 68° southern latitude at that time, the southern island of New Zealand (middle) at about 57°.

The Quaternary fauna of Australia, the giant kangaroos, Diprotodon australis which was as big as a rhinoceros, the crocodiles, the big turtles, the giant cursorial birds etc., they are all indicators of a rather warm climate. Australia consequently never had a real polar climate, which includes the Quaternary, and, especially in the younger Quaternary, Australia's climatic conditions already began to resemble those of today.

B. The Stratigraphic Division of the Ice Ages, their Causes and Age Calculation

As we now turn to the likely causes and the absolute age determination of the ice ages, we must first be aware of two questions: 1. What is the meteorological element, and 2. what is the season which is chiefly concerned when we look at the ice ages of Europe and North America? Above, we have already obtained some indications regarding the approximate length of the time intervals which come into question.

Of the two causes responsible for the growth of a glacier—huge amounts of snow and a low temperature, especially in summer—some authors have for a long time ascribed an effectiveness, entirely or to a major proportion to the former, and some even still do. A glaciation of Scandinavia should be possible by a mere increase of precipitations during the winter, even if the annual mean temperature increases. However, several pieces of evidence can now be brought

---

1   P. Marshall, New Zealand. Handb. d. Reg. Geol. VII, 1. Heidelberg 1911.

forward showing that, at least for a larger part of each ice age in central Europe, the conditions were not like those nowadays prevailing in Tierra del Fuego and New Zealand, but rather like those which we encounter in Greenland and Antarctica: low temperatures which prevent the only few precipitations that fall in solid form from melting and permit them to accumulate in the shape of ice streams.

As early as in 1909, A. Penck answered the first question as the final result of his and Brückner's fundamental study[1] with regard to the Alps as follows (p. 1142): Since "the firn fields were not fuller during the glaciation than they are today, we cannot conceive of any glacier development during the ice age as resulting from an increase of precipitations, instead, we must explain it with a decrease of ablation, which is equivalent to a decrease in temperature sums above 0°. If the latter had not been compensated for by a decrease in temperature sums below 0°, which is quite unlikely, then the ice age represented, in comparison with today, a period of general temperature decrease." In addition, on p. 1145 it reads: "The snowy precipitations of the ice age must have amounted to 11 to 14 m per year, expressed in water, if they were to stay in balance with the ablation rate at the level of the snow limit prevailing during the ice age. The assumption of such an increase of precipitations, however, is not only in opposition to all experience of present-day precipitation amounts but particularly to the generally emerging parallelism between the present-day and ice-age snow limit …. Had the amounts of precipitation been considerably enhanced during the glacial, the marginal downward bend of the snow limit (whose decrease in comparison with the Central Alps) should be much more significant during the glacial than it is today." In addition to this especially (p. 1147): "Plant remains found in clays immediately on the top of moraines of the last ice age belong to a typical tundra flora and harbor elements which today show their most abundant development above the tree limit. The still scarce localities reveal that abundant plant growth did not immediately follow the ice, and that trees initially did not exist in the low-lying lands some 600 to 800 m under the glacial snow limit, when the ice retreated." However, according to Penck, the tongues of the Piedmontese and Insubric glaciers on the south side of the Alps must have reached far into the woodland. Here, the landscape was probably similar to that of the southern boundary of Alaska, where forests with tall-trunked trees grow on the foot of the mighty Malaspina Glacier, whereas the landscape on the north side of the Alps "may be compared with that of Iceland." Just like large sheep herds are still capable of grazing near the Vatnajökul, "the wasteland on the border of the northern Alpine piedmont glaciation supplied mammoths, wooly rhinoceroses and reindeer with food."

---

1 A. Penck and E. Brückner, Die Alpen im Eiszeitalter, Vol. III. Tauchnitz. Leipzig 1909.

Ed. Brückner made statements in this sense with similar determination in various publications. For example, he contemplated the following thoughts[1]: The area where the snow limit is most depressed due to massive snowfall is undoubtedly the area surrounding the Malaspina Glacier in Alaska. The snow limit is indeed very low here, at about 600 to 800 m, where the temperature in July is about 11 °C. In the course of one year 3 m precipitation are registered here. By comparison, the July temperature in the Alps is at 15 to 16 °C and thus at the level of the glacial snow limit today; consequently, we would have to expect much greater masses of snow here than in that area which is very extreme nowadays. Everything led him to the conclusion that "the reason for the snow limit depression cannot be searched for in an increase of precipitations, but in a decrease of temperature, and particularly a decrease of the sum of temperatures over 0°, which indeed alone serves the purpose of melting the ice."

The precipitation rates in the interior of Antarctica will also be very low, because probably even more seldom cyclones will penetrate the large anticyclone surrounding the South Pole than that of Greenland. Apart from snowfall, an abundant deposit of rime and hoarfrost onto the surface of the ice contributes to feeding the inland ice. It is not yet possible to quantify its amount specifically; however, the albeit seldom snowfall at a temporarily low atmospheric pressure must be considered as the by far most significant source of inland ice.

We also see a northern boundary of inland ice in Greenland, for Peary Land only bears local glaciers of smaller dimension. While the heat of summer sets limits to the ice at the equatorial margin, the polar boundary, where such exists, depends on the decline of precipitation below a value which would be eliminated by melting even at the North Pole in the summer. This way, one gets the notion that the optimum conditions for the formation of inland ice are not to be found at the pole itself, but at a latitude of about 75°. In the Quaternary, where we invariably have to concern ourselves only with the inland ice's southern border, the expansion must have therefore been chiefly a function of temperature only.

The second question is: What is the temperature at which the annual season will be crucial for the development of glaciers in temperate and high latitudes?

The two factors of increasing glaciations are, as we just saw, an increase of the annual amounts of snowfall and a "decrease of the temperature sums over 0 °C." In the present-day climate of western Europe, there are naturally years with cold winters which bring a massive amount of snow all by themselves.[2] It is a different situation, however, when the air temperature is below 0 °C for the largest part of the year and rain is just an exceptional phenomenon; here, the temperature of the winter is, on the one hand, indifferent to ice formation, on the other hand, partic-

---

1 „Die Veränderungen des Klimas etc.", p. 107. Stockholm 1910.

2 Under this impression even Geikie makes "the long winter of aphelia" responsible for the ice ages. Great Ice Age. First edition, p. 114, 1877.

ularly the warmer winters bring more snow because they are richer in cyclones, whereas winters in which anticyclones prevail in clear skies have but only little snow. Here, the second factor is more important: the duration and the warmth of the time intervals exceeding 0 °C in the summer. A few figures shall give us proof of this condition:

Let us compare the mean temperatures at some places of low altitude relative to the sea level below a latitude of 65°.

	Glaciated					Unglaciated			
	Graham Land	Gauss Station	Godthaab	Angmaksalik	Spitsbergen	Brännö, Norway	Yakutsk and Verkhoyansk	Cape Prince of Wales, Alaska	Mackenzie
Month: coldest	—16	—22	—10	—11	—20	—2	—47	—23	—28
Month: warmest	0	—1	6	6	4	13	17	10	13
Year	—7	—11	—2	—2	—8	5	—14	—7	—8

Accordingly, neither the cold of the coldest month, nor that of the year, is capable of causing a glaciation, however, the absence of summer heat can. In contrast, the very low annual temperature in eastern Siberia and in the interior of the northern part of America produces frozen ground which thaws only down to a small depth even in the occasionally very warm summers, but still bears forests with tall trees.

That low temperatures are not enough to produce inland ice is most evidently shown in Siberia, where temperatures are lowest and no inland ice is found. One part of the country lying between 60 and 70° latitude is at the same latitude as southern Greenland which is nowadays glaciated and has an annual mean temperature that is lower than the latter by 8 °C. Nevertheless, Siberia not only does not have an ice cap today, but also is completely free of glaciers. Its soil is frozen down to 100 m and more. But its summers are on average 7 °C warmer than they are in southern Greenland, the July temperature in the interior ranging between 12 and 20 °C, except for high altitudes. It is just too obvious that the summers are decisive for glaciation, whereas the frozen ground naturally depends on the annual temperature, because it lies in depths where seasonal differences disappear. Still, the ratio between ground and air temperature apparently differs quite a lot depending on the extent of winterly snow coverage, for in western Siberia the frozen ground (Swedish: tjäle, Russian: merslotá) hardly reaches to the annual isotherm of —6 °C, whereas the ground is still frozen in the east, even in Blagoveshchensk where the annual temperature is between —1 and —2 °C. In Yakutsk, where Shergin's trial shaft still runs in complete permafrost soil, it may reach into a depth of about 200 m.

Consequently, when looking into the past, we have to focus our attention especially on times with cold summers. In the following, we will base our observations on the insolation values of the astronomical summer half-year, i.e. from the spring to the autumn equinox.

Let us now take a look at the necessary time course of one of the great negative insolation waves of the summer half-year!

In regions where inland ice forms when the summer insolation decreases, snowfall is considerably limited in the summer half-year, and in the winter half-year more by too much cold than by warmth. If summer insolation decreases and winter insolation increases, the snowfall in a year will increase until inland ice develops. However, snowfall will decrease with the formation of inland ice, because the inland ice will produce, the bigger it is the more persistently, the nucleus of an area of high barometric pressure, an anticyclone.

Here, and only here, is the begin of an ice age thus a snow period, its end, as farther south, a period of clear sky.

The situation is somewhat different in the adjoining areas that are closer to the equator because, in their case, the temperature decrease in summer, and the increase in winter, produces a more humid climate, but no snowfall. Due to the development of anticyclones, however, the climate will be dry, with easterly and polar winds here as well. Their traces are stored in the inland dunes, however, they have not been studied coherently in context of their own yet.

We will stand on more solid ground if we consult the secular fluctuations of solar insolation and comprehend its influence on temperature correctly. For it is quite safe to say that astronomy has determined the changes in the position of the earth's axis and in the elements of the earth's orbit for the last million years; and thus the changes in insolation are given for all latitudes and seasons, inasmuch as the "solar constant" may be assumed to be a real constant. How far the other causes prove to be sufficient will tell us how much this will be the case.

Ever since Adhèmar[1] and, after him, in a better albeit still imperfect form, James Croll[2] have drawn upon the astronomical elements of the earth's to explain the ice ages, this connection has never disappeared from discussion[3], neither has it ever been represented in an unabridged and convincing form.

Since the periodic fluctuations of solar insolation—aperiodic ones we must disregard completely for lack of evidence—only have a length ranging from 20- to 92,000 years, whereas Europe before the Quaternary had had a warm climate

---

1 Adhémar, Les révolutions de la mer, déluges périodique. Paris 1842.

2 J. Croll, Various articles from 1864 to 1889, however, especially: Climate and time in their geological relations. He paid only little attention to the impact of ecliptic obliquity.

3 Some literature is found in Hann. Lehrbuch der Klimatologie, Vol. I, p. 367 and 369. Particularly to be mentioned is Pilgrim's article quoted further below and here often used, also N. Ekholm, Variations of the Climate. Quart. Journ. R. Met. Soc. 1901, p. 36 and the article self-published by Spitaler: Das Klima des Eiszeitalters. Prague 1921. A discussion of these oftentimes contradictory references would lead too far at this point.

without glaciations for millions of years, this periodicity can tell us nothing to explain the ice-age period as a whole, but gives us very essential details to explain its temporal structure. We want to concern ourselves with the latter first, and then examine what remaining issues associated with the climate changes we must ascribe, here as well, to the displacement of the poles.

Extraordinary progress will be made if we can prove that the history of the Quaternary can be brought in line with this basic astronomical principle: we will finally have an absolute calculation of times at least for the last 60,000 years and stand on incomparably more solid ground than before in the assessment of all phenomena of this time. The present-day behavior of the earth's northern and southern hemisphere indeed shows us that the influences of the insolation differences can be fully concealed by powerful impacts caused by the distribution of land and water; for the southern hemisphere, in particular, has its summer in the perihelion today, its winter in the aphelion, and therefore experiences a stronger annual fluctuation of solar insolation than the northern hemisphere; nevertheless, the annual fluctuation of the air temperature is much smaller between 40 and 70° latitude in the oceanic southern hemisphere than in the continental northern hemisphere. Firstly, the nowadays very small eccentricity of the earth's orbit is temporarily much greater, hence much more effective, during the time in question. Secondly, the relatively short periods of 20 to 90 millennia and the resulting composite waves cannot be easily erased by the very slowly progressing changes in the distribution of ocean and land. Instead, these shorter climate variations due to astronomical conditions must have repeated themselves at all times in earth's history; however, they become visible to the geologist only in the shape of certain threshold values, for example, especially at glaciation limits, like in the Permo-Carboniferous and especially in the Quaternary.

The influence of changes in the ecliptic obliquity and the earth's orbit on the solar radiation reaching the boundary of the atmosphere can be precisely calculated for each point, wherefore we thus also possess certain indications for their influence on the earth's surface temperature. Unfortunately, we must rely on speculations when it comes to estimating the influences of the wind, humidity and precipitations. Since, in case of a small obliquity of the ecliptic, the temperature difference between the poles and the equator is enhanced in the summer half-year, and not very much attenuated in that of winter, we must assume that the atmospheric circulation will then be enhanced during the summer half-year and that the polar anticyclones, the westerly winds in the temperate zones, and/or the frequency and strength of the cyclones at their northern boundaries will thus increase. Hence the regions of rain-deficient summers in the south of Europe will presumably be limited. Besides, even without an increase in precipitations, the lesser warmth of these summers is associated with lesser evaporation. We may therefore assume that the cooler summers of these years were also more humid. However, it cannot be said with certainty whether this suffices to produce, concomitantly to the glaciations in the north, pluvial periods in Egypt, Asia Minor, the Great Basin in North America etc. However, the development of the anticyclones over the Nordic inland ice and in the geographical latitudes several degrees higher make it seem likely that the great tract of the eastward moving cyclones shifted from the north of Europe to the Mediterranean Sea at this time, bringing the countries mentioned more rain, as we have shown to be the case in Fig. 28.

The ecliptic obliquity or the inclination of the earth's axis relative to the plane of the earth's orbit varies quite consistently with a periodicity of 40,400 years between 22° and 24½°; the perihelion runs a cycle through all seasons in 20,700 years.

This periodicity of hardly 21,000 years is much too short for an ice cap to develop in northern Europe. From the detachment of icebergs in Baffin Bay, Chamberlin and Salisbury calculated that the annual advance of the ice on Greenland only amounted to 12 m on average. Even if we were to assume 100 m, the ice would need 9,000 years to move the 900 km from the Scandinavian Mountains to reach the outer moraines in northern Germany. However, the advance of the ice's edge only constitutes the difference between accumulation and meltdown. Even in the extreme case, it can only proceed much slower than this. Chamberlin and Salisbury calculated that even less favorable values applied to North America.[1] The retreat velocities of the ice's edge amounting to up to several 100 m per year, which De Geer found in Sweden, cannot be compared with this because it is all about a meltdown of an ice cake that has become thin minus its rate of forward flow (perhaps declined to zero), whereas here we are dealing with this physical advance itself minus the meltdown surely not to be neglected here either.

However, crucial to the emergence of ice ages are the much slower fluctuations in the eccentricity of the earth's orbit. Because it primarily depends on their magnitude whether the changes in perihelion lengths become effective or not, and whether they can account for extraordinary bursts of radiation when they coincide with the quite constant fluctuations of obliquity. The eccentricity variations display an average duration of 91,800 years. They divide the ice-age period—and in a less conspicuous manner certainly also every other era of sufficient length—in calm intervals, in which the shorter insolation fluctuations are kept within moderate limits,[2] and in intervals of extreme variations, in which

---

1 Geology, p. 429. New York 1907.

2 We live in such a calm time now. The eccentricity e of the earth's orbit is small, only measuring 0.017, and it is still decreasing until it will fall below 0.004 in about 2,600 AD, a value which it has not reached since 510,000 years. In the next 20,000 years the impact of the changes in ecliptic obliquity ε and of $e \sin \Pi$ (Π denoting the length of the perihelion) will also be opposite in the northern hemisphere, so that the conditions of insolation will remain almost unchanged.

series of several thousand years of extremely cold weather alternate with those of very hot summers. These unsettled intervals of great eccentricity of the earth's orbit are the ones, as we shall see further below, which produce the tremendous glacier formations, characteristic of the "ice ages", whenever the position of the two obliquities and the eccentricity of the earth's orbit was favorable relative to each other in order to produce the mentioned sequences of cold summers. In the seven maxima which the eccentricity of the earth's orbit had displayed since 640,000 years according to calculation made by Pilgrim, this was the case during the fifth, not during the third and fourth, as we shall see. The table below gives an overview of these changes in the shape of the earth's orbit. The first number indicates the millennium before 1850. In advance, we shall add the designations of the pertinent glaciations as introduced by Penck and Brückner; only for the last maximum is the identification more reliable in the North than in the Alps. We shall call it the Baltic Advance, as we have done previously.

In order to obtain some indication as to the reliability of these values, we also added the values calculated by McFarland (millennia before 1850, all according to Pilgrim,[1]) next to the values of Stockwell upon which our table is based.

Minima of Eccentricity		Minima of Eccentricity		Maxima of Eccentricity		Maxima of Eccentricity		Glaciations
Stockwell		McFarland		Stockwell		McFarland		
—782	0.022	—791	0.0061?	—836	0.0655	—842	0.0652	
—693	0240	—703	0230	—737	0412	—749	0410	
—616	0134	—623	0121	—656	0364	—665	0353	
—515	0018	—521	0022	—566	0522	—571	0535	(Günzian)
—408	0103	—412	0102	—465	0433	—472	0438	(Mindelian)
—350	0199	—356	0186	—369	0221	—372	0207	—
—257	0097	—260	0093	—301	0361	—305	0377	—
—145	0254	—148	0253	—200	0462	—205	0474	(Rissian)
—45	0105	—45	0104	—98	0408	—100	0408	(Würmian)
—26	0044	—		—13	0197	—14	0197	(Baltic Advance)

In his recently published book, M. Milankovitch, Professor of Applied Mathematics at the University of Belgrade, developed the equations for the insolation amounts and intensities during the two astronomical half-years and carried out one part of the calculations.[2] In order to avoid misunderstandings we addressed him for information and obligingly received from him a contribution

---

1   Pilgrim, Versuch einer rechnerischen Behandlung des Eiszeitalters. Jahresber. d. Ver. f. vaterländ. Naturkunde in Württemberg, Vol. 60. 1904.

2   M. Milankovitch. Théorie mathématique des phénomènes thermiques, produits par la radiation solaire. 339 pages. Paris, Gauthier-Villars, 1920.

which we shall reproduce below. In it, the issue of an exact solution is introduced beyond what has been stated in his book.

As has been mentioned on p. 242 of his book, not only the quantities of radiation W but also the mean intensities w are associated with the inconstant duration and position of the astronomical half-years. The solution of a mathematical problem was therefore still required to present the issue clearly. Prof. Milankovitch gives the solution elsewhere, here, however, he communicates the result of the cumbersome calculations which he made for our purposes on the basis of this solution.

We owe him special gratitude for the table and graphical representation of the solar insolation changes over 650,000 years which fills the upper half of the Plate at the close of this book. By comparison with Curve 4 of the same Plate, which we already had designed previously, in accordance with the information derived from his book, we realized with reassurance that we had not made any mistakes which would otherwise have occurred easily in such delicate field. Curve 5 shows the insolation fluctuations in the southern hemisphere, which proceeded in a quite devious fashion. In the same way, one can also easily derive the approximated insolation curves for other latitudes from the two astronomical basic curves. In order to obtain the insolation at a specific location on earth, its change in latitude must be added, as we have done for several points in Fig. 38. As Prof. Milankovitch expressed the strength of insolation in terms of its latitudinal equivalents, this can be easily done when we transfer its latitude scale approximately to our curves.

The Plate reveals a sufficiently substantiated, absolute chronology of the glaciation period. Its data in general fulfils the expectations expressed by eminent glaciologists, however, they also contain some astonishing facts to which we will still have to get accustomed.

In every textbook dealing with astronomy, cosmic physics or mathematical geography, we encounter a discussion of the mechanism of the changes pertaining to the astronomical elements which entail a change in the insolation of the earth in space and time.[1]

Below, the symbols have the following meanings:

ε obliquity of the ecliptic, i.e. the inclination angle of the equator plane relative to the respective plane of the earth's orbit,

e eccentricity of the earth's orbit, i.e. the ratio of the distance between the center of the sun and the center of ellipse of earth's orbit to half of the greater axis of this ellipse,

Π heliocentric length of the perihelion, i.e. the angle between the prolongation of the radius of earth's orbit beyond the sun after the spring position of the earth with the shortest radius of the earth's orbit,

---

1   Precession and nutation are without effect on insolation because, in their case, the angle between the planes of the equator and the earth's orbit does not change.

T constant length of the tropical year,

T_s duration of an astronomical summer half-year, i.e. the time between the vernal and the autumnal equinox,

T_w the same applying to a winter half-year,

W_s quantity of solar insolation received at the atmospheric boundary in the astronomical summer half-year,

W_w the same as above, relating to the solar insolation in the astronomical winter half-year.

We now present Prof. Milankovitch's manuscript below.

"Determining the temporal changes in the parameters ε, e, and Π is the task of celestial mechanics. The last pertinent compilation of equations in which all eight planets were accounted for originates from Stockwell.[1] Pilgrim[2] conducted the numerical evaluation of these equations for the time interval ranging from 1,010,000 years before 1850 to 50,000 years after 1850, which for our purposes is to be regarded as sufficiently reliable. Accordingly, we are capable of pursuing the changes of the astronomical elements of interest during the Quaternary step by step."

"It is now the object to derive the secular course of the earth's insolation and represent it in such a manner that a reliable conclusion can be drawn from it, as to how this course has made itself felt in the climate conditions of the geological past."

"In order to be free of any arbitrary assumptions, we shall fully neglect the influence of the atmosphere on the insolation of the earth, i.e. only take into consideration those amounts of radiation which reach the upper boundary of the earth's atmosphere. This will do because we are only concerned with temporal changes. If we consider a certain geographical latitude φ, we will obtain first indications about the insolation conditions of this geographical latitude during any particular year of the geological past upon calculating W_s and W_w, which were radiated into a unit horizontal area at this geographical latitude during a past astronomical summer half-year and winter half-year. Belonging to these parameters, the lengths T_s and T_w of the past astronomical summer half-year and winter half-year must be calculated as well."

"Calculation of the parameters W_s, W_w, T_s and T_w can be done very easily with the aid of the tables communicated in the mentioned work of Milankovitch. More difficult is the comparison of the values thus obtained with those which correspond to the earth's present insolation condition. Each two and two

---

[1] Stockwell, Memoir on the secular variations of the elements of the eight principal planets. Smithsonian contributions to knowledge. Vol. XVIII. 1873.

[2] Prof. Dr. Ludwig Pilgrim, Stuttgart. Versuch einer rechnerischen Behandlung des Eiszeitalters. Jahresberichte der Ver. für vaterl. Naturkunde in Württemberg 1904, Vol. **60**, p. 26—117.

insolation quantities and each two and two time intervals, during which these quantities are additionally received, must be compared with each other. All these parameters must be taken into regard at the same time because not only the quantities of heat, but also the time points of their consumption are crucial in case of thermal phenomena."

"If we calculate the numerical values of the quotients

$$w_s = \frac{W_s}{T_s} \qquad w_w = \frac{W_w}{T_w},$$

both for the year of the geological past under study and the present-day condition of insolation, the identical will represent those insolation quantities which will be received in the course of the astronomical summer and/or winter half-year on average per unit of time in the geographical latitude of interest. The comparison of these values will enable us to draw the conclusion whether the astronomical half-years were colder or warmer on average during a year of interest in the geological past than they are today. The duration of these half-years, however, is not spoken of. Such information is apparently not fully sufficient for an exhaustive evaluation of the thermal condition of the year of interest. It is not sufficient to know whether the astronomical half-year was, for example, hotter or milder than at present, instead, we need to know how long it lasted, and this duration is not accordingly expressed by the values w_s and w_w. For $\varepsilon = 21°\,58'\,30"$ and all still possible values of e and Π, so long as they only satisfy the equation $e \sin \Pi = -0.0165$, for example, we will receive for a northern latitude of 77° the same numerical values for w_s and w_w that apply to the present. However, a duration of the astronomical seasons different from those of today ensues in case of a combination of the values e and Π, namely an astronomical summer half-year which is shorter by ten days and a winter half-year which is longer by just as many days. It is beyond any doubt that such a year in the geological past must have been colder than the year of the present because of its shorter summer and longer winter, despite the fact that the same values of w_s and w_w apply to both. For this reason, the parameters w_s and w_w are suitable for a rapid recognition of the geological past, but not for an exact description of the secular insolation time course of the earth, and a different path must be chosen for the purpose of such a description, i.e. one that has been reported only recently."[1]

"In order to show this path we must subject the present-day annual insolation process to a sharper analysis. To this end, the line ABCD (Fig. 34) shall represent the time course of annual insolation at an arbitrary geographical latitude φ whereby, however, we exclude the latitudes from $-11°$ to $+11°$, because the phenomenon of seasons is not expressed in this tropical belt. The axis of abscis-

---

[1] Milankovitch, Kalorische Jahreszeiten und deren Anwendung im paläoklimalen Problem. Ber. d. Königl. Serb. Akad. Vol. 1923.

sas in this figure shall represent the time scale, the ordinates of the curve ABCD the mean insolation of latitude φ. If the insolation quantity, which is additionally emitted into a unit horizontal area situated at a geographical latitude φ within

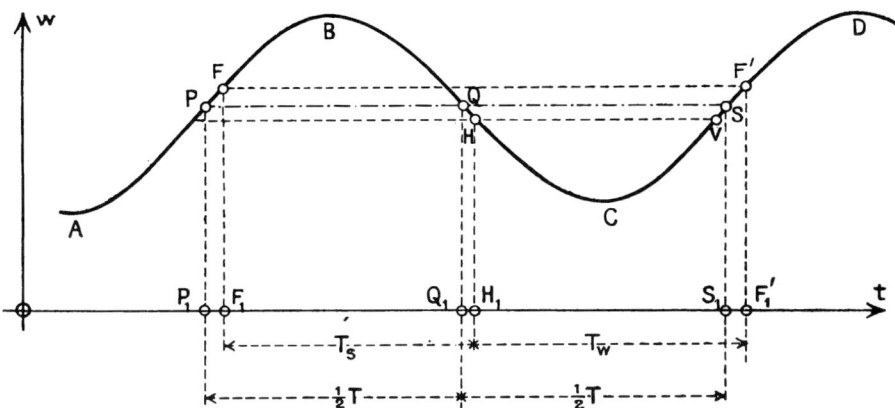

Fig. 34. Time course of an annual insolation at an arbitrary geographical latitude according to Milankovitch.

a day whose noon appears to be represented by the point of interest on the axis of abscissas, is denoted W_τ, and the time interval of 24 hours is denoted as τ, then $W_\tau = w\,\tau$, as shown in the publication mentioned. The parameter w hence concomitantly represents the insolation of the mentioned unit of area per unit of time. If the geographical latitude considered belongs to the polar zones, the ordinates of the line ABCD will shrink to zero for the duration of the long polar night, however, this changes nothing of what is to be said below."

"The point F_1 is now to represent the time point of the spring equinox, point H_1 the time point of the autumnal equinox, and F_1' the time point of the next vernal equinox, so that the ordinates $\overline{F_1F}$, $\overline{H_1H}$, $\overline{F_1'F'}$ visualize the equinoctial insolations, and the time intervals $\overline{F_1H_1}$ and $\overline{H_1F_1'}$ the duration of summer and winter half-year, respectively. Of all these lengths, only the intervals $\overline{F_1F}$ and $\overline{F_1'F'}$ are equal or, to put it more clearly, their difference is infinitesimally small. Hence

$$\overline{F_1F} >< \overline{H_1H}$$

$$\overline{F_1H_1} >< \overline{H_1F_1'}.$$

"The first of these two inequalities results from the circumstance that the momentary mean insolation at the geographical latitude φ does not exclusively depend on the declination of the sun, but also from the momentary distance of earth from the sun, whereby the latter differs at the times of the two equinoctial points."

"For this reason, the insolation of the northern hemisphere of the earth at the time of the spring equinox is 13.5 per thousand stronger than at the time of the autumnal equinox. However, this currently small difference can assume a value of 312 per thousand on account of secular variations of the astronomical elements."

The second inequality shown above, the one of the astronomical seasons, also results from the eccentricity of the earth's orbit. At present, the astronomical summer half-year of the northern hemisphere is longer than the winter half-year by 7 days and 16 hours, but this difference can assume a value of ± 31 days, 20 hours."

"These two inequalities still account for yet another anomaly. During the time interval, which appears to be represented by the difference of the abscissas of points F' and V in Fig. 34, which time interval apparently belongs to the winter half-year, the insolation of the geographical latitude of interest is more intensive than the insolation during the last days of the summer half-year. Hence the astronomical winter half-year has days with a stronger insolation than exists on several days in a summer half-year."

"From all this follows that the astronomical half-years do not divide the year in intervals of stronger or weaker insolation, instead, they divide it in two unequal intervals not displaying any intimate relation with the insolation of the earth. Moreover, both the lengths of these intervals and the inequalities of the earth's insolation vary constantly at their ends. This was the reason why one could not gain deeper insight into the secular time course of the earth's insolation with the aid of the astronomical seasons alone."

"All these shortcomings can be avoided, if we divide the year into two equally long half-years, of which the first comprises all those days during which the insolation of the latitude of interest is stronger than on any other day of the other half-year."

"The analytical determination of these half-years, which has been given in the treatise mentioned, and which we cannot discuss in more detail here, relies on the following geometrical argument: a straight line PQS parallel to the abscissal axis has to be found, which intersects the insolation curve ABCD in such a manner that the segments $\overline{PQ}$ and $\overline{QS}$ become equal. The projections $\overline{P_1Q_1}$ and $\overline{Q_1S_1}$ of these two segments then apparently represent the two time intervals in a year which satisfy the conditions mentioned above."

"These two time intervals can be referred to as caloric half-years, because they are determined by the amount of calories which are emitted from the sun to the geographical latitude of interest in the course of one year. The half-year which encompasses all days of stronger insolation shall be referred to as the caloric summer half-year, the other as the caloric winter half-year."

"If the curve ABCD would represent the annual time course of the temperature at the site of interest on the earth's surface, the year could be divided in the same way into two thermal half-years. In a solar climate, the thermal half-years stand in a close relation to the caloric half-years, however, the times of their beginnings are out of alignment."

"As the duration T of the year is not subject to any secular changes, the caloric half-years invariably have the same duration of 182 days, 14 hours and 54 minutes. However, the time for a caloric half-year to begin is not the same at all geographical latitudes. For example, at present there is a delay of its onset with increasing northern geographical latitude. From the 45th parallel onward, it amounts to approximately 20 time minutes per degree of latitude."

"The caloric half-years now give us the tool to follow the time course of the earth's insolation with precision. For, if we determine the beginning and the end of the caloric half-years, we will then be able to calculate the insolation amounts Q_s and Q_w, which are emitted into the geographical latitude of interest during the caloric summer or winter half-year. If we carry out this calculation for both the present and the year of the geological past which is of interest, we can compare the values thus obtained with each other directly, because they are all related to the same time intervals. We can also measure the differences quantitatively and determine the geographical latitude φ_s, at which we will at present find the same value of Q_w, as it corresponded to the geographical latitude φ in the year of interest. This way, we can therefore express the secular change of the thermal state prevailing on the surface of the earth, induced by astronomical causes, in terms of latitude variations, which is of great value for paleoclimatology."

"The calculation of the parameters Q_s and Q_w, and the pertinent latitude value, which cannot be discussed in detail here, will be very easy if the perihelion length Π assumes the values of 90° or 270°, which is the case every ten to eleven thousand years. Particularly these times represent the most important stages of the earth's secular insolation time course, because the solstitial lines of the earth will coincide with the perihelion and the aphelion. In case of Π = 90° the winter solstice of the northern hemisphere will coincide with the perihelion and the northern winter, due to the closeness of the earth to the sun, will undergo the greatest attenuation it possibly can under a given ε and e due to the variability of Π; in case of Π = 270° it experiences its maximum aggravation. In these two cases of extreme seasonal opposites, the respective parameters W_s, W_w, Q_s and Q_w are related to each other by the following equations

$$Q_s = W_s \pm K, \qquad Q_w = W_w \pm K,$$

whereby the upper sign relates to the case of Π = 90°, the lower sign to Π = 270° when we regard the northern hemisphere; for the southern hemisphere it is vice versa."

"As far as the parameter K is concerned, it is represented with sufficient exactness by the expression

$$K = \frac{2(b_0 - b_1)}{\pi^2 \sqrt{1-e^2}} \cdot e$$

if we are talking about latitudes between 45° and 70° which are of relevance to the paleoclimate. Here, b_0 and b_1 denote the respective values of the parameters listed in the Tables IV and XVI (p. 188 and 225) of the publication mentioned. However, if we consider that the parameter

$$\frac{2(b_0 - b_1)}{\pi^2 \sqrt{1-e^2}} = m$$

only undergoes insignificant secular changes, as e only occurs squared, it can be calculated by using Table IV just with an average value of e and anticipated to be constant. We thus obtain

$$K = me,$$

wherein m depends only on the geographical latitude."

"The parameters W_s and W_w are expressed for any year of the geological past whose obliquity of the ecliptic is greater than today by $\Delta\varepsilon$ degrees, as

$$W_s + \Delta W_s \Delta\varepsilon$$
$$W_w + \Delta W_w \Delta\varepsilon,$$

wherein W_s and W_w are to be derived from Table V and ΔW_s and ΔW_w from Table XVII of the publication mentioned. Hence we obtain for the parameters Q_s and Q_w the following expressions

$$Q_s = W_s + \Delta W_s \Delta\varepsilon \pm me$$
$$Q_w = W_w + \Delta W_w \Delta\varepsilon \pm me,$$

which are easy to calculate. As already mentioned, the upper sign will apply to $\Pi = 90°$, the lower to $\Pi = 270°$, if we take into consideration the northern hemisphere of the earth.

"Since the present value of the perihelion length amounting to 100.4° does not deviate much from 90°, and since the length of the perihelion just crossed the value of 90° only 600 years ago, the expressions above can be used to calculate the present values of Q_s and Q_w, if we are dealing with the latitudes indicated; we only have to define $\Delta\varepsilon = 0$ and $e = 0.0168$."

"With the aid of the reported equations, we can follow the state of insolation in summers at the latitudes 55°, 60° and 65°N over the past 650 thousand years and has been represented as latitude variations in the Plate appended to this book. That the following table relates to the insolation in summer has been done at the request of the authors of the book submitted."

Millenia before present day	The latitudes			Millenia before present day	The latitudes		
	55° N	60° N	65° N		55° N	60° N	65° N
	must be shifted to:				must be shifted to:		
0.6	54° 50'	59° 50'	64° 50'	350.5	53° 50'	59° 40'	65° 50'
11.4	49° 20'	55° 20'	60° 20'	359.6	55° 40'	60° 40'	65° 50'
22.3	56° 50'	62° 0'	68° 0'	369.4	48° 30'	54° 30'	59° 30'
33.5	53° 40'	59° 30'	65° 20'	379.3	55° 40'	60° 40'	65° 50'
47.6	52° 10'	57° 10'	61° 30'	388.9	53° 50'	59° 40'	65° 50'
60.9	52° 20'	58° 10'	63° 50'	398	56° 10'	61° 10'	67° 0'
72	58° 50'	64° 0'	72° 10'	406.3	50° 50'	56° 30'	61° 30'
82.9	48° 20'	54° 50'	60° 20'	414.7	53° 0'	57° 50'	62° 30'
94.1	56° 0'	61° 20'	64° 50'	423.8	51° 40'	57° 30'	63° 10'
105.1	50° 30'	56° 50'	62° 50'	433.5	58° 40'	63° 50'	71° 50'
116	58° 50'	63° 40'	71° 0'	443.5	49° 10'	55° 30'	61° 10'
127.6	47° 50'	54° 10'	59° 20'	454.1	56° 30'	61° 0'	65° 30'
140	56° 40'	61° 30'	66° 50'	464.7	49° 30'	56° 0'	61° 50'
152.3	52° 10'	58° 20'	64° 10'	475	59° 0'	63° 50'	71° 0'
164.5	55° 40'	60° 20'	64° 50'	485.5	48° 40'	55° 10'	60° 40'
176.2	48° 30'	55° 0'	60° 40'	496.2	55° 30'	60° 20'	65° 10'
187.4	59° 50'	65° 0'	73° 50'	507.1	53° 30'	59° 10'	64° 50'
198.3	48° 30'	55° 20'	61° 10'	527.2	54° 20'	59° 10'	63° 50'
209.4	55° 50'	60° 10'	64° 20'	537.8	48° 50'	55° 10'	60° 30'
220.5	49° 0'	55° 30'	61° 10'	548.2	59° 40'	64° 50'	73° 0'
231.1	59° 40'	65° 10'	75° 40'	558.4	48° 50'	55° 40'	61° 40'
242.3	50° 20'	56° 20'	61° 40'	568.8	57° 30'	61° 50'	66° 30'
256.9	53° 40'	58° 40'	63° 30'	579.3	46° 20'	53° 20'	59° 0'
270.7	53° 40'	59° 30'	65° 50'	589.4	59° 0'	64° 0'	71° 30'
281.6	56° 40'	61° 30'	66° 50'	599.1	51° 50'	57° 50'	63° 40'
292.4	47° 30'	54° 0'	59° 20'	608.1	54° 50'	59° 40'	64° 40'.
302.8	57° 40'	62° 30'	68° 0'	616.2	50° 40'	56° 20'	61° 20'
312.8	51° 40'	57° 50'	63° 50'	624.4	55° 20'	60° 20'	65° 30'
322.6	56° 20'	61° 0'	66° 10'	633.5	51° 50'	57° 50'	63° 40'
332.4	48° 40'	54° 40'	59° 50'	643.2	57° 20'	62° 10'	67° 50'
341.7	56° 30'	61° 20'	67° 0'	653.3	48° 10'	54° 40'	60° 10'

— This communication from Prof. Milankovitch is particularly commendable because of the structured form with which he represented the conversion into latitudinal equivalents and designed the graphical representation, which fills the upper part of the PLATE (shown at the back of this book). These latitudinal equivalents of the respective insolation can be exactly calculated; in contrast, their conversion in temperature depends on many circumstances. In order to obtain an indication as to what temperature values these shifts of latitudinal equivalents correspond to, the present-day mean values of temperature decline versus increasing latitudes are shown (for 10 degrees latitudes each and for the northern and southern hemisphere):

Geographical latitude		0°	10°	20°	30°	40°	50°	60°	70°	80°
In the warmest month	N hemisphere	—0.5	1.4	1.0	3.3	5.9	4.1	7.0	5.2	
	S hemisphere	0.1	0.9	3.6	6.2	7.3	5.1	4.0	5.7	
	Mean	—0.2	1.2	2.3	4.8	6.6	4.6	5.5	5.5	
In the coldest month	N hemisphere	—0.2	3.9	7.3	9.7	11.9	8.8	10.2	7.5	
	S hemisphere	1.7	3.9	5.4	5.6	6.1	10.5	14.6	9.3	
	Mean	0.8	3.9	6.4	7.6	9.0	9.6	12.4	8.4	

Before we enter a discussion on Prof. Milankovitch's figures and lines, we would like to complement them by some important pieces of information derived from his book and the curves which occupy the lower part of our PLATE.

These changes in the amounts of insolation, which are attributable to the different latitudes during a variable astronomical summer and winter half-year are preliminarily already sufficient to suit our purposes. Their dependence on the astronomical fundamental values ε, and $e \sin \Pi$, however, can be very easily and clearly grasped based on the representations made in Milankovitch's work.

If η_s and η_w denote the deviations of these parameters from a certain mean value, the one chosen by Milankovitch corresponding to the present-day obliquity ε_0 and the eccentricity of the earth's orbit $e = 0$, then it follows from p. 238/239 of his book for an obliquity of $\varepsilon_0 + \Delta\varepsilon$ (in degrees) and an eccentricity e that

$$\eta_s = 2 \Delta W_s \Delta\varepsilon \pm 2 W_s \frac{4}{\pi} e \sin \Pi$$

$$\eta_w = 2 \Delta W_w \Delta\varepsilon \pm 2 W_s \frac{4}{\pi} e \sin \Pi.$$

ΔW is the rate at which the value of W changes at the boundary of the atmosphere when ε changes by 1°.

The upper sign applies to the northern, the lower to the southern hemisphere. If we now express η_s and η_w by their relation to the parameters W_s and W_w, i.e. if we define

$$A_s = \frac{\eta_s}{2W_s} \quad A_w = \frac{\eta_w}{2W_w},$$

we will obtain the following simple relations:

$$A_s = \frac{\Delta W_s}{W_s} \Delta\varepsilon \pm \frac{4}{\pi} e \sin \Pi$$

$$A_w = \frac{\Delta W_w}{W_w} \Delta\varepsilon \pm \frac{4}{\pi} e \sin \Pi.$$

As we can see, the parameters A are algebraic sums of two members, the first of which is the product of $\Lambda\varepsilon$ with a known value constant for each degree of latitude, the second is identical for all latitudes (except for the sign). Hence, if the secular progression of the parameters $\Delta\varepsilon$ and $e \sin \Pi$ is designed, according to Pilgrim's data, as basic curves, we can derive herefrom the time course of the average insolation of the two half-years graphically, just by choosing the ratio of the two scales according to the geographical latitude of interest.

The coefficients $\Delta W_s / W_s$ and $\Delta W_w / W_w$ (multiplied by 100) are listed in Table XVIII (p. 229) of Milankovitch's treatise. In order to show the main features of their distribution the values ranging from 15 to 15° latitude and 65° latitude are shown in the table below, next to the according value of the respective year.

The insolation during summer decreases with increasing obliquity up to 11° latitude, thence increases until the pole is reached.

Relative changes in the amount of radiation in response to increasing obliquity by 1° for the astronomical half-years (s summer, w winter) and the year (T).

Latitude	$\Delta W_s/W_s$	$\Delta W_w/W_w$	$\Delta W_T/W_T$
0°	—0.35	—0.35	—0.35
15°	+0.11	—0.87	—0.33
30°	+0.59	—1.54	—0.22
45°	+1.17	—2.60	+0.03
60°	+2.04	—4.78	+0.78
65°	+2.51	—5.77	+1.39
75°	+3.57	—4.31	+3.17
90°	+4.02	0.00	+4.02

The scale of the curves was chosen in such a manner that 1° of ε equals a change of e by 0.02 or of $\frac{4}{\pi} e$ by 0.025, which is the case in a summer half-year at 65° latitude, as the table above reveals. If one wants to have the curve of another latitude, one has to change the ratio of ε and e: 1° ε = 0.03 e would be equivalent to 80° latitude, 1° ε = 0.01 e to about 48° latitude, as can be derived from the table, as $\frac{4}{\pi} e = 0.0127$. The influence of obliquity increases steadily (from 11° onward) with the geographical latitude.

A simple summation of the two basic curves yields the approximated insolation curve sought for. To make this clearer, we have included the latter into the Plate between the basic curves as their mean or half sums. As has been said earlier, the curves thus obtained are not exact representations of the time course of the insolation intensity, as they have not yet been connected with the variable length and position of the astronomical seasons. However, the waves correspond to those of the exact intensity curve, except for minor variances in shape and size, as has already been shown by comparing our Curve IV with Milankovitch's jagged Line III.

As the amplitudes of these jagged lines are expressed as latitude equivalents, they also depend on the downward slope of insolation relative to latitude. As this is greatest in summer at a latitude of 60°, the amplitudes of Line II are smaller than those of I and III.

The reason why we only take into consideration the summer half-year has been explained above on p. 187. It still must be considered, for example, with regard to the distribution of plants, that the secular time course of the winter solar insolation in general runs in an opposite direction. It was consequently greater during the ice ages than on average. This probably might not have been effective in the proximity of the inland ice.

Let us now turn to a more detailed examination of the summer conditions in the northern hemisphere. We recognize in the data table shown on p. 199 and in the jagged lines of the PLATE four pairs of cold summer clusters occurring once every several thousand years, at about 90,000, 210,000, 450,000 and 570,000 before present day, hence in time intervals which could correspond just about to the middle of the Würmian, Rissian, Mindelian and Günzian glaciations, according to estimations which Penck and Brückner made for the Alpine region. The likelihood of a connection is particularly enhanced, owing to the greater distance between the second and third pair, which corresponds to the "great interglacial period". If we read out of the PLATE the times when the lowest jagged line of each pair rose above 68° and fell below 68°, the intervals shall be as follows:

Millennium	545 to 478	429 to 238	182 to 118
Duration:	67	191	64
= Interglacial:	Günzian-Mindelian	Mindelian-Rissian	Rissian-Würmian
Estimation by Penck	(100)	240	60

The agreement is surprisingly good. We have no doubt that the pairs of jags in our PLATE are showing us the European glaciations.

The question is now: How can they give us the impression of a unified "ice age", each being split into two or three clusters of cold summers by nearly 40,000 warmer summers.

Above all, it must be stated that glaciations could hitherto be clearly distinguished from each other only if either the period free of ice between them was extremely long, or each subsequent glaciation demonstrated a retreat against the preceding one, so that their end moraines come to lie within those preceding them. This applies to Europe with the Rissian and Würmian glaciation period and the "retreat stages" of the latter, and applies just the same to North America. However, if a second glaciation occurs after a short period of (geological) time after the first, and is just as big as an the one preceding it, or even bigger, the differentiation of their traces will probably remain very difficult forever. Those of the first will be obliterated by those of the second.

Still, as the table of Krenkel and the diagram of Soergel (p. 150) show, geologists have already succeeded in differentiating two almost similar main advances of the last glaciation; and even if, according to Gams and Nordhagen,[1] Soergel's first main advances of the Rissian glaciation were identical, they replace Soergel's Rissian glaciation period with a new glacial stage, the Mühlenbergian, as the formative power creating the numerous high-lying terrace gravels, the moraines between the upper and lower schistous coals of Switzerland and the older loess. Either way, taken together, three major advances of the four which we have to assume according to the insolation table have already been identified.

If not perhaps in the Alps, but indeed in the great Nordic ice the preservation tendency of an inland ice sheet must have been enough for its core to survive ten-thousands of hot summers; then the second advance only had to be greater than the first, with the same lack of insolation, because it had originated from this core.

The first formation of inland ice requires that the summer temperatures on the surface of the earth are so low where the snow falls that they prevent snow and ice from melting. In other words, a strong insolation deficit is required. However, once the ice cap has been formed, it will be able to maintain itself even under a considerably higher insolation, in fact, it will even grow. Because, first of all, owing to its emanation, it lowers the air temperature by 5 to 7 °C under the level which would prevail without snow. This effect may admittedly be compensated by the fact that a concomitant formation of an anticyclone would essentially exacerbate the conditions for precipitation. Instead, another phenomenon sets in, which is extraordinarily effective in preserving the inland ice: the elevation of the surface over the melting isotherm. The by far greater proportion of the immense ice cap of Greenland lies between 2,000 and 3,000 m above sea level and is thus excluded from any melting processes whatsoever. And where the summer brings a short melting period, for example, in the south and along the country's edges, the melting water moistens only the underlying snow layers and then freezes to ice during the cold season. The inland ice is not deprived of this melt water either. Only in the actual boundary zone of Greenland's inland ice, which is mostly only 100 km broad (in the north less, in the south more), can the summer heat affect the inland ice, because here the melt water can run off on the ground as surface rivulets, underground through crevasses and on the bottom of the inland ice. Someone who climbs up onto the Greenland ice sheet from any side, will very soon reach altitudes of 2,000 m above sea level and more, whereafter the path rises only gradually toward the middle; in other words, the surface is curved upward like a dome. The consistency of this phenomenon makes one believe that it has not been created by the local ground conditions, but represents

---

[1] H. Gams and R. Nordhagen: Postglaziale Klimaänderungen und Krustenbewegungen in Mitteleuropa. Munich 1923, p. 134—135, 286.

the regular shape of an ice cap. The Quaternary ice caps will therefore also have had this shape, the melt-off being limited to a margin zone there as well, whereas everything else was fully excluded from the melting processes. It is clear that this prolongs the endurance of the inland ice very much and that it can be preserved under condition that would not enable its new formation. In this sense, along with v. Drygalski, we assume that the inland ice of Greenland is a remnant of the ice age, i.e. that it was preserved only on account of its surface's high altitude above sea level and, if it were removed, could not reconstitute itself under the present-day conditions.

We believe that these observations provide a sufficient explanation of the fact that two insolation minima each can only cause one ice age. The time interval of 40,000 years between two minima may be very big and sometimes periods of quite intensive insolation occur during this time. If only a remnant of the first ice cap would remain, the formation of the second would commence much earlier and the ice cap would now become much bigger, so that the most distinctive features of a glaciation, the end moraines of the former advance, would be overrun and obliterated, thus creating the impression of one single ice age.

This is not to say that such a coalescence of two advances took place everywhere. The example of the Nordic inland ice is only to demonstrate its probability of occurrence. However, there is a growing body of evidence indicating that the division of the glaciations in several major advances cannot be identified yet, for example, as is the case for smaller ice fields in the Alps.

The type of our Quaternary glaciations has developed most purely in the millennia from —180 to —240, a time which we conceive of as the Rissian glaciation period. The eccentricity of the earth's orbit was large and the oscillations of $e \sin \Pi$ stood in a relation to those of ε in such a manner that their wave troughs (the cool intervals) enhanced each other. Accordingly, the summer insolation in these millennia then reached their lowest minima during the 650,000 years, and the glaciation of the Rissian period consequently exceeded that of the Würmian considerably. The remaining three glaciations reveal the identical type in an attenuated form.

As the ice ages are periods of strongest eccentricity of the earth's orbit, toward their ends and in the one or two intervals of increased summer insolation which divide them, the summer temperatures at the boundary of the ice could have been quite high despite being affected by anticyclonic winds. As the melting of the ice lags considerably behind the time course of temperature, we must anticipate that wide tundra areas limited the formation of the ice cake only at the beginning of each glaciation or advance, however, upon their retreat, the tree limit, in fact even the oak-tree limit, grew nearer to the ice, corresponding to the warmer summers. Perhaps a part of the existing controversial opinions on this issue can thus be explained. The situation was just not so simple as is generally imagined.

Subsequent to the second main advance of the last ice age, which was the result of the insolation minimum 72,000 years ago, the melt-off took a very long time in Germany as well, probably until 50,000 years ago. The second advance was greater than the first, its ice overran the moraines of the latter and must have obscured them. Various opinions are possible when it comes to a third advance that followed the insolation minimum of 22,000 years ago. The most likely explanation is that we must attribute to this advance the so very recent moraine belt, to which we owe the beautiful hills and lakes that extend from the eastern part of Holstein to Masuria. In contrast, it is conspicuous that almost no remnants of the previous interstadial could be evidenced. No indication of an interrupted melting process could be found in the longest outcrop of northern Germany, the Kaiser Wilhelm Canal.

Irrespective of the question concerning the boundary of the ice is the result obtained by August Schulz, which relates to the flora of central Germany.[1] According to the insolation curve, a long winter period lasting from 55,000 to 40,000 years ago, and a subsequent tundra period from 40,000 to 20,000 years ago, are very likely even if the ice edge of the latter might not have lain on German soil.

The extreme long period from the commencement of the Würmian 120,000 years ago until the termination of the second main advance, probably 60,000 years ago, may seem incomprehensible at first, considering that man is not only supposed to have survived it, but also the preceding interglacial and the Rissian period, with again 120,000 years in all, without undergoing development exceeding the level of the hand-ax culture (Fig. 26 and Table p. 166). In fact, this was not Homo sapiens, but Homo neanderthalensis or mousteriensis, and in these beings, acknowledged as a different zoological species, the drive to make progress not existent in the rest of the animal kingdom apparently prevailed only during the initial stages. Admittedly, mankind already possessed the three fundamental elements of culture: the instrumentation by its use of the hand-ax, domestication by means of customs (funerals) and, thirdly, most likely also communication by means of language—but presumably most inchoate.

Only during the last ice age, at least prior to the last Baltic Advance, did modern-day humans, Homo sapiens L., appear in Europe; how and when, cannot be stated yet. However, before we concern ourselves with this last stage, something more must be said about the preceding interglacials.

Our PLATE shows us that variations in heat transmission from the sun occurred in the same location during the ice age, equivalent to a difference of 16° in latitude and that these variations nearly took place at times when, based on the geological evidence, interglacial and glacial stages were anticipated to have occurred. This explains the change of these periods in general. And a second cause,

---

1   Zeitschr. d. Deutsch. Geol. Ges. Vol. 62.

also a pole movement, will only come into question if it could have interfered with this change. For the effect of a second cause proceeding at the same speed as these four waves is quite unlikely.

However, quite miscellaneous disturbances should have existed nevertheless. For example, the reason why an interglacial period occurred after Rissian II, but only one interstadial period after Würmian II, whereupon a third advance occurred, does not seem to be explicable with our curves yet. Besides, the edge of the ice will have become retracted far into Sweden also in the interstadial period, and it is doubtful whether it was much different in the Rissian- Würmian "interglacial".

However, one thing we do see with any doubt: the places situated on the 55th and 56th parallel in Europe today would now almost be nearer to a glaciation period without a latitude change than an interglacial period. On top of them, we would have more ice-age indicators showing a higher temperature than a cold period, for the deviations of insolation from present-day values, expressed in terms of fictitious degrees of latitude, only reach 5° toward the north side, but 7° to the south side, indeed in one case even 9°. We will concern ourselves with this question in the following section which is dedicated to the subject of latitude change.

The Curve Group V, which represents the same parameters for the southern hemisphere, shows a completely different picture. Here as well, the curve in the middle is the insolation curve, depicting an increasing insolation from the bottom up, as is just the case with Curves I to IV. In order to explain how the curves came about, we have again inserted the basic curves, the ε curve with the same sign, the $e \sin \Pi$ curve with a sign opposite to that of the northern hemisphere, because here the summer coincides with our winter.

In the following overview, we will compile all troughs of the curves IV and V marked with hachures, in which we must identify the glaciations and/or their respective onsets. The ice caps created will have kept growing over many thousand years. Periods of greater eccentricity of the earth's orbit fall into these troughs both in the southern and northern hemisphere; however, to some extent, there are other maxima of the same, and in isolated cases the curve takes on a very different shape. Neither the multitude nor the duplication of the insolation maxima which we found in the north are visible here. Instead, we perceive a great number of smaller minima following each other at various intervals. The small trough in the M-R interglacial of the northern hemisphere, which we referred to as "nameless", has hardly resulted in any real glaciation, i.e. a formation of inland ice in Europe.

Overview of the glaciations (millennia before present)

Northern hemisphere		Southern hemisphere	
Günzian I	592—585 ..	—	
Günzian II	550—543 ..	Before Günzian II	560—554 ..
Mindelian I	478—470 ..	After Mindelian I	468—462 ..
Mindelian II	434—429 ..		
—		at: (442), 389,	
—		350, 312, 270 ..	
Nameless	305—302 ..		
Rissian I	236—225 ..	After Rissian I	226—218 ..
Rissian II	193—183 ..	Before Rissian II	200—195 ..
Würmian I	118—110 ..	at: 152 ..	
Würmian II	74—66 ..	After Würmian I	110—103 ..
(Baltic stage 25 ..)		Before Baltic stage:	33—30 ..

Apart from these fluctuations of insolation, the obvious changes in the atmospheric circulation and in the distribution of water and land have certainly also exerted an influence on the climate. However, in this regard, we depend more on speculations. The expanse of the Baltic Sea has varied much, that of the North Sea probably less. This alone might have caused only minor climate differences than exist nowadays between the coastal and interior regions of Europe and probably had little impact on the change of glacial and interglacial periods. In fact, the great consistency of the insolation curve with the geological finds excludes the effect of other dominating causes, unless they are functions of this curve themselves like, for example, the anticyclones over the inland ice.

The mentioned elevations and depressions occurring in the glaciation area and in its environment must be regarded as a consequence of its changing coverage with ice.[1] At the end of the Pliocene and each interglacial period both Scandinavia and Labrador were higher than they are today. Toward the end of each glaciation period the ice load pressed the land masses several hundred meters down, whereas the surrounding areas were uplifted to a certain extent by the underground while being pushed out. After the ice had disappeared, the area relieved of the weight rose and the surrounding area sank a little, a process that lasted many centuries. Today, this elevation process still proceeds at a rate of about one meter per century. The depression which is known as the "Litorina

---

1   see Köppen, Das System der Bodenbewegungen und Klimawechseln des Quartärs im Ostseebecken. Zeitschr. f. Gletscherk. XII, 1922, p. 97—123.

depression" was very conspicuous 6,000 years ago and is no longer noticeable in northern Germany today.

To Fig. 26 (p. 150), reflecting Soergel's concept of the course which the Würmian glaciation period took, we added below the summer insolation curve since 190,000 years for reasons of comparison, by drawing the culmination points of Würmian I together with Soergel's first main advance. Würmian II also almost coincides in both representations then, just like Soergel's "Bühl" with our Baltic Advance which, however, was indeed not so insignificant after all. However, according to the insolation curve, the Rissian-Würmian interglacial period was much shorter and also colder in its middle part than Soergel's diagram seems to take for granted.

The branch-off drawn in the second curve during the last 15,000 years to the side of greater warmth is the insolation time course which corresponds to a 5° decrease in latitude approximately between 15,000 and 5,000 years before present.

Completely overlooked in both Soergel's drawing and Krenkel's table is the period of the warm summers 10,000 to 4,000 years ago, the "climate optimum" whose nature is beyond question, however, which admittedly will have shown itself less in northern Germany than in higher latitudes. Due to obliquity changes the duration of the longest day below 68½°N amounted to 62 days 9,100 years ago, whereas it amounts to 54 days today; 28,300 years ago it used to be only 38 days.[1]

C. The Latitude Changes in the Quaternary and the Climate Changes in Specific Areas

The alternation of glacial and interglacial periods in Europe as determined by geology is unexpectedly so consistent with the curves of the insolation time courses with regard to the connection which we assume to exist that we have no other choice but to see, in these curves, the actual cause of the variations before us.

Merely the middle line of these curves is apparently too high, i.e. displaced to the side of a too high insolation, when we draw a comparison with the present. The curves therefore do not explain the glacial age all by themselves. Today, we are situated in an albeit shallow wave trough of the curve, related more closely to a glacial than an interglacial period. The flora of the interglacials, however, show us that the air temperature and presumably the solar insolation in summer is only approximately consistent with that of present day also in the peak ranges of the curves, whereas in the troughs they lie deep below them.

As regards the jagged lines in our PLATE, we perceive that Line III and Line II respectively exceed five-fold and six-fold the present-day insolation by

---

1 N. Ekholm, On the Variations of the Climate of the Geological and Historical Past and their Causes. Quart. J. of the R. Met. Soc. 1901, p. 40.

an amount which corresponds to somewhat more than 5 degrees of latitude. If we assume, based on the plant finds pertaining to the interglacials, that in places of central Europe now lying at these latitudes the insolation and air temperature were only the same as they are today, then a decrease of latitude amounting to 5° will ensue for these places. Fifteen wave peaks in Curve I would exceed this limit, hence in the Alps these intervals of the interglacial periods would presumably have been warmer than they are now, to some extent by more than two degrees of latitude. As exactly one identical latitude change cannot apply to the whole of central Europe and to the entire pole migration pathway, considering the position of the pole in the present-day northwest, we will take 5 to 7° as decisive, more in the west, less in the east.

However, we must accept that this lesser distance to the pole, decreased by at least by 5° relative to today, applies to the last glacial advance of 22,000 years ago;[1] for, although the decrease of solar insolation (see Plate) at that time proceeded just to the limit we assumed above for a glacial, according to De Geer, the ice advanced beyond Scania into the Baltic Sea. To acknowledge as much as possible De Geer's counts of clay horizons we even must set the onset of the latitude decrease for Scandinavia, and Europe in general, yet later still, at about 15,000 years ago. Nothing but this latitude change explains the fully altered behavior of the inland ice since this time, as compared with that of the interstadials of the ice ages. The insolation curves do not provide an explanation for this. Why is it that within the 19,000 years since the insolation has reached its present value the great Scandinavian ice cake made room for the growth of our flora long ago, whereas in the 27,000 to 29,000 years each, during which the insolation exceeded this value in the Würmian glaciation twice and in each of the other glaciations also once, no signs of an interglacial have ever been revealed? After all, the solar insolation in summer was just as strong 83,000 years ago, between Würmian I and II, as during the insolation maximum 11,000 years ago, which was followed by the climate optimum. But the pole migration we assume explains everything satisfactorily, although the strong rotation of the circles of latitude in Europe since 72,000 years has been unexpected. For the time from 30,000 to 15,000 years ago, we assume a pole position at 85° latitude and 10° eastern longitude.

Compared with each other, the European glaciations display differences, as much as we know today, which correspond just about to the insolation curve; the Rissian glaciation was stronger than the Würmian, whereas the Günzian steps back. We could only expect a stronger accentuation from the Mindelian glaciation which we could easily account for by a convexity of the pole's migration path to the east.

---

1 According to the considerable intensity of the last Patagonian glacial, we must assume the pole to be in the same position at 85° latitude, 10° eastern longitude even 30,000 years ago.

This behavior corresponds to a movement of the pole during the European glacial epoch, nearly tangential relative to central Europe, which ended 30,000 years ago at 85°N 10°E and came from SSW. How far this tangent must be drawn out backwards, and where the pole which came from the Bering Strait veered into this pathway, America and Antarctica will have to decide.

According to Chamberlin and Salisbury, Fig. 35 schematically shows that the ice limit in North America advanced less far in each subsequent glaciation; since they represented this expressly in their Fig. 470 also for Wisconsin II as compared with Wisconsin I, we have included this division of the Wisconsin which accidentally had been missing in the original. According to Leverett, the

Fig. 35. Illustration of the scale-shaped remainders of the last five American glaciations. On the left the corporate outcome. 1 Pre-Kansan. 2 Kansan. 3 Illinoian. 4 Iowan. 5 early Wisconsin. 6. late Wisconsin.
— — — Deposits overlain by later ice floods.

Wisconsin moraines in Illinois remain 200 km behind those of the Illinoian, and in Iowa only just as much behind the Kansan. In particular, the course of the various end moraines is highly irregular; but the schematic representation is consistent with a progressive displacement of the pole from the Great Lakes.

In order to find the southernmost point, at which the pole veered from its Miocene position at 75°N 150°W into the pathway tangential to Europe, we must consider data pertaining to the southern hemisphere.

On p. 127 we argued that we, along with Irmscher, have to place the flora of now glaciated Seymour Island (64°S 57°W) in the Early Quaternary. The nearly subtropical character of this flora compelled us to assign it to a latitude of approximately 45°, and hence we find the northern position of the pole for the onset of the Quaternary at about 70°N 60°W. The western longitude is determined relative to Europe.

This is, for Europe, the position of the pole before or at the time of the Günzian; we have already examined on p. 170 which of the American glaciations corresponds to it. We set Iowan = Mindelian, Illinoian = Günzian, because then we will have two acknowledged glaciation periods, i.e. the Kansan and Pre-Kansan, for the great distance of the pole of the Miocene (75°N 150°W) which moved very close past North America. As the great Kansan glacier flood also appears to have originated from the Keewatin center only, we must assign the pole of this time to a far western position, so that it was still far away from Europe. On the other hand, the Baltic Advance 21,000 years ago may hardly have been noticeable in America.

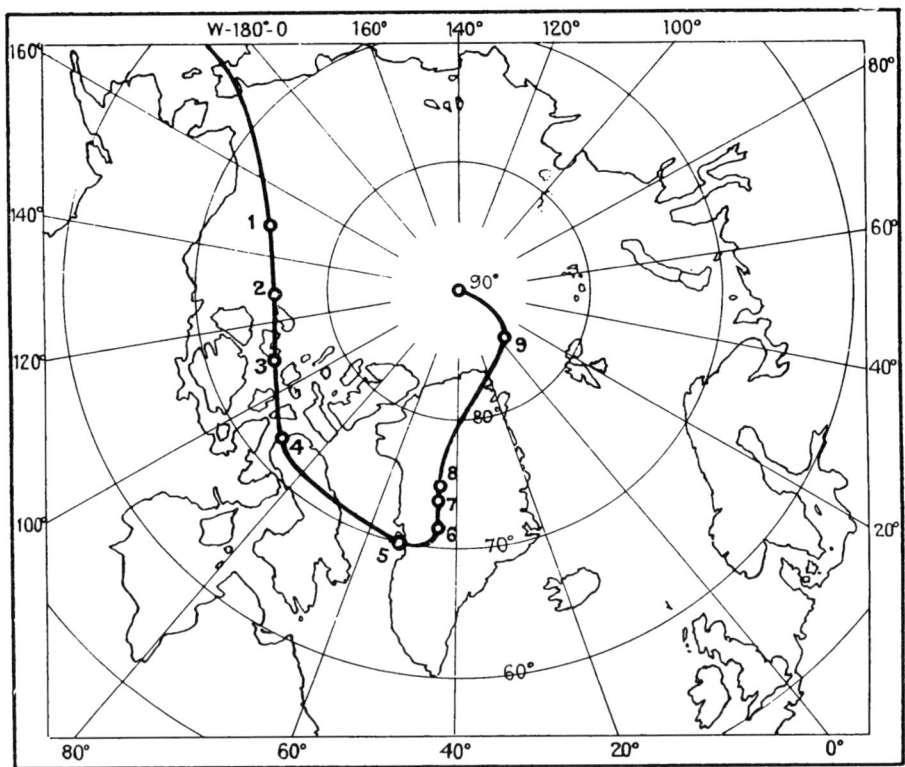

Fig. 36. The path of the North Pole, related to Europe.
1 Miocene, 2—4 Pliocene (4 Kansan), 5 Günzian , 6 Mindelian, 7 Rissian, 8 Würmian, 9 Baltic advance.

Based on this information, Fig. 36 shows the migration path of the North Pole since the Miocene. An outline of today's coasts has been included for orientation. However, it must be noted that the grid and the pole positions are related to Europe, whereas America was situated for the most part of this time more to the east and north than it is today.

Consequently, according to our opinion, the older glaciations took place in the interior of America, while the deposits referring to the Pliocene were formed on the western, southern and eastern boundary of the United States and in Europe.

Opposite to the 50th meridian west lies the 130th meridian east, near which are the New Siberian Islands and the present-day winter Pole of Cold at Verkhoyansk. Hence they must have been 20° further south 600,000 years ago, 16° farther south 72,000 years ago, relative to their present-day geographical locations; Lyakhovsky Island hence below 54 to 58°N, Verkhoyansk below 47½ to 51½°N. Neither did they have land in the north which they could overflow with ice, like Europe and America. This explains the massive abundance of animal life in these regions at the time of the mammoths. The Bering Sea and the shelf reaching all the way to the New Siberian Islands was dry to a greater extent and this Bering's Land, as we call it, neither presented a barrier for the migration of animals, nor was it a part of the expansive habitats ranging from Alaska to Asia Minor, from which North America and Europe were supplied with the same animals after each ice age. For North America, this was only one source, apart from Mexico and the land of the Antilles; but in Europe, the path to the south was blocked by the Mediterranean and the Sahara which, admittedly, was less inhospitable then than it is now. Europe therefore depended on immigrations from the land strip reaching from Alaska to Persia, and this was not only limited by the great distances, but also temporarily by the Caspian Sea which reached up to Kazan. The result was a rapid disappearance of the rich Pliocene fauna from Europe and Europe's present-day scarcity of animal and plant species compared with Japan and North America.

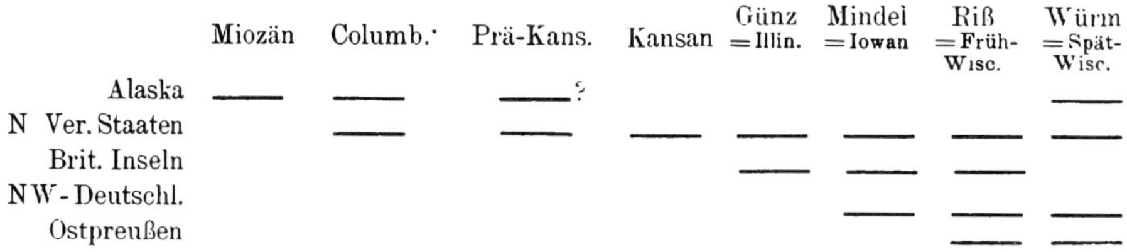

	Miozän	Columb.	Prä-Kans.	Kansan	Günz =Illin.	Mindel =Iowan	Riß =Früh- Wisc.	Würm =Spät- Wisc.
Alaska	—	—	—?					—
N Ver. Staaten		—	—	—	—	—	—	—
Brit. Inseln				—	—	—	—	
NW-Deutschl.					—	—	—	
Ostpreußen						—	—	—

Fig. 37. Miocene / Colomb./ Pre-Kansan / Kansan / Günzian (Illinoian) / Mindelian (Iowan) / Rissian (early Wisconsin) / Würmian (late Wisconsin)
Alaska / N United States / British Islands / NW Germany / East Prussia

We can illustrate the time course of the glacier formations in the northern hemisphere, ever since solid land appeared in the northern polar zone, showing the diagram of Fig. 37. Colomb. is understood to be a likely ice age in the Early Pliocene, identified only by weak evidence in British Columbia.

Based on this, the pole only moved slowly during the long period ranging from 590,000 to 71,000 years ago. The distance of the end moraines between the Illinoian at Indianapolis and the late Wisconsin at Saginaw amounts to 450km, according to the map on p. 331 of Chamberlin and Salisbury, elsewhere mostly even less, and we have no reason to believe that any one of these glaciations advanced into lower previous latitudes than the others. We thus obtain the pole at 75°N 45°W for the late Wisconsin = Würmian. This is where it probably still was 71,000 years ago, however, we assume it to have been at 85°N 10°E some 30,000 to 15,000 years ago. This produces a saltatory shift in the intervening time by 1,510:40 = 3.8 km per thousand years; and after 15,000 years, as it came to rest even before historical time, hence at about 5,000 years ago, we even obtain a shift of 550:10 = 5.5 km per thousand years.

This rapid latitude decrease of North America after the late Wisconsin period probably contributed to the Champlain Flood, although, for the most part, it resulted from precedent suppression of the north by the weight of the ice. However, if the latter cause were the one solely effective, we would have to expect the occurrence of such a flood subsequent to every glaciation, which appears not to have been the case, at least not to this extent. The sea level decreases in front of the pole, behind the pole it rises again until the balance is reached.[1]

Under these pole positions the moraines of the late Wisconsin near Chicago, which are nowadays at 41° latitude, fell back to 53° latitude, if we consider America in its present-day position. Still, it is quite likely that America's emigrational movement stood in a causal relationship with the pole migration, mostly proceeding in the same two leaps (before and after the European ice age epoch) as the latter. Therefore we have to assume that its drifting away from Greenland occurred but after the late Wisconsin. This results in a further likely latitude decrease of at least 5°, for which reason we obtain the same latitude of 58° applying to both the late Wisconsin ice boundary near Chicago and the one of the last glaciation in northern Germany. This is apparently more than we need in order to explain the present-day difference in latitude of these moraines which is >10°. For, owing to the Gulf Stream and the westerly winds, even the summer isotherms, which are decisive here, moved up to 6° more into the north of central Europe than they did near Chicago; and although they are less powerful than they are today, which is because the Atlantic Ocean was not so broad at that time, the same causes will already have been effective. But we must assume that lower temperatures also prevailed at the ice boundaries in the case of the American glaciations. Because even if the glaciation center lay in the east, the mountain core on which they could lean (Greenland) was much farther away. The southern Scandinavian mountain knot was about 1,200 km apart from the ice margin in Germany. The high plateau of Greenland, however, even if it was situated closely in front of the Labrador shelf, was at least 2,700 km distant from Chicago. If the summer temperature at the melting edge of the European inland ice had been higher by 6°, as corresponds to the mentioned latitude difference of the present-day isotherm, this would not stand in contradiction to what has been said before.

If we lay the Kansan pole tentatively at 72°N 90°W its remotest moraines, north of Cairo, will come to lie at 57° without displacement, and at about 63° latitude with it. However, we must demand such a high latitude particularly for this glaciation as it originated from the Keewatin center, without the contributory action of a mountain range or of Greenland. The Labrador center, or rather Greenland center, took effect only in the Illinoian, for reasons which are still

---

1 A. Wegener, Die Entstehung der Kontinente und Ozeane. 3rd edition, Brunswick 1922, p. 85/86.

unknown.¹ Conversely, the Keewatin center was absent in the Wisconsin, at least in the later Wisconsin.²

A southward displacement of the equator in the Atlantic Ocean must have had a strong effect on the European climate due to the change of the ocean currents, even if Europe was only little affected by the decrease in insolation. The reason for the present-day singular thermic preference of the northern Atlantic Ocean and Europe lies, for the most part, in the fact that the warm water masses of the equatorial zone, which are pushed westward by the trade winds, are predominately deflected to the north owing to the position of South America. Beyond 30°N they are captured by the westerly winds and driven toward Europe. The Gulf Stream is a part of this great drift. When the equator was located 10 to 20° farther south, south of Cape Roque, the South Atlantic Ocean benefited from the entire South Equatorial Current, indeed even from a part of the North Equatorial Current. The Gulf Stream used to be much weaker and used to lie farther south. However, at 60° latitude, the current was forced to move westward under the impact of prevailing easterly winds of the ice anticyclones. However, this current will not have moved polar waters in the Early Quaternary, because Greenland had not yet detached itself far enough from Europe, wherefore the temperature of Labrador might have been higher than its nearness to the pole would account for under present-day conditions. With the increasing broadness of the Atlantic, the contrast between its eastern and western coasts should have grown.

The shift of the equatorial current was naturally caused by a shift of the trade wind system and the Equatorial Doldrum Belt. This shift might have been even greater than that of the equator. Because as soon as the temperature difference between the North and South Atlantic is attenuated, the doldrums now drawing extremely to the north will approach the equator. The effect of a southward migration of the equator would be a gradual process, as the Brazil Current would continually increase, whereas the Guyana Current would decrease. One could therefore anticipate that a latitude change yet lesser than assumed above would perhaps suffice for Europe. As the winters in Europe would benefit from the massive temperature rise of the water, and the summers in Europe and North America would do so only little, a change at Cape Roque would exert a too small effect on the glaciation, and we must therefore adhere to the greater proximity of the pole.

The insolation minima did not occur so pronounced in pairs in the southern hemisphere (p. 207) as was the case in the northern hemisphere. As the massive development of the ice caps was apparently associated with this pairwise occur-

---

1 Leverett, op. cit., p. 342, refers to this disparity between the two glaciations as "perhaps the most remarkable of all discordances" in the American glacial period and as "one of the leading problems for American glacialists." We do not believe that it is fully explained by the slight pole displacement, but the latter has at any rate made a contribution in this sense.

2 Tyrrell in: „Die Veränderungen des Klimas etc." p.IL.

rence in the north, as the first minimum reinforced the second (p. 203), the insolation minima in the southern hemisphere must have been in general of lesser consequence. The last took place 30,000 years ago, before the Baltic Advance, at a time when the pole still stood at least 5° laterally apart from eastern Antarctica, relative to the situation today. The latitude position of South America, however, was almost the same as it is now, and the insolation, at a 5° higher latitude than it is now.

The conditions of the Early Quaternary were favorable for the development of ice ages in Australia, because the prolongation of the 50th meridian west crosses the center of this continent and it previously lay by several degrees farther south; but its latitude was not high enough to produce an autonomous inland ice, and the deep ocean was on its polar side.

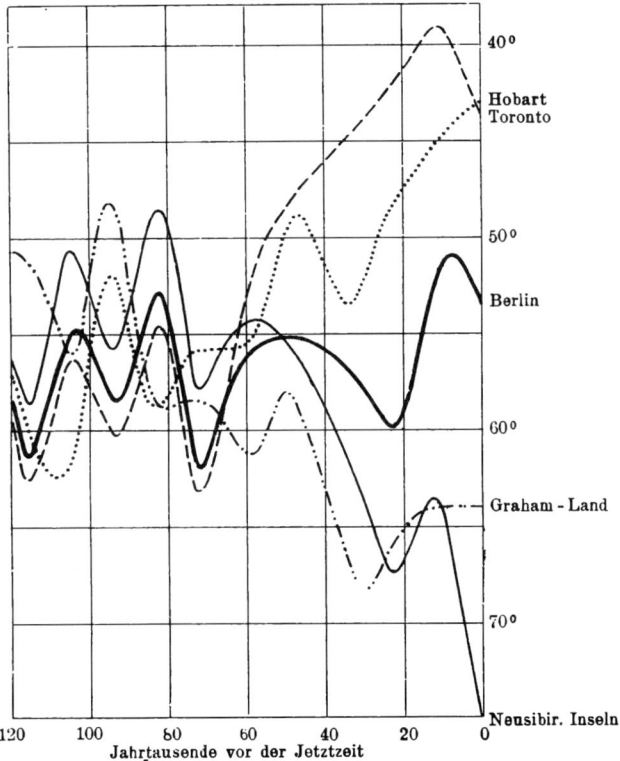

Fig. 38. Strength of insolation expressed as equivalents of latitude considering latitudinal changes Millennia before present. Hobart / Toronto / Berlin / Graham Land / New Siberian Islands

The changes of the summer solar insolations at a constant geographical latitude are presented in the PLATE shown at the back of this book, reported in terms of latitude equivalents. If we add to these fictitious changes in latitude the real changes due to pole migrations, we will obtain the secular time course of the insolation at a specific location.

Fig. 38 shows this time course for some interesting examples since the last two major advances of the Würmian glaciation.

Berlin, now 9 degrees of latitude north of Toronto, was accordingly exposed to almost the same insolation during the glaciation period. Still, Berlin was located ½ degree outside, Toronto 1½ degrees within the ice boundary of this last glaciation. This difference of 2° (and 2° only) in latitude of the ice boundary follows from what has already been said above. At present, the isotherms of the summer half-year at Toronto are even by 8° further south than they are in Berlin; this difference between the east and west side of the Atlantic will have existed at that time as well, but, for the reasons explained above, it will have been much smaller than they are now.

This difference in the insolation minima of Berlin between 72,000 and 22,000 years ago seems to be too small in comparison with the behavior of the ice; for the latter alone, this difference farther north was essential and our Line Chart indeed shows that it was considerably greater at a latitude of 60° and 65°.

As we shall see, the geological facts confirm that the last period of warm summers were much stronger pronounced in Toronto than in Berlin.

Like in these places, we find a similar rise of the curve during the last 120,000 years at their antipodes in Tasmania (Hobart). This is the explanation why only traces of mountain glaciers could be found there, but none such of inland ice: Toronto and Berlin were buried or threatened by the margins of a massive ice cake which had formed on their polar side. On the polar side of Tasmania, however, there was even a deep sea at that time.

The situation is naturally completely different in those quarters of the earth which are perioecian to the aforementioned regions: instead of rising, the curves decline until the present, although the fluctuations are north hemispherical by their nature in case of the New Siberian Islands, south hemispherical in case of Graham Land. In the former, the insolation of 100,000 years ago fluctuated at a rate that almost applies to present-day Berlin. And in Graham Land 95,000 years ago, it still reached a value which, for a short time, nearly corresponds to that of the 48th parallel. We have already seen that it was even higher in the Early Quaternary. However, it reached a minimum here 30,000 years ago, to which correspond the still so fresh glacial traces of Patagonia.

D. The End of the Ice Age and the Postglacial Period

The most important phenomenon from the time of the last, i.e. the "Baltic" advance of the ice, however, was the maximum of summer solar insolation, which must have occurred about 10,000 years ago, without any latitudinal change and seems to be delayed to a noticeably later period by the decrease in latitude which applies to Europe.

In this period falls the astoundingly rapid melt of the inland ice covering Sweden, and the distribution of oak and hazel beyond their present-day boundaries. It has unfortunately not yet been established how these two phenomena are related to each other.

De Geer made his spectacular year counts of the ice edge's recession public in a speech which he held at the XI. International Geology Conference and in an article published in a volume in preparation to this conference.[1] Brückner recently reported about these studies in a comprehensible lecture,,[2] which contains information about subsequent counts carried out by Lidén, Carlzon and others in the north of Sweden (1913) and by Sauramo in Finland (1918). Since the weathering characteristics of the years in Sweden and Finland are usually the same, it was possible to combine the counts from both countries.

"If we summarize the results of De Geer and his pupils in brief," Brückner says elsewhere, "the recession of the ice during the Gotiglacial period, which extends from the end moraines in middle Scania to the southern edge of the great moraines in central Sweden, took approx. 3,000 years, whereas the recession of the Finniglacial period took 2,000 years. Taken together, this adds up to 5,000 years, to which we have to add the time which the central Swedish moraine zone required to build up, i.e. approx. 700 years, so that a sum total of 5,700 years ensues for the entire recession period. Accordingly, we obtain the following chronology:"

"Finniglacial period	6,700 to 4,700 BC[3]
Period of the central Swedish moraines	7,400 to 6,700 BC
Gotiglacial period	10,400 to 7,400 BC"

The recession of the ice edge in the southernmost part of Sweden proceeded slowly, at an average rate of 50 m per annum. However, near Stockholm approximately 250 m, farther north 300 and 400 m land became free of ice.

"While varved clays were deposited in the glacial Yoldia Sea in the southernmost part of Sweden and Finland, Ancylus Lake takes over this function upon further retreat of the ice, a freshwater lake in which the deposits formed in the same way. Lidén was able to pursue the annual sediments beyond the boundaries of Ancylus Lake among the estuarine deposits of the Angermanalven River."

---

1 Compte Rendu, p. 24, Stockholm 1911, and „Die Veränderungen des Klimas seit dem Maximum der letzten Eiszeit", p. 303. Stockholm 1910.

2 Ed. Brückner, Geochronologische Untersuchungen über die Dauer der Postglazialzeit in Schweden, in Finnland und in Nordamerika. Zeitschr. f. Gletscherkunde, Vol. **12**, 1921/22.

3 Both De Geer and Lidén assume that the "End of the Ice Age", i.e. the degradation of the inland ice into two mountain glaciers, took place 6,000 years ago = 4,700 BC.

De Geer succeeded in coupling the counts to the present day by counting the annual layers in Lake Ragunda which was drained in 1796. He found that the environs of the lake had become free of ice at about 7,000 years ago. Lidén then dated the decomposition of the inland ice to have taken place 400 years later, hence merely 6,600 years before present. Ernst Antevs[1] who participated in the counting lately, sets De Geer's time points back by 1,500 years. An earlier date would somewhat facilitate the definition of their status relative to the climate optimum and the development of the flora but, unfortunately, Antevs does not give any reasons for his assertion.

In his just recently published book "Der Fossile Mensch", Werth[2] demands a postglacial period which is 4,000 years longer, calculating as follows: Based on the addition of land at the mouth of the Swina River, as derived from parallel-running tracts of dunes, Keilhack calculated 7,000 years exclusively for the time that has passed since the culmination point of the Litorina depression. One would be able to estimate the Ancylus stage and the remnants of the Litorina stage ("the Mesolithic") to have lasted at least 4,000 years, on account of the significant geological processes taking place in it, hence the postglacial period would have lasted 11,000 years. Werth finds this to be confirmed by time estimations applied to the Alps. However, we intend to adhere preliminarily to De Geer's low values and watch how they will fit to the insolation curve and the expected decrease in latitude.

Fig. 39, which we derive from Brückner's article, shows the situation of the ice's edge at various points in time. The double line in central Sweden—Finland marks the southern and northern border of the moraine belt at this site. We have now included the results of the other, somewhat older research series of the Swedish botanists into the same figure. The hatched areas indicate where the common hazel had occurred during the postglacial period, whereas it is now missing in this area.[3] Its southeastern border is its boundary today. Almost the same boundaries apply to the oak tree, whose massive trunks are found in the peat bogs thus reaching far beyond its present-day distribution range. G. Andersson determined the temperature and the vegetation period (May/September) for the time when the hazelnut achieved its northernmost distribution, being quite exactly 2½° higher than it is now,[4] and he was able to date this period as the end of the Ancylus stage or the onset of the Litorina stage.

The maximum of obliquity was reached at about 9,000 years ago, however, the maximum of insolation was earlier, because $\varepsilon \sin \Pi$ had its maximum

---

1   E. Antevs, On the late glacial and post-glacial history of the Baltic. Special print without reported source or year.

2   E. Werth, Der fossile Mensch, p. 458, Berlin 1923.

3   Gunnar Andersson. Die Veränderungen des Klimas seit dem Maximum der letzten Eiszeit, p. 295, Stockholm 1919.

4   Op. cit., p. 29.

11,400 years ago, more than 10,000 years ago. Although we now set the necessary change in latitude to a time which is as late as possible, i.e. to 15,000 to

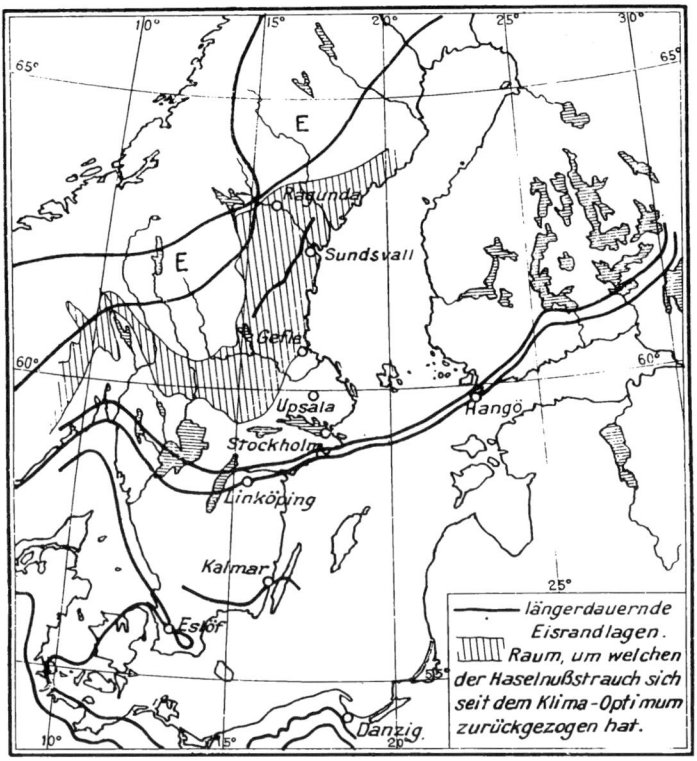

Fig. 39. Last retreat of inland ice in Fennoscandia
E – Mountain glaciation after the end of the ice age
———— Persisting ice-edge positions
######## Area from which hazelnut shrubs retreated since the climate optimum

5,000 years before present, we still find that the insolation in summer already reached its present-day value 12,000 years ago and remained above it until recently. The presumably still prevailing northeasterly winds might explain the fact that a Dryas flora once grew at the edge of the ice in Scania and, later in Sweden, only pines and birches whereas, according to what has been said earlier, also oaks and hazelnut could have advanced to the very edge of the ice. For, at least at the beginning, when the whole of Sweden was covered with ice, we must assume a predominant formation of anticyclones over the inland ice, albeit rapidly decreasing along with the disappearance of the latter.[1] Only as late as during the Litorina stage did the present-day humid-warm westerly winds appear, when solar insolation declined. We must ascribe the greater humidity of the Litorina stage chiefly to these winds, and not to the small increase in the area of the North Sea and the Baltic. The winters now grew warmer, beeches were able to spread.

The long Swedish-Finnish moraine belt, which dams the lakes, requires under all circumstances an intercession, to be determined in the magnitude of thousands of years, during the rapid recession of the ice edge, hence probably a time of significantly cooler summers. However, Stockwell's equation delivers with certainty only three insolation minima during the last 120,000 years. For this last cold reversal, and for the various retreat stages of the Alpine glaciation, except for one, no reasons are to be found among the astronomical facts; their explanation must be sought for elsewhere.

We thus also obtain the same simple picture of Sweden which Kupffer (according to a quotation in: "Die Veränd. etc." p. 294), with regard to the former Russian Baltic provinces, puts in the following words:

"From the distribution of numerous plant species found in the eastern Baltic territories and from some previous discoveries of subfossil plant remains we may infer with a sufficient degree of certainty that, after the termination of the last Baltic glaciation, five periods succeeded which can be designated and characterized as follows:

1. The cold period, whose climate and flora was similar to that of the present-day coast of the Arctic Sea.
2. The cool period, during which probably the climate and, to some extent, the flora of the northern Russian forest belt might have prevailed here.
3. The arid [and, let us add, summer-hot!] period, which may not have displayed an actual steppe character, but with regard to its climate and flora might have been similar to present-day central Russia.
4. The humid-warm period, which brought along a climate reminding of the western European coasts.
5. The historical period, which is well known to us from the present."

"Termination of glaciation" is understood as the land's relief from its inland ice cover. These time intervals may also apply to Scandinavia and Germany, only with different dates, depending on the ice's retreat.

The miraculously fast and incessant retreat of the ice's edge, as has been discovered by De Geer for the time at about 9,000 years ago, can only be explained

---

[1] According to the peat bog findings, Gunnar Andersson says in: " Die Veränderungen des Klimas seit dem Maximum der letzten Eiszeit, p. 29, Stockholm 1910: "One thing seems to be certain, namely that the temperature also increased after the remnant ice had ultimately melted away from the central parts of northern Sweden."

by the fact that this remnant ice fell into a period of both a strong summer insolation and a rapid decrease in latitude. The same also shows itself in the Alps, where on a stretch of 60 to 70 km moraines are absent almost up to the present-day ends of the glaciers, hence a standstill of the ice-edge recession has never occurred.[1]

De Geer and his students certainly did not determine the annual varve counts from a single outcrop, but from many exposed pieces, by identifying the alternating thin and thick layers, which is a risky method which will be sufficiently reliable provided that adjoining outcrops of one country are studied and meticulous care is taken. It implies that the thickness of a deposit depends on the weathering characteristics of the respective year, which is naturally quite the same all over Sweden. However, it is impossible to recognize identical annual strata in America and Europe by applying the method, or even to include the southern hemisphere, as De Geer intends to do lately.[2] For, even between Europe and the eastern part of the United States, weathering character of varves displays consistencies just as often as inconsistencies. The German Naval Observatory demonstrated this several decades ago by the continuous comparison of temperature deviations on both sides of the ocean,[3] after Dove had declared their contrasting behavior to be the rule. Recently, this issue has been comprehensively studied by Behler.[4] In western and central Europe, the monthly temperature averages display concordant deviations from the standard value in 57%, whereas concomitant ones in the eastern part of the United States display oppositely directed deviations in 43% of all cases. The contrast between Scandinavia and the Greenland-Labrador stations prevails even very significantly: here, the deviations are concordant only in 31% of the cases (in winter even in only in 25%), whereas they are opposite in 69% of the cases. Due to their alternating locations some of the large fields of + and – deviations, distinguished by Dove a long time ago, just have their boundaries in the ocean, while others have theirs on the main lands; in the north, it lies predominately in the ocean because of the "action center" Iceland. In addition, De Geer compares the terminal stage of the Swedish glaciation with the maximum stage of the American glaciation which had formed the quantified deposits several thousands of years before it ended. Based on few incidental similarities in the annual layers, it does not behoove De Geer to simply declare the melt down of the Laurentian ice cake to have taken place at a correspondingly later date than the Scandinavian.

---

1   Brückner, Klimaschwankungen seit 1700, Vol. IV of the Geogr. Abh., edited by Penck, Vienna 1890.
2   Geol. För. Stockholm, Förhandl. **43**, p. 70, 1921.
3   Annalen der Hydrog. und Marit. Meteorologie, 1877—85.
4   A. Behler, Die unperiodischen Temperaturschwankungen von längerer Dauer an der Westseite Europas und der Ostseite Nordamerikas im Zusammenhang mit der Luftdruckverteilung. Archiv d. Seewarte **40**, No. 3, 1922.

The time when the enormous mass of ice on Labrador is supposed to have melted remains uncertain.

So extraordinary the progress made in Sweden might have been as the result of De Geer's method, as it replaced estimations and suppositions with real measurements, we cannot approve of applying the same chronology to North America.

The land was not immediately exposed in many places once the inland ice began to melt. Instead, extensive backwater lakes formed at the edge of the ice, because the ice clogged the natural drainage canals, or filled them up with material from the moraines, thus mitigating the aridity of the winds falling from the ice. Best known are the precursors of the present-day great lakes of North America. They ran off into the Mississippi when they first came into existence, they then changed their outflow in various ways in the course of their further development.

It is beyond question that the temperature did not gradually rise to its present-day level after the disappearance of the ice, as was initially supposed, instead, the summers in the intermediate time were much warmer than they are now. This stands in conformity with the insolation curve; indeed, we must even set at least one-half of the latitude decrease of Europe to a time of 10,000 years ago, in order to moderate the cool-down to present-day temperatures demanded by the curve. However, it remains controversial whether there were one or two of such warmer and drier periods, as the school of Blytt-Sernander asserts on account of deposits of peat, lacustrine chalk and tuff.[1] Such a repeated change cannot be explained with solar insolation. If it is undoubtedly evidenced by means of observation we, of course, must provisionally accept the inexplicable. Opinions are also divided on the interpretation of the observed facts, and renowned researchers in Scandinavia and Germany advocate only one simple period of warm summers and cold winters, which we must expect it to be true according to the insolation curve. That this period was also drier than the present is perhaps only attributable to an increased evaporation associated with the higher temperature. For, with the disappearance of the inland ice, the occasion for an increased formation of anticyclones over Scandinavia also disappeared, and the tracks of the barometrical minima and the average pressure distribution must have assumed their present-day conditions. A pressure distribution as illustrated by Brooks for the time at 5,000 years BC[2] and which is similar to the preceding glacial period, is completely unfounded, after the ice on Scandinavia had disappeared, except

---

1   The sequence of the climates established by R. Sernander, see below in the tables shown on p. 228 and 230. The order is based primarily on the occurrence of tree trunks in certain altitudes of some peat bogs which speak in favor of their temporary desiccation. The power of evidence these "stump horizons" have and their context are particularly questioned by Gunnar Andersson.

2   Quart. Journ. R. Met. Soc. p. 180, July 1921.

for some mountain glaciers, even despite the fact that anticyclonic weather in cold winters coupled with warm summers might have been more common than it is today. The temperature difference between the pole and the equator, i.e. the driving force of the air circulation, also used to be smaller in the summer during this period than it is today because of the greater obliquity at that time, but greater than today in the winter, the time of the storms. Hence that time will surely not have been less stormy than today. The circumstance that Ingö Island near the North Cape, beyond the present-day tree limit used to be covered by forest during the climate optimum[1] is therefore not explicable, as Brooks supposes, with the low wind force, but with the higher summer temperature of that time.

The weight of inland ice finally depressed the countries it covered by 100 to 500 m; the material from the deep which was squeezed to the side uplifted the adjoining areas to some degree.[2] For example, the elevation of Denmark and the northern German coast temporarily isolated the Baltic Sea from the ocean, creating the Ancylus Lake, whose water surface was indeed greater than that of the Baltic Sea. The rise of the land, released from the load of the ice in the Litorina period, then induced the southern boundary to sink by means of its aspiration effect, thus opening of the Baltic Sea to the ocean, from which warmer water then flowed in. Due to the viscosity of the deep material these movements were delayed, so that the depression lasted until the climate optimum even in Norway.[3]

These changes in the expansion of water and land, as well as in sea level, naturally also exerted effects on the climate of the regions. However, this effect was rather small compared with those effects which were induced by the astronomical conditions, and we cannot discuss it in more detail.

We shall now briefly address the indicators of the single countries near the North Atlantic Ocean and, in doing so, we shall also report about the alleged repeated climate fluctuation in form of clearly structured tables, no matter how improbable such fluctuation seems to be in our opinion.

Gunnar Andersson[4] talks about Greenland and Spitsbergen as follows: "Particular mention must be made of the warm postglacial period which preceded our present day, for traces of which have been found in many places. This applies especially to the marine deposits around the Arctic Sea. Preferentially, this concerns the shells and shell fragments of Mytilus edulis which have been observed to occur at many sites … The most important finds are those made

---

1   Holmboe in: „Die Veränderungen des Klimas etc.", p. 337.

2   Köppen, Das System der Bodenbewegungen und Klimawechsel des Quartärs im Ostseebecken. Zeitschr. für Gletscherkunde, Vol. XII, p. 98.

3   Holmboe, ibid., p. 338. The tree limit in the Norwegian mountains was 300 m above that of today at the climate optimum, however, since the country was almost 200 m lower than it is now, only 100 m above sea level, which is remarkably little.

4   Die Veränderungen des Klimas seit dem Maximum der letzten Eiszeit, p. XVII and 410. Stockholm 1910.

by Nathorst in the great Franz Joseph Fjord complex in the eastern part of Greenland and the numerous Swedish finds in Spitsbergen from 1861 until today, whereby Cyprina islandica and Litorina litorea were encountered, which have never been discovered alive there before. Farther east, Mytilus was found by G. Andersson in King Charles Land and by Nansen in Franz Joseph Land." Then G. Andersson highlights the discovery of fossil remains of Pelvetia, an algae which nowadays occurs neither in Spitsbergen nor in Greenland, but up to the northernmost part of Norway, and continues: "In the identical, now elevated delta formations, in which Pelvetia had occurred, Andersson found numerous fruit stones of crowberry (Empetrum nigrum), a plant which is now of extremely seldom occurrence up there and which never bears any fruit. The widely spread sterility of plants in Spitsbergen has attracted the attention of various scientists for a long time."[1] It shows that among the 125 vascular plants of the archipelago almost one-third is, with certainty or in all probability, incapable of reproducing or replacing lost habitats. "It seems to be impossible to understand this, if one does not assume that this flora is undergoing a process of severe decimation, but had flourished under more favorable condition not too long ago." Perhaps the effect of isolated, very abnormally warm summers has been underestimated in this context. However, other observations we have made also support the ones above.

All peat-bog formation in Spitsbergen has now ceased to continue.[2] But peat bogs measuring up to 2.4 m in thickness are found in the area surrounding Isfjord. Their development could only have proceeded in a climate which was more favorable than it is today.

In northern Greenland, there are the "thick peat beds" discovered by Nathorst near Cape York, over which the inland ice has spread at several sites. The time from which they originate is unknown. The "climate optimum" of Scandinavia can only have expressed itself poorly and late as a result of a migration of the pole toward Greenland. It is possible that the warmth of the Bronze Age, i.e. only 2,000 to 3,000 years ago from today, claimed to have been greater than before and after, arrived in Greenland and resulted from a minor polar fluctuation over East Asia; Stockwell's equation does not reveal any explanation.

The succession of climates since the last ice age, which can be evidenced on account of fossil plant remains in southern Scandinavia and in Germany, corresponds completely to the sequence which can be experienced nowadays on a journey from the Murman Coast of the Arctic Sea over Finland and Estonia to northern Germany, namely the transition from tundra to birch, oak and beech climate according to Köppen's classification system.

This is visualized in the small map of Fig. 40, into which the present-day expansion of these climates has been drawn. The letters of Köppen's classifica-

---

1 K. E. v. Baer noticed the same with regard to Novaya Zemlya a long time ago.
2 G. Andersson in: Die Veränderungen des Klimas etc., p. XVII.

tion system have also been added to the climate designations. The appearance of birches among these plant finds means that the average temperature of the warmest months exceeds 10 °C; the appearance of oak signifies that the duration of the temperature exceeding 10 °C rises to more than four months; the appearance of beech means that the temperature in January (average of several years) from now on does not lie under —3 ½ °C, whereby the summer warmth might have decreased. The behavior of pine[1] and spruce (below the tree limit) does not depend on temperature conditions.

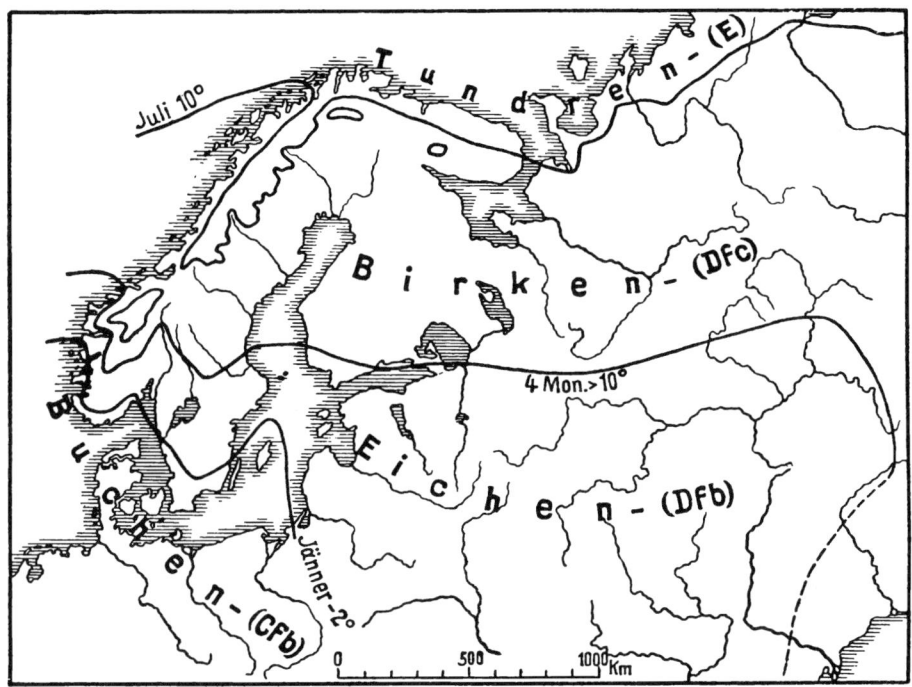

Fig. 40. Present-day climates of northern and eastern Europe according to Köppen's classification nomenclature
Tundra–(E), Birch–(DFc), Oak–(DFb), Beech–(CFb), (Jänner = January / Juli = July)

With the birch (Betula alba or odorata) come pine (Pinus sylvestris) and asp (Populus tremula), with the pedunculate oak (Quercus pedunculata) come hazelnut (Corylus avellana), black alder (Alnus glutinosa) and water caltrop (Trapa natans); and after the common beech (Fagus sylvatica) come—after a certain interval—European yew (Taxus baccata), European ivy (Hedera helix)

---

1 Birches predominate near the tree limit in oceanic climate, the conifers in more continental climate—in Europe the pine, in Siberia two larches.

and common holly (Ilex aquifolium). Animals characteristic of the tundra period are reindeer and Megaloceros, characteristic of the birch and pine period is the elk, characteristic of the oak period are the red deer, and characteristic of the beech period are the same and roe deer.

These are the established main traits of the changes in the vegetation cover in our region since the ice age, which was first discovered in the Danish moors by Japetus Steenstrup in 1842. It only shows beyond doubt that the summers were warmer during the oak period than they are today. The further complications which Steenstrup, and later others, added to this simple design relate mainly to the change from warm to dry, and for these we do not possess the good external control which we have for the temperature in the insolation. The impact of the alternating desiccations and floods in the Baltic Sea and the North Sea on the climate is overrated, since only relatively small distances are involved and climate differences like, for example, those existing between Hamburg and Hanover, Swinemünde and Berlin.

Stoller summarizes the climate changes in northwestern Germany based on its peat bogs, as follows:[1]

"1. The time of the deglaciation of the youngest land ice was relatively short in northwestern Germany. The climate was dry and cold in that period, but by no means arctic. During the vegetation period of the higher plants, lasting four to five months, it initially possessed an average temperature of 3 to 6 °C, and about 8 °C toward its end … From the perspective of plant history, this period is characterized as a steppe period in the south of our region, and as a Dryas period in the north. One part, perhaps its first half, coincides with the Yoldia period.

2. A long period with humid, initially cool climate and slowly but steadily rising temperatures followed. A closed vegetation cover once spread over the entire area. This is the time of the birch and pine forests and the formation of extensive peat bogs. The oak gradually advances victoriously from S to N, so that oak is the dominant forest tree at the end of this period. Toward this end, the mean temperature of the months of May to September amounts to at least 12 °C (today 15½ °C). The birch-pine period in northern Germany is nearly equivalent to the second half of the Yoldia period and the first half of the Ancylus period.

3. The next period was of shorter duration and distinguished by a warm and relatively dry climate. It is the time of the undisputed dominance of the oak tree

---

[1] O. Stoller, Die Beziehungen der nordwestdeutschen Moore zum nacheiszeitlichen Klima. Zeitschr. d. D. Geol. Ges. 1910, p. 180.

and a standstill in the growth of the raised bogs [formation of boundary peat[1]] in our region. The temperatures climbed rapidly, probably up to a value of 17 °C for the months of May to September. The oak period in northwestern Germany comprises just about the second half of the Ancylus stage and the onset of the Litorina stage.

4. A period of humid-warm climate followed, in which the beech spread to our region, however, without gaining predominance. The old raised peat bogs begin to rise anew, numerous low-lying and raised bogs are formed. The alder becomes the undisputed tree of the carrs. Whether the temperature displayed an essential increase, especially whether it exceeded the degree of warmth prevailing in this area today, cannot be evidenced on account of the plants recovered from the bogs. The alder-beech period had prevailed in northwestern Germany already in the mid-Litorina period."

If we compare Stoller's representation with the insolation curve, then 1. the time of deglaciation will have to be dated back to 70,000 to 50,000 years BP, 2. the birch and pine period will fill the interval ranging from 50,000 to 15,000 years BP, and 3. the oak period will be dated at 10,000 to perhaps 4,000 years BP, whereupon, 4. the beech period began. The observation therefore agrees very well with the astronomical data, only 2 and 1 are longer than hitherto assumed, and the steady temperature increase during 2 is quite questionable, instead, it was separated from 3 by a colder period which corresponded to the Alleröd oscillation.

As far as Sweden is concerned, we place, according to Högböm[2] next to each other the counts of De Geer and the opinions of Munthe (aquatic animals), Blytt and Sernander (peat bogs) and Montelius (artifacts) in the table below:

---

1 Stoller says in this regard, loc. cit., p. 187: "Boundary peat is mostly a thin layer of peat, which forms an interlayer in the Sphagnum peat of many raised bogs in the northwest of Germany, but does not owe its existence to the natural ecological conditions under the constant moisture of the raised bog. Its composition and, in particular, its high degree of decomposition indicates that it formed in a period which is distinguished by a certain degree of dryness as compared to the times before and after its formation. Where no special, characteristic new formation, distinguished by deviating components from the dry period, can be determined in raised bogs; where, instead, the younger Sphagnum peat lies directly, discordantly on top of the older, there, due to an intensive decomposition of the upper sections of the older Sphagnum peat (quasi weathering crusts), the boundary of the layer between the two peats must, in most cases, be determined as precisely as possible, so that, for example, in geological mapping of the Bourtange swamp, it could be well recognized even in the drillings." (C.A. Weber is inclined to assume that the boundary peat developed only after the "Litorina depression", almost at the end of the younger Stone Age.)

2 A. G. Högbom, Handbuch der regionalen Geologie. Vol. IV, Sect. 3 Fennoscandinavia, p. 114, Heidelberg 1913.

Chronology acc. to De Geer and Lidén (YBP)		Development of the Baltic Sea acc. to Munthe	Climate acc. to Blyte and Sernander	Archeology acc. to Montelius
0		Mya and Limnaeus Period (approx. 3,500 years)	Sub-Atlantic Period: moist and cold	Iron Age
1,000				
2,000			Subboreal Period: arid and warm "like central Russia"	Bronze Age (1,800–500 BC) Stone cist period, passage grave period
3,000				
4,000	Postglacial	Litorina Period (approx. 7,000 years)	Atlantic Period: warm - maritime	Dolmen Age Swedish Stone Age and immigration of man
5,000				
6,000				
7,000	Finniglacial	Ancylus Period	Boreal Period: warm and dry	—
8,000				
9,000				
10,000	Gotiglacial	Yoldia Sea Ice Sea	Subarctic	—
11,000		Connection with the White Sea Ice Sea	Arctic like southern Greenland	
12,000	Daniglacial	Basin filled with inland ice	—	—

In a recently published article Brooks[1] asserts the following as the overall result of recent studies on NW Europe:

Phase	Climate	Time (YBP)
1. The last great ice age	Arctic	32,000—20,000
2. Retreat of the glaciers	Harsh continental	20,000—8,000
3. Continental stage	Continental	8,000—6,000
4. Maritime stage	Warm and humid[2]	6,000—5,000
5. Younger forest stage	Warm and dry	5,000—3,700
6. Peat bog stage	Cooler and moister	3,700—1,600
7. Recent stage	Becoming drier	1,600— ...

In contrast, according to Pettersson's theory on the effects of the internal ocean tides on the weather, the stormy —hence probably also rainy—time intervals should group themselves around the following maximum values: 3,500, 2,100 and 350 BC, and 1,434 AD. The one at 350 BC coincides with the culmination of the "peat bog stage" of Brooks, of which he says: "Nordic sagas and

---

[1] C. E. P. Brooks, The Evolution of Climate in NW Europe. Quart. Journ. R. Meteor. Soc. p. 173, 1921.

[2] This was the Litorina stage, with the lowest level of land in the southern Baltic region.

German myths suggest that a harsh climate existed from 650 to 400 BC which destroyed an early civilization. This was the "Twilight of the Gods" when frost and snow reigned the world for generations. It was the older Iron Age when this culture greatly declined in NW Europe."

A younger Neolithic arid period, which is supposed to have reached into the Bronze Age,[1] is occasionally inferred from the fact that the rapid development of agriculture by Neolithic man indicated the existence of vast, once forest-free stretches of land, i.e. "steppes" in central Germany. Man had avoided coherent primeval forest before as well and had gathered and fished for his food at marine coasts, lake shores and river courses.

As applies to Sweden, the climate optimum in Finland and Russia has also been evidenced repeatedly by the further distribution of water caltrop and oak. In the peat bogs at Lake Bologoye (half way between Petersburg and Moscow), roots of Quercus pedunculata have been found in masses, whereas oak is at present a rarity near Bologoye and at least does not grow in peat bogs: indeed massive fossil trunks of oak trees have been found even at Vologda, whereas nowadays oaks only advance in stunted forms southward from here down to Leshnya River.[2]

In central Europe, the warmer summers could not leave behind such distinctive traces as was the case in Sweden and in Russia, because distribution boundaries of easily recognizable plants, marked by the warmth in summer, are lacking here, whereas they do exist for oak, hazelnut and black alder in the latter mentioned countries. Yet, plant geographers like August Schulz, in the scope of comprehensive studies, inferred an occurrence of climate changes in Germany also from the present-day insular distribution of numerous plant species. For, in case of such plants whose seeds are not made for distant transport, it is likely that these insular patches constitute the remnants of previous coherent distributions.

In the same way, it was inferred long ago from the occurrence of southern plants beyond the nowadays insurmountable passes of the Alps that these plants were once able to grow in these passes. For example, we can infer from the scattered occurrence of plant species growing at the Upper Isonzo and at Raibl (Cave del Predil) that the Illyrian flora had once reached all the way to Tarvis.

The up to 1 m-thick beds of Chernozemic soil on top of the loess in Rhine-Hesse and central Silesia, which are of postglacial origin, but partially buried 4 m deep, probably also result from this period of warmer summers. However, due to the great ecliptic obliquity, these warmer summers were associated with cold winters, and this is the reason why the beech was still absent where we

---

1   According to estimations made by Frickhinger, the Bronze Age in southern Germany (in the Ries) was at 2,000—1,200 years BC, the Neolithic at 6,000—2,000 years BC, the Azilian (Ofnet) at 10,000 years BC.

2   Leo Berg, Das Problem der Klimaänderung in geschichtlicher Zeit. Pencks Geograph. Abhandl. Vol. 10, Leipzig and Berlin 1914.

The Climates of the Quaternary

Sweden acc. to Senander	Denmark acc. to K. Jessen	North German bogs acc. to C.A. Weber	Chiemsee Möser	Krutzelried in Glattal (Switzerland)	Development of vegetation in central Europe	Cultures
Arctic period Dryas flora	Dryas period	Clay muds with Dryas, limestone muds, reed peat, peat and liver muds (gyttja)	—	Dryas clay	Dwarf shrub heath with Salix species, Betula nana etc. (Dryas flora)	Solutrean Magdalenian Reindeer culture
Subarctic period: Pine and birch	Aspen period, immigration of pine	Pine and birch forest, often burned layers, alder carr peat	Gyttia formations	Pine and silver birch	Immigration of pine and spruce, silver birch and hazel. Disappearance of Dryas flora	Azilian-Tardenoisian, almost absent in the foothills of the Alps, (reindeer almost extinct)
Boreal period; dry-warm continental climate. Immigration of oak	Pine period Oak, linden, alder, hazel immigrate	Older Sphagnum peat, often only Scheuchzeria in its lower part	Carr peat	Liver peat, predominant pine, next to sessile oak and linden	Rapid spread of the pine forests, immigration of oaks and linden, in the Alps spread of larch and beech	Campignian culture, almost absent in the foothills of the Alps (hiatus)
Atlantic period: Maritime, humid-warm climate. Deciduous forests as in Subboreal period	Oak period Immigration of beech	Radiocella peat, with very much silver fir pollen		Liver peat, pine is pushed back by oak	Oak forests, greatest abundance of oak on the fringe and in the foothills of the Alps, greatest abundance of the yew tree, immigration of silver fir and beech	First resettlement of the Alpine foothills
Subboreal period: Dry and warm climate, toward the end climate optimum. Greatest dispersal of xerotherms, of Corylus etc. Rise of the tree limit, mixed oak forests		Boundary horizon, desiccation and weathering of older peat beds	Conifer layer (desiccation horizon), decomposition of gyttja in the oak period	Sudden transition to terrestrial appearance (brown moss peat and forest), desiccation of gyttja in the oak period	Oak forests predominant, pine forests in arid areas and in bogs. Forest line elevated, forest clearance, expansion of the xerotherms, flourishing agriculture	Full Neolithic Age Bronze Age Mining flourishes, traffic over passes nowadays glaciated. Early Hallstatt culture
Subatlantic period: Moist and especially in the beginning, cold climate. Climate deterioration, spruce disperse, plants of Nordland migrate southward	Beech period Extinction of pine	Below Scheuchzeria, Sphagnum cuspidatum peat Younger Sphagnum peat	Lowermost: Scheuchzeria peat, on top: Eriophorum vaginatum peat, therein Roman timber road	Sphagnum-Eriophorum peat, in part on top of carr peat	Greatest abundance of beech and sycamore maple, redistribution of spruce fir and silver fir, extinction of Trapa, etc.	Middle and Late Hallstatt culture. La Tène culture. Early history period.
Modern period: drier	—	—	Bog forest	Pine and heather	Desiccation of bogs	Middle Ages, Modernity

live, because its northern distribution boundary does not depend on the summer temperature like the oak tree, but on the temperature in winter. Only after the annual fluctuation of the temperature had decreased along with the declining ecliptic obliquity, and the last remnants of the Scandinavian inland ice and its anticyclones had disappeared, could the beech displace the oak from its dominant position in northern Germany and Denmark. The pine, which reigned only in the vast "Sandur" areas in front of end moraines, was later further propagated in forest culture.

With regard to Switzerland, into which beech trees also immigrated at a later event, and still seem to spread out today, Brockmann-Jerosch denies the occurrence of any annual temperature changes (during and) since the ice age.[1] The climate had only become drier and more continental. However, as stated in a written personal communication, Prof. Brückner has determined a depression of the tree limit by almost 150 m in recent times, in some cases by even more than that, in so many parts of the Alps that "nowadays" he can only perceive a deterioration of the climate to be the reason for it."

In the countries belonging to the Carpathians, climate change is less noticeable by the temperature, instead, is it more distinctly so by a constantly increasing moisture of the climate. According to Murgoci,[2] the forest in Romania has triumphantly advanced into the steppe, especially in recent times. After the loess formation, the climate was initially still quite dry, and dark-colored alkali soils and red earths developed; later, as the moisture increased, red earth, brown earth and Chernozem was formed. The climate of present day is the moistest.

In Russia as well, the forest, where it is left to itself, is about to advance towards the steppe, alongside the northern boundary of the Black Earth Region.

At the time we were about to finalize this book, we received a study published by two students of Rutger Sernander[3] advocating that the concept of multiple climate changes would also apply to central Europe: The concept particularly refers to the bogs in Upper Bavaria. From the 26 columns of the study's summary table we selected seven for a somewhat abridged presentation. The collaboration of a southern German and a Scandinavian researcher, as is the case here, is certainly the best way to obtain comparable observations. We will present this table, like that drawn up by Brooks, "just for information purposes", without making any comments on it. We have already stated that there is no room for a two-time temperature wave in the insolation curve, and the great transition from dry to humid was a singular event when the ice anticyclones disappeared. The singular wave is therefore more likely.

---

1 Die Veränderungen des Klimas etc., p. 55—71. Stockholm 1910.
2 Die Veränderungen des Klimas etc. p. 151. Stockholm 1910.
3 Helmut Gams and Rolf Nordhagen, Postglaziale Klimaänderungen und Erdkrustenbewegungen in Mitteleuropa. 336 pages and 28 tables. Munich 1923.

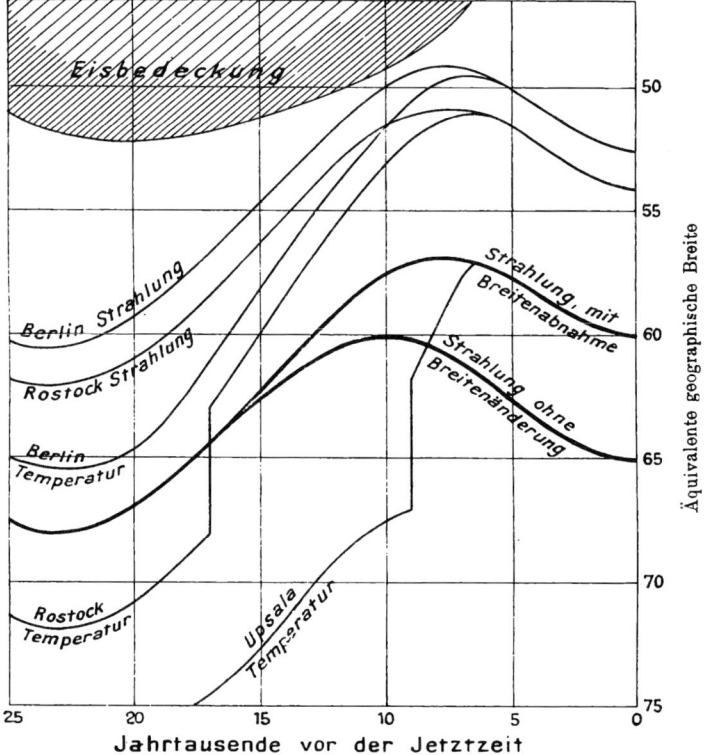

Fig. 41. Solar insolation and likely temperature of the lowest atmospheric layer at three points of the Baltic region during the last retreat of the inland ice, expressed in degrees latitude

Eisbedeckung = Ice coverage
Strahlung = Insolation
Upsala Temperature = Uppsala temperature
Äquivalente geographische Breite = Equivalents of geographical latitude
mit Breitenabnahme = With decrease of latitude
ohne Breitenänderung = Without latitude change
Jahrtausende vor der Jetztzeit = Millennia BP

Fig. 41 shows the likely time course of insolation and temperature for the last 25,000 years, under the assumption of a latitude decrease of 5° between 15,000 and 5,000 years BP. Both values are expressed in terms of their corresponding present-day geological latitude. As far as the temperature is concerned, also the following aspects must be taken into regard:

a) the influence of the anticyclonic winds as long as the inland ice exists; this influence diminishes as its mass decreases;

b) the coldness on the inland ice. Both influences have been set to a very low value of mere 5° for reasons of better illustration.

We intentionally disregard the effect of a sea-level change resulting from the ice cover.

Defined are:

a location at 60° present-day latitude, which may have become free of ice 9,000 years ago (Uppsala);

a location at 54° latitude, which may have become free of ice 17,000 years ago (Rostock);

a location at nowadays 52½° latitude, which the inland ice did not reached at that time (Berlin).

The air temperature at a location at 54° latitude, just north of the Baltic moraines accordingly amounted to: 23,000 years ago (on the ice) so much as nowadays is attributable to 72° latitude, whereas 11,000 years ago so much as today, and 7,000 years ago so much as is attributable to a location 3° further south (51° latitude).

The expansion of the inland ice is shown in the upper left corner as arbitrary units, growing downward, using the same time scale.

It is easy to recognize in this figure that, according to De Geer's calculation, the maximum of insolation in central Sweden must have taken place, in part in the presence of ice, in part in the presence of chilling northeasterly winds, and that its climate could have had summers noticeably warmer than at present for only ca. 4,000 years. Biologists may decide whether such a short time interval could have been sufficient for the vast dispersal of trees bearing heavy fruit such as oak and hazelnut. At any rate, this concept would be easier to accept, if we were to succeed in backdating De Geer's data by several thousand years.

As the temperature decreases with increasing latitude much more in the eastern part of North America than it does in Europe, the latitude change was more pronounced in North America than in Europe. In addition, we believe that the North American latitude change was greater. It seems that other causes, in particular the very recent southward displacement of the continent, have made a contribution to making this change so extraordinarily strong. The warm period after the last glaciation was pronounced in America too, perhaps even more so than in Europe, but since the peat bogs in America have hardly been studied, mainly terrestrial and aquatic animals must be drawn upon as evidence for this assertion.

In the often quoted compilation work "Die Veränderungen des Klimas seit dem Maximum der letzten Eiszeit", which was published on the occasion of the XI. International Congress of Geologists in Stockholm (1910), Oliver Hay describes these changes in the following words (p. 374): "We may assume that mastodons, the Colombian elephant, Megalonyx, Castoroides (the giant beaver) and herds of Peccari were to be found at the culmination of the warm post-Wisconsin period, from the Gulf to the Great Lakes, together with representatives of the species now living in our country. Thus it appears to be likely that the region along the southern shores of Lake Ontario, Lake Erie and Lake Michigan enjoyed a climate at this time which resembles that which now prevails in Tennessee and Arkansas … The reason why Megalonyx, mastodon, the Colombian elephant and the Peccari belonging to the genus Platygonus did not survive in the Gulf states is a problem yet to be solved. It seems likely that the warm postglacial epoch coincided with the Champlain Depression" in one part of the eastern boundary of the North American continent, as was assumed by Dana; however, this can hardly be proven.

The (simple or double) "climate optimum", i.e. the warmer summers and colder winters in northern and central Europe between the last ice age and today, is the ultimate, corroborated climate change that lasted thousands of years. All changes claimed to have taken place at later events, apart from climate variations lasting, at the most, hundreds of years, are indeed uncertain, regardless how much has been written about them.

Man unquestionably interfered strongly with nature and the water balance of the soil by clearing the forests and his activities in agriculture and farming. However, whether the distribution and amount of precipitations also changed during this time is another question.

Our insolation curves leave us to our own resources also as regards the temperature, insofar as the facts compel us to believe that there has been a decrease of geographical latitude in Europe in very recent times, through which the insolation increase the curve demands for the time from 21,000 to 10,000 years ago was enhanced, whereas its decrease since 10,000 years ago has been attenuated correspondingly and the greatest insolation during the summer has been brought closer to us, this the more, the later we place the occurrence of that latitude decrease in time. When we set it to 15,000 to 5,000 years BP, we saw that the warmest summers lagged behind by —7,000 or —8,000 years. The solar insolation did not increase essentially thereafter from 11,000 to 8,000 years BP. And the warming had to be retained so long as Sweden and Finland were more or less still covered with ice, in the farther surroundings[1] of the ice cake by anticyclonic winds and, on it, even much more by the chilling effect of the ice itself, which keeps the temperature low by its emanation and consumption of melting heat (Fig. 41).

We now come to historical time.

It is exceptional that there are numerous and corroborated indicators speaking in favor of a temperature decrease of European summers. For, anticipating that the latitude and the solar constant remained unchanged, solar insolation in the summer must have continued the noticeable deficit it experienced here during the last 10,000 years, because of the persisting decline of the ecliptic obliquity and the growing distance from the sun in summers, in the last 5,000 years as well. The information that the summers used to be warmer in the Bronze Age than they are now is therefore probably also correct. However, if this period had also been warmer than the one preceding it, it will preliminarily remain an unresolved problem. Some wanted to explain the termination of viticulture in

---

1   The nearer surroundings were occupied by the Yoldia Sea, the waters of which should have had a current from the Arctic Sea to the North Sea under the impact of the same winds.

northern Europe since the Middle Ages by nothing but a refinement of taste and an increase of traffic; however, perhaps the mentioned decline of solar insolation may bear the blame, either in part or in total.

A lesser solar insolation during the winter was associated with an increased solar insolation during the summer. The remarkable news dating from the Middle Ages about the Baltic Sea freezing up has become the object of some very meticulous studies[1] and have brought these exaggerations back to a reasonable measure. What remains may perhaps to some extent result from this cause.

The common impression of elderly people that there used to be real winters and real summers in their youths has nothing to do with the climate becoming more and more maritime since the last 10,000 years, not even in places where this impression is true. Because the short span of human life means nothing when we compare it with these slow changes.

For periodical temperature changes lasting hundreds of years (80 to 200 years), some highly uncertain indications exist. The short periods of 34.8 and 11.1 years on average do not belong to the scope of this book. The phenomenon can be summarized by saying that one part of the earth's surface will always be warmer, and another colder than the average of many years, whereas—mostly nonperiodically, but to a minor extent periodically as well—the regions of positive and negative temperature deviations will move and alternately shrink, without ever disappearing completely as much as we know. The likelihood of a particular location to enter into such a region varies, without ever to gain a level of absolute certainty. The particular region may hence still remain cold in such years for which the periodicity demands warmth, even if the periodicity was perhaps applied to the earth as a whole.

Much more has been written about the raining conditions in historical time than about temperature changes, almost always in the sense of an increasing dryness. This opinion was formed already early upon studying the classical literature. The ancient populations perceived the climate of Mediterranean countries as the normal condition and Germany appeared to them as foggy and wet. Conversely, the Germans now find dryness and serenity in the Mediterranean summers, of which the ancient populations do not speak of as a matter of course. But also the debris of the flourishing cities of Mesopotamia now lie in a barren steppe. All this had to create the impression that the climate had changed. But closer investigation taught us that the ancient also referred to a river which we would call a brook if it carried plenty of water only in the wintertime, and that ruins of ancient edifices are to be found at the border of undrained salt marshes in Algeria: therefore, their water level cannot have been much higher in ancient times. Obviously the culture of Mesopotamia relied fully on artificial irrigation

---

1   Apart from older publications, please refer in particular to Speerschneider: Om Isforholdene I Danske Fuvarande i aeldre og nyere tid. Meddelels. No. 2 of the Danish Met. Inst.

and its decline was the consequence of wars and devastations. It revived temporarily under the Arabs even after thousands of years. The deterioration of the soil condition, and thus also of the state in Ancient Rome and in Spain after the Conquista, was a result of ill-chosen land rights, which permitted the development of latifundia, and not a result of a change of climate.

It is quite certain that significant variations in rainfall occurred in the course of historical time. For example, the water level of the Caspian Sea was 2 m higher in 1815 than in 1877, almost 1m deeper from 1843 to 1846 and from 1850 to 1860 than in 1877. Even more significant variations are on record from earlier times.[1] However, reliable signs for a progressive change are nowhere to be found: the Caspian Sea stood 8 m over the present-day level in the years from 915 to 921, 11 m in 1306/07, and in the interim 5 m below it during the twelfth century.

L. Berg discussed the observed and claimed moisture changes in Europe and central Asia in an article[2] which was published as Issue 2 of the 10th volume of Penck's Geogr. Abhandl. As we agree with him in almost all matters, also in his polemics against Huntington, and the article is readily available, it may suffice that we just refer to it and merely state its final conclusions.

"1. If we compare the present-day epoch with the ice age we will be able to claim that there was a regression of continental water bodies and atmospheric precipitations almost on the entire mainland.[3]

2. An uninterrupted desiccation since the end of the ice age has not taken place; the present-day epoch was preceded by an epoch with an even drier and warmer climate.

3. No climate change in favor of a progressive increase of annual mean atmospheric temperatures or a decrease of atmospheric precipitations has ever been noticeable in historical time. The climate remains either constant (apart from variations whose periodicity amounts, at most, to several decades), or even a certain tendency toward an increase in moisture can be asserted.

4. We can therefore speak neither of an incessant desiccation of the earth since the end of the ice age nor of an incessant desiccation in the course of historical time."

Sven Hedin[4] and Parthsch[5] express the same opinion for Persia and Palmyra, respectively, regions in which a drying up of the land is apparently very likely.

---

1   Brückner, Klimaschwankungen seit 1700, p. 62, Vienna 1890.

2   Leo Berg, Das Problem der Klimaänderung in geschichtlicher Zeit. Leipzig and Berlin 1914.

3   The latter is to some extent questionable. When the temperature decreases, the water richness of country might also increase without an increase of precipitation, i.e. by decreasing evaporation.

4   Die Veränderungen des Klimas etc., p. 431. Stockholm 1910.

5   Verhandl. d. Sächs. Akad. d. Wiss. zu Leipzig. phil.-histor. Klasse. Vol. 74, p. 1. 1922

E. The dimension of the ecliptic loop (ε) and the product of eccentricity of the earth's orbit (*e*) and the sinus of the perihelion length (*Π*) of 800,000 years before present to 30,000 years after present. After Pilgrim.

Millennia before 1850	*e* sin *Π*	ε	Millennia before 1850	*e* sin *Π*	ε	Millennia before 1850	*e* sin *Π*	ε
800	—·0165	22° 38'	650	—·0178	23° 39'	525	·0109	23° 41'
795	·0153	22° 49'	643	·0335	23° 10'	520	—·0029	23° 9'
790	·0070	23° 12'	640	·0168	22° 55'	515	—·0010	22° 47'
785	—·0045	23° 39'	635	—·0245	22° 47'	510	—·0050	22° 37'
780	·0043	23° 58'	633	—·0263	22° 47'	507	—·0114	22° 49'
775	—·0035	23° 50'	630	—·0086	22° 52'	505	—·0118	22° 57'
770	—·0177	23° 29'	625	·0177	23° 19'	500	·0095	23° 25'
765	·0072	23° 1'	620	·0000	23° 47'	496	·0250	23° 39'
760	·0291	22° 40'	616	—·0134	23° 54'	495	·0247	23° 44'
755	—·0065	22° 40'	615	—·0118	23° 55'	490	·0089	23° 53'
750	—·0373	22° 53'	610	·0125	23° 48'	485	—·0351	23° 34'
745	·0042	23° 28'	608	·0177	23° 37'	480	·0000	23° 8'
740	·0409	23° 49'	605	·0091	23°]8'	475	·0413	22° 48'
735	·0000	23° 58'	600	—·0257	22° 46'	470	·0022	22° 38'
730	—·0401	23° 52'	599	—·0280	22° 44'	465	—·0431	22° 56'
725	—·0040	23° 22'	595	·0071	22° 34'	460	—·0074	23° 22'
720	·0360	22° 50'	590	·0378	22° 38'	455	·0400	23° 51'
715	·0020	22° 37'	585	·0081	23° 9'	454	·0411	23° 57'
710	—·0306	22° 42'	580	—·0473	23° 43'	450	·0141	24° 5'
705	·0033	23° 9'	579	—·0488	23° 46'	445	—·0330	23° 34'
700	·0245	23° 39'	575	—·0127	24° 3'	443.5	—·0356	23° 23'
695	—·0097	23° 49'	570	·0488	24° 6'	440	—·0156	22° 55'
692	—·0242	23° 49'	569	·0520	23° 59'	435	·0256	22° 29'
690	—·0203	23° 47'	565	·0203	23° 36'	433.5	·0278	22° 22'
685	·0171	23° 25'	560	—·0455	22° 59'	430	·0111	22° 22'
682.5	·0270	23° 13'	558	—·0505	22° 51'	425	—·0196	22° 57'
680	·0189	23° 1'	555	—·0240	22° 34'	420	—·0051	23° 40'
675	—·0250	22° 52'	550	·0390	22° 25'	415	·0128	24° 9'
673	—·0322	22° 51'	548	·0439	22° 35'	410	·0018	24° 15'
670	—·0182	22° 54'	545	·0226	22° 53'	406	—·0104	23° 35'
665	·0305	23° 13'	540	—·0282	23° 29'	405	—·0092	23° 44'
664	·0356	23° 20'	538	—·0327	23° 41'	400	·0091	23° 4'
660	·0181	23° 34'	535	—·0200	23° 55'	398	·0133	22° 51'
655	—·0313	23° 42'	530	·0145	24° 6'	395	·0074	22° 33'
653	—·0362	23° 43'	527	·0179	23° 52'	390	—· 0168	22° 18'

Millennia before 1850	$e \sin \Pi$	Π	Millennia before 1850	$e \sin \Pi$	ε	Millennia before 1850	$e \sin \Pi$	ε
389	—·0185	22° 21'	240	—·0191	23° 15'	90	·0166	24° 18'
385	—·0055	22° 42'	235	—·0088	22° 27'	85	—·0310	23° 55'
380	·0204	23° 18'	231	·0322	22° 2'	83	—·0364	23° 39'
375	·0045	23° 54'	230	·0115	22° 0'	80	—·0238	23° 17'
370	—·0217	24° 16'	225	—·0089	22° 31'	75'	·0203	22° 39'
365	—·0038	23° 58'	220	—·0403	23° 20'	72	·0292	22° 20'
360	·0210	23° 25'	215	·0000	24° 1'	70	·0232	22° 14'
355	·0000	22° 45'	210	·0444	24° 25'	65	—·0099	22° 29'
350	—·0196	22° 18'	209.4	·0451	24° 24'	61	—·0194	22° 56'
345	·0078	22° 39'	205	·0157	24° 0'	60	—·0181	23° 2'
342	·0207	23° 2'	200	—·0405	23° 20'	55	—·0010	23° 49'
340	·0174	23° 14'	198.3	—·0460	23° 8'	50	·0102	24° 25'
335	—·0147	23° 50'	195	—·0268	22° 45'	47.6	·0110	24° 25'
332.4	—·0240	24° 71'	190	·0314	22° 23'	45	·0092	24° 13'
330	—·0180	24° 11'	187.4	·0435	22° 30'	40	·0007	23° 39'
325	·0210	23° 46'	185	·0330	22° 36'	35	—·0119	22° 49'
322.6	·0292	23° 29'	180	—·0206	23° 5'	33.5	—·0138	22° 37'
320	·0204	23° 9'	176	—·0384	23° 31'	30	—·0094	22° 10'
315	—·0252	22° 43'	175	—·0355	23° 40'	25	·0122	22° 25'
313	—·0337	22° 32'	170	·0004	24° 6'	22.3	·0182	22° 44'
310	—·0219	22° 31'	165	·0318	23° 58'	20	·0149	23° 0'
305	·0279	22° 56'	160	·0118	23° 32'	15	—·0098	23° 43'
303	·0360	23° 1'	155	—·0213	22° 53'	11.4	—·0195	24° 5'
300	·0236	23° 30'	152.3	—·0265	22° 37'	10	—·0179	24° 14'
295	—·0340	23° 53'	150	—·0213	22° 24'	8.8	—	24°·15'
290	—·0259	24° 2'	145	—·0075	22° 39'	5	·0049	23° 59'
285	·0173	23° 40'	140	·0259	23° 12'	0.6	·0170	23° 31'
281.6	·0285	23° 18'	135	·0085	23° 52'	0	·0165	23° 28'
280	·0245	23° 8'	130	—·0243	24° 18'			
275	—·0084	22° 38'	127.6	—·0308	24° 8'	after 1850		
270.7	—·0198	22° 22'	125	—·0249	23° 41'	5	—·0020	22° 35'
270	—·0181	22° 22'	120	·0148	23° 9'	9.6	—·0118	22° 33'
265	·0000	22° 39'	116	·0363	22° 41'	10	—·0114	22° 32'
260	·0088	23° 21'	115	·0354	22° 33'	15	·0010	22° 45'
257	·0099	23° 47'	110	—·0060	22° 15'	18.8	·0061	23° 5'
255	·0100	24° 3'	105	—·0401	22° 42'	20	·0049	23° 10'
250	·0042	24° 28'	100	—·0043	23° 28'	25	—·0039	23° 39'
245	—·0136	24° 0'	95	·0319	24° 2'	26	—·0044	23° 44'
242.3	—·0209	23° 36'	94	·0403	24° 8'	30	·0071	23° 59'

Explanation of the Plate

The three jagged Lines I, II and II originate from Prof. Milankovitch and represent the data of his table in Section B of the chapter dealing with the Quaternary (p. 199). The insolation changes are presented in terms of their corresponding changes in northern latitude, with downward increasing latitudes, in order to allow the insolation (and temperature) to rise upward. The values represent the amount of insolation during the 182½ days of maximum insolation.

The two Curve Groups IV and V show the secular time course of the approximated summer insolation values for 65° latitude, whereby

> Group IV applies to the northern latitudes,
> Group V to the southern latitudes,

as well as their creation from the two oscillations of ε and $e \sin \Pi$[1] according to the developments given there. These waves are identical in northern and southern latitudes, but the shorter oscillation is inverse in the south. The numerical values of these two elements are found on p. 237 and 238.

The approximated insolation curve is derived from these basic curves of ε and $e \sin \Pi$ as their arithmetical mean. By changing the relative amplitude of the basic curves the same can be applied to other latitudes outside the tropics. As these curves apply to the astronomical summer half-year, they do not represent the secular time course of solar insolation exactly, because of the shifts of the half-year against the insolation wave and because of its changing length. However, the approximation is rather good as a comparison of IV and II reveals. The insolation wave of the southern hemisphere V is consistent with IV only insofar as large fluctuations only occur in times of large e values.

---

1 ε = ecliptic obliquity, e = eccentricity of the earth's orbit, Π = length of the perihelion

Explanation of the Plate

Solar insolation of the summer half-year in higher latitudes during the Quaternary for the last 650,000 years

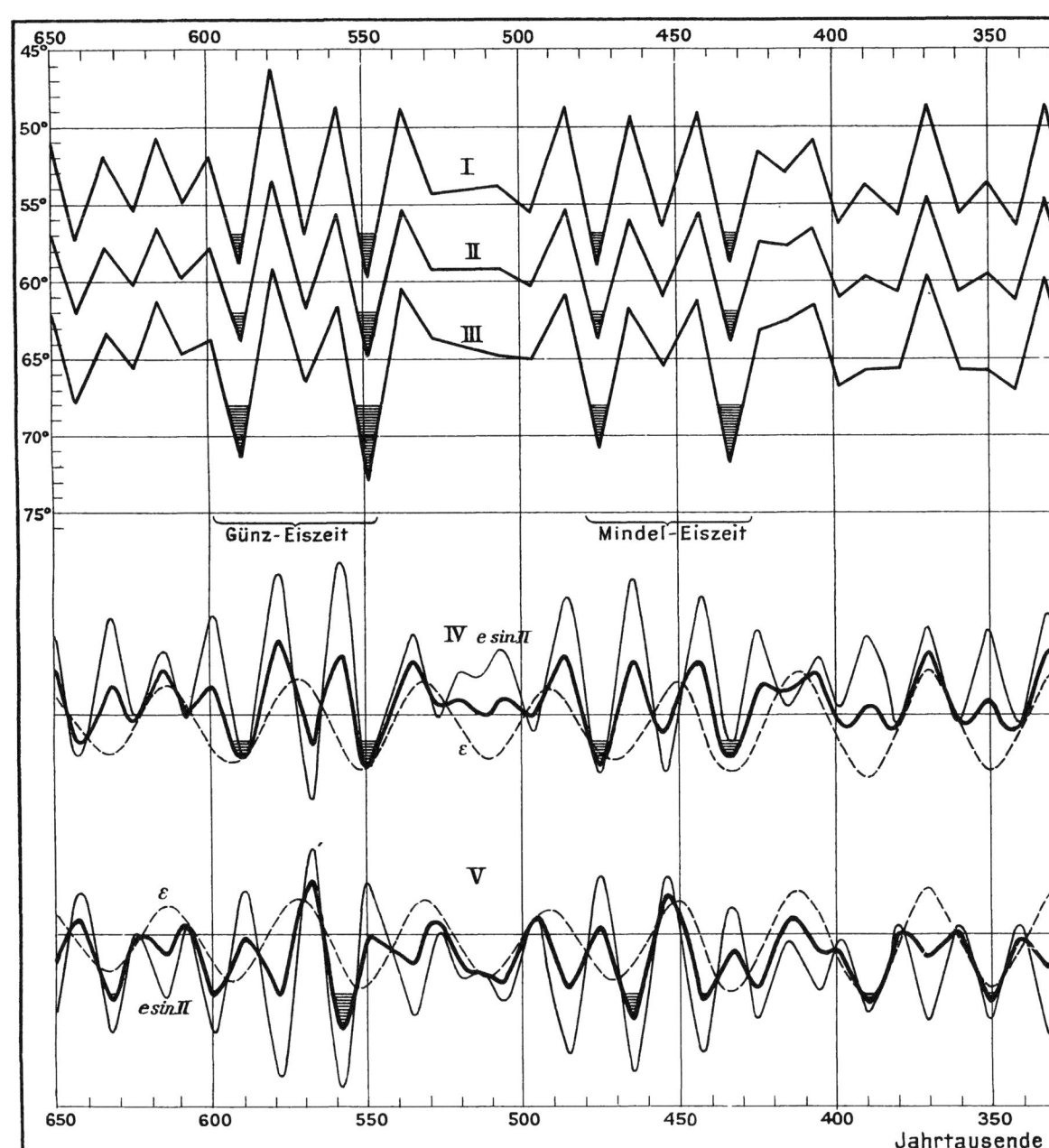

Explanation of the Plate

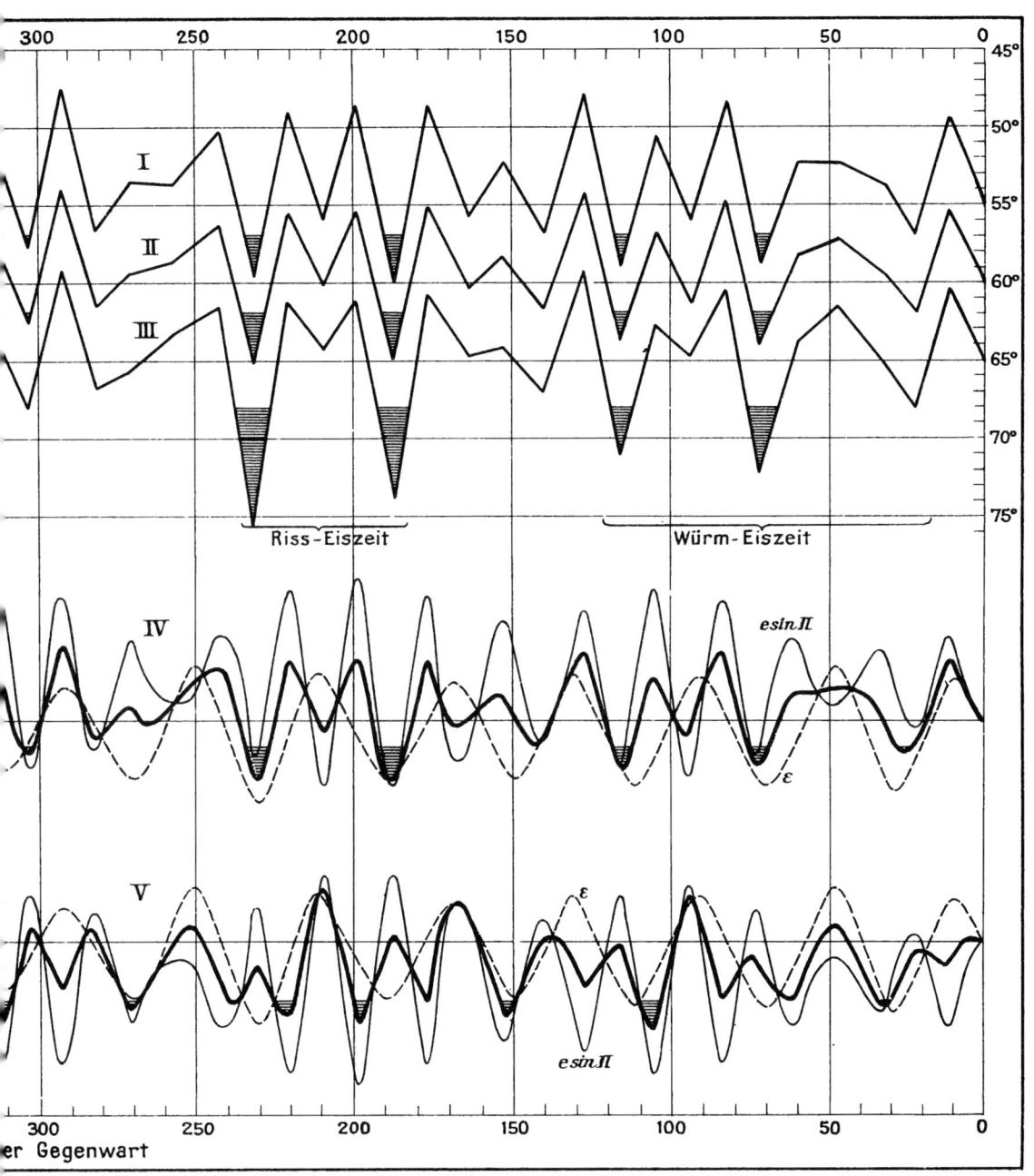

Günzian – Mindelian – Rissian – Würmian

Index

A

aardvark 129
Abbvillians 158
Abies 97
Abietinaceae 67
abietineas 81
Acacioxylon 102
Acer 97, 98, 99
Actaeonella 83
Adams 111
Adelaide, ice traces 138
Adersbach Rocks 77
Adhèmar 188
Adiantites 46
Afghanistan
  Glossopteris fauna 47
  Triassic coals 54
Africa
  Cretaceous, South America separation 73
  glaciations 23
  ice cap 26
  palm trees, northern limit of 97
  peat bogs 33
  Permo-Carboniferous, ice traces 19
  Tertiary (Lower), coal deposit 94
Ajan spruce 98
Alabama, Carboniferous (Upper), coals 35
Alai Chain 132
Alaska
  animal migration 212
  „boreal" fauna 68
  Carboniferous, coals 35
  Cretaceous (Upper), coals 74
  Eocene, floras 89
  Eocene lignites, brown coals 90
  Eocene, marine fauna 97, 103
  fossil ‚ground ice' 109
  inland ice 89
  inland ice cap 113
  inland ice remnants 5
  Jurassic, coals 62
  marine fauna 128
  Miocene, marine fauna 108, 128
  Pliocene, marine fauna 128
  Quaternary, climate in the 177
  recent uplifts 108
  snow limit depression 186
  Tertiary (Upper), coals 116
  tillites 105
Alazeya 178
Alazeya River 113
Alberta
  Eocene, coals 74, 90
  Cretaceous (Lower), coals 74
Alborz, Jurassic, coals 62
alder 113, 124, 227
Alexandrette, gypsum 120
Alexandropolis, brown coals 76
algal coals 8
Algeria
  rock salt and gypsum deposits 78
  salt 96
  salt marshes 235
  Tertiary, gypsum 122
  Triassic, deposits 39
Algoa Bay, Cretaceous salt 79
Algoasaurus 81, 86
Algonquian
  coal formations 141
  glaciation 139
  Indian Salt Range 138
  inland ice 131
  North America, glaciation 140
  tillites 6
Allactaga 165
Alleghenies, New Red 54
Allerød oscillation 163
Aller River 155
Alnus 97, 178, 225
Alps
  algal coral reefs 17
  calcareous richthofenids 49
  equatorial fold system 88
  glacial advance 154
  Oligocene, corals 104
  raised bogs 162
  reef limestones 136
  rock salt deposits 56
  snail fossil 165
  tree limit depression 231
  Triassic, coral reef structures 60
  Triassic, coral reefs 69

Altai
  archeocyaths 139
  Permian, coals 34
Altmühl Valley 69
aluminum oxide 14
Amalitzky 49
Amanus Mountains, Eocene, coals 92
Amazon, peat bogs 33
Amb 139
amber flora 98
amber forests 98
America
  arid regions 10
  Carboniferous, flora 45
  Cretaceous (Early), vegetation 80
  ice boundary during glaciations 169
  orientation of glaciers 161
  Saurian tracks 60
Amginsk 112
ammonite 68, 71, 83
Amur
  Jurassic, coals 64
  Tertiary, coals 93
Anabara 96
Anabara Bay 111
Anadyr River 111
Anatolian deposits 119
Anchisaurus 60
Ancylus Lake 217, 223
Andalusia, Pliocene, salt and gypsum 118
Andersson, G. 34, 163, 218, 223
Andes, snow limit depression 175
Ando, Jurassic, coals 62
Andrée
  amber forest species 98
  brown coals 92
  Cardona salt formation 95
  Oligocene, salt formation 95
  Sicily, salt formation 118
  Upper Alsace, stratigraphy 90
Angara Land 136
Angara Series
  Cretaceous, salt 77
  gypsum 64
  gypsum and coals 65
Angermanalven River 217
angiosperms 79
Angola
  Permo-Triassic, salt formation 57
  rock salt 53

anhydrite 38, 39, 95
animal ammonia 18
annual mean temperatures 1, 114
annual rings 15, 98, 101, 124
Antarctica
  anticyclonic winds 159
  coals 36
  floras of the west 125
  Glossopteris flora 47
  pole migration 19, 31, 52
  precipitation rates 186
  separation from Australia 86
antelopes 16, 129
Antevs, E. 218
anthracite 94, 135, 141
Anthracotheriidae 105
anticyclones
  during winter 187
  Gulf Stream, effect on 214
  North America, glaciation 170
  over inland ice 173, 175, 207
  over inland ice, Sweden 219
  over Scandinavia 222, 231
  polar 189
Antilles 212
Antisana 176
Apennines, Eocene Nummulites 104
apes 103, 105
Appalachians
  Carboniferous (Upper), folding 31
  Potomac Formation 74
Arabia
  foraminifera 77
  Nummulites 104
  Tertiary, coral reefs 104
Aral Sea 174
Aras 120
Araucaria 58, 80, 81, 127
Araucaria zone 101
Arauco, Miocene, brown coals 117
Archaeosuchus 50
archeocyaths 139
Arctic fox 87, 165
Arctic hares 87
Arctic Sea 178, 220, 223
Arctic tree limit 15
Arctic water lily 100
Arctic wolves 87
Areniscas abigarradas 78, 122
argali 165

Argentina
   Dinosaurus and Titanosaurus 86
   Glossopteris flora 47
   Jurassic, salt deposits 66
   Lepidodendron flora 46
   loess formation 13, 122
   Pampas clay 180
   Triassic, coals 54
   Triassic, Matoniaceae and Dipteridines 59
Argentinian Precordillera, glacial horizons 23
argillaceous earth 14
arid climate
   Angara Series 64
   beyond the tree limit 162
   geological indicators of 2
   Jurassic, Brazil 66
   Jurassic, North America 65
   Jurassic, South Africa 66
   Nearer India 54
   Pliocene (Late), Sumatra 121
   Pliocene, Patagonia in the 182
   products around South Pole 79
   South America, indicators of 40
   Tertiary, central Asia 95
   Tertiary (Early), America 90, 94
   Triassic, Brazil 40, 57
   western and central Europe 56
arid environment indicators 8
Arizona
   glaciers 170
   petrified forest 53, 58
Arkansas, Silurian, corals 136
Arldt 38, 92, 103, 116
armadillo 130
Armenia 120
   Eocene, coals 92
   Oligocene, coals 93
   Saliferous clay deposits 119
Arrhenius 3
arrowwood 99
Artern, Permian, salt 38
arthropods 136
Artocarpidum 102
Artocarpus 80, 81
Arvicola gregalis 165
Aschaffenburg, Pliocene, coals 116
ash 163

Asia
   archeocyaths 139
   arid regions 10
   boreal marine fauna 71
   calcareous richthofenids 49
   Gingko 67
   Jurassic, coals 76
   Jurassic, humid period 65
   moisture changes 236
   northern arid zone 77
   Quaternary, climate 179
   Quaternary, location in the 179
   saliniferous clays 57
   snow limit depression 180, 182
   Tertiary (Early), climate 95
   Tertiary (Late), warm zones 124
   Triassic and Rhaetian, coals 54
Asia Minor
   Nummulites 104
   salt 119
   Tertiary, coals 93
Asian wild ass 165
Asterocalamites 45, 46
Asterophyllites 46
astronomical seasons 201
Athens 163
Atlantic Ocean
   calcareous reefs 17
   equatorial displacement 214
   expansion of glaciation 147
   South Equatorial Current 214
Atlantosaurus 16, 68, 85
Aucella 68, 72, 74, 79, 83
aufeis 112
Auracarioxylon 102
aurochs 165
Australia
   age of ice deposits 25
   and pole migration 19
   archeocyaths 139
   cessation of glaciation 30
   Cretaceous, climate 86
   Cretaceous, deposits 73
   Cretaceous, sandstone 79
   dinosaurs 83
   Eocene, flora 102
   fauna as climate indicators 72
   faunal exchange, South America 86
   former polar fauna 87
   glacial ice traces 73

glacial periods 23
glaciation 184
Glossopteris fauna 47
ice ages 215
ice cap 26
ice traces 138
Jurassic, coals 64
latitude changes 183
Lepidodendron flora 47
lungfish 60
Miocene, flora 128
northern limit of palm trees 97
Permian, coals 36, 54
Permo-Carboniferous, ice traces 22
pole migration 52
Quaternary (Early) 116
Quaternary, fauna 184
separation from Nearer India 73
Silurian, corals 137
southern flora 82
Tertiary, brown coal 117
Tertiary, coals 94
Triassic, Baiera 59
Triassic, Matoniaceae and Dipteridines 59
woods with annual rings 43
Australian Alps 183
Austria
  coal deposits 8
  Cretaceous (Upper), coals 74
  Miocene, coals 116
Aviculidae 68
Axis of the earth, dislocation 88

B

Baden 95
badger 129, 165
Baffin Bay 135, 190
Bahia fluvial deposits 78, 85
Baiera 44, 59, 81
bald cypress 99
Balochistan, Nummulites 104
Baltic
  coral reef remnants 136
  last glaciation 220
Baltic Advance 163, 191, 205, 208, 210, 215
Baltic mountain ridge 152, 153, 164

Baltic Sea
  freezing during the Middle Ages 235
  ice advance 209
  temporary isolation from ocean 223
Basedow, H. 25, 30, 73, 138
Basel, Triassic, ferns 58
Bastei 77
Bavaria
  bogs 231
  Oligocene, coals 92
Bay of Bengal 104
Bay of Biscay 118
Beacon Sandstone 36
Beadnell 123
Bear Island
  Carboniferous (Lower), coals 34
  coal formation 37
  Devonian (Upper), coals 132
Beaufort Strata 50, 61
beech 116, 124, 163, 164, 167, 220, 224
Behler 221
belemnites 69, 83
Belgium
  Eocene, coals 92
  Eocene, layers 103
  Iguanodon 85
Bellsund 99
belt of warm-water fauna 85
Berg, L. 236
Bering Sea 211
Bering's Land 212
Bering Strait 176, 210
Berlin, during glaciation 216
Berry 101, 125, 126
Betula 97, 163, 178, 225
Bieler Grund 77
Bilma 39
Bipos, sodium sulfate 77
birch 81, 99, 113, 219, 224
Birket el-Kerun, Eocene, schistous coal 94
Bir Ranga 123
Biskra 78
Bison 115
black alder 162, 164, 225, 229
black cock 165
Black Earth Region 231
Black Forest
  glaciation limits 161
  Permian, coals 34
  sandstones 56

Black Sea flora 45
blackthorn 163
Blackwelder, E. 37, 94, 116, 132
Blagoveshchensk 187
Blagoveshchensky Sound 111
Blaini, glacial traces 141
Blanckenhorn 39, 79, 92, 94, 96, 102, 105, 120, 122
Blytt 222, 227
Bobak marmot 165, 167
Bochnia, salt deposits 119
Böggild 90, 100
Bohemia
  Cambrian, Paradoxites 140
  Cretaceous (Upper), sandstone 77
  Miocene, coals 116
  Oligocene, coals 92
  Permian, coals 34
  Silurian, anthracites 135
Bohemian-Vindelician Massif 69
Bolivia 126
Bollnäs 155
Bolshoy Anyuy River 111
Bonnet 126
Bonn, Miocene, coals 116
boreal fauna 68, 71, 108
Borneo
  Eocene, coals 93
  fossil flora 100
  Nummulites 104
Bor Uryakh River 112
Bosnia
  Carboniferous, coals 34
  coals 57
  Jurassic (Lower), coals 62
  Miocene, coals 116
  Oligocene, coals 92
  Ormorica spruce 98
  Permian, coals 34
  Pliocene, coals 117
  Triassic, coals 53
Boston
  Carboniferous, location in the 31
  Roxbury Conglomerate 31
Bothrodendron 46
boulder fields 7, 156
Brachiosaurus 68
Brackebusch 66
Branner, J.C. 26
Branxton horizon 24

Brasenia purpurea 153, 163
Brazil
  cessation of glaciation 30
  fluvial deposits 78
  glaciation 25
  Glossopteris flora 47, 48
  ice cap 26
  Lepidodendron trees 25
  Permian, rapid temperature rise during 50
  Rio Bonito Strata 46
  Rio do Rastro Series 57
  Sao Bento Sandstones 66
  tillite 23
  Triassic, arid climate 40
Brazil Current 214
Brazilian tillite, African rocks in 22
breadfruit tree 80
Bristol Bay 109
British Columbia
  Cretaceous (Lower), coals 74
  pre-Kansan glaciation 169
British Guyana, peat bogs 33
Brockmann-Jerosch 167, 231
Bromberg 155
Brontosaurus 68
Brontozoum 59
Bronze Age 224, 229, 234
Brooks, C.E.P. 222, 228, 231
brown bear 165
brown hematite 14
Brückner 148, 155, 185, 191, 202, 217, 231
Brunswick
  Eocene, coals 92
  Oligocene, coals 92
bryozoans 119
Buenos Aires, Carboniferous latitude in 50
buffalo 177
Bühl Advance 151, 154
Bühl moraines 149
Bukhara
  rock salt deposit 77
  saliniferous clays 57
Bukovina, salt deposits 119
Bulgaria
  Cretaceous, coals 74
  Pliocene, coals 117
Bunge 109, 111

Bunter 14, 38, 56, 57, 58, 60, 78, 122
Burckhardt 71
Burghersdorp 57
Burghersdorp Strata 50, 61
bur-reeds 100
Buschman 39, 56, 66, 78, 96, 117, 120, 122, 134, 135, 139, 182
buttes 11

C

Caesalpinium 102
Cairo
   change of hemisphere 145
   latitude change 143
   Oligocene, wood plants 102
Calamites 44, 45
calcareous algae 16, 60, 69, 136
Calcium sulfate 38
California
   Eocene, gypsum 94
   gypsum formations 117
   Miocene, marine fauna 128
   Pliocene, marine fauna 128
   Sequoia 99
   Triassic, coral reefs 59
Californian Cordilleras 116
Calliandra oblique 126
Callipteris 44, 45, 49
caloric half-years 196
Calymmatotheca 45, 46
Cambrian
   inland ice traces 131
   limestone 139
   marine fauna 140
   Nearer India salt formation 139
   tillites 6
Cambrian (Lower), ice traces in Norway 141
Canada
   Algonquian (Lower), boulders 140
   boreal fauna 68
   Carboniferous (Upper), coal formation 37
   coals 35
   Cretaceous (Lower), coals 74
   Pliocene, ice traces 114
   Tertiary (Early), plant species 99
Canadian Rockies, Cambrian, limestone 139

Canary Islands 118
Capeland
   Cretaceous, location in the 81
   Devonian (Early), ice traces 139
   pole migration 31
capercaillie 165
Cape Roque 214
Cape System 28
Cape York, peat bogs 224
Capparidoxylon 102
Capps 108, 177
Carboniferous
   coral reefs 49
   geological formations of the 19
   latitudes since 145
   location of continents during 143
   Pecopteris 47
   salt formation 11
   South Pole ice traces 131
   tillites 6
Cardona salt mountain 95, 117
Carinthia, Eocene, coals 92
Carlzon 217
Carniola, Oligocene, coals 92
Carnivorous theropods 68
Carpathians
   Eocene, coals 92
   Eocene, Nummulites 104
   glacial deposits 151
   Miocene, deposits 118
   moisture as climate change indicator 231
   orientation of glaciers 161
Carpolithes 82, 127
Cascade Mountains 114
Caspian Gates 120
Caspian Sea
   limiting fauna migration 212
   Quaternary, during the 174
   water level change 236
Cassia 102, 126
Castoroides 233
Catalonia, Cardona salt mountain 117
cattle 165, 177
Caucasus
   equatorial folding system 88
   Jurassic, coals 62
   Nummulites 104
   Rhododendron 163
Cauca Valley 125

Cauvin 39
cave bear 115, 165
Cave del Predil 229
Central Africa, Triassic, ice traces 52
Ceratodus 60, 132
Ceratosaurus 68
Cerro Altar 176
Cerro de Pasco
  Jurassic, rock salt deposits 66
  rock salt deposit 77
Cervus 129
Ceylon
  peat bogs 33
  separation from Australia 72
Chamberlin, R. 54, 58, 62, 80, 93, 94, 97, 103, 104, 123, 128, 169, 190, 210, 212
Chamisso 111
Chamisso Island 177
chamois 165
Champlain Depression 234
Champlain Flood 212
Charpentier 147
Chatanga, Silurian, corals 137
Chemnitz, Carboniferous (Lower), coals 34
Chernishev 31
Chernozem 231
Chernozemic soil 229
Chesapeake, Miocene marine fauna 129
chestnut 100
Chicago
  ice boundaries 177
  Wisconsin, ice boundary of the 213
  moraines 213
Chile
  flora of the Coronel 126
  Jurassic (Early), coals 64
  Miocene, brown coals 117
  Tertiary, coals 94
  Triassic, coals 54
Chimborazo 176
China
  archeocyaths 139
  Cambrian, ice traces 138
  Carboniferous (Lower), coals 33
  Devonian, coals 132
  Devonian, salt formations 134
  ice formations 139
  loess 179
  loess formation 13

Nummulites 104
Permo-Carboniferous, black coals 32
Tertiary, coal 93
Triassic (Lower), coals 54
Chiroterium 56, 60
Cilicia
  Miocene, salt 120
  Oligocene, coals 93
Cinnamomum 97, 98, 102, 126
cinnamon 80, 81, 97
Cladophlebis 82
clay horizons 151, 209
climate belts 2, 65, 81, 121, 125, 134, 136, 175
climate indicators
  coals 15
  corals 28
  Devonian 230
  Europe 279
  fauna 118
  fossil 10
  geological 12
  Great Plains, arid 55
  Jurassic 119
  palm trees 163
  Quaternary 279
  Rocky mountains, arid 55
climate optimum 208, 229, 234
climatic snow limit 161
climbing ferns 40
Cloos 132, 134, 138
coals
  as climate indicators 7
  Cretaceous 61
  Eocene 92
  formation after glaciation 36
  formation in rain belts 8
  Jurassic 61
  Oligocene 92
  Tertiary, Australia 94
  Tertiary (Lower) 92
  Tertiary (Upper) 116
coal seams 7, 36
Coast Range 108
Coculites 100
Coleman 22, 140
Cologne, Miocene, coals 116
Colombian elephant 233
Colorado
  Ceratosaurus 68

Cretaceous, coals 74
red sandstones 54
Colorado Plateau 65
Colossochelys 130
Columbia
　inland ice 114
　Oligocene, coals 93
　salt springs 40
　Tertiary (Late), flora 125
Concepcion
　flora of the Coronel 126
　Miocene, brown coals 117
Conchylia 103
Congo
　coals 36
　glacial findings 25
　peat bogs 33
conifers 82
Connecticut Valley, Sauria footprints 59
Constantine 78
contact metamorphosis 8
continental drift theory 1
copper beech 163
corals
　Alps 136
　as climate indicators 16
　Cretaceous 83
　North America 136
　Schlern Dolomite 60
　Silurian, distribution 136
　Tertiary (Late) 130
　Triassic, reefs 69
Corbicula fluminalis 153
Cordaites 44, 45
Cordilleras 176
Cornus 99
Coronel 101, 126
Cotopaxi 176
Cottbus 163
County Cork, Silurian, shales 135
Cracow, salt deposits 118
Crataegus 99
Cretaceous
　Australia, climate during the 86
　South America, coal formations 76
　coals 61
　limestones 122
　southern polar region climate 87
Crimea, Eocene, Nummulites 104
Crioceratites 74, 83

Croatia
　Carboniferous, coals 34
　gypsum deposits 57
　Oligocene, coals 92
　Tertiary (Upper), coals 116
crocodiles 78, 103, 105, 184
Croll, J. 188
crowberry 224
crustaceans 119
Cuanza River 40
Cupressinoxylon antarcticum 102
cursorial birds 16, 184
Cuvier 95
cycads 58, 59, 67, 82
Cycas 80, 126
Cylindrothentis 83
Cyprina islandica 224
Cyprus
　Miocene (Upper), salt deposits 119
　Oligocene, coals 93

D

Dachstein Limestone 60
Dacqué, E. 18, 73, 80, 82, 135, 138
Dadoxylon kerguelense 102
Dakota Series 80
Dala Sandstone 142
Dall 103, 108, 111, 128, 129
Dalmatia
　Eocene, coals 92
　Tertiary (Upper), coals 116
Damuda 29
Damuda Series 23
Dana 234
Danaeopsis 59
Dardanelles, Oligocene, coals 93
Dasornis 103
David, J.W.E. 183
De Geer, G. 190, 209, 217, 227, 233
Dead Sea
　Cretaceous, salt deposits 79
　Quaternary, salt deposit, Palestine 179
　Quaternary salt deposits 123
Deister, Cretaceous (Lower), coals 74
Dekan 29
Delagoa Bay, Cretaceous, salt 79
Demawend volcano 120
Denmark 163, 223
Derby, salt deposits 57

Devonian
  climate belts 134
  climate indicators 134
  climate zones 131
  coals, Europe 132
  coals, North America 132
  coral reefs, Europe 134
  desert sandstone 36
  ice traces, South Africa 131
  Old Red, North America 132
  tillites 6
Dicroidium 59
Dicynodon 50
Dinoceras 102
Dinosaurus 86
Diospyrus 100
Diprotodon australis 184
Dipteridines 59
Disko Island
  Cretaceous, flora 81
  Cretaceous, location during 81
  Eocene, latitude during 100
  flora according to *Böggild* 100
Djebel Hadifa, salt mountain 78
Doedicurus 130
Dolomia Principale Formation 60
Dombeyoxylon 102
Donets Basin 45
Douvillé 57, 95, 117
Dove 221
Drakenberg Strata 72
Dreyssenia polymorpha 153
Drude, O. 97
drumlin 169
Dryas 219, 226
Dryas octopetala 163
Drygalski 204
Dryopithecus 129
Dueren, Pliocene, coals 116
Dusén 101, 127
du Toit, A. 22, 35, 50, 54, 57, 61, 72, 82, 86, 132
Dvina 49
dwarf birch 163
Dwyka Conglomerate 22, 25
Dwyka Series 28, 44, 46, 48
Dyas 138
Dzungarian Alatau, Carboniferous coal 34

E

earthworms 16, 73, 86, 89, 182
East Africa, Glossopteris flora 47
East Asia, Cambrian, limestone 139
Eastern Alps
  coals 53, 56, 57, 62, 74, 116
  glaciation 149
  Triassic, ferns 58
Ebro Basin
  Cardona salt mountain 95
  Oligo-Miocene, deposits 117
Ecca Series 28, 44, 46, 48, 50
Eccasaurus 50
Eckard 181
ecliptic obliquity 189, 229, 234, 239
Ecuador 176
  Cretaceous (Upper), coals 76
  Eocene, Nummulites 104
  flora 125
  snow limit depression 175
Edentata 181
Eem fauna 152
Eem River 155
Egeln, Permian, salt 38
Egypt
  Eocene, gypsum formation 96
  Eocene (Upper), schistous coals 94
  gypsum formations 66
  Nubian Sandstone 39, 57, 65, 79
  Pliocene, salt formation 123
  pluvial periods 174
  Tertiary (Late), arid zone 122
  Tertiary (Lower), fauna 105
  Tertiary (Lower), flora 102
  Tertiary (Lower), marine fauna 105
  transition to arid 128
Eifel
  coal formation 37
  Devonian, coals 132
Elephant Point 177
elephants 165, 177
Elephas 115, 129
elk 165, 226
Ellesmere Land 134
elm 99, 163
Endoceras 136
Engelhardt 102, 126
England
  Carboniferous (Late), coals 34

Carboniferous, salt formation 37
coral reefs 69
Devonian coral reefs 134
Eocene, flightless birds 103
Eocene, location during the 98
Eocene, maximum temperature during 98
foraminifera 77
glacial deposits 151
Gotland limestone 136
Keuper, salt formations 56
Jurassic, flora 67
Jurassic (Upper), salt and gypsum 65
old Red 132
Plesiosaurus 69
Pliocene, Crag, east winds 115
red sandstones 56
Silurian, schists 135
six glacials 155
Enon Beds 81
Enquist, F. 7, 160, 170, 176
Eocene
   coals 92
   flightless birds 103
   Greenland, location during 116
   limestones 122
   New Zealand, flora 102
   North America, arid zone 103
   Nummulites 105
   Panama, isthmus 115
   southern Australia, flora 102
Eocene marine fauna 97
epiphytes 125
Equatorial Africa, snow limit depression 175
Equatorial Doldrum Belt 214
equatorial fold system 88
equatorial rain belt 35
equiseta 58
Equus hemionus 165
erratic boulders
   as traces of inland ice 169
   indicator of ice stream 6
   striated 31
Erraticum 24
Erzerum, Eocene coals 92
Eschscholz Bay 111
eskers 169
Ettinghausen, C. von 82, 100, 102, 126, 128

Euboea 163, 174
Eucalyptus 80, 102
Eurasia, northern limit of palm trees 97
Europe
   alternation of glacials 208
   apes 129
   appearance of Homo sapiens 205
   arid zone 53
   boreal marine fauna 71
   Cambrian, climate 139
   Carboniferous, coral reefs 49
   Carboniferous, tropical climate during 50
   climate changes 1, 94, 147
   climate optimum 234
   coal and salt formation periods 90
   coniferous forests 98
   coral reef remnants 136
   coral reefs 71
   Cretaceous, coal formation 74
   Cretaceous (Early), flora 80
   detachment of Greenland, N. America 159
   Devonian, arid zone 37
   Devonian, coral reefs 134
   Devonian, desert sandstone 36
   diluvial glaciation 22
   Eocene, marine fauna 103
   equator during Jurassic 69
   equator position 28
   glacial deposits 151
   in the tropics 44
   Iron Age decline 229
   Jurassic 69
   Jurassic, salt and gypsum 65
   latitude changes 183, 209, 222, 233
   loess formation 13
   Miocene, salt formation 122
   moisture changes 236
   palm trees as climate indicators 97
   Permian, distance from equator 49
   Permo-Carboniferous, black coals 32
   Pliocene, climate during 123
   pole migration 210
   post-Quaternary, peat bogs 36
   proximity to equator 67
   Quaternary, climate before 188
   Quaternary, climate indicators 164
   Quaternary, mammal fossils 165
   Silurian, coal formations 135

six glacials 155
Stone Age 167
Tertiary (Early), fauna 103
Tertiary, fauna 115
Tertiary (Upper), coals 116
Triassic, arid climate during 56
Triassic, coral reefs 60
tropical warmth in 140
European ivy 225
European loess 156, 157

F

Fagus zone 101
Falkland Islands
  Glossopteris flora 47
  in the pre-glacial 127
  Permo-Carboniferous, ice traces 19
  woods with annual rings 43
fauna, indicator of warmth and coldness 2
Feildenia 99
Feistmantel 47
Ferghana 64
Ficoxylon 102
Ficus 80, 97, 102
fig 80
Finland
  Algonquian, coals 141
  amber flora 98
  climate optimum 229
  ice edge recession counts 217
  inland ice remnants 6
  mammoth teeth 155
  varved clays 217
Finniglacial period 217
fir 162
Flammand 39
flightless birds 103
flora, as indicator of warmth and coldness 2
Florida
  bogs 34
  Nummulites 103
  reef corals 103
Flowing ice 6
fluviolacustrine steppe fauna 124
Foehn effect 66
foldings 8, 108
foraminifera 77, 83, 119

forest pigeon 165
fossil climate indicators 3
fossil ice, conditions for preservation 6
fox 165
France
  archeocyaths 139
  Carboniferous (Late), coals 34
  Devonian, coals 132
  Devonian, coral reefs 134
  Eocene, Nummulites 104
  foraminifera 77
  Keuper, salt formations 56
  Miocene, apes 129
  Old-Acheuleans 158
  Oligocene, coals 92
  Permian, coals 34
Frankfurt-on-Maine 124
Franz Joseph Fjord 224
Franz Joseph Land
  Abietinaceae 67
  Mytilus 224
  Triassic, plants 59
Frech, F. 29, 32, 36, 54, 64, 74, 92, 116, 132, 138, 156
Frentzen 59
freshwater mussel 177
Freudenstadt 161
Früh 33
Fulda River, Pliocene coal 116
fumarole formations 8
Fürer 66, 78, 120
Fusulinida limestones 49

G

Gagel 152, 153, 164
Gaisa Formation 138
Galicia, salt deposits 118, 119
Galician-Persian salt formations 94
Gams, H. 203
Gangamopteris 27, 28, 30, 45, 49
Gault Formation 74
Gebel Geneffe 123
Gebel Set 123
Geikie 98, 155
Geldern 155
geological climate indicators 5
Geological Institute of Utrecht 47
geological stratigraphy 4
Gera, Permian, salt 38

German East Africa
  rudists 83
  Sauria 86
German loesses 157
German Naval Observatory 221
German Southwest Africa, archeocyaths 139
Germany
  Carboniferous (Late), coals 34
  climate changes 226
  Cretaceous (Early), coals 74
  Devonian, coals 132
  flora indicating ice boundary 163
  flora in interglacial deposits 162
  flora of central 205
  foraminifera 77
  fossil plant remains 224
  gypsum deposits 56
  Ice Age melt off 205
  Jurassic, flora 67
  Jurassic, limestone reefs 95
  Jurassic, marine fauna 71
  Jurassic (Late), salt and gypsum 65
  Mindelian, flint stones 158
  Mindelian, latitude during 159
  Miocene, frost traces 99
  Oligocene, coals 92
  Oligocene, plants 98
  Permian, salt deposits 38
  Pliocene, flora 124
  Quaternary, climate indicators 164
  Silurian, schists 135
  steppes 229
  termination of glaciation 220
  Triassic, flora 59
  Upper Tertiary, coals 116
  Würmian glacial 150
Gerth 50, 85, 121
Gigantopteris 46
Ginkgo 67
Ginkgophyta 44
gizehensis 105
glacial boulder clays 12
glacial meal 13
glacial milk 156
glacials
  Europe 155
  Mindelian and Rissian 153
  named 149
glacial striae 138

glaciation limit 161
glauberite 77
Glossopteris 25, 43
Glyptodon 130
Glyptostrobus 99
Gondwanaland 22, 26, 58
Gondwana Strata 67
Gosau Series 74
Gothan 25, 32, 44, 46, 47, 58, 66, 67, 80, 97, 99, 124, 127
Gothenburg, musk ox 155
Gotiglacial period 217
Gotland, coral reef remnants 136
Gotland Limestone 136
Graham Land
  ammonite 83
  archeocyaths 139
  fossil flora 127
  Jurassic, flora 67
Grampian Mountains 134
Grand Gulf 94
grapevine 163
grapevines 100
graphite deposits 8
graptolites 137
Great Basin 94, 172, 173
Great Bitter Lake, Oligocene, wood plants 102
Great Lakes
  pole displacement 210
  Quaternary, cyclone track 173
Great Lyakhovsky Island 111, 113, 178
Great Plains, arid climate indicators 37
Great Salt Lake 172, 173
Greece
  antelopes 129
  Nummulites 104
  apes 129
Greenland
  America, separation from 213
  annual ice advance 190
  anticyclonic winds 159
  boreal fauna 68
  Carboniferous (Lower), flora 46
  Cretaceous, flora 81
  Cretaceous, flora similar to North America 81
  deciduous forest 1
  detachment from Europe 159
  Devonian, desert sandstone 36

Devonian, Old Red 132
Eocene, location during 116
fossil flora 100
ice cap height 203
ice sheet 1
inland ice 109
inland ice boundary 186
Jurassic, coals 62
Jurassic, flora 66, 67
Miocene, coals 90
peat bogs 224
Pliocene, inland ice 114
pole migration 224
Tertiary (Early), plant species 99
Triassic plants 59
warm post-glacial period 223
Gregory 83, 137, 141
Greta coal beds 24
Grinnell Land
  latitude during Eocene 100
  Silurian corals 136
  Tertiary (Early), plant species 99
Griqualand, ice expansion 22
groundhog 165
Grypotherium 181
Guaranitic sandstones 78
Gulf of Alexandretta, Eocene, coals 92
Gulf of Kos, Miocene (Lower), brown coals 93
Gulf Stream 214
Günzian 149
Guyana Current 214
gymnosperms 45, 126
gypsum
  Alexandrette 120
  Carboniferous (Lower) 37
  Miocene and Pliocene, Sicily 118
  Miocene, formation in 102
  Miocene (Lower) 122
  Miocene (Upper) 119
  Pliocene, Andalusia 118
  precipitation of 38
  Quaternary, Pamir Mountains 179
  secretion in warm water 18
  Silurian (Upper), North America 135
  Tertiary, Algeria 122
  Tunisia 66
  Wieliczka 118
Gyroporella 60

H

Halle, Permian salt 38
Halle, T.G. 47, 67
Halys River 119
Hamada 12
Hamburg
  Miocene, marine fauna 129
  third glacial evidence 152
hamster 165
Handlirsch 50, 69
Hanhai Series 96
Hardt 56
hare 165
Harrassowitz 7, 40, 156, 162
Harrison 33
Harz mountains
  glacial deposits 151
  Silurian, Sphenopteridium 135
Haug 140, 141
Haute Garonne, Miocene, apes 129
Hauthal 81, 182, 183
Hawkesbury Sandstones 54
Hay, O. 233
Hayes 177
hazel 99, 217, 218, 230
hazelnut 162, 218, 225, 229, 233
Hedin, S. 236
Heer 14, 81, 98, 99, 118, 124, 127
Hemmoor, Miocene, marine fauna 129
Hennig 23, 25, 52
herbivores 16
Heritsch 92, 116
Hernösand 155
Herrmann 135, 136
Herz 112
Herzegovina
  Oligocene, coals 92
  Tertiary (Upper), coals 116
Hesse
  Eocene, coals 92
  Miocene, coals 116
  Oligocene, coals 92
Hida Mountains 180
Himalaya
  equatorial fold system 88
  Nummulites 104
  Siwalik, fauna 129
Hipparion 115, 129
Hippurite Limestones 78

Hippurites 83
Hobart
  latitude change 143
  traces of mountain glaciers 216
Hobson 31
Högböm 227
Hohensalza, Permian, salt 38
Homo neanderthalensis 205
Homo sapiens 205
Honda 101, 125, 126
hornbeam 162, 163
Hornisgrinde 161
Horse latitudes 10
horses 16, 115, 165, 177, 181
Hötting Breccia 163
Howchin 140
Hudson Bay 169
humid climate
  geological indicators of 2
  Triassic (Late) 64
Hunan
  Rhaetian, coals 54
  Triassic, coals 34
Hungary
  Jurassic (Early), coals 62
  salt deposits 118
  trachyte tuffs 119
Huntington 236
Hupe, Early Jurassic coals 62
Hwang Ho 180
Hyaena 129
hyena 165
hyenas 165
Hymenaea 80, 81
hyracoids 105

I

Iberian Peninsula 163
ibex 165
ice age
  Algonquian 141
  Alpine structure 149
  appearance of Homo sapiens 205
  climates since 224
  European climate change since 234
  heat transmission during 205
  impact on European flora 124
  oldest 149
  remnant, Greenland 204
  Schultz's fifth ice age 164
  Tertiary 147
  unified 202
ice stream 6
Iceland
  Miocene, coals 92
  sanders 11
  Tertiary, coals 116
  Tertiary (Early), plant species 99
ichthyosaurs 68, 69
Idaho, red sandstones 54
Iguanodon 85
ilex 80
Ilex aquifolium 163, 226
Illinoian
  end moraines 212
  glaciation 169
Illyrian flora 229
Indianapolis, end moraines 212
Indiana, Triassic coral reefs 59
Indian Ocean, mollusks 18
Indian Punjab, archeocyaths 139
Indian Salt Range 138
Indigirka 178
Ingö Island 223
inland ice
  action of 152
  advance, effect on flora and fauna 165
  anticyclone over 162
  boundary 162
  Cambrian, during 131
  Columbia 114
  decomposition at Lake Ragunda 218
  development of 5
  disappearance during interglacial 155
  effect of weight 223
  effect on human races 167
  European 213
  floating 6
  Greenland, ice age remnant in 204
  Greenland, northern boundary in 186
  Keewatin 170
  mammoth find 112
  melting 8
  Miocene, during 97, 177
  Nordic 190
  North America, traces in 169
  optimum formation conditions 186
  over peat beds 224
  preservation tendency 203

remnants of fossil 111
source of 186
southern border 186
summer insolation and 188
Sweden, rapid melt in 217
temperature effect 232
termination of glaciation 220
inland ice cap 2, 6, 43, 110, 113, 173
inoceramids 74, 83
Inowrazlaw 155
inselbergs 12
insolation 3
Insubric glaciers 185
interglacial, North German 163
interglacials
forest growth during 162
higher temperatures during 163
ice melt during 147
Iowa, gypsum 37
Iowan glaciation 169
Iraty Formation
first reptiles 50
shaly clays 27
Ireland
Carboniferous, coral reefs 49
Old Red 132
Silurian, graptolite-bearing shales 135
Irkutsk
Jurassic, coal 64
salt springs 134
Irmscher, E.
Cretaceous, flora 82
flora of Ecuador 125
Miocene flora, Panama 101
New Zealand, Cretaceous, flora 80
plant distribution 14
Potosi flora 126
Seymour Island, flora 210
South America, Tertiary, floras 101
Iron Age 229
iron glance 14
iron hydroxide 14
iron oxide 14
Isfahan 62
Isfjord
gypsum 37
peat bogs 224
Isle of Man, Silurian, shales 135
isotherms 8, 118, 129, 216
Istria, Eocene, coals 92

Italy
Eocene, coral reefs 103
Pliocene, apes 129

J

Japan
Cretaceous, coals 76
fossil flora 100
Jurassic, coals 64
Jurassic, corals 71
Jurassic, flora 67
Miocene and Pliocene, coals 117
Miocene, climate 128
Nummulites 104
pre-Pliocene, flora 124
Quaternary, marine mollusks 130
Rhatian, coals 54
traces of glaciers 180
Java
Eocene, coals 93
fossil flora 100
gypsum 40
Nummulites 104
Jerseyan glaciation 169
Juglans 102
Jujuy Strata 89
Jurassic
Asia, coal formations 76
climate indicators 73
coals 61
Eurpoean coral reefs 71

K

Kaehne, K. 119, 120, 124, 129
Kaifeng 179
Kaiser Wilhelm Canal 154, 155, 205
Kalahari Limestone 183
Kaluga 163
Kalusz
gypsum and salt deposits 118
potassium chloride and kainite deposits 119
Kamchatka 125
kames 169
Kampar River, peat bog 32
Kansan
glaciation 169
pole location 213

Kansas
    Eocene, coals 90
    gypsum 37
    Triassic, rock salt 56
Kanter, H. 179
Karabakh, Jurassic (Late), coals 62
Karakoram, Nummulites 104
Karroo System 28
Kashmir, Glossopteris fauna 47
Katanga, Glossopteris flora 47
Kayser, E.
    China, Cambrian (Lower), ice 138
    Europe, Tertiary, fauna 114
    Finland, Algonquian, coals 141
    Permian (Late), deposits 37
    reef corals, N. America 136
    Scotland, Algonquian, sandstone 141
    South Australia, Cambrian (Early), ice traces 138
Kazan 174, 212
Keewatin 170
Keewatin, Glacier 169
Keidel 23, 121
Keilhack 33, 218
Kenai Formation 97
Kerguelen Islands 102
Kerman 62
Kerner, F. v. 4
Keuper 53, 56
Khatanga 96
Kibirizi Bog 33
King Charles Land, Mytilus 224
King's Bay 99
Kishlak, rock salt 120
Klute 161, 175
Knightia 127
Knowlton 97
Kobuk River 111
Kola Peninsula, interglacial period 155
Kolyma 112
Kolyma River 111
Königsberger 149
Königstein 77
Koorders 32
Köppen, W., climate classification system 224
Kossmaticeras 83
Kota-Maleri Series 57
Kotelny Island 111
Kotzebue, ground ice 111

Krasser 49
Kreichgauer, D.
    North America, Tertiary ice 115
    paleoclimatic studies 54
    Silurian, red sandstone 136
    Silurian, sandstone, Baffin Bay 135
    Tertiary (Early), ice 89
Krenkel, E.
    African peat bogs 33
    glacial advances 151
    Quaternary, humans 167
Krüger, K.
    Anatolian deposits 119
    Palestine, salt deposit 179
Kubierschky, K. 38
Kuenlun Mountains, Carboniferous, coals 34
Kukuk, P. 93, 117
Kupffer 220
Kurtz 81
Kuznets, Jurassic, coals 64
Kwenlun
    Cretaceous, salt 77
    Jurassic, coals 62

L

Labrador
    archeocyaths 139
    Quaternary (Early), temperature 214
    Pliocene, altitude in 207
lacustrine deposits 173
Lagomys 165
lagoons 8, 69
Lake Baikal 136
Lake Balkhash 33, 64
Lake Bologoye, peat bogs 229
Lake Bonneville 172
Lake Bonneville, glaciers 170
Lake Chad 174, 175
Lake Constance 124
Lake Geneva 100
Lake Huron 140
Lake Lahontan 172
Lake Lucerne 149
Lake Nipigon 140
Lake Nyasa, coals 36
Lake of the Woods 140
Lake Onega 141
Lake Ragunda 218

Lake Tanganyika, peat bog 33
Lake Temiscaming 140
Lake Titicaca, Carboniferous coals 35
Lake Urmia
  expansion 129
  Teriary, salt deposits 120
Lake Zaysan 64
Lang, R. 13, 14
Langdorfii 100
Lanzhou 179, 180
Laramie flora 80
Laramie Formations 74
Larive 32
laterite 13, 14, 183
Later Wisconsin glaciation 169
Lauraceae 125
laurel 81
Laurinoxylon 102
Laurus 98
Lausitz
  Miocene frost traces 99
  Pliocene coal 116
Lebanon
  coals 79
  Cretaceous (Lower), coals 76
Leconte 114
legumes 125, 126
Leguminosites 127
Leipzig, latitude change 143
lemming 115, 165
Lemoine, P.
  Madagascar, coral reefs 130
  Sudan, Eocene, gypsum 96
Lena Delta 111
Lenz 39
Leontinia 104
Lepidodendron 25, 43
Leshnya River 229
Lettenkohle 53, 59
Leuchs, K.
  Asia 46
  Asia, saliniferous clays 57
  Asia, Tertiary (Early), climate 95
  Cretaceous, salt 77
  Devonian, coals 132
  Turkistan, Jurassic, coals 64
Leverett, F. 169, 171, 210
lianas 93, 125
Libocedrus
  gracilis 99

Sabineana 99
Libyan desert, foraminifera 77
Lidén 217, 218
Liegnitz 74
lignite deposits 74
Liguria, Oligocene coals 92
Ligurian Apennines 103
Lilienstein 77
Limay, rock salt deposits 66
limestone reefs 16, 60, 69, 95
linden 99, 163
Linnich, Pliocene, coal 117
Linstow 129
lions 165
liquidambar 80, 81
liriodendron 80, 81
Lissa, gypsum deposits 57
Litorina depression 208, 218
Litorina litorea 224
Litsaea 102
loamification 156
Lochinvar glaciation 24
locust tree 80
Lòczy 180
Lofoten Islands, Jurassic, coal 62
Loja 101, 125, 126
London Basin, Eocene coals 92
Lorraine, Keuper salt formations 56
Louisiana
  Miocene, gypsum 117
  Oligocene, gypsum 94
Lower Rhine, Miocene, coals 116
lung fishes 132
lung snails 132
Lunz, Triassic, ferns 58
Lyakhovsky Island 177, 211
Lycopodites 46
Lystrosaurus 50

M

Maclintockias 100
Madagascar
  Eocene, Nummulites 105
  Glossopteris flora 47
  Pliocene, coral reefs 130
Maesa 102
Magellan Strait, Oligocene, flora 101
magnolia 81, 89, 97, 99, 100, 163
Maine, Devonian, coals 132

Mainz, Miocene, apes 129
Mainz Basin, Eocene, coals 92
Malaspina Glacier 109, 185
Maling Mountains, Rahetian, coals 54
Malm 65
mammoth 112, 115, 155, 165, 177, 178
Manchuria
  Chinese loess 179
  Cretaceous, coals 76
  Jurassic, coals 64
  Noeggerathiopsis 49
  Permian, coals 34
  Phyllotheca, Noeggerathiopsis 49
  Tertiary, coal 93
Manis 129
Manitoba, Silurian (Upper), gypsum 135
maple 99, 124
maps of the world 2, 65
Maragha plain 124
Marattiaceae 40
Marcha plain 123
marine crocodiles 68
marine fauna
  Alaska, Pliocene 129
  Alaska, Quaternary 177
  Cambrian 140
  Cretaceous 82
  Egypt, Tertiary (Lower) 105
  Europe, Eocene 103
  fossil remains 6
  Jurassic 68, 71
  North America, Jurassic 68
  North America, Tertiary (Early) 103
  South America, Pliocene 130
Mariopteris 40, 45
Mármaros 119
Marmolata Limestone 60
Marshall, P. 76, 82, 94, 116, 184
marsupials 87
marten 165
Maryland, Miocene, marine fauna 129
Massachusetts, Cambrian, Paradoxites 140
mastodon 103, 115, 129, 233
Matoniaceae 59
Matsap beds 22
Maydell, Baron G. 111, 113, 178
McFarland 191
Mecklenburg
  amber forests 98

Miocene, coals 116
Medeah 78
Mediterranean
  calcareous algal reefs 17
  migration barrier 212
  Oligocene, plants 98
  red soils 13
  rudists 83
  warm water fauna 71
Megaceros 115, 165
Megaloceros 226
Megalonyx 115, 233
Megalornis 103
Megatherium 130
Melastomites 102
Melville Island 46
Memel River 71
Mendola Dolomite 60
meridional mountains 10
merslotá 187
Mesopotamia
  Eocene, coals 93
  gypsum 120
Mesosaurus 27, 50, 85
Mexican Gulf, Carboniferous, coral reefs 49
Mexico
  animal migration 212
  Cretaceous, coals 74
  gypsum 77
  Nummulites, coral 103
  warm water indicators 68
Meyer, H. 176
Michigan
  Carboniferous, coral reefs 49
  gypsum 37
  post Wisconsin, climate 233
  Silurian (Upper), gypsum 135
Microdiscus 140
Middendorff 112
Middle Ages 235
Milankovitch, M. 3, 151, 191, 239
Mindelian
  erratics 158
  named 149
  weathering 158
Minussinsk 134
Miocene
  Alaska, tillites 108
  apes 129

brown coals 93
Catalonia, salt formation 117
Cilicia, salt 120
coals 116
colder climate 129
Galician-Romanian salt 118
gypsum 122
inland ice remnants 177
Lake Constance, flora 124
mammal fossils 105
North America, climate 103
North America, rain zone 123
North Pole, location during 130
Palmoxylon, Nicolia, Caesalpinium 102
Panama, flora 101
Rocky Mountains, lignites 116
salt formation 11
Sicily, gypsum 118
tillites 6
Miocene (Lower), flora, Ecuador 125
Mississippi 222
mole 165
Molengraaff 22
mollusks 18, 78, 103, 119, 130, 179
Molteno Strata 54, 57, 61
Mongolia
  Chinese loess 179
  Jurassic, coals 64
  Noeggerathiopsis 49
  Phyllotheca 49
  Rhaetian, coals 54
Montana
  Cretaceous, coals 74
  warm-temperate flora 97
Mont d'Or 165
Montelius 227
Montmartre 95
Montpellier, Pliocene, apes 129
Montreux 100
moraine deposits 6, 23
Morocco
  rock salt 39
  salt 96
  Tertiary (Middle), rock salt 122
Moscow
  Carboniferous (Lower), coals 34
  peat bogs 229
mountain folding 88
Mount Findenigkofel 136
Mount Kosciusko 184

Mount Washington 169
mousteriensis 205
Mozambique, Eocene, Nummulites 105
Münder Marls 65
Munthe 227
Münzenberg 98
Murgoci 231
Murray 17
Muschelkalk 56, 59
Muschketov 104, 179
musk ox 87, 115, 155, 165, 177, 178
Mylodon 115, 130
Myrica banksioides 126
Myrtaceae 101, 125
myrtles 103
Mytilus edulis 223

N

Namaland, ice expansion 22
Nanchan, Cretaceous, salt 77
Nansen 224
Nanshan, Carboniferous (Upper), coal 34
Naosaurus claviger 51
Natal
  Cretaceous, salt 79
  ice expansion 22
Nathorst, A. 73, 100, 224
Nearer India
  arid climate 54
  Australia, separation from 73
  Cambrian, salt formation 139
  cessation of glaciation 30
  Ceylon, separation of 72
  coals 64
  equatorial fauna 120
  Glossopteris fauna 47
  ice cap 26
  Nummulites 104
  Permo-Carboniferous, ice traces 22
  possible pre-Cambrian ice traces 141
  productive coals 36
  sandstones 57
  stratigraphy 29
Nehawend 62
Neolithic 229
Nerinea 83
Nerium 80
Neumayr-Uhlig
  Cambrian, salt formation 139

Cardona salt 117
Carpathians, Miocene, deposits 118
China Devonian deposits 134
coral reef remnants 136
England, Carboniferous, salt 37
England, Triassic, salt 57
Europe, Triassic 56
France, Devonian, coals 132
France, Oligocene, coals 92
Gotland, coral reefs 136
Himalayan fauna realm 72
Istria, Eocene, coals 92
Japanese fauna 71
Jurassic, marine fauna 71
New York State, Silurian, salt 135
Nummulites 104
Oligocene, amber forests 98
Lausitz, Pliocene, coal 116
St. Petersburg, salt springs 135
Silurian, corals 136
South Andine realm 72
Tertiary (Early), reefs 103
Tertiary (Lower), Nummulites 105
Triassic, sandtone 57
Westphalia, salt springs 77
Neunkirchen, Devonian, coals 132
Neuropteris 45
Nevada
  archeocyaths 139
  Triassic, coral reefs 59
Newark Series 53
Newark Strata, flora 58
New Brunswick, Carboniferous (Early), coals 35
New Caledonia, Nummulites 104
Newfoundland
  Carboniferous, salt 37
  Devonian, desert sandstone 36
  Devonian, Old Red 132
New Hampshire 169
New Hebrides, Nummulites 104
New Mexico
  Cretaceous, coals 74
  Eocene, coals 90
  glaciers 170
New Red 54
New Siberian Islands
  Abietinaceae 67
  fossil ground ice 111
  inland ice 89
  inland ice remnants 6
  mammoth remains 178
  Miocene, ice traces 105
  Quaternary, temperature 178
  Quaternary, warm 113
  river ice 112
  Silurian, corals 137
New South Wales
  Eocene, flora 102
  glacial periods 23
  Smith's Creek Series 25
New York
  archeocyaths 139
  Devonian, coral reefs 134
  Devonian, desert sandstone 36
  Devonian, Old Red 132
  Silurian (Upper) gypsum 135
New Zealand
  Aucella 72
  Cretaceous, Araucaria 80
  Cretaceous, flora 82
  Cretaceous (Late), coal development 76
  Eocene, coals 94
  Eocene, flora 102
  Glossopteris 47
  Jurassic, coals 64
  latitude changes 183
  Miocene and Pliocene, coals 117
  Miocene, fauna 128
  palm trees, northern limit of 97
  Quarternary (Early) 116
  silicified conifer 68
  snow limit 184
  southern flora 82
Niagara Limestone 136
Nicolia 102
Nieger 39
Niger 174
Nile River
  gypsum deposits 123
  Oligocene, equator during 90
  Oligocene, forest 102
  pluvial periods 174
Noeggerathiopsis 27, 45, 49
Noetling 138
Nölke 3
Nordenskjöld, O. 90, 182
Nordhagen 203
North America
  Algonquian, glaciation 140, 142

Algonquian, ice age 141
Algonquian-Cambrian glaciation, climate since 147
archeocyaths 139
backwater lake formation 222
boreal fauna 71
Cambrian, climate 139
Carboniferous, coral reefs 49
climate changes 1
coals 35
coral reef remnants 136
corals 136
Cretaceous, flora similar to Greenland 81
Cretaceous, subtropical to tropical 80
Devonian, coals 132
Devonian, coral reefs 134
Devonian, desert sandstone 36
Devonian, Old Red 132
diluvial glaciation 22
equator position 28
Europe, detachment from 159
gypsum 37
ice limit 210
Jurassic, arid climate during 65
Jurassic, coals 61
Jurassic, flora 67
Keewatin, ice formation 170
latitude changes 183
loess formation 13
mammoth 115
Jurassic, marine fauna 68
Newark Strata, flora 58
palm trees, northern limit of 97
Pennsylvanian, coal period 45
Permo-Carboniferous, black coal 32
post-Wisconsin, latitude decrease 212
Quaternary, ice traces 169
Quaternary, loess 171
Quaternary, mammal fossils 165
reptile development 68
Sauria 85
Silurian, corals 136
Silurian (Upper), salt 135
Tertiary, fauna 115
Tertiary, marine fauna 103
Tertiary, polar flora 123
Tertiary, terrestrial fauna 128
Tertiary (Early) 90
Tertiary (Early), herbivores 102

Tertiary (Early), flora 97
Tertiary (Late), North Pole position, 127
Tertiary (Upper), coal 116
Triassic, coal formations 53
Triassic, coral reefs 59
Yellowstone, fossil wood 101
North Carolina
  Jurassic, coals 61
  peat bogs 54
  Triassic, coal deposits 58
North Dakota, Cretaceous, coals 74
North Devon, Silurian, corals 136
North Equatorial Current 214
Northern Germany
  ice sheet 1
  Zechstein sinking 38
northern hemisphere
  astronomical summer half-year 196
  deflection of anticyclonic winds 159
  insolation 196
  insolation minima 214
  summer conditions 202
  time course of glacier formation 212
  winter solstice 197
North Harz mountains, rock salt 56
North Pole
  Carboniferous and Permian, position during 51
  Cretaceous, position 87
  Eocene, position 105
  Miocene, position 130
  Triassic, position 61
North Sea, mollusks 18
Norton Sound 129
Norway
  Cambrian, ice traces 138
  Cambrian (Lower), ice traces 141
  coral reef remnants 136
  Dala sandstone 142
  ice formations 139
  mammoth teeth 155
  Pelvetia 224
Norway, maple 163
Norwegian fjords, single corals 17, 134, 137
Notostylops 104, 122
Nottingham, salt deposits 57
Novaya Zemlya, Silurian, corals 137
Nubian Sandstone 39, 46, 57, 65, 66, 79, 80

Nummulites 103, 117
Nushagak Bay 109
Nyssa 99

O

oak 81, 99, 124, 162, 204, 217, 224
Odenwald 56
Ohio
  Carboniferous (Late), coals 35
  Devonian, coral reefs 134
  Silurian (Upper), gypsum 135
Olbricht 153
Old-Acheuleans 158
Old Red 14, 36, 37, 78, 132, 136, 139, 141
oleander 80
Olenek, Silurian, corals 137
Oli 120
Oligocene
  coals 92, 93
  Cyprus, gypseous marls 120
  England, position of 103
  equatorial rain belt transition 105
  North America, climate 103
  Nummulites 103
  Panama, flora 101
  Punta Arenas, flora 101
  temperature decline 97
  warm water fauna recession 103
  wood plants 102
Öningen 124
Ontario
  fluviatile-glacial conglomerates 140
  Silurian (Upper), gypsum 135
Onychiopsis 82
opossums 87, 95
Oran, Lepidodendron flora 46
Oregon
  Eocene, coals 90
  Miocene, marine fauna 128
  Pliocene, marine fauna 128
  Triassic, coral reefs 59
Ore Mountains, Oligocene, coals 92
Orleans Conglomerate 27, 35, 48
Ormorica spruce 98
ornithopods 68
Orontes 120
Orthoceras 136
Orycteropus 129

Oseki 180
Osmunda 81
Osmundites 82
Osterwald, Cretaceous, coal 74
Oswald 92
Ouricanga 101, 125

P

Pachydiscus 85
Pacific Islands, palms, northern limit 97
Pacific Ocean
  calcareous reefs 17
  Miocene, climate 128
paleoclimatology 1, 197
Paleozoic
  Gotland, coral reef 136
  South Africa, ice formations 134
Palestine
  Quaternary, salt deposit 179
  salt 79
Palmoxylon 102
palm trees 80, 93, 97, 103, 125
Palmyra 236
Paludina diluviana 153
Paludina Duboisiana 153
Pamir 104
Pamir Mountains 179
Pampas clay 180
Pampine Sierras 180
Panama Canal
  Oligocene, flora 101
  Oligocene, Nummulites 103
  Tertiary (Lower), flora 101
Panchet 29, 54
Panchet Series 23, 54
pangolin 129
panther 165
Paradoxites 140
Paraguay, Triassic, coals 54
Pareiasaurus 50
Paris
  Eocene, layers 103
  Oligocene, gypsum and salt 94
Paris Basin
  Eocene, coals 92
  Oligocene, gypsum 95
Park Range 170
Parthsch, J. 236
Passarge 79, 183

Patagonia
  Cretaceous, flora 81
  Cretaceous (Lower), sandstone 78; 79
  glacial traces 216
  inland ice flood 89
  Pliocene, arid climate in the 182
  Quaternary, latitude during 183
  Quaternary, layers 181
  Tertiary (Early), glacial period in 89
  southern flora 82
Patriofelis 102
Peary Land 186
peat bog formation 8
peat layers 7, 33
Peccari 233
Pecopteris 40, 43, 45, 47, 81, 127
Pelvetia 224
Penck, A. 95, 101, 117, 148, 151, 154, 162, 174, 184, 191, 202, 236
Pennsylvania, Silurian (Upper), gypsum 135
Permian
  coals 35
  desert sandstone formation 37
  geological formations of the 19
  salt deposits 38
  salt formation 11
  tillites 6
Permo-Carboniferous glaciation 6, 19
Persia
  animal migration 212
  Jurassic, coal 62
  Miocene, brown coals 93
  Miocene, salt formation 120
  moisture changes 236
  Nummulites 104
  salt 119
  Tertiary, coals 93
  Tertiary, salt deposits 120
  warm water fauna 71
Peru
  Cretaceous (Early), coal 76
  gypsum 40
  Jurassic, rock salt deposits 66
  Lepidodendron flora 46
  Pliocene, brown coal 117
  rock salt 77
  snow limit depression 175
  Tertiary, flora 125
Peschan, Carboniferous (Upper), coal 34
Petchora, Jurassic, coals 62

Petersburg
  Silurian (Early), salt 135
  loess snail 165
  peat bogs 229
petrified forest
  Arizona 53
  Yellowstone, Miocene 123
Pettersson 228
Pfizenmayer 112
Philippines
  Nummulites 104
  Tertiary, coal 93
Philippson 93, 119
Phyllites 127
Phyllotheca 27, 45, 47
Picea Engleri 98
Piedmontese glaciers 185
Piesberg flora 45
pigs 129
Pilgrim, L. 151, 191, 193, 201
pine 98, 162, 164, 219, 225
Pinites succinifer 98
Pinitis 81
Pinus feildeniana 99
Pinus polaris 99
Pisidium 177
Pityoxylon 101
Pjeturas 116
Platanus 97
Platygonus 233
Playfair 147
Plesiosaurus 68, 69
Pleuromeia 58
Pliocene
  Alaska, marine fauna 129
  Andalusia, salt and gypsum 118
  California, marine fauna 128
  coal 116
  Europe, climate during 123
  glaciation 123
  ice traces 114
  Lake Urmia expansion 129
  Madagascar, coral reefs 130
  mammalian steppe fauna 124
  Montpellier, apes 129
  Patagonia, arid climate 182
  Peru, brown coal 117
  red loess 180
  Sicily, gypsum 118
  tillites 6

Pliocene (Late)
  Sumatra, arid climate 121
  North Pole, position 130
pneumatophores 32
Pohlig 124
Point Barrow 111
polar bears 87
polar climate, geological indicators of 2
pole migrations 4, 88, 99, 142, 174, 216
polyhalite 38
Polyptychites 83
Pomerania, Miocene, coals 116
pondweed 100
poplar 81, 99, 124, 163
Populus arctica 100
Populus tremula 164, 225
Portugal, Silurian, shales 135
Posen
  Miocene, coals 116
  Pliocene, coals 116
Potomac Formation 74
Potomac River 74
Potomac Series 80
Potonié 7, 32, 40, 43, 47
Potosi 126
Potsdam Sandstone 139
Pripet 159
proboscideans 105
Prussia
  Miocene, coals 116
  Würmian, fossils 164
pseudoglacial 31, 90
pseudoglacial conglomerates 6
Pteranodon 85
pteridosperms 44
Pterocarpus 102
pterosaurs 68, 85
Pulmonata 132
Puna de Atacama 101
Punjab, salt range 139
Punta Arenas
  latitude change 143
  Tertiary (Early), flora 101
  Oligocene, flora 101
  Tertiary, flora 127
Pyrenees, Eocene, Nummulites 104
Pyrotherium 104, 122

Q

Qoser 123
Quaternary
  Alaska and Siberia 177
  arid zone boundary 174
  Asia, northern arid zone 180
  Asia, snow limit depression 180
  astronomical elements 193
  Australia, ice ages 215
  climate approximation 179
  climate indicator, loess 156
  Europe, climate before 188
  Europe, climate indicators 164
  glacials and interglacials 147
  glaciation traces 148
  ice cap shape 204
  Japan, marine mollusks 130
  latitude and climate changes 208
  loess formation 13
  mammal fossils 165
  North America, loess 171
  North Pole, position 130
  pole displacement 125
  pole migration 155, 173, 174
  sand mass creation 11
  Seymour Island, flora 210
  South America, flora 181
  tillites 6
  tufaceous limestone 163
Quedlinburg 74
Queensland, Cretaceous, sandstone 79
Quercus 97, 98, 126, 164, 225, 229
Quito, Cretaceous (Upper), coals 76

R

radiolarians 140
Radiolites 83
Raibl 229
Raibler Strata 60
rainfall, significant variations in 236
Ramann 13, 32
Ramsau Dolomite 60
Ramsay 155
Ras Benas 123
Ras Gemsa 123
Red Beds of Denver 54
red deer 165, 178, 226
red sandstones 14, 54

Red Sea
  coral reefs 17
  Miocene, gypsum 122
  Tertiary (Late), gypsum 120
red soils 13
reed grasses 100
reef corals 103
Reiche 126
Reichenbach, S. v. 122
reindeer 87, 115, 165, 177, 226
reptiles 16, 48, 50, 61, 68, 72, 73, 86
Return Reef 111
Reusch 138
Rhacopteris 30, 45
Rhaetian 62
Rhine Bay, Miocene, coals 116
rhinoceros 177
Rhinoceros 115, 129, 165
Rhinocerotidae 105
Rhododendron 163
Rhododendron ponticum 163, 174
Richarz, S. 97, 108, 128, 130, 177, 179
Richthofen 179, 180
richthofenids 49
Rinne 8, 135
Rio Bonito Strata 27, 35, 44, 46, 48
Rio do Rastro Series 57
Rio Negro 33, 122, 182
Rio Neuquén, rock salt deposits 66
Rio Santa Cruz 182
Rissian
  glacial advance 203
  hot summers 159
  named 149
  weathering 158
Rissian-Würmian interglacial 149
rock salt
  climate indicator 10
  North America, Silurian (Upper) 135
Rocky Mountains
  arid climate indicators 37
  Eocene, coals 90
  Miocene, lignites 116
  New Red 54
roe deer 226
Rogers, A.W. 26, 35, 50, 54, 57, 61, 72, 82, 86, 132, 134
Rolling Down Beds
  Cretaceous, deposits 73
  dinosaurs 83

Romania, Miocene, deposits 118
Romanowky 104
root vole 165
Rostock 233
Röthi Dolomite 60
Rotliegend 44
Roxbury Conglomerate 31
rudist clams 83
Ruhr Basin
  black coals 32
  Carboniferous, ice traces 31
  Piesberg flora 45
Russell 109, 172
Russell Glacier 108, 177
Russia
  boreal fauna 71
  climate optimum 229
  foraminifera 77
  Jurassic, coal 62
  Lepidodendron and Glossopteris flora 46
  Permian, salt deposits 38
  red sandstones 56
Russian Armenia 120

S

Saar Basin, black coals 32
Saarbrücken, flame-coal fauna 45
Sabal palm 98
Saginaw, Wisconsin, end moraines 212
Sahara 174
  Carboniferous, salt 11, 36, 39
  gypsum formations 66
  migration barrier 212
Saiga antelope 167, 178
Sakhalin
  Cretaceous coals 76
  Tertiary coal 93
Salina, Silurian, salt 135
Salisbury, R. 54, 58, 62, 80, 93, 94, 97, 103, 104, 123, 128, 169, 190, 210, 212
Salix 177
salt formation
  Angola 40, 53, 57
  Cambrian 131, 139
  Cardona 95
  Catalonia, Miocene 117
  China, Devonian 134

England, Carboniferous 37
Europe, formation periods 90
Galician-Persian 94, 120, 127
Lorraine, Keuper 56
Miocene 11, 117–122
Nearer India 139
Oligocene 158
Oligo-Miocene 95, 96, 117
Permian 11
Permo-Triassic 40, 57
Persia, Miocene 119
Pliocene 118
Sahara, Carboniferous 11, 36, 39
Sicily 117
Silurian 10, 130
Spain, Oligo-Miocene 117
Thuringia 56
Württemberg 56
Salt Range 138–140
salt strata 10
Salzburg, rock salt 56
Salzkammergut, rock salt 56
Samara 174
Samland
  amber forests 98
  Oligocene, coals 92
sandstone
  Anatolia, Miocene (Upper) 119
  Black Forest 56
  layer colour 13
  Old Red 141
  Scotland, Algonquian 141
  Scotland, Cambrian (Late) 139
  South Africa, Cave 66
Sandur 231
Sangay 176
San Juan de la Sal, rock salt 66
Santa Catharina System
  productive coal 35
  stratigraphy 27
Santorini 163
Sao 140
Sao Bento Sandstones 66
Sapindopsis 80, 81
Sapindus 80
Sardinia
  archeocyaths 139
  Cambrian, limestone 139
  Cambrian, Paradoxites 140
Saskatchewan, Eocene, coals 74, 90

Sassafras 80, 100
Sauramo 217
Sauria
  German East Africa 79, 86
  North America 59, 85
  Triassic, Russia 60
Saurian tracks, German Bunter 60
sauropods 68
Saxony
  Cretaceous (Upper), sandstone 77
  Eocene, coals 92
  Miocene, coals 116
  Oligocene, coals 92
  Permian, coals 34
Sayles, R.W. 31
Scandinavia
  amber flora 98
  amber forests 98
  climate optimum 224
  conditions for glaciation 184
  fossil plant remains 224
  inland ice 217
  latitude decrease 209
  Pliocene, altitude in 207
  rudists 83
  termination of glaciation 220
Scandinavian Mountains 190
Scania
  Cambrian, limestone 139
  Dryas, flora 219
  Gotiglacial ice, recession of 217
  ice advance 209
  mammoth teeth 155
  Rhaetian, coal 62
  Triassic, Rhaetian and Jurassic, coals 53
Schandron 113
Schenck, A. 79
Schimper 147
Schipkau 124
Schizoneura 27, 45, 59
Schleiden 78
Schlern Dolomite 17, 60
Schmalhausen 113
Schrader 108
Schubert 92, 116
Schuchert 141
Schulz, A. 164, 205, 229
Scotland
  Algonquian, sandstone 141
  archeocyaths 139

Cambrian, limestone 139
Cambrian (Upper), sandstones 139
Carboniferous, arid zone 37
Carboniferous (Lower), coals 34
Old Red 132
Scots pines 98, 99
sea urchins 103
seaweeds 8
Sebeha Idjil 39
Securidaea 102
Sederholm 141
Segeberg, Permian salt 38
Semper 103
Senegal, Eocene Nummulites 105
Senonian salt spring, Tunis 78
Sequoia 80, 81, 97, 99, 100, 126
Sequoia Langsdorffi 114
Serbia, Ormorica spruce 98
Serivenor, G.B. 47
Sernander, R. 222, 227, 231
Seymour Island 101, 127, 181, 210
Shackleton 36
Shansi
  Jurassic, coals 64
  Permian, coals 34
Shantung, Carboniferous (Lower), coals 33
sheep 129
Shergin's Shaft 64
shungite 8, 141
Siberia
  Devonian salt 134
  eastern 187
  fossil ground ice 109, 111
  frozen soil 187
  inland ice cap 113
  inland ice remnants 5
  Jurassic, coals 64
  Jurassic, flora 67
  Miocene, ice traces 105
  Permian, distance from equator in 49
  Phyllothecan, Noeggerathiopsis 49
  Quaternary, deposits 177
  salt deposits 96
  salt springs 139
  Silurian, corals 137
  Silurian (Lower), salt desert 136
  tundra 177
Siberian vole 165
Sichuan
  Carboniferous (Lower), coals 33

Cretaceous, coals 76
Jurassic (Early), coals 62
Sicily
  Miocene and Pliocene, gypsum 118
  richthofenids 49
Sidar 120
Sigillaria 25, 39, 43, 58
Sigillariae 48
Silesia
  Chernozoic, soil 229
  orientation of glaciers 161
  Quaternary, ventifacts 159
silicic acid 13
silicified wood 66, 72, 78
Silurian
  coal formations 135
  corals 136
  desert sandstone formation 37
  graptolites 137
  northern arid zone 135
  red salt deposits 136
  red sandstone 136
  salt formations 131
Silurian (Upper) 135
  Orthoceras Limestone 136
  North America, salt 135
Simbirskites 83
Sinai
  Cretaceous, deposits 79
  gypsum 123
  Lepidodendron and Sigillaria 39
  Lepidodendron flora 46
Singanfu 180
Singapore, Glossopteris 47
Siwalik 129
Skyros 174
Skyros Island 163
Slavonia, Oligocene, coals 92
sloth 130
Smith, J.P. 59
Smith's Creek
  Carboniferous (Early), shaly clays 30
  Lepidodendron flora 47
Smith's Creek Series 25
Smyrna, Miocene, brown coals 93
snow-forest climate 15
snow grouse 177
snow vole 165
soapnut tree 80
Soergel, W. 150, 156, 157, 162, 165, 208

solar insolation
  Baltic Sea freeze 235
  deficit 234
  during last glacial advance 209
  influences concealed 189
  length of periodic fluctuations 188
  Litorina, decline during 220
  Milankovitch's representation 192
  secular fluctuations 188
  summer maximum at end of glacial 216
  winter time course 202
solar radiation 189
solifluction 156, 157
Solnhofen 69
Soma, Miocene, brown coals 93
souslik 165
South Africa
  cessation of glaciation 30
  coals 36
  Cretaceous, fauna 86
  Cretaceous, plants 81
  Devonian, ice traces 131
  Devonian, single corals 134
  emergence of reptile fauna 51
  fossil Saurian remains 61
  glacial abrasion 22
  Glossopteris flora 47, 48
  Jurassic arid climate 66
  Karroo System 28
  Lepidodendron flora 44, 46
  Lepidodendron trees 25
  Molteno Strata 57
  moraines 22
  oldest glacial traces 138
  Paleozoic, ice formations 134
  Permo-Carboniferous, glaciation 6
  Permo-Triassic, reptile fauna 50
  pole migration 52
  reptile evolution 27
  reptiles 72
  Rhaetian, coals 54
  salt 79
  southern flora 82
  Triassic, flora 59
South America
  Africa, separation from in Cretaceous 73
  Australia, faunal exchange 86
  coral reef structures 71
  Cretaceous, coal formations 76
  equid disappearance 181
  Falkland Islands, conifers 127
  Glossopteris flora 47
  indicators of former arid climate 40
  loess formation 121
  Miocene brown coal 117
  North America, faunal migration to 115
  palm trees, northern limit of 97
  Permo-Carboniferous, ice traces 19
  Pliocene, climate 182
  Quaternary (Early), fauna 130
  Quaternary (Early), location 180
  snow limit depression 182
  Tertiary, floras 101
  Tertiary (Early), mammals 104
  Triassic, coals 54
South Andine realm 72
South Dakota, Cretaceous, coals 74
South Equatorial Current 214
South Europe, Nummulites 104
South Pole
  Antarctica to Capeland 31
  anticyclone 186
  Carboniferous, ice traces 131
  Carboniferous, migration during 19
  Carboniferous, position during 51
  Cretaceous, position during 87
  Devonian, position during 26
  Eocene, position during 105
  Jurassic, position during 61, 73
  Jurassic, warmer climate during 67
  migration 78, 79
  Miocene, position during 130
  Permian, position during 34, 51, 53
  Silurian (Late), position during 132
  South Africa, migration to 52
  Triassic, position in the 61
Southern Alps
  Mindelian-Rissian, weathering 158
  Permian, salt deposits 38
southern subpolar precipitation belt 35
Spain
  archeocyaths 139
  arid zone, salt 117
  Cambrian, Paradoxites 140
  Carboniferous, coals 34
  Carboniferous, coral reefs 49
  Devonian, coals 132
  lignite deposits 74

Oligocene gypsum and salt 94
Oligo-Miocene salt formations 96
salt deposits 57
Tertiary (Middle), rock salt 122
Sperenberg, Permian, salt 38
Spessart, Pliocene, coals 116
Sphagnum 177
Sphenopteridium 135
Sphenopteris 27, 40, 44, 45, 46, 81, 82, 127
Sphyradium columella 165
Spitsbergen
  Abietinaceae 67
  boreal fauna 71
  Carboniferous (Lower), coals 34
  Carboniferous (Lower), flora 46
  conifer trunk rings 80
  Cretaceous (Lower), coals 76
  Devonian, desert sandstone 36
  Devonian, Old Red 132
  Eocene, latitude during 100
  fossil flora 100
  Gingko 67
  gypsum 37
  Jurassic, coals 62
  Lepidodendron flora 44
  Miocene, coals 90
  Mytilus edulis 224
  peat bog formation 224
  sub-Cambrian, conglomerate 141
  Tertiary (Early), plant species 99
  Tertiary (Early), poplars 99
  Triassic plants 59
  warm post-glacial period 223
spruce 98, 99, 162, 225
Spurr 109
Squantum tillite 31
Stafford, salt deposits 57
Stahl, A.F. 93, 119, 124, 129
Stappenbeck 35, 93, 117
Stassfurt, Permian, salt 38
Steenstrup, J. 226
stegosauruses 68
Steinmann 89, 90, 126, 175
Steinmeere 7
St. Elias 108
Stenopteris 59
steppe climate 10, 13, 16, 124, 156, 162
steppe pica 165
steppe polecat 165

Stereosternum 27, 50
Steuer, A. 98, 103, 118, 124
Stigmaria 135
Stockholm 217
Stockwell 193, 220, 224
Stoller 226, 227
Stopes 80
Stormberg Series 54, 66
Strahan 138
stratigraphy 4
striae 6
Styria, Oligocene, coals 92
subpolar rainy climate 8
Succinea oblonga 165
Sudan
  Cretaceous, salt 78
  Eocene, gypsum 96
Suess, E. 47, 111, 177
Suez
  Eocene, gypsum 96
  Miocene, gypsum 122
  Oligocene, wood plants 102
Sumatra
  Carboniferous (Upper), Pecopteris 46
  Eocene, coals 93
  fossil flora 100
  Nummulites 104
  peat bog 32
  Pecopteris 47
  Pliocene (Early), coals 117
  Pliocene (Late), arid climate during 121
  Pliocene (Late), latitude during 121
  Pliocene (Late), peneplain during 121
summer insolations 3
Sunda Archipelago
  Eocene, tropical flora 98
  Tertiary, coals 93
  Tertiary (Late), corals 130
Sunda Islands, Triassic, corals 61
Sweden
  after ice retreat 220
  anticyclones 219
  chronology, climate, archeology 227
  climate optimum 229
  coals 56
  Dryas, flora 219
  Gotiglacial ice, recession of 217
  Gotland Limestone 136
  ice edge recession counts 217

ice retreat velocity 190
inland ice melt 217
maximum insolation 233
Rhaetian, coals 62
Triassic, flora and coals 58
Triassic, Rhaetian and Jurassic, coals 53
varved clays 217
Swina River 218
Switzerland
  Cretaceous (Upper), block sandstone 77
  Miocene, fossil flora 118
  Oligocene, coals 92
  Oligocene, mean temperature during 98
  Stone Age 167
  terrace gravels 203
  Tertiary (Lower), gypsum 95
sword lilies 100
sycamore 80, 81, 99, 100
Syracuse, Silurian, salt 135
Syr Darya River 64, 132, 134
Syria
  foraminifera 77
  Nummulites 104
  pluvial periods 174

T

Table Mountain Series 132
Tabriz, Miocene brown coals 93
Taeniopteris 81, 82, 127
Tafel 180
Taiga 162
Talchir 29
tamarisk 80
Taoudeni 39
Tarvis 229
Tasmania
  Glossopteris fauna 47
  Nothofagus 101
  snow limit 184
  traces of mountain glaciers 216
Taurus mountains, Eocene, coals 93
Taxodium 98, 99, 100, 124
Teheran, Jurassic, coals 62
Tell Atlas 122
Tendaguru Beds 86
terra rossa 14, 95
Terruel, lignite deposits 74

Tertiary
  Europe, fauna 103
  Siberia, fossil ground ice 109
Tertiary (Late)
  coals 116
  Columbia, flora 125
  Egypt, arid zone 122
  North America fauna change 123
Tertiary (Lower)
  coals 92
Tethys 52, 83
Tethys Ocean 60
Tetranthera 102
Teutoburg Forest, Cretaceous, coals 74
Texas
  Eocene, coals 90
  Eocene, gypsum 94
  gypsum 37
  ice traces 31
  Oligocene, gypsum 94
  Permian, reptile fauna 51
  red sandstones 54
  Sauria remains 59
Thames, Eocene, tropical flora 98
Thorne 155
Thuja 98
Thuja Kleiniana 98
Thuringia
  Eocene, coals 92
  Miocene, coals 116
  Oligocene, coals 92
  Permian, coals 34
  salt formations 56
Tian Shan 104, 180
Tibesti 39
Tibet 180
Tibetan lakes 174
Tierra del Fuego, latitude changes 183
tiger 178
tillites, Miocene 108
Timbuktu, rock salt 39
Timor, Permian, single corals 49
Tischit 39
Titanosaurus 86
Titanotherium 102
tjäle 187
Tobler 46, 47
Tokyo, latitude change 143
Toll, E. v. 64, 109, 111, 177
Tomsk, Phyllotheca, Noeggerathiopsis 49

Tondern 155
Tongking, Rhaetian coals 54
Torell 152
Torngat Mountains 170
Toronto 216
Torridon Sandstone 141
Toxodon 130
Tragoceros 129
Trans-Alai range, Quaternary, gypsum 179
Transbaikalia
  Jurassic, coals 64
  Phyllotheca, Noeggerathiopsis 49
transmissibility 3
Transvaal, ice expansion 22
Transylvania
  Oligocene, coals 92
  salt deposits 118
  trachyte tuffs 119
tree fern 40, 45
Triassic
  China, coals 34
  North Pole, position 61
  South Pole, position 61
Triceratops 85
Trigonia 83
trilobites 140
tropical marshes 7
Tschichatscheff 49
Tschili, Permian, coals 34
Tsinlingshan 179
Tucuman 77
tufaceous limestone 163
Tumbez 101, 125, 126
tundra
  characteristic animals 226
  Germany 205
  limitation of ice formation 204
tundra climate, loess formation 13
Tunguska, Jurassic, coals 64
Tunisia
  Jurassic, gypsum 66
  rock salt deposits 78
  salt 96
  Tertiary salt spring 122
Turkestan, Jurassic, coals 64
Turkey, Eocene, Nummulites 104
turtle, giant terrestrial 129
turtles 68, 103, 105, 184
Tuscany, Miocene, coal 116

Tutkowski, P. 159
Tylosaurus 85
Typotherium 130
Tyrannosaurus 85
Tyrol, Tertiary (Lower), coals 92
Tyrrell 169

U

Udden 31
Uitenhage Series 79, 81, 86
Ullmannia 44
Ultima Esperanza 181
ungulates 130
Upper Alsace
  Eocene, coals 92
  Oligocene, coals 92
  Oligocene, gypsum and salt 94
  Oligocene, salt 95
  stratigraphy 90
Upper Huronian basalt conglomerates 140
Upper Isonzo 229
Upper Silesia
  black coal 32
  Miocene, coals 116
Uppsala
  free of ice 233
  mammoth teeth 155
Ural Mountains
  Carboniferous, ice traces 31
  Cretaceous (Lower), coals 76
  gypsum and salt deposits 37
  Jurassic (Late), coal 62
  orientation of glaciers 161
  Rhaetian, coals 54
  Zechstein (Middle) 38
Uruguay
  Glossopteris flora 47
  Permian, rapid temperature rise during 50
  Triassic, coals 54
Ussuri
  Jurassic, coals 64
  Tertiary, coals 93
Ust-Urt 174
Ust-Yansk 112
Utah
  beach terraces 172
  Cretaceous, coals 74

V

Vakhsh River, Cretaceous, sandstones 77
Valvata 177
Vancouver, Eocene, coals 74
Varangerfjord 138, 139
Vatnajökul 11, 109, 185
Venetz 147
Venezuela, Oligocene, coals 93
Verkhoyansk 211
vertebrate faunas 103
vertical fissures 77
Viburnum 99
Victoria, Australia
  glacial horizon 24
  Lepidodendron trees 25
  Rhacopteris and Lepidodendron 30
Vienenburg, Permian, salt 38
Vienna, Miocene, coals 116
Vilyuy River 96
Virginia
  coal deposits 58
  coals 61
  gypsum 37
  peat bogs 54
  Silurian (Upper), gypsum 135
Vitis 97
Vogelsberg, Miocene, coals 116
Volga 174
Vologda 229
Voltzia 27, 44, 56, 58
Volz 117, 121, 124
Vosges Mountains 56
Vredenburg 141

W

Waagen, L. 25, 60, 95, 103, 109, 114, 115, 118, 120, 122, 136, 141
Waagen, W. 25
Wadan 39
Wadia 29
Wahsatch Mountains, glaciers 170
Walcott 139
walnut 80, 99
Walther, J. 6, 12, 37, 39, 56, 69, 92, 98, 103, 116, 117, 122, 124, 132, 134, 141
Wanner, J. 49
Ward 96

warm-blooded animals 16
Washington
  Cretaceous, coals 74
  Eocene and Oligocene, coals 90
water caltrop 225, 229
water lily 99, 163
water rat 165
Weddell Sea, archeocyaths 139
Wenlock Limestone 136
Werfen Strata 57, 60
Werra River, Pliocene, coals 116
Werth 218
Weser Hills, Cretaceous (Early), coals 74
Weser River 155
West Borneo 47
West Indies, Nummulites, coral 103
Western Alps
  glaciation 149
  gypsum deposits 56
Western Caucasus 163
Westphalia
  Cretaceous, Pachydiscus 85
  salt springs 77
Wetterau
  Miocene coals 116
  Oligocene plants 98
Wetterstein Limestone 17, 60
wheat 177
White, C.D. 25, 30
White, D. 47
White Nile 174
White River 108, 177
White River Valley 177
Wianamatta Series 54
Wieliczka
  gypsum and salt deposits 118
  salt deposits 118
Wilckens, O. 78, 104, 122
wildcat 165
wild horse 165, 178
wild horses 165
Willis 138, 139
willow 15, 81, 124, 163
Windhausen 86
Wisconsin glaciation 169
wisent 165
Witteberg Series
  Carboniferous (Middle) 29
  Lepidodendron flora 46
wolf 165

wolverine 165
Wood Beds 79, 81
wood plants 15, 102, 125
wooly rhinoceros 165, 178
Wrangell, Baron 111
Würmian
  ice boundary advances 164
  named 149
  North Pole, location 212
  Soergels representation 162
  time course 150
Württemberg 161
  Miocene, apes 129
  salt formations 56
Wyoming
  Brontosaurus 68
  Cretaceous, coals 74
  Dinoceras, Titanotherium 102
  Titanotherium 102

Y

Yakutat Bay, Pliocene, marine fauna 128
Yakutsk
  frozen ground 187
  Jurassic, coals 64
  river ice 112
  Tertiary, salt deposits 96
Yangtze
  Cambrian, ice traces 138
Yangtze Kiang
  loess 179

yellow soil 13
Yellowstone Park
  Miocene, petrified forest 123
  Tertiary (Middle), Pityoxylon 101
Yenissei River
  Permian, coals 34
  Tertiary, coals 93
Yergeni hills 174
yew 99, 162, 163, 225
Yoldia 226
Yoldia Sea 217
Yorkshire, Jurassic, flora 66
Yukon
  Cretaceous (Lower), coals 74
  Tertiary (Upper), coal 116

Z

Zalessky 49
Zechstein 38, 44
Zeugenberge 12
Zhili, Jurassic, coals 64
Zittel 67, 103, 104, 137
Ziziphus 99
zonal arrangement 1
zonal principle 1, 2
Zulu Land, Cretaceous, salt 79

W. Köppen † and A. Wegener †

The Climates of the Geological Past

Supplements and Corrections

by

Professor Dr. W. Köppen †

With 6 figures in the text

Berlin
Verlag von Gebrüder Borntraeger
1940

Preface

During the 15 years which have passed since the publication of this book, its three basic principles have withstood the test of time, despite the fact that some researchers are at variance with them; they are as follows:
1. Pole migrations,
2. Continental drifts,
3. The occurrence of glacials and interglacials as a result of the astronomically determined variations in the elements of the earth's orbit and ecliptic obliquity, without change of the heat radiation emitted from the sun.

A number of geological studies have shown that especially the third assumption agrees with the facts.

The passing of Alfred Wegener makes an elaboration of a new edition of the book impossible. A brief overview of the most important supplements which have been published in the meantime and some desirable corrections should be welcome to those who own the book.

This brochure has been printed on one page only in order that whoever may wish to do so, may cut it up and paste the clippings into our book as indicated.

W. Köppen

Note of the editors (2015): This part of the book will be printed double sided in the new edition due to aesthetical and economic reasons.

Contents

(only relevant aspects are listed)

	Page
Preface	3
Ad Chapter I. Fossil Climate Indicators	5

Two types of dunes. — Pure limestone deposits indicate aridity. — Pollen analysis — Status of the world ocean.

Ad Chapters II—IV.   The Climate Belts — 7

Mangroves.—The Eocene floras in Russia.—Letter from Gagel. — The Upper Tertiary in Russia.—The Pliocene in the Himalaya.

Ad Chapters VI and pp. 208—216.   Pole Migrations — 11

Three empirically and one theoretically derived pole pathways. — Indications for a pole position in the Quaternary from Patagonia, North America and Siberia. — L. Becker on the connection between pole migration and continental drift.

Ad Chapter VII.   The Climates of the Quaternary — 19

Penck on the climate during the glacials. — Gagel on the interglacials. — Northern Germany, Russia and Finland. — North America. — Geological findings made by Eberl and Soergel. — New calculation of the insolation chronology by Milankovitch. — Side effects and subsequent effects (reflection from the snow surfaces, delay). — Other opinions. — The postglacial.

Ad Chapter I: **Fossil Climate Indicators**

With the exception of the ice traces, the abundance of material decreases as one approaches the present. This is an initially puzzling albeit very natural circumstance. Because the indicators for the most part originated from areas previously covered by seas, freshwater or marshes at the times of interest and dried up at later events, and such regions are naturally of less frequent occurrence in recent times.

(Page 11) footnote:

In the Russian journal "Priroda", K. K. Markow argues in 1928 that the fossil, overgrown continental dunes of Germany, Poland and northwestern Russia were created under the influence of the same westerly winds which still prevail there. They are "parabolic dunes" →) not "barchans") ← (arrows indicate the direction of the prevailing wind). The latter are formed as permanently unvegetated wandering dunes, the former from dunes being gradually overgrown by vegetation which first takes place at the horns. In both cases, the slip face is on the lee side.

Information about lakes as climate indicators can be found in our book on p. 171—174. Undrained lakes with freshwater are of juvenile age. They have not had the time to become saline.

(Page 17) Some other fossil climate indictors have drawn our attention during the last years.

E. B. Baily demonstrated that pure limestone deposits, which formed near the continental coasts, for example, like those in Europe during the Late Cretaceous, prove that these coasts used to be deserts; the lack of rain that fell on them was an essential condition for the purity of these oceans. Also the accompanying green sands are to be encountered almost exclusively on coasts where there are no rivers that carry detritus from the land's interior; the seas were shallow seas. Arnold Heim showed that more than 9/10 of all limestones and dolomites do not consist of the fossil remains of organisms, as the illustrations in textbooks make us believe, instead, they must be regarded as chemical precipitations in which planktonic animals only form accessory constituents. The polar regions, the cold water currents and the great ocean depths are limestone-dissolving areas. "Limestone abundance and limestone deficiency can be … exploited by paleoclimatology."

F. Zeuner drew attention to additional indicators in recent years: the veins of plant leaves are loose in moist, and dense in dry climates in order to satisfy the requirements of evaporation (Zentralblatt f. Mineral. 1932); the skulls of rhinoceroses living in the jungle are adapted to an horizontal posture, whereas the skulls of animals living in shrublands are adapted to an inclined posture (Naturw. Ges. Freiburg i. Br. 1934); chemical disintegration prevails in broken stones from warm humid climates, whereas mechanical fragmentation prevails in those from cold dry climates (Geolog. Rundschau, Vol. 24).

Erosional outliers tell us about the long reign of an arid climate, mangroves of tropically warm waters. Silification processes have uncontroversial relations to fossil deserts, however, it remains to be explained how the to some extent gigantic silicified tree trunks have come into existence, after all, they have grown in humid habitats.

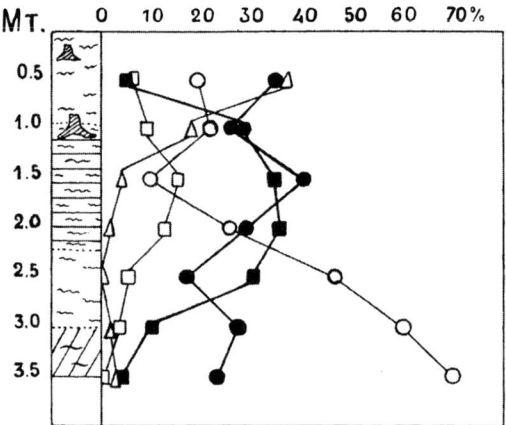

Fig. 1. Pollen diagram of a bog near Kaluga
Vertical: Depth of bog, m. Horizontal: percentage of tree pollen
○ birch ● pine □ alder ■ pedunculate oak △ spruce

A. Wegener listed the climate indicators in the latest editions of his "The Origin of Continents etc.", as did Th. Schuchart in "Theory of Continental Drift, a symposium. London 1928."

Plants and animals from older formations are only useful as climate indicators to a limited extent, because we are not fully aware of their climatic requirements. However, as far as the Quaternary and the postglacial period are concerned, pollen analysis has grown into an important new branch of science during the last twenty years: the microscopic study of pollen which has been buried in various depths of bogs. The method was first developed in Sweden (by Post) and since 1921 has been applied with greatest success to the benefit of forest history in Germany (Rudolf, Firbas et al.) and elsewhere. "For the pollen grains of many species and genera differ in their morphologies and can thus be determined and they are particularly well preserved in lake sediments and peats. As huge amounts of pollen grains belonging to anemophilous and also to some entomophilous forest trees are particularly dispersed by the wind each year, we can even derive from their quantitative ratios the changing composition of the forests which were once growing in the vicinity of a deposit under study while it was being formed. A comparison of the present-day forest composition with today's pollen rain teaches us as to what extent such conclusions are licit. Pollen analysis also makes it possible to determine plant species which avoid wet soils, of which other remains are consequently only seldom preserved" (Firbas).

Figure 1 graphically represents the changing amounts of pollen grains of various species in various depths, hence at various points in time. The picture shows the frequency of the various pollen types as percentages of tree pollen on the right, the soil layers are shown on the left.

Birch and pine prevail in the bottommost (oldest) layers. Further up, tree species demanding more warmth follow.

This sequence is a characteristic of eastern Europe even today: pine and birch reach up to the tree limit and require just one month with a mean temperature above 10 °C, oak (Quercus pedunculata) requires at least four of the same, whereas beech does not tolerate more than four months below +1 °C. In East Prussia, where the latter has its distribution limit, beech is replaced by the European hornbeam which tolerates five of such months.

Indirect climate indicators are also the water levels of the oceans. Alterations of the amounts of inland ice must entail "eustatic" level changes in the surface of the world's oceans. This will be the lower, the more the hydrosphere is bound on land in the shape of ice. During the last 85 years, numerous attempts have been made to calculate the sea-level increase induced by the melting of the glacial inland ice sheets. The result varies between 40 m and more than 900 m, the more exact determinations range between 40 and 150 m.

On the other hand, the rise of sea level if the present-day inland ice sheets were to melt has been estimated to amount to 11 to 40 m, or 28 m, this representing the mean of 6 determinations (Daly, in Amer. Journ. of Sc. Oct. 1925, p. 285), of which the northern hemisphere accounts for only 1/7, and Antarctica for the rest. Accordingly, even the complete disappearance of the Greenland's ice shield would elevate the ocean only by 4 m.

Ad Chapters II to IV: **The Climate Belts from the Carboniferous to the Tertiary**

(Page 24) In Victoria (Australia), and likewise at the Godavery, horizons of erratic blocks repeatedly alternate with marine deposits. This stands in contradiction with the opinion of Koken and others claiming that the ice sheet might be determined by the high sea level of Gondwanaland.

(Page 34) The rich anthracite pits in southern Russia (near the Donets) as well as the coals on the northern boundary of the Caucasus must be subsequently mentioned here and drawn into the map shown on p. 20. Also, the K in Asia Minor must stand more to the west. These discoveries comprise the entire Upper Carboniferous. cf. Wilser in Geologische Rundschau VIII, I.

(Page 37) The salt domes in the boundary areas of the Gulf of Mexico were explained as Permian salt deposits. Cf. Geologische Rundschau XV 1, p. 61.

(Page 61 and Map p. 70) According to Staub (Verhandlungen Schweiz. Nat. Ges. 1925, p. 129), seams of bright coals, which are being mined, are found in the Lias of Oaxaca.

(Page 76) Although the block sandstone is of marine origin and was exposed to an arid climate only after its drainage, probably as late as the Oligocene (p. 94), the pure limestone deposits, such as chalk etc., are of common occurrence from England all the way to southern Russia, indicate that an arid climate prevailed in the adjoining parts of the country, as stated on top of p. 5.

(Page 78) According to E. Kaiser (Die Diamantenwüste SW.-Afrikas, Berlin 1926), a desert climate is supposed to have prevailed here since the Cretaceous.

(Page 80) According to O. Abel (Anzeiger Wien. Akad. 1925, p. 248), the flysch, particularly the Inoceramus layers of the Upper Cretaceous, "have been deposited in a broad belt of marine mangroves outlining the outer perimeter of the Alps and Carpathians … The dense stilt roots of the mangroves, firmly entangled over kilometers, prevent larger erratics from penetrating the mangrove belt." For the thin-shelled inoceramids, this was a very favorable, protected habitat in which they could develop, some reaching gigantic sizes.

(Page 91) Central Europe used to be warmer in the Eocene than the parts of North America and East Asia which are now lying considerably further south; for example, Wyoming (now approx. at 43° latitude) had a temperate climate in the Eocene (cf. Bull. Amer. Met. Soc., May 1938, p. 169) and Japan used to be noticeably colder than it is today.

(Page 98) The Paleocene deposits in the mid-Volga region also indicate a warm and humid, subtropical climate, as is found today in southern Japan, in the southeastern part of China and at about 2,000 m in Java, with palms, bananas, indeciduous oaks, birches, ash and poplars.[1]

According to the same authors, fossil remains of palms, Sequoias and Laurus have been found in the Lower Oligocene of Volhynia, perhaps even earlier, next to the remains of deciduous trees. They estimate the corresponding annual temperatures to amount to 16 to 17 °C.

(Page 101) While a subtropical vegetation used to grow in central Europe and eastwards all the way to the southern Ural mountains during the Eocene, with sabal palms, nipa palms, species of Cinnamomum, Laurus and Myrtus etc., a flora of temperate-warm character developed in Siberia, showing a close relatedness to the flora growing in Greenland at the same time. Their fossil remains are found from the northern Ural mountains (at Lozva River) to the New Siberian Islands and the Anadyr region (trochodendroid flora). Sequoia Langsdorffi, the large-leafed Populus Richardsoni etc. are common there, but no Fagus, Carpinus and Castanea.

In contrast, these are common in the subsequent Oligocene Turgai flora,[2] which spread on the same vast area from Sterlitamak to Alaska, and southward all the way

---

1   L. Berg, Climate and Life (Russian), Moscow 1922, p. 24 which is also based on an also Russian study by A. Krasnow.

2   Turgai, today at 49° 40'N, 63°30'E, during the Oligocene at about 30°N latitude.

to Mongolia. Apart from Sequoia, this flora contains Alnus, Platanus, Liquidambar, on its southern border, Lake Zaysan, Mukden, Vladivostok, also Gingko, Grewia, Liriodendron, but tropical forms are found nowhere. Such are found only in the south of Japan. Conversely, no elements of this Turgai flora spread into South Asia, which lastingly has kept its totally different tropical flora until present times.

However, the Turgai flora spread into Europe during the Miocene, so that the Pliocene flora of the Provence, apart from its somewhat xerophyllous morphology, differs only little from the present-day flora of Japan (A. Krischtofowitsch, Russian separate print from 1936).

(Page 105 — 114 and Section "Classification of the Ice Ages".)

As we are newcomers to geology, the following statement of an experienced field geologist, Prof. Dr. C. Gagel (+1927), was naturally very valuable to us. In a letter sent to me, dated Berlin-Dahlem, Oct. 20, 1924, he wrote about our book: "I am currently studying the diluvial chapter in more detail. I extraordinarily agree and am satisfied with your representations and appreciate that we have thus obviously made a very essential step forward. The mathematical issues I certainly cannot review and must assume that they are correct — it is extraordinarily plausible and finally shows us the long searched way out of all hard felt inexplicableness and inconceivability of the multiple glaciations and interglacials. To me, the subject of Tertiary ground ice in northern Siberia and the young Tertiary glaciation of northwestern America is of very extraordinary plausibility — I felt that the pertaining comments from Kreichgauer as to the latter were correct and groundbreaking 25 years ago, especially after I accidentally read Russel's notes, I believe, on the very steep rising glacial layers in Alaska — it all fits together perfectly. Finally we perceive the system and the reasonable interactions in all things hitherto inconceivable … All in all, I appreciate the work with much gratitude and happiness and am convinced that it will spawn more progress."

(Page 112) According to the paper "Aeroarktik", p. 39, the Grigoriev Expedition in 1925 around the upper reaches of Yana River found ground ice "under 1½ to 2m alluvium in an expansion of probably hundreds of kilometers, the origin of which is unknown."

(Page 120) But this arid zone during the Late Miocene did not reach so far north as it does now. According to Berg (Klima und Leben, p. 25), fossil remains of a warm flora and fauna, as exist in temperate China today, are found in the steppe of Kirghizia, for example, near Odessa and Sevastopol. Also the rich mammal fauna of Pikermi (near Athens) and Samos indicates a more southern location of the arid zone in the eastern Mediterranean during the Pliocene, although it possesses features of a semi-arid climate.

The European Miocene is subdivided in the following intervals from the bottom up: the Aquitanian, Burdigalian, Helvetian, Tortonian, Sarmatian; the Pliocene lying on top is differentiated in the substages of the Maiotian, Pontian and Levantian. While the arid zone was still so far north that Wieliczka and Bochnia could arise, it was displaced to Asia Minor and Persia during the Sarmatian and Pliocene and, north from it, the balance between evaporation and rainfall became so favorable that an undrained brackish water surface could establish itself sustainably from Vienna to Tashkent. According to Krischtofowitsch, the flora from southern Russia (Don River region)[1] was similar to that of present-day Sichuan and Hupei: apart from beeches, oaks, hornbeams, maples, there were Zelkova Ungeri, Sapindus, Taxodium distichum, Liriodendron Procaccinii, Sterculia tridens, Eucommia ulmoides and Ailanthus Confucii (very close to A. glandulosa).

According to Wilckens (Geologische Rundschau XVII, p. 60), reef corals still appear near Wildon (south of Graz) in the later Middle Miocene, whereas at Baden near Vienna there are single corals only. As this occurrence is the only one in central Europe, and Graz was at 34°N in the middle of the Miocene, it may be attributed to an onshore ocean current from the south.

Some finds near Sevastopol reveal that the fauna of the Sarmatian period is also indicative of a rather warm climate: one giraffe (Achtiaria), antelope (Tragoceras), rhinoceros (Aceratherium), Hipparion, and one predator (Ictitherium). In fact, ostriches, Aceratherium, Tragoceras, Camelopardalis, and Helladotherium existed near Odessa even in Maiotian times, also one forest animal, the beaver. That the Aralo-Caspian water basin to some extent contained freshwater during the Pliocene makes it very likely that it was fed by rivers of western Siberia, the upper courses of the present-day Irtysh and Ob.

(Page 130) In the Himalayans, the heavy rains reached considerably farther northeastward during the Pliocene than they do today, however, the interpretation of this circumstance is uncertain for effecting a change of the geographical latitudes, because massive altitude changes took place at this time. Trinkler says the following:[2]

"But the typical Shivalik deposits also occur in other places which nowadays have a typical arid climate, for example, in Balochistan and southwestern Tibet (Ngari — Khor Sum). The climate in these areas must have once experienced — even immediately before the ice age — significantly more rainfall than it does today. The present-day altitude of the Shivalik mountains indicates that they were uplifted to these heights as late as the end of the Pliocene. In southwestern Tibet the entire Kailash (6650 m) consists of Pliocene sandstones and conglomerates … Precipitations must have been quite high in those days; large rivers must have carried the weathered material out of the mountain region down to the interior and exterior depressions. The Kailash-Manasarowar region must have constituted a very large catchment basin in the shape of an inland lake. ….The younger deposits were pressed on to it and lifted up."

---

1   Communications from the Leningrad Academy of Science (Russian) 1914, p. 599 and 1916, p. 1285. Cited here after L. Berg, Klima und Leben, Moscow 1922, p. 25 (Russian).

2   Petermanns Mitteil. 1926, p. 50.

Ad Chapter VI and Pages 208 to 216

Pole Migrations and Latitude Changes in the History of the Earth[1]

During the Carboniferous, an area reaching from central Germany to Donets, and a part of the United States of North America, were lying in the equatorial rain belt, while South Africa and Brazil were buried under a sheet of inland ice. Conversely, Germany and, to a greater extent, North America experienced their ice ages during the Quaternary, whereas Patagonia and northern Siberia were considerably warmer than they are today. From an abundance of such obvious facts, which gradually form a clear picture, it follows that the geographical latitudes changed in the course of the earth's history. In other words, the equator and the poles migrated.

Admittedly, many of these facts can be interpreted otherwise, when taken for themselves; but what we have to look out for is an overall picture free of internal contradictions, and this is just what we do accomplish here.

Famous physicists and astronomers — Lord Kelvin and Schiaparelli — declared that such a displacement of the earth's poles were in fact possible. In 1889, the latter explained it in more detail in a small treatise, which can probably only be found in the possession of few observatories.[2] Some geologists such as Neumayr, Nathorst and Semper could not but accept it when dealing with special issues, and in 1901 an engineer, Reibisch, expressed the thought that the globe would execute a "pendulation" on an oscillation circle 10°E of Greenwich. The consequences of this hypothesis for the organic world etc. was then studied in detail by Prof. H. Simroth.

The first to tackle this issue comprehensively was Dr. Damian Kreichgauer S. V. D., Professor of Geology at St. Gabriel near Mödling (Lower Austria), formerly Assistant at the Imperial College of Physics in Berlin/ Charlottenburg.[3]

Later, in 1924, Alfred Wegener and I[4] examined the same question rather comprehensively upon further pursuing Wegener's continental drift theory, by including both his assumption of the late formation of the Atlantic Ocean and the results Milankovitch obtained in the meantime regarding the solar insolation received by the earth. In this respect we have confined ourselves to the period that has passed since the Carboniferous and but only touched on older periods.

---

    1   The following 8 pages were derived with minor modifications from the Met. Zeitschr. 1940.

    2   Compare with Köppen in Petermanns Mitteil. 1921, p. 145.

    3   Kreichgauer, Die Äquatorfrage in der Geologie. 1st ed., Steyl 1902. 2nd revised edition, 1926, p. 301.

    4   W. Köppen and A. Wegener, Die Klimate der geologischen Vorzeit. Berlin, Gebr. Borntraeger, 1924, 256 pages.

In recent times, Milankovitch undertook to solve the problem theoretically with mathematical tools.[1] From the asymmetrical position of the continental blocks in the earth's sial, which floats on top of the heavier sima in isostatic equilibrium, there ensues a force which strives to move this cover layer slowly over its substratum. Hence he derives the path and the velocity changes of a single, non-periodic displacement which would move the North Pole from its position (present-day grid) at 20° northern latitude and 168° western longitude over its present-day position to 65° 16' northern latitude and 49° 34' eastern longitude, whereby its velocity of zero at

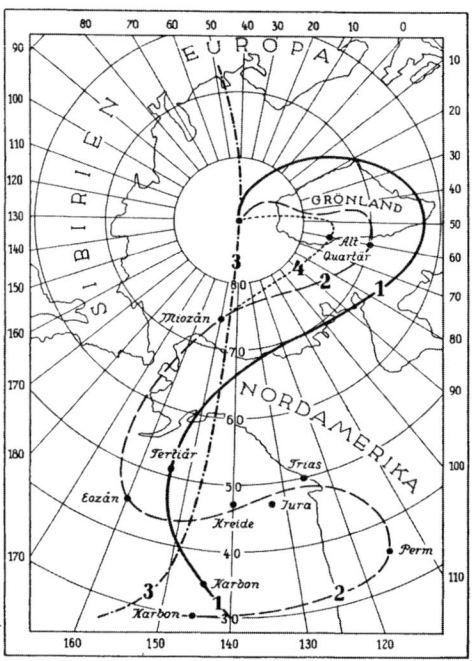

Fig. 2.   Migration paths of the North Pole

1. after Kreichgauer 1902
2. after Köppen and Wegener 1924
3. after Milankovitch 1938
4. after Köppen 1940

Siberia-Europe-Greenland-North America-
Eocene-Tertiary-Carboniferous-Cretaceous-
Jurassic-Triassic-Miocene-Early Quaternary

the start was increase until it reaches a maximum at 64° latitude and 146° longitude, and then comes to rest somewhere close to the mouth of the Pechora River until it receives a new impulse. The absolute velocity must be determined empirically. The author divided the pole's pathway by means of a calculation in 24 distances, of which he claimed that the pole would cover them in identical lengths of time. The author avoids making any reference to geological time periods.

As the map (Fig. 2) shows, the trajectory of the pole runs — according to all three drafts — between 30° and 60° present-day latitude over the Great Ocean; the same is true also according to Köppen and Wegener, because they assumed that the American mainland used to lie far more in the east during the Mesozoic of these latitudes. From the 60th to the 70th parallel, all three drafts cross Alaska in its present-

---

1   S. Gerlands, Beitr. z. Geophysik, 1934, and M. Milankovitch, Astronomische Mittel zur Erforschung der erdgeschichtlichen Klimate. Berlin 1938. Volume I (Section 7) and Volume IX (third edition) of Handbuch der Geophysik, Gebr. Borntraeger Publishers.

day and almost in its previous location as well. But while Milankovitch permits the pole to move from there to its present-day position, Kreichgauer as well as Köppen and Wegener claim that the pole's course made a large loop to the right.

According to Köppen and Wegener, the pole described exactly such a loop between the Carboniferous and the Cretaceous. We must now review the reasons for the deviations of opinion.

Milankovitch derives his pole trajectory only mathematically from the asymmetry of the continents, whereas Köppen and Wegener obtain it, just like Kreichgauer, exclusively from the observed geological facts. From 45 to 70° latitude we can perceive a rather good concurrence of the three curves. The large loop which Köppen and Wegener let the curve make before is necessary on account of the following facts.

From the equatorial rain belt, in which central Germany was situated, when bog forests used to grow there during the Carboniferous, the landscape shifted so pronounced into the adjoining northern arid zone toward the Permian that now, in a constricted shallow part of the sea, the thick salt deposits were formed which made Stassfurt so famous. This transition proceeded in a similar fashion in North America. At the same time, the glacial formations in the Carboniferous of Brazil were replaced by coal formations in the Permian. Both correspond to a latitude change of 10 to 20° in the same sense and hence become explicable, provided that the southern continents are pushed together this way. Germany and France then remained in the arid zone, or at its boundaries, throughout the entire Mesozoic.

While the North Pole constantly remained in the ocean while being on its course on this large loop, and therefore could not leave any traces behind, we must demand such evidence to have resulted when it crossed Alaska during the Oligocene and Miocene; and such evidence it did in fact produce in the shape of the gigantic masses of fossil ground ice in Alaska, in the extreme northeast of Siberia and in the New Siberian Islands, and the tillites of these countries. Alfred Wegener and I have discussed them in detail on pp. 105 — 114 and I need not enter on this subject here.

That fossil ice masses in Alaska and Siberia did not originate from the Quaternary is very likely because of the abundant fauna which later existed in these areas and then disappeared again. Herds of massive grazing animals — mammoths, bison, etc. — found food in the forests here, far beyond the present-day tree limit. Certainly, there was a postglacial "climate optimum" in Europe as well, a time of somewhat warmer summers, with a July that was 2½ °C warmer than it is now. But, when covered with forest, the New Siberian Islands were at least 7 °C warmer than they are today; one part of this cooling down of summers in these islands might have resulted from the invasion of the sea, but this will not suffice as an explanation.

Significantly more can be said about the pole's great trajectory loop since the Miocene. In this regard, especially South America and Antarctica are essential.

In our book, we set the North Pole to 70° present-day latitude at the beginning of the Quaternary, hence farther south than in the Miocene. The reason for us to do so were the astonishing plant discoveries in now ice-covered Seymour Island whose former latitude we believed we must set to 45° (p. 127), and even to 40°S (p. 146), whereas it is now at 64°S. Both locations were consistent with the plant discoveries in Patagonia and the other facts stated on p. 124 to 127 of our book. Since then, however, some new facts concerning the coastal waters of Patagonia have become known, which enable us to assess the change of latitude more precisely.

That the Araucaria Stage of Punta Arenas and Seymour Island in Antarctica coincides with the beginning of the Quaternary, as we assume on pages 127 and 210 of our book, is fully confirmed by the evidence provided by H. v. Ihering in his "Geschichte des Atlantischen Ozeans" published in 1927 (Jena, G. Fischer). He finds that tropical mollusk types wandered southward, during the Miocene till the middle of the Quaternary, along the east coast of South America down to northern Patagonia, and in Africa down to the Cape.

The faunas of the Antilles and Patagonia are totally different until the Miocene but then, however, West Indian species are found all the way down to northern Patagonia.

The Quaternary deposits on the east coast of South America represent a subtropical world of mollusks that reaches down to the Rio Negro. "The species are the same which nowadays live on the coast of the state of Santa Catharina, including the tree oyster whose impressions tell us that they attached themselves to the trunks of small mangrove trees. However, these tropical forms disappeared to a great extent from the upper layers, Ostrea parasitica having been displaced by Ostrea puelchana, a cold-water species. It showed that the mangrove formation, whose southern boundary is nowadays located in the state of Santa Catharina near Laguna at 28°S and Mambituma at 29°S, formerly reached down to the Rio Negro, hence to 41°S." These statements are all the more reliable as H. v. Ihering who adhered to the dogma of bridge continents, wanted to explain these facts but with the inflow of cold water from the Pacific into the Atlantic Ocean after the decline of South Atlantis[1], an assumption which is impossible to make.

As the temperature requirement of the South American trees in question has not been studied precisely, and as it may be possible that the isolated finding in Seymour Island incidentally originates from a particularly warm interglacial, it is our intention to assume that the latitude of the trees was at 50° during the Early Quaternary, i.e. the latitude change was only 14°, and the position of the South Pole was hence at 76° present-day latitude, in order that we work with conditions kept as low as possible. How does this agree with the information we have about the North Pole? For a detachment of the southern part from the long American block, and its movement being independent of the northern part, would represent a new hypothesis not supported by any of the other facts. Instead, it is more likely that, based on the climate effects, we will also find the North Pole close to the 60th meridian during the Early Quaternary, displaced by approximately 14° from its present-day position. And this is indeed the case, as we shall see soon.

The incomparably more grandiose development of the inland ice in North America, as compared with Europe, is hardly explicable without anticipating a

---

1 Gerlands Beiträge zur Geophysik, 1927, p. 391.

considerably greater proximity to the pole relative to the present-day situation. The Keewatin ice flowed from about 62° to 38° present-day latitude, the Sweden ice from nearly the identical latitude only to 51°. Consequently, after traveling a distance which is almost twice as long, the former must have reached a latitude which is more southern by 13°. Even today, the annual mean temperature in the eastern part of North America is still lower than it is in Europe. However, in the crucial summer half-year its isotherms are only on average 8° farther south, not 13°. This is consequently not enough. But it does show that a shift of the pole up to 63°, according to Kreichgauer, and to 70° in our book, was much overestimated. But perhaps the relatively quickly passed loop in the pole's trajectory might be able to solve the mystery of the apparent formation of American inland ice in the lowlands without a core mountain range. But, because of the ellipsoid shape of the earth, the level surfaces are lower in front of the pole, and rise after it, those areas might have constituted high-rising plains at the end of the Pliocene, and the Canadian island world a mountain. This depends on the still unknown solidities in the earth's interior.

In a second quarter of the globe, which stands in a perioecian relationship to it, i.e. in Siberia, we may only expect to find traces from the youngest ice age at places where the pole already had its present-day position, like in Patagonia. For example, the traces which Obruchev discovered there several years ago probably originate from the Würmian which ended just 18,000 years ago in Germany as well. The traces of the most recent ice age are naturally most obvious everywhere because they are the ones which are the least obliterated. That the older Quaternary in the New Siberian Islands was a warm period, warmer than the period before and warmer than it is now, is indicated by the massive remains of mammoths. We we have proven this in our book on pages 178 and 179. The relatedness of the present-day Baikal fauna with the Neogene fauna and with the fauna of South China, India, Kaspi, Ochrida and the eastern part of the United States demonstrates that Siberia experienced much less ice age than Europe. In Siberia, only a few localities from the Pliocene and Quaternary are known. But these few prove that the climate used to be warmer there than it is now, at least temporarily. For example, in 1914, Krischtofowitsch found fossil remains of Zelkova and Gingko at the Bureya River estuary in the Amur region. And deciduous forest, not taiga, grew in Sakhalin. Many geologists were aware of the fact that the same also applies to Japan, however, it is a matter of course that not enough obvious evidence is available to prove this here.

If we therefore set the position of the North Pole at the beginning of the Quaternary to 76° present-day latitude, we will have to replace the latitudinal locations reported in the respective columns of our book on p. 146 by those stated below.

Both St. Louis and Leipzig lie just within the zones of the southernmost Quaternary end moraines. According to the Table below, they should have been at the same latitude during the Early Quaternary, which seems to be likely.

If Australia, being the antipode of North America, were a large mainland, one would find comprehensive traces of an ice age there too. However, we may not expect this since there is a world ocean on its polar side. Yet, since its geographical latitude decreased in recent geological time as well, it proves that the climate in its northern part consequently has become more humid. Undrained lakes are found there, whose waters are either fresh or brackish and, according to Gr. Taylor, the ground texture of the abundant meadowland tells of early desert conditions.

	Early Quaternary	Present Day		Early Quaternary	Present Day
North America			**South America**		
Mt. Elias	62	60	Panama	22	9
San Francisco	43	38	Arica	—4	—18
New York	55	41	Rio	—8	—22
St. Louis	52	39	Punta Arenas	—39	—53
Mexico	31	19	**Africa**		
			Cairo	30	30
Europe			Cameroon	8	4
Spitsbergen	72	79	Cape Town	—27	—34
Leipzig	53	51	Madagascar	—20	—19
Madrid	48	40	**Australia**		
			Perth	—43	—32
Asia			Cape York	—22	—11
New Siberian Islands	60	75	Hobart	—54	—43
Irkutsk	39	52	Christchurch	—51	—44
Tokyo	20	36	**Antarctica**		
Batavia	—20	—6	Seymour Island	—50	—64
Colombo	—5	7	Mt. Erebus	—80	—77

During the Pliocene, the latitudes in Europe and North America, and accordingly the temperatures as well, underwent rapid changes. If we assume that the pole at the beginning of the Quaternary migrated the shortest distance from its position in the Miocene, it must have been at about 79° latitude and 100° western longitude, so that a latitude of ca. 43° ensues for St. Louis, considering that is was located 30° farther east at that time. This should not stand in contradiction with its Pliocene flora and fauna.

Taken altogether, a grandiose picture presents itself to us.

From the asymmetrical arrangement of the continental blocks one can calculate a force after Milankovitch which drove the poles from 30° present-day latitude since the Carboniferous approximately along the meridian 150°W = 30°E towards its present-day location, hence approximately on the oscillation circle of Reibisch, however, only once, not periodically. From this regular trajectory they were lodged two times far to the right, once in the Permo-Carboniferous, and once in the Tertiary,[1] by an unknown, perhaps cosmic cause which at the same time gave the impetus to two tremendous folds alongside the contemporaneous equator: the Variscan and the Himalayan-Alpine. In the interim period of relative tranquility, i.e. from the Triassic

---

1 Late Cretaceous to Quaternary.

to the Early Cretaceous, the poles very slowly returned to their "regular trajectories". The ecliptic obliquity appears to have been greater during this time, for which reason the summers, and with them the growth of forests, reached up into higher latitudes than they do today. Glacials appear, when mainland comes within a distance of up to 45° into the environs of a pole. However, they hardly left any traces behind, whenever the pole in question was in the Pacific Ocean or in Antarctica.

These ice ages invariably consisted of ice advances and warmer intervals, depending on the fluctuations of the earth's orbit and ecliptic; this alternation of glacials and interglacials had nothing to do with the migrations of the poles, my assumption (Peterm. Mitt. 1921) was wrong.

If we at last try to get an idea of the velocities of this pole migration we are to encounter the still unreliable field of absolute time determination in geology. It only has a sound foundation for the last 800,000 years since the "Danube Ice Age" as by B. Eberl, owing to the astronomical calculations made by Milankovitch. Reaching farther back in time, the estimations vary to such an extent that we shall only want to continue the very coarse attempt as far back as to the Eocene. Let us make two certainly moderate estimations: A. according to the chemical method,[1] and B. based on sediments[2] and let us compare them with the distances in our map.

		Since the beginning of the Quaternary	From there to the mid-Miocene	From the mid-Miocene to the mid-Eocene
Distance traveled in km		1,500	2,800	3,300
Time in million years	A.	1.0	3.5	8.0
	B.	0.4	1.0	2.3
	Mean	0.7 (corr. 0.8)	2.25	5.15
Meters per year		1.88	1.24	0.64

Hence quite similar velocities, the highest in the Quaternary. In contrast, the velocity of pole movement must have been a great deal lower in the time between the Triassic and the Cretaceous, as the distances were so short and, if assessed on the basis of alterations involving organisms, the times were very long.

On the other hand, Milankovitch calculates the following distribution of relative velocity on the pole's trajectory (from "Astron. Mittel", p. 92, converted). between the latitudes as indicated:

Geograph. 20°   30°   40°   52°   60°   68°   76   90°
          29°   208   357   449   484   483   420

The assumed increase of pole velocity from the Mesozoic to the Tertiary, i.e. near a present-day latitude of 50° is confirmed here, but a decrease of the same when approaching the present-day position of the pole is demanded, whereas above I had to assume an acceleration in case of such an approach.

---

1   From: A. Wegener, Entstehung der Kontinente etc., 4th edition, p. 24.
2   From: F. X. Schaffer, Lehrbuch der Geologie, 1924, p. 54.

Recently, Dr. Ludwig Becker, formerly Professor of Astronomy in Glasgow, at the time residing at Lugendo-Bolzano, connected the pole trajectory in a most valuable way with the separation of the continental blocks.[1] As the pole trajectory, as in all of Wegner's reconstructions, is related to Africa, Australia and America no longer bear an influence on the curve after they have been separated from each other.

The curve of the pole trajectory designed by Köppen and Wegener based on the geological indicators stated on p. 145 and 211 of their publication "The Climates of the Geological Past" provides the basis of Becker's calculations. The Carboniferous epoch, when the continents still formed a coherent shell, as it appears illustrated in the figure communicated on p. 20 of Köppen and Wegener's publication, is chosen as the initial time point. This original configuration of the continents and the mentioned curve of the pole's trajectory are taken for granted, and the question is asked how such a pole trajectory could come into existence, how the continents could separate from each other, one after the other, and how they assumed their present-day positions. The fleeing force of the pole which is effective in this context is the force which results from the difference in density between sima and sial, and it accounts for the movement of the continents relative to their substrates. In this regard, it is assumed that this force could display a negative sign, consequently be directed against the pole if parts of the continent float below the hydrostatic equilibrium. This may be the reason why the term centrifugal force is used instead of pole fleeing force. According to the opinion of the author, such a force would not be capable of achieving a relative displacement of the continents relative to the respective pole, hence a relative displacement of this pole relative to the continents, as is claimed by Köppen and Wegener's pole trajectory curve. For this reason, Becker introduces as an auxiliary hypothesis the resistance centers named after him, which impede the movement of the continents, forcing them to rotate around these centers. The respective location of a resistance center follows exclusively from the pole's trajectory curve and lies on the respective meridian drawn out perpendicular to the pole's trajectory curve. This way the respective resistance centers ensue from the pole's trajectory curve anticipated as given or, conversely, the pole's trajectory curve itself follows from these resistance centers. Two-thirds of the meridians of these resistance centers cross West Asia. The torsional moments calculated relative to these centers reveal by their signs, which result from the pole's trajectory curve, what parts of the originally coherent continental coverage of the earth detached, one after the other, in the course of time. The resulting time points of the separation of continents are quite consistent with the results of Wegener's theory.

The movement of the South Pole, which inversely mirrors the trajectory of the North Pole, took place on Australia's side of the globe.

W. Wundt recently made it a likely circumstance that the climate belts of the earth have moved since the end of the glacial and I assume that such movements of the meteorological equator relative to the geodetic equator have been taking

---

1 L. Becker, Die Bewegung der Kontinente und die Köppen-Wegenersche Polkurve. Zeitschr. f. Geophysik, 1939, p. 379.

place at all times. He mentions three reasons for the present-day position: 1. the greater land coverage in the northern hemisphere; 2. the low temperatures in Antarctica; 3. the perihelion position in early January. The latter two causes are now subject to many years of fluctuation, because even if the changes in ecliptic obliquity occurred in the same sense in both hemispheres their effects would be greater in the northern hemisphere as compared with the southern. Therefore the northern trade wind will probably have been the strongest during the glacials in the northern hemisphere, and the southern trade wind the strongest during the interglacials as is the case today.

Ad Chapter VII: **The Climates of the Quaternary**

New additions since 1923 are: The determination of the multitude of glacials by means of observation; the new calculation of the insolation fluctuations; the study of their secondary and subsequent effects; the new determination of the pole trajectories; pollen analysis.

A. Overview of the Facts (pp. 149)

Penck made the following statements on temperatures and precipitation during the glacials in Europe.[1] He bases his considerations on the "climatic snow limit", which is the limit of the snow cover in the summer, independent of local influences.[2] It usually lies at an annual temperature below zero, and approaches zero only in regions which are most abundant with snow and display the lowest annual temperature variations; it is conditional for the formation of glaciers. Penck found indications of them in the southern part of Ireland, at an altitude of 500 m above sea level, and in the vicinity of Cattaro in 1,400 m, in both cases at a present-day annual temperature of approx. 8°, and the same must have been lower by at least 8° during the glacials. "In 1906, I believed that I was able to estimate a glacial temperature decrease by 2 to 3°," he says. C. Gagel contradicted this statement and demanded 10 to 12°. "If we were able to apply the known temperature decrease of 0.5° to 100 m, we could infer from the now proven temperature decrease of 8° in Europe a depression of 1,600 m. However, the strongest depression ever demonstrated amounts to only 1,200 to 1,300 m. This indicates that other precipitation conditions must have prevailed during the glacials than do so today, namely that the precipitation of snow at the snow limit was lower than it is today; a lesser amount of heat was required for melting, for which reason the snow limit decreased less than the annual temperature. If we take the differences of the depression as a rough measure of that precipitation decrease, such a decrease will amount to three-quarters of the present-day precipitation rate in case of a snow-limit depression of 1,200 m. If the snow limit is depressed by 800 m, as we know it to

---

1   Penck, Das Klima der Eiszeit. Internat. Quartär-Konf. Vienna 1936.
2   Their present-day location in various latitudes is represented in the figure shown on p. 127 of the fourth [German] edition of A. Wegener's Origin of Continents and Oceans, 1929.

occur in the more continental parts of Europe, the decrease will amount to one half of the present-day precipitation."

Notwithstanding, the Caspian Sea flowed into the Black Sea because of the lower evaporation. Since the surface of the Mediterranean Sea, like that of the ocean, was lower during each of the glacials than it is now, according to Penck by 100 m, this extended system of epicontinental seas was drained in the ocean[1] by the Dardanelles River, being comparable with the St. Lawrence River in this regard.

(Page 152) In 1926, C. Gagel made the following statement in the Centralblatt f. Min. Geol. u. Pal.: "In the Branca Festschrift, about a decade ago, I pointed out to all the discrepancies which resulted from the previous observations about the diluvium and their inclusion into the diluvial classification scheme of that time — a scheme which is fully insufficient as it now turns out. If we adapt our previous observations accordingly to the present, much more accurate state of knowledge and process the facts of the interglacial weathering phenomena in this sense according to their magnitude, there is well substantiated hope that the major part of the inconsistencies and incomprehensibilities will now fully disappear." For the great Mindelian-Rissian interglacial stage is clearly visible as a thick weathering zone also in many places of northern Germany. "While postglacial weathering of the last Würmian glacial deposits in northern Germany reaches on average into a depth of 1¼ to 1¾ and is, in general, not particularly intensive, such deposits of 5 to 6 m suddenly occur in the Spreewald … Finally, weathered and most intensively decomposed and ferretized diluvial formations — mostly boulder clays — are found in the region of Elmshorn in southern Holstein, even at a depth of 27 m. Whoever has seen these disintegrations and has but little knowledge of the chemical mechanisms of soil weathering will not doubt a single moment that these differences in depth and intensity are based on an extraordinarily different length and intensity of exposure to climatic factors, that this complete destruction and ferretization of the older diluvial formations can only be the consequence of an extraordinarily long period of moist and warm climate, which had acted a lot longer and with a higher intensity than the climate of the postglacial period did on the deposits of the last glacial."

By now the classification of the ice age has also made some progress in central and northern Germany. Apart from Thuringia, where Toepfer supplemented the research of Soergel, systems of fluvial terraces were found in other river areas, which substantiate his complete classification. Grahmann investigated the terraces of the Mulde, Elster, Pleisse and Elbe in the northwestern part of Saxony, Siegert those of the Werra and Weser, Breddin, Mordziol, Steinmann and others those of the Rhine, and Zeuner those of the eastern Neisse in Silesia. Everywhere the number of old climate stages documented by the terraces was too large for a simple classification into four groups. In some places the connection with the Scandinavian glaciations was discovered, of which at least five were determined and given designations of their own in order to keep their association with those of southern Germany undefined. The latter may now also be considered as resolved: one great older glaciation is

---

1   Penck, Europa zur letzten Eiszeit. In the Festschrift dedicated to Norbert Krebs.

referred to as the Elster glacial and assumed to be identical with the two Mindelian glaciations, the two Rissian glaciations are combined to yield the Saale glacial, and the three Würmian advances are referred to as Warthian, Weichselian, and Baltic or Pomeranian glacial. Their order is easily memorized by the quotation: "*Die Elster im Saale wartete auf ihre Weichselkirsche, die sie bald(t) erhielt.*"

Between the Warthian and Weichselian glacials lies the Rixdorfer interglacial, between the latter and the Pomeranian glacial lies the Masurian.

"The full classification of the Quaternary has also been with quite success in Russia owing to Girmounsky, Mirčink and others. According to Jakowleff, the Don-Dnieper moraines are supposed to be connected with the Saale moraines." The "main end-moraine belt" following in the north comprises the area of glacial lakes, just like the marginal position of the Weichselian glaciation in Germany, with which these Russian moraines can also be directly connected … The internal or northwestern end-moraine tract is the direct continuation of the moraines of the Pomeranian stage. Finally, two stages of the Salpausselkä in the southern part of Finland follow upon a number of further retreat stages (Baltic-White Sea belt).[1] They are shown in the map of our book on p. 219.

The stagnation of the ice retreat at the former and mid-Swedish moraines does not correspond to any cold stage in the insolation curve but was, as E. Hyyppä probably correctly assumes, induced by an increase of snowfall after the occurrence of the present-day mean atmospheric pressure distribution and the varying but predominately westerly winds in northwestern Europe.

(Page 164, top) The information is defined in greater detail in a more recent find made by Mircink in 1923 near Mikulino, Gouv. Smolensk. Under Würmian clay and on top of sandy Rissian clay in peat: Braesenia purpurea, Trapa natans, Stratiotes aloides and a massive occurrence of seeds from Carpinus and Corylus, but neither beech nor yew.

(Page 165) The mixture of "warm" and "cold", of forest and steppe under the fossil remains of mammals, which are now separated by thousands of miles, is now being also emphasized by Penck.[2] They are therefore much less suited for purposes of climate indication than previously assumed. The peculiar "flood" of cave bears (Ursus spelaeus) in the Rissian-Würmian interglacial extended over an altitude difference of more than 2,000 m. Up to 2,000 individuals are visible in one cave, with more than 99 percent of all bone remains inside. "So long as one believed that this a dwelling place of bears, a bear retreat, it was not as remarkable as it is today, because we know that many bear holes were the places where humans ate or deposited their kill." Like them, other large animals also disappeared from Europe, unless they became domesticated animals. Why is this so? It has been said that degeneration phenomena have been discovered among the cave bears. The coincidence of the concomitant disappearance of these animals species, most of which had already survived several ice

---

1   F. Zeuner, Die Chronologie des Pleistozäns. Belgrad 1938, p. 24.

2   Penck, Säugetierfauna und Paläolithikum des jüngeren Pleistozäns in Mitteleuropa. Abh. Berliner Akademie 1938.

ages, with the appearance of man suggests that they were exterminated by him, like a number of other species in more recent times. However, civilized man committed the latter using firearms, after primitive man had lived together with his herds over thousands of years. Much mystery still remains. These animals also coexisted for a long time with old cultures: lion, ibex, wisent, ur were hunted animals of the hunters of Krems, not far from Vienna, which Abel allocates to the "maximum of the last glacial" and the Aurignacian, i.e. about 800,000 years ago, and of the Sumerian kings 4,400 years ago, the ur also being hunted by the Assyrian kings 2,800 years ago.

The flora in central Europe during the Rissian-Würmian interglacial was quite the same as it is now: spruce, hornbeam, pedunculate oak, yew, holly and water chestnut, in the south also walnut.

(Conclusion on p. 165) As to the condition of Germany during the ice ages, we lack firm indications inasmuch as nowadays there is no large piece of inland ice that ends in the interior of the continent. The space between the Nordic and Alpine inland ice must have been tundra with small birch and spruce forests in the warmer places. As the summers were colder and the winters warmer than they are today, climate and landscape will have had a more pronounced oceanic character, however, not reaching that of Iceland. Because, according to the calculations made by Milankovitch, the annual fluctuations of insolation, for example, 7,200 years ago (W2) was only 7% less than they are today, and those of temperature including the effects of snow surfaces were at maximum 12% less. Their annual fluctuation in Iceland, however, is at present only half as much as it is in Germany. We can therefore hardly assume that grass meadows like those in Iceland could have prevailed during the ice ages, instead, reindeer lichen on dry surfaces, mosses on wet; the more so when the North Sea was dry and the situation of Germany was consequently somewhat more continental than it is today.

(Page 166) The scheme of culture periods originating from northern France underwent some changes, particularly after taking into consideration finds from central Europe and England. The cultures existed to some extent next to each other, spatially separated. The hand-ax people seem to have advanced from the southwest during the warmer interglacials, whereas blade-using people were driven by the ice from the north and the east to their place during the glacials.

The course of events in the postglacial period of southern Sweden and northern Germany can be represented in rounded figures as follows:[1]

---

[1] Köppen, Die Änderungen der Temperatur in Europa seit der letzten Eiszeit. Meteor. Zeitschrift 1933, p. 281.

	Number of years before present	Mean temperature of the warmest month	
		according to insolation curve[1]	according to finds
The coldest summers	22,000	15°	10°
Ice margin in Pomerania (Würmian 3)	18,000	—	—
Ice margin in Scania	15,000	—	—
Ice margin in mid-Sweden and onset of snow cover	12,000	—	—
The hottest summers	10,000	—	—
Separation of Swedish inland ice	9,000	—	—
Farthest dispersal of the hazelnut etc. in the north	7,000	22°	21°
Immigration of the beech in southwestern Germany	6,000	—	—
Present day	0	18°	—

(Page 169) However, in North America, a trace of the great M-R interglacial (Sangamon?) still seems not to be reliably found and the allocation of the incomparably magnificent ice traces there to the insolation curve is still uncertain. Besides, the curve of a northern latitude of 65° should not be taken as essential here, instead, the curve applying to 45° or 50°. In the latter, the last advance of the ice — W3 — was much weaker. I believe all the more that the moraines of this and perhaps all three Würmian glacials are to be found not in the United States, but much higher north in Canada, as I cannot help believing in a rather fast increase of the geographical latitudes in the eastern part of North America during the last 500,000 years, even if it is less than I assumed in 1923. The article written by E. Antevs, who rendered outstanding services with his varve counts in the May 1938 issue of Bull. Met. Soc., provides us with highly remarkable age estimations: the moraines near New York are supposed to have been formed approx. 36,000 years, those near Port Huron approx. 27,000 years ago. "Between about 65,000 and 45,000 years BP the ice wasted in the western half, and increased in the northeastern part of the continent." We probably will have to wait a few more years until these inconsistencies are settled.

(Page 180) E. Trinler says in Peterm. Mitt. 1926, p. 57: "Almost unnoticeably (in the Himalaya) the deposits of the Young Tertiary led over into the glacial. While the highest summits such as Himalaya, Karakorum and Hindu Kush were covered with ice, all other regions of Tibet, Afghanistan and Balochistan underwent a pluvial period whose deposits we can pursue in the shape of the thick, horizontally packed conglomerates and terraces." Owing to the much lower gate of the Kumaon at that time, the monsoon penetrated deep into the interior of central Asia, probably lying deeper as well, and created large lakes.

B. The Classification of the Glacial Period.

When we worked on this book in 1923 and discovered from the calculations made by Milankovitch that the four glacials described by Penck and Brückner were

---

1 Not taking into consideration the reflection of the snow cover.

each composed of two and/or three great ice advances, we were unaware of the fact that two geologists in central and southern Germany simultaneously had found the same result by the observations they made in open field.

In the Bavarian foothills of the Alps B. Eberl discovered just the identical differentiation of the four classical ice ages in nine great ice advances on the Iller-Lech plate and reported about it in a lecture he already held in Munich on January 20, 1924. In his book, which was published later and is dedicated to the geological details of this circumstance[1] he says on page 384: "The agreement is so complete and astonishing, particularly as far as the unexpected features are concerned, that there cannot be any doubt about the identity of the two curves."

At about the same time, in Thuringia, W. Soergel recognized eleven cold climate stages in the fluvial terraces of the Ilm and Saale, whereby two were connected with the two oldest major glaciations in northern Germany. Each aggradation stage corresponds to a time of cold-dry glacial climate, each incision stage to a more humid and warmer period of temperate climate. "This classification which was published two months before the appearance of the book written by Köppen and Wegener[2] and could not be known by the two authors when they were in the process of writing it, matches perfectly with the astronomical classification," said Soergel in a publication[3] released soon thereafter, in which he already applies this classification.

This simultaneous discovery of the obviously related facts by three different approaches without knowing about each other has given research a strong impulse.

(Page 193—200, the contribution of Prof. Milankovitch)

The fluctuations of solar insolation reaching the boundary of the atmosphere depends on the changes of three parameters: ε the obliquity of the ecliptic, e the eccentricity of the earth's orbit, and π the length of the perihelion. The latter two parameters invariably appear related to each other in the term $e \sin \pi$. These changes were calculated from Newton's law of gravity according to the configurations and masses of the planets and the sun, the result therefore depends on data pertaining to these masses, most of which could only be determined in recent times. It is a mistake to believe that the equations were extrapolated from observed changes.

These fluctuations of ε, e and π and the resulting fluctuations of the earth's insolation certainly did not occur only during Quaternary, instead, they were continuously there throughout all times, however, the climate changes differed in place and time, depending on the changing location of a site relative to the pole and the equator, and to water and land.

Since geology is a very young science, it understands but little about the indicators of these climate variations. These climate variations probably make a

---

1   B. Eberl, Die Eiszeitenfolge im nördlichen Alpenvorlande. Augsburg, E. Filser, 1930. Lecture in Gerlands Beiträge, 1930, p. 366.

2   W. Soergel, Die diluvialen Terrassen der Ilm und ihre Bedeutung für die Gliederung des Eiszeitalters. Jena, G. Fischer, 1924.

3   W. Soergel, Die Gliederung und absolute Zeitrechnung des Eiszeitalters. Berlin, Gebr. Borntraeger, 1925 (p. 198).

major contribution to the struggle for survival, to flourishing and perishing in the world of plants and animals. Also to the problem of stratigraphy. They mainly express themselves as ice ages associated with an alternation of glacial and interglacial stages whenever and wherever mainland lies between 45° and 65° latitude, hence in Europe, since the pole approached it at a velocity of approximately one and a half kilometers per thousand years since the Pliocene.

The — very complicated — calculation of the fluctuations of ε, e and π on this basis has been carried out independently from each other by Leverrier and Stockwell, in both cases with subsequent corrections due to changes in basic parameters. Pilgrim made the numeric evaluation in 1904, based on Stockwell's equations, and Milankovitch used these values in our book. However, as it showed that some of Pilgrim's figures in part had calculation errors, in part had been obtained by too far-reaching interpolations, Miscovic, Professor of Astronomy in Belgrade, repeated the calculations for the purpose of corroboration, this time applying the equations of Leverrier and the latest mass determinations. Hence Milankovitch determined the radiation parameters for various geographical latitudes anew. They can be found in his contributions to the Handbook of Climatology, Vol. I, and in the Handbook of Geophysics, Vol. IX. Our Fig. 3 shows that the jagged line is the result of the new calculation for a latitude of 65°. In the main, it is a very appreciated independent corroboration of the representation from 1924, but it shows the last jag corresponding to Würmian III 22,000 years ago, much stronger, like a real glaciation period. On

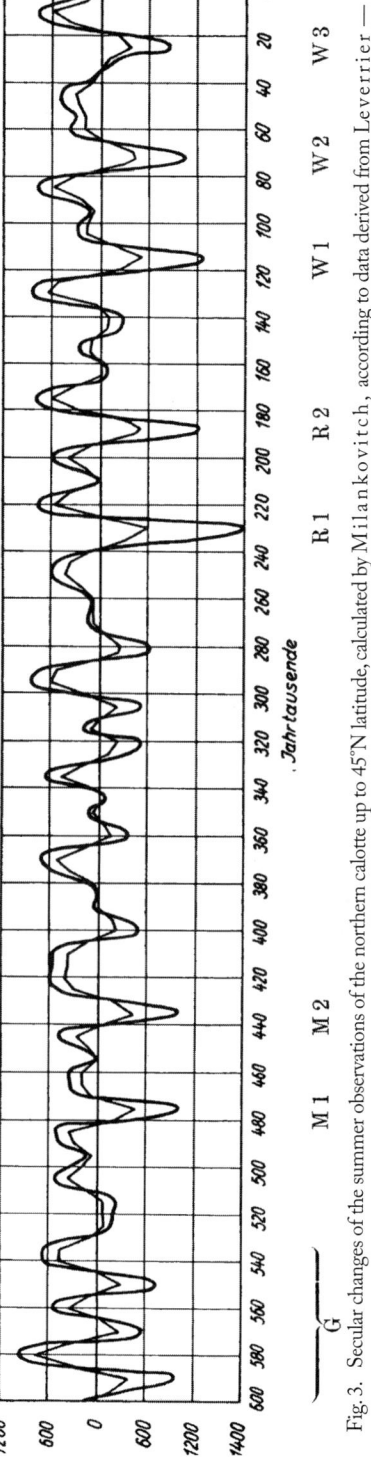

Fig. 3. Secular changes of the summer observations of the northern calotte up to 45°N latitude, calculated by Milankovitch, according to data derived from Leverrier — Miskovic
a) broken line: according to the mere oscillations of the astronomic element
b) curve: the same, hence including the oscillations of the earth's reflection capacity

the other hand, the Günzian glacial is split into several advances. We may regard this new determination as being correct. Rissian I is the greatest glacial advance here as well, but it is almost reached by Würmian I. The outer curve in Fig. 3 is explained further below.

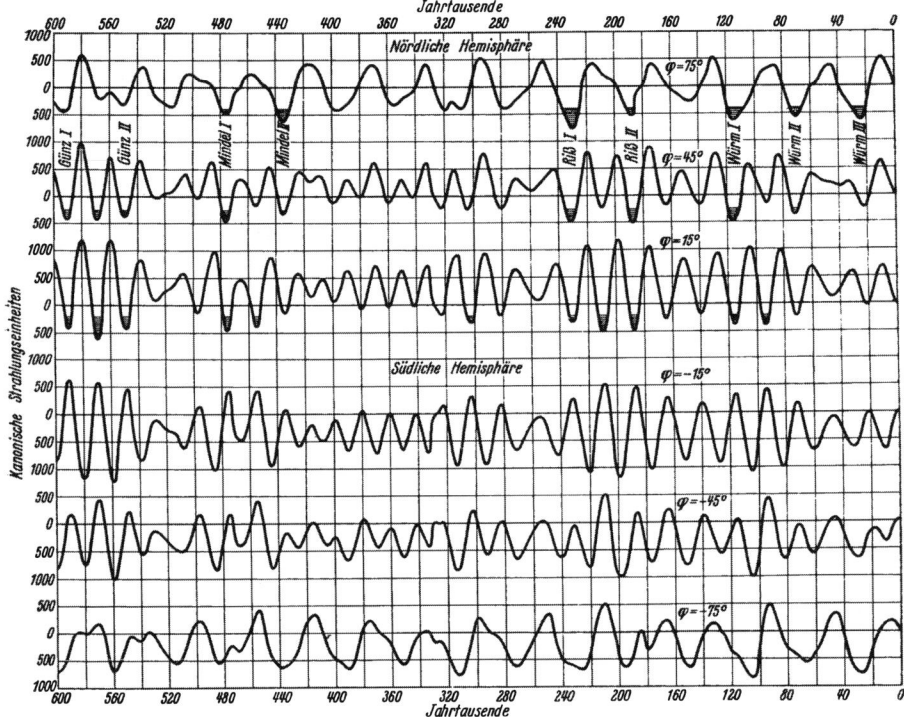

Fig. 4. Secular course of summer insolation of various latitudes calculated from the fluctuations of the astronomic elements (according to Leverrier — Miskovic), calculated by Milankovitch.
Canonical Units of Radiation vs. 10^3 years....Northern hemisphere/Southern hemisphere

The parameters here and in Fig. 4 are no longer transformed in latitudinal equivalents, as was done in our book, but left in "canonical units" for which Milankovitch found another illustrative relation. In particular, they are almost exactly identical with the average change of the snow limit in the Alps by about 1m altitude.

Among the numerous diagrams in which Milankovitch illustrated the fluctuations of the summer insolation at various latitudes, we choose our Fig. 4 because it visualizes the development of the known "insolation curve" applying to Europe. In high latitudes, the fluctuations of the obliquity of the eclipse are decisive, acting in the same sense in both hemispheres. For this reason, the curves applying to 75° N and S are almost identical. However, near the equator the shape of the earth's orbit (the expression $e \sin \pi$) is essential, and the two curves are opposite to each other. We perceive an entangled connection of both influences in the mid-latitudes. That the result shows itself here clearly in the shape of multiple glacials will probably not be comprehensible without including the secondary and subsequent effects of insolation fluctuations. We will discuss them below.

Particularly the effect of the solar insolation fluctuations in lower latitudes, as shown in the figure, will probably be correctly understood only after decades, when we will have learned more about the conditions of glacier growth.

The summer temperature is certainly the most essential element in both our and higher latitudes, even though it acts late and in multiple repetition only. The large oscillations, however, which our figure shows for the 15th parallel, cannot express the same as in places where the other half-year is nearly just as warm. Since the secular fluctuation of this other season is the opposite here, the oscillations only show us that the annual temperature fluctuation changes with a periodicity of about 20,000 years in these latitudes as well. But it is possible that the dimension of this annual fluctuation is indeed of crucial relevance to the tropical glaciers; then the "Mindelian" and "Rissian" glaciations etc., as the figure shows, each with minor shifts of 10,000 years only, would have global significance.

That the glacial and interglacial periods in most areas behaved like day and night, summer and winter, is very likely, but the very special conditions must naturally be observed and time intervals with temperatures constantly below the freezing point must be distinguished from those in which they are occasionally above it. Only in the case of the latter (the summers) is solar insolation advantageous for the development of inland ice. Contrarily, in the case of the former (the winters), the higher temperature will be more favorable due to heavier snowfall etc. As the astronomical insolation periods in the winter run in an opposite direction to those of summer, it generally suffices to examine the latter. P. Beck in Thun finds[1] that it is more reasonable to use the duration of the frost period as a reference for Switzerland.

In recent years, the effects of a snow cover on the absorption and reflection of heat radiation have been given more consideration, also as far as the question of ice ages is concerned. In our book they have only been discussed (e.g. p. 232) insofar as, based on information provided by A. Wegener, the temperature over the inland ice (at identical altitude above sea level) was assumed to be 5 to 8° lower than over snow-free ground. In a series of articles published in Met. Zeitschr. since 1933, W. Wundt (Freiburg i. Br.) appropriately expounded the importance of a snow cover also apart from the inland ice. As he only considered the reflection of solar insolation in the daytime, and not the according to general observation very strong reflection of a fresh snow cover at night, we may assume that the overall effect will be yet greater still.

As the effects of snow fall and rain on the insolation conditions are completely different, the temperature conditions at about zero can be referred to as labile. A slight cooling produces, when associated with snowfall and followed by the sky clearing up, its own amplification and prolongation.[2] Milankovitch also tried to

---

    1   Ecologae geologiae Helvetiae, Vol. 30, No. 2, 1937 and Vol. 31, No. 1, 1938.

    2   Cold episodes in German winters are mostly, expressed in the language of customs officers, "an imported but domestically refined commodity."

capture these effects in his calculations and found that they partially came close to the primary effects of solar insolation. As Wundt formulates: "Once the initial impulse was given, the earth produced an ice age of its own making by way of constantly augmenting heat income deficiencies." In order to determine the approximate dimension of this impact, Milankovitch proceeds as follows: He sets the average present-day southern boundary of the ice calotte in the northern hemisphere during a summer half-year to 75°N latitude, that of 230,000 years ago to 55°N and defines that its change is proportional to the radiation deficit of the last time = — 601K, so that a proportionality factor of 2 seconds results. If $\varDelta_1 Q_s$ denotes the change in the amount of radiation received in the course of the summer half-year at the atmospheric boundary on the calottes of the earth limited to 45° latitude, $\varDelta_2 Q_s$ the change of radiation in these spaces due to the earth's variability of reflection capacity, Milankovitch sets this value for the northern calotte to:

$$\varDelta_2 Q_s = 6143\,[\sin(75° + 2'\varDelta_1 Q_s) - \sin 75°]$$

and for the southern calotte, because of its predominating ocean coverage and the elevation of the Antarctic continent, to

$$\varDelta_2 Q_s = 5433\,[\sin(68° + 0'33\,\varDelta_1 O_s) - \sin 68°].$$

The calculations of the coefficient were based on an average cloudiness of 0.54, an atmospheric penetratability of 0.8, and a reflection capacity of the snow or ice cover and snow-free ground amounting to 0.50[1] and 0.94, respectively.

The fluctuations of insolation of the earth in summer is hence much greater than revealed by the original radiation curve. Doubts as to whether they suffice for the development of glacial and interglacial stages are therefore not justified. In agreement with the geological facts, the negative deviations from the present-day temperature benefit almost exclusively from this amplification, whereas the positive deviations during the interglacials do so only little, wherefore the general character of the ice age consists in a heat deficit. The insolation fluctuations during the winter half-year mostly stand in opposition to those of summer, but they are less than these, so that the annual averages display the same progressive development, albeit one which is hardly half as strong as the summer averages. We have already stated in our book on p. 200 that warm winters must rather favor the growth of the glaciers in the high north instead of weakening them.

Fig. 3 represents — according to Table 94 of Milankovitch's latest publication[2] — the secular course of the insolation of the earth's calotte north of 45°N, i.e. firstly (broken line), the simple succession of the changes of astronomical elements ($\varDelta_1 Q_s$), secondly (the curve), the total impact of it plus the reflection of the variably extended snow and ice surfaces ($\varDelta_1 Q_s + \varDelta_2 Q_s = \varDelta Q_s$). Milankovitch expressed the dimension of this change by using "canonical units" in this figure, whereby one thousand of which are equivalent with a change of about seven degrees of latitude.

---

1 After Devaux, L'Economie radio-thermique des champs de neige. Paris 1933.

2 M. Milankovitch, Astronomische Mittel zur Erforschung der erdgeschichtlichen Klimate. Vol. IX, Lief. 3 des Handbuchs der Geophysik. Gebr. Borntraeger, 1938.

It is a matter of course that both formation and dissolution of the ice masses must lag behind the fluctuations of insolation which create them. However, as for now, it can only be preliminarily stated by rough estimation how strong this delay really was. The terminal moraine of the Pomeranian, whose age De Geer also estimates to be 18,000 years, is accordingly supposed to have formed 4,000 years after the insolation minimum of — 22,000. In 1930, I[1] assumed that this delay for the area examined by Eberl amounted 4 to 7 millennia. In 1938, Soergel[2] investigated the issue in greater detail and obtained a curve which deviates quite noticeably from the insolation curve. As he intends to publish a more accurate description of his method, which is also supposed to provide a thorough explanation of his calculations elsewhere, we have to content ourselves at this point with a graphical representation of the approximate boundary position of the inland ice in Germany (between 11 and 19° eastern longitude), measured in latitudes (Fig. 5). The decisive point is that

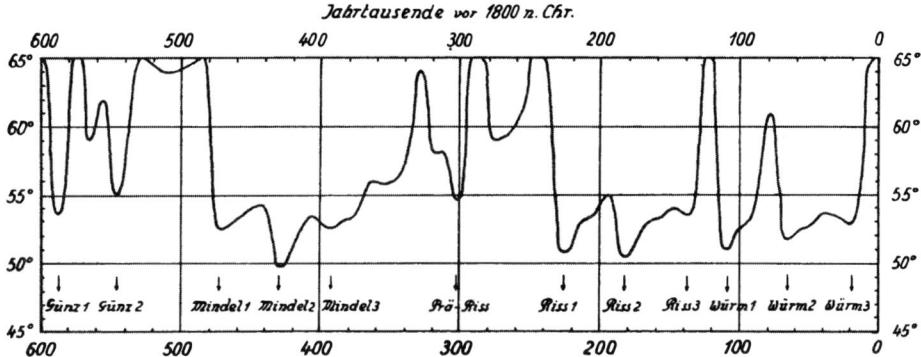

Fig. 5. The "Glaciation Curve" after Soergel (Millennia before 1,800 A.D)

surface melting decreases with the growing thickness of the ice, and ceases at a certain elevation above sea level, whereas melting at the margins still continues. That sometimes two advances melt into one glaciation corresponds to what we assumed in our book (p. 203).

Apart from the publications of Milankovitch, several calculations relating to this subject have been published in recent years by Prof. Spitaler. Based on the same astronomical data, they produce a very different chronology of the ice ages. When I became familiar with the results of Milankovitch published in his "Théorie mathématique", it was the far-reaching consistency between the fluctuations he determined with regard to the reception of radiation of these latitudes and Penck-Brückner's Alpine glaciation scheme, which convinced me that here lay the source of the latter. Admittedly, the division of all four ice ages in two and three each was such

---

1   Köppen, Neueres über Verlauf und Ursachen des Europäischen Eiszeitalters. Gerlands Beiträge, Vol. 26., p. 376.

2   Soergel, Die Vereisungskurve. Berlin, Gebr. Borntraeger, 1937.

a "surprise to which one would need to become used to in the course of time" (p. 192, our book). This disruption was then confirmed at the same time by the observation, as we later saw, by a peculiar coincidence.

We shall therefore draw this essential comparison now. In the March 1939 issue of Meteorol. Zeitschr., Spitaler outlines his opinion on the chronology of the ice age, according to which the Günzian glaciation had already begun 1.350,000 years ago, after he had reported on p. 117 that he too finds (as we do) " cold summers and mild winters primarily necessary" to induce an ice age. He assigns the Daun Stage to the year — 22,300, and the Bühl Stage to — 72,000. The Rissian glacial, during which the Neanderthal man already existed, he assigns to an unlikely distance of — 600,000 to — 450,000 years, and, what is most important here, he assumes that the great M-R-interglacial lasted a little longer than the Rissian-Würmian interglacial.

Somewhat clearer than the mass of numeric data and descriptive texts of Spitaler are his diagrams published in this and in the subsequent July issue, which are obviously based on the data published by Pilgrim. The maximum points of the broken line on p. 116 and p. 266, which in the latter are denoted as "winter", and not in the former at all, concur with the minima of the older insolation curves of Milankovitch, including the positive signs in the column Δ on p. 267 (whose data ranging in-between seem to have become confused). We can see that the blatant differences between the chronologies of Spitaler and our own primrily do not lie in the calculations but in the interpretation of the data (compare with Ann. d. Hydr. 1921, p. 411—414). Spitaler's interpretation stands fully in contradiction with the estimations made by Penck, for no obvious reason at all (compare with p. 149 and p. 202 in our book).

As any combination of these differing time calculations, as has been done by Antevs in Bull. of the Americ. Meteor. Soc. of May 1938, would cause the same confusion, as was previously done by mixing LaGrange's old calculations with those of recent time, it should be carefully avoided.

A most recently published article by A. Wagner,[1] Innsbruck, also discusses, apart from the short climate variations of our time, the Quaternary glaciation period on 78 pages. In his "attempt of a new explanation of the glaciations" the author relates their appearance subsequent to periods of strong mountain formation and believes to be able to explain them with a temporarily decrease of the heat current rising from the interior of the earth. The heat accumulated due to the decay of radioactive substances would be released in the formation of mountains and create a "predisposition for periodic ice advances", until the heat current from the earth's interior would rise again. However, evidence is lacking. This, too, is an unnecessary rebound from beginning clarity back to the obscure!

The explanation of the ice age which G. C. Simpson gives in Quart. Journ. Met. Soc. and represented in three other articles from 1927 to 1934 is fully established on arbitrariness. He supposes:

---

[1] A. Wagner, Klimaänderungen und Klimaschwankungen. Vol. 92 of „Die Wissenschaft". Brunswick, Fr. Vieweg, 1940.

1. A twofold fluctuation of the so-called "solar constant" in the course of the European ice age period.
2. The creation of ice ages alternating due to increasing and decreasing solar insolation.
3. The great M-R-interglacial should have been dry-cold, the two others humid-warm.
4. Cloudiness is supposed to have increased due to an increased solar insolation, thus compensating for the temperature increase.
5. The four ice ages are supposed to correspond to only two pluvial periods in the Sahara at the time of the two humid-warm interglacials.

Albrecht Penck unfortunately rejects, without more ado, the astronomical theory of the glaciation periods testable for its consequences everywhere and prefers[1] the untestable and thus the indeed unfruitful assumption that the sun had (in relatively short repeated intervals?) discharged less heat or the earth had been accordingly situated in a colder part in space. Very pitiful!

Short representations of the Quaternary glaciation phenomenon, which already rely on the new position, are to be found in Handwörterbuch der Naturwiss. (2nd edition, article on ice ages) by K. Keilhack, in Handbuch der Bodenlehre (Vol. 2) by E. Wasmund, and in Bulletin der Belgrader Math.-Natuw. Akademie 1938 by F. E. Zeuner.

(Page 217) The data in this table have now been assessed to be considerably higher. De Geer himself (Geol. Rundschau XVII, p. 422) now gives the "postglacial", i.e. the time since the breakthrough of the dammed lake near Ragunda to the west, 8,700 years, hence 2,100 years more. We may therefore assume 9,000 years for it. The summers in Sweden have already become much warmer for quite a long time, as compared to the Swedish summers today, and the growth of trees closely followed the rapidly melting inland ice. The same is found on the Karelian isthmus by Hyyppä (Acta Forest. Fenn. 39, p. 20). Birch, pine, spruce and gray alder succeeded, led by the birch, so close to the edge of the glacier that we can speak of a treeless tundra only in the immediate proximity of the edge. He assumes a considerably earlier time for this, "at least 1,200 years ago", taking about 250 years until the commencement of the Ancylus stage. Gams assesses the "boreal period", which is regarded as equivalent, to have taken place 9,700 to 7,500 years BP.

According to Milankovitch, the earth at 55°N received the following amounts of heat at the upper boundary of the atmosphere from the sun, more or less than today, reported in canonical units:

Annual distance before 1850	22,000	20,000	15,000	10,000	5,000
Summer half-year	—315	—171	+374	+589	+277
Winter half-year	+215	+111	—347	—528	—234

---

[1] Verhandlungen der III. Internat. Quartär-Konferenz, Vienna, September 1936, p. 11 and p. 13 of the separate print of his lecture.

Hence from 15,000 to 5,000 years BP, i.e. in the oak period, there were much warmer summers than there are today, but also colder winters which excluded the beeches.

The traces of this period of warm summers demanded by the insolation curve can also be pursued far to the east. For example, Fr. Schmidt found fossil remains of larches in peat up to a latitude of 70½° in the delta of the Yenissei (Mem. Petersburger Akad. 1872), Lopatin even found them up to a latitude of 72°. The tree limit runs here at 66° today. In the Gyda tundra at 70½° latitude, Schmidt discovered bones and pieces of skin from mammoths which had still found food here despite their high demand.[1] Samoilowitsch found fossil peat in the ground at a depth of 1½m at Krestovaya Bay in Novaya Zemlya. Close to Yakutsk — at Wiljusk, Suntar, Olekminsk and other places — there are fossil salt soils (mostly sodium carbonate); 2m below there is frozen ground.[2] Whether these indicators originate from a warm and dry period of the postglacial or from the early Quaternary (compare with p. 5 above) is admittedly still uncertain.

Due to the rise of Scandinavia and the lowering of the northern German coastland, the Baltic Sea has been displaced somewhat to the south after the last glaciation — and probably after any previous one — like the lakes of the European north thus shifting their effluents to the south, for example, that of Lake Ladoga from Vyborg to Petersburg.

Based on the pollen finds (see above, p. 6), the land cleared of the ice was soon occupied by birch and pine forests. Only later did Corylus shrubs and mixed oak forest gain dominance when the summers became warmer (Fig. 3): linden trees, elms, alders, oaks. It is unusual that not Ulmus effusa, whose fruit is massively dispersed by the wind was predominant, instead, plants bearing heavy fruit like hazelnut and oak, which depend on the support of rodents and a few bird species to carry them away; in fact, it is the hazel whose pollen prevails so long at most of the sites investigated that we can speak of a hazel period. It was later suppressed by the shade cast by the mixed oak forest. That it had such a time advantage over the oak, despite the fact that its northern boundary was shifted only a little farther north, was perhaps due to its better taste, since the animals would have disdained the bitter acorns so long as hazelnuts were so profusely available. The assumption that the tundra was initially replaced by open grassland and heather landscapes has probably been rejected with good reason; but birch, pine, hazel and oak appreciate light and do not cast a deep shade. But when the summers began to turn colder and the winters warmer at about 5,000 years ago, the mixed oak forests were more and more constrained by beech in the southwest, by spruce in the northeast.

The plants naturally followed the climate change, the exact dimension of their delay in time remaining unknown, but it is estimated to amount to an average of five

---

1   After Penck, Berl. Ak., 1938, p. 67 an elephant needs just as much food as approx. 15 wild horses.

2   S. L. Berg, Klimagürtel der Erde (Russian), p. 26 and Sokolov, Iswtija of the Russ. Geogr. Soc. 1923.

years per kilometer, under certain circumstances probably much longer, e.g. in case of straits, unless birds were involved.

A similar development of the vegetation will have taken place after every glaciation. Some interglacial deposits also show us how the vegetation changed and deteriorated whenever a new ice age approached. For example, the Rinnersdorf glacial in Brandenburg permitted the determination of the following succession of forest periods: 1. older pine period, 2. hazel period, 3. linden period, 4. hornbeam

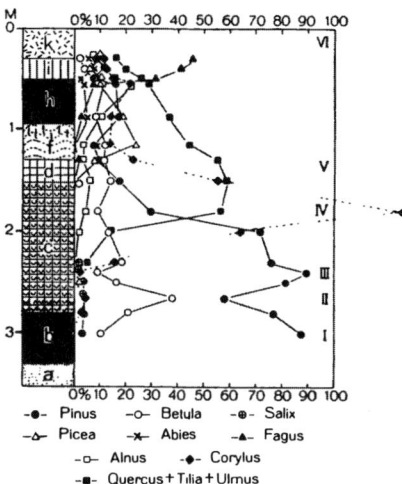

Fig. 6 Pollen diagram of the Federsee bog in Upper Swabia

period, 5. fir period, 6. spruce period, 7. younger pine period. The rise, optimum and decline of the temperature are clearly expressed herein, perhaps apart from changes in moisture, for which we unfortunately do not possess a pointer such as the insolation curve. It is a common fact that a climate will be "drier" the warmer it is, for evaporation will increase even if the rainfall remains the same. For this reason, the often encountered designation "xerothermic period" for the warm period is probably correct. Many traces of such a period are also found in the Alpine region.

Pollen counts are now available from many countries, also from northern Africa, however, lacking results which are so exact as those above.

(Page 233) The data pertaining to postglacial climate changes from America still appear uninterpretable, as changes are claimed to have taken place in most recent times which are not explicable, except in terms of large-scale changes. For example, E. Kies assumes that a great climate change took place at Lake Titicaca only 1,000 years ago, and the ruins in the now waterless regions of Arizona and the primeval forests of Yucatan apparently indicate that there has been a displacement of the arid zone in most recent times.

ALFRED WEGENER
DIE ENTSTEHUNG DER KONTINENTE UND OZEANE

Nachdruck der
1. Auflage 1915
mit handschriftlichen Bemerkungen von Alfred Wegener, Notizen und Briefen sowie neu erstelltem Index

Nachdruck der
4. umgearbeiteten Auflage 1929
mit neu erstelltem Index

 herausgegeben vom
Alfred-Wegener-Institut
für Polar- und Meeresforschung,
Bremerhaven

2005. 482 Seiten. ISBN 3-443-01056-3   € 39,--

Mit dem Buch DIE ENTSTEHUNG DER KONTINENTE UND OZEANE hat Alfred Wegener (1880-1930) die Lehre von der Drift der Kontinente kreiert und begründet. Von 1915 bis 1929 erschienen vier jeweils deutlich überarbeitete Auflagen. Die vierte Auflage wurde in den folgenden Jahren immer wieder nachgedruckt.

Das Werk hat Generationen von Wissenschaftlern beschäftigt und angeregt. Es ist ein ´Kultbuch´ und für Geo-Wissenschaftler bis heute aktuell. Auch einem Fachfremden bietet es eine Fülle von Anregungen.

In diesem Buch werden anläßlich des 125-jährigen Geburtstages und des 75-jährigen Todestages Wegeners sowie des 25-jährigen Jubiläums des Alfred-Wegener-Instituts für Polar- und Meeresforschung (AWI) die erste und vierte Auflage als originalgetreue Abzüge wiedergegeben - die populärer gehaltene erste Auflage enthält Wegeners handschriftliche Notizen und Exzerpte. Weitere Besonderheiten dieser Ausgabe sind, neben einer Einführung der Herausgeber, zwei Register, Abbildungsverzeichnisse und ein modifiziertes Literaturverzeichnis.

 Gebrüder Borntraeger Verlagsbuchhandlung
Berlin · Stuttgart · 2005
Johannesstr. 3 A, 70176 Stuttgart, Germany. Tel. +49 (0)711 351 456-0, Fax +49 (0)711 351 456-99
order@schweizerbart.de   www.borntraeger-cramer.de

Eberhard W. Machens

Hans Merensky
Geologe und Mäzen

Platin, Gold und Diamanten in Afrika

2011. 272 Seiten, 35 teils farbige Abbildungen, fester Einband, 17 x 24 cm.

ISBN 978-3-510-65269-3   29,80 €

www.schweizerbart.de/9783510652693

Hans Merensky ist wahrscheinlich nur wenigen geläufig. Es sei denn, man hätte Bergbau studiert oder Geologie. Dann hätte man den Namen schon in der ersten Vorlesung zur Lagerstättenkunde gehört. Oder man wäre viel in Südafrika und Namibia gereist, denn dort ist der Name an vielen öffentlichen Stellen festgehalten. Staudämme, Straßen, ein Wildreservat, verbunden mit einer Lodge der Extraklasse, eine landwirtschaftliche Hochschule in Tzaneen, Universitätsinstitute in Stellenbosch und die Universitätsbibliothek in Pretoria sind nach Merensky benannt. Der Grund ist einfach: Hans Merensky genießt in Südafrika Kultstatus, denn er war der erfolgreichste Entdecker von Erzlagerstätten und Diamantenvorkommen, den es je gegeben hat, und zwar weltweit und zu allen Zeiten.

Seine Lebensgeschichte ist aus mehreren Gründen erzählenswert: Sie ist spannend und oftmals sogar dramatisch. Es gibt kaum einen Schriftsteller, der phantasievoll genug wäre, sich ein solch facettenreiches Leben auszudenken. Die Lebensgeschichte verdient es auch deshalb aufgeschrieben zu werden, weil viele seiner Entdeckungen von globaler Bedeutung waren. Merensky hat die internationalen Rohstoffmärkte immer wieder in Bewegung gebracht und Akzente gesetzt. Sein Wirken ist Teil der Weltwirtschaftsgeschichte. Und schließlich soll dieser Lebenslauf auch deshalb festgehalten werden, weil Hans Merensky für die erste Hälfte des 20. Jahrhunderts eine der prägenden Persönlichkeiten Südafrikas war. Ohne sein Wirken sähen das heutige Südafrika und Namibia anders aus, als wir es kennen. Beide Länder wären ohne seine Entdeckungen wesentlich ärmer, als sie es heute sind.

In diese spannende Biographie Hans Merenskys fließen die intimen Kenntnisse des Verfassers über die internationalen Vernetzungen der Rohstoffmärkte, über Prospektionsmethoden und über das Leben eines Prospektors im afrikanischen Busch ein. Zwölf Textboxen vermitteln dem Leser dazu tiefer reichende Hintergrundinformationen, um Merenskys Errungenschaften noch besser zu verstehen.

Das lebendig geschriebene Buch wird sowohl Geologen, Naturforscher und Afrikabegeisterte als auch jeden an Tatendrang und Wirtschaftsgeschichte interessierten Leser begeistern.

Schweizerbart • Stuttgart

Johannsstr. 3A, 70176 Stuttgart, Germany., Tel. +49 (0)711 351456-0, Fax +49 (0)711 351456-99
mail@schweizerbart.de   www.schweizerbart.com

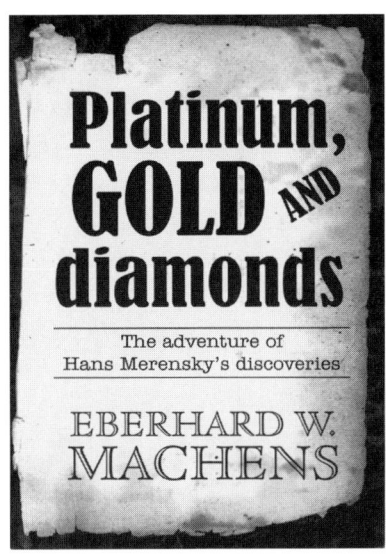

Eberhard W. Machens

Platinum, gold and diamonds

The adventure of Hans Merensky's discoveries

2009. 308 pages, 4 figures, 23 photos
22.2 x 15.2 cm, paperback

ISBN 978-3-510-65257-0   26.80 €
www.schweizerbart.de/ 9783510652570

Platinum, gold and diamonds recounts the captivating story of the life of Hans Merensky, responsible for discovering the richest platinum deposit worldwide in South Africa. Born as the son of a well known missionary at Botshabelo (Transvaal), Merensky was trained as a geologist in Germany and drawn back to South Africa by his creative ambition to explore the potential of his native country. On close scrutiny Hans Merensky (*March 16, 1871 to †October 21, 1952) was far more than the wizard geologist the press dubbed him during his heyday.

Today it is obvious that Merensky was not only a scientist of note, but also an extremely farsighted and thoughtful economic strategist, agricultural trendsetter, humanitarian and philanthropist. From the discovery of the Merensky-Reef (the richest platinum deposit world wide) and the richest deposits of alluvial gem diamonds ever found to the initial attempts at the commercial cultivation of avocados and the controlled planting of saligna (Eucalyptus) and pine trees – almost everything Hans Merensky touched turned to gold (platin, rather).

Text boxes throughout the text provide background information about ore geology and economic geology, mineral markets and supporting data to enable the reader to understand the implications of Merensky's achievements.

 Schweizerbart Science Publishers

Johannesstr. 3A, 70176 Stuttgart, Germany   Tel. +49 (0)711 351456-0   Fax +49 (0)711 351456-99
order@schweizerbart.de   www.schweizerbart.de

Roland Walter

Erdgeschichte

Die Geschichte der Kontinente, der Ozeane und des Lebens

2014. 6. vollständig überarbeitete und erweiterte Auflage

X, 384 Seiten, 187 Abbildungen, 56 Farbtafeln und 35 Textboxen, 24 x 17 cm, broschiert.

ISBN 978-3-510-65281-5 € 39,90

Informationen zu diesem Titel erhalten Sie unter: www.schweizerbart.de/9783510652815

Dieses Buch führt in die Geschichte unserer Erde ein und ordnet sie in Zeit und Raum. Die heutige Verteilung der Kontinente und der Ozeane ist das Ergebnis von Vorgängen, die sich in mehr als vier Milliarden Jahren unter Wechselwirkung von fester Erde, Hydrosphäre, Atmosphäre und Biosphäre abspielten. Diese Prozesse wirken noch heute. Sie werden dem Menschen immer dann besonders ins Bewusstsein gerufen, wenn Naturkatastrophen (z.B. Erdbeben oder Vulkanausbrüche; Überschwemmungen) den eigenen Lebensraum beeinträchtigen und die Existenz gefährden.

Nach einem Blick auf die komplexen Zusammenhänge und Prozesse des „System Erde" beschreibt der Autor die drei „Zeitscheiben" **Archaikum** (4,6–2,5 Milliarden Jahre b.p.), **Proterozoikum** (2,5–0,545 Milliarden Jahre b.p.) und **Phanerozoikum** (von 545 Millionen Jahren bis heute) detailliert. Einen Schwerpunkt bildet die jüngere Erdgeschichte, mit ihren bis heute landschaftsprägenden geologischen Prozessen, ihren Lagerstätten und die Entstehung und Entwicklung des Lebens. Abschließend werden Vorgänge vorgestellt, welche die Entwicklung der Erde auch zukünftig beeinflussen werden.

Zahlreiche **Textboxen** fassen einzelne Zusammenhänge und Themen knapp und anschaulich zusammen; ein ausführliches Glossar sowie ein Literaturverzeichnis runden das mit zahlreichen Abbildungen (viele davon in Farbe) ausgestattete Werk ab.

Dieses Buch richtet sich sich sowohl an den interessierten Leser, der die Zusammenhänge seines Lebensraumes verstehen möchte, als auch an Geowissenschaftler, Biologen und Zoologen (als Einführung in die Erdgeschichte). Es lädt ein zu einer Neuentdeckung der uns umgebenden Landschaften und soll zu einer ganzheitlicheren Sicht unseres Planeten, zu einem bedachten Umgang mit seinen Ressourcen und zur Beurteilung der Naturrisiken beitragen.

Schweizerbart Johannesstr. 3A, 70176 Stuttgart, Germany., Tel. +49 (0)711 351456-0, Fax +49 (0)711 351456-99
order@schweizerbart.de **online shop:** www.schweizerbart.de